Fachtheorie nach Lernfeldern für Chemielaboranten

Teil 1 **1. und 2. Ausbildungsjahr**

Dr. Gisela Katzer
Prof. Dr. Franz Katzer

Holland + Josenhans • Stuttgart
Handwerk und Technik • Hamburg

Vorwort

Konzeption und Ausführung des Buches basieren auf dem Rahmenplan für den Ausbildungsberuf Chemielaborant/Chemielaborantin, der von der Kultusministerkonferenz am 13. Januar 2000 beschlossen wurde, sowie auf der Verordnung über die Berufsausbildung zum Chemielaborant/zur Chemielaborantin vom 22. März 2000. Außerdem wurden die Lehrpläne und Lehrplanrichtlinien für den fachtheoretischen Unterricht der Bundesländer berücksichtigt. Danach wird die Ausbildung von Laborantinnen und Laboranten bundeseinheitlich nach Lernfeldern gefordert, die sich an betrieblichen Handlungsabläufen orientieren. Die Autoren haben das vorliegende Lehrbuch in dem Bemühen erarbeitet, eine Lernhilfe für den fachtheoretischen Unterricht zur Verfügung zu stellen.

Im Vorfeld wurden zu unserem Anliegen mehrere Gespräche mit Berufsschullehrern geführt, die mit der Ausbildung von Laboranten und Laborantinnen befasst sind. Es ergab sich Bedarf an einem Buch, das die wissenschaftlichen Grundlagen enthält, die im Unterricht nach Lernfeldern zu vermitteln sind. Es wurde schnell bewusst, dass das Vorhaben, einen Leitfaden für die Auszubildenden zu verfassen, nur erfolgreich sein kann, wenn der Komplex der laborpraktischen Ausbildung ausgeklammert wird und nur das Fachwissen, das Grundlage der beruflichen experimentell-technischen Tätigkeiten ist, in das Buch aufgenommen wird. Das ist auch aus Gründen eines Buchumfangs geboten. Im Übrigen existieren bereits einige Lehrbücher für die berufspraktische Unterweisung im Labor wie die von E. Hitzel und St. Eckhardt et al., die eine prozess- und handlungsorientierte Konzeption verfolgen, die sich an Lernfeldern orientiert.

Chemisches Arbeiten im Beruf kann nur dann kreativ und erfolgreich sein, wenn der Experimentierende grundlegende strukturierte und systematisch geordnete Kenntnisse über den Inhalt des praktischen Handelns besitzt, ansonsten werden sich Fähigkeiten nicht optimal entwickeln. Fachkompetenz verlangt selbstständiges und verantwortungsbewusstes Denken und Handeln auf der Grundlage eines ganzheitlichen und systematischen Fachwissens. Wer nur nach Versuchsanleitungen ohne genügende geistige Reflexion Aufgaben erledigen und nicht selbstständig Lösungsstrategien entwickeln und verwirklichen kann, erwirkt auch nur geringe Anerkennung im Arbeitsteam.

Es lag somit im Bestreben der Autoren, einerseits die fachlichen Grundlagen für die Lernfelder zu berücksichtigen, andererseits diese chemischen Sachverhalte und Gesetzmäßigkeiten in dem geordneten Zusammenhang der Fachsystematik darzustellen. Es ergab sich bei der Umsetzung dieses Ziels, dass die einzelnen Kapitel z. T. unterschiedlich umfangreich ausgefallen sind, da auch die Inhalte der Lernfelder verschieden bemessen sind, obwohl sie sich in der Zeitplanung gleichen.

Der Teil I enthält die beruflichen Lerninhalte für den fachtheoretischen Unterricht des 1. und 2. Ausbildungsjahres. In Kürze wird ein Teil II für die Lernfelder der übrigen Ausbildungszeit von Chemielaboranten und -laborantinnen vorliegen.

Die Reihenfolge der Lernfelder wurde gegenüber dem Rahmenprogramm gering geändert. Die Kapitel sind aber in sich abgeschlossen, sodass sie je nach detailliertem Plan der jeweiligen Ausbildungseinrichtung vertauscht werden können.

Die Autoren danken dem Verlag für die Unterstützung. Sie bitten die Benutzer des Buches um kritische Hinweise.

Die Verfasser

Eine Auswahl der verwendeten Formelzeichen finden Sie am Schluss des Buches auf Seite 352.

ISBN-10: 3-7782-1600-7 (H+J); 3-582-01600-5 (HT)
ISBN-13: 978-3-7782-1600-2 (H+J); 978-3-582-01600-3 (HT)

Computersatz: comSet Helmut Ploß, 21031 Hamburg
Druck: Boss-Druck, 47574 Goch

Inhaltsverzeichnis

LERNFELD 4: Präparative Arbeiten – Energetik chemischer Vorgänge

LERNFELD 5: Massenwirkungsgesetz

LERNFELD 6: Fotometrische Untersuchungen

LERNFELD 7: Chromatographische Untersuchungen

LERNFELD 8: Präparative Arbeiten – Organische Verbindungen

Anhang

Das vorliegende Werk wurde auf der Grundlage der neuen amtlichen Rechtschreibregelung, die am 1. August 2006 in Kraft getreten ist, erstellt.

1 Chemie und Physik

1.1 Chemie – Physik – Stoffe

Chemie und Physik sind exakte Naturwissenschaften, deren Ziele sich auf natürliche Erscheinungen in der Umwelt des Menschen richten. Beide Wissenschaften untersuchen Gegenstände und Zustände der Materie, d. h. Stoffe, Energien und Felder (elektrische Felder, magnetische Felder, Gravitationsfelder u. a.). Daraus ergibt sich, dass die Arbeitsgebiete beider Wissenschaften nicht scharf voneinander abgrenzbar sind und eine Definition der Wissenschaftsgegenstände immer „Unschärfen" enthält.
Die Physik wendet sich stärker der Erforschung, Messung und mathematischen Beschreibung der Materiefelder zu, die Chemie den Stoffen.

Stoffe bestehen aus Teilchen. Sie besitzen eine Masse, ein Volumen und einen bestimmten Aufbau, eine **Struktur.** Zwischen den Teilchen wirken Anziehungs- und/oder Abstoßungskräfte.

Es ist dabei zu unterscheiden:
- zwischen der Teilchenstruktur (z. B. Atombau, Molekülaufbau) und dem Stoffaufbau aus vielen Teilchen (z. B. Kristallaufbau);
- zwischen der Masse eines Teilchens und einer wägbaren Stoffportion mit der Masse m;
- zwischen dem Volumen eines Teilchens (z. B. Atomvolumen) und dem Volumen V einer größeren Menge von Teilchen.

1.2 Physik und physikalischer Vorgang

Die Physik beschäftigt sich vorrangig mit Zustandsänderungen von Stoffen, bei denen die Stoffzusammensetzung erhalten bleibt. Zustandsänderungen vollziehen sich unter Einwirkung von Energie. Sie äußern sich beispielsweise in Änderungen des **Aggregatzustandes** (fest, flüssig, gasförmig). Deshalb wird die Physik auch als Wissenschaft von der Energie und deren Umwandlungen bezeichnet.

Physik und Chemie untersuchen den Aufbau und das Verhalten der unbelebten Natur. Die Unterschiede beider Wissenschaftsgebiete zeigen sich, wenn man den physikalischen und den chemischen Vorgang kennzeichnet:

Physikalische Vorgänge äußern sich in Zustands- bzw. Energieänderungen. Dabei treten keine bleibenden stofflichen Veränderungen ein.

Aufgabe

Beobachten Sie Wetterabläufe, die Bewegungen auf einer Straße, Vorgänge im Haushalt u. a. und nennen Sie Prozesse, die ohne Stoffänderungen vor sich gehen.

1.3 Änderungen des Aggregatzustandes als Beispiel für physikalische Vorgänge

Für die meisten festen Stoffe gilt, dass sie durch Energiezufuhr, d. h. durch Erwärmen geschmolzen und verdampft werden können. Dazu muss am **Schmelzpunkt (-temperatur)** SmT oder Fp. (von Fixpunkt) die **Schmelzwärme** und am **Siedepunkt (-temperatur)** SdT oder Kp. (von Kochpunkt) die **Verdampfungswärme** aufgebracht werden. Die Änderungen des Wassers beim Erwärmen lassen sich wie folgt formulieren:

Schmelzen:

$$\underset{\text{Eis, fest}}{H_2O} + 0{,}334\,\text{kJ}\cdot\text{g}^{-1} \xrightarrow{0\,°\text{C};\ 101{,}325\,\text{kPa}} \underset{\text{Wasser, flüssig}}{H_2O}$$

Verdampfen:

$$\underset{\text{Wasser, flüssig}}{H_2O} + 2{,}259\,\text{kJ}\cdot\text{g}^{-1} \xrightarrow{100\,°\text{C};\ 101{,}325\,\text{kPa}} \underset{\text{Wasserdampf, gasförmig}}{H_2O}$$

Die zum Schmelzen bzw. zum Verdampfen von jeweils einem Gramm Eis bzw. Wasser benötigten Wärmemengen werden als **spezifische Schmelz-** bzw. **spezifische Verdampfungswärme** bezeichnet.

Bei der Abkühlung von Wasserdampf unter die **Kondensationstemperatur,** die bei gleichem Druck der Siedetemperatur entspricht, kondensiert er wieder zu flüssigem Wasser. Ebenso erstarrt das Wasser beim Unterschreiten der **Kristallisations-** oder **Erstarrungstemperatur,** die bei gleichem Druck der Schmelztemperatur entspricht. Die zum Schmelzen bzw. Verdampfen notwendigen Wärmemengen werden bei der Abkühlung wieder als **Kondensations-** bzw. als **Erstarrungs-** oder **Kristallisationswärme** frei. Die Beträge sind gleich groß. Darin äußert sich das **Gesetz von der Erhaltung der Energie.** Zugeführte Wärmemengen erhalten ein positives (Energiezuwachs), abgegebene Wärmemengen erhalten ein negatives Vorzeichen (Energieverlust).

Die Gleichungen für die Vorgänge lauten somit:

Kondensieren:

$$\underset{\text{Dampf, gasförmig}}{H_2O} - 2{,}259\,\text{kJ}\cdot\text{g}^{-1} \xrightarrow{100\,°\text{C};\ 101{,}325\,\text{kPa}} \underset{\text{Wasser, flüssig}}{H_2O}$$

Kristallisieren, Erstarren:

$$\underset{\text{Wasser, flüssig}}{H_2O} + 0{,}334\,\text{kJ}\cdot\text{g}^{-1} \xrightarrow{0\,°\text{C};\ 101{,}325\,\text{kPa}} \underset{\text{Eis, fest}}{H_2O}$$

Die Vorgänge beim Erwärmen und beim Abkühlen von Wasser verlaufen unter gleichen Bedingungen reversibel (umkehrbar, ohne bleibende Veränderung).

Alle Stoffe, die bis über die Schmelz- bzw. Verdampfungstemperatur thermisch stabil sind, d. h. sich nicht zersetzen, zeigen solch reversible Änderungen des Aggregatzustandes (Abb. 1-1).

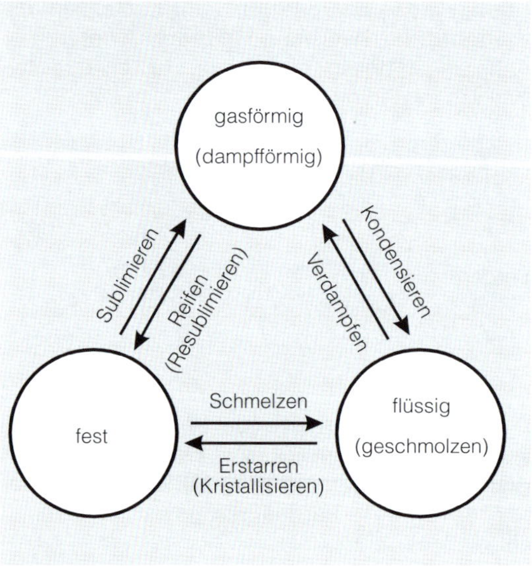

Abb. 1-1
Mögliche Übergänge zwischen den Zustandsformen eines Stoffes

Aggregatzustände können auch „übersprungen" werden. Aus Schwefeldampf bildet sich beim Abkühlen fester Schwefel („Schwefelblüte"). Bei Temperaturen unterhalb des Gefrierpunktes und hoher Luftfeuchtigkeit kann der Übergang von Wasserdampf in Eis beobachtet werden (Reifen). Bei manchen Stoffen und bei niedrigem Druck sind auch Änderungen vom festen in den dampfförmigen Zustand möglich (Sublimation, Abb. 1-2).

Beispiele dafür sind das Sublimieren von Eis oder das zum Verspiegeln genutzte Sublimieren von Aluminium im Vakuum.

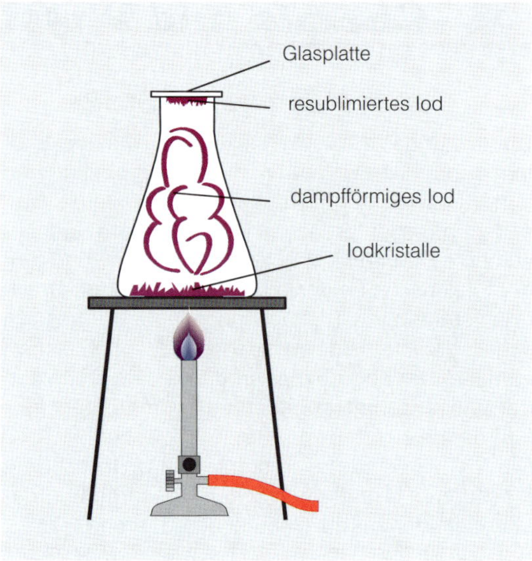

Abb. 1-2
Sublimation und Reifen (Resublimieren) von Iod

Versuch

Xn

Mindergiftig (Gesundheitsschädlich)

Erwärmen Sie einige Iodkristalle wie in Abb. 1-2 angegeben. Beobachten Sie die Entstehung und Abkühlung des Ioddampfes.
Abzug! R 23, S 23

Abb. 1-3, Seite 11, zeigt die Möglichkeiten der Änderung von Aggregatzuständen am Beispiel des Wassers. Der Übersicht 1-1, Seite 11, sind für einige technisch bedeutsame Metalle Schmelz- und Siedetemperaturen sowie die spezifischen Wärmemengen zu entnehmen.

Aufgabe

Stellen Sie für die Änderungen der Aggregatzustände beim Erwärmen und Abkühlen von Aluminium Gleichungen auf, wie das für Wasser geschehen ist.

Bei allen genannten Vorgängen ändert sich die Zusammensetzung der Stoffe nicht. Wasser ist in allen Aggregatzuständen die gleiche Verbindung H_2O. Der Stoff und seine Eigenschaften bleiben bei physikalischen Vorgängen erhalten. Zu den physikalischen Eigenschaften (Merkmalen) eines Stoffes zählt man: Schmelz- und Siedetemperatur, Dichte, Aggregatzustände in Abhängigkeit von Druck und Temperatur, elektrische und Wärmeleitfähigkeit, magnetisches Verhalten, Härte und Festigkeit.

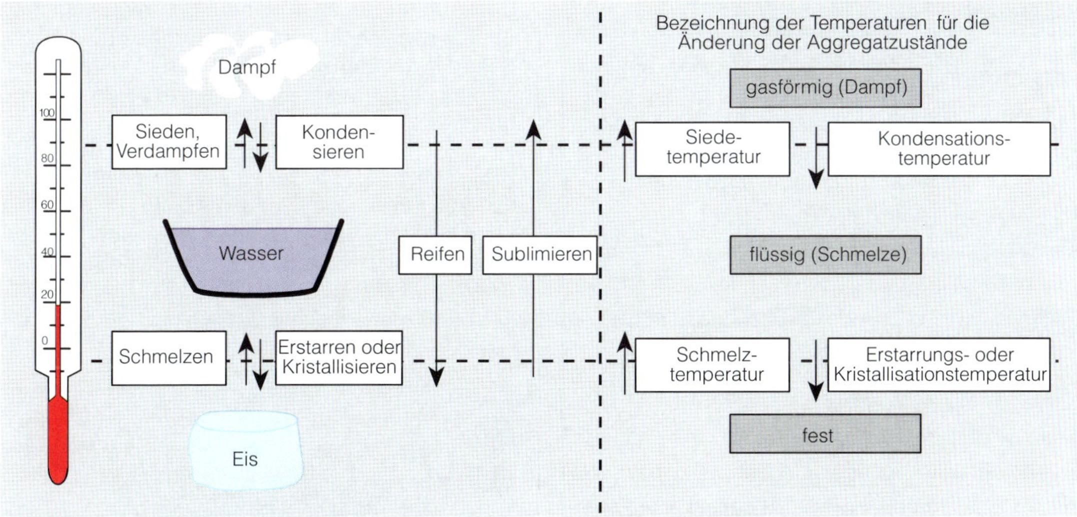

Abb. 1-3 Änderungen des Aggregatzustandes am Beispiel von Wasser H_2O (bei p = 101,325 kPa)

Physikalische Konstanten von Metallen

Stoff	Schmelz-temperatur ϑ_m in °C	spezifische Schmelz- bzw. Kristallisationswärme in $kJ \cdot g^{-1}$	Siede-temperatur ϑ_b in °C	spezifische Verdampfungs- bzw. Kondensationswärme in $kJ \cdot g^{-1}$
Na	97,7	0,115	881	4,48
Al	660,2	0,418	~2330	10,48
Cu	1083	0,204	~2595	4,87
Fe	1539	0,278	~3070	6,338
W	3410	0,192	~5700	4,346

Übersicht 1-1

1.4 Chemie und chemischer Vorgang

Die Chemie ist die Wissenschaft von den Stoffen und den stofflichen Veränderungen, die sich bei chemischen Vorgängen einstellen. Sie erforscht den Aufbau (Struktur), die Zusammensetzung (Bestandteile), die Eigenschaften und die Darstellung (Herstellung, Erzeugung) von Stoffen. Im Zentrum chemischer Untersuchungen stehen die chemischen Vorgänge sowie die Bedingungen und Gesetzmäßigkeiten, nach denen sich diese Prozesse vollziehen.

Chemische Vorgänge können in vielfältiger Form ablaufen, wie die folgenden Beispiele zeigen:

a) aus Elementen entstehen Verbindungen, z. B. bei der Verbrennung von Magnesium:

$2\,Mg + O_2 \rightarrow 2\,MgO$
Magnesium, Sauerstoff, Magnesiumoxid

b) Verbindungen wandeln sich in andere Verbindungen um, z. B. beim Abbinden von Kalkmörtel:

$Ca(OH)_2 + CO_2 \rightarrow CaCO_3 + H_2O$
Löschkalk, Kohlenstoffdioxid, Calciumcarbonat, Wasser

c) Verbindungen zerfallen in Elemente, z. B. beim Erhitzen von Quecksilberoxid:

$2\,HgO \rightarrow 2\,Hg + O_2$
Quecksilberoxid, Quecksilber, Sauerstoff

d) Verbindungen gehen in einfachere Verbindungen über, z. B. beim Erhitzen von Kalkstein oder Ammoniumchlorid (thermische Zerlegung):

$CaCO_3 \rightarrow CaO + CO_2$
Calciumcarbonat, Kalkstein, Calciumoxid, Branntkalk, Kohlenstoffdioxid

$NH_4Cl \rightarrow NH_3 + HCl$
Ammoniumchlorid, Ammoniak, Chlorwasserstoff Hydrogenchlorid

Versuche

O

Brandfördernd

Schutzbrille!

Cobaltglas!

R 7,
S 30

1. Ein kleines Stück Magnesiumband wird mit der Tiegelzange in die heiße Bunsenbrennerflamme gehalten und entzündet. Beschreiben Sie den Prozess und das Produkt! Vorsicht! (Abb. 1-4)

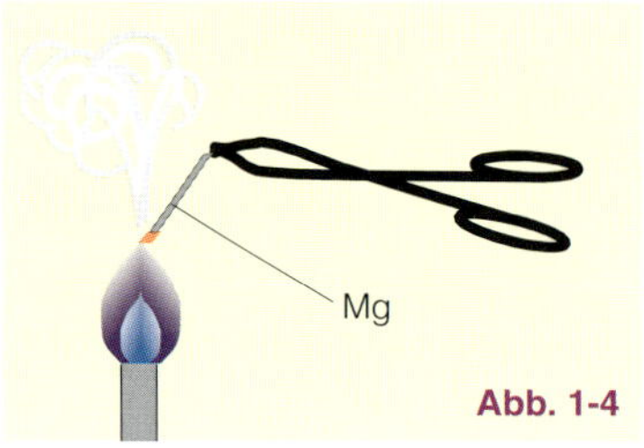

Abb. 1-4

C

Ätzend

R 34,
S 24/26

2. Auf trockenen Löschkalk (Calciumhydroxid), der sich in einem Reagenzglas oder Erlenmeyerkolben befindet, wird trockenes Kohlenstoffdioxid geleitet. Beobachtungen? (Abb. 1-5)

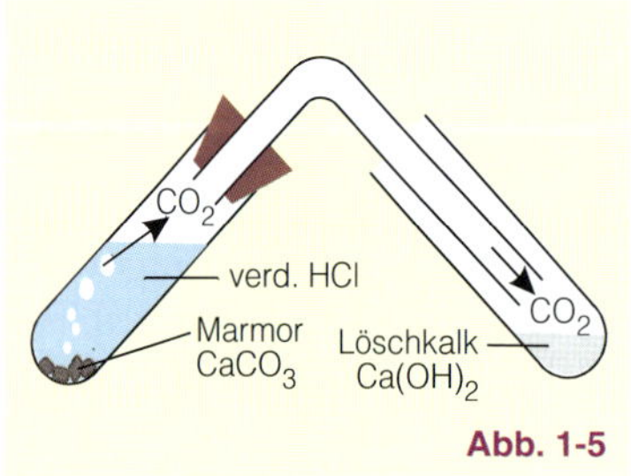

Abb. 1-5

C

Ätzend

Lehrerversuch

Abzug!

R 26/28,
S 60

3. Eine Spatelspitze Quecksilberoxid wird in einem Reagenzglas stark erhitzt. Beobachtung? Halten Sie in die Öffnung des Reagenzglases einen glühenden Holzspan. Beobachtung? (Das benutzte Reagenzglas ist Sondermüll!) (Abb. 1-6)

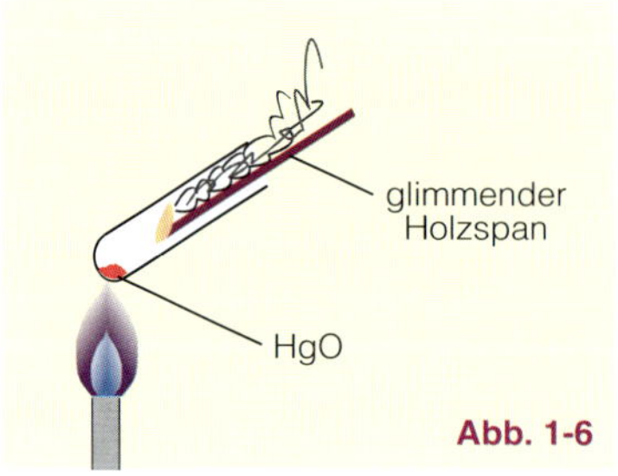

Abb. 1-6

Die Gleichungen zu den Versuchen bringen zum Ausdruck, dass sich die Stoff- bzw. Teilchenart in jedem Fall ändert.

Den Aufbau neuer Verbindungen aus einfachen Stoffen bezeichnet man als **Synthese** (Beispiel a, Seite 11), die Zerlegung einer Verbindung in weniger kompliziert zusammengesetzte Stoffe als **Analyse** (Beispiel c, Seite 11).

Alle Prozesse, bei denen sich ein oder mehrere Ausgangsstoffe in andere Stoffe (Reaktionsprodukte) mit neuen Eigenschaften umwandeln, sind chemische Vorgänge (chemische Reaktionen, chemische Prozesse). Die Ausgangsstoffe nennt man Edukte oder Reaktanden, die Endstoffe Produkte.

Aufgabe

Welche Vorgänge im Verbrennungsmotor sind physikalische bzw. chemische Prozesse?

Edukte	chemische Reaktion →	**Produkte**
Eigenschaften der Edukte		Eigenschaften der Produkte

1.5 Chemische Eigenschaften

Chemische Eigenschaften sind Reaktionsmerkmale, die ein Stoff besitzt und durch die er sich von anderen Stoffen unterscheidet.

Diese Merkmale können äußerlich erkennbar, sinnlich wahrnehmbar sein (Geruch, Aussehen wie Farbe, Glanz usw.). Weitaus häufiger äußern sich die chemischen Eigenschaften erst beim Ablauf chemischer Vorgänge, z. B. beim Verbrennen, bei der Reaktion mit Säuren oder anderen Stoffen usw. Eigenschaften müssen auch herangezogen werden, um Stoffe zu identifizieren. Der salmiakartige Geruch von Ammoniak charakterisiert den Stoff der Zusammensetzung NH_3. Der stechend säuerliche Geruch von Chlorwasserstoff (Salzsäure-Gas) ist kennzeichnend für HCl, reicht jedoch allein nicht für die Identifizierung aus, da der Geruch des ebenfalls farblosen Schwefeldioxids sehr ähnlich ist. Erst die Untersuchung weiterer Eigenschaften, wie z. B. das Verhalten des Gases in Gegenwart von Wasserdampf, können die Vermutungen bestätigen. Im Falle von Salzsäure-Gas bilden sich auf Grund der wasseranziehenden Eigenschaft oder **Hygroskopie** des Gases so genannte „Salzsäurenebel". Auch die Farbe allein genügt als Merkmal nicht für eine Identifizierung. Beispielsweise zeigen sowohl Gold, einige Messinge (Kupfer-Zink-Legierungen) als auch Verschleißschutzschichten aus Titannitrid Goldfarbe. Erst das Verhalten der Stoffe bei chemischen Vorgängen lässt die Unterscheidung zu: Gold(-legierungen) wird von konzentrierter Salpetersäure nicht angegriffen, wohl aber Messing. Titannitrid wird von konzentrierter heißer Kalilauge KOH chemisch zu Ammoniak NH_3 umgewandelt. Gold lässt sich nur durch ein Gemisch aus 3 Teilen konzentrierter Salzsäure und 1 Teil konzentrierter Salpetersäure (Königswasser) chemisch auflösen (Abb. 1-7).

Um welchen Stoff handelt es sich?

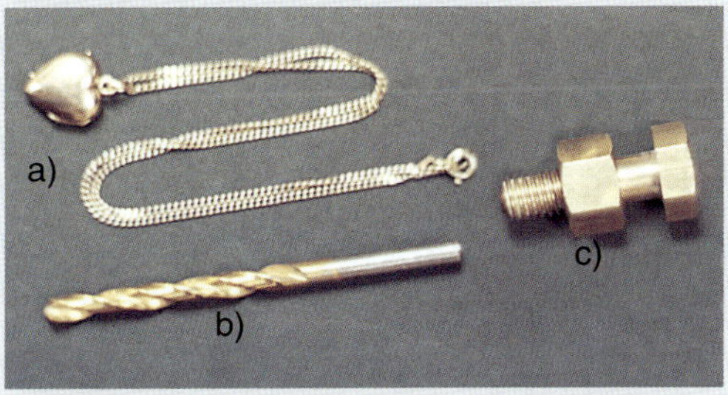

+ $HNO_{3,\,konz.}$
  ⤻ keine Reaktion
  ... Gold oder Titannitrid

+ $HNO_{3,\,konz.}$
  ⤻ braune Dämpfe (NO_2) und blaue Lösung
  ... Messing

+ heiße $KOH_{,\,konz.}$
  ⤻ NH_3-Geruch
  ... Titannitrid

+ 3 Teile $HCl_{,\,konz.}$ + 1 Teil $HNO_{3,\,konz.}$
  ⤻ braune Lösung
  ... Gold

Abb. 1-7
Unterscheidung von gleichartig aussehenden Stoffen (a = Gold, b = Titannitrid, c = Messing) auf Grund unterschiedlicher chemischer Eigenschaften

Chemische Eigenschaften geben somit auch an, wie sich ein Stoff verhält, wenn andere Stoffe oder/und Energie in Form von Wärme, Licht, radioaktiver Strahlung o. a. auf ihn einwirken. Wenn sich beispielsweise ein Metall an der Luft mit Sauerstoff verbindet, so ist es oxidierbar bzw. nicht oxidationsbeständig (korrodierbar oder nicht korrosionsbeständig). Reagiert ein Metall mit einer Säure unter Wasserstoffentwicklung, so ist es nicht säurebeständig oder säurelöslich.

1.6 Änderung von Eigenschaften als Merkmale für einen chemischen Vorgang

Allgemein ergibt sich aus einer Veränderung von Stoffeigenschaften, dass ein chemischer Vorgang abgelaufen ist. Verschiedene Begleiterscheinungen deuten auf eine Reaktion hin, z. B.

- Entstehung eines Niederschlags (Veränderung der Löslichkeit)
- Farbänderung, Änderung des Glanzes (Reflexion)
- Veränderung von Schmelz- und Siedetemperatur (Erstarrungs- und Kondensationstemperatur)
- Veränderung der Dichte
- Geruchs- und Geschmacksänderung (Vorsicht!)
- Entweichen eines Gases
- Änderung der Kristallform
- Veränderung von Härte, Festigkeit, Sprödigkeit, Wärmeleitfähigkeit, elektrischer Leitfähigkeit
- Freisetzen von Wärmeenergie oder Aufnahme (Binden) von Wärmeenergie

1.7 Internationales Einheitensystem – SI-Einheiten

In den Naturwissenschaften und in der Technik ist die Verwendung von Größen und Einheiten gesetzlich vorgeschrieben. Danach unterscheidet man 7 **Grund-** oder **Basisgrößen** mit deren 7 **Basiseinheiten,** wie sie in Übersicht 1-2 angegeben sind.

SI-Einheiten – die 7 Basisgrößen des „Systeme International d'Unites“

Basisgröße	Symbol	Basiseinheit Name	Zeichen	häufig verwendete dezimale Teile oder Vielfache
Länge	l	Meter	m	cm, mm, µm, nm
Masse	m	Kilogramm	kg	g, mg, µg
Zeit	t	Sekunde	s	ms, min, h
elektrische Stromstärke	I	Ampere	A	mA
thermodynamische Temperatur	T	Kelvin	K	
Lichtstärke	I_v	Candela	cd	
Stoffmenge	n	Mol	mol	mmol

Übersicht 1-2

Von diesen sind alle übrigen Größen und Einheiten abgeleitet (Übersicht 1-4).
Eine Basisgröße bzw. davon abgeleitete Größe besteht aus dem Produkt von Zahlenwert und Basiseinheit: Größe = Zahlenwert · Einheit.

Basiseinheiten und abgeleitete Einheiten dürfen mit Vorsilben als dezimale Vielfache oder dezimale Teile angegeben werden (Übersicht 1-3).

Aus den gesetzlich festgelegten Basisgrößen ergeben sich weitere Größen. Übersicht 1-4 enthält in der Chemie häufig gebrauchte abgeleitete SI-Größen oder SI-Einheiten, deren Anwendung ebenfalls verbindlich ist.

Noch zu finden sind einige veraltete, gesetzlich nicht mehr zugelassene Größen, für die Energie die Kalorie cal (1 cal = 4,19 J) und für den Druck das bar (1 bar = 10^5 Pa). Als atomphysikalische SI-Einheit für die Energie darf das Elektronvolt (Synonym: Elektronenvolt), Einheit eV, verwendet werden: 1 eV = $1{,}602 \cdot 10^{-19}$ J.
Extensive physikalische Größen können sich aus Teilgrößen addieren, z. B. Massen, Volumina, Kräfte: So ergeben sich aus den Massen 100 g + 100 g = 200 g. Intensive physikalische Größen addieren sich nicht, z. B. Temperatur, Druck, elektrische Spannung, Dichte. Beispielsweise entsteht beim Vereinigen von 2 x 100 ml 50 °C warmem Wasser nicht die Temperatur 100 °C!

1.8 Masse und Massebestimmung

Die **Masse** m eines Stoffes ist eine physikalische Basisgröße mit der Grundeinheit Kilogramm (Masseneinheit: kg).

In der Chemie werden einige Massebegriffe für das Einzelteilchen und für eine wägbare, makroskopische Teilchenmenge verwendet:
- die **absolute Atommasse** (Masse eines Atoms in Gramm) liegt zwischen 10^{-23} und 10^{-21} g;
- die **relative Atommasse** als Vergleichsmasse (vgl. Abschnitt 2.2.5);
- die **absolute Molekülmasse** (Masse eines Moleküls in Gramm) liegt ebenfalls zwischen 10^{-23} und 10^{-21} g (ausgenommen die Makromoleküle);
- die **relative Molekülmasse** als Vergleichsmasse (vgl. Abschnitt 2.2.6);
- die **Molmasse** (molare Masse, bei Elementen auch atomare Masse), die angibt, in wie viel Gramm des Stoffes $6{,}022 \cdot 10^{23}$ Teilchen, also ein Mol des Stoffes (Einheit g · mol^{-1}) enthalten sind (vgl. Abschnitt 2.2.7).

Vorsilben für dezimale Vielfache und Teile von Basiseinheiten bzw. Einheiten

Für ein Vielfaches			Für ein Teil		
Name	Abkürzung	Potenz	Name	Abkürzung	Potenz
Deka-	da	10^1	Dezi-	d	10^{-1}
Hekto-	h	10^2	Zenti-	c	10^{-2}
Kilo-	k	10^3	Milli-	m	10^{-3}
Mega-	M	10^6	Mikro-	µ	10^{-6}
Giga-	G	10^9	Nano-	n	10^{-9}
Tera-	T	10^{12}	Piko-	p	10^{-12}

Übersicht 1-3

Abgeleitete SI-Größen (Einheiten)

Abgeleitete Größen	Name der Einheit	Einheit
Fläche A		m^2
Volumen V		m^3
Kraft F, Gewichtskraft F_G	Newton N	$1\ N = 1\ kg \cdot m \cdot s^{-2}$
Druck p	Pascal Pa	$1\ Pa = 1\ N \cdot m^{-2} = 1\ kg \cdot m^{-1} \cdot s^{-2}$
Arbeit W, Energie E, Wärmemenge Q	Joule J	$1\ J = 1\ N \cdot m = 1\ W \cdot s = 1\ kg \cdot m^2 \cdot s^{-2}$
Leistung P	Watt W	$1\ W = 1\ J \cdot s^{-1}$
elektrische Ladung Q	Coulomb C	$1\ C = A \cdot s$

Übersicht 1-4

Die Basisgröße **Stoffmenge** n (veraltet: Molzahl oder Anzahl der Mole) ist der Quotient aus der Masse m des Stoffes und seiner relativen Atom- oder Molekülmasse M: $n = m/M$ (vgl. Abschnitt 2.2.8).

In der Chemie ist die Verwendung des Begriffs „Gewicht" als Bezeichnung für eine durch Wägung bestimmte Masse eines Stoffs dem Massebegriff untergeordnet bzw. kaum üblich, da das Gewicht G eine Gewichtskraft $F_G = m \cdot g$ ist. Der Wert der Fallbeschleunigung g ist von der geografischen Lage abhängig, während die Masse m davon unabhängig ist.

Die Masse eines Stoffes ist unabhängig von der Temperatur und dem Druck.

Für die Bestimmung der Masse stehen verschiedene Waagetypen zur Verfügung, die eine unterschiedliche Wägegenauigkeit zulassen. Die einfachsten Präzisionswaagen sind mechanische **Hebelwaagen,** die benutzt werden, wenn es nicht auf höchste Genauigkeit ankommt, z. B. Substanzen für prozentuale Lösungen abzuwiegen sind. Sie funktionieren nach dem Hebelgesetz:

Kraft x Kraftarm = Last x Lastarm

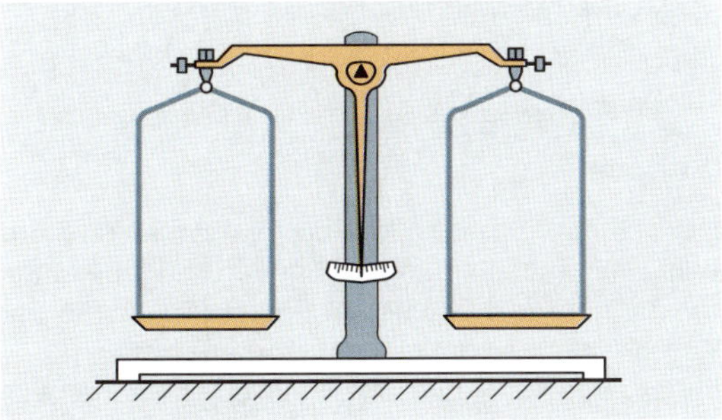

Abb. 1-8 **Hebelwaage**

Bei gleich langen Hebelarmen (Abb. 1-8) ist die Masse der Massestücke („Gewichtsstücke") im Gleichgewicht gleich der Masse der abzuwägenden Substanz. Die Massebestimmung durch diese Waagen ist somit ein Massevergleich. Dabei ist die ausgewiesene Belastbarkeit der Hebelarme zu beachten, damit es nicht zu deren Verformung kommt! Das mechanische Prinzip dieser Waagen hat den Nachteil, dass an gegenseitig bewegten Stellen, z. B. an der Auflage des Wägebalkens oder an der Aufhängung der Schalen, Reibungskräfte auftreten, die das Ergebnis leicht verfälschen können.
Elektronische Waagen umgehen die Reibung mechanischer Waagen durch die Auslösung magnetischer oder elektrischer Kräfte, die durch das Gewicht des Wägeguts bewirkt und elektronisch angezeigt werden.

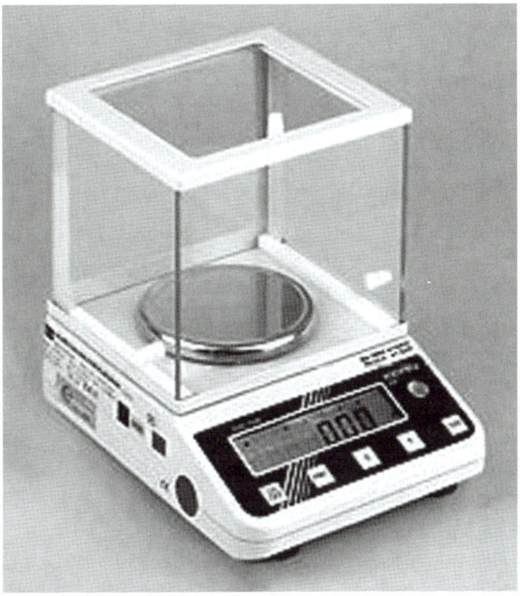

Abb. 1-9 **Analysenwaage**

Analysewaagen sind Feinwaagen hoher Empfindlichkeit und einer Wägegenauigkeit von ein Zehntel Milligramm. Sie sind ebenfalls nach dem Balkenprinzip konstruiert und enthalten auf beiden Balken gleiche Massen, sodass der Balken ohne Wägegut im Gleichgewicht ist. Die Masse auf dem Lastarm besteht aus Teilmassen. Nach Auflegen des Wägeguts werden über einen Schaltmechanismus so viel Teilmassen abgehoben, bis die Waage wieder im Gleichgewicht ist. Die Masse der abgenommenen Last (substituierte Teilmassen) ist gleich der zu wiegenden Masse. Man bezeichnet deshalb die Funktionsweise als Substitutionsprinzip. Abb. 1-9 zeigt eine solche Waage.
Mikrowaagen sind ebenfalls elektronische Waagen mit hoher Genauigkeit.

Für das Arbeiten mit Waagen gibt es einige Regeln, die streng eingehalten werden müssen, um eine hohe Genauigkeit zu erreichen, die z. B. bei der Herstellung von Lösungen für quantitative Bestimmungen oder der Gravimetrie (Gewichtsanalyse) gefordert wird:

- Waagen müssen in einem besonderen Raum, dem Wägezimmer, in dem eine gleichmäßige Temperatur herrschen soll, aufgestellt werden (keine direkte Sonneneinstrahlung).
- Waagen bedürfen einer ständigen Pflege und Wartung durch einen Fachbetrieb.
- Die Aufstellung der Waagen wird erschütterungsfrei auf speziellen Wägetischen mit Sandbett und Steinplatte realisiert.
- Die Waagen werden auf dem Wagetisch genau horizontal justiert (ausgerichtet).

- Wägeschiffchen/-gläschen werden mit der Pinzette in der Mitte des Waagetellers aufgelegt. Waageteile werden nicht mit der Hand berührt, weil Schweiß- und Schmutzteilchen das Ergebnis verfälschen.
- Während der Wägung (und auch während der Nichtbenutzung) werden die Gehäusetüren geschlossen gehalten, um den Einfluss von Zugluft auszuschalten (bzw. von Staub).
- Das Auflegen und Abnehmen des Wägeguts sowie der Teilmassen erfolgt ohne Erschütterung im arretierten Zustand.

Elektronische Waagen müssen vor elektrostatischen und magnetischen Einflüssen geschützt werden (z. B. keine elektrischen Geräte oder Magnete in der Nähe der Waage).

Aufgabe

Verdeutlichen Sie sich, dass es für quantitative Bestimmungen auf „ein Kristallkorn genau" ankommt! Wie viele Moleküle sind in einem winzigen Traubenzuckerkristall der Masse 0,1 mg enthalten? Die Molmasse von Traubenzucker errechnet sich aus der Formel $C_6H_{12}O_6$. Welchen Wert aus den voranstehenden Ausführungen benötigen Sie für die Berechnung?

1.9 Volumen und Volumenmessung

Das **Volumen** V ist eine aus der Länge l abgeleitete Größe: $V = l^3$. Sie gibt an, welchen Raum eine bestimmte Masse eines gasförmigen, flüssigen oder festen Stoffes unter bestimmtem Druck und bestimmter Temperatur einnimmt (Rauminhalt). Es wird als Kubikmeter m^3 oder Liter l (auch als L) angegeben oder in dezimalen Vielfachen z. B. Hektolitern hl (bzw. hL) bzw. in dezimalen Teilen z. B. dm^3, ml (bzw. mL), vgl. Übersicht 1-3.

Das Volumen gasförmiger, flüssiger und fester Stoffe ist abhängig von der Temperatur. Gasvolumina sind zusätzlich stark, Flüssigkeitsvolumina wenig und Feststoffvolumina praktisch nicht vom Druck abhängig.

Stoffe dehnen sich bei Temperaturerhöhung aus und ziehen sich bei sinkender Temperatur wieder zusammen.

Der **lineare thermische Ausdehnungskoeffizient** α gibt die Längenänderung Δl von festen Stoffen an, die ein Körper erfährt, wenn seine Temperatur sich um ΔT erhöht. Er liegt in der Größenordnung 10^{-6}/K. In Näherung gilt: $\Delta l / l = \alpha \cdot \Delta T$. Je kleiner der Ausdehnungskoeffizient ist, desto besser verträgt ein Stoff schroffe Temperaturänderungen, ohne zerstört zu werden (z. B. Quarzglas; vgl. Übersicht 1-5).

Der **kubische thermische Ausdehnungskoeffizient** kennzeichnet die Volumenänderung von Gasen und Flüssigkeiten. Für ideale Gase beträgt er α = 1/273,15 K (vgl. Abschnitt 2-1). Für die meisten Stoffe sind die Koeffizienten positiv bei steigender Temperatur. Einige Stoffe, z. B. Bismut und Gallium, ziehen sich in bestimmten Temperaturbereichen zusammen, um sich bei weiterer Erwärmung wieder auszudehnen. Auch flüssiges Wasser verringert nach dem Schmelzen sein Volumen zwischen 0 °C und 3,98 °C (Dichtemaximum).

Linearer thermischer Ausdehnungskoeffizient α einiger Stoffe

Aluminium	$22{,}8 \cdot 10^{-6}$/K
Eisen	$12{,}3 \cdot 10^{-6}$/K
Kupfer	$16{,}5 \cdot 10^{-6}$/K
Diamant	$1{,}19 \cdot 10^{-6}$/K
Bor	$5 \cdot 10^{-6}$/K
Quarzglas	$4{,}5 \cdot 10^{-7}$/K
Geräteglas	$4{,}8 \cdot 10^{-6}$/K
Borsilikatglas (Pyrex® u. a.)	$3{,}2 \cdot 10^{-6}$/K
Alumosilikatglas (Supremax)	$3{,}9 \cdot 10^{-6}$/K

Übersicht 1-5

Die Volumenmessung wird bei Feststoffen (z. B. für eine Dichtebestimmung) durch Verdrängung eines messbaren Volumens einer Flüssigkeit, in die der Körper vollständig eintaucht, vorgenommen.
Laborgeräte für die Volumenmessung bestehen aus Glas, um Messskalen und Eichstriche erkennen zu können. Sie müssen sorgfältig entfettet werden, damit die Flüssigkeit gut abfließen kann. Entfettungsmittel sind Chromschwefelsäure (20 g Kaliumdichromat $K_2Cr_3O_7$ in 80 g konz. H_2SO_4; rasche oxidierende Wirkung auf organische Verunreinigungen; stark ätzend!) oder warme 5 %-RBS®-Lösung (alkalisch; längere Einwirkungszeit). Organische Lösungsmittel sind weniger geeignet, da ein feiner Fettfilm zurückbleiben kann.

Messzylinder und **Tropfflaschen** sind ungenau in ihren Angaben und lassen nur eine gewisse Orientierung über Volumina von Flüssigkeiten zu.

Für die exakte Volumenmessung von Flüssigkeiten werden **Pipetten, Büretten** und **Messkolben** benutzt. Abb. 1-10 zeigt einige oft gebrauchte Geräte. Büretten und Pipetten sind auf Auslauf (Zeichen: Ex oder A), Pyknometer und Messkolben auf Einlauf

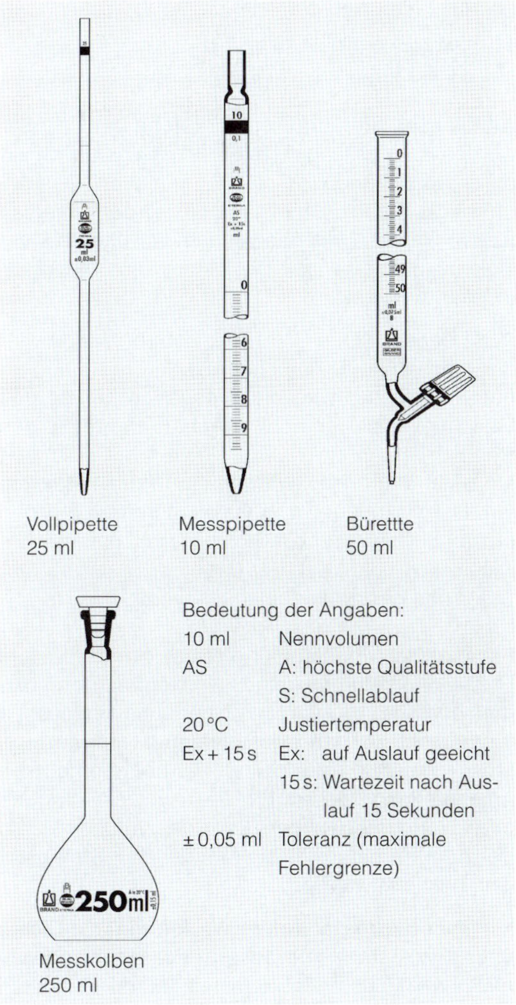

Abb. 1-10 Volumenmessgeräte

(Zeichen: In oder E) sowie wegen der T-Abhängigkeit des Volumens auf Temperatur, meist 20 °C, geeicht. Für einen Messkolben von z. B. 100 ml bedeutet das, dass nicht 100 ml entnommen werden können, weil auch bei guter vorheriger Entfettung des Kolbens einige Tropfen an der Kolbenwand haften bleiben. Bei einer auf Auslauf geeichten Pipette darf der verbleibende Resttropfen nicht ausgeblasen oder abgeschüttelt werden.

> **Aufgabe**
> Errechnen Sie, wie viele NaOH-Teilchen in einem Tropfen enthalten sind, wenn die Lösung 0,1 Mol Natriumhydroxid enthält und 20 Tropfen 1 ml ergeben!

Messkolben sind für die Bereitung von Maßlösungen für quantitative maßanalytische Arbeiten vorgesehen (Rauminhalt zwischen 5 ml und 5 l; gebräuchlich sind vor allem 50 ml, 100 ml und 1 l).

Messpipetten gestatten die tropfenweise Entnahme von kleinen Volumina. Mit der **Vollpipette** wird ein Gesamtvolumen bereitgestellt. Flüssigkeiten werden wegen Unfallgefahr niemals mit dem Mund in die Pipetten gesaugt, sondern mithilfe von Pipettierhilfen (z. B. mit Gummiball, Peleusball). **Mikropipetten** werden für kleinste Volumina ab 1 µl verwendet.

Büretten (manuelle, automatische) gestatten die tropfenweise Entnahme von Flüssigkeiten über einen Hahn bei der Maßanalyse. Die genaue Ablesung wird durch den sog. Schellbach-Streifen an der inneren Rückwand des Büretten-Rohres ermöglicht. Er erscheint durch Lichtbrechung im Meniskus der Flüssigkeit als Spitze. Die Ablesung erfolgt in Augenhöhe, damit kein Parallaxefehler entsteht (Winkelabweichung).

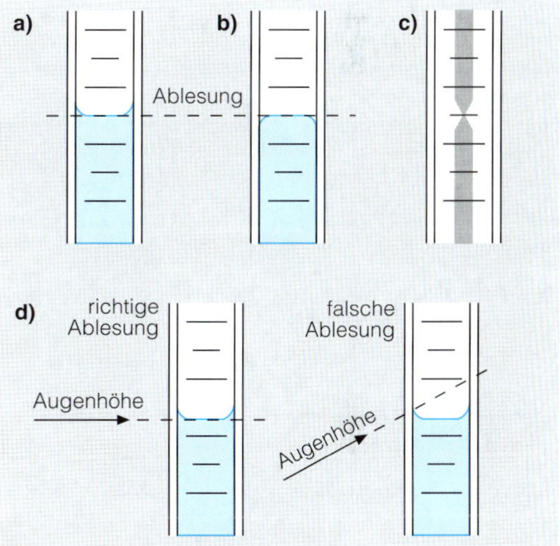

Abb. 1-11 Ablesung der Bürette
a) konkaver Meniskus bei benetzender Flüssigkeit
b) konvexer Meniskus bei nicht benetzender Flüssigkeit
c) Schellbach-Streifen
d) Verhinderung der Parallaxe

1.10 Dichtebestimmung

Die **Dichte** ϱ (rho) ist eine Stoffgröße oder -konstante, mit deren Hilfe eine Bestimmung reiner Stoffe möglich ist. Sie ist als Quotient von Masse durch Volumen mit der Einheit $kg \cdot m^{-3}$ bzw. $g \cdot cm^{-3}$ bzw. bei Gasen $g \cdot l^{-1}$ definiert:

$$\varrho = \frac{m}{V}$$

Der Zahlenwert der Dichte ist unabhängig von der geografischen Lage, aber abhängig von der Temperatur, bei Gasen zusätzlich vom Druck. Für Flüssigkeiten und feste Stoffe werden die Werte für 20 °C angegeben, weil die Geräte für die Bestimmung auf diese Temperatur geeicht sind. Bei Gasen wird die Dichte bei **Normbedingungen** 0 °C und 101,325 kPa aufgeführt (vgl. Übersicht 1-6).

Aufgabe

Erläutern Sie, wie sich die Dichte der Stoffe bei Erhöhung der Temperatur ändert!

Dichten von festen Stoffen und Flüssigkeiten (in g · cm⁻³ bei 20 °C) und Gasen (in g · l⁻¹) unter Normbedingungen

Eis (0 °C)	0,917
Natrium	0,971
Magnesium	1,74
Aluminium	2,702
Eisen	7,87
Quecksilber	13,546
Brom	3,12
Iod	4,93
Wasser (3,98 °C)	1,000
Wasser (20 °C)	0,998
Schwefelsäure, konz.	1,84
Essigsäure, konz.	1,05
Hexan	0,66
Diethylether	0,71
Benzen (-ol)	0,88
Toluen (-ol)	0,866
Wasserstoff	0,089
Helium	0,178
Stickstoff	1,250
Luft	1,293
Sauerstoff	1,429
Kohlenstoffdioxid	1,977
Chlor	3,214
Xenon	5,897

Übersicht 1-6

Die Dichte von Flüssigkeiten wird durch Wägung und Volumenmessung sowie über den Auftrieb bestimmt. Dafür stehen Pyknometer, Aräometer, Mohr-Westphal'sche Waage und hydrostatische Waage zur Verfügung.

Das **Pyknometer** ist eine auf Temperatur und Volumen geeichte Glasflasche mit Glasstopfen, der eine Kapillare besitzt. Es wird bei der Dichtebestimmung von Flüssigkeiten mit aufgesetztem Stopfen leer (m_{Pyk}) und danach mit der zu bestimmenden Flüssigkeit ($m_{\text{Pyk+Fl}}$) gewogen. Die Kapillare muss gefüllt sein.

Daraus ergibt sich die Dichte:

$$\varrho = \frac{m_{\text{Pyk+Fl}} - m_{\text{Pyk}}}{V_{\text{Pyk}}} = \frac{m_{\text{Fl}}}{V_{\text{Pyk}}}$$

Aräometer sind auf Dichtebereiche geeicht. Sie werden zur Messung in die Flüssigkeit getaucht und durch den Auftrieb in Schwebe gehalten. Das **Archimedische Prinzip** besagt: Ein Körper verliert so viel an Gewicht, wie das von ihm verdrängte Flüssigkeitsvolumen wiegt. Die Dichte kann direkt abgelesen werden.

Auch bei der **Mohr-Westphal'schen Waage** wird der Auftrieb eines geeichten Senkkörpers ausgenutzt. Zunächst wird die Waage an Luft in das Gleichgewicht gebracht. Nach Eintauchen des Senkkörpers in die zu untersuchende Flüssigkeit stellt sich durch den Auftrieb ein Ungleichgewicht ein. Durch Auflegen von Gewichtsreitern auf den Lastarm wird wieder ein Gleichgewicht erzeugt. Die Dichte kann direkt an der Lage der Reiter auf der Skala des Lastarms abgelesen werden.

Für die Dichtebestimmung fester Stoffe müssen Masse und Volumen gemessen werden. Das Volumen des Körpers kann durch genaues Ausmessen festgestellt werden (Messschieber, Mikrometer-Messschraube). Das gelingt nur bei geometrisch regelmäßigen Körpern (Würfel usw.). Bei unregelmäßig geformten Körpern kann das Volumen durch Verdrängen einer Flüssigkeit, die den Stoff nicht löst, bestimmt werden.

Mit einer **hydrostatischen Waage** wird die Dichte über den Auftrieb in Wasser (oder einer anderen geeigneten Flüssigkeit) ermittelt: Zuerst wird durch Wägen die Masse des Körpers bestimmt: m_{Stoff}. Danach wird das Objekt an einem dünnen Faden in das Wasser gehängt (vgl. Abb. 1-12) und erneut das Gleichgewicht zwischen Kraft- und Lastarm hergestellt. Die Verringerung der Masse zu $m_{\text{Stoff}''}$ ist gleich der Masse des verdrängten Wassers $m_{\text{verdr.}}$ Da sich aus $\varrho = m/V$ auch $V = m/\varrho$ ergibt, errechnet sich das Volumen und die Dichte des festen Stoffes wie folgt:

$$V_{\text{Stoff}} = \frac{m_{\text{Stoff}} - m_{\text{Stoff}''}}{\varrho_{\text{Wasser}}} \qquad V_{\text{Stoff}} = \frac{m_{\text{verdr}}}{\varrho_{\text{Wasser}}}$$

$$\varrho_{\text{Stoff}} = \frac{m_{\text{Stoff}} \cdot \varrho_{\text{Wasser}}}{m_{\text{verdr.}}}$$

Das Pyknometer kann ebenfalls für die Dichtebestimmung fester Stoffe genutzt werden. Dazu muss zunächst das Gefäß (jeweils mit Glasstopfen) leer (m_{Pyk}) und danach mit Wasser bekannter Temperatur gefüllt gewogen werden ($m_{\text{Pyk}} + m_{\text{Fl}}$). Die Differenz ergibt die Masse der Flüssigkeit m_{Fl}. Eine

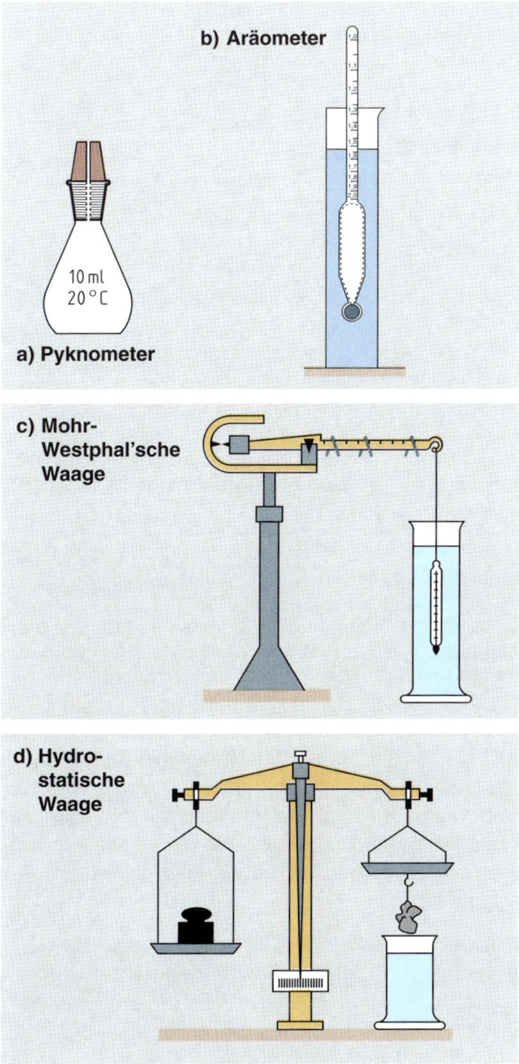

Abb. 1-12 Geräte für die Dichtebestimmung

dritte Wägung erfolgt mit dem zu bestimmenden festen Stoff im leeren, trockenen Pyknometer und ergibt: $m_{\text{Stoff+Pyk}}$. Danach wird Wasser (oder eine andere geeignete Flüssigkeit) aufgefüllt, der Stopfen aufgesetzt, sodass die Kapillare genau gefüllt ist, und erneut gewogen: $m_{\text{Stoff+Pyk+Fl''}}$. Die Dichte des festen Stoffes ergibt sich aus der Gleichung:

$$\varrho_{\text{Stoff}} = \frac{m_{\text{Stoff+Pyk}} - m_{\text{Pyk}}}{(m_{\text{Fl+Pyk}} - m_{\text{Pyk}}) - (m_{\text{Stoff+Pyk+Fl''}} - m_{\text{Stoff+Pyk}})} \cdot \varrho_{\text{Fl}}$$

$$\varrho_{\text{Stoff}} = \frac{m_{\text{Stoff}}}{m_{\text{Fl}} - m_{\text{Fl''}}} \cdot \varrho_{\text{Fl}}$$

Auch bei dieser Methode muss die Unlöslichkeit in Wasser beachtet werden. Bei anderer geeigneter Flüssigkeit ist entsprechend deren Dichte zu wählen.

1.11 Bestimmung der Schmelz- und Siedetemperatur

Ein reiner Stoff besitzt – wenn er nicht thermisch zerstört wird – eine konstante **Schmelztemperatur** SmT (**-punkt** ϑ_m [m für engl. melting = schmelzen], **Fixpunkt** Fp) und **Siedetemperatur** SdT (**-punkt** ϑ_b [b für engl. boiling = verdampfen], **Kochpunkt** ϑ_b) als Stoffkonstanten. Bei diesen Temperaturen geht der feste Stoff in den flüssigen sowie der flüssige Stoff in den dampfförmigen Zustand über (wie bereits im Abschnitt 1.2 beschrieben wurde). Diese Änderungen des Aggregatzustands erfolgen unter Energieaufnahme (bzw. unter Energieabgabe bei der Abkühlung des Stoffes).

> Siede- und Schmelztemperatur sind für jedes Element und jede Verbindung charakteristisch und können somit zur Stoffidentifizierung dienen.

Die Schmelztemperatur hängt von den Kräften zwischen den Feststoffteilchen (Gitterkräfte) und die Siedetemperatur von den Kräften zwischen den Flüssigkeitsteilchen ab (häufig Kohäsionskräfte genannt).

Durch thermische Analyse eines Stoffes kann die Schmelz- oder die Siedetemperatur bestimmt werden. Hierzu wird eine bestimmte Stoffmenge langsam erwärmt und dabei die Temperatur kontinuierlich alle 30 Sekunden mit einem Temperaturmessgerät gemessen. Die Temperatur wird über der Zeit in einem Diagramm aufgetragen (T-t-Diagramm). Zunächst wird die Temperatur kontinuierlich steigen, um bei der Schmelztemperatur so lange konstant zu bleiben, bis der Stoff aufgeschmolzen ist (Abb. 1-13a + b). Danach steigt mit weiterer Erwärmung wieder die Temperatur der Schmelze.

Die thermische Analyse eignet sich vor allem für etwas größere Stoffportionen und z. B. für die Metalle.

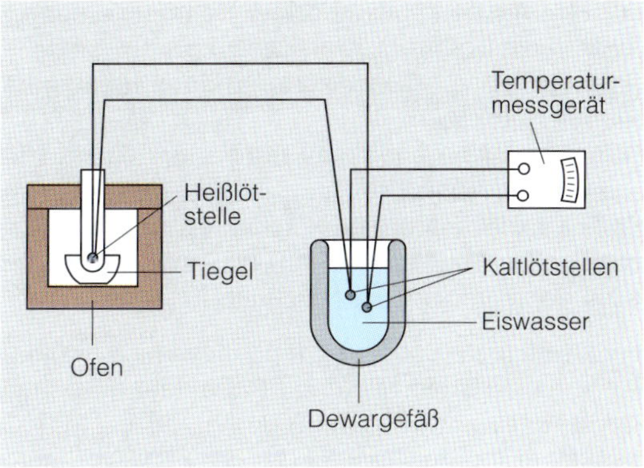

Abb. 1-13a Thermische Analyse

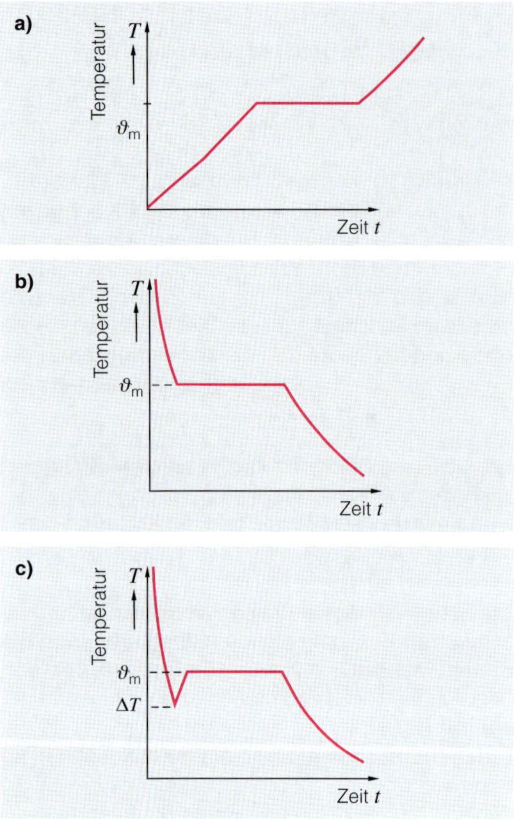

Abb. 1-13b T-t-**Diagramm**
a) beim Erwärmen und Abkühlen
b) ohne und c) mit Unterkühlung

Ebenso erhöht sich die Temperatur einer Flüssigkeit beim Erwärmen bis zum Erreichen der Siedetemperatur, bei der die Stoffteilchen bei konstanter Temperatur unter Aufnahme von Wärmeenergie in den Dampfzustand übergehen. Die Siedetemperatur eines flüssigen Stoffes bestimmt man in einem Kochkolben mit einem Thermometer oder bei brennbaren oder sonstigen gefährlichen Stoffen mit einer Destillationsapparatur unter dem Abzug.
Für Flüssigkeiten mit niedriger Schmelztemperatur wird die Erstarrungstemperatur ϑ_m (= SmT) in einem Kühlbad (Kältemischung) unter ständigem Rühren gemessen.
Beim Abkühlen gehen die Energie- und Zustandsänderungen reversibel vor sich. Dabei kann es beim Erreichen der Temperaturkonstanten zu einer kurzzeitigen Unterkühlung kommen, weil die Keimbildung gehemmt ist (vgl. Abschnitt 2.1.4).

Für kleine feste Substanzmengen (wenige mg) benutzt man z. B. einen Schmelzpunktapparat nach Thiele, der zu etwa $^2/_3$ mit Silikonöl (bis ca. 300 °C brauchbar) oder Paraffinöl (bis ca. 250 °C brauchbar) gefüllt wird. Der zu untersuchende Stoff wird in ein einseitig geschlossenes Schmelzröhrchen gefüllt und direkt neben der Messkugel des Flüssigkeitsthermometers positioniert. Danach wird der Schenkel der Apparatur langsam mit dem Brenner erwärmt, mit der Lupe das Aufschmelzen der Substanz beobachtet und die zugehörige Temperatur abgelesen.

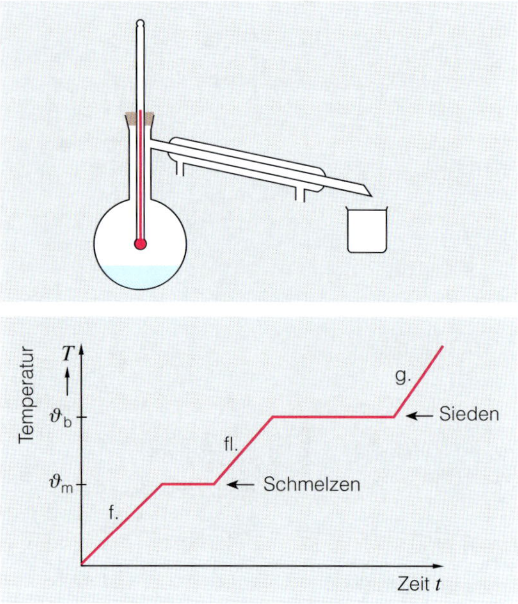

Abb. 1-14 Bestimmung der Siedetemperatur und vollständiges T-t-**Diagramm für das Schmelzen und Sieden (f: fest, fl: flüssig, g: gasförmig, Dampf)**

Für sehr exakte Messungen werden Schmelzpunktbestimmungsgeräte eingesetzt, die durch Mikroprozessoren gesteuert werden und eine Auswertung mit PC und Drucker gestatten.

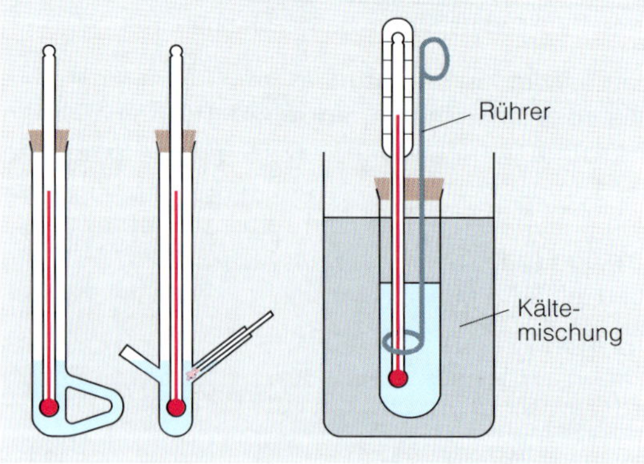

Abb. 1-15 Geräte für die Bestimmung der Schmelztemperatur und Erstarrungstemperatur

Zur Identifizierung des Stoffes, dessen Schmelz- oder Siedetemperatur festgestellt wurde, wird ein Vergleich mit Tabellenwerten vorgenommen. Da die

Werte durch Verunreinigungen verfälscht sein können (Erniedrigung der Schmelztemperatur, Erhöhung der Siedetemperatur (vgl. Abb. 2-17, S. 48) untersucht man zum Vergleich eine reine Substanz, deren gleiche Zusammensetzung man vermutet.

Während die Schmelztemperatur der meisten Stoffe praktisch vom Druck unabhängig ist, hängt die Siedetemperatur stark vom Druck ab. Die Tabellen geben – wenn nicht anders vermerkt – die Siedetemperatur bei Normdruck an (101,325 kPa).

Phasendiagramme, speziell **Druck-Temperatur-Diagramme** (p-T-Diagramme) der Stoffe wie in Abb. 1-16a geben Auskunft über die Druck-Temperatur-Bereiche, in denen die Aggregatzustände (Phasen) eines Stoffes stabil existieren können. Aus ihnen ist außerdem ablesbar, bei welchen Wertepaaren von p und T sich eine Phase in eine andere umwandelt: ein Feststoff schmilzt oder wieder kristallisiert, ein fester Stoff sublimiert, ohne sich zu verflüssigen, sowie eine Flüssigkeit verdampft oder wieder kondensiert.

Abb. 1-16 zeigt zunächst ein allgemeines **Phasendiagramm** oder **Zustandsschaubild.** Die Bereiche für die Zustände oder Phasen werden durch Phasengrenzlinien voneinander getrennt.

Die Diagramme enthalten drei Grenzlinien:

- Die **Dampfdrucklinie des festen Stoffes I** (Soliduslinie, lat. fest) trennt das Zustandsgebiet des festen Stoffes von der Flüssigkeit (Schmelze). Diese Phasengrenzlinie verläuft (meist nur gering) abgeneigt von der Ordinate (bei höherem Druck leicht zu höherer Temperatur verschoben, d. h. geringe Abhängigkeit der Schmelztemperatur vom Druck).
- Die **Dampfdrucklinie der Flüssigkeit II** (Liquiduslinie; lat. flüssig) trennt das Zustandsgebiet der Flüssigkeit von der des Gases (Dampfes). Der Verlauf zeigt eine starke Abhängigkeit der Siedetemperatur vom Druck.
- Die **Dampfdrucklinie der Sublimation III** trennt das untere Zustandsgebiet des festen Stoffs von dem des Gases (direkter Übergang fest – gasförmig bei niedrigem Druck).

Bei dem Wertepaar, bei dem alle drei Linien zusammenstoßen, liegt der **Tripelpunkt.** Seine Lage ist für einen bestimmten Stoff nicht beeinflussbar. Nur an diesem Punkt können alle drei Phasen fest, flüssig und gasförmig beständig nebeneinander existieren. Bei einer Änderung von p oder T werden sich zwei Phasen auflösen, je nachdem in welche Richtung sich p und T ändern. Abb. 1-16b und c zeigen die Verhältnisse für Kohlenstoffdioxid und Wasser.

So ist im p-T-Diagramm von Wasser für 101,325 kPa (= 1 bar) ablesbar, dass Eis bei 0 °C schmilzt und bei 100 °C siedet, während bei höherem Druck (z. B. Dampftopf) oder niedrigerem Druck (z. B. Vakuumdestillation) die Siedetemperatur zu höherer oder niedrigerer Temperatur verschoben wird.

Beim Zustandsschaubild von Wasser ist die Soliduslinie nur wenig der Ordinate zugeneigt. Die Siedetemperatur liegt bei 101,325 kPa bekannterweise bei 0 °C (273,15 K), beim Tripelpunkt bei 0,01 °C (273,16 K). Der Druck am Tripelpunkt beträgt 611 Pa.

In beiden Phasendiagrammen sind auch die kritischen Punkte (krit. Druck Π, krit. Temperatur Θ) eingetragen, auf die erst im Abschnitt 2.1.1 näher eingegangen wird.

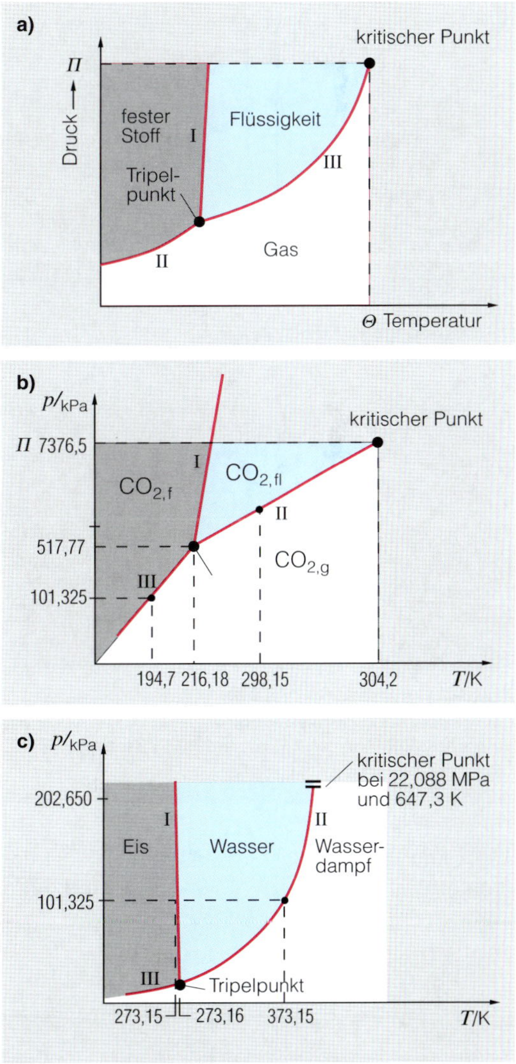

Abb. 1-16 p-T-Diagramme a) allgemeines Zustandsschaubild b) von Kohlenstoffdioxid c) von Wasser

2 Stoffe

2.1 Aggregatzustände von Stoffen

2.1.1 Gase

Gasteilchen sind frei beweglich **(Brown'sche Molekularbewegung).** Ihre Abstände zueinander sind so groß, dass keine oder nur geringe Anziehungskräfte wirken können. Gase nehmen deshalb ein großes Volumen ein, und sie sind komprimierbar. Sie füllen ein verfügbares Volumen vollständig aus (Abb. 2-1). Beim Zusammentreffen reflektieren die Teilchen elastisch. Stöße auf eine Wand erzeugen den Gasdruck.

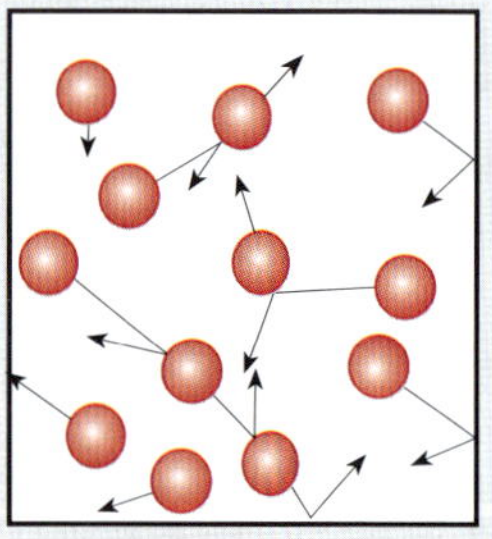

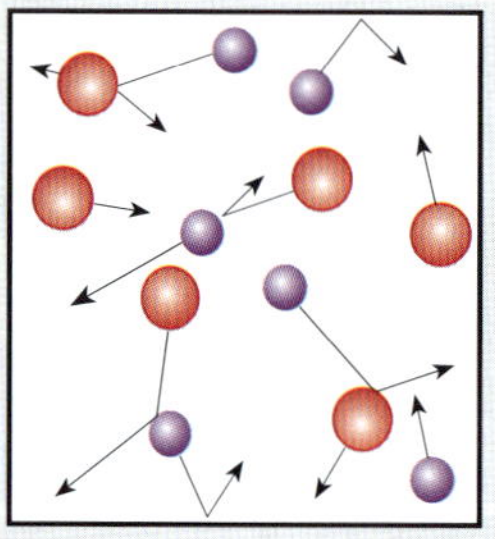

Abb. 2-1 **Abb. 2-2**
Raumausfüllung durch Teilchen ...
... in Gasen **... in Gasgemischen**

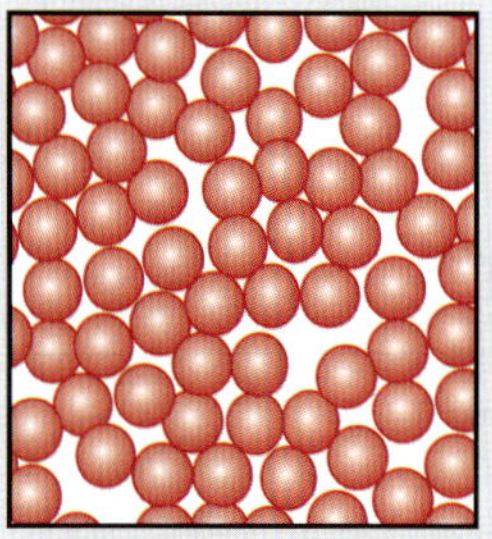

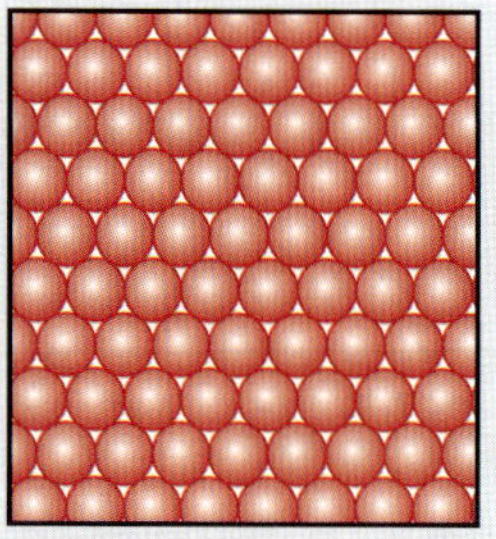

Abb. 2-3 **Abb. 2-4**
Raumausfüllung durch Teilchen ...
... in Flüssigkeiten **... in festen Stoffen**

Druck und Volumen der Gase ändern sich mit der Temperatur. Gay-Lussac (1778–1850) fand dafür folgende zwei Zusammenhänge:

1. Das Volumen eines Gases dehnt sich bei einer Erwärmung um 1 Kelvin um den $\frac{1}{273{,}16}$ Teil seines Volumens bei 0 °C aus, wenn der Druck konstant (isobar) bleibt:

$$V_\vartheta = V_0\,(1 + \alpha\,\vartheta) = V_0 \left(1 + \frac{\vartheta}{273{,}16}\right) \quad (p = \text{konst.})$$

ϑ Temperatur in °C; V_0 Volumen bei 0 °C;
V_ϑ Volumen bei der Temperatur ϑ;
α thermischer Ausdehnungskoeffizient der Gase
$\alpha = \frac{1}{273{,}16}$ in K^{-1} (bzw. bei ϑ in grd^{-1})

Mit 273,16 + $\vartheta = T$ (in K) erhält man bei der absoluten Temperatur T für das Volumen V_T

$$V_T = V_0 \left(\frac{273{,}16 + \vartheta}{273{,}16}\right)$$

$$V_T = V_0\,\frac{T}{273{,}16} \quad (p = \text{konst.})$$

Aufgabe

Ein Kubikmeter eines Gases wird von 0 °C auf 200 °C isobar erwärmt.
Welches Volumen nimmt das Gas nun ein?

Mit Erhöhung der Temperatur nimmt die Teilchenbewegung (Geschwindigkeit) zu. Bleibt das Gas im gleichen Volumen eingeschlossen (V = konst., isochor), erhöht sich der Druck in analoger Weise:

$$p_\vartheta = p_0\,(1 + \alpha\,\vartheta) = p_0 \left(1 + \frac{\vartheta}{273{,}16}\right) \quad (V = \text{konst.})$$

$$p_T = p_0 \left(\frac{273{,}16 + \vartheta}{273{,}16}\right) \quad (V = \text{konst.})$$

$$p_T = p_0\,\frac{T}{273{,}16} \quad (V = \text{konst.})$$

p_0 Normaldruck bei 0 °C; p_ϑ bzw. p_T Druck bei der Temperatur ϑ (°C) bzw. T (K oberhalb 0 °C)

2. Bei Erwärmung eines Gases um 1 K erhöht sich der Druck um den $\frac{1}{273{,}16}$ Teil seines Druckes bei 0 °C, wenn das Volumen konstant (isochor) bleibt.

Aufgabe

Durch isochores Erwärmen erhöht sich der Druck eines Gases von 1 bar (bei 0 °C) auf 2 bar. Auf welche Temperatur (in °C) wurde das Gas erwärmt?

Bei Verdichtung eines Volumens V auf die Hälfte, ein Viertel usw. wächst bei gleich bleibender Temperatur der Druck auf den doppelten, vierfachen usw. Wert, denn die Teilchenzahl (Stoffmenge) bleibt konstant. Es erhöht sich die Stoßzahl auf die Wände des Behälters.

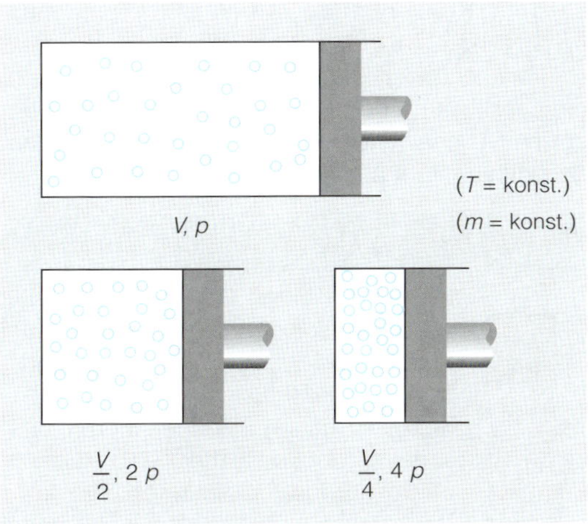

Abb. 2- 5 Zusammenhang von Druck und Volumen

Zum allgemeinen Zusammenhang von Druck p, Volumen V und Temperatur T gelangt man über die Verknüpfung der o. g. Gleichungen ($p_T \equiv p$, $V_T \equiv V$):

$$p \cdot V = p_0 \cdot V_0 \left(\frac{T}{273{,}16} \right)$$

und

$$p_0 \cdot V_0 / 273{,}16 = \text{konst.} = R$$

Der Wert von $p_0 \cdot V_0/273{,}16$ ist für ein Mol Gas im **Normzustand** konstant, d. h., bei $\vartheta = 0\,°C$ (oder $T = 273{,}16$ K) und $p_0 = 101{,}3$ kPa beträgt das **Molvolumen** für alle Gase $V_0 = 22{,}414$ l/mol. Die daraus zu errechnende Konstante ist die **allgemeine Gaskonstante *R*.** Somit ergibt sich bei konstanter Temperatur (isotherm) für ein Mol das **Boyle-Mariotte-Gesetz.**

$$p \cdot V = \text{konst.} \qquad (m = \text{konst.},\ T = \text{konst.})$$

und schließlich die **allgemeine Gasgleichung** (allgemeines Gasgesetz, allgemeine Zustandsgleichung idealer Gase) bei konstanter Temperatur für ein Mol bzw. für n Mole:

$$p \cdot V = R \cdot T \quad \text{und} \quad p \cdot V = n \cdot R \cdot T$$

sowie

$$p \cdot V = \frac{m}{M} \cdot R \cdot T \quad \text{und} \quad p = \frac{\varrho \cdot R \cdot T}{M}$$

n Anzahl der Mole (Masse m dividiert durch die Molmasse M, m/M),
R allgemeine Gaskonstante 8,3145 J · mol^{-1} · K^{-1} oder 8,3145 l · kPa · mol^{-1} · K^{-1}
n Stoffmenge (vgl. Abschnitt 2.2.7)

Die Stoffmenge pro Volumen ist die Konzentration c:

$$c = \frac{n}{V}$$

Somit kann auch geschrieben werden:

$$p = c \cdot R \cdot T$$

Avogadro formulierte die Hypothese, dass alle Gase bei gleicher Temperatur und bei gleichem Druck in gleichen Volumina die gleiche Anzahl von Molekülen enthalten und dass die gleiche Anzahl von Gasmolekülen unter gleichen äußeren Bedingungen (Druck, Temperatur) das gleiche Volumen einnimmt.
Das Volumen von 1 Mol (molares Normvolumen, Molvolumen) eines Gases beträgt bei 0 °C und 101,325 kPa 22414 cm^3 · mol^{-1} (ca. 22,41 l). Unter gleichen Temperatur- und Druckverhältnissen bestimmte Loschmidt die Teilchenzahl in 1 cm^3 Gas. Multipliziert man die Loschmidtsche Zahl mit dem molaren Volumen, so erhält man die **Avogadro'sche Zahl oder Konstante:**

$$2{,}687 \cdot 10^{19}\ \text{Moleküle} \cdot \text{cm}^{-3} \cdot 22\,414\ \text{cm}^3 \cdot \text{mol}^{-1} = 6{,}0226 \cdot 10^{23}\ \text{Moleküle} \cdot \text{mol}^{-1}$$

Aufgaben

1. Welche Masse Sauerstoff besitzen 500 m^3 bei 50 °C und Normaldruck?
2. Welche Masse Stickstoff besitzen 500 m^3 bei 50 °C und einem Druck von 202,650 kPa?
3. Welches Volumen nehmen 5 mol Wasserstoff bei 300 °C und einem Druck von 150 kPa ein?
4. Welches Volumen nehmen 2 mol Wasserstoff bei 100 K und einem Druck von 100 kPa ein?
5. Welche Dichte hat Sauerstoff
   a) unter Normbedingungen?
   b) bei einem Druck von 200 kPa und 100 °C?
6. Die Dichte einer gasförmigen organischen Chlorverbindung beträgt bei einem Druck von 93,4 kPa und einer Temperatur von 77 °C = 4,95 kg · m^{-3}. Wie groß ist die molare Masse M? Welche Verbindung könnte es sein? (Hilfe: Im Molekül ist ein C-Atom enthalten.)

Bereits bei **Normbedingungen** ($T_0 = 0\,°C$; $p_0 = 101{,}325$ kPa) bzw. bei niedrigen Temperaturen und hohen Drücken beeinflussen sich die Gasteilchen gegenseitig über ihre Kräfte. Sie verhalten sich nicht ideal, sondern real. Die genannten Gasgesetze gelten deshalb nur bei geringen Drücken und hohen Temperaturen für so genannte **„ideale Gase".** Bei höheren Drücken und niedrigen Temperaturen sind die Gleichungen mit Korrekturfaktoren gültig **(reale Gase).**

Es ist dafür eine ganze Anzahl von Gleichungen für spezielle Fälle und Druck-/Temperatur-Bereiche aufgestellt worden. Eine häufig angewandte Gleichung ist z. B. die VAN DER WAALS'sche Zustandsgleichung:

$$\left(p + \frac{a}{V^2}\right) \cdot (V - b) = R \cdot T$$ (für 1 Mol, $n \cdot R \cdot T$ für n Mole)

Der Korrekturfaktor a/V^2 berücksichtigt die Wechselwirkungen zwischen den Gas-Molekülen, d. h. die Kraftwirkungen zwischen den Teilchen und b das Eigenvolumen der vorhandenen Moleküle. Diese VAN-DER-WAALS-Konstanten hängen von der Art des Gases ab.

Für jede Gasart gibt es eine spezifische Temperatur, bis zu der sie sich auch bei höheren Temperaturen nahezu ideal verhält, die BOYLE-Temperatur.

Elementare Gase sind (bei Raumtemperatur) H_2, N_2, O_2, F_2, Cl_2, Edelgase (He, Ne, Ar, Kr, Xe, Rn), gasförmige Verbindungen sind z. B. CO_2, NH_3, SO_2, Stickoxide, niedermolekulare Kohlenwasserstoffe wie Methan CH_4, Ethan C_2H_6, Propan C_3H_8, Dimethylether $H_3C-O-CH_3$ u. a.

Gase lassen sich oberhalb einer stoffspezifischen **kritischen Temperatur Θ** sowie eines zugehörigen **kritischen Drucks Π** und einer **kritischen Dichte** nicht mehr verflüssigen. Bei dieser Temperatur besitzt die Dichte des Dampfes den gleichen Wert wie die Dichte der Flüssigkeit. Es besteht also zwischen gasförmigem und flüssigem Zustand kein Unterschied (Übersicht 2-1).

Je höher die Werte für Θ und Π liegen, umso leichter lassen sich Gase verflüssigen.

Gase erwärmen sich beim Komprimieren und kühlen sich bei Ausdehnung ab.

Unterschiedliche Gase mischen sich gleichmäßig durch **Diffusion** (lat. zerstreuen), indem sich die Teilchen entgegen der Schwerkraft verteilen, bis in jedem beliebigen Volumenteil gleiche Zusammensetzung, Konzentration und gleiche Dichte herrschen (Abb. 2-6). Einen solchen Verteilungszustand der Teilchen bezeichnet man als **homogen** (griech. gleichartig) und den Raum, den Bereich, in dem solche Gleichartigkeit herrscht, als **Phase.** Ein Gasgemisch besteht aus einer Phase.

Versuch

Lehrerversuch

Abzug!

R 23, S 23

Füllen Sie einen Standzylinder mit Bromdampf, indem Sie einen Tropfen Brom darin verdunsten lassen und den Zylinder mit einer Glasplatte abdecken. Stülpen Sie einen leeren Zylinder darauf und ziehen Sie die Glasplatte heraus. Beobachten Sie das Vermischen von Bromdampf und Luft durch Diffusion (Abb. 2-6).

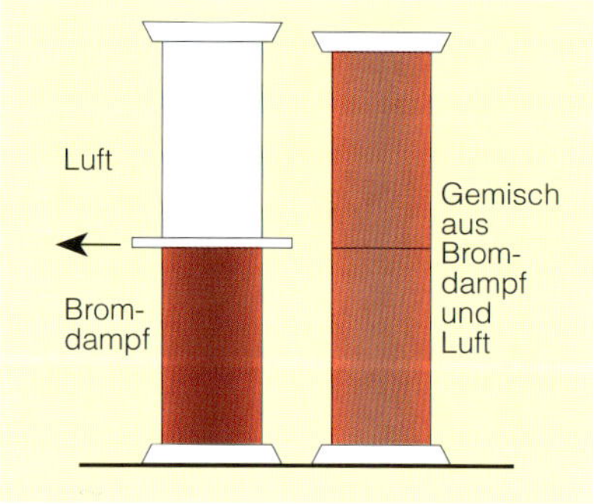

Abb. 2-6
Vermischen von Gasen durch Diffusion

Mischen sich zwei oder mehr verschiedene Gase von gleicher Temperatur und gleichem Druck, ohne dass sich Druck und Temperatur ändern, so setzt sich das Gesamtvolumen V_{ges} aus den Teilvolumina und der Gesamtdruck p_{ges} aus den Teildrücken der einzelnen Gase (Partialdrücken) zusammen (vgl. Übersicht 2-2).

Kritische Konstanten (Kritische Größen) einiger Gase

Gasart	krit. Temperatur Θ in °C	krit. Druck Π in MPa (bzw. bar)	krit. Dichte in kg/L
Wasserstoff	−239,9	1,296 (12,96 bar)	0,0301
Sauerstoff	−118,574	5,043 (50,43 bar)	0,074
Stickstoff	−147,95	3,40 (34,0 bar)	0,087
Kohlenstoffdioxid	+ 31,06	7,3825 (73,825 bar)	0,466
Ammoniak	+132,4	11,30 (113,0 bar)	0,235
Wasserdampf	+374	22,129 (221,29 bar)	0,315
Propan	+ 96,8	4,2 (42 bar)	0,22

Übersicht 2-1

Zusammensetzung der Luft

Bestandteil	Volumenanteile φ in %	Partialdruck bei 101,325 kPa in kPa
Stickstoff	78,09	79,2
Sauerstoff	20,95	21,14
Kohlenstoffdioxid	0,036	0,03
Edelgase u. a. Stoffe	0,924	0,93
	V_{ges} = 100	p_{ges} = 101,30

Übersicht 2-2

2.1.2 Flüssigkeiten

In Flüssigkeiten bzw. Schmelzen sind die Abstände der Teilchen zueinander so gering, dass die Anziehungskräfte überwiegen. Es wird aber keine regelmäßige Anordnung über größere Strecken erreicht. Nur wenige Teilchen sind nah geordnet, zwischen anderen bestehen Lücken (Hohlräume) (Abb. 2-3). Eine gewisse Beweglichkeit der Teilchen ist möglich. Flüssigkeiten sind deshalb nicht formbeständig, aber volumenbeständig. Sie füllen eine vorgegebene äußere Form aus. Sie lassen sich nur wenig komprimieren.

Die Struktur der Flüssigkeiten und die Beweglichkeit bzw. Schwingung der Teilchen **(Brown'sche Molekularbewegung)** ermöglichen, dass lösliche Stoffe innerhalb der Flüssigkeit diffundieren können.

Versuch

Xn

Mindergiftig (Gesundheitsschädlich)

R 25,
R 53,
R 54

In einen Standzylinder, der mit Wasser gefüllt ist, werden einige Kristalle Kupfersulfat $CuSO_4 \cdot H_2O$ gegeben. Der Zylinder wird erschütterungsfrei gut sichtbar aufgestellt. Beobachten Sie über mehrere Wochen die farblichen Änderungen (Abb. 2-7).

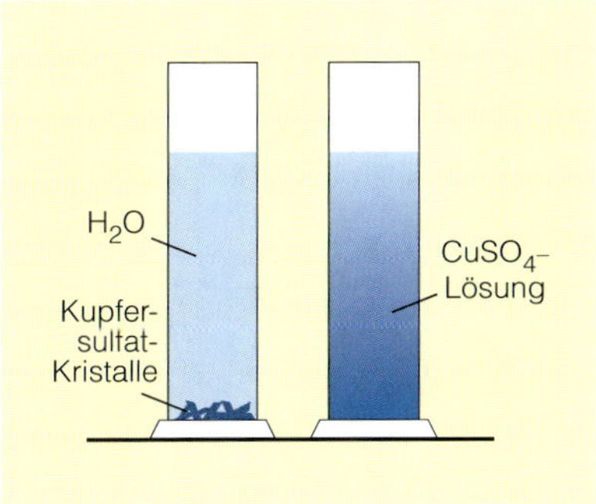

Abb. 2-7
Diffusion von Kupfersulfat in Wasser

Aufgabe

Begründen Sie, weshalb die Diffusion mit steigender Temperatur zunimmt!

Normale Flüssigkeiten bestehen bei Raumtemperatur aus Mikro-Molekülen, jedoch können auch Schmelzen z. B. von Metallen, Salzen u. dgl. als Flüssigkeiten angesehen werden.

Man unterscheidet polare und unpolare Flüssigkeiten. In **polaren Flüssigkeiten** wirken Kräfte, die von Ladungen ausgehen, die ungleich (unsymmetrisch) im Molekül verteilt sind. Sie werden als **Dipol-Kräfte** bezeichnet. Das Symbol dieser Teilchen wird mit (+ −) angegeben (vgl. Abschnitt 8.2).

Unpolare Flüssigkeiten besitzen dagegen nur schwächere zwischenmolekulare Kräfte (Abschnitt 8.3). Die einzelnen Moleküle sind nach außen elektrisch neutral.

Die bedeutendste polare anorganische Flüssigkeit ist Wasser. Flüssiger Ammoniak NH_3 ist ein wasserähnliches Lösungsmittel, das Salze und Alkalimetalle löst (z. B. Natrium für die Reduktion organischer Verbindungen). Polare organische Flüssigkeiten sind z. B. niedere Alkohole, Aceton (Dimethylketon), Methylenchlorid, Dimethylformamid (DMF) u. a.

Unpolare organische Flüssigkeiten sind die niederen Alkane (Pentan, Hexan usw.), Tetrachlormethan u. a.

Im Innern der Flüssigkeit sind die Kräfte zwischen benachbarten Molekülen im Gleichgewicht. Die Wechselwirkungen der Teilchen, die sich in der Oberfläche (Grenzfläche) befinden, verteilen sich auf eine geringere Anzahl von Nachbarmolekülen (Abb. 2-8). Die stärkere Anziehung äußert sich in der **Oberflächenspannung** von Flüssigkeiten. Diese ist bei polaren Flüssigkeiten größer als bei unpolaren.

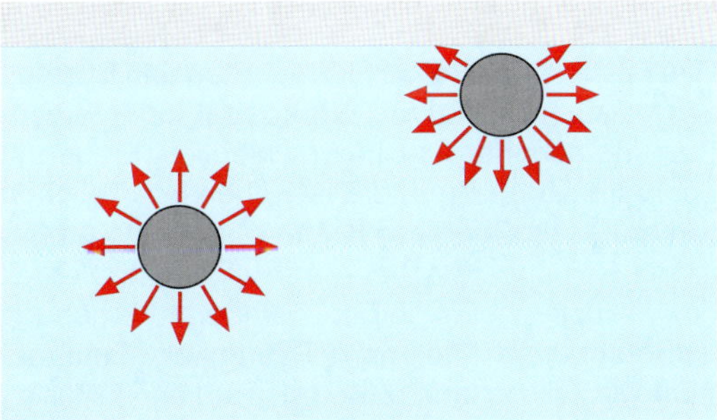

Abb. 2-8
Kräfteverteilung zwischen Molekülen im Innern und in der Oberfläche von Flüssigkeiten

Die Kräfte, die zwischen den Molekülen wirken, müssen beim Verdampfen unter Aufnahme der Verdampfungswärme überwunden werden. Nach dem Energieerhaltungssatz wird sie beim Kondensieren als Kondensationswärme wieder freigesetzt. Ist der Dampfdruck gleich dem äußeren Druck, siedet die Flüssigkeit. Reine Flüssigkeiten haben bei Normaldruck von 101,325 kPa eine charakteristische Siedetemperatur.

Durch die Oberflächenspannung sind die Flüssigkeiten bestrebt, eine möglichst kleine Oberfläche gegen eine Gasphase oder einen festen Stoff einzunehmen („Kugelform" von Regentropfen, „hängender Wassertropfen" am Wasserhahn, Quecksilbertropfen auf einer festen Unterlage etc).

Wechselwirkung von festem Stoff und einer Flüssigkeit beobachtet man in sehr dünnen Röhren, sog. Kapillaren, in die eine Flüssigkeit durch Kräfte zwischen Glas und Flüssigkeit „hinaufgesaugt" wird.

Besteht eine stärkere Wechselwirkung zwischen einem festen Stoff und einer Flüssigkeit, spricht man von benetzenden Flüssigkeiten, z. B. beobachtet man, dass in Glasgefäßen (z. B. in Büretten u. Ä. gut zu sehen) die Flüssigkeit am Rand höher steht als davon entfernt. Bei nicht benetzenden Flüssigkeiten ist der Rand zum Glas hin eingewölbt (Abb. 2-9).

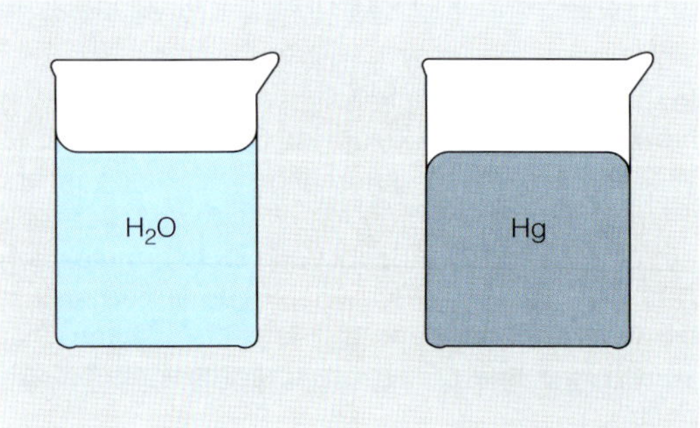

Abb. 2-9
Benetzende und nicht benetzende Flüssigkeiten

Das Fließvermögen von Flüssigkeiten und Schmelzen – auch **Zähigkeit, Viskosität** oder innere Reibung genannt – ist unterschiedlich. Es beruht ebenfalls auf Kräften, die zwischen den Teilchen wirken. Je größer diese Kräfte sind, desto größer ist die Reibung zwischen den Teilchen und damit die Viskosität beim Fließen. Temperaturerhöhung schwächt die Kräfte und die Zähigkeit nimmt ab. Auch die Teilchengröße wirkt sich auf die Viskosität aus. Stoffe, die aus großen Korpuskeln bestehen (z. B. Öle, Glasschmelzen), fließen zäher als solche aus kleinen Teilchen (z. B. Wasser, Aceton, Pentan).

Besondere Bedeutung haben Flüssigkeiten als Lösungsmittel. An erster Stelle steht das Wasser (vgl. Abschnitt 2.4.4). Andere bedeutsame Lösungsmittel sind organische Verbindungen wie z. B. Benzin, Alkanole (Alkohole), Chloralkane, Alkanone (Ketone) (vgl. Kapitel 16).

2.1.3 Festkörper

Feste Stoffe sind bei Raumtemperatur formbeständig. Die Teilchen können ihre Plätze nicht ohne weiteres wechseln. Sie sind in echten Festkörpern geordnet, d. h., in Richtung der drei Raumkoordinaten x, y und z nehmen sie konstante Abstände a, b, c und Winkel α, β, γ zueinander ein (Abb. 2-10). Diese Merkmale kennzeichnen die **kristalline Struktur** bzw. kristalline Stoffe. Bei Metallen kommen vor allem **kubische** (lat. Würfel) und **hexagonale** (lat. Sechseck) **Kristallgitter** vor (Abb. 2-11; vgl. dazu Abschnitt 9.3.2). Es gibt 7 einfache **Kristallsysteme** (Abb. 2-12). Die kleinste wiederkehrende Baueinheit des Kristallgitters ist die **Elementarzelle.**

Die anziehenden Kräfte zwischen den Teilchen sind stärker und die Teilchen sind dichter gepackt als bei Flüssigkeiten (Abb. 2-4). Die Beweglichkeit ist im Vergleich zu den Flüssigteilchen wesentlich kleiner.

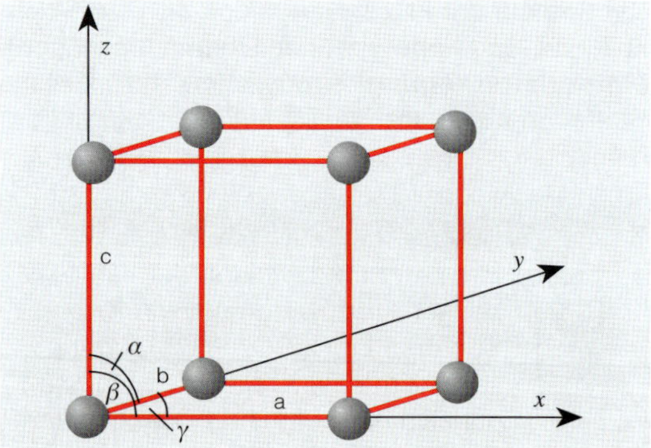

Abb. 2-10
Teilchenabstände a, b, c und Winkel α, β, γ im Kristallgitter am Beispiel des kubischen Systems

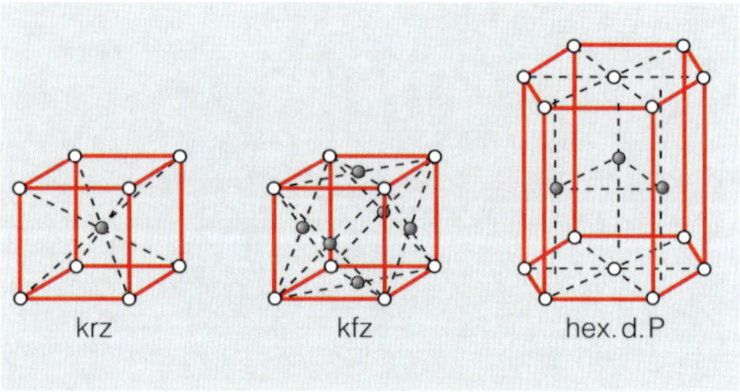

Abb. 2-11
Kubisch-raumzentriertes, kubisch-flächenzentriertes Gitter und hexagonal-dichte Packung

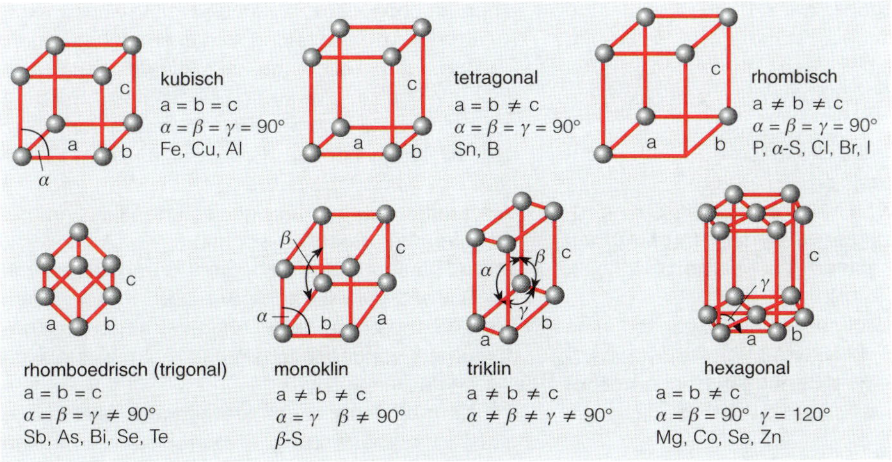

Abb. 2-12
Die 7 einfachen Kristallsysteme (Elementarzellen; Vorkommen bei Elementen)

Die Atome der Metalle sowie einfache Ionen stellt man sich als Kugeln vor, die sich berühren (Abb. 9-3, Seite 133). In den einfachen Kristallsystemen bestehen zwischen den Teilchen freie Räume, sog. Zwischengitterplätze. Im einfach kubischen Gitter (das mehr von theoretischem Interesse ist) beträgt die Raumausfüllung nur 52 %. Diese einfachen Elementarzellen kommen deshalb nicht (bzw. kaum) vor. Der Kristallaufbau der Metalle, Nichtmetalle, Salze u. a. Verbindungen ist komplizierter. Die Teilchen dieser Stoffe füllen den Raum der Zellen stärker aus. Es bestehen weniger „Hohlräume". Die höchste **Packungsdichte** (Raumausfüllung), die in den kristallinen Stoffen vorkommt, beträgt bei der hexagonal dichtesten Packung und bei der kubisch-flächenzentrierten Kristallstruktur 74 % (26 % **Zwischengitterplätze;** freier, nicht belegter Raum). Im kubisch-raumzentrierten Gitter sind 68 % des Zellenvolumens ausgefüllt. Die Anzahl der Teilchen, die sich in der Zelle direkt berühren, wird als **Koordinationszahl** bezeichnet (Abb. 9-3). Die Übersicht 2-3 gibt einige charakterisierende Merkmale der wichtigsten Metall-Gittertypen an.

Abb. 2-13 zeigt Beispiele von komplizierteren Elementarzellen einiger Verbindungen. Aus den 7 einfachen Kristallsystemen leiten sich 32 Kristallklassen ab, die sich noch in 230 verschiedene Strukturen unterteilen.

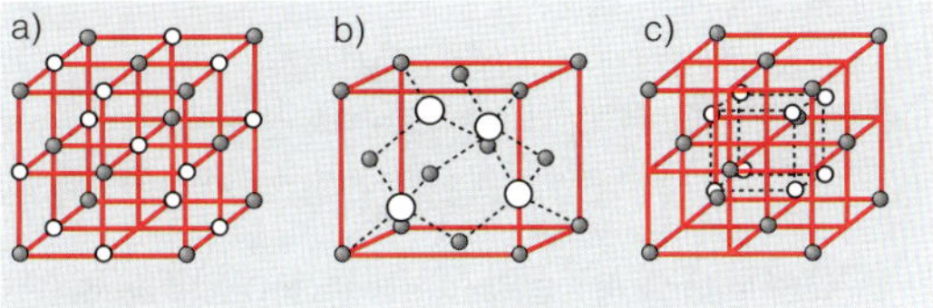

Abb. 2-13
Beispiele für kompliziertere Kristallstrukturen
a) Kochsalz-Typ, b) Zinkblende-Typ, c) Flussspat-Typ

Aufgabe

Versuchen Sie, sich die Anzahl der Atome/Zelle sowie die Koordinationszahl wenigstens der einfach-kubischen und kubisch-raumzentrierten Zelle mithilfe der Abb. 2-11 zu verdeutlichen! Beachten Sie dabei, dass die Zellen untereinander verbunden sind und z. B. ein Eckatom zu 7 weiteren Zellen gehört! Auch die Packungsdichte lässt sich leicht (zumindest für das einfach-kubische, das krz- und kfz-Gitter) mittels geometrischer Zusammenhänge errechnen! (Kugelvolumen der Atome: $4/3 \cdot \pi \cdot r^3$)

Charakteristische Merkmale einiger Gittertypen

	einfach-kubisch	kubisch-raumzentriert (krz)	kubisch-flächenzentriert (kfz)	hexagonal dicht gepackt
Atome pro Zelle	1	2	4	6
Koordinationszahl	6	8	12	12
Packungsdichte	52 %	68 %	74 %	74 %
Vorkommen bei Metallen	Po (?)	α-Fe, W, Mo, V, Na, K, Ba, Ca	γ-Fe, Al, Cu, Pb, Au, Ag, Pt, Kr	Mg, Zn, Cd, He

Übersicht 2-3

Typisch kristalline Stoffe sind z. B. alle Metalle und Nichtmetalle im festen Zustand sowie Salze und Mineralien. Sie besitzen eine Schmelztemperatur, wenn sich der Stoff nicht unterhalb des Schmelzpunktes zersetzt.
Es gibt aber auch feste Stoffe, deren Teilchen ungeordnet sind. Sie besitzen zumeist große Moleküle oder ein Netzwerk von Molekülen, sodass eine regelmäßige Anordnung erschwert ist. Ihren Aufbau bezeichnet man als **glasartig** oder **amorph** (griech. ohne Gestalt, Abb. 2-14).
Zu den amorphen Stoffen gehören Glas und viele Kunststoffe wie z. B. Polystyrol, Polymethylacrylat. Teilweise geordnet oder **teilkristallin (mesomorph)** sind Polyethylen und Polyamid.

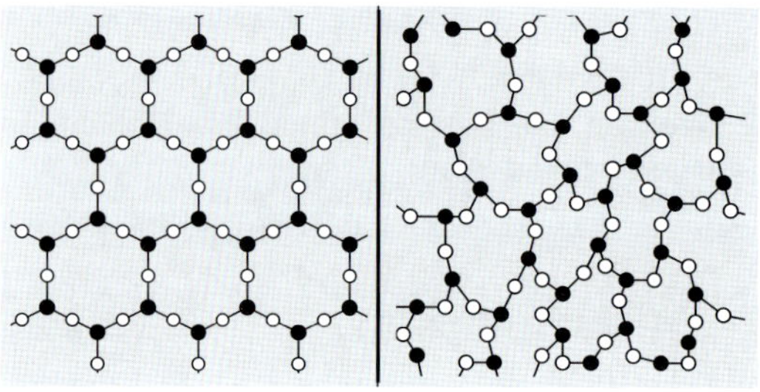

Abb. 2-14
Unterscheidung kristalliner (geordneter) und amorpher Strukturen
a) kristalliner Quarz SiO_2 b) amorpher Quarz SiO_2

2.1.4 Phase – Phasenänderung

Als **Phase** bezeichnet man in der Chemie und anderen naturwissenschaftlichen Disziplinen Zustandsformen von Stoffen oder in Stoffgemischen, die in allen Volumina eine einheitliche Beschaffenheit oder Homogenität (griech. homogen, gleichartig) besitzen, d. h., in einer Phase sind in jedem Raumbereich Dichte, Zusammensetzung, Verteilung, Konzentration, optische Eigenschaften, bei festen Phasen das Kristallgitter u. a. gleich.
Beispielsweise kommt H_2O bei bestimmten Druck-Temperatur-Verhältnissen in drei Phasen nebeneinander vor: Wasserdampf, flüssiges Wasser und Eis (Eisstücke in Wasser und im Kontakt mit Luft). Ein System aus einer Ölschicht auf Wasser setzt sich aus zwei Phasen zusammen: Eine gesättigte Lösung mit ungelöstem Salz als Bodenkörper besitzt auch zwei Phasen. Gut gemischte Gase besitzen immer nur eine Phase.
Unterschiedliche sich berührende Phasen in Stoffgemengen (Schwebeteilchen im Abwasser, Rußteilchen in der Luft, feste Salzgemische, Metalllegierungen mit Kristall-Gemischen) sind immer durch eine Phasengrenze (Grenzfläche) scharf voneinander ohne allmählichen Übergang abgegrenzt. An der Grenzfläche ändert sich die Beschaffenheit. Bei Änderungen des Aggregatzustandes ändert sich auch die Phase, z. B. wenn Blei schmilzt. Solange noch nicht aufgeschmolzene Pb-Anteile vorliegen, besteht das System aus fester und flüssiger Phase (von Pb-Dampf abgesehen). Oder: Während des Verdampfens einer Flüssigkeit stehen flüssige und dampfförmige Phase in Kontakt.
Jeder Phasenübergang beginnt grundsätzlich mit der Bildung von Keimen der neuen Phase. Beim Verdampfen bilden sich Dampfkeime, beim Kondensieren Kondensationskeime, beim Kristallisieren Kristallkeime usw.
Die **Keimbildung** ist der schwierigere Teilvorgang einer Phasenänderung. Beispielsweise müssen sich beim Kristallisieren einer Schmelze oder beim Bilden eines Niederschlags mehrere Atome, Ionen oder Moleküle zu einem Mikro-Kristallgitter, das für den festen Stoff charakteristisch ist, zusammenfinden.
Bei Metallschmelzen rechnet man mit 50 bis 100 Atomen, die für einen Keim notwendig sind. Der Energieaufwand ist für die Teilchen beim Verlassen der flüssigen Phasen, d. h. bei der Keimbildung, größer als der Energiegewinn bei der Gitterbildung. Außerdem unterliegen die zusammentretenden Atome thermischen Stößen durch Partikel der umgebenden Schmelze. Die sich bildenden Keime können wieder zerstört werden, und es setzt dadurch bei der Erstarrungstemperatur keine Kristallisation ein. Die Bildung der neuen Phase ist gehemmt. Dem Betrachter erscheint es, „als habe der Stoff sein Kristallgitter vergessen“. Häufig muss erst ein Energieverlust und eine geringe Unterkühlung einsetzen (vgl. Abb. 2-13c), wodurch die thermischen Schwingungen der Atome geringer werden. Dann können Teilchen zu einem stabilen Keim zusammenwachsen. Das sich nun anschließende Kristallwachstum durch Anlagern von weiteren Atomen an die Keime erfolgt mit großer Geschwindigkeit und unter Energieabgabe (vgl. Abb. 2-13c).
Die am Beispiel der Kristallisation dargestellte Schwierigkeit bei der Keimbildung tritt in ähnlicher Weise oder in anderer Form bei allen Phasenänderungen auf.
Keime bilden sich nicht nur bei der Unterkühlung von Schmelzen, z. B. bei der Abgabe von Wärmeenergie über die Gefäßwand (die Kristallisation geht von außen nach innen vor sich!). Auch ein Kratzen an der Innenwand eines Reaktionsgefäßes, das eine Lösung enthält, mit einem Glasstab fördert häufig die Einleitung der Bildung eines Niederschlags. Auch die Zugabe eines „Impfkristalls“ aus dem gleichen Stoff zu einer übersättigten Salzlösung erleichtert die Kristallisation.

Dampfkeime beim Verdampfen einer Flüssigkeit bilden sich leicht, wenn „Siedesteine“ hinzugegeben werden (Verhinderung des stoßweisen Siedens, d. h. des Siedeverzugs durch Förderung der Keimbildung an der Oberfläche der Siedesteine). Verunreinigungen können als „Fremdkeime“ wirken, die natürlich beim sauberen analytischen oder präparativen Arbeiten unerwünscht sind. Das Wirken von solchen Fremdkeimen ist besonders gut bei meteorologischen Erscheinungen zu beobachten (Nebel-Bildung an Staubteilchen bei Smog-Situationen.)

2.2 Reine Stoffe

2.2.1 Merkmale reiner Stoffe – Elemente und Verbindungen

Elemente und Verbindungen sind reine Stoffe (Übersicht 2-4). Sie bestehen aus einer Stoffart, d. h. auch aus einer Teilchenart. Die Teilchenarten, die den Stoff aufbauen, bezeichnet man als **Komponente.**

Reines Aluminium besteht aus Aluminiumatomen. Die Komponente von Eisen sind Eisenatome, die von Schwefeldioxid SO_2-Moleküle.

Reine Stoffe sind gleichmäßig zusammengesetzt, **homogen.** Sie bestehen aus einer Phase. Vorhandene Fremdstoffe werden als **Verunreinigungen** bezeichnet.

Einteilung der Stoffe nach ihrer Zusammensetzung

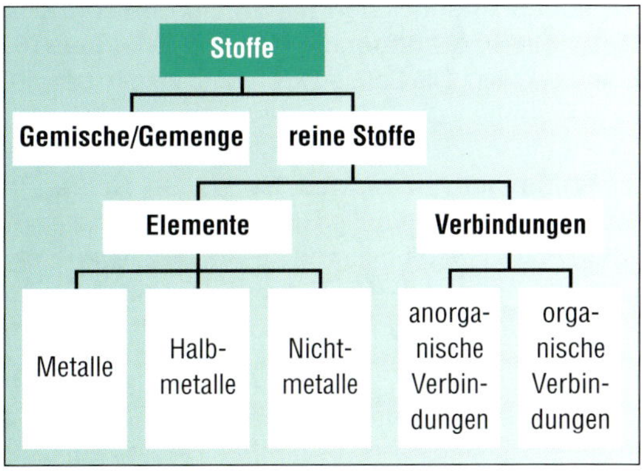

Übersicht 2-4

In der Natur treten die Stoffe zumeist als Mischungen (Gemische/Gemenge) auf.

Elemente

> Atome (griech. unteilbar) sind die kleinsten Teilchen eines Elements.

Ein Element besteht aus Atomen gleicher Protonenzahl. Da die Protonen sich im Atomkern befinden und eine positive Ladung tragen, kann man wie folgt definieren:

> Ein Element ist ein Stoff, dessen Atome die gleiche Kernladungszahl haben (vgl. Abschnitt 5.2).

Einteilung der natürlichen Elemente

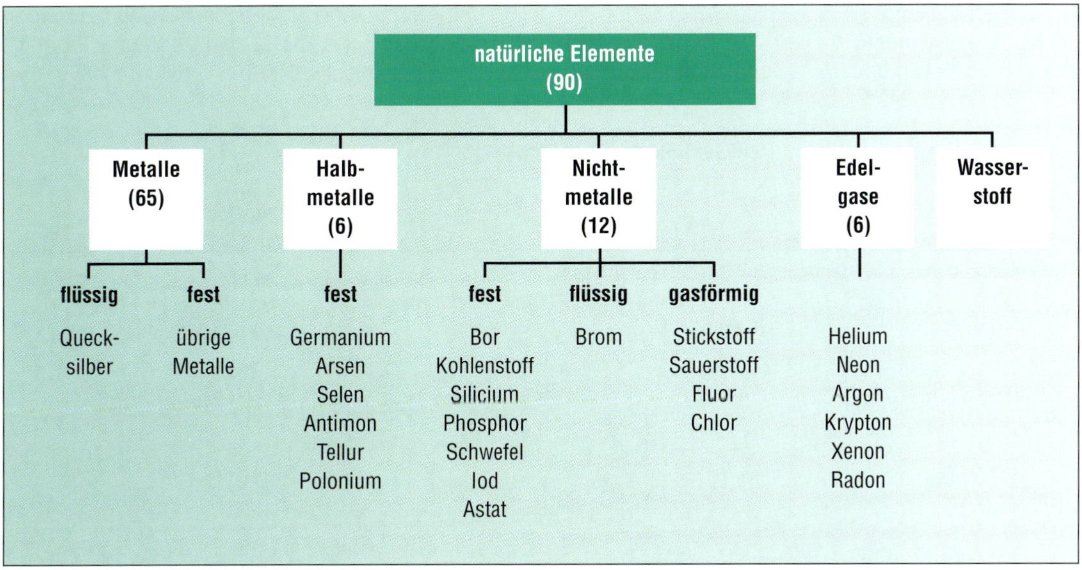

Übersicht 2-5

In der Natur wurden 90 Elemente nachgewiesen. Nach den wesentlichen Merkmalen lassen sich **Metalle** (65), **Nichtmetalle** (12) und **Edelgase** (6) unterscheiden. Die übrigen Elemente zeigen sowohl Eigenschaften der Metalle als auch der Nichtmetalle. Auf Grund ihrer Zwischenstellung werden sie als **Halbmetalle** bezeichnet: Ge, As, Se, Sb, Te, Po (manchmal werden auch Bor und Silicium dazugezählt). Wasserstoff nimmt eine Sonderstellung ein (vgl. Abschnitt 9.4.1). Die Elemente Technetium und Promethium (Ordnungszahl 43 und 61) wurden in der Natur nicht gefunden.

Elemente können durch chemische Methoden nicht in andere Stoffe zerlegt werden, weil Atome auf chemischem Wege nicht teilbar sind. Sie lassen sich jedoch mithilfe von kernphysikalischen Verfahren (Kernspaltung, Kernfusion oder -verschmelzung) verändern. Durch Kernfusion sind 25 neue, radioaktive Elemente erzeugt worden. Insgesamt waren 2006 115 Elemente bekannt.

Für die Bezeichnung der chemischen Elemente verwendet man **chemische Zeichen** oder **Symbole.** Es sind Abkürzungen, zumeist die Anfangsbuchstaben der lateinischen oder griechischen Elementnamen. Bei Verwechslungsmöglichkeiten werden zwei Buchstaben benutzt. Das Symbol gibt nicht nur den Stoff an, sondern es ist auch das Zeichen für ein Atom des betreffenden Elementes (weitere Bedeutung s. Abschnitt 2.2.7; Elementnamen und Symbole siehe Anhang). Elemente und Verbindungen besitzen charakteristische, voneinander verschiedene Eigenschaften: Schmelz- und Siedetemperatur, Dichte, Härte, Farbe, Plastizität oder Sprödigkeit, Bindungsbestreben zu anderen Stoffen und Löslichkeit in Lösungsmitteln. Elemente, die bei Normtemperatur (0 °C) fest sind, haben zumeist zwischen 0 Kelvin und der Schmelztemperatur ein gleich bleibendes Kristallgitter (Al, Au, Ag, Cl u. a.). Bei den so genannten **allotropen** oder **polymorphen Elementen** (z. B. S, C, N) ändert sich die Teilchenordnung. Sie treten in verschiedenen **Modifikationen** oder Erscheinungsformen auf (Übersicht 2-6).

Die Elemente kommen in der Natur zumeist gebunden vor. Wegen unterschiedlicher Löslichkeit und Flüchtigkeit der Stoffe sind sie in der **Lithosphäre** (Erdrinde), **Hydrosphäre** (Wassermantel), **Atmosphäre** (Lufthülle) und **Biosphäre** (belebter Raum, belebte Natur) sehr verschieden verteilt (Übersicht 2-7).

Verbindungen

Verbindungen bestehen aus zwei oder mehr Elementen und somit aus zwei oder mehr Atomarten, die im Verlauf chemischer Vorgänge Moleküle oder Ionen gebildet haben. Sie unterscheiden sich von den in ihnen enthaltenen Elementen durch andere Eigenschaften. Verbindungen sind reine Stoffe.

Die kleinsten Teilchen einer Verbindung sind Moleküle oder Ionen. Verbindungen entstehen im Verlauf von chemischen Vorgängen. Sie können nur mithilfe von chemischen Reaktionen zerlegt werden. Die Zusammensetzung von Verbindungen ist konstant.

In Verbindungen sind die Atome entsprechend ihrer **Wertigkeit** miteinander gebunden. Daraus ergeben sich bestimmte Atomverhältnisse. Viele Elemente treten in mehreren Wertigkeiten auf (Übersicht 2-8).

Ca. 2 % der bekannten chemischen Verbindungen sind anorganische Stoffe und 98 % bzw. über 17 Millionen organische Stoffe.

Allotrope Elemente – allotrope Umwandlungen (Beispiele)

Element	Bezeichnung der Modifikation	Gitterstruktur (Kristallsystem)	Umwandlungstemperatur
Sauerstoff	α - O_2 β - O_2 γ - O_2	rhombisch rhomboedrisch kubisch	$\alpha-O_2 \xrightleftharpoons{23{,}9\ K} \beta-O_2 \xrightleftharpoons{54{,}4\ K} \gamma-O_2$
Eisen	α - Fe γ - Fe δ - Fe	kubisch (krz) kubisch (kfz) kubisch (krz)	$\alpha-Fe \xrightleftharpoons{911\ °C} \gamma-Fe \xrightleftharpoons{1392\ °C} \delta-Fe$
Zinn	α - Sn β - Sn	Diamantgitter tetragonal	$\alpha-Sn \xrightleftharpoons{13{,}2\ °C} \beta-Sn$

Übersicht 2-6

Verteilung einiger Elemente nach ihrer Häufigkeit in der Lithosphäre, Hydrosphäre und Atmosphäre

Element	Lithosphäre Massenanteil in %	Hydrosphäre Massenanteil in %	Atmosphäre Massenanteil in %	Atmosphäre Vol.-anteil in %	tierischer und menschlicher Organismus Massenanteil in %
O	49,0	85,9	23,14	20,95	65,0
Si	25,7				0,002
Al	7,6				0,001
Fe	4,7				0,01
Ca	3,4	0,04			2,01
Na	2,6	1,07			0,11
K	2,5	0,04			0,27
Mg	1,9	0,13			0,04
H	0,9	10,8			10,0
Ti	0,6				
Cl	0,2	1,94			0,15
S	0,05	0,002			
C	0,09	0,03	0,046	0,036	18,0
N	0,002	0,0001	75,5	78,09	3,0
Ar			1,28	0,91	
übrige Elemente	zu 100 %	zu 100 %	zu 100 %	zu 100 %	zu 100 %

Übersicht 2-7

Wertigkeiten häufiger Elemente

Wertigkeiten	Elemente
+I	H, Li, Na, K, Ag, Cu; N, Cl, Br, I
+II	Mg, Ca, Sr, Ba, Fe, Ni, Cu, Hg, Pb, Mn; S, C, N
+III	Al, Fe, Cr; Cl, Br, I, As, B, N, P
+IV	Sn, Pb, Mn; Cl, S, N, C, Si
+V	P, N, As, Cl, Br, I
+VI	Mn, Cr; S, Se, Te
+VII	Mn; Cl, I
–I	F, Cl, Br, I
–II	O, S
–III	N, P, As
–IV	C, Si

Übersicht 2-8

Anmerkung: zu Wertigkeiten und Ladungen vgl. auch Abschnitte 7.3.2 und 7.4.3.

2.2.2 Formeln

Formeln sind die chemischen Zeichen für Verbindungen. Sie setzen sich aus den Symbolen der Elemente zusammen, welche die Verbindung aufbauen. Die Formeln geben auch an, in welchem Verhältnis die Elemente enthalten sind.
Man unterscheidet Strukturformeln und Summenformeln (Bruttoformel).

In den **Summenformeln** (Brutto-, Substanzformel) wird das Zahlenverhältnis der beteiligten Atome durch Indizes angegeben (die Zahl 1 wird nicht geschrieben).

Beispiele:

Stoff	Atom – Zahlen-Verhältnis	Summenformel
Wasser	H : O = 2 : 1	H_2O
Zinkoxid	Zn : O = 1 : 1	ZnO
Aluminiumoxid	Al : O = 2 : 3	Al_2O_3
Methan	C : H = 1 : 4	CH_4
Schwefelsäure	H : S : O = 2 : 1 : 4	H_2SO_4
Chlormethan	C : H : Cl = 1 : 3 : 1	CH_3Cl
Kohlenstoffdioxid	C : O = 1 : 2	CO_2

Die **Strukturformel (Lewis-Formel)** zeigt durch Bindestriche (bzw. Doppelpunkte), welche Atome miteinander gebunden sind, ohne darüber zu informieren, wie die Bindung zustande gekommen ist. Die Anzahl der Bindestriche (oder Doppelpunkte) entspricht der Wertigkeit.

Beispiele:

Verbindung	Strukturformel	Summenformel	Wertigkeiten
Schwefeldioxid	O=S=O	SO_2	O 2-wertig S 4-wertig
Schwefelsäure	H–O╲ ∕∕O S H–O∕ ╲╲O	H_2SO_4	H 1-wertig S 6-wertig O 2-wertig
Phosphorsäure	H–O╲ H–O–P=O H–O∕	H_3PO_4	H 1-wertig P 5-wertig O 2-wertig
Chlormethan	H╲ H–C–Cl H∕	CH_3Cl	H 1-wertig C 4-wertig Cl 1-wertig

Aufgaben

1. Stellen Sie die Formeln für die Chlorverbindungen der Elemente Ag, Mg, Ba, Zn, Al, Si, C, As, Hg auf!
2. Die Elemente Fe, Cu, Pb, Sn treten in mehreren Wertigkeiten auf. Wie lauten die Struktur- und Summenformeln für die Chloride und Oxide?

2.2.3 Gleichungen

Bei chemischen Prozessen finden Stoffumwandlungen statt. Atome, Ionen (geladene Atome oder Atomgruppen) und/oder Moleküle treten in **Synthese-Reaktionen** zu neu zusammengesetzten Teilchen zusammen, oder es werden in **Analyse-Reaktionen** Moleküle in einfachere Teilchen getrennt.

Der chemische Vorgang wird mithilfe von Gleichungen beschrieben. Auf der linken Seite gibt man die Ausgangsstoffe oder **Edukte,** auf der rechten die Endstoffe oder **Produkte** an. Der Reaktionspfeil zeigt die Richtung des Vorgangs an. Ein Doppelpfeil ($\rightleftharpoons$) wird gesetzt, wenn auch eine Rückreaktion erfolgt (vgl. chemisches Gleichgewicht).

Bei der Formulierung der Gleichungen sind zwei Grundsätze zu beachten:

1. Links und rechts des Reaktionspfeils müssen die jeweiligen Elemente in der Zahl der Atome übereinstimmen.
2. Elemente verbinden sich in konstanten Atomverhältnissen, die in den Formeln ausgedrückt werden.

Daraus lässt sich folgender Algorithmus für die Formulierung chemischer Gleichungen aufstellen:

1. Schritt:
   Edukte und Produkte vollständig formulieren.
2. Schritt:
   Wertigkeiten der Elemente feststellen und exakte Formeln für die Verbindungen angeben.
   HNO-Regel beachten:
   Wasserstoff, Stickstoff, Sauerstoff und die Elemente der 7. Hauptgruppe sind molekular anzugeben: H_2, N_2, O_2, F_2, Cl_2, Br_2, I_2 (vgl. Abschnitt 7.4.2).
3. Schritt:
   Die Atomzahl jedes Elementes auf der linken und rechten Seite der Gleichung überprüfen (Stoff-Mengenprüfung).
4. Schritt:
   Mithilfe von ganzzahligen Koeffizienten die linke und rechte Seite der Gleichung in Übereinstimmung bringen (Stoffmengenausgleich). Die Formeln der Verbindungen bleiben unverändert!

Beispiele

1. Reaktion des Phosphoroxids P_2O_3 (Phosphortrioxid) mit Wasser zu Phosphoriger Säure H_3PO_3
   1. Schritt:
      $P_2O_3 + H_2O \rightarrow H_3PO_3$
   2. Schritt:
      P 3-wertig, O 2-wertig P_2O_3
      H 1-wertig, O 2-wertig H_2O
      Formel der phosphorigen Säure H_3PO_3
   3. Schritt:
      Da in P_2O_3 2 Atome P, in H_3PO_3 aber nur 1 Atom P enthalten ist, entstehen aus 1 Molekül P_2O_3 2 Moleküle H_3PO_3
      $P_2O_3 + H_2O \rightarrow 2\ H_3PO_3$
   4. Schritt:
      Edukte: 2 P-Atome, 2 H-Atome, 4 O-Atome
      Produkte: 2 P-Atome, 6 H-Atome, 6 O-Atome
      Der Ausgleich wird erreicht durch 3 H_2O
      $P_2O_3 + 3\ H_2O \rightarrow 2\ H_3PO_3$

2. Reaktion von Magnesium mit Sauerstoff zu Magnesiumoxid MgO
   1. Schritt:
      $Mg + O \rightarrow MgO$
   2. Schritt:
      Beide Elemente sind 2-wertig, Sauerstoff kommt nur molekular als O_2 vor
   3. Schritt:
      2 Atome Sauerstoff in O_2 führen zur Bildung von 2 Molekülen MgO
      $Mg + O_2 \rightarrow 2\ MgO$
   4. Schritt:
      Edukte: 1 Mg, 2 O,
      Produkte: 2 Mg, 2 O
      In der Gleichung muss Mg den Koeffizienten 2 erhalten, damit sich Ausgangs- und Endprodukte in Übereinstimmung befinden
      $2\ Mg + O_2 \rightarrow 2\ MgO$

Die chemische Gleichung hat eine qualitative Bedeutung, indem sie angibt, welche Stoffe sich binden und welche Produkte entstehen. Sie enthält aber auch eine quantitative Aussage, wie in Abschnitt 2.2.7 gezeigt wird.

Aufgaben

Bestimmen Sie in den folgenden Gleichungen die Koeffizienten:

1. FeS_2	$+ O_2$	→	Fe_2O_3	$+ SO_2$
2. NH_3	$+ O_2$	→	NO	$+ H_2O$
3. HNO_3	$+ HCl$	→	$NOCl$	$+ H_2O + Cl_2$
4. $POCl_3$	$+ H_2O$	→	H_3PO_4	$+ HCl$
5. H_2S	$+ O_2$	→	H_2O	$+ SO_2$
6. H_2S	$+ SO_2$	→	H_2O	$+ S$
7. PbS	$+ H_2O_2$	→	$PbSO_4$	$+ H_2O$
8. Fe_3O_4	$+ Al$	→	Fe	$+ Al_2O_3$
9. $Ca(OH)_2$	$+ H_3PO_4$	→	$Ca_3(PO_4)_2$	$+ H_2O$
10. C_7H_{16}	$+O_2$	→	CO_2	$+ H_2O$

2.2.4 Nomenklatur

In der Geschichte der Chemie wurde jedem neu entdeckten Stoff ein Name zuerkannt. In der Regel erfolgte die Bezeichnung nach der Herkunft, dem Entdecker, einer Eigenschaft, der Verwendung o. a. Die Namen, die sich einbürgerten, sind z. T. noch als so genannte traditionelle oder **Trivialnamen** in Gebrauch.

Mit wachsender Zahl der synthetisierten Verbindungen und zunehmender Erkenntnis über die Zusammensetzung und die Struktur der Stoffe sowie über die chemische Verwandtschaft wurde es möglich, eine Systematik für die Bezeichnung zu schaffen. Der einheitliche Gebrauch der Namen sollte die internationale Verständigung erleichtern.

Eine Richtlinie für die wissenschaftliche Benennung der Elemente und Verbindungen (Nomenklatur) muss auf einheitlich anwendbaren Prinzipien beruhen. Dieser Aufgabe stellt sich die Nomenklaturkommission der **IUPAC** (International Union of Pure and Applied Chemistry), die verbindliche Regeln für die **Nomenklatur** anorganischer und organischer Stoffe herausgibt.

Es gibt drei **Nomenklatursysteme:**

1. Die **Binärnomenklatur** reiht Elementnamen oder davon abgeleitete Namen aneinander.
   Z. B. Salze mit einwertig negativem Chlor heißen Chloride. Numerische Vorsilben werden hinzugesetzt, wenn ein Element mehrfach auftritt. Die Vorsilbe Mon- oder Mono- (für eins) wird weggelassen, wenn keine Verwechslungen mit anderen Verbindungen auftreten können:

mono	eins	hexa	sechs
di	zwei	hepta	sieben
tri	drei	octa	acht
tetra	vier	nona	neun
penta	fünf	deca	zehn

   Beispiele:
   $NaCl$ Natriumchlorid (nicht Mononatriumchlorid)
   N_2O Distickstoffoxid, NO Stickstoffmonoxid
   NO_2 Stickstoffdioxid, S_2Cl_2 Dischwefeldichlorid
   SO_2 Schwefeldioxid, SO_3 Schwefeltrioxid

   Daneben sind noch Angaben der Wertigkeit durch römische Ziffern im Verbindungsnamen gebräuchlich, wenn sich Elemente in mehreren Wertigkeitsstufen binden.

   Beispiele:
   Schwefel(IV)-oxid SO_2
   Schwefel(VI)-oxid SO_3
   Kupfer(I)-oxid Cu_2O
   Kupfer(II)-oxid CuO
   Stickstoff(I)-oxid N_2O
   Stickstoff(II)-oxid NO

2. Die **Koordinationsnomenklatur** gilt für Koordinations- oder Komplexverbindungen (vgl. Abschnitt 10.5).

3. Die **Substitutionsnomenklatur** wird vor allem für organische Verbindungen angewendet, sie ist aber auch für die Kennzeichnung vieler anorganischer Verbindungen geeignet. Häufig geht man von der Wasserstoffverbindung des bestimmten Elementes als Grund- oder Stammverbindung aus (z. B. von der Silicium-Wasserstoffverbindung Silan SiH_4, von den Kohlenstoff-Wasserstoffverbindungen wie Ethan C_2H_6 u. a.) und fügt die Namen der **Substituenten,** d. h. der Elemente oder Atomgruppen, dazu, die Wasserstoffatome ersetzt oder substituiert haben (vgl. Kapitel 15.5 und 15.7). Numerische Vorsilben werden wie bei 1. gebraucht.

   Beispiele:
   SiH_3Cl Chlorsilan
   SiH_2Cl_2 Dichlorsilan
   CH_2Cl_2 Dichlormethan
   C_2H_5Br Brommethan

   Die Stellung oder Bindung eines **Substituenten** an ein Atom kennzeichnet man durch arabische Ziffern, wenn es mehrere Anlagerungsmöglichkeiten gibt. Dabei muss der „kürzeste Weg“ zum Substituenten gewählt werden (vgl. Abschnitt 15.7).

Beispiele:

1 2
$Cl-CH_2-CH_2-Cl$ 1,2-Dichlorethan

1 2
$Cl_2-CH-CH_3$ 1,1-Dichlorethan

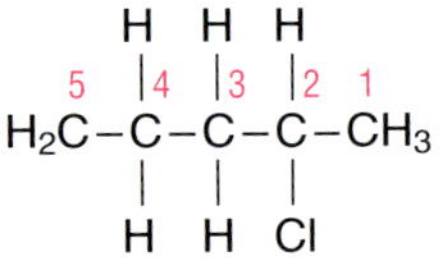

2-Chlorpentan

Die Unterscheidung der Substituentenstellung ist besonders für **isomere** Verbindungen wichtig (**Isomerie**; griech. gleiche Teilchen), die durch gleiche Summen-, aber verschiedene Strukturformeln beschrieben werden müssen (vgl. auch Abschnitt 16.1.2), z. B.

$H_3C-CH_2-CH_2-CH_2-Br$ 1-Brombutan

$H_3C-CH-CH_2-CH_3$ 2-Brombutan
|
Br

Traditionelle Namen (Trivialnamen) sind nach IUPAC nur noch für solche Verbindungen erlaubt, die seit langem bekannt sind.

Beispiele:

Trivialname	Formel	Trivialname für Anion	IUPAC-Nomenklatur
Schweflige Säure	H_2SO_3	Sulfit SO_3^{2-}	Dihydrogen-trioxosulfat, Trioxoschwefelsäure
Schwefelsäure	H_2SO_4	Sulfat SO_4^{2-}	Dihydrogen-tetraoxosulfat, Tetraoxoschwefelsäure
Salzsäure (-gas)	HCl	Chlorid Cl^-	Hydrogenchlorid, Chlorwasserstoff
Salpetersäure	HNO_3	Nitrat NO_3^-	Hydrogen-trioxonitrat, Trioxosalpetersäure
Phosphorsäure	H_3PO_4	Phosphat PO_4^{3-}	Trihydrogen-tetraoxophosphat, Tetraoxophosphorsäure
Flusssäure	HF	Fluorid F^-	Hydrogenfluorid Fluorwasserstoff

2.2.5 Absolute und relative Atommasse

Die **absolute Atommasse** liegt je nach Element in der Größenordnung von 10^{-24} g (Wasserstoff) und 10^{-22} g (Uran). Sie ist somit sehr gering.

> Bei chemischen Reaktionen setzen sich Stoffmassen um.

Es wäre unpraktisch, Berechnungen von Stoffumsätzen mit den absoluten Massen vorzunehmen. Das ist andererseits nicht notwendig. Bereits lange vor der Entdeckung der atomaren Konstanten rechnete man mit Verhältniszahlen, die zwischen den Massen verschiedener Atome bestehen. Es wird angegeben, wievielmal schwerer das Atom im Vergleich zu einer Bezugsmasseneinheit u ist. Man kommt damit zu **relativen Atommassen** (früher: relatives Atomgewicht) bzw. im Falle von Verbindungen zu relativen Molekülmassen (Abb. 2-15).

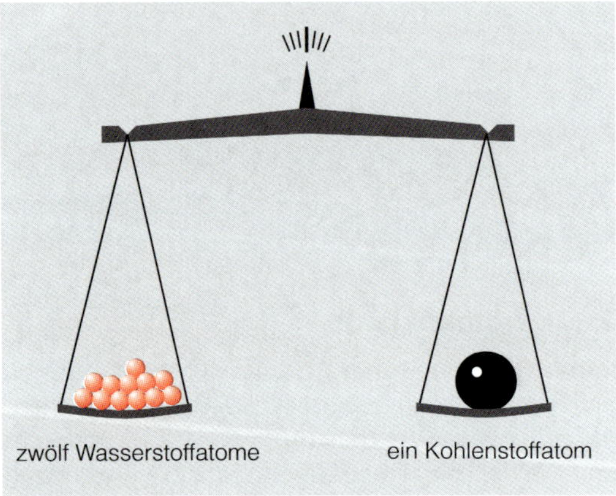

Abb. 2-15
Massenverhältnis von Kohlenstoff ^{12}C und Wasserstoff

Das Bezugsatom ist seit der internationalen Übereinkunft von 1960 das Kohlenstoffisotop ^{12}C, dessen relative Atommasse auf 12 festgelegt wurde.

> Die relative Atommasse eines Elements gibt an, wievielmal größer die Masse eines Atoms gegenüber einem Zwölftel der Masse des Kohlenstoffisotops ^{12}C ist.

Die absolute Masse von ^{12}C beträgt $1{,}99 \cdot 10^{-23}$ g. Die absolute Bezugsmasse, die **Atommasseneinheit *u*** genannt und laut Definition gleich 1 gesetzt wird, ist somit

$$u = \frac{1{,}99 \cdot 10^{-23}\,\text{g}}{12} = 1{,}66 \cdot 10^{-24}\,\text{g}$$

Die relative Atommasse A eines Elements ergibt sich danach als Quotient der absoluten Atommasse m_A und der Atommasseneinheit u als dimensionslose Zahl, z. B. für Aluminium

$$A_{Al} = \frac{44{,}79 \cdot 10^{-24}\,\text{g}}{1{,}66 \cdot 10^{-24}\,\text{g}} = 26{,}98$$

Aufgaben

1. Errechnen Sie die relative Atommasse von Quecksilber, dessen absolute Atommasse $333{,}0 \cdot 10^{-24}$ g beträgt.
2. Errechnen Sie aus der relativen Atommasse des Eisens (55,85) dessen absolute Atommasse.

Da der Massewert von u nahe dem Massewert eines Protons und Neutrons liegt, müssten die relativen Atommassen nahezu ganzzahlige Werte haben. Der Vergleich zeigt jedoch, dass dies nur für wenige Elemente gilt (siehe Periodensystem der Elemente). Die Ursache für die Abweichung ist in den **Isotopen** und deren Mengenverhältnis zu suchen.

2.2.6 Relative Molekülmasse

Nach dem **Gesetz von der Erhaltung der Masse** gehen bei chemischen Reaktionen weder Stoffe verloren noch entstehen sie aus dem Nichts. Deshalb gilt:

Die relative Molekülmasse M ist die Summe der relativen Atommassen der in der Verbindung enthaltenen Elemente. Die Masse der Edukte ist gleich der Masse der Produkte.

Bei der Berechnung sind die Anteile der Elemente laut Formel zu berücksichtigen, wie folgende Beispiele verdeutlichen:

Chlorwasserstoff HCl
M_{HCl}: $1{,}008 + 35{,}45 = 36{,}458$

Wasser H_2O
M_{H_2O}: $2 \cdot 1{,}008 + 15{,}999 = 18{,}015$

Schwefelsäure H_2SO_4
$M_{H_2SO_4}$: $2 \cdot 1{,}008 + 32{,}06 + 4 \cdot 15{,}999 = 98{,}072$

Auch die relative Molekülmasse ist somit auf das Kohlenstoffisotop ^{12}C bezogen.

Aufgabe

Errechnen Sie die relativen Molekülmassen von Natriumhydroxid NaOH und Kupfer(II)-chlorid $CuCl_2$.

Natürlich ergeben sich auch absolute Molekülmassen aus den absoluten Atommassen durch Addition.

2.2.7 Das Mol als Teilchen- und Stoffmenge

Die Einführung der relativen Massen erweist sich auch bei der Bestimmung der Teilchenzahl in Elementen und Verbindungen als sinnvoll. AVOGADRO zeigte, dass in so viel Gramm eines Elements oder einer Verbindung, deren Zahlenwert gleich der relativen Atom- oder Molekülmasse ist, eine gleiche Anzahl von Teilchen (Atome oder Moleküle) vorliegt, nämlich $6{,}022 \cdot 10^{23}$.

AVOGADRO-Konstante oder -Zahl
$N_A = 6{,}022 \cdot 10^{23}\ mol^{-1}$

Ein Mol ist die Stoffmenge, die $6{,}022 \cdot 10^{23}$ elementare Einheiten (Atome, Moleküle, Ladungen, Bindungen usw.) enthält. Das Mol besteht aus ebenso vielen Teilchen, wie Atome in 12 g des Kohlenstoffisotops ^{12}C enthalten sind. Die Maßeinheit ist Mol, Einheitenzeichen mol.

Für Berechnungen genügt der Wert $6 \cdot 10^{23}\ mol^{-1}$. Dazu muss angegeben werden, um welche Einheiten es sich im betreffenden Fall handelt.

Beispiele:

1 Mol Neon enthält
$6 \cdot 10^{23}$ Neon-Atome

1 Mol Wasser enthält
$6 \cdot 10^{23}$ Wasser-Moleküle

1 Mol Natriumchlorid enthält
$6 \cdot 10^{23}$ Natrium-Ionen und
$6 \cdot 10^{23}$ Chlorid-Ionen

oder

1 Mol Natriumchlorid enthält
$6 \cdot 10^{23}$ positive Ladungen und
$6 \cdot 10^{23}$ negative Ladungen

Das **Mol** als Mengeneinheit oder Stoffmenge (alte Bezeichnung: Molzahl) ist zu unterscheiden von der Masse, die ein Mol wiegt.

Die Masse eines Mols M (molare Masse oder Molmasse eines Elements oder einer Verbindung) entspricht der relativen Atom- oder Molekülmasse und wird in Gramm angegeben. Die Maßeinheit ist $g \cdot mol^{-1}$.

Molare Masse M und Anzahl der Mole n stehen mit einer beliebigen Masse m in folgender Beziehung:

$$M = \frac{m}{n} \text{ in } g \cdot mol^{-1}$$

Für Schwefel kann somit beispielsweise formuliert werden:

1 Mol Schwefel enthält $6 \cdot 10^{23}$ Schwefelatome,
die relative Atommasse ist 32,06,
die molare Masse beträgt $32{,}06\ g \cdot mol^{-1}$.

Aufgaben

1. Berechnen Sie, wie viel Mol Wasser in 1 kg Wasser enthalten sind!
2. Ein Mol Wasser nimmt bei 4 °C ein Volumen von 18 cm^3 ein. Wie viele Teilchen sind in einem Wassertropfen von 1 mm^3 Inhalt enthalten?
3. Geben Sie für Eisen und für Schwefeldioxid die relativen und molaren Massen an sowie die Teilchenzahl je Mol!
4. Wie viele Mole sind enthalten in
   a) 119 g Kaliumbromid KBr,
   b) 28 g Calciumoxid CaO,
   c) 6 g Siliciumdioxid SiO_2
   d) 51 g Aluminiumoxid Al_2O_3,
   e) 32 g Methan CH_4,
   f) 28 g Schwefelkohlenstoff CS_2?
   (Bitte Klapptafel am Buchende und gerundete Atommassen benutzen)

Nun wird endgültig verständlich, weshalb sich bei chemischen Reaktionen die beteiligten Stoffe nicht in gleichen Stoffmassen, sondern im Verhältnis der relativen Massen umsetzen. Nicht 10 g Schwefel verbinden sich mit 10 g Eisen zu Eisensulfid, sondern nur 1 Mol oder 32,06 g Schwefel können mit 1 Mol oder 55,85 g Eisen vollständig reagieren.

Fe	+	S	→	FeS
1 Mol		1 Mol		1 Mol
55,85 g		32,06 g		87,91 g
$6 \cdot 10^{23}$ Atome		$6 \cdot 10^{23}$ Atome		$6 \cdot 10^{23}$ Moleküle

Eine chemische Gleichung enthält eine qualitative und eine quantitative Aussage. Sie gibt an:
a) welche Stoffe sich zu welchen Stoffen verbinden,
b) in welchen Massenverhältnissen Edukte und Produkte zueinander stehen.

Für die Masse der Endprodukte eines Vorgangs wird als Ergebnis die **Ausbeute** angegeben. Bei vollständigem Umsatz beträgt sie 100 %. Häufig stellt sich zwischen Edukten und Produkten ein chemisches Gleichgewicht ein. Dann beträgt die Ausbeute nur einen Bruchteil des lt. Gleichung zu erwartenden Ergebnisses (vgl. auch Abschnitt 12.7).

Die von Proust und Dalton gefundenen **Gesetze von den konstanten und multiplen Proportionen** finden ihre Bestätigung durch die Existenz von Atomen, die bei chemischen Vorgängen in konstanten Teilchenzahlen und damit konstanten Massenverhältnissen reagieren.

Die Bedeutung der Element- und Formelsymbole kann an dieser Stelle erweitert werden (vgl. Abschnitte 2.2.2 und 2.2.4):

Ein Symbol, z. B. Fe, bedeutet:
den Stoff, das Element:
Eisen
ein Atom dieses Elements:
1 Eisen-Atom
1 Mol des Elements:
$6 \cdot 10^{23}$ Eisen-Atome
eine molare Masse des Elements:
55,85 $g \cdot mol^{-1}$
$6 \cdot 10^{23}$ Masseteilchen $\cdot mol^{-1}$:
$6 \cdot 10^{23}$ Eisen-Atome $\cdot mol^{-1}$

Eine Formel, z. B. H_2O, bedeutet:
den Stoff, die Verbindung:
Wasser
ein Molekül der Verbindung:
1 Wasser-Molekül
1 Mol der Verbindung:
$6 \cdot 10^{23}$ Wasser-Moleküle
eine molare Masse der Verbindung:
18,015 $g \cdot mol^{-1}$
$6 \cdot 10^{23}$ Masseteilchen $\cdot mol^{-1}$:
$6 \cdot 10^{23}$ Wasser-Moleküle $\cdot mol^{-1}$

2.2.8 Gehaltsangaben

Bei chemischen Arbeiten werden sehr häufig Lösungen bestimmter Konzentration verwendet. Dabei spielt das Mol eine besondere Rolle.
Für einfache, nichtquantitative Laborarbeiten können masseprozentuale Lösungen verwendet werden:

Massenanteil oder

$$\text{Masse-\%} = \frac{\text{Masse des Gelösten}}{100\,\text{g Lösung (Mischung)}} (\cdot\, 100\,\%)$$

Infolge der unterschiedlichen relativen Molmasse sind z. B. in 5 g NaCl mehr Ionen enthalten als in 5 g KCl. Somit sind in 5%igen Lösungen dieser Salze wohl gleiche Massen, aber nicht vergleichbare Ionen-Zahlen oder Ladungen vorhanden.
Vergleichbar sind die **Stoffmengen** oder Anzahl der Mole n (vgl. Abschnitt 2.2.7).

Die Stoffmenge n eines Stoffes ist der Quotient aus einer Masse m und der molaren Masse M dieses Stoffes.

$$n = \frac{m}{M} \quad \text{in mol}$$

Die Stoffmengenkonzentration c eines Stoffes in einer Lösung ist der Quotient aus einer Stoffmenge n des gelösten Stoffes und dem Volumen der Lösung.

$$c = \frac{n}{V} \quad \text{in mol} \cdot l^{-1}$$

oder anders formuliert:

Die **Stoffmengenkonzentration** (früher: Molarität) einer Lösung gibt die Stoffmenge des gelösten Stoffes (Anzahl der gelösten Mole) in 1 l Lösung an.
Die Dimension ist mol · l^{-1}, im metrischen System auch mol · dm^{-3}. In der Literatur wird teilweise mol · L^{-1} angegeben.
Eine NaCl-Lösung mit $c_{(NaOH)}$ = 1 enthält 1 Mol Natriumchlorid bzw. 58,443 g in 1 l Lösung (bei 25 °C).

Der Vorteil **gleichmolarer wässriger Lösungen** (gleicher Stoffmengenkonzentrationen) besteht darin, dass **in gleichen Volumina** gleich große Teilchenzahlen enthalten sind.

Dabei ist aber der Zerfall von Salzen in Ionen zu beachten (Dissoziation): Eine NaCl-Lösung mit $c_{(NaOH)}$ = 1 enthält 1 Mol Na^+-Ionen und 1 Mol Cl^--Ionen, eine $CaCl_2$-Lösung mit $c_{(CaCl_3)}$ = 1 besteht aus 1 Mol Ca^+-Ionen und 2 Mol Cl^--Ionen.
Der Nachteil der Stoffmengenkonzentrationen ist die Abhängigkeit des Volumens von der Temperatur.

Aufgabe

Wie viele Stoffmengen der folgenden Stoffe sind zu einem Liter Lösung zu lösen, um die angegebene Stoffmengenkonzentration zu erhalten?
NaOH: 0,2 mol · l^{-1}; KOH: 0,5 mol · l^{-1}; $Ba(NO_3)_2$: 0,1 mol · l^{-1}; H_2SO_4: 0,5 mol · l^{-1}; H_3PO_4: 1 mol · l^{-1}.

Die **Molarität** einer Lösung ist die Anzahl Mole n (früher: Molzahl) in 1000 g Lösungsmittel (SI-Maßeinheit: mol · kg^{-1}). Gleiche Massen gleichmolaler Lösungen enthalten unabhängig von der Temperatur gleiche Teilchenzahlen (Dissoziation beachten). Nachteilig ist die Wägung.

Reagieren zwei Stoffe mit gleicher Wertigkeit, so verbinden sich gleiche Stoffmengen, z. B. die einwertigen Verbindungen Natriumhydroxid und Salzsäure, die einander gleichwertig oder **äquivalent** sind (lat. gleich):

$$NaOH + HCl \rightarrow NaCl + H_2O$$

Wenn Stoffe unterschiedlicher Wertigkeit sich verbinden, muss dies durch die **Äquivalenzzahl** z berücksichtigt werden.
Die Äquivalenzzahl entspricht der Wertigkeit. Sie gibt bei Ionen die Ladungszahl an, z. B. für Na^+ ist $z = 1$, für Ba^{2+} ist $z = 2$, für SO_2^{4-} ist $z = 2$, für PO_4^{3-} ist $z = 3$ bzw. bei Redoxtitrationen die Anzahl der Elektronen, die zwischen den Reaktionspartnern getauscht werden (Äquivalentkonzentrationen für Redoxtitrationen).
Die **Äquivalentmenge** n_{eq} wird durch Division der Stoffmenge durch die Äquivalenzzahl erhalten.
Die **Äquivalentkonzentration** c_{eq} (früher Normalität N genannt mit Dimension val) gibt an, welche Äquivalentmenge n_{eq} (Stoffmenge von Äquivalenten) in einem Liter Lösung enthalten ist. Die Äquivalentkonzentration und Äquivalentmenge sind durch folgende Gleichungen definiert:

$$c_{eq} = \frac{n_{eq}}{V} \quad (\text{mol} \cdot l^{-1} \text{ bzw. mol} \cdot dm^{-3})$$

$$n_{eq} = \frac{1}{z} \cdot n \quad (\text{mol})$$

Beispiele:

a) Eine HCl-Lösung, die eine Stoffmenge n = 1 mol enthält, beinhaltet auch die Äquivalentstoffmenge n_{eq} = 1 mol wegen $z = 1$.
b) In einer H_2SO_4-Lösung der Stoffmengenkonzentration $c = 1$ mol · l^{-1} ist wegen $z = 2$ die Äquivalentmenge $n_{eq} = 2$ mol und Äquivalentkonzentration $c_{eq} = 2$ mol · l^{-1}.
c) Eine NaOH-Lösung der Stoffmengenkonzentration $c = 0{,}5$ mol · l^{-1} ist $c_{eq} = 0{,}5$ mol · l^{-1} wegen $z = 1$.

Die Stoffmengenkonzentration c ist gleich der Äquivalentkonzentration, wenn $z = 1$ ist.

Aufgaben

1. Welche Äquivalentmengen und Äquivalentkonzentrationen sind enthalten, wenn
   a) 2 Mol Schwefelsäure H_2SO_4 zu 1 l Lösung,
   b) 0,5 Mol Phosphorsäure H_3PO_4 zu 1 l Lösung,
   c) 0,1 Mol Salpetersäure HNO_3 zu 0,5 l Lösung

   verdünnt werden?
2. Sie lösen
   a) 58,5 g Natriumchlorid NaCl,
   b) 55,5 g Calciumchlorid $CaCl_2$,
   c) 44,5 g Aluminiumchlorid $AlCl_3$ zu einem Liter Lösung.

   Welche Stoffmengenkonzentrationen, Äquivalentmengen und Äquivalentkonzentrationen stellen sich ein?

Der Vorteil von Lösungen gleicher Äquivalentkonzentration besteht darin, dass in gleichen Volumina gleiche Äquivalentkonzentrationen (gleiche Ladungszahlen z) enthalten sind.

Insgesamt ergibt sich für die Lösungen: Sind z. B. in einer 1-molaren Äquivalentmengenkonzentration $c_{eq} = 1\ mol \cdot l^{-1}$ enthalten, so ist

- in einer Säure diejenige Säuremenge enthalten, die 1 Mol Protonen abgeben kann (Definition nach Brönsted),
- in einer Base diejenige Hydroxidmenge vorhanden, die 1 Mol Protonen binden kann (Brönsted),
- in einem Oxidationsmittel diejenige Stoffmenge gelöst, die 1 Mol Elektronen aufnehmen kann,
- in einem Reduktionsmittel diejenige Stoffmenge verfügbar, die 1 Mol Elektronen abgeben kann.

Aufgaben

1. Wie viel Gramm Substanz muss gelöst werden, um folgende Lösungen bereitzustellen?
   1 Liter Salpetersäure $c_{eq} = 0{,}1\ mol \cdot l^{-1}$;
   1 Liter Schwefelsäure $c_{eq} = 0{,}5\ mol \cdot l^{-1}$;
   1 Liter Phosphorsäure $c_{eq} = 0{,}2\ mol \cdot l^{-1}$;
   1 Liter Natronlauge $c_{eq} = 1\ mol \cdot l^{-1}$.
2. Welche Äquivalentmengenkonzentrationen erhält man, wenn 28 g Kaliumhydroxid, 49 g Schwefelsäure bzw. 36,5 g Salzsäure zu je 500 ml Lösung gelöst werden?

2.2.9 Stoffanteile

Von den Konzentrationsangaben unterscheiden sich die Gehaltsangaben für Stoffe in einer Mischung. Die beteiligten Stoffe werden oft in Anteilen am Gesamtgehalt angegeben: als Molenbruch (Stoffmengenverhältnis, Verhältnis der Molzahlen), Massengehalt (Massenanteil) und Volumengehalt (Volumenanteil).

Der **Stoffmengenanteil** χ (Molenbruch, Molanteil) ist das Verhältnis, das sich aus der Molzahl n_i der Komponente i zu den Molzahlen aller in der Mischung vorhandenen Komponenten n_{ges} ergibt.

$$\chi_i = \frac{n_i}{n_1 + n_2 + n_3 + n_4 + \ldots} \qquad \chi_i = \frac{n_i}{\Sigma n_{ges}}$$

Beispiel:
Sind die Komponenten $n_1 = 1\ mol$, $n_2 = 1\ mol$, $n_3 = 2\ mol$ gemischt, so beträgt z. B. der Molenbruch für die Komponente 1: $x_1 = 1\ mol : 4\ mol = 0{,}25$, analog für die Komponente 2 und für $n_3 = 0{,}5$. Die Summe der Molenbrüche ist immer 1 oder 100 % (dimensionslos bzw. in % angegeben; früher als Mol.-%).

Der **Massenanteil** w_i einer Komponente in einer Mischung ist das Verhältnis, das sich aus der Masse einer Komponente m_i zu der Gesamtmasse m_{ges} aller Komponenten ergibt:

$$w_i = \frac{m_i}{m_1 + m_2 + m_3 + m_4 + \ldots} \qquad w_i = \frac{m_i}{\Sigma m_{ges}}$$

(dimensionslos bzw. als Massenanteil in %, früher als Gewichtsprozent Gew.-% angegeben). Die Summe der Massenanteile ist 1 oder 100 %.

Beispiele:
Wenn $m_1 = 25$ g und m_2, m_3, m_4 je 75 g betragen, so ist der Anteil der Komponente 1 $w_1 = 25\ g : 250\ g = 0{,}1$.
Eine Lösung mit 5 % HCl enthält in 100 g Lösung den Massenanteil $w_{HCl} = 5\ g$.

Der **Volumenanteil** φ einer Komponente i ist das Verhältnis des Volumens von i zum Gesamtvolumen.

$$\varphi_i = \frac{V_i}{V_1 + V_2 + V_3 + \ldots} \qquad \varphi_i = \frac{V_i}{\Sigma V_{ges}}$$

(dimensionslos; früher mit Volumenprozent Vol.-% bezeichnet, heute nicht mehr zu verwenden).

Aufgaben

1. Sie haben folgende Mischungen hergestellt:
   a) 5 Mol Wasser, 1 Mol Methanol und 2 Mol 1-Propanol
   b) 1 Mol Methanol, 4 Mol Ethanol, 3 Mol 1-Propanol
   c) 5 Mol Benzen (Benzol), 3 Mol Methylbenzen (Toluol)
   Berechnen Sie die Stoffmengenanteile für die einzelnen Komponenten und bilden Sie die Summe der Stoffmengenanteile der einzelnen Mischungen!
2. Es sind folgende Mischungen hergestellt worden:
   a) 90 g Wasser, 32 g Methanol, 120 g 1-Propanol
   b) 32 g Methanol, 184 g Ethanol, 116 g 1-Propanol
   c) 390 Benzen, 46,0 g Methylbenzen
   Berechnen Sie die Massenanteile und bilden Sie die Summe der Massenanteile der einzelnen Mischungen!

3. Eine Gasmischung enthält 2 Mol Stickstoff, 3 Mol Sauerstoff und 5 Mol Wasserstoff.
Berechnen Sie den Volumenanteil der einzelnen Komponenten und bilden Sie die Summe der Volumenanteile!
4. In Übersicht 2-2 ist die Zusammensetzung der Luft angegeben. Berechnen Sie die Volumenanteile für die einzelnen Komponenten und bilden Sie die Summe!

2.2.10 Mischungsregeln – Berechnung von Mischungsverhältnissen

Soll aus zwei Lösungen höherer und niedrigerer Konzentration eine Lösung mittlerer Konzentration bereitet werden, so eignen sich für das Errechnen der Mischungsverhältnisse die Mischungsgleichung sowie das Mischungskreuz. Durch sie kann auch bestimmt werden, wie man aus einer Lösung mit bestimmtem Massenanteil durch Verdünnen mit reinem Lösungsmittel eine gewünschte Lösung mit niedrigerem Massenanteil erhält.

Die **Mischungsgleichung** wird zur Berechnung von Masseanteilen des Stoffes X angewendet:

$$m_1 \cdot w_1(\text{X}) + m_2 \cdot w_2(\text{X}) = (m_1 + m_2) \cdot w(\text{X})$$

m_1 = Masse der Lösung 1
m_2 = Masse der Lösung 2
w_1 = Masseanteil der Lösung 1
w_2 = Masseanteil der Lösung 2
w = Masseanteil der Mischung

Beispiel 1:
Es werden 10 g HCl-Lösung mit dem Massenanteil $w_1 = 0{,}30$ mit 100 g Wasser vermischt. Welchen Massenanteil HCl besitzt die Lösung?
Durch Umstellen der Gleichung nach w(HCl) erhält man den Massenanteil von Chlorwasserstoff:

$$w(\text{HCl}) = \frac{m_1 \cdot w_1(\text{HCl}) + m_2 \cdot w_2(\text{H}_2\text{O})}{m_1 + m_2}$$

$$w(\text{HCl}) = \frac{10\text{ g} \cdot 0{,}30 + 100\text{ g} \cdot 0}{10\text{ g} + 100\text{ g}}$$

$$w(\text{HCl}) = \underline{\underline{0{,}027 \text{ bzw. } 2{,}7\,\%}}$$

Beispiel 2:
50 g 96%ige Schwefelsäure $w_1(H_2SO_4) = 0{,}96$ und 50 g 100%ige Schwefelsäure $w_2(H_2SO_4) = 0{,}10$ werden gemischt.
Welchen Massenanteil an H_2SO_4 $w(H_2SO_4)$ besitzt die Mischung?

$$w(\text{H}_2\text{SO}_4) = \frac{50\text{ g} \cdot 0{,}96 + 50 \cdot 0{,}10}{50\text{ g} + 50\text{ g}}$$

$$w(\text{H}_2\text{SO}_4) = 0{,}53 \text{ bzw. } 53\,\%$$

Beispiel 3:
Es sollen 100 g Schwefelsäure mit einem Massenanteil von 50 % mit Wasser zu einer 10%igen H_2SO_4 gemischt werden. Wie viel Gramm Wasser muss zugesetzt werden?

$$w(\text{H}_2\text{SO}_4) = \frac{m_1 \cdot w_1(\text{H}_2\text{SO}_4) + m_2 \cdot w_2(\text{H}_2\text{SO}_4)}{(m_1 + m2)}$$

$$w(\text{H}_2\text{SO}_4) \cdot (m_1 + m_2) = \\ = m_1 \cdot w_1(\text{H}_2\text{SO}_4) + m_2 \cdot w_2(\text{H}_2\text{SO}_4)$$

$$m_1 + m_2 = \frac{m_1 \cdot w_1(\text{H}_2\text{SO}_4) + m_2 \cdot w_2(\text{H}_2\text{SO}_4)}{w(\text{H}_2\text{SO}_4)}$$

$$m_1 + m_2 = \frac{100\text{ g} \cdot 0{,}50 + m_2 \cdot 0}{0{,}10}$$

$$m_1 + m_2 = 50 : 0{,}1 = 500$$

$$m_2 = 500 - 100$$

$$\underline{\underline{\boldsymbol{m_2} = 400}}$$

400 g Wasser müssen mit 100 g Schwefelsäure (Massenanteil 50 %) gemischt werden.

Aufgaben

1. 200 g einer 20%igen Natronlauge sollen mit 5%iger Natronlauge auf 10 % verdünnt werden. Stellen Sie die Mischungsgleichung auf und berechnen Sie, wie viel 5%ige Lauge zugesetzt werden muss!
2. 500 g einer 20%igen Natronlauge sollen mit Wasser zu einer 4%igen Lauge verdünnt werden. Stellen Sie die Mischungsgleichung auf und errechnen Sie die Wassermenge!
3. 150 g einer 15%igen Natronlauge werden mit 200 g 10%iger Natronlauge gemischt. Welcher Massenanteil w (NaOH) ist in der Mischung enthalten?

Aus der Mischungsgleichung ist das **Mischungskreuz** (Andreaskreuz) abgeleitet. Dessen Anwendung führt beim Bestimmen der Mischungsverhältnisse zum gleichen Ziel (meist etwas schneller). Folgender Ansatz wird dazu verwendet: In die linken Ecken schreibt man die Massenanteile der zu mischenden Lösungen und in die Mitte den Massenanteil der geforderten Lösung. Dann werden in diagonaler Richtung – wie die Pfeile es anzeigen – die Differenzen gebildet, d. h. die Massenanteile beider Lösungen, die gemischt werden sollen.

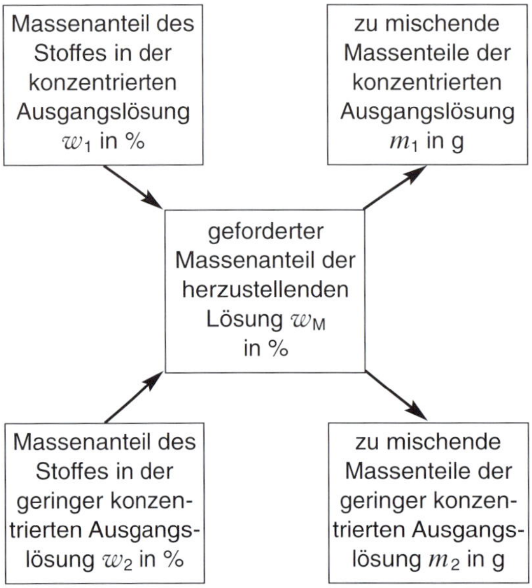

Beispiel:
Schwefelsäure mit einem Massenanteil 50 % soll mit Wasser zu einer Lösung mit einem Massenanteil von 10 % verdünnt werden. In welchem Massenverhältnis sind die beiden Stoffe zu mischen?

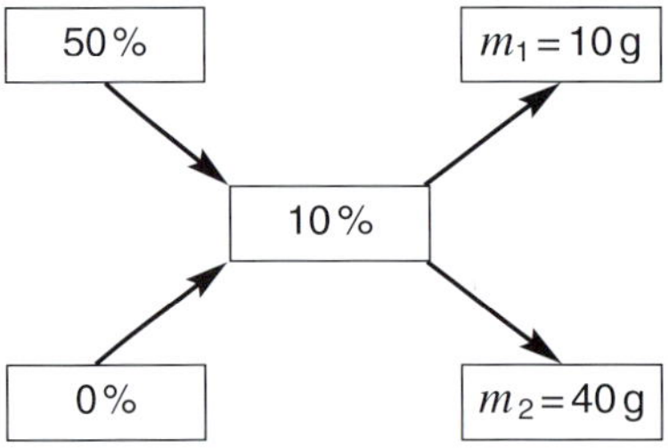

$m_1 : m_2 = 10\,g : 40\,g = 1 : 4$

Die beiden Stoffe müssen in diesem Verhältnis gemischt werden: z. B. 100 g 50%ige Schwefelsäure und 400 g Wasser.
(Vergleich mit dem Ergebnis von Beispiel 3!)

Aufgaben

1. Eine konz. Salzsäure w(HCl) = 37 % soll mit verd. Salzsäure w(HCl) = 5 % auf eine 20%ige Salzsäure verdünnt werden.
2. Natronlauge mit einem Massenanteil von 25 % wird mit Wasser auf eine 10%ige Lösung verdünnt.
   Bestimmen Sie die Mischungsverhältnisse!
3. Welche Masse KCl m(KCl) ist in 125 g Kaliumchlorid-Lösung mit einem Massenanteil von 7,5 % enthalten?
4. Es sollen 200 g einer 3%igen Kaliumpermanganat-Lösung hergestellt werden. Welche Masse an Wasser $m(H_2O)$ und $KMnO_4$ $m(KMnO_4)$ ist notwendig?
5. Welcher Volumenanteil Ethanol ist in 400 ml wässriger Lösung mit 50 % Ethanol enthalten?
6. Welches Wasservolumen muss mit 100 ml Ethanol (Volumenanteil 60 %) gemischt werden, damit eine 35%ige Lösung erhalten wird?

2.3 Stöchiometrie – Chemisches Rechnen

2.3.1 Stöchiometrische Gesetze

In den Abschnitten 2.2.2 f. wurde bereits festgestellt, dass sich Atome im chemischen Vorgang entsprechend ihrer Wertigkeit in einem bestimmten Verhältnis vereinigen und die Zusammensetzung der Verbindung durch eine konstante Formel beschrieben wird. Da die Atome eine Masse besitzen, ist dies auch für die Moleküle der Fall, denn die Massen der Atome addieren sich zur Molekülmasse. Bei der chemischen Reaktion gehen keine **wägbaren** Massen verloren. Das wird mit dem **Gesetz von der Erhaltung der Masse** zum Ausdruck gebracht: Bei einem chemischen Vorgang bleibt die Gesamtmasse der Stoffe konstant.
Allerdings ergibt sich aus der von Albert Einstein (1879–1955) gefundenen Äquivalenz (Gleichwertigkeit) von Masse und Energie, dass bei Energieabgabe sowie Energieaufnahme entsprechend der Gleichung

$$E = m \cdot c^2$$

doch ein Masseunterschied zwischen Edukten und Produkten eintritt. Er ist jedoch bei chemischen Reaktionen unwägbar gering, wie sich aus nachfolgender Berechnung ergibt. Allerdings tritt bei hohen Energieumsätzen wie z. B. bei Kernfusionen oder Kernexplosionen ein deutlicher Massendefekt ein (Lichtgeschwindigkeit im Vakuum $c \approx 300\,000\ \text{km} \cdot \text{s}^{-1}$).

Aufgabe

Berechnen Sie den Masseverlust, wenn bei einer chemischen Reaktion 400 kJ freigesetzt werden.

Wegen der genannten Äquivalenz spricht man besser von dem **Gesetz der Erhaltung der Masse und Energie.**

Die Formel gibt das Verhältnis an, in dem sich die Atome von zwei oder mehr Elementen zu einem Molekül vereinigen (vgl. Beispiele in Abschnitt 2.2.2). Der französische Chemiker JOSEPHE-LOUIS PROUST (1754–1826) führte dazu quantitative (mengenmäßige) Analysen von Verbindungen durch. Er formulierte aus seinen Ergebnissen 1799 das **Gesetz von den konstanten Proportionen** (Massenverhältnissen).

> In einer Verbindung ist das Massenverhältnis der Elemente konstant bzw. Elemente verbinden sich miteinander in konstanten Proportionen.

In vielen Fällen erzeugen zwei Elemente mehrere Verbindungen, z. B. bildet Schwefel mit Sauerstoff Schwefeldioxid SO_2 und Schwefeltrioxid SO_3; Stickstoff und Sauerstoff verbinden sich zu fünf Oxiden: N_2O, NO, N_2O_3, NO_2, N_2O_5; aus Kohlenstoff und Sauerstoff können Kohlenstoffmonoxid CO und Kohlenstoffdioxid CO_2 entstehen. Im Kohlenstoffmonoxid findet man ein Massenverhältnis von Kohlenstoff und Wasserstoff von 12 : 16 und im Kohlenstoffdioxid von 12 : 32. Die Massen des Sauerstoffs stehen in den beiden Kohlenstoffoxiden im Verhältnis 16 : 32 bzw. 1 : 2.

In den Stickstoffoxiden stehen die Elemente Sauerstoff und Stickstoff in folgendem Massenverhältnis (gerundet):

N_2O	NO	N_2O_3
$\frac{16}{28} = 0{,}57$	$\frac{16}{14} = 1{,}14$	$\frac{48}{28} = 1{,}71$
NO_2	N_2O_5	
$\frac{32}{14} = 2{,}28$	$\frac{80}{28} = 2{,}85$	

Dividiert man die Quotienten durch den Divisor 0,57, so erhält man die Proportionen 1 : 2 : 3 : 4 : 5, d. h., in diesem Massenverhältnis ist Sauerstoff in den verschiedenen Stickstoffoxiden mit Stickstoff verbunden. DALTON (1766–1844) formulierte aus diesen Ergebnissen 1808 das **Gesetz von den multiplen Proportionen** (mehrfachen Massenverhältnissen):

> Bilden zwei Elemente mehrere Verbindungen untereinander, so stehen die Massenverhältnisse, mit denen die Elemente in diesen Verbindungen enthalten sind, im Verhältnis kleiner ganzer Zahlen.

Der Franzose LOUIS JOSEPH GAY-LUSSAC (1778 –1850) stellte 1808 wie auch 1811 der Italiener AMADEO AVOGADRO (1776–1856) fest, dass bei chemischen Reaktionen von Gasen die Volumina der Reaktionspartner bei gleichem Druck und gleicher Temperatur im einfachen ganzzahligen Verhältnis zueinander stehen **(chemisches Volumengesetz).**

Beispiele:

	Volumenverhältnis der Ausgangsstoffe	Volumenverhältnis der Ausgangsstoffe zum Endprodukt
H_2 + Cl_2 → HCl HCl	1 : 1	2 : 2
N_2 + H_2 H_2 H_2 → NH_3 NH_3	1 : 3	4 : 2
H_2 H_2 + O_2 → H_2O H_2O	2 : 1	3 : 2

Während im ersten Fall die Volumenteile gleich bleiben, vermindern sie sich bei den beiden anderen Reaktionen, es kommt zu einer Volumenkontraktion.

Dalton

Gay-Lussac

Avogadro

Die Deutung für die Volumenverhältnisse bei Gasreaktionen gab 1811 Avogadro. Seine Erkenntnisse formulierte er in der **Avogadro-Hypothese:** Die Teilchenzahl in einem Mol beträgt $6{,}022 \cdot 10^{23}$ Atome, Moleküle oder Ionenpaare (entsprechend der Formel) sowie Elementarladungen.

> Gleiche Volumina aller Gase enthalten bei gleicher Temperatur und bei gleichem Druck die gleiche Anzahl von Molekülen.

Die in den genannten Gesetzen formulierten Zusammenhänge ermöglichen es, chemisches Rechnen mithilfe von Reaktionsgleichungen durchzuführen. Sie werden deshalb auch als **stöchiometrische Gesetze** und das chemische Rechnen als **Stöchiometrie** (griech. Messen von Bestandteilen; wörtlich: Messen von Buchstaben als Bestandteile der Schrift) bezeichnet.

2.3.1 Beispiel-Berechnungen

Die Berechnungen können durch Aufstellen von Proportionen zwischen gegebenen und gesuchten Werten oder mithilfe des Dreisatzes durchgeführt werden.

Die Vorgehensweise beim chemischen Rechnen mittels Proportionen soll an folgender Aufgabe demonstriert werden:

Aufgabenstellung: Calciumhydroxid bindet mit Kohlenstoffdioxid zu Calciumcarbonat und Wasser ab. Wie viel Gramm Calciumcarbonat und Wasser entstehen aus 1000,00 g Calciumhydroxid? Wie viel Gramm Kohlenstoffdioxid sind zum Abbinden dieser Menge notwendig?

Schrittfolge für die Berechnung:

1. Die Reaktionsgleichung wird unter Berücksichtigung der Wertigkeiten (richtige Formeln!) aufgestellt; die Gleichheit der Teilchenzahl auf beiden Seiten der Gleichung wird kontrolliert:

$$Ca(OH)_2 \quad + \quad CO_2 \quad \rightarrow \quad CaCO_3 \quad + \quad H_2O$$

Teilchenzahl der Ausgangsstoffe	Teilchenzahl der Endprodukte
$1 \cdot Ca$	$1 \cdot Ca$
$2 \cdot O + 2 \cdot O = 4 \cdot O$	$3 \cdot O + 1 \cdot O = 4 \cdot O$
$2 \cdot H$	$2 \cdot H$
$1 \cdot C$	$1 \cdot C$

2. Die molaren Massen der Verbindungen werden aus den relativen Atommassen errechnet (entsprechend den Anteilen der Stoffe laut Formel):

Gerundete molare Massen für

$Ca(OH)_2$: 40,08 g (Ca) + 2 · 16 g (O) + 2 · 1,01 g (H) = $74{,}10\ g \cdot mol^{-1}$
CO_2 : 12,01 g (C) + 2 · 16 g (O) = $44{,}01\ g \cdot mol^{-1}$
$CaCO_3$: 40,08 g (Ca) + 12,01 g (C) + 3 · 16 g (O) = $100{,}09\ g \cdot mol^{-1}$
H_2O : 2 · 1,01 g (H) + 16 g (O) = $18{,}02\ g \cdot mol^{-1}$

3. Die ermittelten Zahlenwerte für die molaren Massen werden unter die betreffenden Stoffe in die Reaktionsgleichung eingetragen:

$Ca(OH)_2$	+	CO_2	$\rightarrow$	$CaCO_3$	+	H_2O
$74{,}10\ g \cdot mol^{-1}$		$44{,}01\ g \cdot mol^{-1}$		$100{,}09\ g \cdot mol^{-1}$		$18{,}02\ g \cdot mol^{-1}$

4. Die gegebenen und die gesuchten Stoffmengen der Aufgabenstellung werden über die betreffenden Stoffe in die Reaktionsgleichung eingetragen:

1000,00 g		x g		y g		z g
$Ca(OH)_2$	+	CO_2	$\rightarrow$	$CaCO_3$	+	H_2O
$74{,}10\ g \cdot mol^{-1}$		$44{,}01\ g \cdot mol^{-1}$		$100{,}09\ g \cdot mol^{-1}$		$18{,}02\ g \cdot mol^{-1}$

5. Da sich infolge der gleichen Teilchenzahl je Mol die Stoffe in konstanten Massenverhältnissen binden, können die gesuchten Massen durch Verhältnisrechnung ermittelt werden. Dazu sind die Proportionsgleichungen aufzustellen:

für CO_2 $\quad \frac{x}{44{,}01\ g \cdot mol^{-1}} = \frac{1000{,}00\ g}{74{,}10\ g \cdot mol^{-1}} \quad x = 593{,}92\ g\ CO_2$

für $CaCO_3$ $\quad \frac{y}{100{,}09\ g \cdot mol^{-1}} = \frac{1000{,}00\ g}{74{,}10\ g \cdot mol^{-1}} \quad y = 1350{,}74\ g\ CaCO_3$

für H_2O $\quad \frac{z}{18{,}02\ g \cdot mol^{-1}} = \frac{1000{,}00\ g}{74{,}10\ g \cdot mol^{-1}} \quad z = 243{,}18\ g\ H_2O$

Ergebnis: Aus 1000,00 g $Ca(OH)_2$ entstehen beim Abbinden ca. 1351 g $CaCO_3$ und 243 g H_2O. Es werden rund 594 g CO_2 verbraucht.

6. Kontrolle: Die Masse der Ausgangsstoffe muss gleich der Masse der Endprodukte sein:

Summe der Ausgangsstoffe:	1000,00 g	+	593,92 g	=	1593,92 g
Summe der Endprodukte:	1350,74 g	+	243,18 g	=	1593,92 g

Rechenbeispiel für teilweisen Umsatz der Ausgangsstoffe

Eine Berechnung nach den sechs Schritten der vorausgegangenen Aufgabe ist nur bei 100%igem Stoffumsatz möglich. Bei der so genannten Wassergasreaktion zur Gewinnung von Wasserstoff bei etwa 630 °C entstehen aus Kohlenstoffmonoxid und Wasser Kohlenstoffdioxid und Wasserstoff, wobei nur zwei Drittel der Mole der Ausgangsstoffe an der Umsetzung teilnehmen. Dieser Sachverhalt muss im letzten Teilschritt der Berechnungen Berücksichtigung finden.

Die Aufgabenstellung soll lauten: Wie viel kg Wasserstoff kann man im Gleichgewicht beim Umsetzen von 1 kg Kohlenstoff gewinnen?

Schrittfolge für die stöchiometrische Berechnung:

1. Zunächst ist die Gleichung für die Oxidation von Kohlenstoff zu Kohlenstoffmonoxid aufzustellen. Der Umsatz zu Kohlenstoffmonoxid erfolgt zu 100 %. Es ist zu errechnen, wie viel Gramm Kohlenstoffmonoxid aus 1 kg Kohlenstoff entstehen:

1000 g				x g
C	+	$^1/_2\ O_2$	$\rightarrow$	CO
$12{,}01\ g \cdot mol^{-1}$				$28{,}01\ g \cdot mol^{-1}$

Nach dem Sauerstoffverbrauch ist nicht gefragt, somit ist nur die Proportion zwischen Kohlenstoff und Kohlenstoffmonoxid aufzustellen:

$$\frac{x}{28{,}01\ g \cdot mol^{-1}} = \frac{1000\ g}{12{,}01\ g \cdot mol^{-1}}$$
$$x = 2332{,}22\ g\ CO$$

Beim Verbrennen von 1 kg Kohlenstoff entstehen rund 2332 g Kohlenstoffmonoxid. Die weiteren Berechnungen erfolgen mit gerundeten relativen molaren Massen.

2. Die Ausgangs- und die Endstoffe der Wassergasreaktion sind Kohlenstoffmonoxid und Wasserdampf bzw. Kohlenstoffdioxid und Wasserstoff:

2332 g						x g
CO	+	H_2O	$\rightleftharpoons$	CO_2	+	H_2
$28\ g \cdot mol^{-1}$						$2\ g \cdot mol^{-1}$

Da der Umsatz nur zu $^2/_3$ Mol erfolgt, bleiben beim Einsatz von 1 Mol CO und 1 Mol H_2O von jedem Ausgangsstoff $^1/_3$ Mol bzw. $^{2332}/_3$ g CO im Gleichgewicht übrig und es entstehen nicht 1 Mol H_2 bzw. x g Wasserstoff, sondern $^2/_3$ Mol bzw. $^2/_3$ x g Wasserstoff.

Somit ergibt sich:

$2332\ g \cdot {}^2/_3$						x g
CO	+	H_2O	$\rightleftharpoons$	CO_2	+	H_2
$28\ g \cdot mol^{-1}$						$2\ g \cdot mol^{-1}$

$$\frac{x}{2\ g \cdot mol^{-1}} = \frac{2332 \cdot {}^2/_3\ g}{28\ g \cdot mol^{-1}}$$
$$x = 111\ g\ \text{Wasserstoff}$$

Bei der Wassergasreaktion entstehen aus 1 kg Kohlenstoff bei einem $^2/_3$ Umsatz 111 g Wasserstoff (bei vollständigem Umsatz würden ca. 166 g gebildet werden).

Rechenbeispiel für den Volumenumsatz

Beim Umsatz von Gasen – wie im vorangegangenen Beispiel – wird weniger nach der Masse, sondern vielmehr nach dem Volumen gefragt. In diesem Fall geht man davon aus, dass stets 1 Mol Gas unabhängig von der Gasart bei Normbedingungen, d. h. bei 0 °C und 101,325 kPa (= 1,01325 bar), ein Volumen von 22,414 l (Molvolumen) einnimmt (vgl. Abschnitt 2.2.7). Somit kann für 1 Mol bzw. 2 g Wasserstoff das Volumen von 22,414 l eingesetzt werden:

$$\underset{28\ \text{g}\cdot\text{mol}^{-1}}{\overset{2332\ \text{g}\cdot {}^{2}/_{3}}{CO}} + H_2O \rightarrow CO_2 + \underset{22{,}414\ \text{l}}{\overset{x\ \text{l}}{H_2}}$$

$$\frac{x}{22{,}414\ \text{l}} = \frac{2332\ \text{g}\cdot {}^{2}/_{3}}{28\ \text{g}}$$

$$x = 1244{,}5\ \text{l Wasserstoff}$$

1244,5 l Wasserstoff entstehen aus 1 kg Kohlenstoff bei einem $^{2}/_{3}$ Umsatz der Ausgangsstoffe (bezogen auf 0 °C und 101,325 kPa).

Durch Verwendung von Volumina vereinfacht sich die stöchiometrische Rechnung häufig, wie folgendes Beispiel zeigt:

Aufgabenstellung: Wie viel Liter Sauerstoff entstehen, wenn sich 1,000 g Quecksilberoxid beim Erhitzen unter Normbedingungen thermisch zersetzt?

$$\underset{216{,}589\ \text{g}}{\overset{1\ \text{g}}{HgO}} \rightarrow Hg + \underset{{}^{1}/_{2}\cdot 22{,}414\ \text{l}}{\overset{x\ \text{l}}{{}^{1}/_{2}\ O_2}}$$

$$\frac{x}{{}^{1}/_{2}\cdot 22{,}414\ \text{l}} = \frac{1{,}000\ \text{g}}{216{,}589\ \text{g}}$$

$$x = 0{,}052\ \text{l Sauerstoff}$$

Bei der vollständigen thermischen Zersetzung von 1,000 g Quecksilberoxid erhält man unter Normbedingungen 52 cm³ Sauerstoff.

Rechenbeispiel für die Metallgewinnung aus Erzen

Bei Erzen, Lösungen und dergleichen muss ebenso wie beim unvollständigen Umsatz der Anteil (Konzentration, Prozentgehalt etc.) berücksichtigt werden, wie an folgendem Beispiel gezeigt wird:

Aufgabenstellung: Wie viel Eisen kann aus 1 t Roteisenstein, Fe_2O_3, durch Reduktion mit Kohlenstoffmonoxid gewonnen werden, wenn der Erzgehalt 80 % beträgt?

$$\underset{159{,}7\ \text{g}\cdot\text{mol}^{-1}}{\overset{800\ \text{kg}}{Fe_2O_3}} + 3\ CO \rightarrow \underset{2\cdot 55{,}85\ \text{g}\cdot\text{mol}^{-1}}{\overset{x}{2\ Fe}} + 3\ CO_2$$

$$\frac{x}{2\cdot 55{,}85\ \text{g}\cdot\text{mol}^{-1}} = \frac{800\ \text{kg}}{159{,}7\ \text{g}\cdot\text{mol}^{-1}}$$

$$x = 559{,}5\ \text{kg}$$

Aus 1 t Roteisenstein mit einem Erzgehalt von 80 % können durch Reduktion mit Kohlenstoffmonoxid ca. 560 kg Eisen gewonnen werden.

Aufgaben

1. Aus Zink und Salzsäure sollen unter Normbedingungen 10 l Wasserstoff erzeugt werden. Wie viel Salzsäure mit w(HCl) = 5 % und wie viel Gramm Zink sind dazu notwendig?
2. Wie viel Gramm Schwefel sind notwendig, um 1 Mol Eisen zu Eisensulfid umzusetzen?
3. Ein Kilogramm Salzsäure mit w(HCl) = 3 % muss neutralisiert werden. Wie viel Gramm festes Natriumhydroxid sind dafür notwendig?
4. Durch Brennen von Kalkstein ($CaCO_3$) sollen 1000 cm³ Kohlenstoffdioxid unter Normbedingungen erzeugt werden. Wie viel Kalkstein ist notwendig? Wie viel Branntkalk fällt dabei an und wie viel Löschkalk kann daraus gewonnen werden?
5. 10 g Kupferoxid werden mit Wasserstoff reduziert. Wie viel Gramm Kupfer entstehen? Wie viel Liter Wasserstoff sind unter Normbedingungen notwendig?
6. Wie viel Teilchen sind bei Normbedingung in einem Liter Sauerstoff enthalten?
7. Wie viel Mol Wasser enthält 1 Liter Wasser bei 4 °C?
8. Beim aluminothermischen Schweißen wird Eisen aus Eisenoxid Fe_3O_4 durch Reduktion mit Aluminium freigesetzt. Durch die entstehende Reaktionswärme wird das Eisen flüssig und kann z. B. zum Verschweißen von Straßenbahnschienen dienen. Es sollen 500 cm³ Eisen (Dichte 7,87 g · cm^{-3}) erzeugt werden. Wie viel Eisenoxid und Aluminiumpulver müssen mindestens zur Reaktion gebracht werden?

9. Um die Oberfläche von warmgewalzten Stahlblechen von Walzzunder (Fe_3O_4) zu befreien, werden die Bleche bei 50 bis 80 °C in Schwefelsäure mit $w(H_2SO_4) = 20\,\%$gebeizt. Wie viel Kilogramm Schwefelsäurelösung sind erforderlich, um 2 kg Zunder zu lösen?
   Anmerkung: Fe_3O_4 besteht aus der Verbindung $FeO \cdot Fe_2O_3$.
10. Ein Brauchwasser enthält als Härtebildner 650 mg Calciumhydrogencarbonat $Ca(HCO_3)_2$ je Liter. Das Salz soll durch den Zusatz von Natriumcarbonat (Soda) als Kalkschlamm ausgefällt werden. Es sind 10 Kubikmeter Wasser zu enthärten. Wie viel Soda wird benötigt?
11. Ein Hauptbestandteil des Benzins sind Octane C_8H_{18}. Sie verbrennen bei vollständiger Oxidation zu Kohlenstoffdioxid und Wasser. Die Dichte beträgt rund $0{,}72\ g \cdot cm^{-3}$.
    Wie viel Liter (bzw. m^3) Sauerstoff verbrauchen 1000 Autos auf 100 km, wenn sie auf dieser Strecke 8 l Benzin je Auto verbrennen (Normbedingungen)?
12. Wie viel Tonnen Schwefeldioxid entstehen beim Verbrennen von 1 Mio. Tonnen Braunkohle, die im Mittel 1 % Schwefel enthält?

2.4 Zusammengesetzte Stoffe – Mischungen

2.4.1 Einteilung und Charakterisierung der Mischungen

In vorangegangenen Abschnitten wurden die Stoffe nach dem Aggregatzustand und ihrer chemischen Einheitlichkeit (Elemente, Verbindungen) beschrieben. Werden reine Stoffe untereinander durch physikalische Methoden vermengt, entstehen **Mischungen** (Gemische, Gemenge).

Gemische und **Gemenge** bestehen aus mehreren Stoffen, d. h. Teilchenarten, die sich nicht miteinander verbunden haben.

Mischungen sind im Verlauf physikalischer Vorgänge entstanden. Ihre Zusammensetzung (Masseanteile) ist variabel.

Sie können in allen Aggregatzuständen auftreten, auch Stoffe in unterschiedlichem Aggregatzustand können sich mischen.

Man bezeichnet **Mischungen** als **homogen** (griech. gleichartig) bzw. als **Gemisch,** wenn die Teilchenarten in Form von Molekülen, Ionen oder Atomen gleichmäßig untereinander verteilt sind (z. B. Luft, Salz- und andere Lösungen, Legierungen aus Mischkristallen als so genannte feste Lösungen wie Gold / Silber-Legierungen). Die verschiedenen Teilchenarten bilden eine **Phase.**

Gemenge sind **heterogene** Mischungen (griech. verschiedenartig). Die verschiedenartigen Stoffpartikel bestehen aus Teilchenanhäufungen (z. B. „Körnchen") von Molekülen, Ionen oder Atomen. Man kann sie optisch (Lupe, Mikroskop) voneinander unterscheiden, was im Falle eines Gemisches nicht möglich ist. Gemenge bestehen aus mehreren Phasen.

Aufgabe

Welche Mischungen der Übersicht 2-9 sind Gemische, welche Gemenge? Welcher Gruppe ordnen Sie Benzin, Autoabgase, Meerwasser, Leitungswasser, Bier, Pudding-Pulver, Salzsäure-Lösung zu?

Nach dem Zerteilungsgrad der Stoffe (Abb. 2-16) in Mischungen nimmt man folgende Unterscheidung vor: In den **„echten" Lösungen** sind die Stoffe vollständig bis zu ihren kleinsten Teilchen (Atome, Ionen, Moleküle) im Lösungsmittel aufgelöst und homogen verteilt wie z. B. in Zucker- oder Kochsalzlösungen. Man spricht auch von **molekulardispersen** (molekularverteilten) Systemen.
Von dieser Homogenität weichen **Kolloide** ab. Der Zerteilungsgrad liegt zwischen den Lösungen und **grobdispersen** (grobverteilten) Gemengen. In Kolloiden bilden die Teilchenarten Anhäufungen mit einem Durchmesser zwischen 10^{-9} m (1 nm) und 10^{-6} m (1 µm). Sie können in Flüssigkeiten, Gasen oder auch festen Stoffen verteilt sein. Kolloide sind somit ein besonderer Zerteilungsgrad der Stoffe. Einige Mischungen der Übersicht 2-9, Seite 46, wie frische, nicht aufgerahmte Milch (Emulsion), Gele, Rauch und Nebel sind Kolloide.

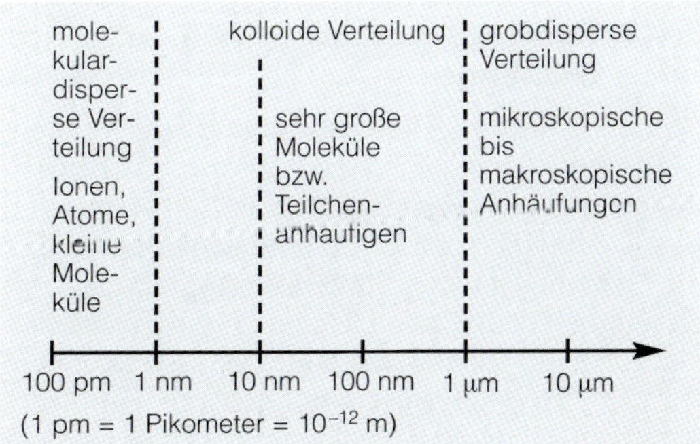

Abb. 2-16 **Größe von Stoffteilchen**

Mischungen – Gemenge und Gemische

verteilter Stoff/Trägerstoff	Beispiel	Stoffe (Bestandteile) der Mischung
fest-fest	Trockenmörtel, abgebundener Beton, Gesteine	Sand/Kalk; Zement/Kies, abgebundener Zement/Kies Granit: Quarz, Feldspat, Hornblende
fest-flüssig	heterogen: schlammiges Wasser	mineralische (tonige) Bestandteile in Wasser (Suspension)
	homogen: Lösungen	Salz-, Zuckerlösung
flüssig-fest	gallertartige Stoffe, Gele	feuchter Ton, Fruchtgelee, Fleischextraktgele, Schmierseife, Schmierfette
fest-gasförmig	Rauch, Aerosole	Ruß, Aschepartikel in Abgas
gasförmig-fest	feste Schäume	Polystyrol-, Harnstoff-, Polyurethanschaumstoffe, Bimsstein
flüssig-flüssig	Emulsion Mischung, Lösung	Milch (Fetttröpfchen, Milchwasser), Bohremulsionen (Schmieröl, Wasser), Alkohol in Wasser, Erdöl, Seifenlösung
flüssig-gasförmig	Nebel, Seifenschaum	Wassertröpfchen/Luft
gasförmig-flüssig	Mineralwasser flüssige Schäume	Kohlenstoffdioxid in Wasser Seifenschaum, Schlagsahne, Eischnee
gasförmig-gasförmig	Luft, Erdgas	Sauerstoff, Stickstoff, gasförmiges Wasser, Edelgase, Kohlenstoffdioxid; Methan u. a.

Übersicht 2-9

Die Komponenten oder Teilchenarten (Bestandteile, Stoffe) der Mischung haben ihre Eigenschaften behalten.

Beispielsweise ist in einem Gemenge von Eisen- und Schwefelpulver das Eisen magnetisch geblieben und der Schwefel ist unverändert bei 119 °C schmelzbar. Mischungen können deshalb mithilfe physikalischer Methoden und Verfahren, d. h. ohne Stoffumwandlung, wieder getrennt werden, indem man die Eigenschaften der enthaltenen Stoffarten ausnutzt.

2.4.2 Heterogene Mischungen – Gemenge

Gemenge bestehen aus mindestens zwei Phasen. Die Teilchen sind durch Phasengrenzen voneinander getrennt. Die Bestandteile des Gemenges sind deshalb dadurch optisch zu unterscheiden.
Als Gemenge können Stoffe aller Aggregatzustände auftreten. Nur Gase bilden untereinander keine heterogenen, sondern nur homogene Mischungen. Da sich die Stoffe in Gemengen nur vermischt haben, besitzen die einzelnen mehr oder weniger grobdispersen Anhäufungen noch ihre spezifischen Stoff-Eigenschaften, z. B. ihre Dichte oder ihre Schmelz- und Siedetemperatur.
Mischungen zwischen zwei oder mehr Feststoffen finden sich in den Gesteinen, die im Unterschied zu Mineralien aus Haufwerken mehrerer Mineralien bestehen, z. B. aus Quarz, Hornblende, Feldspaten, Glimmer u. a. Fest-Flüssig-Gemenge sind z. B. Schmirgel-Pasten, Schlammwasser oder Zahncreme. Sie werden meist als **Suspensionen** bezeichnet.

In Gasen verteilte Feststoffe wie Feinstaub in Form von Ascheteilchen und Ruß (z. B. im Abgas von Dieselmotoren) sind **Aerosole.** Bei Partikelgröße unter 10 µm schädigen sie die Atemwege und gelten als Feinststaub bzw. ultrafeiner Staub (< 2,5 µm bzw. < 0,1 µm) als Krebs erregend. Suspensionen sind auch staubige oder mit Blütenpollen durchsetzte Luft. Atemwegsbeschwerden oder -erkrankungen können auch durch feinstkörnigen Abrieb von Reifen, Bremsen oder Straßenbelägen oder Zementstaub erzeugt werden. An der Entstehung von Feinstaub in der Luft sind beteiligt: der Straßenverkehr mit ca. 35 %, Heiz- und Kraftwerke mit etwa 13 % und die Industrie mit 20 %.
Übersicht 2-9 enthält weitere Beispiele für Gemenge.

Gemenge können im Labor, in der Industrie oder im Haushalt durch Vermengen, Verreiben, Vermahlen, Verrühren erzeugt werden. Durch Vernebeln, Versprühen, Verstäuben bilden sich flüssig-gasförmige, flüssig-flüssige oder fest-gasförmige Mischungen, die meist nur gering beständig sind.
Spezielle Gemenge z. B. Kristallgemische aus verschiedenen Metallen, die sich nur in der Schmelze lösen, aber beim Erstarren wieder entmischen (z. B. Zink-Cadmium). Sie werden durch Verschmelzen hergestellt.

2.4.3 Homogene Mischungen – echte Lösungen

Homogene Mischungen bezeichnet man allgemein als Lösungen. Sie können in allen Aggregatzuständen vorliegen. Lösungen sind molekulardisperse Mischungen (vgl. Abschnitt 2.4.1) in erster Linie von festen Stoffen in Lösungsmitteln (flüssigen Dispersionsmitteln), aber auch Stoffe anderer Aggregatzustände können sich ineinander lösen.

Physikalisches Lösen erfolgt, wenn keine chemischen Reaktionen zwischen beiden Medien eintreten und die gelösten Stoffe z. B. durch Eindampfen der Lösung unverändert wieder gewonnen werden können.

Gasmischungen sind stets homogen, wenn sich die einzelnen Gase durch Diffusion gleichmäßig verteilt haben. Sie sind die einfachste Form einer Lösung, obwohl dieser Begriff bei Gasen selten angewendet wird.

Die Löslichkeit von **Gasen in Flüssigkeiten** ist vom äußeren Druck und der Temperatur sowie vom Lösungsmittel abhängig. Mit Erhöhung der Temperatur sinkt die Gas-Löslichkeit; z. B. nimmt ein Liter Wasser bei Normaldruck und 10 °C 1,19 l CO_2 und bei 60 °C 0,36 l CO_2 auf. Eine Erhöhung des Drucks über der Flüssigkeitsoberfläche auf das Doppelte erhöht auch die Löslichkeit auf das Doppelte **(Henry'sches Gesetz).** Die Löslichkeit von Sauerstoff und Kohlenstoffdioxid in Wasser ist von entscheidender Bedeutung für pflanzliches und tierisches Leben in Gewässern wie auch im Blut für den O_2/CO_2-Austausch.

Gase in festen Stoffen: In manchen festen Stoffen können sich Gase begrenzt lösen. Jedoch ist Wasserstoff in einigen Metallen wie Platin, Palladium, Vanadium durch Einlagerung in die Zwischengitterplätze gut atomar löslich (1 g Vanadium löst bei 18 °C 157 ml, bei 1000 °C 2,3 ml Wasserstoff).

Gemische aus Flüssigkeiten: Bei den Flüssigkeiten findet man vollständige Löslichkeit (z. B. Wasser/Ethylalkohol), begrenzte Löslichkeit (Wasser/höhere Alkohole) und praktisch vollständige Unlöslichkeit (z. B. Wasser/Tetrachlorkohlenstoff CCl_4). Teilweise Mischbarkeit besteht zwischen Wasser und Phenol: Durch Rühren, Schütteln bildet sich bei Raumtemperatur eine schwere Schicht aus 72 % Phenol und 28 % Wasser und darüber eine leichtere Schicht aus 8 % Phenol und 92 % Wasser. Beim Erwärmen nimmt die gegenseitige Löslichkeit kontinuierlich zu, bis bei 66 °C die beiden Lösungen eine gleiche Zusammensetzung haben. Beim Abkühlen geht wieder eine Entmischung vor sich.

Metalllösungen: Beim Erstarren von Metalllegierungen aus der Schmelze können sich manche Metallatome gegenseitig auf den Gitterplätzen vertreten (Au/Ag; Cu/Ni) oder sich in die Zwischengitterplätzen einlagern (C/Fe). Vollständige Löslichkeit von Metallen setzt gleiche Kristallgitter und ähnliche Atomradien voraus. Sie bilden **Mischkristalle.** In den meisten Metalllegierungen besteht nur begrenzte (teilweise) Löslichkeit oder sie sind gegenseitig unlöslich (Bildung von Kristallgemischen).

Lösungen fester Stoffe in Flüssigkeiten: Am wichtigsten sind die Lösungen fester Stoffe in flüssigen **Lösungsmitteln.** Chemische Reaktionen werden oft in Lösung durchgeführt, weil durch den Verdünnungseffekt des Lösungsmittels die Gefahr eines heftigen Verlaufs geringer ist als bei der Reaktion zwischen Feststoffen. Außerdem reagieren die Stoffe in Lösung wegen ihrer homogenen Verteilung meist vollständiger, während in festen Gemengen die Reaktionen häufig nicht quantitativ ablaufen.
Mit steigender Temperatur nimmt die Löslichkeit fester Stoffe bis zur Sättigung zu (vgl. Abschnitt 2.4.4). Für die Löslichkeit selbst gilt der Grundsatz: Ähnliches löst sich in Ähnlichem, d. h., elektrisch geladene Teilchen lösen sich i. d. R. in polaren Flüssigkeiten (z. B. aus Ionen bestehende Salze im polaren Wasser) bzw. unpolare Stoffe in unpolaren Lösungsmitteln (wie Cyclohexan C_6H_{12} in Benzin).
Echte Lösungen besitzen eine Reihe spezifischer Eigenschaften. So nimmt die Dichte mit der Menge des Gelösten zu (Dichtebestimmung mit dem Aräometer).
Wegen der Kraftwirkungen zwischen den gelösten und den Flüssigkeitsteilchen verstärkt sich die Oberflächenspannung des Lösungsmittels (vgl. Abschnitt 2.1.2). Dadurch sinkt bei Lösungen der Dampfdruck gegenüber der reinen Flüssigkeit, d. h., die Dampfdruckkurve der Lösung liegt unterhalb derjenigen der Flüssigkeit.

Die Schmelztemperatur der Lösung ist gegenüber dem reinen Lösungsmittel um ΔT_{SmT} (oder ΔFp) erniedrigt und die Siedetemperatur um ΔT_{SdT} (oder ΔKp) erhöht.

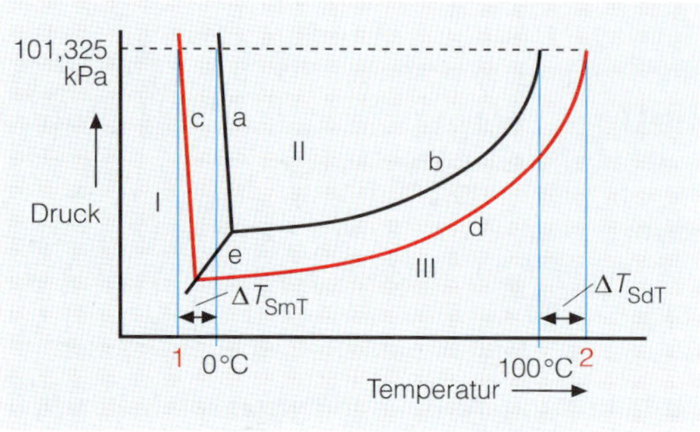

Abb. 2-17
Schematisches Temperatur-Druck-Diagramm (*pT*-Diagramm) von Wasser (schwarz) und einer Lösung (rot)
(a = Schmelzkurve des Lösungsmittels, b = Dampfdruckkurve des Lösungsmittels, c = Schmelzkurve der Lösung, d = Dampfdruckkurve der Lösung, e = Dampfdruckkurve des Festkörpers,
1 = Schmelztemperatur der Lösung,
2 = Siedetemperatur der Lösung)
Zustandsgebiete: I: Festkörper, II: Flüssigkeit,
III: Gas (Dampf)

Die Dampfdruckänderungen Δp werden durch das **RAOULT'sche Gesetz** beschrieben:

$$\Delta p = K \cdot n$$

(K = stoffspezifische Konstante, n = Anzahl der Mole in 1000 g Lösungsmittel)

Wegen des Zusammenhangs von Δp und ΔT, wie er sich nach Abb. 2-17 erweist, ist nach dem RAOULT'schen Gesetz der Wert der Schmelzpunktserniedrigung und Siedepunktserhöhung von der Masse des Gelösten (Konzentration) abhängig. ΔT_{SmT} wird unter Verwendung von empfindlichen Thermometern (BECKMANN-Thermometer) oder Thermistoren gemessen, indem man die verdünnte Lösung in Kältemischungen abkühlt. Das Verfahren wird **Kryoskopie** (griech. Frost) genannt. Daraus ist die Molmasse der gelösten Substanz mithilfe folgender Gleichung bestimmbar, die sich aus dem RAOULT'schen Gesetz ableitet:

$$M = K_{\text{m}} \cdot c/1000 \cdot \Delta T_{\text{SmT}}$$

(M = Molmasse oder molare Masse,
K_{m} = Kryoskopische Konstante,
c = g Gelöstes in 1 kg Lösungsmittel)

Die **Kryoskopische Konstante** ist vom Lösungsmittel abhängig und beträgt z. B. für Wasser 1,86, Benzol 5,07, Campher 40,0 (Einheit: $\text{K} \cdot \text{kg}^{-1}\ \text{mol}^{-1}$). Auch aus der Siedepunktserhöhung kann die Molmasse bestimmt werden (Ebullioskopie) mit der ebullioskopischen Konstante K_{b}.

Wird eine wässrige Lösung z. B. von Zucker durch eine halbdurchlässige Wand (Zellwände, präparierte Membran u. a.). von reinem Wasser getrennt, so wandern die kleinen Wassermoleküle durch **Osmose** aus dem Wasser in die Lösung hinein, während die größeren Zuckermoleküle die Poren nicht passieren können.
Die Lösung hat das Bestreben, sich zu verdünnen, sie besitzt einen so genannten **osmotischen Druck,** der direkt von der Konzentration abhängig ist.

Die Wanderung von Lösungsmittelmolekülen durch eine semipermeable (halbdurchlässige) Wand in Richtung der konzentrierteren Lösung heißt Osmose (griech. eindringen).

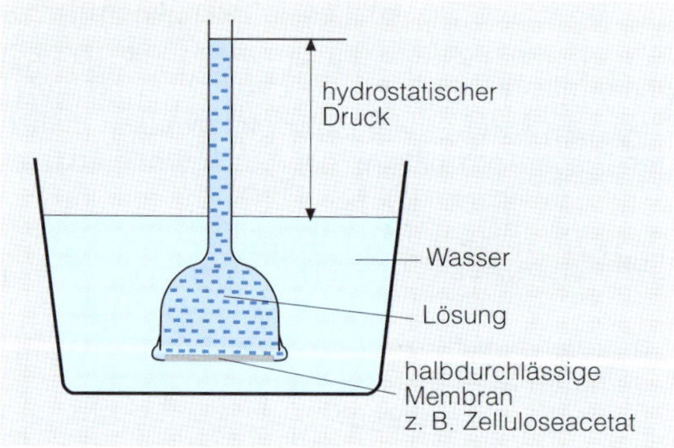

Abb. 2-18 Osmose

In einer Versuchsanordnung nach Abb. 2-18 ist zu Beginn der Flüssigkeitsspiegel innerhalb und außerhalb des Rohres gleich hoch. Er steigt im Rohr durch das eindringende Wasser. Die zunehmende Wassersäule erzeugt einen **hydrostatischen Druck.** Sobald sich ein Druckgleichgewicht einstellt, endet der Vorgang.
Die Osmose ist einer der wichtigsten Vorgänge in der belebten Natur (Aufnahme/Abgabe von Wasser und kleinen Molekülen über die Zellwände, Aufrechterhaltung des Zelldruckes oder Turgors usw.).
Die **Umkehrosmose** nutzt man zur Trinkwassergewinnung aus Meerwasser (bis 250 m³/Tag). Mit großem Druck (bis 70 bar) wird Meerwasser auf Membranen gepresst, deren Poren nur für Wassermoleküle durchlässig sind.

2.4.4 Wasser als Lösungsmittel und Löslichkeit von Salzen

Es gibt viele organische Stoffe, die sich als Lösungsmittel eignen, dagegen ist Wasser nicht nur das einzige anorganische Lösungsmittel von praktischer Bedeutung, es ist das wichtigste Lösungsmittel überhaupt.

Durch die Dipolkräfte löst Wasser viele polare Stoffe (Salze, Säuren, Hydroxide, niedermolekulare Alkohole und Carbonsäuren etc.), jedoch keine unpolaren Verbindungen (z. B. Kohlenwasserstoffe, Halogenkohlenwasserstoffe).

Die **Löslichkeit** L^* drückt aus, wie viel Gramm (oder Milliliter) des zu lösenden Stoffes maximal von 100 g Lösungsmittel aufgenommen werden können. Wird diese Menge unterschritten, spricht man von **ungesättigter Lösung** (oder verdünnter Lösung). Bringt man mehr Stoff in das Lösungsmittel ein, so bildet sich ein Bodenkörper aus nicht mehr zu lösenden Anteilen aus.

Darüber befindet sich die **gesättigte Lösung.** Durch Erwärmen können Salze in den meisten Fällen nicht nur beschleunigt gelöst werden, sondern es bilden sich **übersättigte Lösungen** (Abb. 2-19), aus denen das überschüssige Salz beim Abkühlen auskristallisiert.

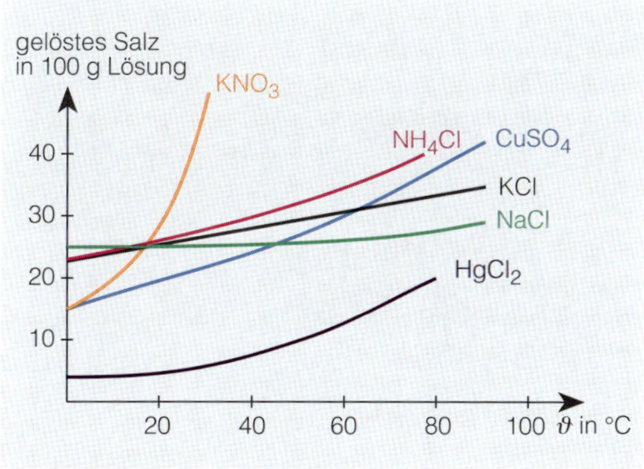

Abb. 2-19
Abhängigkeit der Löslichkeit von Salzen in Wasser von der Temperatur

Löslichkeit von Salzen in Wasser

Me^{n+}	Cl^-	SO_4^{2-}	NO_3^-	CO_3^{2-}
Na^+	+	+	+	+
K^+	+	+	+	+
Mg^{2+}	+	+	+	–
Ca^{2+}	+	–	+	–
Ba^{2+}	+	–	+	–
Ni^{2+}	+	+	+	–
Zn^{2+}	+	+	+	–
Cu^{2+}	+	+	+	–
Pb^{2+}	–	–	+	–
Ag^+	–	–	+	–

+ gut löslich
– gering oder schwer löslich

Übersicht 2-10

Aus Übersicht 2-10 geht hervor, dass im Allgemeinen die Nitrate die größte Löslichkeit und Carbonate die geringste Löslichkeit besitzen.

Bei Gasen nimmt die Löslichkeit mit der Temperatur ab (Abb. 2-20).

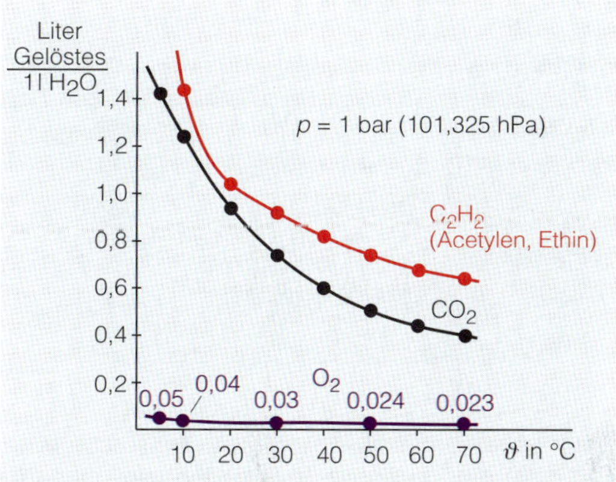

Abb. 2-20
Löslichkeit von Gasen in Wasser (in Liter Gelöstes / 1 Liter Wasser) in Abhängigkeit von der Temperatur

Versuch

T

Giftig

R 53,
R 54,
S 29

Stellen Sie durch Erwärmen übersättigte Lösungen von Alaun $KAl(SO_4)_2$ oder Kupfersulfat $CuSO_4$ (Gift) her und beobachten Sie die Abkühlung. Evtl. werfen Sie einen einzelnen Kristall des betreffenden Salzes in die abkühlende Lösung. Beobachtung? Erklärung!

2.4.5 Vorgänge beim Lösen

Allgemein sind für die Löse-Wirkung eines flüssigen Stoffes drei Eigenschaften entscheidend: das Molekülvolumen, das Dipolmoment μ, und die Dielektrizitätskonstante ε des Lösungsmittels.

Die Anlagerung der Wasser- bzw. Lösungsmittelmoleküle kommt durch das **Dipolmoment** (Dipolkräfte) zustande. Kleine Moleküle können sich zwischen die zu lösenden oder zu trennenden Teilchen „schieben". Für die Schwächung der Anziehungskräfte (Bindungskräfte) und die Trennung der Ionen oder polarisierten Teilchen voneinander ist die **Dielektrizitätskonstante** ε wirksam. Letztere drückt aus, wie stark die elektrische Anziehung zwischen zwei geladenen Teilchen durch das Lösungsmittel gesenkt wird, wenn es sich zwischen den Teilchen befindet.

Wasser ist ein hervorragendes Lösungsmittel, weil es drei Eigenschaften besitzt, die in dieser Ausprägung bei anderen Flüssigkeiten nicht auftreten:

Es besitzt ein kleines Molekülvolumen, ein großes Dipolmoment und eine hohe Dielektrizitätskonstante (Übersicht 2-11).

Dipolmoment und Dielektrizitätskonstante einiger Lösungsmittel (bei 20 °C)

Lösungsmittel	μ in 10^{-3} $C \cdot m$	ε
Wasser (0 °C)	6,2	88
Wasser (18 °C)	6,2	81
1.2.3-Propantriol (Glycerin)	8,8	56,2
Methanol	5,5	31,2
Ethanol	5,6	25,8
Benzol	0	2,2

Übersicht 2-11

Beim Lösen eines Stoffes in Wasser ist eine positive oder eine negative **Wärmetönung** oder **Lösungswärme(-enthalpie),** d. h. eine Erwärmung oder Abkühlung, zu beobachten:

Versuch

C

Ätzend

R 34
S 39

Bereiten Sie drei Reagenzgläser mit der gleichen Wassermenge vor (etwa 2 bis 3 ml) und versehen Sie die Gläser mit je einem Thermometer. Notieren Sie die Temperaturen. Lösen Sie nun in je einem Glas einige Spatel Kaliumnitrat, einige Plätzchen Natriumhydroxid bzw. einige Tropfen konzentrierte Schwefelsäure (Vorsicht! Schutzbrille!) und bestimmen Sie erneut die Temperatur.

Der Löseprozess kommt durch die Polarität der Teilchen zustande: An der Oberfläche eines Salzkristalls sind die elektrischen Kräfte der Ionen nicht abgesättigt (Abb. 2-21). Die polarisierten Wassermoleküle lagern sich an diese Ionen an und „lockern" die Bindungen auf Grund ihres Dipolmomentes (Abb. 2-22). Gleichzeitig können sich die relativ kleinen Wassermoleküle zwischen die Ionen drängen. Im Fall einer nicht zu hohen Gitterenergie wird die Anziehung der Ionen untereinander endotherm überwunden. Ein ähnlicher Prozess findet statt, wenn eine polare Substanz wie z. B. Schwefelsäure in Wasser gelöst wird. Die Wassermoleküle vergrößern beim Anlagern an das H_2SO_4-Molekül den Bindungsabstand und spalten die Bindung nachfolgend, wenn sich Wassermoleküle zwischen H^+- und SO_4^{2-}-Ionen schieben. Für diese **Dissoziation** (lat. trennen) wird ebenfalls Energie gebraucht.

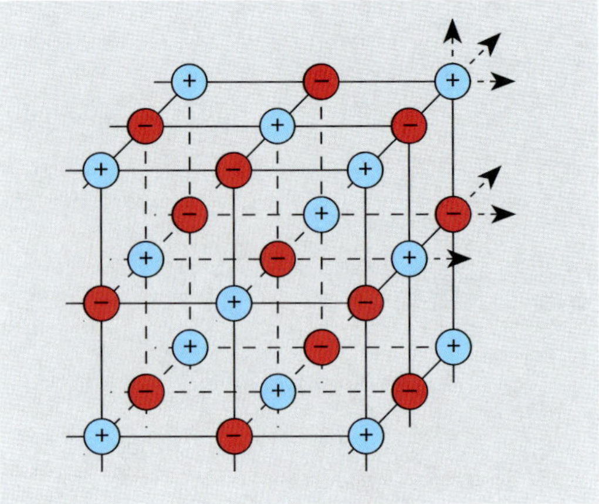

Abb. 2-21
Unabgesättigte elektrische Kräfte der Ionen an der Oberfläche eines Salzkristalls (NaCl)

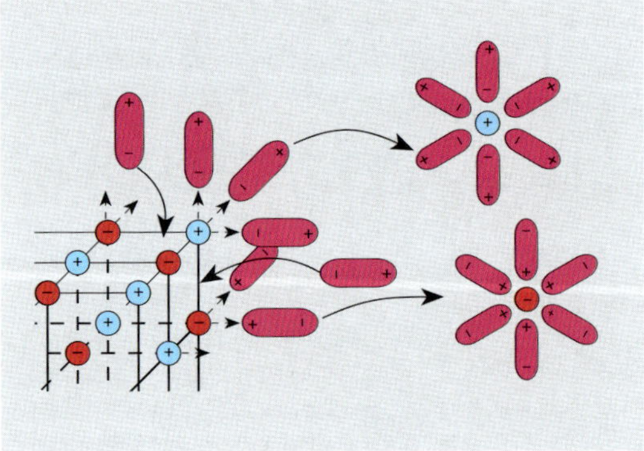

Abb. 2-22
Anlagerung von Wassermolekülen an die Ionen eines Salzkristalls und Ablösung der hydratisierten Ionen

Die abgelösten Ionen werden anschließend von Wassermolekülen umhüllt (Abb. 2-23). Dieser Vorgang wird als **Hydratation** bezeichnet. Er verläuft exotherm.

Überwiegt beim Lösen eines Stoffes die Gitter- oder **Bindungsenergie(-enthalpie)** ΔH_G gegenüber der **Hydratationswärme(-enthalpie)** ΔH_H, so ist eine Abkühlung der Lösung zu registrieren. Im umgekehrten Fall erwärmt sich die Lösung während des Lösevorgangs (Abb. 2-24). Ist die Gitterenergie zu groß, ist der Stoff schwer oder unlöslich.

2.4.6 Kolloide

Kolloidchemie ist ein Teilgebiet der Chemie bzw. im Besonderen der Physikalischen Chemie. **Kolloide** (griech. Leim ähnlich) sind feinste Teilchenanhäufungen (Aggregate) aus Atomen/Ionen oder Molekülen, die in einem gasförmigen, flüssigen oder festen Medium verteilt sind. Da es sich

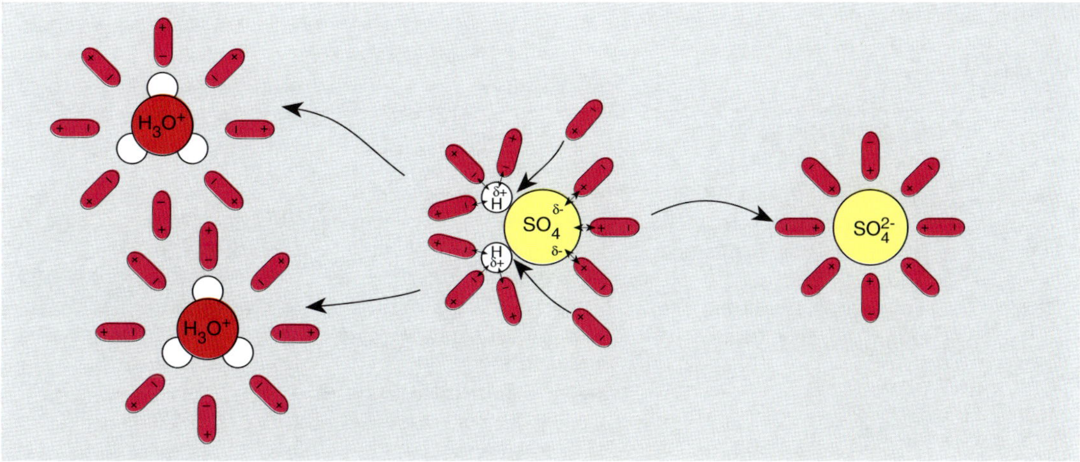

Abb. 2-23 Dissoziation der Schwefelsäure und Hydratation der Ionen

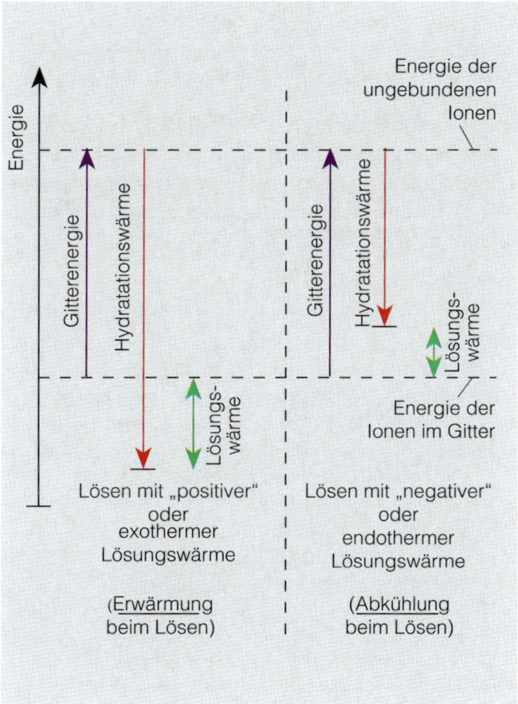

Abb. 2-24 Positive und negative Lösungswärme

nicht um echte Lösungen handelt, spricht man besser von **Dispersionen** oder kolloiddispersen Systemen und nicht von Lösungen, ebenso nicht von Lösungsmittel, sondern von Dispersionsmittel sowie nicht von gelöst, sondern von dispergiert (lat. zerstreuen, verteilen). Die Kolloidteilchen sind vom Dispersionsmittel abgegrenzt, d.h., es besteht eine **Phasengrenze** (Grenzfläche). Kolloide Systeme bestehen aus zwei (oder mehr) Phasen. Das Dispersionsmittel sowie dispergierte Stoffe können fest, flüssig oder gasförmig sein.

Unter kolloiden Systemen versteht man keine speziellen Stoffe sondern einen Verteilungszustand eines oder mehrerer Stoffe in einem Dispersionsmittel.

Der Zerteilungsgrad liegt zwischen 1 nm und 1000 nm. Das entspricht etwa 10^3 bis 10^9, maximal 10^{12} Atomen je Kolloidteilchen. Die Grenze zu echten Lösungen und grobdispersen Systemen ist jedoch nicht eindeutig zu ziehen.

Die Vielfalt kolloider Systeme ist fast unübersehbar, weil sie praktisch aus allen Stoffen hergestellt werden können (außer Gas in Gas). Deshalb muss in diesem Abschnitt eine starke Einschränkung vorgenommen werden. Es sei aber hervorgehoben, dass Kolloide in lebenden Organismen (Blut, Zellflüssigkeit, Pflanzensäfte), Industrie, Haushalt, Wetter, Klima, Verwitterung, Sedimentbildung, im Boden und nicht zuletzt auch bei analytischen und präparativen Arbeiten im Labor von größter Bedeutung sind. Übersicht 2-12, Seite 52, zeigt eine kleine Auswahl.

Nachfolgend werden vor allem Kolloide in Flüssigkeiten behandelt.

Die Einteilung der Kolloide erfolgt meist nach der Erzeugung. Danach unterscheidet man:
- **Assoziationskolloide** (lat. sich verbinden, beigesellen) sind Aggregate von Atomen/Ionen/kleinen Molekülen. Sie bilden sich durch Zusammenballen (assoziieren, koagulieren) z.B. aus Salzlösungen beim Überschreiten der Löslichkeit (kolloide Kieselsäure, Eisenhydroxid-Sol u.a.) oder bei Redoxreaktionen (Gold-Sol bei der Reduktion von Lösungen von Gold(III)-Chlorid mit einem Reduktionsmittel wie Hydrazinhydrochlorid $N_2H_4 \cdot HCl$).

Beispiele kolloider Systeme

Dispersionsmittel	Dispergierter Stoff fest (f, s)	flüssig (fl, l)	gasförmig (g)
Gas	Rauch, Autoabgas, Stäube; allgemein: **Aerosole**	Nebel, Kumuluswolken, Ölnebel, medizinische Aerosole	nicht existent
Flüssigkeit	Leim, Lösungsmittelklebstoffe („Alleskleber"), Dispersionsklebstoffe, Lacke, schlammiges Wasser, Abwasser; allgemein: **Suspensionen** (lat. schweben), **Sole, Gele**	Öl-Wasser-Emulsionen (Butter, Tagescremes), Wasser-Öl-Emulsionen (Margarine, Majonäse, Tagescremes), medizinische Emulsionen (Salben), Waschlauge, Zellplasma, Milch, Schädlingsbekämpfungsmittel; allgemein: **Emulsionen** (lat. ausmelken)	Seifen-, Waschmittelschäume, Schäume auf Abwasser, Flotationsschaum, unerwünschte Schäume: bei der Destillation, bei der Gaswäsche, Ölschaum in technischen Anlagen (z. B. im Motoröl)
Feststoff	echtes Rubinglas (kolloid gelöstes Gold), Gemische aus Kristallen (Metalllegierungen, Gesteine)	feuchte Tone, feuchter Lehm, Brotteig, Milchquarz, Opal	Schaumglas, Schaumgummi, geschäumte Plaste, Bauschaum, Bimsstein, Brot, Cirrus-Wolken (Eis/Luft)

Übersicht 2-12 f = fest, s = solidus, lat. fest fl = flüssig, l = liquidus, lat. flüssig g = gasförmig

- **Dispersionskolloide** bilden sich aus kompakten, vor allem anorganischen Stoffen beim Zerkleinern mit hoher Energiedichte z. B. beim Vermahlen in Kolloidmühlen, beim Zerteilen mit Ultraschall oder beim Zerstäuben von Metallelektroden mittels elektrischem Strom in Flüssigkeiten. Die Teilchen können nicht beliebig zerkleinert werden, da die Oberflächenkräfte mit Verringerung der Teilchengröße anwachsen, was wieder zu einer Vergröberung führt. Dispersionskolloide weisen mehr in Richtung grobdispers.
- **Molekülkolloide** bestehen aus aufgelösten einzelnen Makromolekülen (evtl. auch Aggregate aus diesen), z. B. gelöstes Polystyrol, Eiweiß-Lösungen, gelöste Cellulose, gelöste Gelatine.

Nach der Größe der Teilchen unterscheidet man monodisperse (etwa einheitliche Größe) und polydisperse Kolloide (uneinheitliche Größe; vor allem bei Dispersionskolloiden).

Flüssig/flüssig-Dispersionen werden **Emulsionen** genannt. Sie sind nur unter Verwendung von **Emulgatoren** (Tenside, grenzflächenaktive Stoffe; vgl. Abschnitt 16.2.12) stabil.

Die in flüssigen Dispersionsmitteln verteilten festen Kolloide können als **Sol** (lat. Lösung) oder **Gel** (von Gelatine) vorliegen.
Im **Sol** sind die Teilchen voneinander unabhängig beweglich und durch das Dispersionsmittel getrennt. Die Teilchen sind beständig, wenn sie gegen ein Zusammenballen, Koagulieren und Ausflocken (Sedimentieren, Absetzen) geschützt sind. Das ist der Fall, wenn die Oberflächenkräfte positive oder negative Ionen bzw. Wassermoleküle adsorbieren (siehe Hydrathülle, Abschnitt 2.4.4; Abb. 2-25) oder z. B. Schutzkolloide zur Anlagerung zugesetzt werden (Gelatine, Casein der Milch, Stärke, Gummi arabicum, Polyacrylate u. a.).

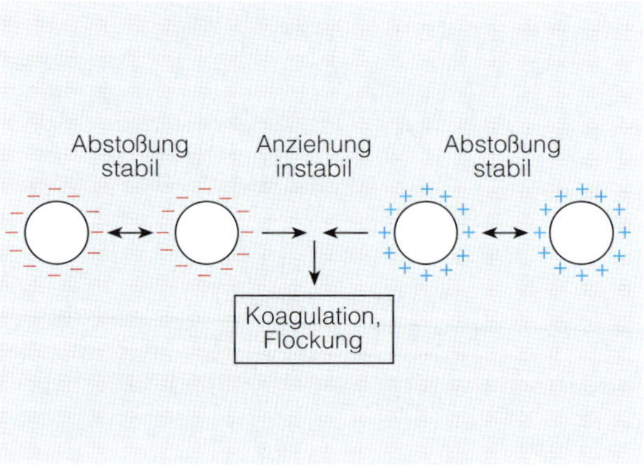

Abb. 2-25
Stabilität von Kolloiden durch Ionenadsorption und Ausflockung bei Ladungsausgleich

Eisen(III)-hydroxid-, Aluminium-Hydroxid-Sole lagern positiv geladene Ionen an; Metallsulfide oder Halogenide negativ geladene Ionen. Kieselsäure-Sole sind wasserfreundlich (hydrophil). Sie adsorbieren Wassermoleküle. Andererseits kann man durch Zusatz von Ionen die Kolloide entladen und zur Ausflockung bringen. Wenn die Ladung der Kolloide durch entgegengesetzt geladene Teilchen bei einem bestimmtem Säure- oder Basengehalt (pH-Wert) kompensiert ist, spricht man vom **isoelektrischen Punkt.**

Versuche

1. Es werden 2 ml verdünnte Kaliumiodid-Lösung mit ca. 50 ml dest. Wasser aufgefüllt und mit 1 ml verdünnter Silbernitrat-Lösung gleicher Konzentration versetzt! Es entsteht ein Silberiodid-Sol. Beobachtung? Aussehen?
2. Versuchen Sie, die Lösung durch ein Papierfilter zu filtrieren! Beobachtung? Aussehen des Filtrats? Warum wurde KI-Lösung im Überschuss zugesetzt?
3. Verdünnte alkalische Wasserglas-Lösung (Natriumsilikat) wird mit dest. Wasser, einigen Tropfen Phenolphthalein und danach vorsichtig tropfenweise mit konz. Salzsäure versetzt, bis die Rosafärbung an der Eintropfstelle gerade nicht mehr verschwindet. Das Sol ist durch Chlorid-Ionen Cl^- stabilisiert.
4. Eine Wasserglaslösung wird mit konz. Salzsäure im Überschuss versetzt. Beobachtung?

Sole können in **Gele** übergehen (koagulieren). In diesen sind die Kolloidteilchen nicht beweglich, sondern „netzartig“ durch zwischenmolekulare Kräfte gallertartig versteift. Dazwischen können größere Mengen an Lösungsmitteln eingelagert werden. Typische wasserhaltige Gele sind z. B. Kieselsäure-Gele, Speisegelatine-Gele, zubereiteter Tortenguss, eingedicktes Fruchtgelee. Kieselsäure-Gel wird als Verdickungsmittel z. B. in Akkus eingesetzt. In Pflanzen kommen viele als Pflanzenschleime bezeichnete Gelbildner vor, wie Agar-Agar, Alginate, Pektine. Sie werden als Geliermittel verwendet, wie die aus Meeresalgen gewonnenen Carragene, die wichtige Zusatzstoffe für die Lebensmittelindustrie (Pudding, Gelees, Marmeladen, Eiscremes) sowie Emulgatoren für Salben, Hautcremes, Bindemittel für Wasserfarben, Zahnpasta, Appreturen usw. sind. In Pflanzen vorkommende Pektine in Zellmembranen, Fruchtschalen u. a. bilden ebenfalls hydrophile wasserklare Gele. Sie werden in ähnlicher Weise verwendet (Lebensmittel-, Pharma-, Kosmetikindustrie).

Manche hydrophilen Gele bzw. **Xerogele** (Gelatine) können durch Wasseraufnahme wieder in Sol umgewandelt werden (Poptisation). Sie sind reversibel (umkehrbar). Xerogele (griech. trocken) entstehen durch Trocknung der Gele wie z. B. Blattgelatine, Kunststofffolien, semipermeable Membranen.

Getrocknete Kieselsäure-Gele sind amorph und besitzen eine sehr große Anzahl von Poren (große innere Oberfläche). Sie werden als technische Filter-, Klär-, Speicherstoffe, technische Trockenmittel sowie als Labor-Trockenmittel (Silicagel) in Exsikkatoren eingesetzt, (mit Cobalt(II)-Salzen als Indikator: trocken blaue, feucht rosa Farbe). Besonders präparierte Kieselgele sind wichtige Adsorptions- und Trägerstoffe in der Chromatografie.

Es gibt auch Gele, die in Ruhe steif sind und beim Schütteln, Verstreichen usw. vorübergehend flüssig werden und ohne mechanische Einwirkung wieder erstarren, z. B. Eisen(III)-hydroxid-Gel, tropffeste Farben, Ketchup. Diese Erscheinung heißt **Thixotropie** (griech. Berührung).

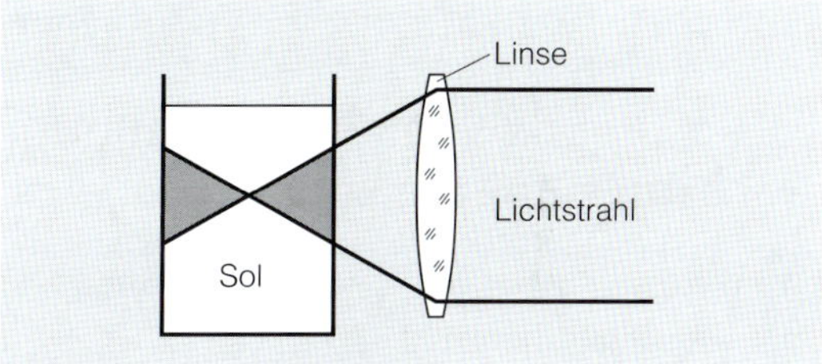

Abb. 2-26 TYNDALL-Effekt

Feindisperse Kolloide sind nur mittels Ultramikroskopen im Dunkelfeld bei seitlicher Beleuchtung zu erkennen (Flimmern durch BROWN'sche Bewegung der Dispersionsmittel-Teilchen). Ebenso verrät sich ein Kolloid durch den **TYNDALL-Effekt,** wenn ein Lichtstrahl durch das kolloiddisperse System hindurch geht und seitlich betrachtet wird (einzelner Sonnenstrahl in staubiger Luft, Lichtkegel in kolloider Flüssigkeit). Die Kolloidteilchen wirken wie „Spiegelchen“ (Abb. 2-26). Dagegen sind echte Lösungen „optisch leer“, ohne Wechselwirkung mit dem Licht.
Kolloide „Lösungen“ können durch **Dialyse** im Dialysator gereinigt werden, indem überschüssige Ionen-Anteile herausgelöst werden. Dazu wird die kolloide Lösung durch eine semipermeable Membran, die nur für Ionen durchlässig ist, von vorbeifließendem reinem Wasser abgetrennt. Durch das Konzentrationsgefälle diffundieren die Ionen in das Wasser und werden fortgeschwemmt (Abb. 2-27).

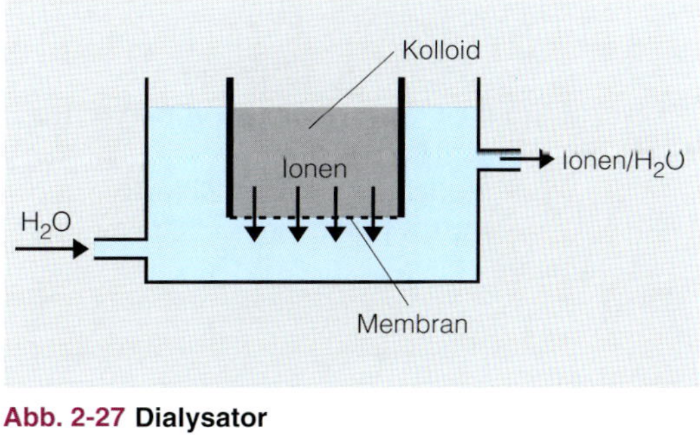

Abb. 2-27 Dialysator

Durch Anlegen einer Gleichspannung wird der Reinigungseffekt verstärkt **(Elektrodialyse).** Nach diesem Prinzip erfolgt bei Dialyse-Patienten die „Blutwäsche" bei Nierenversagen.
Die Filtration von Kolloiden gelingt nur mit speziellen feinstporigen Membranfiltern. Kolloide besitzen in flüssigdispersen Systemen eine niedrige Diffusionsgeschwindigkeit, einen niedrigen osmotischen Druck und eine sehr kleine Gefrierpunkterniedrigung.
Rauchpartikel in Aerosolen können im elektrischen Feld aufgeladen und an einer Gegenelektrode koaguliert und abgeschieden werden (elektrische Entstaubung von Industrieabgasen).

2.5 Aufgaben zur Wiederholung von Kapitel 1 und 2

Aufgaben

1. Welche Aufgaben stellt sich die Wissenschaft Chemie?
2. Wie unterscheiden sich physikalische und chemische Vorgänge? Welche Eigenschaften können zum Unterscheiden herangezogen werden?
3. Wie können Masse, Volumen, Dichte, Schmelz- und Siedetemperatur bestimmt werden?
4. Erklären Sie die Begriffe reversibel, irreversibel, homogen, heterogen, Phase, Komponente, Synthese und Analyse!
5. Charakterisieren Sie die Teilchenverteilung in gasförmigen, flüssigen und festen Stoffen!
6. Erklären Sie, wie sich Druck und Volumen von Gasen mit der Temperatur ändern! Erläutern Sie das Gesetz von BOYLE-MARIOTTE und das allgemeine Gasgesetz!
7. Diskutieren Sie das allgemeine p-V-Diagramm sowie das p-V-Diagramm von Wasser.
8. Was versteht man unter den Begriffen isobar, isochor, isotherm, ideales Gas, reales Gas? Was wird durch die kritischen Konstanten ausgesagt?
9. Warum ist Wasser ein hervorragendes Lösungsmittel?
10. Wie unterscheiden sich Diffusion und Osmose bzw. Osmose und Umkehrosmose?
11. Worauf sind Oberflächenspannung und Viskosität von Flüssigkeiten zurückzuführen?
12. Warum verlaufen Phasenänderungen häufig gehemmt? Wie können sie gefördert werden?
13. Erläutern Sie die Begriffe amorph und kristallin! Charakterisieren Sie das kubische und hexagonale Gitter und informieren Sie sich ergänzend über die kubisch-raumzentrierte, die kubisch-flächenzentrierte und hexagonal-dichte Packung!
14. Wie lauten die stöchiometrischen Gesetze?
15. Erläutern Sie an Beispielen, was man unter einem Element, einer Verbindung, einem Gemenge und einem Gemisch versteht!
16. Wie trennt man Mischungen und wie Verbindungen?
17. Was sind a) echte Lösungen und b) Kolloide? Nennen Sie Merkmale und Beispiele! Wie werden sie hergestellt und eingeteilt?
18. Beschreiben Sie, wie der Lösevorgang eines Salzes in Wasser verläuft!
19. Auf welchen physikalischen Eigenschaften bzw. Prinzipien beruhen folgende Trennverfahren: Flotation, Auslaugen, Zentrifugieren, Sublimieren, Destillieren, Adsorbieren, Absorbieren, Extrahieren, Kristallisieren?
20. Wofür werden die Begriffe Symbol, Formel, Gleichung angewendet? Was wird durch die Summen- bzw. Strukturformel ausgedrückt?
21. Worauf bezieht sich die relative Atom- bzw. Molekülmasse?
22. Charakterisieren Sie mit Beispielen die Nomenklatursysteme für die rationelle Bezeichnung von Elementen und Verbindungen!
23. Definieren Sie: Mol, Stoffmenge, Stoffmengenkonzentration, Äquivalentmenge, Äquivalentmengenkonzentration, Stoffmengenanteil, Massenanteil, Volumenanteil!
24. Erläutern Sie, wie mithilfe der Mischungsgleichung und des Mischungskreuzes die Mischungsverhältnisse für geforderte Konzentrationen bestimmt werden!
25. Erläutern Sie den TYNDALL-Effekt und die Wirkungsweise der Dialyse! Wie können flüssig-kolloide Systeme stabilisiert bzw. entstabilisiert werden?

3 Trennen von Gemengen und Gemischen

3.1 Einteilung der Trennverfahren

Mischungen sind durch physikalische Vorgänge entstanden. Die Eigenschaften der Komponenten sind dadurch erhalten geblieben. Sie werden beim Zerlegen der Mischungen in ihre Bestandteile ausgenutzt.
Ziel der Aufspaltung einer Mischung im Labor und in der Industrie ist hauptsächlich die Gewinnung reiner Stoffe für die Synthese von Präparaten, die Analyse anderer Stoffmischungen (Reagenzien für die qualitative und quantitative Analyse), die Erzeugung von Chemie-Produkten in der chemischen Industrie usw.

Die Trennverfahren werden nach unterschiedlichen Kriterien eingeteilt, z. B. nach dem Dispersionsgrad

- in die Zerlegung heterogener Mischungen (Gemenge),
- in die Zerlegung homogener Systeme (Gemische)

oder nach der Anwendung von Wirkungsmechanismen, die auf die Eigenschaften der Komponenten ausgerichtet sind,

- in physikalisch-mechanische Trennverfahren (Sieben, Filtrieren, Sedimentieren u. a.),
- in physikalisch-thermische Trennverfahren (Destillation, Sublimation, u. a.),
- in chemisch-physikalische Trennverfahren (Extraktion, Ionenaustausch, Adsorption, Chromatographie u. a.),
- in chemische Trennverfahren (Ausfällen).

3.2 Komplexität von Trennverfahren am Beispiel des Filtrierens

In Übersicht 3-1 sind verschiedene Methoden für die Trennung heterogener Gemische aufgeführt. Die Auflistung zeigt, dass physikalische Verfahren genutzt werden. Sie macht deutlich, dass kein einzelnes Verfahren universell zur Zerlegung geeignet ist. Je nach den Eigenschaften der Stoffarten, die im Gemenge enthalten sind, muss bedacht werden, welche Methode (oder Kombination von Methoden) für die Zerlegung einsetzbar ist.
Bei der Anwendung einzelner Verfahren z. B. im Labor sind auch Überlegungen anzustellen, ob verwendete Arbeitsmittel/Hilfsstoffe das Ergebnis beeinflussen. Das soll beispielhaft am einfachen Filtrieren erläutert werden: Grobdispers in einem Lösungsmittel verteilte Stoffe können mit einem Papierfilter aus dem Verteilungsmedium abgeschieden werden. Dabei ist zunächst die Partikelgröße auf den Porendurchmesser des Papiers abzustimmen. Sind die Teilchen kleiner als die Poren, werden sie den Filter passieren. Das ist bei Kolloiden der Fall. Bei unnötig großem Rückhaltevermögen wegen enger Poren und grober Dispersion ist wiederum die Fließrate (Filtrationsgeschwindigkeit) sehr klein, und es vergeht eine zu lange Zeit, bis die weitere Bearbeitung des Filterrückstands (Filterkuchen) oder des Filtrats erfolgen kann. Auch die Nassfestigkeit des Papiers spielt eine Rolle, damit nicht im Verlauf der Operation der Filter reißt und sich Niederschlag und Filtrat wieder vereinigen.
Bei der Anwendung von höherem oder niederem Druck ist ebenfalls ausreichende Festigkeit notwendig (Druck-, Saugfiltration). Der Filter darf keine Fasern an das Filtrat abgeben. Soll der Filterkuchen (und nicht das Filtrat) weiter aufgearbeitet werden, wird er häufig durch Säure vom Filter gelöst, also ist die Säurebeständigkeit des Papiers wichtig. Für das mechanische Ablösen mit einem Spatel ist eine glatte Oberfläche erwünscht. Bei quantitativen Arbeiten, bei denen eine Gewichtsanalyse vorgesehen ist und der Filter verascht werden muss, ist ein niedriger Aschegehalt zu fordern. Natürlich muss für einen exakten Wert ein ungebrauchter Filter separat verbrannt und vorher und danach ausgewogen werden. Schließlich ist auch der Preis der von den Herstellern in großer Vielfalt angebotenen Filter eine zu beachtende Größe. Sie können aus den verschiedensten Materialien, z. B. Cellulose, Celluloseacetat, Cellulosenitrat, Polycarbonat, Glasfasern, Baumwoll-Linters u. a., bestehen sowie unterschiedlich vorbehandelt sein, wie in Säure gewaschen oder mit Silikon beschichtet. Letztere lassen organische Lösungsmittel passieren und halten Wasser zurück.
Die Kataloge für Verbrauchsmaterialien und Geräte, die von Herstellern und Vertriebsgesellschaften herausgegeben werden, enthalten auch zu anderen Methoden wichtige Hinweise für die Hilfsstoffe.

3.3 Trennen von heterogenen Systemen – Gemengen

Die Verfahren beinhalten vor allem die Trennung von Feststoff-Gemengen oder das Abtrennen von Flüssigkeiten und Gasen, so genannten fluiden Medien (lat. flüssig), aus Feststoffen. Die Übersicht 3-1 enthält die wichtigsten Trennverfahren für Systeme, die zwei oder mehr Phasen in der Mischung enthalten.

Trennen von Gemengen (heterogene Mischungen)

Methode/Verfahren	ausgenutzte Eigenschaft	Beispiele für die Anwendung
Sortieren	visuell feststellbare Unterschiede (Farbe, Glanz u. a.)	Handauslese, Aussortieren eines Stoffes aus einem grobkörnigen Gemenge
Sieben	unterschiedliche Korngröße	Sand / Kies
Elektrofiltration	elektrostatische Aufladung von Staub	Reinigung von Rauchgasen
Magnetscheidung	unterschiedliches magnetisches Verhalten	Trennung von Eisen- und Nichteisenschrott, von Magneteisenerz und Gesteinsbeimengungen (Gangart) im Magnetfeld
Absetzen, Sedimentieren, Dekantieren	Dichteunterschiede, Unlöslichkeit	Goldwäsche; Schlammklären bei der Abwasserbehandlung; Bildung von Sedimenten im Meer; Abgießen einer flüssigen Phase vom Niederschlag
Flotation	unterschiedliche Benetzbarkeit der Bestandteile durch das Flotationsmittel, Dichteunterschiede, Auftrieb durch Adsorption des Flotationsmittels und Schaumbildung	Erzaufbereitung; Trennung von Suspensionen aus Erzmineralien und Gangart; Abtrennen von Farbstoffen bei der Altpapierverwertung; Abtrennen von Schwebschlamm aus Abwasser
Seigern, Ausschmelzen	unterschiedliche Schmelzpunkte	Reinigung von Blei und Zinn (Raffination); Trennung des Schwefels von Beimengungen durch Ausschmelzen
Auslaugen	unterschiedliche Löslichkeit vermengter Stoffe in einem Lösungsmittel	Abtrennen von Gold aus goldhaltigen Sanden, Erzen mithilfe von Quecksilber (Amalgamieren) oder wässrigen Alkalicyanid-Lösungen (Cyanid-Laugung),
Extrahieren	unterschiedliche Löslichkeit vermengter Stoffe in einem Lösungsmittel	Gewinnung von Wirkstoffen, etherischen Ölen aus Pflanzenteilen, Tee- und Kaffee-Auszug
Zentrifugieren	Dichteunterschiede; Abhängigkeit der Zentrifugalkräfte von der Dichte bzw. Masse	Trennung von Milch in Rahm und Magermilch, von Blut in Blutkörperchen und Blutplasma; Abschleudern von Salzkristallen aus der Mutterlauge (Aufbereitung von Kalisalzen)
Sublimieren	unterschiedliche Flüchtigkeit fester Stoffe beim Erwärmen und Kondensieren des Dampfes an gekühlten Flächen	Reinigung von Schwefel, Iod, „Verdampfen“ von festem Kohlenstoffdioxid („Trockeneis“)
Trocknen mit Trockenmitteln	Adsorption einer dampfförmigen Komponente	Wasseradsorption an Kieselgel im Exsikkator, z. B. Salztrocknung
Filtrieren	Unlöslichkeit eines festen Stoffes, Korngröße größer als Porendurchmesser der Filter, Schwerkraft bzw. Druckdifferenz u. a.	Reinigung von Brauchwasser; Rückgewinnung von Wertstoffen aus dem Siebwasser bei der Papierherstellung, Staubfiltration (Luftfilter im Pkw), Kraftstofffilter

Übersicht 3-1

Das Trennen eines Gemenges erfolgt unter Ausnutzung der physikalischen Eigenschaften der Komponenten. Häufig wird die Zerlegung durch mechanische Verfahren vorgenommen.

Auf der unterschiedlichen Dichte beruht das **Sedimentieren.** Hierbei setzt sich aus einer Suspension oder Lösung ein dichterer Stoff als Niederschlag auf dem Gefäßboden ab. Die überstehende Flüssigkeit kann durch **Dekantieren** abgegossen werden. Beim **Auswaschen** und **Schlämmen** werden leichtere Stoffteilchen fortgespült, wie z. B. tonige, erdige oder Mineralkörner, während schwerere Bestandteile zurückbleiben wie bei der Goldwäsche. Beim **Zentrifugieren** wirken Fliehkräfte auf Stoffe höherer Dichte. Beim **Windsichten** übernimmt ein Luftstrom die Aufgabe des Forttragens leichter Teilchen z. B. bei der Trennung leichter Teilchen wie Unkrautsamen von Getreidekörnern („die Spreu vom Weizen trennen“).

Die unterschiedliche Teilchengröße in einem Gemenge ermöglicht das Trennen durch **Auslesen, Sieben** sowie das **Filtrieren** mit Filterpapieren oder Glasfritten unterschiedlicher Porigkeit. Ultrafiltration und Molekularsiebe werden dagegen bei homoge-

Abb. 3-1 **Trennen von Mischungen**

nen Mischungen angewendet, bei denen nach der Molekülgröße getrennt wird!
So kann durch Filter aus Abgas mit Diesel betriebener Fahrzeuge Krebs erregender Feinstaub (kugelförmige Rußpartikel) abgeschieden werden.
Das Sieben trennt feste Stoffe nur nach der Korngröße (Sand/Kies). Nach visuell wahrnehmbaren Unterschieden z. B. Farbe, Glanz, Form ist manuelles Auslesen möglich, wie es lange Zeit bei der Erztrennung von der Gangart realisiert wurde.
Bei der Elektrofiltration werden Staub- und Rußteilchen in Rauchgasen elektrostatisch aufgeladen und an Elektroden durch Entladung abgeschieden (COTTRELL-Verfahren).
Durch Magnetscheiden können magnetische Anteile entfernt werden (Trennung von Eisenerz und Gangart, Abtrennen von Stahl aus Schrottgemischen).

Bei unterschiedlicher Löslichkeit können Stoffkomponenten aus Gemengen durch **Auslaugen** und **Extrahieren** herausgelöst werden.
Im Labor werden schwer lösliche Verbindungen z. B. Erdalkalisulfate wie Calciumsulfat $CaSO_4$ mit einer Mischung aus Soda Na_2CO_3 und Pottasche K_2CO_3 verschmolzen. Dadurch gehen die Sulfate im Schmelzfluss in die noch schwerer löslichen Carbonate z. B. Calciumcarbonat über:

$$CaSO_4 + Na_2CO_3 \rightarrow CaCO_3 + Na_2SO_4$$

Das Natriumsulfat Na_2SO_4 ist in Wasser gut löslich und wird nach Zerkleinern des erkalteten Schmelzkuchens ausgelaugt. Danach kann das Calciumcarbonat durch Salz- oder Salpetersäure als Chlorid oder Nitrat in gelöste Form überführt werden:

$$CaCO_3 + 2\,HCl \rightarrow CaCl_2 + CO_2 + H_2O$$

Die Gewinnung von Lösungen seltener Metalle aus armen Erzen mithilfe von gelösten Komplexbildnern oder die Auflösung von Gold mit Alkalicyanid-Lösung aus goldhaltigen Erzen/Sanden wird durch chemisches Auslaugen durchgeführt.
Oft müssen Feststoffe von anhaftender Flüssigkeit befreit werden. Warme bis heiße Gase geben ihre Wärmeenergie zum Verdunsten ab. Thermisch beständige Stoffe wie z. B. anorganische Salze werden mit heißer Luft oder im industriellen Maßstab auch mit heißem Abgas getrocknet. Organischen Stoffen – besonders feuergefährlichen oder explosiblen Verbindungen – wird mit inertem Gas (lat. untätig, träge), bevorzugt mit heißem Stickstoff, die Feuchtigkeit entzogen.

3.4 Trennen von homogenen Systemen – Gemische

Homogene Systeme wurden im Abschnitt 2.4.2 als echte Lösungen beschrieben. Übersicht 3-2, Seite 58, enthält eine Auswahl wichtiger Trennverfahren für Gemische. Auf die fachlichen Grundlagen einiger Methoden wird nachfolgend näher eingegangen.

In den folgenden Darstellungen fehlen die Verfahren der **Chromatografie** (griech. Farbe, schreiben), die in großem Umfang zur Aufspaltung von Gemischen angewendet werden. Es ist ein sehr wichtiges aber umfangreiches Gebiet der Chemie. Die Methoden nutzen verschiedene Wirkungsmechanismen aus. Der Chromatografie wird wegen ihrer großen Bedeutung in der chemischen Analytik, in der Biologie, Medizin, Pharmazie oder bei der Gewinnung von Naturstoffen das eigenständige Kapitel 14 eingeräumt.
Zur Auftrennung von homogenen Systemen werden physikalische und chemische Verfahren angewendet, wobei durch Letztere z. T. nur Komponenten abgetrennt werden.

Physikalische Trennung von Gemischen:
- Trennung durch thermische Verfahren (Trocknung, einfache oder fraktionierende Destillation (lat. zerteilen) von flüssigen Lösungen, Eindampfen von Lösungen, Kristallisation, fraktionierende Kristallisation, Umkristallisieren zur Reinigung),
- Flüssig-flüssig-Extraktion, Ausschütteln (Komponententrennung durch Verteilung in nicht mischbare flüssige Phasen),
- adsorptive Trennung,
- Gaswäsche durch Absorption,
- Trocknen von Gasen.

Trennen von Gemischen (homogene Mischungen)

Methode/Verfahren	ausgenutzte Eigenschaft	Beispiele für die Anwendung
Destillieren	unterschiedliche Siedepunkte	Trennung von Kohlenwasserstoffen bei der Erdöldestillation; Konzentrierung von Alkohol
Eindampfen	Dampfdruck und Siedetemperatur des Lösungsmittels	Konzentrieren einer Lösung; Gewinnung des gelösten Salzes in fester Form
Kristallisieren	Abhängigkeit der Löslichkeit (von der Temperatur) in einem Lösungsmittel	Abscheidung von Salzen und anderen Verbindungen bei Abkühlung einer übersättigten Lösung; Umkristallisieren zur Reinigung eines Stoffes
Adsorbieren Desorbieren	Anlagerung eines gasförmigen Stoffes an die Oberfläche eines flüssigen oder festen Stoffes durch Oberflächenkräfte (Adsorption); Ablösen, „Austreiben" adsorbierter Stoffe z. B. durch Erwärmen oder Druckänderung	Zurückhalten giftiger Gase in Atemschutzfiltern (Aktivkohle); Entschwefelung von Rauchgas; chromatographisches Trennen von Mischungen aus Naturstoffen (Vitamine, Alkaloide, Antibiotika), seltenen Elementmischungen, radioaktiven Stoffgemischen usw.; Rückgewinnung (Recycling) von Lösungsmitteln mittels Aktivkohle oder Kieselgel; vorübergehende Stoffanlagerung an Katalysatoren, Färben von Textilien
Absorbieren	Lösen (Eindringen) von Gasen vor allem in Flüssigkeiten (und Festkörper)	Luft/Sauerstoff in Wasser, Gasreinigung durch Waschprozesse (Gaswäsche)
Extrahieren Auslaugen	unterschiedliche Löslichkeit gemischter Stoffe in einem Lösungsmittel	Abtrennen von Aromaten aus Erdöl mittels Stickstoff-Heterocyclen, Phenole aus Kokereiwasser mit Butylacetat

Übersicht 3-2

Chemische Trennung von Gemischen:
- Ionenaustausch (z. B. Entkalken und Entsalzen von Wasser durch Ionenaustauscher)
- Ausfällen einer gelösten Komponente aus einem Gemisch (z. B. beim Trennungsgang in der qualitativen Analytik, beim Entkalken von Wasser mit Fällungsmittel oder bei gravimetrischen Analysen)
- Elektrolyse von Salzlösungen zur Gewinnung von Metallen (elektrolytische Abscheidung von Kupfer, Silber, Gold) oder Gasen (Cl_2)

3.5 Thermische Trennverfahren für Lösungen und Flüssigkeiten

3.5.1 Trocknung von Gasen

Gase wie Sauerstoff, Methan, Ethen (Ethylen), Ethin (Acetylen) oder Wasserstoff werden häufig im Labor vor einer weiteren präparativen Verwendung zur Beseitigung von Verunreinigungen durch Waschen gereinigt. Als Waschflüssigkeiten benutzt man Wasser oder verdünnte Lösungen von Natrium- oder Kaliumhydroxid in Waschflaschen.
Gase nehmen dabei Wasserdampf auf, der eine Reaktion beeinflussen kann. Ebenso kann ein Gas wie Wasserstoff, Kohlenstoffdioxid, Ethin o. a. bei der Darstellung z. B. im KIPP'schen Apparat Wasserdampf aufnehmen. Durch **Trockenmittel** wird Feuchtigkeit entzogen. Dazu leitet man das Gas durch konzentrierte Schwefelsäure, die sich in einer Waschflasche befindet. Die Säure wirkt hygroskopisch (Wasser entziehend). Auf diese Weise können nur Gase getrocknet werden, die nicht mit Schwefelsäure reagieren, wie Chlor, Kohlenstoffdioxid, Sauerstoff, Schwefeldioxid, Wasserstoff. Auch ein Ausfrieren des Wassers ist möglich.
Feste Trockenmittel werden in Trockenrohre, U-Rohre oder Trockentürme gefüllt, durch die man die Gase hindurchströmen lässt.

Als feste Trockenmittel werden Calciumchlorid, Calciumoxid, Kaliumcarbonat, Natrium- und Kaliumhydroxid, Kieselgel, granulierte Mittel auf der Basis von Phosphorpentoxid u. a. verwendet. Mit ihnen können auch einige organische Lösungsmittel getrocknet werden wie z. B. Aceton, Benzol, Diethylether, Dioxan, Tetrachlormethan, Toluen mit Calciumchlorid.

Einen wichtigen Platz nehmen die so genannten Molekularsiebe ein, die aus Alkali- und Erdalkali-Aluminium-Silikaten bestehen. Sie werden in definierten Porengrößen, z. B. 0,3 nm, 0,4 nm, angewendet und lassen nur kleine Moleküle wie z. B. Wasser passieren, dagegen werden größere organische Moleküle zurückgehalten.

3.5.2 Kristallisieren und Trocknen von Feststoffen

Thermische Verfahren für die Gewinnung von Stoffen aus Lösungen beruhen auf der Flüchtigkeit flüssiger Anteile und deren Überführung in Dampf. Dabei müssen die Moleküle zur Überwindung der Anziehungskräfte Energie aufnehmen.

Beim **Verdunsten** einer Salzlösung (oder beim **Trocknen** eines Lackes) wird Energie aus der Umgebung aufgenommen. Der Vorgang braucht längere Zeit und wird durch Erwärmen und **Verdampfen** z. B. in der Kristallisierschale im Trockenschrank, durch Infrarotstrahler, durch Berührung mit einer Heizfläche oder durch Anlegen eines Unterdrucks im Exsikkator beschleunigt. Zurück bleibt das kristallisierte Salz. Das Lösungsmittel wird an die Luft abgegeben.

Bei Lösungen, die gelöste Verunreinigungen enthalten, dekantiert man zur Reinigung gegen Ende des Kristallisationsvorgangs die Restlösung mit den Nebenbestandteilen. Die Kristalle können auch kurz abgespült oder zur weiteren Reinigung erneut gelöst und umkristalliert werden. Sind in der Lösung mehrere Salze unterschiedlicher Löslichkeit enthalten, die alle kristallin gewonnen werden sollen, so ist eine stufenweise oder **fraktionierende Kristallisation** durchführbar.

3.5.3 Adsorption

Gase, Dämpfe und auch manche gelöste Stoffe können durch **Adsorption** (lat. schlürfen, aussaugen, schlucken) an ein **Adsorptionsmittel** oder **Adsorbens** gebunden werden.

Die Adsorptionsmittel besitzen durch große Porosität und feine Verteilung eine sehr große innere Oberfläche und damit eine Vielzahl unabgesättigter Oberflächenkräfte, an die sich abzutrennende Teilchen anlagern und binden können. Dadurch erniedrigen sich Gasdruck bzw. Konzentration der Lösung, wenn die Stoffe die Adsorptionsmittel passieren. Durch die Absättigung der Kräfte wird Adsorptionswärme freigesetzt. Die Bindungsenergie beträgt bei physikalischer Adsorption weniger als $42\ \text{kJ} \cdot \text{mol}^{-1}$.

Da die Energie dieser Anlagerung nicht sehr hohe Beträge erreicht, können die adsorbierten Teilchen durch **Desorption** beim Erwärmen wieder freigesetzt werden (vgl. sekundäre Kräfte im Kapitel 8).

Auch eine chemische Adsorption ist bei speziellen Stoffen möglich, **Chemisorption** genannt. Hierbei beträgt die Bindungsenergie mehr als $42\ \text{kJ} \cdot \text{mol}^{-1}$.

Die Adsorptionsmenge ist von der Porenoberfläche abhängig. Je größer sie ist, desto mehr Stoff kann angelagert werden. Bei Bedeckung der Oberfläche findet keine weitere Adsorption statt. Ein Volumen von 1 Kubikzentimeter Adsorbens kann mehrere hundert Quadratmeter innere Oberfläche besitzen!

Organische Lösungsmittel, die in größerem Maßstab verarbeitet werden (z. B. Lackieren in der Autoindustrie, Lösungsmittel in der Chemischen Industrie), können in Filteranlagen adsorbiert und durch Erwärmen/Kondensieren oder Vakuum weitgehend wieder zurückgewonnen werden. Besonders chlorhaltige organische Lösungsmittel sind umweltschädlich und dürfen nicht ins Freie gelangen.

Wichtige Adsorptionsmittel sind Aktiv-Kohle, Kieselgel (Silicagel), Aluminiumoxid, Ruße, Zeolithe.

3.5.4 Absorption

Ein gleichmäßiges Eindringen von Gasen in Flüssigkeiten oder feste Stoffe wird als **Absorption** bezeichnet, Adsorption und Absorption zusammen als **Sorption.** Die Oberfläche von Absorbentien hat dabei eine erhebliche Bedeutung. Durch die Absorption findet eine Vergrößerung des sorbierenden Volumens statt.

Findet keine chemische Reaktion beim Lösen des Gases statt, gilt das **Henrysche Gesetz** (z. B. Absorption von Sauerstoff im Wasser).

Physikalische Absorption mit teilweiser chemischer Reaktion läuft z. B. beim Lösen von Salzsäure-Gas oder von Ammoniak in Wasser ab. Die Absorption ist wesentlicher Vorgang bei technischen Waschprozessen zur Reinigung von Gasen, bei der Gewinnung von Benzin aus Erdgas (Trocknung von Erdgas), bei der Beseitigung von Wasserdampf aus Erdgas.

3.5.5 Destillation

Das wichtigste thermische Verfahren zur Trennung flüssiger Gemische ist die **Destillation** (lat. destillata, herabtropfen). Für die Gewinnung einer reinen flüssigen Phase kommt im Labor eine **einfache Destillation** mit einer Anordnung aus Rundkolben, Thermometer, Kühler und Vorlage zur Anwendung, wie sie in Abb. 1-14 gezeigt ist. Das flüssige System wird im Kolben auf die Siedetemperatur ϑ_b erhitzt. Die Dämpfe kondensieren im Kühler und das **Destillat** wird in der Vorlage gesammelt. Schwer verdampfbare Anteile bleiben als **Rückstände** im Kolben zurück.

Auf diese Weise gewinnt man **destilliertes Wasser,** Aqua destillata, aus Leitungswasser, das Calciumhydrogencarbonat, Magnesiumhydrogencarbonat, Eisencarbonat, Natriumchlorid u. a. Verunreinigungen enthalten kann.

Sehr reines Wasser erhält man bei Verwendung von Quarzgeräten. Aus alkalihaltigem Glas können sich Natrium- oder Kalium-Ionen lösen. Für Destillationen in größerem Umfang werden technische Kolonnen verwendet.

Da die Siedetemperatur von Flüssigkeiten stark vom Druck abhängt (vgl. Abb. 1-16), destilliert man z. B. temperaturempfindliche Substanzen bei erniedrigtem Druck **(Vakuumdestillation).**

Mit Wasser nicht mischbare organische Stoffe können mit Wasserdampf aus einem flüssigen Gemisch ausgetrieben werden. Darauf beruht die **Wasserdampfdestillation.** Sie wird bei knapp 100 °C durchgeführt. Dabei addieren sich der Dampfdruck des Wassers und derjenige der hochsiedenden organischen Verbindung zum Gesamtdruck. Je nach Druckanteil wird eine größere oder geringere Menge der Verbindung „mitgerissen" und setzt sich getrennt vom Wasser in der Vorlage ab. Das Verfahren wird zur Gewinnung von etherischen Ölen, zur Trennung von Terpentinöl und Kolophonium, von o-Nitrophenol und p-Nitrophenol, von verschiedenen Alkaloiden u. a. angewendet. Wegen der niedrigen Temperatur ist die Methode schonend für die Stoffe.

Gemische aus mehreren organischen Flüssigkeiten, die unterschiedliche Siedetemperaturen besitzen, werden durch **fraktionierende Destillation** in ihre Stoffanteile oder **Fraktionen** zerlegt und gesondert aufgefangen. Man unterscheidet den Vorlauf mit dem Anteil, der die niedrigste Siedetemperatur hat, den Hauptlauf mit der mittleren und den Nachlauf mit der höchsten Siedetemperatur. Dabei wird das Prinzip der **Rektifikation** angewendet. Zwischen Destillierkolben und Kühler wird dazu eine **Rektifizierkolonne** angebracht (Abb. 3-2).

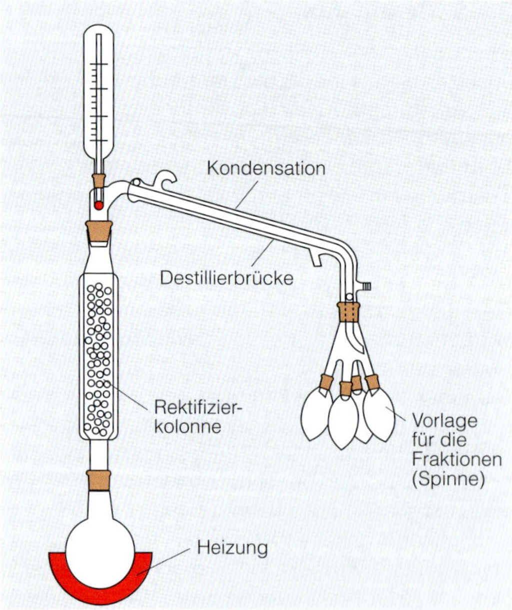

Abb. 3-2
Destillationsapparatur mit Rektifizierkolonne

Ihre Wirkung besteht darin, dass leichter siedende Anteile die Kolonne schneller passieren und im Kühler kondensieren, während höher siedende Anteile schon in der Kolonne kondensieren, zurückfließen und erneut verdampfen (deshalb auch Gegenstromdestillation genannt). So wie die niedrig siedende Komponente ausgetrieben wird, steigt die Temperatur im Siedekolben an und die höher siedende Flüssigkeit kann überdestillieren.
Die Rektifizierkolonnen sind zur Vergrößerung der Oberfläche (Austauschfläche) mit Füllkörpern (z. B. Glasperlen, -ringe) gefüllt oder es sind Rektifizierböden z. B. in Form von Glockenböden eingebaut (vgl. Abschnitt 3.6.6).

Siedediagramme geben Auskunft über die Siedetemperaturen der Mischung und die Zusammensetzung des Dampfes in den Kolonnen. Dazu werden die Temperaturen über den Stoffmengenanteilen x (Molenbrüchen) aufgetragen. Für eine sich **ideal** verhaltende Mischung aus der niedriger siedenden Komponente B und der höher siedenden Komponente A gibt Abb. 3-3 die Verhältnisse schematisch wieder: Die schwarze Linie kennzeichnet die Siedetemperaturen der Mischung, die blaue gibt die Zusammensetzung des Dampfes an: x_1 soll die Ausgangskonzentration sein. Beim Erwärmen beginnt die Lösung bei T_1 zu sieden. Der Dampf hat die Zusammensetzung x_2, ist also hinsichtlich des Stoffes B angereichert (der Molenbruch ist nach rechts verschoben). Die Siedetemperatur (und Kondensationstemperatur) von x_2 liegt nach der Kondensation des Dampfes bei T_2. Erneutes Verdampfen führt zur Zusammensetzung x_3 des Dampfes mit dessen charakteristischer Temperatur. Der

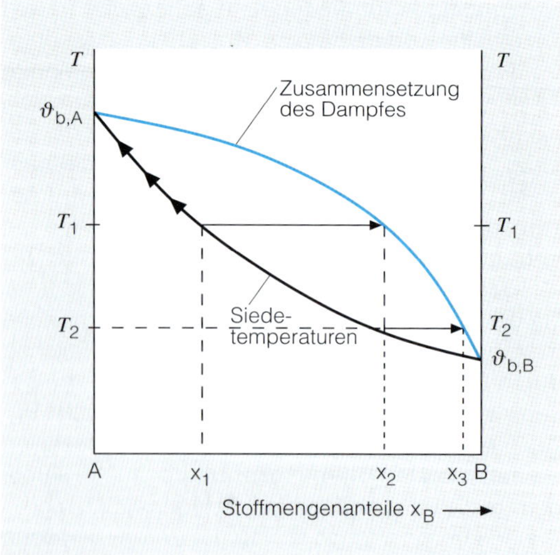

Abb. 3-3
Siedediagramm von Mischungen mit idealem Siedeverhalten

flüchtigere Stoff B ist nun schon stark angereichert und eine weitere Verdampfung und Kondensation führt zur vollständigen Trennung der Komponenten: In der Vorlage findet man den niedriger siedenden Stoff B und im Kolben den Stoff A (die Pfeile auf der Siedetemperaturkurve zeigen, in welche Richtung sich die Zusammensetzung der Mischung im Kolben verändert).

Ideal verhalten sich Mischungen von kettenförmigen (acyclischen) Kohlenwasserstoffen (Kohlenwasserstoffe des Erdöls), Benzen(Benzol)-, Toluen(Toluol)-Gemische, Toluen mit Propanon (Aceton).

Andere Mischungen weisen ein Siedetemperatur-Maximum in der Siedekurve auf. Sie verhalten sich nur bis zum Maximum, wie das in dem vorangegangenen Beispiel beschrieben ist. So reichert sich die Komponente A beim Sieden und Kondensieren im Destillat an, wenn man z. B. vom Stoffmengenanteil x_1 ausgeht (Abb. 3-4). Dagegen reichert sich die Komponente B während des Siedens im Kolben an (rote Pfeile). Analog verhält sich eine Zusammensetzung x_2 auf der B-reichen Seite des Diagramms. Wenn die Zusammensetzung im Kolben dem Maximum der Siedekurve entspricht, geht ein Gemisch konstanter Zusammensetzung in das Destillat über, weil die Zusammensetzung des Dampfes und der restlichen Flüssigkeit gleich geworden ist. Man nennt diese Mischung ein **Azeotrop** (griech. sieden; Stoffmengenanteil x_{az}). Trotz unterschiedlicher Zusammensetzung hat das Azeotrop eine einheitliche Siedetemperatur und kann nicht weiter aufgetrennt werden.

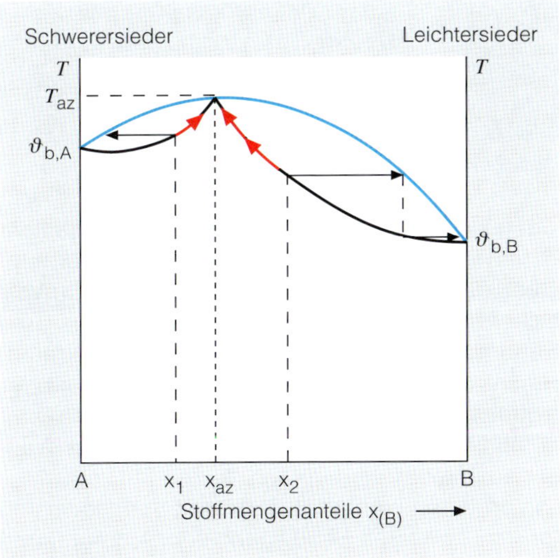

Abb. 3-4
Siedediagramm von Mischungen mit Siedepunktmaximum

> Wenn das Siedediagramm ein Maximum besitzt, so destilliert zunächst diejenige Komponente, die gegenüber der azeotropen Zusammensetzung überwiegt, bis im Kolben die azeotrope Zusammensetzung erreicht ist.

Azeotrope Mischungen mit Siedetemperatur-Maximum sind z. B. Chloroform-Aceton, Chlorwasserstoff/Wasser, Salpetersäure/Wasser, Ameisensäure/Wasser.

> Wenn die Siedekurve dagegen ein Minimum aufweist, so geht beim Sieden nicht die Überschusskomponente über, sondern das Azeotrop. Im Destillierkoben bleibt die überschüssige Komponente zurück.

Aufgabe

Abb. 3-5 zeigt ein Siedediagramm mit Siedetemperatur-Minimum. Diskutieren Sie die Änderung der Stoffmengenanteile während der Destillation der Mischungen x_1 und x_2 und beweisen Sie die Aussage des Merksatzes!

Ein Siedepunktminimum weisen Wasser-Ethanol-Gemische auf.
Das Azeotrop Ethanol/Wasser siedet bei 78 °C und enthält 4 % Wasser. Durch Destillation mit einer geeigneten dritten Komponente lässt sich aus manchen Azeotropen eine Komponente entfernen. So kann man das Wasser aus 96%igem Ethanol mit einem Zusatz von Benzol abdestillieren – als „ausschleppen" bezeichnet –, um absoluten Ethylalkohol zu erhalten.

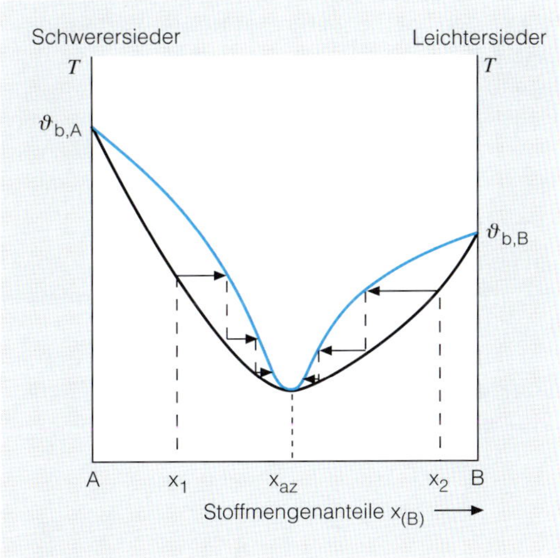

Abb. 3-5
Siedediagramm von Mischungen mit Siedepunktminimum

Weitere azeotrope Mischungen mit Siedepunktminimum sind z. B. Schwefelkohlenstoff/Aceton, Methanol/Tetrachlorkohlenstoff, Essigsäure/Toluol.

3.5.6 Trennen von Stoffen durch Flüssig-flüssig-Extraktion

Manche organische Lösungsmittel, die sich mit Wasser nicht mischen, können aus einer wässrigen Lösung einzelne Komponenten herauslösen oder extrahieren (lat. herausziehen). So löst sich Iod in Chloroform oder Tetrachlorkohlenstoff besser als in Wasser. Dazu schüttelt man das organische Lösungsmittel und die iodhaltige Lösung in einem Scheidetrichter. Zwischen den beiden Flüssigkeiten verteilt sich der zu extrahierende Stoff in unterschiedlicher Konzentration. Es stellt sich ein Lösungsgleichgewicht zwischen den beiden flüssigen Phasen ein. Nach der Entmischung können die beiden Phasen getrennt abgelassen werden.

Versuch

Reduzieren Sie 10 ml verdünnte Kaliumiodid-Lösung mit einigen Millilitern Chlorwasser. Versetzen Sie das Gemisch im Scheidetrichter mit 5 ml Chloroform oder Tetrachlorkohlenstoff und schütteln Sie bei aufgesetztem Stopfen die beiden Flüssigkeiten kräftig durch. Lassen Sie einige Zeit verstreichen und trennen Sie die iodhaltige Lösung von der wässrigen Phase. Lassen Sie die Iodlösung unter dem Abzug verdunsten. Beobachtung?

Wenn ein Stoff in zwei verschiedenen Flüssigkeiten eine unterschiedliche Löslichkeit besitzt, so verteilt er sich nach dem **Nernst'schen Verteilungssatz** in unterschiedlicher Konzentration c_1 und c_2 in beiden Phasen, wenn beim Lösen keine chemische Reaktion eintritt. Das Verhältnis der Stoffmengenkonzentration c_1 und c_2 in der Lösung 1 und 2 wird durch den **Verteilungskoeffizienten K** bestimmt:

$$c_1/c_2 = K$$

Iod ist in Chloroform 125fach löslicher als in Wasser, in Schwefelkohlenstoff 625fach löslicher als in Wasser.
Der Nernst'sche Verteilungssatz ist auch die Grundlage chromatografischer Trennverfahren (vgl. Kapitel 14).

3.6 Technologien für die Trennung homogener Mischungen

3.6.1 Trinkwasseraufbereitung

An Trinkwasser werden verschiedene Anforderungen gestellt: Es soll klar, farblos, sauerstoffreich, von angenehmer Temperatur, frei von Geschmacksstoffen und krankheitserregenden Keimen sein und geringe Mengen an gelösten Salzen enthalten (z. B. beeinflusst Calciumhydrogencarbonat den Geschmack positiv). Gelöstes Kohlenstoffdioxid greift Metallleitungen und Betonröhrensysteme an und ist unerwünscht. Trinkwasser wird als Quellwasser, zumeist jedoch als Grundwasser gefördert. Sand- und Kiesschichten sorgen für eine gute Filterung. Grundwasser kann jedoch nicht in beliebiger Menge entnommen werden, weil dies mit einer Absenkung des Grundwasserspiegels und der Schädigung landwirtschaftlicher Kulturen verbunden ist. Somit ist man heute auch auf Oberflächenwasser und die mehrfache Nutzung des Wassers zwischen Quelle und Meer angewiesen.

Gewinnung von Trinkwasser in Deutschland

Anteil des Wassers in %	Herkunft
63	Grundwasser
12	Quellwasser
10	künstlich versickertes, bodengefiltertes Oberflächenwasser
5	„Uferfiltrat“ (Förderbrunnen nahe des Ufers von Seen und Flüssen)
9	Talsperren
1	direkt aus Flüssen

Übersicht 3-3

Um genügende Mengen an Trinkwasser aus dem Grundwasser entnehmen zu können, lässt man Oberflächenwasser aus Seen und Flüssen in Versickerungsbecken und -brunnen durch Kies- und Sandschichten in das Grundwasser übertreten. Reicht diese natürliche Filterung nicht aus oder nimmt das Wasser aus dem Boden störende bzw. gefährliche Fremdstoffe auf, dann muss das Wasser aufbereitet werden (Abb. 3-6).
Die erneute Filterung in Kies- und Sandschichten führt zur weiteren Beseitigung von Schmutz- und Fäulnisstoffen sowie zur Abtötung von Bakterien.
Eine zusätzliche Entkeimung des Wassers ist durch Einleiten von Chlorgas (0,1 … 1 mg · l^{-1}), Chlor-

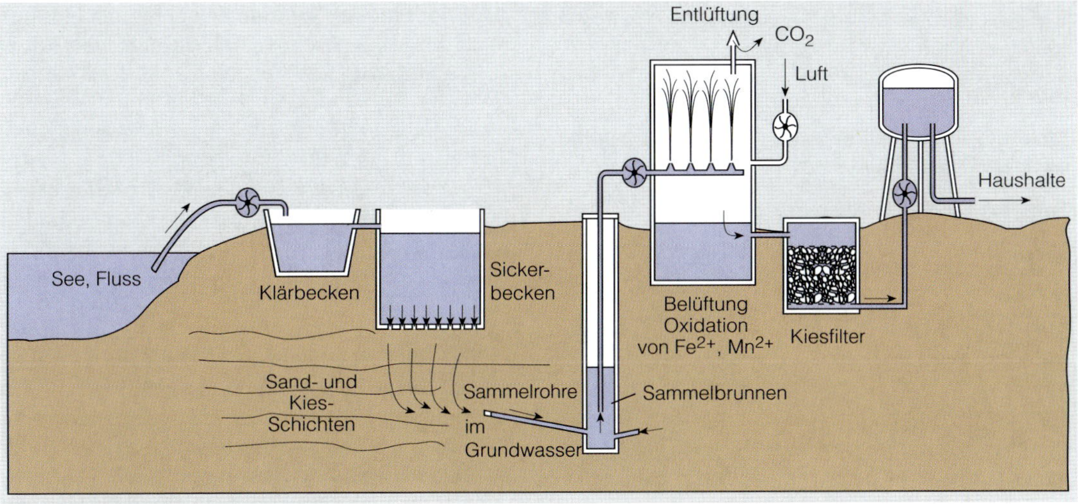

Abb. 3-6 Gewinnung von Trinkwasser

dioxid ClO_2, Natriumhypochlorit oder Ozon O_3 zu erreichen (Chlorung, Ozonierung). Diese Stoffe wirken als starke Oxidationsmittel auf organische Substanzen und Bakterien.

Eisen- und Manganverbindungen beeinträchtigen Geschmack und Farbe des Wassers. Sie werden durch Belüftung mit Luft oder reinem Sauerstoff entfernt. Das zweiwertige Eisen geht dabei in das Eisen(III)-hydroxid über, das unlöslich ist:

$$4\,Fe(HCO_3)_2 + O_2 + 2\,H_2O \rightarrow 4\,Fe(OH)_3 + 8\,CO_2$$

Bei diesem Vorgang wird Sauerstoff gelöst. Das entstehende Kohlenstoffdioxid entweicht.

Das Wasser muss anschließend erneut durch Kies gefiltert werden, um das $Fe(OH)_3$ zu entfernen.

Unangenehme Geruchs- und Geschmacksstoffe sowie Schwermetalle können durch Filterung über Aktivkohle ganz oder teilweise entfernt werden (Desodorierung). Die Filter sind nach der Sättigung zu entsorgen.

Durch Düngung und Ausbringung von Gülle auf landwirtschaftliche Nutzflächen ist Wasser oft mit Nitrat-Ionen NO_3^- belastet. Der zulässige Grenzwert liegt bei 50 mg · l^{-1}. Nitrat kann in organische Nitrosamine, die giftig und Krebs erregend sind, übergehen. Eine Beseitigung von Nitrat ist kostenaufwändig. Für Trinkwasser wird deshalb Wasser oft aus großen Tiefen gefördert, da es weniger belastet ist.

Das Bemühen, ein unbedenkliches Trinkwasser zu erzeugen, steht in vielen Fällen im Widerspruch zum Umgang mit dem Wasser. In Deutschland stoßen wir immer mehr an die Grenzen der Verfügbarkeit. Damit entstehen verschiedene Forderungen und Ansprüche an den Verbraucher:

1. Ein sparsamer und umsichtiger Verbrauch von Wasser in allen Bereichen der Gesellschaft ist ein dringendes Gebot, um die Wasserressourcen zu erhalten. Die verfügbare Wassermenge ist begrenzt, Wasser bewegt sich nur im Kreislauf, es entsteht kein zusätzliches Wasser. Sehr wirksam erweisen sich Wasser sparende betriebliche Kreislaufsysteme mit innerbetrieblicher Abwasserbehandlung.

2. Vernünftiger Umgang mit Wasser schließt ein, dass bei der Wasserverwendung keine unnötige Verschmutzung des Wassers verursacht wird (Abwasservermeidung). Abwasserbehandlung ist teuer und nicht alle Verunreinigungen sind entfernbar. Das führt zur Anreicherung bestimmter Stoffe (z. B. Schwermetalle) im Boden, in Uferzonen, im Grundwasser.

3. Die von Industrie, Gewerbe, Haushalten, Krankenhäusern, Badeanstalten usw. abgegebenen Abwässer müssen möglichst gründlich behandelt werden, um keine Anhäufung an störenden oder gefährlichen Stoffen zuzulassen.

3.6.2 Wasserhärte

Natürliches Wasser nimmt auf seinem Weg durch den Boden verschiedene Stoffe auf wie z. B. Sulfate und Hydrogencarbonate, die das Wasser „hart" machen. Wichtige **Härtebildner** sind Calciumhydrogencarbonat $Ca(HCO_3)_2$ und Magnesiumhydrogencarbonat $Mg(HCO_3)_2$. Sie erzeugen die **„Carbonathärte"**. Weitere Salze wie $CaCl_2$, $CaSO_4$, $MgCl_2$, $MgSO_4$ sind für die **„Nichtcarbonathärte"** verantwortlich (permanente Härte).

Unter Härte des Wassers versteht man den Gehalt an Calcium- und Magnesium-Ionen in Millimol je Liter ($mmol \cdot l^{-1}$).

Nach dem Waschmittelgesetz werden vier Härtebereiche unterschieden (Übersicht 3-4).

Härtebereiche des Wassers

Härtebereich	Konzentration von Ca^{2+} und Mg^{2+} in $mmol \cdot l^{-1}$	Wasserhärte
1	0 bis 1,3	sehr weich
2	1,3 bis 2,6	weich
3	2,6 bis 3,8	mittel
4	über 3,8	hart

Übersicht 3-4

Versuch

Prüfen Sie Wasserproben verschiedener Herkunft auf vorhandene Ionen, indem Sie den Nachweis in je einem Reagenzglas wie folgt vornehmen:

Chloridionen: mit je einem Tropfen verdünnter HNO_3- und $AgNO_3$-Lösung
Sulfationen: mit je einem Tropfen Salzsäure und $BaCl_2$-Lösung
Carbonationen: mit Kalkwasser

Anmerkung: Bei Vorhandensein der Ionen entstehen jeweils weiße Niederschläge, die sich nur im Falle des Carbonatniederschlages in verdünnter Salzsäure lösen.

Härtebildner erzeugen mit fettsäurehaltigen Seifen und Waschmitteln schwer lösliche Niederschläge und setzen die Waschwirkung herab. Erst wenn die im Wasser enthaltenen Calcium- und Magnesium-Ionen abgebunden sind, steht das weitere Waschmittel für den Waschprozess zur Verfügung. Härtebildner erhöhen den Verbrauch an fettsäurehaltigen Waschmitteln. Andere, synthetische waschaktive Stoffe reagieren dagegen nicht mit Härtebildnern (vgl. Abschnitt 16.2.12).

Versuche

1. Versetzen Sie zunächst eine verdünnte Lösung von Kalkwasser $Ca(OH)_2$ mit Seifenlösung (Kernseife!). Beobachtung?
2. Wiederholen Sie den Versuch mit Wasser verschiedenen Ursprungs (Leitungswasser, Quellwasser, Brunnenwasser, gereinigtes Abwasser) und treffen Sie Aussagen über den Gehalt an Härtebildnern!
3. Wiederholen Sie den Versuch 1 mit einem Spül- oder Waschmittel, das frei von fettsäurehaltigen Stoffen, also anders als Kernseife aufgebaut ist, bzw. prüfen Sie verschiedene Waschmittel mit Kalkwasser, ob sie fettsäurehaltige Stoffe enthalten.

Die Carbonathärtebildner zerfallen beim Erhitzen (temporäre Härte):

$$Ca(HCO_3)_2 \rightarrow \underline{CaCO_3} + H_2O + CO_2$$

Das Calciumcarbonat setzt sich als so genannter „Kesselstein" in Gefäßen oder Wärmeübertragungsanlagen ab. In Kesselanlagen vermindert es den Wärmeübergang. Wenn Calciumhydrogencarbonat auch für positive Geschmackseigenschaften sorgt, ist es doch im Brauchwasser in größeren Mengen zumeist unerwünscht.

3.6.3 Enthärtung des Wassers

Für viele Zwecke muss das Wasser enthärtet werden (z. B. Auto- und industrielle Waschanlagen, Wärmekraftwerke, Kühlsysteme im Kraftfahrzeug).

Folgende Möglichkeiten stehen u. a. zur Verfügung:

1. Enthärtung durch Sodazusatz

$$Ca(HCO_3)_2 + Na_2CO_3 \rightarrow \underline{CaCO_3} + 2\,NaHCO_3$$
$$CaSO_4 + Na_2CO_3 \rightarrow \underline{CaCO_3} + Na_2SO_4$$
$$MgSO_4 + Na_2CO_3 \rightarrow \underline{MgCO_3} + Na_2SO_4$$

unlöslich löslich

2. Enthärtung mithilfe von Ionenaustauschern

Synthetisch hergestellte Ionenaustauscher sind Kunststoffe (Ku), die z. B. Natrium-Ionen (Na-Ku) enthalten, welche gegen Calcium- oder Magnesium-Ionen ausgetauscht werden können. Es sind keine herkömmlichen Filter, in denen Teilchen durch eine bestimmte Porengröße zurückgehalten werden, sondern „Austauschfilter", die eine Ionenart gegen eine andere Ionenart ersetzen (Abb. 3-7). Der Vorgang verläuft je nach Angebot an Ionen, er ist umkehrbar und abhängig von der Konzentration des Wassers:

Enthärtung:

$$Ca(HCO_3)_2 + Na_2\text{-Ku} \rightarrow \text{Ca-Ku} + 2\,NaHCO_3$$
bzw.
$$CaCl_2 + Na_2\text{-Ku} \rightarrow \text{Ca-Ku} + 2\,NaCl$$

Regenerierung des Ionenaustauschers mittels einer geringen Menge konzentrierter Natriumchloridlösung, die verworfen wird:

$$\text{Ca-Ku} + 2\,NaCl \rightarrow Na_2\text{-Ku} + CaCl_2$$

Ionenaustauscher können auch zur Entsalzung von Meerwasser oder zur Entfernung spezieller Ionen aus einer Lösung eingesetzt werden.

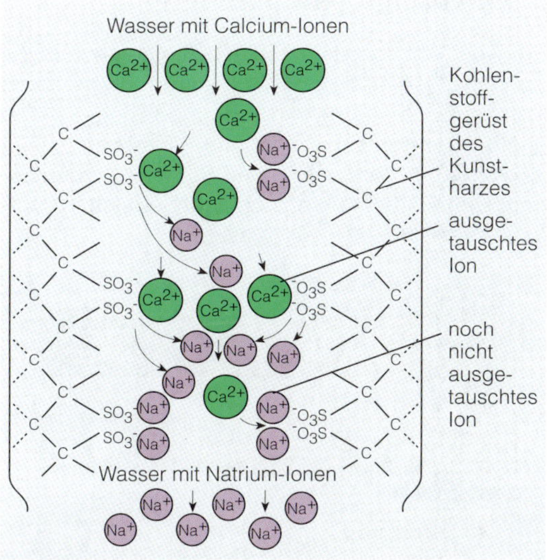

Abb. 3-7
Schema des Ionenaustauschs (Natrium- gegen Calcium-Ionen)

3.6.4 Entsalzen des Wassers

Bei der beschriebenen Bindung von Calcium- oder Magnesium-Ionen durch Ionenaustauscher beim Enthärten werden z. B. Natrium- und Chlorid-Ionen an das Wasser abgegeben. Will man das Natriumchlorid oder andere im Wasser echt gelöste Salze nachfolgend entfernen, muss ein weiterer Ionenaustausch zum **Entsalzen** nachgeschaltet werden.

Dazu wird ein Austauscher verwendet, der zuerst Na^+-Ionen gegen Wasserstoff-Ionen H^+ und darauf folgend ein Austauscher, der Anionen, z. B. Chlorid-Ionen Cl^- gegen OH^- ersetzt. Es findet eine Neutralisation $H^+ + OH^- \rightarrow H_2O$ statt. Die beiden Austauscher werden als H^+-Form und OH^--Form bezeichnet:

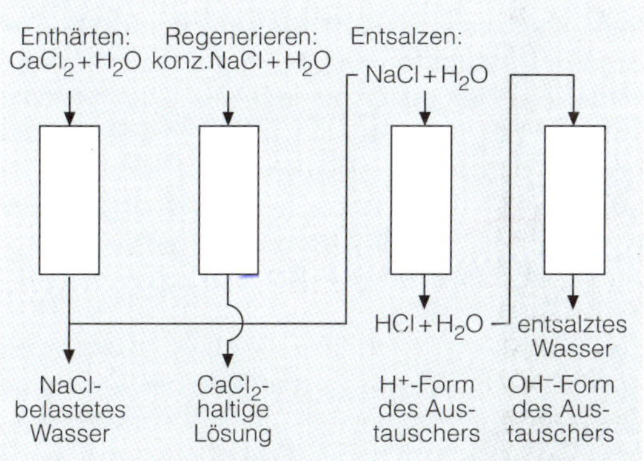

Die Regenerierung der H^+-Form erfolgt mit einer Säurelösung, die Natriumionen (o. a. Kationen) gegen Wasserstoffionen tauscht, und die der OH^--Form mit einer Lauge (Austausch von Chloridionen gegen OH^--Ionen).

3.6.5 Luftverflüssigung als Beispiel für die technische Trennung eines gasförmigen Gemischs

Luft ist ein Gemisch aus Stoffen, die bei Normbedingungen gasförmig sind. Im Verlauf der erdgeschichtlichen Entwicklung hat sich ein Gleichgewicht von Vorgängen in der unbelebten und belebten Natur und eine bestimmte Zusammensetzung der Atmosphäre eingestellt (Übersicht 3-5). Zumindest seit Entstehung der modernen Industrie greift der Mensch zunehmend in die Veränderung der Lufthülle ein.

Bestandteile trockener Luft

Bestandteil	Volumenanteil in %	Siedetemperatur in °C
Stickstoff	78,09	–195,8
Sauerstoff	20,95	–183
Ozon	geringfügig	
Argon	0,91	–185,8
Kohlenstoffdioxid	0,04	–78,5 (Sublimation)
übrige Edelgase	0,002 448	
Wasserstoff	0,000 05	
andere Stoffe	0,0075	

Übersicht 3-5

Weitere Bestandteile der Luft sind neben Wasserdampf Kohlenstoffmonoxid, Stickoxide der allgemeinen Formel NO_x, Schwefeldioxid SO_2, Methan u. a., die zusammen einen Volumenanteil von 0,0075 % ausmachen. Sie stammen aus Verbrennungsvorgängen (CO, NO_x, SO_2) oder aus Gärungs- und Fäulnisprozessen, die durch anaerobe Bakterien (griech. ohne Luft) bewirkt werden (CH_4). Auf Grund des Schwefelgehaltes insbesondere der Kohle entsteht bei der Verbrennung Schwefeldioxid, das die wesentlichste Ursache des sauren Regens ist. Zusammen mit feinen Staubpartikeln bildet es bei ungünstigen Wetterlagen Nebel und Smog in industriellen Ballungsgebieten.

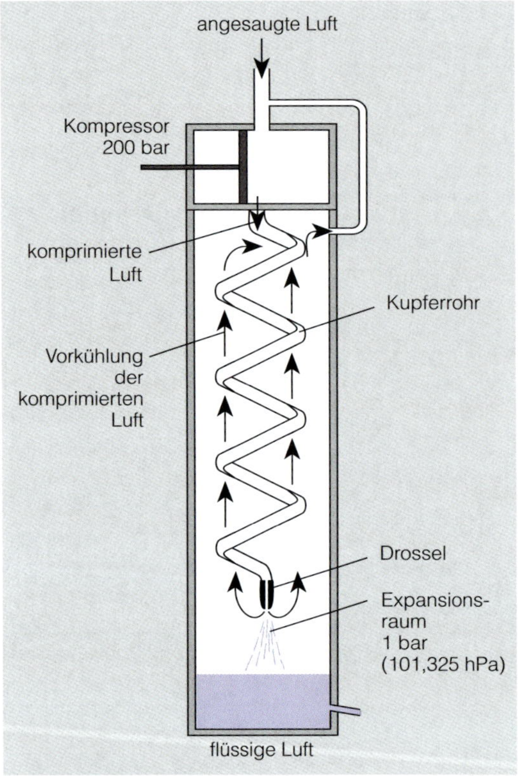

Abb. 3-8
Prinzip der Luftverflüssigung nach LINDE (Gegenstromprinzip)

Die Bestandteile der Luft werden über die Luftverflüssigung nach dem **LINDE-Verfahren** gewonnen (Abb. 3-8). Dazu wird Luft komprimiert. Bei der Kompression eines Gases findet eine Erwärmung statt. Diese Wärme wird bei der Entspannung wieder benötigt. Führt man die Kompressionswärme vor der Entspannung des Gases ab, indem man das Gas über die Wandfläche des Kompressionsraumes kühlt, dann erniedrigt sich die Lufttemperatur beim Entspannen auf Normaldruck. Diese abgekühlte Luft nutzt man zum Kühlen komprimierter Luft, indem die entspannte Luft ständig im Gegenstrom an verdichteter Luft vorbeigeführt wird. Dadurch erreicht man schließlich eine Temperatur von –190 bis –200 °C und somit eine Verflüssigung der meisten Luftbestandteile (vgl. Siedetemperaturen in Übersicht 3-5).

Die Trennung des flüssigen Gemisches in die reinen Stoffe erfolgt durch Destillation bei tiefen Temperaturen. Entsprechend der Siedetemperatur entweicht zunächst (bevorzugt) Stickstoff. Durch erneutes Komprimieren kann der Stickstoff in verdichtetem Zustand in Gasflaschen abgefüllt werden. Analog verfährt man mit Argon, mit Sauerstoff und anderen Bestandteilen.

3.6.6 Fraktionierende Destillation von Erdöl als Beispiel für die technische Trennung eines flüssigen Gemischs

Erdöl besteht vor allem aus Alkanen (kettenförmige Kohlenwasserstoffe), Cycloalkanen (ringförmige Kohlenwasserstoffe) und Aromaten (ungesättigte ringförmige Kohlenwasserstoffe). Daneben enthält es Stickstoff-, Sauerstoff- und Schwefelverbindungen. Die Zusammensetzung kann je nach Fördergebiet sehr unterschiedlich sein.

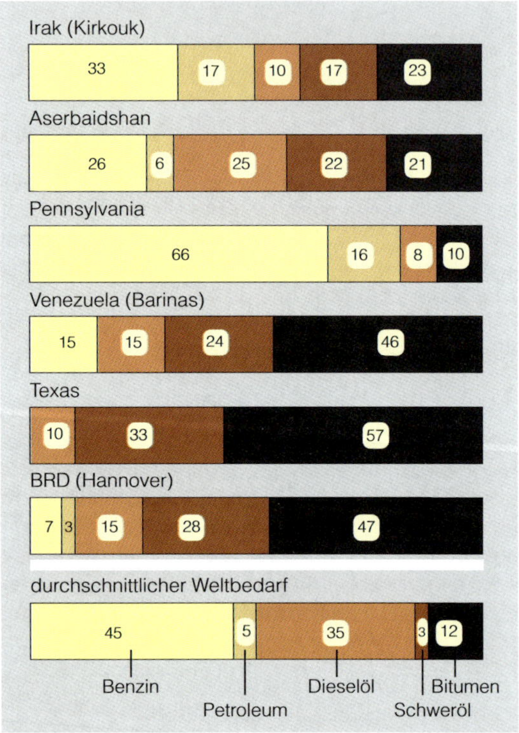

Abb. 3-9
Durchschnittliche Zusammensetzung der Erdöle und Weltbedarf an Erdölprodukten

Das geförderte Rohöl wird nach dem Entwässern und Entsalzen einer stufenweisen oder **fraktionierenden Destillation** unterworfen. Dieser Prozess wird in Erdölraffinerien durchgeführt: Man nutzt die unterschiedlichen Siedetemperaturen des Stoffgemisches aus, um es in so genannte **Fraktionen** zu trennen (Abb. 3-10). Jede Fraktion (lat. brechen) ist wiederum ein Gemisch von Kohlenwasserstoffen. Aromaten können durch Adsorption abgetrennt werden.

Das Rohöl wird in Rohröfen bei Atmosphärendruck auf 400 °C erhitzt. Alle Bestandteile mit Ausnahme des Bitumens verdampfen. Sie strömen von unten in einen etwa 20 m hohen **Fraktionierturm,** auch

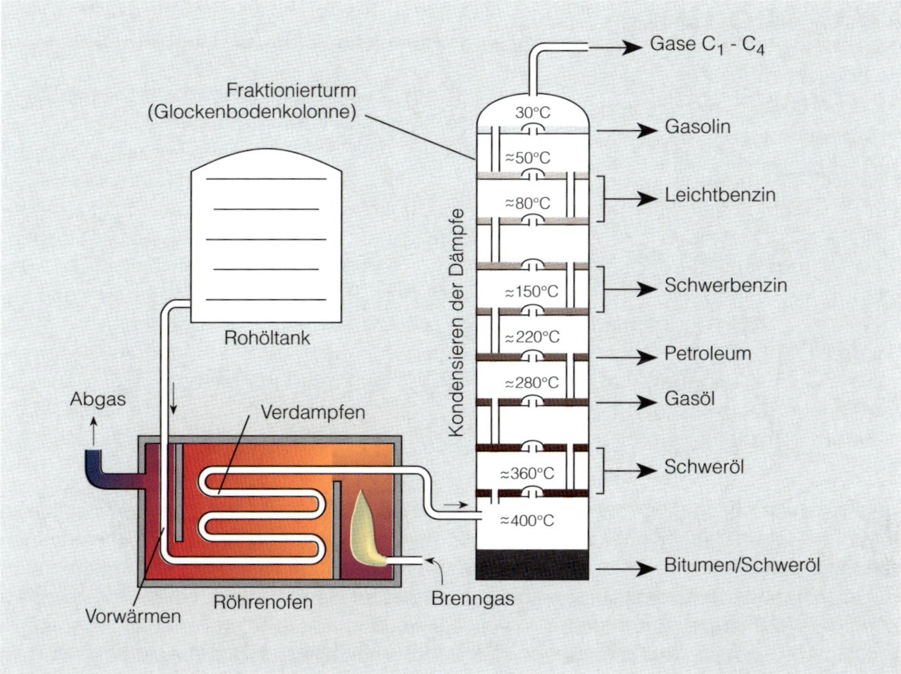

Abb. 3-10 **Gewinnung der Hauptfraktionen aus Rohöl durch fraktionierende Destillation**

Glockenbodenkolonne genannt, ein. Bitumenanteile sammeln sich flüssig am Boden und werden von hier aus entnommen.
Der Turm ist durch viele Böden unterteilt. Jeder Boden besitzt Überlaufrohre für kondensierte Anteile und Durchlassrohre für den Dampf. Letztere sind von einer Keramikglocke überdeckt (**„Glockenboden“,** s. Abb. 3-10). Die Temperatur nimmt von unten nach oben ab, auf jedem Glockenboden stellt sich eine bestimmte Temperatur ein. Jeder Kolonnenboden hat die Wirkung einer Destillationsapparatur. Es erfolgt eine Trennung in Gemische mit bestimmten Siedebereichen. In weiteren Fraktionierkolonnen werden diese nach dem gleichen Prinzip weiter aufgetrennt. Die Hauptfraktionen sind Übersicht 3-6 zu entnehmen.
Bei der fraktionierenden Destillation gehen kaum chemische Veränderungen vor sich.

Hauptfraktionen der Erdölraffination

Produkte	Siedebereich °C	Zusammensetzung/ Anzahl der C-Atome	Verwendung
Gase	–45 bis –6	$C_3 – C_5$	Verdichtung zu Flüssiggas
Petrolether (Gasolin)	40 – 70	$C_5 – C_6$	Reinigungsmittel, Lösungsmittel für Fette, Harze, Kautschuk
Leichtbenzin	60 – 100	$C_6 – C_{10}$	Vergaserkraftstoff für Otto-Motoren, Flugbenzin, technische Benzine, Reinigungsmittel, Erzeugung gasförmiger Kohlenwasserstoffe
Schwerbenzin	100 – 180	$C_9 – C_{11}$	Synthesegaserzeugung, Reforming- und Lacklöse-Benzin
Petroleum (Leuchtöl)	180 – 250	$C_9 – C_{14}$	Leuchtpetroleum, Kerosin (Flugturbinentreibstoff), Crackbenzin
Gasöl	250 – 300	$C_{11} – C_{18}$	Destillation zu Diesel- und Heizöl
Schweröl	300 – 360	$C_{15} – C_{25}$	Vakuumdestillation zu Vaseline, Schmier-, Motoren-, Getriebe-, Maschinenöl, Heizöl; Hartparaffin, Crackbenzin
Bitumen			Straßenbau (mit Sand, Kies als Asphalt), Imprägnierung von Mauerwerk, Dachpappe

Übersicht 3-6

4 Umweltchemie

4.1 Umwelt – Umweltschutz

Zur **Umwelt** der Menschen gehören alle Erscheinungen, die den Menschen umgeben, sowie alle Faktoren, die auf ihn direkt oder indirekt einwirken und sein Leben beeinflussen. Oft werden Luft, Wasser, Boden mit ihren Mikroorganismen, Pflanzen, Tieren und Menschen der Umwelt zugerechnet. Das Lebensgefühl wird aber z. B. auch von sozialen und politischen Bedingungen, von Kultur- und Sachgütern, von klimatischen Faktoren, von jahreszeitlichen Abläufen, von geografischen Gegebenheiten mitbestimmt. Umwelt ist also ein sehr komplexer Begriff.

Die **Ökologie** befasst sich wissenschaftlich mit den Wechselbeziehungen zwischen den Organismen und ihrer unbelebten und belebten Umwelt. Sie ist ein wissenschaftsübergreifendes Gebiet mit Beziehungen zur Chemie, Physik, Biologie, Anthropologie, Medizin, Hydrologie, Geochemie, Meteorologie und Technik.

Fragt man nach der **Umweltgefährlichkeit,** so werden die Stoffe oder deren Umwandlungsprodukte genannt, die sich sofort oder in späterer Zeit negativ auf Klima, Luft, Boden, Wasser sowie auf Lebewesen auswirken. Die Umweltgefährlichkeit wird also vorrangig von dem chemischen Einfluss her betrachtet.

Als **Gefahrstoffe** werden Stoffe und Stoffgemische angesehen, die giftige, ätzende, reizende, hoch entzündliche, krebserzeugende und umweltgefährliche Eigenschaften besitzen (vgl. Angaben im Anhang).

Nach der **Belastungsart** unterscheidet man u. a. **Abfall, Abgase, Abwasser, Aerosole, Umweltchemikalien** (Chemikalien mit hoher Persistenz (lat. verharren), d. h. besonders schwer abbaubare Stoffe wie Pestizide, Fluorchlorkohlenwasserstoffe FCKW, Schwermetalle).

Die **Umweltchemie** (Ökochemie) untersucht als Teilgebiet der Chemie diese schädlichen Wirkungen auf die Umwelt. Sie beschäftigt sich mit der Herkunft und der Verteilung von Schadstoffen in Luft, Wasser, Boden und Ökosystemen sowie mit Stoffkreisläufen, mit den Untersuchungsmethoden und dem Nachweis von Schadstoffen (Umwelt-Analytik). Sie stellt Verfahren für die Beseitigung von Schadstoffen bereit.

Die **Verursachung der Umweltbelastung** geht vor allem von der Industrie, der Landwirtschaft, dem Verkehr und den Haushalten aus. Hierbei sind die verschiedenen Industriezweige in unterschiedlicher Weise beteiligt. Wärmekraftwerke, Hüttenwerke, Kokereien, die Erdölraffinerien, vor allem aber die chemische Industrie besitzen ein hohes umweltgefährdendes Potenzial. Bei Letzterer liegt eine besondere Verantwortung, Gefahren für die Gesundheit der Menschen und die Umwelt bei der Herstellung, dem Transport, Vertrieb, der Anwendung ihrer Produkte sowie bei der Entsorgung von Abprodukten abzuwenden. Sie hat für die Weiterentwicklung umweltverträglicher Technologien zur sorgen und die Öffentlichkeit umfassend über Gefahren sowie unverzüglich bei Havarien zu informieren.

Ursachen der Umweltbelastung können nicht allein bei der Industrie gesucht werden. Es besteht auch ein Zusammenhang zwischen dem Weltbevölkerungswachstum, dem Ansteigen des Konsums, dem Anwachsen der Industrie- und Landwirtschaftsproduktion sowie schließlich der Umweltbelastung im nationalen und globalen Maßstab.

Das Konsumbedürfnis vieler Bevölkerungsschichten in den Industriestaaten hat sehr stark zugenommen und sich negativ auf die Umwelt und die Ressourcen-Nutzung ausgewirkt („Konsumrausch“, „Wegwerfgesellschaft“, Verlagerung des Verkehrs von der Schiene auf die Straße, zunehmender Verbrauch von Wasser und Energieträgern z. B. Kraftstoffen, Heizöl usw.).

Der industrielle Umweltschutz beinhaltet Produktionssicherheit, Produktsicherheit, Arbeitsschutz sowie Umweltsicherheit (Abwasserbehandlung, Abluftbehandlung, Abfallbeseitigung).

Die Weiterverwendung von Nebenprodukten, die stoffliche oder thermische Wiederverwendung von gebrauchten Stoffen (Recycling) und die Nutzbarmachung alternativer erneuerbarer Energiequellen tragen erheblich zur Entlastung der Umwelt bei und schonen gleichzeitig natürliche Ressourcen (Rohstoffe, fossile Energieträger).

Der **Umweltschutz** hat somit verschiedene Hauptaufgaben:

- vorsorgende und vorbeugende Aufgaben durch Maßnahmen zum Schutz vor Gefahren für Gesundheit und Umwelt,
- Sicherung einer möglichst gering belasteten Umwelt für ein menschenwürdiges Dasein, Schutz von Klima, Luft, Wasser und Boden sowie Pflanzen und Tieren vor nachteiligen Eingriffen der Menschen in die unbelebte und belebte Natur;

- zurückdrängende Aufgaben (Ersatz von Technologien, von denen größere Gefahren ausgehen durch umweltschonende Technologien) und
- wiederherstellende Aufgaben (Beseitigung oder Eindämmung von bereits bestehenden Schäden und Nachteilen).

Umweltschutz kann vor allem erreicht werden durch
- Anwendung umweltverträglicher Produktionsverfahren,
- sparsame Verwendung von Rohstoffen, Wasser und Energie,
- umfangreichere Nutzung von alternativen regenerierbaren Energiequellen,
- Weiterverwendung von Nebenprodukten und Abfällen,
- Maßnahmen zur Reinhaltung von Luft, Wasser, Boden,
- Rekonstruktion bestehender und Bau neuer Reinigungsanlagen nach neuestem Stand der Technik,
- Umwelterziehung aller Menschen, beginnend in der Familie, im Kindergarten und in der Schule.

Die Industrie hat bereits in eigener Verantwortung und auf Druck der Öffentlichkeit viele Anstrengungen zum Schutz der Gesundheit und der Umwelt im nationalen Maßstab unternommen, wodurch sich die Qualität vor allem von Luft und Gewässern verbessert hat. Trotzdem bestehen noch viele ungelöste Probleme, die auch immer mehr globale Ausmaße erreichen (Klimaveränderungen, Erhöhung der Jahresmittel-Temperaturen, Anwachsen des CO_2-Ausstoßes, Ozonloch, Abschmelzen der Gletscher und polaren Eismassen usw.). Sie können nur durch internationale Übereinkünfte, Einhaltung der Verpflichtungen und übernationale Kontrollen gelöst werden. Umweltschutz ist eine weltumspannende Aufgabe. Auf Klimakonferenzen in Rio de Janeiro 1992, Berlin 1995, Kyoto 1997 und Montreal 2005 haben sich zwar viele Industriestaaten z. B. zur Senkung vor allem des CO_2-Ausstoßes verpflichtet, jedoch reichen die Festlegungen nicht für ein Aufhalten oder gar Senken der schädlichen Emissionen im globalen Maßstab.

4.2 Umweltrecht – Umweltgesetzgebung

Umweltschutz ist bereits im Grundgesetz der Bundesrepublik Deutschland als staatliche Aufgabe festgelegt. Im Artikel 20a ist formuliert, dass der Staat „auch in Verantwortung für künftige Generationen die natürlichem Lebensgrundlagen" schützt. Auch die Europäische Union hat sich zum Umweltschutz in Artikel 3 des Gründungsvertrages sowie im Entwurf der EU-Verfassung verpflichtet.

Die Bemühungen vieler Staaten, im Weltmaßstab eine Reduzierung von Schadstoffemissionen zu erreichen, haben noch nicht den durchgreifend notwendigen Erfolg gezeigt, zumal sich einige Industriestaaten weigern, internationale Verpflichtungen – z. B. den CO_2-Ausstoß betreffend – einzugehen.
Nach der Zielrichtung der Richtlinien, Gesetze und Verordnungen der EU, des Bundes und der Länder ist zu unterscheiden zwischen Landschaftsschutz, Naturschutz, Gewässer- und Bodenschutz, Luftreinhaltung, Abfallentsorgung, Immissions- und Strahlenschutz.
Die Gesetze und Vorschriften werden national ergänzt durch Technische Regeln und Vorschriften, VDI-Richtlinien und DIN-Normen, die sich auf den Umweltschutz beziehen. Sie werden insgesamt im **Umweltrecht** zusammengefasst.

Die **Hauptprinzipien des Umweltrechts** sind
- das **Vorsorgeprinzip** – durch vorausschauendes Handeln keine Umweltbelastung entstehen lassen,
- das **Verursacherprinzip** – wer die Umweltbelastung erzeugt hat, der muss die Schädigungen beheben oder für die Beseitigung sorgen,
- das **Kooperationsprinzip** – für die Lösung der Umweltprobleme sind der Staat, die Gesellschaft und das einzelne Individuum verantwortlich.

Wichtige Gesetze und Vorschriften zum Schutz von Gesundheit und Umwelt vor Gefahren sind:
- Neufassung des **Chemikaliengesetzes** (ChemG) vom 20. Juni 2002 (BGBl. I S. 2090) zuletzt geändert durch Artikel 10 des Gesetzes vom 13. Mai 2004 BGBl. I S. 934)
- Neufassung der **Chemikalien-Verbotsverordnung** (ChemVerbotsV) vom 13. Juni 2003 (BGBl. I S. 867) zuletzt geändert durch Artikel 1 der 9. Verordnung zur Änderung chemikalienrechtlicher Verordnungen vom 23. Dezember 2004 (BGBl. I S. 3855)
- **Gefahrstoffverordnung** (GefStoffV) vom 23. Dezember 2004 (BGBl. S. 3758), zuletzt geändert durch Artikel 2 der 9. Verordnung zur Änderung chemikalienrechtlicher Verordnungen vom 23. Dezember 2004 (BGBl. I S. 3855)

(Weitere Verordnungen, Richtlinien und Technische Regeln siehe Anhang sowie Teil II.)

4.3 Gesundheitsschutz und Umgang mit Chemikalien im Labor

Die Arbeiten im Labor bergen potenzielle Gefahren für die Gesundheit des Experimentierenden in sich. Besondere Gefahren gehen von brennbaren Lösungsmitteln und Gasen, explosiblen Stoffen wie Etherperoxiden, Acetylen-Salzen, Diazonium-Salzen, organischen Nitro-Verbindungen, Knallgas-Gemischen u. a., giftigen Stoffen sowie von brechendem Glas und heißen Geräten, z. B. einem „durchgeschlagenen" Brenner aus.

Die persönliche Schutzausrüstung im Labor besteht aus Schutzbrille, Schutzkleidung (Laborkittel, Laborschürze), Schutzmaske, Haarschutzhaube, Schutzhandschuhen, Schutzschuhen und Schutzscheiben, die vor Versuchsanordnungen gestellt werden, von denen Gefahren ausgehen können (vgl. auch „Einige Grundregeln für den Umgang mit Chemikalien im Labor" und „Verhalten bei Notfällen und Erste Hilfe" im Anhang).

Bei Beachtung der Vorsichtsmaßnahmen und Regeln kann der Gefährdung erfolgreich begegnet werden. Dabei darf Umsicht nicht mit Ängstlichkeit verwechselt werden. Achtsamkeit beruht auf Kenntnis der Gefahren und auf Beherrschung der Arbeitsfertigkeiten, die während der Berufsausbildung für die Laborpraxis anzueignen und im Beruf vorauszusetzen sind.

Es ist nicht Ziel des vorliegenden Buches, manuelle Tätigkeiten und Techniken, Regeln, Kniffe und Kunstgriffe aufzulisten. Dafür gibt es genügend viele Bücher zur Laborpraxis, auf die ausdrücklich aufmerksam gemacht werden soll. Es sei aber verwiesen auf die standardisierten R-, S- und E-Sätze im Buch-Anhang. Ihre Beachtung gibt Schutz vor gesundheitlichen Schäden und Umweltbelastung.

Die **Risikosätze** (**R-Sätze,** engl. risk) sind in der Gefahrstoffverordnung gesetzlich festgelegt. Sie enthalten Hinweise auf besondere Gefahrenquellen. Sie machen auf Gefahrstoffe aufmerksam sowie darauf wie den Gefährdungen zu begegnen ist.

Sie beziehen sich auf
- physikalisch-chemische Eigenschaften der Stoffe oder Stoffzubereitungen (Gemenge, Gemische): explosionsgefährlich (E), hoch entzündlich (F+), leicht entzündlich (F), brandfördernd (O),
- toxische Eigenschaften der Stoffe: sehr giftig (T+), giftig (T), gesundheitsschädlich (Xn), Krebs erregend (T)(zusätzlich R-Sätze 45 und 49), krebsverdächtige Stoffe (Xn) (zusätzlich R 40),
- sonstige gesundheitsbeeinträchtigende Eigenschaften der Stoffe: ätzend (C), reizend (Xi),
- genschädigende Eigenschaften der Stoffe: fruchtschädigend (RE), fruchtbarkeitsschädigend (RF), genschädigend/erbgutschädigend (T),
- umweltgefährliche Eigenschaften der Stoffe: umweltgefährlich (N).

Die Eigenschaften werden durch gesetzlich festgelegte **Gefahrensymbole** angezeigt (Gefahrstoffsymbole):

E

Explosionsgefährlich

F+

Hoch entzündlich

F

Leicht entzündlich

O

Brandfördernd

T+

Sehr giftig

T

Giftig

T

Krebs erzeugend R45, R 49

Xn

Krebsverdächtig R 40

T

Erbgut verändernd R 46

Xn

Verdacht auf Erbgutveränderung R 68

Xn

Gesundheitsschädlich

Xi

Reizend

C

Ätzend

N

Umweltgefährlich

Die Beschriftung der Chemikalien-Verpackungen enthält die Gefahrensymbole (Abb. 4-1).

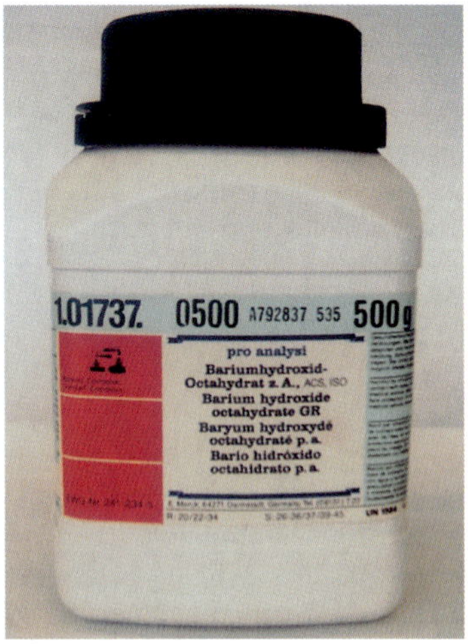

Abb. 4-1 Kunststoffflasche als Chemikalienverpackung mit Gefahrstoffsymbol „ätzend"

Im Anhang E sind wichtige Gefahrstoffe, die in der Gefahrstoffverordnung aufgelistet sind, aufgeführt.

Besonders hohe Gefahren für die Gesundheit gehen von sehr giftigen, giftigen, genschädigenden und krebserzeugenden Stoffen aus. Das Einatmen oder Verschlucken derartiger Stoffe muss unbedingt vermieden werden! Man schützt sich, indem man Schutzhandschuhe anzieht, eine Atemmaske anlegt, unter dem Abzug arbeitet sowie sorgfältig und konzentriert die Aufgabe erledigt.

Im Labor werden keine Speisen und Getränke eingenommen, vor Arbeitspausen werden die Hände gewaschen. Im Anhang A sind wichtige Grundregeln für den Umgang mit Chemikalien angegeben.

Manche Feststoffe und deren Gemische mit leicht oxidierenden organischen Stoffen können sich durch Schlag, Stoß oder Reibung explosiv umsetzen (vgl. Anhang E). Sie müssen kühl gelagert werden. Um ihre Explosionsempfindlichkeit herabzusetzen, werden sie phlegmatisiert (desensibilisiert), d. h., ihre Empfindlichkeit wird durch Zusätze herabgesetzt. Das kann z. B. durch Anteigen mit Wasser (organische Peroxide wie Dibenzoylperoxid, Butylperoxid) oder durch Verdünnen mit einem inerten Stoff (Paraffin, Wachs u. a.) geschehen. So wird Acetylen (Ethin) in Stahlflaschen transportiert und aufbewahrt, die mit Aceton und porösen Massen gefüllt sind. A. Nobel senkte die Explosionsempfindlichkeit von Glycerintrinitat durch Zusatz von Kieselgur (Schalen von einzelligen Kieselalgen) und erfand durch diese Phlegmatisierung das Dynamit. Explosiv sind leicht entzündliche Gase in Mischung mit Sauerstoff oder Luft wie Wasserstoff, Methan, Ethan, Propan, Ethin u. a., Chlor-Wasserstoff-Gemisch (Anhang E). Gas- bzw. Druckflaschen für Gase werden deshalb farblich gekennzeichnet und mit verschiedenem Gewinde versehen, damit sich kein Sauerstoff mit brennbaren Gasen versehentlich mischen kann. Stahlflaschen für brennbare Gase besitzen ein Linksgewinde, für nicht brennbare Gase ein Rechtsgewinde (Übersicht 4-1).

Farbkennzeichnung und Gewinderichtung von Stahlflaschen für Gase

Farbe	Gewinderichtung	Gase
rot	links	H_2, CO, C_3H_8, H_2S
blau	rechts	O_2
grün	rechts	N_2
gelb	Überwurfbügel	C_2H_2
grau	rechts	CO_2, F_2, Cl_2, Edelgase

Übersicht 4-1

Explosiv setzen sich auch Dämpfe hoch entzündlicher Flüssigkeiten im Gemisch mit Sauerstoff oder Luft um (vgl. Anhang E).
Die Mischungen reagieren beim Erreichen der Zündtemperatur (Entzündungstemperatur) bzw. des Flammpunkts. Die Zündtemperatur ist die niedrigste Temperatur, bei der Gase in bestimmtem Volumenverhältnis mit Luft durch heiße Körper gezündet werden (Selbstentzündung) (Übersicht 4-2).

Brennbare Dämpfe von Flüssigkeiten entzünden sich in Dampf-Luft-Mischung durch Zündung beim Flammpunkt (Übersicht 4-3, Seite 72).

Bevor Stoffe und Zubereitungen in den Verkehr/Handel gebracht werden dürfen, müssen sie entsprechend ihrer Gefährlichkeit zugeordnet und durch die Gefahrensymbole auf der Verpackung gekennzeichnet werden. Ebenso sind die R-Sätze und S-Sätze, die für den Stoff gültig sind, sowie Name und Anschrift des Herstellers auf der Verpackung anzugeben.

Sicherheits-Sätze (**S-Sätze,** engl. safety) sind Sicherheitsratschläge, die ebenfalls in der Gefahr-

Zündbereiche (Explosionsgrenzen) und Zündtemperaturen von einigen Gasen

Gas	Zündbereich in Luft Volumenanteil in %	Zündtemperatur in °C	R- und S-Sätze	
Acetylen (Ethin)	1,5 bis 82	335	R 5, 6, 12;	S 9, 16, 33
Ammoniak	15 bis 28	630	R 10, 23;	S 7, 9, 16, 38
Dimethylether	3,4 bis 26	235	R 13;	S 9, 16, 33
Ethylen (Ethen)	2,7 bis 34	425	R 13;	S 9, 16, 33
Kohlenstoffmonoxid	12,5 bis 74	605	R 47, 12, 23;	S 53, 7, 16
Methan	5 bis 15	595	R 12;	S 9, 16, 33
Propan	2,1 bis 2,5	470	R 13;	9, 16, 33
Wasserstoff	4 bis 75,6	585	R 12;	S 7, 9

Übersicht 4-2

Flammpunkte und Gefahrklassen einiger Lösungsmittel

Lösungsmittel	Flammpunkt in °C	Gefahr-klasse	R- und S-Sätze	
Aceton (Propanon)	–20	B	R 11;	S 9, 16, 23, 33
Benzol (Benzen)	–10	A I	R 45, 23, 24, 25, 48;	S 53,16, 29, 44
Chlorbenzol	+29	A II	R 10, 20;	S 24, 25
Chloroform	nicht entflammbar		R 47, 20, 22, 38, 40, 48;	S 53, 36, 37
Cyclohexan	–26	A I	R 11;	S 9, 16, 33
Dichlormethan	nicht entflammbar		R 20, 40;	S 24
Diethylether	–40	A I	R 12, 19;	S 9, 16, 33
1,4-Dioxan	+12	B	R 11, 36, 37, 40;	S 16, 36, 37
Essigsäure (100 %)	+40	–	R 10, 35;	S 2, 23, 26
Ethanol (96, 100 %)	+12	B	R 11;	S 7, 16
n-Hexan	–23	A I	R 11, 20, 48;	S 9, 16, 24, 25, 29, 51
1-Propanol	+15	B	R 11;	S 7, 16
Schwefelkohlenstoff	–30	A I	R 47, 12, 26;	S 53, 27, 29, 33, 43, 45
Tetrachlormethan	nicht entflammbar		R 26, 27, 40;	S 2, 38, 45
Tetrahydrofuran	–20	B	R 11, 19, 36, 37;	S 16, 29, 33
Toluol (Toluen)	+6	A I	R 47, 11, 20;	S 53, 16, 25, 29, 33
Trichlorethan	nicht entflammbar		R 40;	S 23, 36, 37

Übersicht 4-3

stoffverordnung gesetzlich festgelegt sind. Sie enthalten notwendige Vorsichtsmaßnahmen, die bei der Verwendung gefährlicher Stoffe oder Zubereitungen (Gemenge, Gemische) zu beachten sind. Für die Entsorgung von Schadstoffen, die bei Experimenten als Reste oder Reaktionsprodukte anfallen, sind **Entsorgungsratschläge (E-Sätze)** aufgestellt worden (Anhang).

Allgemein gilt:
- Ungefährliche feste Stoffe werden über den Hausmüll, ungefährliche Lösungen nach Verdünnen über das Abwasser entsorgt (Kochsalz, Natriumcarbonat, Eisenpulver).
- Säuren oder Laugen werden neutralisiert und ebenfalls in das Abwasser gegeben (Mineralsäuren, Essigsäure, Laugen).
- Gefährliche Abfälle sind in ungefährliche Produkte umzuwandeln (Natrium in kleinen Portionen mit Ethanol umsetzen, Kalium mit Butanol; Stoffe wie Chlor und Brom mit Natriumthiosulfat behandeln),
- Gasförmige Gefahrstoffe werden unter dem Abzug absorbiert oder verbrannt (Schwefelwasserstoff, Chlorwasserstoff, Ammoniak, Stickstoffdioxid, Methan).
- Hoch entzündliche und explosive Abfälle werden in kleinsten Mengen abgebrannt (evtl. im Freien bzw. im Abzug; Kohlenstoffdisulfid, roter Phosphor) oder verdunsten lassen (Diethylether).
- Sammelbehälter für gefährliche Abfälle sind im Labor aufzustellen und über Sondermüllentsorgung getrennt der Entsorgung bzw. dem Recycling zuzuführen:

Sammelbehälter I
„Anorganische Chemikalienreste" – Kennzeichnung: „C ätzend und T giftig"
(Chromsalze,Chromate – bei pH 2 mit Natriumhydrogensulfit-Lösung zu Chrom(III)- Salzlösung reduzieren; Bleisalze als Sulfid fällen; Niederschläge sammeln)

Sammelbehälter I
„Anorganische Chemikalienreste" – Kennzeichnung: „C ätzend und Xn gesundheitsschädlich"
(andere Schwermetallsalze, z. B. Nickel-, Cobalt-, Mangan-, Kupfer-Salze mit Kalkwasser oder Natronlauge bei pH > 10 als Hydroxid fällen und Niederschläge sammeln)

Sammelbehälter II
„Organische Reste halogenfrei" – Kennzeichnung: „F leicht entzündlich und T giftig"
(Lösungsmittelreste wie Methan, Benzol, Toluol für Entsorgung als Sondermüll)

Sammelbehälter II
„Organische Reste halogenfrei" – Kennzeichnung: „F leicht entzündlich und Xn gesundheitsschädlich"
(Anilin, Phenol für Sondermüllentsorgung)

Sammelbehälter III
„Organische Reste halogenhaltig" – Kennzeichnung: „F leicht entzündlich und T giftig"

Sammelbehälter III
„Organische Reste halogenhaltig" – Kennzeichnung: „F leicht entzündlich und Xn gesundheitsschädlich"
(Halogenalkane, Halogenalkene, Halogenaromate für die Sondermüllentsorgung)

Sammelbehälter IV
„Quecksilberverbindungen" – Kennzeichnung: „T giftig"
(Sondermüllentsorgung)

Sammelbehälter V
„Metallisches Quecksilber" – Kennzeichnung: „T giftig"

Die anorganischen Laborabfälle, die in unlösliche Verbindungen überführt worden sind, werden filtriert und gesammelt dem Sondermüll zugeführt.
Die brennbaren flüssigen organischen Reste, die keine Halogene oder Schwefel enthalten, können in Heizölkraftwerken verbrannt werden, die übrigen bei hoher Temperatur in Sondermüllverbrennungsanlagen, die mit Abgaswäsche und Abgasentstaubung ausgerüstet sind. Die Schlacken werden auf Sondermülldeponien abgelagert.

Über einige Grundregeln für den Umgang mit Chemikalien gibt die Anlage A im Anhang Auskunft. Anlage B enthält Maßnahmen bei Unfällen und Erster Hilfe.

4.4 Grundsätze der Guten Laborpraxis (Good Laboratory Practice, GLP)

Die Grundsätze der Guten Laborpraxis (GLP) sind im Anhang des Chemikaliengesetzes formuliert. Sie gelten sowohl für Laborprüfungen als auch für Prüfungen in Gewächshäusern und im Freiland. Prüfgegenstände sind synthetische chemische Stoffe, natürliche Substanzen oder Stoffe biologischen Ursprungs.
Die GLP „ist ein Qualitätssicherungssystem, das sich mit dem organisatorischen Ablauf und den Rahmenbedingungen befasst, unter denen nichtklinische gesundheits- und umweltrelevante Sicherheitsprüfungen geplant, durchgeführt und überwacht werden sowie mit der Aufzeichnung, Archivierung und Berichterstattung der Prüfungen."
Die GLP legt die Aufgaben der Laborleitung, des Prüfleiters bzw. Versuchsleiters sowie des prüfenden Personals fest.
Die Prüfeinrichtung muss über ein dokumentiertes Qualitätssicherungsprogramm verfügen, dessen Einhaltung von einer oder mehreren Personen, die nicht an der Durchführung der Prüfung unmittelbar beteiligt sind, mithilfe von Prüfplänen und Standardanweisungen überwacht wird. Das Qualitätssicherungspersonal kontrolliert den Abschlussbericht und bestätigt in einer schriftlichen Erklärung, dass Methoden, Verfahren, Beobachtungen und Ergebnisse korrekt und umfassend beschrieben worden sind.
Weiterhin werden in besonderen Abschnitten Anforderungen an Räumlichkeiten, Einrichtungen für die Prüfsysteme sowie Archive festgelegt und Maßnahmen für die Abfallbeseitigung vorgegeben (Sammlung, Lagerung, Beseitigung, Dekontaminations- und Transportverfahren). Die Geräte einschließlich computergestützte Systeme müssen für die Prüfungen geeignet sein, zweckmäßig untergebracht und regelmäßig überprüft, gereinigt, gewartet und kalibriert werden. Chemikalien, Reagenzien und Lösungen sind eindeutig zu beschriften (z. B. Bezeichnung bzw. Zusammensetzung, Reinheit bzw. Konzentration, Verfallsdatum).
Über Eingangsdatum, Handhabung, Entnahme und Lagerung der Prüf- und Referenzgegenstände (Vergleichsgegenstände) sind Aufzeichnungen anzufertigen.
Die Prüfeinrichtung muss über schriftliche Standardanweisungen verfügen (Standard Operating Procedures, SOPs), die sich auf Prüf- und Referenzgegenstände, Geräte, Materialien und Reagenzien beziehen sowie das Führen von Aufzeichnungen, die Berichterstattung, Aufbewahrung und das Wiederfinden von Prüfdaten und -ergebnissen festlegen.
Der Prüfungsablauf enthält den Prüfplan und dieser u. a. die Termine, die Prüfmethoden, die Unterlagen und die Materialien für die Prüfung sowie experimentelle Gesamtplanung.
Im Abschnitt „Bericht über die Prüfergebnisse" ist festgelegt, welche Gliederung und welchen Inhalt der Abschlussbericht aufweisen muss (Bezeichnung der Prüfung, der Prüf- und Referenzgegenstände; Auftraggeber; Prüfeinrichtungen; Termine; Qualitätssicherungserklärung; Materialien; Prüfmethoden; Ergebnisse).
Abschließend bestimmt die GLP, wie die Archivierung der Prüfung und Prüfungsergebnisse zu erfolgen hat.

4.5 Belastung von Wasser und Böden

Die Entstehung und Abgabe von Schadstoffen an die Umwelt hat in den letzten Jahrzehnten global große Ausmaße angenommen. Noch zeichnet sich kein Ende des Anstiegs ab, obwohl die Erde und seine Bewohner dringend eine Reduzierung der Belastungen notwendig hätten, wenn man allein an die Klimaveränderungen durch Ausstoß an Kohlenstoffdioxid und andere Treibhausgase oder an die Wirkung Ozon zerstörender Gase denkt.

Die Abgabe von Schadstoffen an ihrer Quelle, ihrem Austrittsort, wird **Emission** genannt (lat. Auswurf, Aussendung). Die Freisetzung erfolgt in Form gasförmiger, flüssiger, gelöster oder fester Stoffe an die Luft, an das Wasser oder an den Boden. Häufig wird im allgemeinen Sprachgebrauch in unzulässiger Weise nur an Luftverunreinigungen gedacht.

Die Schadstoffquellen können natürlichen Ursprungs sein – wie z. B. Vulkane durch Emission von Gasen, Asche und Rauch-Aerosolen – oder sind auf menschliches Handeln zurückzuführen.

Luft und Wasser übernehmen die Verteilung der Emissionen von ihrer Quelle zum Ort der Einwirkung. Mit **Immission** (lat. hineinschicken, eindringen) wird die Auswirkung der Emission an der Wirkungsstelle bezeichnet: Das kann der bestimmte Mensch oder die betroffene Menschengruppe, die spezielle Waldfläche, der konkrete Fluss usw. sein. Die Konzentration eines Schadstoffs ist an der Quelle größer als am Immisionsort.

Emissionen werden an der Abgabestelle, Immissionen am Wirkungsort gemessen.

Mit der Entwicklung von Industrie, Landwirtschaft, Verkehr sowie durch das Anwachsen der Weltbevölkerung und den dadurch steigenden Konsum hat besonders in den hoch entwickelten Ländern die Freisetzung von Abfallprodukten an die Luft, das Wasser und an den Boden stark zugenommen. **Abfälle** sind in der Industrie, dem Gewerbe, der Landwirtschaft und im Haushalt sowie im Verkehrswesen anfallende und nicht weiter verwertete Stoffe, die an die Umwelt abgegeben werden.

Grundwasser und Böden sind insbesondere im Bereich von Chemieanlagen, Kokereien, petrochemischen Werken, metallurgischen Betrieben (Hüttenwerke, Galvanikbetriebe, Härtereien), Tankstellen, Mineralöllagern, Eisenbahnlinien, Straßen und Mülldeponien gegenüber Verunreinigung gefährdet. Durch Havarien (z. B. Unfälle) von Tankwagen können Belastungen größeren Ausmaßes entstehen. Die Sanierung von Erdreich ist aufwändig und kostenintensiv (Verbrennung des Bodenaushubs in Drehrohröfen; bei geringeren Schäden mikrobiologische Behandlung durch spezielle Bodenbakterien mit mehrfacher Umlagerung des Bodens zu seiner Belüftung).

Besonders hohe Gefahren gehen von schwer abbaubaren Stoffen aus. Schwermetalle können zwar umgewandelt, aber als Ionen nicht zerstört oder abgebaut werden. Organische Stoffe unterliegen als energiereiche Substanzen zwar einer Umwandlung, können aber längere Zeit wirksam sein. Vor allem sind es polycyclische aromatische Kohlenwasserstoffe (PAK), Phosphorsäureester und chlorhaltige Verbindungen, die abbauresistent sind wie die hochgiftigen polychlorierten Dibenzodioxine (PCDD), Dibenzofurane (PCDF), Biphenyle (PCB) und die Pestizide. Chlorkohlenwasserstoffe sind nach 2 bis 5 Jahren, das Pflanzenschutzmittel DDT erst nach etwa 10 Jahren zu 95 % abgebaut (in der BRD ist die Anwendung von DDT seit 1991 verboten). Schädlingsbekämpfungsmittel aus Phosphorsäureestern sind nach 2 bis 12 Wochen beseitigt.
Weltweit werden Getreide, Kartoffeln, Obst, Wein, Mais u. a. Kulturen praktisch zu 100 % während des Wachstums mit Pestiziden behandelt!
Die Landwirtschaft beansprucht auch in großem Umfang durch Düngung den Boden. Um hohe pflanzliche Erträge zu erreichen, werden Nitrat-, Phosphordünger und Gülle ausgebracht und oft eine Überdüngung des Bodens verursacht. Die von den Pflanzen nicht aufgenommenen Mengen werden nicht oder nur sehr langsam abgebaut. Sie gelangen in das Grund- und Oberflächenwasser. In Teichen und Seen verursachen sie die **Eutrophierung,** d. h. die Überdüngung des Wassers und die dadurch bedingte Störung des biologischen Gleichgewichts. Durch vermehrtes Pflanzenwachstum wird die aerobe (mit Sauerstoff) und anaerobe (ohne Sauerstoff) Zersetzung von Faulschlamm gefördert. Dadurch sinkt der Sauerstoffgehalt des Wassers und es steigt die Bildung von Methan, Schwefelwasserstoff u. a. Abbauprodukten. Das tierische Leben verringert sich, das Gewässer „kippt um".
Nach der Herkunft unterscheidet man zwischen industriellem und kommunalem Abwasser.
Haushaltsabwässer enthalten vor allem Nährstoffreste und Wasch-, Spül- und Reinigungsmittel. Letztere müssen nach der Tensidverordnung mindestens zu 90 % biologisch in Kläranlagen abbaubar sein. Das Vermögen der natürlichen Gewässer mithilfe von Bakterien, Pflanzen und Tieren anorganische Salze in ihren Stoffwechsel einzubeziehen, organische Verbindungen abzubauen und in anorganische Verbindungen umzuwandeln wird als **Selbstreinigung des Wassers** bezeichnet.
Abwasser aus der Industrie ist – außer Kühlwasser – wie auch das der Landwirtschaft stärker mit anorganischen und organischen Stoffen verunreinigt. Je nach Industriezweig ist die Belastung jedoch sehr unterschiedlich.

Gefahren für die Gesundheit entstehen vor allem dann, wenn wassergefährdende Stoffe wie Schwermetalle, Nitrate, Mineralöle, Pestizidreste, halogenierte Kohlenwasserstoffe, biologisch abbaubare Substanzen (Nährstoffreste, Krankheitskeime) in das Trinkwasser gelangen. In der Trinkwasserverordnung sind maximal zulässige Konzentrationen festgelegt.
Wasser ist nicht vermehrbar. Nur 0,63 % des Wasservorkommens auf der Erde stehen als Süßwasser zur Verfügung. Daraus ergibt sich die Notwendigkeit des sparsamen Umgangs und die Vermeidung von unnötiger Verunreinigung von Wasser.

4.6 Wasser- und Bodenverseuchung durch Mülldeponien

Siedlungs-, Industrie-, Gewerbeabfälle, Bauschutt, Bodenaushub, Klärschlamm und andere feste Abfälle werden geordnet und kontrolliert auf Mülldeponien abgelagert, wenn sie unbedenklich belastet sind.
Hausmüll besteht nicht mehr wie zu Zeiten allgemein üblicher Ofenheizung in der Hauptsache aus Ofenasche, sondern aus Küchenabfällen sowie Verpackungsmaterialien, Altmöbeln u. dgl., die früher bei herkömmlicher Heizung mitverbrannt wurden. Zunehmend wird Industrie- und Hausmüll verantwortungsvoll sortiert und geordnet bereitgestellt.
In den Haushalten erfolgt bereits eine weitgehende Trennung: Organische Küchenabfälle gelangen zur Kompostierung („Biotonne"), Glas, Papier, Kunststoffe und Metalle werden dem Recycling zugeführt. Am wichtigsten ist die Müllvermeidung und -verminderung. Insbesondere bei Verpackungsmaterialien liegt dafür die Verantwortung bei den Unternehmen. An zweiter Stelle steht das Wiederverwerten. Im Abschnitt 4.3 wurde bereits auf das Sammeln von Chemiekalienrückständen verwiesen. Insbesondere Lösungsmittel können durch Destillieren zur Wiederverwendung aufbereitet werden.

Ab 1. Juni 2005 ist die Abfallablagerungsverordnung für Siedlungsabfälle gültig. Sie regelt die Behandlung von Hausmüll, Klärschlämmen aus Abwasserbehandlungsanlagen, Wasserverunreinigungsschlämmen, Klär- und Fäkalienschlämmen sowie von Bauabfall und produktionstechnischen Abfällen. Diese müssen sortiert, gesondert behandelt und deponiert werden.
Bau- und Gewerbeschutt wird recycelt. Hausmüll erfährt in einer mechanisch-biologischen Vorbehandlung eine Trennung in organischen, kompostierbaren Abfall (Pflanzen- und Speisereste), in recycelbare Materialien, die nicht in die gelbe Tonne gelangt sind (Plaste, Metalle) und in brennbare Anteile für die Energiegewinnung in Restmüllverbrennungsanlagen.
Das Ablagern auf Deponien darf in Zukunft nur mit Restabfall, der nicht mehr verwertet werden kann, erfolgen (z. B. Asche, Schlacke aus Müllverbrennungsanlagen).
Ziel der Ablagerungsverordnung ist die Volumenreduzierung des Mülls durch Recycling und durch das Verbrennen sowie das Unterbinden der Grundwasserschädigung durch giftige Sickerwässer aus Deponien.
Auf Deponien zur Kompostierung abgelagerte organische Stoffe (Kohlenhydrate, Fette, Eiweiße) werden zunächst durch aerobe Prozesse in einfache Verbindungen gespalten (Zucker, Fettsäuren, Glycerin, Aminosäuren). Danach setzt die Wirkung anaerober Bakterien ein. Sie führen den weiteren Abbau bis zum Methan (bis ca. 55 %), Kohlenstoffdioxid (bis 45 %) und geringen Anteilen Stickstoff, Schwefelwasserstoff und Salzen fort. Insbesondere Methan ist umweltfeindlich, weil es in den natürlichen Ozonzyklus eingreift (vgl. Teil II). Aus organischem Müll entstehen auch lösliche Stoffe, die zum Teil giftig sind. Mit Regenwasser können sie in den Erdboden und in das Grundwasser gelangen. Auch Schwermetalle werden dabei mitgeschwemmt. Der Zersetzungsprozess ist nach 20 bis 25 Jahren beendet.
Die Deponien werden gasdicht abgedeckt. In Vorrichtungen wird das Methan gesammelt und verbrannt oder als Brenngas verwertet. Der Deponie-Untergrund wird durch Ton, Bitumen oder Kunststoffmatten wasserundurchlässig gemacht. Die Abdichtung muss 20 bis 50 Jahre funktionsfähig sein. Die Sickerwässer werden gesammelt, über ein Rohrsystem abgeleitet und anschließend in Kläranlagen gereinigt.
Brennbarer Müll kann mit zugemischter Kohle bei genügend hohen Temperaturen in Müllverbrennungsanlagen im Volumen reduziert werden. Dabei besteht die Gefahr, dass sich schädliche Gase entwickeln, vor allem, wenn chlorhaltige Materialien mitverbrannt werden, z. B. PVC-Verpackungen. Chlorkohlenwasserstoffe verbrennen erst bei Temperaturen über 1000 bis 1200 °C vollständig zu Wasser, Kohlenstoffdioxid und Salzsäure-Gas. Bei niedrigerer Brenntemperatur entstehen auch hochgiftige Dioxine und Furane. Salzsäure-Gas ist an der Bildung von saurem Regen beteiligt. Die Abgase müssen gereinigt werden, bevor sie in die Luft übergehen (Nasswäsche, Zyklon-, Gewebe-, Elektro-, Adsorptionsfilter). Die Asche wird auf Deponien gelagert, die Abwärme zur Dampf- oder Stromwärme genutzt. Der Anteil an der Erzeugung von Primärenergie beträgt in Deutschland etwa 0,6 Prozent.

Vorrangig geht es um eine Volumenreduzierung, um Deponien länger nutzen zu können, sowie um den Abbau schädlicher organischer Stoffe.

Für Sondermüll gibt es spezielle Deponien, z. B. in stillgelegten Bergwerken. Es handelt sich hierbei im Wesentlichen um stark giftige Gewerbe- und Industrieabfälle wie Galvanik-Rückstände, Quecksilber-Verbindungen, hochchlorierte Kohlenwasserstoffe, Abfälle aus der Pestizid-Produktion, Farbstoffrückstände mit organischen Lösungsmitteln, Arsenverbindungen, stärker belastete Schlacken aus Verbrennungsanlagen, Flugstaub und Filter aus Rauchgasreinigungsanlagen usw. Durch Überführung in schwer lösliche Verbindungen können einige Abfälle vor der Einlagerung entgiftet werden. Hochgiftige Stoffe werden zusätzlich in dichten Containern verschlossen (z. B. Atom-Müll). Als Untertage-Deponien sind solche ehemaligen Bergwerke in erdbebensicheren Gebieten geeignet, die mit dem Grundwasser nicht in Kontakt stehen. Das ist vor allem in Salzbergwerken der Fall oder wenn wasser- und gasdichte Ton- oder Gesteinschichten überlagert sind.

4.7 Abwasserbelastung und Abwasserbehandlung

Gebrauchtes Wasser aus Haushalten, Gewerbe, Industrie, Landwirtschaft oder kommunalen Einrichtungen bezeichnet man als Abwasser. Es enthält verschiedene Schadstoffgruppen:

- leicht abzubauende organische Stoffe, die mithilfe von Luftsauerstoff oxidiert und unter Mitwirkung von Mikroorganismen zersetzt werden (Speisereste, Fäkalien, Gülle, Abwasser der Lebensmittel- und Getränkeherstellung)
- schwer bzw. nicht abzubauende organische Stoffe lassen sich auch in modernen Kläranlagen nicht vollständig aus dem Wasser entfernen (teerhaltige Abwässer, organische Chlorverbindungen aus Lösungsmitteln, Pestizide, Abwasser von Papier- und Zellulosefabriken, Öle)
- Pflanzendüngemittel (aus der Überdüngung landwirtschaftlicher Böden)
- Salze (aus Kaligruben und -aufbereitungsanlagen, Sodafabriken, Winterdienststreusalz u. a.)
- Waschmittel (aus Haushalten, Wäschereien, industriellen Waschanlagen wie z. B. Entfettungsanlagen in der Industrie)
- Schwermetalle (Cd, Zn, Cu, Cr, Hg, Pb u. a. aus Grubenwasser, Abwasser der chemischen Industrie, Kühlwasser aus Metallhütten, Wasser aus der Galvanik, aus Waschanlagen der Metall verarbeitenden Industrie, aus der Farbenindustrie)
- Bakterien und Mikroorganismen (bakteriell belastetes Wasser aus Haushalten, Krankenhäusern u. a.)
- gröbere Partikel, Schwebstoffe mineralischer Natur (Schlammteile im Regenwasser)

Abwasser ist ein heterogenes System aus echt gelösten, kolloid- und grobdispers verteilten Stoffen. Die einzelnen Schadstoffe sind in ihrer Gefährlichkeit unterschiedlich einzuschätzen, sie müssen jedoch bei der Abwasserbehandlung möglichst weitgehend entfernt werden, um einer Anreicherung entgegenzuwirken. Gesetzliche Grundlagen sind das Abwasserabgabengesetz (vom 13. 9. 1976 bzw. 18. 1. 2005) und die Abwasserverordnung (vom 17. 6. 2004).

Die Behandlung von Abwasser in Kläranlagen erfolgt in verschiedenen Stufen (Abb. 4-2). Am Anfang steht eine mechanische Reinigung. Rechen halten grobe Anteile zurück. Anschließend gelangt das Abwasser mit verringerter Fließgeschwindigkeit über den Sandfang in das Vorklärbecken. Es setzen sich grobe Partikel am Boden ab. Der Schlamm, der sich fast ausschließlich aus organischen Stoffen zusammensetzt, wird in den Faulturm gepumpt. Hier erfolgt bei höherer Temperatur unter Luftabschluss und unter Mitwirkung anaerober Bakterien (griech. ohne Luft) eine Zersetzung zu Faulschlamm. Er lässt sich als Humusdünger verwenden oder nach Entwässerung verbrennen. Bei Schwermetallbelastung kommt nur die Deponie in Frage. Während des Faulprozesses entsteht „Biogas“, das im Wesentlichen aus dem brennbaren Methan CH_4 (70 %) und CO_2 besteht. Es dient der Beheizung des Faulturmes und anderer Betriebsanlagen.

An die mechanische Klärung schließt sich eine biologische Behandlung im Belüftungsbecken an. Hierbei sind Bakterien und andere Kleinlebewesen (Einzeller) wirksam. Bei reichlicher Luftzufuhr oxidieren sie die organischen Bestandteile. Die Sauerstoffzufuhr wird durch das Einblasen von Druckluft und evtl. zusätzlich durch das Verregnen des Abwassers über der Beckenoberfläche gewährleistet. Der neu entstandene Schlamm setzt sich anschließend ab. Er wird anteilig in den Faulturm gebracht und z. T. in das Vorklärbecken befördert, da er reichlich Mikroorganismen enthält.

Das geklärte Wasser enthält noch etwa 1 % Fremdstoffe. Es wird in Flüsse oder Seen abgeleitet. Lösliche Nitrate und Phosphate, die bei der Oxidation von Fäkalien und Waschmitteln unter Mitwirkung bestimmter Bakterien entstehen oder bereits im Abwasser enthalten waren, sind noch vorhanden und überdüngen die Oberflächengewässer (Eutrophierung).

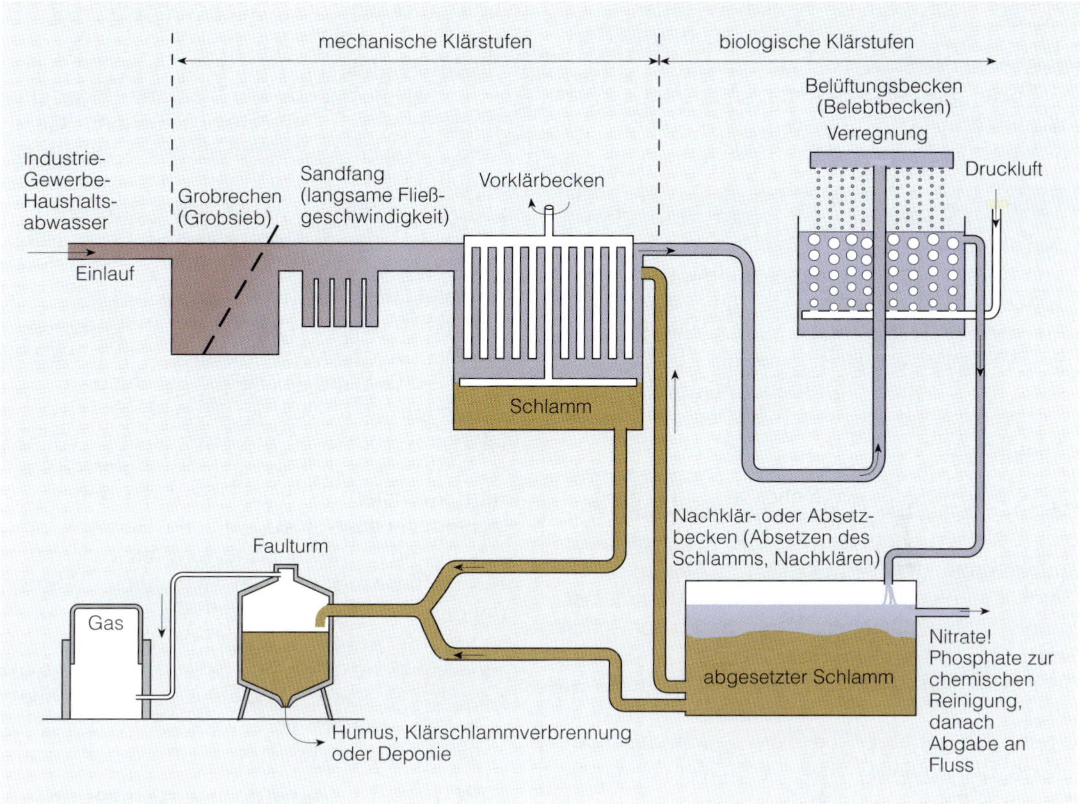

Abb. 4-2 **Schema einer Kläranlage**

In modernen Anlagen muss nach der **biologischen Klärstufe** noch eine dritte, die **chemische Reinigungsstufe** vorhanden sein, um noch nicht abgebaute Stickstoff- und Phosphor-Verbindungen zu behandeln (Nitrate, Ammoniumsalze, Phosphate).

Phosphat-Ionen werden zu über 90 % durch Zugabe von Calcium-, Eisen- oder Aluminium-Salzen wie $FeCl_3$, $FeSO_4$, $AlCl_3$ als schwer lösliche Phosphate ausgefällt. Neben schwer löslichen Salzen entstehen auch Kolloide aus Eisen- und Aluminiumhydroxid, die Phosphate, z. T. Nitrate und andere Stoffe adsorbieren (Flockung) und sich im Schlamm absetzen.
Die dadurch bedingte „Aufsalzung" des Wassers durch Chlorid- und Sulfat-Ionen wirkt nachteilig. Die Ionen bleiben gelöst und verringern den pH-Wert. Auch die normale Pufferung des Wassers kann gesenkt werden. Günstiger ist der Einsatz basisch reagierender Tonerde-Lösung, die bei der Aluminium-Erzeugung anfällt (keine Aufsalzung, Erhalt der Puffersysteme, nur geringe Erhöhung des pH-Wertes; zu pH-Wert und Puffer vgl. Abschnitte 12.11 und 12.17).

Stickstoffverbindungen werden vor allem durch Bakterien in so genannten **Nitrifikations-** und **Denitrifikationsbecken** weiter abgebaut. Insbesondere Ammonium-Ionen sind in den Abwässern vorhanden. Sie binden Sauerstoff. Das führt in Oberflächengewässern zu Sauerstoffmangel für tierische Lebewesen (Fischsterben, Vernichtung niederer Lebewesen). In Nitrifikationsbecken findet mithilfe spezieller Bakterien eine Oxidation von NH_4^+-Ionen zu Nitrit und die weitere Oxidation zu Nitrat statt:

$$4\,NH_4^+ + 7\,O_2 \xrightarrow{\text{(Nitrosomonas-Bakterien)}} 4\,NO_2^- + 2\,H_2O + 4\,H_3O^+$$

$$2\,NO_2^- + O_2 \xrightarrow{\text{(Nitrobakter-Bakterien)}} 2\,NO_3^-$$

In Denitrifikationsbecken geschieht der weitere Abbau des Nitrates durch Bakterien. Dabei wird ein Teil der Hydronium-Ionen (ca. 50 %) bei gleichzeitigem Verbrauch von organischem Kohlenstoff gebunden:

$$4\,H_3O^+ + 5\,C + 4\,NO_3^- \rightarrow 5\,CO_2 + 2\,N_2 + 6\,H_2O$$

Weitere Abbaumöglichkeiten bestehen auf natürliche Weise: Auf Rieselfeldern nehmen Kulturpflanzen Phosphor- und Stickstoffverbindungen auf. In Pflanzenkläranlagen oder Abwasserteichen mit Schilf, Binsen, Rohrkolbengewächsen werden ebenfalls Abwässer eingeleitet.

Der Sauerstoffverbrauch zum Abbau organischer Stoffe kann als **Chemischer Sauerstoff-Bedarf (CSB)** festgestellt werden. Mithilfe starker Oxidationsmittel wie Kaliumpermanganat $KMnO_4$ oder Kaliumdichromat $K_2Cr_2O_7^-$ wird die Gesamtmenge an oxidierbaren organischen Stoffen bestimmt.

Versuch

Säuern Sie 10 ml belastetes Wasser (Auslauf von Kläranlagen, Abwasser von Molkereien, Brauereien, Schlachthöfen, Spülwasser im Haushalt etc.) mit verdünnter Schwefelsäure an und versetzen Sie die Lösung mit $KMnO_4$-Lösung (c = 0,1 mol · l^{-1}) bis zur Entfärbung. Vergleichen Sie den Bedarf an Permanganat-Lösung (in ml).

Der **Biochemische** (Biologische) **Sauerstoff-Bedarf (BSB)** ist geringer als der CSB. Es ist die Sauerstoffmenge, die bei biologischem Abbau (durch Organismen) organischer Stoffe benötigt wird. Der Sauerstoffbedarf steigt mit dem Anteil organischer Stoffe.

Sehr viele Chemikalien sind wassergefährdend. Aus Gründen des Umweltschutzes dürfen sie nicht in Oberflächengewässer und in das Grundwasser gelangen. Laborabfälle müssen deshalb in Sammelbehältern entsorgt werden.

Stark wassergefährdend sind Schwermetallsalz-Lösungen (Cu, Ni, Chromate, Cd, Pb, Co u. a.), Benzen und Benzenverbindungen, Chlorkohlenwasserstoffe, Insekticide, Pflanzenschutzmittel u. a. Wenig wassergefährdend wirken Alkali-Salze, Ethanol, Essigsäure, Methanol, Eisenchlorid, Aluminiumchlorid u. a.

4.8 Luftverunreinigung

4.8.1 Schädigung der Luft

Luftverunreinigungen rufen Schäden im Boden hervor, wenn sie z. B. mit dem Regen in ihn gelangen. An Gegenständen und Bauten treten durch Sedimentieren von Aerosolen und Stäuben Verschmutzungen auf. Schwefeldioxid und nitrose Gase lösen sich in Regen und Nebel als Säuren und zerstören die mineralische Substanz der Gebäude oder deren Anstriche (besonders Sandstein, Kalkstein und Mörtel, aber auch Beton und dessen Stahlbewehrungen).

Durch Smogbildung wird nicht nur die Reizwirkung auf die Atmungsorgane und Schleimhäute hervorgerufen, sondern auch die Sonneneinstrahlung und die Sicht verringert.

Einen besonders negativen Einfluss auf das Klima besitzen Kohlenstoffdioxid (Treibhauseffekt) sowie die Ozon zerstörenden Gase (vgl. Übersicht 4-6, Seite 80).

Luftverunreinigungen sind nach dem Bundesimmissionsschutzgesetz alle Veränderungen der natürlichen Luftzusammensetzung durch Gase, Dämpfe, Rauch, Ruß, Aerosole sowie alle Stoffe, die durch Umwandlungen von Luftbestandteilen durch chemische oder physikalische Prozesse entstehen (z. B. natürlich entstehendes Ozon, Stickstoffdioxid).

Nicht alle Luftschadstoffe entstammen dem Handeln des Menschen. Neben dem anthropogenen oder menschlichen Ursprung gibt es eine Vielzahl natürlicher Quellen. Beispielsweise entstehen große Mengen von Methan bei der anaeroben (sauerstofffreien) Zersetzung von Pflanzen unter Wasser als „Sumpfgas" in Teichen, auf Reisfeldern und dgl. Methan entsteht auch bei der Darmgärung der Pflanzenfresser. Kohlenstoffdioxid, Schwefelwasserstoff und Schwefeldioxid wird bei Vulkanausbrüchen freigesetzt. Ozon entsteht durch UV-Strahlung (vgl. Teil II). Kohlenstoffdioxid entsteht bei allen aeroben Fäulnisprozessen sowie bei der Atmung von Tieren und Pflanzen (vgl. Abschnitt 4.8.4 und Abb. 4-3). Stickoxide werden bei Gewitter durch jeden Blitz erzeugt.

4.8.2 Luftschadstoffe und Smogbildung

Kohlenstoffdioxid CO_2 ist die wichtigste Verbindung der belebten Natur. Es wird zusammen mit Wasser bei der Assimilation zu Kohlenhydraten umgewandelt. Dabei entsteht Sauerstoff. Kohlenhydrate liefern Nahrung für Menschen und Tiere.

Kohlenstoffdioxid beeinträchtigt bei normalen Konzentrationen nicht die Gesundheit. Jedoch verschlechtert sich die Luftqualität in geschlossenen Räumen ab einem Anteil von ca. 9000 mg/m^3 Luft. Das äußert sich vor allem durch Mattigkeit, Müdigkeit und evtl. durch Kopfschmerzen. Versorgung mit Frischluft durch Belüften schafft meist schnelle Besserung des Wohlbefindens. Da CO_2 schwerer als Luft ist, kann es sich in Vertiefungen ansammeln (Brunnenschächte, Keller u. a.) und die Luft verdrängen. Gerät ein Lebewesen in eine derartige Konzentration des Gases, können Ohnmacht und Tod eintreten.

Sehr problematisch ist der Einfluss von Kohlenstoffdioxid auf das Weltklima. Im Verlauf etwa der letzten 100 Jahre hat der Anteil des Gases in der Luft durch das Anwachsen von Industrie und Verkehr 35 % zugenommen. Seit längerem ist bekannt, dass Kohlenstoffdioxid zwar die Wärmestrahlung der Sonne in die Erdatmosphäre eindringen lässt, jedoch die von der Erde ausgehende Strahlung zurückhält. Dadurch kommt es zu der Erwärmung der

Atmosphäre durch Wärmestau und den dadurch bedingten Wetter- und sonstigen Veränderungen (z. B. Abschmelzen der Gletscher).

Der Stoff mit der höchsten Umweltbelastung ist **Schwefeldioxid** SO_2. Es entsteht bei der Verbrennung von fossilen Brennstoffen, vor allem von Kohle und Erdölprodukten bei der Energieerzeugung. Heiz- und Kraftwerke sind mit 65 %, Haushalte mit 30 % und der Verkehr mit 5 % an der anfallenden Menge beteiligt.
Schwefeldioxid oxidiert an der Luft weiter zu Schwefeltrioxid. Beide reagieren mit Wasser zu schwefliger Säure bzw. Schwefelsäure oder Schwefelsäure-Aerosolen, die ebenfalls umweltschädlich sind (vgl. Übersicht 4-6). Schwefeldioxid und seine Nachfolgeverbindungen sind an der Bildung des sauren Regens beteiligt. Durch Abgasentschwefelungsanlagen konnte in der BRD die SO_2-Emission stark gesenkt werden.

Kohlenstoffmonoxid CO stellt den größten Anteil am Gesamtvolumen der Luft-Schadstoffe (ca. 50 %). Etwa 90 bis 95 % davon entstammen Motorfahrzeugen (vor allem Otto-Motoren), der Rest aus Haushalten, Heiz- und Kraftwerken. Ballungszentren sind besonders von CO-Belastungen betroffen. Da sich im Motor-Leerlauf wegen unvollkommener Verbrennung mehr Kohlenstoffmonoxid bildet als bei Motorbelastung und hoher Drehzahl, ist die Konzentration an Ampeln und Kreuzungen sehr hoch. Ohne Katalysator sind 3 bis 10 % des Abgas-Volumens Kohlenstoffmonoxid, mit Katalysator liegt der Anteil deutlich niedriger (vgl. Abschnitt 11.10).

Stickoxide NO_x (NO, NO_2, N_2O_4) entstehen bei hohen Verbrennungstemperaturen aus fossilen Brennstoffen und Luftstickstoff. Ottomotoren sind daran mit 75 % beteiligt (besonders bei hoher Verdichtung des Motors und hoher Drehzahl), Kraftwerks- und Heizanlagen mit 25 %. Die Gase sind starke Atemgifte. Mit Wasser bilden sie salpetrige Säure HNO_2 sowie Salpetersäure HNO_3, die als saurer Regen Umweltschäden an Pflanzen und Gebäuden bewirken. Folgeprodukte sind Nitrite und Nitrate.
Mit Kohlenwasserstoffen entstehen bei starker Sonneneinstrahlung durch Photooxidation Pflanzen schädigende bzw. Umwelt belastende Gase wie z. B. Aldehyde. NO_2 dient dabei als Oxidationsmittel (Sauerstoffüberträger). (Zur Wirkung von NO_x auf den Ozonkreislauf vgl. Teil II).

Kohlenwasserstoffe werden bei unvollkommener Verbrennung von Benzin, Diesel und Heizöl abgegeben. Geregelte Katalysatoren senken die Emission (vgl. Abschnitt 11.10). Nicht nur aus dem Kraftstoff stammende Stoffe wie z. B. Benzen (Benzol), sondern auch die bei hohen Temperaturen entstehenden Umwandlungsprodukte wie Benzpyren sind wie alle polycyclischen aromatischen Kohlenwasserstoffe (PAK) besonders schädlich. (Zur Wirkung von Methan vgl. Teil II).

Halogene und **Halogenverbindungen** (Cl_2, F_2, HCl, Fluorchlorkohlenwasserstoffe, Chlorkohlenwasserstoffe, polychlorierte aromatische Kohlenwasserstoffe) sind starke Umweltgifte. Trotz Sicherheitsmaßnahmen und technischer Einrichtungen entweichen geringe Mengen Fluor bei der Aluminiumerzeugung und Chlor bei der Alkalielektrolyse. Chlorwasserstoff-Gas entsteht z. B. bei der Verbrennung von PVC-Kunststoffen in Müllverbrennungsanlagen. Bei zu niedriger Verbrennungstemperatur werden auch Dioxine gebildet, ebenso sind Havarien Ursache für die Emission schädlicher Stoffe (z. B. Vinylchlorid beim Eisenbahnunglück in Schönebeck 1996).
Von besonderer Gefährlichkeit sind polychlorierte aromatische Kohlenwasserstoffe, die als Pestizide eingesetzt werden wie z. B. polychlorierte Biphenyle PCB, Polychlorphenol PCP, Hexachlorcyclohexan HCH (Lindan). Gleiches gilt für polycyclische aromatische Kohlenwasserstoffe PAK, z. B. Benzpyren, Dioxine u. a. Hexachlorbenzol HCB und Dichlordiphenyltrichlorethan DDT sind in Deutschland verboten.

Erwähnt werden muss, dass auch erhöhte Dosen von **Desinfektionsmitteln** oder **Konservierungsstoffen** gesundheitsschädlich oder zumindest bedenklich sind.

Schwermetalle werden u. a. bei der Erzgewinnung, Erzaufbereitung und bei der Verhüttung der Erze sowie bei der Weiterverarbeitung wie z. B. dem Galvanisieren an die Umwelt (Luft, Wasser) abgegeben. Auch die Korrosion von Metallen führt zur Emission bzw. zur Verseuchung der Luft, des Wassers und des Bodens. Mit dem Verbot von verbleitem Benzin ist ein wichtiger Schritt zur Vermeidung der Bleibelastungen von Viehfutter, Blattgemüse, Fleisch und Abwasser getan.

Stäube gelangen in Form von Asche, Staub und Ruß in die Atmosphäre. Kraftfahrzeuge, Heizungsanlagen, Kraftwerke und Industriebetriebe wie Zementfabriken, Kalkwerke, Stahlwerke u. a. sind die Verursacher. Die festen Partikel können Schwermetalle adsorbieren, z. B. Pb, Zn, Cd. Feinstäube (1 bis 10 μm) wirken besonders gefährlich, weil sie bis in die tieferen Bereiche der Lunge (Lungenbläschen) gelangen können. Abgase von Dieselmotoren enthalten wesentlich weniger CO_2 und NO_x, dafür aber mehr Ruß als die von Otto-Motoren. Rußfilter vermindern den Ausstoß.

Schadstoffe und Wirkungen der Schadstoffe

Schadstoff	Wirkungen, Schädigungen
Kohlenstoffdioxid	bei höheren Luftanteilen in Räumen Mattigkeit, Müdigkeit, Kopfschmerzen; bei sehr hoher Konzentration Ohnmacht und Tod
Schwefeldioxid und Nachfolgeprodukte: Schwefeltrioxid, schweflige Säure, Schwefelsäure	Reizung der Atemwege und Lunge; bei stärkerer Einwirkung: Asthma, Lungenödeme; Augenreizung; Erhöhung der Infektionsanfälligkeit; Schädigung von Nucleinsäuren (Erbschäden); saurer Regen; Zerstörung des Chlorophylls und der Zellkerne von Chloroplasten (Vergilben von Nadeln und Blättern), Gewebezerstörung der Nadeln und Blätter, Verminderung der Photosynthese; Versagen der Schließzellen von Spaltöffnungen (erhöhte Wasserverdunstung, „Wasserstress"); durch sauren Regen Versäuerung des Bodens, Veränderung der Puffersysteme des Bodens, Auflösung von Al^{3+}, Fe^{3+} und dadurch Schädigung von Wurzelhaaren; Waldsterben; Korrosion von Metallen, erhöhte Verwitterung von Baustoffen und Baudenkmälern (Marmor, Sandstein)
Stickoxide und Nachfolgeprodukte: salpetrige Säure, Salpetersäure	Reizung der Atemwege, bei Dauereinwirkung chronische Atemwegsentzündungen; Atembeschwerden; Lungenödeme; Augenentzündungen; Kopfschmerzen; saurer Regen; Auswaschung von Mg^{2+} des Chlorophylls, Verringerung der Photosynthese (Zellernährung gestört); Schädigung von Membranen in der Pflanzenzelle z. B. Chloroplasten-Membranen durch Nitritanreicherung. Bildung pflanzenschädigender Stoffe durch Photooxidation von Kohlenwasserstoffen; Versäuerung des Bodens; Veränderung der Puffersysteme des Bodens; Korrosion von Metallen; erhöhte Verwitterung von Baustoffen; Störung des Ozon-Gleichgewichts
Kohlenwasserstoffe	Atembeschwerden, Reizung der Schleimhäute; Krebs erregend (Benzen, Benzpyren); Photooxidation durch NO_x und Sonnenenergie zu schädlichen Umwandlungsprodukten (Aldehyd u. a.); Störung des Ozon-Gleichgewichts
Kohlenstoffmonoxid	höhere Affinität (ca. 240fach) als Sauerstoff zum Blutfarbstoff Hämoglobin, blockiert Sauerstoffaufnahme und Transport zu den Zellen; Kopfschmerzen, Übelkeit, Kreislaufermüdung, Konzentrationsschwäche; höhere Dosis: Bewusstlosigkeit, Tod durch Atemlähmung; Pflanzenschädigung unbekannt
Ozon	Zerstörung von Membranen in den Zellen z. B. von Chloroplasten, Zerstörung der Blatt-Kutikula; Waldschäden durch Absterben von Nadeln und Blättern (Zellernährung gestört); Spaltöffnungen verschließen sich als Reaktion auf O_3 (Verringerung der Photosynthese); Atemgift, Schleimhautreizung
Halogene, Halogenverbindungen	Atemgift, Hautgift, Schleimhautreizung, Chlorakne; Störung des Ozon-Gleichgewichtes
Fluor-Verbindungen, Fluorkohlenwasserstoff, Fluorchlorkohlenwasserstoffe	Schädigung von Blatt-Chlorophyll und Blattgewebe besonders bei Nadelbäumen; Eingriff in den Ozon-Zyklus in der Stratosphäre durch Verhinderung des Ozon-Abbaus, dadurch Anreicherung des Ozons und Verstärkung der UV-Strahlung an der Erdoberfläche und Reizung der Schleimhäute und Atemwege, Gefahr von Hautkrebs, Schädigung von Tieren und Pflanzen
Stäube	Abscheidung von Staub in den Atemwegen; Husten, Asthma; Silikose, Asbestose, Lungenkrebs; Bodenverseuchung, Wasserverseuchung durch mitgeführte Schwermetalle u. a. adsorbierte Stoffe
Schwermetallverbindungen	Blei: Schädigung der roten Blutkörperchen, der glatten Muskulatur (Gefäß- und Darmstörungen), des motorischen Nervensystems, der Nieren, der Fortpflanzungsorgane (Samenzellen), des Embryos (Frühgeburten); Gedächtnisschwäche u. a. Cadmium: pflanzenschädigend durch Gewebe- und Chlorophyllzerstörung; Schädigung der Lunge (Lungenödeme), Nieren, Verdrängung von Ca aus den Knochen (Skelettverformungen); Krebs erregend Quecksilber: geistige Störungen, Kopfschmerz, Entwicklungshemmungen bei Kindern, Entwicklungsstörungen bei Embryos; Zahnfleischbluten Kupfer: giftig für Mikrolebewesen (Bakterien, Algen, Pilze); beim Menschen Brechreiz, Erbrechen Mangan: Störungen des Stoffwechsel- und Nervensystems

Übersicht 4-6

Luftschadstoffe können sich bei ungünstigen Wetterlagen in Bodennähe anreichern. Das ist der Fall bei so genannten Inversionen: Kalte Luftschichten mit Schadstoffen werden von höher liegenden warmen Luftschichten überdeckt. Dadurch ist die Luftzirkulation und die Abgabe schädlicher Stoffe an höhere Luftbereiche behindert. Es entsteht **Smog** (engl. aus smoke, Rauch, und fog, Nebel, zusammengesetzt). Vor allem für Menschen, die an Erkrankungen der Atemwege und unter Kreislaufbeschwerden leiden, ist das eine gesundheitlich bedrohliche Situation.

4.8.3 Wirkungen und Reduzierung von Luftschadstoffen

Nicht alle in Übersicht 4-6 aufgeführten Stoffe sind Luftschadstoffe. Viele der Umweltgifte, die von den Menschen erzeugt werden, gelangen jedoch über die Luft in den Boden oder/und in das Wasser und von dort über die Pflanzen oder Schlachttiere (Fleisch, Milch) in die Nahrungskette.

Eine vollständige Reinhaltung der Luft ist zumindest gegenwärtig technisch nicht möglich und wird wohl auch in Zukunft schwierig zu erreichen sein. Es liegt in der Verantwortung des Menschen gegenüber der Umwelt, der Tiere und Pflanzen, des Klimas, des Wassers, der Luft und des Bodens und schließlich gegenüber sich selbst, die Schadstoffemissionen so niedrig wie möglich zu halten und immer weiter abzusenken. Geeignete Maßnahmen sind einerseits technische Lösungen, andererseits die Einhaltung gesetzlicher Grundlagen. Ziele, die formuliert worden sind, müssen auch mit Konsequenz realisiert werden. Das ist eine Aufgabe, die nur global zu lösen ist, denn Luft und Schadstoffe stoppen nicht an den Grenzen von Ländern und Kontinenten!

An erster Stelle muss die Reduzierung der Schadstoffe angestrebt werden, die mengenmäßig überwiegen, stark gesundheitsschädlich sind und das Klima am stärksten negativ beeinflussen: Kohlenstoffdioxid, Schwefeldioxid, Stickoxide, Chlorkohlenwasserstoffe und Fluorkohlenwasserstoffe.

Es steht bereits eine Reihe technischer Möglichkeiten zur Verfügung, um die Emission der genannten Stoffe einzuschränken.

Beispiele:
Rauchgasentschwefelung, Rauchgasentstickung in Wärmekraftwerken, Umstellung von Kohle auf Erdgas und Heizöl (Reduzierung von SO_2-Emissionen), Wirbelschichtfeuerung, Gaswäsche unter Druck (SO_2, NO_x), Entwicklung neuer Technologien (Doppelkontakt-Schwefelsäure-Verfahren, Chlor-Alkali-Elektrolyse nach dem Membran-Verfahren, geregelte Abgaskatalysatoren für Kraftfahrzeuge (Abschnitt 11.10).
Bleiemissionen durch Kraftfahrzeuge sind mit dem Verbot des verbleiten Benzins 1997 in Deutschland drastisch gesenkt worden. Die Einhaltung der Tempolimits auf den Straßen würde ebenfalls erheblich zur Senkung von CO_2, NO_x und unverbrannten Kohlenwasserstoffen in Autoabgasen beitragen. Große Mengen an organischen Farbstoffverdünnungen werden jährlich beim Konservieren von Autokarosserien, Bauwerken u. dgl. freigesetzt. Hier sollten zunehmend verfügbare wasserverdünnbare Farben eingesetzt werden, die für viele Zwecke gleichwertig sind.

Weltweit sind Umweltforschung und Umwelttechnik gefordert, nach Lösungen zu suchen, um Luft, Wasser und Boden wirkungsvoll zu schützen.

4.8.4 Das natürliche CO_2–O_2-Gleichgewicht

Das durch die Atmungsprozesse frei werdende Kohlenstoffdioxid wird im natürlichen CO_2-Kreislauf wieder durch die **Assimilation** der Pflanzen gebunden (vgl. Abb. 4-3). Die Pflanzen verwandeln Kohlenstoffdioxid und Wasser mithilfe von Sonnenenergie zu Traubenzucker und anderen Kohlenhydraten. Der grüne Blattfarbstoff **Chlorophyll** dient als **biologischer Katalysator.**

$$6\,CO_2 + 6\,H_2O + \text{Sonnenenergie} \xrightarrow{\text{Chlorophyll}} \underset{\text{Traubenzucker}}{C_6H_{12}O_6} + 6\,O_2$$

Die Assimilation ersetzt den Sauerstoff, der durch natürliche Oxidationsvorgänge verbraucht wird. In das natürliche CO_2–O_2-Gleichgewicht greift der Mensch entscheidend ein, indem er mehr Kohlenstoffdioxid erzeugt, als die Pflanzen umwandeln können und mehr Sauerstoff verbraucht, als die Pflanzen abgeben. Die Verbrennung fossiler Energieträger wie Kohle, Erdgas und Erdölprodukte (Benzin, Diesel, Heizöl) ist die umfangreichste chemische Reaktion, die durch den Menschen verursacht wird. Heute werden etwa 30 % mehr Kohlenstoffdioxid gemessen als vor 100 Jahren und jährlich vermehrt sich die Menge weiter. Durch das Abholzen tropischer Wälder und die Schädigung einheimischer Waldbestände wird das Gleichgewicht zusätzlich negativ beeinflusst.

4.8.5 Kohlenstoffdioxid und Treibhauseffekt

Der erhöhte Anteil an Kohlenstoffdioxid in der Luft führt letztlich zum **Treibhauseffekt.** Das Kohlen-

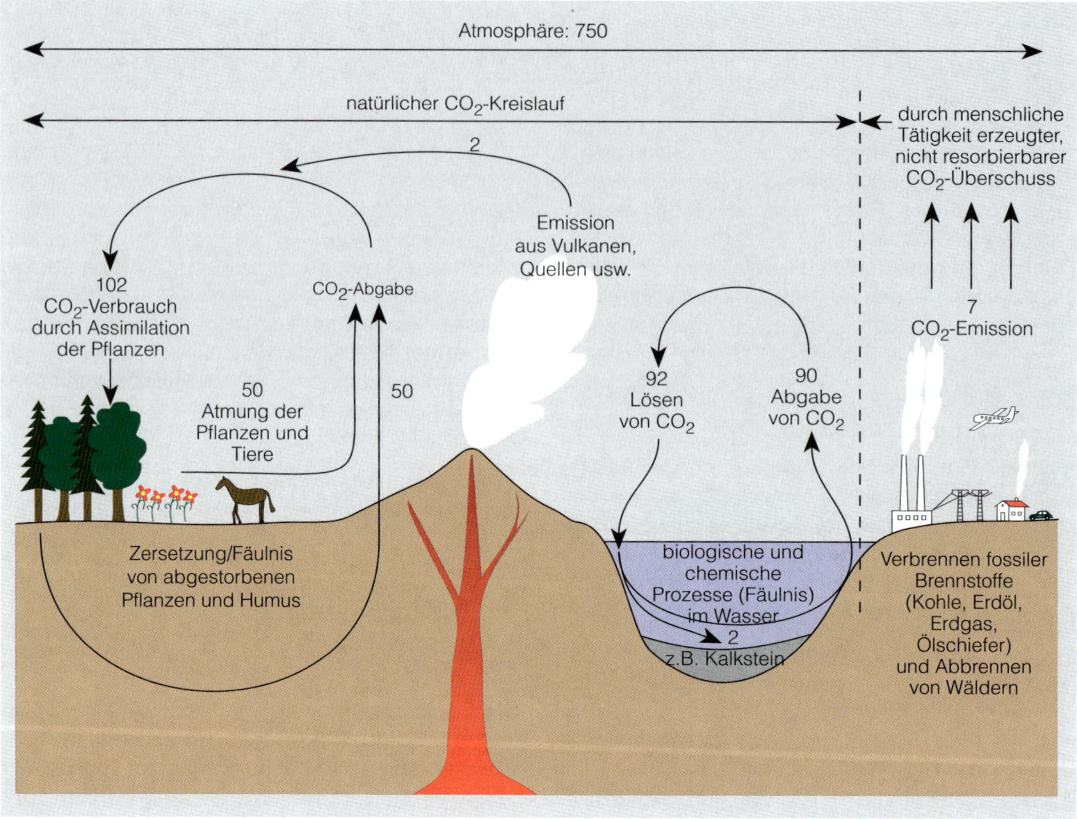

Abb. 4-3
CO_2-Kreislauf und technisch bedingte CO_2-Emissionen (die Zahlenwerte sind für das Jahr 1988 in Mrd. t Kohlenstoff angegeben)

stoffdioxid der Atmosphäre lässt die Infrarotstrahlung (Wärmestrahlung) der Sonne auf die Erdoberfläche gelangen, es hält jedoch die von der Erde ausgehende Wärmestrahlung weitgehend ab. So haben sich die gegenwärtigen jahreszeitlich bedingten Durchschnittstemperaturen in einer längeren Zeitspanne als „Gleichgewichtstemperaturen" eingestellt. Ohne die geringen Kohlenstoffdioxidmengen von 0,04 % in der Luft würden die mittleren Temperaturen auf der Erde um 33 K niedriger liegen. Damit wäre das gesamte Wasser auf der Erde gefroren. Ein Leben wäre nicht möglich. Durch die vermehrte Abgabe von Kohlenstoffdioxid aus Verbrennungsprozessen (Industrie, Haushalt, Autos, Wärmekraftwerk u. a.) findet jedoch zunehmend ein Wärmestau statt. Als Folge erwärmen sich die unteren Schichten der Atmosphäre und es kommt auf der gesamten Erde zu einer Erhöhung der Jahresmitteltemperatur. Das Ergebnis ist ein globaler „Treibhauseffekt".

Neben dem Kohlenstoffdioxid wirken auch Fluorchlorkohlenwasserstoffe (FCKW) wie CF_2Cl_2 sowie Methan CH_4, Stickoxide, Ammoniak und Wasserdampf als **„Treibhausgase".** Kohlenstoffdioxid ist mit 61 %, Methan mit 15 % und FCKW mit 11 % am Treibhauseffekt beteiligt.

Die globale Erwärmung der Atmosphäre ist nur durch eine weltweite Verringerung des CO_2-Ausstoßes sowie anderer Treibhausgase zu erreichen. Gelingt das nicht, dann ist in den nächsten Jahren mit einer globalen Erwärmung der Atmosphäre um 1 K und bis 2100 um ca. 4 K zu rechnen. Kaum absehbare Folgen würden weltweit entstehen, z. B. ein weiteres Abschmelzen des Eises an den Polen und in den Hochgebirgen mit nachfolgender Überflutung von Inseln und meernahen Gebieten (Holland, Deutschland, Kanada, Bangladesch u. a.), eine geringere Kohlenstoffdioxid-Löslichkeit im Meerwasser, Klimaveränderungen und Ausweitung von Dürregebieten, ein Rückgang der landwirtschaftlichen Erträge, klimabedingtes Waldsterben u. a.

4.9 Wiederholungsaufgaben zu Kapitel 3 und 4

Aufgaben

1. Auf welchen Eigenschaften beruht das Trennen von Gemengen durch Sedimentieren, Filtrieren, Auslaugen, Zentrifugieren und Sublimieren?
2. Welche Eigenschaften werden beim Trennen von Gemischen durch Destillieren, Absorbieren, Adsorbieren und Extrahieren ausgenutzt?
3. Auf welche Weise können Gase und Feststoffe getrocknet werden?
4. Erklären Sie die Prinzipien der einfachen Destillation, der Vakuumdestillation und der rektifizierenden Destillation!
5. Was besagt der NERNST'sche Verteilungssatz?
6. Was versteht man unter den Begriffen Umwelt, Ökologie, Umweltgefährlichkeit, Gefahrstoff?
7. Welche Aufgaben besitzt der Umweltschutz und auf welche Weise kann der Umweltschutz realisiert werden?
8. Studieren Sie das Chemikaliengesetz und referieren Sie im Unterricht über die Prinzipien und Hauptinhalte des Gesetzes!
9. Informieren Sie sich über die Gefahrstoffverordnung! Referieren Sie im Unterricht über die Hauptinhalte der Verordnung!
10. Welche Vorschriften des Arbeits- und Gesundheitsschutzes gelten für ein chemisches Labor?
11. Welche Sicherheitsvorschriften sind beim Experimentieren mit Gefahrstoffen vorgeschrieben und welche Regeln gelten im Allgemeinen beim Arbeiten bzw. Aufenthalt im Labor?
12. Prägen Sie sich die im Anhang aufgeführten R-, S- und E-Sätze ein!
13. Im Chemikaliengesetz sind die Grundsätze der GLP enthalten. Fertigen Sie einen Auszug über die Hauptinhalte an und referieren Sie über die Grundsätze im Unterricht!
14. Begründen Sie die Notwendigkeit, verantwortungsvoll mit Wasser umzugehen!
15. Erläutern Sie die Aufbereitung des Trinkwassers!
16. Was versteht man unter Wasserhärte und Härtebildnern? Wie wirken Härtebildner? Wie kann Wasser enthärtet werden? Warum muss z. B. Kesselspeisewasser enthärtet werden?
17. Erläutern Sie die Behandlung von Abwasser sowie die Vorgänge der Klärung in Kläranlagen!
18. Welche Wasserschadstoffe bereiten die größten Probleme bei der Abwasserbehandlung? Worin sehen Sie die Ursachen?
19. Welche Forderungen werden an Mülldeponien gestellt?
20. Wie laufen die Prozesse des Abbaus von Müll in Deponien ab?
21. Warum werden Müllverbrennungsanlagen von der Bevölkerung kritisch beurteilt?
22. Welche Forderungen werden bei der Einlagerung von Sondermüll gestellt?
23. Beschreiben Sie das physikalische Prinzip der Luftverflüssigung!
24. Diskutieren Sie die Auswirkungen der zunehmenden CO_2-Emission, die vom Menschen verursacht wird! Wie beurteilen Sie die Auswirkungen von Waldsterben und Brandrodungen bzw. der Abholzung von Regenwäldern auf den CO_2-Kreislauf und die prognostizierten Klimaveränderungen?
25. Zeigen Sie auf, in welcher Weise Emissionen von Treibhausgasen reduziert werden können. Welche technischen Lösungen sind in Anlagen, die Treibhausgase emitieren, zu realisieren?
26. Erläutern Sie die Begriffe Emission und Immission! Welcher Unterschied besteht zwischen beiden Begriffen?
27. Was versteht man unter chemischem Sauerstoff-Bedarf, was unter biologischem Sauerstoff-Bedarf?
28. Erläutern Sie, welche Wirkung die Luftschadstoffe Schwefeldioxid, Stickoxide, Kohlenstoffmonoxid, Ozon haben!
29. Verfolgen Sie in Veröffentlichungen (Zeitung, Fernsehen etc.) Nachrichten zu Umweltbelastungen, verursachten Schäden sowie Maßnahmen, die der Entlastung dienen und sammeln Sie dazu Notizen für ein Unterrichtsreferat!

5 Bau der Atome

5.1 Entwicklung von Modellvorstellungen

Die Entdeckung der Gesetze von den konstanten und multiplen Proportionen durch J. DALTON, die Arbeiten von L. J. GAY-LUSSAC, J. LOSCHMIDT und A. AVOGADRO zu Volumenverhältnissen bei Gasreaktionen und andere Untersuchungen ließen vermuten, dass die Stoffe aus Teilchen bestehen. Noch fehlten jedoch dafür exakte Beweise.
Es wurde immer dringlicher, die Struktur von Atomen und Molekülen zu erforschen, um chemische Vorgänge und die mengenmäßige Zusammensetzung der Stoffe verstehen zu können.
Der Engländer ERNEST RUTHERFORD beschoss eine dünne Goldfolie mit α-Strahlen (Kerne von Heliumatomen) und stellte fest, dass nur wenige Kerne abgelenkt wurden (Abb. 5-1). Er folgerte 1911 daraus, dass die Materieteilchen den Stoff ungleichmäßig dicht aufbauen und die Atome aus einem Atomkern und einer umgebenden Elektronenhülle bestehen. Nach seiner Vorstellung bewegen sich die Elektronen auf Planetenbahnen um den Kern (Abb. 5-2).

Der Däne NIELS BOHR verbesserte 1913 die Vorstellungen von der Elektronenhülle. Er erkannte Energieunterschiede bei den Elektronen eines Atoms und berücksichtigte diese Tatsache durch die Aufteilung der Elektronen auf Kreisbahnen mit unterschiedlichem Energieniveau sowie unterschiedlichem Radius, auf denen sie sich bewegen (Abb. 5-2). Dieses BOHR'sche Atommodell wurde von dem deutschen Physiker ARNOLD SOMMERFELD modifiziert, indem er kreisförmige und elliptische Bahnen annahm.

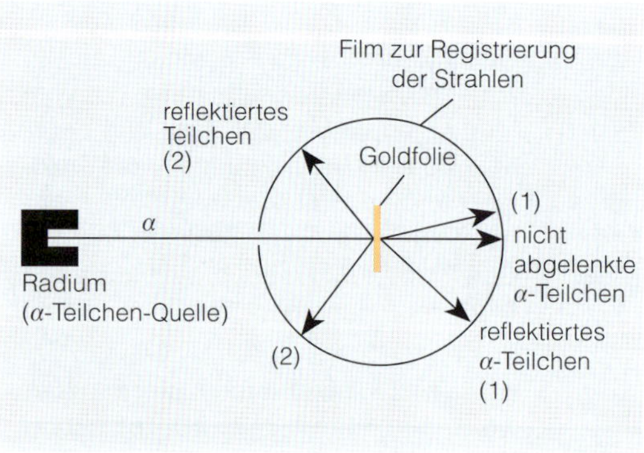

Abb. 5-1 RUTHERFORD'scher Streuversuch
a) Versuchsanordnung

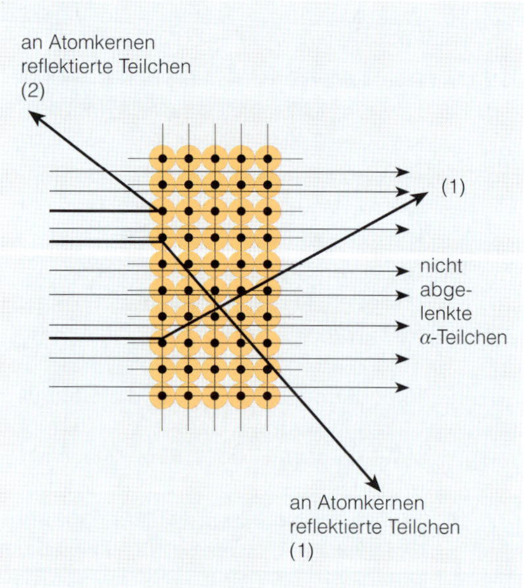

b) Streuung der α-Teilchen

Bohr (1885–1962)

Schrödinger (1887–1961)

Sommerfeld (1868–1951)

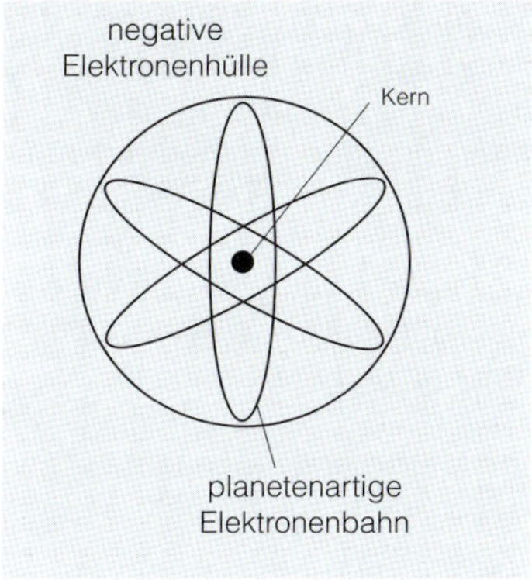

Abb. 5-2
Atommodell des Heliums nach
a) Rutherford

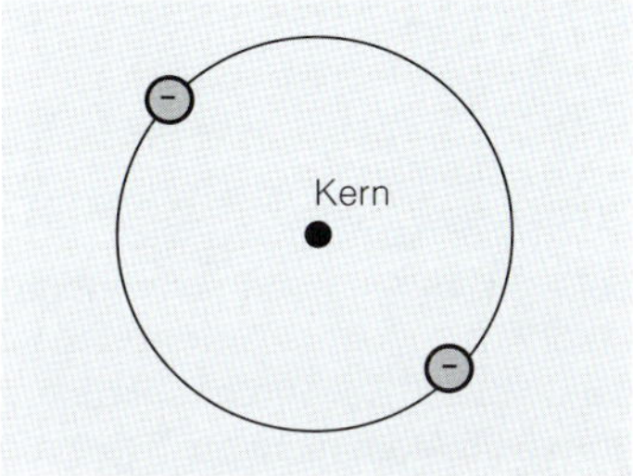

b) Bohr

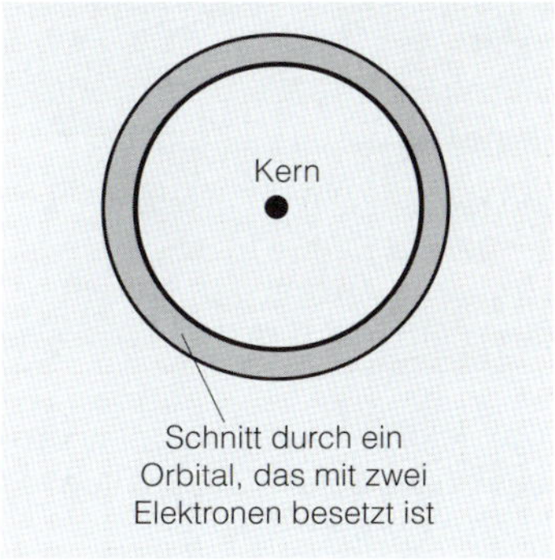

c) Schrödinger

Bis zu diesem Entwicklungsstand ging man davon aus, dass das Wesen der Elektronen allein als Teilchen erklärbar sei (Korpuskularcharakter). Beispielsweise besitzen Elektronen eine Masse. Sie können durch Stoß Atome aktivieren oder in Ionen überführen. Mit der Weiterentwicklung der Physik wurden auch Welleneigenschaften der Elektronen erkannt. Elektronenstrahlen lassen sich z. B. wie Lichtwellen beugen und man kann ihnen in Abhängigkeit von ihrer Energie eine Wellenlänge zuordnen. Der Österreicher Erwin Schrödinger führte die Entwicklung auf der Grundlage von Berechnungen zum wellenmechanischen (quantenmechanischen) Atommodell weiter, das die **Doppelnatur des Elektrons** (Welle-Teilchen-Dualität) berücksichtigt.
Danach kreist das einzelne Elektron nicht auf einer diskreten Bahn um den Atomkern, sondern es befindet sich mit einer hohen Wahrscheinlichkeit in einem Raum, der sich kugelsymmetrisch in bestimmtem Abstand um den Kern befindet. Diesen Raum bezeichnet man als **Orbital** (engl. Kugel, Planetenbahn, Umlauf) (Abb. 5-2; vgl. Abschnitt 6.5.5).

5.2 Elementarteilchen und Bau des Atomkerns

Die Atome sind aus drei Arten von Elementarteilchen aufgebaut: **Protonen, Neutronen** und **Elektronen.** Im Atomkern befinden sich Protonen und Neutronen, es sind **Nukleonen** oder Kernteilchen. Lediglich der Wasserstoff besitzt allein ein Proton. Die Atomhülle (Schalen, Sphären bzw. Orbitale) wird von den Elektronen gebildet.
Andere durch die Physik nachgewiesene Teilchen haben für die Chemie keine Bedeutung.
Protonen und Neutronen sollen nach einer Hypothese aus drei noch kleineren Teilchen, den **Quarks,** bestehen.
Eine Atomart nennt man **Nuklid.**

5.3 Protonen

Protonen (Symbol p^+) haben eine absolute Masse von $1{,}6726 \cdot 10^{-24}$ g. Sie tragen eine positive Ladung von $1{,}6022 \cdot 10^{-19}$ A · s (Amperesekunden). Die Anzahl der Protonen bestimmt die positive Ladung des Kerns, die Kernladungszahl. Alle Atome eines Elements gleichen sich in der Protonen-, d. h. Kernladungszahl, sie unterscheiden sich darin von Atomen anderer Elemente. Im Periodensystem der Elemente (vgl. Abschnitt 6 und Anhang) sind die Elemente nach steigender Kernladungszahl geordnet. Es gilt:

Anzahl der Protonen = Kernladungszahl = Ordnungszahl

5.4 Neutronen

Neutronen (Symbol n) sind elektrisch neutral.
Ihre absolute Masse beträgt $1{,}6750 \cdot 10^{-24}$ g.

Masse des Protons ~ Masse des Neutrons

Die Anzahl der Neutronen ist bei **Reinelementen** in allen Atomen konstant. Dazu gehören insgesamt 21 Elemente, darunter Fluor, Natrium, Aluminium, Phosphor, Mangan, Arsen, Iod und Gold. Die übrigen Elemente sind **Mischelemente.** Ihre Atome besitzen bei gleicher Protonenzahl eine unterschied-

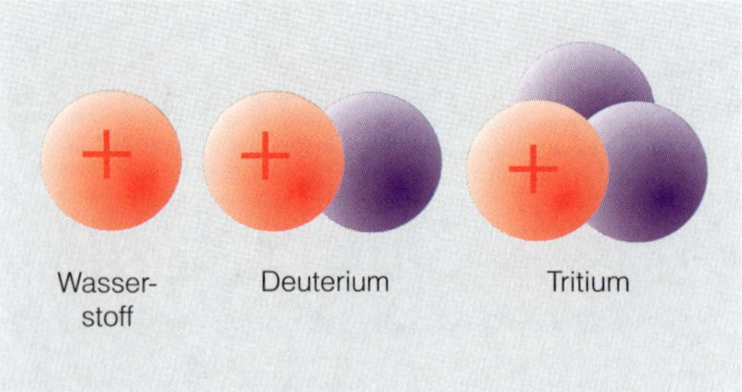

Abb. 5-3 **Isotope des Wasserstoffs (Atomkerne)**

liche Anzahl von Neutronen. Im Periodensystem nehmen sie somit den gleichen Platz ein (Ordnungszahl = Protonenzahl). Man bezeichnet sie deshalb als **Isotope** eines Elements (isos griech. gleich; topos griech. Platz). Wasserstoff besteht aus drei Isotopen, zwei werden besonders benannt: Deuterium (D) mit einem und Tritium (T) mit zwei Neutronen (Abb. 5-3).
Insgesamt sind 267 stabile Isotope (Nuclide) und zz. über 1600 künstliche Isotope bekannt.
Chlor besteht aus zwei natürlichen Atomarten mit jeweils 17 Protonen und 18 bzw. 20 Neutronen. Uran tritt in 3 und Zinn in 10 Isotopen auf. Mithilfe der Kernphysik sind Isotope vieler Elemente künstlich erzeugt worden. Sie sind alle radioaktiv.

Zur Unterscheidung der Isotope eines Elements werden vor dem Symbol links oben die Massenzahl (Anzahl der Nukleonen) und links unten die Kernladungszahl (Anzahl der Protonen) angegeben. Aus der Differenz ergibt sich die Neutronenzahl des Elements:

Massenzahl − Anzahl der Protonen = Anzahl der Neutronen
Massenzahl = Anzahl der Protonen + Anzahl der Neutronen

Die allgemeine Angabe eines Isotops bzw. der beiden Chlorisotope wird somit in folgender Weise vorgenommen:

Massenzahl Symbol des Elements Kernladungszahl	$^{35}_{17}Cl$	$^{37}_{17}Cl$

Aufgabe

Entschlüsseln Sie die folgenden Angaben:
$^{234}_{92}U$, $^{235}_{92}U$, $^{236}_{92}U$,
$^{1}_{1}H$, $^{2}_{1}D$, $^{3}_{1}T$

Die natürliche Isotopzusammensetzung eines Elements (Mischungsverhältnis) ist auf der Erde (nahezu) konstant. Für die beiden Kohlenstoffisotope entfallen 98,892 % auf $^{12}_{6}C$ und 1,108 % auf $^{13}_{6}C$. Das Isotop $^{14}_{6}C$ (Anteil 10^{-10} %) ist radioaktiv und wird für die Altersbestimmung archäologischer Funde herangezogen (Radiocarbonmethode). Natürliches Chlor besteht aus 75,8 % $^{35}_{17}Cl$- und 24,2 % $^{37}_{17}Cl$-Isotopen.
Die Isotope eines Elements verhalten sich in den chemischen Eigenschaften gleich, weil sie die gleiche Anzahl von Protonen und Elektronen besitzen. In manchen physikalischen Eigenschaften, die auf die unterschiedliche Masse und die magnetischen Eigenschaften des Atomkerns zurückzuführen sind, gibt es geringe Unterschiede.

5.5 Elektronen

Elektronen (Symbol e^- bzw. ⊖) haben eine negative Ladung von $1{,}6022 \cdot 10^{-19}$ A · s. Die Ladung ist somit entgegengesetzt gleich der Protonenladung. Kleinere Beträge treten im Atom nicht auf. Deshalb wird der Kennwert $1{,}6022 \cdot 10^{-19}$ A · s als **Elementarladung** bezeichnet.
Die absolute Masse beträgt $9{,}1095 \cdot 10^{-28}$ g und ist somit wesentlich kleiner als die eines Kernteilchens.

Es gilt für die Atome die Gesetzmäßigkeit:

Anzahl der Elektronen = Anzahl der Protonen = Kernladungszahl = Ordnungszahl

Zwischen Kern und Elektronen bestehen elektrostatische Anziehungskräfte, die den Zusammenhalt der Elementarteilchen bewirken.

5.6 Bau der Atomhülle

Chemische Vorgänge führen zu Veränderungen in den äußeren Bereichen des Atoms, den **Schalen** oder Hüllen (Sphären). Der Atomkern bleibt unberührt, er wird nur bei Kernreaktionen (radioaktiver Zerfall, Verschmelzung von Kernen oder Kernfusion) verändert. Für das Verständnis chemischer Reaktionen ist deshalb die Kenntnis der Atomhüllen-Struktur von besonderer Bedeutung, während der Bau des Atomkerns vernachlässigt werden kann.
Um eine Vorstellung von den Größenverhältnissen des Atoms zu bekommen, denke man sich den Atomkern zu einem Korn von 1 mm Durchmesser vergrößert. Die äußersten Elektronenbahnen befinden sich dann je nach betrachtetem Element im Abstand von 10 bis 50 m vom Kern entfernt. Das

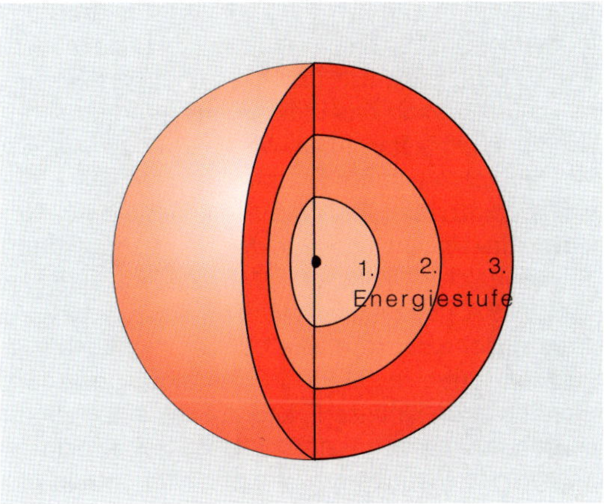

Abb. 5-4
BOHR'sches Atommodell in Schnittdarstellung für ein Element mit 3 Schalen (z. B. Silicium)

bedeutet, dass der größte Teil des Raumes von der Atomhülle eingenommen wird. Die folgenden Betrachtungen basieren auf frühen Modellvorstellungen von BOHR und SOMMERFELD. Danach bewegen sich die Elektronen auf bestimmten strahlungsfreien Kreis- und Ellipsenbahnen um den Kern (Planetenmodell). Das verbesserte Modell geht davon aus, dass sich die Elektronen in Schalen um den Kern bewegen (Schalenmodell).
Die Elektronen besitzen kinetische Energie (Bewegungsenergie). Gleichzeitig haben sie durch die Bewegung im elektrischen Feld des Atomkerns und die Anziehung, die der Kern auf die Elektronen ausübt, potenzielle Energie. Alle Elektronen eines Atoms unterscheiden sich in ihrem Energiezustand (Abb. 5-4). Kernnah kreisende Elektronen befinden sich in niedriger Energielage (-stufe). Ihre Abspaltung ist nur mit hohem Energieaufwand möglich. Die Elektronen der äußeren Schalen nehmen ein hohes Energieniveau (energiereich) ein, sie können mit geringer Energie abgetrennt werden. Wird ein Elektron vom Kern abgespalten, überwiegt die positive Kernladung um eine Einheit der Elementarladung. Aus dem Atom ist ein positives **Ion** entstanden. Wenn die Hülle ein zusätzliches Elektron aufnimmt, entsteht ein negativ geladenes Ion.

Die Arbeit, die zur Abspaltung eines Elektrons aufgewendet werden muss, wird als **Ionisierungsarbeit** bezeichnet und als **Ionisierungsenergie** in **Elektronenvolt** (eV) angegeben.

Ein Elektronenvolt ist die kinetische Energie, die ein Elektron beim Durchlaufen einer Spannungsdifferenz von 1 V aus dem elektrischen Feld aufnimmt.
$1\ \text{eV} = 1{,}602 \cdot 10^{-19}\ \text{J}$

Eine Vorstellung von der Geschwindigkeit eines Elektrons, welches die Energie von 1 eV besitzt, vermittelt die Berechnung nach der aus der Physik bekannten Formel (m = Elektronenmasse):

$$W_{\text{kin}} = \frac{m \cdot v^2}{2}$$

$$\frac{m \cdot v^2}{2} = 1{,}602 \cdot 10^{-19}\ \text{J}$$

$$v \approx 593\,000\ \text{m} \cdot \text{s}^{-1}$$

Die **Elektronenenergie** von 1 eV entspricht somit einer Elektronengeschwindigkeit von 593 km $\cdot$ s^{-1}.
In der Größenordnung von 1 bis 10 eV liegt der Betrag der Ionisierungsarbeit für Elektronen, die sich auf der letzten Schale befinden, bei Kernreaktionen sind dagegen etwa 10^6 eV aufzubringen.
Der Betrag der Ionisierungsenergie steigt sprunghaft an, wenn die Elektronen der äußeren Schale bereits abgetrennt sind und ein Elektron aus der darunterliegenden, kernnäheren Bahn zum Verlassen des Atoms gezwungen wird. Beispielsweise besitzt Beryllium zwei Schalen mit je zwei Elektronen, die Ionisierungsenergien sind Abb. 5-5 zu entnehmen.

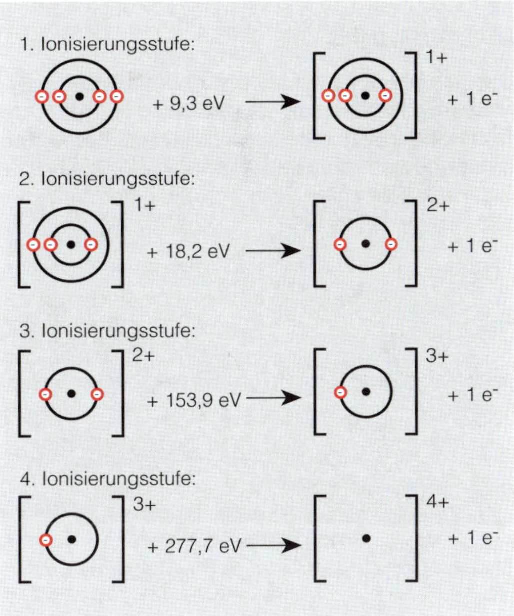

Abb. 5-5 **Ionisierungsstufen von Beryllium**

Atome mit kleiner relativer Atommasse besitzen wenige Schalen, während die Atome der schweren Elemente maximal sieben Schalen haben. Die Elektronen einer Schale unterscheiden sich nur wenig in ihrem Energiezustand, sie befinden sich auf einem **Hauptenergieniveau.** Das Schalenmodell kann somit auch als Modell für die Energiezustände der Elektronen aufgefasst werden. Zwischen den Hauptenergieniveaus existieren so genannte „verbotene" Energiebereiche (verbotene Zonen), die frei von Elektronen sind. Die Elektronenenergie im Atom kann sich daher nicht stetig, sondern nur in bestimmten Beträgen, den Energiequanten („Energieportionen"), ändern.

Die einzelnen Schalen oder Hauptenergieniveaus (-stufen) werden vom Kern aus mit den Buchstaben K, L, M, N, O, P, Q bzw. mit der Schalennummer $n = 1, 2, \ldots, 7$ bezeichnet (Abb. 5-6). Jede Schale nimmt eine maximale Zahl Z von Elektronen auf. Nach Wolfgang Pauli (1900–1958) gilt:

$$Z = 2\,n^2$$

Danach ergibt sich für die ersten drei Schalen eine maximale Elektronenbesetzung von 2, 8 und 18. Die Elektronen der letzten Schale sind die **Valenzelektronen** (lat. Tüchtigkeit, Wert).

Das Schalenmodell besitzt trotz seiner Anschaulichkeit viele Unzulänglichkeiten. Reaktionen zwischen Metallen und Nichtmetallen sind mit seiner Hilfe gut zu verdeutlichen (vgl. Abschnitt 7.1), es genügt aber nicht, wenn es um das Verstehen der Molekülbildung geht.

Die Realität der Atomhülle wird besser durch ein Modell widergespiegelt, das die **Welle-Teilchen-Dualität** der Elektronen berücksichtigt. Dieser Begriff bedeutet, dass das Elektron gleichzeitig die Eigenschaften eines Teilchens und einer Welle besitzt (vgl. Abschnitt 6.5.5). Danach ist es unmöglich, gleichzeitig anzugeben, wo sich ein Elektron befindet und welche Geschwindigkeit es besitzt. Wollte man beispielsweise den Aufenthaltsort bestimmen, müsste man das Elektron mit energiereicher Strahlung „abtasten". Das würde aber sowohl die Richtung als auch die Geschwindigkeit des Elektrons beeinflussen. Bei einer Bestimmung der Geschwindigkeit würde das Elektron die Bahn ändern. Der deutsche Physiker Werner Heisenberg (1901–1976) bezeichnete diesen Sachverhalt als **Unschärfebeziehung.** Die Vorstellung, dass sich die Elektronen auf Bahnen (Schalen) bewegen, musste durch weitere Erkenntnisse aufgegeben werden. Es wurden Aufenthaltsräume berechnet, die von den Elektronen mit einer Wahrscheinlichkeit von 90 bis 95 % eingenommen werden. Die Ergebnisse der Berechnungen sind als Wahrscheinlichkeitsräume der Elektronen oder negative Ladungswolken („räumliche Welle") aufzufassen (vgl. Abschnitt 6.5.5).
Die Berücksichtigung der Welleneigenschaften von Elektronen führte dazu, die Teilchenvorstellung (wenigstens teilweise) durch die räumliche Welle negativer Ladung zu ersetzen bzw. zu ergänzen. Kombiniert man Letztere wiederum mit dem Teilchencharakter der Elektronen, so ist die Kugelwelle der wahrscheinlichste Aufenthaltsraum der negativen Elementarladungen.
Eine anschauliche Darstellung der Verhältnisse wird erreicht, indem man für sehr viele zeitliche Momente den Ort, an dem sich das Elektron aufhält, als Punkt zeichnet.

Der wahrscheinlichste Aufenthaltsbereich ergibt sich als dichteste Anhäufung der Punkte. Wie

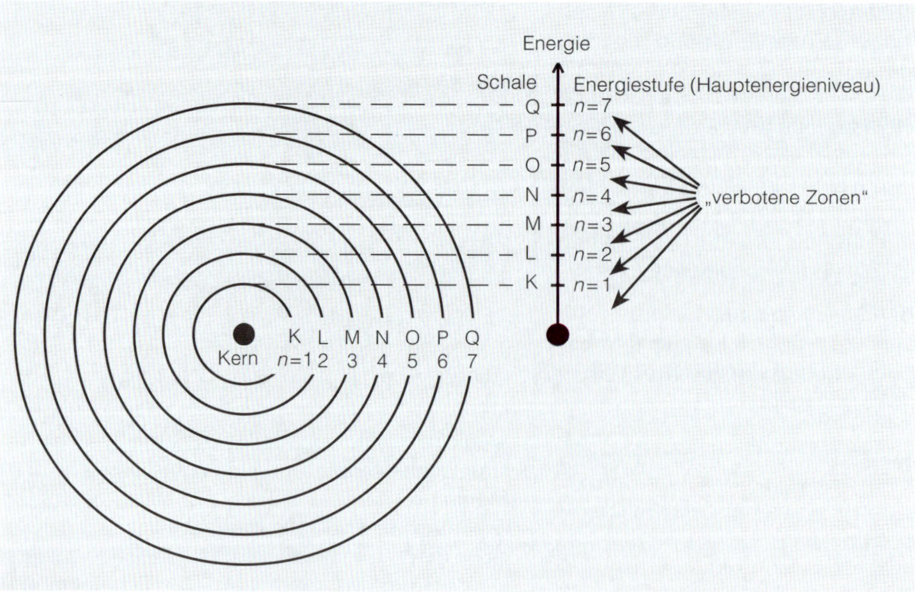

Abb. 5-6
Schalenaufbau des Atoms mit Energiestufenmodell (sog. Termschema)

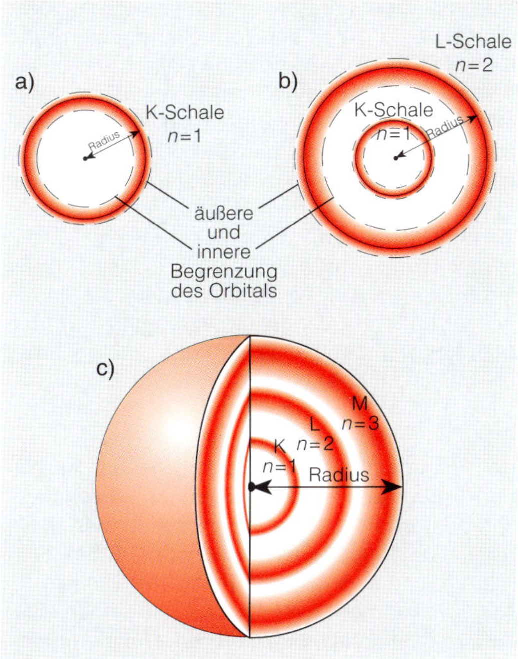

Abb. 5-7
a) Aufenthaltsraum (Orbital) der Elektronen auf der K-Schale im Wasserstoffatom
b) auf der K- und L-Schale beim Lithiumatom und
c) der K-, L- und M-Schale beim Aluminiumatom

Abb. 5-7 zeigt, besitzen die Ladungswolken keine scharfen Grenzen und das Atom somit ebenfalls nicht. Trotzdem werden Atomradien angegeben. Hierbei hat man sich auf eine bestimmte Dichte des Elektronenaufenthalts geeinigt.

Die negativen Ladungswolken oder Wahrscheinlichkeitsräume werden **Orbitale** genannt.
Stark vereinfacht kann man sich die Ladungswolke kugelförmig vorstellen. Das von dem Amerikaner Georg E. Kimball zwischen 1951 und 1959 entwickelte Modell heißt deshalb **Kugelwolkenmodell.** Real existieren die Ladungswolken aber auch in anderen Raumformen wie z. B. Ellipsoiden. Das wird im Orbitalmodell berücksichtigt. Die Kugelwolkenmodelle sind vereinfachte Orbitalmodelle der Atome. Erstere eignen sich nur für die Darstellung der Bindungen von Hauptgruppenelementen untereinander.
Jede Kugelwolke kann maximal zwei Elektronen, d. h. ein Elektronenpaar, aufnehmen.
Die wellenmechanischen Vorstellungen und die Elektronenpaarbildung werden bei der chemischen Bindung (vgl. Abschnitt 7.4.10) näher betrachtet.
Für den Energiezustand der Elektronen eines Atoms gilt das für das Schalenmodell bereits Gesagte: Die Elektronen in den Kugelwolken innerhalb eines Hauptenergieniveaus unterscheiden sich nur gering, von einem zum anderen Hauptniveau treten größere Unterschiede auf.
Vergleicht man das Schalen- oder Planetenmodell des Atoms mit dem Kugelwolkenmodell, erkennt man den Entwicklungsschritt: Vom Teilchenmodell erfolgte der Übergang zum Wellenmodell (vgl. Abb. 5-8). Die wesentlichste Veränderung zum Bohr'schen Atommodell besteht darin, dass die Elektronen eines Energieniveaus nicht gemeinsam auf einer Bahn kreisen, vielmehr befinden sie sich einzeln oder paarweise in Ladungswolken, welche entsprechend ihres Energiezustandes um den Atomkern gruppiert sind. Wenn für das Element Neon im Bohr'schen Modell zwei Schalen mit 2 und 8 Elektronen angegeben werden, so sind es im Kugelwolkenmodell eine Kugelwolke für die innerste Schale und 4 Kugelwolken für die äußere Schale mit je 2 Elektronen. Infolge gleicher Ladung stoßen sich die Kugelwolken untereinander ab. Sie gruppieren sich um den Kern mit größtmöglicher Raumausnutzung, d. h. in Form eines Tetraeders (Abb. 5-9).

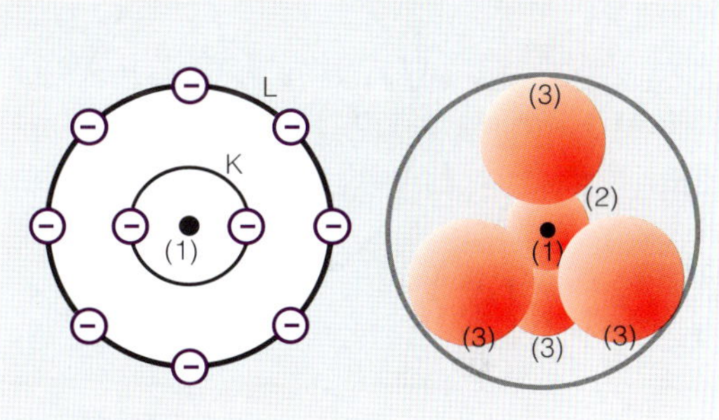

Abb. 5-8
Vergleich des Bohr'schen und des Kugelwolkenmodells von Neon (Kernladungszahl 10)
(1) Atomkern
(2) Kugelwolke der K-Schale
(3) Kugelwolken der L-Schale

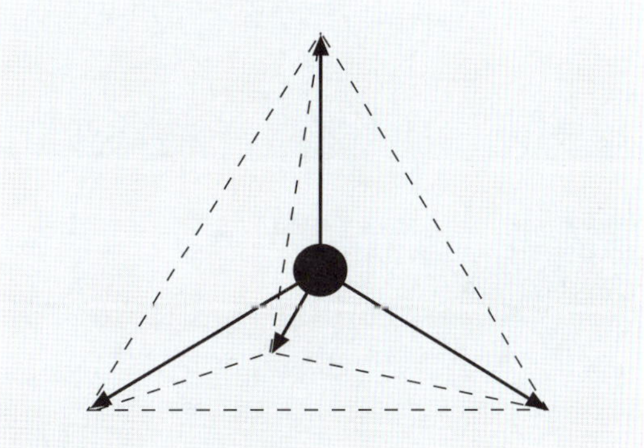

Abb. 5-9
Tetraeder („Vierflächner")
Die Kugelwolken (Pfeile) weisen in die Ecken des Tetraeders

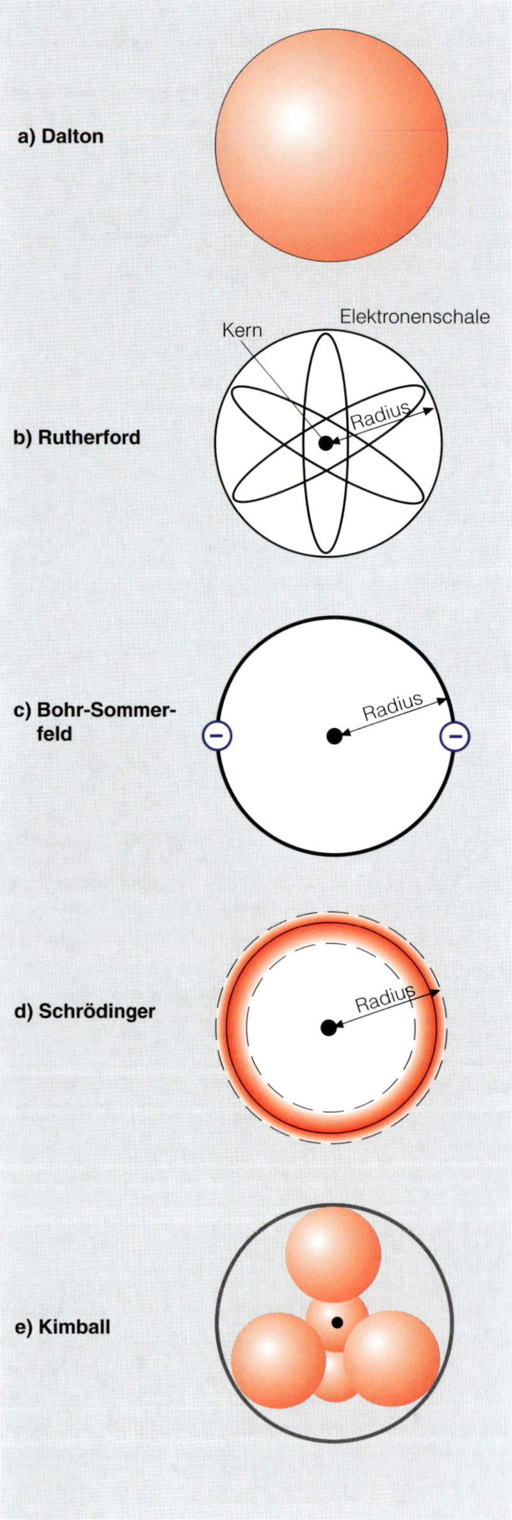

Abb. 5-10
Entwicklung der Vorstellungen zum Bau der Atomhülle

Das von BOHR und SOMMERFELD entwickelte Atommodell war zur Zeit der Formulierung ein großer Fortschritt für die Naturwissenschaften. Endlich hatte man eine Erklärung für die Atomstruktur und für einige chemische Vorgänge. Bald stieß man aber auf seine Grenzen, als man die Entstehung von Molekülen verdeutlichen wollte. Das Kugelwolken- bzw. Orbitalmodell ermöglichte es, viele Fragen zu klären, aber es ist auch nur als ein weiterer Vorstoß in den Mikrokosmos anzusehen und wird im weiteren Erkenntnisprozess durch andere, die Realität besser treffende Vorstellungen abgelöst werden. Man kann auch nicht sagen, dass die historisch überholten Modelle von Grund auf falsch gewesen seien. Es sind Entwicklungsstufen der Wissenschaft (Abb. 5-10), auf denen nachfolgende Untersuchungen aufgebaut haben. Die grundlegenden Ansätze und Ergebnisse vorangegangener Forschungen kehren deshalb in neuen Ergebnissen wieder. Ohne die Leistungen von RUTHERFORD, BOHR, SOMMERFELD und anderen Wissenschaftlern konnte das Kugelwolkenmodell von KIMBALL und seinen Mitarbeitern nicht geschaffen werden. Um elementare chemische Vorgänge verständlich zu machen, kann auch heute noch das Schalenmodell dienen. Es wird nachfolgend mitverwendet werden, wenn es sich für die Erklärung von Sachverhalten als ausreichend erweist.

> Modelle sind Denkhilfen. Sie können nur ein wesentliches Merkmal des betreffenden Sachverhaltes verdeutlichen.

Abgesehen von eindeutig fehlerhaften oder falschen Annahmen gibt es bezüglich des Wahrheitsgehaltes von Modellen kein „richtig“ oder „falsch“, sondern nur ein „ungenau“. Es geht vielmehr darum, die Realität mit größerem Erfolg erklären und abbilden zu können.

6 Periodensystem

6.1 Periodizität der Eigenschaften

Eine Reihe von Elementen hat ähnliche chemische und zum Teil physikalische Eigenschaften. Schon frühzeitig versuchte man, ein chemisches Ordnungsprinzip zu erkennen und die Elemente danach zu systematisieren.
Der Russe DIMITRI MENDELEJEW (1834–1907) veröffentlichte dazu 1869 Ergebnisse, die sich als äußerst wertvoll erweisen sollten. Er ordnete die Elemente nach steigender relativer Atommasse und „zerlegte" die so erhaltene Reihe jeweils dann, wenn ein Element auftrat, das ähnliche Eigenschaften hatte wie das Lithium. Die „Bruchstücke" legte er untereinander und es zeigte sich, dass nicht nur bei den Alkalimetallen, sondern auch bei den anderen, nun untereinander stehenden Elementen chemische Ähnlichkeiten zu erkennen waren. Die Eigenschaften wiederholten sich periodisch (Abb. 6-1). Auf diese Weise ergaben sich sieben horizontal verlaufende Reihen von Elementen, die **Perioden,** sowie sieben **Gruppen** von Elementen, die senkrecht untereinander angeordnet waren (die Edelgase wurden erst nach 1884 entdeckt). Alle Elemente bekamen eine Ordnungszahl, die sich später nach geringfügiger Korrektur als identisch mit der Kernladungszahl erwies. Letztere ist das eigentliche Ordnungsprinzip für die Elemente. Die von MENDELEJEW erkannte Periodizität (periodische Wiederkehr) von Eigenschaften ist eine wichtige Gesetzmäßigkeit der Chemie.
Das auf der Basis von Erfahrungswissen zu den Eigenschaften der Elemente und auf Grund bekannter relativer Atommassen aufgebaute Periodensystem der Elemente wurde ein bedeutsames Hilfsmittel für Physik und Chemie. Mit seiner Hilfe konnte bereits MENDELEJEW Eigenschaften und relative Atommassen noch nicht entdeckter Elemente voraussagen (z. B. ^{21}Sc, ^{131}Ga, ^{132}Ge). Später gefundene Elemente wie die Edelgase, Polonium, Radium sowie künstlich erzeugte Elemente ließen sich in das Periodensystem einordnen.

Mendelejew

Im Periodensystem der Elemente (PSE) sind zu unterscheiden
a) die Periodizität oder abgestufte Wiederholung der Eigenschaften in der Gruppe (vgl. Kap. 9)
b) die Abstufung der Eigenschaften in der Periode. Die periodische Wiederholung bzw. die Ähnlichkeiten von Eigenschaften werden deutlich, wenn man z. B. miteinander vergleicht
   - den Bau der Atomhüllen
   - die Atomradien
   - die Schmelz- und Siedetemperaturen
   - die Ionisierungsenergien (gleiche Ladungsstufe)
   - die Ionenradien
   - die negativen und positiven Wertigkeiten
   - die Affinität zu Elektronen (siehe Elektronegativität)
   - den Säurecharakter und die **Acidität** (Säurestärke)
   - den Basencharakter und die **Basizität** (Basenstärke)

^{1}H ^{2}He | ^{3}Li ^{4}Be ^{5}B ^{6}C ^{7}N ^{8}O ^{9}F ^{10}Ne | ^{11}Na ^{12}Mg ^{13}Al ^{14}Si ^{15}P ^{16}S ^{17}Cl ^{18}Ar | ^{19}K ^{20}Ca …

Periode	GRUPPE I	II	III	IV	V	VI	VII	VIII
1.	^{1}H							^{2}He
2.	^{3}Li	^{4}Be	^{5}B	^{6}C	^{7}N	^{8}O	^{9}F	^{10}Ne
3.	^{11}Na	^{12}Mg	^{13}Al	^{14}Si	^{15}P	^{16}S	^{17}Cl	^{18}Ar
4.	^{19}K	^{20}Ca	…					

Abb. 6-1 Zerlegung der Elementreihe in Perioden

Nachfolgend werden für die 2. und 3. Periode Schmelztemperaturen und Ionisierungsenergien der Elemente, ihrer Oxide und Chloride als Beispiele angegeben:

2. Periode	Li	Be	B	C	N	O	F	Ne
Schmelztemperatur °C	180,5	1283,2	(2300)	(≈3800)	–210	–218,8	–219,6	–249
Ionisierungsenergie (1^+) kJ · mol^{-1}	520	899	801	1090	1400	1310	1680	2080
3. Periode	Na	Mg	Al	Si	P (weiß)	S	Cl	Ar
Schmelztemperatur °C	97,8	650	660,4	1410,4	44,1	119	–101	–189,4
Ionisierungsenergie (1^+) kJ · mol^{-1}	500	740	579	786	1060	1004	1250	1520
	Na_2O	MgO	Al_2O_3	SiO_2	P_2O_5	SO_3	Cl_2O_7	
Schmelztemperatur °C	920	2800	2050	1713	566	62,2	–92	
	$NaCl$	$MgCl_2$	$AlCl_3$	$SiCl_4$	PCl_3 (PCl_5)	SCl_2 (SCl_4)	Cl_2	
Schmelztemperatur °C	801	708	192,6	–70	–92 (+149)	–78,5 (–50)	–101	

Die Schmelztemperaturen der Elemente sowie einige ihrer Verbindungen durchlaufen in der Periode häufig ein Maximum. Die Basizität der Sauerstoff-Wasserstoffverbindungen der Elemente einer Periode sowie die Acidität ändern sich gegenläufig:

$NaOH$	$Mg(OH)_2$	$Al(OH)_3$	$Si(OH)_4$	$PO(OH)_3$	$SO_2(OH)_2$	$ClO_3(OH)$
			H_4SiO_4	H_3PO_3	H_2SO_4	$HClO_4$

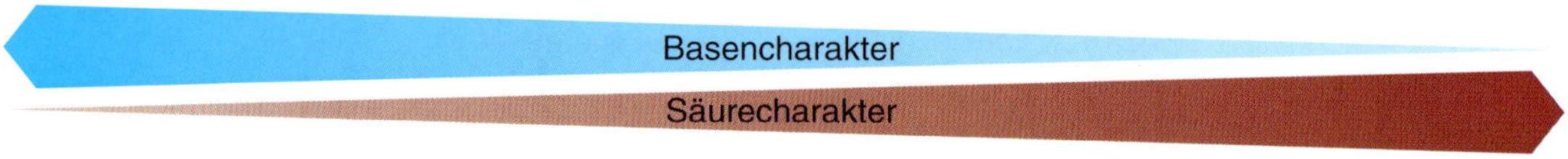

6.2 Periodizität des Atombaus

Die Ordnung der Elemente in Perioden und Gruppen sowie in Haupt- und Nebengruppenelemente erhielt erst mit der Entdeckung des Atomaufbaus ihre wissenschaftliche Begründung:
Innerhalb der Periode nimmt die Anzahl der Ladungen von Element zu Element um jeweils ein Proton und Elektron, d. h. um eine Kernladungszahl, zu.

> Die Periodennummer stimmt mit der Anzahl von Schalen (K, L, M …) bzw. Hauptenergieniveaus überein.

Die maximal möglichen Kugelwolken des Kimball'schen Atommodells erhält man nach dem Pauli-Prinzip, indem die maximal mögliche Elektronenzahl $2\,n^2$ durch 2 dividiert wird. Es ergeben sich für die K-Schale ($n = 1$) eine, für die L-Schale ($n = 2$) vier, für die M-Schale ($n = 3$) folglich 9 Kugelwolken usw. Die Elemente der 1. Periode haben somit Atome mit einer Schale (K-Schale), die im Falle des Wasserstoffs mit einem, im Falle des Heliums mit 2 Elektronen besetzt ist (Abb. 6-2).

Von der 2. Periode an gilt für die Elektronenbesetzung der Kugelwolken bei den Hauptgruppenelementen folgende Regel: Von den Elementen der Gruppen 1 bis 4 werden die Kugelwolken nacheinander nur mit jeweils einem Elektron besetzt. Erst von den Elementen der Hauptgruppe 5 an wird das jeweils zweite Elektron in die Kugelwolke aufgenommen. Die Ursache liegt in den Energieunterschieden der Elektronen (vgl. Abschnitte 6.3 und 6.5). Die Elemente der 8. Hauptgruppe erreichen mit der Schalenbesetzung von 8 Elektronen, dem so genannten **Elektronenoktett** (bzw. 4 Kugelwolken; vgl. Abb. 6-2), einen besonders stabilen Energiezustand, die **Edelgaskonfiguration.** Das erklärt die Reaktionsträgheit der Edelgase.

> Die Gruppennummer der Hauptgruppenelemente gibt an, wie viel Elektronen die letzte Schale besetzen.

Somit haben alle Elemente einer Hauptgruppe auf der letzten Schale (dem höchsten Energieniveau) dieselbe Anzahl von Elektronen. Daraus ergeben sich die ähnlichen Eigenschaften innerhalb einer Hauptgruppe. Eigenschaftsunterschiede resultieren aus der unterschiedlichen Atomgröße (Schalenzahl) bzw. Atommasse. Somit stehen die chemischen Eigenschaften in engem Zusammenhang mit dem Atombau. An dieser Stelle soll auf die gleiche bzw. ähnliche Wertigkeit der Elemente einer Gruppe hingewiesen werden (vgl. Abschnitte 7.3.2 und 7.4.1).

> **Aufgabe**
> Skizzieren Sie die BOHR'schen Atommodelle von H, Li, Na, K sowie von O, S und F, Cl!

Für die ersten 10 Hauptgruppenelemente (Wasserstoff bis Neon) ergibt sich nach dem BOHR-SOMMERFELD'schen- und KIMBALL'schen-Atommodell der in Abb. 6-2 dargestellte Atombau. Weil alle Hauptgruppenelemente der 2. bis 7. Periode auf der letzten Schale die gleiche Elektronenbesetzung haben, kann unter Verzicht auf vorangegangene Schalen das gleiche Kugelwolkenmodell jeweils für die letzte Schale benutzt werden (Abb. 6-3).

> Die Periodizität des Atombaus erklärt die Periodizität der Eigenschaften.

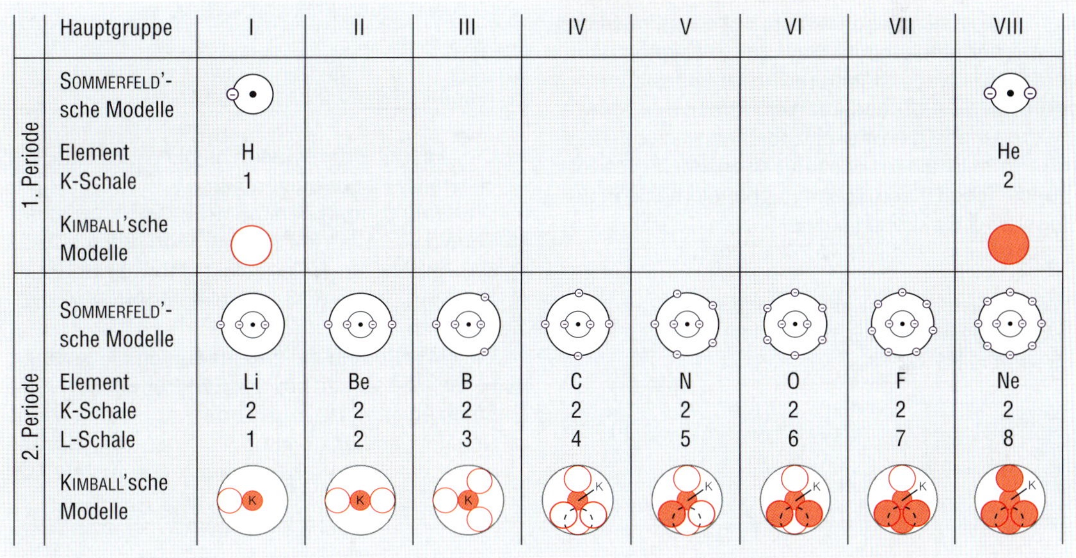

	Hauptgruppe	I	II	III	IV	V	VI	VII	VIII
1. Periode	SOMMERFELD'sche Modelle								
	Element	H							He
	K-Schale	1							2
	KIMBALL'sche Modelle								
2. Periode	SOMMERFELD'sche Modelle								
	Element	Li	Be	B	C	N	O	F	Ne
	K-Schale	2	2	2	2	2	2	2	2
	L-Schale	1	2	3	4	5	6	7	8
	KIMBALL'sche Modelle								

Abb. 6-2
Vergleich der BOHR'schen und KIMBALL'schen Modelle für die Elemente der 1. und 2. Periode; die leeren Kreise zu den KIMBALL-Modellen bedeuten einfache, die Vollkreise doppelte Besetzung mit Elektronen (Elektronenpaare)

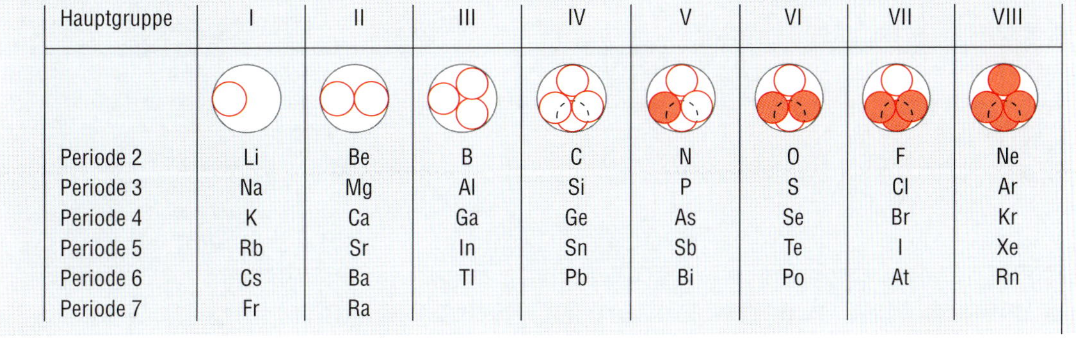

Hauptgruppe	I	II	III	IV	V	VI	VII	VIII
Periode 2	Li	Be	B	C	N	O	F	Ne
Periode 3	Na	Mg	Al	Si	P	S	Cl	Ar
Periode 4	K	Ca	Ga	Ge	As	Se	Br	Kr
Periode 5	Rb	Sr	In	Sn	Sb	Te	I	Xe
Periode 6	Cs	Ba	Tl	Pb	Bi	Po	At	Rn
Periode 7	Fr	Ra						

Abb. 6-3
KIMBALL-Kugelwolken-Modelle für die letzte Schale der Hauptgruppenelemente (2. bis 7. Periode)

6.3 Energiestufen der Elektronen

MENDELEJEW fand für die Perioden eine ungleiche Zahl von Elementen, ohne dafür einen Grund angeben zu können. Die Erklärung wurde gefunden, als es gelang, die Energiezustände der Elektronen genau zu bestimmen. Auch die Elektronen (bzw. Kugelwolken) der Hauptgruppenelemente einer Periode unterscheiden sich energetisch, sie nehmen unterschiedliche Energiestufen ein. Gleiches gilt für die Nebengruppenelemente. Das Energieniveauschema gibt die Folge der einzelnen Energiestufen an (Abb. 6-4). Der schrittweise Aufbau der Atomschalen bzw. Kugelwolken mit Elektronen von Element zu Element innerhalb der Perioden erfolgt in der Weise, dass immer erst die noch nicht besetzten niedrigeren Energiestufen „aufgefüllt" werden. In der 4. Periode folgen deshalb auf die Energiestufen, die Kalium und Calcium besetzen, nicht die Hauptgruppenelemente Gallium bis Krypton, sondern die als Nebengruppenelemente bezeichneten zehn Metalle Scandium bis Zink, weil deren Elektronenenergien hier einzuordnen sind (vgl. Abb. 6-5). Infolge dieser Stellung nach der 2. Hauptgruppe haben diese Nebengruppenelemente in der Regel zwei Elektronen auf der letzten Schale (s. Anhang; Ausnahmen z. B. Kupfer, Chrom).

> Die Nebengruppenelemente der 4. Periode bauen die vorletzte Schale von 8 bis zu 18 Elektronen auf.

> **Aufgabe**
> Skizzieren Sie die BOHR'schen Atommodelle von den Elementen der 4. Periode ^{19}K bis ^{36}Kr!

Diese Elektronenbesetzung ist energetisch möglich, denn nach $Z = 2\,n^2$ ergeben sich für $n = 3$ insgesamt 18 erlaubte Energiezustände (9 Kugelwolken). Vergleichbare Energieverhältnisse findet man für die Nebengruppenelemente mit der Ordnungszahl 39 bis 48, 57 und 72 bis 80.

Die 14 Elemente der 6. Periode mit der Ordnungszahl 58 bis 71, Cer (Ce) bis Lutetium (Lu), die als seltene Erden (Lanthaniden) bezeichnet werden, bauen die vorvorletzte, also vierte Schale von 18 auf 32 Elektronen auf. Für $n = 4$ ergibt sich $2\,n^2 = 32$.

Gleiches gilt für die Elemente mit den Ordnungszahlen ab 90 (Actiniden). Die maximal mögliche Elektronenzahl für $n = 5$ wird jedoch durch die derzeit bekannten natürlichen und künstlich erzeugten Elemente (ab ^{93}Np, Neptunium) nicht erreicht. Die vollständige Besetzung der Hauptenergieniveaus ist dem Periodensystem im Anhang zu entnehmen (vgl. hierzu auch Abschnitt 6.5.4).

Zusammenfassend ergibt sich somit:

> Die Anzahl der Schalen eines Elements ist gleich der Periodennummer.
> Die Hauptgruppenelemente bauen die letzte Schale von 1 bis auf 8 Elektronen auf.
> Die Anzahl der Valenzelektronen ist bei den Hauptgruppenelementen gleich der Gruppennummer.
> Die Nebengruppenelemente bauen die vorletzte Schale von 8 auf 18 Elektronen auf. Sie besitzen meist 2 Elektronen auf der letzten Schale. Lanthaniden und Actiniden vervollständigen die vorvorletzte Schale von 18 auf 32 Elektronen.

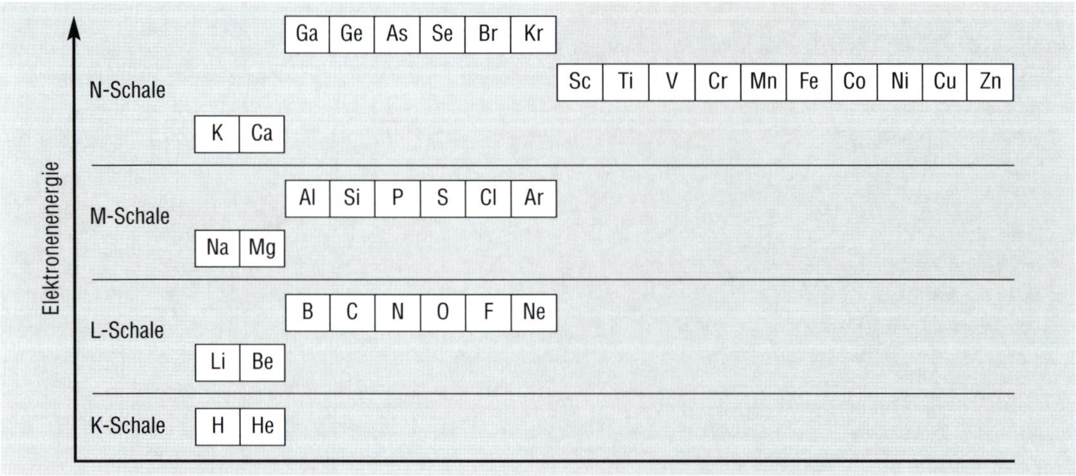

Abb. 6-4 Energieniveauschema für die Elemente der 1. bis 4 Periode (weitere Energiestufen s. Abb. 6-9)

Gekürztes Periodensystem der Elemente
Relative Atommassen, Wertigkeiten
Metalle – Halbmetalle – Nichtmetalle – Edelgase

Periode	Hauptgruppe I	Hauptgruppe II	Nebengruppen	Hauptgruppe III	Hauptgruppe IV	Hauptgruppe V	Hauptgruppe VI	Hauptgruppe VII	Hauptgruppe VIII
1	1 H 1,0079								2 He 4,0026
2	3 Li 6,941	4 Be 9,0122		5 B 10,81	6 C 12,011	7 N 14,0067	8 O 15,9994	9 F 18,9984	10 Ne 20,179
3	11 Na 22,9898	12 Mg 24,305		13 Al 26,9815	14 Si 28,085	15 P 30,9738	16 S 32,06	17 Cl 35,453	18 Ar 39,948
4	19 K 39,098	20 Ca 40,08	21…30 Sc…Zn	31 Ga 69,72	32 Ge 72,59	33 As 74,9216	34 Se 78,96	35 B 79,904	36 Kr 83,80
5	37 Rb 85,47	38 Sr 87,62	39…48 Y…Cd	49 In 114,82	50 Sn 118,69	51 Sb 121,75	52 Te 127,60	53 I 126,904	54 Xe 131,30
6	55 Cs 132,905	56 Ba 137,33	57…80 La…Hg	81 Tl 204,37	82 Pb 207,2	83 Bi 208,980	84 Po 209	85 At 210	86 Rn 131,30
7	87 Fr 223	88 Ra 226,03	89…104 Ac…Ku						
Wertigkeit	I	II	II…VIII	III	IV	V, III	VI, II	VII, I	0

Abb. 6-5 **Stellung der festen Metalle; Halbmetalle; gasförmigen, festen und flüssigen Nichtmetalle und Edelgase im Periodensystem der Elemente**

6.4 Periodizität des Atomvolumens

Der deutsche Wissenschaftler LOTHAR MEYER (1830–1915) veröffentlichte ebenfalls im Jahre 1869 Ergebnisse zur Systematisierung der chemischen Elemente. Wie MENDELEJEW hatte auch er die Ordnung nach steigender relativer Atommasse vorgenommen. Für jedes Element berechnete MEYER das Volumen eines Mols, das so genannte molare Volumen (in $cm^3 \cdot mol^{-1}$), als Quotienten aus der molaren Masse und der Dichte. Er trug die Werte über den Elementen auf und erhielt auf diese Weise die Molvolumenskurve. Sie wurde später auf Atomradien umgerechnet, die über der Ordnungszahl aufgetragen wurden (Abb. 6-6; vereinfacht).

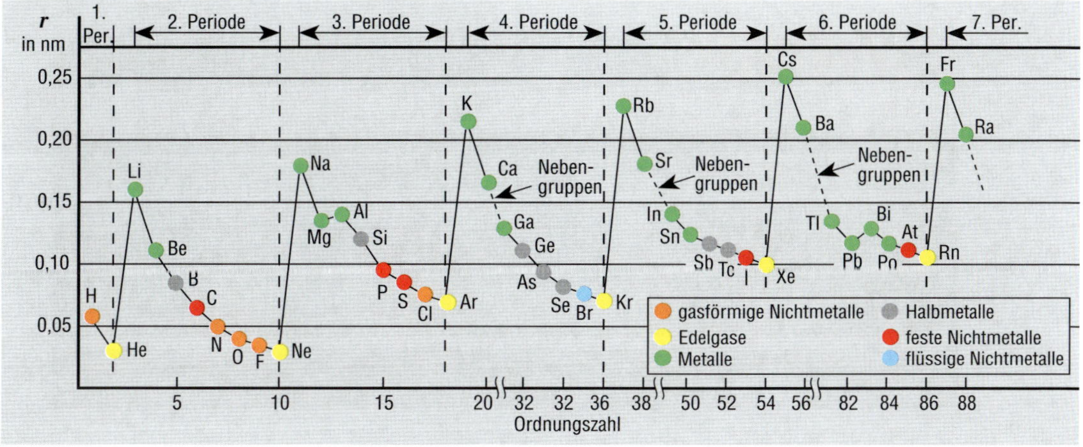

Abb. 6-6 **Errechnete Atomradien der Hauptgruppenelemente (Atomradien- oder Atomvolumenskurve)**

Der Verlauf dieser so genannten Atomvolumenskurve konnte erst nach der Entdeckung des Atombaus erklärt werden. Zu Beginn einer Periode (Elemente der 1. Hauptgruppe) steigt das Atomvolumen im Vergleich zur vorhergehenden Periode sprunghaft an, weil eine neue Schale hinzutritt. Innerhalb der Periode wächst von Element zu Element die Kernladung, die Elektronen werden stärker angezogen, dadurch verringert sich das Atomvolumen. Dieser Verlauf wiederholt sich periodisch (Periodizität des Atomvolumens). Maximum und Minimum jeder folgenden Periode liegen wegen der veränderten Schalenzahl bei höheren Radienwerten.

Die Kurve der Atomradien zeigt, dass die Elemente, die zu Beginn einer Periode stehen, einen größeren Atomradius besitzen. Die äußere Schale ist nur mit wenigen Elektronen besetzt, die wegen ihres energiereichen Zustandes leicht abspaltbar sind. Diese Elemente sind **Metalle.**

Die in der Periode folgenden Elemente haben mehr Elektronen auf der äußeren Schale und einen kleineren Atomradius. Die Elektronen sind stärker an den Kern gebunden. Diese Elemente nehmen leicht Elektronen von Metallen in die letzte Schale auf. Es sind die **Nichtmetalle.**

Zwischen Metallen und Nichtmetallen stehen in jeder Periode **Halbmetalle** (Übergangselemente), die hinsichtlich ihrer Eigenschaften eine Zwischenstellung einnehmen (vgl. Abb. 6-5).

Aufgabe

Betrachten Sie die Radien folgender Elemente in Relation zu den Radien der anderen Elemente und bilden Sie Merksätze zu den Erkenntnissen, die Sie gewonnen haben:

a) Li – Na – K – Rb – Cs – Fr

b) F – Cl – Br – I – At

6.5 Quantenmechanisches Modell der Atomhülle – Erweiterung der Modellvorstellungen über das Atom

6.5.1 Linienspektren

Um zu einem besseren Verständnis der Orbitale zu gelangen, sollen zunächst die Energiezustände von Elektronen genauer als im Abschnitt 6.3 betrachtet werden.

Werden Atome energetisch z. B. in einer Flamme angeregt, senden sie Licht bestimmter Frequenzen (bzw. Wellenlängen) aus. Es entsteht deshalb bei der Lichtzerlegung im **Spektroskop** kein kontinuierliches **Spektrum,** wie es ein glühender Körper aussendet (Abb. 6-7 a), sondern ein Linienspektrum (Abb. 6-7 b). Letzteres weist darauf hin, dass das abgegebene Licht aus bestimmten „Energieportionen" besteht.

Die Aussendung des Lichtes kommt in folgender Weise zustande: Im Grund- oder nicht angeregten Zustand befinden sich die Elektronen auf dem niedrigsten zur Verfügung stehenden Energieniveau, das Elektron des Wasserstoffatoms z. B. auf $n = 1$. Die höheren Energieniveaus sind unbesetzt, frei oder „leer". Bei Energieaufnahme springen die Elektronen auf die nächsthöhere oder auf noch kernfernere Bahnen, verweilen dort kurze Zeit (Verweildauer $10^{-9} \dots 10^{-8}$ s) und kehren wieder in den energetischen Grundzustand zurück. Dabei geben sie den zuvor aufgenommenen Energiebetrag in Form von Licht wieder ab (Abb. 6-8).

Jedes Element sendet Licht bestimmter Wellenlängen aus.

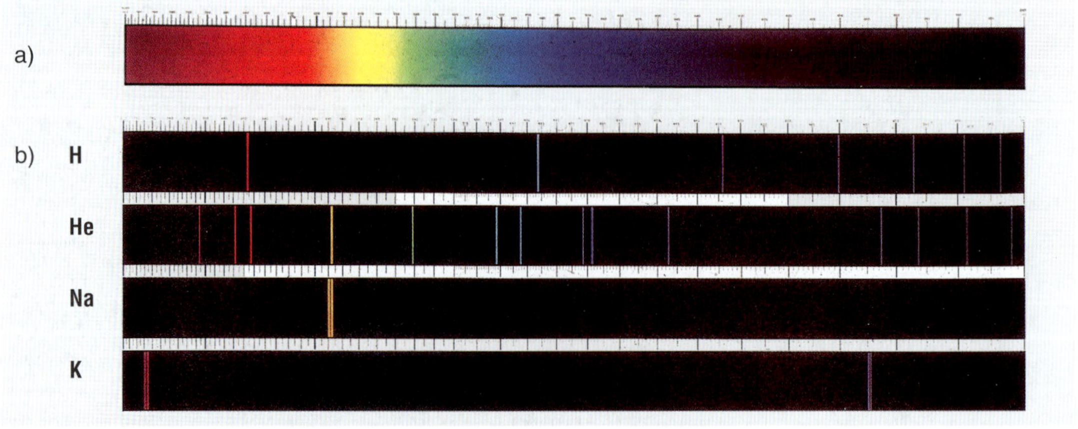

Abb. 6-7 **Kontinuierliches Spektrum (a) des Glühlichtes und Linienspektrum (b) von Wasserstoff (sichtbarer Bereich), Helium, Natrium und Kalium**

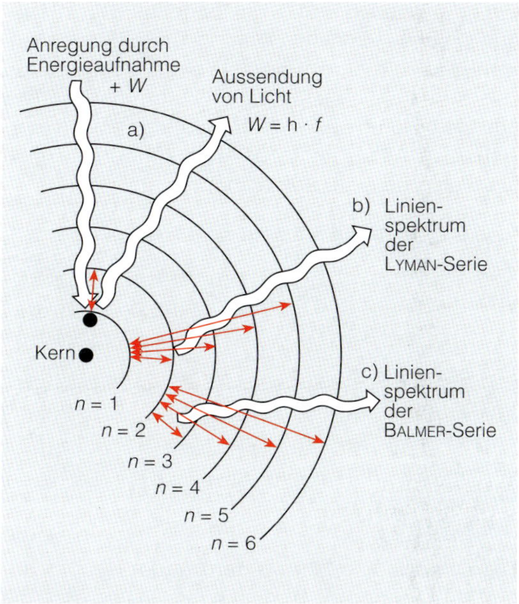

Abb 6-8
Anregung des Wasserstoff-Elektrons
a) allgemeines Schema der Energieaufnahme und -abgabe als Licht (elektromagnetische Strahlung)
b) Anregung von $n = 1$ auf höhere Bahnen. Die Spektrallinien des ausgesendeten Lichts (die sog. Lyman-Serie) liegen für den Quantensprung auf $n = 1$ im unsichtbaren UV-Bereich, z. B. bei 2,47 · 10^{15} Hz
c) Anregung von $n = 2$ auf höhere Bahnen. Die Spektrallinien (sog. Balmer-Serie) liegen im sichtbaren Bereich des Spektrums

Auf Grund dieses Sachverhaltes können Substanzen spektroskopisch analysiert, d. h. enthaltene Elemente nachgewiesen werden.
Bei der **Emissionsspektroskopie** wird das emitierte (ausgesendete) Licht in Wellenlängen zerlegt und als Linienspektrum beobachtet (Abb. 6-7). Für die Bestimmung organischer Substanzen wendet man die **Absorptionsspektroskopie** an: Die Verbindung (flüssig; in Lösung) wird mit Licht durchstrahlt, dessen Intensität und Spektrum bekannt sind. Jede Substanz absorbiert (schwächt) bestimmte Wellenlängen des Lichtes. Daraus sind Rückschlüsse auf die Zusammensetzung möglich.

6.5.2 Gequantelte Energie

Die Linien im Spektrum lassen erkennen, dass Elektronen nicht beliebige, sondern immer nur bestimmte Energiebeträge aufnehmen oder abgeben können. Die Größe dieser „Portionen“ hängt von dem Energieunterschied ΔW ab, der zwischen zwei oder mehr Energieniveaus besteht (vgl. „verbotene Zonen“, Abschnitt 5.6).

Durch hochauflösende Spektroskope können geringste Energieunterschiede, selbst von gepaarten Elektronen, nachgewiesen werden.

Energie W und Wellenlänge λ bzw. Frequenz f des Lichts stehen miteinander in Beziehung:

$$W = h \cdot f \quad \text{bzw.} \quad W = h \cdot \frac{c}{\lambda}$$

Planck'sches Wirkungsquantum
h = 6,626 · 10^{-34} J · s (bzw. W · s^2);
Lichtgeschwindigkeit $c = 3 \cdot 10^8$ m · s^{-1};
f in Hz bzw. s^{-1}

Je höher die Frequenz oder je kürzer die Wellenlänge, desto höher ist die Energie des abgestrahlten Lichtes. Andererseits werden durch die Frequenz bzw. Wellenlänge die kleinsten Energieportionen bestimmt, die nicht mehr teilbar sind. Sie heißen **Quanten** (lat. Menge, Betrag). Bei der Aussendung von Lichtenergie spricht man auch von **Lichtquanten** oder **Photonen.**

Aufgabe
Das Elektron des Wasserstoffs wird angeregt und gibt bei der Rückkehr von der Hauptenergiestufe $n = 2$ auf $n = 1$ ultraviolettes Licht der Frequenz 2,47 · 10^{15} Hz ab. Nach Anregung von $n = 1$ auf $n = 3$ wird UV-Licht der Frequenz 2,93 · 10^{15} Hz ausgesendet. Errechnen Sie die Energie und die Wellenlänge des UV-Lichts für beide Anregungsstufen! Begründen Sie die beiden Werte!

Die Quantentheorie wurde 1900 von dem Physiker Max Planck (1858–1947) begründet und von dem Physiker Albert Einstein (1879–1955) erweitert. Pauli erkannte auf Grund der Linienspektren die energetische Ungleichheit der Elektronen eines Atoms oder Moleküls. Er formulierte 1925/26 das **Pauli-Prinzip** oder Pauli-Verbot:

Alle Elektronen eines Atoms (Moleküls) unterscheiden sich energetisch.

6.5.3 Quantenzahlen

Wegen der spektroskopischen Befunde müssen die in Abb. 5-6 angegebenen Energiestufen differenziert werden, wie das z. T. bereits in Abb. 6-4 berücksichtigt ist.

Die Hauptenergiestufen $n = 1$ bis $n = 7$ werden mit dem Begriff Hauptquantenzahl (HQZ) bezeichnet.

Den **Hauptquantenzahlen** entsprechen die Schalen K, L, M, N, O, P, Q im BOHR-SOMMERFELD'schen Atommodell.
Zur weiteren energetischen Unterscheidung der Elektronen werden zusätzlich zur Hauptquantenzahl n (HQZ) die **Nebenquantenzahl** l (NQZ), die **magnetische Quantenzahl** m (MQZ) und die **Spinquantenzahl** s (SQZ) verwendet.

Der Wert der Nebenquantenzahl gibt an, wie viel Nebenenergieniveaus (-stufen) zur Hauptenergiestufe gehören.

Die Nebenquantenzahl steht mit der Hauptquantenzahl in Beziehung: Für jede HQZ gibt es n Nebenenergieniveaus – ausgedrückt durch die NQZ l, die nur ganze Zahlen zwischen $l = 0$ und $l = n - 1$ annehmen kann:

$$l = 0 \ldots n - 1$$

Für $n = 1$ ($l = 0$) gibt es somit nur ein Energieniveau. Es wird als 1s-Niveau bezeichnet und die auf ihm im Grundzustand (nicht angeregt) befindlichen Elektronen als 1s-Elektronen. Für $n = 2$ existieren zwei Nebenenergieniveaus ($l = 0$ und $l = 1$), das 2s- und 2p-Niveau mit den 2s- und 2p-Elektronen. Für $n = 3$ bestehen drei Nebenenergiestufen ($l = 0$, $l = 1$ und $l = 2$): 3s, 3p und 3d. Auf ihnen befinden sich die 3s-, 3p- und 3d-Elektronen. Bei $n = 4$ kommt noch ein f-Niveau mit den 4f-Elektronen hinzu usw. (Übersicht 6-1).

Bezeichnung der Elektronen und Unterenergieniveaus

Nebenquantenzahl	Elektronen	Unterenergieniveau
$l = 0$	s-Elektronen	s-Niveau
$l = 1$	p-Elektronen	p-Niveau
$l = 2$	d-Elektronen	d-Niveau
$l = 3$	f-Elektronen	f-Niveau

Übersicht 6-1

Die Nebenenergiestufen spalten sich nochmals in $2l - 1$ Unterenergiezustände auf, die durch die magnetische Quantenzahl m beschrieben werden. Nebenquantenzahl und magnetische Quantenzahl stehen miteinander in folgender Beziehung:

$$m = 2l - 1$$

Der Wert der magnetischen Quantenzahl gibt an, wie viele Energiezustände für Elektronenpaare auf den Unterenergieniveaus bestehen, d. h. wie viele Elektronenpaare auf den Niveaus aufgenommen werden können.

Für $l = 0$ ist auch $m = 0$, das bedeutet: Die s-Niveaus spalten sich nicht weiter in Unterniveaus auf, wohl aber die p-, d- und f-Niveaus. Die p-Stufen ($l = 1$) bestehen aus 3, die d-Stufen ($l = 2$) aus 5 und die f-Stufen aus 7 Unterenergieniveaus (Übersicht 6-2). Alle Energiezustände können maximal ein Elektronenpaar aufnehmen.

Quantenzahlen und Unterenergieniveaus

HQZ	NQZ	MQZ	Bezeichnung der Energiestufe	Anzahl der Unterniveaus
$n = 1$	$l = 0$	$m = 0$	1s	1
$n = 2$	$l = 0$	$m = 0$	2s	1
	$l = 1$	$m = -1, 0, +1$	2p	3

Übersicht 6-2

Die Symbole s, p, d, f werden mit der Hauptquantenzahl angegeben: 1s, 2s, 2p, 3s, 3p usw. (vgl. mit der Kästchenschreibweise der Elektronenkonfiguration nach PAULING, Abschnitt 6.5.4).

Aufgabe

Vervollständigen Sie die Übersicht 6-2 für HQZ $n = 3$ und $n = 4$

Eine weitere Unterscheidung der Elektronen erfolgt nach dem Elektronenspin (to spin, engl. schnell rotieren).
Ursprünglich wurde eine Eigenrotation des Elektrons in Uhrzeigerrichtung und entgegen der Uhrzeigerrichtung angenommen und mit Links- und Rechtsspin bezeichnet. Heute geht man davon aus, dass es sich beim Spin um eine Eigenschaft des Elektrons handelt, die nicht weiter erklärt werden kann. Man spricht auch von paralleler (Symbol: ↑) und antiparalleler (Symbol: ↓) Einstellung oder Orientierung der Elektronen gegenüber dem magnetischen Bahnmoment.

Der Spin ist ein energetischer Zustand der Elektronen, der durch die Spinquantenzahl s beschrieben wird.

Die Spinquantenzahl kann nur die Werte $s = -\frac{1}{2}$ und $+\frac{1}{2}$ annehmen. Das entspricht einem Elektrotronenpaar je Energiezustand:

$$s = \pm\frac{1}{2}$$

Spinquantenzahl s und s-Elektronen für $l = 0$ dürfen nicht verwechselt werden!

Der parallele Spin $\left(s = -\frac{1}{2}\right)$ hat eine etwas niedrigere Energie als der antiparallele Spin $\left(s = +\frac{1}{2}\right)$.

Nach den vorangegangenen Darstellungen könnte man annehmen, dass sich die Unterniveaus nach steigender Energie W in folgender Weise ordnen: 1s, 2s, 2p, 3s, 3p, 3d, 4s, 4p, 4d, 4f usw. Das ist aber nur bis 3p der Fall!

Mit zunehmender Anzahl der Elektronen erfolgt eine gegenseitige Beeinflussung. Die Wechselwirkung zeigt sich ab 3p/4s: Auf das 3p-Niveau folgt zunächst 4s und erst dann das 3d-Niveau. Das 4d-Niveau liegt zwischen dem 5s- und dem 5p-Niveau, das 4f-Niveau zwischen 6s und 5d usw. Die richtige Folge der Unterenergieniveaus zeigt Abb. 6-9.

Ordnet man die Elemente entsprechend ihrer Elektronenstruktur diesem **Energiemodell** zu, so wird der Zusammenhang zur Systematik des Periodensystems deutlich: Elemente, deren Elektronenbesetzung mit einem s-Niveau endet, gehören der 1. und 2. Hauptgruppe an **(s-Elemente),** die Elemente der 3. bis 8. Hauptgruppe besetzen p-Elektronenzustände **(p-Elemente),** die Nebengruppenelemente d- **(d-Elemente)** und die Lanthaniden sowie Actiniden f-Niveaus **(f-Elemente)** (vgl. Abb. 6-9).

Die Ordnung der Elemente im Periodensystem, die ursprünglich auf Grund der chemischen Eigenschaften und ohne Kenntnis des Atombaus aufgestellt wurde, ist somit durch die spektroskopischen Ergebnisse und quantenmechanischen Berechnungen bestätigt worden.

6.5.4 Kästchenschreibweise der Elektronenkonfiguration

Die Elektronenverteilung eines Elements auf die verschiedenen Energiezustände (Unterenergieniveaus) wird anschaulich durch ein Modell wiedergegeben, das von dem amerikanischen Chemiker Linus Pauling aufgestellt wurde. Es sieht für jeweils ein Elektronenpaar ein Kästchen auf dem betreffenden Unterenergieniveau vor. Die Anzahl der Kästchen auf einem Niveau ist gleich den mög-

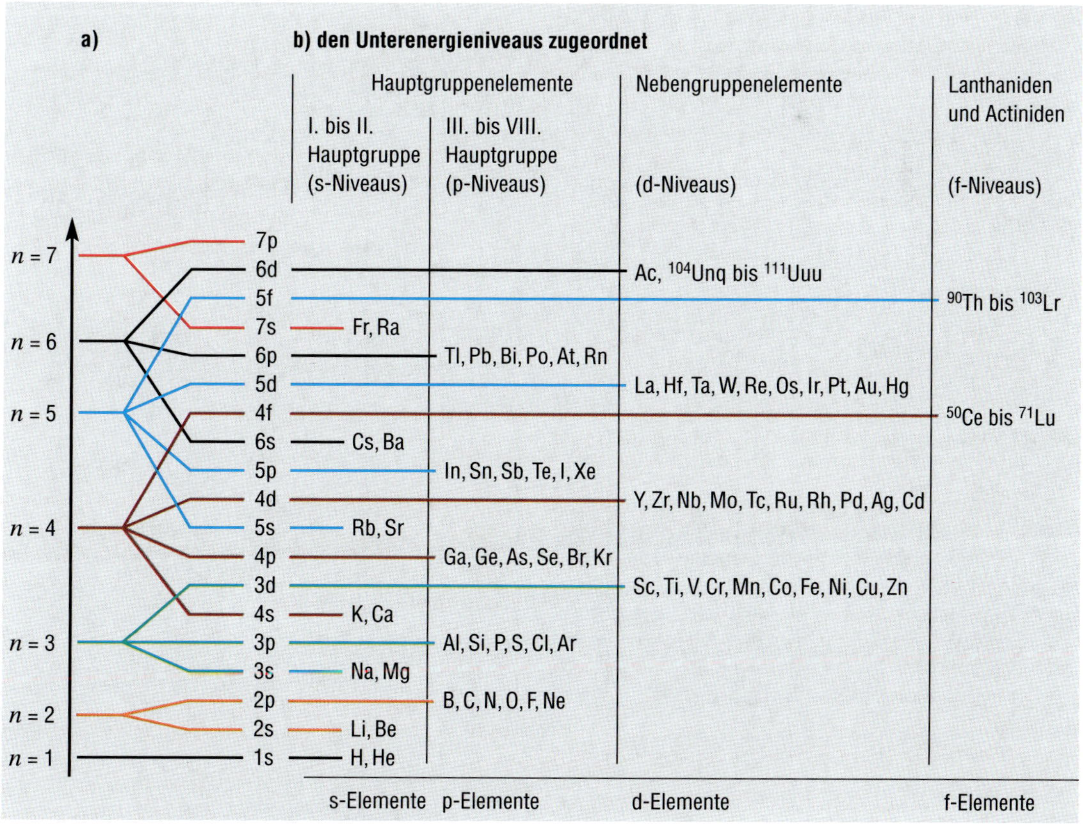

Abb. 6-9 a) Abfolge der Unterenergieniveaus
b) Einordnung der Elemente entsprechend ihrer Elektronenbesetzung

lichen Energiezuständen bzw. der magnetischen Quantenzahl (Abb. 6-10).

Die Abfolge der Kästchen entspricht der Reihenfolge der Unterenergieniveaus. Kästchen, die mit Elektronen besetzt sind, entsprechen den Atomorbitalen im wellenmechanischen Atommodell (vgl. nächster Abschnitt).

Um die Elektronenkonfiguration zu ermitteln, ordnet man die Elektronen mit steigender Ordnungszahl der Elemente nach folgenden Prinzipien in die Kästchen ein:

a) Nach der HUND'schen Regel werden die Energiezustände des Unterenergieniveaus (p, d bzw. f) von Element zu Element zunächst nacheinander mit nur einem Elektron besetzt (dadurch ist die Wechselwirkung zwischen den Elektronen gering; vgl. in Abb. 6-10 z. B. die Elemente Li bis N).

b) Wenn alle Energiezustände des betreffenden Unterenergieniveaus einfach, d. h. mit parallelem Spin, besetzt sind, nehmen sie ein zweites Elektron (antiparalleler Spin) auf. Sie sind nun mit Elektronenpaaren besetzt (vgl. z. B. die Elemente O bis Ne in Abb. 6-10).

c) Wenn alle Energiezustände des Unterenergieniveaus mit Elektronenpaaren besetzt sind, nimmt das nächsthöher liegende Niveau Elektronen nach der HUND'schen Regel auf. Dadurch wird das Energieminimum des Atoms gewahrt.

Die Abb. 6-10 enthält die Besetzung für die Elemente der Ordnungszahlen 1 bis 20 (ohne Energielage).

	1s	2s	2p	3s	3p	4s	3d	4p	
Ca	↑↓	↑↓	↑↓ ↑↓ ↑↓	↑↓	↑↓ ↑↓ ↑↓	↑↓			$1s^2\ 2s^2\ 2p^6\ 3s^2\ 3p^6\ 4s^2$
K	↑↓	↑↓	↑↓ ↑↓ ↑↓	↑↓	↑↓ ↑↓ ↑↓	↑			$1s^2\ 2s^2\ 2p^6\ 3s^2\ 3p^6\ 4s^1$
Ar	↑↓	↑↓	↑↓ ↑↓ ↑↓	↑↓	↑↓ ↑↓ ↑↓				$1s^2\ 2s^2\ 2p^6\ 3s^2\ 3p^6$
Cl	↑↓	↑↓	↑↓ ↑↓ ↑↓	↑↓	↑↓ ↑↓ ↑				$1s^2\ 2s^2\ 2p^6\ 3s^2\ 3p^5$
S	↑↓	↑↓	↑↓ ↑↓ ↑↓	↑↓	↑↓ ↑ ↑				$1s^2\ 2s^2\ 2p^6\ 3s^2\ 3p^4$
P	↑↓	↑↓	↑↓ ↑↓ ↑↓	↑↓	↑ ↑ ↑				$1s^2\ 2s^2\ 2p^6\ 3s^2\ 3p^3$
Si	↑↓	↑↓	↑↓ ↑↓ ↑↓	↑↓	↑ ↑				$1s^2\ 2s^2\ 2p^6\ 3s^2\ 3p^2$
Al	↑↓	↑↓	↑↓ ↑↓ ↑↓	↑↓	↑				$1s^2\ 2s^2\ 2p^6\ 3s^2\ 3p^1$
Mg	↑↓	↑↓	↑↓ ↑↓ ↑↓	↑↓					$1s^2\ 2s^2\ 2p^6\ 3s^2$
Na	↑↓	↑↓	↑↓ ↑↓ ↑↓	↑					$1s^2\ 2s^2\ 2p^6\ 3s^1$
Ne	↑↓	↑↓	↑↓ ↑↓ ↑↓						$1s^2\ 2s^2\ 2p^6$
F	↑↓	↑↓	↑↓ ↑↓ ↑						$1s^2\ 2s^2\ 2p^5$
O	↑↓	↑↓	↑↓ ↑ ↑						$1s^2\ 2s^2\ 2p^4$
N	↑↓	↑↓	↑ ↑ ↑						$1s^2\ 2s^2\ 2p^3$
C	↑↓	↑↓	↑ ↑						$1s^2\ 2s^2\ 2p^2$
B	↑↓	↑↓	↑						$1s^2\ 2s^2\ 2p^1$
Be	↑↓	↑↓							$1s^2\ 2s^2$
Li	↑↓	↑							$1s^2\ 2s^1$
He	↑↓								$1s^2$
H	↑								$1s^1$

Abb. 6-10
Elektronenkonfiguration als Kästchen-Modell nach Pauling für die Elemente der Ordnungszahl 1 bis 20 sowie ihre Kurzschreibweise

An Stelle der aufwändigen Kästchenschreibweise können die Elektronenkonfigurationen auch in einer abgekürzten Form geschrieben werden: Man gibt Hauptquantenzahlen, Unterenergiesymbole und die Summe der Elektronen auf den Unterenergieniveaus als Hochzahl an (vgl. Abb. 6-10).

Beispiele:

Sauerstoff	$1s^2\ 2s^2\ 2p^4$ (Summe aller Hochzahlen: 8 Elektronen)
Natrium	$1s^2\ 2s^2\ 2p^6\ 3s^1$ (11 Elektronen)
Eisen	$1s^2\ 2s^2\ 2p^6\ 3s^2\ 3p^6\ 4s^2\ 3d^6$ (26 Elektronen)

Offen bleibt bei den genannten Modellen die räumliche Aufenthaltswahrscheinlichkeit von Elektronen. Darauf gibt das Orbital-Modell eine Antwort.

6.5.5 Orbital-Modell der Atomhülle

Atomorbitale sind das Ergebnis komplizierter Berechnungen, die 1925 mithilfe einer Gleichung von SCHRÖDINGER entwickelt wurden. Vorausgesetzt wird die Wellennatur des Elektrons. Bei der Lösung der Gleichung wird von stehenden Wellen ausgegangen, wie sie bei einer schwingenden Seite entstehen, die an beiden Enden befestigt ist und mit der Wellenlänge λ schwingt. Die Welle wird mithilfe der Wellenlänge des Elektrons in räumlicher Ausdehnung, berechnet.

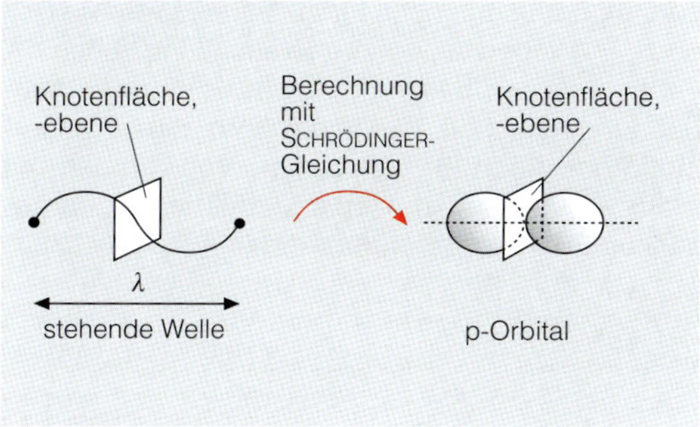

Abb. 6-11
Übergang von der stehenden Welle zum Orbital

Unter Benutzung der Quantenzahlen ergibt sich aus den Berechnungen die relative Wahrscheinlichkeit, wo das Elektron im Raum um den Kern anzutreffen ist, also die Lage, Gestalt und Ausdehnung der Orbitale. Sie nehmen entsprechend der Haupt-, Neben- und magnetischen Quantenzahl eine bestimmte geometrische Form an. Man verwendet für das Orbital verschiedene Begriffe, um eine gewisse Anschaulichkeit zu vermitteln und der Realität näher zu kommen: **Aufenthaltswahrscheinlichkeit** des Elektrons, Wahrscheinlichkeitsdichte, Elektronenwolke oder Wahrscheinlichkeitswelle, Verteilungsdichte der elektrischen Ladung.

Die räumliche Lage der Atomorbitale liefert ein Bild darüber, wo sich die Elektronen der Atome entsprechend ihrer Quantenzahlen n, l, m bevorzugt aufhalten dürfen und wo ihr Aufenthalt „verboten", d. h. energetisch nicht möglich oder unwahrscheinlich ist.

> Orbitale können somit auch als räumliche Darstellung der Energiezustände angesehen werden. Jedes Orbital entspricht einem Energiezustand. Es kann maximal ein Elektronenpaar mit antiparallelem Spin aufnehmen.

Die **s-Orbitale** aller Hauptquantenzahlen (1s, 2s, 3s ...) haben die Form von Kugelwolken. Sie liegen symmetrisch um einen Koordinatenursprung x, y, $z = 0$ (Abb. 6-12).

Die Kugelwolke kann man sich als Schale vorstellen: Der Radius der inneren Kugel ist r und der der äußeren Kugel $r + \Delta r$ (vgl. Abb. 6-13). In dem Zwischenraum hält sich das Elektron bzw. bei vollständiger Besetzung das Elektronenpaar mit einer Wahrscheinlichkeit von ca. 95 % auf, im Inneren der Kugel mit ca. 5 %.

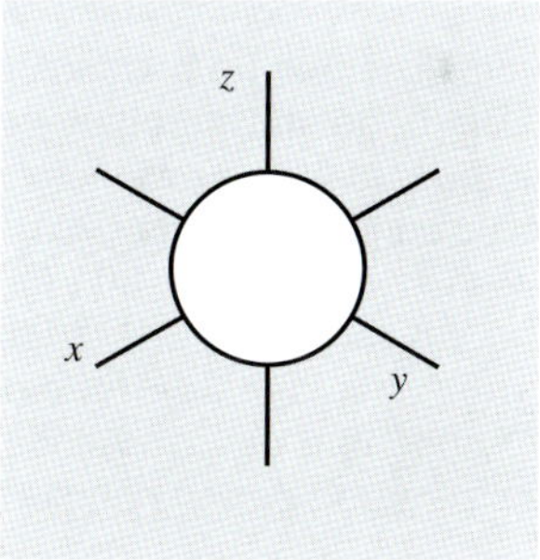

Abb. 6-12
s-Orbital

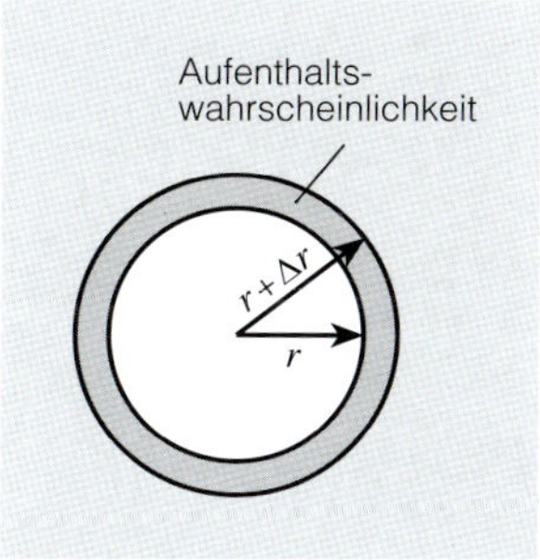

Abb. 6-13
Schnitt durch ein s-Orbital

Die **p-Orbitale** bestehen aus zwei Teilen, die sich im Koordinatenursprung berühren. Nach der Auffassung des Orbitals als stehende räumliche Welle spricht man am Berührungspunkt von Knotenflächen. Hier können sich keine Elektronen aufhalten (Aufenthaltswahrscheinlichkeit = 0).

In der Literatur sind p-Orbitale als Doppelkugeln, auch als Doppelkeulen oder Hanteln beschrieben (Abb. 6-14). Man findet für alle Hauptquantenzahlen 2p, 3p, 4p usw. etwa gleiche Formen angegeben. Sie ordnen sich rotationssymmetrisch um die x-, y- und z-Achse und werden als p_x-, p_y- und p_z-Orbital gekennzeichnet. Die drei p-Doppelwolken stehen senkrecht zueinander (Abb. 6-14).

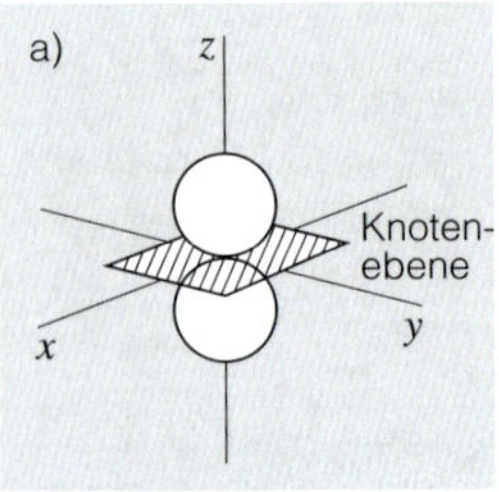

a) „Doppelkugel"

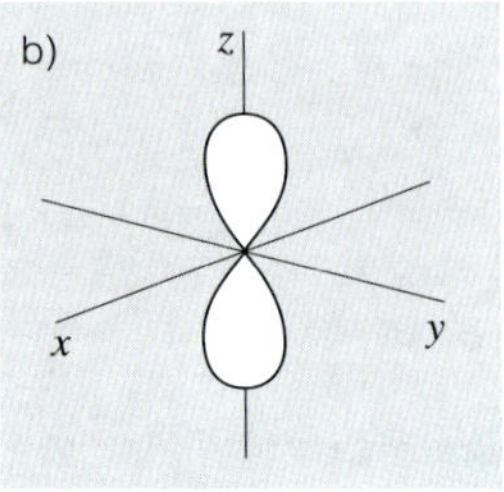

b) „Hantel"

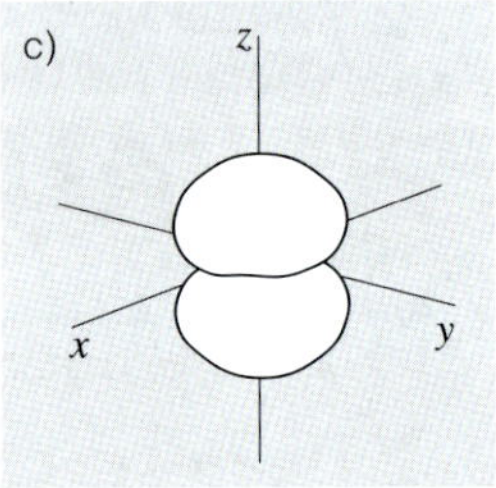

c) verformte Doppelkugeln

Abb. 6-14
p-Orbitale (z-Richtung, p_z Orbital) in verschiedenen Darstellungen

Die **d-Orbitale** haben kompliziertere Formen, z. B. „Doppelhanteln". Nach der Lage im Koordinatensystem bezeichnet man das 3d-Niveau wie folgt: $3d_{xz}$ für die Lage zwischen x- und z-Koordinate, $3d_{yz}$ für die Lage zwischen y- und z-Koordinate, $3d_{xy}$ für die Lage auf der x- und y-Koordinate, $3d_{x^2y^2}$ für die Lage auf der x- und y-Achse und $3d_{z^2}$ für die Ausbreitung auf der z-Achse und der x-y-Achse (Abb. 6-15). Noch kompliziertere Formen nehmen die **f-Orbitale** an.

Die Orbitale geben an, wo sich die elektrische Ladung mit hoher Wahrscheinlichkeit befindet (korpuskulare Auffassung der Elektronen) bzw. welche Gestalt die Wahrscheinlichkeitswelle hat.

Aus den Berechnungen mittels SCHRÖDINGER-Gleichung und den daraus erhaltenen Orbitalen ergibt sich eine neue Bedeutung sowie eine neue Benennung von Haupt, Neben- und magnetischer Quantenzahl:

- Die **Hauptquantenzahl** n gibt die Größe und Ausdehnung eines Orbitals an (das Orbital 2s ist größer als 1s, die 2p-Orbitale sind kleiner als die 3p-Orbitale usw.).
- Die **Nebenquantenzahl** l gibt die Form oder Gestalt eines Orbitals an (Kugel, Hantel, Doppelhantel usw.).
  Die Nebenquantenzahl wird auch **Orbitalgestaltquantenzahl** oder **Drehimpulsquantenzahl** genannt.
- Die **magnetische Quantenzahl** m gibt die Orientierung des Orbitals im Raum an (in x-, y-, z-Richtung, zwischen den Raumkoorddinalen xy, xz, zy usw.).
  Die magnetische Quantenzahl wird auch mit **Orbitalorientierungsquantenzahl** bezeichnet.

Die Berechnungen, die von SCHRÖDINGER zum Bau der Atomhülle durchgeführt wurden, behandeln das Verhalten eines Atoms mit einem Elektron **(Einelektronenmodell).** Somit gelten die Orbitale in der betrachteten Form streng genommen nur für Wasserstoffatome und noch für einfache Ionen wie He^+ und Li^{2+}. Wegen der höheren Kernladung haben die Orbitale dieser Ionen eine etwas verringerte Ausdehnung, gleichen aber in der Form dem Wasserstoffatom. Auch für die Orbitale von Atomen mit mehr Elektronen kann das Modell in der dargestellten Form angewendet werden.

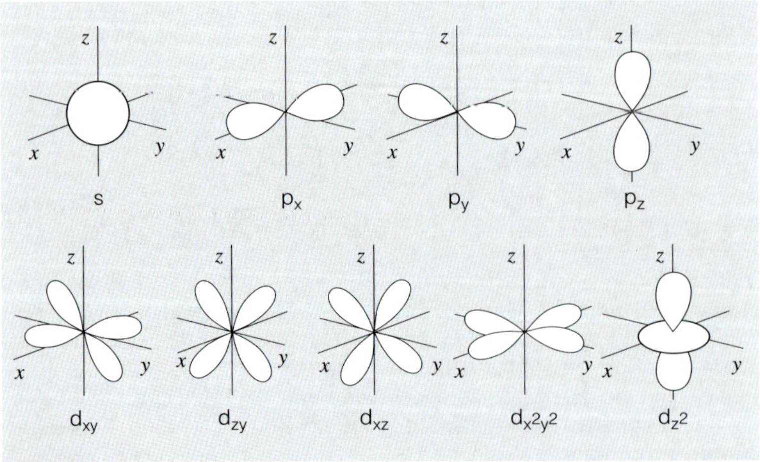

Abb. 6-15
Lage der s-, p- und d-Orbitale (für alle Hauptquantenzahlen in dieser vereinfachten Darstellung gültig)

6.6 Aufgaben zur Wiederholung von Kapitel 5 und 6

Aufgaben

1. Auf welchen chemischen Sachverhalten gründeten Wissenschaftler im 19. Jahrhundert ihre Annahmen von der Existenz der Atome?
2. Erläutern Sie den RUTHERFORD'schen Streuversuch!
3. Wie unterscheiden sich die Atommodelle, die von RUTHERFORD, BOHR-SOMMERFELD, SCHRÖDINGER und KIMBALL aufgestellt wurden?
4. Charakterisieren Sie: Proton, Neutron, Nukleon, Elektron, Isotop, absolute Atommasse, Atommasseneinheit, relative Atom- und Molekülmasse!
5. Beschreiben Sie das Schalenmodell des Atoms an Beispielen!
6. Was versteht man unter Welle-Teilchen-Dualismus des Elektrons?
7. Warum besitzt das Edelgas Helium auf seiner Schale nur zwei, Neon dagegen auf seiner Außenschale acht Elektronen?
8. Was sind Valenzelektronen?
9. Definieren Sie den Begriff Ionisierungsenergie! Warum steigt die Ionisierungsenergie von einer Ionisierungsstufe zur nächsthöheren?
10. Warum sinkt die Ionisierungsenergie innerhalb der Gruppe mit steigender Atommasse? Warum steigt sie in der Periode?
11. Erläutern Sie, nach welchen Prinzipien das Periodensystem der Elemente von MENDELEJEW aufgestellt wurde!
12. Welche Eigenschaften eignen sich zum Vergleich der Elemente einer Gruppe bzw. Periode?
13. Erläutern Sie am Beispiel der 2. und 3. Periode, wie aus dem Periodensystem der Schalenaufbau und die Anzahl der Nukleonen für die Atome eines bestimmten Elements abgeleitet werden können.
14. Ergänzen Sie zu Abb. 6-2 den Atombau nach BOHR für die Elemente Kalium bis Krypton. Nehmen Sie dafür das Energieniveauschema Abb. 6-4 zu Hilfe!
15. Erläutern Sie mithilfe der Abb. 6-6, was unter Periodizität des Atomvolumens zu verstehen ist!
16. Formulieren Sie in Form von Merksätzen für Metalle, Nichtmetalle und Edelgase, wie die Außenschale mit Elektronen besetzt ist und welche Atomvolumina sie im Vergleich zueinander besitzen!
17. Was sind Halbmetalle (Übergangselemente)?
18. Wie unterscheiden sich Haupt- und Nebengruppenelemente sowie Lanthaniden und Actiniden (ab Ordnungszahl 90) hinsichtlich ihrer Elektronenbesetzung?
19. Wie entsteht die Lichtemission, wenn Atome energetisch angeregt werden?
20. Welche Schlussfolgerungen sind für den Atombau bzw. die Elektronenenergie aus den Linienspektren zu ziehen?
21. Welcher Unterschied besteht zwischen Emissions- und Absorptionsspektroskopie?
22. In welcher Beziehung stehen Energie, Wellenlänge und Frequenz des Lichts, das von angeregten Atomen abgestrahlt wird?
23. Was besagt das PAULI-Prinzip (-Verbot)?
24. Welche Bedeutung haben Haupt-, Neben-, magnetische und Spinquantenzahl? In welcher Beziehung stehen sie zueinander?
25. In welcher Weise stehen die Quantenzahlen mit der möglichen Besetzung der Energieniveaus s, p, d, f und dem Aufbau des Periodensystems in Beziehung?
26. Welche Elemente sind s-, p-, d-, f-Elemente?
27. Was besagt die HUND'sche Regel? Wie wird sie bei der Kästchenschreibweise nach PAULING berücksichtigt?
28. Ergänzen Sie die Abb. 6-10 für die Elemente 21 bis 36 (Kästchen- und Kurzschreibweise)!
29. Was versteht man unter einem Orbital?
30. Welche Beziehung besteht zwischen der magnetischen Quantenzahl und der Anzahl der Orbitale? Vergleichen Sie auch die Anzahl der Orbitale z. B. für $n = 2$ und $n = 3$ mit den Elektronenzuständen (-verteilung) nach der Kästchenschreibweise!
31. Welche Form haben s-, p- und d-Orbitale?

7 Primäre chemische Bindungen

7.1 Elektronenpaarbildung durch Spinkopplung

Bei einfachen chemischen Vorgängen reagieren Atome miteinander. Die Ursache ist in der Atomhülle zu suchen. Die Besetzung der äußersten Schale erreicht mit 8 Elektronen (Elektronenoktett oder 4 voll besetzte Kugelwolken) einen energetisch besonders stabilen Zustand (vgl. Abschnitt 6.2). Nur die Edelgase besitzen diese **Konfiguration** (Anordnung). Sie sind deshalb auch sehr reaktionsträge. Die Atome der übrigen Elemente haben dagegen „Elektronenlücken", d. h., in einzelnen Kugelwolken bzw. Orbitalen gibt es unbesetzte Energiezustände. Daraus ergibt sich das Bestreben, mit anderen Atomen eine chemische Bindung einzugehen. Die Atome tauschen bei der Reaktion Elektronen aus bzw. kombinieren sie zu Elektronenpaaren. Dabei werden Elektronenlücken aufgefüllt bzw. Elektronen abgegeben. Eine stabile, energieärmere Elektronenbesetzung wird erreicht.

> Primäre Bindungen entstehen, wenn sich zwei Valenzelektronen, die verschiedenen Atomen angehören, zu einem Elektronenpaar vereinigen.

Die Kombination von zwei negativen Elementarladungen zu einem Elektronenpaar kann nur dann zustande kommen, wenn die Elektronen unterschiedliche Energie besitzen. Das ist der Fall für ein Elektron mit Linksspin ($\uparrow$) und ein Elektron mit Rechtsspin ($\downarrow$) (vgl. Abschnitt 6.5.3).
Zwei Elektronen mit gleichem Spin ($\uparrow\uparrow$ bzw. $\downarrow\downarrow$) können sich nicht kombinieren. Sie würden sich in allen Quantenzahlen bzw. Energiezuständen gleichen. Das PAULI-Prinzip beinhaltet jedoch, dass sich alle Elektronen eines Atoms oder eines Moleküls mindestens in einer Quantenzahl unterscheiden müssen.

> Elektronenpaare können nur aus ungepaarten Elektronen, die unterschiedlichen Spin besitzen, gebildet werden.

Die **Spinkopplung** vollzieht sich **exotherm** (griech. hinaus, Wärme).
Somit kann das **Wesen der primären Bindung** symbolisch wie folgt dargestellt werden:

$$\uparrow + \downarrow \rightleftharpoons \uparrow\downarrow + \text{Bindungsenergie}$$

Diese Vorstellung von der Spinkopplung gilt sowohl für die Ausbildung von **bindenden** als auch von **freien, nichtbindenden Elektronenpaaren.** Die chemische Bindung kann durch Aufnahme eines Energiebetrages wieder gelöst werden. Die Entkopplung des Elektronenpaares ist **endotherm** (griech. hinein, Wärme).

> Es gibt somit eigentlich nur eine Art primärer Bindung, deren Wesen in der Ausbildung stabiler Elektronenpaare mit entgegengerichtetem Spin zwischen zwei Atomen besteht.

Zu welchem der beteiligten Atome nun dieses gebildete Elektronenpaar „gehört", hängt von den elektrischen Kräften ab, die beide Atome auf das Elektronenpaar ausüben. Bei den nachfolgenden Überlegungen wird von der Vorstellung ausgegangen, dass die Atomkerne der an der Bindung beteiligten Atome auf das Elektronenpaar als Punktladungen wirken.

7.2 Wirkung der elektrostatischen Kräfte auf das bindende Elektronenpaar

Die Tatsachen zeigen, dass sich die primäre chemische Bindung verschiedenartig äußert: Es gibt unpolare und polare Moleküle (mit positivem und negativem Pol), positiv und negativ geladene Ionen sowie in Metallen bewegliche Elektronen. Offensichtlich wirkt sich die primäre Bindung unterschiedlich aus.
Das Elektronenpaar unterliegt den elektrostatischen Kräften F_{el}, die von den Atomkernen der Bindungspartner ausgehen **(COULOMB-Kräfte).**
Die Aufenthaltswahrscheinlichkeit des Elektronenpaares wird sich in der Mitte zwischen den beteiligten Atomen befinden, wenn beide Bindungspartner gleich große Kräfte ausüben (a).
Bei Ungleichheit der Kräfte ist das Elektronenpaar zu dem Atom mit der größeren elektrostatischen

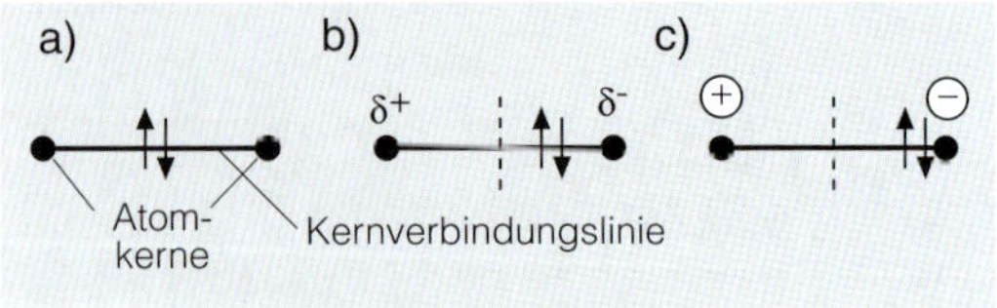

Abb. 7-1 Mögliche Wirkungen der Kernkräfte auf ein gebildetes Elektronenpaar
a) nicht polarisiert, unpolar
b) verschoben, d. h. polarisiert
c) abgetrennt, d. h. vollständig polarisiert oder ionisiert

Wirkung verschoben (b) oder es wird vollständig von einem Bindungspartner abgetrennt und geht in die Schale des zweiten Partners über (c).
In dem Fall a) ist die Bindung nicht polarisiert (unpolar), im Fall b) ist die Bindung polarisiert und im Fall c) ionisiert (Abb. 7-1).

Diese Verhältnisse werden mithilfe der Grenztypen der primären chemischen Bindung beschrieben. Man unterscheidet die **Ionenbindung,** die **Atombindung** und die **Metallbindung.**
Die wirksamen Kräfte F_{el} hängen von dem Abstand r und der Größe der aufeinander wirkenden Punktladungen Q_1 und Q_2 ab. Das **COULOMB'sche Gesetz** beschreibt die Kraftwirkung:

$$F_{el} = \frac{K \cdot Q_1 \cdot Q_2}{r^2}$$

(Konstante $K = 9 \cdot 10^9$ V · m/A · s)

Die Anziehungskraft zwischen zwei Ladungen ist dem Produkt der Ladungen direkt und dem Quadrat des Abstandes der Ladungen umgekehrt proportional.
Das Gesetz kann zur qualitativen Abschätzung der Kräfteverhältnisse oder **Affinität** (Bindungsbestreben, Neigung zur Bindung) benutzt werden, wenn man für den Abstand die Summe der Atomradien annimmt.

7.3 Ionenbindung oder Ionenbeziehung (heteropolare Bindung)

7.3.1 Bildung von Ionen

Die Ionenbindung existiert in Verbindungen zwischen Metallen und Nichtmetallen.

Metallatome besitzen einen wesentlich größeren Radius als Nichtmetallatome (siehe Abb. 6-6). Somit sind die elektrischen Kräfte der Metallatome wegen des großen Abstandes der Valenzelektronen vom Kern sehr klein im Vergleich zu den elektrischen Kräften, die von den Nichtmetallatomen ausgehen. Die geringe Elektronenanziehung (-affinität) der Metallatome steht der großen **Elektronenaffinität** der Nichtmetallatome gegenüber. Hinzu kommt, dass Metalle weniger Valenzelektronen besitzen als Nichtmetalle, die auf der äußeren Schale vier und mehr Elektronen, also eine geringe Anzahl von Elektronenlücken haben. Diese Sachverhalte führen dazu, dass in Verbindungen von Metall- und Nichtmetallatomen die Aufenthaltswahrscheinlichkeit des entstandenen Elektronenpaares beim Nichtmetallatom (nahe) 1 und beim Metallatom (nahe) 0 ist. Die Reaktion von Natrium mit Chlor zu Natriumchlorid stellt sich unter Beachtung der Größenverhältnisse und des BOHR'schen Modells wie folgt dar (Abb. 7-2):

Das im Verhältnis zum Chlor größere Natriumatom gibt das Elektron der M-Schale an das Chloratom ab und wird zum einwertig positiven (1+) Natrium-Ion. Die letzte abgeschlossene Schale ist nun die L-Schale mit einem Elektronenoktett. Das kleinere Chloratom baut mit großer elektrischer Kraft das Elektron in die Elektronenlücke der letzten Schale ein und wird zum einwertig negativen (1–) Chlorid-Ion. Es besitzt nun ein Elektronenoktett in der M-Schale bzw. vier vollständig besetzte Kugelwolken.

Die Besetzung der Außenschale mit acht Elektronen, d. h. mit einem Elektronenoktett, ist besonders stabil (Oktett-Regel).

Durch den Übergang des Elektrons verändern sich die Teilchenradien. Die Metall-Ionen sind wegen des Wegfalls einer Schale und der Verteilung der Pro-

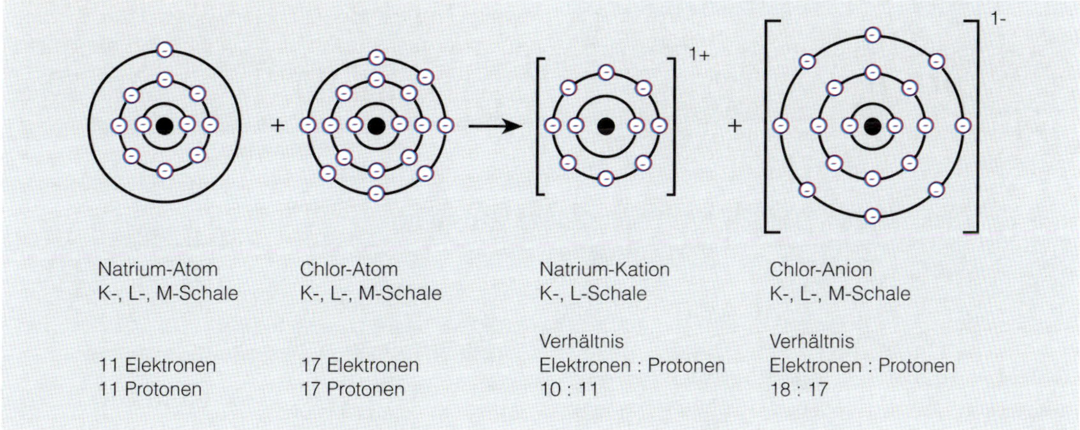

Abb. 7-2 Bildung der Ionenbeziehung bei der Reaktion von Chlor und Natrium

tonenladungen auf die verbliebenen Elektronen kleiner als die Metallatome. Beim Nichtmetall-Ion ist ein Elektronenüberschuss vorhanden. Auf eine negative Elementarladung entfällt nur noch ein Bruchteil einer positiven Elementarladung. Deshalb sind die Radien der Nichtmetall-Ionen größer als die Radien der Nichtmetallatome (vgl. Abb. 7-2).

Mithilfe der „Kästchen-Schreibweise" ist die Bindung von Natrium und Chlor wie folgt zu verdeutlichen:

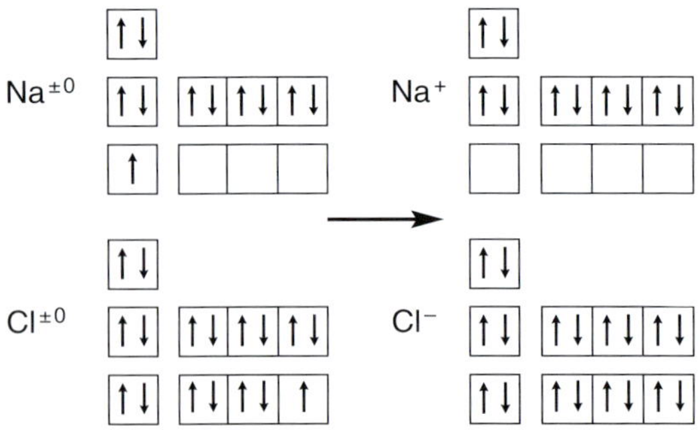

Positiv geladene Ionen heißen Kationen, negativ geladene Ionen heißen Anionen.

Übersicht 7-1 enthält Atom- und Ionenradien für die Elemente der 3. Periode sowie der 1. Gruppe. Es wird deutlich, dass sich der Radius immer mehr verringert, je mehr Elektronen abgegeben werden und sprunghaft ansteigt mit der Aufnahme von Elektronen. Je höher die negative Ladung ist, desto größer wird der Radius. Innerhalb einer Gruppe nehmen Atom- und Ionenradien bei gleicher Ionenwertigkeit zu.

Aufgabe

Stellen Sie die Verläufe der Atom- und Ionenradien, die in der Übersicht 7-1 angegeben sind, grafisch dar, indem Sie die Werte über der Ordnungszahl der Elemente Natrium bis Chlor auftragen.

Bei der Abgabe von Elektronen verringert sich der Atomradius (Volumenkontraktion). Bei der Aufnahme von Elektronen vergrößert sich der Atomradius (Volumenerweiterung).

Abb. 7-3 zeigt schematisch, wie die Elektronenbesetzung des Metalls, z. B. Natrium, und des Nichtmetalls, z. B. Chlor, sich nach dem Kugelwolkenmodell ändert: Das Metallatom (1. Hauptgruppe) hat auf der letzten Sphäre ein ungepaartes Elektron in der Kugelwolke und das Nichtmetall (7. Hauptgruppe) besitzt ebenfalls eine halb besetzte Kugelwolke mit einem Elektron entgegengesetzten Spins. Bei der Reaktion kombinieren die Einzelelektronen. Das Elektronenpaar geht in die Kugelschale des Nichtmetallatoms über. Die Betrachtung des Vorgangs mithilfe des KIMBALL-Modells kommt somit zum gleichen Ergebnis wie die Darstellung mithilfe des BOHR'schen Modells. Sie gestattet aber besser, die Spinkopplung zu zeigen.

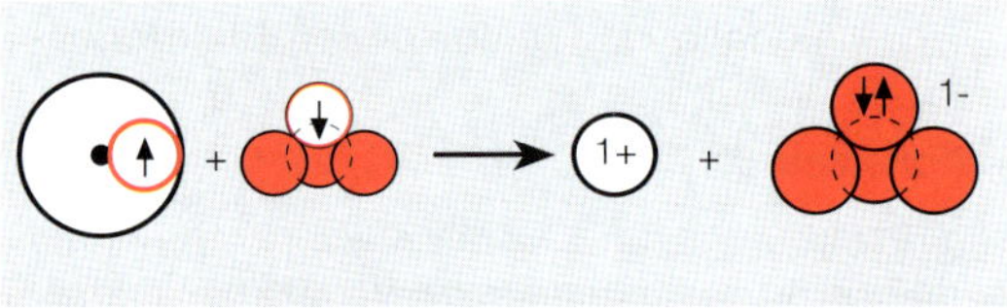

Abb. 7-3 Spinkopplung bei der Reaktion von Metall und Nichtmetall

Aus den Atomen sind negativ geladene Anionen und positiv geladene Kationen entstanden. Durch den Elektronenübergang erreichen beide Bindungspartner auf der äußeren Elektronenschale (bzw. in den Kugelwolken des letzten Hauptenergieniveaus) das Elektronenoktett: im Falle des Metallatoms durch die Abgabe der schwach gebundenen Valenzelektronen, im Falle des Nichtmetallatoms durch die Aufnahme der Elektronen.

In den meisten Fällen genügt eine vereinfachte Darstellung der Elektronenstruktur, da an der Bildung der Elektronenpaare nur die Valenzelektronen der Bindungspartner beteiligt sind. Die Besetzung der weiteren Elektronenschalen wird bei der Betrachtung vernachlässigt. Man symbolisiert die Valenzelektronen durch Punkte (LEWIS-Schreibweise):

Na· + ·C̤̈l: → Na^{1+} + :C̤̈l:$^{1-}$
Natriumchlorid

Atom- und Ionenradien der Elemente der 3. Periode und 1. Gruppe in pm (1 pm = 10^{-12} m)

Elemente der 3. Periode	Na/Na^+	Mg/Mg^{2+}	Al/Al^{3+}	Si/Si^{4+}	P/P^{5+}	P/P^{3-}	S/S^{2-}	Cl/Cl^-
Atomradius	186	160	143	117	110	110	104	99
Ionenradius	98	65	45	38	35	212	190	181
Elemente der 1. Gruppe	Li/Li^+	Na/Na^+	K/K^+	Rb/Rb^+	Cs/Cs^+			
Atomradius	152	186	227	248	266			
Ionenradius	68	98	133	167	143			

Übersicht 7-1

Vergleicht man mittels dieser Darstellungsweise die Reaktionen anderer Metalle der 1. Hauptgruppe mit Nichtmetallen der 7. Hauptgruppe, so werden die Gemeinsamkeiten im Elektronenübergang deutlich und damit auch die Ähnlichkeiten der chemischen Eigenschaften von Elementen einer Hauptgruppe:

$Li\cdot + \cdot\ddot{\underset{..}{Cl}}: \rightarrow Li^{1+} + :\ddot{\underset{..}{Cl}}:^{1-}$ Lithiumchlorid

$K\cdot + \cdot\ddot{\underset{..}{Br}}: \rightarrow K^{1+} + :\ddot{\underset{..}{Br}}:^{1-}$ Kaliumbromid

$Na\cdot + \cdot\ddot{\underset{..}{I}}: \rightarrow Na^{1+} + :\ddot{\underset{..}{I}}:^{1-}$ Natriumiodid

Aufgaben

1. Stellen Sie mithilfe der BOHR'schen Atommodelle und mithilfe der Elektronenschreibweise die Reaktion von Calcium mit Chlor, Sauerstoff und Stickstoff dar!
2. Überlegen und begründen Sie mithilfe der Atomvolumenskurve Abb. 6-6, welches Metall mit welchem Nichtmetall die Ionenbindung am ausgeprägtesten eingeht!

Da die Ionenbindung zwischen Metallen und Nichtmetallen gebildet wird, gilt:

Salze, Metalloxide und Metallhydroxide sind typische Ionenverbindungen.

7.3.2 Ionenwertigkeit oder Ionenladung

Die **Ionenwertigkeit** steht mit der Anzahl der Valenzelektronen in enger Beziehung. Sie gibt (mit arabischer Ziffer) an, wie viel Elektronen von einem Metallatom abgegeben bzw. von einem Nichtmetallatom aufgenommen werden können. Die Ionenwertigkeit ist somit gleich der elektrischen Überschussladung, die das Ion in der Verbindung besitzt.

Die maximal mögliche positive Ladung eines Metallatoms ist gleich seiner Gruppennummer (Ausnahme: 1. Nebengruppe), die maximal mögliche negative Ladung eines Nichtmetallatoms gleich der Differenz von Oktett und Gruppennummer (Anzahl der Elektronenlücken).

Anstelle der Ionenwertigkeit (**Wertigkeit** oder **Valenz**) wird auch der Begriff **Oxidationszahl (-stufe)** verwendet. Zahlenmäßig sind Wertigkeit und Oxidationszahl gleich. Die Oxidationszahl ist aber immer zusammen mit der positiven oder negativen Ladung zu gebrauchen und durch römische Ziffer zu kennzeichnen. Zum Beispiel ist Cu^{I+} die Oxidationszahl, Cu^{1+} die Ionenladung und -wertigkeit des Kupfers. (Anmerkung: Bei der Oxidationszahl kann das Pluszeichen nach den IUPAC-Regeln weggelassen werden.)

Aufgabe

Begründen Sie, weshalb die Metalle Lithium, Natrium und Kalium nur in der Wertigkeitsstufe 1+ auftreten und in Fluoriden, Chloriden, Bromiden und Iodiden keine höheren negativen Wertigkeiten als 1– vorgefunden werden!

7.3.3 Redoxvorgang bei der Bildung von Ionen aus den Atomen

Metalle der 1. Hauptgruppe geben in Verbindungen mit Nichtmetallen ein Elektron (Valenzelektron) je Atom an das Nichtmetall ab:

1) $2\ Na\cdot + \cdot\ddot{\underset{..}{O}}\cdot \rightarrow 2\ Na^{+} + :\ddot{\underset{..}{O}}:^{2-}$ bzw. Na_2O Natriumoxid

Elektronenabgabe $2\ Na \rightarrow 2\ Na^{+} + 2\ e^{-}$

Elektronenaufnahme $O + 2e^{-} \rightarrow O^{2-}$

kleinstes gemeinsames Vielfaches $2 \cdot 1 = 2$

Metalle der 2. Hauptgruppe besitzen 2 Valenzelektronen. Sie reagieren mit Nichtmetallen der 7. Hauptgruppe, die nur eine Elektronenlücke haben, im Atomverhältnis 1 : 2, mit Sauerstoff und Schwefelatomen im Verhältnis 1 : 1, da diese Elemente zwei Elektronenlücken besitzen:

2) $\cdot Mg\cdot + 2\ \cdot\ddot{\underset{..}{Cl}}\cdot \rightarrow Mg^{2+} + 2\ :\ddot{\underset{..}{Cl}}:^{1-}$ bzw. $MgCl_2$ Magnesiumchlorid

Elektronenabgabe $Mg \rightarrow Mg^{2+} + 2e^{-}$

Elektronenaufnahme $2\ Cl + 2e^{-} \rightarrow 2\ Cl^{-}$

kleinstes gemeinsames Vielfaches $1 \cdot 2 = 2$

3) $\cdot Ca\cdot + \cdot\ddot{\underset{..}{S}}\cdot \rightarrow Ca^{2+} + S^{2-}$ bzw. CaS Calciumsulfid

Elektronenabgabe $Ca \rightarrow Ca^{2+} + 2e^{-}$

Elektronenaufnahme $S + 2e^{-} \rightarrow S^{2-}$

kleinstes gemeinsames Vielfaches $1 \cdot 1 = 1$

Die Atome (bzw. molaren Massen) verbinden sich immer entsprechend ihrer Wertigkeiten, auch wenn die Elemente unterschiedliche positive und negative Ladungszahlen annehmen. Die Anzahl der abgegebenen Elektronen ist immer gleich der Anzahl der aufgenommenen Elektronen. Das Teilchenverhältnis der reagierenden Elemente und die Formel der Verbindung bzw. das Ionenverhältnis ergibt sich aus dem kleinsten gemeinsamen Vielfachen für die abgegebenen und die aufgenommenen Elektronen.

Die Gleichungen zeigen, dass sich beim Verbinden von Metall- und Nichtmetallatomen der Elektronenübergang oder -austausch in gleicher Weise vollzieht:

> Die Abgabe von Elektronen wird als Oxidation, die Aufnahme von Elektronen als Reduktion bezeichnet.
> Oxidations- und Reduktionsvorgang laufen immer gemeinsam ab, sie bilden eine Einheit. Der Gesamtprozess heißt **Redoxvorgang.**

Stoffe, die Elektronen abgeben, wirken auf andere Stoffe reduzierend. Es sind **Reduktionsmittel, Elektronendonatoren** (lat. geben).

Stoffe, die Elektronen aufnehmen, wirken auf andere Stoffe oxidierend. Es sind **Oxidationsmittel, Elektronenacceptoren** (lat. annehmen, empfangen).

> Im Redoxvorgang wird das Reduktionsmittel oxidiert, das Oxidationsmittel reduziert.

(Weitere Redoxprozesse vgl. Abschnitt 10.2.8)

7.3.4 Elektronegativität

Metalle werden als **elektropositive** Elemente oder **Elektronendonatoren** bezeichnet. Nichtmetalle sind gegenüber Metallen stets **elektronegativ,** sie neigen zur Elektronenaufnahme. Es sind **Elektronenacceptoren.** Je kleiner die Radien der Atome sind, umso ausgeprägter ist die Kraft, die auf bindende Elektronenpaare wirkt. Ein Ausdruck für die Anziehung der Elektronenpaare ist die **Elektronegativität** EN.

Aufgabe

Welches ist das elektropositivste Element? Begründung?

Das Fluoratom besitzt den kleinsten Radius und sieben Valenzelektronen. Es ist das elektronegativste Element und erhielt ursprünglich willkürlich den Elektronegativitätswert 4, der auf den Wert 4.1 korrigiert worden ist. Durch den Vergleich wurde die Elektronegativität der anderen Elemente ermittelt. Bildet man in Verbindungen die Differenz der Elektronegativität ΔEN der beteiligten Elemente, so lassen sich daraus in Annäherung Aussagen zur Bindungsart ableiten.

Ist der ermittelte Zahlenwert für ΔEN gleich oder größer 1,7, so besteht meist zwischen den Elementen eine ausgeprägte Ionenbindung. Übersicht 7-2 enthält die Elektronegativitätswerte wichtiger Elemente.

Aufgaben

1. Bilden Sie die Differenz der Elektronegativitätswerte ΔEN für folgende Verbindungen und entscheiden Sie, ob eine Ionenbindung zwischen den Atomen vorliegt: NaCl, NaBr, NaI, KCl, CH_4, KBr, KI, $SiCl_4$!
2. Warum hat Kalium eine geringere Elektronegativität als Natrium?
3. Begründen Sie die Unterschiede in den Differenzen der Elektronegativitäten für die vier Chloride der 3. Periode: NaCl, $MgCl_2$, $AlCl_3$, $SiCl_4$!

Versuch

C

Ätzend

R 14, R 15, R 34, S 24, S 39

Ein etwa erbsengroßes Stück Natrium wird nach dem „Entrinden" (Abschneiden der Oxidschicht) auf die Oberfläche von Wasser geworfen, das sich in einem großen Becherglas befindet (Vorsicht! Schutzbrille!).
Beobachtung? Der Versuch wird in analoger Weise mit einem kleineren Stück Kalium ausgeführt. Beobachtung? Vergleich des Reaktionsverhaltens und Erklärung!

7.3.5 Struktur von Ionenverbindungen im festen Zustand – Ionengitter

Die Ionen können als kugelförmige Teilchen angenommen werden, deren Ladung allseitig gleichmäßig wirkt. Zwischen entgegengesetzt geladenen Ionen bestehen Anziehungskräfte (COULOMB-Kräfte). Dadurch ordnen sich die Ionen im festen Zustand so an, dass Kationen von Anionen umgeben sind und umgekehrt. Es entsteht ein **Kristallgitter,** das speziell auch **Ionengitter** genannt wird. Das einfachste Ionengitter besitzt Natriumchlorid (Abb. 7-4). Infolge der starken Bindungen zwischen den Ionen schmelzen Salze und Metalloxide erst bei

Elektronegativitätswerte EN

H 2,2																
Li 1,0	**Be** 1,5											**B** 2,0	**C** 2,5	**N** 3,0	**O** 3,5	**F** 4,1
Na 0,9	**Mg** 1,2											**Al** 1,5	**Si** 1,8	**P** 2,1	**S** 2,5	**Cl** 3,0
K 0,8	**Ca** 1,0	**Sc** 1,3	**Ti** 1,5	**V** 1,6	**Cr** 1,6	**Mn** 1,5	**Fe** 1,8	**Co** 1,8	**Ni** 1,8	**Cu** 1,9	**Zn** 1,6	**Ga** 1,6	**Ge** 1,8	**As** 2,0	**Se** 2,4	**Br** 2,8
Rb 0,8	**Sr** 1,0	**Y** 1,2	**Zr** 1,4	**Nb** 1,6	**Mo** 1,8	**Tc** 1,9	**Ru** 2,2	**Rh** 2,2	**Pd** 2,2	**Ag** 1,9	**Cd** 1,9	**In** 1,7	**Sn** 1,8	**Sb** 1,9	**Te** 2,1	**I** 2,5
Cs 0,7	**Ba** 0,9	**La-Lu** 1,1-1,2	**Hf** 1,3	**Ta** 1,5	**W** 1,7	**Re** 1,9	**Os** 2,2	**Ir** 2,2	**Pt** 2,2	**Au** 2,4	**Hg** 1,9	**Tl** 1,8	**Pb** 1,9	**Bi** 1,9	**Po** 2,0	**At** 2,2
Fr 0,7	**Ra** 0,9															

Übersicht 7-2

hohen Temperaturen. Salzkristalle sind spröde. Wenn beispielsweise beim Kochsalz die Ionen durch äußere Kräfte um einen Gitterabstand verschoben werden, stehen gleichartig geladene Ionen gegenüber und stoßen sich ab (Abb. 7-5). Der Kristall bricht in Bruchstücken mit Winkeln von 90° auseinander.

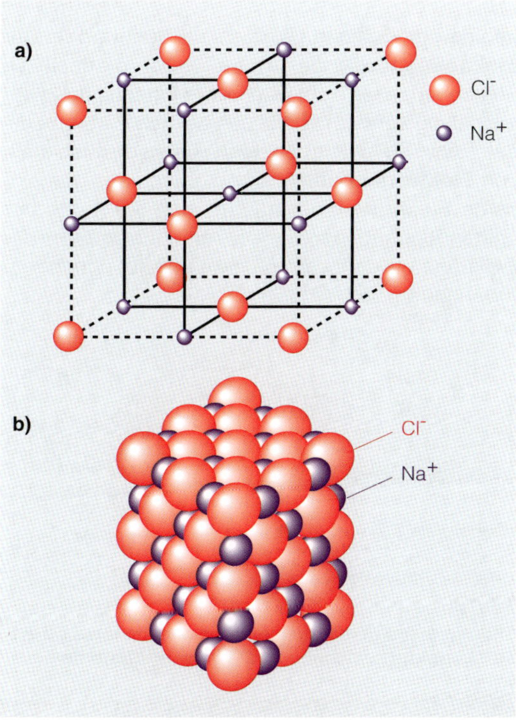

Abb. 7-4 Gitter des Natriumchlorids
a) in „offener“,
b) in dicht gepackter Darstellung

Versuch

Ein Kochsalzkristall wird mit dem Hammer vorsichtig zerschlagen. Beobachtung?

Der Molekülbegriff ist auf feste Ionenverbindungen nicht anwendbar. Die Formel NaCl für kristallines Natriumchlorid (Kochsalz) bringt nur das Verhältnis 1 : 1 für beide Ionenarten zum Ausdruck. Sinnvoll ist die Benutzung der **Koordinationszahl** KZ, die im Ionenkristall die Anzahl der nächsten entgegengesetzt geladenen Nachbarionen angibt. Im NaCl-Kristall ist jeweils ein Na^+-Ion von 6 Cl^--Ionen umgeben. Ebenso hat ein Cl^--Ion 6 Na^+-Ionen als Nachbarn (vgl. Abb. 7-4).
Folglich ist die Koordinationszahl für beide Teilchenarten KZ (Na^+) = 6 und KZ (Cl^-) = 6.

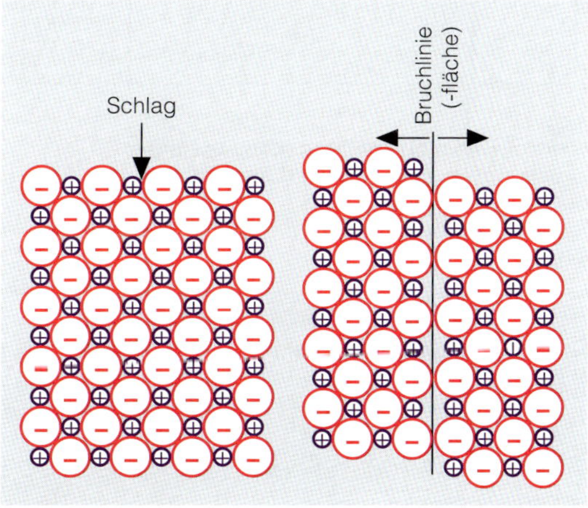

Abb. 7-5
Bildung von Bruchflächen durch elektrische Abstoßung beim Zerschlagen eines Kochsalzkristalls

Wollte man diese Verhältnisse in einer Formel zum Ausdruck bringen, sollte diese z. B. $Na_{[6]}Cl_{[6]}$ geschrieben werden.

Die relative Abgegrenztheit der Ionen im Ionengitter kommt auch in der Elektronendichteverteilung zum Ausdruck. Genaue Strukturuntersuchungen mithilfe von Röntgenstrahlen zeigen die Verteilung der Elektronen im Raum um die Atomkerne der Ionen. Abb. 7-6 verdeutlicht sowohl die unterschiedliche Größe der Ionen Na^+ und Cl^- als auch die rasche Abnahme der Elektronendichte von 50 bzw. 100 auf 0,1 (in Elektronen · 10^{-30} m³). Gleichzeitig werden in Abb. 7-6 gewisse Schwierigkeiten sichtbar, die einzelnen Ionen vollständig voneinander abzugrenzen. Selbst in einem so ausgeprägten Ionengitter wie dem NaCl-Gitter beeinflussen sich die Teilchen durch Überlappung, die zwar gering, aber nachweisbar ist. Die Vorstellung von völlig selbstständigen Teilchen ist „unscharf". Die Ionenbeziehung ist eben ein Denkmodell, ein Grenzfall, der in der Natur so nicht, wohl aber angenähert vorkommt (vgl. auch Abschnitt 7.6).

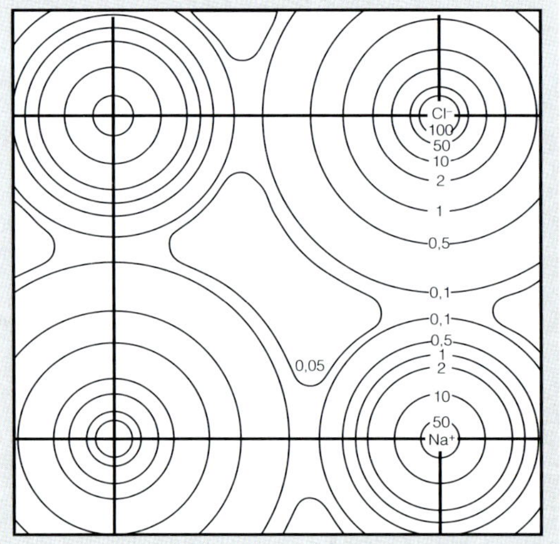

Abb. 7-6
Elektronendichteverteilung (Ladungsdichteverteilung) im NaCl-Kristall (Längsschnitt)

Schmelztemperatur, Gitterenergie und Bildungswärme

	Schmelztemperatur in °C	Gitterenergie in kJ/mol	Bildungswärme (-enthalpie) in kJ/mol
NaCl	801	776	411,3
KCl	772	686,6	436,2
MgO	2800	3918,8	602,2
CaO	2576	3475,0	636,4

Übersicht 7-3

Bei der Bildung der Ionen aus den Atomen wird die **Bildungswärme** frei. Sie liegt zwischen 10^2 und 10^3 kJ · mol^{-1}. Im festen Zustand werden die Ionen durch die **Gitterenergie** zusammengehalten. Sie wird auf die Temperatur von 0 K bezogen und für ein Mol angegeben.

Die Gitterenergie muss überwunden werden, wenn man die Kristallbausteine, die Ionen, so weit aus dem Gitter entfernen will, dass keine Anziehung mehr zwischen ihnen besteht. Stoffe mit der größten Gitterenergie sind am stabilsten. Sie besitzen auch eine hohe Härte, Zugfestigkeit und Schmelztemperatur.

Geschmolzene Ionenverbindungen (z. B. Salze) leiten den elektrischen Strom, weil die Ionen beweglich sind (sog. Leiter II. Klasse).

7.4 Atombindung (kovalente oder homöopolare Bindung)

7.4.1 Bildung gemeinsamer Elektronenpaare

Nichtmetallatome binden sich untereinander ebenfalls durch Spinkopplung ungepaarter Elektronen.

Infolge der wenigen Elektronenlücken und großer Elektronegativität der Atome werden jedoch die Elektronenpaare nicht wie bei der Ionenbindung abgespalten, sondern verbleiben bei den Partnern, die das Paar gebildet haben. Man spricht deshalb auch von **Elektronenpaarbindung.** Durch das gemeinsame Elektronenpaar nähern sich die Kerne der beiden Bindungspartner. Die Aufenthaltsräume der Elektronen (Kugelwolken bzw. Orbitale) überlagern (überlappen) sich (Abb. 7-7).

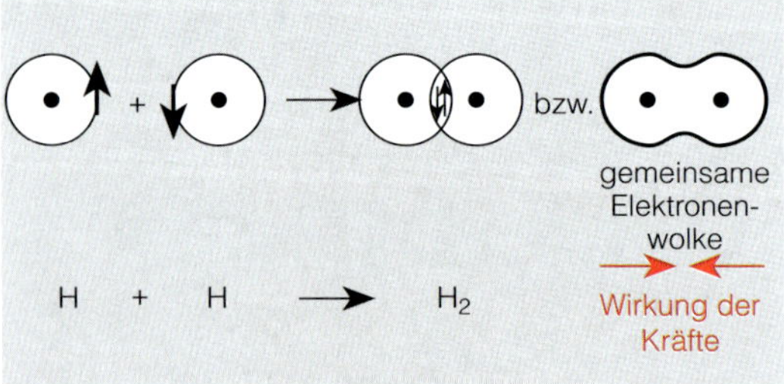

Abb. 7-7
Bildung eines gemeinsamen Elektronenpaares durch Spinkopplung zwischen zwei Wasserstoffatomen

Bei der Atombindung gehören die gemeinsam gebildeten Elektronenpaare beiden Bindungspartnern an. Es entsteht ein Molekül.

Die Bindungskräfte wirken nicht räumlich wie bei den Ionen, sondern nur zwischen den beteiligten Atomen im entstandenen Molekül (Gerichtetheit der Kräfte). Es werden so viele Elektronenpaare zwischen den Reaktionspartnern gebildet, bis ein Elektronenoktett oder eine andere stabile **Konfiguration** (Anordnung, Besetzung, lat. Gestalt) erreicht ist.
Man unterscheidet die **reine oder unpolare Atombindung** zwischen zwei gleichen von der **polarisierten Atombindung** zwischen verschiedenen Nichtmetallatomen.
Stoffe mit Atombindung leiten den elektrischen Strom nicht, auch nicht im geschmolzenen Zustand. Für die bildhafte Darstellung der Atombindung eignet sich das KIMBALL-Modell besser als das BOHR-SOMMERFELD'sche Modell.

7.4.2 Unpolare Atombindung

Im KIMBALL-Modell stellt sich der Vorgang der Molekülbildung aus gleichen Nichtmetallatomen am Beispiel von Chlor, Fluor, Brom usw. wie folgt dar: Jedes Atom besitzt ein ungepaartes Elektron. Zwei Atome mit Elektronen entgegengesetzten Spins reagieren unter Spinkopplung (Abb. 7-8). Dadurch überlappen sich die beiden Kugelwolken. Aus halb besetzten Wolken entsteht eine gemeinsame Kugelwolke, die die Bindung zwischen beiden Atomen herstellt. Aus zwei Atomen ist ein Molekül entstanden. Die an der Bindung beteiligten Atome erreichen durch das gemeinsame Elektronenpaar wechselseitig ein Oktett.

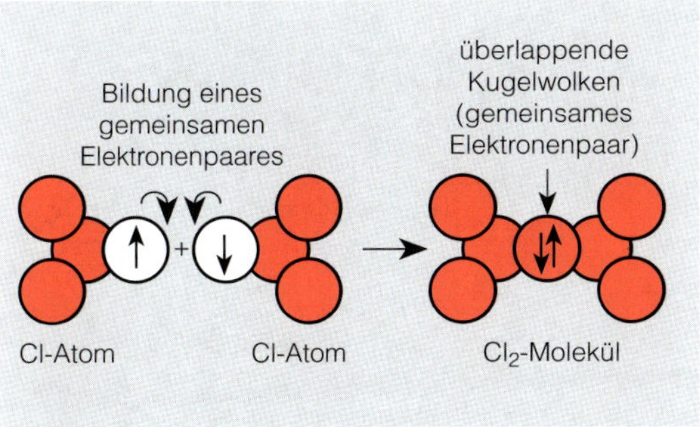

Abb. 7-8
Darstellung der Bildung eines gemeinsamen Elektronenpaares durch Spinkopplung und Überlappung einfach besetzter Kugelwolken am Beispiel des Chlors

Binden sich **gleiche Nichtmetallatome,** z. B. zwei Chloratome, so sind die Kräfte F_{el}, die auf das gemeinsam gebildete Elektronenpaar gerichtet sind, gleich groß. Das Elektronenpaar gehört zu gleichen Anteilen beiden Bindungspartnern an. Die Differenz der Elektronegativität ΔEN ist null. Der Bereich der

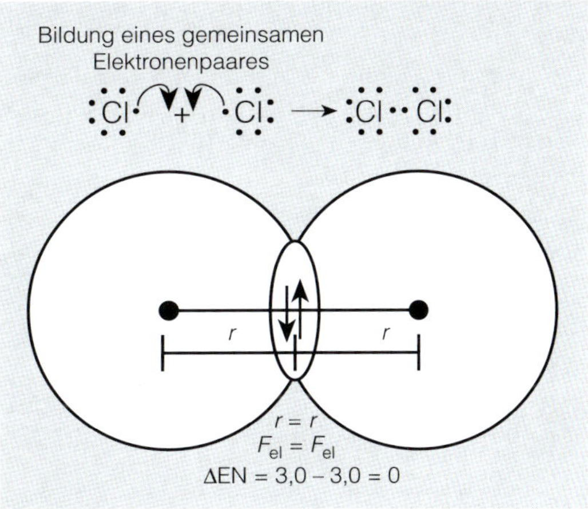

Abb. 7-9
Bildung und Aufenthaltswahrscheinlichkeit eines gemeinsamen Elektronenpaares am Beispiel des Chlormoleküls

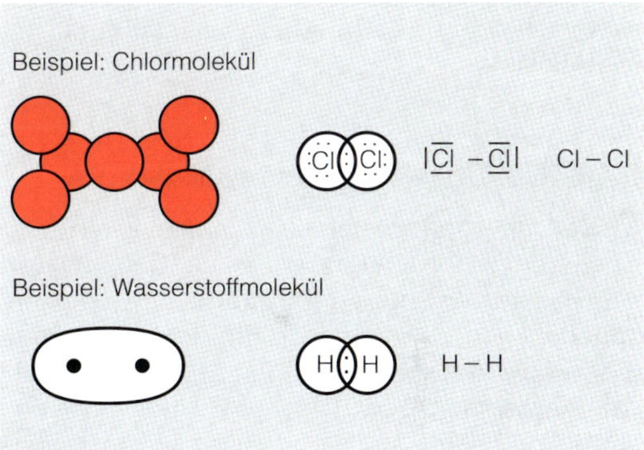

Abb. 7-10
Verschiedene Darstellungsmöglichkeiten der Elektronenverhältnisse in unpolaren Molekülen am Beispiel des Chlors und Wasserstoffs

Aufenthaltswahrscheinlichkeit ist in der Mitte der Kernverbindungslinie anzunehmen. Deshalb ist die Bindung nicht polarisiert, sie ist **unpolar** (Abb. 7-8 bis Abb. 7-10).

Zur Symbolisierung der Elektronenverhältnisse werden die bindenden und die nicht an der Bindung beteiligten **nichtbindenden** Elektronenpaare auch durch Striche an dem Elementzeichen angegeben. Die Darstellungen in Abb. 7-10 sind gleichbedeutend. Häufig werden nur die **bindenden** Elektronenpaare eingezeichnet.

Die Elemente der 7. Hauptgruppe und Wasserstoff bilden unpolare Moleküle mit einem gemeinsamen Elektronenpaar (einbindige Moleküle). Die Elemente Sauerstoff und Stickstoff besitzen zwei bzw. drei Elektronenlücken. Sie erreichen ein Elektronenoktett auf der äußeren Schale durch Bildung von

zwei bzw. drei gemeinsamen Elektronenpaaren (Abb. 7-11).
Die genannten Elemente kommen als Molekül vor. Sie müssen deshalb auch durch Molekülsymbole gekennzeichnet werden: H_2, N_2, O_2, F_2, Cl_2, Br_2, I_2 **(HNO-Regel).**

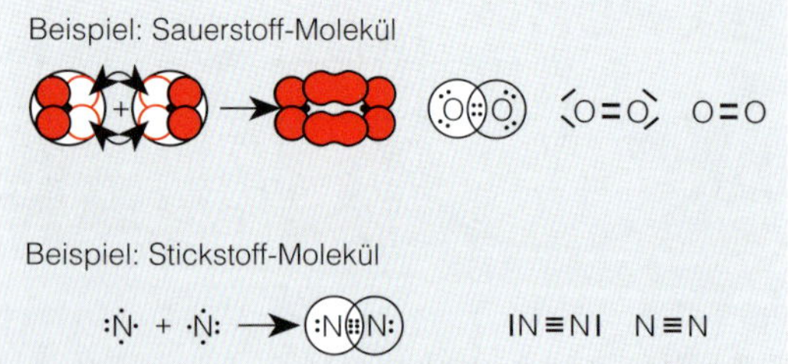

Abb. 7-11
Verschiedene Darstellungsmöglichkeiten für die Bildung gemeinsamer Elektronenpaare bzw. der Elektronenverhältnisse am Beispiel des Sauerstoffs und Stickstoffs

7.4.3 Bindigkeit unpolarer Moleküle

Bei der unpolaren Atombindung kann man nicht von einer Wertigkeit der Atome sprechen. Dafür benutzt man besser den Begriff der **Bindigkeit:** Es wird angegeben, wie viel gemeinsame Elektronenpaare (gemeinsame Kugelwolken) ein Atom ausgebildet hat. Wasserstoff, Fluor, Chlor sind einbindig in den Molekülen gebunden, Sauerstoffatome sind zweibindig, Stickstoffatome dreibindig und Kohlenstoffatome vierbindig untereinander gebunden.

7.4.4 Bindungsenergie und Gitterenergie unpolarer Stoffe

Bei der unpolaren (und auch polaren) Atombindung muss zwischen der Bindungsenergie (Anziehung der Atome im Molekül) und der Gitterenergie (Anziehung der Moleküle untereinander im festen Zustand) unterschieden werden.
Die **Bindungsenergie** bringt zum Ausdruck, welcher Energiebetrag aufzubringen ist, um $6{,}022 \cdot 10^{23}$ einfache, doppelte oder dreifache Atombindungen (d. h. Moleküle in Atome) aufzuspalten. Der Betrag der Bindungsenergie hängt von den gebundenen Atomarten, vom Abstand der Teilchen und von der Anzahl der Bindungen zwischen den Bindungspartnern ab (vgl. Übersicht 7-6, Seite 118). Die **Gitterenergie** von Stoffen mit Atombindung ist der Energiebetrag, der (bei 0 K) ein Mol Moleküle im Kristall zusammenhält.

7.4.5 Struktur von unpolaren Stoffen im festen Zustand – Molekülgitter

Die Nichtmetalle sind im festen Zustand kristallin geordnet. Auf den Gitterplätzen befinden sich H_2-, F_2-, O_2-, N_2-Moleküle usw. Man bezeichnet diesen Ordnungzustand als **Molekülgitter** (Abb. 7-12). Die Anziehungskräfte bzw. Bindungsenergien innerhalb des Moleküls sind groß ($10^2 \ldots 10^3$ kJ · mol^{-1}). Zwischen den Molekülen besteht eine geringe Gitterenergie. Diese Stoffe sind deshalb unter Normalbedingungen gasförmig oder leicht verdampfbar (Brom, Iod) bzw. leicht schmelzbar (Schwefel, Phosphor). Schwefel besitzt ein Molekülgitter mit ringförmigen S_8-Molekülen. Die Ringe sind gewinkelt und liegen im Kristall übereinandergestapelt (Abb. 7-13).

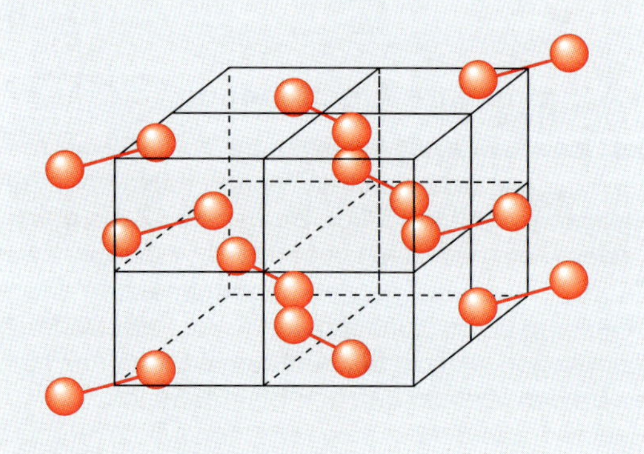

Abb. 7-12 **Molekülgitter des Iod**

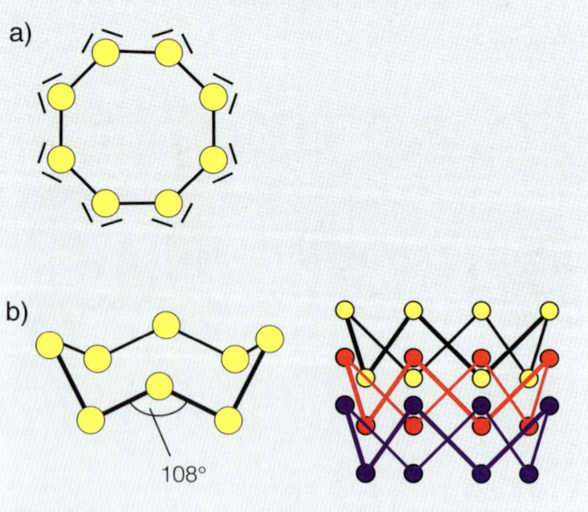

Abb. 7-13
Anordnung der Schwefelatome; S_8-Moleküle
a) von oben,
b) von der Seite betrachtet

Kohlenstoff ist ein Element der 4. Hauptgruppe. Seine Atome besitzen vier Valenzelektronen bzw. vier einfach besetzte Kugelwolken. Durch Spinkopplung

Abb. 7-14
Überlappung der L-Schalen beim Kohlenstoff (flächenhafte Darstellung)

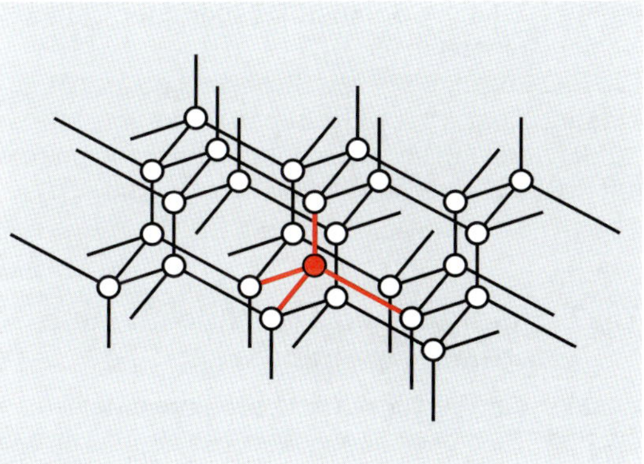

Abb. 7-15
Diamantstruktur (die farbig hervorgehobene Anordnung verdeutlicht die Vierbindigkeit der Atome)

mit vier Nachbaratomen werden gemeinsame Elektronenpaare und Elektronenoktetts gebildet. Die Schalen der Atome durchdringen sich in der Bindung (Abb. 7-14). Dadurch sind letztlich alle Atome eines Kristalls zu einem „Riesenmolekül" vereinigt. Dieser Gittertyp wird speziell als **Diamantgitter** bezeichnet (Abb. 7-15). Auch Silicium und Germanium kristallisieren in dieser Struktur. Es ist ein Atomgitter mit großer Gitterenergie. Daraus erklärt sich beispielsweise die hohe Härte von Diamant, die von keinem anderen Stoff überboten wird.
Nahezu unpolar ist auch die Bindung zwischen Kohlenstoff und Wasserstoff (C–H-Bindung), weil sich diese Elemente in ihren Elektronegativitäten nur wenig unterscheiden. Die Differenz beträgt nur 0,3. Die Bindung beider Elemente tritt besonders häufig in organischen Verbindungen neben der Bindung von Kohlenstoffatomen untereinander auf. Beispielsweise kann man Kohlenwasserstoffmoleküle wie Methan, Polyethylen oder Polypropylen als unpolare Verbindungen ansehen:

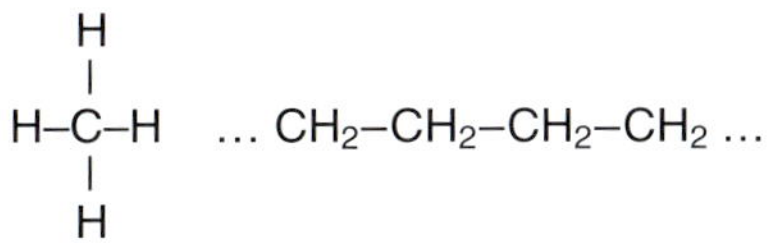

Methan Polyethylen

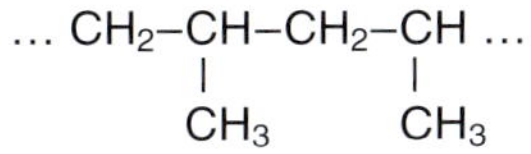

Polypropylen

Unpolare organische Stoffe haben ein Molekülgitter. Die geringen Kräfte zwischen den Teilchen äußern sich in niedrigen Schmelz- und Siedetemperaturen.

7.4.6 Polare Atombindung

Die polare oder polarisierte Atombindung bildet sich zwischen den Atomen verschiedener Nichtmetalle aus.

Dabei überlappen sich bei der Spinkopplung Kugelwolken, die nur mit einem Elektron besetzt sind, in gleicher Weise, wie das bei der unpolaren Atombindung der Fall ist. Der Unterschied besteht nur darin, dass die halbgefüllten Kugelwolken verschiedenen Nichtmetallatomen angehören (Abb. 7-16).

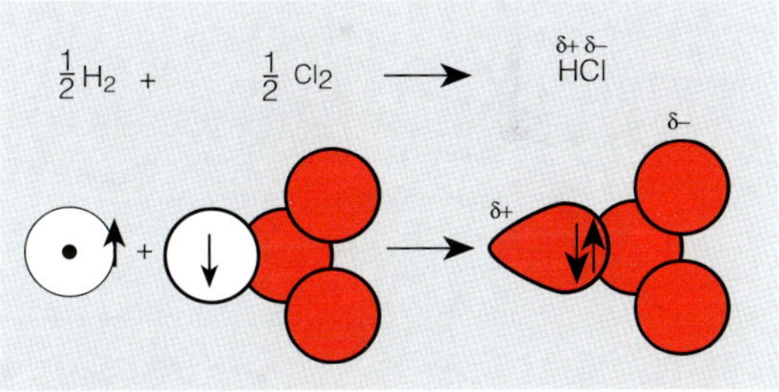

Abb. 7-16
Überlappung der halbbesetzten Kugelwolken bei der Spinkopplung am Beispiel der Bildung von Chlorwasserstoff

Infolge der Radienunterschiede wirken unterschiedliche elektrische Kräfte auf die gemeinsam gebildeten Elektronenpaare, es kommt jedoch nicht zur Abtrennung von Elektronen. Die Elektronegativitätsdifferenz ΔEN der Nichtmetallatome mit polarer Atombindung ist größer 0 und kleiner 1,7. Dadurch wird das Elektronenpaar in Richtung des kleineren, elektronegativeren Atoms verschoben, d. h., die Bindung wird polarisiert. Das äußert sich in der Deformation der gemeinsamen Kugelwolke (Abb. 7-16). Das elektronegativere Element erhält eine negative Teilladung (Zeichen δ^-), das weniger elektronegative Element eine positive Teilladung (Zeichen δ^+).

Die Elektronendichteverteilung im Molekül von Hydrogenfluorid HF (Abb. 7-17 a) zeigt zum einen die Abgegrenztheit der Teilchen voneinander, zum anderen die starke Annäherung des Wasserstoffatoms an das Fluoratom sowie die Polarisierung der Bindung (höhere Elektronendichte bei F). Auch im Stickstoffmolkül N_2 lassen sich selbstständige Teilchen erkennen, jedoch ist die Bindung unpolar und die Elektronendichte ist symmetrisch um beide Atomkerne verteilt (Abb. 7-17 b).

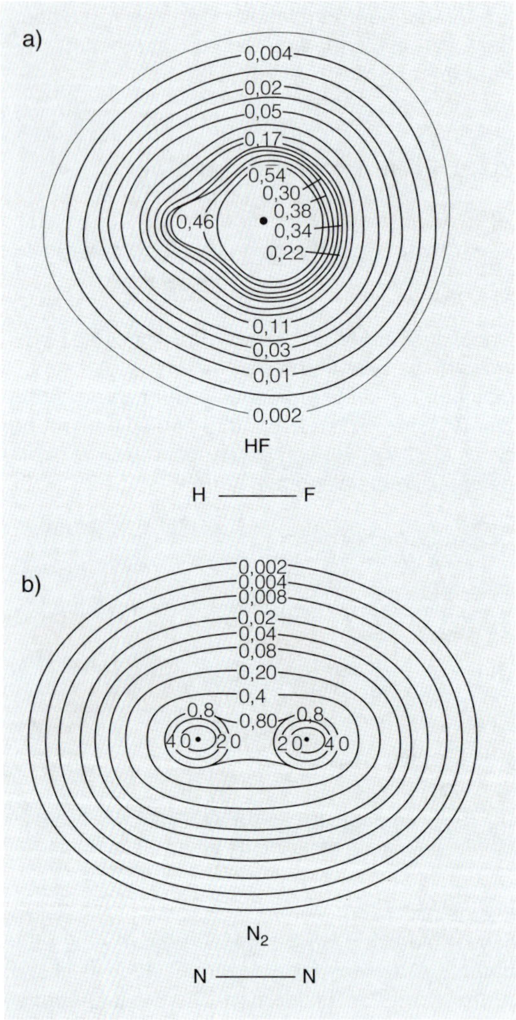

Abb. 7-17
Elektronendichteverteilung im HF- (a) und N_2-Molekül (b) (Längsschnitte)

Aufgabe Begründen Sie mithilfe der Anzahl der Valenzelektronen und der Atomradien (Abb. 6-6), weshalb sich verschiedene Nichtmetalle untereinander nur polarisieren, jedoch keine Ionenbeziehung eingehen!

Die polarisierte Atombindung ist somit zwischen der Ionenbeziehung und der reinen Atombindung einzuordnen. Verbindungen mit typisch polaren Molekülen sind beispielsweise:

	Wasser	Ammoniak	Schwefelwasserstoff
	$\delta^+\delta^-$	$\delta^-\delta^+$	$\delta^+\delta^-$
	H_2O	NH_3	H_2S
ΔEN	1,3	0,8	0,3
	Chlorwasserstoff	**Kohlenstofftetrachlorid**	**Phosphorpentachlorid**
	$\delta^+\delta^-$	$\delta^+\delta^-$	$\delta^+\delta^-$
	HCl	CCl_4	PCl_5
ΔEN	0,8	0,5	0,9

Die polare Atombindung tritt auch in Molekülen vieler organischer Stoffe auf, vor allem in solchen, in denen Stickstoff, Sauerstoff, Fluor oder Chlor an Kohlenstoff gebunden ist.
Die Bindungsenergie von Stoffen mit polarer Atombindung liegt in der Größenordnung von 10^2 ... 10^3 kJ · mol^{-1}. Die Verbindungen besitzen im festen Zustand ein Molekülgitter.

7.4.7 Bindigkeit polarer Moleküle und formale Oxidationszahl

Anstelle der Wertigkeit wird bei polaren Molekülen auch die Bindigkeit angegeben. Sie ergibt sich wie bei der unpolaren Atombindung aus der Anzahl der gemeinsam gebildeten Elektronenpaare. Wasserstoff kann nur ein Elektronenpaar ausbilden. Die Nichtmetalle der 2. Periode gehen so viele Bindungen ein, dass ein Oktett aus bindenden und nichtbindenden Elektronenpaaren entsteht:

1. Beispiel: Kohlenstoffdioxid

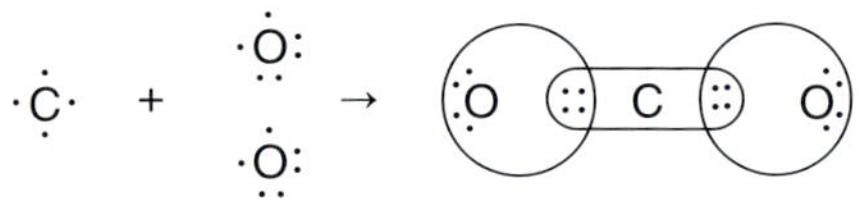

bzw. 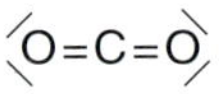

2. Beispiel: Wasser

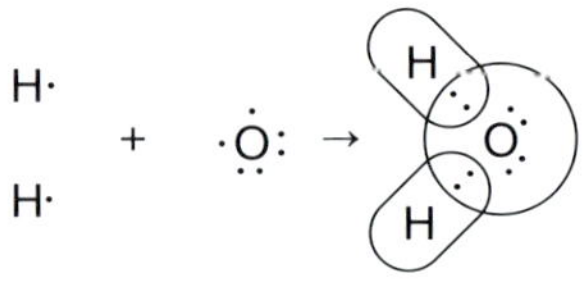

bzw. 

Da Wasserstoff und Sauerstoff normalerweise molekular vorkommen, ergibt sich als Summengleichung für beide Reaktionen:

1) $C + O_2 \rightarrow CO_2$
2) $H_2 + {}^1/_2\, O_2 \rightarrow H_2O$
bzw.
$2\,H_2 + O_2 \rightarrow 2\,H_2O$

Für Nichtmetalle der 3. Periode sind auf der M-Schale nicht nur Elektronenbesetzungen mit 4, sondern auch mit mehr Elektronenpaaren stabil:

1. Beispiel: Schwefeldioxid

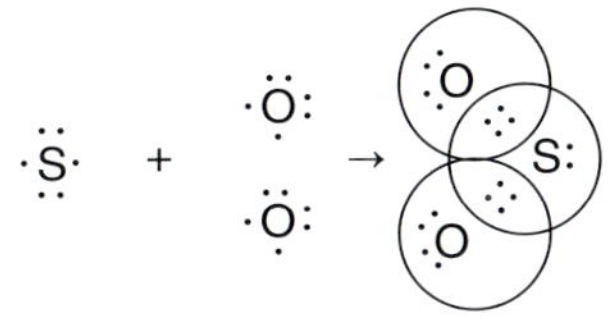

bzw.

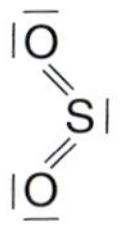

Schwefel: vierbindig, 10er-Konfiguration
Sauerstoff: zweibindig, Oktett

2. Beispiel: Schwefeltrioxid

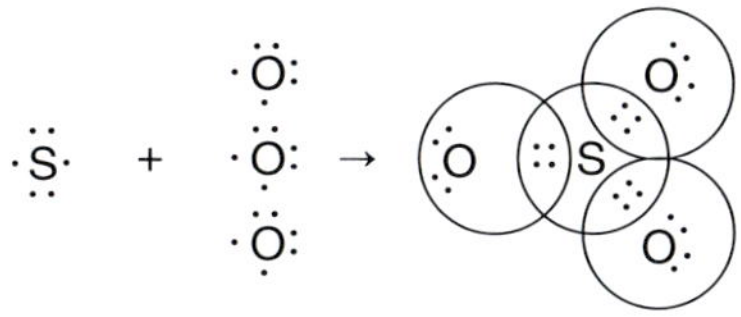

bzw.

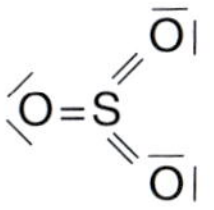

Schwefel: sechsbindig, 12er-Konfiguration
Sauerstoff: zweibindig, Oktett

Die Summengleichungen lauten:

1) $S + O_2 \rightarrow SO_2$
2) $S + {}^3/_2\, O_2 \rightarrow SO_3$
bzw.
$2\,S + 3\,O_2 \rightarrow 2\,SO_3$

Zusätzlich zur Bindigkeit kann polaren Verbindungen formal eine Oxidationszahl gegeben werden. Dazu muss man die Verbindung gedanklich in Ionen zerlegen und die Elektronen dem elektronegativeren Element zuordnen. Für die folgenden Verbindungen ergeben sich die genannten Oxidationszahlen:

H_2O NH_3	H_2S HCl	CCl_4
Wasserstoff I+	Stickstoff III–	Chlor I–
Sauerstoff II–	Schwefel II–	Kohlenstoff IV+

Die Oxidationszahl bietet auch Vorteile bei der Benennung (Nomenklatur) der Verbindungen. Bilden zwei Elemente mehrere Verbindungen, so wird die Oxidationszahl im Namen nach dem betreffenden Element eingeschoben:

SO_2 Oxidationszahl des Schwefels IV+, Schwefel(IV)-oxid oder Schwefeldioxid (nach der stöchiometrischen Zusammensetzung).

SO_3 Oxidationszahl des Schwefels VI+, Schwefel(VI)-oxid oder Schwefeltrioxid (nach der stöchiometrischen Zusammensetzung).

Aufgabe

Welche Oxidationszahl besitzt Phosphor in den Verbindungen PCl_3 und PCl_5?
Wie bezeichnet man diese Verbindungen?

Zusammenfassend lässt sich zur Ionenwertigkeit und Bindigkeit feststellen:

Wie die Ionenwertigkeiten ergeben sich auch die Bindigkeiten der Elemente aus der Stellung im Periodensystem. Bei den Nichtmetallen bestimmt die Anzahl der Elektronenlücken, wie viel Elektronen in die letzte Schale aufgenommen bzw. wie viel Elektronenpaare in der Verbindung gebildet werden. Bei den Metallen gibt die Zahl der Valenzelektronen an, welche positive Überschussladung die Ionen annehmen können.

Außer den maximal möglichen Werten sind in Verbindungen auch niedrigere Stufen anzutreffen, wie Übersicht 7-4 zeigt:

Häufige Ionenwertigkeiten und Bindigkeiten der Hauptgruppenelemente

Hauptgruppe	I	II	III	IV	V	VI	VII
Ionenwertigkeit/-ladung	1+	2+	3+	4–	3–	2–	1–
häufige Bindigkeiten (bzw. Oxidationszahlen)				4 (IV+) 2 (II+)	5 (V+) 3 (III+)	6 (VI+) 4 (IV+) 2 (II+)	7 (VII+) 5 (V+) 3 (III+) 1 (I+)

Übersicht 7-4

Bei den Nebengruppenelementen werden meist nicht alle Wertigkeitsstufen erreicht, die der Gruppennummer entsprechen.

> **Aufgabe**
> Stellen Sie die Strukturformel (Lewis-Formel) für folgende Verbindungen auf und schreiben Sie die Bindigkeit und die formale Oxidationszahl der Elemente auf: Phosphorpentoxid P_2O_5, Phosphortrioxid P_2O_3, Siliciumdioxid SiO_2, Kohlenstoffdisulfid CS_2, Schwefelhexachlorid SCl_6!

7.4.8 Gestalt von Molekülen

Die Gestalt von Molekülen hängt von der Anzahl der Kugelwolken bzw. Elektronenpaare ab, die sich auf der letzten Schale befinden. Einerseits werden die Elektronenpaare vom Atomkern angezogen. Andererseits stoßen sich die Elektronenpaare, die gemeinsam an einen Kern gebunden sind, auf Grund der gleichnamigen Ladung gegenseitig ab und entfernen sich so weit wie möglich räumlich voneinander. Somit ergeben sich die in Abb. 7-18 und 7-19 aufgeführten geometrischen Formen bzw. bestimmte **Bindungswinkel.**

Das Wasserstoffmolekül besitzt nur ein Elektronenpaar, es ist folglich linear gebaut (Abb. 7-19 a). Eine gleiche Gestalt haben die zweiatomigen Moleküle von Fluor, Chlor, Sauerstoff oder Chlorwasserstoff u. a. In diesen Molekülen sind aber neben bindenden auch nichtbindende Elektronenpaare vorhanden, die ebenfalls Einfluss auf die Molekülgestalt nehmen. So bewirkt im Chlormolekül ein Elektronenpaar die Bindung und jedes Atom besitzt drei nichtbindende Elektronenpaare. Die vier Kugelwolken füllen den Raum um die Kerne in tetraedrischer Anordnung aus (Abb. 7-19 b und c; Anmerkung: Die Kugelwolken bzw. Elektronenpaare werden wegen der besseren Übersichtlichkeit durch Striche symbolisiert).

> **Aufgabe**
> Die tetraedrische Anordnung der Bindungen und der Bindungspartner wurde bereits bei der Angabe der Diamantstruktur des Kohlenstoffs in Abb. 7-15 berücksichtigt. Überlegen Sie, in welcher Weise die Elektronenpaare in den S_8-Molekülen des Schwefels den Raum um die Atomkerne füllen (Abb. 7-13).

Das **Modell der Elektronenpaarabstoßung** ist auch auf polare Verbindungen übertragbar. Bortrifluorid BF_3 hat nur drei bindende Elektronenpaare und nimmt deshalb eine ebene Struktur an (Abb. 7-19 d). Alle Moleküle mit vier gleichen Partnern an

Anzahl der Elektronenpaare	Ausrichtung der Bindungen (Elektronenpaare)	geometrische Form des Moleküls	Beispiele
1 und 2	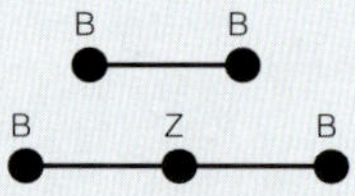	linear (gestreckt)	H_2, HF, HCl, CO_2
3	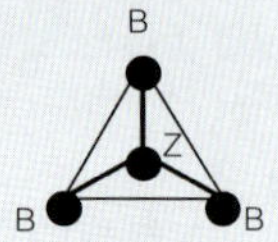	eben (trigonal)	BF_3, BH_3
4	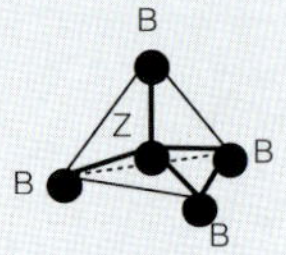	tetraedrisch	CH_4, CCl_4, $SiCl_4$ mit freien Elektronenpaaren: NH_3, H_2O, H_2S
5	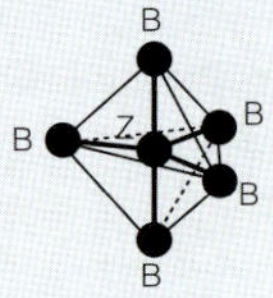	hexaedrisch	PCl_5
6	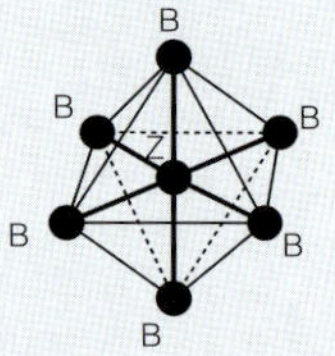	oktaedrisch	SF_6

Z = Zentralatom
B = Bindungspartner

Abb. 7-18
Abhängigkeit der Molekülform von der Anzahl der Elektronenpaare (bindende und nichtbindende Paare)

einem Zentralatom wie z. B. Methan CH_4, Siliciumwasserstoff SiH_4, Tetrachlorkohlenstoff CCl_4, Siliciumtetrachlorid $SiCl_4$ sind tetraedrisch gebaut (Abb. 7-19 e und f).

Besonders wichtig wegen seiner Bedeutung als Lösungsmittel ist der Bau des Wassermoleküls. Der Sauerstoff besitzt zwei bindende und zwei nichtbindende Elektronenpaare, die in die Ecken eines unregelmäßigen Tetraeders zeigen (Abb. 7-20). Dadurch ergibt sich zwischen den drei Atomen des Moleküls ein Winkel von 104,5° (Abb. 7-19 h). Schwefelwasserstoff besitzt einen ähnlichen Bau (Abb. 7-20). Im Ammoniak NH_3 sind drei bindende und ein nichtbindendes Elektronenpaar vorhanden (Abb. 7-20). Deshalb wird ebenfalls eine Tetraederstruktur angestrebt (Abb. 7-19 g und Übersicht 7-5).

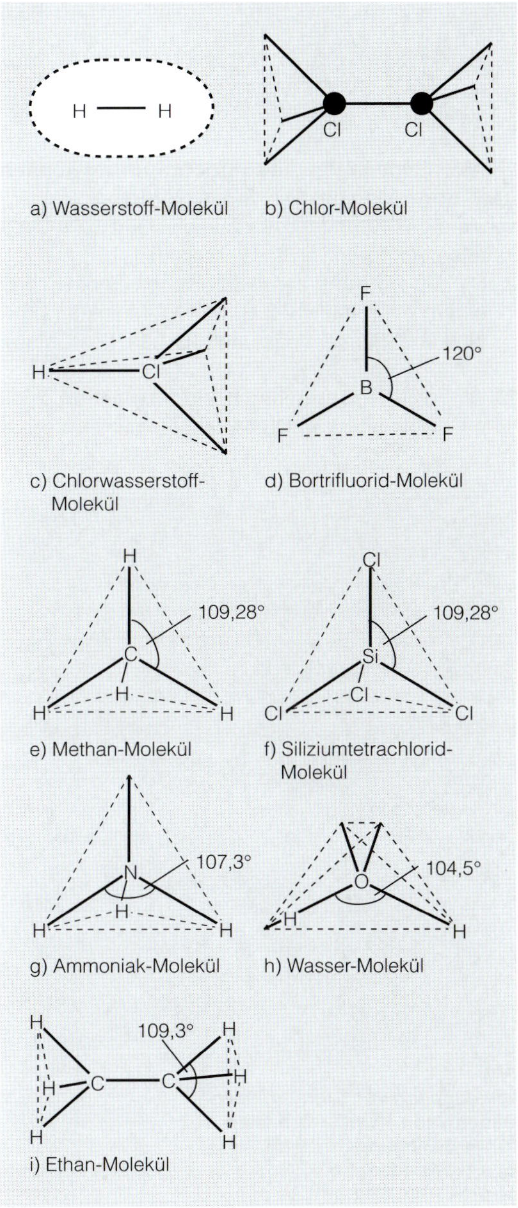

Abb. 7-19
Gestalt unpolarer und polarer Moleküle

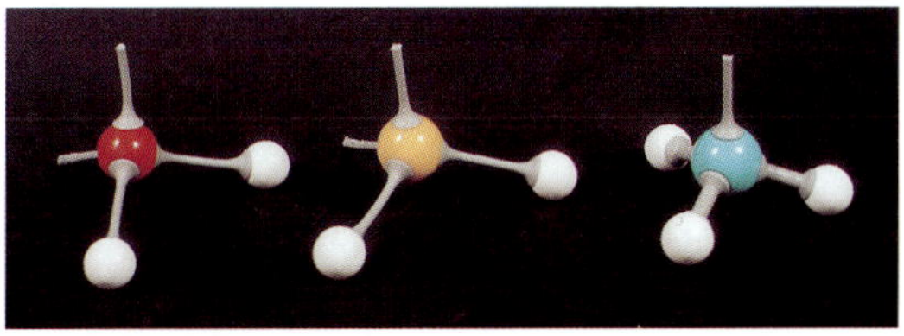

Abb. 7-20
Molekülmodelle von Wasser, Schwefelwasserstoff und Ammoniak mit Berücksichtigung der nichtbindenden Elektronenpaare

Bindungswinkel in Molekülen

Stoff	Winkel zwischen Bindungspartnern	Winkel
H_2O	H–O–H	104,5°
H_2S	H–S–H	92°
NH_3	H–N–H	107,5°
Kohlenwasserstoffe	H–C–C	109° (KZ = 4)
	H–C–H	109° (KZ = 4)
Benzen	C–C–C	120° (KZ = 3)

Übersicht 7-5

> **Aufgabe**
> Zeichnen Sie die räumliche Struktur der Moleküle in den Verbindungen Phosphortrichlorid PCl_3, Phosphorpentachlorid PCl_5 und Schwefelhexafluorid SF_6! Die freien Elektronenpaare am Chlor- und Fluoratom brauchen nicht berücksichtigt zu werden.

Die bisher an kleinen Molekülen dargestellten Verhältnisse findet man auch bei größeren Molekülen sowie bei den so genannten Komplexionen vor (Sulfat-Ion SO_4^{2-}, Phosphat-Ion PO_4^{2-}, Permanganat-Ion MnO_4^{1-} u. a.).

> **Aufgabe**
> Geben Sie den räumlichen Bau der genannten Komplexionen an!

Die **Koordinationszahl** beträgt für Kohlenstoff in Diamant, Methan, Ethan, Tetrachlorkohlenstoff jeweils 4, für Bor in Bortrifluorid 3, für Schwefel im Sulfat-Ion 4 und im Schwefelhexafluorid 6.

7.4.9 Bindungslänge und Bindungsenergie in Molekülen

Der Abstand zwischen zwei Atomkernen in einem Molekül wird als **Bindungslänge** (Bindungsabstand) bezeichnet. Er ist abhängig von der Größe der gebundenen Atome sowie von der Anzahl der bindenden Elektronenpaare.
Je größer die Atome sind, desto weiter sind die Atomkerne im Molekül voneinander entfernt. Mit zunehmendem Kernabstand sinkt die **Bindungsenergie,** die bei der Bildung des Moleküls freigesetzt wird (exotherm). Die Bindungsenergie erhält ein negatives Vorzeichen.
Zur Aufspaltung des Moleküls ist der gleiche Energiebetrag notwendig (endotherm). Die so genann-

te **Dissoziationsenergie** wird mit positivem Vorzeichen angegeben.

Cl + Cl – Bindungsenergie → Cl_2

Cl_2 + Dissoziationsenergie → Cl + Cl

Die Kernabstände in den Molekülen Cl_2, Br_2 und I_2 nehmen in der angegebenen Reihenfolge zu. Die Dissoziationsenergien nehmen ab (vgl. Übersicht 7-6). In den Wasserstoffverbindungen der Halogene von Hydrogenfluorid HF bis Hydrogeniodid HI nimmt die Dissoziationsenergie ebenfalls ab, weil sich die Atomdurchmesser von Fluor bis Iod vergrößern.

Bindungslänge und Dissoziationsenergie

Stoff	Bindungslänge in pm	mittlere Dissoziationsenergie in kJ · mol^{-1}
Cl–Cl	199	232
Br–Br	228	192
I–I	266	151
H–H	74	435
O=O	124	498
N≡N	115	715
C–C	154	368
C=C	134	720
C≡C	120	962
H–F	92	562
H–Cl	127	432
H–Br	141	367
H–I	161	299

Übersicht 7-6

Gegenüber Einfachbindungen verringert sich bei Doppel- und Dreifachbindung der Abstand der Atomkerne (vgl. z. B. die Kohlenstoffbindungen in Übersicht 7-6). Durch die stärkere Wechselwirkung vergrößern sich Bindungs- und Dissoziationsenergie.

7.4.10 Deutung der Atombindung mithilfe des Orbitalmodells

Bei der Atombindung überlappen sich die einfach besetzten Orbitale der Atome, wenn Elektronenpaare gebildet werden (Abb. 7-21). Man bezeichnet diese Vorstellung als Valenz-Bindungs-Methode (VB-Methode).

Bei der Atombindung entstehen aus Atomorbitalen Molekülorbitale.

Man gelangt zu ähnlichen Vorstellungen wie beim Durchdringen der Kugelwolken nach KIMBALL (vgl. Abschnitt 7-4). Je größer die Überlappung der Orbitale ist, desto stabiler ist die Bindung, da sich der Kernabstand verringert.

Die Atombindungen mit **Einfachbindung** können nach drei Fällen unterschieden werden:

1. die **s-s-Bindung** existiert, wenn sich zwei s-Orbitale überlagern wie im H_2-Molekül (Abb. 7-21 a).
2. Die **s-p-Bindung** besteht zwischen einem s- und einem p-Orbital wie z. B. im HCl-Molekül (s-Orbital des Wasserstoffs und p-Orbital des Chlors; Abb. 7-21 b).
3. Die **p-p-Bindung** bildet sich zwischen zwei p-Orbitalen wie im Cl_2-Molekül (Abb. 7-21 c).

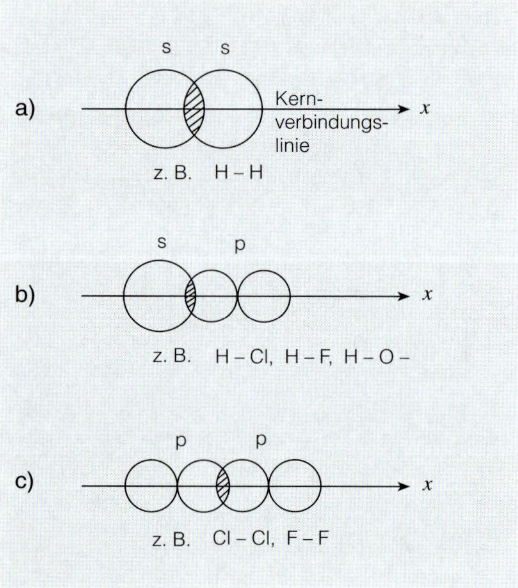

Abb. 7-21
Überlappung von Atomorbitalen – Bildung von Molekül-Orbitalen
a) s-s-σ-Bindung
b) s-p-σ-Bindung
c) p-p-σ-Bindung

Gemeinsam ist allen drei Fällen, dass die Durchdringung der Orbitale auf der Kernverbindungslinie erfolgt.

Aufgabe
Geben Sie für folgende Verbindungen die Orbitale an, die an der Ausbildung von σ-Bindungen beteiligt sind:
H_2S, HBr, F_2, H_2O, CH_4, CCl_4.

Orbital-Überlappungen, die auf der Kernverbindungslinie liegen, sind **σ-Bindungen** (Sigma-Bindungen).

Bei Doppel- und Dreifachbindung, z. B. bei O=O, C=C, N≡N, C≡C, sind die p-p-Bindungen nicht gleichartig. Den Raum auf der Kernverbindungslinie kann nur eine Bindung einnehmen. Definitionsgemäß wird sie auf der x-Achse eingeordnet (p_x-p_x-Bindung) und ist eine σ-Bindung. Für die zweite und evtl. dritte vorhandene Bindung steht nur der Raum oberhalb und unterhalb bzw. seitlich der Kernverbindungslinie zur Verfügung. Die p_y- (bzw. p_z-) Orbitale können sich nur zu Molekülorbitalen in paralleler Orientierung überlappen, wie in Abb. 7-22 gezeigt ist. Eine solche Bindung wird **π-Bindung** genannt.

> π-Bindungen (Molekülorbitale) liegen oberhalb und unterhalb bzw. seitlich (vor oder hinter) der Kernverbindungslinie.
> σ-Bindungen sind energieärmer und somit stabiler als π-Bindungen.

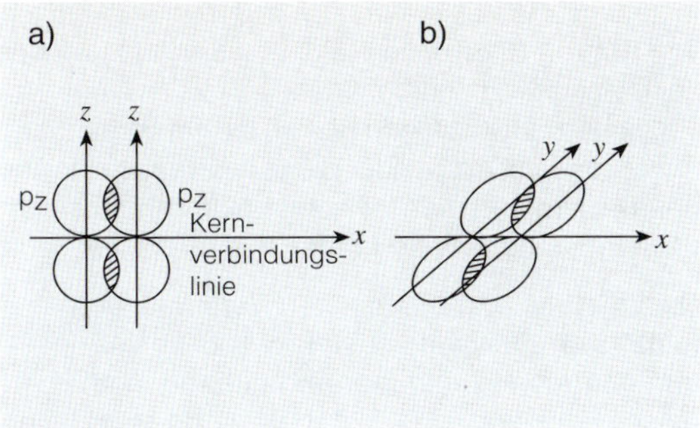

Abb. 7-22
π-Bindungen
a) zwischen zwei p_z-Atomorbitalen und
b) zwischen zwei p_y-Atomorbitalen

Ungesättigte Kohlenstoff-Wasserstoff-Verbindungen mit C=C-Doppelbindungen enthalten zwischen den Kohlenstoffatomen eine σ- und eine π-Bindung

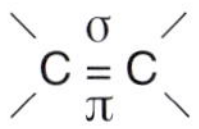

und C≡C-Dreifachbindungen sowie das N_2-Molekül eine σ- und zwei π-Bindungen. Beim O_2-Molekül ist die π-Bindung z. T. in zwei ungepaarte Elektronen aufgespalten. Sauerstoff ist danach ein **Diradikal.** Daraus erklärt sich seine Reaktionsfähigkeit. Stickstoff ist durch Dreifachbindung und den dadurch bedingten kleinen Bindungsabstand sehr stabil und reaktionsträge.

Die Überlappung der Orbitale ist für die Aufklärung der Bindungen in Stoffen mit Atombindung aufschlussreich. An erster Stelle sind hier die organischen Verbindungen zu nennen (vgl. Abschnitte 5.4.10 und 14.3).

> **Aufgabe**
> In den Abbildungen 7-7 bis 7-9, 7-11 und 7-17 wurde die Bildung von gemeinsamen Elektronenpaaren mithilfe des Kugelwolken-Modells demonstriert. Veranschaulichen Sie mit Skizzen die Elektronenkombinationen mittels der Orbital-Modelle!

7.5 Metallbindung

Die hohen Schmelztemperaturen vieler Metalle, deren Härte und Zugfestigkeit deuten darauf hin, dass zwischen den Atomen Bindungsenergien in der Größenordnung primärer Bindungen existieren und Coulomb-Kräfte für den Stoffzusammenhalt angenommen werden müssen.

Auch in reinen Metallen und in Metalllegierungen neigen die Atome zur Elektronenabgabe. Es ist jedoch kein Nichtmetall vorhanden, das die Elektronen aufnehmen könnte, sodass sich die primäre Bindung anders vollzieht als in Gegenwart eines Elektronenacceptors.

Metallatome existieren nur im Metalldampf. Nähern sich die Atome bei Abkühlung auf atomare Abstände wie in Schmelzen oder im Kristallgitter, so spaltet sich im Mittel ein Valenzelektron je Atom ab:

$$Me^{\pm 0} \rightarrow Me^{1+} + 1\,e^-$$

bzw. für ein Mol n:

$$n\,Me^{\pm 0} \rightarrow \underset{\text{Atomrümpfe}}{n\,Me^{1+}} + \underset{\text{„Elektronengas"}}{n\,e^-}$$

Aus den Atomen entstehen positiv geladene Atomrümpfe, sie ordnen sich auf den Gitterplätzen an. Die abgespaltenen Elektronen bilden das so genannte **„Elektronengas".** Sie verteilen sich zwischen den Atomrümpfen. Ihr Aufenthaltsraum, in dem sie „frei" beweglich sind, ist der gesamte Gitterverband des Metallkörpers. Die Elektronen unterliegen einer ungeordneten Wärmebewegung (Abb. 7-23, Seite 120). Mehr als ein Elektron je Atom geht nicht in das Elektronengas über, weil dafür mehr Energie notwendig ist bzw. höher geladene Atomrümpfe sofort wieder Elektronen einfangen. Die Ladungen zwischen Atomrümpfen und „Elektronengas" gleichen sich im gesamten Metallkörper aus, sodass das Metall nach außen neutral erscheint. Die elektrostatischen Kräfte zwischen ihnen bewirken den Zusammenhalt des Metalls.

> Diese Wechselwirkung zwischen Atomrümpfen und Elektronengas in Metallen wird als Metallbindung bezeichnet.

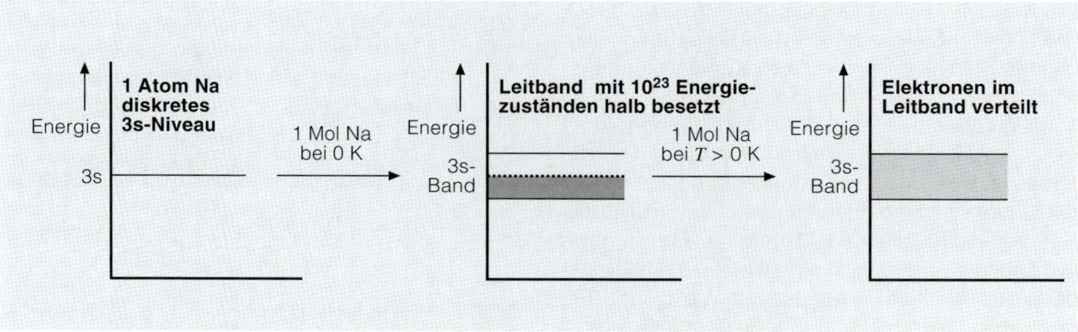

Abb. 7-23 Überlagerung diskreter Energie-Niveaus zum Energieband beim Natrium

Für die Erklärung der Metalleigenschaften wird das **Bändermodell** benutzt. Wenn Metallatome ein Kristallgitter bilden, beeinflussen sich die Elektronen durch Wechselwirkung. Die Elektronen unterscheiden sich natürlich nach dem PAULI-Prinzip alle in ihrer Energie. Für ein Mol Atome müssen für die Elektronen des Elektronengases auch „ein Mol Energiestufen" zur Verfügung stehen.

Als Beispiel sollen die 3s-Elektronen von einem Mol Natrium-Atomen betrachtet werden: alle 3s-Elektronen beeinflussen sich gegenseitig. Dadurch überlagern sich die 3s-Niveaus der einzelnen Atome zu einem **Energieband.** Dieses enthält Energiestufen, die auf das Engste übereinander liegen. Es bedarf nur geringster Energieanregung, damit ein Elektron innerhalb des Bandes seinen Platz wechseln kann.

Das 3s-Niveau kann bei einem einzelnen Atom 2 Elektronen aufnehmen, bei einem Mol Atomen somit zwei Mol Elektronen im Energieband. Das Natrium besitzt jedoch nur ein Valenzelektron pro Atom bzw. ein Mol Elektronen im Elektronengas. Also ist das Band ohne Anregung (d. h. bei 0 Kelvin) nur zur Hälfte gefüllt. (Abb. 7-23). Bei energetischer Anregung, z. B. Erwärmung, können sich die Elektronen wegen der geringen Energieunterschiede im gesamten Band, dem so genannten **Leitband** verteilen. Das erklärt die Beweglichkeit der Elektronen im Band und die damit zusammenhängenden Eigenschaften der Metalle.

In analoger Weise erklärt sich z. B. die Leitfähigkeit von Kupfer, Silber und Gold. Für die Deutung der Leitfähigkeit von anderen Metallen gibt es keine wesentlichen Unterschiede bis auf die Tatsache, dass sich s-Niveaus mit p- oder p- mit d-Niveaus zum Teil überdecken und man zwischen Grund- und einem Leitband unterscheiden muss (Abb. 7-24a).

Nichtmetalle und die meisten Verbindungen sind **Isolatoren.** Bei ihnen besteht zwischen voll besetztem Grundband und leerem Leitband eine Energieschwelle von mehr als 4 eV, in der sich keine Elektronen aufhalten dürfen. Sie wird als **verbotene Zone** bezeichnet (Abb. 7-24b). Die Elektronen können diese Zone nicht überspringen. Daraus ergibt sich die Nichtleitung. (Bei hoher Spannung werden den Elektronen „herausgeschlagen". Der Stoff wird durch elektrischen Durchschlag zerstört.)

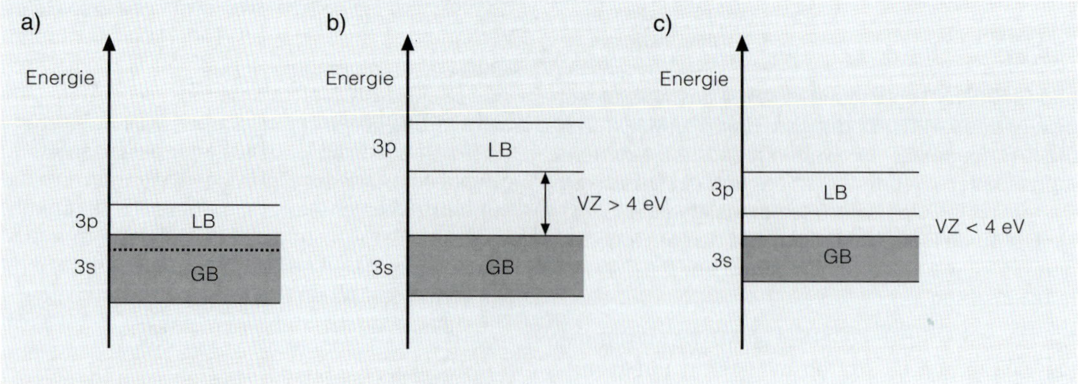

Abb. 7-24 Bänder-Modelle
a) Calcium b) Isolator, z. B. Schwefel c) Halbleiter, z. B. Silicium
(LB = Leitband, GB = Grundband, VZ = verbotene Zone)

Elemente mit den Eigenschaften eines **Halbleiters** besitzen ebenfalls ein gefülltes Grund- und leeres Leitband, jedoch ist die Energieschwelle zwischen ihnen geringer. Sie beträgt bei 0 Kelvin weniger als 4 eV. Einzelne Elektronen gehen bei energetischer Anregung durch Erhöhung der Temperatur in das Leitband über. Daraus erklärt sich die Zunahme der Leitfähigkeit beim Erwärmen des Halbleiters. Durch Zulegieren mancher Elemente in geringerer Menge (Dotieren) wird die Breite der verbotenen Zone verringert (z. B. Dotieren von Silicium mit Bor oder Phosphor).

Auf der Metallbindung beruhen die Metalleigenschaften, wie z. B. die elektrische Leitfähigkeit. Beim Anlegen einer Spannung gehen aus der Spannungsquelle Elektronen in das Metall über. Das „Elektronengas" wird in Richtung des positiven Pols bewegt (Abb. 7-25) und an der Anode verlassen ebenso viele Elektronen wieder den Festkörper. Auch bei der Wärmeleitung übernimmt das „Elektronengas" den Wärmetransport. Bei der Verformung des Metalls werden die positiven Atomrümpfe verschoben. Die beweglichen Elektronen gleichen sofort die Ladungsverschiebung aus.

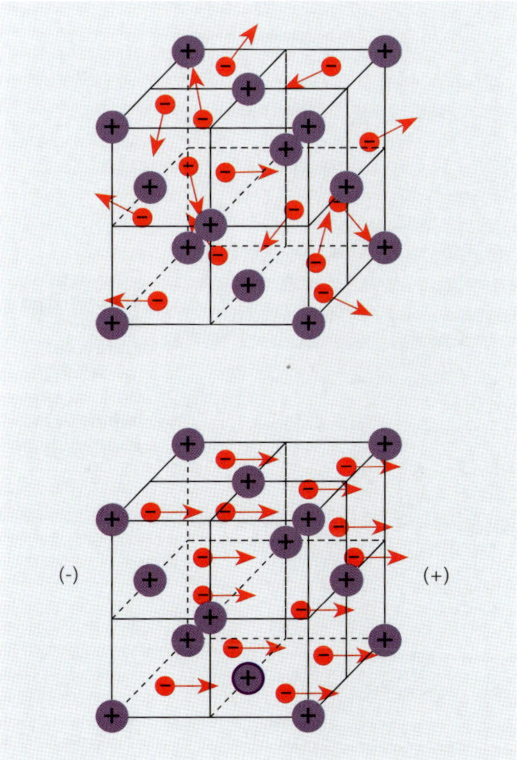

Abb. 7-25
Ungerichtete Wärmebewegung des Elektronengases und der Transport elektrischer Ladungen unter Einfluss des elektrischen Feldes

Wenn in anderen Abschnitten des Buches von Metallatomen im Kristallgitter gesprochen wird, so ist das eine Vereinfachung der realen Verhältnisse.

Auch die Undurchsichtigkeit bzw. der metallische Glanz kommt durch das Elektronengas zustande. Im Unterschied zu den Atomen nehmen die im Metallgitter beweglichen Elektronen auch kleinste Energiequanten auf und geben sie wieder ab. Das eingestrahlte Licht wird dadurch reflektiert. In dünnsten Schichten können so genannte Komplementärfarben entstehen, indem bestimmte Wellenlängen des einfallenden weißen Lichtes absorbiert werden und bei der Reflexion fehlen. So erscheinen dünne Goldschichten auf Gläsern im Durchlicht blau, wenn die Schicht sehr dünn ist. Auf gleiche Weise entstehen die „Farben" der Buntmetalle (Kupfer, Messing, Gold) durch Umwandlung der absorbierten Wellenlängen bzw. deren Energie in Wärme.

7.6 Übergänge zwischen den Bindungsarten

Die primären Bindungen treten in reiner Form nur bei wenigen Stoffen auf. Sie stellen Grenzfälle dar (vgl. Übersicht 7-7).

Primäre Bindungsarten

Bindungsart	Bindungspartner	Elektronegativitätsdifferenz ΔEN
Ionenbeziehung	Metalle + Nichtmetalle	$\geqq 1{,}7$
reine oder unpolare Atombindung	gleiche Nichtmetalle	0
polare Atombindung	verschiedene Nichtmetalle	$<1{,}7$
Metallbindung	gleiche oder verschiedene Metalle	0 oder nahe 0

Übersicht 7-7

Weitaus häufiger überlagern sich die Bindungsarten, sodass man von einer partiellen (teilweisen) Ionenbeziehung und Atombindung spricht. Der Zusammenhang zwischen Atomradius, Elektronegativität und Bindungsart wird deutlich, wenn man beispielsweise die Verbindungen des Chlors mit den anderen Elementen der 3. Periode betrachtet:

	Na	NaCl	$MgCl_2$	$AlCl_3$	$SiCl_4$	PCl_3	SCl_2	Cl_2
ΔEN	0	2,1	1,8	1,5	1,2	0,9	0,5	0
	Metallbindung	Ionenbindung ←		Übergang zwischen		→ polare Atombindung		unpolare Atombindung

Abnahme der Polarität →

← Zunahme der Polarität

Natriumatome (ΔEN = 0) sind untereinander metallisch gebunden, die Chloratome untereinander unpolar nichtmetallisch. Die Beträge für die Elektronegativitätsdifferenz ΔEN nehmen vom NaCl zum SCl_2 hin, also innerhalb der Periode, ab. Damit wandelt sich der Bindungscharakter von der Ionenbindung über die polare Atombindung zur unpolaren Atombindung.

Es sind auch Übergänge zwischen Ionenbindung und Metallbindung sowie zwischen Metallbindung und Atombindung bekannt:

Na Mg Al	Si	P S Cl
Metallbindung → metallische Leiter	Element- oder Elektronenhalbleiter	unpolare Atombindung → Isolatoren

Silicium und Germanium besitzen wenige „frei bewegliche" Elektronen, deren Zahl sich aber mit der Erhöhung der Temperatur vergrößert. Die elektrische Leitfähigkeit nimmt in diesen Fällen mit der Temperatur zu. Ebenso verhalten sich einige Verbindungen wie z. B. Silbersulfid (Ag_2S), Zinksulfid (ZnS), Galliumarsenid (GaAs) und Bleiselenid (PbSe). Bei ihnen besteht neben der Ionenbeziehung ein Anteil metallischer Bindung. Es entspricht den realen Bindungsverhältnissen in den meisten Fällen besser, wenn von einer Mischung der Bindungen ausgegangen wird (Abb. 7-26).

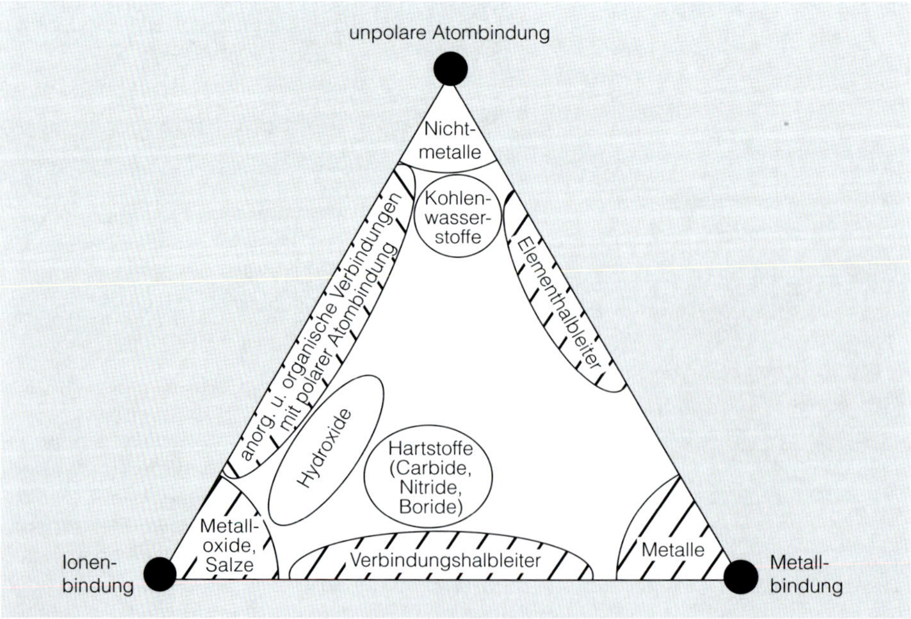

Abb. 7-26 Grenztypen der primären Bindungen und reale (gemischte) Bindungsverhältnisse in Verbindungen

7.7 Aufgaben zur Wiederholung von Kapitel 7

Aufgaben

1. Welche Aussagen enthält das PAULI-Prinzip (-Verbot)?
2. Erläutern Sie, worin das Wesen einer primären chemischen Bindung besteht!
3. Welches Bestreben wird durch die Oktett-Regel ausgedrückt?
4. Wovon hängen COULOMB-Kräfte ab? In welcher Weise wirken COULOMB-Kräfte zwischen Ionen und in Molekülen sowie im Metall?
5. Worin besteht das Wesen der Ionen- und Atombindung?
6. Erklären Sie mithilfe des BOHR'schen Atommodells die Bildung von Ionen beim Verbinden von Kalium und Sauerstoff, Magnesium und Chlor, Aluminium und Sauerstoff.
7. Begründen Sie die Änderungen des Volumens bei dem Übergang Na/Na^+, Mg/Mg^{2+}, Al/Al^{3+}, S/S^{2-} und Cl/Cl^- (Übersicht 7-1)!
8. In welcher Beziehung stehen Stellung eines Elements in der Gruppe des Periodensystems und Ionenwertigkeit?
9. Was ist unter einem Redoxvorgang zu verstehen? Diskutieren Sie dazu (einschließlich der Gleichungen sowie Donator- und Acceptorwirkung) das Verbinden von Aluminium mit Chlor, mit Schwefel und mit Stickstoff!
10. Diskutieren Sie die Änderung der Elektronegativität innerhalb der Periode!
11. Zeigen Sie am Beispiel des Kochsalz-Gitters, dass die Ionenanordnung elektrostatisch günstig und ausgeglichen ist.
12. Welcher Widerspruch besteht in der Darstellung der Abb. 7-4 b und der Abb. 7-6?
13. Erläutern Sie das Wesen der Atombindung. Warum ist die Unterscheidung in reine und polare Atombindung notwendig?
14. Was besagt die HNO-Regel?
15. Warum leiten geschmolzene Ionenverbindungen den elektrischen Strom, Verbindungen mit Atombindungen dagegen nicht?
16. Warum benötigen Ionenverbindungen in der Regel eine höhere Schmelzenergie als Stoffe mit Atombindungen?
17. Unterscheiden Sie Wertigkeit, Bindigkeit, Oxidationszahl!
18. Woraus ergibt sich die Gestalt der Moleküle (Bindungswinkel)?
19. Erklären Sie die Bildung von σ-Bindungen und π-Bindungen mithilfe der Orbital-Darstellung.
20. Welcher Zusammenhang besteht zwischen Metallbindung und metallischen Eigenschaften?
21. Warum sind Ionen-, Atom- und Metallbindung Grenzfälle der primären chemischen Bindungen?

8 Sekundäre Bindungen

8.1 Nahkräfte zwischen den Molekülen

Aus der Darstellung primärer Bindungen ist der Zusammenhalt von Teilchen in Ionenverbindungen, Molekülen und Metallen deutlich geworden:

> In Ionenverbindungen wirken zwischen Kationen und Anionen COULOMB-Kräfte.
> Moleküle sind durch die gerichteten COULOMB-Kräfte zwischen Atomkern und bindenden Elektronenpaaren stabil.
> In Metallen bestehen COULOMB'sche Wechselwirkungen zwischen Atomrümpfen und Elektronengas.

Darüber hinaus wirken Anziehungskräfte zwischen den Molekülen von Flüssigkeiten und festen Stoffen. Man nennt sie **zwischenmolekulare Kräfte** oder **sekundäre Bindungen** (auch VAN DER WAALS'sche Kräfte oder Bindungen). Die Wirkungen können beträchtlich sein, wie die Festigkeiten von Holz oder Kunststoffen im Vergleich zur Festigkeit der Metalle zeigen.

> Zwischenmolekulare Kräfte entstehen nicht durch Elektronenpaare oder Valenzelektronen. Sie beruhen vielmehr auf der Polarisierung von Molekülen.

Dabei muss zwischen Molekülen mit ständiger (permanenter) Polarisierung und solchen mit induzierter (beeinflusster, vermittelter) Polarisierung unterschieden werden.

Sekundäre Wechselwirkungen sind elektrostatische Nahkräfte, die nicht dem COULOMB'schen Gesetz folgen. Sie verstärken sich bei Annäherung der Moleküle und sinken bei Entfernung der Teilchen sehr rasch auf null. Zwischenmolekulare Kräfte folgen der Beziehung

$$F_{\text{el}} \sim \frac{1}{r^{\text{n}}}$$

Der Exponent n nimmt bei ungeladenen Teilchen den Wert 6, zwischen Molekülen mit permanenter Polarisierung (Dipolen) den Wert 3 und für Abstoßungskräfte den Wert 9 bis 12 an. Mit steigender Temperatur werden die Anziehungskräfte auf Grund der zunehmenden Wärmebewegung und Entfernung der Teilchen geschwächt (vgl. sinkende Festigkeit bei höherer Temperatur).

8.2 Polare Moleküle – Dipolmoleküle

Die Bindungen in Molekülen aus verschiedenen Nichtmetallatomen sind immer polarisiert (vgl. Abschnitt 7.4.6). Es tritt die Frage auf, in welcher Weise sich die Polarisierung auf die Umgebung des Moleküls auswirkt. Um eine Antwort zu finden, muss die Molekülgestalt betrachtet werden.
Im Wassermolekül liegen zwei polarisierte Bindungen vor. Das Sauerstoffatom ist negativ, die Wasserstoffatome sind positiv polarisiert. Es gibt somit einen negativen Ladungsschwerpunkt am Sauerstoffatom. Der positive Ladungsschwerpunkt liegt zwischen den beiden Wasserstoffatomen. Die beiden Ladungsschwerpunkte fallen nicht zusammen. In derartigen Fällen äußert sich die Polarisation der Elektronenpaare in elektrischen Restkräften oder Polen (Abb. 8-1). Man bezeichnet die Moleküle als permanente (ständig, andauernd) **Dipolmoleküle** und gibt ihnen das Symbol (+ −).

Das **Dipolmoment** $\boldsymbol{\mu}$ ist abhängig von der Teilladung Q und dem Abstand l der Ladungsschwerpunkte (Abb. 8-1):

$$\mu = Q \cdot l$$

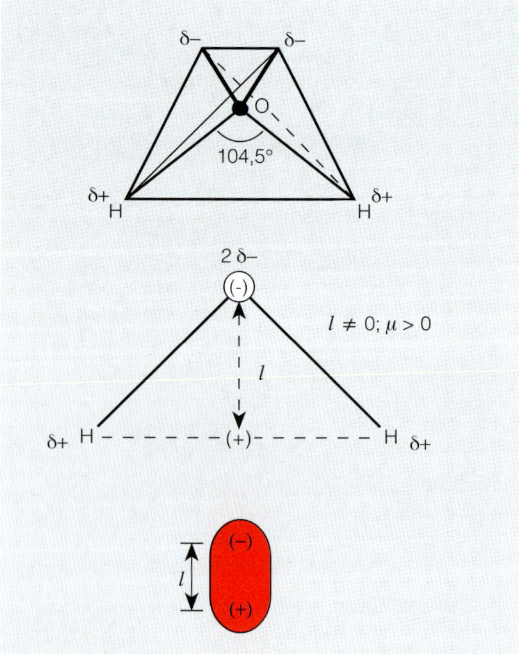

Abb. 8-1
Wasser als Dipol-Molekül in verschiedenen Modelldarstellungen

Je größer das Dipolmoment ist, umso größer ist die Ladungsverschiebung im Molekül und die Wirkung der Ladung auf die Umgebung des Moleküls. Ein Dipolmoment besitzen auch die Moleküle von Chlorwasserstoff HCl, Bromwasserstoff HBr, Monochlormethan CH_3Cl, Trichlormethan $CHCl_3$ (Abb. 8-2).

> Räumlich unsymmetrisch gebaute polarisierte Moleküle sind permanente Dipole.

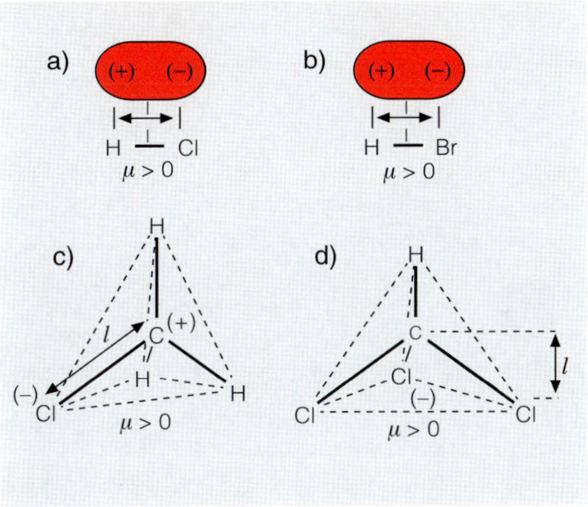

Abb. 8-2
Räumliche Struktur von Dipol-Molekülen
a) Chlorwasserstoff
b) Bromwasserstoff
c) Monochlormethan CH_3Cl
d) Trichlormethan (Chloroform)

> Dagegen haben polarisierte Moleküle mit räumlich symmetrischem Aufbau kein Dipolmoment.

Im Fall des Tetrachlormethan CCl_4 befinden sich die vier negativ polarisierten Chloratome in gleichem Bindungsabstand vom positiv polarisierten Kohlenstoffatom und wegen des idealen Tetraederwinkels auch in gleichem Abstand zueinander. Auf Grund dieser Sachverhalte fallen negativer und positiver Ladungsschwerpunkt zusammen und das Molekül besitzt keinen Dipol wegen $l = 0$ (Abb. 8-3). Die Kräfte gleichen sich im Molekül aus. Ebenso entstehen bei der Bindung gleicher Nichtmetallatome zu Molekülen (z. B. O_2, N_2, Cl_2) keine permanenten Dipole, da keine Ladungsverschiebung eintritt. Die Kräfte unpolarer Moleküle kompensieren sich innerhalb des Moleküls und wirken nicht nach außen. Für unpolare Moleküle und -gruppen wird folgendes Symbol verwendet: (±)

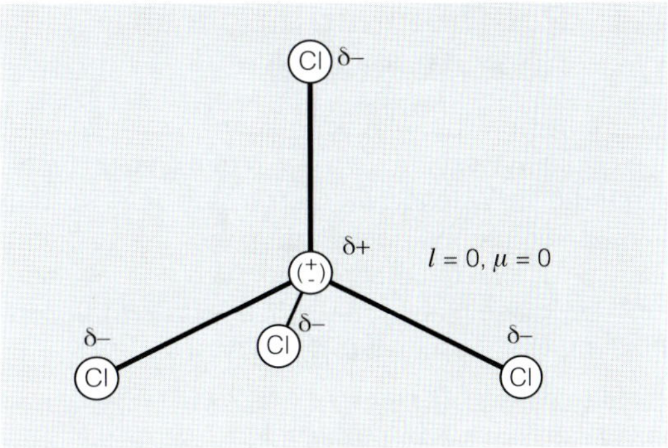

Abb. 8-3 Tetrachlormethan ohne Dipol

> Voraussetzung für die Entstehung von permanenten Dipolmolekülen sind die polarisierte Atombindung und ein Abstand $l > 0$ zwischen den Ladungsschwerpunkten.

Versuch

Laden Sie einen PVC-Stab durch Reiben an einem Wolltuch elektrostatisch auf. Nähern Sie dann den Stab langsam einem dünnen Wasserstrahl. Beobachtung und Erklärung?

Aufgabe

Legen Sie anhand der Abb. 7-19 für die Moleküle von Bortrifluorid, Siliciumtetrachlorid und Ammoniak die Ladungsschwerpunkte fest und entscheiden Sie, in welchem Fall ein permanenter Dipol vorliegt.

8.3 Einteilung der zwischenmolekularen Kräfte

Zur näheren Betrachtung der zwischenmolekularen Wechselwirkungen (Van-der-Waals-Kräfte) soll eine Einteilung nach der Art der Teilchen, die miteinander in Beziehung stehen, getroffen werden:

Dipol – Dipol		Pol-Orientierungskräfte
Ion – Dipol		
Ion – unpolares Molekül (ohne Dipol)		Induktionskräfte
Dipol – unpolares Molekül (ohne Dipol)		
unpolares Molekül – unpolares Molekül		Dispersionskräfte

8.4 Pol-Orientierungskräfte (KEESOM-Kräfte)

Permanente Dipol-Moleküle können mithilfe ihrer elektrischen Restkräfte an den Molekülpolen untereinander in Wechselwirkung treten und so den Stoffzusammenhalt bewirken (Abb. 8-4 a, b und Abb. 8-5). Zwischen den Molekülen des Wassers sind sie gemeinsam mit der Wasserstoffbrückenbindung (vgl. Abschnitt 8.7) wirksam.

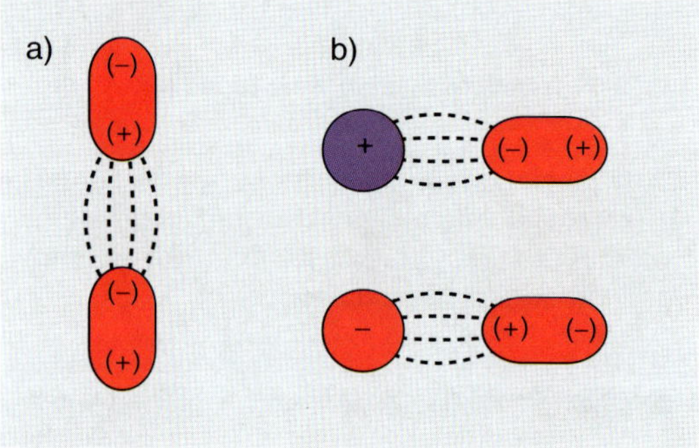

Abb. 8-4
Anordnung und Ausrichtung von geladenen Teilchen unter Einfluss von Pol-Orientierungskräften
a) Dipol-Dipol
b) Ion-Dipol

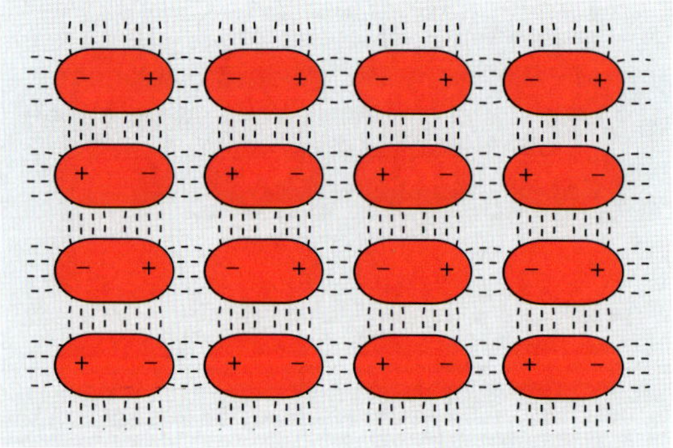

Abb. 8-5
Schema der elektrischen Wechselwirkung von Dipolmolekülen (Polorientierungs- oder Dipolkraft-Wirkung)

Dipol-Moleküle können auch mit Ionen wechselwirken, wie es beispielsweise beim Lösen von Salzen in Wasser geschieht (vgl. Abschnitt 2.4.4). Die anziehende Energie zwischen Dipol-Molekülen beträgt ca. 5 … 10 kJ/mol.
Polare Stoffe lösen sich in polaren Flüssigkeiten. Sie haben höhere Schmelz- und Siedetemperaturen als Stoffe mit unpolaren Molekülen.

> Polorientierungskräfte bestehen zwischen Dipolmolekülen sowie zwischen Dipolen und Ionen.

8.5 Induktionskräfte (DEBYE-Kräfte)

Unpolare Moleküle werden von permanenten Dipolen oder Ionen beeinflusst, wenn sie sich auf Teilchenabstand nähern (Abb. 8-6).

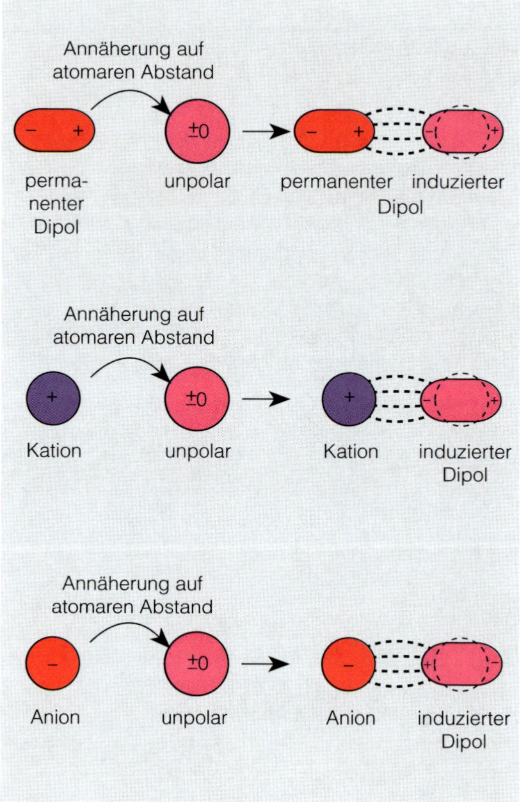

Abb. 8-6
Induzierende Wirkung von Dipolmolekülen und Ionen auf unpolare Moleküle (Entstehung von Induktionskräften)

Dabei wirkt eine negative Ladung (negativer Pol, Anion) abstoßend auf die Elektronenhülle des unpolaren Moleküls und anziehend auf den Kern (Abb. 8-6). Positive Ladungen wirken umgekehrt. Es wird eine Ladungsverschiebung induziert (lat. hineinführen), d. h., aus den unpolaren Molekülen bilden sich **induzierte Dipole.** Die dadurch entstehenden Kräfte werden als Induktionskräfte oder DEBYE-Kräfte bezeichnet. Die anziehende Energie beträgt ca. 1 … 1,5 kJ · mol^{-1}. So kann z. B. die polare Gruppe –CHCl– des Polyvinylchlorid-Moleküls auf die unpolare CH_2-Gruppe eines Nachbarmoleküls eine polarisierende Wirkung ausüben.

> Induktionskräfte bestehen zwischen Dipolen bzw. Ionen und unpolaren Molekülen.

8.6 Dispersionskräfte (London-Kräfte)

Die fundamentalste zwischenmolekulare Kraft, die immer wirkt, ist die Dispersions- oder London-Kraft. Zwischen Edelgasatomen, unpolaren Molekülen und unpolaren Molekülgruppen ist sie die einzige bestehende Wechselwirkung.
Dispersionskräfte kommen dadurch zustande, dass sich die Elektronenhüllen und die Atomkerne bei starker Annäherung der Teilchen gegenseitig beeinflussen. Sie verdrängen einander im zeitlichen Wechsel, sodass ein pulsierender oder „schwingender Dipol“ entsteht. Die ständig ihre Richtung verändernden elektrischen Ladungen halten die Teilchen zusammen (Abb. 8-7).

> Dispersionskräfte entstehen durch gegenseitige, zeitlich wechselnde Ladungsverschiebung zwischen unpolaren Molekülen und Atomen.

Mit einer anziehenden Energie von 0,3 … 2 kJ · mol^{-1} sind Dispersionskräfte die schwächsten zwischenmolekularen Bindungen. Deshalb sind Stoffe, in denen nur diese Wechselwirkungen bestehen, häufig bei Normalbedingungen gasförmig, weil die stark temperaturabhängigen Kräfte nur bei tiefen Temperaturen genügend anziehend wirken. Dispersionskräfte sind von der Anzahl der verschiebbaren Ladungen abhängig. Mit steigender relativer Molekülmasse nehmen sie höhere Beträge an und äußern sich z. B. in steigender Schmelz- und Siedetemperatur, wachsender Härte oder Zugfestigkeit, wie das beispielsweise bei Polyethylen und Polypropylen der Fall ist. Bei geringen Teilchenmassen können diese Kräfte die Moleküle nur bei niedrigen Temperaturen im festen oder flüssigen Zustand zusammenhalten. So liegt die Schmelztemperatur von Ethylen $CH_2{=}CH_2$ bei 103,8 K; Polyethylen schmilzt oberhalb 400 K.

8.7 Wasserstoffbrückenbindung

Die Wasserstoffbrückenbindung ist eine spezielle sekundäre Bindungsart. Sie kann nur dann entstehen, wenn Wasserstoff an eines der elektronegativsten Elemente, also an Fluor, Sauerstoff oder Stickstoff, als FH, –OH oder –NH gebunden ist. In diesen Gruppen ist der Wasserstoff sehr stark positiv polarisiert. Er kann mit einem freien Elektronenpaar von Fluor, Sauerstoff oder Stickstoff eines Nachbarmoleküls in Wechselwirkung treten, wie Übersicht 8-1 zeigt. Wegen seiner geringen Größe kann sich der Wasserstoff dem elektronegativen Nachbaratom stark nähern. Es entsteht somit durch den Wasserstoff eine „Brücke“ zwischen zwei Molekülen.

Möglichkeiten für die Ausbildung von Wasserstoffbrückenbindungen

Bindungsmöglichkeit	Beispiel	Energie der Bindung in kJ/mol
–$\overline{\underline{F}}$H ··· H–$\overline{\underline{F}}$|	Flusssäure	25 bis 30
–OH ··· |O<	Wasser, Eis, niedere Alkohole Methansäure, Ethansäure, Cellulose	ca. 20 ca. 25 bis 30
–OH ··· |N<	eiweißartige Naturstoffe wie Wolle, Seide, Haare, Horn	10 bis 20
–NH ··· |O<	Polyamide, Polyurethane, eiweißartige Naturstoffe	ca. 10
–NH ··· |N<	eiweißartige Naturstoffe	ca. 5

Übersicht 8-1

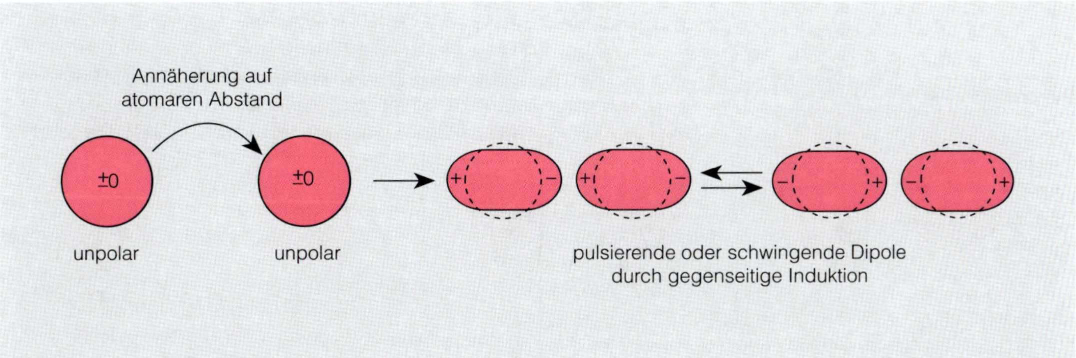

Abb. 8-7
Enstehung von Dispersionskräften zwischen unpolaren Molekülen (z. B. Edelgase, Chlor, Sauerstoff, Stickstoff)

> Die Wasserstoffbrückenbindung wird gebildet, wenn Wasserstoff, der an Fluor, Sauerstoff oder Stickstoff primär gebunden ist, mit einem freien Elektronenpaar von Fluor, Sauerstoff oder Stickstoff eines Nachbarmoleküls in Wechselwirkung tritt.

Die Wasserstoffbrückenbindung wird durch eine punktierte Linie symbolisiert. Sie ist eine gerichtete Bindung zwischen den betreffenden gebundenen Atomen (Übersicht 8-1).

Über die Bindungsmöglichkeiten und -energien gibt Übersicht 8-1 Auskunft.

Die Energie der Wasserstoffbrückenbindung liegt höher als die der anderen sekundären Bindungen, jedoch niedriger als die Energien primärer Bindungen.
Eine wichtige Verbindung mit Wasserstoffbrückenbindung ist das Wasser (Abb. 8-8). Die starken Wechselwirkungen zwischen den Molekülen erklären die im Vergleich zu anderen Wasserstoffverbindungen (z. B. Ammoniak NH_3 oder Schwefelwasserstoff H_2S) hohen Schmelz- und Siedetemperaturen sowie die starken Kräfte an der Oberfläche des Wassers, die als Oberflächenspannung zu beobachten sind. Wasserstoffbrückenbindungen spielen eine große Rolle beim Ablauf biologischer Prozesse (z. B. beim Anlagern von Enzymen und der Spaltung von Nährstoffen, bei der Energie- und Informationsübertragung im Organismus, beim Aufbau von Eiweißen und anderen körpereigenen Stoffen).
Die relativ hohe Festigkeit von Polyamiden, Melamin-Formaldehyd-Harz, Polyurethanen (Formteile, Bauteile, Fasern, PUR-Schäume) sowie Holz und Holzwerkstoffen beruht zum großen Teil auf den Wasserstoffbrückenbindungen in diesen Stoffen.

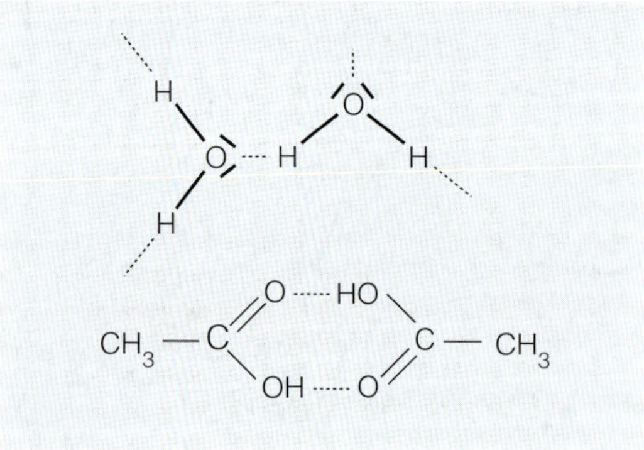

Abb. 8-8
Wasserstoffbrückenbindung zwischen Wasser- und Essigsäuremolekülen

8.8 Aufgaben zur Wiederholung von Kapitel 8

Aufgaben

1. Welcher Unterschied besteht zwischen primären und sekundären Bindungen?
2. Warum können bei Ionenverbindungen die sekundären Bindungskräfte bzw. -energien vernachlässigt werden?
3. Welche Voraussetzungen müssen gegeben sein, damit Dipole im Molekül entstehen?
4. Vergleichen Sie die verschiedenen sekundären Bindungen (Kräfte) und geben Sie die Unterschiede an, die hinsichtlich der in Wechselwirkung stehenden Teilchen und der Bindungsenergie bestehen!
5. Weshalb werden bei der Betrachtung der Wirkungen, die zwischen Wassermolekülen bestehen, vorrangig die Wasserstoffbrückenbindungen und weniger die Dipolkräfte diskutiert?
6. Zwischen welchen Atomgruppen können sich Wasserstoffbrücken ausbilden? Informieren Sie sich im Buch über die Formeln von Aceton, Ameisensäure, Ethanol, Methylamin, Eiweiß, Diethylether, Nitromethan, Methanol und Aminoessigsäure! In welchen dieser Substanzen können sich Wasserstoffbrücken bilden?
7. Weshalb erreichen Polyamid und Cellulose eine höhere Festigkeit als Polyethylen?
8. Warum haben die Moleküle Methan CH_4, Tetrabrommethan CBr_4 und Borwasserstoff BH_3 keinen Dipol?
9. Welche Gestalt hat das Molekül von Kohlenstoffdioxid, da es keinen Dipol besitzt?
10. Schwefeldioxid-Moleküle haben einen Dipol. Welche Gestalt besitzen die Moleküle?
12. Haben die Moleküle des Dichlormethan CH_2Cl_2 einen Dipol?

9 Einige Elemente des Periodensystems und ihre Verbindungen

9.1 Die langperodische Form des Periodensystems der Elemente (PSE)

In Abb. 6-5 sind zur Einführung in das PSE lediglich die Hauptgruppenelemente in Form von Kurzperioden aufgeführt. Erstmalig wurde 1905 von dem Schweizer Chemiker ALFRED WERNER eine Langperioden-Darstellung aufgestellt, in die alle Elemente aufgenommen wurden. Im Anhang ist diese Form des PSE vollständig enthalten.

In Abb. 9-1 sind aus Gründen der Übersichtlichkeit nur die Haupt- und Nebengruppenelemente aufgeführt. Die Einordnung der Lanthanoiden und Actinoiden ist nur angedeutet.

In der Langperioden-Darstellung spiegeln sich Energiestufen bzw. die quantenmechanische Struktur der Atomhülle wider: In den Hauptgruppen 1 und 2 befinden sich die s- und in den Hauptgruppen 3 bis 8 die p-Elemente. Zwischen den s- und p-Elementen sind ab 4. Periode die Nebengruppenelemente oder Übergangsmetalle (d-Elemente) eingeschoben, in der 6. Periode nach Lanthan die Lanthanoiden und in der 7. Periode nach Actinium die Actinoiden als f-Elemente.

9.2 Nichtmetalle

9.2.1 Stellung der Nichtmetalle im Periodensystem

Aufgabe

Lesen Sie die Abschnitte 6.2 und 6.4. Überprüfen Sie Ihre Kenntnisse zum Inhalt der Begriffe: Elektronenoktett, Elektronenbesetzung der letzten Schale, Atomvolumen (-radien) der Metalle und Nichtmetalle.

Alle Nichtmetalle sind Hauptgruppenelemente.

Nichtmetalle stehen im rechten oberen Teil des Periodensystems und am Ende der Perioden (Abb. 6-5). Innerhalb der Periode geht mit steigender Ordnungszahl der Metallcharakter in den Nichtmetallcharakter über. Von Periode zu Periode nimmt die Anzahl der sich nichtmetallisch verhaltenden Elemente ab. Ebenso verringert sich innerhalb der 4. bis 6. Hauptgruppe die Elektronegativität mit steigender Ordnungszahl. Die Elemente nehmen metallischen Charakter an.

Aufgabe

Begründen Sie, weshalb in der 4. bis 6. Hauptgruppe mit steigender Ordnungszahl das nichtmetallische Verhalten in metallisches Verhalten übergeht!

In der 7. Hauptgruppe reagieren alle Elemente nichtmetallisch.
Im **Periodensystem** bilden die Nichtmetalle Bor, Kohlenstoff, Silicium, Phosphor, Schwefel, Selen, Iod und Astatin etwa als Diagonale die Grenze zu den Metallen (Abb. 6-5). Alle rechts oberhalb von dieser Diagonale stehenden Elemente reagieren nichtmetallisch. Links und unterhalb angeordnete Elemente verhalten sich metallisch. Entlang der Diagonale findet man in der 4. bis 6. Hauptgruppe die **Halbmetalle** Germanium, Arsen, Antimon, Tellur, Polonium. Man kann ihnen außerdem Bor und Silicium zuordnen. Sie stehen in ihren chemischen Eigenschaften zwischen Metallen und Nichtmetallen und können auf Grund der Besetzung der letzten Schale mit 3 bis 6 Elektronen je nach Reaktionspartner sowohl negative Ladungen abgeben (an Nichtmetalle) als auch aufnehmen (von Metallen). In den Verbindungen treten sie somit als Kationen oder als Anionen auf. Im letzteren Fall bilden sie Säuren bzw. Salze oder salzartige Verbindungen wie Arsenide, Arsenite, Arsenate, Antimonate, Selenide, Telluride u. a.
Germanium, Selen, Tellur sind Halbleiter wie auch Silicium und Bor. Sie besitzen zwischen dem (bei 0 Kelvin) voll mit Elektronen besetzten Grundband und dem leeren Leitband eine kleine Energielücke, die bei Temperaturerhöhung überwunden werden kann. Daraus erklärt sich die zunehmende Leitfähigkeit (vgl. Abschnitt 7.5).
Bei Nichtmetallen (bzw. Isolatoren) beträgt dagegen die Energieschwelle zwischen beiden Energiebändern 4 eV und mehr.

9.9.2 Allgemeine Eigenschaften der Nichtmetalle

Elemente, die in Verbindung mit anderen Elementen bevorzugt Elektronen aufnehmen, um Edelgaskonfiguration zu erreichen, verhalten sich elektronegativ. Sie werden als Nichtmetalle bezeichnet.

Nichtmetalle gehen mit Metallen die Ionenbeziehung ein oder bilden Bindungen mit stärkerem

s-Elemente | d-Elemente | p-Elemente

f-Elemente

Gruppe	Ia	IIa	IIIb		IVb	Vb	VIb	VIIb	VIIIb	VIIIb	VIIIb	Ib	IIb	IIIa	IVa	Va	VIa	VIIa	VIIIa
K	1 1,008 H Wasserstoff																		2 4,003 He Helium
L	3 6,939 Li Lithium	4 9,012 Be Berylium												5 10,811 B Bor	6 12,011 C Kohlen-Stoff	7 14,007 N Stickstoff	8 15,999 O Sauerstoff	9 18,998 F Fluor	10 20,183 Ne Neon
M	11 22,990 Na Natrium	12 24,312 Mg Magnesium												13 26,982 Al Aluminium	14 28,086 Si Silicium	15 30,974 P Phosphor	16 32,064 S Schwefel	17 35,453 Cl Chlor	20 39,948 Ar Argon
N	19 39,10 K Kalium	20 40,08 Ca Calcium	21 44,96 Sc Scandium		22 47,90 Ti Titan	23 50,84 V Vanadium	24 52,00 Cr Chrom	25 54,96 Mn Mangan	26 55,84 Fe Eisen	27 58,93 Co Kobalt	28 58,71 Ni Nickel	29 63,54 Cu Kupfer	30 65,38 Zn Zink	31 69,72 Ga Gallium	32 72,59 Ge Germanium	33 74,92 As Arsen	34 78,96 Se Selen	35 79,91 Br Brom	36 83,80 Kr Krypton
O	37 85,47 Rb Rubidium	38 87,62 Sr Strontium	39 88,91 Y Yttrium		40 91,22 Zr Zirkon	41 92,91 Nb Niob	42 95,94 Mo Molybdän	43 (98) Tc Techne-tium	44 101,07 Ru Ruthe-nium	45 102,91 Rh Rhodium	46 106,4 Pa Palladium	47 107,87 Ag Silber	48 112,40 Cd Cadmium	49 114,82 In Indium	50 118,82 Sn Zinn	51 121,75 Sb Antimon	52 127,60 Te Tellur	53 125,90 I Iod	54 131,30 Xe Xenon
P	55 132,91 Cs Cäsium	56 137,34 Ba Barium	57 138,91 La Lanthan	58–71 Lantha-noiden	72 178,49 Hf Hafnium	73 180,95 Ta Tantal	74 183,85 W Wolfram	75 186,2 Re Rhenium	76 190,2 Os Osmium	77 192,2 Ir Iridium	78 195,1 Pt Platin	79 196,97 Au Gold	80 200,59 Hg Quecksilber	81 204,37 Tl Thallium	82 207,2 Pb Blei	83 208,98 Bi Bismut	84 (210) Po Polonium	85 (210) At Astat	86 (222) Rn Radon
Q	87 (223) Fr Francium	88 (226) Ra Radium	89 (227) Ac Actinium	90–103 Actino-iden	104 (261) Rf Ruther-fordium	105 (262) Db Dubnium	106 (263) Sg Seaborgium	107 (262) Bh Bohrium	108 (265) Hs Hassium	109 (268) Mt Meit-nerium	110 (269) Ds Darm-stadtium	111 (272) Rg Röntgenium	112 Uub Ununbiium						
	1	2	3		4	5	6	7	8	9	10	11	12	13	14	15	16	17	18

Abb. 9-1

Langperiodensystem der Elemente (mit arabischen Ziffern 1 bis 18 werden nach einer Empfehlung der IUPAC die Haupt- und Nebengruppen durchnummeriert; in Klammern gesetzte Atommassen beziehen sich auf das stabilste Isotop)

Ionenanteil. Untereinander gebundene verschiedene Nichtmetalle bilden polarisierte Atombindungen, gleiche Nichtmetalle unpolare Atombindungen. Nichtmetalle kristallisieren in Molekülgittern. Sie sind Nichtleiter. Eine wichtige chemische Eigenschaft der Nichtmetalle ist die Bildung von Säuren (vgl. Abschnitt 10.2).
Sowohl Hydrogenverbindungen der Nichtmetalle (z. B. HF, HCl, H_2S) als auch die Verbindungen der Nichtmetalloxide mit Wasser reagieren sauer.
Nichtmetalle, die der gleichen Hauptgruppe angehören, weisen Gemeinsamkeiten in den physikalischen und chemischen Eigenschaften auf. Sie sind „chemisch verwandt", weil sie die gleiche Zahl von Valenzelektronen besitzen. Unterschiede in den Eigenschaften ergeben sich aus der Anzahl der Schalen (Atomradien).
Die Nichtmetalle machen nur etwa 20 % aller Elemente aus (F, Cl, Br, I, O, S, H, N, C, Se, At, Edelgase; B, Si). Sie sind im festen Zustand spröde, schlechte Leiter für Elektrizität und Wärme und lösen sich in organischen Lösungsmitteln.

9.3 Metalle

9.3.1 Stellung der Metalle im Periodensystem

Elemente, die bei der Verbindung mit anderen Elementen stets Elektronen abgeben, um Edelgaskonfiguration zu erreichen, verhalten sich elektropositiv. Sie werden als Metalle bezeichnet.

Unterhalb der Diagonalen, die von Bor bis Astat und den Halbmetallen im Periodensystem der Elemente gebildet wird, stehen die **Metalle.** Dazu gehören alle Elemente der 1. und 2. Hauptgruppe, einige Elemente der 3. bis 5. Hauptgruppe in abnehmender Zahl (vgl. Abb. 6-5) sowie alle Nebengrup-

Verwendung wichtiger Nichtmetalle

Bor (B)	Halbleitertechnik (Dotieren von Ge, Si), Bornitrid BN, Borcarbid B_4C u. a. als Hartstoffe (-metall, Schleifmittel), Borfasern(BN) als chem. beständige Filter
Diamant (C)	Schmuckstein (klare, farblose bis gefärbte Kristalle); trübe, fehlerhafte und künstlich erzeugte Kristalle für Glasschneider, Trennscheiben, Drahtziehösen, Achslager für Präzisionsgeräte
Grafit (C)	Bleistiftminen, Schmierstoffzusatz, Kohleelektroden (-bürsten) für Batterien und Elektromotoren, Neutronen-Moderatorwerkstoff in Kernreaktoren
Ruß (C)	Zusatz zu Gummireifen (Erhöhung der Abriebbeständigkeit), Druckerschwärze, Schuhcreme u. a.
A-Kohle (C)	Filter zur Reinigung und Gewinnung von Gasen und Dämpfen (Benzol, CKW) sowie Rückgewinnung von Lösungsmitteln (Lackindustrie); Adsorption giftiger Stoffe (Atemschutzfilter, Zigarettenfilter); Entfärben (Zuckersaft)
Silicium (Si)	Halbleitertechnik, Solarzellen, Silikongummi, Silikonöle
Schwefel (S)	Pharmazeutika (Hautkrankheiten u. a.), Pflanzenschutzmittel, Vulkanisatoren für die Gummiindustrie, Schwefelverbindungen (Chemikalien, Farbstoffe), größter Anteil für die Erzeugung von Schwefelsäure (u. a. für die Düngemittel-Erzeugung)
Chlor (Cl)	Entkeimen des Wassers, Chlorkalk, Salzsäure, Chloride, Chlorierungsmittel für organische Chlorverbindungen, PVC, Chlorkautschuk, Bleichmittel
Fluor (F)	Flusssäure, Polytetrafluorethylen, Fluorchlorkohlenwasserstoff FCKW (ozonzerstörend), als Kühlmittel, Treibmittel, für Spray
Wasserstoff (H)	Hydriermittel in der organischen Chemie, Erzeugung hoher Temperaturen (Knallgasgebläse), Energiegewinnung in Brennstoffzellen, Ammoniak-Synthese, Methanol-Synthese, HCl-Synthese, Kühlmittel (flüssig), Raketentreibstoff
Phosphor (P)	Phosphorsäure H_3PO_4, Phosphate als Düngemittel [Calciumortho- oder Superphosphat $Ca(H_2PO_4)_2$, Ammoniumphosphat $(NH_4)_2HPO_4$)], Zündhölzer, militärische Brandstoffe, P_4O_{10} als Trockenmittel
Stickstoff (N)	Schutzgas (Schweißen, Halbleiterproduktion, Tieffrosten), Treibgas (Sprühdosen, Feuerlöscher), Ammoniak und Folgeprodukte
Sauerstoff (O)	autogenes Schweißen, Hochofenprozess, LD-Stahlprozess, Atmungsgeräte, Sauerstofftherapie, Salpetersäure- und Schwefelsäure-Produktion, Verbrennung von Raketentreibstoffen, organische Verbindungen aus Kohlenwasserstoffen (Paraffinoxidation), Entkeimungs-/Desinfektionsmittel

Übersicht 9-1

penelemente. Die Mehrzahl der Elemente hat somit metallischen Charakter. Allerdings verhalten sich viele Metalle **ampholytisch** (amphoter; vgl. Abschnitt 10.3.7). Ihr Verhalten ist vom Reaktionspartner abhängig. Mit Säuren bilden sie Salze, in denen sie als Kationen gebunden sind. Mit Laugen entstehen komplexe Anionen.

9.3.2 Allgemeine Eigenschaften der Metalle

Metalle haben zumindest an frischen Schnittstellen ein hohes Reflexionsvermögen oder metallischen Glanz. Auf Grund der Metallbindung leiten sie den elektrischen Strom (Leiter 1. Klasse) und sind gute Wärmeleiter, insbesondere Kupfer, Gold und Silber (vgl. Abschnitt 7.5).

Versuche

1. Blei, das mit einer Oxidschicht bedeckt ist (genauer: Oxid-Carbonatschicht), wird angekratzt!
2. Das Blei wird geschmolzen. Schieben Sie die Deckschicht mit einem Spatel oder Draht zur Seite und beobachten Sie die freie Fläche der Metallschmelze!
3. Die Schmelze wird auf eine feuerfeste Unterlage gegossen und das erstarrte Metall im Abstand von jeweils einer Woche betrachtet und beurteilt. Beobachtungen? Erklärungen!

Eine wichtige Eigenschaft der Metalle ist die Bildung von Hydroxiden (Basen), die z. T. löslich sind (vgl. Abschnitt 10.3).
In Verbindung mit Nichtmetallen entstehen Salze als Ionenverbindungen (oder mit großem Ionenanteil der Bindung; vgl. Abschnitt 10.4).
Alle Metalle bis auf Quecksilber sind unter Normbedingungen fest und kristallin.
In reinen Metallen sind alle Gitterplätze von Atomen des betreffenden Metalls besetzt.

Legierungen sind Metallmischungen aus zwei oder mehreren Metallen.

Eine bemerkenswerte Eigenschaft, auf welcher die technische Bedeutung der Metalle weitgehend beruht, ist die **Legierbarkeit.** Sie führt zu Eigenschaftsverbesserungen wie höherer Festigkeit und höherer Härte, allerdings auf Kosten der Plastizität. Für Konstruktionen und Werkzeuge verwendete Metalle werden bis auf einige Spezialfälle legiert angewendet.
Metalle bezeichnet man als **unedel,** wenn sie leicht Kationen bilden (stark elektropositiv sind) bzw. nur unter größerem Energieaufwand zu reduzieren sind: Alkali-, Erdalkalimetalle, Magnesium, Zink, Aluminium. **Edle** Metalle sind dagegen beständiger und leichter elementar zu gewinnen, z. B. Kupfer, Silber, Gold. Die technisch bedeutsamen Metalle kristallisieren vor allem in kubischen und hexagonalen Gittern.
Im kubischen System (griech. Würfel) besetzen die Atome die Eckpunkte. Die Elementarzellen haben gleiche Kantenlängen. Die Winkel zwischen den Nachbaratomen betragen 90°. Im Zentrum der Zelle oder in den Flächenmittelpunkten sind Atome eingelagert (Abb. 9-2). Im hexagonalen System (griech. Sechseck) bilden die Atome sechseckige Basis- und Deckflächen mit jeweils einem weiteren Atom im Mittelpunkt. Im dicht gepackten hexagonalen System befinden sich zusätzlich drei Atome in der Zelle (Abb. 9-2).

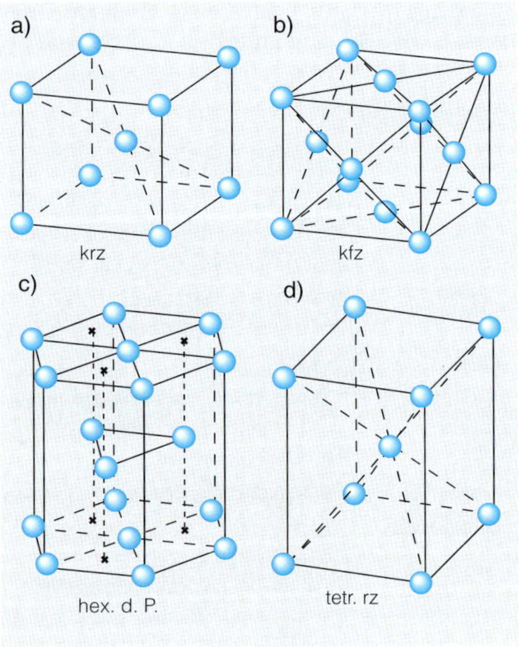

Abb. 9-2
Häufigste Kristallgitter bei Metallen
a) kubisch-raumzentriertes Gitter, krz (Cr, Mo, V, α-Fe)
b) kubisch-flächenzentriertes Gitter, kfz (Al, Au, Ag, Cu, Ni Pb, γ-Fe)
c) hexagonal-dichtgepacktes Gitter, hex. d. P. (Mg, Zn, Cd, Ti)
d) tetragonal-raumzentriertes Gitter, tetr. rz (Sn)

Metalle sind mehr oder weniger **duktil,** d. h. plastisch formbar durch Walzen, Schmieden, Biegen, Tiefziehen, Pressen usw. Allerdings hängt die Umformbarkeit von der Anordnung der Atome, d. h. von der Gitterstruktur der Metalle ab. Sehr duktil verhalten sich Metalle mit kubisch-flächenzentriertem Gitter wie z. B. Aluminium, Blei, Kupfer, Gold, Sil-

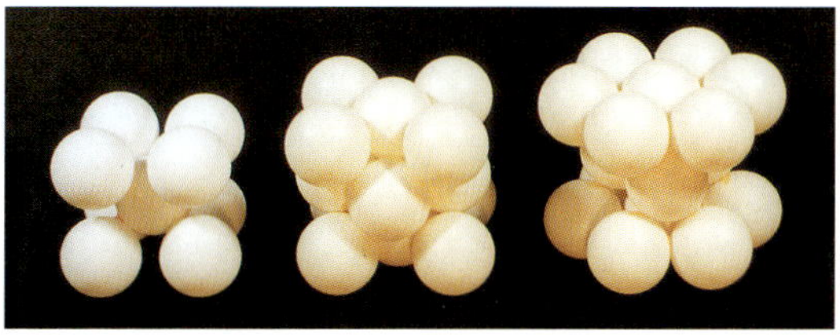

Abb. 9-3 Modelle der kubisch-raumzentrierten, kubisch-flächenzentrierten und hexagonal dichten Packung

ber, Nickel, Platin sowie Eisen oberhalb von 911 °C (Abb. 9-2 und 9-3). So können aus Aluminium dünne Folien und aus Gold so genanntes Blattgold mit einer Dicke bis zu 0,1 μm hergestellt werden. Die Umformbarkeit der kubisch-raumzentrierten Metalle ist geringer, aber noch als gut zu bezeichnen. Eisen (unterhalb 911 °C), Chrom, Natrium, Kalium, Molybdän, Vanadium, Wolfram u. a. besitzen ein solches Gitter. Die hexagonal aufgebauten Kristalle von Magnesium, Cobalt, Cadmium, Titan, Zink

Wichtige Gebrauchsmetalle

Eisen (Fe) (Ferrum)	nach Aluminium das zweithäufigste Metall; Grundmetall für Baustähle, Werkzeugstähle, Gussstähle, Gusseisen, Sintereisen; unlegiert geringe Bedeutung (Eisenkerne für Elektromagneten, z. B. Relais)
Aluminium (Al)	Grundmetall der Aluminiumlegierungen, Konstruktionswerkstoff im Fahrzeug-, Flugzeug-, Schiffbau (Legierungselemente: Mg, Si, Cu, Zn, Mn, Ni; zunehmend auch Li); Legierungselement in Kupfer (Aluminiumbronze); Folienmaterial für Nahrungs- und Genussmittelindustrie (Al-Verbindungen sind ungiftig); Al-Pulver für das Thermitschweißen ($Fe_2O_3 + 2\ Al \rightarrow 2\ Fe + Al_2O_3$) u. a. aluminothermische Reaktionen zur Erzeugung kohlenstofffreier Metalle aus den Oxiden (Cr, Ni, Co, Ti, V, Mn), für die Pyrotechnik (Feuerwerkskörper), für die Herstellung von Schaumbeton (Reaktion mit alkalischem Beton: $Al + 2\ OH^- \rightarrow AlO_2^- + H_2$)
Kupfer (Cu) (Cuprum)	Leiterwerkstoff in der Elektrotechnik und Mikroelektronik (Leiterplatten); Wärmeaustauscherwerkstoff; Grundmetall für Kupferlegierungen als Konstruktionswerkstoff: mit Zink (Messinge), mit Zinn (Zinnbronze), mit Aluminium (Aluminiumbronze), mit Blei und Zinn (Bleibronze), mit Zinn und Zink (Rotguss), mit Zink und Nickel (Neusilber oder Alpaka); Widerstandslegierungen (mit Ni, Fe, Mn)
Zink (Zn)	vor allem legiert mit Aluminium und Kupfer (sowie Magnesium) für den Druckguss von mechanisch gering beanspruchten Teilen für Kleingeräte; Verzinken von Stahl als Korrosionsschutz; Reduktionsmittel (z. B. Silbergewinnung)
Blei (Pb) (Plumbum)	Akkumulatoren (mit Antimon legiert), Lotlegierungen mit Zinn; unlösliche Anoden; Legierungen für Gleitlager, Drucklettern (Schriftmetall); Bleiplatten für den Schutz vor Röntgen- u. a. energiereichen Strahlen
Zinn (Sn) (Stannium)	Lotlegierungen; Feuerverzinnen und galvanisches Verzinnen von Stahl (Weißblech); Legierungsmetall für Bronzen
Magnesium (Mg)	Magnesiumlegierungen (mit Al, Zn, Si, Mn u. a.) als leichteste metallische Werkstoffe (Flugzeug-, Fahrzeugbau); Opferanoden für den Korrosionsschutz; Legierungsmetall für Aluminium; pyrotechnische Erzeugnisse
Titan (Ti)	hochfestes Metall mittlerer Dichte ($4{,}5\ g \cdot cm^{-3}$) für Flugzeugbau, Raketentechnik, medizinische Instrumente und Implantate, spezielle Chemieanlagen; Legierungselement für spezielle Baustähle; Erzeugung von verschleißfesten Überzügen aus Titancarbid (TiC) und Titannitrid (TiN) auf Werkzeugen; goldfarbige TiN-Schichten auf Modeschmuck
Beryllium (Be)	teures, aber hartes, festes und leichtes Konstruktionsmetall für Reaktorbau; Hitzeschild für Raumfahrzeuge; sehr harte, feste Be-Legierungen (Be-Cu, Be-Al, Be-Ni)
Quecksilber (Hg) (Hydrargyrum)	Thermometerfüllung, Gleichrichter, Diffusionspumpen, Zinnober-Pigment, Katalysatoren, Hg-Dampflampen, Amalgame (Hg-Legierungen), Zahnfüllungen (gesundheitlich problematisch!); Hilfsmittel bei der Chloralkalielektrolyse und Edelmetallgewinnung. Quecksilberdämpfe und -verbindungen (außer Zinnober HgS) sind äußerst giftig!
Calcium (Ca)	Reduktionsmittel für die Gewinnung von Thorium, Uran, Vanadium, Zirkon. Desoxidationsmittel für Stahlschmelzen, Trockenmittel (Alkohol)
Natrium (Na)	Reduktionsmittel für die Gewinnung von Titan, Kalium; Kühlmittel (z. B. Kernreaktoren) Na-K-Dampflampen; Bleich- und Waschmittel (Na_2O_2); Trocknung von Ether
Kalium (K)	Wärmeüberträger (Na-K-Legierung, Schmelztemperatur –12,5 °C); Düngesalz

Übersicht 9-2

u. a. sind noch weniger duktil als die kubisch-raumzentrierten. Metalle wie Bismut, Antimon, Mangan u. a. kristallisieren in komplizierten Gittertypen. Das äußert sich in höherer Härte, größerer Sprödigkeit und geringerer Verformbarkeit. Beim Biegen eines Metallstabes aus Bismut oder Zinn kann man Reibungseffekte im Gitter als so genannten „Gitterschrei" oder „Zinnschrei" hören.

Versuche

1. Biegen Sie einen Kupferdraht, einen Eisendraht und einen Magnesiumdraht mehrfach an der gleichen Stelle und vergleichen Sie die Verformbarkeit!
2. Biegen Sie nahe Ihres Ohres eine Stange reinen Zinns!
3. Biegen Sie analog eine Bismutstange! Beobachtungen?

Alle Metalle oxidieren an der Luft. Bei edlen Metallen kommt dieser Prozess rasch zum Stillstand, weil eine dichte, wenige Nanometer dicke Oxidschicht die weitere Sauerstoffaufnahme stoppt. Auch auf vielen unedlen Metallen bildet sich eine Oxidschicht aus, die den weiteren Sauerstoffangriff verhindert. Das Metall passiviert sich dadurch. Aluminium und Magnesium sind wichtige Beispiele.
Viele Metalle verdanken ihre Existenz in elementarer Form den passivierenden Oxidschichten oder Deckschichten, die durch nachfolgende Reaktionen (z. B. mit CO_2) aus Oxidschichten hervorgehen. Beispielsweise ist Zink von einem basischen Zinkcarbonat $Zn(OH)_2 \cdot ZnCO_3$ bedeckt. Auf Kupfer bildet sich eine beständige Schicht aus $Cu(OH)_2 \cdot CuCO_3$ und $Cu(OH)_2 \cdot CuSO_4$ („Patina") aus, wenn es längere Zeit den atmosphärischen Bedingungen ausgesetzt ist (Abb. 9-4).
Andere Metalle, wie Eisen und die meisten seiner Legierungen, bilden nur locker haftende oder poröse Oxidschichten aus, durch die der Sauerstoff

Abb. 9-4
Patina auf einem Kupferdach (Erfurter Mariendom)

ungehindert zu der Oberfläche des Metalls diffundiert. In solchen Fällen kann das Metall völlig oxidiert werden.

9.4 Elemente der Hauptgruppen

9.4.1 Wasserstoff

Wasserstoff H (Hydrogenium; lat. Wasser bilden) nimmt eine Sonderstellung ein, weil seine Schale nur zwei Elektronen aufnehmen kann. Er zeigt einerseits Ähnlichkeit mit den Alkalimetallen durch die Wertigkeit +1, andererseits durch Bindung von manchen Metallen zu salzartigen Hydriden mit der Wertigkeit –1. Weiterhin rückt er durch seine Elektronegativität in die Nähe von Kohlenstoff. Deshalb wird er meist den Nichtmetallen zugeordnet. Wasserstoff ist farblos, geruchlos, geschmacklos, gasförmig, ungiftig und das leichteste Element. Er besteht aus drei Isotopen und besitzt von allen Gasen die größte spezifische Wärme, das höchste Wärmeleitvermögen und die größte Diffusionsgeschwindigkeit. Die Löslichkeit von Wasserstoff in Wasser ist gering (bei 20 °C ca. 2ml/100 g H_2O), dagegen in manchen Metallen gut (Fe, Au, Pt, Pd, sog. metallische Hydride; z. T. dabei Versprödung des Metalls).

Reaktionen:
Gemische von Wasserstoff mit Luft, Sauerstoff oder Chlor sind explosiv (Knallgas, Chlorknallgas). Beim Verbrennen von 1 Mol Wasserstoff wird die Verbrennungswärme von –241 kJ · mol^{-1} frei. Wasserstoff ist ein starkes Reduktionsmittel. Er reduziert bei hoher Temperatur eine Reihe von Metalloxiden (Oxide von Fe, Cu, W, Co, Mo, Sn u. a.). Alkali- und Erdalkalimetalle (außer Beryllium) verbinden sich bei höherer Temperatur mit Wasserstoff als Oxidationsmittel zu salzartigen Hydriden (Hydrid-Ion: H^{1-}; NaH, KH, CaH_2) sowie zu einer Vielzahl sog. Übergangsmetallhydride aus drei Elementen, z. B. Na_2PtH_4, Mg_2NiH_4 (Wasserstoffspeicher: bei höherer Temperatur reversible Wasserstoffabgabe). Mit anderen Nichtmetallen bindet sich Wasserstoff zu kovalenten Hydriden, z. B. mit Schwefel zu Schwefelwasserstoff H_2S, mit Chlor, Brom, Iod zu Halogenwasserstoffen u. a. Ein wichtiges Oxidationsmittel ist Wasserstoffperoxid H_2O_2. Zusammen mit Kohlenstoff bildet er in großer Zahl organische Verbindungen (siehe Kapitel 16).

Darstellung und Erzeugung:
Technisch wird ca. 90 % der Weltproduktion von Wasserstoff durch katalytische Dampfspaltung mit Methan oder Leichtbenzin erzeugt z. B.:

$$CH_4 + H_2O \rightarrow 3\,H_2 + CO$$

Bei Verfügbarkeit von billiger Elektroenergie (Wasserkraftwerke) wird das Element sehr rein durch Elektrolyse von Wasser erzeugt (ca. 4 % der Weltproduktion; z. B. für Hydrierungen in der Lebensmittelindustrie wie Hydrierung von Pflanzenöl für Margarine). Ziel ist auch die Nutzung von Sonnenenergie für die Wasser-Zerlegung.
Glühender Koks reduziert Wasserdampf zu Wassergas:

$H_2O + C \rightarrow H_2 + CO.$

Im Labor entnimmt man Wasserstoff Druckgasflaschen (Farbe: rot; Linksgewinde) oder man lässt Salzsäure auf unedle Metalle im KIPP'schen Apparat einwirken:

$Zn + HCl \rightarrow ZnCl_2 + H_2.$

Vorkommen:
In der Häufigkeit steht Wasserstoff (Erdrinde, Wasserhülle, Luft) an 9. Stelle (0,74 %).

Umwelt und Physiologie:
Im Stoffwechsel findet die Wasserstoff-Übertragung durch Encyme und Coencyme statt (Hydrogenasen, Dehydrogenasen als H-Acceptoren und H-Donatoren). Wasserstoff ist wichtiger Energielieferant im Körper bei der Oxidation von Fetten und Kohlenhydraten zu H_2O (höherer Energiebetrag als bei der Oxidation des C!).
Wasserstoffperoxid ist in höherer Konzentration stark ätzend (Haut, Schleimhäute, Atmungsorgane, Magen). Durch UV-Strahlung und bei Gewitter entstehen Spuren, die sauren Regen mit verursachen.

Wichtige Verbindungen des Wasserstoffs

Die wichtigste Verbindung des Wasserstoffs ist sein Oxid, das **Wasser.** Die Elemente Wasserstoff und Sauerstoff sind im Molekül polar gebunden (vgl. Abschnitt 7.4.6). Zwischen den Molekülen wirken Dipolkräfte und Wasserstoffbrückenbindungen (Abb. 9-5). Wasser hat deshalb eine Reihe von Eigenschaften, die bei anderen Wasserstoff-Nichtmetall-Verbindungen nicht anzutreffen sind: Es besitzt eine relativ hohe Schmelz- und Siedetemperatur. Es ist bei Raumtemperatur flüssig, während Schwefel-, Selen-, Tellur-, Fluor- und Chlorwasserstoff (H_2S, H_2Se, H_2Te, HF, HCl) sowie Ammoniak (NH_3) gasförmig sind (vgl. Abschnitte 9.4.7 und 10.2.3).
Auch die spezifische Wärme sowie die Verdampfungs- und Schmelzwärme sind höher als bei den genannten Verbindungen, weil die Überwindung der Dipolkräfte und Wasserstoffbrücken zusätzliche Energie benötigt. Dadurch wirken große Wassermassen wie die Ozeane als Wärmespeicher ausgleichend auf das Klima (Seeklima).
An der Wasseroberfläche verursachen diese Kräfte eine hohe Oberflächenspannung, die z. B. Wassertropfen wie mit einer Haut zusammenhält, dem Eindringen von Körpern Widerstand entgegensetzt und die Benetzung von Fremdkörpern herabsetzt. Waschmittel zerstören die Wasserstoffbrückenbindung an der Oberfläche. Sie senken dadurch die Oberflächenspannung und erhöhen die Benetzbarkeit (vgl. Abschnitt 16.2.12).

Versuch

Legen Sie vorsichtig eine leichte Metallnadel auf die Oberfläche sehr reinen Wassers. Tropfen Sie nun etwas waschaktive Substanz (z. B. Geschirrspülmittel) auf das Wasser.

Im Vergleich zu anderen Stoffen zeigt die Dichte des Wassers in Abhängigkeit von der Temperatur einen ungewöhnlichen Verlauf. Man bezeichnet diesen Sachverhalt als **Dichteanomalie des Wassers.** Bei +4 °C wird die größte Dichte mit 1,000 000 g · cm^{-3} gemessen.

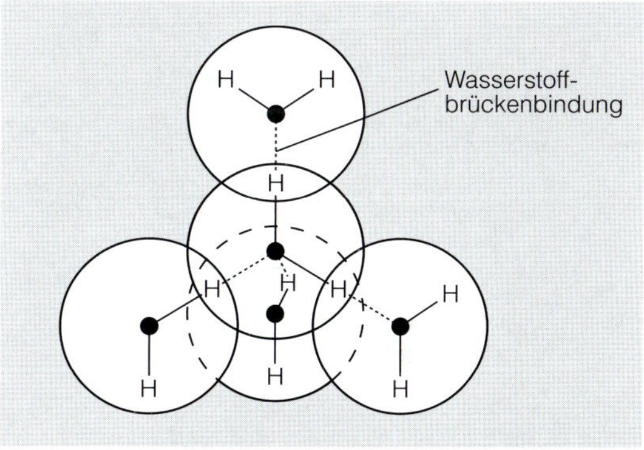

Abb. 9-5 Wasserstoffbrückenbindung zwischen Wassermolekülen (tetraedrische Anordnung)

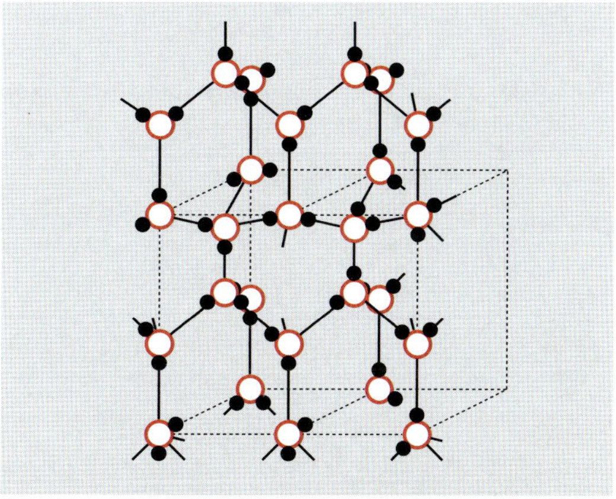

Abb. 9-6 Lockere Anordnung der Wassermoleküle im Eis (die voll ausgezogenen Striche symbolisieren die Wasserstoffbrücken)

Die Ursache dafür ist in der Anordnung der Wassermoleküle zu finden. Bereits im flüssigen Zustand sind die Moleküle zu einem Teil unter Einfluss der Wasserstoffbrückenbindung in Tetraedern geordnet (Abb. 9-5). Unter 4 °C bis zum Gefrierpunkt nimmt diese Anordnung zu. Sie enthält aber viele Lücken (lockere Packung; Abb. 9-6). Die geordneten Moleküle nehmen beim Gefrieren einen größeren Raum ein als im flüssigen Zustand bzw. bei +4 °C (Abb. 9-7).

Bei 0 °C hat Wasser die Dichte von 0,999 868 g · cm^{-3} und Eis von 0,917 g · cm^{-3}. Eis schwimmt somit auf dem Wasser und wassergefüllte Gefäße platzen beim Gefrieren des Wassers. Im Gegensatz dazu gehen die Atome anderer Stoffe, z. B. der Metalle, beim Kristallisieren in eine dichtere Packung über und benötigen ein geringeres Volumen (Abb. 9-7).

Die Dichteanomalie ist von größter Bedeutung für die Lebewesen in Flüssen, Seen und Teichen genügender Tiefe, denn das dichteste Wasser sinkt auf den Grund des Gewässers mit 4 °C im flüssigen Zustand, während sich nur an der Oberfläche das feste, leichte Wasser als Eis bildet (Abb. 9-8).

In reiner Form ist Wasser geruchlos, geschmacklos fade und farblos. In dicken Schichten wirkt es leicht blau gefärbt. Aus dem Kosmos erscheint die Erde deshalb als „blauer Planet".

Natürliches Wasser ist je nach seiner Herkunft mit Staub (Regenwasser), gelösten Gasen und Salzen (Carbonate, Sulfate, Chloride u. a.) verunreinigt.

Physikalische Eigenschaften von Wasser

Schmelztemperatur	273,15 K bzw. 0 °C
Siedetemperatur	373,15 K bzw. 100 °C
Bildungsenthalpie	286,0 kJ · mol^{-1}
Schmelzenthalpie	6,01 kJ · mol^{-1}
Verdampfungsenthalpie	40,66 kJ · mol^{-1}
Dipolmoment	6,2 C · m
Dielektrizitätskonstante (bei 25 °C)	78,5

Übersicht 9-3

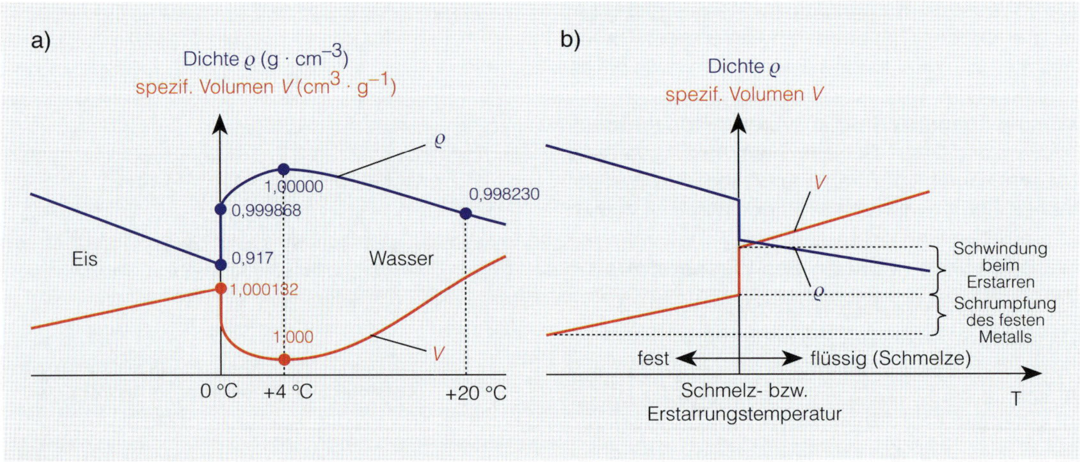

Abb. 9-7
Verlauf der Dichte (g · cm^{-3}) und des spezifischen Volumens (cm^{3} · g^{-1})
a) des Wassers und
b) eines Metalls
in Abhängigkeit von der Temperatur

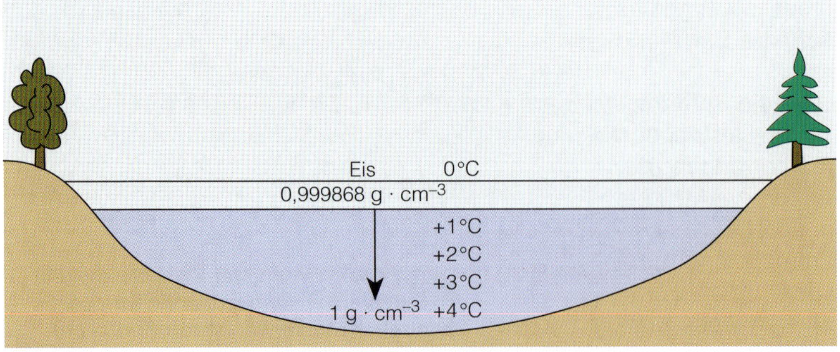

Abb. 9-8
Temperaturen und Dichteverteilung in einem Gewässer

Das Wasserstoff-Isotop **Deuterium** bildet ebenfalls ein farbloses, geruchloses Oxid, das als **Schweres Wasser** D_2O gemischt mit Wasser vorkommt. Eine Tonne Wasser enthält ca. 150 g D_2O. Es besitzt gegenüber Wasser deutlich abweichende physikalische Eigenschaften. Wegen etwas höherer Zersetzungsspannung verbleibt es bei der Wasserelektrolyse als Rückstand. Schweres Wasser wird als Moderatorstoff und Kühlwasser in verschiedenen Typen von Kernreaktoren gebraucht.

Physikalische Eigenschaften von Schwerem Wasser

Schmelztemperatur	280,97 K bzw. 3,82 °C
Siedetemperatur	374,57 K bzw. 101,42 °C
Dichte	1,106 $g \cdot cm^{-3}$
Dichtemaximum	11,6 °C

Übersicht 9-3

Wasserstoffperoxid H_2O_2 oder H–O–O–H (Oxidationszahl des Sauerstoffs 1–) ist eine endotherme Verbindung, die sich mit Wasser und organischen Lösungsmitteln mischt. Sie wird in der Konzentration bis zu 70 % gehandelt (100 %: evtl. explosiver Zerfall) und ist bei Normtemperatur beständig, bei höherer Temperatur oder mit Verunreinigungen (Alkali aus dem Glasgefäß, Schwermetall-Ionen, Staub) zersetzt es sich unter Abgabe von Sauerstoff. Mit katalytisch wirkenden Stoffen, z. B. Braunstein MnO_2, wird der Zerfall beschleunigt. Zusätze, z. B. Phosphorsäure, Natriumphosphat, wirken stabilisierend. Eine wässrige Lösung reagiert schwach sauer, wirkt bleichend und desinfizierend. Wasserstoffperoxid ist durch Abgabe von atomarem Sauerstoff gegenüber vielen Verbindungen ein starkes Oxidationsmittel: Es reagiert mit Iodwasserstoffsäure zu Iod, mit Bleisulfid zu Bleisulfat, mit Schwefliger Säure zu Schwefelsäure, mit Eisen(II)-Ionen zu Eisen(III)-Ionen, z. B.

$$2\,HI + H_2O_2 \rightarrow 2\,H_2O + I_2$$
$$PbS + 4\,H_2O_2 \rightarrow PbSO_4 + 4\,H_2O.$$

Andererseits kann es reduzierend wirken, indem Sauerstoff von O^{1-} in $O^{\pm 0}$ übergeht:

$$2\,KMnO_4 + 5\,H_2O_2 + 3\,H_2SO_4 \rightarrow 2\,MnSO_4 + K_2SO_4 + 8\,H_2O + 5\,O_2.$$

Wasserstoffperoxid greift Haut und Gewebe sehr intensiv an.

9.4.2 Elemente der 1. Hauptgruppe – Alkalimetalle (s^1-Elemente)

Alkalimetalle haben eine geringe Dichte, **Lithium** die geringste von allen Metallen. Alle Alkalimetalle sind äußerst reaktiv (vgl. Ionisierungsenergie). In der Natur kommen sie nur gebunden vor. Innerhalb der Gruppe ändern sich die Eigenschaften mit zunehmender relativer Atommasse, wie Übersicht 9-5 zeigt. Mit Nichtmetallen bilden alle Alkalimetalle typische Ionenverbindungen (Salze), mit Wasser setzen sie sich mit steigender Periode zunehmend heftiger zu Basen oder Hydroxiden um (vgl. Abschnitt 10.3.4). Auch an der Luft reagieren sie rasch mit Sauerstoff und Wasserdampf. Sie müssen unter Petroleum aufbewahrt werden. Sie sind sehr weich und lassen sich mit einem Messer schneiden.
Alkalimetalle kommen nur in der Oxidationsstufe I+ bzw. Ladungszahl 1+ vor.

Eigenschaften der Alkalimetalle

	Lithium Li	Natrium Na	Kalium K	Rubidium Ru	Cäsium Cs	Francium Fr
Kristallgitter	krz	krz	krz	krz	krz	krz
Flammenfarbe (Chloride)	karminrot	gelb	violett	rot-violett	blau	
Schmelztemperatur (°C)	180,5	97,8	63,6	38,9	28,5	≈27
Siedetemperatur (°C)	1336	892	760	688	690	≈680
Dichte ($g \cdot cm^{-3}$)	0,53	0,97	0,86	1,53	1,87	
Atomradius (pm)	152	186	227	248	265	270
Ionenradius Me^+ (pm)	68	97	133	147	167	176
Ionisierungsenergie Me^+ ($kJ \cdot mol^{-1}$)	520	500	420	400	380	360
Metallcharakter Elektropositivität	zunehmend →					
Affinität zu Nichtmetallen	zunehmend →					
Basenstärke	zunehmend →					
Ionencharakter der Salze	zunehmend →					

Übersicht 9-5

Die Elemente Lithium, Natrium, Kalium, Rubidium und Cäsium bilden starke Basen, weshalb sie als Alkalimetalle bezeichnet werden. Die Alkalihydroxide sind sehr leicht in Wasser löslich. Die Basenstärke oder Basizität nimmt von LiOH bis CsOH zu.

Die Gewinnung der Alkalimetalle ist sehr energieaufwendig. Sie kann nur unter starken Reduktionsbedingungen erfolgen. Dafür sind Schmelzflusselektrolysen wasserfreier Chloride geeignet (LiCl, NaCl, KCl). Kalium kann außerdem durch Reduktion von KCl-Schmelze mit Natrium erzeugt werden. Kalium und Natrium gehören zu den stärksten Reduktionsmitteln.

Lithium ist in manchen Eigenschaften dem zweiten Element der II. Hauptgruppe, dem Magnesium, ähnlicher als den anderen Alkalimetallen. Eine ebensolche Tendenz beobachtet man zwischen Beryllium und Aluminium sowie zwischen Bor und Silicium oder allgemein zwischen dem ersten Element einer Hauptgruppe und dem zweiten Element der nächsten Hauptgruppe. Es handelt sich um die so genannte **Schrägbeziehung** im PSE.

Lithium Li ist das einzige Element, das sich bei Raumtemperatur direkt mit Stickstoff zu Lithiumnitrid Li_3N verbindet.

Wichtige Verbindungen:

Lithiumfluorid LiF, Lithiumcarbonat Li_2CO_3, Lithiumphosphat Li_3PO_4 sind in Wasser schwer, Chlorid und Nitrat leicht löslich.

Umwelt/Physiologie:

Lösliche Lithium-Verbindungen sind giftig (Übelkeit, Seh-, Herz-, Nierenstörung) und können zum Herzstillstand führen.

Natrium Na ist ein schneidbares silbrigweißes Metall, dessen Schnittflächen sofort oxidieren und mit Luftfeuchte Natriumhydroxid NaOH und mit CO_2 Natriumhydrogencarbonat $NaHCO_3$ bzw. Natriumcarbonat Na_2CO_3 bilden. Es ist das sechsthäufigste Element der Erdkruste.

Reaktionen:

Bei Berührung mit Wasser reagiert es unter Zersetzung und schmilzt durch die Reaktionswärme: $2\,Na + 2\,H_2O \rightarrow 2\,NaOH + H_2$. Das Natriumhydroxid ist hygroskopisch und gut wasserlöslich (Natronlauge). Natriumoxid löst sich ebenfalls zu Natronlauge. Die Lösung reagiert stark alkalisch. Natrium bindet sich heftig mit Chlor und Chlorkohlenwasserstoffen.

Wichtige Verbindungen und Vorkommen:

Na-Salze sind allgemein gut in Wasser löslich: Natriumchlorid, Kochsalz NaCl; Natriumcarbonat, Soda Na_2CO_3; Natriumhydrogencarbonat $NaHCO_3$; Natriumthiosulfat $Na_2S_2O_3$; Natriumsulfat Na_2SO_4 bzw. Glaubersalz $Na_2SO_4 \cdot 10\,H_2O$; Natriumnitrat, Natronsalpeter $NaNO_3$; Natriumoxid Na_2O; Natriumperoxid Na_2O_2. Natriumchlorid kommt vor allem in Salzlagern, Salzquellen und Salzseen sowie in den Weltmeeren vor.

Umwelt/Physiologie:

NaCl ist wichtig für die Bildung von Magensäure und die Regulierung des osmotischen Drucks von Zellen und Geweben (Gegenspieler von K^+-Ionen); NaOH ätzt stark (Haut, Schleimhäute, Augen).

Na-Reste werden mit Ethanol oder 2-Propanol vernichtet (Bildung von Alkoholaten).

Kalium K ist noch weicher und unbeständiger als Natrium.

Reaktionen:

Es ähnelt im chemischen Verhalten sehr dem Natrium (Aufbewahrung wie Na), reagiert aber viel rascher an der Luft sowie heftiger mit Wasser oder Chlor. Kaliumhydroxid KOH ist alkalischer als NaOH. Die Salze sind löslich (bis auf $KClO_4$).

Wichtige Verbindungen und Vorkommen:

Kaliumhydroxid KOH, Kaliumchlorid KCl, Kaliumsulfat K_2SO_4, Kaliumbromid KBr, Kaliumiodid KI, Kaliumcarbonat oder Pottasche K_2CO_3. Kalium kommt als Chlorid wie Natrium vor.

Umwelt/Physiologie:

Kalium-Ionen sind sehr wichtig für Pflanzen- und Tierwelt:

a) Pflanzen: Kalium dient der Regulierung von Photosynthese und Zellatmung, der Osmose (Wasserhaushalt/Turgor oder Spannungszustand), zur Regulierung der Umwandlung von Zucker in Cellulose. Die Zufuhr von Kalium-Ionen im Boden erfolgt durch Kalidünger.
b) Tier/Mensch: Kalium-Ionen sind Gegenspieler von Na^+-Ionen (K^+ im Zellplasma gelöst). Der tägliche Bedarf beträgt etwa 3 – 4 g (Zufuhr über Nahrung). Kalium reguliert den Wasserhaushalt, den osmotischen Druck (Turgor der Zellen) sowie die Gewebeatmung (Zucker- und Fettstoffwechsel, Proteinsynthese), Steuerung der Erregbarkeit der Muskeln, der Nerven, der Flüssigkeitsausscheidung. Kaliummangel führt zu Appetitlosigkeit, Herzrhythmusstörung, Muskelschwäche.

Kaliumhydroxid ist sehr stark ätzend (Haut, Schleimhäute, Augen etc.). Kalium-Reste werden mit Pentanol vernichtet.

Rubidium Rb und **Cäsium** Cs sind noch weichere und dehnbarere Leichtmetalle als Natrium und Kalium, die auch noch viel schneller mit Sauerstoff sowie noch heftiger mit Wasser reagieren als die übrigen Alkalimetalle. Cäsium ist das reaktivste Metall. Beide Metalle entzünden sich sofort an der Luft, Cäsium explosionsartig. Cäsiumhydroxid CsOH ist das stärkste Hydroxid.

9.4.3 Elemente der 2. Hauptgruppe – Erdalkalimetalle (s^2-Elemente)

Die Elemente der 2. Hauptgruppe des PSE Magnesium, Calcium, Strontium und Barium werden als **Erdalkalimetalle** bezeichnet. Der Name verweist darauf, dass einige von ihnen (Mg, Ca) gesteinsbildende Verbindungen bilden (z. B. Gips, Anhydrit, Kalkstein, Dolomit) und ihre Hydroxide alkalisch wirken. Allerdings ist die Alkalität (Basizität) wie auch die Reaktionsfähigkeit geringer als bei den Elementen der 1. Hauptgruppe. In Verbindungen treten alle Elemente in der Wertigkeit 2+ auf.

Die Erdalkalimetalle sind nach den Alkalimetallen die reaktivsten Metalle. Die Oxidationszahl ist II+ bzw. Ladungszahl 2+. An feuchter Luft oxidieren sie rasch. **Beryllium** und **Magnesium** bilden eine dünne Hydroxidhaut, die vor weiterer Oxidation schützt. Mit steigender relativer Atommasse nimmt die Reaktivität gegenüber Wasser, Sauerstoff und anderen Nichtmetallen zu.

Calcium bis **Radium** ähneln im chemischen Verhalten mehr den Alkalimetallen (starke Basen), Beryllium (und Magnesium) mehr dem Aluminium. So ist Beryllium hart, spröde, es verhält sich ampholytisch. Von Magnesium an nimmt die Härte ab. Auch einige physikalische Eigenschaften zeigen Abweichungen des Berylliums und des Magnesiums gegenüber den anderen Metallen der 2. Hauptgruppe (vgl. Übersicht 9-6).

Beryllium Be ist ein leichtes Metall und relativ selten. Es ist unedel und zeigt Verwandtschaft mit Aluminium (Schrägbeziehung). So löst es sich mit der Ladungszahl 2+ in Salpetersäure und Salzsäure und als amphoteres Element in Laugen. Mit starken Basen entstehen Beryllate z. B. K_2BeO_2.
Die Verbindungen sind stark giftig (Krebs erregend; Schädigung von Leber, Milz, Haut).

Magnesium Mg weist mehr verwandtschaftliche Beziehungen zu Li (und Zn) auf als zu Be und Ca. Es oxidiert leicht und wird dadurch gegen weitere Oxidation passiv.

Reaktionen:
Es verbrennt mit heißer Flamme zu MgO und kann mit Wasser oder CO_2 nicht gelöscht werden, da es Wasser und CO_2 reduziert:

Eigenschaften der Erdalkalimetalle

	Beryllium Be	Magnesium Mg	Calcium Ca	Strontium Sr	Barium Ba	Radium Fr
Kristallgitter bei Schmelztemperatur	hexagonal d. P.	hexagonal d. P.	hexagonal d. P.	hexagonal d. P.	hexagonal d. P.	hexagonal d. P.
Flammenfarbe (Chloride)			ziegelrot	rot	grün	
Schmelztemperatur (°C)	1283,2	650	850	770	726	≈700
Siedetemperatur (°C)	2480	1107	1483	1385	1640	1140
Dichte ($g \cdot cm^{-3}$)	1,85	1,74	1,55	2,54	3,52	5,50
Atomradius (pm)	112	160	197	215	221	230
Ionenradius (pm)	35	66	99	112	134	143
Ionisierungsenergie ($kJ \cdot mol^{-1}$)						
$Me \rightarrow Me^+ + e^-$	899	740	590	550	503	500
$Me^+ \rightarrow Me^{2+} + e^-$	1760	1450	1145	1060	960	
Metallcharakter Elektropositivität	zunehmend →					
Affinität zu Nichtmetallen	zunehmend →					
Basenstärke	zunehmend →					
Löslichkeit der Hydroxide	zunehmend →					
Löslichkeit der Sulfate und Carbonate	zunehmend →					

Übersicht 9-6

$Mg + H_2O \rightarrow MgO + H_2$
$2\,Mg + CO_2 \rightarrow 2\,MgO + C$.

Mit Säuren werden Salze gebildet:
$MgCl_2$, $MgSO_4$, $Mg(NO_3)_2$ u. a.

Umwelt/Physiologie:
Magnesium ist ein wichtiges Element für Pflanzen, Tier und Mensch.

a) Pflanzen: Es ist Bestandteil des Chlorophylls (Biokatalysator zur Photosynthese) und an verschiedenen Stoffwechselvorgängen beteiligt. Mangel führt zu Blattaufhellung, Welkung der Blätter, Vergilbung von Nadeln der Nadelbäume (Düngung mit Bittersalz $MgSO_4$);
b) Mensch: Im Organismus sind etwa 17–30 g in Knochen, Zähnen, Zellplasma enthalten. Mangel führt zu Muskelkrämpfen. Reich an Mg sind Obst, Blattgemüse, Vollkornprodukte.

Calcium Ca (lat. Stein, Kalkstein) ist – wie Strontium und Barium – sehr unedel (stark elektropositiv).

Reaktionen:
Calcium muss unter Petroleum aufbewahrt werden, weil es leicht an Luft zu Calciumoxid CaO oxidiert. Letzteres reagiert danach mit Luftfeuchtigkeit weiter zu $Ca(OH)_2$ und schließlich mit CO_2 zu Calciumcarbonat $CaCO_3$. Dieser Reaktionsablauf erfolgt auch beim Löschen von Branntkalk und Abbinden von Kalkmörtel.
Mit Wasser reagiert Calcium unter H_2-Entwicklung zu Calciumhydroxid-Lauge (Kalkwasser; schwach basisch) und mit Säuren zu Salzen, von denen das Chlorid und das Nitrat leicht löslich sind. Calciumcarbonat, Calciumsulfat $CaSO_4$ und die Calciumphosphate sind schwer löslich.

Darstellung:
Calciumoxid wird mittels Aluminium (aluminothermisch) im Vakuum zum Metall reduziert:
$3\,CaO + 2\,Al \rightarrow 3\,Ca + Al_2O_3$

Wichtige Verbindungen und Vorkommen:
Calcium steht in der Häufigkeit an 4. Stelle in der Erdrinde. Es ist in der Natur mineral- und gesteinsbildend: Kalkstein, Anhydrit, Dolomit, Gips, Flussspat, Apatit u. a.

Umwelt/Physiologie:
Calcium hat große Bedeutung für die Pflanzen (Regulierung des Säuregehaltes oder pH-Wertes im Boden) und für die Tiere bzw. den Menschen (Stützgewebe: Muschelschalen, Knochen; Zähne). Der Tagesbedarf des Menschen beträgt ca. 700 mg. Im Körper sind ca. 1,2 kg in Knochen und Zähnen gebunden sowie in Muskeln, Blut und Zellsaft enthalten (Regulierung verschiedener Stoffwechselvorgänge, beteiligt am Sehvorgang, der Nervenleitung, Blutgerinnung und Muskelkontraktion).

Strontium Sr und **Barium** Ba ähneln in vielen Eigenschaften dem Calcium, sind aber noch unedler, elektropositiver und reaktiver. Sie oxidieren sofort an der Luft und bilden mit Luftfeuchtigkeit Hydroxide, die leicht in Carbonate übergehen. Ebenso zersetzen sie Wasser unter Wasserstoffentwicklung. Die Hydroxide sind stärker basisch als Calciumhydroxid. Die Chloride und Nitrate lösen sich leicht in Wasser, die Sulfate und Carbonate sind sehr schwer löslich. Wichtige Verbindungen sind $SrCl_2$, $BaCl_2$, $Ba(OH)_2$ (gelöst: Barytwasser; ätzend, giftig) und das Mineral Schwerspat $BaSO_4$.

9.4.4 Elemente der 3. Hauptgruppe – Erdmetalle (p^1-Elemente)

In der 3. Hauptgruppe ist nur Bor ein Nichtmetall mit gewissen Halbleitereigenschaften. Die übrigen Elemente sind Metalle: Aluminium, Gallium, Indium und Thallium. Die Hauptwertigkeit der leichteren Elemente ist 3+. Mit steigender Ordnungszahl wächst die Neigung zur Bildung von Verbindungen mit der Wertigkeit 1+. Gleichzeitig sinkt die Stabilität der Wasserstoffverbindungen und es wächst der Basencharakter.

Bor B besitzt mehr Ähnlichkeiten zu Silicium als zu den anderen Elementen der Gruppe (Schrägbeziehung). Es bildet z. B. Borwasserstoffe, Borane und Borsäuren, ist nicht amphoter und tritt in den Verbindungen nur kovalent (Atombindungen) auf. Auch das weist auf nichtmetallischen Charakter hin.

Reaktionen:
Da Bor nur drei Valenzelektronen besitzt, haben die Verbindungen nur ein Elektronensextett. Sie nehmen deshalb sehr leicht in die Elektronenlücke einen Partner mit freiem Elektronenpaar auf, z. B. ein Fluor-Ion oder NH_3:
$BF_3 + KF \rightarrow KBF_4$ (Kaliumsalz der Fluoroborsäure)
$BCl_3 + NH_3 \rightarrow Cl_3B{-}NH_3$
sowie weitere Elektronendonatoren (lat. Spender).

Borverbindungen mit drei Bindungen zählen zu starken LEWIS-Säuren (vgl. Abschnitt10.3.3). Nach Kohlenstoff und Silicium bildet Bor die meisten Wasserstoff-Verbindungen, die Borwasserstoffe oder Borane. Bei ihnen findet man wegen der drei Valenzelektronen des Bors kompliziertere Bindungsverhältnisse: z. B. ist BH_3 nicht stabil, jedoch z. B. B_2H_6 mit einer Dreizentren-Zweielektronen-Bindung (Elektronen-Mangel-Bindung): Die allgemeinen Formeln der Borane lauten B_nH_{n+4}, B_nH_{n+6}, B_nH_{n+8} u. a. Sie werden bei höherer Temperatur durch

Hydrierung von Bortrioxid erhalten (Katalysator $Al/AlCl_3$) z. B.:

$2\ B_2O_3 + 12\ H_2 \rightarrow 2\ B_2H_6 + 6\ H_2O$.

Sie sind gasförmig bis fest, z. T. unbeständig und leicht oxidierbar.

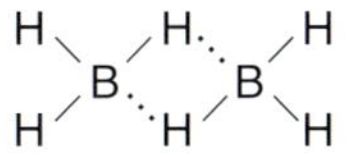

Diboran

Bor ist bei Normtemperatur sehr reaktionsträge, bei höherer Temperatur bindet es sich mit Halogenen, Sauerstoff, Schwefel, Stickstoff u. a. zu BX_3, B_2O_3, B_2S_3, BN und mit Metallen zu Boriden.
Die sehr schwache Borsäure $B(OH)_3$ (H_3BO_3) geht beim Erhitzen in Metaborsäure HBO_2 und B_2O_3 über.

Darstellung:
Die Reduktion von B_2O_3 wird mit Mg oder Na durchgeführt:

$B_2O_3 + 3\ Mg \rightarrow 2\ B + 3\ MgO$.

Die Reduktion von BCl_3 erfolgt mit H_2.

Weitere wichtige Verbindungen und Vorkommen:
Salze der Borsäuren (Polyborate), vor allem Borax $Na_2B_2O_7 \cdot 10\ H_2O$; Bor-organische Verbindungen; Borsäuretrimethylester $B(OCH_3)_3$; Bornitrid BN in Graphit und Diamant ähnlicher Struktur. Borcarbid B_4C; Boride z. B. FeB, Fe_2B, ZrB_2.

Umwelt/Physiologie:
Spurenelement in Pflanzen (Roggen, Bohnen, Mohn, Rüben u. a.) zur Regulierung von Zellteilung, Wachstum, Wasserhaushalt, Ca-Haushalt. Gasförmige und flüssige Borane sind giftig.

Aluminium Al ist ein weiches silberweißes Leichtmetall mit guter elektrischer und Wärmeleitfähigkeit. Es wird vor allem legiert verwendet. Aluminium ist chemisch unbeständig und überzieht sich an der Luft mit einer vor weiterer Oxidation schützenden Schicht der ungefähren Zusammensetzung AlO(OH).

Reaktionen:
Die Schutzschicht ist etwa bei pH-Werten zwischen 4,5 und 8,5 beständig und wird darunter bzw. darüber von Säuren und Laugen unter Wasserstoffbildung angegriffen. Darin zeigt sich die **Amphoterie** des Aluminiums (griech. beiderlei), sich je nach umgebendem Medium sauer oder basisch zu verhalten. Gegenüber starken Säuren verhält sich ein amphoterer Stoff als Base, gegenüber starker Base als Säure wie z. B. das $Al(OH)_3$:

a) $Al(OH)_3 + 3\ HCl \rightarrow AlCl_3 + 3\ H_2O$

b) $Al(OH)_3 + NaOH \rightarrow Na[Al(OH)_4]$
Natriumtetrahydroxoaluminat (III)

Aluminium-Ionen können sowohl in Salzen als Kationen gebunden sein als auch negative Komplexionen bilden. Diese Eigenschaft zeigen ebenfalls Oxide und Hydroxide anderer amphoterer Elemente (z. B. Cr, Mn, Sn, Zn, Pb u. a.; vgl. Abschnitt 9.5). Aluminium wird auch von Soda-Lösung und manchen Salz-Lösungen angegriffen (Zn-, Sn-, Hg-, Pb-Salz).

Eigenschaften der Elemente der 3. Hauptgruppe

	Bor B	Aluminium Al	Gallium Ga	Indium In	Thallium Tl
Kristallgitter (20 °C)	α–B rhomboedrisch	kubisch-flächenzentriert	rhombisch	kubisch-flächenzentriert	α-Tl hexagonal
Modifikationen	β-B ($T > 1200$ °C)				β-Tl ($T > 232$ °C)
Farbe	α: rot, β: dkl. glänzend	silberweiß glänzend; ox. grau	weiß glänzend	silberweiß glänzend	weiß glänzend oxid. grau
Schmelztemperatur °C	2300	660,37	29,8	156,6	303,5
Siedetemperatur °C	2550 (Sublimat.)	2467	ca. 2400	2080	1457
Dichte $g \cdot cm^{-3}$	α: 2,46, β: 2,35	2,702	5,904	7,31	11,85
Atomradius (pm)	90	130	120	136	170
Ionenradius X^{3+}(pm)	(16)	45	62	81	95
chemisches Verhalten	Nichtmetall	——— Metall ——→			
Elektronegativität	——— abnehmend ——→				
Salzcharakter der Halogenide	ohne	——— zunehmend ——→			

Übersicht 9-7

Aluminiumchlorid ist hygroskopisch und weist wie BCl_3 ein Elektronensextett auf. Es ist somit eine starke LEWIS-Säure (Katalysator bei FRIEDEL-CRAFTS-Synthesen in der organischen Chemie, vgl. Kapitel 16).

Wichtige Verbindungen und Vorkommen:
$AlCl_3$; $AlCl_3 \cdot 6\,H_2O$; $Al_2(SO_4)_2$; Kalialaun $KAl(SO_4)_2$; Essigsaure Tonerde (basisches Aluminiumacetat) $Al(OH)(CH_3COO)_2$; dritthäufigstes Element der Erdrinde (nach O, Si); in vielen Mineralien (z. B. Feldspaten) sowie Korund, Rubin, Saphir enthalten; Erze: Bauxit (Fe-haltiges $Al(OH)_3$; Kryolith Na_3AlF_6.

Erzeugung:
Als stark elektropositives Element kann Aluminium nur durch Schmelzflusselektrolyse von $Al_2O_3-Na_3AlF_6$-Mischung erzeugt werden.

Umwelt/Physiologie:
Al-Salze sind für Menschen in geringer Menge unbedenklich, darüber wird der Phosphor-Stoffwechsel gestört und Arteriosklerose gefördert. $AlCl_3$ wirkt zusammenziehend (adstringierend) auf Schleimhäute und Schweißdrüsen (Gurgelmittel, Deo-Mittel).

Gallium Ga, **Indium** In und **Thallium** Tl sind sehr weiche bis weiche Metalle, die sich in vielen Eigenschaften ähneln. Frische Schnittflächen glänzen silbrigweiß. Bei Thallium oxidieren sie sofort. In Verbindungen treten sie in der Ladungszahl 1+ und 3+ auf.
Gallium ist außer in Halogenen und Königswasser chemisch beständig. Nach Si ist es das wichtigste Element in der Halbleiter-Technik (GaAs, GaN, GaP, GaSb; Solarzellen u. a.). Ga- und In-Verbindungen sind physiologisch unbedenklich, Tl-Verbindungen sind sehr giftig.

9.4.5 Elemente der 4. Hauptgruppe – Kohlenstoffgruppe (p^2-Elemente)

In der 4. Hauptgruppe wird der Übergang Nichtmetall/Metall besonders deutlich. Nur **Kohlenstoff** ist eindeutig ein Nichtmetall. **Germanium** Ge und **Silicium** sind Halbmetalle und **Zinn** Sn sowie **Blei** Pb sind Metalle.
Von **Kohlenstoff** C (lat. Carboneum) existieren 3 Isotope: ^{12}C ist das häufigste und mehr in organischen Stoffen angereicherte Isotop, ^{13}C ist mehr in anorganischen Stoffen vertreten, ^{14}C ist radioaktiv. Kohlenstoff kommt in den Wertigkeiten –4, +2 jedoch vorrangig +4 vor. Typisch ist für die gesättigten Verbindungen die Koordinationszahl 4 und die tetraedrische Struktur. Die Vielfalt der Kohlenstoff-Verbindungen erklärt sich u.a. daraus, dass Kohlenstoff mit sich selbst Atombindungen eingehen und unverzeigte, verzweigte, ringförmige Strukturen sowie Einfach-, Doppel-, Dreifach-Bindungen ausbilden kann. Die Strukturen und Bindungen sind ausführlich in den Kapiteln 15 und 16 dargestellt.

Kohlenstoff kommt in den beiden **Modifikationen** (Erscheinungsformen) **Diamant** und **Grafit** vor, die sich in der Atomanordnung unterscheiden (Abb. 9-9). Im Diamant sind die Atome tetraedrisch mit vier Nachbaratomen in gleichem Bindungsabstand verbunden (Koordinationszahl 4). Diamant besitzt deshalb eine hohe Gitterenergie und die höchste Härte, die bei allen Stoffen gemessen wurde. Grafit ist sehr weich. Er kristallisiert in einem Schichtgitter. Innerhalb einer Schicht sind die Atome dreibindig in geringem Abstand und mit großer Bindungsenergie an die Nachbaratome gebunden. Der Abstand zum vierten Atom in der folgenden Schicht ist größer. Das Elektronenpaar dieser Bindung wird dadurch frei beweglich. Deshalb kann Grafit den elektrischen Strom leiten, während Diamant ein Isolator ist. Die Atomschichten des Grafitgitters sind verschiebbar. Grafit eignet sich deshalb – auch wegen chemischer und thermischer Beständigkeit – als Festschmierstoff. Im Jahr 1985 wurde eine dritte Modifikation des Kohlenstoffs entdeckt, die **Fullerene.** Sie bestehen aus kugelförmigen Molekülen (Atomaggregraten) mit 28, 32, 50, 60 oder 70 C-Atomen und sind weich-elastisch.

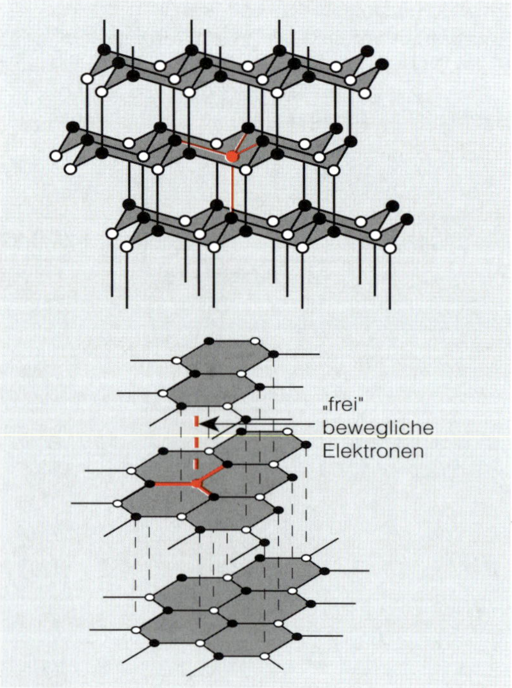

Abb. 9-9
Diamantgitter und Grafitgitter (die vier Bindungen zu den Nachbaratomen sind farblich hervorgehoben)

Versuch

Reiben Sie etwas Grafitpulver zwischen den Fingern. Wie ist das Schreiben mit einem Bleistift zu erklären?

Ruß, Holzkohle, Aktivkohle, künstlicher Grafit (Retortengraphit) enthalten feinkristallinen Grafit mit amorphen Anteilen.

Die beiden Erscheinungsformen des Kohlenstoffs zeigen anschaulich, dass viele Eigenschaften wie z. B. Härte, Farbe u. a. von der Atomanordnung abhängen, während das chemische Verhalten gleichartig ist, da es sich um das gleiche Element handelt. Sowohl Grafit (oberhalb 690 °C) als auch Diamant (oberhalb 800 °C) verbrennen in reinem Sauerstoff zu Kohlenstoffdioxid.

Aktivkohle wird aus Knochen, Holz, Zucker u. a. organischen Stoffen hergestellt. Zunächst werden diese mit Lösungen aus Kaliumcarbonat oder Zinkchlorid getränkt. Diese Mittel blähen den Ausgangsstoff, der beim Erhitzen unter Luftabschluss Wasserstoff und Kohlenstoffoxid abgibt, stark auf. Dadurch entsteht ein poriges Kohlenstoffgerüst mit großer innerer Oberfläche (bis 800 $m^2 \cdot g^{-1}$ Aktivkohle). A-Kohle kann deshalb Gase, Dämpfe und gewisse gelöste Stoffe in beträchtlicher Menge adsorbieren und z. B. beim Erwärmen wieder freisetzen.

Versuche

1. In einem Verbrennungsrohr wird Luft oder Sauerstoff über erhitzte Holzkohle geleitet. Das Kohlenstoffdioxid wird in Kalkwasser $Ca(OH)_2$ oder Bariumhydroxid-Lösung $Ba(OH)_2$ geleitet. Beobachtung? Gleichung! (Abb. 9-10).

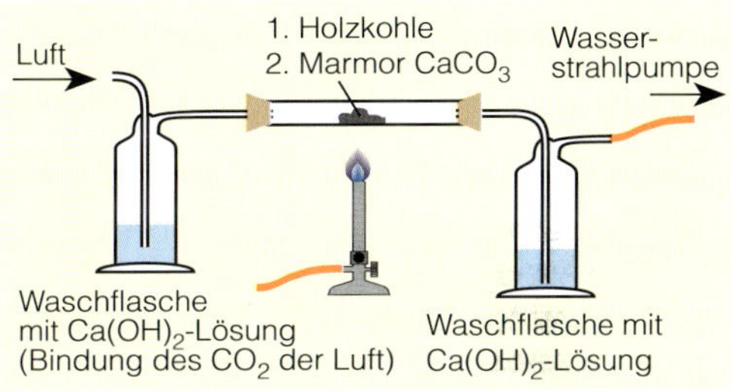

Abb. 9-10 **Nachweis von Kohlenstoffdioxid**

Eigenschaften der Elemente der 4. Hauptgruppe

	Kohlenstoff C	Silicium Si	Germanium Ge	Zinn Sn	Blei Pb
Kristallgitter (20 °C) (stabile Modifikation)	Diamantgitter, hexagonal	Diamantgitter	Diamantgitter	β-Sn tetragonal	kubisch-flächenzentriert
Modifikationen	Diamant, Grafit, Fullerene			γ: T > 262 °C, α: < 13,2 (graues Zinn)	
Farbe/Glanz	farblos, schwarz	dkl.grau bis schwarz glänzend	grauweiß glänzend	silberweiß glänzend	bläulichsilbrig, oxidiert grau
Schmelztemperatur °C	>3540 (Diam.) >3550 (Grafit)	1414	937,4	231,9	327,5
Siedetemperatur °C	ca. 4830	2477	2830	2270	1744
Dichte $g \cdot cm^{-3}$	2,1–2,3 (Grafit) 3,51 (Diam.)	2,33	5,32	7,29	11,34
Atomradius (pm)	77	110	122	140	175
Ionenradius X^{4+}(pm)	16	38	53	71	84
chemisches Verhalten	Nichtmetall		Halbmetall	Metall	
elektrische Leitfähigkeit	Isolator (Diam.)	Halbleiter		metall. Leiter	
Elektronegativität	——— abnehmend ———→				
Affinität zu Metallen	——— abnehmend ———→				
Reaktion der Oxide	sauer	——— zunehmend basisch ———→			
Salzcharakter der Halogenide	ohne Salzcharakter		——— zunehmend salzartig ———→		

Übersicht 9-8

2. Tauschen Sie die Holzkohle gegen Marmor $CaCO_3$ aus, den Sie kräftig erhitzen. Beobachtung? Gleichung!

3. Weisen Sie Kohlenstoffdioxid als Abbauprodukt der Nährstoffe in der Atemluft nach (Abb. 9-11)!

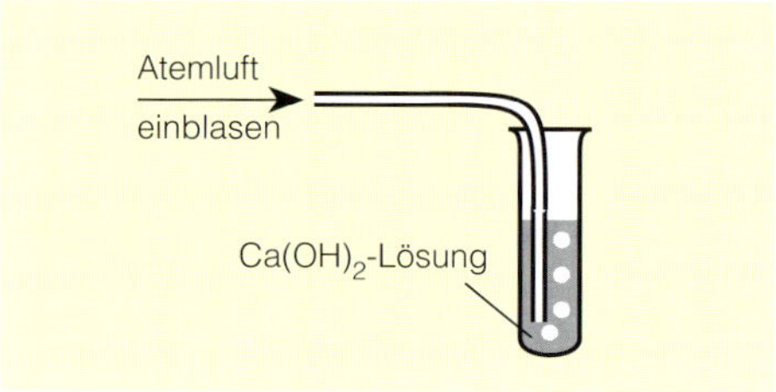

Abb. 9-11 Nachweis von Kohlenstoffdioxid in der Atemluft

Reaktionen:
Bei Normtemperatur ist Kohlenstoff sehr reaktionsträge. Bei höherer Temperatur verbrennt er zu Kohlenstoffdioxid, bei Sauerstoffmangel zu Kohlenstoffmonoxid. Kohlenstoffdioxid ist ein farbloses, geruchloses, unbrennbares Gas. Es löst sich gut in Wasser und bildet zu einem geringen Teil die schwache Kohlensäure:

$$CO_2 + H_2O \rightleftharpoons H_2CO_3$$

Mit Ammoniak setzt sich Kohlenstoffdioxid bei 150 bis 200 °C zu Harnstoff um:

$$CO_2 + 2\ NH_3 \rightarrow H_2N{-}CO{-}NH_2 + H_2O.$$

Glühender Kohlenstoff reagiert mit vielen Nichtmetallen, z. B. Schwefel zu Schwefelkohlenstoff CS_2, mit Chlor zu Tetrachlormethan CCl_4 und bildet mit Metallen Carbide (SiC, B_4C, W_2C, TiC u. a.). Calciumcarbid reagiert mit Wasser zu Ethin oder Acetylen

$$CaC_2 + 2\ H_2O \rightarrow C_2H_2 + Ca(OH)_2$$

Vorkommen:
Zur anorganischen Chemie zählt man die Oxide, die Kohlensäure, die Derivate der Kohlensäure (z. B. Phosgen Cl–CO–Cl), Dicyan N≡C–C≡N, Cyanwasserstoff- oder Blausäure HCN (Salze: Cyanide), Thiocyansäure HSCN (Salze: Thiocyanate oder Rhodanide), die Metallcarbide, Kalkstickstoff $CaCN_2$. Alle weiteren Kohlenstoff-Verbindungen gehören in die organische Chemie (vgl. Kapitel 16). Kohlenstoff kommt elementar als Diamant und Graphit vor und anorganisch gebunden vor allem als Carbonate des Calciums und Magnesiums (Kalkstein, Marmor, Kreide, Dolomit). Durch die große Anzahl organischer Stoffe existieren von Kohlenstoff die meisten Verbindungen. Große Mengen an Kohlenstoff sind in Kohle, Erdgas und Erdöl vorhanden.

Umwelt und Physiologie:
Obwohl das Element in der Erdrinde nur mit 0,087 % vorkommt (13. Stelle der Häufigkeit), besitzt Kohlenstoff für das Leben eine überragende Bedeutung z. B. für die Photosynthese, bei der CO_2 und Wasser zu Traubenzucker und Sauerstoff umgesetzt werden. Andererseits ist die vom Menschen verursachte Zunahme von CO_2 in der Luft sehr gefährlich für das Klima (Treibhauseffekt; vgl. Abschnitt 4.8.1). Kohlenstoffmonoxid ist äußerst giftig und bildet mit Luft explosible Gemische.

Silicium Si ist ein Nichtmetall. In Verbindungen ist es vor allem 4-wertig (+4) und von Bindungspartnern tetraedrisch umgeben. Reines Silicium ist ein Nichtleiter. Erst durch geringe Verunreinigungen wird es halbleitend (Dotierung) und wird deshalb auch als Halbmetall bezeichnet. Die chemischen Eigenschaften berechtigen aber, Si als Nichtmetall zu bezeichnen.

Vorkommen:
Silicium ist das zweithäufigste Element der Erdrinde (ca. 23,4 %) und zusammen mit Sauerstoff wichtigstes Element für Minerale, Gesteine, Quarz, Sand, Tone.

Reaktionen:
Silicium ist in Säuren unlöslich, in Alkalilauge setzt es sich zu Na_2SiO_3 um. Bei Weißglut erfolgt an Luft Oxidation zu SiO_2, die Bildung von Siliciumnitrid Si_3N_4 bzw. mit Wasserstoff die Reaktion zu Silanen z. B. SiH_4, die im Unterschied zu Alkanen leicht oxidieren. Die chemische Verwandtschaft zu Kohlenstoff zeigt sich auch in der Bildung polymerer Verbindungen (Silikate; Siloxane, Silanole, Silikone).
Von Silicium leitet sich eine Reihe von Säuren ab, die Orthokieselsäure H_4SiO_4 bzw. $Si(OH)_4$ und die davon abstammenden Kondensationsprodukte, die durch Wasserabspaltung entstehen. Die Orthokieselsäure ist nur verdünnt kurze Zeit beständig und geht schnell in kolloide Sole und schließlich unter Wasseraustritt in Gele von Polykieselsäuren über. Das Endstadium ist (zumindest formal) SiO_2. Ein lösliches Salz der Orthokieselsäure ist Natriumsilikat oder Wasserglas Na_4SiO_4. Die Kieselsäuren sind in Verbindung mit Metallen als Silicat-Mineralien geologisch und z. T. technisch sehr wichtig und haben auch zum Erhalt von Fossilien beigetragen (Verkieselung).
Silicium besitzt in seinen Verbindungen (wie C) vor allem die Koordinationszahl 4 und ist somit tetraedrisch regelmäßig von Liganden umgeben wie z. B. in der Orthokieselsäure (Abb. 9-12, Inselsilikate). Durch Wasserabspaltung können zwei Moleküle zusammentreten. Ein Sauerstoff-Atom verknüpft nun zwei Tetraeder zu $Si_2O_7^{6-}$ (Disilikate; Grup-

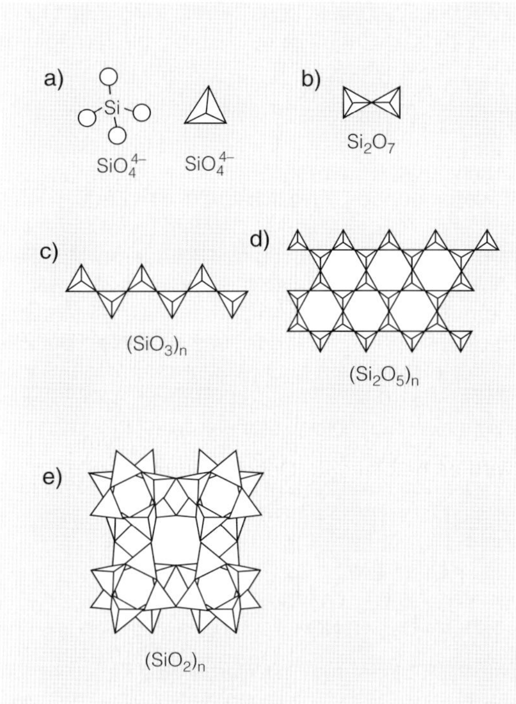

Abb. 9-12 Silikatstrukturen
a) Insel- b) Gruppen- c) Ketten- d) Schicht- e) Gerüstsilikat (Zeolith)

pensilikate). Durch Kondensation von drei und mehr SiO_4^{4-}-Tetraedern entstehen Ringsilikate (Abb. 9-12, z. B. Beryll, Beryllium-Aluminium-Silikat $Be_3Al_2[Si_{16}O_{18}]$). In Ketten- und Bandsilikaten bilden die Tetraeder polymere Ketten aus SiO_3^{2-}-Einheiten (fasrige Strukturen z. B. Asbeste, Abb. 9-12). Durch flächige Kondensation über drei Tetraeder-Ecken entstehen Schicht- oder Blattsilikate (z. B. Kaolin, Talkum $Mg_3[(OH)_2Si_4O_{10}]$, Glimmer $KAl_2[(OH)_2AlSi_3O_{10}]$). Wie die Formeln zeigen, sind die Ladungen der Silikat-Ionen durch Metall-Ionen ausgeglichen. Sind alle Sauerstoff-Atome verbunden, so liegen Gerüstsilikate vor (Abb. 9-12). Durch Kondensation sind räumliche Strukturen als Polymere des SiO_2 entstanden (Quarz, Bergkristall). Die Strukturen der genannten natürlichen Silikate sind kristallin.
Die Verknüpfungsarten der Tetraeder über Sauerstoff-Atome kommen auch in den technischen Gläsern vor. Sie sind jedoch nicht kristallin, d. h., sie besitzen amorphen Aufbau.

Erzeugung
Silicium wird durch Reduktion von Siliciumdioxid SiO_2 mit Koks im Lichtbogenofen oder mit Mg erhalten:

$$SiO_2 + C \rightarrow Si + CO_2 \text{ bzw. } SiO_2 + 2\,Mg \rightarrow Si + 2\,MgO$$

Wichtige Verbindungen:
Siliciumdioxid SiO_2 (Quarz, Sand, Kieselerde), unlöslich und chemisch sehr beständig; Kieselgele (Silicagel, amorph); Kieselsäuren z. B. Orthokieselsäure $Si(OH)_4$ und Polykieselsäuren (sehr schwache unbeständige Säuren und deren Salze (Silicate, mit etwa 80 % in der Erdrinde enthalten); Silane (Si–H- Verbindungen); Siliciumhalogenide (z. B. SiF_4, $SiCl_4$, Si_2Cl_6 u. a.); Silanole (organische Si-Verbindungen z. B. H_3Si-OH); Siloxane (Si–O–H-Verbindungen); Silicone (organische Si-Verbindungen); Technisch: Gläser, Keramiken, Porzellane, Steingut, Steinzeug u. a.

Germanium Ge ist ein Halbleiter und in den Eigenschaften dem Silicium und Zinn ähnlich: Bei niedriger Temperatur ist es beständig gegen Sauerstoff, Salzsäure, verdünnte Schwefelsäure, Kalilauge, bei höherer Temperatur erfolgt Oxidation zu GeO_2, ebenso mit konzentrierter Salpetersäure und Schwefelsäure.

Zinn Sn (lat. Stannum) kommt in 3 Modifikationen vor: β-Sn (zwischen 13,2 und 162 °C; metallisch, weich, beim Verformen „Zinnschrei" durch Reibungseffekte im Gitter); γ-Sn (oberhalb 162 °C, spröde); unterhalb 13,2 °C langsame, bei sehr tiefen Temperaturen (ca. –45 °C) rasche Umwandlung in α-Sn (graues Zinn, Zerfall in graues Pulver, sog. „Zinnpest" von Zinngeschirr).

Reaktionen:
Die Wertigkeit in Verbindungen beträgt +2, +4. An Luft erfolgt Passivierung durch oberflächliche Oxidation. Mit Chlor reagiert Zinn zu $SnCl_4$ (Entzinnen von Weißblech), mit HCl zu $SnCl_2$. Gegen schwache Säuren ist Zinn beständig (Konservendosen).

Blei Pb (lat. Plumbum) gehört zu den Schwermetallen. Es ist weich, dehnbar und an frischer Schnittfläche von bläulichsilbrigem Glanz.

Reaktionen:
An Luft oxidiert es und bildet graue Schichten von $PbO \cdot PbCO_3$, die auch in CO_2-haltigem Wasser entstehen. Beim Schmelzen oxidiert Pb zu gelbem PbO, bei höherer Temperatur zu rotem Blei(II,IV)-oxid. Außerdem ist braunes PbO_2 bekannt. Blei wird nur von HNO_3 gelöst. In HF, HCl, H_2SO_4, H_3PO_4 bilden sich oberflächlich schwer lösliche Salzschichten. Ebenso ist es resistent gegen Chlor, H_2S, SO_2, CO_2 u. a. Mit manchen organischen Säuren erfolgt langsamer Angriff, in heißen Laugen (NaOH, KOH) entstehen Plumbate (z. B.: Dioxoplumbat(II) PbO_2^{2-} bzw. $[Pb(OH)_4]^{2-}$, Hexahydroxoplumbat(IV) $[Pb(OH)_6]^{2-}$).

Physiologie:
Das Metall und lösliche Verbindungen sind giftig (Aufnahme über Haut, Atemwege, Magen–Darm; Fruchtschäden, Erbrechen, Koliken). Ständige Aufnahme kleiner Mengen ist durch Speicherung z. B. in den Knochen gefährlich (Appetitlosigkeit, Kopfschmerzen, Muskelschwäche, Anämie u. a.)

9.4.6 Elemente der 5. Hauptgruppe – Stickstoffgruppe (p^3-Elemente)

In der 5. Hauptgruppe sind die Elemente **Stickstoff** N (Nitrogenium) und **Phosphor** P Nichtmetalle. Allerdings zeigt eine Modifikation des Phosphors schon metallische Eigenschaften, die bei **Arsen** As und **Antimon** Sb (Stibium) deutlicher hervortreten. **Bismut** Bi hat nur Metallcharakter.
Stickstoff und Phosphor bilden Säuren, Arsen und Antimon sind **amphoter** (griech. beiderlei), d. h., sie verhalten sich je nach chemischer Eigenschaft des Partners wie eine Säure oder wie eine Base. Die Elemente besitzen in ihren Verbindungen vor allem die Oxidationszahlen III–, III+ und V+.

Stickstoff ist elementar durch die Dreifachbindung des Moleküls sehr stabil und reaktionsträge. Für die Dissoziation des N_2-Moleküls müssen +946 $kJ \cdot mol^{-1}$ aufgebracht werden. Unter Normbedingungen ist er geruchlos, geschmacklos, farblos, gasförmig und leicht zu verflüssigen. Bei 0 °C lösen sich 23,2 ml/l H_2O. Auch Alkohol und einige Metallschmelzen (Fe) lösen Stickstoff.

Reaktionen:
In Verbindungen tritt Stickstoff in den Ladungsstufen 3–, 1+ bis 5+ auf. Mit Calcium bildet Stickstoff bei Raumtemperatur Nitrid, mit anderen Metallen (Al, Fe, Ti u. a.) bei höherer Temperatur. Stark endotherme Verbindungen sind Ammoniak NH_3 und die Stickstoffoxide (Stickoxide, nitrose Gase): Distickstoffoxid (Lachgas) N_2O (Anästhesiemittel), Stickstoffmonoxid NO, Distickstofftrioxid N_2O_3, Stickstoffdioxid NO_2, Distickstoffpentoxid N_2O_5. Nur NO bildet sich bei hoher Temperatur (Blitz, Verbrennungsmotor, Lichtbogen) direkt aus den Elementen sowie bei Verbrennen von Ammoniak. Es geht sofort in NO_2 über:

$$N_2 + O_2 \rightarrow 2\,NO$$
$$4\,NH_3 + 5\,O_2 \rightarrow 4\,NO + 6\,H_2O$$
$$2\,NO + O_2 \rightarrow 2\,NO_2.$$

Stickstoff bindet sich mit Wasserstoff katalytisch in der HABER-BOSCH-Synthese zu NH_3. Daraus werden mittels Katalysatoren Stickstoffoxide für die Salpetersäure-Erzeugung gewonnen (Säuren vgl. Abschnitt 10.2.4)

Eigenschaften der Elemente der 5. Hauptgruppe

	Stickstoff N_2	Phosphor P	Arsen As	Antimon Sb	Bismut Bi
Kristallgitter (20 °C) (stabile Modifikation)		rhomboedrisch (Schichtgitter)	rhomboedrisch (Schichtgitter)	rhomboedrisch (Schichtgitter)	rhomboedrisch
Modifikationen		α-Phosphor β-P; $T < -77$ °C roter Phosphor	graues Arsen schwarzes Arsen		
Farbe/Glanz	farblos	α-P: weiß	grau, metallisch glänzend	silberweiß glänzend	weißsilbrig
Schmelztemperatur °C	–209,86	α-P: 44	613 (sublim.)	631	271,3
Siedetemperatur °C	–195,8	280		1380	1635
Dichte $g \cdot cm^{-3}$	1,251 (g/l)	1,88	5,73	6,62	9,79
Atomradius (pm)	75	110	122	143	152
Ionenradius X^{5+}(pm)	13	35	46	62	74
chemisches Verhalten	Nichtmetall ⟶		Halbmetall ⟶		Metall
elektrische Leitfähigkeit	Isolator		Halbleiter		gering leitend
Elektronegativität	abnehmend ⟶				
Affinität zu Metallen	abnehmend ⟶				
Reaktion der Oxide	⟶ sauer ⟵		sauer/zunehmend basisch ⟶		
Salzcharakter der Halogenide	nicht salzartig		zunehmend salzartig ⟶		

Übersicht 9-9

Darstellung und Erzeugung:
Technisch wird Stickstoff durch Luftverflüssigung und fraktionierende Destillation gewonnen. Im Labor entnimmt man das Gas aus Stickstoff-Gasflaschen (Farbe: grün) oder erwärmt vorsichtig Ammoniumnitrit:

$NH_4NO_2 \rightarrow N_2 + 2\ H_2O$

Wichtige Verbindungen und Vorkommen:
In der Luft mit 78,09 % Volumenanteil; Chilesalpeter $NaNO_3$; organische Verbindungen wie Eiweiß u. a. (bei Fäulnis wird N_2 freigesetzt und geht in den Stickstoff-Kreislauf über).
Ammoniak NH_3; Salpetrige Säure HNO_2 (Salze: Nitrite), Salpetersäure HNO_3 (Salze: Nitrate); Nitride, Hydrazin H_2N-NH_2 (Raketentreibstoff, Ausgangsstoff für Arznei-, Pflanzenschutzmittel, Farbstoffe u. a.), organische Verbindungen (Amine, Amide, Nitro-Verbindungen, Aminosäuren, Diazo-Verbindungen, Urethane, N-Heterocyclen und Kunststoffe wie Polyacrylnitril, Melamin-, Harnstoffharz, Polyamid); Stickstoff-Düngemittel (KNO_3, NH_4NO_3); N_2 als Schutzgas für metallurgische Prozesse, beim Abfüllen brennbarer Flüssigkeiten; Spray-Treibgas; flüssiger Stickstoff: Schockgefrieren und Gefriertrocknung (Lebensmittel u. a.), Lagerung (Obst, Gemüse).

Umwelt und Physiologie:
Stickstoff ist unentbehrlich für Pflanzen, Tiere, Menschen (Aminosäuren, Eiweiße, Nucleinsäuren, viele Co-Encyme); Pflanzen können anorganisch gebundenen Stickstoff (NH_3, Düngesalze) in organische Verbindungen überführen, einige Bakterien in Symbiose mit Schmetterlingsblütlern auch Luftstickstoff.

Phosphor (griech. Licht, tragen) kommt in verschiedenen Modifikationen vor: Weißer oder α-Phosphor ist weich und gut löslich in CS_2, S_2Cl_2 und PCl_3. Unter Luftabschluss bildet sich daraus oberhalb 450 °C roter Phosphor und unter Hochdruck metallischer, elektrisch leitender Schwarzer Phosphor (beide in allen Lösungsmitteln unlöslich und ungiftig). Die stabile Modifikation ist der α-Phosphor. In Verbindungen treten alle Oxidationsstufen von III– bis V+ auf.

Reaktionen:
Weißer Phosphor oxidiert an der Luft mit Chemilumineszenz und entzündet sich bei ca. 50 °C (Aufbewahrung unter Wasser). Er reagiert direkt mit Chlor zu Phosphorpentachlorid PCl_5. Roter Phosphor ist in Mischung mit Oxidationsmitteln (z. B. $KClO_3$) leicht entzündlich bzw. explosiv (Zündhölzer). Phosphor reagiert mit Sauerstoff zu Phosphortrioxid P_2O_3 und Phosphorpentoxid P_2O_5, die mit Wasser Meta- und Orthophosphorsäure HPO_2 bzw. H_3PO_4 bilden (mittelstarke Säure, Salze; Phosphite, Dihydrogenphosphate, Hydrogenphosphate, Phosphate).

Darstellung und Erzeugung:
Die Reduktion von Fluorapatit (Mineral aus CaF_2/$Ca_3(PO_4)_3$) mit Kohle im Elektroofen führt zu weißem Phosphor.

Wichtige Verbindungen und Vorkommen:
Phosphorwasserstoff PH_3 (einfachstes Phosphin; sehr giftig, Geruch knoblauchartig), Orthophosphorsäure, Encyme u. a.; Phosphate; Alkaliphosphate als Puffer im neutralen pH-Bereich); Lagerstätten von Phosphaterzen (Apatite); im menschlichen Organismus ca. 700 g als Phosphate.

Umwelt und Physiologie:
Phosphor ist in vielen Coenzymen und Phosphorproteinen, Calciumphosphat in Knochen und Zähnen enthalten. Phosphorsäureester sind Bestandteil von Nucleinsäuren. Süßwasseralgen, Planktonkrebse, Fische nehmen aus Wasser Phosphate auf (Abwasserreinigung, Rückführung in den Phosphorkreislauf beim Absterben).

Arsen As (griech. männlich) ist ein Halbmetall und existiert in zwei stabilen Modifikationen: graues Arsen (metallisch, elektrischen Strom leitend) und schwarzes Arsen (nichtmetallisch). Gelbes Arsen ist oberhalb 20 °C unbeständig und nichtmetallisch. In Verbindungen tritt Arsen in den Wertigkeiten 3– (AsH_3), 3+ (Arsentrioxid, Arsenik As_2O_3, Arsentrichlorid $AsCl_3$, Arsenige Säure H_3AsO_3) und 5+ auf (Arsensäure H_3AsO_4). Lösliche Arsenverbindungen sind giftig (Schleimhautreizung, Lungenödeme, Störungen von Kreislauf, Leber, Nieren). Vorkommen: als Sulfide z. B. As_2S_3.

Antimon Sb (Stibium) gehört zu den Halbmetallen. Die Verbindungen besitzen die Wertigkeiten 3–, 3+ und 5+. Die löslichen Verbindungen sind giftig. Vorkommen: als Sulfide (Grauspießglanz Sb_2S_3).

Bismut Bi wird den Metallen zugeordnet. Es besitzt geringe Leitfähigkeit für Wärme und elektrischen Strom und ist metallisch glänzend, spröde; Wertigkeiten 2+ bis 5+. Am stabilsten sind Bi(III)-Verbindungen. Mit Halogenen bzw. Schwefel reagiert Bismut zu Halogeniden bzw. Sulfid.

9.4.7 Elemente der 6. Hauptgruppe – Chalkogene (p^4-Elemente)

Chalkogene (griech. Erzbildner) sind weit verbreitet. Sauerstoff ist das häufigste Element der Erdrinde (vgl. Übersicht 2-7). Er ist vor allem am Aufbau der Mineralien beteiligt. Oxidische und sulfidische (schwefelhaltige) Erze haben zur Gruppenbezeichnung geführt.

Sauerstoff, Schwefel, Selen und **Tellur** gehen mit Metallen der 1. und 2. Hauptgruppe Ionenbeziehungen ein und bilden Metalloxide, -sulfide, -selenide und -telluride. In anderen Metall-Verbindungen der Chalkogene treten nur ionische Bindungsanteile auf (z. B. Eisensulfid). Sauerstoff ist in Verbindungen negativ geladen, nur in einigen Verbindungen mit Fluor wird er positiv polarisiert. Der Nichtmetallcharakter nimmt von Sauerstoff zu Tellur deutlich ab: Selen kommt in metallischer (hexagonales Kristallgitter) und nichtmetallischer Modifikation vor. Das Element Tellur ist den Metallen ähnlich, seine Verbindungen den Nichtmetallen. **Polonium** gehört zu den Metallen.

Die Wasserstoffverbindungen der Elemente Schwefel, Selen und Tellur zeigen mit zunehmender relativer Atommasse stetig steigende Schmelz- und Siedetemperaturen. Sehr deutlich hebt sich Wasser davon ab: Schmelz- und Siedetemperatur liegen erheblich höher. Wasser ist die einzige Wasserstoffverbindung der Chalkogene, die oberhalb 0 °C flüssig vorliegt (vgl. Übersicht 9-11). Schwefelwasserstoff ist giftiger als Blausäure; Selenwasserstoff und Tellurwasserstoff sind ebenfalls giftig. Alle drei Gase riechen unangenehm.

Aufgabe
Wo liegt die Ursache für die scheinbar „anormalen“ Temperaturen für das Schmelzen und Sieden von Eis bzw. Wasser?
Lesen Sie evtl. Abschnitt 8.7!

Eigenschaften und Eigenschaftsänderungen der Chalkogene

	Sauerstoff Oxigen O_2	Schwefel Sulfur, Theion S	Selen Se	Tellur Te	Polonium Po
Kristallgitter	α-O_2 rhombisch β-O_2 rhomboedrisch γ-O_2 kubisch	α-S rhombisch β-S monoklin	hexagonal	hexagonal	kubisch
Farbe	hellblau (flüssig)	gelb	rot oder grau	grau	metallischer Glanz
Schmelztemperatur °C	–218,8	119 (β-S)	217	450	254
Siedetemperatur °C	–183	444,6	685	990	962
Dichte $g \cdot cm^{-3}$	1,32	2,06	4,82	6,25	9,20
Atomradius (pm)	66	104	117	137	153
Ionenradius X^{2-}(pm)	140	184	198	221	
Ionisierungsenergie 1^+ ($kJ \cdot mol^{-1}$)	1310	1004	946	870	810
Nichtmetallcharakter Elektronegativität	abnehmend →				
Reaktionsfähigkeit	abnehmend →				
Metallcharakter elektrische Leitfähigkeit	zunehmend →				
Salzcharakter der Halogenide	zunehmend →				
Affinität zu Metallen	abnehmend →				
Affinität zu anderen Nichtmetallen	zunehmend →				

Übersicht 9-10

Schmelz- und Siedetemperaturen der Wasserstoffverbindungen der Chalkogene

	H_2O	H_2S	H_2Se	H_2Te
Schmelztemperatur (°C)	0	–85	–60,4	–51
Siedetemperatur (°C)	100	–60,8	–41,5	–2,3
Säurestärke	——— zunehmend ——→			

Übersicht 9-11

Sauerstoff O_2 ist geruchlos, geschmacklos, im gasförmigen Zustand farblos, in flüssigem Zustand schwach bläulich gefärbt. In Wasser ist er besser löslich als Stickstoff. Sauerstoff ist nicht brennbar, ohne ihn ist aber keine Verbrennung oder Veratmung möglich. Im Gemisch mit brennbaren Gasen bilden sich in bestimmter Zusammensetzung Knallgase, die explosiv reagieren. Unter Ausbildung von Flammen ablaufende Oxidationen bezeichnet man als **Verbrennungen.** Steigt die Geschwindigkeit der Flammenausbreitung auf Werte von 2000 $m \cdot s^{-1}$ an, spricht man von **Explosionen** oder Detonationen. Langsam verlaufende Vorgänge werden als **stille Oxidationen** bezeichnet.

Reaktionen:
In den meisten Verbindungen tritt Sauerstoff in der Oxidationszahl II–, in Verbindung mit Fluor I+ (O_2F_2) und II+ (OF_2) auf. In 100 ml Wasser lösen sich bei 20 °C 3,11 ml, bei 100 °C 1,7 ml. Sauerstoff ist sehr reaktionsfähig. Er reagiert mit den meisten Elementen beim Entzünden unter starker Leuchterscheinung. An der Luft laufen die Reaktionen wegen der Verdünnung durch Stickstoff langsamer ab. Bei elektrischen Funkenentladungen, hohen Spannungen und Frequenzen sowie im UV-Licht entsteht Ozon O_3 (stärkstes Oxidationsmittel).

Darstellung und Erzeugung:
Im Labor wird Sauerstoff z. B. durch Zerfall von H_2O_2 mithilfe von Braunstein als Katalysator oder durch Erhitzen von $KClO_3$ mit Braunstein dargestellt oder aus Druckgasflaschen entnommen. Technisch wird Sauerstoff durch Luftverflüssigung und fraktionierende Destillation hergestellt (vgl. Abschnitt 3.6.5), Versand in Stahlflaschen (blaue Farbe, Rechtsgewinde).

Wichtige Verbindungen und Vorkommen:
Oxide der Metalle und Nichtmetalle, Hydroxide, Salze der Oxosäuren, sauerstoffhaltige organische Verbindungen (Alkohole, Aldehyde, Ketone, Carbon- und Aminosäuren u. a.); Luft, Wasserhülle der Erde (reines Wasser: Gewichtsanteil 88,8 %), Erden und Gesteine der Erdkruste (Gewichtsanteil ca. 49 %); Ozon O_3.

Umwelt/Physiologie:
Für die Umsetzung von Nährstoffen zu CO_2, H_2O und anderen Stoffwechselendprodukten im Körper zur Energiegewinnung beträgt der Bedarf Erwachsener ca. 900 g/Tag. Reiner Sauerstoff ist nur bei niedrigem Partialdruck (< 50 kPa) verträglich, sonst Gifterscheinung. Ozon: Reizung, Schädigung von Augen und Atemwegen (Bronchitis bis Lungenödeme); Zerstörung von Chlorophyll; Abtötung von Viren, Bakterien und Pilzen (Desinfektion).

Schwefel ist ein allotropes Element (vgl. Abschnitt 2.2.1). Er kommt in mehreren Modifikationen vor: Der rhombische α-Schwefel geht beim Erwärmen in monoklinen β-Schwefel über, der bei 119,6 °C eine gelbe, dünnflüssige Schmelze (λ-S) bildet. Die Moleküle bestehen wie im festen Zustand aus S_8-Ringen (Abb. 7-13). Die Ringe spalten sich bei weiterem Erhitzen auf. Die kurzen Ketten lagern sich ab 160 °C zu langen Ketten zusammen, dem μ-Schwefel. Dadurch wird die Schmelze dickflüssig und dunkel. Sie siedet schließlich bei 444,6 °C. Der Schwefeldampf setzt sich als „Schwefel-Blüte“ an kalten Flächen ab.

$$\alpha\text{-S} \overset{95{,}5\,°C}{\rightleftharpoons} \beta\text{-S} \overset{119{,}6\,°C}{\rightleftharpoons} \lambda\text{-S} \overset{ca.\,160\,°C}{\rightleftharpoons} \mu\text{-S} \overset{444{,}6\,°C}{\rightleftharpoons} \text{S-Dampf}$$

α-S	β-S	λ-S	μ-S	S-Dampf
gelb, spröde	farblose Nadeln	dünnflüssig honiggelb	dickflüssig dunkelbraun	

Wird μ-Schwefel-Schmelze abgeschreckt, bleiben die Kettenmoleküle zunächst beständig. Der Schwefel ist bis zum Übergang in den kristallinen Zustand plastisch.

Versuche

T+

Sehr giftig

F

Leicht entzündlich

Lehrerversuch

R 10, R 23, S 16, S 23, S 41

1. Erhitzen Sie in einem Reagenzglas Schwefel (ca. 3 cm Füllhöhe) bis zum Sieden und beobachten Sie die Umwandlungen im flüssigen Zustand.
2. Erhitzen Sie eine zweite Probe, bis sich der μ-Zustand einstellt. Gießen Sie die Schmelze in kaltes Wasser und prüfen Sie nach dem Erkalten die Plastizität durch Kneten.
3. Prüfen Sie unter dem Abzug die Löslichkeit des Schwefels in Wasser, Alkohol und Schwefelkohlenstoff CS_2 (leicht entzündlich, Gift). Lassen Sie die entstandenen Lösungen im Abzug auf einem Objektträger verdunsten. Betrachten Sie die Kristalle unter dem Mikroskop.

Schwefel tritt in seinen Verbindungen vor allem in den Wertigkeiten 2–, 4+ und 6+ auf.

Reaktionen:
Schwefel verbrennt mit blauer Flamme zu einem Gemisch von SO_2 und SO_3. Schwefeldioxid ist ein farbloses, stechend riechendes, reduzierend wirkendes giftiges Gas, das sich gut in Wasser löst und sich dabei zum Teil zu Schwefliger Säure H_2SO_3 umsetzt (Salze: Hydrogensulfite, Sulfite). Schwefeltrioxid ist fest, sehr hygroskopisch, wirkt oxidierend und bindet sich mit Wasser zu Schwefelsäure (Salze: Hydrogensulfate, Sulfate). Schwefel setzt sich mit Wasserstoff bei 600 °C zu Schwefelwasserstoff H_2S um. Er ist ein farbloses, brennbares, stark giftiges Gas (Geruch nach faulen Eiern), das in wässriger Lösung eine schwache Säure bildet (Salze: Hydrogensulfide, Sulfide). Gasförmig ist er sehr reaktiv (Verbrennung zu SO_2, Fällung von Schwermetallionen zu Sulfiden). Bei höherer Temperatur vereinigt sich Schwefel mit nahezu allen Elementen (außer I, N, Te, Au, Pt, Edelgase).

Darstellung und Erzeugung:
Schwefel wird durch Ausschmelzen aus Gesteinen und Lagerstätten, in denen er elementar vorkommt, erhalten. Das Abrösten von sulfidischen Erzen führt zu SO_2, das mit H_2S nach dem CLAUS-Verfahren zu Schwefel reagiert (oder zu Schwefelsäure verarbeitet wird):

$$2\,H_2S + SO_2 \rightarrow 3\,S + 2\,H_2O$$

Vorkommen und wichtige Verbindungen:
In der Erdrinde an 15. Stelle der Häufigkeit mit ca. 0,05 %; elementar; als Sulfide in Erzen (Bleiglanz PbS, Zinkblende ZnS, Pyrit FeS_2, Kupferkies $CuFeS_2$ u. a.); Sulfate (Meer, Salzlager: $MgSO_4$, Na_2SO_4 u. a.; Minerallager: Schwerspat $BaSO_4$, Anhydrit $CaSO_4$, Gips $CaSO_4 \cdot 2\,H_2O$); Schwefelwasserstoff (Vulkan-Dämpfe, Schwefel-Quellen u. a.); in fossilen Brennstoffen (Erdgas, Erdöl, Kohle); Schwefelsäure H_2SO_4; Schwefelwasserstoff H_2S (stark giftig); Schwefelkohlenstoff CS_2 (stark giftig, gutes Lösungsmittel für viele Nichtmetalle und organische Stoffe); Organische Schwefel-Verbindungen: Thiole R–SH, Sulfoxide R–SO–R, Sulfone R–SO_2–R, Sulfonsäuren R–SO_3H, einige Heterocyclen (Thiophen u. a.).

Umwelt/Physiologie:
Schwefel-Pulver wirkt leicht hautreizend und desinfizierend (Salben gegen Hautkrankheiten; Bekämpfung von Schädlingen im Wein- und Obstanbau). Schwefeldioxid reizt und schädigt die Atemwege. Es verursacht sauren Regen und ist stark toxisch für die Pflanzen (Zerstörung von Chlorophyll). Ammoniumsulfat $(NH_4)_2SO_4$ und Magnesiumsulfat oder Bittersalz $MgSO_4$ sind wichtige Düngesalze.

Selen Se und **Tellur** Te sind seltene Halbmetalle mit metallischem Glanz. Sie besitzen aber viele dem Schwefel ähnliche Eigenschaften (Hauptwertigkeiten 2–, 4+ , 6+). Beide sind Halbleiter (fotoelektrischer Effekt). Selen und Selen-Verbindungen sind stark toxisch (reizen und schädigen Haut, Schleimhäute, Atmungsorgane, Verdauungsorgane), andererseits ist Se ein lebensnotwendiges Spurenelement für Tier und Mensch (gegen Rheuma, grauen Star, Netzhaut-Krankheit). Tellur ist ungiftig.

9.4.8 Elemente der 7. Hauptgruppe – Halogene (p^5-Elemente)

Halogene (griech., lat. Salzbildner) kommen in der Natur an Metalle gebunden als Salze vor (Meerwasser, Salzlagerstätten, Mineralquellen). Elementar sind sie in allen Aggregatzuständen molekular. Sie sind sehr reaktionsfreudig. Fluor ist das elektronegativste und reaktionsfähigste Element. Es tritt nur elektronegativ geladen auf. Die übrigen Elemente haben in Verbindungen mit elektronegativeren Elementen auch positive Oxidationszahlen.
Alle Halogene sind giftig, Chlor und Fluor sehr giftig.
Die physikalischen und chemischen Eigenschaften der Halogene sind ähnlich. Mit steigender relativer Atommasse verändern sie sich mit zunehmender oder auch abnehmender Tendenz (Übersicht 9-12).

Versuche

T+

Sehr giftig
Lehrer-Versuch

1. Ein Zylinder wird unter dem Abzug mit Chlor gefüllt und abgedeckt. Mittels einer Tiegelzange lässt man erhitzte Eisenwolle in den Zylinder fallen.
Beobachtung? Gleichung?
Der Versuch kann mit anderen Metallen wiederholt werden.
Schutzbrille, Atemschutz!
R 26, S 23

T+

Sehr giftig
Lehrer-Versuch

2. Unter dem Abzug lässt man einen Tropfen Brom in einem abgedeckten Zylinder verdampfen. Mit einer Tiegelzange wird erhitzte Aluminiumfolie in das Gefäß geworfen.
Beobachtung? Gleichung?
Schutzbrille, Atemschutz!
R 26, S 23

Die Halogene sind starke **Oxidationsmittel.** Die Oxidationswirkung nimmt von Fluor zu Iod ab.

Versuche

1. Im Reagenzglas wird Kaliumiodid-Lösung mit Bromwasser versetzt und geschüttelt (evtl. vorher etwas Trichlormethan als Extraktionsmittel hinzugeben). R 26, S 23

T+

Sehr giftig

2. Kaliumbromid-Lösung wird mit wenig Chlorwasser (und Trichlormethan) versetzt und geschüttelt. Beoachtungen? Gleichungen? Begründungen? R 26, S 23

Lehrer-Versuch

3. Feuchte bunte Blüten, angefeuchtetes bedrucktes oder mit Tinte beschriebenes Papier, bunte Textilreste etc. werden in einen mit Chlor gefüllten Zylinder geworfen. Beobachtung? Erläuterung! Abzug! R 26, S 23

Fluor F (lat. fließen) ist das elektronegativste Element. Es tritt in Verbindungen nur 1– geladen auf. Höhere Wertigkeiten können nicht eingenommen werden, da Fluor nicht über ein d-Orbital verfügt.

Reaktionen:
Fluor ist ein sehr starkes Oxidationsmittel, bindet sich mit Sauerstoff zu Sauerstoffdifluorid O_2F und bildet mit den höheren Edelgasen Verbindungen. Es zersetzt Wasser zu Fluorwasserstoff HF und Sauerstoff und bindet sich unter Aufglühen mit vielen Elementen (S, Br, I, Holzkohle, viele Metalle). Organische Stoffe werden unter Bildung von HF und Kohlenstofffluorid (giftig) angegriffen. Fluorkohlenwasserstoffe sind beständiger.
Einige Metallfluoride weichen in ihrer Löslichkeit in Wasser von anderen Halogeniden ab: Calciumfluorid CaF_2 ist unlöslich ($CaCl_2$, $CaBr_2$, CaI_2 löslich), AgF ist löslich (AgCl, AgBr, AgI unlöslich).

Wichtige Verbindungen und Vorkommen:
Flusssäure (Lösung von Fluorwasserstoff in Wasser, schwach dissoziiert, ätzend, giftig) Salze: Fluoride; Fluorit oder Flussspat (Calciumfluorid CaF_2), Kryolith (Na_3AlF_6), Apatit in Lagerstätten.

Umwelt/Physiologie:
Fluor ist stark ätzend und extrem giftig, lösliche Fluoride sind giftig. Jedoch ist Fluor im Zahnschmelz (0,1 bis 0,3 g/kg), Dentin (0,2 bis 0,7 g/kg) und in Knochen (0,9 bis 2,7 g/kg) enthalten und wirkt verfestigend. In größeren Mengen ist es

Eigenschaften und Eigenschaftsänderungen der Halogene

	Fluor F_2	Chlor Cl_2	Brom Br_2	Iod I_2	Astat At_2
Aggregatzustand (25 °C)	gasf.	gasf.	flüssig	fest	fest
Farbe	hellgrün-gelb	gelbgrün	rotbraun	violett glänzend	
Kristallgitter (Molekülgitter)	hexagonale Schichten	rhombisch	rhombisch (verzerrte kubisch dichte Packung)	rhombisch	
Schmelztemperatur °C	219,6	–101	–7,2	113,5	≈300
Siedetemperatur °C	–188	–34,6	58,8	185,3	≈370
Dichte $g \cdot cm^{-3}$	1,108 (–188 °C)	1,567 (–33 °C)	3,14 (20 °C)	4,94 (20 °C)	
Atomradius (pm)	64	99	111	128	140
Ionenradius X^-(pm)	133	181	196	219	227
Ionisierungsenergie 1^+ ($kJ \cdot mol^{-1}$)	1680	1250	1140	1010	950
Nichtmetallcharakter			abnehmend →		
Elektronegativität			abnehmend →		
Reaktionsfähigkeit			abnehmend →		
Affinität zu Metallen			abnehmend →		
Affinität zu Wasserstoff			abnehmend →		
Affinität zu Sauerstoff u. a. Nichtmetallen			zunehmend →		

Übersicht 9-12

schädlich: Knochen versprödend, Gelenkversteifung, Blockierung von manchen Enzymen. In geringer Menge ist Fluor in Magensaft, Blut, Schweiß, Haaren, Muskeln enthalten; Tagesbedarf ca. 2 mg. Fluor/Fluorwasserstoff ist in Abgasen von Kraft-, Zement-, keramischen Werken und Aluminiumhütten enthalten und vor allem für Pflanzen ein starkes Umweltgift.

Chlor Cl (griech. grün) ist leicht verflüssigbar und schwerer als Luft. Es ist stark elektronegativ, tritt einwertig negativ sowie von 1+ bis 7+ gegenüber Sauerstoff auf.

Reaktionen:
Chlor ist als starkes Oxidationsmittel sehr reaktiv. Es setzt sich mit Metallen bereits bei Raumtemperatur (Na, K, Mg u. a.) oder bei höherer Temperatur unter Leuchterscheinung zu Chloriden um (Zn, Fe u. a.). Unter Normbedingungen werden Sauerstoff, Stickstoff, Kohlenstoff nicht angegriffen. Bei elektrischer Entladung bilden Sauerstoff und Chlor stark endotherme, instabile Oxide. Chlor löst sich in Wasser (bei 20 °C 2,3 l/l H_2O) zu Chlorwasser und setzt sich dabei zum Teil in Salzsäure und Hypochlorige Säure HClO um. Letztere zerfällt zu HCl und O_2. Auch ihre Salze Natrium- und Calciumhypochlorit (Chlorkalk), NaClO und $Ca(ClO)_2$ zersetzen sich unter Abgabe von Sauerstoff (Bleich- und Desinfektionswirkung).

Wichtige Verbindungen und Vorkommen:
Hydrogenchlorid HCl (Salzsäure-Gas), dessen Lösung Salzsäure (starke Säure, gesättigte Lösung bei 20 °C: 44,4 %), Salze: Chloride; Hypochlorige Säure HClO (schwache Säure), Salze: Hypochlorite (Oxidationsmittel); Chlorige Säure $HClO_2$, Salze: Chlorite; Chlorsäure: $HClO_3$, Salze: Chlorate (Oxidationsmittel); Perchlorsäure $HClO_4$ (eine der stärksten Säuren), Salze: Perchlorate (Oxidationsmittel).
Die Chloride von Na, K, Ca, Mg kommen in den Weltmeeren, Salzseen, Salzquellen und Salzlagern vor.

Umwelt/Physiologie
Chlor besitzt große Giftwirkung auf lebende Organismen (Bakterien, pflanzliche und tierische Gewebe; Verätzung der Atemwege/Lunge), geringe Mengen sind tödlich. Noch bei 0,0001 % in der Luft erfolgt Reizung der Atemwege. HCl-Gas ätzt Atemwege und Schleimhäute. Salzsäure greift die Haut und die Schleimhäute an. Chlorid-Ionen Cl^{1-} sind physiologisch unentbehrlich (Bildung von Magensäure, Regulierung des Wasserhaushalts und Aufrechterhaltung des Säure-Base-Gleichgewichts im Körper).

Brom Br (griech. Gestank) ist das einzige flüssige Nichtmetall, das unter Normalbedingungen leicht verdampft. Die Dämpfe sind schwerer als Luft. Brom tritt in den Wertigkeiten 1–, 1+ , 3+ und 5+ auf.

Reaktionen:
Brom reagiert ähnlich wie Chlor, jedoch weniger aggressiv. In 100 g Wasser lösen sich bei 20 °C 3,55 g Brom. Die Lösung zersetzt sich im Licht:

$$2\,Br_2 + 2\,H_2O \rightarrow 4\,HBr + O_2.$$

Brom setzt sich mit fast allen Elementen z. T. explosiv bzw. unter Leuchterscheinung um (nicht mit O_2 und C). Doppelbindungen organischer Verbindungen werden bromiert. Es verdrängt nur Iod aus seinen Verbindungen.

Darstellung/Erzeugung:
Brom wird aus gelöstem Bromid mit Chlor durch eine Verdrängungsreaktion freigesetzt, z. B.

$$2\,NaBr + Cl_2 \rightarrow 2\,NaCl + Br_2$$

Wichtige Verbindungen und Vorkommen:
Bromwasserstoff: gasförmig, stechender Geruch, in Wasser leicht zu Bromwasserstoffsäure HBr löslich (starke Säure, Salze: Bromide), Bromsäure $HBrO_3$, Salze: Bromate (starke Oxidationsmittel). Bromide von Na, K, Mg kommen in Meerwasser und Salzlagern vor.

Umwelt/Physiologie:
Brom ist stark giftig (Reizung und Verätzung von Atemwegen, Haut, Augenschleimhäuten).

Iod I (griech. veilchenfarbig) tritt in den Wertigkeiten 1–, 1+ bis 7+ auf. Bei Normalbedingungen ist es fest und bildet blauschwarze Kristalle. Es sublimiert leicht zu violettem Dampf. Iod löst sich in organischen Lösungsmitteln (Chloralkane, Schwefelkohlenstoff, Aromaten, Ether, etwas in Wasser und in Kaliumiodid-Lösung).

Reaktionen:
Es ist von den Halogenen am geringsten reaktiv, verbindet sich aber mit P, S, Fe u. a. Metallen. An C=C-Doppelbindungen addiert es sich (Ethylen, Fettsäuren usw.) z. B. bei der Bestimmung der **Iodzahl.** Die wichtigsten Oxidationszahlen sind I– und V+.

Darstellung/Erzeugung:
Iod wird durch Verdrängung durch Cl_2 aus Iodid gewonnen:

$$2\,NaI + Cl_2 \rightarrow NaCl + I_2$$

Wichtige Verbindungen und Vorkommen:
Iodwasserstoff HI gasförmig, hygroskopisch, ätzend; in Wasser sehr gut löslich: Iodwasserstoffsäure (starke Säure); Iodsäure HIO_3 und Orthoperiodsäure H_5IO_6 (starkes Oxidationsmittel); Iod-

essigsäure $I-CH_2-COOH$ (für analyt. Arbeiten in der Biochemie); in Meerwasser ca. 50 mg/t H_2O; angereichert in manchen Meeresalgen; in Chilesalpeter.

Verwendung:
Iod/Iodoform CHI_3 als Antiseptikum, Antimykotikum; Arzneimittel (Schilddrüse), Röntgenkontrastmittel; Entkeimung von H_2O; Auslösung von Regen aus Wolken bei Hagelgefahr (mit AgI; Keimwirkung) u. a.

Umwelt/Physiologie:
Iod ist ein Spurenelement im Körper (10 bis 30 mg; davon 99 % im Schilddrüsenhormon Thyroxin), bei Mangel Kropfbildung, Kretinismus; Überdosierung: Juckreiz, Niesreiz, Akne; Iodierung von Speisesalz durch NaI; einige radioaktive Isotope in Radiomedizin; Ioddämpfe reizend, giftig, HI ätzend.

9.4.9 Elemente der 8. Hauptgruppe – Edelgase (p^6-Elemente)

Die Edelgase **Helium** He, **Neon** Ne, **Argon** Ar, **Krypton** Kr, **Xenon** Xe und **Radon** Rn verhalten sich wegen ihrer Elektronenbesetzung auf der letzen Schale weitgehend chemisch inaktiv. Deshalb wurden sie relativ spät (1894 bis 1908) entdeckt. Lange Zeit wurde überhaupt angenommen, dass sie keine Verbindungen bilden können und erhielten deshalb die Bezeichnung Edelgase.
Ab 1962 wurden Fluor- und Sauerstoffverbindungen von Krypton, Xenon und Radon dargestellt, die wenig stabil (und z. T. hochexplosiv) sind: KrF_2 (wahrscheinlich stärkstes Oxidationsmittel), XeO_3, XeO_4, XeF_2, XeF_4, XeF_6.
Der Edelgas-Volumenanteil in der Luft beträgt 0,924 %. Am häufigsten ist Argon, gefolgt von Neon, Helium, Xenon. In manchen Mineralquellen kommt das radioaktive Radon vor. Die Gewinnung der Edelgase erfolgt durch fraktionierende Destillation flüssiger Luft.
Verwendung finden sie als Inertgas, Füllung von Glühlampen z. B. Xenon-Hochdrucklampen, Laser, zur Kühlung von supraleitenden Magneten.

9.5 Einige Elemente der Nebengruppen (d-Elemente)

Alle Nebengruppenelemente sind Metalle. Sie werden auch als Übergangsmetalle, Übergangselemente oder d-Elemente bezeichnet. Auf der äußersten Schale besitzen sie zwei s-Elektronen (bis auf Kupfer, Silber und Gold mit einem Elektron). Die vorletzte Schale wird mit d-Elektronen von 8 auf 18 negative Ladungen vervollständigt (Elektronenkonfiguration siehe PSE im Anhang). Diese sind zusammen mit s-Elektronen an chemischen Bindungen beteiligt. Deshalb treten die Nebengruppenelemente in vielen Oxidationsstufen (Wertigkeiten) auf.
Da die Eigenschaften stärker von den Elektronen der letzten Schale als von der vorletzten beeinflusst werden, unterscheiden sich die Nebengruppenelemente in ihren Eigenschaften weniger, als das bei den Hauptgruppenelementen der Fall ist.
Die Elemente bilden vielfach farbige Verbindungen. Sie treten in Salzen als Kationen auf. Typisch ist die Ausbildung von Komplexverbindungen, in denen die Metallionen z. B. von Anionen umgeben sind und mit diesen negative Ionenkomplexe bilden wie Tetrachlorocobaltat(II) $[CoCl_4]^{2-}$, Kaliumhexacyanoferrat(II) $K_4[Fe(CN)_6]$ oder Hexachloroplatinat(VI) $[PtCl_6]^{2-}$ (vgl. Abschnitt 10.5).

Viele Nebengruppenelemente bilden mit anderen Metallen sowie mit Kohlenstoff, Stickstoff oder Bor so genannte **intermetallische Verbindungen** wie z. B. Cu_5Zn_8, $CuZn_3$, $TiFe_2$, $MgZn_2$, Ag_5Cd_8, Cu_3Sn, Fe_2B, Fe_3C, TiC, TiN. Wie die Formeln zeigen, gelten bei diesen Stoffen nicht die Wertigkeiten, wie sie sonst bei stöchiometrisch zusammengesetzten Verbindungen angetroffen werden.
Viele Nebengruppenelemente besitzen katalytische Eigenschaften und werden in industriellen Prozessen als „Reaktionsvermittler" eingesetzt, z. B. Eisen, Cobalt, Nickel, Platin, Wolfram, Vanadium u. a.
Von großer Bedeutung sind diejenigen Übergangsmetalle, die als Werkstoffe (Fe, Ti, Ni, Cu, Zn) oder als Legierungselemente (Cr, V, Mo, W, Mn, Co u. a.) verwendet werden. An erster Stelle steht dabei das Eisen. Es ist das „variabelste" Metall, das sich durch Legieren und Wärmebehandlung (z. B. Härten) an vielfältige technische Anforderungen anpassen lässt.
Viele Verbindungen der Nebengruppenelemente sind giftig.

Nachfolgend werden vor allem die Elemente der 4. Periode kurz behandelt, die bedeutungsvoller sind.

Scandium Sc, **Yttrium** Y und **Lanthan** La sind unedle, reaktionsfreudige Elemente der 3. Nebengruppe. Sie werden gemeinsam mit den Lanthanoiden als Seltenerdmetalle bezeichnet, obwohl sie nicht selten sind. Sie treten nur in der Wertigkeit 3+ auf.

Titan Ti ist ein unedles Leichtmetall der 4. Nebengruppe, das zunehmend als fester Werkstoff Bedeutung erhält (Raumfahrt, Luftfahrt, medizinische Implantate). Durch eine dünne Oxidschicht wird es korrosionsbeständig. Titan wird bei niedriger Temperatur nicht von verdünnter Salz- und Schwefel-

säure, konzentrierter Salpetersäure, Königswasser und organischen Säuren angegriffen, wohl aber von Flusssäure und heißen Säuren. Die Verbindungen sind ungiftig.
Wichtige Verbindungen sind Titandioxid TiO_2 (amphoter), Titantetrachlorid $TiCl_4$, Titannitrid TiN und Titancarbid TiC (Hartstoffe).

Vanadium V (5. Nebengruppe) ist plastisch formbar (wie auch Niob und Tantal der gleichen Nebengruppe). In verdünnten Säuren ist es beständig, wird aber von konzentrierter Salpeter- und Schwefelsäure sowie von Königswasser und Alkalien angegriffen. **Tantal** ist ein wichtiges Legierungselement des Eisens (Federstähle).

In der 6. Nebengruppe stehen die Elemente **Chrom** Cr, **Molybdän** Mo und **Wolfram** W, die vor allem als Legierungselemente in hitzebeständigen, nichtrostenden Stählen verwendet werden. Chrom bildet Kationen in der Wertigkeit 3+ (z. B. $CrCl_3$) und Chromate in der Wertigkeit 6+ mit den Komplexionen $[CrO_4]^{2-}$ und $[Cr_2O_7]^{2-}$ (starke Oxidationsmittel). Bei Molybdän und Wolfram sind Verbindungen mit der Oxidationszahl VI+ am stabilsten. Beide Elemente bilden außerdem viele kompliziert zusammengesetzte Oxide und Anionen (Polyanionen) z. B. Mo_9O_{26}, Mo_8O_{23}, $W_{40}O_{119}$, oder $[Mo_6O_{19}]^{2-}$, $[Mo_7O_{24}]^{6-}$, $[Mo_8O_{26}]^{4-}$ u. a.
Diese **Polyanionen** können auch andere Elemente aufnehmen und **Heteroanionen** bilden, z. B. Salze der Wolframatophosphorsäuren mit P ($[PW_{12}O_{40}]^{3-}$), Wolframatokieselsäuren mit Si ($[SiW_{12}O_{40}]^{4-}$).

Mangan Mn (7. Nebengruppe) ist ein sprödes Metall, das als Legierungselement in Stahl große Bedeutung besitzt. Es wird als unedles Metall von Wasser langsam sowie von verdünnten Säuren und konz. Schwefelsäure angegriffen. Beim Erhitzen bildet sich Mangan(II,III)-oxid Mn_3O_4. Bei höherer Temperatur reagiert Mangan mit Schwefel, Halogenen, Silicium und Phosphor. Wichtige Verbindungen sind Manganchlorid $MnCl_2$, Mangansulfat $MnSO_4$ und Mangansulfid MnS, Mangan(IV)-oxid oder Braunstein MnO_2 und Kaliumpermanganat oder Kaliumtetraoxomangan(VII) $KMnO_4$.

Eisen Fe (lat. ferrum; 8. Nebengruppe mit Cobalt und Nickel) ist das wichtigste Gebrauchsmetall, das mit vielen Metallen (Mn, Si, B, Al, Cr, Mo, W, Ni, Co, Ta, Ti, Nb u. a.) und mit Kohlenstoff legiert als Stahl und Gusseisen technisch verwendet wird. Es

Physikalische Eigenschaften einiger Übergangselemente

Element	Elektronenkonfiguration (d-/s-Schale)	Farbe der Ionen	Dichte $g \cdot cm^{-3}$	ϑ_m °C	ϑ_b °C	Haupt-/(Neben-) wertigkeiten
Titan	$3d^{10}\,4s^2$	farblos, gelb u. a.	4,51	1668	3287	4+, (2+, 3+)
Vanadium	$3d^{11}\,4s^3$	farblos, gelb u. a.	6,09	1929	3400	4+, 5+, (1+, 2+, 3+)
Chrom	$3d^{13}\,4s^1$	grün (3+), gelb, orange (6+)	7,18	1890	2670	3+, 6+, (2+, 4+, 5+)
Molybdän	$4d^{13}\,5s^1$	grün, braunrot	10,28	2620	4685	6+, (1+ bis 5+)
Wolfram	$5d^{12}\,6s^2$	gelb, grün u. a.	19,25	3415	5940	6+, (2+ bis 5+)
Mangan	$3d^{13}\,4s^2$	grün, violett u. a.	7,2	1244	2060	2+, 4+, 7+, (1+ bis 7+)
Eisen	$3d^{14}\,4s^2$	grün (2+), braun	7,874	1539	2880	2+, 3+, (4+, 5+, 6+)
Cobalt	$3d^{15}\,4s^2$	grün, violett, rot	8,9	1495	3100	2+, 3+, (1+, 4+, 5+)
Nickel	$3d^{16}\,2s^2$	grün (2+)	8,91	1453	2732	2+, (1+, 3+, 4+)
Palladium	$4d^{18}$	braunviolett, rot	12,02	1554	3125	2–, 3–, 4+, 5+
Platin	$5d^{17}\,6s^1$	grüngelb, rotbraun	21,45	1769	3830	2+, 4+, (3+, 4+, 6+)
Kupfer	$3d^{18}\,4s^1$	blau, grün	8,94	1083	2595	1+, 2+ (3+, 4+)
Silber	$4d^{18}\,5s^1$	farblos, hellgelb	10,5	961,9	2187	1+, (2+, 3+)
Gold	$5d^{18}\,6s^1$	gelb, rot, braun	19,32	1064	3080	1+, 3+ (2+, 5+)
Zink	$3d^{18}\,4s^2$	farblos	7,13	419,5	907	2+
Cadmium	$4d^{18}\,5s^2$	farblos, gelb, braun	8,65	321	767	2+
Quecksilber	$5d^{18}\,6s^2$	farblos, gelb	13,546	–38,87	357,25	1+, 2+

Übersicht 9-13

kommt in mehreren Modifikationen vor, die wichtigsten sind (α-Fe (kubisch-raumzentriert, bis 911 °C beständig), γ-Fe (kubisch-flächenzentriert, von 911 bis 1401 °C) und δ-Fe (kubisch-raumzentriert, von 1401 bis 1539 °C).
Eisen ist durch den Nickel-Eisen-Kern wahrscheinlich das häufigste Element des Erdballs. Es kommt in Erzlagern angereichert als Magnetit Fe_3O_4, Hämatit oder Roteisenstein Fe_2O_3, Brauneisenstein $Fe(OH)_3$ und Pyrit oder Eisenkies FeS_2 vor.
An feuchter Luft korrodiert Eisen zu Eisenoxidhydrat FeO(OH) (Rost). Bei hoher Temperatur verbrennt es zu Eisen(II,III)-oxid Fe_3O_4 (Zunder), mit Chlor reagiert es zu Eisen(III)-chlorid, mit Schwefel zu Eisen(II)-sulfid (Schwefeleisen). Verdünnte Salz-, Schwefel- und Salpetersäure lösen Eisen auf, konzentrierte Schwefel- und Salpetersäure wirken passivierend.
Wichtige Verbindungen sind außer den bereits genannten Eisen(II)-oxid FeO, Eisen(III)-oxid Fe_2O_3, Eisen(II)-Salze (Reduktionsmittel) wie $FeSO_4$, $FeCl_2$, Eisen(III)-Salze (schwache Oxidationsmittel) wie $FeCl_3$ und Komplexverbindungen wie Kaliumhexacyanoferrat(II) oder Gelbes Blutlaugensalz $K_4[Fe(CN)_6]$ und Kaliumhexacyanoferrat(III) oder Rotes Blutlaugensalz $K_3[Fe(CN)_6]$.
Eisen ist ein wichtiges Spurenelement im tierischen und menschlichen Körper (z. B. im Hämoglobin). Der tägliche Bedarf liegt bei 1–3 mg und wird durch die Nahrung gedeckt (Fleisch, Leber, Fisch u. a.).

Cobalt Co und **Nickel** Ni stehen ebenfalls in der 8. Nebengruppe und sind chemisch mit Eisen verwandt. Bei Raumtemperatur sind beide Metalle gegen Sauerstoff und Wasser stabil. Sie werden langsam durch verdünnte Salz-, Salpeter- und Schwefelsäure aufgelöst. Mit konz. HNO_3 erfolgt Passivierung.

Palladium Pd und **Platin** Pt sind Edelmetalle mit Katalysator-Eigenschaften. Sie werden von Königswasser und bei höherer Temperatur von konz. Salpetersäure aufgelöst.
Platin bildet eine Reihe von Komplexverbindungen wie z. B. Tetrachloroplatinat(II) $[PtCl_4]^{2-}$ oder Hexafluoroplatinat(V) $[PtF_6]^{1-}$.

Kupfer Cu (lat. cuprum) ist von rotbrauner Farbe und ein halbedles Metall, das mit vielen Metallen Legierungen bildet. Es steht mit Silber und Gold in der 1. Nebengruppe. Gegenüber verdünnter Salz-, Schwefel- und Phosphorsäure ist es beständig, nicht in Salpeter- und heißer konzentrierter Schwefelsäure sowie Ammoniak-Wasser. Beim Erhitzen verbrennt Kupfer zu Kupfer(II)-oxid CuO. An feuchter Luft bildet es langsam Patina, ein Doppelsalz der Zusammensetzung $Cu(OH)_2 \cdot CuCO_3$, das vor weiterer Korrosion schützt (Dächer historischer Gebäude, Abb. 9-4)
Wichtige Verbindungen sind Kupfer(I)-oxid, Kupfer-(II)oxid, Kupfer(II)-hydroxid,Kupfersulfat $CuSO_4 \cdot 5\,H_2O$, Kupfer(II)-chlorid $CuCl_2$, Kupfer(II)-nitrat $Cu(NO_3)_2 \cdot 6\,H_2O$ und der Kupfertetramin-Komplex $[Cu(NH_3)_4]^{2+}$ in ammoniakalischer Lösung. Bedeutungsvoll sind die Kupfer-Zinn-Legierungen (Bronzen) und Kupfer-Zink-Legierungen (Messinge). Die löslichen Kupfer-Verbindungen sind für Pflanzen, Tiere und Menschen giftig bzw. gesundheitsschädlich.

Silber Ag (lat. argentum) und **Gold** Au (lat. aurum) sind mit Kupfer chemisch verwandte Edelmetalle.
Bei Silber bildet sich an der Luft eine dünne passive Oxidschicht. Das Metall wird durch Chlor, Schwefelwasserstoff, Ammoniak-Lösung, Salpetersäure und heiße konzentrierte Schwefelsäure angegriffen (Entstehung von AgCl, Ag_2S, $[Ag(NH_3)_2]^{1+}$, $AgNO_3$, Ag_2SO_4).
Gold ist gegenüber vielen Stoffen stabil. Es löst sich in Königswasser zu Goldchlorid, in Kaliumcyanid zu $K[Au(CN)_2]$ (Goldlaugerei) und in Quecksilber zu Goldamalgam.

Zink Zn (2. Nebengruppe zusammen mit Cadmium und Quecksilber) ist ein unedles Metall. Es bildet an der feuchten Luft in Wasser schwer lösliche, auf Stahl fest haftende Deckschichten aus, z. B. $Zn_5(OH)_6(CO_3)_2$ (Verzinken als Korrosionsschutz). Diese Schichten und das darunterliegende Zink lösen sich in Säuren und Laugen. Außerdem wird Zink von vielen Salz-Lösungen KCl, K_2CO_3, K_2SO_4, Kupfer-Salzen, organischen Säuren, Laugen (über pH 12,5) u. a. angegriffen. Von Bedeutung sind die Kupfer-Zink-Legierungen (Messinge).

Cadmium Cd ist chemisch mit dem Zink verwandt. Es löst sich in Salpetersäure schnell, in Salzsäure langsam auf. Alle Cadmium-Verbindungen sind äußerst giftig.

Quecksilber Hg (lat. hydrargyrum) ist das einzige Metall, das bei Zimmertemperatur flüssig ist. Es ist an der Luft sowie gegenüber den meisten verdünnten Säuren stabil und wird von verdünnter Salpetersäure langsam, von konzentrierter Salpetersäure schnell angegriffen. Außerdem reagiert es mit Halogenen und Schwefel. Quecksilberdämpfe sind stark toxisch (Anreicherung im Gehirn, auch bei langer Einwirkung von geringen Mengen), ebenso lösliche anorganische und organische Hg-Verbindungen (Magen-Darm-Koliken, Schleimhautschädigungen u. a.).

Eigenschaften von Nebengruppenelementen

Metall	Fp. °C	Kp. °C	Dichte g/cm^3	Gittertyp (bei 20 °C)	Häufigste Wertigkeit	physiologische Wirkungen von Verbindungen (essent. = essentielle Spurenelemente)
Ti	1668	3287	4,3	α-Ti hex.	2+, 3+, 4+	nicht toxisch
V	1929	3400	6,09	krz	2+ bis 5+	essent. für Pflanzen (Chlorophyllbildung) und Menschen; bei höherer Konzentration giftig (Schleimhäute reizend, Asthma, Übelkeit, Krämpfe)
Mo	2620	>4680	10,28	krz	2+ bis 6+	essent.
W	3415	>5930	19,25	krz	2+ bis 6+	toxische Wirkungen nicht genügend bekannt
Cr	1890	2670	7,19	krz	3+, 6+	Cr(VI)-Verbindungen toxisch (Magen, Darm, Leber, Nieren, carcinogen)
Mn	1244	2060	7,2–7,4	α-Mn kub.	2+, 4+, 7+	essent. (Förderung des Pflanzenwachstums; Enzymbestandteil)
Co	1495	3100	8,9	α-Co hex.	2+, 3+	ab ca. 25 mg/Tag toxisch (Magen, Leber u. a.)
Ni	1453	2732	8,91	kfz	2+	essent., aktiviert einige Enzyme; Reizung der Atemwege, Aerosole carcigonen, löst Hautallergie aus
Cu	1083	2595	8,94	kfz	1+, 2+	essent. (fördert Chlorophyll-Bildung), fungizid, bakteriozid, in höherer Konzentration giftig
Zn	419,5	907	7,13	hex.	2+	essent. Bestandteil von > 300 Enzymen, höhere Konzentration: Haut-, Schleimhautverätzungen, Koliken
Cd	321	767	8,65	hex.	2+	alle Cd-Verbindungen sind stark toxisch (Lunge, Nerven, Leber, Nieren, Knochenmark, Osteoporose)
Hg	−38,9	357,3	13,55	rhombo-edrisch	1+, 2+	Hg-Dämpfe toxisch (Blut, Zentralnervensystem, Gedächtnisschwäche) Hg-Verbindungen außer HgS stark toxisch (Magen, Darm, Nieren u. a.)

Übersicht 9-14

9.6 Aufgaben zur Wiederholung von Kapitel 9

Aufgaben

1. Charakterisieren Sie die Stellung der Metalle und Nichtmetalle im Periodensystem der Elemente!
2. Wie erklären sich die „Schrägbeziehungen" im Periodensystem und die Diagonale der Halbmetalle zwischen den Metallen und Nichtmetallen?
3. Vergleichen Sie die allgemeinen Eigenschaften der Metalle mit denen der Nichtmetalle! Worin unterscheiden sich Metalle und Nichtmetalle?
4. Vergleichen Sie die Ionisierungsenergien der 7. sowie der 1. Hauptgruppe. Begründen Sie die Änderung der Werte innerhalb der Gruppe!
5. Diskutieren Sie die Änderung der Werte für die physikalischen Eigenschaften in den Hauptgruppen 1, 2, 6 und 7 sowie die Tendenz der chemischen Eigenschaftsänderungen!
6. Welche allgemeinen Eigenschaften besitzen die Halbmetalle?
7. Warum werden Hauptgruppenelemente auch als s- und p-Elemente und die Nebengruppenelemente als d-Elemente bezeichnet?
8. Charakterisieren Sie das krz-, kfz- und hex. d. P.-Gitter!
9. Warum nimmt der Wasserstoff eine Sonderstellung im PSE ein?
10. Prägen Sie sich vor allem die Eigenschaften folgender Elemente ein: Wasserstoff, Natrium, Magnesium, Calcium, Bor, Kohlenstoff, Silicium, Stickstoff, Sauerstoff, Schwefel und Chlor!
11. Welcher Zusammenhang besteht zwischen Atombau, Atomvolumen und metallischem und nichtmetallischem Charakter?

10 Verbindungen der Nichtmetalle und Metalle

10.1 Anorganische Reaktionen – Reaktionstypen

Etwa 2 % aller bekannten Verbindungen gehören in die Anorganische Chemie. Das sind ca. 100 000 Substanzen, die von Metallen und Nichtmetallen – außer den C–H-Verbindungen des Kohlenstoffs und deren Derivaten – gebildet werden. Die Anzahl der organischen Stoffe ist wesentlich größer. Die Masse der anorganischen Substanzen auf unserem Erdball ist aber unvergleichlich größer, gehören doch dazu alle Stoffe der unbelebten Natur, also der Erde und der von den Menschen geschaffenen technischen Gebilde.

Ebenso erreicht die mengen- bzw. massenmäßige Produktion von anorganischen Grundstoffen (Grundchemikalien) wie Ammoniak, Schwefelsäure, Chlor, Soda u. a. oder von Metallen, keramischen Produkten, Zement, Gläsern, gewonnenen Gesteinen usw. große Ausmaße.

Die Abgrenzung der anorganischen zu den organischen Verbindungen ist nicht eindeutig vorzunehmen und mehr historisch als logisch verständlich, zumal es organische Substanzen gibt, die auch Metallatome gebunden enthalten, die so genannten Metallorganischen Verbindungen.

Nachfolgend wird bei der Einteilung chemischer Reaktionen gezeigt werden, dass die anorganischen und organischen Vorgänge nach gleichen Reaktionstypen zu verstehen sind.

Die wichtigsten anorganischen Verbindungen können nach ihren Gemeinsamkeiten in der Zusammensetzung (Aufbau) und den Eigenschaften in folgende Stoffklassen eingeteilt werden:

- Nichtmetalle
- Nichtmetall-Wasserstoff-Verbindungen (ohne C–H-Verbindungen)
- sauerstofffreie Säuren
- sauerstoffhaltige Säuren
- Metalle
- Metalloxide (basische und amphotere)
- Metallhydroxide
- Salze und salzartige Verbindungen
- Komplex- oder Anlagerungsverbindungen

Bei organischen Verbindungen erfolgt die Einteilung nach dem Aufbau der Kohlenwasserstoffe und deren funktionelle Gruppen (vgl. Abschnitt 15.5).

Anorganische Vorgänge werden nach unterschiedlichen Gesichtspunkten in **Reaktionstypen** eingeteilt. Häufig ordnet man sie in **Ionen-, Redox-** und **Säure-Base-Reaktionen,** wie sie z. B. bei der Neutralisation ablaufen. Hierzu sind z. T. in den vorangegangenen Abschnitten Beispiele enthalten.

Chemische Reaktionen unterscheidet man auch in **Substitution, Addition** und **Eliminierung.** Das ist grundsätzlich auch für anorganische Vorgänge möglich, besonders aber in der organischen Chemie gebräuchlich und sinnvoll.

Substitutionen (lat. ersetzen) sind Austausch-Reaktionen, bei denen in Molekülen Atome/Atomgruppen durch andere ersetzt werden. Dazu müssen Atombindungen gelöst und neue geknüpft werden, z. B.

$$BCl_3 + 3\,H_2O \rightarrow B(OH)_3 + 3\,HCl$$
(Hydrolyse von Bortrichlorid)

$$SiCl_4 + 4\,H_2O \rightarrow Si(OH)_4 + 4\,HCl$$
(Hydrolyse von Siliciumtetrachlorid)

Auch in Komplex-Ionen, wie sie im Abschnitt 10.5 näher beschrieben sind, können Austauschprozesse stattfinden:

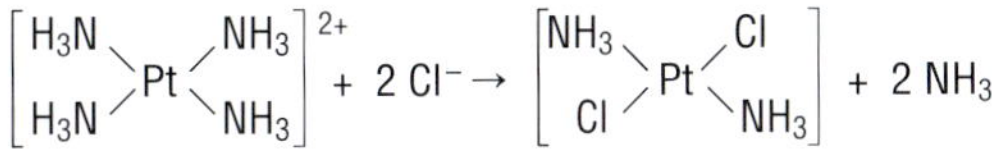

Tetraminplatin(II) Diamindichloroplatin(II)

Bei **Eliminierungen** (lat. beseitigen) werden Bindungen gelöst und Atome/Atomgruppen abgespalten. Aus komplizierter zusammengesetzten Molekülen entstehen einfacher gebaute Teilchen, z. B. bei Zerfallsreaktionen

$$H_2SO_4 \xrightarrow{T > 300\,°C} SO_3 + H_2O$$
$$CaCO_3 \longrightarrow CaO + CO_2$$

Bei den folgenden Eliminierungen ändern sich auch die Oxidationszahlen (Redoxeliminierung):

$$2\,H_2O_2 \longrightarrow 2\,H_2O + O_2$$
$$PCl_5 \longrightarrow PCl_3 + Cl_2$$
$$2\,KClO_3 \xrightarrow{T} 2\,KCl + 3\,O_2$$

Additionen (lat. hinzufügen) sind Vorgänge, bei denen sich an Moleküle weitere Atome/Atomgruppen binden, sodass neue Bindungen zusätzlich entstehen und sich aus einfach zusammengesetzten Molekülen komplexere Verbindungen bilden:

$$SO_3 + H_2O \xrightarrow{T < 300\,°C} H_2SO_4$$
$$NH_3 + HCl \longrightarrow NH_4Cl$$
$$CaO + CO_2 \longrightarrow CaCO_3$$

Bei den genannten Reaktionen ändern sich die Oxidationszahlen nicht, wohl aber bei den folgenden, die speziell als Redoxaddition bezeichnet werden:

$$2\,ZnS + 3\,O_2 \longrightarrow 2\,ZnO + 2\,SO_2$$
$$SO_2 + Cl_2 \longrightarrow SO_2Cl_2$$
$$Ba + Cl_2 \longrightarrow BaCl_2$$

Eine weitere Möglichkeit besteht in der Einteilung in **radikalische, elektrophile** und **nucleophile** Reaktionen. Hierbei geht man von elektrischen und elektronischen Verhältnissen aus, welche die Teilchen besitzen oder die während des Vorgangs entstehen (radikalische R.).

Die **radikalische Reaktion** erfolgt in einer Kettenreaktion und häufig explosionsartig, wie z. B. bei der Umsetzung von Knallgas (H_2/O_2) und Chlorknallgas (H_2/Cl_2). Dabei spalten sich die Edukte bei der Zündung bzw. bei Belichtung in Radikale, d. h. in Atome oder Atomgruppen mit ungepaarten Elektronen. Sie bilden sich durch Spaltung eines Elektronenpaares in zwei Einzelelektronen **(Homolyse).** Radikale sind sehr kurzlebig. Sie reagieren sofort weiter, indem sie Bindungen von anderen Substanzen aufspalten und neue Verbindungen erzeugen. Der Gesamtvorgang gliedert sich in die Einzelprozesse Start, Wachstum und Kettenabbruch (Radikalkombination), z. B.

Start: $Cl_2 \xrightarrow{\text{Licht}} 2\,Cl\cdot$

Wachstum: $Cl\cdot + H_2 \longrightarrow HCl + H\cdot$

$H\cdot + Cl_2 \longrightarrow HCl + Cl\cdot$ usw.

Abbruch: $H\cdot + Cl\cdot \longrightarrow HCl$

Nucleophil oder „kernfreundlich" ist eine Reaktion, wenn Teilchen eine „positive Ladung suchen". Anionen oder negativ polarisierte Moleküle haben das Bestreben, sich mit positiv geladenen Teilchen zu binden. Sie „suchen" den Ladungsausgleich. Sie sind gegenüber einer positiven Ladung elektrophil, „elektronenfreundlich" oder „elektronenspendend". Nucleophil ist eine Reaktion, bei der Teilchen einem anderen Molekül Elektronenpaare für die Ausbildung einer Atombindung liefern.

Elektrophil ist ein Vorgang, wenn Kationen oder positiv polarisierte Moleküle fremde Elektronenpaare für eine Atombindung nutzen.
Ein elektrophiler Stoff benötigt somit einen nucleophilen Partner (und umgekehrt). Einige der o. a. Additionsbeispiele sind z. T. gleichzeitig elektrophil-nucleophile Reaktionen.

Bei der Benennung des Vorgangs geht man von dem angreifenden Stoff aus. Eine nucleopile Reaktion liegt vor, wenn das Reagenz negative Ladungen auf den Reaktionspartner überträgt. Eine elektrophile Reaktion findet statt, wenn das Reagenz vom Partner Elektronen aufnimmt.

Als Reagenz wird der einfacher gebaute Stoff bezeichnet. Bei anorganischen Reaktionen ist oft nicht eindeutig zu bestimmen, auf welche Substanz das zutrifft. Man formuliert dann z. B.: Der nucleophile Stoff X greift den Stoff Y elektrophil an usw. (vgl. folgende Beispiele). Bei organischen Reaktionen ist meist leicht zu entscheiden, welcher Stoff weniger kompliziert gebaut ist.

Beispiele:

$$BF_3 + \overline{N}H_3 \longrightarrow BF_3{-}NH_3$$
$$AlCl_3 + Cl^- \longrightarrow [AlCl_4^-]$$
$$H_3O^+ + OH^- \longrightarrow 2\,H_2O$$
$$Cu^{2+} + 4\,\overline{N}H_3 \longrightarrow [Cu(NH_3)_4]^{2+}$$

elektrophil — nucleophil

Aufgaben

1. Analysieren Sie die im Kapitel 10 angegebenen Gleichungen sowie die in den Abbildungen 10-12 und 10-13 angegebenen Verbindungen hinsichtlich elektrophiler und nucleophiler Reaktanden.
2. Erläutern Sie, welcher Reaktionstyp in den folgenden Reaktionen vorliegt!
   a) $COCl_2 \rightarrow CO + Cl_2$
   b) $H_3O^+ + OH^- \rightarrow 2\,H_2O$
   c) $NH_4^+ + OH^- \rightarrow NH_3 + H_2O$
   d) $CaSO_4 \xrightarrow{T} CaO + SO_3$
   e) $[Cr(OH)_6]^{3-} + 6\,Cl^- \rightarrow [CrCl_6]^{3-} + 6\,OH^-$
   f) $Fe^{\pm 0} + Cu^{2+} \rightarrow Fe^{2+} + Cu^{\pm 0}$
   g) $2\,CuS + 3\,O_2 \rightarrow 2\,CuO + 2\,SO_2$
   h) $SO_4^{2-} + H^+ \rightarrow HSO_4^-$
   i) $2\,NaBr + Cl_2 \rightarrow 2\,NaCl + Br_2$

Bisher wurden die chemischen Vorgänge nur mithilfe von Bruttogleichungen formuliert. Sie beschreiben nur den Anfangs- und Endzustand der Stoffe und geben keine Auskunft über das Geschehen während des Ablaufs. Reaktionen gehen häufig viel komplizierter vor sich, als die Gleichungen „vortäuschen". **Reaktionsmechanismen** geben darüber Auskunft, wie der Vorgang im Einzelnen über Zwischenstufen abläuft.

Beispielsweise wird die Reaktion von Stickstoffmonoxid mit Sauerstoff durch die Bruttogleichung $2\ NO + O_2 \rightarrow 2\ NO_2$ angegeben. Sie verläuft jedoch in zwei Stufen:

1. Schritt: $NO + O_2 \rightarrow O{-}ONO$ (sehr schnell)
2. Schritt: $O{-}ONO + NO \rightarrow 2\ NO_2$ (langsamer)

Bruttogleichung: $2\ NO + O_2 \rightarrow 2\ NO_2$

Bei der Knallgasreaktion von Wasserstoff und Sauerstoff beispielsweise treten in rascher Folge während der Kettenreaktion Hydroxyl-Radikale $OH\cdot$, Wasserstoffatome H, Hydroxylperoxi-Radikale $HO_2\cdot$ und Wasserstoffperoxid H_2O_2 auf, die schließlich entsprechend der Bruttogleichung $2\ H_2 + O_2 \rightarrow 2\ H_2O$ das Endprodukt Wasser ergeben.

Die **Zwischenverbindungen** sind energiereich und instabil. Sie sind meist kurzlebig und entgehen der Wahrnehmung des Experimentierenden. Die Zwischenzustände können sehr unterschiedliche Zusammensetzungen haben, je nachdem welche Edukte reagieren. Es können Radikale, Peroxide, Ionen angeregte Atomgruppen u. a. auftreten.

10.2 Säuren

10.2.1 Definition der Säuren nach ARRHENIUS und BRÖNSTED

Die typischste chemische Eigenschaft der Nichtmetalle ist die Bildung von Säuren.

Man unterscheidet nach der Zusammensetzung

a) **sauerstofffreie Säuren** als Verbindungen der Nichtmetalle mit Wasserstoff, z. B. HCl, Chlorwasserstoff
b) **sauerstoffhaltige Säuren** als Verbindungen der Nichtmetalloxide mit Wasser, z. B. H_2SO_4, Schwefelsäure

Säuren bestehen aus Wasserstoff und einem Säurerest. Zwischen beiden besteht polarisierte Atombindung.

ARRHENIUS definierte 1883 die Säuren im Zusammenhang mit Wasser als Lösungsmittel:

Säuren sind Nichtmetallverbindungen, die in wässriger Lösung in positiv geladene Wasserstoffionen und negativ geladene Säurerestionen zerfallen (dissoziieren).

Diese Definition erwies sich durch die Einschränkung auf das Medium Wasser als zu eng. BRÖNSTED erweiterte sie deshalb allgemein auf Stoffe, die Protonen abgeben, ohne dass Wasser, das die Wasserstoff-Ionen aufnimmt, zugegen sein muss. Verbindungen, die nach der ARRHENIUS-Definition Säuren sind, wie z. B. HCl, H_2SO_4, HNO_3 usw., sind auch nach BRÖNSTED Säuren. Aber die erweiterte Definition umfasst auch Stoffe, die nach ARRHENIUS keine Säuren sind, z. B. HCl-Gas.

Gasförmiges Hydrogenchlorid reagiert direkt mit gasförmigem Ammoniak. Dabei tritt der Wasserstoff des HCl-Moleküls als Proton an das freie Elektronenpaar des Stickstoffs über und geht eine neue Bindung ein:

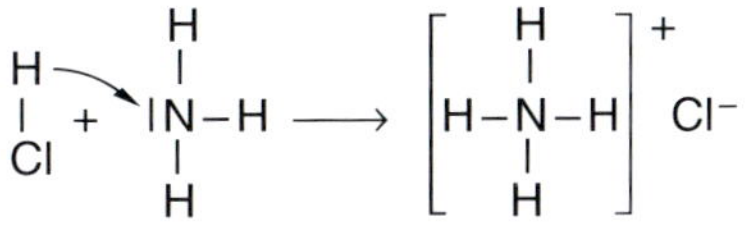

Versuch

C Xi

Ätzend Reizend

R 35/37, S 23

Nähern Sie unter dem Abzug eine geöffnete Flasche, die konzentrierte Salzsäure enthält, einer geöffneten Flasche mit Ammoniak-Lösung. Beobachtung? Schutzbrille! Einmalhandschuhe!

Das HCl-Molekül reagiert wie eine in Wasser gelöste Säure. Das Ammoniak-Molekül wirkt wie das OH-Ion einer gelösten Base (z. B. NaOH). Nach BRÖNSTEDT gilt:

Säuren sind Protonendonatoren.

Man bezeichnet Säuren als **elektrophil** (griech. elektronenfreundlich), weil die Protonen der Säure ein Elektronenpaar zur Bindung „suchen".

Als BRÖNSTED-Säuren reagieren nur solche Wasserstoffverbindungen, die Protonen auf Basen übertragen können.

(zu LEWIS-Säuren und LEWIS-Basen vgl. Abschnitt 10.3.3)

10.2.2 Indikatoren

Indikatoren sind Farbstoffe, mit deren Hilfe Säuren und auch Hydroxide im wässrigen Medium nachgewiesen werden können. Sie sind in saurer Lösung Protonenacceptoren und geben bei basi-

scher Reaktion Protonen ab. Dabei gehen jeweils Farbänderungen vor sich.
Wichtige Indikatoren sind Lackmus, Alizaringelb, Phenolphthalein, Bromthymolblau, Methylrot, Methylorange und Thymolblau.

Versuche

1. Geben Sie in sechs Reagenzgläser je 3–4 ml einer verdünnten Säure und versetzen sie diese mit 1–2 Tropfen der o. a. Indikatoren.
2. Wiederholen Sie den Versuch mit einer verdünnten Lauge.

Notieren Sie die Farben, die von den Indikatoren im sauren und basischen Medium angenommen werden.

Die Farbänderungen sind umkehrbar (reversibel). Das bedeutet, dass der Indikator die Anlagerung und Abgabe der Protonen in Abhängigkeit des Mediums vollzieht.

Versuch

Versetzen Sie verdünnte Natronlauge im Erlenmeyer-Kolben mit 1–2 Tropfen Bromthymolblau. Geben Sie unter Schütteln des Kolbens tropfenweise verdünnte Salzsäure hinzu, bis der Farbumschlag genau erreicht ist. (Es sind weder überschüssige OH^-- noch H^+-Ionen vorhanden. Die Lösung ist neutral.)

Geben Sie nun wieder einen Tropfen der NaOH-Lösung und danach 1–2 der HCl-Lösung hinzu. Beobachtung?

(Weitere Ausführungen zu den Indikatoren vgl. Abschnitt 12.12.)

10.2.3 Sauerstofffreie Säuren

Die wichtigsten sauerstofffreien Säuren sind Verbindungen zwischen Wasserstoff und Halogenen bzw. Schwefel.

Verbindungen der Halogene mit Wasserstoff, die **Halogenwasserstoffe,** sind unter Normbedingungen gasförmig.
Fluor verbindet sich bereits im Dunkeln bei niedriger Temperatur mit Wasserstoff zu **Hydrogenfluorid** (Fluorwasserstoff) HF. **Hydrogenchlorid** HCl (Chlorwasserstoff, Salzsäuregas) entsteht, wenn Wasserstoff ohne Luftzufuhr direkt in Chlorgas verbrannt wird (Abb. 10-1) oder wenn sich ein Wasserstoff-Chlor-Gemisch bei energiereicher Belichtung explosiv umsetzt (Chlorknallgas). **Hydrogeniodid** (Iodwasserstoff) HI bildet sich erst in der Wärme und mithilfe eines Katalysators (Beschleuniger) aus den Elementen.

$$H_2 + F_2 \rightarrow 2\,HF$$
$$H_2 + Cl_2 \rightarrow 2\,HCl$$
$$H_2 + Br_2 \rightarrow 2\,HBr$$
$$H_2 + I_2 \rightarrow 2\,HI$$

Aufgabe

Formulieren Sie die Redoxvorgänge (Oxidations- und Reduktionsgleichungen).

In der Reihenfolge HF bis HI sinkt die Stabilität der Verbindungen.
Chlorwasserstoffgas kann auch durch **doppelte Umsetzung** aus den Salzen der Säure, den Chloriden, mit konzentrierter Schwefelsäure dargestellt werden, z. B. aus Natriumchlorid (vgl. Abschnitt 10.2.5):

$$2\,NaCl + H_2SO_4 \rightarrow 2\,HCl + Na_2SO_4$$

Aufgaben

1. Lesen Sie den Abschnitt 8.7. Begründen Sie die abweichende Schmelz- und Siedetemperatur von HF im Vergleich zu den anderen Halogenwasserstoffen.
2. Erläutern Sie den Zusammenhang zwischen der Änderung der Bildungswärme und der sinkenden Stabilität der Halogenwasserstoffe.

Halogenwasserstoffe lösen sich sehr gut in Wasser. Dabei zerfallen (dissoziieren) die polarisierten Moleküle in Wasserstoff- und Halogenionen (vgl. Abschnitt 10.2.6). Die wässrigen Lösungen reagieren sauer.
Allgemein werden die Namen der sauerstofffreien Säuren aus der Elementbezeichnung und der

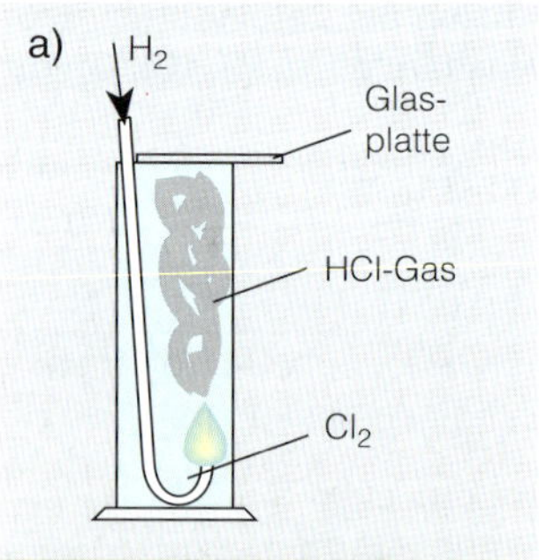

Abb. 10-1
Reaktion von Wasserstoff und Chlor zu Chlorwasserstoff
a) Versuchsaufbau
b) Modell für die Bildung von HCl

Endung -wasserstoffsäure und die Salznamen aus der Elementbezeichnung und der Endung -id gebildet. Daneben existieren herkömmliche oder Trivialnamen.

Auch Elemente der 6. Hauptgruppe (S, Te, Se) binden sich mit Wasserstoff zu Verbindungen, die in wässriger Lösung sauer reagieren und mit Metallen Salze bilden (Übersicht 10-2).

Eigenschaften der Halogenwasserstoffe (Hydrogenhalogenide)

	Hydrogenfluorid Fluorwasserstoff HF	Hydrogenchlorid Chlorwasserstoff HCl	Hydrogenbromid Bromwasserstoff HBr	Hydrogeniodid Iodwasserstoff HI
Schmelztemperatur (°C)	–83,6	–114,2	–86,9	–50,8,
Siedetemperatur (°C)	+19,5	–85,1	–66,7	–35,4
Bindungslänge (pm)	93	128	142	161
Ionenanteil der Bindung (%)	45	17	12	5
Bildungswärme (25 °C) ($kJ \cdot mol^{-1}$)	–271	–92,4	–36	+27
Stabilität der Verbindungen	abnehmend →			
elektrolytische Dissoziation in Wasser, Säurestärke	zunehmend →			
Oxidationswirkung	abnehmend →			
Reduktionswirkung	zunehmend →			

Übersicht 10-1

Sauerstofffreie Säuren und ihre Salze – Nomenklatur

Formel der Säure	Nomenklatur für die wasserfreie Verbindung (IUPAC, Trivialnamen)	Säurelösung	Säurerest Anion	Nomenklatur der Salze
HF	Hydrogenfluorid Fluorwasserstoffgas	Fluorwasserstoffsäure Flusssäure	F^-	Fluoride
HCl	Hydrogenchlorid Salzsäuregas	Chlorwasserstoffsäure Salzsäure	Cl^-	Chloride
HBr	Hydrogenbromid	Bromwasserstoffsäure	Br^-	Bromide
HI	Hydrogeniodid	Iodwasserstoffsäure	I^-	Iodide
H_2S	Dihydrogensulfid	Schwefelwasserstoffsäure	S^{2-}	Sulfide
H_2Se	Dihydrogenselenid	Selenwasserstoffsäure	Se^{2-}	Selenide

Übersicht 10-2

Verwendung wichtiger sauerstofffreier Säuren

HF	Fluorwasserstoff, Erzeugung aus Flussspat CaF_2 mit Schwefelsäure; gasförmig; sehr gut wasserlöslich; Lösung in Wasser: Flusssäure; mittelstarke, flüchtige Säure, giftig, sehr hautschädigend (beim Arbeiten mit HF Hände durch Vaseline und Gummihandschuhe schützen! Schutzbrille tragen!). Verwendung zur Herstellung von Fluorverbindungen und Polytetrafluorethylen, zum Matt- und Blankätzen von Glas (Zersetzung des Glases; Aufbewahrung der Flusssäure in Polyethylen- oder PVC-Flaschen!).
HCl	Chlorwasserstoff; gasförmig, stechender Geruch, sehr gut wasserlöslich; gelöst in Wasser: Salzsäure; starke, leicht flüchtige Säure, verwendet zum Beizen von Metallen (Lösen von Oxiden), zur Herstellung von Chloriden.

Übersicht 10-3

10.2.4 Sauerstoffhaltige Säuren oder Oxosäuren

Sauerstoffhaltige Säuren sind Reaktionsprodukte aus einem Nichtmetalloxid und Wasser. Das Nichtmetalloxid wird als Säureanhydrid bezeichnet (griech. wasserlos).

Schwefel verbrennt mit Sauerstoff zu einem Gemisch von stechend riechendem, farblosem Schwefeldioxidgas und weißem Schwefeltrioxid. Beide Oxide lösen sich in Wasser zu einem Säuregemisch.

$$SO_2 + H_2O \rightleftharpoons \underset{\text{Schweflige Säure}}{H_2SO_3}$$

$$SO_3 + H_2O \rightarrow \underset{\text{Schwefelsäure}}{H_2SO_4}$$

Nur die Hauptmenge des Schwefeldioxids löst sich in Wasser. Es besteht ein **chemisches Gleichgewicht** (doppelter Reaktionspfeil) zwischen dem gelösten und dem gebundenen Anteil. Das Schwefeltrioxid bindet sich vollständig (einfacher Reaktionspfeil). Das Gleichgewicht liegt praktisch 100%ig auf der rechten Seite.

Für die Erzeugung von reiner Schwefelsäure muss Schwefeldioxid mit Sauerstoff zu Schwefeltrioxid oxidiert werden.

$$2\ SO_2 + O_2 \rightarrow 2\ SO_3$$

Versuche

Xi

Reizend

T

Giftig

R 23,
S 23

1. Eine Spatelspitze Schwefel wird in einem Verbrennungslöffel unter dem Abzug entzündet. Die entstehenden Reaktionsprodukte werden in einem Stand- oder Erlenmeyerkolben, in dem sich etwas Wasser befindet, aufgefangen (Abb. 10-2). (Öffnung mit Stopfen verschließen.)

Abb. 10-2
Versuchsanordnung für das Verbrennen von Schwefel (bzw. Phosphor)

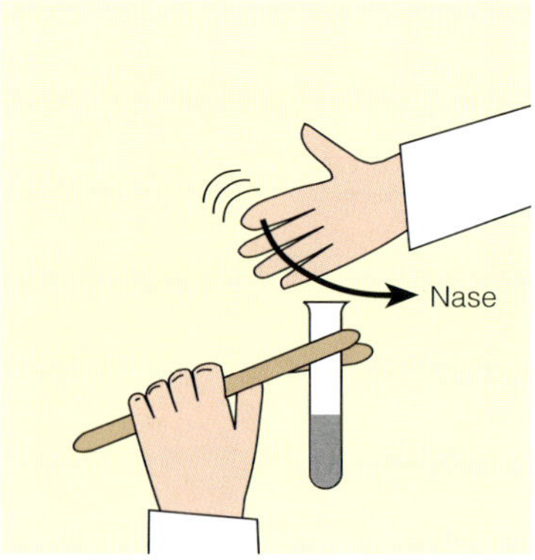

Abb. 10-3
Durchführung der Geruchsprobe

Nach dem Erlöschen der Flamme werden die Oxide durch Schütteln in Wasser gelöst. Führen Sie vorsichtig die Geruchsprobe durch (Abb. 10-3) und prüfen Sie die Lösung mit rotem und blauem Lackmuspapier! Beobachtungen? Welche Schlussfolgerung ist für den Nachweis von Säuren mit Lackmus zu ziehen?

2. Wiederholen Sie den Versuch mit einer Spatelspitze roten Phosphors! Beobachtung?

Beim Verbrennen von Phosphor entsteht vor allem Phosphorpentoxid, das sich mit Wasser zu Phosphorsäure (Orthophosphorsäure) umsetzt:

$$4\ P + 5\ O_2 \rightarrow P_4O_{10}$$

$$P_4O_{10} + 6\ H_2O \rightarrow 4\ H_3PO_4$$

Salpetersäure HNO_3 wird durch Verbrennung von Ammoniak NH_3 gewonnen. Zunächst entstehen Stickstoffoxide, die sich mit Wasser zur Säure umsetzen.

Kohlensäure bildet sich nur in sehr geringem Maße aus Kohlenstoffdioxid und Wasser:

$$CO_2 + H_2O \rightleftharpoons H_2CO_3$$

Das Gleichgewicht liegt nahezu vollständig auf der linken Seite beim lediglich gelösten Säureanhydrid (Mineralwasser!).

Allgemein kann somit für die Bildung sauerstoffhaltiger Säuren folgende Reaktionsgleichung aufgestellt werden:

Nichtmetalloxid + Wasser ⇌ Säure
(Säureanhydrid)

In Übersicht 10-4 sind die wichtigsten sauerstoffhaltigen Säuren aufgeführt. Die Namen können nach IUPAC-Regeln entweder nach der **Hydrogen-** oder nach der **Säurenomenklatur** gebildet werden. Die traditionellen oder Trivialnamen sind erlaubt. Sie setzen sich aus dem Elementnamen und der Endung -säure zusammen, wenn das säurebildende Element in der häufigsten bzw. wichtigsten Oxidationsstufe vorliegt. Ausnahmen bilden die Salpetersäure und die Kohlensäure (eigentlich: Stickstoff- und Kohlenstoffsäure). Die Salze erhalten an den eingekürzten Elementnamen die Endung -at. Die Säurenamen der nächstniedrigeren Oxidationsstufe werden aus der Adjektivform des Elementnamens mit der Endung -ige gebildet. Deren Salze erhalten zur lateinischen Stammsilbe des Elementnamens die Endung -it (vgl. Übersicht 10-4).

Aufgabe

Bestimmen Sie die Oxidationszahl der säurebildenden Elemente in den Säuren, die in Übersicht 10-4 genannt sind!

Es gibt noch weitere sauerstoffhaltige Säuren oder Oxosäuren wie z. B.

H_4SiO_4	Orthokieselsäure
H_3AsO_4	Arsensäure
H_3AsO_3	Arsenige Säure
H_2CrO_4	Chromsäure
$HClO_4$	Perchlorsäure
$HClO_3$	Chlorsäure
$HClO_2$	Chlorige Säure
$HClO$	Hypochlorige Säure

Aufgaben

1. Wie heißen die Säuren nach der IUPAC-Nomenklatur
   a) nach der Hydrogen-Nomenklatur
   b) nach der Säure-Nomenklatur
2. Welche Oxidationszahl besitzen die säurebildenden Elemente? Welche Ladungzahl tragen die Anionen?
3. Wie können die Säuren H_2SO_3, H_2SO_4, H_3PO_4, H_3PO_3, HNO_3 und HNO_2 mithilfe der Wertigkeit benannt werden?

Nomenklatur einiger sauerstoffhaltiger Säuren (Oxosäuren) und ihrer Salze

Element und Säure	IUPAC-Nomenklatur		Trivialnamen	Säurerest Anion	Nomenklatur der Salze
	Hydrogen-Nomenklatur	Säure-Nomenklatur			
Schwefel Sulfur H_2SO_4	Dihydrogentetraoxosulfat(VI)	Tetraoxoschwefelsäure	Schwefelsäure	SO_4^{2-} HSO_4^-	Sulfate Hydrogensulfate
H_2SO_3	Dihydrogentrioxosulfat(IV)	Trioxoschwefelsäure	Schweflige Säure[1])	SO_3^{2-} HSO_3^{1-}	Sulfite Hydrogensulfite
Phosphor H_3PO_4	Trihydrogentetraoxophosphat(V)	Tetraoxophosphorsäure	Phosphorsäure	PO_4^{3-} HPO_4^{2-} $H_2PO_4^-$	Phosphate Hydrogenphosphate Dihydrogenphosphate
H_3PO_3	Trihydrogentrioxophosphat(III)	Trioxophosphorsäure	Phosphorige Säure[1]) Phosphonsäure	PO_3^{3-}	Phosphite
Stickstoff Nitrogen HNO_3	Hydrogentrioxonitrat(V)	Trioxo-Salpetersäure	Salpetersäure	NO_3^-	Nitrate
HNO_2	Hydrogendioxonitrat(III)	Dioxosalpetersäure	Salpetrige Säure[1])	NO_2^-	Nitrite
Kohlenstoff Carbon[2]) H_2CO_3	Dihydrogentrioxocarbonat	Trioxokohlensäure	Kohlensäure	CO_3^{2-} HCO_3^-	Carbonate Hydrogencarbonate

[1]) 1990 wurde von der IUPAC-Kommission vorgeschlagen, künftig Einwortnamen zu verwenden: Schwefligsäure, Phosphorigsäure, Salpetrigsäure

[2]) Organische Säuren des Kohlenstoffs vgl. Organische Chemie

Übersicht 10-4

Verwendung wichtiger Oxosäuren

H_2SO_4	**Schwefelsäure;** konzentriert sehr hygroskopisch; farblose, ölige Flüssigkeit; beim Verdünnen starke Wärmeentwicklung (immer Säure in das Wasser gießen und nicht umgekehrt! Schutzbrille!); starke, schwerflüchtige Säure. Verwendung zur Herstellung von Sulfaten, Viskosefasern, Zellwolle, Waschmitteln, zur Reinigung (Raffination) von Erdöl; zum Beizen von Metallen (Abätzen, d. h. Lösen der Oxide), als Elektrolyt für die anodische Oxidation von Aluminium, Elektrolyt in Bleiakkumulatoren. Rauchende Schwefelsäure enthält zusätzlich gelöstes SO_3 (Trockenmittel für gelöste Gase in Waschflaschen oder feste Stoffe in Exsikkatoren).
H_2SO_3	**Schweflige Säure;** starkes Reduktionsmittel; Lösung von SO_2 in Wasser, zum geringen Teil als H_2SO_3 gebunden; bei der Verbrennung fossiler Brennstoffe entsteht SO_2, mit Wasserdampf SO_2/H_2SO_3 in der Luft als „saurer Regen“, zersetzt Sand-, Kalkstein etc., korrodiert Metalle. Verwendung als Salze (Sulfite, Hydrogensulfite) zur Zellstoffgewinnung, Reduktionsmittel beim Bleichen in Färbereien.
H_3PO_4	**Phosphorsäure;** fest, handelsüblich als farblose Flüssigkeit; verwendet zur Herstellung von Phosphaten, Säuerungsmittel für Limonaden, Phosphatieren von Zink und niedriglegierten Stählen (Haftgrund für Lacke, Gleitschichten zur Verminderung der Reibung, Verbesserung der Korrosionsbeständigkeit).
HNO_3	**Salpetersäure;** farblose, wegen geringer Zersetzung meist leicht gelbe Flüssigkeit; konzentriert stark oxidierend, nur wenige Metalle nicht angreifend (Au, Pt sowie durch Passivierung Fe, Cr, Al); 50%ige HNO_3 löst Silber („Scheidewasser“). Verwendung zur Herstellung von Düngemitteln, Explosivstoffen, Nitraten (alle Metallnitrate sind wasserlöslich); zum Lösen von Platin und Gold nur im Gemisch mit konzentrierter Salzsäure (Königswasser); zur Herstellung von organischen Nitroverbindungen, von Zelluloid etc.
H_2CO_3	**Kohlensäure;** Lösung von CO_2 in Wasser, zum geringen Teil, ca. 1 % als H_2CO_3 gebunden.

Übersicht 10-5

10.2.5 Flüchtige und schwerflüchtige Säuren

Säuren können, wenn sie gasförmige Verbindungen sind, aus ihren Salzen durch andere Säuren verdrängt werden.

Chlorwasserstoff entsteht, wenn Kochsalz mit konzentrierter Schwefelsäure versetzt wird:

$$2\,NaCl + H_2SO_4 \rightarrow Na_2SO_4 + 2\,HCl$$

Dabei nutzt man aus, dass die Schwefelsäure eine schwerflüchtige und die Chlorwasserstoffsäure eine leichtflüchtige Säure ist. Ebenso wird Kohlensäure durch starke Säuren verdrängt. Sie zerfällt jedoch sofort in Kohlenstoffdioxid und Wasser.

Aufgabe

Läuft in diesem Prozess ein Redoxvorgang ab?
Bestimmen Sie die Oxidationszahlen.

Leichtflüchtige Säuren werden durch schwerflüchtige Säuren aus ihren Salzen verdrängt.

Leichtflüchtig sind auch Fluorwasserstoff, Kohlensäure, Essigsäure und schweflige Säure.

Versuche

Xi

Reizend

C

Ätzend

R 23, R 34, S 23

1. Ein Spatel Kochsalz wird in einem Reagenzglas unter dem Abzug mit wenigen Tropfen konzentrierter Schwefelsäure versetzt. Man verschließt das Reagenzglas rasch durch einen Stopfen mit Gasableitungsrohr (Abb. 10-4). Beobachtung? Vorsicht! Konzentrierte Schwefelsäure und das Chlorwasserstoffgas sind stark ätzend! Schutzbrille!

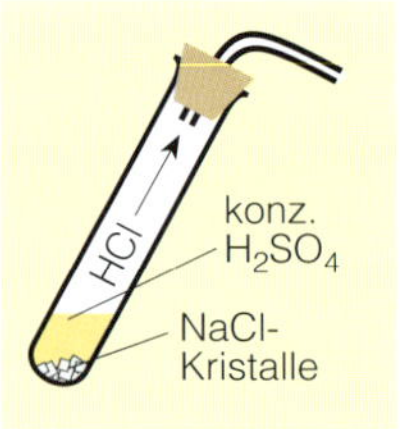

Abb. 10-4 **Versuchanordnung zum Verdrängen einer leichtflüchtigen Säure durch eine schwerflüchtige Säure**

2. Vor das Gasableitungsrohr (Versuch 1) werden nacheinander angefeuchtetes blaues und rotes Lackmuspapier gehalten. Beobachtung? Schlussfolgerung für den Nachweis von Säure?

3. Man nähert das Gasableitungsrohr der Oberfläche von Wasser, das sich z. B. in einem Becherglas befindet, ohne das Rohr einzutauchen. Beobachtung?
4. Die wässrige Lösung wird mit Lackmuspapier geprüft. Beobachtung?

T

Giftig

Xi

Reizend

5. Der Nachweis von Salzsäuregas kann mithilfe von konzentrierter Ammoniaklösung erfolgen. Tauchen Sie einen Glasstab in konzentrierte Ammoniaklösung und halten Sie ihn dann an die Mündung des Gasableitungsrohres! Beobachtung?
R 23, R 34, S 23
6. Einige Stückchen Marmor ($CaCO_3$) oder eine Spatelspitze eines anderen Carbonates werden in je einem Reagenzglas mit einem Milliliter verdünnter Salzsäure, Schwefelsäure bzw. Essigsäure versetzt und erwärmt. Beobachtung? Formulieren Sie die Gleichungen! Welches Gas entsteht? Weisen Sie es nach!

Xi

Reizend

R 37, S 23

7. Versetzen Sie einige Kristalle eines Acetats, z. B. Natriumacetat CH_3COONa, mit etwas verdünnter Salzsäure bzw. verdünnter Schwefelsäure und erwärmen Sie! Prüfen Sie den Geruch! Beobachtung? Gleichung?

Aufgabe

Ordnen Sie die Kohlensäure, Salzsäure, Essigsäure und Schwefelsäure nach der Verdrängbarkeit aus ihren Salzen!

10.2.6 Starke und schwache Säuren – Dissoziation und Hydratation

Die wasserfreien Säuren sind Verbindungen mit polarer Atombindung. In wässriger Lösung zerfallen die Moleküle in Wasserstoff-Ionen und Säurerest-Ionen. Diesen Vorgang bezeichnet man als **elektrolytische Dissoziation.** Er wird durch die Dipolmoleküle des Wassers bewirkt, die sich an die polaren Säuremoleküle anlagern und die Atombindung vollständig polarisieren. Das gemeinsame Elektronenpaar verschiebt sich zum Säurerest, im Falle der Chlorwasserstoffsäure zum Chlor, das dadurch zum einwertig negativen Chlorid-Ion wird:

$$(+\ -)\ \overset{\delta^{1+}}{H}-\overset{\delta^{1-}}{Cl}\ (+\ -) \longrightarrow (+\ -)\ H^+ + Cl^-\ (+\ -)$$

Die polare Atombindung ist unter Einfluss der Wassermoleküle in eine Ionenbindung übergegangen. Das Säurerest-Ion hat sich vom Wasserstoff-Ion getrennt. Das H^+-Ion ist eine positive Ladung ohne Elektronen, also ein Proton. Die positive Ladung wirkt durch die geringe Größe des Protons stark. Das Wasserstoff-Ion reagiert deshalb sofort mit dem angelagerten Wassermolekül zu einem **Hydronium-Ion** H_3O^+

$$H^+ + H_2O \rightarrow H_3O^+$$

Die Protonenübertragung an das Wassermolekül ist eine Protolyse (Abschnitt 10.3.2).

Das Hydronium-Ion und das Chlorid-Ion werden durch weitere Wechselwirkungen (Pol-Orientierungskräfte) von Wassermolekülen umgeben. Es entsteht um die Ionen eine **Hydrathülle** (griech. Wasser) aus orientiert angelagerten Wassermolekülen (Abb. 10-5). Den Vorgang nennt man **Hydratation.** Er schließt sich eng an die Dissoziation

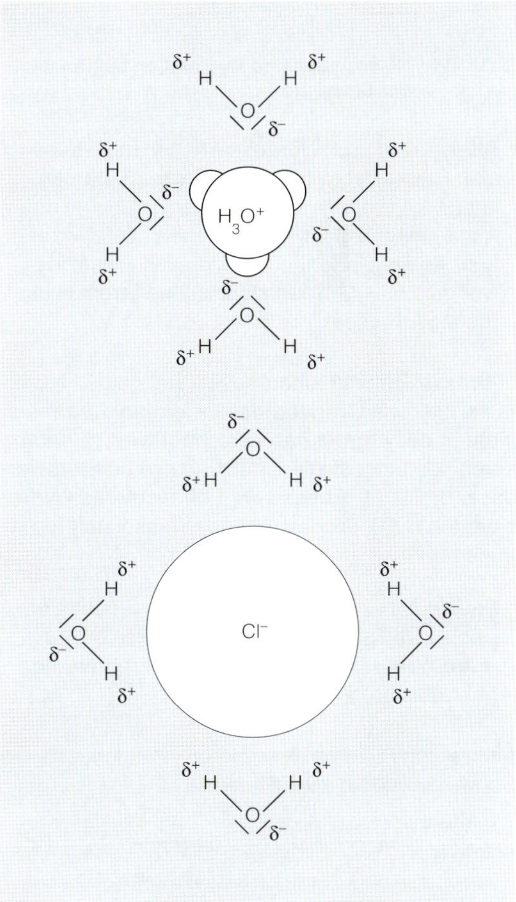

Abb. 10-5 Hydratisierte H_3O^+- und Cl^--Ionen einer Salzsäure-Lösung

an und verläuft exotherm. Der Gesamtvorgang kann wie in Abb. 10-6 angegeben werden.

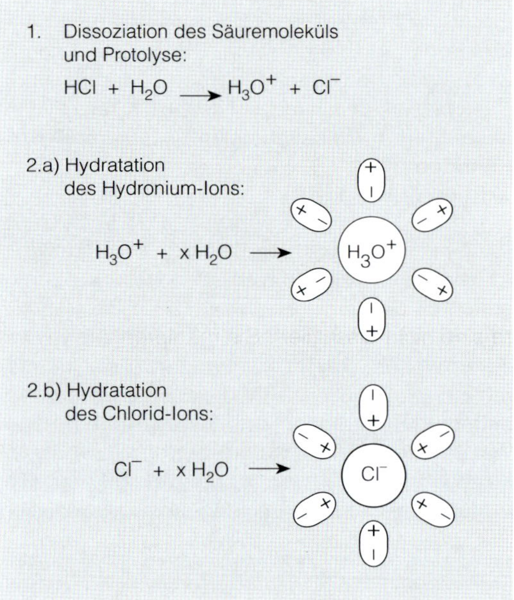

Abb. 10-6 Dissoziation und Hydratation am Beispiel der Salzsäure

Dissoziation und Hydratation finden beim Lösen aller Säuren, Hydroxide und Salze (Elektrolyte) statt.
Allgemein bezeichnet man Stoffe, die in wässriger Lösung in Ionen zerfallen, als Elektrolyte, weil die Lösungen den elektrischen Strom leiten (Leiter II. Klasse).

In Wasser gelöste Ionen haben stets eine Hydrathülle, die aus Gründen der Vereinfachung meist nicht in der Formel berücksichtigt wird. Sie kann durch den tiefgestellten Index aq symbolisiert werde, z. B. $Cl^-_{(aq)}$. Ebenso wird oft nicht das Hydronium-Ion H_3O^+, sondern nur das Wasserstoff-Ion H^+ angegeben.

Säuren mit einem gebundenen Wasserstoffatom sind einwertige (einbasige) und Säuren mit mehreren Wasserstoffatomen sind mehrwertige (mehrbasige) Säuren.

Mehrwertige Säuren dissoziieren in Stufen, z. B. die Schwefelsäure in zwei Stufen:

1. Stufe

$H_2SO_4 + H_2O \rightarrow H_3O^+ + \underset{\text{Hydrogensulfat-Ion}}{HSO_4^{1-}}$

2. Stufe

$HSO_4^{1-} + H_2O \rightarrow H_3O^+ + \underset{\text{Sulfat-Ion}}{SO_4^{2-}}$

Der **Dissoziationsgrad** ist der Quotient aus der Anzahl der zerfallenen Moleküle und der Anzahl der ursprünglich vorhandenen Moleküle:

$$\alpha = \frac{\text{Anzahl der dissoziierten Moleküle}}{\text{Gesamtzahl der Moleküle}}$$

Der Dissoziationsgrad kann maximal den Wert 1 bzw. 100 % annehmen.

Je nach Dissoziationsgrad unterscheidet man starke, mittelstarke und schwache Elektrolyte. Sehr **starke Säuren** sind in verdünnter wässriger Lösung nahezu vollständig zerfallen wie Salzsäure und Salpetersäure ($\alpha = 70 \ldots 100\,\%$). Verdünnte Schwefelsäure ist eine starke ($\alpha \approx 70\,\%$) und Phosphorsäure eine mittelstarke Säure ($\alpha = 15 \ldots 20\,\%$).

Schwache bis sehr schwache Säuren sind Essigsäure ($\alpha = 0{,}1 \ldots 1\,\%$), Kohlensäure und Schwefelwasserstoffsäure ($\alpha < 0{,}1\,\%$).

Versuch

Geben Sie in vier Reagenzgläser gleich große Zinkkörner und 2 bis 3 ml verdünnte Salz-, Schwefel-, Phosphor- und Essigsäure gleicher Konzentration. Vergleichen Sie die Reaktionen!

Der Dissoziationsgrad ist abhängig von der Temperatur und der Konzentration. Mit zunehmender Temperatur und Verdünnung nimmt die Dissoziation zu (vgl. Abschnitt 12.10).

Allgemein wird die Eigenschaft von Säuren, Protonen an Wassermoleküle abgeben zu können, als **Acidität** bezeichnet. Speziell drückt der Begriff die Säurestärke aus und ist letztlich auch ein Maß für den Dissoziationsgrad: Eine stark dissoziierte Säure ist acider als eine schwach dissoziierte Säure. Quantitativ wird die Acidität/Säurestärke durch die Stoffmengen-Konzentration bzw. die Äquivalent-Konzentration angegeben (vgl. Abschnitt 2.2.8) sowie durch den pH-Wert bestimmt (vgl. Abschnitt 12.11).

10.2.7 Reaktion von verdünnten Säuren mit Metallen

Die Reaktion von Zink mit verdünnter Salzsäure oder verdünnter Schwefelsäure verläuft mit folgendem Ergebnis:

$Zn + 2\,HCl \rightarrow \underset{\text{Zinkchlorid}}{ZnCl_2} + H_2$

$Zn + H_2SO_4 \rightarrow \underset{\text{Zinksulfat}}{ZnSO_4} + H_2$

Versuch

C

R 10

Versetzen Sie Zinkkörner in je einem Reagenzglas mit verdünnter Salz- bzw. Schwefelsäure. Verschließen Sie die Öffnung des Glases mit dem Daumen und entzünden Sie das entweichende Gas an der Sparflamme des Bunsenbrenners (Abb. 10-7). Beobachtungen?

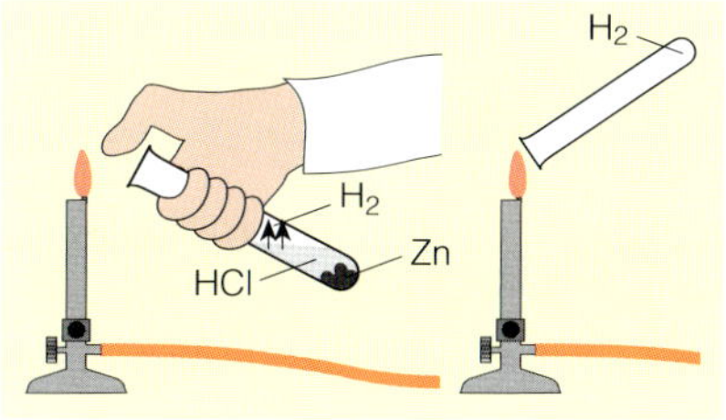

Abb. 10-7 **Entzünden des Luft-Wasserstoff-Gemisches und Prüfen des Wasserstoffs auf Vorhandensein von Sauerstoff (sog. Knallgas)**

Eine verdünnte Säure greift unedle Metalle an, indem die Hydronium-Ionen bzw. (vereinfacht) die Wasserstoff-Ionen dem Metall Elektronen entziehen. Protonen sind elektrophil.

Die Säurereste sind an der Reaktion unbeteiligt. Das Chlorid-Ion und das Sulfat-Ion verändern sich nicht. Das Wesen beider Reaktionen ist deshalb wie folgt als Redoxvorgang zu formulieren:

$$Zn + 2\,H^+ \rightarrow Zn^{2+} + H_2$$

Oxidation: $Zn \rightarrow Zn^{2+} + 2\,e^-$

Reduktion: $2\,H^+ + 2\,e^- \rightarrow H_2$

Zink gibt seine Elektronen an die Wasserstoff-Ionen ab, die dadurch entladen oder reduziert werden. Zink wird zum Zink-Ion umgewandelt, es wird oxidiert.

Versuch

Versetzen Sie Kupferspäne mit verdünnter Schwefel- oder Salzsäure (evtl. etwas erwärmen). Beobachtung? Vergleich mit dem vorangegangenen Versuch!

Schutzbrille! R 38, S 29

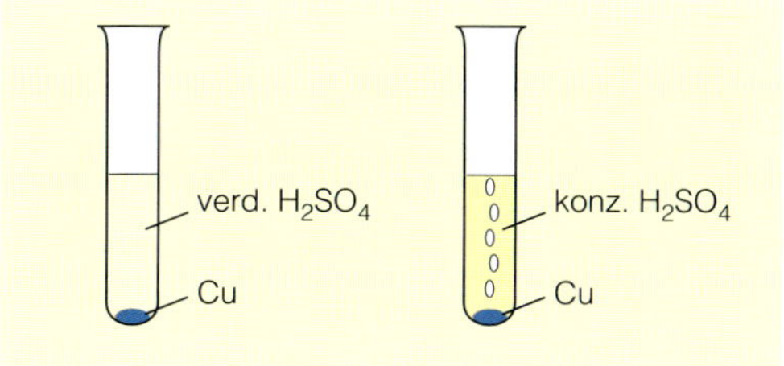

Abb. 10-8 **Reaktionen von Kupfer mit Säure**

Verdünnte Säuren lösen unedle, d. h. leicht oxidierbare, Metalle chemisch auf. Metalle wie Kupfer, Silber und Gold werden von ihnen nicht angegriffen. Sie gelten deshalb als edle Metalle.

10.2.8 Redoxreaktionen mit oxidierenden Säuren

In einem Redoxvorgang können sich auch die Oxidationsstufen (Oxidationszahlen, Wertigkeiten) von einer höheren in eine niedrigere ändern und umgekehrt: Konzentrierte Salpeter- und Schwefelsäure sind nicht dissoziiert. Sie reagieren intensiv mit vielen Metallen, indem sie Sauerstoff übertragen, d. h., sie wandeln das Metall in ein Oxid um. Dabei nehmen sie die Elektronen des Metalls auf und werden selbst zu einer niedrigeren Oxidationsstufe reduziert. Der Redoxvorgang ist mit einem Zerfall des Säuremoleküls verbunden.

Versuch

C Xi

R 23, R 37, R 38, S 23, S 29

Geben Sie in einem Reagenzglas einige Tropfen konzentrierter Schwefelsäure auf ein Zinkkorn. Vorsichtige Geruchsprobe nach Erwärmen unter dem Abzug! Beobachtung? Schutzbrille, stechender Geruch!

Die Reaktion von Zink mit konzentrierter Schwefelsäure verläuft in zwei Stufen.

1. Stufe:

$$\overset{\pm 0}{Zn} + \overset{VI+}{H_2SO_{4,\,konz}} \rightarrow \overset{2+}{ZnO} + H_2O + \overset{IV+}{SO_2}$$

Oxidation

$$Zn \rightarrow Zn^{2+} + 2\,e^-$$

Reduktion

$$\overset{VI+}{S} + 2\,e^- \rightarrow \overset{IV+}{S}$$

Das Zink wird in der ersten Teilreaktion oxidiert. Die konzentrierte Schwefelsäure wirkt somit oxidierend, sie ist ein **Oxidationsmittel** und reduziert sich durch Elektronenaufnahme von der sechswertigen zur vierwertigen Oxidationszahl des Schwefels. Zink wirkt reduzierend, es ist ein **Reduktionsmittel** und wird oxidiert. In einer Folgereaktion verbindet sich Zinkoxid mit überschüssiger Schwefelsäure zu Zinksulfat und Wasser:

2. Stufe:

$$ZnO + H_2SO_4 \rightarrow ZnSO_4 + H_2O$$

Beide Teilreaktionen können zu folgender Gesamtgleichung zusammengefasst werden:

$$Zn + 2\,H_2SO_4 \rightarrow ZnSO_4 + 2\,H_2O + SO_2$$

Konzentrierte oxidierende Säuren können auch edle Metalle angreifen, wie folgender Versuch zeigt.

Versuch

C  Ätzend

Xi  Reizend

Lehrerversuch
R 23, R 37, R 38,
S 23, S 29

Kupferspäne werden in einem Reagenzglas mit einigen Tropfen konzentrierter Schwefelsäure übergossen und erwärmt. Beobachtungen? Vorsichtige Geruchsprobe! Abzug! Stechender Geruch, Schutzbrille!

Aufgabe

Formulieren Sie die Reaktionsgleichungen (Teilgleichungen, Oxidations-, Reduktionsgleichung, Summengleichung).

Konzentrierte Salpetersäure ist ein noch stärkeres Oxidationsmittel als konzentrierte Schwefelsäure. Der Zerfall des Säuremoleküls ist beim Metallangriff durch die Braunfärbung des entstehenden Gases Stickstoffdioxid deutlicher wahrnehmbar.

Mit Zink finden folgende Teilreaktionen statt:

$$Zn + 2\,H\overset{V+}{N}O_3 \rightarrow ZnO + H_2O + 2\,\overset{IV+}{N}O_2$$

$$ZnO + 2\,HNO_3 \rightarrow Zn(NO_3)_2 + H_2O$$

Gesamtgleichung:

$$Zn + 4\,HNO_3 \rightarrow Zn(NO_3)_2 + 2\,H_2O + 2\,NO_2$$

Versuch

T+  Sehr giftig

C  Ätzend

R 26, R 37, R 38,
S 23, S 29

Lehrerversuch

Unter dem Abzug werden in je einem Reagenzglas einige Körner bzw. Späne Zink, Nickel und Kupfer mit einigen Tropfen konzentrierter Salpetersäure versetzt. Beobachtung? Formulieren Sie die Gleichungen für die Reaktionen des Nickels und des Kupfers mit konzentrierter Salpetersäure!
Vorsicht! Erstickender Geruch! Gift! Schutzbrille!

Oxidierende Säuren wie konzentrierte Salpetersäure und konzentrierte Schwefelsäure treten in Redoxvorgängen als Oxidationsmittel auf. Sie werden dabei von einer höheren zu einer niedrigeren Oxidationsstufe reduziert.

10.3 Metallhydroxide, Basen, Laugen

10.3.1 Definition der Hydroxide und Säure-Base-Reaktion

Hydroxide oder Basen bestehen aus Metall-Ionen und Hydroxid-Ionen. In wässriger Lösung bezeichnet man sie als **Laugen.**

Die Anzahl der gebundenen OH^--Ionen entspricht der Wertigkeit des Metall-Ions. In Anlehnung an die Säuredefinition von ARRHENIUS definierte man ursprünglich die Hydroxide als Stoffe, die in wässriger Lösung OH^--Ionen abgeben.

Hydroxide reagieren in wässriger Lösung mit einer Säure, indem OH^--Ionen und H^+-Ionen zu Wasser zusammentreten, z. B.

$$NaOH + HCl \rightarrow NaCl + H_2O$$

In Ionenschreibweise, die wegen der Dissoziation angebrachter ist, lautet der Umsatz:

$$Na^+ + OH^- + H^+ + Cl^- \rightarrow H_2O + Na^+ + Cl^-$$

Na^+ und Cl^--Ionen reagieren nicht miteinander. Sie bleiben wegen der guten Löslichkeit von NaCl dissoziiert. Es entsteht eine Kochsalz-Lösung.
Die wirksame Base ist somit nicht NaOH, sondern das Hydroxid-Ion OH^-.

Die **Ionenreaktion** läuft zwischen Säuren und Hydroxiden wie folgt ab:

$$H^+ + OH^- \rightleftharpoons H_2O$$

bzw. $$H_3O^+ + OH^- \rightleftharpoons 2\,H_2O$$

Das Wesen der **Säure-Base-Reaktion** besteht in dem Übergang des Säureprotons an ein freies Elektronenpaar des Hydroxid-Ions bzw. allgemein formuliert der Base. Der Vorgang ist eine **Protolyse.**

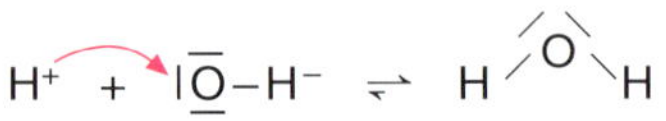

Es stellt sich ein chemisches Gleichgewicht ein, dessen Schwerpunkt jedoch auf der Seite des undissoziierten Wassers liegt.

Wie bereits im Abschnitt 10.2.1 gezeigt wurde, finden Protonenübergänge an ein freies Elektronenpaar eines zweiten Stoffes nicht nur in wässriger Lösung, sondern auch im gasförmigen Medium statt.

BRÖNSTED erweiterte deshalb die Base-Definition von ARRHENIUS:

> Basen sind Protonenacceptoren.
> Als BRÖNSTED-Basen können nur Stoffe (Ionen, Moleküle) reagieren, die freie Elektronenpaare besitzen, an die sich Protonen anlagern können.

Man bezeichnet Basen als **nucleophil** (kern- d. h. protonenfreundlich).

> **Aufgabe**
> Wiederholen Sie im Abschnitt 10.2.1 die Säuredefinition nach BRÖNSTED und die elektrophile Eigenschaft der Säuren!

Bei einer Säure-Base-Reaktion entstehen die zugehörigen (korrespondierenden) Basen bzw. Säuren. Man bezeichnet sie als **Säure-Base-Paar,** z. B. HCl und Cl^-, H_2O und OH^- u. a.
Stoffe, die nach ARRHENIUS als Basen definiert werden, sind auch BRÖNSTED-Basen. Die BRÖNSTED-Definition erstreckt sich aber auch auf Säure-Base-Reaktionen im wasserfreien Medium, während bei ARRHENIUS die Definition auf wässrige Medien beschränkt ist.

10.3.2 Weitere Säure-Base-Paare – Protolyse

Die BRÖNSTED-Definition ermöglicht es, auch andere Reaktionen als Vorgänge zwischen Säuren und Basen zu verstehen, z. B. ist auch die Dissoziation einer Säure eine Protolyse:

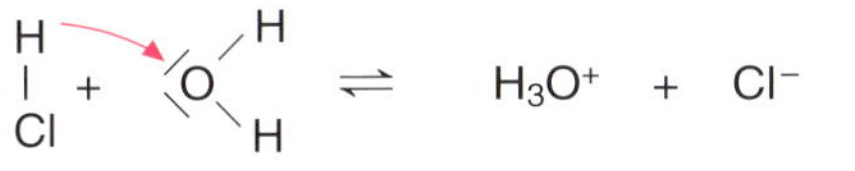

Da der Vorgang auch nach links verlaufen kann, ist im Fall der Rückdissoziation das Hydronium-Ion H_3O^+ der Protonendonator, d. h. die Säure und Cl^- die Base. Zwischen den Produkten und Edukten besteht ein Protolysegleichgewicht:

$$\underset{\text{Säure 1}}{H_3O^+} + \underset{\text{Base 2}}{Cl^-} \rightleftharpoons \underset{\text{Säure 2}}{HCl} + \underset{\text{Base 1}}{H_2O}$$

(H^+-Übergang jeweils von der Säure zur Base)

Für ein Säure-Base-Paar gilt allgemein:

> Je leichter eine Säure ihr Proton abgibt, desto stärker ist sie und desto schwächer ist die mit ihr in Wechselwirkung stehende Base (auch korrespondierende Base genannt). Je leichter eine Base ein Proton aufnimmt (je fester sie das Proton bindet), umso schwächer ist die korrespondierende Säure.

Ob ein Stoff als Säure oder als Base wirkt, wird somit immer von dem korrespondierenden Partner mitbestimmt. So ist in der Reaktion von HCl mit H_2O das HCl die stärkere Säure. Bei der Reaktion von H_2O mit Ammoniak NH_3 ist das Wasser die stärkere Säure:

$$\underset{\text{Säure 1}}{H_2O} + \underset{\text{Base 2}}{NH_3} \rightleftharpoons \underset{\text{Säure 2}}{NH_4^+} + \underset{\text{Base 1}}{OH^-}$$

Weitere Beispiele für Säure-Base-Paare bzw. Protolysen:

$$HCl + NH_3 \rightleftharpoons NH_4^+ + Cl^-$$

$$HSO_4^- + H_2O \rightleftharpoons H_3O^+ + SO_4^{2-}$$

$$CH_3COOH + H_2O \rightleftharpoons H_3O^+ + CH_3COO^-$$

$$H_2O + CN^- \rightleftharpoons HCN + OH^-$$

$$\underset{\text{Säure}}{H_2O} + \underset{\text{Base}}{CH_3COO^-} \rightleftharpoons \underset{\text{Säure}}{CH_3COOH} + \underset{\text{Base}}{OH^-}$$

Bei den letzten beiden Reaktionen tritt Wasser in Gegenwart von Anionen sehr schwacher Säuren als Protonendonator, d. h. als Säure auf (vgl. Hydrolyse, Abschnitt 12.15).

> **Aufgaben**
> 1. Überprüfen Sie die Oxidationsstufen der Edukte und Produkte in den Gleichungen dieses Abschnittes und beantworten Sie die Frage, ob Protolysevorgänge zu den Redoxreaktionen gehören.
> 2. Kennzeichnen Sie für die folgenden Reaktionen die Säure und die Base:
> $HCO_3^- + H_2O \rightleftharpoons CO_3^{2-} + H_3O^+$
> $H_2O + H_2S \rightleftharpoons HS^- + H_3O^+$
> $S^{2-} + H_2O \rightleftharpoons HS^- + OH^-$
> $HPO_4^{2-} + H_2O \rightleftharpoons H_3O^+ + PO_4^{3-}$

Ein spezielles Säure-Base-Paar ist das Wasser selbst. Einige der angeführten Beispiele zeigen, dass Wasser als Säure und als Base auftreten kann. Wasser ist somit ampholytisch (amphoter). In allen wässrigen Medien laufen zwei Reaktionen ab:

1) $H_2O \rightleftharpoons OH^- + H^+$
2) $H^+ + H_2O \rightleftharpoons H_3O^+$

Gesamtvorgang: $2\,H_2O \rightleftharpoons H_3O^+ + OH^-$
bzw. $\underset{\text{Säure}}{H_2O} + \underset{\text{Base}}{H_2O} \rightleftharpoons \underset{\text{Säure}}{H_3O^+} + \underset{\text{Base}}{OH^-}$

Wasser unterliegt einer so genannten **Autoprotolyse** (Selbst-Protolyse), wobei das Ionenprodukt den Wert 10^{-14} $mol^2 \cdot l^{-2}$ bei 18 °C besitzt (vgl. Abschnitt 12.11).

Bei mehrwertigen (mehrprotonigen oder mehrbasigen) Säuren geht die Protolyse (Dissoziation) in Stufen vor sich (vgl. H_2SO_4 Abschnitt 10.2.6):

Beispiel: H_3PO_4

$H_3PO_4 + H_2O \rightleftharpoons H_3O^+ + H_2PO_4^-$ (Dihydrogenphosphat-Ion)

$H_2PO_4^- + H_2O \rightleftharpoons H_3O^+ + HPO_4^{2-}$ (Hydrogenphosphat-Ion)

$HPO_4^{2-} + H_2O \rightleftharpoons H_3O^+ + PO_4^{3-}$ (Phosphat-Ion)

Von Stufe zu Stufe verringert sich die Dissoziation (der Dissoziationsgrad) bzw. die Säurestärke.

Analog wie bei der elektrolytischen Dissoziation ein Dissoziationsgrad definiert wurde, ist auch ein **Protolysegrad** α festgelegt. Er lautet für die allgemeine Reaktion

$HA + H_2O \rightleftharpoons H_3O^+ + A^-$

$$\alpha = \frac{\text{Konzentration protolysierter HA-Moleküle } c_{(A^-)}}{\text{Gesamtkonzentration der HA-Moleküle vor der Protolyse } c_{(AH)}}$$

$$\alpha = \frac{c_{A^-}}{c_{AH}} \qquad \alpha \leqq 1 \text{ bzw. } 100\,\%$$

10.3.3 Erweiterung des Säure-Base-Begriffs – Lewis-Säuren und Lewis-Basen

Von Brönsted wurde als Base eine Verbindung, die Protonen aufnimmt, und eine Säure als Protonen abgebender Stoff definiert:

Base $:\ddot{A}:^-$ + Proton $H^\oplus$ $\rightleftharpoons$ Säure HA (Protonen-Aufnahme / Protonen-Abgabe)

$H^\oplus + :\ddot{O}:H^\ominus \rightleftharpoons H_2O$

$HCl + \bar{N}H_3 \rightleftharpoons NH_4Cl$

Das Proton besitzt keine Edelgaskonfiguration. Es besteht Elektronenmangel oder eine Elektronenlücke. Protonen sind deshalb elektrophil (vgl. Abschnitt 10.2.1). Sie „suchen" ein freies Elektronenpaar, an das sie sich zum Erreichen einer Helium-Schale binden können. OH-Ionen bzw. NH_3-Moleküle sind nucleophil, „kernfreundlich", weil sie nichtbindende Elektronenpaare besitzen, an die sich Teilchen mit Lücken anlagern können. Sie „suchen" Elektronenlücken wie z. B. bei der Neutralisation oder der Bildung von Ammoniumchlorid.
Solche Vorgänge des Protonenübergangs nahm G. N. Lewis 1938 zum Anlass, die Säure-Base-Definition überhaupt auf solche Reaktionen auszuweiten, bei denen Stoffteilchen mit Elektronenlücken (nicht nur Protonen!) mit Stoffteilchen reagieren, die freie Elektronenpaare besitzen. Durch Anlagerung an das Elektronenpaar bildet sich eine Atombindung aus. Die Elektronenlücke wird ausgefüllt. Der Stoff erreicht Edelgaskonfiguration.

Lewis-Säuren sind Stoffe mit Elektronenlücken. Sie wirken als Elektronenpaaracceptoren. **Lewis-Basen** sind Stoffe mit freien Elektronenpaaren. Sie wirken als Elektronenpaardonatoren. Lewis-Säuren sind elektrophil, Lewis-Basen sind nucleophil.

Zu den Lewis-Säuren gehören z. B. $FeCl_3$, BF_3, $AlCl_3$, $AlBr_3$, BCl_3, SO_3, $H^\oplus$, Kationen.

Lewis-Basen sind z. B. H_2O, $OH^\ominus$, $F^\ominus$, $Cl^\ominus$, $Br^\ominus$, NH_3, $CN^\ominus$.

Aufgabe

Verdeutlichen Sie sich mithilfe von Lewis-Formeln die Elektronenkonfigurationen dieser Verbindungen!

Säuren und Basen nach Brönsted sind auch nach Lewis solche, aber der Umfang der Definition ist weiter gefasst, wie nachfolgende Beispiele zeigen, weil nicht nur Protonen-Übergänge als Säure-Base-Reaktionen aufgefasst werden:

$BF_3 + F^\ominus \rightleftarrows BF_4^\ominus$

$AlCl_3 + Cl_2 \rightleftarrows AlCl_4^\ominus + Cl^\oplus$

$BCl_3 + N(CH_3)_3 \rightleftarrows \overset{\ominus}{B}Cl_3–\overset{\oplus}{N}(CH_3)_3$

Lewis-Säuren / Lewis-Basen / Säure-Basen-Komplexe

Allerdings kann auch eine Brönsted-Säure HA als ein Komplex von Lewis-Säure $H^\oplus$ und Lewis-Base $A^\ominus$ beschrieben werden:

Proton $H^\oplus$ + Base $A^\ominus$ $\rightleftarrows$ Säure-Base-Komplex HA

Lewis-Säuren und Lewis-Basen sind wirksame Katalysatoren bei vielen organischen Reaktionen (vgl. u. a. Abschnitt 15.5).

10.3.4 Bildung von Hydroxiden (Basen)

Zumeist entstehen **Hydroxide** oder **Basen** durch die Umsetzung von Metalloxiden mit Wasser. Das Metalloxid wird deshalb auch als Basenanhydrid bezeichnet.

> Metalloxid (Basenanhydrid) + Wasser → Metallhydroxid (Base)

$$CaO + H_2O \rightarrow Ca(OH)_2$$
$$Na_2O + H_2O \rightarrow 2\,NaOH$$

> Hydroxide bestehen aus Metall-Ionen und Hydroxid-Ionen.

Nur wenige Metalle reagieren direkt mit Wasser zu Hydroxiden. Dazu gehören die Alkalimetalle Lithium, Natrium, Kalium, Rubidium, Cäsium sowie einige Metalle der 2. Hauptgruppe, die Erdalkalimetalle Calcium, Strontium und Barium. Diese Metalle geben bei der Reaktion mit Wasser Elektronen an Wasserstoff ab, der dadurch zu elementarem Wasserstoff reduziert wird. Das Wasser wird zersetzt. Die Metall- und Hydroxid-Ionen lösen sich im Wasser.

Versuche

C

Ätzend

R 10, R 15, R 34, S 39

1. Ein erbsengroßes Stück Natrium wird durch „Entrinden" von anhaftenden Oxiden befreit. Eine dünne Scheibe des Metalls gibt man in ein hohes Becherglas, in dem sich etwas Wasser befindet. Vorsicht! Beobachtung?
   Prüfen Sie die entstandene Lösung mit blauem und rotem Lackmuspapier sowie mit Phenolphthaleinpapier. Beobachtung? Schlussfolgerungen für den Nachweis gelöster Hydroxide?
   Schutzbrille, Abzug!

2. Wiederholen Sie den Versuch mit einigen Spänen Calcium, die Sie in einem Sieblöffel eingeschlossen haben. Tauchen Sie das Calcium in einer pneumatischen Wanne unter die Wasseroberfläche und fangen Sie den Wasserstoff durch Wasserverdrängung in einem Reagenzglas oder Standzylinder auf (Abb. 10-9). Das gefüllte Reagenzglas wird unter Wasser mit einem Gummistopfen oder mit dem Daumen verschlossen. Entzünden Sie den Wasserstoff wie in Abb. 10-7 angegeben.
   Schutzbrille!

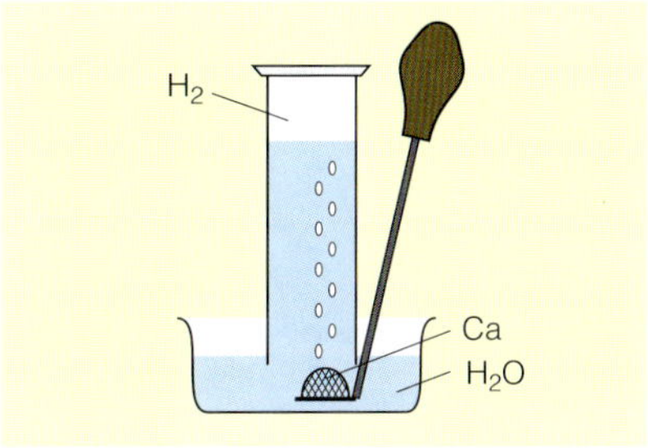

Abb. 10-9
Reaktion von Calcium mit Wasser

	$2\,Na + 2\,H_2O \rightarrow 2\,NaOH + H_2$
Oxidation:	$2\,Na \rightarrow 2\,Na^+ + 2\,e^-$
Reduktion:	$2\,H^+ + 2\,e^- \rightarrow H_2$
	$Ca + 2\,H_2O \rightarrow Ca(OH)_2 + H_2$
Oxidation:	$Ca \rightarrow Ca^{2+} + 2\,e^-$
Reduktion:	$2\,H^+ + 2\,e^- \rightarrow H_2$

Sehr unedle Metalle reagieren mit Wasser nach der allgemeinen Gleichung:

> Sehr unedles Metall (Alkali-, Erdalkalimetall) + H_2O → Metallhydroxid (Base) + Wasserstoff

10.3.5 Löslichkeit und Reaktionen von Metallhydroxiden (Basen)

Nur einige Metalloxide bzw. -hydroxide sind in Wasser löslich, z. B. NaOH, KOH, $Ca(OH)_2$, $Ba(OH)_2$.

> Die Lösung von Hydroxiden in Wasser bezeichnet man als **Lauge,** deren Reaktion wird alkalisch oder basisch genannt. Der Nachweis erfolgt mithilfe von Indikatoren.

Versuche

C

Ätzend

R 34, S 24

1. Verdünnte Natriumhydroxid-Lösung wird in einem Erlenmeyerkolben mit einem Tropfen Phenolphthalein- oder Lackmuslösung versetzt. Mithilfe einer Pipette wird unter ständigem Schütteln des Erlenmeyerkolbens tropfenweise verdünnte Salzsäure bis zur Entfärbung oder bis zum Farbumschlag zugegeben.

2. Dieser Versuch kann auch mit einigen Tropfen Rotkohlextrakt (ein Stückchen Rotkohl in Wasser erwärmen) als Indikator durchgeführt werden. Wenn genau bis zum Farbumschlag „titriert" wurde, kann **in diesem Fall** ein Tröpfchen der Lösung mit der Zungenspitze geprüft werden, obwohl sonst streng die Regel gilt: im Chemieunterricht keine Geschmacksprüfung durchführen!

3. Die genau bis zum Farbumschlag versetzte Lösung aus Versuchsteil 1. oder 2. wird wiederum mit einem Tropfen Natriumhydroxid-Lösung, danach mit 1–2 Tropfen verdünnter Salzsäure versetzt usw. Beobachtung?

Lösliche Hydroxide dissoziieren in wässriger Lösung in Metall-Ionen und Hydroxid-Ionen. Die Ionen werden hydratisiert.

$NaOH \rightarrow Na^{1+} + OH^-$

$Ca(OH)_2 \rightarrow Ca^{2+} + 2\,OH^-$

Wie bei den Säuren unterscheidet man nach dem Dissoziationsgrad

sehr starke Basen:	NaOH, KOH
starke Basen:	$Ca(OH)_2$, $Ba(OH)_2$
mittelstarke Basen:	AgOH
schwache Basen:	NH_4OH (NH_3-Lösung)

Bei den Säuren wurde Acidität als Eigenschaft, Protonen abgeben zu können, genannt (Protonendonatoren).

Basen wirken als Protonenacceptoren.

Als Begriff für die Basenstärke wird die **Basizität** (oder Alkalität) benutzt. Sie ist indirekt ein Maß für die Konzentration der Hydroxid-Ionen in einer Lösung und damit auch für den Dissoziationsgrad einer gelösten Base: Ein stark dissoziiertes Hydroxid ist basischer oder alkalischer als ein schwach dissoziiertes Hydroxid. Quantitativ wird die Basizität als Stoffmengen- oder Äquivalent-Konzentration angegeben (vgl. Abschnitt 2.2.8) bzw. durch den pH-Wert ausgedrückt (vgl. Abschnitt 12.11).
Gelöste Basen werden durch Indikatoren, die auf die OH^--Ionen reagieren, nachgewiesen: Rotes Lackmus wird blau, farbloses Phenolphthalein rotviolett, rotes Methylorange gelb und farbloses Thymolphthalein blau gefärbt.

Nomenklatur und Trivialnamen der Laugen

Formel	Nomenklatur	Trivialname der wässrigen Lösung
NaOH	Natriumhydroxid	Natronlauge
KOH	Kaliumhydroxid	Kalilauge
$Ca(OH)_2$	Calciumhydroxid	Kalkwasser
$Ba(OH)_2$	Bariumhydroxid	Barytwasser

Übersicht 10-6

Alle löslichen Hydroxide wirken gegenüber lebender Materie ätzend! Natrium- und Kaliumhydroxid sind als Gifte einzuordnen. Abfälle werden als Sondermüll behandelt.

Lösliche Hydroxide sind im festen Zustand häufig **hygroskopisch** (wasseranziehend), z. B. KOH, NaOH. Sie lösen sich im Wasser unter Erwärmung (vgl. Abschnitt 2.4.4).

Versuch

C

Ätzend

R 38, S 24

Einige Plätzchen Natriumhydroxid oder Kaliumhydroxid werden auf ein Uhrglas gegeben. Beurteilen Sie nach einigen Minuten die Oberfläche. Der Nachweis der Wasseraufnahme aus der Luft kann auch auf einer Waage stattfinden.
Schutzbrille! Einmalhandschuhe!

Hydroxide binden an der Luft Kohlenstoffdioxid. Darauf beruht das Abbinden von Kalkmörtel:

$$Ca(OH)_2 + CO_2 \rightarrow \underset{\text{Calciumcarbonat}}{CaCO_3} + H_2O$$

Versuch

Aus Calciumcarbonat (Kalkstein, Marmor) wird mithilfe verdünnter Salzsäure Kohlenstoffdioxid entwickelt. Leiten Sie das Gas über trockenes Calciumhydroxid (Abb. 10-10). Prüfen Sie nach einiger Zeit die Temperatur.
Schutzbrille!

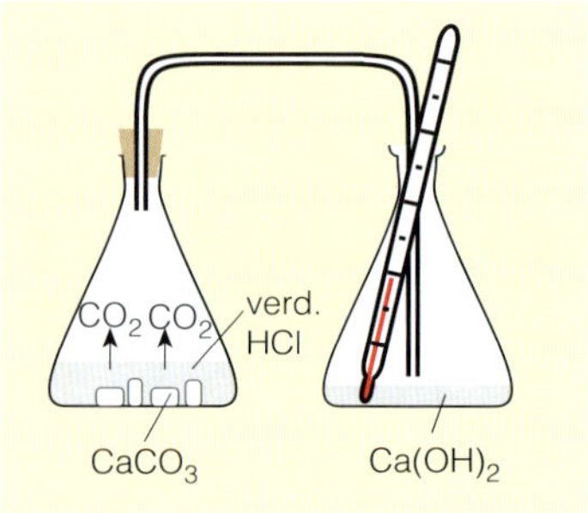

Abb. 10-10 Modellversuch zum Abbinden von Kalkmörtel

Eigenschaften und Verwendung wichtiger Hydroxide

NaOH	**Natriumhydroxid** (Ätznatron), Gewinnung durch Elektrolyse von NaCl (Produkte: NaOH, H_2, Cl_2); stark ätzend, hygroskopisch, starke Erwärmung beim Lösen in Wasser (Vorsicht! Schutzbrille!); Aufbewahrung in Glasflaschen mit Kunststoff- oder Gummiverschluss (Glasstopfen verkitten); Verwendung zur Herstellung von anderen Natriumverbindungen, Seifen, Waschmitteln, basischen Industrieentfettungsmitteln, von Brünierbädern, Beizen von Aluminium, Aufschluss von Bauxit bei der Aluminiumgewinnung
KOH	**Kaliumhydroxid** (Ätzkali); Gewinnung durch Elektrolyse von KCl (Produkte: KOH, H_2, Cl_2); stark ätzend, hygroskopisch, beim Lösen starke Erwärmung (Vorsicht! Schutzbrille!); Verwendung zur Herstellung von Kaliumverbindungen, Schmierseifen; Elektrolyt in Nickel-Cadmium-Akkumulatoren ($Ni(OH)_3$/KOH/Cd), Entschwefelung von Erdöl, Absorption von SO_2
$Ca(OH)_2$	**Calciumhydroxid** (Kalkwasser); ätzend; Gewinnung durch Ablöschen von gebranntem Kalk (CaO); Verwendung zur Herstellung von Chlorkalk (zum Bleichen, Desinfizieren, Entsorgen cyanidischer Abfälle von Galvanik und Einsatzhärterei); zum Entsäuern des Bodens und saurer Abwässer, Isolierung von organischen Säuren aus pflanzlichen Extrakten, Obstsäften etc. (als Calciumsalze), Erzeugung von Pflanzenschutzmitteln; Anstriche; Kalkmörtel
NH_3-Lösung	**Ammoniumhydroxid** (Salmiakgeist); Erzeugung des NH_3 durch HABER-BOSCH-Synthese; bei normalen Temperaturen nur als Lösung, nicht als feste Substanz herstellbar; ätzend; Verwendung zum Neutralisieren von Säuren, zur Erzeugung von Ammoniumsalzen, Düngemitteln, Metallputzmitteln

Übersicht 10-7

10.3.6 Ammoniumhydroxid

Die schwache Base Ammoniumhydroxid NH_4OH stellt unter den Hydroxiden eine Ausnahme dar, weil das Kation nicht von einem Metall-, sondern von dem Ammonium-Ion, einem komplexen Nichtmetall-Ion NH_4^+ gebildet wird.
Ammoniumhydroxid NH_4OH entsteht, wenn das gasförmige Ammoniak NH_3 in Wasser gelöst wird. Dabei liegt das Gleichgewicht der Reaktion auf der linken Seite, d. h., nur ein geringer Teil des Ammoniaks bindet sich. Der größere Teil löst sich physikalisch in Wasser. Ammoniumhydroxid existiert nur als Lösung (Salmiakgeist):

$$NH_3 + H_2O \leftrightarrows \underset{\text{nicht beständig}}{[NH_4OH]} \rightarrow NH_4^+ + OH^-$$

Es läuft, wie bereits im Abschnitt 10.3.2 ausgeführt, eine Säure-Base-Reaktion (Protolyse) ab. Im Kontakt mit Wasser „fängt" das freie Elektronenpaar des Stickstoffs ein Proton des Wassers ein und bildet das NH_4OH, das sofort dissoziiert. Beide Ionenarten werden hydratisiert.
Ammoniak ist leicht flüchtig und kann von starken Basen aus den Ammoniumsalzen verdrängt werden.

Versuche

C

Ätzend

R 23,
R 34,
R 35,
S 24,
S 39

1. Eine Spatelspitze eines trockenen Ammoniumsalzes (z. B. Ammoniumchlorid, Salmiak, NH_4Cl) wird in einem Reagenzglas mit einigen Tropfen konzentrierter Natronlauge NaOH versetzt. Führen Sie vorsichtig die Geruchsprobe durch (Abb. 10-3)! Formulieren Sie die Gleichung für die Reaktion des Ammoniumsalzes mit Natronlauge! Schutzbrille!
2. Tauchen Sie einen Glasstab in konzentrierte Salzsäure und führen Sie diesen anschließend in die Öffnung des Glases! Schutzbrille!

Xi

Reizend

3. Befeuchten Sie Lackmuspapier und halten Sie es in die Öffnung des Glases. Beobachtungen? Welche Eigenschaften besitzt Ammoniak?

10.3.7 Amphotere oder ampholytische Metalle

Viele Metalle bilden **amphotere** (ampholytische; griech. beiderlei) Oxide und Hydroxide, die je nach Reaktionspartner sowohl als Hydroxid als auch als Säure reagieren können. Bringt man beispielsweise das Aluminiumhydroxid mit einer starken Säure in Berührung, verhält es sich wie eine Base und reagiert unter Salzbildung. Aluminium bildet das Kation:

$Al(OH)_3 + 3\,HCl \rightarrow AlCl_3 + 3\,H_2O$
Aluminiumchlorid

In dieser Reaktion ist $Al(OH)_3$ ein Protonenacceptor.

Im Kontakt mit einer starken Base wie NaOH reagiert Aluminiumhydroxid wie eine Säure, es bildet mit Sauerstoff einen Anionenkomplex:

$Al(OH)_3 + 3\,NaOH \rightarrow Na_3AlO_3 + 3\,H_2O$
Natriumaluminat

$Al(OH)_3$ erweist sich als Protonendonator.

Aluminium selbst verhält sich ebenfalls amphoter, wie die folgenden Versuche zeigen:

Versuch

C

Ätzend

R 35,
S 24,
S 39

1. Geben Sie in ein Reagenzglas einige Aluminiumspäne und 2 bis 3 ml verdünnte Salzsäure (evtl. erwärmen).
2. Wiederholen Sie den Versuch mit 2 bis 3 ml konzentrierter Natronlauge.

Insbesondere Nebengruppenelemente bilden amphotere Oxide und Hydroxide, z. B. Titan, Vanadium, Mangan, Molybdän.

10.4 Salze als Ionenverbindungen zwischen Metallen und Nichtmetallen

Salze sind Reaktionsprodukte von Metallen oder Metallverbindungen mit Nichtmetallen oder Säuren. Sie dissoziieren in wässriger Lösung in Metall-Ionen und Säurerest-Ionen. Wässrige Salzlösungen sind starke Elektrolyte.

Die Darstellung der Salze ist durch unterschiedliche chemische Vorgänge möglich:

1. Reaktion von Elementen

$Mg + Br_2 \rightarrow MgBr_2$
Magnesiumbromid

$2\,Na + Cl_2 \rightarrow 2\,NaCl$
Natriumchlorid

$2\,K + S \rightarrow K_2S$
Kaliumsulfid

Allgemeine Reaktionsgleichung:

Metall + Nichtmetall → Salz

Versuch

F

Leicht entzündlich

T

Giftig

R 7,
R 26,
S 23,
S 39

Mischen Sie je einen Porzellanlöffel Eisenpulver und Schwefel und zünden Sie das Gemisch auf einer Keramikplatte unter dem Abzug mithilfe eines brennenden Magnesiumbandes (Abb. 10-11).
Beobachtung?

Zerschlagen Sie das erkaltete Eisensulfid und versetzen Sie ein Stück in einem Reagenzglas mit verdünnter Salzsäure. (Abzug!)
Beobachtung? Gleichung!

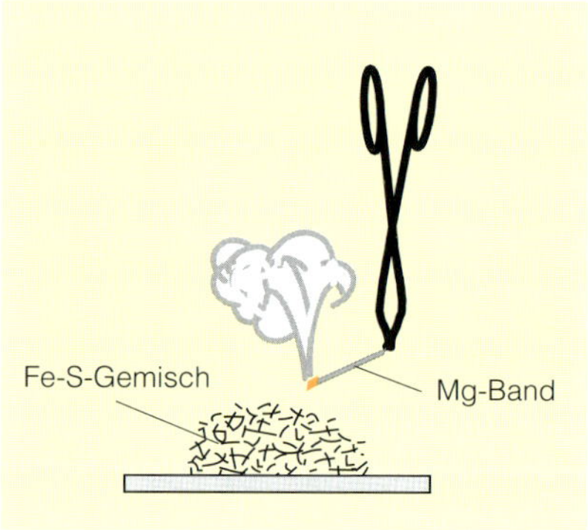

Abb. 10-11
Zünden eines Eisen-Schwefel-Gemischs

2. Reaktion von unedlem Metall und Säure

$Zn + 2\,HCl \rightarrow ZnCl_2 + H_2$
Zinkchlorid

$Mg + 2\,HNO_3 \rightarrow Mg(NO_3)_2 + H_2$
Magnesiumnitrat

$Fe + H_2SO_4 \rightarrow FeSO_4 + H_2$
Eisen(II)-sulfat

Allgemeine Reaktionsgleichung:

Metall + Säure → Salz + Wasserstoff

3. Reaktion von Metalloxid und Säure

$CuO + 2\,HNO_3 \rightarrow Cu(NO_3)_2 + H_2O$
Kupfer(II)-nitrat

$ZnO + 2\,HCl \rightarrow ZnCl_2 + H_2O$
Zinkchlorid

$Ag_2O + 2\,HNO_3 \rightarrow 2\,AgNO_3 + H_2O$
Silbernitrat

Allgemeine Reaktionsgleichung:

Metalloxid + Säure → Salz + Wasser

Wichtige Salze

NaCl	**Natriumchlorid** (Steinsalz, Kochsalz); in Steinsalzlagern, manchen Mineralquellen und im Meerwasser (10,6 g Na^+/l); Rohstoff für Natriumhydroxid, andere Natriumsalze und -verbindungen
Na_2SO_4	**Natriumsulfat;** mit Kristallwasser $Na_2SO_4 \cdot 10\ H_2O$ (Glaubersalz); in manchen Salzlagerstätten, Mineral- und Meerwasser; Herstellung von Glas, Zellstoff, Waschmitteln; in Färbereien zum Niederschlagen der Farben (Fixieren) auf die Textilfasern; Abführmittel
Na_2CO_3	**Natriumcarbonat** (Soda); weißes Pulver, mit Kristallwasser $Na_2CO_3 \cdot 10\ H_2O$ (Kristallsoda), farblose Kristalle; natürliches Vorkommen in Sodaseen (Ägypten, Kalifornien); Erzeugung aus Kochsalz und Kalkstein bzw. Natronlauge und Kohlenstoffdioxid; zur Herstellung von Glas, Seife, Waschmitteln, Emaillen; zur Entschwefelung von Roheisen, zur Wasserenthärtung
$NaNO_3$	**Natriumnitrat** (Natronsalpeter); hygroskopische, farblose Kristalle; Salzlager in Chile (Chilesalpeter); Erzeugung aus Natriumhydroxid und -carbonat mit Salpetersäure; Düngesalz; Sauerstoffträger in Explosivstoffen; Oxidationsmittel in Brünierbädern (zusammen mit NaOH und $NaNO_2$)
$NaNO_2$	**Natriumnitrit;** giftig, leicht löslich, farblose Kristalle; in Pökelsalz (ca. 0,4 %), für Brünierbäder; Pflanzengift
KCl	**Kaliumchlorid;** farblose Kristalle, leicht löslich; Kalisalzlager; Rohstoff für andere Kaliumverbindungen; Düngesalz
K_2SO_4	**Kaliumsulfat;** farblose, leicht lösliche Kristalle; Düngesalz; zur Herstellung von Kalium-Aluminiumsulfat (Alaun) für Gerbereien, zur Papierherstellung
K_2CO_3	**Kaliumcarbonat** (Pottasche); weißes, hygroskopisches Pulver; für Herstellung von Gläsern, Schmierseifen; zur Reinigung technischer Gase von Kohlenstoffdioxid mit heißer Lösung: $K_2CO_3 + H_2O + CO_2 \rightarrow 2\ KHCO_3$
KNO_3	**Kaliumnitrat** (Kalisalpeter, Salpeter); leicht löslich, nicht hygroskopisch; Erzeugung von Schießpulver und Farbstoffen (Azofarben); Düngemittel
NH_4Cl	**Ammoniumchlorid** (Salmiak); Verwendung als Düngemittel, Lötstein, Elektrolyt in galvanischen Trockenelementen (LECLANCHÉ-Element: Zn/NH_4Cl/C)
$(NH_4)_2SO_4$	**Ammoniumsulfat;** Düngesalz
$MgSO_4$	**Magnesiumsulfat;** mit Kristallwasser $MgSO_4 \cdot 7\ H_2O$ (Bittersalz); in Kalisalzlagern und manchen Mineralquellen; Behandlung von Textilgeweben (Appretur z. B. zum Herabsetzen der Brennbarkeit)
$CaCO_3$	**Calciumcarbonat** (Kalkstein, Marmor); schwer löslich; gering löslich in CO_2-haltigem Wasser zu Calciumhydrogencarbonat: $CaCO_3 + H_2O + CO_2 \rightarrow Ca(HCO_3)_2$. Beim Verdunsten und Erwärmen zerfällt Calciumhydrogencarbonat rückläufig, dadurch Bildung von Tropfsteinen, Travertin, Kesselstein. $Ca(HCO_3)_2$ ist bei der Entstehung von hartem Wasser beteiligt (Wasserhärter); Zersetzung mit Säuren, daher zum Entsäuern von Böden, Obstsäften; für Erzeugung von gebranntem Kalk (CaO) und Löschkalk ($Ca(OH)_2$) für Kalkmörtel, von Zement, Glas, Kohlenstoffdioxid, Carbid (CaC_2), Kalkstickstoff ($CaCN_2$) für die Düngung, Flussmittel in der Metallurgie (Hochofenprozess), Keramik etc.
$CaSO_4$	**Calciumsulfat;** natürliches Vorkommen als Anhydrit; mit Kristallwasser: $CaSO_4 \cdot 2\ H_2O$ Gips (Fasergips, Alabaster, Marienglas); gebrannter abbindefähiger Gips: $CaSO_4 \cdot H_2O$; verwendet zur Herstellung von Schwefelsäure und Ammoniumsulfat, für Gipsprodukte und Stuck im Bauwesen (Gipswände, -verbundwerkstoffe, Stukkaturen, Estrich)
$CuSO_4$	**Kupfer(II)-sulfat;** mit Kristallwasser $CuSO_4 \cdot 5\ H_2O$ (Kupfervitriol), blaue, wasserlösliche Kristalle, gering giftig; für galvanisches Verkupfern von Metallen; Vorbereitung eines Stahlwerkstücks für das Anreißen: $Fe + Cu^{2+} \rightarrow Cu + Fe^{2+}$
$NiSO_4$	**Nickelsulfat;** mit Kristallwasser $NiSO_4 \cdot 7\ H_2O$, verwendet für galvanische Nickelbäder
Na_2CrO_4, $Na_2Cr_2O_7$	**Natriumchromat** und **Natriumdichromat;** Salze der Chromsäure H_2CrO_4 und Dichromsäure $H_2Cr_2O_7$; leicht lösliche gelbe bzw. orangefarbene Kristalle; starke Oxidationsmittel; Verwendung in schwefelsaurer Lösung zum „Chromatieren" von galvanischen Zink- und Cadmiumüberzügen sowie von Aluminium (goldgelbe Chromatschicht) zur Verbesserung des Aussehens und der Korrosionsbeständigkeit, galvanische Erzeugung von Chromüberzügen auf Stahl, Aluminium (Verchromen) mit dem Anhydrid der Chromsäure CrO_3 und Chromsulfat $Cr_2(SO_4)_3$ in schwefelsaurer Lösung
$KMnO_4$	**Kaliumpermanganat;** Salz der Permangansäure $HMnO_4$; violette, leicht lösliche Kristalle; sehr starkes Oxidationsmittel; Desinfektionsmittel des Mund- und Rachenraumes; zur Zerstörung von Cyaniden und chemischen Kampfstoffen

Übersicht 10-8

Versuch

Erhitzen Sie vorsichtig etwas Kupferoxid-Pulver mit verdünnter Schwefel- oder Salpetersäure. Beobachtung? Wiederholen Sie den Versuch mit oxidiertem Kupferblech.

4. Reaktion von Metallhydroxid und Säure (vgl. **Neutralisation,** Abschnitt 12.18).

$NaOH + HCl \rightarrow NaCl + H_2O$
Natriumchlorid

$2\,KOH + H_2S \rightarrow K_2S + 2\,H_2O$
Kaliumsulfid

$2\,Al(OH)_3 + 3\,H_2SO_4 \rightarrow Al_2(SO_4)_3 + 6\,H_2O$
Aluminiumsulfat

Allgemeine Reaktionsgleichung:

Metallhydroxid + Säure → Salz + Wasser
Base

5. Reaktion von Metalloxid (Basenanhydrid) und Nichtmetalloxid (Säureanhydrid)

$CaO + CO_2 \rightarrow CaCO_3$
Calciumcarbonat, Kalkstein

$Na_2O + CO_2 \rightarrow Na_2CO_3$
Natriumcarbonat, Soda

$CaO + SO_2 \rightarrow CaSO_3$
Calciumsulfit

Allgemeine Reaktionsgleichung:

Metalloxid (Basenanhydrid) + Nichtmetalloxid (Säureanhydrid) → Salz

6. Reaktion von Metallhydroxid und Nichtmetalloxid

$Ca(OH)_2 + CO_2 \rightarrow CaCO_3 + H_2O$
Calciumcarbonat, Kalkstein

$Ba(OH)_2 + CO_2 \rightarrow BaCO_3 + H_2O$
Bariumcarbonat

$Ba(OH)_2 + SO_3 \rightarrow BaSO_4 + H_2O$
Bariumsulfat

Allgemeine Reaktionsgleichung:

Metall-hydroxid + Nichtmetalloxid (Säureanhydrid) → Salz + Wasser

7. Ein Halogen niedriger Ordnungzahl kann ein schwereres Halogen in wässriger Lösung aus einem Salz verdrängen. Es handelt sich um einen Redoxvorgang. Das leichtere Element entzieht in einer Verdrängungs-Reaktion (Substitution) einem Halogen höherer Ordnungszahl Elektronen:

$2\,NaI + Br_2 \rightarrow 2\,NaBr + I_2$
$2\,NaI + Cl_2 \rightarrow 2\,NaCl + I_2$
$2\,NaBr + Cl_2 \rightarrow 2\,NaCl + Br_2$

Versuch

Lösen Sie eine Spatelspitze Natriumiodid in ca. 10 ml Wasser und versetzen Sie die Lösung mit wenigen Millilitern Chlorwasser! Schütteln Sie die Lösung in einem Schütteltrichter mit einigen Millilitern Tetrachlormethan. Lassen Sie die beiden getrennten Teile im Abzug verdunsten. Wiederholen Sie den Versuch mit Natriumiodid-Lösung und Bromwasser sowie mit Natriumbromid-Lösung und Chlorwasser! Beobachtungen? Erklärung!

R 26 bis 28, S 60

Manche Salze nehmen beim Kristallisieren aus der wässrigen Lösung Wassermoleküle in ihr Kristallgitter auf. Es handelt sich um komplex gebundenes Wasser (Aquokomplexe): z. B. $CuSO_4 \cdot 5\,H_2O$, $CaCl_2 \cdot 6\,H_2O$, $Na_2SO_4 \cdot 10\,H_2O$, $MgCl_2 \cdot 6\,H_2O$, $Na_2CO_3 \cdot 10\,H_2O$. Die Kristallstruktur der Salze ist nur mit diesem so genannten **Kristallwasser** beständig, wie der folgende Versuch zeigt:

Versuch

Erhitzen Sie in einem Reagenzglas einige Kristalle Kupfersulfat (Kupfervitriol). Beobachtung?

In chemischen Gleichungen wird meist auf die Angabe des Kristallwassers verzichtet. Bei quantitativen Arbeiten muss es natürlich berücksichtigt werden.

Die Übersicht 10-8 enthält wichtige Salze sowie deren Bedeutung.

10.5 Komplex- oder Koordinationsverbindungen

Komplex- oder **Koordinationsverbindungen** bestehen aus einem **Zentralteilchen,** um das die so genannten **Liganden** gruppiert sind. Das können Atome, Ionen oder Moleküle sein. Auch das Zentralteilchen kann ein Atom oder ein Ion sein.
Die meisten Komplexverbindungen haben Metallatome oder -ionen im Zentrum. Die Anzahl der Liganden ist die **Koordinationszahl.** Sie ist größer

als die Zahl der Bindungen, die das Zentralatom in einfachen Verbindungen ausbildet. So besitzt Fe^{2+} in $FeCl_2$ zwei Partner, im Komplex des $[Fe(CN)_6]^{2+}$-Ions sechs Partner oder Liganden (Cyanid-Ionen: CN^-). Zwischen Zentralteilchen und Liganden bestehen feste Bindungen. Deshalb sind Komplexe nicht oder nur gering dissoziiert. Die räumliche Anordnung der Liganden um das Zentrum entspricht dem Bau der Moleküle, wie er in Abschnitt 7.4.8, Abb. 7-18, beschrieben ist: Die Koordinationszahl 2 führt zur Bildung linearer Komplexe, KZ = 4 in der Regel zu Tetraedern und KZ = 6 zu Oktaedern usw.

Bei der Formelangabe wird der Komplex in eckige und die Liganden werden in runde Klammern gesetzt.

Sind sowohl Zentralteilchen als auch Liganden ungeladen, entstehen neutrale Komplexverbindungen (Fall a). Steht im Zentrum ein Ion, so ergibt sich die Ladung des Komplexes aus dessen Ionenladung und der Ladung der Liganden: Ein positiv geladenes Zentralion mit ungeladenen Liganden ergibt ein positiv geladenes Komplexion (Fall b). Ist das Zentralteilchen positiv, die Liganden negativ, so überwiegt die Überschussladung (Fall c).

Beispiele:

Fall a)

Metallkomplexe mit Kohlenstoffmonoxid CO entstehen aus dem Metallpulver und CO bei hohem Druck. Sie heißen **Metallcarbonyle.** Man erzeugt aus ihnen durch Zersetzung sehr reine Metalle oder komplizierter zusammengesetzte Komplexe. Sie sind sehr giftig!

Beispiele:	$[Ni(CO)_4]$	Nickeltetracarbonyl
	$[Fe(CO)_5]$	Eisenpentacarbonyl
	$[Cr(CO)_6]$	Chromhexacarbonyl

Fall b)

Viele einfache Verbindungen oder Metallionen bilden mit ungeladenen Molekülen Komplexionen, die positiv geladen sind.

Beispiele:

AgCl (fest, schwer löslich)	+ $2\,NH_3$	→	$[Ag(NH_3)_2]^+$ (löslich)	+ Cl^-	Diamminsilber(I)-chlorid
Cu^{2+}	+ $4\,NH_3$	→	$[Cu(NH_3)_4]^{2+}$ (löslich)		Tetrammin-kupfer(II)-Kation
Ni^{2+}	+ $6\,NH_3$	→	$[Ni(NH_3)_6]^{2+}$ (löslich)		Hexammin-nickel(II)-Kation

Versuche

1. Versetzen Sie 2–3 ml einer 1%igen Silbernitratlösung $AgNO_3$ tropfenweise mit NaCl-Lösung. Beobachtung? Geben Sie die Gleichung für die Ionenreaktion an! Welche Ionen bleiben in Lösung? Prüfen Sie die Lösung mit rotem Lackmuspapier.
   Geben Sie nun tropfenweise verdünnte Ammoniaklösung dazu. Beobachtung? Vergleich mit o. a. Gleichung! Prüfen Sie das Produkt mit rotem Lackmus.

C

Ätzend

R 38, S 24, S 29

2. Wiederholen Sie den Versuch in analoger Weise mit Kupfersulfat $CuSO_4$ durch tropfenweise Zugabe von Ammoniaklösung bis zum Überschuss. Beobachtung? Welche Verbindung entsteht zunächst? Geben Sie die Gleichung für die Ionenreaktion an. Welche Reaktion läuft beim 2. Versuchsschritt ab? Welches Ion entsteht? Vergleichen Sie mit o. a. Gleichung und formulieren Sie die Gesamtgleichung für die Komplexbildung.

R 38, S 24, S 29

3. Wiederholen Sie den Versuch mit $NiSO_4$ und Ammoniaklösung (Auswertung wie unter 2.).

R 38, S 24, S 29

Fall c)

Bei der Anlagerung negativer Liganden an das Zentralteilchen bildet sich ein negativ geladenes Komplex-Ion.

1. Beispiel:

$Fe^{2+} + 6\,CN^- \rightarrow [Fe(CN)_6]^{4-}$ Hexacyanoeisen(II)-Ion Hexacyanoferrat(II)-Ion

Aufgabe

Formulieren Sie die Gesamtgleichung für die Reaktion von Eisen(II)-sulfat $FeSO_4$ mit Kaliumcyanid KCN zu Kaliumhexacyanoferrat(II) (gelbes Blutlaugensalz).

2. Beispiel:

$Fe^{3+} + 6\,CN^- \rightarrow [Fe(CN)_6]^{3-}$ Hexacyanoferrat(III)-Ion

Aufgabe

Formulieren Sie die Gesamtgleichung für die Reaktion von Eisen(III)-chlorid mit Natriumcyanid NaCN zu Natriumhexacyanoferrat(III) (rotes Blutlaugensalz).

3. Beispiel:

$Ag^+ + 2\ S_2O_3^{2-} \rightarrow [Ag(S_2O_3)_2]^{3-}$ Dithiosulfatoargentat(I)-Ion

Bisthiosulfatoargentat(I)-Ion

Versuch

Versetzen Sie 2–3 ml verdünnte Silbernitratlösung tropfenweise mit Natriumthiosulfat-Lösung bis zur Auflösung des Niederschlags! Beobachtung? Welche Reaktionen laufen in beiden Teilschritten ab? Formulieren Sie die Gesamtgleichungen!

Eigentlich sind Sulfat-, Perchlorat-, Nitrat-, Phosphat- u. a. Säurerest-Ionen auch Komplex-Anionen und könnten als solche formuliert werden: $[SO_4]^{2-}$, $[ClO_4]^-$ oder (SO_4^{2-}), (ClO_4^-) usw. Die IUPAC-Regeln schreiben die Verwendung von Klammern in diesen Fällen nicht vor. Hydratisierte Ionen wie $[Cr(H_2O)_6]^{3+}$ oder $[Cu(H_2O)_4]^{2+}$ werden dagegen in Klammern gesetzt.

Aus den Beispielen wird deutlich, dass vor allem Nebengruppenelemente Komplex- oder Koordinationsverbindungen bilden können. Das Zentralteilchen muss als Voraussetzung zur Komplexbildung freie Unterenergieniveaus bzw. freie Atomorbitale besitzen. Das ist bei Nebengruppenelementen (und Hauptgruppenelementen in höheren Perioden) der Fall. Als Liganden sind Ionen oder neutrale Moleküle geeignet, die über freie (nichtbindende) Elektronenpaare verfügen. Somit können Liganden als Elektronendonatoren auftreten und ein Elektronenpaar an die freien Unterenergieniveaus anlagern. Die Zentralteilchen als Elektronenacceptoren erreichen dabei zumeist die nächsthöhere stabile Elektronenkonfiguration. Liganden sind Elektronenpaardonatoren, Zentralteilchen Elektronenpaaracceptoren.

Die Bindungen in Komplexen werden als koordinativ (bzw. kovalent) bezeichnet. Obwohl das Elektronenpaar nur vom Liganden stammt, sind es im Prinzip Atombindungen.

Beispiele:

$[Ni(CO)_4]$ Elektronenzahl $Ni^{\pm 0}$: 28
+ 4 Elektronenpaare von CO: 8
Summe 36 (Krypton)

$[Fe(CO)_5]$ Elektronenzahl $Fe^{\pm 0}$: 26
+ 5 Elektronenpaare von CO: 10
Summe 36 (Krypton)

$[Cr(CO)_6]$ Elektronenzahl $Cr^{\pm 0}$: 24
+ 6 Elektronenpaare von CO: 12
Summe 36 (Krypton)

Aufgabe

Überprüfen Sie, in welcher Weise die Carbonyle $[W(CO)_6]$, $[V(CO)_6]$, $[Ru(CO)_6]$ den stabilen Edelgaskonfigurationen entsprechen!

Nickel besitzt folgende Elektronenkonfiguration: $1s^2\ 2s^2\ 2p^6\ 3s^2\ 3p^6\ 4s^2\ 3d^8$. Somit sind als freie Atomorbitale oder freie Unterenergieniveaus vorhanden: auf 3d ein Orbital, auf 4p drei Orbitale, d. h., 8 Elektronen oder 4 Elektronenpaare können aufgenommen werden. Somit ist die Anlagerung von 4 Liganden möglich. Auch Kohlenstoffmonoxid erreicht ein Oktett und damit höhere Stabilität (Abb. 10-12).

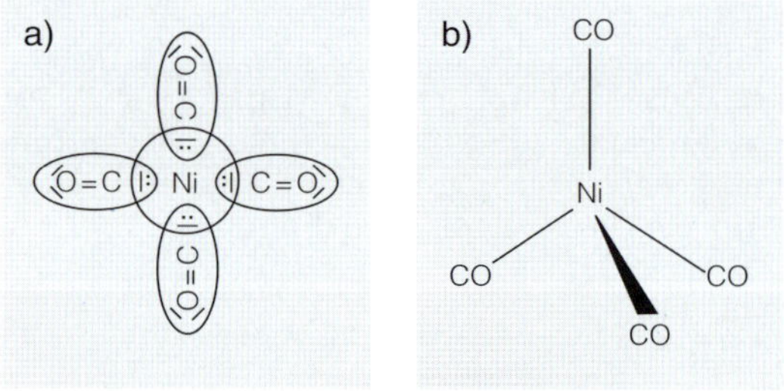

Abb. 10-12 Nickeltetracarbonyl $[Ni(CO)_4]$
a) Elektronenkonfiguration **b) räumliche Anordnung der Liganden als Tetraeder**
(Die Doppelpunkte symbolisieren Elektronen des Zentralteilchens, die Striche Elektronenpaare der Liganden)

Zu einem gleichartigen Ergebnis gelangt man, wenn man die Konfiguration des Hexacyanoferrat(II)-Kations analysiert. Fe^{2+} hat insgesamt 24 e^- und 12 freie Energieplätze (6 auf dem 3d- und 6 auf dem 4p-Niveau) (vgl. Abb. 10-13). Mit 6 Cyanid-Ionen (6 Elektronenpaare) erreicht das Fe^{2+}-Ion die Konfiguration des Kryptons.

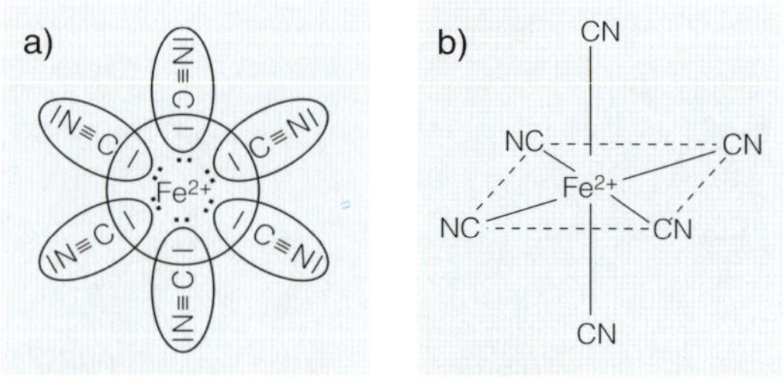

Abb. 10-13 Hexacyanoferrat(II)-Kation
a) Elektronenkonfiguration **b) räumliche Anordnung der Liganden als Oktaeder**
(Die Doppelpunkte symbolisieren Elektronen des Zentralteilchens, die Striche Elektronenpaare der Liganden)

Aufgaben

1. Warum ist das Anion in $K_3[Fe(CN)_6]$ weniger stabil als in $K_4[Fe(CN)_6]$?
2. Analysieren Sie die Elektronenkonfiguration folgender Komplexe und stellen Sie fest, welche Zentralteilchen Edelgaskonfiguration erreichen (welche Edelgase?)!
   Hexachloroplatinat(IV)-Anion $[PtCl_6]^{2-}$
   Hexaaquachrom(III)-Kation $[Cr(H_2O)_6]^{3+}$
   Hexammincobalt(II)-Kation $[Co(NH_3)_6]^{2+}$
   Tetrahydroxozinkat(II)-Anion $[Zn(OH)_4]^{2-}$

Die Namen für einfache Komplexverbindungen werden nach folgenden IUPAC-Regeln gebildet:

1. Ungeladene Zentralatome und Liganden werden in der Reihenfolge Metallname – Zahl der Liganden – Ligandenname bezeichnet:
   $[Ni(CO)_4]$ Nickeltetracarbonyl.
2. Ist der Komplex ein Kation und die Liganden neutral, so werden erst die Liganden (bzw. die Anzahl) und dann das Zentralteilchen und seine Oxidationszahl genannt:
   $[Ag(NH_3)_2]^+$ Diamminsilber(I)-Kation.
3. Ist der Komplex ein Anion, so wird folgende Reihenfolge eingehalten: Kation – griechisches Zahlwort – Liganden – Zentralteilchen – Ladung des Zentralteilchen:
   $K[Ag(CN)_2]$ Kaliumdicyanoargentat(I).
   Die Endung lautet -at.
4. Wichtige neutrale Liganden sind H_2O (aqua), NH_3 (ammin), CO (carbonyl).
5. Wichtige anionische Liganden sind F^- (fluoro), Cl^-(chloro), OH^-(hydroxo), CN^-(cyano), $S_2O_3^{2-}$ (thiosulfato). (Organische Liganden: siehe speziellere Literatur.)
6. Die Oxidationszahl des Zentralteilchens folgt als römische Ziffer nach dem Namen des Zentralteilchens.

Kompliziertere Komplexe können mehrere Zentralteilchen enthalten (mehrkernige Komplexverbindungen). Bei Chelatkomplexen liefern Liganden mehrere Elektronenpaare (Chelate). Ungesättigte organische Liganden bilden mithilfe der p-Elektronen ihrer Doppelbindungen (vgl. Abschnitt 7.4.10) so genannte „Sandwich-Verbindungen" (Abb. 10-14), die z. T. als Katalysatoren bei Polymerisationen eingesetzt werden.

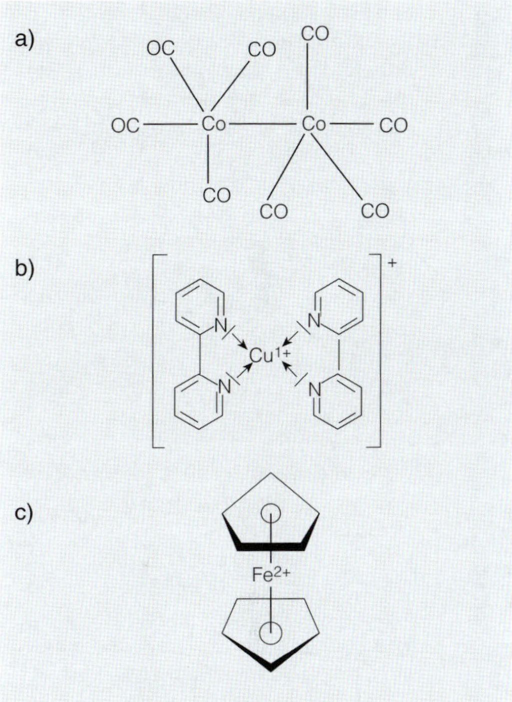

Abb. 10-14 Beispiele für komplizierte Koordinations- oder Komplexverbindungen

a) mehrkernige (zweikernige) Verbindung $[Co_2(CO)_8]$
b) Chelatkomplex (Kupfer(I)-Bis(2,2' Dipyridil)-Komplexion
c) Sandwich-Verbindung Ferrocen $[Fe(C_5H_5)_2]$ (Bis-II-cyclopentadienyl-eisen(II)

10.6 Aufgaben zur Wiederholung von Kapitel 9 und 10

Aufgaben

1. Charakterisieren Sie die Stellung der Metalle und Nichtmetalle im Periodensystem der Elemente!
2. Wie erklären sich die „Schrägbeziehungen“ im Periodensystem und die Diagonale der Halbmetalle zwischen den Metallen und Nichtmetallen?
3. Erläutern Sie, warum die Hauptgruppenelemente auch als s- und p-Elemente sowie die Nebengruppenelemente als f-Elemente bezeichnet werden.
4. Vergleichen Sie die Ionisierungsenergien der 7. sowie der 1. Hauptgruppe. Begründen Sie die Änderung der Werte innerhalb der Gruppe!
5. Diskutieren Sie die Änderung der Werte für die physikalischen Eigenschaften in den Hauptgruppen 1, 2, 6 und 7 sowie die Tendenz der chemischen Eigenschaftsänderungen!
6. Begründen Sie, dass in der Definition der Säure und Base nach BRÖNSTED die Säuren und Basen nach ARRHENIUS mit berücksichtigt sind!
7. Warum sind auch in der Definition der LEWIS-Säuren und LEWIS-Basen die Definitionen von BRÖNSTED enthalten?
8. Wie können sauerstofffreie und sauerstoffhaltige Säuren dargestellt werden? Welcher Unterschied besteht zwischen Säurerest-Ion und Säureanhydrid? Warum besitzt Salzsäure kein Säureanhydrid?
9. Warum hat Brom eine oxidierende Wirkung gegenüber Iodid-Ionen, jedoch nicht gegenüber Chlorid-Ionen?
10. Wie heißen Orthokieselsäure H_4SiO_4, Orthoborsäure H_3BO_3 und Thioschwefelsäure $H_2S_2O_3$ nach der IUPAC-Nomenklatur?
11. Welche Säuren bzw. Basen sind leichtflüchtig? Wie können sie aus ihren Salzen verdrängt werden?
12. Beschreiben Sie den Vorgang des Lösens, Dissoziierens und Hydratisierens eines Salzes und einer Säure (HCl)!
13. Warum dissoziieren mehrwertige Säuren in Stufen mit deutlich abnehmendem Dissoziationsgrad?
14. Was versteht man unter starken und schwachen Elektrolyten bzw. Säuren und Basen (Beispiele)?
15. Warum sind Wasserstoff-Ionen (Protonen) in wässrigen Säurelösungen als Hydronium-Ionen gebunden?
16. Erläutern Sie an Beispielen, welche Salzbildungsmöglichkeiten bestehen.
17. Erklären Sie die Unterschiede in der Reaktion von verdünnter und konzentrierter Schwefelsäure bzw. Salpetersäure mit Zink und Kupfer!
18. Wie werden Hydroxide dargestellt?
19. Durch welche Indikator-Stoffe können Säuren und Basen nachgewiesen werden? Welche Farbänderungen ergeben sich beim Nachweis?
20. Erläutern Sie das Wesen der Protolyse an geeigneten Beispielen!
21. Was versteht man unter Autoprotolyse des Wassers?
22. Auf welcher Seite liegt das Protolysegleichgewicht einer starken bzw. schwachen Säure im Wasser?
23. Wie sind Komplex-(Koordinations-)Verbindungen aufgebaut?
24. Warum bilden nur Elemente höherer Ordnungzahl das Zentralteilchen in Komplexen?
25. Woraus erklärt sich die hohe Stabilität (geringe Dissoziation) der Komplexe?

11 Energieänderungen beim Ablauf chemischer Reaktionen

11.1 Stoffliche Systeme und Zustandsgrößen

Chemische Reaktionen können nach verschiedenen Gesichtspunkten beschrieben werden, je nachdem welche Merkmale man besonders hervorheben will. Es sind vier Arten von Umwandlungen (Veränderungen), die man unterscheiden kann, die aber stets gemeinsam im Ergebnis eines Vorgangs auftreten:

- Stoffumwandlungen (aus Edukten entstehen Produkte; Edukte und Produkte haben unterschiedliche Eigenschaften)
- Teilchenumwandlungen (aus Atomen entstehen Moleküle; Moleküle wandeln sich in andere Moleküle um usw.)
- Ändern chemischer Bindungen (z. B. eine Doppelbindung geht in eine Einfachbindung über)
- Energieumwandlungen (eine Reaktion verläuft exotherm oder endotherm, d. h. unter Freisetzen von Energie an die Umgebung oder Energieaufnahme aus der Umgebung)

Beispiel:
Hydrierung von Ethen (Ethylen) zu Ethan

$CH_2{=}CH_2 + H_2 \rightarrow$	$CH_3{-}CH_3$ + Energie
zwei unterschiedliche Verbindungen	eine andere Verbindung
zwei Molekülarten	ein anderes Molekül
Doppelbindung C=C	Einfachbindung C–C
energiereichere Edukte	energieärmeres Produkt

Bei der Hydrierung von Ethen zu Ethan werden $-137\ kJ \cdot mol^{-1}$ freigesetzt.

Bei der Dehydrierung müssen $+137\ kJ \cdot mol^{-1}$ aufgewendet werden.

Der Teil der Wärmelehre, der sich mit der Umwandlung von Wärme in andere Energieformen und umgekehrt beschäftigt, heißt **Thermodynamik** (griech. warm, Kraft); der Teil, der sich mit Wärmeumsätzen bei chemischen Vorgängen befasst, heißt **Thermochemie.**

Energieumwandlungen ergeben sich durch die Veränderung der Bindungen: In den Ausgangsstoffen müssen Bindungen gelöst werden, dazu ist eine Aufnahme von Energie notwendig; die frei gewordenen Bindungen gehen neue Bindungen ein, dabei wird Energie freigesetzt. Aus den Energiebeträgen beider Teilvorgänge ergibt sich, ob der Vorgang insgesamt **exotherm** oder **endotherm** verläuft.

Nach dem **Energieerhaltungssatz** kann Energie weder neu entstehen noch vernichtet, sondern nur von einer Energieform in eine andere Energieform umgewandelt werden.

Die Energie kann als Wärmeenergie abgegeben oder aufgenommen werden bzw. als Arbeit verrichtet oder aufgenommen werden. Die Frage stellt sich, wohin Wärme sowie Arbeit abgegeben werden bzw. von woher sie den reagierenden Stoffen verfügbar werden. Allgemein kann man als Antwort geben: an die Umgebung bzw. aus der Umgebung.

Bei physikalischen und chemischen Vorgängen darf man somit die Energieänderungen nicht allein auf Edukte und Produkte isoliert beziehen, sondern man muss die Umgebung der Reaktionsteilnehmer mit einbeziehen.

Reaktionsteilnehmer und Umgebung bilden eine Ganzheit, die als stoffliches **System** bezeichnet wird.

Zur Umgebung gehören z. B. die in Kontakt stehenden Stoffe oder Körper, die nicht an der chemischen Reaktion, wohl aber an den energetischen Verhältnissen beteiligt sind, d. h. an die Energie abgegeben wird bzw. von denen Energie übernommen wird. Das können Gefäße, Apparaturen, umgebende Luft (oder allgemein Gase), Lösungsmittel, Kühlmittel u. a. sein.
Jedes System befindet sich in einem bestimmten **Zustand.** Darunter versteht man seine augenblickliche Beschaffenheit, den Aggregat- und Energiezustand des Systems.
Der Zustand des Systems wird durch Bedingungen bestimmt, die veränderlich sind und **Zustandsvariable,** auch **Zustandsgrößen** genannt werden. Das sind messbare Eigenschaften des Systems: die Temperatur T, der Druck p, das Volumen V (bei Mischungen zusätzlich: die Zusammensetzung).

Von den Zustandsgrößen (-variablen) hängt die Beschaffenheit oder der Zustand des stofflichen Systems ab.

Die Änderung von p, T oder V rufen **Zustandsänderungen** hervor, z. B. wissen wir aus Erfahrung, dass Eis bei Erhöhung der Temperatur über 0 °C oder/und bei höherem Druck schmilzt und sich dabei auch das Volumen des Wassers vergrößert.

Mit dem Aggregatzustand ändert sich auch der Energiezustand: Wasserdampf bei 100 °C hat einen höheren „Energieinhalt“ als kondensiertes Wasser bei gleicher Temperatur. Oder: Beim Erwärmen von 20 °C warmem Wasser auf 40 °C verändert sich nur seine gespeicherte Energie.
Druck, Temperatur und Volumen stehen in gegenseitiger Abhängigkeit. So haben alle Gase im Normzustand (bei Normbedingungen: 0 °C oder 273,15 K und 101,3 kPa) das Normvolumen von 22,414 Liter. In mathematischer Verknüpfung lässt sich dieser Zusammenhang (und andere) in funktionaler Form angeben: $V = f(p, T)$. Das heißt: Das Volumen ist eine Funktion von p und T oder das Volumen ist von Druck und Temperatur abhängig.

Mithilfe der Zustandsgrößen (-variablen) können **Zustandsgleichungen** aufgestellt und weitere Zustandsgrößen, **Zustandsfunktionen** genannt, abgeleitet werden: die **innere Energie** U, die **Enthalpie** H, die **Entropie** S, die **Freie (Reaktions-) Enthalpie** G oder **Gibbs-Energie** (vgl. folgende Abschnitte). Die Zahlenwerte dieser abgeleiteten Größen hängen nur von gegenwärtig bestehenden Zuständen (gegenwärtige Temperatur usw.) ab, aber nicht von dem Weg, auf dem das System den Zustand erreicht hat. So kann Kohlenstoffdioxid aus Kohlenstoff direkt oder über Kohlenstoffmonoxid entstehen. Der Energiezustand des CO_2 ist in beiden Fällen bei gleichen Bedingungen gleich.

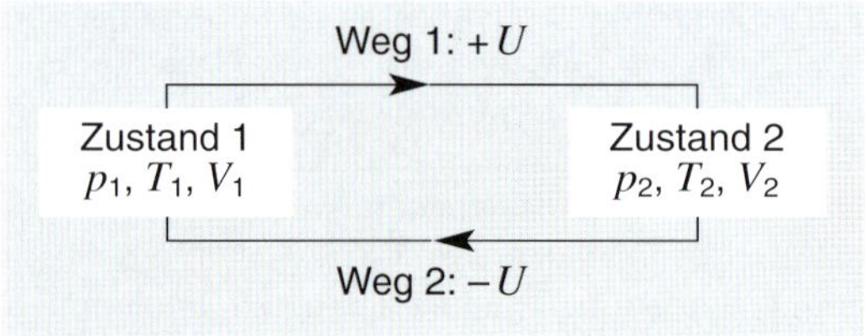

Zustandsgleichungen ermöglichen, Energieumsätze aus bekannten Werten zu berechnen. Die Beträge der Zustandsfunktionen werden stets auf ein Mol (mol^{-1}) bezogen. Die Maßeinheit beträgt somit $J \cdot mol^{-1}$. Im Abschnitt 2.1.1 wurde bereits eine Zustandsgleichung für Gase angegeben.

Aufgabe

Beweisen Sie durch Analyse der Maßeinheiten, dass das Gasgesetz $p \cdot V = R \cdot T$ ein thermodynamisches Gesetz ist!

Je nachdem, wie das stoffliche System mit der Umgebung in Wechselwirkung steht, unterscheidet man:

- **offene Systeme:** sie können mit der Umgebung Stoffe und Energie austauschen (z. B. Zink und Salzsäure in einem offenen Reagenzglas: Wasserstoff entweicht und führt Reaktionswärme mit sich, Reaktionswärme wird an und über das Reagenzglas an die Umgebung abgegeben)
- **geschlossene Systeme:** sie geben keine Stoffe an die Umgebung ab, aber es kann ein Energieaustausch über die wärmeleitfähigen Wände des verschlossenen Gefäßes stattfinden (z. B. mit Stickstoff gefüllte Druckgasflasche aus Stahl)
- **abgeschlossene Systeme:** es kann weder Stoff- noch Energieaustausch mit der Umgebung stattfinden (z. B. Verbrennung einer Substanz im ideal thermisch isolierten Bombenkalorimeter, vgl. Abschnitt 11.2).

Aufgabe

Was für ein System ist ein Teich, der Organismus, eine verschlossene und eine geöffnete Flasche Mineralwasser, eine Pflanze?

Vorgänge können **reversibel** (umgekehrt) durch unendlich kleine Änderungen der Zustandsvariablen vollständig in umgekehrter Richtung verlaufen. Das System befindet sich während des Vorgangs immer im Gleichgewicht einer Hin- und Rückreaktion. Allerdings ist der reversible Vorgang idealisiert, nicht vollständig real durchführbar, also mehr ein „gedachter“ Vorgang (Denkmodell). Z. B. kann man sich einen reversiblen Vorgang in einem abgeschlossenen System aus zwei Körpern vorstellen, die in direktem Kontakt stehen und zunächst gleiche Temperaturen besitzen. Bei Energiezufuhr genügen geringste Temperaturunterschiede des einen oder anderen Körpers, um Wärme in die eine oder andere Richtung fließen zu lassen.

Irreversible Vorgänge sind alle Naturvorgänge. Sie können freiwillig nur in eine Richtung ablaufen (verschiedene Gase vermischen sich, entmischen sich jedoch nicht freiwillig; Wärmeenergie geht vom wärmeren an den kälteren Körper über, aber niemals in umgekehrter Richtung; Glas geht durch Schlag zu Bruch; bei der Reibung entsteht Wärme; ein Körper fällt zu Boden und es wandelt sich seine potenzielle Energie in kinetische Energie und diese beim Aufschlagen in Wärme oder/und Verformung um; Eisen rostet, Rost wandelt sich nicht freiwillig in Eisen um).

Alle Naturvorgänge verlaufen irreversibel.

Je nachdem welche Zustandsgrößen (-variablen) sich ändern oder konstant gehalten werden, sind u. a. folgende Prozesse zu unterscheiden: **Isochore** Vorgänge bzw. Zustandsänderungen gehen ohne Volumenänderung (V = konst., p und T veränderlich), **isobare** ohne Änderung des Drucks

(p = konst., V und T veränderlich), **isotherme** ohne Änderung der Temperatur (T = konst., p und V veränderlich) und **adiabatische** ohne Wärmeaustausch (Q = konst.) vor sich.

11.2 Innere Energie

Jeder Stoff bzw. jedes System besitzt einen Energieinhalt, die **Innere Energie** U. Sie ist die Summe aller Energiearten, die im System enthalten sind: chemische Energie (Energie der primären und sekundären Bindungen), thermische Energie (Bewegungsenergie der Teilchen), Energie des Atomkerns. Die innere Energie ist eine Zustandsfunktion. Sie hängt vom Zustand des Systems, d. h. von den Zustandsvariablen ab.

Die absoluten Energiebeträge für die innere Energie können nicht bestimmt werden. Nur Änderungen der Energie, die im Verlauf eines Vorgangs eintreten, sind messbar. Es kann somit nur bestimmt werden, wie sich bei einem chemischen Vorgang Ausgangs- und Endstoffe in ihrer Energie unterscheiden. Die Zeichen für die energetischen Kenngrößen werden deshalb mit dem Zeichen Δ (griech. Delta, für Differenz) versehen:

$$\Delta U = \sum U_{\text{Produkte}} - \sum U_{\text{Edukte}}$$

In einem **abgeschlossenen** System ist die innere Energie konstant.
(I. Hauptsatz der Thermodynamik)

In einem **geschlossenen** System kann sich die innere Energie auf zweierlei Weise ändern:

a) das System kann Wärme Q an die Umgebung abgeben oder aus der Umgebung aufnehmen,

b) vom System oder am System wird Arbeit W verrichtet. Entsprechend sinkt oder wächst die innere Energie des Systems. Wenn die innere Energie bei einem freiwilligen Vorgang um den Betrag $Q + W$ sinkt, nimmt die Energie der Umgebung um diesen Energiebetrag zu. Wenn ein Betrag $Q + W$ dem System zugeführt wird, erhöht sich seine innere Energie entsprechend.

Daraus ergibt sich eine weitere Formulierung des **I. Hauptsatzes der Thermodynamik:**

Die Änderung der inneren Energie eines **geschlossenen** Systems ist gleich der Summe von Wärme und Arbeit, die aus der Umgebung aufgenommen oder an die Umgebung abgegeben wird: $\boldsymbol{\Delta U = Q + W}$

Die Arbeit wird bei chemischen Vorgängen meist als mechanische Arbeit durch sog. **Volumenarbeit** $\boldsymbol{W = p \cdot V}$ verrichtet. Das ist z. B. der Fall, wenn sich bei einem Vorgang das Volumen z. B. eines Gases um ΔV vergrößert. Dadurch könnte z. B. ein Gewicht angehoben oder ein Kolben in einem Zylinder gegen den Außendruck verschoben werden. Bei all diesen Prozessen gibt das System Energie an ein anderes System ab: Es ist $W = -p \cdot \Delta V$.
Oder: Beim Auflösen von Zink in Salzsäure muss der Wasserstoff beim Entweichen den Luftdruck überwinden. Dabei verrichtet ein Mol des Gases die Arbeit $W = -p \cdot \Delta V = R \cdot T$. Bei z. B. 20 °C ist $W = 8{,}314\ \text{J} \cdot \text{mol}^{-1} \cdot \text{K}^{-1} \cdot 293\ \text{K} = -2436\ \text{J} \cdot \text{mol}^{-1}$ $\approx 2{,}4\ \text{kJ} \cdot \text{mol}^{-1}$. Bei gleicher Temperatur wird die Wärme $Q = -142{,}6\ \text{kJ} \cdot \text{mol}^{-1}$ freigesetzt.
Die Änderung der inneren Energie ist somit $\Delta U = -145\ \text{kJ} \cdot \text{mol}^{-1}$. Um diesen Betrag sinkt die innere Energie des Systems.
Bei einer Kompression eines Gases durch eine äußere Arbeit nimmt dagegen ein System Energie auf: Somit ist $W = +p \cdot \Delta V$.
Bleibt das Volumen während eines Vorgangs unverändert ($\Delta V = 0$) und wird keine Volumenarbeit geleistet ($W = 0$), so wird die Änderung der inneren Energie nur von Aufnahme oder Abgabe von Wärme bestimmt $\Delta U = Q$: Das ist z. B. bei der Verbrennung einer Substanz im **Kalorimeter** (von Kalorie) der Fall (abgeschlossenes System; Abb. 11-1). In einem Verbrennungsgefäß, der Kalorimeterbombe, wird dazu eine genau abgemessene Stoffmenge in reinem Sauerstoff verbrannt. Die „Bombe“ befindet sich in einer bekannten und thermisch isolierten Wassermenge, die durch die Ver-

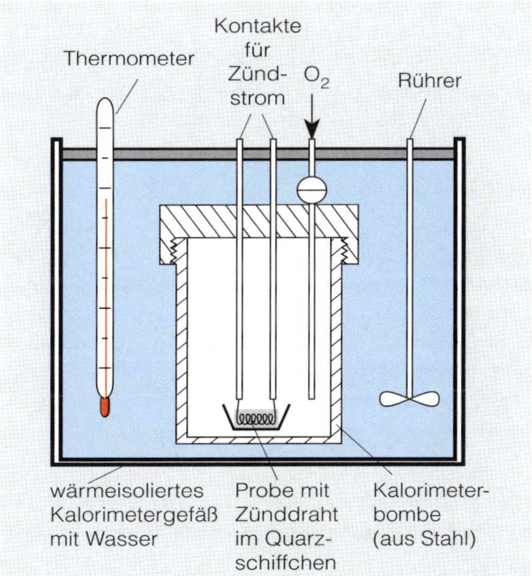

Abb. 11-1 Kalorimeter (abgeschlossenes System)

brennungsenergie erwärmt wird. Aus der Temperaturdifferenz, der Wassermenge und der spezifischen Wärme des Wassers kann die gesuchte Verbrennungswärme errechnet werden. Die Verbrennung von z. B. 1 Mol Wasserstoff setzt eine Wärmemenge von –242 kJ · mol^{-1} als **Verbrennungswärme** frei. Um diesen Betrag sinkt die innere Energie, da keine Arbeit verrichtet wird.

Der gesamte Versuchsaufbau des Kalorimeters wird bei der Verbrennung einer Probe, deren Reaktionswärme bestimmt werden soll, mit erwärmt. Welche Wärmemenge das Kalorimeter aufnimmt (und nicht nur die thermisch isolierte Wassermenge), wird zuvor in einem Versuch bestimmt, der die **Kalibrierung** der Anlage zum Ziel hat.
Das kann durch definierte elektrische Aufheizung oder durch Verbrennen einer Testsubstanz bekannter Verbrennungswärme geschehen.

Allgemein wird beim Kalibrieren festgestellt, welcher funktionale Zusammenhang zwischen einer Eingangsgröße und einer Ausgangsgröße besteht.

Eingangsgröße ist in diesem Fall eine im Vorversuch zugeführte Wärmemenge und die Ausgangsgröße die dadurch bewirkte Temperaturerhöhung des gesamten Systems, die gemessen wird.

Bei der Kalibrierung durch eine definierte elektrische Energie fließt durch eine Heizwendel der Anlage in einer Zeit t ein elektrischer Strom I bei einer Spannung U. Dadurch wird die Wärme Q dem Kalorimeter zugeführt: $Q = U \cdot I \cdot t$.

Wenn z. B. ein Strom von 1 A bei einer Spannung 12 V über eine Zeit von 180 s wirkt, so werden 2160 V · A · s oder 2,160 kJ abgegeben. Wird dadurch **im zu kalibrierenden** Kalorimeter eine Temperaturerhöhung ΔT von 4,52 K gemessen, ergibt sich daraus als Kalorimeterkonstante

$$\mathrm{K} = \frac{2{,}160\ \mathrm{kJ}}{4{,}52\ \mathrm{K}} = 0{,}478\ \mathrm{kJ} \cdot \mathrm{K}^{-1}$$

Die Konstante ist für dieses Kalorimeter als Kalibrierfaktor gültig und wird bei der Bestimmung von Verbrennungswärmen unbekannter Stoffe benutzt. Wurden z. B. in der Bombe 1,0 g Benzoesäure C_6H_5COOH mit Sauerstoff verbrannt, so beobachtete man einen Temperaturanstieg von 6,49 K. Die zugeführte Wärmemenge ergibt sich zu

$$Q = \mathrm{K} \cdot \Delta T / m = 0{,}478\ \mathrm{kJ} \cdot \mathrm{K}^{-1} \cdot 6{,}49\ \mathrm{K} \cdot \mathrm{g}^{-1}$$
$$Q = 3{,}102\ \mathrm{kJ} \cdot \mathrm{g}^{-1}$$

Die Molmasse von Benzoesäure beträgt M = 122 g/mol. Somit erhält man als Verbrennungswärme

$$Q = 3{,}102\ \mathrm{kJ} \cdot \mathrm{g}^{-1} \cdot 122\ \mathrm{g} \cdot \mathrm{mol}^{-1} = 378{,}5\ \mathrm{kJ} \cdot \mathrm{mol}^{-1}$$

Der tabellierte Wert ist 385,1 kJ · mol^{-1}. Der Fehler beträgt somit ca. 1,6 %. Er kommt durch verschiedene Faktoren zustande, z. B. Ungenauigkeit der Einwaage und der Thermometeranzeige, nicht restlose Verbrennung der Substanz, nicht berücksichtigte Verbrennungswärme des mit verbrannten Zünddrahtes, Wärmeabstrahlung (nicht ideal geschlossenes System) oder fehlerhaft bestimmter Kalibrierfaktor.

Außer der Änderung des Volumens beeinflusst natürlich auch die Änderung des Drucks bei einem Prozess die innere Energie. Da jedoch chemische Prozesse meist isobar verlaufen (p = konst., $\Delta p = 0$), wird darauf im Folgenden nicht eingegangen. Es werden nachfolgend nur isobare Prozesse betrachtet.

Da die Energieänderung häufig als Wärmeenergie in Erscheinung tritt, spricht man auch von **Wärmetönung** des Vorgangs. Läuft der Vorgang ohne Volumenänderung ab ($\Delta V = 0$), heißt die Wärme **Reaktionsenergie** oder **Reaktionswärme ΔU**.

11.3 Enthalpie

Für die Energieumwandlungen bei isobaren chemischen und physikalischen Vorgängen ($\Delta p = 0$) wird zumeist als Zustandsgröße nicht die innere Energie, sondern die **Enthalpie H** verwendet.

Enthalpie ist die Reaktionswärme des Vorgangs bei konstantem Druck: $H = U + p \cdot V$

Die Enthalpieänderung ΔH eines Vorgangs beträgt:

$$\Delta H = \Delta U + p \cdot \Delta V$$

Die Änderung der Enthalpie ist gleich der Summe der Änderung der inneren Energie und der Volumenarbeit bei konstantem Druck.

Für ein System ohne Druck- und Volumenänderung wird wegen $\Delta V = 0$ somit $\Delta H = \Delta U = \Delta Q$. Das gilt praktisch auch für Reaktionen, bei denen sich das Volumen nur sehr gering ändert (feste und flüssige Systeme).
Da für U keine Absolutwerte bekannt sind, so gilt das auch für H. Die Enthalpie der Elemente wird deshalb gleich null gesetzt. Da aber nur Differenzbeträge zwischen zwei Zuständen interessieren, kann die Änderung der Enthalpie gemessen und errechnet werden in Form von

$$\Delta H = \sum H_{\mathrm{Produkte}} - \sum H_{\mathrm{Edukte}}$$

> Die Enthalpie des Vorgangs ist die Differenz der Enthalpien der Produkte und Edukte.

Die Energieänderung wird immer von den Edukten aus betrachtet: Verläuft der Vorgang exotherm, so bedeutet das für die Edukte Energieverlust (Erniedrigung der inneren Energie), d. h., die Produkte sind energieärmer. Die Enthalpie erhält ein negatives Vorzeichen. Gehen die Edukte in die Produkte unter Energieaufnahme (endotherm) über, so bedeutet das für die Edukte Energiegewinn (Erhöhung der inneren Energie), d. h., die Produkte sind energiereicher. Die Enthalpie erhält ein positives Vorzeichen. Beispielsweise ergibt sich für den Energieumsatz bei der Bildung von Chlorwasserstoff **aus** den Elementen sowie die Zerlegung von Chlorwasserstoff **in** die Elemente pro **Formelumsatz** (d. h. der Gleichung mit den kleinsten ganzzahligen Koeffizienten):

$$H_2 + Cl_2 \rightarrow 2\,HCl \quad -184{,}6\ \text{kJ} \quad \text{(exotherm)}$$

$$2\,HCl + 184{,}6\ \text{kJ} \rightarrow H_2 + Cl_2 \quad \text{(endotherm)}$$

(Anmerkung: Die Energiebeträge werden ansonsten immer auf die rechte Seite der Gleichung geschrieben).

Je nach Art der chemischen oder physikalischen Vorgänge wird die Enthalpie oft durch Zusätze genauer bestimmt: **Schmelzenthalpie, Erstarrungs-** oder **Kristallisationsenthalpie, Verdampfungs-** oder **Kondensationsenthalpie, Sublimationsenthalpie, Verbrennungsenthalpie, Lösungsenthalpie, Neutralisationsenthalpie, Aktivierungsenthalpie** u. a.

Vor allem sind zwei Enthalpie-Begriffe wichtig:

a) die **Reaktionsenthalpie $\Delta_R H$** ist die Wärmemenge, die bei isobarer chemischer Reaktion **mit kleinstem** ganzzahligem Formelumsatz frei oder gebunden wird;
b) die **Bildungsenthalpie ΔH_B** ist die Energie, die bei der **Bildung eines Mols** einer Verbindung aus den Elementen abgegeben oder zugeführt wird.

11.4 HESS'scher Satz

Der **HESS'sche Satz** von den konstanten Wärmemengen ist eine spezielle Formulierung des 1. Hauptsatzes:

> Die Energiemenge, die zwischen Ausgangs- und Endstoffen abgegeben oder aufgenommen wird, ist unabhängig vom Weg gleich groß.

Beispielsweise kann Stickstoffdioxid direkt endotherm gebildet werden oder in zwei Schritten über das Zwischenprodukt NO in einem endothermen und einem exothermen Vorgang:

1. Weg:

$$N_2 + 2\,O_2 \rightarrow 2\,NO_2 \quad \Delta H = +33{,}1\ \text{kJ} \cdot \text{mol}^{-1}$$

2. Weg:

$$\text{a)}\quad N_2 + O_2 \rightarrow 2\,NO \quad \Delta H = +90{,}3\ \text{kJ} \cdot \text{mol}^{-1}$$

$$\text{b)}\quad 2\,NO + O_2 \rightarrow 2\,NO_2 \quad \Delta H = -57{,}2\ \text{kJ} \cdot \text{mol}^{-1}$$

$$+33{,}1\ \text{kJ} \cdot \text{mol}^{-1}$$

Die Energiemenge des 1. Weges bis zum Endprodukt NO_2 ist gleich der des 2. Weges, der über ein Zwischenprodukt führt.

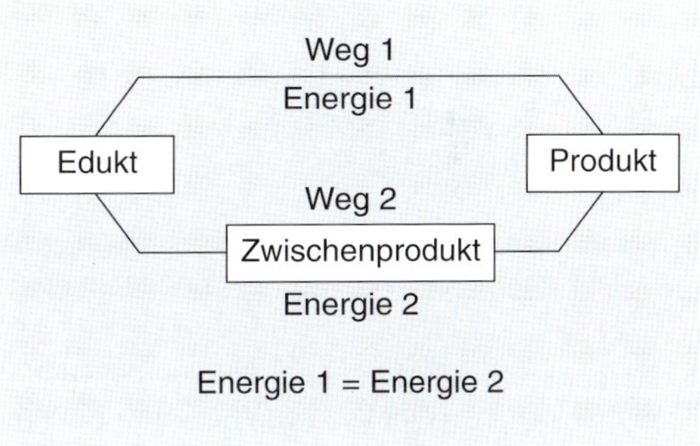

Der HESS'sche Satz ermöglicht es, Reaktionsenthalpien von Zwischenprodukten zu errechnen. So ist die Enthalpie bei der Umsetzung von Kohlenstoff (Grafit) mit reinem Sauerstoff zu 100 % Kohlenstoffmonoxid nicht direkt bestimmbar, weil CO immer im Gemisch mit Kohlenstoffdioxid entsteht. Es sind jedoch die Enthalpien für die Bildung von CO_2 aus Kohlenstoff und für die Bildung von CO_2 aus CO bekannt. Die Berechnung der Enthalpie für die Bildung von Kohlenstoffmonoxid aus Kohlenstoff ist somit möglich:

1. Weg:

$$C + O_2 \rightarrow CO_2 \qquad \Delta H_{CO_2} = -394\ \text{kJ} \cdot \text{mol}^{-1}$$

2. Weg:

$$\text{a)}\quad 2\,C + O_2 \rightarrow 2\,CO \qquad \Delta H_{CO} = \ ?$$

$$\text{b)}\quad 2\,CO + O_2 \rightarrow 2\,CO_2 \qquad \Delta H_{CO \rightarrow CO_2} = -283\ \text{kJ} \cdot \text{mol}^{-1}$$

$$\Delta H = \sum \Delta H_{\text{Produkte}} - \sum \Delta H_{\text{Edukte}}$$

$$\Delta H_{CO} = \Delta H_{CO_2} - \Delta H_{CO \rightarrow CO_2} = -394\ \text{kJ} \cdot \text{mol}^{-1} - (-283\ \text{kJ} \cdot \text{mol}^{-1})$$

$$\underline{\underline{\Delta H_{CO} = -111\ \text{kJ} \cdot \text{mol}^{-1}}}$$

Die Reaktionsenthalpie für die Bildung von Kohlenstoffmonoxid aus Kohlenstoff (Grafit) und Sauerstoff beträgt $-111\ \text{kJ} \cdot \text{mol}^{-1}$.

11.5 Standard-Bildungsenthalpie

Da die Enthalpie-Beträge – wie auch die Beträge der anderen Energiezustandsgrößen – von den Zustandsvariablen (dem Zustand) abhängen, verändert sich der Betrag für die Enthalpien mit der Reaktionstemperatur und dem Druck. Somit muss man Bedingungen für die Messung und Angabe sog. Standardgrößen festlegen, um exakte Werte mitteilen oder Vergleiche anstellen zu können. Das sind die **Standardbedingungen** (p = 101,325 kPa, 25 °C bzw. 298 K). Die Reaktionsenthalpie, die bei der Bildung von 1 Mol einer Verbindung aus den Elementen unter diesen Bedingungen freigesetzt oder zugeführt wird, ist die **Standard-Bildungsenthalpie** ΔH_B^0 (auch mit $\Delta H^{\ominus}$ bezeichnet; Anmerkung: Nachfolgende Betrachtungen und Berechnungen werden nur für Standard-Bedingungen durchgeführt, und es wird vereinfacht nur das Symbol ΔH bzw. ΔH_B benutzt). Auch die Standard-Enthalpien der Elemente sind nicht bestimmbar und werden gleich null gesetzt.

Beispiele für die Bildung von Verbindungen aus den Elementen unter Standardbedingungen:

H_2	+	$^1/_2\ O_2$	→	$H_2O_{(g)}$	ΔH_B = –241,8 kJ · mol^{-1}
H_2	+	$^1/_2\ O_2$	→	$H_2O_{(fl)}$	ΔH_B = –286 kJ · mol^{-1}
C	+	O_2	→	CO_2	ΔH_B = –394 kJ · mol^{-1}
Mg	+	Cl_2	→	$MgCl_{2\,(f)}$	ΔH_B = –642 kJ · mol^{-1}
2 Al	+	$^3/_2\ O_2$	→	$Al_2O_{3\,(f)}$	ΔH_B = –1676 kJ · mol^{-1}

(g = gasförmig, fl = flüssig, f = fest)

In vielen Fällen wird die Reaktionsenergie rechnerisch aus bekannten Enthalpiewerten bestimmt. Übersicht 11-1 enthält die Standard-Bildungsenthalpie für einige Verbindungen.

Beispiele für die Berechnung

1. Berechnung der Reaktionsenthalpie für das aluminothermische Schweißen. Es soll die Reaktionsenthalpie für die Reaktion von Eisen(III)-oxid und Aluminium zu Aluminiumoxid und Eisen bestimmt werden. Nach Übersicht 11-1 ergibt sich als Reaktionsenthalpie

für Eisen(III)-oxid	–822 kJ · mol^{-1}
für Aluminiumoxid	–1676 kJ · mol^{-1}
für die Elemente Fe, Al	0 kJ · mol^{-1}

   $$\underset{-822\ \text{kJ}\cdot\text{mol}^{-1}}{Fe_2O_3} + 2\ Al \rightarrow 2\ Fe + \underset{-1676\ \text{kJ}\cdot\text{mol}^{-1}}{Al_2O_3}$$

   Die Reaktionsenthalpie des Eisen(III)-oxids muss aufgebracht werden, da aus dieser Verbindung das Element Eisen freigesetzt wird, sie erscheint in der Berechnung positiv. Die Reaktionsenthalpie des Aluminiumoxids wird frei, sie ist negativ anzusetzen.

   $$\Delta H = \sum \Delta H_{B,\ \text{Produkte}} - \sum \Delta H_{B,\ \text{Edukte}}$$
   $$\Delta H = (\Delta H_{B},\ Al_2O_3 + 2 \cdot \Delta H_{B,\ Fe}) - (\Delta H_{B,\ Fe_2O_3} + 2 \cdot \Delta H_{B,\ Al})$$
   $$\Delta H = (-1676 + 0)\ \text{kJ} \cdot \text{mol}^{-1} - (-822 + 0)\ \text{kJ} \cdot \text{mol}^{-1}$$
   $$\Delta H = -854\ \text{kJ} \cdot \text{mol}^{-1}$$

   Für das aluminothermische Schweißen ergibt sich eine Reaktionsenthalpie von –854 kJ · mol^{-1}, d. h., der Vorgang verläuft exotherm.

2. Es soll rechnerisch ermittelt werden, ob die Reduktion von Eisen(III)-oxid mit Wasserstoff exotherm verläuft:

Fe_2O_3	+	$3\ H_2$	→	2 Fe	+	$3\ H_2O_{(g)}$
–822 kJ · mol^{-1}		0		0		3 · (–241,8 kJ · mol^{-1})

   $$\Delta H = \sum \Delta H_{B,\ \text{Produkte}} - \sum \Delta H_{B,\ \text{Edukte}}$$
   $$\Delta H = (3 \cdot \Delta H_{B,\ H_2O} + 3 \cdot \Delta H_{B,\ Fe}) - (\Delta H_{B,\ Fe_2O_3} + 3 \cdot \Delta H_{B,\ H_2})$$
   $$\Delta H = -725{,}4\ \text{kJ} \cdot \text{mol}^{-1} - (-822\ \text{kJ} \cdot \text{mol}^{-1})$$
   $$\Delta H = +96{,}6\ \text{kJ} \cdot \text{mol}^{-1}$$

   Die Reaktion verläuft nicht exotherm, sondern unter Energieaufnahme, also endotherm. Das bedeutet, dass ständig Wärmeenergie zugeführt werden muss, damit der Vorgang abläuft.

Bildungsenthalpie, freie Enthalpie und Entropie unter Standardbedingungen

Name, Formel, Aggregatzustand f = fest, fl = flüssig, g = gasförmig	Standard-Bildungsenthalpie $\Delta H_B°$ in $kJ \cdot mol^{-1}$	Standard-Entropie $\Delta S°$ in $J \cdot mol^{-1} \cdot K^{-1}$	freie Standard-Enthalpie $\Delta G°$ in $kJ \cdot mol^{-1}$
Aluminium Al (f)	0	28,3	0
Aluminiumoxid Al_2O_3 (f)	–1676	51	–1582
Ammoniak NH_3 (g)	–45,9	192,5	–16,5
Benzol C_6H_6 (fl)	49	173,3	124,3
Brom Br_2 (fl)	0	152,2	0
Brom Br_2 (g)	31	245,5	3
Brom Br (g)	111,9	175	82
Bromwasserstoff HBr (g)	–36,4	199	–53,5
Calcium Ca (f)	0	41,4	0
Calciumoxid CaO (f)	–635	39,8	–604
Calciumcarbonat $CaCO_3$ (f)	–1207	93	–1128
Chlor Cl_2 (g)	0	223	0
Chlor Cl (g)	121	165	105
Chlorwasserstoff HCl (g)	–92,3	186,9	–95
Eisen Fe (f)	0	27,3	0
Eisen-II-oxid FeO (f)	–265	60,7	–244,4
Eisen-III-oxid (f)	–824,2	87	–742
Eisen-III,IV-oxid Fe_3O_4 (f)	–1118,4	146,4	–1015,4
Ethan $CH_3–CH_3$ (g)	–84,7	229,6	–32,8
Ethen $CH_2=CH_2$ (g)	52,3	219,6	68,2
Kohlenstoff (Diamant) (f)	2	2,5	3
Kohlenstoff (Grafit) (f)	0	5,7	0
Kohlenstoffdioxid CO_2 (g)	–394	213,7	–394
Kohlenstoffmonoxid CO (g)	–111	198	–137
Methan CH_4 (g)	–74,8	186	–51
Sauerstoff O_2 (g)	0	205,1	0
Sauerstoff O (g)	249,2	161	231,7
Ozon O_3 (g)	142,7	239	163
Schwefel S (rhombisch) (f)	0	31,8	0
Schwefeldioxid SO_2 (g)	–296,8	248,2	–300,2
Schwefeltrioxid SO_3 (g)	–395,7	256,8	–371
Stickstoff N_2 (g)	0	191,6	0
Stickstoff N (g)	472,7	153,3	455,6
Stickstoffdioxid NO_2 (g)	33,2	240	51,3
Stickstoffmonoxid NO (g)	90,3	210,8	86,6
Wasser H_2O (fl)	–286	70	–237
Wasser H_2O (g)	–241,8	188,8	–228,6
Wasserstoff H_2 (g)	0	130,7	0
Wasserstoff H (g)	218	114,7	203,3

Übersicht 11-1

3. Aus den Reaktionsenthalpien lassen sich auch Bildungsenthalpien berechnen, wenn man in geeigneter Weise Reaktionsgleichungen miteinander kombiniert. Sie müssen so aufgestellt werden, dass durch ihre Addition eine Gleichung für die Synthese der gesuchten Verbindung erhalten wird. Im folgenden Beispiel soll die Bildungsenthalpie von Cyclopropan C_3H_6 aus den Elementen unter Standardbedingungen bestimmt werden. Bekannt ist die Verbrennungsenthalpie von Cyclopropan $\Delta H_R = -2091\ \text{kJ} \cdot \text{mol}^{-1}$. Durch Addition folgender Gleichungen wird das Ergebnis erhalten:

$$C_3H_{6(g)} + \tfrac{9}{2}\,O_{2(g)} \rightarrow 3\,CO_{2(g)} + 3\,H_2O_{(fl)} \qquad \Delta H = -2091\ \text{kJ} \cdot \text{mol}^{-1}$$
$$3\,CO_{2(g)} \rightarrow 3\,C_{(f)} + 3\,O_{2(g)} \qquad \Delta H = 3 \cdot (+394)\ \text{kJ} \cdot \text{mol}^{-1}$$
$$3\,H_2O_{(fl)} \rightarrow 3\,H_{2(g)} + \tfrac{3}{2}\,O_{2(g)} \qquad \Delta H = 3 \cdot (+286)\ \text{kJ} \cdot \text{mol}^{-1}$$
$$C_3H_{6(g)} \rightarrow 3\,C_{(f)} + 3\,H_{2(g)} \qquad \Delta H_B = -51\ \text{kJ} \cdot \text{mol}^{-1}$$

Erhalten wurde die Enthalpie für die Zerlegung von Cyclopropan in die Elemente, die Standard-Bildungsenthalpie ist somit $+51\ \text{kJ} \cdot \text{mol}^{-1}$.

4. Aus den Standard-Bildungenthalpien kann natürlich auch die Reaktionsenthalpie unter Standardbedingungen errechnet werden, z. B. für eine Teilreaktion am Autokatalysator (vgl. Abschnitt 11.10):

$$2\,NO_{(g)} + 2\,CO_{(g)} \rightarrow N_{2(g)} + 2\,CO_{2(g)} \qquad \Delta H_R = ?$$

Durch Addition folgender bekannter Gleichungen erhält man die angegebene Gleichung und die gesuchte Enthalpie:

$$2\,NO_{(g)} \rightarrow N_{2(g)} + O_{2(g)} \qquad \Delta H = -2\,(+90{,}3)\ \text{kJ} \cdot \text{mol}^{-1}$$
$$2\,CO_{(g)} \rightarrow 2\,C_{(f)} + O_{2(g)} \qquad \Delta H = -2\,(-111)\ \text{kJ} \cdot \text{mol}^{-1}$$
$$2\,C_{(f)} + 2\,O_{2(g)} \rightarrow 2\,CO_{2(g)} \qquad \Delta H = +2\,(-394)\ \text{kJ} \cdot \text{mol}^{-1}$$
$$2\,NO_{(g)} + 2\,CO_{(g)} \rightarrow N_{2(g)} + 2\,CO_{2(g)} \qquad \Delta H_R = -746{,}6\ \text{kJ} \cdot \text{mol}^{-1}$$

5. Aus den Verbrennungsenthalpien von Graphit ($-393{,}04\ \text{kJ} \cdot \text{mol}^{-1}$) und Diamant ($-394{,}93\ \text{kJ} \cdot \text{mol}^{-1}$) erhält man die Enthalpie der Umwandlung von Grafit in Diamant. Dazu muss Gleichung 2 von Gleichung 1 subtrahiert werden:

$$(1)\ C_{Grafit} + O_2 \rightarrow CO_2 \qquad \Delta H = -393{,}04\ \text{kJ} \cdot \text{mol}^{-1}$$
$$(2)\ C_{Diamant} + O_2 \rightarrow CO_2 \qquad \Delta H = -394{,}93\ \text{kJ} \cdot \text{mol}^{-1}$$
$$C_{Grafit} \rightarrow C_{Diamant} \qquad \Delta H_B = +1{,}89\ \text{kJ} \cdot \text{mol}^{-1}$$

Dieser geringe Wert für die Umwandlung sagt jedoch nichts aus über die sonstigen Bedingungen der Umwandlung von Grafit in Diamant.

Das Berechnen von Bildungs- und Reaktionsenthalpien ist vor allem für solche Fälle wichtig, bei denen eine Reaktion der Elemente unter Standardbedingungen nicht oder unvollständig abläuft (vgl. Bildung von CO, Abschnitt 11.4).

Aufgaben

1. Die Standard-Bildungsenthalpie von Kupfer(II)-oxid beträgt $-157{,}3\ \text{kJ} \cdot \text{mol}^{-1}$. Errechnen Sie, ob eine Reduktion mit Wasserstoff zu Kupfer und Wasserdampf exotherm oder endotherm verläuft!
2. Errechnen Sie, ob Kupfer(II)-oxid mithilfe von Kohlenstoffmonoxid reduziert werden kann!
3. Ist es möglich, aus Aluminiumoxid mithilfe von Wasserstoff oder mithilfe von Kohlenstoffmonoxid Aluminium zu gewinnen?

11.6 Aktivierung

Alle chemischen Vorgänge bedürfen einer energetischen Anregung oder **Aktivierung.** Dadurch werden die Stoffe in den reaktionsfähigen Zustand versetzt. Es müssen bestehende Bindungen in den Ausgangsstoffen aufgespalten werden, um neue Bindungen eingehen zu können. Dazu ist die Bindungsenergie zu überwinden. Die Aufspaltung ist endotherm. Erst nach dieser Aktivierung können sich die Elektronen bzw. Atome neu kombinieren (Abb. 11-2).

Beispiele

1. Die Aufspaltung von 1 Mol Wasserstoffmolekülen zu 2 Mol Wasserstoffatomen benötigt unter Standardbedingungen die Bindungsenergie von Wasserstoff H–H bzw. die Bildungsenthalpie von 2 Mol
$H_2 \rightarrow 2\,H \qquad \Delta H = 218\ \text{kJ} \cdot \text{mol}^{-1}$ bzw. 436 kJ Bindungsenergie

2. Die Reaktion von Wasserstoff mit Sauerstoff
$2\,H_2 + O_2 \rightarrow 2\,H_2O_{(g)}$
gliedert sich in folgende Teilreaktionen:

   a) Aufspaltung der Wasserstoffmoleküle (endotherm)
   b) Aufspaltung der Sauerstoffmoleküle (endotherm)
   c) Reaktion der Sauerstoff- und Wasserstoffatome (exotherm; Ausbildung von vier OH-Bindungen in zwei Wassermolekülen!) zu Wasser (dampf- bzw. gasförmig)

   a) $2\,H_2 \rightarrow 4\,H \qquad \Delta H = +872$ kJ bzw. $+\,2 \cdot 218\ \text{kJ} \cdot \text{mol}^{-1}$
   b) $O_2 \rightarrow 2\,O \qquad \Delta H = +498$ kJ bzw. $+\,249\ \text{kJ} \cdot \text{mol}^{-1}$
   c) $4\,H + 2\,O \rightarrow 2\,H_2O \qquad \Delta H = -1854$ kJ bzw. $-\,927\ \text{kJ} \cdot \text{mol}^{-1}$

   $2\,H_2 + O_2 \rightarrow 2\,H_2O \qquad \Delta H = -484$ kJ bzw. $-\,242\ \text{kJ} \cdot \text{mol}^{-1}$

3. Die Bindungsenergie von Chlorwasserstoff (Definition vgl. Abschnitt 7.4.9) setzt sich aus den Standard-Bildungsenthalpien für die Erzeugung von je einem Mol Wasserstoff- und Chloratomen und für die Bildung von einem Mol Chlorwasserstoff zusammen (vgl. Werte in Übersichten 11-1 und 11-2).
$$\begin{array}{ccccc} H & + & Cl & \rightarrow & HCl \\ +218\ \text{kJ} \cdot \text{mol}^{-1} & + & 121\ \text{kJ} \cdot \text{mol}^{-1} & & -92{,}3\ \text{kJ} \cdot \text{mol}^{-1} \end{array}$$
$\Delta H_B = -92{,}3\ \text{kJ} \cdot \text{mol}^{-1} - (+218\ \text{kJ} \cdot \text{mol}^{-1} + 121\ \text{kJ} \cdot \text{mol}^{-1})$

   Die Beträge addieren sich:
   $-\,92{,}3\ \text{kJ} \cdot \text{mol}^{-1}\ -218\ \text{kJ} \cdot \text{mol}^{-1}\ -121\ \text{kJ} \cdot \text{mol}^{-1} = -431{,}3\ \text{kJ} \cdot \text{mol}^{-1}$.
   Diese Bindungsenergie ist zur Aufspaltung der Bindung H–Cl und zur Bildung der Atome erforderlich.

Bindungsenergien nach L. Pauling

Bindung	Bindungsenergie in $\text{kJ} \cdot \text{mol}^{-1}$
H–H	436
O=O	498
N≡N	946
Cl–Cl	242
C–C	346,4
O–H	463,5
H–Cl	431,3
C–H	412,8
C=O	760,8
N–H	388,7

Übersicht 11-2

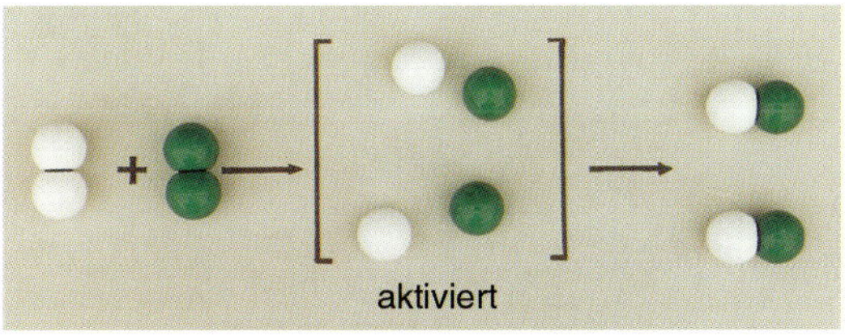

Abb. 11-2 **Aktivierung von Molekülen (z. B. von H_2- und Cl_2-Molekülen bei der Bildung von Chlorwasserstoff)**

Bildhaft kann man sich die Aktivierung als Überwinden eines „Energieberges" vorstellen. Wenn die exotherme Teilreaktion abläuft, steht genügend Energie für die weitere Aufspaltung von Sauerstoff- und Wasserstoffmolekülen zur Verfügung (Abb. 11-3 a, b).

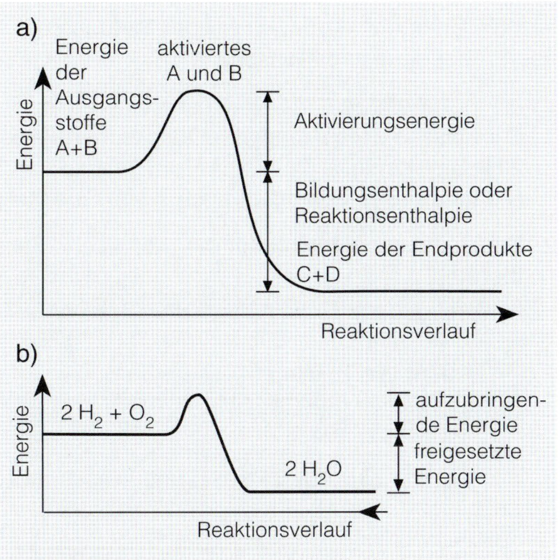

Abb. 11-3
a) Energieverlauf für die Reaktion A + B → C + D bei exothermer Wärmetönung
b) für die Bildung von Wasser

11.7 Exotherme und endotherme Reaktionen

Alle Oxidationen verlaufen unter Freisetzen von Energie, also **exotherm.**

Beispiele für exotherme Reaktionen:

1. Beim Verbrennen von Wasserstoff zu Wasserdampf entsteht nach dem kleinsten ganzzahligen Formelumsatz die **Verbrennungsenthalpie** oder **Verbrennungswärme** $\Delta H = -483{,}6$ kJ

   $2\,H_2 + O_2 \rightarrow 2\,H_2O \quad | \ \Delta H = -483{,}6$ kJ

   Die Verbrennung von 1 Mol Wasserstoff zu 1 Mol Wasser setzt die Verbrennungsenthalpie von $-241{,}8\ \text{kJ} \cdot \text{mol}^{-1}$ frei.

2. Beim Verbrennen von 2 Mol Ethan ergibt sich nach dem ganzzahligen Formelumsatz:

   $2\,C_2H_6 + 7\,O_2 \rightarrow 4\,CO_2 + 6\,H_2O \ | \ \Delta H = -2860$ kJ

   Die Verbrennungsenthalpie von 1 Mol Ethan beträgt somit $-1430\ \text{kJ} \cdot \text{mol}^{-1}$.

   (Anmerkung: Die Verbrennungswärme von Brennstoffen wird nicht für ein Mol, sondern für 1 kg oder 1 m^3 angegeben).

Chemische Vorgänge können auch so verlaufen, dass die Endprodukte energiereicher werden. Gegenüber den Ausgangsstoffen haben sie einen Energiegewinn erfahren (Energiespeicherung). Solche Prozesse sind **endotherm.** Die Reaktionsenthalpie ist positiv. Sowohl die Aktivierung als auch die Bildung der Endprodukte erfordern Energie (Abb. 11-4 a, b), sodass ständig Energie zugeführt werden muss, sonst kommt die Reaktion zum Stillstand. Die Abb. 11-3 b und 11-4 b zeigen beispielhaft die Energieänderungen bei der Bildung sowie bei der Zerlegung von Wasser.

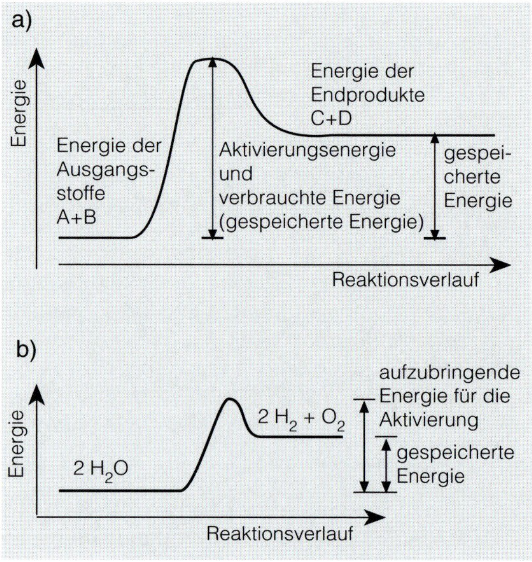

Abb. 11-4 a) Energieverlauf für die Reaktion A + B → C + D bei endothermer Wärmetönung
b) für die Zerlegung von Wasser

Aufgaben

1. Berechnen Sie die Bildungsenthalpie von Calciumhydroxid aus Calciumoxid und Wasser (Löschen von Branntkalk) und entscheiden Sie, ob die Reaktion exotherm oder endotherm verläuft!
2. Verläuft die Reaktion von Eisen(II)-chlorid zu Eisen(III)-chlorid exotherm oder endotherm?

Beispiele für endotherme Reaktionen

1. Thermische Zersetzung von Quecksilber(II)-oxid
   $2\,HgO \rightarrow 2\,Hg + O_2 \quad | \ \Delta H = +90{,}1\ \text{kJ} \cdot \text{mol}^{-1}$
   Die thermische Zersetzung von 1 Mol Quecksilber(II)-oxid benötigt eine Energie von $90{,}1\ \text{kJ} \cdot \text{mol}^{-1}$.

2. Die Reaktionsenthalpie für die thermische Zersetzung von Kalkstein ist positiv, der Prozess ist endotherm:

$CaCO_3$	→	CaO	+	CO_2
$-1208\ \text{kJ} \cdot \text{mol}^{-1}$		$-635\ \text{kJ} \cdot \text{mol}^{-1}$		$-394\ \text{kJ} \cdot \text{mol}^{-1}$

   $\Delta H = \Delta H_{B,\,CaO} + \Delta H_{B,\,CO_2} - \Delta H_{B,CaCO_3}$
   $\Delta H = -635\ \text{kJ} \cdot \text{mol}^{-1} - 394\ \text{kJ} \cdot \text{mol}^{-1} - (-1208\ \text{kJ} \cdot \text{mol}^{-1})$
   $\Delta H = +179\ \text{kJ} \cdot \text{mol}^{-1}$

3. Bildung von Zink aus Zinkoxid und Wasserstoff

ZnO	+	H_2	→	Zn	+	H_2O
$-350\ \text{kJ} \cdot \text{mol}^{-1}$		0		0		$-242\ \text{kJ} \cdot \text{mol}^{-1}$

   $\Delta H = \Delta H_{B,\,H_2O} - \Delta H_{B,\,ZnO}$
   $\Delta H = -242\ \text{kJ} \cdot \text{mol}^{-1}1 - (-350\ \text{kJ} \cdot \text{mol}^{-1})$
   $\Delta H = +108\ \text{kJ} \cdot \text{mol}^{-1}$
   Die Reaktion verläuft endotherm, der Reaktionsraum muss deshalb ständig erwärmt werden.

11.8 Freie (Reaktions-)Enthalpie

Der I. Hauptsatz der Thermodynamik lässt jede chemische Reaktion freiwillig auch in umgekehrter Richtung zu, wenn nur die Energie erhalten bleibt. Danach kann Arbeit in Wärme und Wärme in Arbeit beliebig gewandelt werden. Er trifft keine Aussagen über die Richtung eines chemischen Vorgangs. So wäre die Umkehrung des Vorgangs „Stein fällt zu Boden und erwärmt sich beim Aufschlagen" zu „die beim Aufschlag freigesetzte Wärme hebt den Stein wieder auf die ursprüngliche Höhe" nach dem I. Hauptsatz möglich, widerspricht aber der Erfahrung. Der I. Hauptsatz der Thermodynamik ist somit für die Beschreibung von Energieumsätzen unzulänglich. Um Freiwilligkeit und Richtung angeben zu können, sind zwei weitere Zustandsfunktionen (-größen) eingeführt worden, die **freie Enthalpie G** oder GIBBS-Energie und die **Entropie S**.

Die Verknüpfung von Reaktionsenthalpie, freier Enthalpie und Entropie gestattet Aussagen darüber, ob sich ein bestimmter Prozess unter den bestehenden Bedingungen *freiwillig vollziehen kann oder nicht.*

Wenn Druck und Temperatur konstant gehalten werden, setzt sich die Reaktionsenthalpie ΔH nach Abschnitt 11.3 aus zwei Anteilen zusammen:

1. aus einem Wärmebetrag Q, der im Stoffsystem verbleibt, dieses erwärmt und zur Änderung der Teilchenbeweglichkeit/-ordnung führt, sowie
2. aus einem Energieanteil, der Arbeit verrichten kann. Es ist die schon genannte **freie Enthalpie G**. Bei reversiblem Vorgang ist die maximal mögliche Arbeit $W = \Delta G$. Somit ergibt sich für die Änderung von Enthalpie und freier Energie

$$\Delta H = \Delta G + Q \quad \text{und} \quad \Delta G = \Delta H - Q$$

Bei irreversiblen Vorgängen ist die nutzbare Arbeit aber kleiner als die maximal mögliche Arbeit: $W_{max} < \Delta G$, d. h., nach einem irreversiblen Vorgang muss mehr Arbeit aufgewendet werden, wenn der Ausgangszustand wieder hergestellt werden soll (z. B. Kompressionsarbeit > Expansionsarbeit).

Auch die Absolutwerte der freien Enthalpie sind nicht bekannt, somit wird auch die freie Enthalpie der Elemente auf null gesetzt. Nur Änderungen der freien Enthalpie sind bestimmbar:

$$\Delta G = \sum \Delta G_{\text{Produkte}} - \sum \Delta G_{\text{Edukte}}$$

Somit lässt sich als **II. Hauptsatz der Thermodynamik** (für isobar-isotherme Prozesse) formulieren:

Die Änderung der freien Enthalpie ΔH während eines chemischen (sowie auch physikalischen) Vorgangs ist nur vom Anfangs- und Endzustand des Systems abhängig, nicht aber vom Weg, auf dem der Endzustand erreicht wird. Die Änderung der freien Enthalpie ist gleich der Arbeit, die das System dabei maximal leisten kann: $\Delta G = W_{max}$

Die freie Enthalpie, die bei der Bildung von 1 Mol einer Verbindung bei Standardbedingungen aus den Elementen freigesetzt wird, heißt **freie Standard-Reaktionsenthalpie $\Delta_B G°$** bzw. **freie Standard-Enthalpie $\Delta G°$** (auch mit $\Delta G^{\ominus}$ bezeichnet).

Die freie Enthalpie sowie die Entropie gestatten, Aussagen über die Freiwilligkeit sowie die Richtung und die Triebkraft eines Vorgangs in einem geschlossenen System zu machen:

- Eine chemische Reaktion geht in einem geschlossenen System freiwillig (ohne Zwang) vor sich, wenn die Änderung der freien Enthalpie des Vorgangs negativ ist (Abnahme der freien Enthalpie): $\Delta G < 0$.
- Je größer der negative Betrag von ΔG ist, umso größer ist die Triebkraft und umso vollständiger ist die Umwandlung der Edukte zu Produkten (quantitativer Umsatz).
- Wenn die freie Energie null ist ($\Delta G = 0$), ist die Reaktion im Gleichgewicht (makroskopisch keine Änderung) feststellbar.
- Wird ΔG positiv ($\Delta G > 0$), kann die Reaktion nicht freiwillig, sondern nur unter Zwang (Zufuhr von Energie) vor sich gehen.
- Insgesamt ergibt sich (für isotherm-isobare Bedingungen): Die Enthalpie ΔH gibt die gesamte Energiebilanz des Vorgangs an und die freie Enthalpie ΔG die Reaktionsmöglichkeiten, Freiwilligkeit und Triebkraft.

11.9 Entropie

Aus den Zusammenhängen zum II. Hauptsatz der Thermodynamik im vorangegangenen Abschnitt ergab sich $\Delta H = \Delta G + Q$ und damit $\Delta G = \Delta H - Q$. Die Wärmemenge Q, die das Stoffsystem erwärmt und nicht als Arbeit genutzt werden kann, ist der absoluten Temperatur proportional. Dividiert man Q durch die Reaktionstemperatur T, erhält man als neue Zustandsgröße die **Entropie** S: $S = Q/T$. Die Entropieänderung ist ΔS (Maßeinheit $J \cdot K^{-1} \cdot mol^{-1}$).

$\Delta S = Q/T$ bzw. $Q = T \cdot \Delta S$

Die Änderung der Entropie eines Systems ist gleich der Wärmemenge, die mit der Umgebung ausgetauscht wird, dividiert durch die Reaktionstemperatur: $\Delta S = Q/T$.

Die Entropie eines Mols unter Standard-Bedingungen heißt **Standard-Bildungsentropie** $\Delta S°$ (oder $\Delta S^{\ominus}$; Übersicht 11-1).

Wird $Q = T \cdot \Delta S$ in die Gleichung für die Enthalpieänderung eingefügt, so erhält man die **GIBBS-HELMHOLTZ'sche Gleichung** für die Verküpfung von Enthalpie, freier Enthalpie und Entropie:

$\Delta H = \Delta G + T \cdot \Delta S$ und $\Delta G = \Delta H - T \cdot \Delta S$

Daraus geht **zunächst** einmal hervor, dass die freie Enthalpie negativ ist und ein Vorgang freiwillig verläuft, **wenn** ΔH negativ und ΔS positiv ist ($\Delta S > 0$).

Jeder Stoff besitzt einen von Temperatur und Druck abhängigen Entropiegehalt. Das gilt für Elemente und Verbindungen und ganz gleich für eine exotherme wie auch für eine endotherme Reaktion. Die Änderung der Reaktionsentropie eines Vorgangs ergibt sich somit als Differenz.

$\Delta S = \sum S_{\text{Produkte}} - \sum S_{\text{Edukte}}$

Aufgaben

1. Berechnen Sie die freie Standard-Reaktionsenthalpie ΔG für folgende Reaktionen und entscheiden Sie, ob diese freiwillig ablaufen können:
   a) $CuO + H_2 \rightarrow Cu + H_2O_{(g)}$
   ($\Delta H_B°_{CuO} = -157{,}3\ kJ \cdot mol^{-1}$
   $\Delta S°_{CuO} = 42{,}6\ J \cdot K^{-1} \cdot mol^{-1}$
   $\Delta S°_{Cu} = 33{,}2\ J \cdot K^{-1} \cdot mol^{-1}$)
   b) $NH_{3(g)} + HCl_{(g)} \rightarrow NH_4Cl_{(f)}$
   ($\Delta H_B°_{NH_4Cl,(f)} = -314{,}3\ kJ \cdot mol^{-1}$
   $\Delta S°_{NH_4Cl,(f)} = 94{,}6\ J \cdot K^{-1} \cdot mol^{-1}$)
2. Berechnen Sie die Entropieänderung für die Reaktion
   $H_{2(g)} + Cl_{2(g)} \rightarrow 2\ HCl_{(g)}$

Die Entropie gibt die Richtung eines freiwilligen chemischen Prozesses in einem abgeschlossenen System an. Sie nimmt bei einem nicht umkehrbaren Vorgang immer zu! Nur bei angenommener idealer Umkehrbarkeit, wenn kein Energieaustausch mit der Umgebung im Gedankenexperiment vorausgesetzt wird, kann die Entropieänderung null sein: $\Delta S \geq 0$.

In einem abgeschlossenen System können irreversible Vorgänge nur ablaufen, wenn die Entropie zunimmt: $\Delta S > 0$.

In einem geschlossenen System kann ΔS für irreversible Vorgänge einen negativen Wert ergeben, **wenn** der Wärmeaustausch mit der Umgebung nicht in die Energie-Bilanz einbezogen wird. Dann hat in der Umgebung die Entropie zugenommen!

Die Entropie wird anschaulich, wenn man sie sich mithilfe einiger Beispiele verdeutlicht. Da $S = Q/T$ bzw. $\Delta S = \Delta Q/T$ ist, muss man sich vor allem fragen, wie sich eine Zufuhr oder eine Abgabe von Wärmeenergie auf das Stoffsystem auswirken wird. Wärme äußert sich als Bewegungsenergie der Atome und Moleküle. Mit Erwärmung nimmt die Beweglichkeit der Teilchen zu, bei Abkühlung dagegen ab. Dabei ändert sich auch die Teilchenordnung/Teilchenverteilung. Deshalb wird die Entropie auch als Maß für den **Ordnungszustand** oder **Ordnungsgrad** des Systems aufgefasst.
Höchste Ordnung bedeutet danach Minimum der Entropie: So wird einem ideal geordneten Kristall (d.h. ohne Gitterfehler) bei der Temperatur 0 K die Entropie $S = 0$ zugeordnet. Es findet keine Teilchenbewegung/-schwingung statt. Wenn der Kristall erwärmt wird, entstehen zunehmend Gitterschwingungen und Gitterfehler. Der Kristall gerät in Unordnung und die Entropie nimmt zu ($\Delta S > 0$). Beim Schmelzen geht die Ordnung des Kristalls verloren. Beim Übergang in den Gaszustand wird die Teilchenbewegung ungeordnet, die Teilchen verteilen sich, die Teilchenabstände vergrößern sich und es können sich zwei verschiedene Gase, wenn man sie in einem gemeinsamen Gefäß zusammenbringt, vermischen. Sie werden sich aber nicht wieder freiwillig entmischen.
Die Abnahme des Ordnungszustandes (und damit die Entropiezunahme) kann man sich auch gut veranschaulichen, wenn man getrennt aufbewahrte weiße und schwarze Kugeln zusammenschüttet und durchmischt. Sie werden sich nicht wieder freiwillig trennen. Um sie wieder nach ihrer Farbe zu ordnen, muss man sie auslesen, also Arbeit aufwenden.

Oder: Seit Einführung des Euros findet eine „Entropie der nationalen Euro-Geldstücke" zunehmend statt. Eine „Entmischung" ohne Tätigkeit des Menschen wird nicht eintreten.

Beim Schmelzen und Verdampfen eines Stoffes wächst die Entropie sprunghaft an (Abb. 11-5). Die Entropiezunahme ist beim Verdampfen größer als beim Schmelzen, weil die Unordnung noch stärker zunimmt als beim Übergang in den flüssigen Zustand (vgl. hierzu Abb. 2-1 bis 2-4). Zunahme der Entropie findet auch beim Vermischen und Lösen von Stoffen statt.

Größte Unordnung bedeutet Zustand größter Entropie. Umgekehrt nimmt die Entropie mit wachsendem Ordnungsgrad ab (z. B. beim Kondensieren, Kristallisieren, Polymerisieren, Entmischen).

Da bei $T = 0$ die Entropie des ideal geordneten Stoffes null ist ($S = 0$), können für die Entropien der Stoffe Absolutwerte bestimmt und auch die Entropien der Elemente angegeben werden, d. h., die Entropien der Elemente sind nicht null! Insgesamt ergibt sich:

> Chemische Vorgänge laufen freiwillig ab, wenn Energie abgegeben wird und die Entropie zunehmen kann.

Folgende Beispiele zeigen, wie sich bei speziellen physikalischen und chemischen Vorgängen die Entropie und die freie Enthalpie ändern:

Bei Aggregatzustandsänderungen ist ΔS gleich der Wärmemenge, die dabei aufgenommen oder abgegeben wird, dividiert durch die zugehörige absolute Temperatur. Beispielsweise ergibt sich für das Schmelzen von 1 Mol Eis bei 101,3 hPa bzw. das Verdampfen von 1 Mol Wasser aus der Schmelz- und Verdampfungswärme Q_S bzw. Q_V:

a) Schmelzen:

$$S = \frac{Q_S}{T}$$

$$S = \frac{6{,}017\ \text{kJ} \cdot \text{mol}^{-1}}{273\ \text{K}} = 22\ \text{J} \cdot \text{mol}^{-1} \cdot \text{K}^{-1}$$

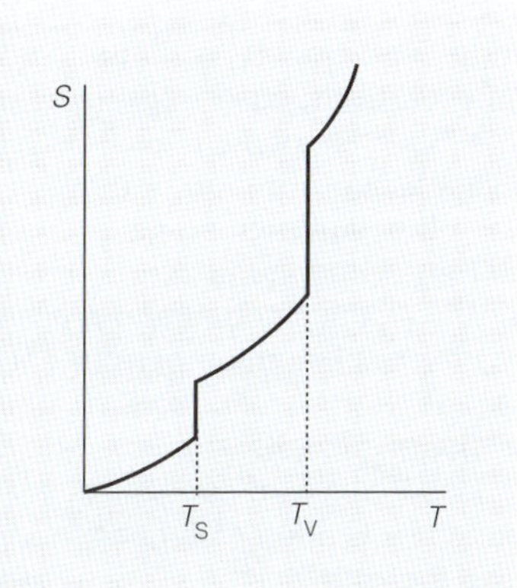

Abb. 11-5 Entropieänderung eines Stoffes beim Erwärmen

b) Verdampfen:

$$S = \frac{Q_V}{T}$$

$$S = \frac{40{,}700\ \text{kJ} \cdot \text{mol}^{-1}}{373\ \text{K}} = 109\ \text{J} \cdot \text{mol}^{-1} \cdot \text{K}^{-1}$$

Bei chemischen Umsetzungen ergibt sich die Entropieänderung – analog wie bei Enthalpieänderungen – durch die Bildung der Entropiedifferenz zwischen Produkten und Edukten (im Standardzustand):

$$\Delta S = \sum \Delta S_{\text{Produkte}} - \sum \Delta S_{\text{Edukte}}$$

Beispiele
(Entropiewerte für den Standardzustand vgl. Übersicht 11-2):

1. $Cl_2 + H_2 \rightarrow 2\ HCl$

$$\Delta S = 2 \cdot S_{HCl} - (S_{Cl_2} + S_{H_2})$$

$$\Delta S = 2 \cdot 186{,}9\ \text{J} \cdot \text{mol}^{-1} \cdot \text{K}^{-1} - (223 + 130{,}6)\ \text{J} \cdot \text{mol}^{-1} \cdot \text{K}^{-1}$$

$$\underline{\underline{\Delta S = 20{,}2\ \text{J} \cdot \text{mol}^{-1} \cdot \text{K}^{-1}}}$$

Die freie Enthalpie beträgt für den Formelumsatz:

$$\Delta G = -2 \cdot (92{,}3\ \text{kJ} \cdot \text{mol}^{-1}) - 298\ \text{K}\ (20{,}2\ \text{J} \cdot \text{mol}^{-1} \cdot \text{K}^{-1})$$

$\underline{\underline{\Delta G = -190{,}6\ \text{kJ} \cdot \text{mol}^{-1}}}$ (freiwillig verlaufender Vorgang)

Für diesen Vorgang nimmt die Entropie zu, weil die Atome in den Molekülen des Chlors und Wasserstoffs voneinander getrennt, „abgesondert" sind, sich aber im HCl „vermischen". Es bedarf einer Arbeit, sie wieder in die Elemente zu trennen.

2. $2\ H_2 + O_2 \rightarrow 2\ H_2O_{(Dampf)}$

$$\Delta H = -241{,}8\ \text{kJ} \cdot \text{mol}^{-1}$$

$$\Delta S = 2 \cdot S_{H_2O} - (2\ S_{H_2} + S_{O_2})$$

$$\Delta S = 2 \cdot 188{,}7\ \text{J} \cdot \text{mol}^{-1} \cdot \text{K}^{-1} - (2 \cdot 130{,}6 + 205)\ \text{J} \cdot \text{mol}^{-1} \cdot \text{K}^{-1}$$

$$\underline{\underline{\Delta S = -88{,}8\ \text{J} \cdot \text{mol}^{-1} \cdot \text{K}^{-1}}}$$

Die Entropie ist in diesem Fall negativ, obwohl sich wie im 1. Beispiel Elemente verbinden. Bei diesem Vorgang nimmt aber die Zahl der Teilchen ab: Aus 3 Mol Gas entstehen 2 Mol Gas (Dampf). Es sind nach dem Vorgang weniger frei bewegliche Teilchen vorhanden als vorher. Die Wärmeenergie der Reaktion verteilt sich von 3 auf 2 Mol.

Die freie Enthalpie beträgt für den Gesamtumsatz mit $\Delta H = 2 \cdot (-241{,}8)$ kJ · mol^{-1} (bei 25 °C)

$\Delta G = -483{,}6$ kJ $- 298$ K $\cdot (-88{,}8$ J · mol^{-1} · K$^{-1})$

$\Delta G = -457{,}1$ kJ

bzw. für 1 Mol Wasserdampf –228,55 kJ · mol^{-1}
Der Vorgang verläuft freiwillig.

3. Die Erfahrung zeigt, dass sich bei 25 °C aus Stickstoff und Sauerstoff in der Luft kein Stickstoffmonoxid bildet. Vermutlich ist die freie Reaktionsenthalpie positiv.

   $N_2 + O_2 \rightarrow 2\,NO \qquad \Delta H = 90{,}3$ kJ · mol^{-1}

   $\Delta S = 2 \cdot S_{NO} - (S_{N_2} + S_{O_2})$

   $\Delta S = 2 \cdot 211$ J · mol^{-1} · K^{-1} – (191,2 + 205) J · mol^{-1} · K^{-1}

   $\Delta S = 25{,}8$ J · mol^{-1} · K^{-1}

   für den Gesamtumsatz bzw. 12,9 J · mol^{-1} · K^{-1} für ein Mol NO.

   Bei diesem Vorgang wird eine positive Entropie erhalten. Aus zwei Mol Edukten entstehen zwei Mol Produkte. Die Bildungsenthalpie für ein Mol Stickstoffmonoxid hat den Wert 90,3 kJ · mol^{-1}. Damit erhält man für die freie Enthalpie bei 25 °C:

   $\Delta G = 90{,}3$ kJ · mol^{-1} – 298 K · (12,9 J · mol^{-1} · K^{-1})

   $\Delta G = 86{,}5$ kJ · mol^{-1}

   Der Vorgang kann nicht freiwillig ablaufen.

4. Die Bildung von einem Mol Iodwasserstoff nach der Gleichung $^1/_2\, H_{2\,(g)} + {}^1/_2\, I_{2\,(f)} \rightarrow HI_{(g)}$ verläuft mit $\Delta H = +26$ kJ · mol^{-1} endotherm. Für ΔS und ΔG errechnet sich unter Standard-Bedingungen:

   $\Delta S = S_{HI} - {}^1/_2\,(S_{H_2} + S_{I_2(f)}) =$ [206 – $^1/_2$ (131 + 116)] J · mol^{-1} · K^{-1};

   $\Delta S = 82$ J · mol^{-1} · K^{-1}.

   $\Delta G = 26$ kJ · mol^{-1} – 298 K · 82 J · mol^{-1} · K^{-1} = 2 kJ · mol^{-1}

   Trotz Entropie-Zunahme kann der Prozess bei 25 °C nicht freiwillig ablaufen. Jedoch z. B. bei 100 °C wird $T \cdot \Delta S = 373$ K · 82 J · mol^{-1} · K^{-1} = 30,6 kJ · mol^{-1} und $\Delta G = -4{,}6$ kJ · mol^{-1} (unter der Annahme, dass sich ΔH mit der Temperaturerhöhung nicht wesentlich ändert, allerdings erhöht sich ΔS auch mit T). Die Reaktion läuft freiwillig ab.

Aus der GIBBS-HELMHOLTZ'schen Gleichung $\Delta G = \Delta H - T \cdot \Delta S$ ergeben sich somit folgende Aussagen:

- Der Betrag des Gliedes $T \cdot \Delta S$ hat bei niedriger Temperatur nur einen geringen Einfluss auf den Wert ΔG.
- Bei exothermen Vorgängen wird ein negativer Wert von ΔG vor allem durch den Wert von ΔH bestimmt.
- Bei endothermen Vorgängen nimmt ΔG einen negativen Wert an, wenn bei entsprechend hoher Temperatur der Wert von $T \cdot \Delta S$ größer wird als der Wert von ΔH. Dann verlaufen auch endotherme Vorgänge freiwillig, z. B. Schmelzen, Verdampfen.

11.10 Katalyse – Katalysatoren

In den Abschnitten 11.6 und 11.7 wurde festgestellt, dass freiwillig verlaufende chemische Vorgänge gehemmt sind und erst nach Zufuhr von Energie (Aktivierungsenthalpie) ablaufen können. Hemmungen und Reaktionsgeschwindigkeit können auch durch Katalysatoren überwunden werden.

Katalysatoren beeinflussen die Reaktionsgeschwindigkeit chemischer Prozesse, indem sie die Aktivierungsenergie der Ausgangsstoffe erniedrigen (Abb. 11-6). Im Kontakt mit der Katalysatoroberfläche (Anlagerung, Adsorption) bilden die Ausgangsstoffe „Zwischenverbindungen". Sie werden dadurch bereits bei geringer Anregung reaktionsfähig. Nach dem Reaktionsablauf liegt der Katalysator stofflich unverändert vor. Der Katalysator nimmt scheinbar nicht an der Reaktion teil. Die Gleichgewichtslage wird von Katalysatoren nicht beeinflusst.

Die Anlagerung eines Stoffes an den Katalysator wird **Chemisorption** genannt.

1. Teilreaktion:	A	+	Kat	$\longrightarrow$	AKat		
2. Teilreaktion:	AKat	+	B	$\longrightarrow$	AB	+	Kat
Summengleichung der Reaktion:	A	+	B	$\xrightarrow{(Kat)}$	AB		

Katalytisch bewirkte Reaktionen verlaufen auf Grund der niedrigeren Aktivierungsenergie in einigen Fällen bereits bei Raumtemperatur. Ein Beispiel dafür ist die katalytische Verbrennung des Wasserstoffs (Abb. 11-7). Sie wurde im so genannten „DÖBEREINER'schen Feuerzeug" genutzt:
1823 machte DÖBEREINER die Beobachtung, dass sich Wasserstoff schon bei Raumtemperatur entzündet, wenn das Gas, hergestellt aus Zink und Säure, aus einer Düse auf feinverteiltes Platin strömt (Abb. 11-8). Das Platin wird dabei nicht verbraucht. In Anlehnung an die oben angegebene allgemeine Gleichung für katalytische Reaktionen

kann die katalytische Verbrennung des Wasserstoffs schematisch wie folgt formuliert werden:

$$2\,H_2 + 4\,Pt \rightarrow 4\,H\text{–}Pt$$
$$4\,H\text{–}Pt + O_2 \rightarrow 2\,H_2O + 4\,Pt$$

Versuche

1. Werfen Sie in verdünnte Wasserstoffperoxid-Lösung (H_2O_2) ein Stück Braunstein (MnO_2). Beobachtung? Führen Sie die Probe auf Sauerstoff mit dem glühenden Holzspan durch! Beobachtung? Gleichung?
S 24, S 25, S 29
2. Werfen Sie ein Stück Platindraht (entfettet!) in verdünnte Wasserstoffperoxid-Lösung. Beobachtung? Führen Sie die Spanprobe durch! Beobachtung? Gleichung?
S 24, S 25, S 29

Viele katalytisch bewirkte Reaktionen nutzt man bei der technischen Erzeugung von Stoffen aus. Auf Grund der Energiesenkung und der Reaktionsbeschleunigung kann die Wirtschaftlichkeit der Prozesse verbessert werden. Wichtige Katalysatoren sind dabei Platin, Palladium, Nickel, Kupfer, Eisenoxid, Vanadiumpentoxid u. a. Katalysatoren werden in feiner Verteilung angewendet. Man erhält dadurch eine große Oberfläche, die bei der Bildung der Zwischenverbindungen als Kontaktfläche wirkt. Katalysatoren werden auch als **Kontaktstoffe** bezeichnet.

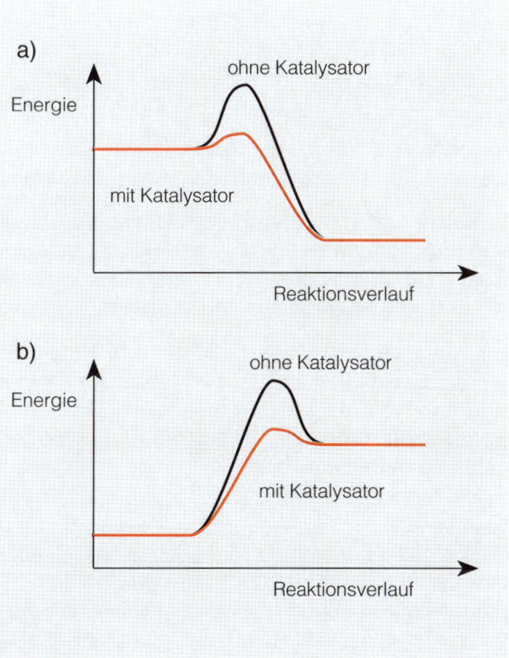

Abb. 11-6
Erniedrigung der Aktivierungsenergie durch Katalysatoren
a) bei einer exothermen
b) bei einer endothermen Reaktion

Beispiele für katalytisch gesteuerte technische Prozesse:

1. Oxidation von Schwefel(IV)-oxid zu Schwefel(VI)-oxid bei der Schwefelsäure-Erzeugung
Katalysator: Vanadiumpentoxid V_2O_5
$$2\,SO_2 + O_2 \xrightarrow{(V_2O_5)} 2\,SO_3$$

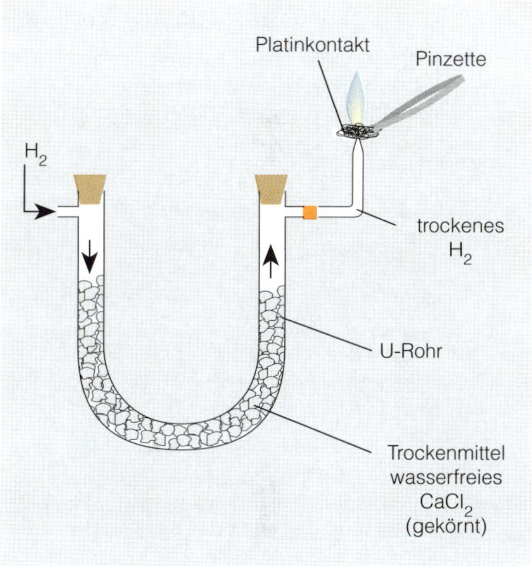

Abb. 11-7 Katalytische Verbrennung von Wasserstoff

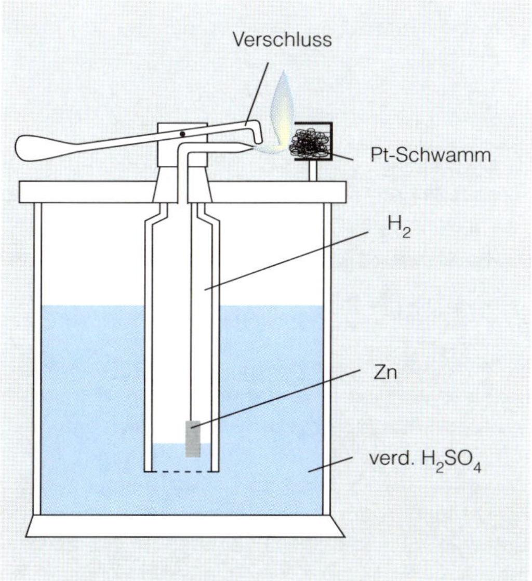

Abb. 11-8 Aufbau des Döbereiner'schen Feuerzeugs

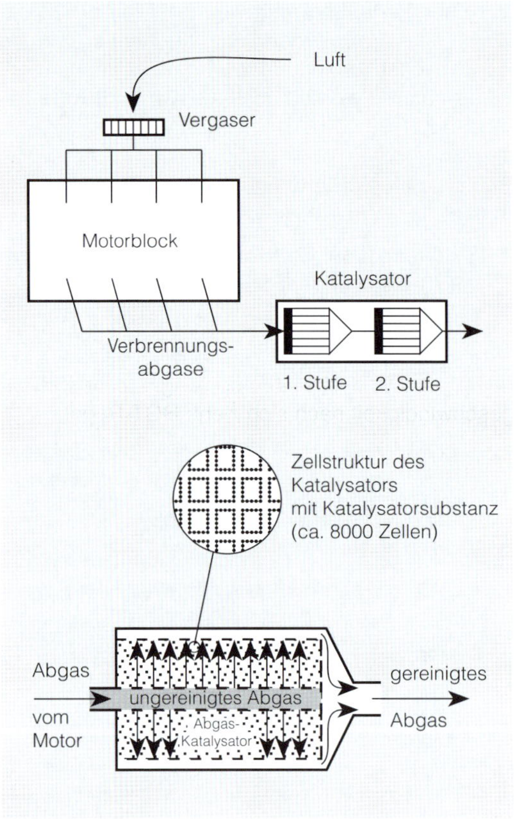

Abb. 11-9
Aufbau-Schema eines Otto-Verbrennungsmotors mit Katalysator und Schnittzeichnung eines Reaktors für die katalytische Nachoxidation der Schadstoffe

2. Erzeugung von Ammoniak aus Luftstickstoff im HABER-BOSCH-Verfahren.

   Katalysator: Eisen und verschiedene Metalloxide (MeO)

   $$N_2 + 3\,H_2 \xrightleftharpoons{(Fe + MeO)} 2\,NH_3$$

3. Hydrierung von flüssigen Pflanzenölen und tierischen Fetten (Fetthärtung) bei der Herstellung von Margarine

   Katalysator: Nickel

   $$\text{ungesättigte Öle} + H_2 \xrightarrow{(Ni)} \text{gesättigte Öle}$$

Katalysatoren sind nur wirksam, wenn sie bei der Katalyse stofflich unverändert bleiben. Die so genannten **Katalysatorgifte** verbinden sich dauerhaft mit den Katalysatorstoffen und vernichten deren Wirkung. Katalysatorgifte sind beispielsweise Bleiverbindungen, Arsen(III)-oxid, Blausäure und Schwefelwasserstoff. Sie vergiften auch die Enzyme, die im tierischen Organismus die Funktion von Bio-Katalysatoren ausüben.

Eine wichtige Anwendung finden Katalysatoren in Autos. Sie werden dem Verbrennungsmotor nachgeschaltet, um unverbrannte Benzinreste C_xH_y, Kohlenstoffmonoxid CO und Stickoxide NO_x (NO, NO_2) in die ungiftigen Abprodukte N_2, CO_2, H_2O umzuwandeln (Abb. 11-9). Der Katalysator (Platin-Rhodium im Gemisch 10:1 mit Metalloxiden wie Nickeloxid) ist fein auf einem keramischen Trägerstoff verteilt. Der katalytisch gesteuerte Reinigungsprozess verläuft im so genannten Zweibettverfahren in 2 Stufen und führt zu einer weitgehenden Beseitigung der Schadstoffe (ca. 90 % der Abgas-Schadstoffe von Benzin-Motoren):

1. Stufe:
Reduktion der Stickoxide sowie der restlichen unverbrannten Kohlenwasserstoffe (z. B. Octane C_8H_{18}) durch Reduktionsmittel (CO, NO) unter Sauerstoffmangel

$$2\,NO + 2\,CO \xrightarrow{Kat} N_2 + 2\,CO_2$$
$$2\,NO_2 + 4\,CO \xrightarrow{Kat} N_2 + 4\,CO_2$$
$$2\,C_8H_{18} + 50\,NO \xrightarrow{Kat} 25\,N_2 + 16\,CO_2 + 18\,H_2O$$

2. Stufe:
Endgültige Oxidation von Kohlenstoffmonoxid und Kohlenwasserstoffen unter Sauerstoffzufuhr (Luft):

$$2\,CO + O_2 \xrightarrow{Kat} 2\,CO_2$$
$$2\,C_8H_{18} + 25\,O_2 \xrightarrow{Kat} 16\,CO_2 + 18\,H_2O$$

Starke Überhitzung des Motors bzw. des Katalysators durch Abgase (längerer Leerlauf ohne ausreichende Kühlung) und Katalysatorgifte (z. B. verbleites Benzin) machen den Katalysator unwirksam.

Die bisher ausgeführten Beispiele sind Vorgänge der **heterogenen Katalyse,** weil der Katalysator im festen und die reagierenden Stoffe im flüssigen bzw. gasförmigen Aggregatzustand vorliegen.

Bei anderen Prozessen befinden sich Katalysator und Edukte in gleicher Phase. Man spricht von **homogener Katalyse.** Die bereits erwähnten Bio-Katalysatoren liegen in homogener Phase mit den gelösten Nährstoffen vor.

Beispiele:
Wird eine Natriumhypochlorit-Lösung NaOCl oder Chlorkalk-Lösung $Ca(OCl)_2$ mit einigen Tropfen Kobalt(II)-chlorid-Lösung $CoCl_2$ als Katalysator versetzt, entwickelt sich Sauerstoff, ohne dass $CoCl_2$ in dem Stoffumsatz erscheint.

$$Ca(OCl)_2 \xrightarrow{Kat} CaCl_2 + O_2$$

Nach Verbrauch der Chlorkalk-Lösung kann durch erneute Zugabe der Substanz die Reaktion von neuem ablaufen. Der Katalysator hat sich nicht verbraucht.

Versuch

T

Giftig
Krebs erregende Stoffe

Versetzen Sie Kaliumchromat-Lösung K_2CrO_4 mit etwas verdünnter Wasserstoffperoxid-Lösung H_2O_2. Spanprobe. Beobachtungen? Wärmetönung?
Nach Abschluss der Reaktion versetzen Sie die Lösung erneut mit H_2O_2-Lösung. Schlussfolgerung?
R 49, S 22, S 24, S 25, S 29

Diethylether kann aus Ethylalkohol (Ethanol) sowohl in homogener Katalyse in Gegenwart von konzentrierter Schwefelsäure als Katalysator als auch in heterogener Katalyse z. B. mit festem Al_2O_3 erzeugt werden:

$$\underset{\text{Ethanol}}{2\ CH_3{-}CH_2{-}OH} \xrightarrow{(H_2SO_4;\ 140\ °C)} \underset{\text{Diethylether}}{CH_3{-}CH_2{-}O{-}CH_2{-}CH_3} + H_2O$$

$$2\ CH_3{-}CH_2{-}OH \xrightarrow{(Al_2O_3;\ 200\ °C)} CH_3{-}CH_2{-}O{-}CH_2{-}CH_3 + H_2O$$

Die Erzeugung von Schwefelsäure (ca. 60- bis 80%ig) im **Bleikammer-Verfahren** erfolgt aus gasförmigem Schwefeldioxid und Stickstoffmonoxid/-dioxid-Gasgemisch als Katalysator. Vereinfacht läuft die Reaktion wie folgt ab:

$$\begin{array}{lcl} 2\ SO_2 + 2\ NO_2 & \rightarrow & 2\ SO_3 + 2\ NO \\ 2\ NO + O_2 & \rightarrow & 2\ NO_2 \\ 2\ SO_3 + 2\ H_2O & \rightarrow & 2\ H_2SO_4 \\ \hline 2\ SO_2 + O_2 + 2\ H_2O & \rightarrow & 2\ H_2SO_4 \end{array}$$

Das Bleikammer-Verfahren ist technisch ohne Bedeutung, da die Hauptmenge der Schwefelsäure (über 90 %) in heterogener Katalyse im so genannten Doppelkontaktverfahren gewonnen wird. Es besitzt aber auch einige Vorteile: SO_2-haltige Rauch- und Röstgase können zu Schwefelsäure verarbeitet, d. h. entschwefelt werden. Der Katalysator ist unempfindlich gegen Katalysatorgifte.
Mit unterschiedlichen Katalysatoren können aus gleichen Ausgangsstoffen unterschiedliche Produkte erzeugt werden, z. B.:

$$CO + H_2 \xrightarrow{Ni} \text{Methan}$$

$$CO + H_2 \xrightarrow{CuO/CrO_3} \text{Methanol}$$

$$CO + H_2 \xrightarrow{Fe/Co} \text{Benzin-Kohlenwasserstoffe}$$

Über 70 % der industriell erzeugten Chemie-Produkte werden mithilfe von Katalysatoren hergestellt, deren Wirksamkeit durch Versuche ermittelt werden muss. Aber die genaue Wirkungsweise ist häufig unbekannt.

11.11 Weitere Bedingungen für den Ablauf chemischer Vorgänge

Nach den bisherigen Betrachtungen wird der Verlauf chemischer Vorgänge von den reagierenden Stoffen, der Wärmetönung und der Aktivierungsenergie bestimmt. Als weitere Faktoren wirken Temperatur, Konzentration und Verteilungs- bzw. Aggregatzustand, bei Gasen Druck auf den Ablauf chemischer Reaktionen. Erhöhte Temperatur beschleunigt die Vorgänge. Als Orientierung wird allgemein angenommen, dass eine Temperatursteigerung um 10 K eine Verdopplung der Reaktionsgeschwindigkeit nach sich zieht: RGT-Regel.

Versuche

C

Ätzend

1. Zinkkörner werden in je einem Reagenzglas mit kalter verdünnter Salzsäure und mit erwärmter verdünnter Salzsäure übergossen. Beobachtungen? R 34, S 39
2. Zinkkörner werden in einem Reagenzglas mit einigen Tropfen halbkonzentrierter Salzsäure versetzt. Beobachtung? R 35, S 37, S 39

In konzentrierter Lösung treffen mehr Teilchen je Zeiteinheit aufeinander als in verdünntem Medium. Analog gilt für Gase bei höherem Druck, dass mehr Zusammenstöße stattfinden als bei niedrigem Druck. Somit erhöht sich der Stoffumsatz.

Reaktionen laufen an der Teilchenoberfläche ab. Mit Vergrößerung der Stoffoberfläche erhöht sich ebenfalls die Reaktionsgeschwindigkeit bzw. die Menge der sich verbindenden Stoffanteile.

Versuche

1. In je einem Reagenzglas werden Zinkkörner (grob) bzw. Zinkpulver oder -grieß mit verdünnter Salzsäure zur Reaktion gebracht. Beobachtungen?
2. Streuen Sie Eisenpulver mit einem Spatel in die heiße Bunsenbrennerflamme. Beobachtung? (Vergleich mit Erhitzen eines Eisenstücks?)

11.12 Aufgaben zur Wiederholung von Kapitel 11

Aufgaben

1. Was besagen
   a) der Energieerhaltungssatz
   b) der I. Hauptsatz der Thermodynamik
   c) der HESS'sche Satz?
2. Was versteht man unter innerer Energie, Reaktionswärme und Reaktionsenthalpie?
3. Worin besteht die Bedeutung des HESS'schen Satzes?
4. Wie unterscheiden sich Norm- und Standard-Bedingungen?
5. Weshalb hat man Standard-Bedingungen eingeführt, obwohl doch die meisten Reaktionen gar nicht bei Standard-Temperatur ablaufen?
6. Was wird durch den Begriff der Aktivierung ausgedrückt? Was wird durch die Aktivierung bewirkt?
7. Charakterisieren Sie den Energieverlauf einer exothermen und endothermen Reaktion!
8. Unter welcher Bedingung kann eine chemische Reaktion freiwillig vor sich gehen?
9. Charakterisieren Sie, was unter Entropie zu verstehen ist.
10. Wie verändert sich die Entropie, wenn sich zwei Gase mischen oder konzentrierte Schwefelsäure mit Wasser verdünnt wird?
11. Eine Kupferschmelze erstarrt. Wie verändert sich die Entropie?
12. Berechnen Sie die Entropieänderung beim Schmelzen von 1 Mol Natrium bzw. Aluminium (Übersicht 11-1)! Wie ändert sie sich beim Erstarren?
13. Was ist unter einem abgeschlossenen System zu verstehen?
14. Kann man ein Kalorimeter als abgeschlossenes System verstehen?
15. Kennzeichnen Sie die Wirkung von Katalysatoren! Geben Sie Beispiele für homogene und heterogene Katalyse an!
16. Wie wirken Katalysatorgifte? Nennen Sie solche Stoffe!
17. Wie wirkt ein Autokatalysator? Erläutern Sie die Vorgänge bei der katalytischen Entgiftung der Autoabgase!
18. Wie können Rauchgase mithilfe von NO/NO_2 katalytisch entschwefelt werden?
19. Beweisen Sie, dass die Standard-Reaktionsenthalpie für die Reduktion von Eisen(III)-oxid mit Kohlenstoffmonoxid $-27\ kJ \cdot mol^{-1}$ beträgt (Beachten Sie das 2. Rechenbeispiel im Abschnitt 11.4).
20. Die Verbrennungsenthalpie von Ethen $CH_2{=}CH_2$ beträgt bei Standardbedingungen $-1411\ kJ \cdot mol^{-1}$. Errechnen Sie die Standard-Bildungsenthalpie von Ethen.
21. Gegeben ist die Gleichung:
    $CH_{4,g} + 2\ O_{2,g} \rightarrow CO_{2,g} + 2\ H_2O$
    $\Delta H_R = -\ 889{,}5\ kJ \cdot mol^{-1}$.
    Wie groß ist die Standard-Bildungsenthalpie des Methans CH_4?
22. Errechnen Sie die Reaktionsenthalpie für den Vorgang $FeO + CO \rightarrow Fe + CO_2$.
23. Wie groß ist die Reaktionsenthalpie für den Vorgang
    $4\ NH_3 + 5\ O_2 \rightarrow 4\ NO + 6\ H_2O$?
24. Mit welcher Wärmetönung verläuft das „Löschen von Branntkalk"
    $CaO + H_2O \rightarrow Ca(OH)_2$?
25. Berechnen Sie ΔH, ΔG, ΔS für die Reaktion $NO + {}^1/_2\ O_2 \rightarrow NO_2$.
26. Berechnen Sie ΔH, ΔG, ΔS für die Reaktion $N_2 + 3\ H_2 \rightarrow 2\ NH_3$.
27. Berechnen Sie die Standard-Entropie und freie Reaktionsenthalpie für die Reaktionen
    a) $S + O_2 \rightarrow SO_2$
    b) $2\ Ca + O_2 \rightarrow 2\ CaO$
    c) $2\ Fe + O_2 \rightarrow 2\ FeO$

12 Chemisches Gleichgewicht

12.1 Richtung und Umkehrbarkeit einer Reaktion – Prinzip vom kleinsten Zwang

Chemische Reaktionen sind umkehrbar. In welche Richtung der Vorgang abläuft, hängt von den Reaktionsbedingungen Temperatur, Konzentration und Druck (bei gasförmigen Stoffen) ab.

Die Umkehrbarkeit eines chemischen Prozesses wird durch einen Doppelpfeil in der Reaktionsgleichung symbolisiert:

$$\underset{\text{energiereich}}{N_2 + 3\,H_2} \underset{\substack{\text{endotherm}\\ \text{Rückreaktion}}}{\overset{\substack{\text{Hinreaktion}\\ \text{exotherm}}}{\rightleftharpoons}} \underset{\text{energiearm}}{2\,NH_3}$$

$$\Delta H = -45{,}9\ \text{kJ} \cdot \text{mol}^{-1}$$

Bei der Umsetzung von einem Mol Stickstoff und 3 Mol Wasserstoff entstehen 2 Mol Ammoniakgas, wenn man annimmt, dass sich die Ausgangsstoffe vollständig umsetzen. Dabei wird eine Energie von 91,8 kJ freigesetzt. Wird Ammoniak so hoch erhitzt, dass die Bindungsenergie zur Verfügung steht, so zerfällt er wieder in Wasserstoff und Stickstoff. Die Reaktion kehrt sich um.

> Die Umkehrung einer exothermen Reaktion ist endotherm. Hohe Temperaturen ermöglichen den endotherm verlaufenden Vorgang. Niedrige Temperaturen begünstigen den exothermen Verlauf.

Die Reaktion von Wasserstoff und Stickstoff kann auch durch Veränderungen des Druckes beeinflusst werden. Die Ausgangsstoffe und das Endprodukt sind gasförmig. In der Gleichung stehen links 4 Mol bzw. Volumenteile und rechts 2 Mol bzw. Volumenteile:

$$\underset{\text{1 Volumenteil}}{N_2} + \underset{\text{3 Volumenteile}}{3\,H_2} \rightleftharpoons \underset{\text{2 Volumenteile}}{2\,NH_3}$$

Der Prozessverlauf führt zu einer Volumenverringerung.

Von außen aufgebrachte Druckveränderungen nehmen Einfluss auf chemische Vorgänge, an denen gasförmige Stoffe beteiligt sind.

> Eine Druckerhöhung begünstigt Reaktionen, die zu einer Volumenverringerung führen.

Der Franzose LE CHATELIER erkannte am Beispiel derartiger Umkehrungen von Reaktionen, dass ein Stoff bzw. ein aus mehreren Stoffen bestehendes Stoffsystem versucht, einem äußeren Zwang, der sich auf Grund der Reaktionsbedingungen ergibt, auszuweichen. Im Fall des Ammoniakzerfalls nimmt das System Energie auf, die bei hoher Temperatur zur Verfügung steht. Der erhöhte Druck wird bei der Bildung des Ammoniaks durch die Reduzierung des Volumens vermindert. LE CHATELIER formulierte das **Prinzip vom kleinsten Zwang:**

> Ein Stoffsystem weicht einem äußeren Zwang aus, indem es sich so verändert, dass der Zwang verringert oder verbraucht wird.

12.2 Gleichgewicht zwischen Hin- und Rückreaktion

Im Verlauf chemischer Reaktionen setzen sich die Ausgangsstoffe nie vollständig zu Endprodukten um. Das gilt auch dann, wenn im Prozess eine scheinbar 100%ige Ausbeute entsteht und wenn in der chemischen Gleichung nur ein Reaktionspfeil in die Richtung der Endstoffe weist. Die Ursache liegt nicht darin, dass sich Teilchen im Reaktionsgemisch „nicht finden" und somit Teile der Ausgangsstoffe nicht an der Reaktion teilnehmen. Vielmehr zerfallen bei jedem Vorgang gebildete Endprodukte teilweise wieder in die Ausgangsstoffe. Die Reaktion verläuft nicht nur nach rechts, sondern gleichzeitig auch in umgekehrter Richtung.

> Prozesse, bei denen sich die Konzentrationen der Ausgangsstoffe und der Endprodukte nach einiger Zeit nicht mehr ändern, befinden sich im Gleichgewicht.

Im folgenden allgemeinen Beispiel sollen sich die Stoffe A und B zu den Produkten C und D verbinden:

$$A + B \rightleftharpoons C + D$$

Zu Beginn der Reaktion liegen nur die Ausgangsstoffe in der gewählten Konzentration vor. Endstoffe haben sich noch nicht gebildet, sodass auch kein Zerfall einsetzen kann. Im Verlauf des Vorgangs nimmt die Konzentration bzw. Menge der Ausgangsstoffe ab. Endprodukte entstehen und deren Zerfall setzt ein. Mit dem Fortschreiten des Verbindens nimmt die Geschwindigkeit der Hinreaktion v_{Hin} ab und die der Rückreaktion $v_{\text{Rück}}$ nimmt zu (Abb. 12-1). Wenn beide Geschwindigkeiten gleich sind

$$v_{\text{Hin}} = v_{\text{Rück}}$$

ist ein **chemisches Gleichgewicht** erreicht. Die Konzentrationen der Stoffe A und B sowie C und D ändern sich nicht mehr. Scheinbar herrscht in dem System Ruhe. In Wirklichkeit bilden sich in der Zeiteinheit ebenso viele C- und D-Moleküle in der Hinreaktion wie A- und B-Moleküle in der Rückreaktion. Zwischen Bildung und Zerfall besteht ein **dynamisches Gleichgewicht.**

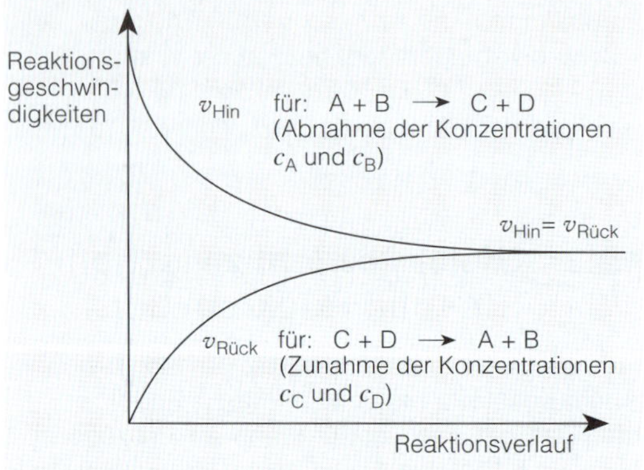

Abb. 12-1
Einstellung des chemischen Gleichgewichts

12.3 Massenwirkungsgesetz

Die Lage des chemischen Gleichgewichts ist durch Kenngrößen quantitativ (mengenmäßig) beschreibbar. Das geschieht durch die **Gleichgewichtskonstante *K***. Setzt man für die Berechnung die Konzentration der reagierenden Stoffe an, kann sie durch das Zeichen K_c (c für Konzentration) symbolisiert werden. Bei Gasreaktionen verwendet man auch die Drücke. Die Gleichgewichtskonstante erhält dann das Zeichen K_p (p für pressure, engl. Druck). Da die Gleichgewichtslage durch die Temperatur beeinflusst wird, sind die K- bzw. K_c- und K_p-Werte ebenfalls temperaturabhängig.

Eine Reaktion von Stoff A mit Stoff B findet nur statt, wenn die Teilchen A und B mit aktivierender Wirkung zusammenstoßen. Sie hängt von der Anzahl der Stoßmöglichkeiten ab. Liegen beispielsweise 2 Teile A und 3 Teile B vor, so sind es nicht 2 + 3, sondern 2 · 3 Stoßmöglichkeiten, die sich zwischen den Konzentrationen c_A des Stoffes A und c_B des Stoffes B ergeben:

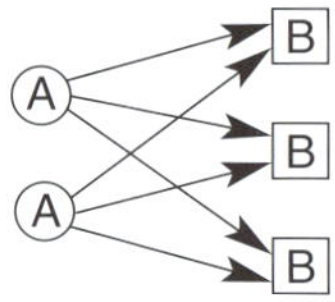

Die Anzahl der Zusammenstöße ist gleich dem Produkt der Konzentrationen.

Für die Hinreaktion ergibt sich unter Verwendung einer Konstanten k_{Hin} als Reaktionsgeschwindigkeit v_{Hin}

$$v_{\text{Hin}} = k_{\text{Hin}} \cdot c_A \cdot c_B$$

Analog hängt die Rückreaktion von dem Produkt der Konzentrationen c_C und c_D der Endstoffe C und D, d. h. der Anzahl der Stoßmöglichkeiten zwischen den Teilchen C und D und einer Konstante $k_{\text{Rück}}$ ab:

$$v_{\text{Rück}} = k_{\text{Rück}} \cdot c_C \cdot c_D$$

Befindet sich die Reaktion im Gleichgewicht, so gilt

$$v_{\text{Hin}} = v_{\text{Rück}}$$

$$k_{\text{Hin}} \cdot c_A \cdot c_B = k_{\text{Rück}} \cdot c_C \cdot c_D$$

Dividiert man die Gleichung durch $c_A \cdot c_B$ sowie die Konstante $k_{\text{Rück}}$, bietet das den Vorteil, dass die Konzentrationen der gewünschten Endstoffe im Zähler stehen:

$$\frac{k_{\text{Hin}}}{k_{\text{Rück}}} = \frac{c_C \cdot c_D}{c_A \cdot c_B}$$

Der Quotient aus zwei Konstanten ergibt wiederum eine Konstante, es handelt sich hier um die bereits erwähnte Gleichgewichtskonstante K bzw. K_c oder K_p:

$$K_c = \frac{k_{\text{Hin}}}{k_{\text{Rück}}}$$

Damit ergibt sich für die allgemeine Reaktion

$$A + B \rightleftharpoons C + D$$

im chemischen Gleichgewicht eine Beziehung, die als **Massenwirkungsgesetz** bezeichnet wird:

$$K_c = \frac{c_C \cdot c_D}{c_A \cdot c_B}$$

Im chemischen Gleichgewicht ist der Quotient aus dem Produkt der Endstoffe und dem Produkt der noch vorhandenen Ausgangsstoffe für eine bestimmte Temperatur konstant.
Die Gleichgewichtskonstante K_c gibt für eine bestimmte Temperatur an, bei welcher Konzentration sich Ausgangs- und Endstoffe im Gleichgewicht befinden.

12.4 Berechnung der Gleichgewichtskonstante K_c

Bei der Temperatur T sollen sich je 1 Mol der Ausgangsstoffe A und B zu je $^4/_5$ Mol der Endstoffe C und D umsetzen.

	A	+	B	⇌	C	+	D
Konzentrationen zu Beginn der Reaktion	1 Mol		1 Mol		0 Mol		0 Mol
Konzentrationen im chemischen Gleichgewicht	$^1/_5$ Mol		$^1/_5$ Mol		$^4/_5$ Mol		$^4/_5$ Mol

Die Konzentrationen, die sich im Gleichgewicht ergeben, werden in die Gleichung eingesetzt:

$$K_c = \frac{^4/_5 \text{ mol} \cdot {}^4/_5 \text{ mol}}{^1/_5 \text{ mol} \cdot {}^1/_5 \text{ mol}} \quad \text{(bei } T\text{)}$$

$$K_c = 16 \quad \text{(bei } T\text{)}$$

In der Gleichgewichtskonstante $K_c > 1$ drückt sich aus, dass das chemische Gleichgewicht relativ weit auf der Seite der Endstoffe liegt. Bei Werten von $K_c < 1$ befindet sich das Gleichgewicht auf der linken Seite, es liegen mehr Ausgangs- als Endstoffe vor.

12.5 Verallgemeinerung des Massenwirkungsgesetzes

Bisher wurde die Reaktion zwischen jeweils einem Mol der Ausgangs- und Endstoffe betrachtet. Für die Reaktion von mehreren Molen ergibt sich folgende allgemeine Berechnung:

$$2\,A + 3\,B \rightleftharpoons 2\,C + D$$

$$K_c = \frac{c_C \cdot c_C \cdot c_D}{c_A \cdot c_A \cdot c_B \cdot c_B \cdot c_B}$$

$$K_c = \frac{c_C^2 \cdot c_D}{c_A^2 \cdot c_B^3}$$

> Aus den Koeffizienten der chemischen Reaktionsgleichung werden im Massenwirkungsgesetz Exponenten.

Für jede konkrete chemische Reaktion lässt sich mithilfe des Massenwirkungsgesetzes die vom speziellen Gleichgewicht abhängige Gleichgewichtskonstante errechnen. Bei Temperaturänderungen ändert sich auch die Gleichgewichtskonstante, ebenso bei Änderung des Drucks (Reaktionen in der Gasphase). Katalysatoren führen schneller zum Gleichgewicht, sie ändern jedoch die Gleichgewichtslage nicht. Im MWG werden nur Stoffe berücksichtigt, die in homogener Phase vorliegen (d. h. gasförmig, flüssig oder gelöst), jedoch keine festen Stoffe.

12.6 Beispiel: Bildung von Iodwasserstoffsäure

Die Bildung von Iodwasserstoff HI aus Wasserstoff und Iod verläuft unter Standardbedingungen schwach endotherm.

$$H_2 + I_2 \rightleftharpoons 2\,HI \quad | \; \Delta H = +25{,}9 \text{ kJ} \cdot \text{mol}^{-1}$$

Die Gleichgewichtskonstante ergibt sich aus der Gleichung

$$K_c = \frac{c_{HI}^2}{c_{H_2} \cdot c_{I_2}}$$

Bei 425 °C entstehen aus je 1 Mol H_2 und I_2 nicht 2, sondern nur 1,574 Mol HI. Der Wert von K_c beträgt somit 54,4. Erhitzt man andererseits Iodwasserstoff auf 425 °C, geht ein merklicher Zerfall von Iodwasserstoff vor sich. Im Gleichgewicht findet man beispielsweise nebeneinander
$2{,}36 \cdot 10^{-3}$ mol · l^{-1} Iodwasserstoff und je
$0{,}32 \cdot 10^{-3}$ mol · l^{-1} Wasserstoff und Iod. Die Gleichgewichtskonstante beträgt für diesen Fall

$$K_c = \frac{(2{,}36)^2 \cdot 10^{-6} \text{ mol}^2 \cdot l^{-2}}{(0{,}32) \cdot (0{,}32) \cdot 10^{-6} \text{ mol}^2 \cdot l^{-2}}$$

$$K_c = 54{,}4$$

Bei einer anderen Ausgangskonzentration liegen bei 425 °C im Gleichgewicht nebeneinander 4,56 mol · m^{-3} Wasserstoff, 0,74 mol · m^{-3} Iod und 13,55 mol · m^{-3} Iodwasserstoff vor. Es tritt die Frage auf, ob die Gleichgewichtskonstante den gleichen Betrag besitzt:

$$K_c = \frac{(13{,}55)^2 \cdot (\text{mol} \cdot \text{m}^{-3})^2}{4{,}56 \text{ mol} \cdot \text{m}^{-3} \cdot 0{,}74 \text{ mol} \cdot \text{m}^{-3}}$$

$$K_c = 54{,}4$$

Bei 425 °C beträgt die Gleichgewichtskonstante für die Bildung von Iodwasserstoff immer 54,4.

12.7 Stoffumsatz und Ausbeute

Aus den vorangegangenen Ausführungen wurde deutlich, dass bei chemischen Reaktionen die Edukte nicht vollständig in Produkte überführbar sind. Auch wenn bei einer chemischen Umsetzung scheinbar die Ausgangsstoffe zu 100 % zu Endstoffen umgewandelt werden, sind nach Ablauf des Vorgangs Edukte in geringsten Mengen vorhanden.

Anorganische Ionenreaktionen erfolgen praktisch vollständig. Bei vielen, vor allem bei organischen Reaktionen stellen sich dagegen messbare Gleichgewichtskonzentrationen zwischen Ausgangs- und Endprodukten ein. Der Vorgang verläuft somit nicht quantitativ entsprechend der Stöchiometrie, wie sie von der Reaktionsgleichung angegeben wird.

Außerdem sind bei organischen Prozessen zusätzlich zu den Gleichgewichten Nebenreaktionen zu beobachten, die dazu beitragen, dass die Umsetzung nicht nur zu dem gewünschten Produkt erfolgt.

In diesen Fällen werden Umsatz und Ausbeute bestimmt.

Der **Umsatz** (Stoffumsatz) bezieht sich auf den Ausgangsstoff, z. B. auf das Edukt A. Er gibt als Quotient an, welche anfangs vorhandene Masse m_A des Stoffes A abzüglich der am Ende der Reaktion noch vorhandenen Masse m_A' bezogen auf die ursprünglich vorliegende Masse sich umgesetzt hat:

$$\text{Umsatz} = \frac{m_A - m_A'}{m_A} \quad (\cdot\ 100\,\%)$$

Beim Umsatz handelt es sich also um den Quotienten aus der umgewandelten Stoffmasse zur Ausgangsmasse. Wenn z. B. von 100 g A nach der Reaktion noch 30 g A unverändert vorliegen, beträgt der Umsatz 0,7 bzw. 70 %. Für Reaktionsteilnehmer B, C ... gelten analoge Ansätze.

Der Umsatz kann auch mithilfe der Molzahlen anstelle der Stoffmassen berechnet werden. Er ist eine wichtige Größe für Effektivität einer Stoff-Synthese im Labor oder bei der Herstellung von Chemie-Produkten in der Industrie.

Der Umsatz ist nicht mit der Ausbeute zu verwechseln. Bei einfachen Reaktionen besteht zwischen beiden kein Unterschied.

Die **Ausbeute** bezieht sich auf die Gleichung der Reaktion. Sie bezeichnet die Menge eines Endproduktes, die bei der Reaktion entstanden ist oder nach ihrer Abtrennung von nicht umgesetzten Ausgangsstoffen tatsächlich erhalten wird.

Wegen ihres Bezugs auf die Gleichung nennt man sie auch stöchiometrische Ausbeute. Sie berücksichtigt bei der Berechnung die Anzahl der Mole als stöchiometrische Faktoren ν:

$$\text{Ausbeute}_{\text{Produkte}} = \frac{\nu_{\text{Edukte}}}{\nu_{\text{Produkte}}} \cdot \frac{(m_{\text{Edukte}} - m_{\text{Produkte}})}{m_{\text{Edukte}}}$$

ν_A, ν_B, ν_C ... oder ν_{Edukte}, ν_{Produkte} stöchiometrische Faktoren oder Koeffizienten; m_A, m_B ... oder m_{Edukte}, m_{Produkte} molare Masse der Edukte oder der Produkte.

Der stöchiometrische Faktor ist die Anzahl der Mole laut stöchiometrischer Reaktionsgleichung. Er besitzt für die Edukte (wegen ihrer Abnahme) ein negatives Vorzeichen und für die Produkte ein positives Vorzeichen; z. B. gilt für die Bildung von Ammoniak

$3\ H_2 + N_2 \rightarrow 2\ NH_3$

$\nu_{H_2} = -3, \quad \nu_{N_2} = -1, \quad \nu_{NH_3} = +2.$

12.8 Beeinflussung von Gleichgewichten – Ausbeutesteigerung

Es gibt Möglichkeiten, Gleichgewichte zu verschieben. Dabei muss zwischen Lage des Gleichgewichts und Gleichgewichtskonstante unterschieden werden, da sie beide unterschiedlich beeinflusst werden können. Die Gleichgewichtskonstante drückt für eine bestimmte stöchiometrisch formulierte Reaktionsgleichung **und** für eine bestimmte Temperatur aus, welche Seite der Reaktion begünstigt ist, wo sich also die Gleichgewichtslage befindet. (Aus der stöchiometrischen Gleichung ergibt sich auch die Dimension für K_c bzw. K_p; nur bei gleichen Stoffmengen der Edukte und Produkte wie bei den Beispielen in Abschnitt 12.4 und 12.6 ist K dimensionslos!).

Der Wert der Gleichgewichtskonstante hängt nur von der Temperatur ab.

Bei exothermen Reaktionen verschiebt sich das Gleichgewicht mit Erhöhung der Reaktionstemperatur in Richtung der Edukte, d. h., es entstehen weniger Produkte (Verringerung der Ausbeute). Der Wert von K sinkt mit steigender Temperatur. Die freigesetzte Wärme verhält sich sozusagen wie ein Reaktionsteilnehmer. Das entspricht auch dem Prinzip von Le Chatelier: Das System begünstigt die energiereicheren Ausgangsstoffe. Bei exothermen Vorgängen führt somit eine Temperaturerhöhung nicht zur Verschiebung der Gleichgewichtslage in Richtung der Produkte. Für endotherme Vorgänge ist dagegen bei höherer Temperatur die Bildung von Produkten begünstigt.

Aufgabe

Erklären Sie mithilfe des Prinzips vom kleinsten Zwang, warum sich bei endothermen Vorgängen der Wert von K bei steigender Reaktionstemperatur erhöht.

Der Druck ist im Allgemeinen ohne Einfluss auf K bzw. K_p, aber bei Gasreaktionen, bei denen die Volumina der Produkte gegenüber denen der Edukte abnehmen, wie z. B. bei der Ammoniak-Synthese $N_2 + 3\ H_2 \rightleftharpoons 2\ NH_3$ (vier Volumina ergeben zwei Volumina) wird nach dem Prinzip von Le Chatelier das Gleichgewicht mit Erhöhung des Drucks in

Richtung der Produkte verschoben (Erhöhung der Ausbeute). Erfolgt die Reaktion mit Vergrößerung der Produkt-Volumina, so führt Druckerniedrigung zu höherer Ausbeute.

Die Gleichgewichtslage lässt sich nicht nur durch die Temperatur, sondern auch durch Konzentrationsänderungen beeinflussen. Ungleichgewichte entstehen vorübergehend, wenn entweder ein Ausgangsstoff im Überschuss verwendet wird (Erhöhung der Konzentration eines Reaktionspartners) **oder** Produkte ständig aus dem Reaktionsraum entfernt werden (Erniedrigung der Konzentration eines Produkts).

Im ersten Fall führt der Überschuss einer Komponente zu einer Vergrößerung des Nenners im MWG. Werden z. B. bei der Reaktion A + B $\rightleftharpoons$ C + D wie im Beispiel Abschnitt 12.4 nicht je 1 Mol A und B, sondern für A 2 Mol eingesetzt, so werden sich die Stoffe A und B bei gleicher Temperatur ebenfalls bis zum Erreichen des Gleichgewichts, ausgedrückt durch $K_c = 16$, verbinden. Es entstehen jeweils x Mol C und D. Von den Stoffen A und B setzen sich im Gleichgewicht (2-x) Mol bzw. (1-x) Mol nicht um:

$$\underset{(2\text{-}x)\ \text{Mol}}{A} + \underset{(1\text{-}x)\ \text{Mol}}{B} \rightleftharpoons \underset{x\ \text{Mol}}{C} + \underset{x\ \text{Mol}}{D}$$

Daraus ergibt sich im MWG: $16 = \frac{x.x}{(2\text{-}x)\,(1\text{-}x)}$

Aufgabe

Lösen Sie die sich daraus ergebende Gleichung! Würde sich die Ausbeute erhöhen, wenn nicht A, sondern B mit 2 Mol angesetzt werden würde bzw. A und B mit je 2 Mol?

Die (sinnvolle) Lösung ist x = 0,947 Mol. Die Ausbeute hat sich somit gegenüber dem in Abschnitt 12.4 ausgeführten Beispiel durch die Verdopplung der Konzentration von A wesentlich erhöht.
Durch Entzug von Produkten aus dem Reaktionsgemisch während des Vorgangs wird der K-Wert unterschritten (Verkleinerung des Zählers). Dem dadurch erzeugten Ungleichgewicht weicht das System aus, indem es Produkte nachbildet. Wenn die Beseitigung kontinuierlich erfolgt, kann die Ausbeute eventuell sogar bei 100 % liegen.

Die Möglichkeit für die Entfernung von Endstoffen hängt von den Eigenschaften der Produkte ab und kann erfolgen

a) durch Entweichen eines gasförmigen Endstoffes z. B. bei der Calciumcarbid-Gewinnung durch Entweichen von Kohlenstoffmonoxid:
$CaO_{(f)} + 3\,C \rightleftharpoons CaC_{2\,(f)} + CO_{(g)}$
b) durch Auswaschen oder Verflüssigen eines Gases, z. B. des gebildeten Ammoniaks bei der Ammoniak-Synthese
c) durch Binden des entstehenden Wassers z. B. bei der Veresterung organischer Säure mit Alkohol mithilfe von Wasser adsorbierenden Mitteln (konz. H_2SO_4) oder Destillation:
$R\text{–}COOH + R'\text{–}OH \rightleftharpoons R\text{–}CO\text{–}O\text{–}R' + H_2O$
d) durch Ausfällen eines Produkts, z. B. beim Überschreiten der Löslichkeit

Das chemische Gleichgewicht kann durch einen ausgeübten Zwang in Form von Temperaturänderungen und Konzentrationsänderungen verschoben werden. Bei Gas-Reaktionen, bei denen sich das Volumen ändert (Änderung der Stoffmengen), kann das Gleichgewicht durch den Druck beeinflusst werden.

Die Gleichgewichtslage kann nicht durch Katalysatoren verändert werden. Sie erhöhen nur die Reaktionsgeschwindigkeit.

12.9 Gleichgewichte in heterogenen Systemen

Das Massenwirkungsgesetz ist in der bisher beschriebenen Form nur für **homogene Reaktionssysteme** gültig (Gasmischungen, Flüssigkeitsmischungen, Lösungen; vgl. dazu auch nachfolgende Abschnitte). Gleichzeitig wurden geschlossene Reaktionsräume vorausgesetzt.
Wenn Gase mit Flüssigkeiten, Gase mit festen Stoffen, Festkörper mit Flüssigkeiten im Kontakt miteinander im Gleichgewicht stehen, so spricht man von **heterogenen Systemen.** Hierbei können im MWG Vereinfachungen vorgenommen werden, solange noch Festkörper oder flüssige Phase vorliegen.
Wenn sich z. B. bei der Bildung von Iodwasserstoff neben Wasserstoff nicht nur Iod-Dampf, sondern noch zusätzlich Iod-Kristalle im Reaktionsraum befinden, kann die Konzentration von Iod-Dampf so lange als konstant angesehen werden, bis das gesamte feste Iod verdampft ist. Man kann dann die Iod-Konzentration (aus praktischen Gründen) mit der Gleichgewichtskonstante K als neue Konstante K' zusammenfassen.

Für die Reaktion $H_2 + I_2 \rightleftharpoons 2\,HI$ ändert sich das MWG:

homogenes Gemisch: $K = \frac{c^2_{HI}}{c_{H_2} \cdot c_{I_2}}$

heterogenes Gemisch: $K \cdot c_{I_2} = K' = \frac{c^2_{HI}}{c_{H_2}}$

Die Gleichgewichtskonstante K' für die Bildung von Kohlenstoffmonoxid aus festem Kohlenstoff und Kohlenstoffdioxid $C + CO_2 \rightleftharpoons 2\,CO$ beträgt somit bis zum vollständigen Umsatz des festen Kohlenstoffs:

$$K \cdot c_C = K' = \frac{c^2_{CO}}{c_{CO_2}}$$

Für das Gleichgewicht des Systems Wasserdampf/Wasser $H_2O_{(fl)} \rightleftharpoons H_2O_{(g)}$ ergibt sich, solange flüssige Phase vorhanden ist, als Gleichgewichtskonstante K' bzw. K_p':

$$K_p' = p_{H_2O(g)}$$

Aufgabe

Stellen Sie das Massenwirkungsgesetz für die Reaktion $CaCO_{3(f)} \rightleftharpoons CaO_{(f)} + CO_{2(g)}$ (Brennen von Kalkstein) auf!
Wie lautet K_p'?

12.10 Dissoziationskonstante von Elektrolyten

Wichtige Gleichgewichte bestehen in schwachen Elektrolyten (vgl. Abschnitt 10.2.6). Die Essigsäure dissoziiert in wässriger Lösung nach der Gleichung

$$CH_3COOH \rightleftharpoons \underset{\text{Acetat-Ion}}{CH_3COO^-} + H^+$$

Die Gleichgewichtskonstante bezeichnet man bei derartigen Reaktionen auch als **Dissoziationskonstante K_D**. Das Massenwirkungsgesetz lautet somit

$$K_D = \frac{c_{CH_3COO^-} \cdot c_{H^+}}{c_{CH_3COOH}}$$

Die Dissoziationskonstante der Essigsäure beträgt bei 25 °C $1{,}8 \cdot 10^{-5}$ mol · l^{-1}. Dieser Wert zeigt, dass das Gleichgewicht auf der Seite der undissoziierten Säure liegt (vgl. auch Abschnitt 12.11).

> Schwache Elektrolyte besitzen eine Dissoziationskonstante mit einem Zahlenwert $K_D < 10^{-4}$.
>
> Starke Elektrolyte haben eine Dissoziationskonstante mit einem Zahlenwert $K_D > 10^{-4}$.

Die Dissoziationsstufen (Protolysestufen) mehrwertiger Säuren (Abschnitt 10.2.6) haben von Stufe zu Stufe kleiner werdende K_D-Werte:

$K_{D,\,H_2SO_4} = 1 \cdot 10^3$ mol · l^{-1},

$K_{D,\,HSO_4^-} = 1{,}2 \cdot 10^{-2}$ mol · l^{-1}.

12.11 Ionenprodukt des Wassers und pH-Wert

Wasser ist ein sehr schwacher Elektrolyt. Es dissoziiert in Hydronium- bzw. Wasserstoff- und in Hydroxid-Ionen:

$$2\,H_2O \rightleftharpoons H_3O^+ + OH^-$$

oder vereinfacht:

$$H_2O \rightleftharpoons H^+ + OH^-$$

Die Dissoziationskonstante K_D von Wasser beträgt bei 25 °C

$$K_D = \frac{c_{H^+} \cdot c_{OH^-}}{c_{H_2O}}$$

$$K_D = 1{,}8 \cdot 10^{-16} \text{ mol} \cdot \text{l}^{-1}$$

Die Anzahl der Mole an undissoziiertem Wasser beträgt im Liter Wasser bzw. in 1000 g · l^{-1}

$$c_{H_2O} = \frac{1000 \text{ g} \cdot \text{l}^{-1}}{1 \text{ Mol}}$$

$$c_{H_2O} = \frac{1000 \text{ g} \cdot \text{l}^{-1}}{18 \text{ g} \cdot \text{mol}^{-1}}$$

$$c_{H_2O} = 55{,}56 \text{ mol} \cdot \text{l}^{-1}$$

Auf Grund der sehr geringen Dissoziation kann man diese Konzentration im neutralen Wasser als konstant ansehen und mit der Dissoziationskonstante des Wassers zu einer neuen Konstante vereinen:

$$K_D \cdot c_{H_2O} = c_{H^+} \cdot c_{OH^-}$$

$$K_D \cdot c_{H_2O} = 1{,}8 \cdot 10^{-16} \text{ mol} \cdot \text{l}^{-1} \cdot 55{,}56 \text{ mol} \cdot \text{l}^{-1}$$

$$K_D \cdot c_{H_2O} = 10^{-14} \text{ mol}^2 \cdot \text{l}^{-2}$$

Man erhält daraus als wichtige Konstante das **Ionenprodukt des Wassers K_W** (bei 25 °C):

> $K_W = c_{H^+} \cdot c_{OH^-} = 10^{-14}$ mol^2 · l^{-2}

Dieses Ergebnis ist in verschiedener Hinsicht bemerkenswert:

- Auch im neutralen Wasser liegen Wasserstoff- und Hydroxid-Ionen vor, und zwar in gleicher Konzentration:
  $c_{H^+} \cdot c_{OH^-} = 10^{-14}$ mol^2 · l^{-2}
  $c_{H^+} = c_{OH^-} = 10^{-7}$ mol · l^{-1}
- Im sauren und basischen Medium ist die Hydroxid- oder auch die Wasserstoff-Ionenkonzentration nie null, denn das Produkt beider Konzentrationen ist (bei 25 °C) 10^{-14} mol^2 · l^{-2}
- Im sauren Medium, d. h. in Säurelösungen, gilt, dass die OH^--Ionenkonzentration kleiner als die H^+-Ionenkonzentration ist:
  sauer: $c_{H^+} > c_{OH^-}$ bzw. $c_{H^+} > 10^{-7}$ mol · l^{-1}
- Im basischen Medium, d. h. in Laugen, ist die OH^--Ionenkonzentration größer als die H^+-Ionenkonzentration:
  basisch: $c_{OH^-} > c_{H^+}$ bzw. $c_{H^+} < 10^{-7}$ mol · l^{-1}

Die Charakterisierung des Säureanteils einer Lösung mithilfe des negativen Exponenten der Wasserstoff-Ionenkonzentration ist natürlich möglich, im Gebrauch aber umständlich. Aus praktischen Gründen wurde deshalb eine mathematische Definition eingeführt, nach der nur der Exponent der Wasserstoff-Ionenkonzentration als positive Zahl verwendet wird. Die Zahl, die man dadurch erhält, heißt **pH-Wert** (abgeleitet aus pondus hydrogenii, lat. Gewicht des Wasserstoffs, bzw. potentia hydrogenii, lat. Wirksamkeit oder Kraft des Wasserstoffs). Die Definition lautet:

Der pH-Wert ist der negative dekadische Logarithmus des Zahlenwertes der molaren Wasserstoff-Ionenkonzentration c_{H^+}.

Obwohl die Definition umständlich anmutet, wird die dadurch getroffene Vereinfachung sofort an Beispielen deutlich:

$c_{H^+} = 10^{-3}\ \text{mol} \cdot l^{-1}$
$\text{pH} = -\lg 10^{-3}$
$\text{pH} = 3$

Für die Umrechnung des pH-Wertes in die Wasserstoff-Ionenkonzentration gilt die Definition

$c_{H^+} = \lg - \text{pH}$
$c_{H^+} = \lg - 3$
$c_{H^+} = 10^{-3}\ \text{mol} \cdot l^{-1}$

Im praktischen Gebrauch ist klar, dass es sich z. B. bei pH = 1 oder pH = 4,5 um verdünnte Säurelösungen mit der Wasserstoff-Ionenkonzentration $c_{H^+} = 10^{-1}\ \text{mol} \cdot l^{-1}$ bzw. $c_{H^+} = 10^{-4,5}\ \text{mol} \cdot l^{-1}$ handelt.

Somit können saure, neutrale und basische Medien einfach charakterisiert werden:

pH = 0 ⟵ pH = 7 ⟶ pH = 14
⟵ neutral ⟶
sauer basisch

Verdünnte Säuren haben einen pH-Wert kleiner als 7.
Verdünnte Laugen haben einen pH-Wert größer als 7.
Neutrale Medien haben einen pH-Wert gleich 7.

Die Dissoziation des Wassers nimmt mit der Temperatur zu.

12.12 pH-Messung

Mit Indikatoren ist nicht nur die saure bzw. basische Reaktion feststellbar, sondern in Näherung auch der pH-Wert.
Im Abschnitt 10.2.2 wurde bereits die durch Protonen gesteuerte Farbänderung erwähnt.

Indikatoren sind sehr schwache Säuren (Zeichen: H-Ind).

In wässriger Lösung erfolgt in geringem Umfang Protolyse. Es liegen folgende Säure-Base-Paare vor:

$$\underset{\text{Säure}}{\text{H-Ind}} + \underset{\text{Base}}{H_2O} \rightleftharpoons \underset{\text{Säure}}{H_3O^+} + \underset{\text{Base}}{\text{Ind}^-}$$

Gibt man zu dieser Lösung eine Säure, so verschiebt sich das Gleichgewicht nach links zum undissoziierten Molekül. Eine Base bindet dagegen das Hydronium-Ion ab, folglich wird das Gleichgewicht nach rechts verschoben.
Das undissoziierte Indikator-Molekül H-Ind absorbiert andere Lichtwellen als das Anion Ind^-, deshalb erscheint die Lösung je nach Gleichgewichtslage bzw. pH-Wert unterschiedlich gefärbt.
Die verschiedenen Indikatoren ändern ihre Farbe jeweils in einem bestimmten pH-Bereich (Abb. 12-2, 12-3).

Abb. 12-2
Säure-Lösungen mit Methylrot (links), Bromthymolblau (Mitte) und Phenolphthalein (rechts)

Abb. 12-3
Hydroxid-Lösungen mit Methylrot (links), Bromthymolblau (Mitte) und Phenolphthalein (rechts)

Umschlagbereiche von wichtigen Indikatoren

Name des Indikators	Farbe bei niedrigem pH-Wert	Farbumschlag im pH-Bereich	Farbe bei höherem pH-Wert
Thymolblau	rot gelb	1,2 ... 2,8 8,0 ... 9,6	gelb blau
Methylorange	rot	3,1 ... 4,4	gelb
Methylrot	rot	4,4 ... 6,2	gelb
Lackmus	rot	5,0 ... 8,0	blau
Bromthymolblau	gelb	6,0 ... 7,6	blau
Phenolphthalein	farblos	8,2 ... 10,0	rot
Thymolphthalein	farblos	9,4 ... 10,6	blau
Alizaringelb	gelb	10,1 ... 12	rotbraun

Übersicht 12-1

Universalindikator-Papiere enthalten mehrere Indikatoren, die verschiedene, nicht identische Umschlagsbereiche besitzen und sich nicht gegenseitig in den Farben stören (Abb. 12-4). Mit ihnen kann der pH-Wert durch Farbvergleich mit einer vorgegebenen Farbskala festgestellt werden (Abb. 12-5). Die Genauigkeit liegt bei etwa 0,5 pH-Wert-Einheiten. Testpapiere für bestimmte pH-Bereiche gestatten Genauigkeiten von ca. 0,1 pH-Wert-Einheiten.

Universalindikatoren werden auch als Lösung angewendet.

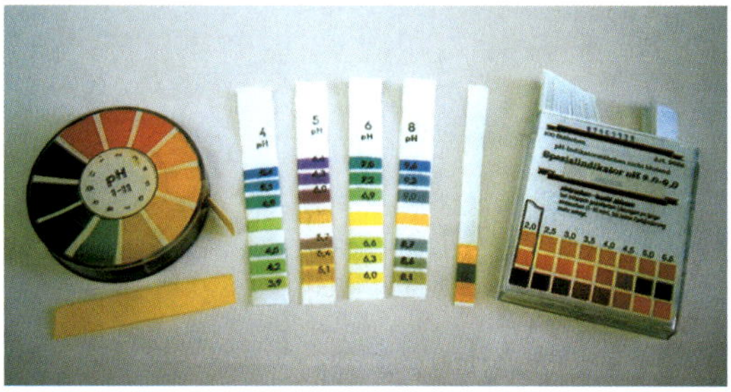

Abb. 12-4
Universalindikator-Papier (links) und Indikator-Papier für bestimmte pH-Bereiche (rechts)

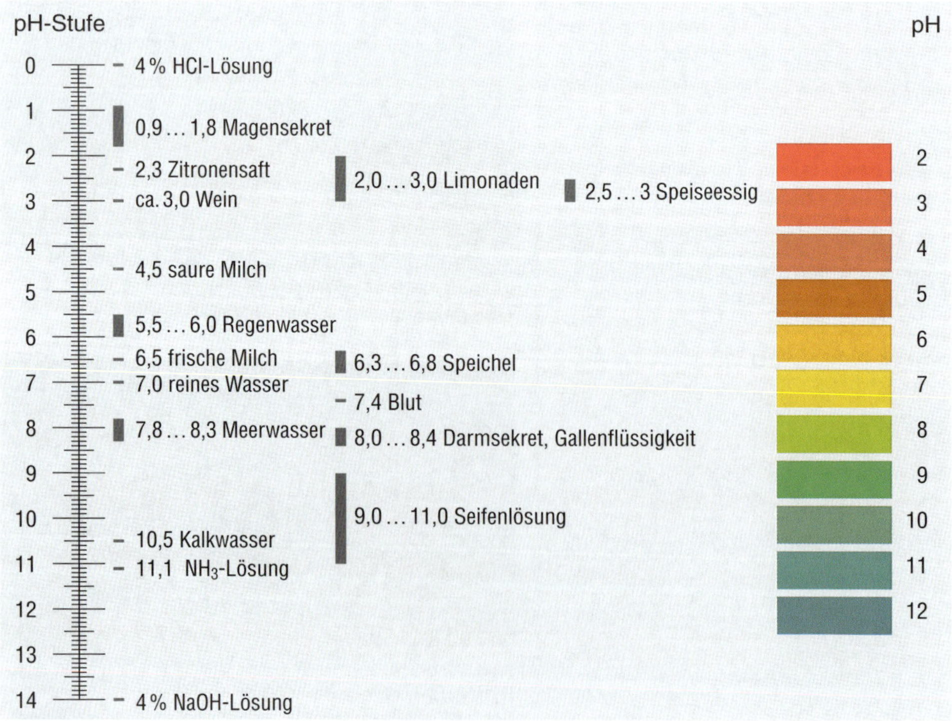

Abb. 12-5
pH-Werte verschiedener Lösungen und pH-Farbskala für Papier-Universalindikator

Versuche

T+ Sehr giftig

R 26, S 23

1. Prüfen Sie verdünnte Säuren wie HCl $c = 0{,}1\ \text{mol} \cdot l^{-1}$, Essigsäure $c = 0{,}001\ \text{mol} \cdot l^{-1}$, gesättigtes H_2S-Wasser mit Universalindikator-Papier. Versetzen Sie die Lösungen anschließend mit flüssigem Universalindikator und vergleichen Sie die Färbungen. Notieren Sie die Farbumschläge. (H_2S nicht einatmen!)
2. Prüfen Sie in gleicher Weise verschiedene verfügbare Stoffe wie Mineralwasser, Fruchtsäfte, Bier, reines Wasser, Lösung von Spülmitteln, Buttermilch etc.

Exaktere Bestimmungen des pH-Wertes sind mittels pH-Messgeräten möglich. Der pH-Wert wird elektrochemisch gemessen, denn mit der Wasserstoff-Ionenkonzentration ändert sich die elektrische Spannung an der Messelektrode (Abb. 12-6).
Die Messgenauigkeit der Geräte beträgt bis 0,01 pH-Wert-Einheiten.

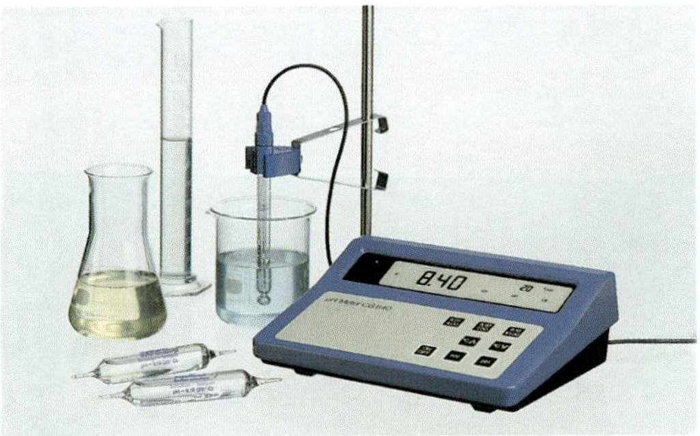

Abb. 12-6 **pH-Messgerät**

12.13 Säure- und Basenkonstanten – pK_S- und pK_B-Werte

Im Abschnitt 12.10 wurde die Dissoziationskonstante ohne Berücksichtigung des Wassers abgeleitet. Für die Bestimmung der **Säure-** und **Basenkonstante** wird die Konzentration des Wassers c in das Massenwirkungsgesetz einbezogen:

$$\text{Säure} + H_2O \rightleftharpoons \text{Base} + H_3O^+$$

$$K_S = \frac{c_{Base} \cdot c_{H_3O^+}}{c_{Säure} \cdot c_{H_2O}}$$

$c_{Säure}$ = Konzentration der undissoziierten Säure

In wässrigen Lösungen gilt $c_{H_2O} \approx$ konst., deshalb wird wie beim Ionenprodukt des Wassers c_{H_2O} in die Gleichgewichtskonstante K_S einbezogen.

Für die Säurekonstante K_S ergibt sich

$$K_S = \frac{c_{Base} \cdot c_{H_3O^+}}{c_{Säure}}$$

Für die Base und die Basenkonstante gilt analog

$$\text{Base} + H_2O \rightleftharpoons OH^- + \text{Säure}$$

$$K_B = \frac{c_{OH^-} \cdot c_{Säure}}{c_{Base}}$$

c_{Base} = Konzentration der undissoziierten Base

Die Multiplikation der beiden letzten Gleichungen ergibt

$$K_S \cdot K_B = \frac{c_{Base} \cdot c_{H_3O^+} \cdot c_{OH^-} \cdot c_{Säure}}{c_{Säure} \cdot c_{Base}}$$

Die Vereinfachung durch Kürzen führt zu

$$K_S \cdot K_B = c_{(H_3O^+)} \cdot c_{(OH^-)}$$

Das ist gleich dem Ionenprodukt des Wassers $10^{-14}\ \text{mol}^2 \cdot l^{-2}$:

$$K_S \cdot K_B = K_W = 10^{-14}\ \text{mol}^2 \cdot l^{-2}$$

Mit dem Wert der Säurekonstante ist somit auch der Wert der Basenkonstante gegeben.

Beispiel:
Für $K_S = 2 \cdot 10^{-4}\ \text{mol} \cdot l^{-1} = 10^{0,3} \cdot 10^{-4}\ \text{mol} \cdot l^{-1}$
ergibt sich
für $K_B = 5 \cdot 10^{-11} = 10^{0,7} \cdot 10^{-11}\ \text{mol} \cdot l^{-1}$
bzw. als Produkt:
$10^{-3,7} \cdot \text{mol} \cdot l^{-1} \cdot 10^{-10,3}\ \text{mol} \cdot l^{-1} = 10^{-14}\ \text{mol}^2 \cdot l^{-2}$

So wie beim Ionenprodukt des Wassers der pH-Wert festgelegt wurde, führte man auch einen **pK_S**- und einen **pK_B-Wert** ein:

Der pK_S-Wert ist der negative dekadische Logarithmus des Zahlenwertes der Säurekonstante K_S.
Der pK_B-Wert ist der negative dekadische Logarithmus des Zahlenwertes der Basenkonstante K_B.

Die Definition führt zu der Vereinfachung:

$$pK_S + pK_B = 14$$

Die definitorischen Festlegungen machen es möglich, die Stärke von Säuren und Basen durch einfache Zahlen anzugeben (vgl. Übersicht 12-2).

Die Stärke einer Säure wird durch den pK_S-Wert, die Stärke einer Base durch den pK_B-Wert ausgedrückt.

Dabei ist zu beachten, dass eine große Säurekonstante K_S eine hohe Dissoziation bzw. starke Säu-

Säure-Base-Paare (Säure-Konstanten, Basen-Konstanten, pK_S- und pK_B-Werte)

Acidität	K_S $mol \cdot l^{-1}$	pK_S	Säure ⟵ korrespondierende ⟶	Base	pK_B	K_B $mol \cdot l^{-1}$	Basizität
sehr stark	10^{9}	–9	$HClO_4$ Perchlorsäure	ClO_4^-	23	10^{-23}	sehr schwach
sehr stark	10^{6}	–6	HCl Salzsäure	Cl^-	20	10^{-20}	sehr schwach
sehr stark	10^{3}	–3	H_2SO_4 Schwefelsäure	HSO_4^-	17	10^{-17}	sehr schwach
sehr stark	$10^{1,3}$	–1,3	HNO_3 Salpetersäure	NO_3^-	15,3	$10^{-15,3}$	sehr schwach
sehr stark	10^{0}	0	H_3O^+ Hydronium-Ion	H_2O	14	10^{-14}	sehr schwach
stark	$10^{-1,9}$	1,9	H_2SO_3 Schweflige Säure	HSO_3^-	12,1	$10^{-12,1}$	schwach
stark	$10^{-1,96}$	1,96	H_3PO_4 Phosphorsäure	$H_2PO_4^-$	12,04	$10^{-12,04}$	schwach
stark	$10^{-3,1}$	3,1	HF Flusssäure	F^-	10,9	$10^{-10,9}$	schwach
mittelstark	$10^{-4,8}$	4,8	CH_3COOH Essigsäure	CH_3COO^-	9,2	$10^{-9,2}$	mittelstark
mittelstark	$10^{-6,5}$	6,5	H_2CO_3 Kohlensäure	HCO_3^-	7,5	$10^{-7,5}$	mittelstark
mittelstark	$10^{-7,1}$	7,1	H_2S Schwefelwasserstoff	HS^-	6,9	$10^{-6,9}$	mittelstark
mittelstark	$10^{-7,2}$	7,2	HSO_3^- Hydrogensulfit-Ion⁻	SO_3^{2-}	6,8	$10^{-6,8}$	mittelstark
mittelstark	$10^{-7,12}$	7,12	$H_2PO_4^-$ Dihydrogenphosphat-Ion	HPO_4^{2-}	6,88	$10^{-6,88}$	mittelstark
mittelstark	$10^{-9,2}$	9,2	NH_4^+ Ammonium-Ion	NH_3	4,8	$10^{-4,8}$	mittelstark
schwach	$10^{-9,4}$	9,4	HCN Cyanwasserstoffsäure	CN^-	4,6	$10^{-4,6}$	stark
schwach	$10^{-10,4}$	10,4	HCO_3^- Hydrogencarbonat-Ion	CO_3^{2-}	3,6	$10^{-3,6}$	stark
schwach	$10^{-12,3}$	12,3	HPO_4^{2-} Hydrogenphosphat-Ion	PO_4^{3-}	1,7	$10^{-1,7}$	stark
schwach	$10^{-12,9}$	12,9	HS^- Hydrogensulfid-Ion	S^{2-}	1,1	$10^{-1,1}$	stark
sehr schwach	10^{-14}	14	H_2O Wasser	OH^-	0	10^{0}	sehr stark
sehr schwach	10^{-24}	24	OH^- Hydroxid-Ion	O^{2-}	–10	10^{10}	sehr stark

Übersicht 12-2

re bedeutet. Durch Logarithmieren wird daraus aber ein kleiner pK_S-Wert (z. B. $K_S = 10^3$ mol · l^{-1} wird zu p$K_S = -3$!).

Je kleiner der pK_S-Wert, desto stärker ist die Säure.

Starke Säuren wie H_2SO_4, HCl, HNO_3 haben pK_S-Werte < 1 (vgl. Übersicht 12-2).

Analog gilt für Basen:
Eine starke Base hat einen hohen Dissoziationsgrad und somit eine große Basenkonstante und einen kleinen pK_B-Wert.

Je kleiner der pK_B-Wert, desto stärker ist die Base.

Starke Basen wie NaOH, KOH haben pK_B-Werte < 1 (vgl. Übersicht 12-2).

Die Betrachtungen können auch auf Säure-Base-Paare ausgedehnt werden. Dabei gelangt man zu folgendem Ergebnis:
Die korrespondierende Base einer starken Säure (kleiner pK_S-Wert) hat einen großen pK_B-Wert. Die korrespondierende Base einer schwachen Säure (großer pK_S-Wert) hat einen kleinen pK_B-Wert (vgl. dazu die Säure-Base-Paare der Übersicht 12-2).

In den korrespondierenden Säure-Base-Paaren gilt:

Eine starke Säure hat eine schwache korrespondierende Base,
eine mittelstarke Säure hat eine mittelstarke korrespondierende Base,
eine schwache Säure hat eine starke korrespondierende Base.

12.14 Berechnung des pH-Wertes

Mithilfe der pK_S- und pK_B-Werte kann der pH-Wert berechnet werden.
Verdünnte starke Säuren und Basen sind in wässriger Lösung praktisch vollständig dissoziiert (protolysiert). Somit ist $c_{(H_3O^+)}$ bzw. $c_{(OH^-)}$ gleich der Gesamtkonzentration.

Beispiel: Säure
Für eine HCl-Lösung $c = 0{,}1$ mol · l^{-1}
ist $c_{(H_3O^+)} = 10^{-1}$ mol · l^{-1}.
Daraus folgt pH = 1.

Beispiel: Base
Für eine NaOH-Lösung $c = 0{,}01$ mol · l^{-1}
ist $c_{(OH^-)} = 10^{-2}$ mol · l^{-1}.
Daraus folgt $c_{(H_3O^+)} = 10^{-12}$ mol · l^{-1} und pH = 12.

Aufgabe
Welchen pH-Wert haben eine HCl-Lösung $c = 0{,}5$ mol · l^{-1} und eine NaOH-Lösung $c = 0{,}02$ mol · l^{-1}?

Schwache Säuren und schwache Basen sind unvollständig dissoziiert (protolysiert). Es liegen messbare Konzentrationen $c_{\text{Säure}}$ und c_{Base} vor, aber es gilt nicht $c_{(H_3O^+)}$ = Gesamtkonzentration bzw. $c_{(OH^-)}$ = Gesamtkonzentration. Dagegen kann wegen schwacher Protolyse $c_{\text{Säure}} \approx$ Gesamtkonzentration und $c_{\text{Base}} \approx$ Gesamtkonzentration gesetzt werden.

Der pH-Wert der wässrigen Säure- bzw. Base-Lösung ist mithilfe der folgenden Näherungsformeln zu berechnen:

Säure: $$\text{pH} = \frac{\text{p}K_S - \lg c_{\text{Säure}}}{2}$$

Base: $$\text{pH} = 7 + \frac{\text{p}K_S + \lg c_{\text{Base}}}{2}$$

Beispiele:
1. Gegeben ist eine Essigsäure $c = 0{,}1$ mol · l^{-1}. Welchen pH-Wert hat die Lösung?
   Aus der Übersicht 12-2 ergibt sich für Essigsäure pK_S = 4,8.
   $c_{\text{Säure}} = 10^{-1}$ mol · l^{-1} $\quad \lg c_{\text{Säure}} = -1$
   $$\text{pH} = \frac{4{,}8 - (-1)}{2}$$
   pH = 2,9
2. Gegeben ist eine NH_3-Lösung $c = 0{,}01$ mol · l^{-1}. Welchen pH-Wert hat die Lösung?
   Aus der Übersicht 12-2 ergibt sich pK_S = 9,2.
   $c_{\text{Base}} = 10^{-2}$ mol · l^{-1} $\quad \lg c_{\text{Base}} = -2$
   $$\text{pH} = 7 + \frac{9{,}2 - 2}{2} = 7 + 3{,}6$$
   pH = 10,6

Aufgabe
Berechnen Sie den pH-Wert folgender Lösungen: Phosphorsäure $c = 0{,}01$ mol · l^{-1}
Flusssäure $c = 0{,}1$ mol · l^{-1}
Essigsäure $c = 0{,}5$ mol · l^{-1}
Cyanwasserstoffsäure (Blausäure) $c = 0{,}3$ mol · l^{-1}

Andere Näherungsgleichungen führen über die Berechnung der Konzentration von Hydronium- bzw. Hydroxid-Ionen zu gleichen Ergebnissen:

$$c_{(H_3O^+)} \approx \sqrt{K_S \cdot c} \quad \text{bzw.} \quad c_{(OH^-)} \approx \sqrt{K_B \cdot c}$$

c = Ausgangskonzentration der Säure bzw. Base

Für Essigsäure $c = 0{,}1\ mol \cdot l^{-1}$ ergibt sich

$$c_{(H_3O^+)} = \sqrt{10^{-4,8} \cdot 10^{-1}}\ mol \cdot l^{-1}$$

$$c_{(H_3O^+)} = \sqrt{10^{-5,8}}\ mol \cdot l^{-1} = 10^{-2,9}\ mol \cdot l^{-1}$$

$$pH = 2{,}9$$

Für Ammoniak-Lösung $c = 0{,}01\ mol \cdot l^{-1}$ folgt

$$c_{(OH^-)} = \sqrt{10^{-4,8} \cdot 10^{-2}}\ mol \cdot l^{-1} = 10^{-3,4}\ mol \cdot l^{-1}$$

$$c_{(H_3O^+)} = \frac{10^{-14}\ mol^2 \cdot l^{-2}}{10^{-3,4}\ mol \cdot l^{-1}} = 10^{-10,6}\ mol \cdot l^{-1}$$

$$pH = 10{,}6$$

12.15 Hydrolyse

Wässrige Lösungen von Salzen starker Säuren und starker Basen wie NaCl, KNO_3 oder KBr reagieren neutral.

Anders verhalten sich die Salzlösungen starker Säuren und schwacher Basen bzw. schwacher Säuren und starker Basen, wie z. B. Lösungen von NH_4Cl, CH_3COONa, Na_2S oder NaCN.

Versuch

Prüfen Sie mit einem Universalindikator wässrige Lösungen von Natriumchlorid NaCl, Kaliumnitrat KNO_3, Ammoniumchlorid NH_4Cl und Natriumacetat CH_3COONa. Ergebnis? Geruch der Lösungen?

Im Falle des Ammoniumchlorids und des Natriumacetats unterliegen die NH_4^+- und die CH_3COO^--Ionen im Wasser einer **Protolyse,** die auch **Hydrolyse** genannt wird:

$$NH_4^+ + Cl^- + H_2O \overset{H^+}{\rightleftharpoons} H_3O^+ + NH_3 + Cl^-$$

Säure 1 — Base 2 — Säure 2 — Base 1

$$CH_3COO^- + Na^+ + H_2O \overset{H^+}{\rightleftharpoons} CH_3COOH + OH^- + Na^+$$

Base 1 — Säure 1 — Säure 1 — Base 2

Die Gleichgewichte beider Reaktionen liegen auf der rechten Seite.

In der Ammoniumchlorid-Lösung stören sich H_3O^+ und Cl^- als starke Elektrolyte nicht. NH_4^+ ist jedoch eine schwache Kation-Säure, von der die starke Base H_2O ein Proton „einfängt“ (vgl. pK_S- bzw. pK_B-Werte in Übersicht 12-2). Es entsteht ein Überschuss an H_3O^+-Ionen, der zur sauren Reaktion der Lösung führt.

Das Acetat-Ion CH_3COO^- ist gegenüber dem Wasser eine schwache Anion-Base. Sie „übernimmt“ aus dem Wasser Protonen. Es entstehen OH^--Ionen, die eine basische Reaktion bewirken. Natrium- und OH^--Ionen stören sich gegenseitig nicht, da NaOH ein starker Elektrolyt ist (vollständig dissoziiert).

Hydrolyse ist eine Protolyse von Salzen schwacher Säuren und starker Basen bzw. starker Säuren und schwacher Basen in wässriger Lösung.

Der pH-Wert hydrolysierter Salze kann mit den Näherungsgleichungen berechnet werden, die im Abschnitt 12.10 angegeben sind:

1. Der pH-Wert einer basisch reagierenden CH_3COONa-Lösung in Wasser $c = 0{,}1\ mol \cdot l^{-1}$ ergibt sich aus

$$pH = 7 + \frac{pK_S + \lg c_{Base}}{2}$$

$$pH = 7 + \frac{4{,}8 - 1}{2}$$

$$pH = 8{,}9$$

Base: CH_3COO^-
$c_{Base} = 0{,}1\ mol \cdot l^{-1}$
pK_S, Essigsäure = 4,8

2. Der pH-Wert einer sauer reagierenden NH_4Cl-Lösung in Wasser $c = 0{,}1\ mol \cdot l^{-1}$ ergibt sich nach

$$pH = \frac{pK_S - \lg c_{Säure}}{2}$$

$$pH = \frac{9{,}2 - (-1)}{2}$$

$$pH = 5{,}1$$

Säure: NH_4^+
$c_{Säure} = 0{,}1\ mol \cdot l^{-1}$
$pK_S\ (NH_4^+) = 9{,}2$

Aufgaben

1. Berechnen Sie die pH-Werte der $0{,}1\ mol \cdot l^{-1}$ CH_3COONa- und $0{,}1\ mol \cdot l^{-1}$ NH_4Cl-Lösungen nach der 2. Näherungsgleichung und vergleichen Sie die Ergebnisse mit den Werten, die nach der 1. Näherungsgleichung (Abschnitt 12.14) erhalten wurden.
2. Errechnen Sie die pH-Werte folgender wässriger Lösungen nach beiden Näherungsgleichungen, nachdem Sie mithilfe der K_S- und K_B-Werte abgeschätzt haben, ob eine saure oder basische Hydrolyse stattfindet:
$c\,(NaCN) = 0{,}1\ mol \cdot l^{-1}$;
$c\,(Na_2S) = 0{,}01\ mol \cdot l^{-1}$ (zu HS^-);
$c\,(Na_2CO_3) = 0{,}1\ mol \cdot l^{-1}$ (zu HCO_3^-);
$c\,(NaHCO_3) = 0{,}2\ mol \cdot l^{-1}$;
$c\,(CH_3COOK) = 0{,}5\ mol \cdot l^{-1}$!

12.16 Löslichkeitsprodukt

Eine Lösung, die keinen weiteren Stoff aufnehmen kann, gilt als **gesättigte Lösung.** Eine weitere Zugabe des betreffenden Stoffes bildet einen so genannten Bodenkörper. Ein ebensolcher entsteht, wenn eine **Ionenreaktion** zu einem schwer löslichen Salz führt.

Versuch

Versetzen Sie verdünnte $AgNO_3$-Lösung mit einer chloridhaltigen Lösung, z. B. NaCl-Lösung. Wiederholen Sie den Versuch mit $AgNO_3$- und KBr-Lösung.

Die Ag^+- und Cl^--Ionen bzw. Ag^+- und Br^--Ionen reagieren zu schwer löslichen Verbindungen, weil die Löslichkeit überschritten ist:

$$Ag^+ + Cl^- \rightleftharpoons \underline{AgCl_{(f)}}$$
$$Ag^+ + Br^- \rightleftharpoons \underline{AgBr_{(f)}}$$

Die schwer löslichen Salze setzen sich nach einiger Zeit als Niederschlag ab. Die darüberstehende Lösung ist gesättigt. Sie enthält im Gleichgewicht noch eine geringe konstante, aber von der Temperatur abhängige Menge an undissoziierten AgCl, Ag^+- und Cl^--Ionen bzw. AgBr, Ag^+- und Br^--Ionen. Es besteht ein dynamisches Gleichgewicht: In der Zeiteinheit dissoziieren ebenso viele AgCl-Teilchen, wie wiederum aus Ionen entstehen.

Allgemein kann für ein solches, stark auf der rechten Seite liegendes Gleichgewicht auch geschrieben werden:

$$KA \rightleftharpoons K^+ + A^-$$

undissoziiertes Salzteilchen — Kation — Anion

Das Massenwirkungsgesetz ergibt als Konstante K

$$K = \frac{c_{K^+} \cdot c_{A^-}}{c_{KA}}$$

Die Konzentration des undissoziierten Salzes c_{KA} ist in Salzlösungen gering. Bei T = konst. und Bildung von Bodenkörpern gilt auch c_{KA} = konst. Der Wert kann in die Konstante K einbezogen werden.

Die neue Konstante heißt **Löslichkeitsprodukt** K_L.

$$\boxed{K_L = c_{K^+} \cdot c_{A^-}}$$

Ein Niederschlag (Bodenkörper) entsteht durch eine Ionenreaktion, wenn das Löslichkeitsprodukt überschritten wird.

Löslichkeit und Löslichkeitsprodukt sind temperaturabhängig.

Für die angegebenen Reaktionen lautet das Löslichkeitsprodukt

$$K_{L,\,AgCl} \rightleftharpoons c_{Ag^+} \cdot c_{Cl^-}$$
$$K_{L,\,AgBr} \rightleftharpoons c_{Ag^+} \cdot c_{Br^-}$$

In einer gesättigten Lösung, z. B. von AgCl gilt

$$K_{L,\,AgCl} = c_{Ag^+} \cdot c_{Cl^-} = 10^{-10}\ mol^2 \cdot l^{-2}$$
$$c_{Ag^+} = c_{Cl^-} = \sqrt{10^{-10}}\ mol \cdot l^{-1} = 10^{-5}\ mol \cdot l^{-1}$$

Wird die Konzentration einer Ionenart, z. B. von Cl^- erhöht, indem man das Fällungsmittel im Überschuss anwendet, so ist das Gleichgewicht gestört.

Es gilt nun: $c_{Ag^+} < c_{Cl^-}$ und $K_{L,\,AgCl} \neq 10^{-10}\ mol^2 \cdot l^{-2}$.

Weitere Ag^+- und Cl^--Ionen müssen sich nun zu unlöslichem AgCl verbinden (zusätzlichen Bodenkörper bilden), bis wieder gilt $K_{L,\,AgCl} = 10^{-10}\ mol^2 \cdot l^{-2}$.

Beispiel: Es wird so viel Fällungsmittel zugegeben, dass c_{Cl^-} einen Wert von $10^{-1}\ mol \cdot l^{-1}$ annimmt, nun muss c_{Ag^+} auf $10^{-9}\ mol \cdot l^{-1}$ sinken.

Dann gilt wieder

$$K_{L,\,AgCl} = 10^{-9}\ mol \cdot l^{-1} \cdot 10^{-1}\ mol \cdot l^{-1} = 10^{-10}\ mol^2 \cdot l^{-2}.$$

Eine Ionenart kann somit durch weitere Zugabe der anderen Ionenart in stärkerem Maße ausgefällt werden. Man wählt dafür den Ausdruck „quantitativ", obwohl – wie das Beispiel auch zeigt – die Konzentration nicht null werden kann.
Das Löslichkeitsprodukt wird sinnvoll nur für schwer lösliche Verbindungen angegeben (vgl. Übersicht 12-3).

Löslichkeitsprodukte von schwer löslichen Salzen bei 20 °C

Verbindung	Löslichkeitsprodukt in $mol^2 \cdot l^{-2}$
CH_3COOAg	$4{,}4 \cdot 10^{-3}$
$Ag_2Cr_2O_7$	$2{,}5 \cdot 10^{-11}$
AgCl	$1 \cdot 10^{-10}$
AgBr	$3{,}5 \cdot 10^{-13}$
AgI	$2 \cdot 10^{-16}$
Ag_2S	$6{,}7 \cdot 10^{-49}$
$CaSO_4$	$6{,}1 \cdot 10^{-5}$
$CaCO_3$	$0{,}8 \cdot 10^{-8}$
$BaCO_3$	$7 \cdot 10^{-9}$
$BaSO_4$	$1 \cdot 10^{-10}$
$PbSO_4$	$2 \cdot 10^{-14}$
$BaCrO_4$	$2{,}4 \cdot 10^{-10}$
$PbCrO_4$	$1{,}8 \cdot 10^{-14}$

Übersicht 12-3

12.17 Puffer

Schwache Säuren sowie schwache Basen unterliegen einer geringen Protolyse. Eine Essigsäure $c = 0{,}1\ \text{mol} \cdot \text{l}^{-1}$ enthält ca. 98,7 % undissoziierte Moleküle. Das Gleichgewicht der Reaktion liegt auf der linken Seite:

$$CH_3COOH + H_2O \leftrightarrows H_3O^+ + CH_3COO^-$$
$$\approx 1{,}3\ \%$$

Die Säurekonstante K_S beträgt (Übersicht 12-2)

$$K_S = \frac{c(H_3O^+) \cdot c(CH_3COO^-)}{c(CH_3COOH)} = 10^{-4{,}8}\ \text{mol} \cdot \text{l}^{-1}$$

Gibt man zur Essigsäure eines ihrer Salze, z. B. Natriumacetat CH_3COONa, so wird der Wert von K_S gestört. Der Zähler ist zu groß. Es müssen so viele H_3O^+- und CH_3COO^--Ionen zu undissoziierten Essigsäuremolekülen zusammentreten, bis das Gleichgewicht bzw. $K_S = 10^{-4{,}8}\ \text{mol} \cdot \text{l}^{-1}$ hergestellt ist (Umkehrung der Protolyse). Praktisch liegen nur undissoziierte CH_3COOH-Moleküle vor.

In einer reinen Acetat-Lösung findet man auf Grund der geringen Protolyse nur wenige CH_3COOH-Moleküle:

$$CH_3COO^- + H_2O \rightleftharpoons CH_3COOH + OH^-$$

Das Gleichgewicht liegt auf der linken Seite:

$$K_B = \frac{c(CH_3COOH) \cdot c(OH^-)}{c(CH_3COO^-)} = 10^{-9{,}2}\ \text{mol} \cdot \text{l}^{-1}$$

Fügt man der Acetat-Lösung Essigsäure hinzu, so wird die Protolyse (Hydrolyse) zurückgedrängt, bis sich der Wert von K_B einstellt.

In einem Essigsäure-Acetat-Gemisch kann somit in guter Näherung gesetzt werden:

$$c(CH_3COOH)_{\text{, undissoziiert}} = c(CH_3COOH)_{\text{, gesamt}}$$
$$c(CH_3COO^-) = c_{\text{Acetat, gesamt}}$$

Danach ergibt sich der pH-Wert für ein Gemisch aus Essigsäure $c_{(HAc)} = 0{,}1\ \text{mol} \cdot \text{l}^{-1}$ und Natriumacetat $c_{(AcNa)} = 0{,}2\ \text{mol} \cdot \text{l}^{-1}$ wie folgt:

$$K_{S,\,HAc} = \frac{c(H_3O^+) \cdot c(Ac^-)}{c(HAc)} = 10^{-4{,}8}\ \text{mol} \cdot \text{l}^{-1}$$

$$10^{-4{,}8}\ \text{mol} \cdot \text{l}^{-1} = \frac{c(H_3O^+) \cdot 0{,}2\ \text{mol} \cdot \text{l}^{-1}}{0{,}1\ \text{mol} \cdot \text{l}^{-1}}$$

$$c(H_3O^+) = 10^{-4{,}8} \cdot 10^{-0{,}3}\ \text{mol} \cdot \text{l}^{-1} = 10^{-5{,}1}\ \text{mol} \cdot \text{l}^{-1}$$

$$\text{pH} = 5{,}1$$

Allgemein kann für ein solches Gemisch aus einer schwachen Säure HA und der korrespondierenden schwachen Base A^- formuliert werden:

$$K_{S,\,HA} = \frac{c(H_3O^+) \cdot c(A^-)}{c(HA)}$$

Diese Gemische sind in folgender Weise bedeutsam: Sie „fangen" sowohl Protonen durch Vereinigung mit Acetat-Ionen zu undissoziierter Essigsäure als auch OH^--Ionen durch Abgabe von Protonen aus der Essigsäure ab. Im Einzelnen können also folgende Reaktionen ablaufen:

- Wegen des hohen Anteils an undissoziierter Essigsäure werden OH^--Ionen, die von außen zugesetzt werden oder während eines Vorgangs entstehen, mit der in der Lösung vorhandenen geringen Protonen-Konzentration durch Neutralisation reagieren. Das o. a. Gleichgewicht wird gestört. Der Zähler wird verkleinert und undissoziierte Essigsäure muss Protonen abgeben, bis K_S wieder seinen Wert angenommen hat:

  $$HA + OH^- \rightarrow A^- + H_3O^+$$

- Ebenso wird bei Zusatz von Säure das Gleichgewicht gestört. Die Protonen- bzw. Hydronium-Ionenkonzentration wird zu groß. Somit müssen Protonen- und Acetat-Ionen zu undissoziierter Essigsäure zusammentreten (Verkleinerung des Zählers und Vergrößerung des Nenners), bis der Wert von $K_{S(CH_3COOH)}$ wieder erreicht ist:

  $$A^- + H_3O^+ \rightarrow HA + H_2O$$
  bzw.
  $$CH_3COO^- + H_3O^+ \rightarrow CH_3COOH + H_2O$$

Die Eigenschaft des Gemisches, sowohl mit Protonen als auch mit Hydroxid-Ionen zu reagieren, bezeichnet man als **Pufferung.**
Ein Gemisch aus schwacher Säure (bzw. Base) und ihrer korrespondierenden Base (bzw. Säure) heißt **Puffer** oder **Pufferlösung.**
Puffer halten den pH-Wert bei Zusatz von Säuren oder Basen konstant, solange genügend Anionen und bzw. undissoziierte Säuremoleküle vorhanden sind.

Der pH-Wert einer Pufferlösung ist von dem K_S- bzw. pK_S-Wert der verwendeten schwachen Säure und den Konzentrationen der Base (= des Salzes) sowie der Säure abhängig.
Die Henderson-Hasselbalch-Gleichung gestattet die Berechnung:

$$\text{pH} = \text{p}K_S + \lg \frac{c(A^-)}{c(HA)}$$

Aufgabe

Berechnen Sie den pH-Wert eines Puffers aus Essigsäure $c_{(HAc)} = 0{,}3\ \text{mol} \cdot \text{l}^{-1}$ und Natriumacetat $c_{(AcNa)} = 0{,}1\ \text{mol} \cdot \text{l}^{-1}$.

Soll eine Pufferlösung auf einen bestimmten pH-Wert eingestellt werden, bedient man sich der angegebenen Gleichung: Es wird diejenige schwache Säure gewählt, deren pK_S-Wert in der Nähe des gewünschten pH-Wertes liegt. Das Glied lg [$c_{(A^-)}$/ $c_{(HA)}$], d. h. das Verhältnis der Konzentration von Base A^- und schwacher Säure HA, bestimmt den pH-Wert genau. Der Puffer ist nur wirkungsvoll, wenn die Grenzen 10 > $c_{(A^-)}/c_{(HA)}$ > 0,1 eingehalten werden.

Die größte Wirkung hat ein Puffer, wenn c_{A^-}/c_{HA} = 1 und pH = pK_S ist.

Beispiele:

1. Der pH-Wert einer Lösung aus CH_3COOH $c = 0{,}1\ mol \cdot l^{-1}$ und CH_3COONa $c = 0{,}1\ mol \cdot l^{-1}$ beträgt

$$pH = pK_S + \lg \frac{c_{(CH_3COO^-)}}{c_{(CH_3COOH)}} = 4{,}8 + \lg \frac{0{,}1}{0{,}1}$$

$$pH = 4{,}8$$

2. Der pH-Wert eines Phosphatpuffers aus Natriumdihydrogenphosphat $c = 0{,}5\ mol \cdot l^{-1}$ (NaH_2PO_4) und Dinatriumhydrogenphosphat $c = 0{,}1\ mol \cdot l^{-1}$ (Na_2HPO_4) ergibt sich zu:

$$pH = pK_{S,\,NaH_2PO_4} + \lg \frac{c_{(HPO_4{}^{2-})}}{c_{(H_2PO_4{}^-)}}$$

$$pH = 7{,}12 + \lg \frac{0{,}1}{0{,}5} = 7{,}12 + \lg 0{,}1 - \lg 0{,}5$$

$$pH = 7{,}12 - 1 + 0{,}3 = 6{,}42$$

Puffer sind in Organismen sehr bedeutungsvoll, weil die normalen Abläufe von physiologischen Vorgängen sehr stark vom pH-Wert abhängen. Das menschliche Blut hat einen pH-Wert von 7,4. Bereits Abweichungen auf pH < 7,35 bzw. > 7,45 können lebensgefährliche Auswirkungen haben. Durch Stoffwechselvorgänge entstehen sauer reagierende Stoffe wie Milchsäure, Kohlenstoffdioxid, Aminosäuren u. a. Puffer halten den pH-Wert bei 7,4 konstant. Das wichtigste Puffersystem im menschlichen Organismus (z. B. im Blut) ist Hydrogencarbonat-Kohlensäure. Weiterhin wirken Hämoglobin, Eiweißstoffe, Hydrogen-Dihydrogenphosphat als Puffer.

Im Boden sind ebenfalls Puffersysteme wirksam. In kalkreichen Böden sind es z. B. Hydrogencarbonat-Carbonat-Puffer.

Aufgaben

1. Ein Essigsäure-Acetat-Puffer enthält $0{,}2\ mol \cdot l^{-1}$ CH_3COOH und $0{,}2\ mol \cdot l^{-1}$ CH_3COONa. Welchen pH-Wert hat die Lösung?
   a) Zu 1 l dieser Lösung werden 10 ml Salzsäure, $c_{(HCl)} = 1\ mol \cdot l^{-1}$, gegeben. Welche pH-Änderung tritt ein?
   b) Zu 1 l dieser Lösung werden 10 ml Natronlauge, $c_{(NaOH)} = 0{,}5\ mol \cdot l^{-1}$, gegeben.
   Welche pH-Änderung tritt ein?
2. Welche Zusammensetzung muss ein Essigsäure-Acetat-Puffer haben, wenn der pH-Wert 5,5; 5,0; 4,5 betragen soll?

12.18 Neutralisation – Säure-Base-Titration

Eine wässrige Lösung reagiert neutral, wenn die Konzentration der Hydronium-Ionen gleich der Konzentration der Hydroxid-Ionen ist:

$$c_{(H_3O^+)} = c_{(OH^-)} = 10^{-7}\ mol \cdot l^{-1}$$

Die quantitative Umsetzung einer Säure mit einer Base bezeichnet man als **Neutralisation.** Man wendet dafür ein analytisches Verfahren an, das **Titration** oder Maßanalyse genannt wird. Entsprechend Abb. 12-7 wird in eine geeichte **Bürette** die Lösung mit bekannter Konzentration eingefüllt, z. B. eine Hydroxid-Lösung. In den Erlenmeyer-Kolben gibt man ein genau abgemessenes Volumen der Lösung mit unbekannter Konzentration, z. B. eine Säure-Lösung, und versetzt sie mit 1 bis 2 Tropfen eines Indikators, z. B. Phenolphthalein. Unter Schütteln des Kolbens oder Rühren der Lösung wird die Hydroxid-Lösung tropfenweise zugegeben bis zum Farbumschlag des Indikators. Es ist der **Neutral-** oder **Äquivalenzpunkt** erreicht. An Stelle des Indikators kann ein pH-Messgerät eingesetzt werden. Die Lösungen bekannter Konzentrationen bezeichnet man als **Maßlösungen.**

Zur Titration von Säuren werden in der Regel Lösungen mit Hydroxid-Ionen-Konzentrationen von

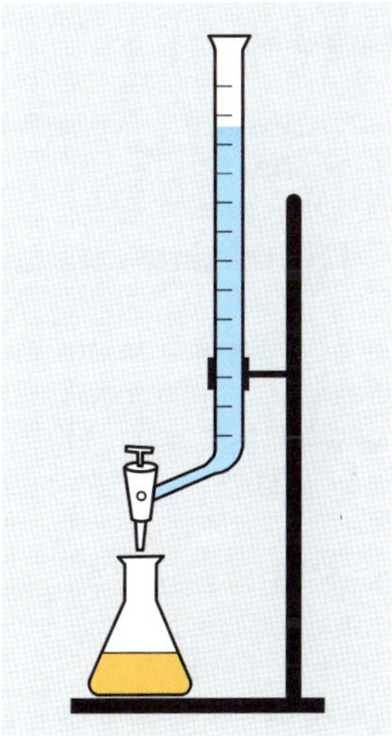

Abb. 12-7
Versuchsanordnung für eine Neutralisationstitration

1 bzw. 0,1 mol · l^{-1}, bei Basen mit Wasserstoffionen-Konzentrationen von 1, 0,1 bzw. 0,01 mol · l^{-1} verwendet. Man nennt sie Äquivalentkonzentrationen c_{eq}.

Am Äquivalenzpunkt gilt: Die Anzahl der zugesetzten Ionen ist gleich der Anzahl der gebundenen Ionen. Die exakte Volumenmessung ist deshalb sehr wichtig!

Gleiche Volumina von Lösungen gleicher Äquivalentkonzentrationen enthalten äquivalente Stoffmengen.

Die **Neutralisationstitration** ist eine **Maßanalyse** zur quantitativen Bestimmung einer unbekannten Säurekonzentration mit einer Lauge bekannter Konzentration (oder umgekehrt).
Die Konzentration der Ausgangslösung, mit deren Hilfe man die Bestimmung vornimmt, wird durch Wägen der zu lösenden Masse hergestellt. Die Titration selbst ist eine Volumenmessung. Da aber eine Wägung vorausgegangen ist, kann man sagen: „Titrieren ist ein Wägen ohne Waage" (nach KARL FIEDRICH MOHR, 1806–1879, dt. Apotheker und Chemiker).

Allgemein lässt sich aus dem am Äquivalenzpunkt verbrauchten Volumen der Lösung mit bekannter Konzentration, dem **Titrator** T, und dem Volumen der Lösung mit unbekannter Konzentration, der Probe P **(Titrand),** die gesuchte Konzentration bzw. gelöste Masse der Probe berechnen:

$$c_P \cdot V_P = c_T \cdot V_T$$
$$m_P = c_T \cdot V_T \cdot M_P$$

Aufgabe

Zur Titration von 30 ml Salzsäure-Lösung werden 75 ml Natronlauge c_{eq} = 0,2 mol · l^{-1} verbraucht. Welche Konzentration hat die Salzsäure-Lösung? Wie viel mg HCl sind in 30 ml gelöst?
(Anmerkung: Für mehrbasige Säuren vgl. Literatur zur analytischen Chemie.)

Trägt man die Änderung des pH-Wertes während der Titration über dem verbrauchten Volumen auf, ergibt sich die **Titrations-** oder **Neutralisationskurve** (Abb. 12-8). Sie hat einen charakteristischen Verlauf und gibt Auskunft darüber, wie sich die Konzentration der Hydronium- bzw. Hydroxid-Ionen im Verlauf der Titration ändert.

Im Beispiel werden 100 ml HCl-Lösung $c_{(H_3O^+)}$ = 1 mol · l^{-1}, pH = 0 vorgelegt und mit NaOH-Lösung $c_{(OH^-)}$ = 1 mol · l^{-1} titriert. (Anmerkung: Das Volumen der Natronlauge wird bei der nachfolgenden Betrachtung vernachlässigt, um die Rechnung zu vereinfachen; die Form der Kurve wird dadurch nicht grundsätzlich verändert):

Zugabe NaOH	Gehalt H_3O^+	pH-Wert
50 ml	0,5 mol · l^{-1} = $10^{-0,3}$ mol · l^{-1}	0,3
90 ml	0,1 mol · l^{-1} = 10^{-1} mol · l^{-1}	1
99 ml	0,01 mol · l^{-1} = 10^{-2} mol · l^{-1}	2
99,9 ml	0,001 mol · l^{-1} = 10^{-3} mol · l^{-1}	3
99,99 ml	0,0001 mol · l^{-1} = 10^{-4} mol · l^{-1}	4

Die erreichbare Genauigkeit beträgt ca. 0,1 %, denn die Dosierung der NaOH-Lösung kann praktisch nur auf einen Tropfen genau erfolgen. In einem Tropfen mit dem Volumen von 0,01 ml sind jedoch bei c = 1 mol · l^{-1} noch 6,022 · 10^{18} Teilchen enthalten. Ein weiterer Tropfen führt deshalb zu einer Veränderung von mehreren pH-Stufen. Mit modernen Titrationsautomaten erreicht man eine Tropfengröße von 0,01 ml als untere Grenze.

Bei überschüssiger Zugabe von NaOH-Lösung ändert sich der pH-Wert in folgender Weise:

Überschuss NaOH	pH-Wert
0,01 ml	10
0,1 ml	11
1 ml	12
10 ml	13
100 ml	14

Im angeführten Beispiel erhält man die Titrations- oder Neutralisationskurve einer starken Säure und starken Base: Zu Beginn der Titration ergeben sich geringe pH-Änderungen. Mit Annäherung an den

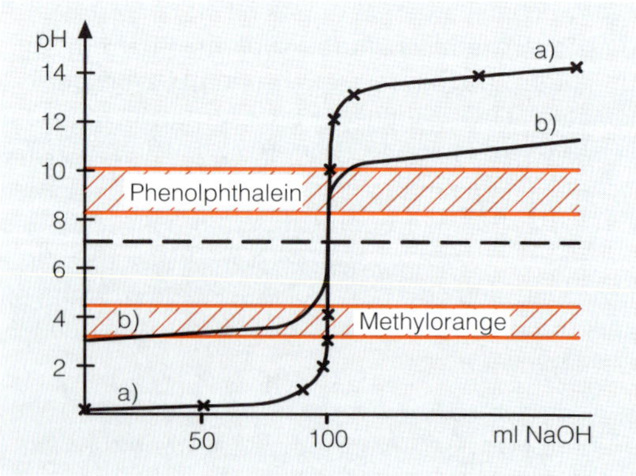

Abb. 12-8
Titrationskurve von Salzsäure mit Natronlauge (T = 25 °C)
a) $c_{(HCl)}$ = 1 mol · l^{-1}
$c_{(NaOH)}$ = 1 mol · l^{-1}
b) $c_{(HCl)}$ = 0,001 mol · l^{-1}
$c_{(NaOH)}$ = 0,001 mol · l^{-1}

Äquivalenzpunkt steigt der pH-Wert sprunghaft, bei überschüssigem Zusatz der Lauge verändert sich der pH-Wert wieder langsam (Abb. 12-8).
Trägt man die Umschlagsbereiche der Indikatoren mit in die Kurve ein, so zeigt sich, dass bei Verwendung von Methylorange noch ein geringer Überschuss von H_3O^+-Ionen am Umschlagpunkt vorhanden ist, während beim Einsatz von Phenolphthalein in geringem Maße übertitriert wird (Abb. 12-8).

Wenn die Konzentration für beide Lösungen $c_{eq} = 1\ mol \cdot l^{-1}$ beträgt, so ergibt sich aus Abb. 12-8, dass der Umschlagsbereich zwischen pH 3 und pH 11 liegt. Innerhalb dieses pH-Bereichs liegt der Farbwechsel der Indikatoren lt. Übersicht 12-1 von Methylorange bis Phenolphthalein. Sie sind für die Titration bei Verwendung von Lösungen dieser Konzentrationen geeignet.
Man wird jedoch zur Erhöhung der Genauigkeit mit niedrigerer Konzentration titrieren, meist mit $c_{eq} = 0{,}1$ oder $0{,}01\ mol \cdot l^{-1}$, da hier in einem Tropfen nur $^1/_{10}$ bzw. $^1/_{100}$ der Elektrolytmenge enthalten ist als bei $1\ mol \cdot l^{-1}$.
Abb. 12-8 zeigt in der Kurve b den Verlauf der pH-Änderung bei Verwendung von Konzentrationen $c_{eq} = 0{,}001\ mol \cdot l^{-1}$, d. h. pH 3 der vorgelegten Säure. Hier liegt der Umschlagsbereich erst etwa zwischen pH 5 und pH 9. Somit können Methylorange und Phenolphthalein nicht mehr verwendet werden. Außerdem sinkt durch den kleiner werdenden Sprung die Genauigkeit bei zu geringer Konzentration.

Aufgaben

1. Wie verlaufen in Abb. 12-8 die Titrationskurven von HCl und KOH bei Verwendung von Konzentrationen
   a) $0{,}1\ mol \cdot l^{-1}$ sowie
   b) $0{,}01\ mol \cdot l^{-1}$?
   Welche Indikatoren können benutzt werden?
2. Es wird Salzsäure der Konzentration $c_{eq,HCl} = 1\ mol \cdot l^{-1}$ mit Natronlauge, $c_{eq,NaOH} = 0{,}1\ mol \cdot l^{-1}$ titriert.
   Welchen Verlauf nimmt die Titrierkurve?

Wird eine Base mit einer schwachen Säure titriert oder umgekehrt, nimmt die Titrationskurve auf Grund der Pufferwirkung einen etwas anderen Verlauf (Abb. 12-9).

Abb. 12-10 zeigt die Titrationskuve für eine schwache Säure wie Essigsäure mit einer schwachen Lauge wie NH_3-Lösung. Die Kurve verdeutlicht die Schwierigkeit im Erkennen des Umschlagspunktes, d. h. des Neutralpunktes mithilfe eines Indikators. Am geeignetsten wäre noch Bromthymolblau (pH 6–7,6). Besser ist es, man titriert eine schwache Säure mit einer starken Lauge bzw. eine schwache Lauge mit einer starken Säure. Abb. 12-9 zeigt für den Fall schwache Säure/starke Lauge den Verlauf der pH-Änderung: Er ergibt sich aus dem linken Teil der Kurve Abb. 12-10 und dem rechten Teil der Kurve Abb. 12-8.

Schwache Säuren werden mit starken Laugen unter Verwendung von Indikatoren titriert, die im schwach alkalischen Gebiet den Farbumschlag anzeigen (z. B. Phenolphthalein).
Schwache Basen werden mit starken Säuren unter Verwendung von Indikatoren titriert, die im schwach sauren Gebiet dem Farbwechsel unterliegen (z. B. Methylrot).

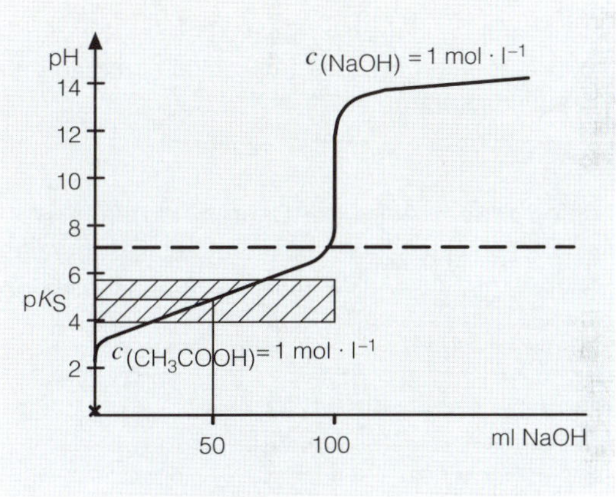

Abb. 12-9 Titrationskurve von Essigsäure mit Natronlauge 1 mol · l^{-1} (schraffiert: Pufferbereich) (25 °C)

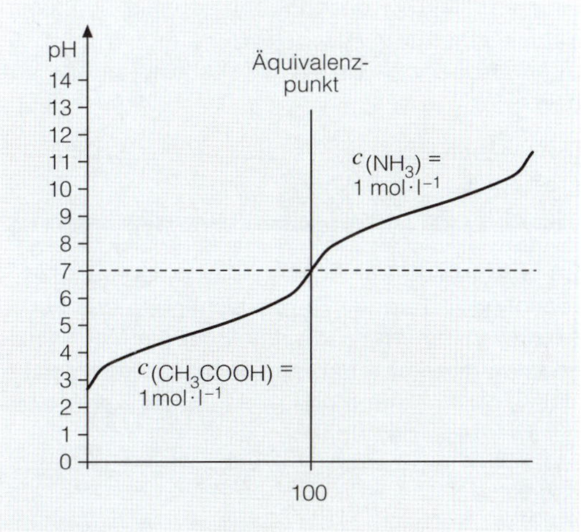

Abb. 12-10
Titrationskurve von schwacher Säure (Essigsäure) und schwacher Lauge (NH_3-Lösung)

12.19 Fällungstitrationen

Bei **Fällungstitrationen** läuft – wie bei der Neutralisation – eine Ionen-Kombinationsreaktion ab: aus gelösten Ionen werden unlösliche (besser: schwerlösliche) Niederschläge gebildet. Für quantitative Bestimmungen sind solche Reaktionen geeignet, bei denen Stoffe mit sehr kleinem Löslichkeitsprodukt ohne Nebenreaktionen entstehen. Bei derartigen Vorgängen ist der Äquivalenzpunkt deutlich erkennbar.

Beispiele:
Fällung von Silber-Ionen mit Chlorid-Ionen oder Iodid-Ionen oder Rhodanid-(Thiocyanat-)Ionen:

$$Ag^+ + Cl^- \rightarrow \underline{AgCl}_{(f)}$$
$$Ag^+ + I^- \rightarrow \underline{AgI}_{(f)}$$
$$Ag^+ + SCN^- \rightarrow \underline{AgSCN}_{(f)}$$

Nachfolgend wird auf die Reaktion $Ag^+ + Cl^- \rightarrow \underline{AgCl}$ näher eingegangen: Das Löslichkeitsprodukt von Silberchlorid beträgt

$$K_{L\,AgCl} = c_{Ag^+} \cdot c_{Cl^-} = 10^{-10}\ mol^2 \cdot l^{-2}$$

Analog zum pH-Wert der Säuren und Basen formuliert man einen Ionenexponenten $p_{Me^{x+}}$. Für das Metallion und das Anion sind sie wie folgt definiert:

$$p_{Me^{x+}} = -\lg c_{Me^{x+}} \qquad p_{An^-} = -\lg c_{AN^-}$$

bzw. für Ag^+ p_{Ag^+} und für Cl^- p_{Cl^-}:

$$p_{Ag^+} = -\lg c_{Ag^+} \quad \text{und} \quad p_{Cl^-} = -\lg c_{Cl^-}$$

Allgemein ist der Ionenexponent der mit (–1) multiplizierte Exponent der Konzentration. Die mathematischen Definitionen „helfen" (wie beim pH-Wert) eine sehr kleine Konzentration zu einer einfachen Zahl umzuformen, z. B. $c_{Ag^+} = 10^{-1}\ mol \cdot l^{-1}$ wird zu $p_{Ag^+} = 1$ oder $c_{Cl^-} = 10^{-4}\ mol \cdot l^{-1}$ wird zu $p_{Cl^-} = 4$ usw.

Im Gleichgewicht ergibt sich aus dem Löslichkeitsprodukt des Silberchlorids

$$c_{Ag^+} = c_{Cl^-} = 10^{-5}\ mol \cdot l^{-1} \quad \text{und} \quad p_{Ag^+} = p_{Cl^-} = 5$$

So wie im vorigen Abschnitt eine Überschlagsrechnung (d. h. ohne Berücksichtigung des zugesetzten Volumens) zur Aufstellung der Neutralisationskurve geführt hat, so ergibt sich auf gleiche Weise die Änderung des p_{Ag^+}- und des p_{Cl^-}-Wertes im Verlauf der Titration.

Beispiel der Berechnung:
Es werden für die Titration 100 ml $AgNO_3$-Lösung der Konzentratiom 0,1 mol · l^{-1} ($p_{Ag^+} = 1$) vorgelegt. Titriert wird mit 0,1 mol · l^{-1} NaCl-Lösung ($p_{Cl^-} = 1$).

Bei Zugabe von 90 ml NaCl-Lösung werden 90 ml $AgNO_3$-Lösung titriert, d. h. Ag^+ als $\underline{AgCl}$ ausgefällt. Es verteilen sich die restlichen 10 ml $AgNO_3$-Lösung auf das (konstant angenommene) Volumen von 100 ml. Die Konzentration der Silber-Ionen verändert sich von 10^{-1} mol · l^{-1} auf 10^{-2} mol · l^{-1}. Der Silber-Ionenexponent ist nun $p_{Ag^+} = 2$.

Weiter ergibt sich:

Zugabe von NaCl-Lösung 0,1 mol · l^{-1}	Konzentration Ag^+ mol · l^{-1} in 100 ml	p_{Ag^+}
a) 99 ml	0,001 $= 10^{-3}$	3
b) 99,9 ml	0,0001 $= 10^{-4}$	4
c) 99,99 ml	0,00001 $= 10^{-5}$	5

Die Titrationsstufe c) kann höchstens mit einer Mikrobürette erreicht werden. Es ist auch der Äquivalenzpunkt wegen $p_{Ag^+} = p_{Cl^-} = 5$ erreicht:
$K_L = 10^{-10}$ mol · l^{-1} und $p_{Ag^+} = p_{Cl^-} = 5$.

Eine überschüssige Zugabe von 0,01 ml NaCl-Lösung verteilt sich auf das (weiterhin konstant angesehene) Volumen von 100 ml und es wird $c_{Cl^-} = 10^{-4}$ mol · l^{-1} und c_{Ag^+} sinkt auf 10^{-6} mol · l^{-1} wegen

$$c_{Ag^+} = \frac{K_{L\,AgCl}}{c_{Cl^-}} = \frac{10^{-10}\ mol \cdot l^{-1}}{10^{-4}\ mol \cdot l^{-1}} = 10^{-6}\ mol \cdot l^{-1}$$
$$p_{Ag^+} = 6$$

Ein Überschuss von 0,1, 1 und 10 ml NaCl-Lösung ändert p_{Ag^+} zu 7, 8 und 9.

Werden die p_{Ag^+}-Werte über der zugesetzten NaCl-Lösung aufgetragen, ergibt sich die Fällungskurve (Abb. 12-11). Sie verläuft analog der Neutralisationskurve. Der Äquivalenzpunkt ist bei höherer Konzentration genauer bestimmbar, weil der Konzentrationssprung größer ist.

Je kleiner das Löslichkeitsprodukt des gefällten Stoffes ist, desto größer ist die Konzentrationsänderung und umso genauer kann der Äquivalenzpunkt bestimmt werden: So hat Silberiodid ein Löslichkeitsprodukt von 10^{-16} mol² · l^{-2}. Der Äquivalenzpunkt liegt somit bei der Titration von $AgNO_3$ mit z. B. Kaliumiodid KI bei $p_{Ag^+} = 8$ (Abb. 12-12).

Universalindikatoren gibt es für Fällungstitrationen nicht. Man titriert unter ständigem Rühren bis zum „Klarpunkt": Zunächst entsteht eine trübe kolloidale Lösung, weil sich an die AgCl- oder AgI-Teilchen überschüssige Ag^+-Ionen anlagern und das Kolloid positiv aufladen. Bei weiterer Zugabe von NaCl- oder KI-Lösung werden die adsorbierten Teilchen in der Nähe des Äquivalenzpunkts ausgefällt und das Sol koaguliert.

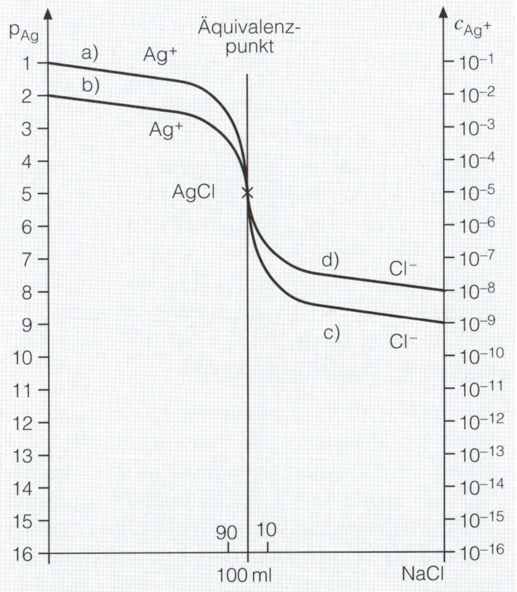

Abb. 12-11
Titration von Silbernitrat mit Natriumchlorid
a) $c(Ag^+) = 0{,}1\ mol \cdot l^{-1}$ **c) $c(Cl^-) = 0{,}1\ mol \cdot l^{-1}$**
b) $c(Ag^+) = 0{,}01\ mol \cdot l^{-1}$ **d) $c(Cl^-) = 0{,}01\ mol \cdot l^{-1}$**

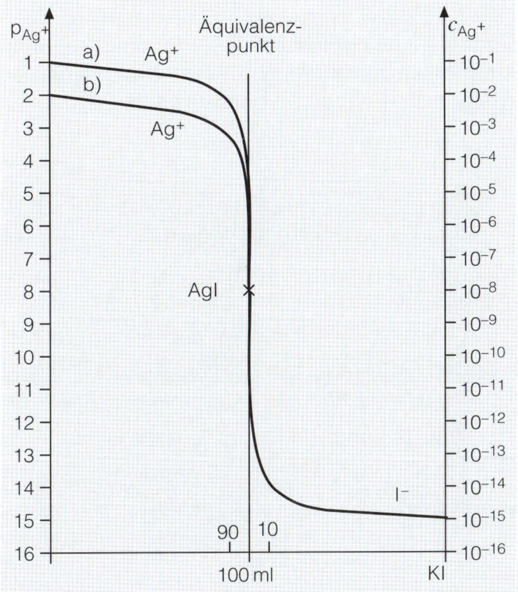

Abb. 12-12
Titration von Silbernitrat mit Kaliumiodid
a) $c(Ag^+) = 0{,}1\ mol \cdot l^{-1}$
b) $c(Ag^+) = 0{,}01\ mol \cdot l^{-1}$

Titriert man dagegen Chlorid- oder Iodid-Lösungen mit $AgNO_3$, kann man einige Tropfen Kaliumchromat-Lösung K_2CrO_4 zusetzen. Der erste überschüssige Tropfen Titriermittel bildet rotbraunes Silberchromat Ag_2CrO_4.

12.20 Redoxtitrationen

Nachfolgend soll auf **Redoxtitrationen** hingewiesen werden, auf die im Teil II, Kapitel Elektrochemie näher eingegangen wird. Es findet eine Oxidation des vorgelegten Stoffes (Titrand) mittels eines Reduktionsmittels als Titrator statt. Dabei vollziehen sich Elektronenübergänge vom Reduktions- zum Oxidationsmittel, und es finden Änderungen der Oxidationszahlen statt. Da es sich hierbei um einen elektrochemischen Vorgang handelt, ist das elektrochemische Potenzial (in Volt) als treibende Kraft des Vorgangs entscheidend. An dieser Stelle soll genügen, dass es sich hierbei um die „Oxidationskraft" des Oxidationsmittels handelt. Je höher das elektrochemische Potenzial ist, desto größer ist die Oxidationswirkung gegenüber dem Reaktionspartner.

Wichtige Redoxtitrationen sind die **Permanganometrie** mit Kaliumpermanganat als Titrator, die **Iodometrie** mit Iod als Oxidationsmittel oder Iodid als Reduktionsmittel, die **Cerimetrie** mit Cer-IV-Sulfat als Oxidationsmittel. Nachfolgend wird je ein Beispiel angegeben.

1. **Permanganometrie** („Messen mit Permanganat"): Die Bestimmung der Konzentration von Eisen(II)-Ionen, z. B. $FeSO_4$, wird durch Oxidation von Fe^{2+} zu Fe^{3+} mittels Kaliumpermanganat $KMnO_4$-Lösung in stark schwefelsäurehaltigem Medium durchgeführt:

   $$5\,Fe^{2+} + MnO_4^- + 8\,H^+ \rightarrow 5\,Fe^{3+} + Mn^{2+} + 4\,H_2O$$

   Oxidation: $5\,Fe^{2+} \rightarrow 5\,Fe^{3+} + 5\,e^-$
   Reduktion: $Mn^{7+} \rightarrow Mn^{2+} \quad - 5\,e^-$

   Das rotviolette Permanganat wird bis zur vollständigen Oxidation der Eisen(II)-Ionen entfärbt. Der erste überschüssige Tropfen färbt die Lösung rosa.

2. **Iodometrie:** Iod wird als Oxidationsmittel (in Mischung mit KI zur Erhöhung der Löslichkeit von Iod) in schwach alkalischem Medium (durch $NaHCO_3$-Zusatz) als Titrator eingesetzt, z. B. bei der Bestimmung von Zinn(II)-Ionen:

   $$Sn^{2+} + I_2 \rightarrow Sn^{4+} + 2\,I^-$$

3. **Cerimetrie:** Man verwendet zur Bestimmung der Konzentration z. B. von Arsenit- oder Nitrit-Ionen als Titrationsmittel Cer(IV)-sulfat $Ce(SO_4)_2$ (oder Cer(IV)-nitrat, Cer(IV)-perchlorat) in stark saurer Lösung (Zusatz von Osmium(VIII)-Oxid als Katalysator). Die Cer(IV)-Ionen reagieren nach der Reduktionsgleichung $Ce^{4+} \rightarrow Ce^{3+} - 1\,e^-$, z. B. bei der Nitritbestimmung:

   $$NO_2^- + 2\,Ce^{4+} + H_2O \rightarrow NO_3^- + 2\,Ce^{3+} + 2\,H^+$$

   Da der Elektronenübergang beim Cer nur über eine Wertigkeitsstufe erfolgt, verläuft der Vorgang ohne Nebenreaktionen (im Gegensatz zur Permanganometrie, bei der auch MnO_2 entstehen kann, wenn nicht genügend angesäuert wurde).

12.21 Gravimetrie

Die quantitative Bestimmung von Stoffen kann durch **Gravimetrie** erfolgen. Sie beruht auf der Bildung eines schwer löslichen Niederschlags z. B. durch Ionenreaktionen in wässriger Lösung, wie sie in Abschnitt 12.16 ausgeführt sind. Hierzu müssen sie in Verbindungen überführt werden, die ein sehr kleines Löslichkeitsprodukt besitzen. Die schwerlösliche Verbindung wird als so genannte Fällungsform erhalten. Damit ist die Gravimetrie eine Abart der Fällungstitration/-analyse und von der Ausführung her wegen der Wägung des Niederschlags eine Gewichtsanalyse (Massebestimmung).
Für die gravimetrische Bestimmung sind solche Reaktionen geeignet, die eindeutig und quantitativ ablaufen (vgl. Übersicht 12-3). Es darf nur die Verbindung ausfallen, die bestimmt werden soll. Von den Niederschlagsteilchen adsorbierte Fremdstoffe müssen durch Auswaschen und eventuelles Umkristallisieren zu beseitigen sein. Beim Waschen darf kein wägbarer Gewichtsverlust der Substanz, die analysiert werden soll, eintreten. Wichtig ist, dass die Fällung gut filtrierbar ist. Um sie in die Wägeform zu bringen, muss der Niederschlag, d. h. die zu bestimmende Verbindung, getrocknet, erhitzt oder geglüht werden. Die Gravimetrie führt als exakte Methode zu einem Ergebnis, wenn dabei die stöchiometrische Zusammensetzung erhalten bleibt. Werden für die Gewinnung des Niederschlags Papierfilter verwendet, so sind die in Abschnitt 3.2 aufgeführten Einflüsse zu beachten.

Fehlerbehaftete Ergebnisse entstehen durch das Mitfällen störender Ionen. Weitere Fehlerquellen können z. B. unreine Fällungsreagenzien, zu niedrige oder zu hohe Fällungstemperaturen, großporige Filterpapiere, ungeeigneter pH-Wert, zu geringes oder zu langes Waschen sowie Wägefehler sein.

Außer der Fällungsanalyse gehört die Elektrogravimetrie zu der quantitativen Analyse mittels der Gewichtsbestimmung. Dabei werden Kationen der Schwermetalle aus einer Lösung an einer Katode mithilfe elektrischen Gleichstroms entladen und abgeschieden. Anschließend erfolgt nach Trocknung die Bestimmung der Gewichtszunahme der Elektrode.

Vorteilhaft ist bei der Gravimetrie, dass keine Instrumenten-Kalibrierung notwendig ist. Nachteilig ist der hohe Zeit- und Arbeitsaufwand.

Beispiele für gravimetrische Analysen

Zu fällendes Ion	Fällungsmittel	Fällungsform	Wägeform	Störungen
Ag^+	NaCl	AgCl	AgCl	Hg_2^{2+}
Cl^-	$AgNO_3$	AgCl	AgCl	Br^-, I^-, CN^-, SCN^-
Pb^{2+}	K_2CrO_4, H_2SO_4	$PbCrO_4$, $PbSO_4$	$PbCrO_4$, $PbSO_4$	Ca^{2+}, Ba^{2+}
Ba^{2+}	K_2CrO_4, Na_2SO_4	$BaCrO_4$, $BaSO_4$	$BaCrO_4$, $BaSO_4$	Ca^{2+}, Pb^{2+}
Al^{3+}	NH_4Cl/NH_3 (pH 7–8)	$Al(OH)_3 \cdot aq$	Al_2O_3 (1200 °C)	verschiedene Metalle
Fe^{3+}	Urotropin	$Fe(OH)_3 \cdot aq$	Fe_2O_3 (800 °C)	verschiedene Metalle
Ca^{2+}	Na-Oxalat	$CaC_2O_4 \cdot H_2O$	CaO	Metalle außer Na, K, Mg
SO_4^{2-}	$BaCl_2$	$BaSO_4$	$BaSO_4$	PO_4^{3-}, ClO_3^- u. a.

Übersicht 12-3

12.22 Aufgaben zur Wiederholung von Kapitel 12

Aufgaben

1. Was besagt das Prinzip vom kleinsten Zwang? Begründen Sie mithilfe dieses Prinzips, warum Kohlenstoffdioxid bei hohen Temperaturen in Kohlenstoffmonoxid und Sauerstoff dissoziiert (bei 2600 °C ca. 50 %, bei 2850 °C ca. 76 %)!
2. Ist die direkte Bildung von Stickstoffdioxid aus den Elementen bei hohem Druck begünstigt oder ist die Bildung druckunabhängig? Begründen Sie Ihre Aussage!
3. Was unterscheidet ein chemisches Gleichgewicht von dem Gleichgewicht zweier Massen? Wodurch wird das chemische Gleichgewicht beeinflusst?
4. Warum werden im Massenwirkungsgesetz die Koeffizienten der chemischen Gleichung zu Exponenten?
5. Wie groß ist die Gleichgewichtskonstante für die Reaktion von Schwefeldioxid und Sauerstoff zu Schwefeltrioxid, wenn (mit Katalysator) bei 600 °C 1,52 Mol SO_3 aus 2 Mol SO_2 und 1 Mol O_2 entstehen? Bei 650 °C beträgt die Ausbeute 58 %. Welchen Wert hat die Gleichgewichtskonstante bei dieser Temperatur? Welche Schlussfolgerung ziehen Sie aus diesem Wert?
6. Wie groß sind die pH-Werte der HCl-Lösungen mit $c_{(HCl)} = 0{,}1\ mol \cdot l^{-1}$; $c_{(HCl)} = 0{,}01\ mol \cdot l^{-1}$; $c_{(HCl)} = 0{,}2\ mol \cdot l^{-1}$ sowie einer NaOH-Lösung mit $c_{(NaOH)} = 0{,}1\ mol \cdot l^{-1}$; $c_{(NaOH)} = 0{,}5\ mol \cdot l^{-1}$; $c_{(NaOH)} = 0{,}001\ mol \cdot l^{-1}$?
7. Mithilfe der Dissoziationskonstante ist zu berechnen, wie groß die Protonen-Konzentration und der pH-Wert einer Essigsäurelösung, $c = 0{,}2\ mol \cdot l^{-1}$, ist!
8. In welcher Größenordnung liegen K_S- und pK_S-Werte für starke und schwache Säuren bzw. die K_B- und pK_B-Werte für starke und schwache Basen?
9. In welcher Beziehung stehen K_S- und K_B- bzw. pK_S- und pK_B-Werte von den Säure-Base-Paaren
   a) starke Säure und korrespondierende Base,
   b) schwache Säure und korrespondierende Base (Beispiele mit Zahlenwerten belegen!)?
10. Was versteht man unter Hydrolyse von Salzen? Wie sind Salze zusammengesetzt, die in wässriger Lösung hydrolysieren?
11. Formulieren Sie die Gleichungen für die Hydrolyse von Natriumcyanid, Natriumcarbonat, Ammoniumfluorid!
12. Stellen Sie die Gleichung für das Löslichkeitsprodukt von Bleichromat und Bariumsulfat auf! Wie groß ist die Konzentration von Barium- bzw. Blei-Ionen, die in der Lösung verbleibt?
13. Was versteht man unter einer Pufferung? Welche Bedeutung haben Puffer? Wie sind Puffer-Lösungen zusammengesetzt?
14. Erläutern Sie die Wirkung eines Essigsäure-Acetat-Puffers, wenn
   a) eine Säure (HCl),
   b) eine Base (NaOH) zugesetzt wird!
15. Warum sollen in der Pufferlösung die Säure und die korrespondierende Base bzw. die Base und die korrespondierende Säure (etwa) in gleicher Konzentration vorliegen?
16. Was versteht man unter Neutralisation? Erläutern Sie die Begriffe Titration, Titrator, Titrand, Äquivalenzpunkt!
17. Diskutieren Sie den Verlauf der Titrationskurve von Abb. 12-8.
18. Warum wird Ammoniak-Lösung nicht mit Essigsäure, sondern genauer mit Salz- oder Schwefelsäure titriert?
19. Welchen Indikator wählen Sie bei der Titration von Essigsäure mit Natronlauge (beide Lösungen $1\ mol \cdot l^{-1}$)?
20. Welchen Verlauf nimmt die Titrationskurve von Salzsäure, $c\,(HCl) = 0{,}1\ mol \cdot l^{-1}$, mit Ammoniak-Lösung, $c\,(NH_3) = 0{,}1\ mol \cdot l^{-1}$? Zeichnen Sie das Schaubild! Welcher Indikator eignet sich?
21. Ist die Bestimmung von Blei-Ionen durch Fällungstitration günstiger mit Sulfat-Lösung oder mit Chromat-Lösung durchzuführen? Begründung!
22. Es soll die Sulfat-Konzentration in einer Lösung gravimetrisch bestimmt werden. Ist die Fällung mit $CaCl_2$- oder mit $BaCl_2$-Lösung auszuführen? Begründung!

13 Untersuchung von Stoffen mithilfe des sichtbaren Lichts – UV/VIS-Spektroskopie

13.1 Einige Eigenschaften des Lichts – Wellenlänge, Frequenz, Energie

Licht breitet sich ausgehend von einer Lichtquelle in Wellen aus. Im allgemeinen Sprachgebrauch ist es der sichtbare Bereich der **elektromagnetischen Strahlung** oder des **Spektrums.** Dessen Wellenlänge liegt zwischen 380 nm und 780 nm. Kürzere (Gammastrahlen, Röntgen-Strahlen und UV-Licht) und längere Wellenlängen (infrarotes Licht, Wärmestrahlung) sind für das menschliche Auge nicht wahrnehmbar. Eine Orientierung für die Abhängigkeit der Spektralfarbe von der Wellenlänge gibt das folgende Schema:

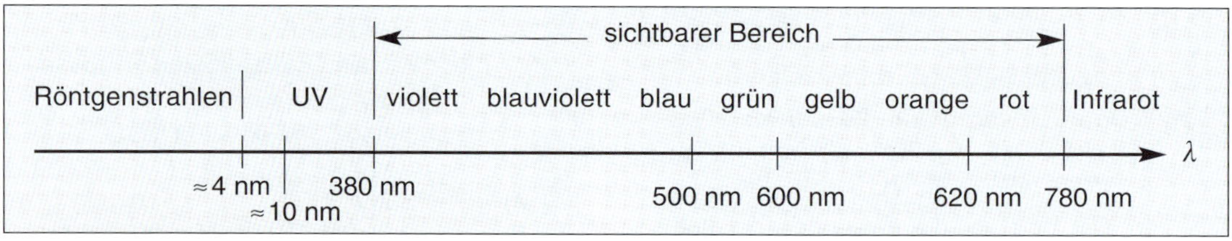

> Lichtwellen sind elektromagnetische Wellen mit Wellenlängen zwischen 380 nm und 780 nm. Wellenlängen bestimmen die Farbe des Lichts.

Natürliches oder **weißes Licht** wird von der Sonne, glühenden festen Körpern und sehr heißen Metallschmelzen ausgestrahlt. Wird es in Prismen oder in Luft enthaltenen sehr fein verteilten Wassertropfen in seine Wellenlängen zerlegt, so entsteht ein kontinuierliches Spektrum (vgl. Regenbogen). Dieses zeigt, dass weißes Licht aus unendlich vielen Wellenlängen besteht (polychromatisches oder vielfarbiges Licht). Zum Leuchten angeregte Gase oder dampfförmige Stoffe liefern dagegen ein Linienspektrum. Ihre Strahlung besteht aus wenigen Wellenlängen (vgl. Abb. 6-6).

Lichtwellen (Lichtstrahlen) breiten sich geradlinig aus, wenn sie nicht durch Körper behindert werden. Die Lichtwellen pflanzen sich sinusförmig fort (Abb. 13-1). Die **Wellenlänge** λ ist der Abstand zwischen zwei Wellenbergen. Je kürzer die Wellenlänge ist, desto energiereicher ist das Licht (vgl. Rötung der Haut durch UV-Strahlen), je länger desto energieärmer sind die Strahlen. Die Höhe a der Welle nennt man **Amplitude** (Schwingungsweite) (Abb. 13-1).

Die Lichtwellen breiten sich unabhängig von der Wellenlänge in einem homogenen Medium mit gleicher Geschwindigkeit aus: Kurze Wellen schwingen schneller als längere, kommen aber zur gleichen Zeit an einem Punkt an wie lange. Die Wellen unterschiedlicher Länge besitzen also eine unterschiedliche **Frequenz** f, d. h., die Anzahl der Schwingungen, die je Sekunde an einem Punkt vorbeilaufen, ist verschieden und von der Wellenlänge abhängig.

Das Quadrat der Amplitude ist – neben der Frequenz bzw. Wellenlänge – proportional der Lichtwellen-Energie. Je höher die Frequenz und je höher die Amplitude bei gegebener Frequenz, desto energiereicher ist das Licht.

Die **Lichtgeschwindigkeit** c oder Ausbreitungsgeschwindigkeit ist vom Medium abhängig.

Im Vakuum beträgt sie etwa $c_0 = 3 \cdot 10^5$ km $\cdot$ s^{-1} (2,997 924 58 $\cdot$ 10^8 m $\cdot$ s^{-1}), in Gasen ist sie geringer und in Wasser ist $c = 2{,}25 \cdot 10^8$ m $\cdot$ s^{-1}. Sie ist das Produkt von Wellenlänge und Frequenz:

$$c = \lambda \cdot f$$

Das Licht ändert beim Durchgang durch einen durchlässigen Stoff die Ausbreitungsgeschwindigkeit und Wellenlänge.

Licht benötigt zur Fortpflanzung keine Stoffteilchen. Es breitet sich somit auch im stofffreien Raum, im Vakuum, aus (z. B. Sonnenlicht über den Weltraum zur Erde). Licht transportiert Energie, jedoch keine Stoffteilchen.

Allgemein ist die Fortpflanzungsgeschwindigkeit des Lichts in einem lichtdurchlässigen Stoff c/n, wobei n der **Brechungsindex** oder die **Brechzahl** des Mediums ist (vgl. nächster Abschnitt). Unter Normbedingungen beträgt der Brechungsindex der Luft im sichtbaren Bereich $n = 1{,}000\,272$ (im Vakuum ist $n = 1$). Er wird bei Untersuchungen meist gleich 1 gesetzt.

Nach den quantenmechanischen Vorstellungen werden Lichtwellen als Teilchenstrom beschrieben, der aus praktisch masselosen **Lichtquanten** oder **Photonen** besteht, die sich mit Lichtgeschwindigkeit geradlinig fortbewegen. Die Energie E dieses „Lichtteilchen-Stroms" hängt von der Frequenz und dem PLANCK'schen Wirkungsquantum h ab und wird durch die BOHR-EINSTEIN-Gleichung beschrieben:

$$E = h \cdot f \quad \text{oder} \quad E = h \cdot \frac{c}{\lambda}$$

(h = PLANCK'sches Wirkungsquantum; vgl. Abschnitt 6.5.2). Die Berechnung der Energie für verschiedene Wellenlängen zeigt deutlich, dass diese sich für die verschiedenen Wellenlängen stark unterscheidet. Die Energie eines **Lichtquants** ergibt sich aus der BOHR-EINSTEIN-Gleichung bei den Wellenlängen a) von 100 nm (UV-Bereich), b) 500 nm (blau-grünes Licht im sichtbaren Bereich) und c) 1000 nm (Infrarot) zu folgenden Werten:

$$\text{a)}\ E = \frac{6{,}626 \cdot 10^{-34}\,\text{J} \cdot \text{s} \cdot 3 \cdot 10^{8}\,\text{m} \cdot \text{s}^{-1}}{10^{-7}\,\text{m}} = 1{,}99 \cdot 10^{-18}\,\text{J}$$

$$\text{b)}\ E = \frac{6{,}626 \cdot 10^{-34}\,\text{J} \cdot \text{s} \cdot 3 \cdot 10^{8}\,\text{m} \cdot \text{s}^{-1}}{5 \cdot 10^{-7}\,\text{m}} = 3{,}98 \cdot 10^{-19}\,\text{J}$$

$$\text{c)}\ E = \frac{6{,}626 \cdot 10^{-34}\,\text{J} \cdot \text{s} \cdot 3 \cdot 10^{8}\,\text{m} \cdot \text{s}^{-1}}{10^{-6}\,\text{m}} = 1{,}99 \cdot 10^{-19}\,\text{J}$$

Multipliziert man diese Lichtquanten-Energien mit der AVOGADRO'schen Konstante, so erhält man die Energie für „ein Mol Lichtquanten" zu ca. a) 1200 kJ, b) 240 kJ und c)120 kJ.

Aufgaben

1. Begründen Sie, ob UV-Strahlung der Wellenlänge 5 nm Sauerstoff-Moleküle bzw. Stickstoff-Moleküle in Atome spalten kann!
2. Welche Energie besitzen Photonen der Wellenlänge 400 nm? Sind mit dieser Energie Moleküle von Sauerstoff oder Stickstoff spaltbar?
3. Weshalb können UV-Strahlen Hautkrebs erzeugen?

Zwischen Wellenlänge λ (in nm), Frequenz f (in s^{-1}) und Ausbreitungsgeschwindigkeit c eines Lichtstrahls bestehen des Weiteren folgende Zusammenhänge:

Wellenlänge: $\lambda = \frac{c}{f}$ Frequenz: $f = \frac{c}{\lambda}$

Wellenzahl: $\bar{\nu} = \frac{1}{f}$

Lichtgeschwindigkeit: $c = \lambda \cdot f$

Bei spektroskopischen Untersuchungen wird häufig die **Wellenzahl** $\bar{\nu}$ (in s) benutzt.
Aus den bisher genannten Zusammenhängen geht hervor:

- Je größer die Frequenz bzw. je kürzer die Wellenlänge ist, desto energiereicher ist die Strahlung .
- Je größer die Wellenlänge ist, desto kleiner ist die Frequenz.
- Bei kleinerer Lichtgeschwindigkeit in einem Medium ist das Produkt aus Wellenlänge und Frequenz kleiner als im Vakuum, da $c_0 > c$.

Die Lichtwellen schwingen senkrecht zur Fortpflanzungsrichtung, breiten sich aber in allen möglichen Ebenen in diese Richtung aus (unpolarisiertes Licht; vgl. Abb.13-2).

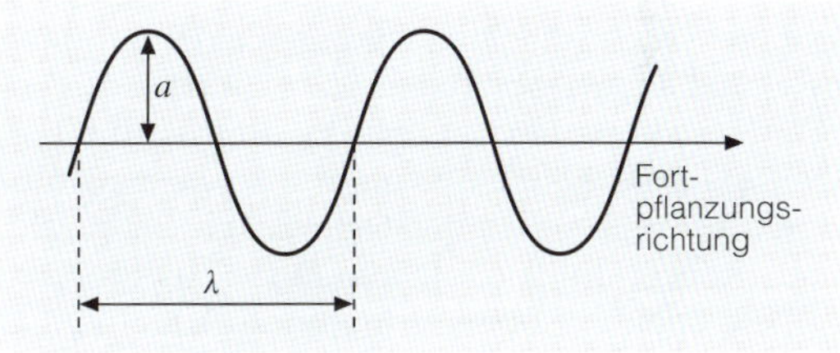

Abb. 13-1 Wellenlänge

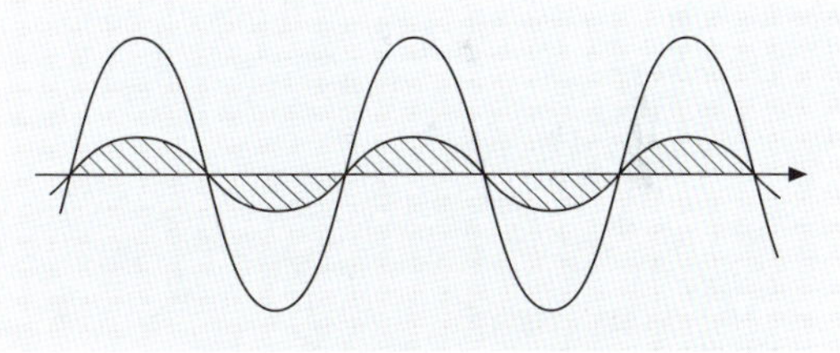

Abb. 13-2 Zwei Lichtwellen, die in verschiedenen Ebenen schwingen (unpolarisiert; ∢90°)

Licht besteht nicht aus einer einzigen Welle, sondern aus unendlich vielen Wellenzügen unterschiedlicher Wellenlänge oder Frequenz, unterschiedlicher Amplitude und unterschiedlicher Ausrichtung (Schwingungsebenen) im Raum.

Von einem so genannten **Polarisator** (z.B. Polarisationsfolie, Kristalle mit Doppelbrechung, NICOL'sche Prismen) wird nur eine Schwingungsebene hindurch gelassen. Dadurch erhält man linear polarisiertes Licht, das in der **Polarimetrie** ausgenutzt wird (Abschnitt 13.5).
Mit einem **Monochromator** kann man aus den Lichtstrahlen nur eine Wellenlänge passieren lassen. Es entsteht **monochromatisches Licht** („eine Farbe").

Eine Reihe von Analyse-Verfahren für Stoffproben, sog. **Analyte,** basieren auf der Wechselwirkung des Lichts bzw. elektromagnetischer Strahlung mit Stoffen (Stoffteilchen, Materie). UV-Licht und sichtbares Licht regt in beweglichen Atomen oder Molekülen Elektronen in äußeren Schalen an. Außerdem kommt es zu Schwingungen und Rotationen der Teilchen. Sie werden in der **UV/VIS-Spektroskopie** zur Stoffuntersuchung ausgenutzt. Zur Anregung benutzt man UV-Strahlungsquellen (z. B. Deuterium-Lampen) oder für den sichtbaren Bereich Halogen- oder Wolframbandlampen. Bei der Untersuchung mit Wellenlängen von 380 bis 800 nm spricht man von **VIS-Spektroskopie** (engl. Visable Spectroscopie, sichtbare Spektroskopie) oder – da die dafür verfügbaren Geräte zumeist für den Spektralbereich 200 bis 800 nm ausgelegt sind – von UV/VIS-Spektroskopie.

In folgenden Abschnitten werden einige Verfahren beschrieben, die sichtbares Licht für die Untersuchungen verwenden. Das sind die **Refraktometrie,** die **Polarimetrie,** die **Fotometrie** sowie die **Kolorimetrie.** Durch sie werden Drehwinkel-, Brechzahl- und Konzentrationsbestimmungen ausgeführt. Andere spektroskopische Methoden beruhen auf der Anwendung von Gamma-, Röntgen-, UV-, IR-Strahlung sowie noch größeren Wellenlängen wie Mikrowellen. Sie werden im Teil II beschrieben.

13.2 Lichtreflexion und Lichtbrechung

Die Lichtdurchlässigkeit (Transparenz) ist in den verschiedenen durchsichtigen Stoffen von der Wechselwirkung mit den vorhandenen Stoffteilchen abhängig. Es sind verschiedene Erscheinungen zu beobachten:

- Das Licht unterliegt beim Durchgang durch einen mit Stoff erfüllten Raum teilweise oder vollständig der **Absorption** (lat. verschlucken). Die absorbierte Energie wird in Wärmeenergie umgewandelt (Schwächung des Lichts, da $c < c_0$). Die Lichtintensität wird geschwächt.
- Fällt Licht auf ein anderes dichteres Medium, erfolgt zumindest z. T. eine Spiegelung oder **Reflexion** (lat. zurückwenden).
- Lichtstrahlen werden in einem Medium an Stoffteilchen in verschiedene Richtungen gestreut.
- Mit **Dispersion** (lat. ausbreiten, verteilen, zerstreuen) wird die Erscheinung bezeichnet, dass die Ausbreitungsgeschwindigkeit von Licht in durchsichtigen Medien (z. B. Wasser, Glas, transparente Kunststoffe) von der Wellenlänge anhängt und die verschiedenen Wellenlängen unterschiedlich stark gebrochen werden.
- Tritt das Licht von einem Medium in ein anderes über, findet eine **Brechung** oder **Refraktion** (lat. zerbrechen, aufbrechen) statt. Es ändert sich dabei die Wellenlänge.
- Trifft Licht auf einen sehr engen Spalt (oder die Kante eines Körpers), so laufen die Lichtstrahlen dahinter „auseinander". Sie werden gebeugt (z. B. an sog. Beugungsgittern für die Kristallstrukturanalyse und Spektralanalyse). Die **Beugung** wird **Diffraktion** genannt.
- Überlagern sich Lichtwellen, so können sie sich verstärken (Überlagerung von „Amplituden-Bergen") oder auslöschen (Überlagerung von „Wellenberg" und „Wellental"). Man bezeichnet diese Erscheinung als **Interferenz.**

Zum Teil kommen diese Erscheinungen auf Grund unterschiedlicher Stoffdichte und Änderung der Lichtgeschwindigkeit an den Grenzflächen zweier verschiedener Stoffe zustande: Die Lichtwellen wechseln ihre Geschwindigkeit, wenn sie von einem Medium in ein anderes übergehen (vgl. dazu die Gleichungen im vorangegangenen Abschnitt).
Trifft ein Lichtstrahl im Winkel α von einem optisch dünneren auf ein optisch dichteres Medium, so wird er zum Einfallslot hin gebrochen. Das Einfallslot ist die Senkrechte auf die reflektierende und brechende Fläche. Der Brechungswinkel β ist kleiner als der Einfallswinkel α: $\alpha > \beta$ (Abb. 13-3a).

Umgekehrt werden Lichtstrahlen, die von einem optisch dichteren Medium in ein optisch dünneres Medium eindringen, vom Einfallslot weggebrochen: $\alpha < \beta$ (Abb. 13-3b).

Das gilt bis zu einem Einfallswinkel γ. Wird er überschritten, findet eine **Totalreflexion** statt (Einfallswinkel gleich Ausfallswinkel nach dem Brechungsgesetz).

Bei dem so genannten **Grenzwinkel α_G** der Totalreflexion streicht der gebrochene Strahl in der Grenzfläche aus (Abb. 13-3c).

Es besteht der Zusammenhang: $\alpha < \alpha_G < \gamma$.

Die Brechzahl für das optisch dünnere Medium wird mit n_1, für das optisch dichtere mit n_2 bezeichnet. Einfallswinkel α und Ausfallswinkel β stehen nach dem Snellius'schen Brechungsgesetz in folgender Beziehung:

$$\frac{n_1}{n_2} = \frac{\sin\alpha}{\sin\beta}$$

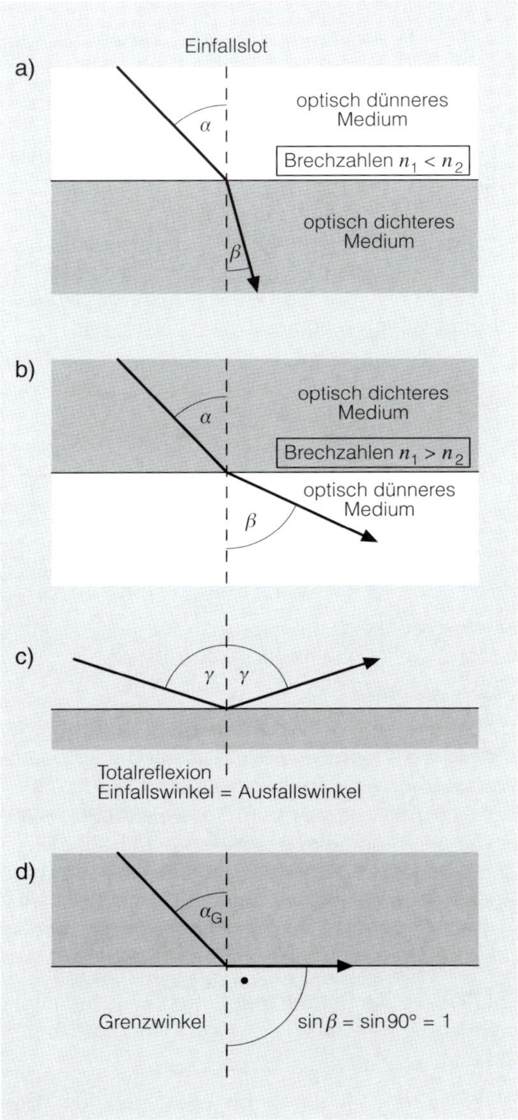

Abb. 13-3
Brechung der Lichtstrahlen
a) beim Eintritt in ein optisch dichteres Medium
b) beim Austritt aus einem optisch dichteren Medium
c) Totalreflexion
d) Grenzwinkel der Totalreflexion

13.3 Messung der Brechzahl-Refraktometrie

Die **Brechung** oder **Refraktion** ergibt sich aus dem Verhältnis der beiden Lichtgeschwindigkeiten c_1 und c_2 in zwei verschiedenen Medien und wird durch die **Brechzahl** oder den **Brechungsindex** n gekennzeichnet. Er ist definiert als Verhältnis der Lichtgeschwindigkeit im Vakuum c_0 (vereinfacht: in Luft) zur Geschwindigkeit im anderen Medium:

$$n = \frac{c_1}{c_2} \quad \text{bzw.} \quad n = \frac{c_0}{c}$$

c_1 ist die Lichtgeschwindigkeit im optisch dünneren Medium (z. B. Vakuum, Luft) und c_2 die Geschwindigkeit der Fortpflanzung im optisch dichteren Medium (z. B. Wasser, organische Flüssigkeit, Glas). Der Brechungsindex hängt von der Wellenlänge ab, weil wegen $c \sim \lambda$ die Ausbreitungsgeschwindigkeit von Licht in durchsichtigen Medien nicht für alle Wellenlängen gleich ist. Deshalb wird ja auch weißes Licht in einem Glasprisma in seine Spektralfarben zerlegt. Bei größerer Wellenlänge ist der Brechungsindex kleiner. (Wenn aber die Wellenlänge bzw. Frequenz in atomarer Dimension liegt, nimmt die Brechzahl zu, weil die Teilchen die Energie absorbieren!)

Bei der Messung der Brechzahl oder des Brechungsindex mit einem **Refraktometer** wird der Grenzwinkel der Totalreflexion bestimmt. Die Brechzahl hängt von der Wellenlänge des verwendeten Lichts und der Temperatur ab. Man verwendet deshalb monochromatisches Licht und das Refraktometer wird über einen Thermostaten auf konstanter Temperatur gehalten, meist auf 20 ±0,2 °C.

Das eigentliche Wirksystem des **Abbé-Refraktometers** besteht aus zwei unterschiedlich optisch dichten Glas-Prismen: das Beleuchtungsprisma lässt nur Licht der gelben Natrium-D-Linie (589,6 nm) passieren. Es fällt in die Probe, die zwischen diesem Prisma und einem Dispersionsprisma (Messprisma) aufgebracht wird. Der monochromatische Lichtstrahl wird durch einen darunter befindlichen Spiegel auf das Doppelprisma gelenkt. Dieses (bzw. Spiegel) ist beweglich. Dadurch kann der Lichtstrahl auf den Grenzwinkel eingestellt und in das Fernrohr gelenkt werden. Im Gesichtsfeld erscheint eine Hell-Dunkel-Grenze, auf die scharf eingestellt wird.

Am Grenzwinkel ist $\beta = 90°$ und $\sin\beta = 1$. Somit wird

$$\sin \alpha_G = n_2 / n_1$$

Die Brechzahl n_1 ist durch das Glasprisma festgelegt und wird durch ein optisches System kompensiert. Die gesuchte Brechzahl n_2 kann an einer eingeblendeten Skala abgelesen werden.

Die Brechzahl wird zusammen mit der Messtemperatur und der verwendeten Wellenlänge (Natrium-D-Linie) angegeben: n_D^T oder n_D^{20} (bzw. mit n_D und der Temperatur, bei der die Messung erfolgt ist). Organische Flüssigkeiten haben meist einen Brechungsindex zwischen 1,3 und 1,7, Edelsteine einen solchen von über 1,6. Darauf beruht ihre „Brillanz". (vgl. Übersicht 13-1).

Der Brechungsindex ist bei konstanter Temperatur und Wellenlänge eine Stoffkonstante.

Brechungsindices einiger Stoffe

Substanz	n_D
Luft (Normdruck)	1,000272
Hexan	1,3769
Toluol	1,4978
Benzol	1,5014
Ethanol	1,3617
Aceton	1,3589
Tetrachlormethan	1,4631
Wasser	1,333
Kronglas	1,510
Flintglas	1,613
Granate	1,74–1,90
Diamant	2,42

Übersicht 13-1

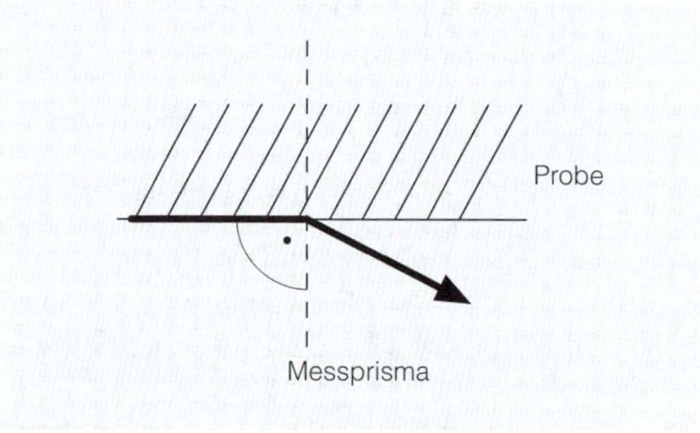

Abb. 13-4
Einstellung des Grenzwinkels zwischen Glasprisma und Probe

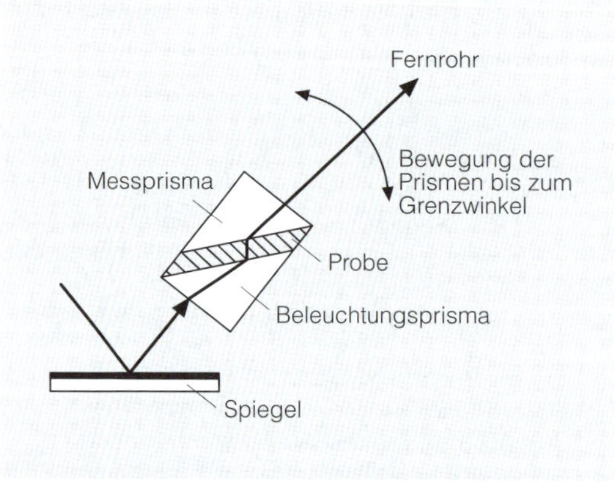

Abb. 13-5 **Strahlengang im ABBÉ-Refraktometer**

Die **Refraktometrie** kann in vielfältiger Weise für die Stoffidentifizierung oder die Überprüfung der Reinheit eines bekannten Stoffs benutzt werden. Weiterhin ist die Konzentrationsbestimmung von Lösungen und Gemischen möglich, z. B. Bestimmung des Zuckergehalts in Säften, der Oechsle-Grade von Traubensaft, des Alkoholgehalts in Getränken, der Reinheit von organischen Flüssigkeiten, des Fettgehalts in der Milch. Dafür stehen spezielle Refraktometer zur Verfügung. Differenzialrefraktometer werden als Detektoren bei bestimmten chromatographischen Analysen verwendet.

13.4 Messung der Licht-Absorption – Fotometrie und Kolorimetrie

Lichtströme werden von Medien (z. T.) absorbiert und in Wärmestrahlung umgewandelt, d. h., die Intensität des Lichts oder Leistung pro Flächeneinheit wird auf dem Weg durch eine lichtdurchlässige Substanz gesenkt. Die Absorption kann festgestellt werden, wenn man die Lichtintensität vor und nach dem Durchgang durch das Medium misst.

Das geschieht in der **Fotometrie** und **Kolorimetrie,** die beide auf den Gesetzmäßigkeiten der Absorption beruhen. Die Abhängigkeit der Lichtdurchlässigkeit wurde bereits von P. BOUGUER (1698–1758) sowie vor allem von J. H. LAMBERT (1728–1777) und A. BEER (1825–1863) gefunden und ist als BOUGUER-LAMBERT-BEER'sches Gesetz (bzw. LAMBERT-BEER'sches Gesetz) bekannt geworden.

LAMBERT stellte fest, dass beim Durchgang durch ein Medium die Schwächung des Lichts der Intensität I_0 auf die Intensität I von der Schichtdicke d abhängt.

BEER untersuchte verdünnte Lösungen von farbigen Substanzen und stellte die Absorption in Abhängigkeit von der Konzentration c des Gelösten und der Schichtdicke fest. Das gilt nur in stärkerer Verdünnung und wenn zwischen der Substanz und dem Lösungsmittel keine Reaktion und keine Dissoziation eintritt sowie Licht einer Wellenlänge (monochromatisches Licht) verwendet wird.

Gemessen wird das **Absorptionsvermögen** als Maß für die Lichtschwächung durch Absorption, Streuung und Beugung beim Durchgang durch ein Medium.

Die Absorption ist von der Frequenz oder Wellenlänge des einfallenden Lichts abhängig.

(Anmerkung: Die Bezeichnung Absorptionsvermögen erfolgt entsprechend der Empfehlung der IUPAC; früher wurde sie optische Dichte oder **Extinktion** genannt.)

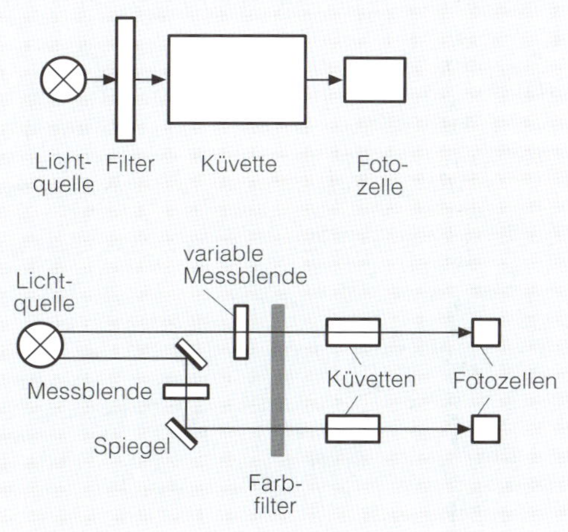

Abb. 13-6
Prinzip eines einfachen und eines Doppelstrahl-fotometers

Bei der **Fotometrie** werden Lichtstrahlen bestimmter Wellenlänge und Intensität I_0 durch eine auszumessende Probe, die sich in einer Küvette befindet, geschickt und die Abnahme der Intensität hinter der Küvette gemessen. Beim Doppelstrahlfotometer dringt ein Lichtstrahl gleicher Intensität durch eine gleiche Küvette mit dem Lösungsmittel (vgl. Abb. 13-6), um dessen Einfluss auf die Absorption auszuschließen. Als Empfänger für Lichtstrahlen können z. B. Fotozellen verwendet werden.

Die Absorption des Lichts nimmt auf ihrem Weg durch eine Probe exponentiell zu bzw. die Lichtintensität nimmt ab, d. h., wenn eine Probe in einer Küvette von 1 cm Länge 90 % des Lichts absorbiert (Durchlässigkeit 0,1), so ist die Durchlässigkeit in einer 2 cm langen Küvette $(0,1)^2 = 0,01$ d. h. 99 %.

Die **Intensität** I_0 ist die Lichtenergie (oder Strahlungsenergie), die pro Zeiteinheit senkrecht zur Ausbreitungsrichtung auf die Flächeneinheit auftrifft. Wie bereits erwähnt, hängt die Lichtintensität von der Frequenz und dem Quadrat der Amplitude ab.

Nach dem LAMBERT-BEER'schen Gesetz ergibt sich die Absorption $A = \lg I_0/I$ (auch Absorptionsmaß genannt; alt: **Extinktion** $E = \lg I_0/I$) aus dem Produkt von molarem Absorptionskoeffizienten K_n (in $l \cdot mol^{-1} \cdot cm^{-1}$ oder $cm^2 \cdot mol^{-1}$), der Konzentration c und der Schichtdicke d (Küvettenlänge):

$$A = \lg \frac{I_0}{I} = K_n \cdot c \cdot d$$

(I_0 Intensität des in die Küvette eintretenden, I die des aus der Küvette austretenden Strahls)

Anmerkung: Anstelle der Intensität I wird nach der IUPAC der Strahlungsfluss Φ verwendet. Dessen exponentielle Abnahme beim Probendurchgang wird durch den Logarithmus $\lg \Phi_0/\Phi$ ausgedrückt: (Φ_0 Strahlungsfluss des eintretenden, Φ des austretenden Lichtstrahls)

Der molare Absorptionskoeffizient (früher Extinktionskoeffizient) ist für eine bestimmte Wellenlänge eine Stoffkonstante.

Bei der **Kolorimetrie** wird ebenfalls das LAMBERT-BEER'sche Gesetz zur Konzentrationsbestimmung **farbiger** Lösungen ausgenutzt. Zur Messung wird weißes Licht einer Glühlampe benutzt (evtl. werden durch einen Farbfilter nur bestimmte Wellenlängen verwendet).
Das Verfahren beruht auf einer Vergleichsmessung zwischen einer Proben-Lösung unbekannter Konzentration c_1 und einer Standard-Lösung bekannter Konzentration c_2 des gleichen Stoffes. Die Lösungen befinden sich in Küvetten. Die Küvette der Standard-Lösung besitzt die Schichtdicke d_2, die der Küvette d_1 für die Probe kann verändert werden. Das Licht gleicher Intensität durchstrahlt beide Küvetten. Die Küvettendicke d_1 wird so lange variiert, bis die Absorption in beiden Küvetten gleich ist. Die gesuchte Konzentration der Probe c_1 ergibt sich aus dem LAMBERT-BEER'schen Gesetz (wegen des gleichen Absorptionskoeffizienten beider Schichten) zu

$$c_1 \cdot d_1 = c_2 \cdot d_2 \quad \text{oder} \quad c_1 = \frac{c_2 \cdot d_2}{d_1}$$

Es ist auch möglich, die zu untersuchende Lösung mit Standard-Lösungen steigender Konzentration oder mit verschieden stark angefärbten Gläsern visuell auf gleiche Farbtiefe (Helligkeit) zu vergleichen.

Fotometrie und Kolorimetrie beruhen auf Absorptionsmessungen. Sie nutzen das LAMBERT-BEER'sche Gesetz.

Die Foto- bzw. Kolorimetrie wird zur Konzentrationsbestimmung gelöster farbiger oder farbloser Verbindungen, die angefärbt werden können, angewendet. Die Methode wird auch benutzt, um Abwasser auf Verunreinigungen zu untersuchen (Nitrate, Phosphate, Tenside u. a.).

13.5 Optische Polarisation – Polarimetrie

Optische Polarisation ist ein bestimmter Schwingungszustand der Lichtwellen. Wie im Abschnitt 13.1 ausgeführt, schwingen die Wellen des weißen Lichts senkrecht zur Fortpflanzungsrichtung, aber in unterschiedlichen Ebenen. Ein **Polarisator,** durch den der Lichtstrahl hindurchfällt, lässt nur eine Schwingungsebene passieren.

Aufgabe

Informieren Sie sich im Abschnitt 16.2.14 über den Inhalt der Begriffe optische Aktivität, Chiralität, Chiralitätszentrum, Enantiomer, Racemat!
Welcher Molekülaufbau führt zur optischen Aktivität?

In einem **Polarimeter** wird das gelbe Licht der Natrium-D-Linie 589,6 nm als polarisiertes monochromatisches Licht zur Bestimmung des Drehwinkels und des Drehsinns(-richtung) optisch aktiver Stoffe benutzt. Abb. 13-7 gibt das Bauprinzip eines Polarimeters wieder. Das Gerät besteht aus zwei Polarisatoren (z. B. NICOL'sche Prismen), zwischen die eine Küvette mit der Probelösung, die untersucht werden soll, gebracht wird.

Mittels des **Polarisators P** wird das Licht linear polarisiert. Der hindurchgelassene Anteil des Lichtstrahls schwingt nur in einer Wellenebene senkrecht zur Polarisationsebene (Abb. 13-7).

An einem zweiten Polarisator, **Analysator A** genannt, tritt der polarisierte Lichtstrahl bei gleicher Lage der Polarisierungsebene (0° oder 180°) durch diesen hindurch. In einem Beobachtungssystem (Fernrohr) ist das Gesichtsfeld hell. Bei Drehung des Analysators um 90° bzw. 270° (gekreuzte Stellung von P und A) wird der polarisierte Lichtstrahl von ihm nicht hindurchgelassen. Das Gesichtsfeld ist dunkel.

Um genau auf tiefe Dunkelheit einstellen zu können, ist der Strahlengang und das Gesichtsfeld geteilt. In einen Teil des Lichtstrahls ist ein Hilfsprisma dazwischen geschaltet.

Im Abschnitt 16.2.14 werden spiegelbildisomere Verbindungen als optisch aktive Substanzen beschrieben. Ein Stoff ist optisch aktiv, wenn die Polarisationsebene von linear polarisiertem Licht beim Passieren der Probe gedreht wird.
Wird nun eine gelöste optisch aktive Substanz in den polarisieren Lichtstrahl **zwischen die gekreuzten Polarisatoren** des Polarimeters gebracht, so erfolgt eine Aufhellung des Dunkelfeldes. Der Analysator wird nun bis zur erneuten völligen Abdunkelung des Gesichtsfelds gedreht. Der Drehwinkel α kann an einer Skala direkt abgelesen werden.
Die **spezifische Drehung** der zu untersuchenden Substanz wird bei einer Schichtdicke der Lösung von 10 cm (Länge der Küvette) und der Konzentration 1 g · cm^{-3} bei 20 °C erhalten. Sie ist unter diesen Bedingungen eine Stoffkonstante und kann aus Tabellen entnommen werden.

Die Polarimetrie dient der Feststellung der optischen Aktivität von Verbindungen (Drehwinkel, Drehsinn) bzw. der Konzentrationsbestimmung von Substanzen bei bekannter optischer Aktivität.

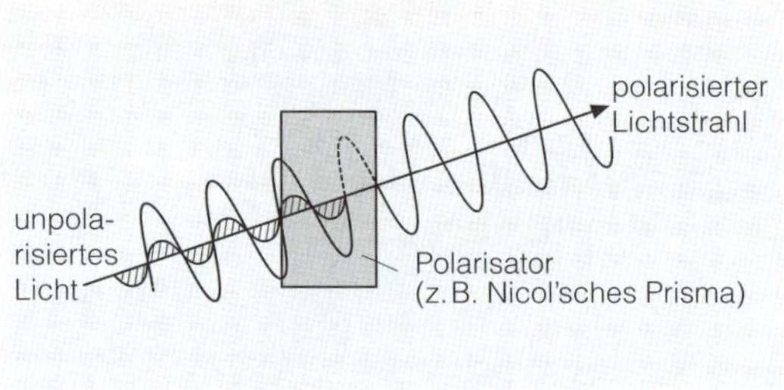

Abb. 13-7 Polarisation des Lichtstrahls

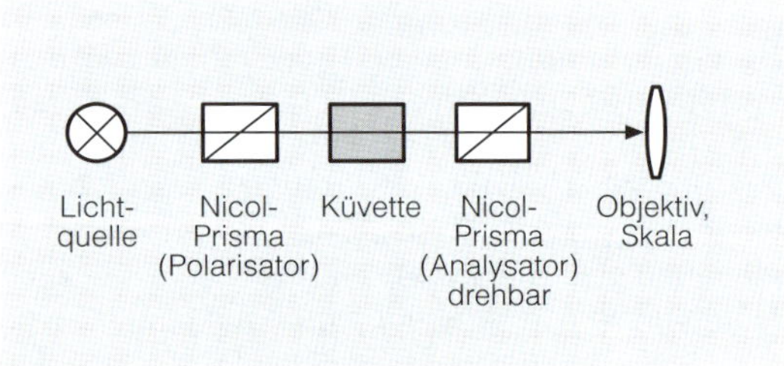

Abb. 13-8 Aufbau eines Polarimeters

Spezifische Drehung von einigen Kohlenhydraten (Zucker)

Kohlenhydrat (Lösungsmittel H_2O)	α_D^{20}
α-D-Xylose	+18,8
L-Xylose	–18,8
D-Ribose	–21,5
β-L-Arabinose	+104,5
α-D-Glucose	+52,7
β-D-Glucose	+52,7
D-Fructose	–92,4
α-D-Galactose	+80,2
β-D-Mannose	+14,2
α-D-Mannose	+14,2
Saccharose	+66,5
β-Maltose	+130,4
Lactose	+55,3
L-Ascorbinsäure	+49,0

Übersicht 13-2

Die spezifischen Drehungen zweier spiegelbildisomerer Substanzen unterscheiden sich nur im Vorzeichen.
Für die Bestimmung des Drehsinns (Rechts- oder Linksdrehung) der optisch aktiven Substanz ist eine zweite Messung z. B. mit halbierter Konzentration oder halber Küvettenlänge notwendig.
Der Drehsinn eines Stoffes kann sich bei Verwendung unterschiedlicher Lösungsmittel umkehren. Deshalb muss das verwendete Lösungsmittel mit angegeben werden.

13.6 Kalibrieren – Kalibrierkurven

Messgeräte müssen immer wieder auf die Gültigkeit ihrer Anzeige überprüft werden, um eventuelle Abweichungen zwischen Anzeige und richtigem Wert festzustellen, z. B. zwischen wahrer Temperatur und Anzeige des Temperatur-Messgerätes. Die Differenz kann verschiedene Ursachen haben, z. B. kann der Messfühler korrodiert sein oder das Gerät ist dejustiert.

Jede Messung ist mit Messfehlern (Messabweichungen) behaftet. Viele Faktoren können Einfluss auf die Messwerte haben wie Temperatur, Feuchte, elektrische oder magnetische Felder, Matrixsubstanzen (z. B. Lösungsmittel) oder Beimengungen. Sie müssen erkannt und ihre Auswirkungen eliminiert werden.

Für den Experimentierenden besteht somit die Frage, inwieweit der Messwert „richtig" ist, welcher Korrektur er bedarf. Der wahre Wert bezieht sich immer auf das Bezugssystem. Es wird als „Normal" bezeichnet. So ist für alle Massebestimmungen mit Waagen letztlich das in Paris aufbewahrte Urkilogramm das eigentliche Bezugssystem. Im Labor stehen Prüfgewichte für die Überprüfung der Anzeige zur Verfügung.

Man nennt die Maßnahmen der Überprüfung zur Korrektur eines Messsystems **Kalibrierung.** Dabei werden Differenzen in den funktionellen Zusammenhängen zwischen Eingangsgrößen und Ausgangsgrößen aufgedeckt. Im Abschnitt 11.2 wurde bereits an einem Beispiel der Kalibrierung ausgeführt, wie man bei einem Kalorimeter zum Kalibrierfaktor (Instrumentenkonstante) gelangt.

Bei der Fotometrie bestehen Zusammenhänge zwischen der Konzentration der Lösung und der Lichtabsorption, die durch ein Messgerät angezeigt werden.

Die Kalibrierung von Messgeräten, die zur Bestimmung von Lösungen unbekannter Konzentrationen verwendet werden, wird mit „Normal-Lösungen" oder sog. „Standards" (Standard-Substanzen, Standard-Lösungen, Bezugslösungen) genau definierter Konzentration bei definierter Temperatur vorgenommen.

Ein **Standard** für eine quantitative Bestimmung ist eine bekannte Konzentration oder Masse eines Stoffes, der in gleicher Art enthalten sein muss, wie er in der zu analysierenden Substanz vorkommt. Sollen z. B. Konzentrationen von Kupferionen Cu^{2+} gebunden als Sulfat bestimmt werden, muss der Standard ebenfalls aus Kupfersulfat bestehen.

Forderungen an Standard-Substanzen sind u. a. hohe Reinheit, Beständigkeit gegenüber Licht, Erwärmung/Erhitzung, Feuchte und Zersetzung durch atmosphärische Einflüsse.

Beim Kalibrieren eines Gerätes für ein Analyseverfahren werden mit definierten Standards Messreihen aufgenommen, um funktionale Abhängigkeit $y = f(x)$ zwischen einer Ausgangsgröße, dem Messwert y, und der Eingangsgröße, der Messgröße x, zu erkennen.

So werden z. B. beim Kalibrieren eines Fotometers (oder eines anderen Verfahrens für Konzentrationsbestimmungen) mit mehreren Standard-Lösungen bekannter Konzentrationen über einen bestimmten Konzentrationsbereich Messwerte aufgenommen und in einer Wertetabelle notiert. Daraus wird grafisch die **Kalibrierkurve** oder **Kalibrierfunktion** aufgestellt. Aus ihr kann für Lösungen unbekannten Gehalts, d. h. eines **Analyten** (Analysensubstanz) mithilfe der Messwerte die Konzentration bestimmt werden. Vorausgesetzt wird dabei, dass definierte Bedingungen eingehalten werden (z. B. die Temperatur) und der Messwert der unbekannten Lösung zwischen den Messwerten der Standard-Lösungen liegt.

Der molare Absorptionskoeffizient ist für eine Substanz konstant, da der Inhaltsstoff des Standards und des Analyten gleich sind. Ebenso ist die Schichtdicke bei gleicher Küvette sowie das Lösungsmittel als Matrix unverändert.

> Kalibrierung eines Messgerätes ist die Aufstellung der Kalibrierfunktion oder -kurve mithilfe von Standards

Die Kalibrierung z. B. eines Fotometers erfolgt in der beschriebenen Weise. Man erhält Messwerte für die Absorption in den Standards in Abhängigkeit der Konzentration. Der funktionale Zusammenhang lautet: $A = f(c)$. Daraus wird durch Auftragen der Absorption über der Konzentration die Kalibrierkurve erhalten. Sie ist eine Gerade mit dem Schnittpunkt der Ordinate bei der Konzentration $c = 0$.

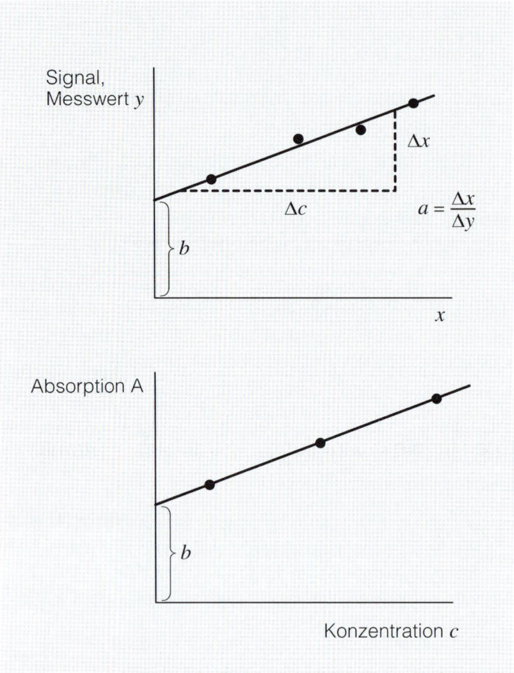

Abb. 13-9 Allgemeine Kalibrierkurve und Kalibrierkurve für die Fotometrie (• = Messpunkte)

Mathematisch wird die Kalibrierfunktion als Geradengleichung ausgedrückt: $y = b + ax$ bzw. speziell in diesem Fall in der Form:

$$A = b + a \cdot c$$

Der Ordinatenabschnitt b für $c = 0$ in Abb. 13-9 ist der **Blindwert,** der auf den Einfluss der Matrix zurückzuführen ist. Im Falle der Fotometrie wird b durch das Lösungsmittel hervorgerufen.

Die **Empfindlichkeit** des Messverfahrens wird durch den Anstieg der Kalibrierkurve $a = \Delta x/\Delta y$ ausgedrückt. Je steiler die Kurve verläuft, desto empfindlicher ist das Verfahren. Bei geraden Kalibrierkurven besteht eine einheitliche Empfindlichkeit. Das ist bei gekrümmten Kalibrierkurven nicht der Fall.
Eine lineare Kalibrierkurve ergibt sich z. B. auch bei der Ermittlung des funktionellen Zusammenhangs zwischen der elektrischen Leitfähigkeit eines Elektrolyten und der Konzentration.

Häufig wird Kalibrieren in fälschlicher Weise mit **Justieren** oder **Eichen** bezeichnet. Beim Justieren handelt es sich um das Einstellen oder Abgleichen eines Geräts durch einen Eingriff in dieses. So werden Präzisionswaagen mittels Stellschrauben und Messlibelle ausgerichtet oder justiert, oder es wird bei einem Messgerät der Nullpunkt eingestellt. Der Begriff Eichen sollte ebenfalls nicht verwendet werden, da man darunter das Einstellen von Geräten, Maßen, Gewichten und dergleichen auf der Grundlage von Gesetzen oder amtlichen Prüfbestimmungen versteht.

13.7 Sensoren und Detektoren

Mechanisierung und Automatisierung der Analyseverfahren nehmen immer noch zu. Das ist u. a. auf die ständige Erhöhung der Probezahlen zurückzuführen, die in Kliniken, Laboratorien der chemischen und pharmazeutischen Industrie oder bei der Produktion von Lebensmitteln, bei der Überwachung und Kontrolle von Deponien, Luft und Wasser, bei Bodenuntersuchungen u. dgl. anfallen. Dabei wächst auch das Bedürfnis, rasch ein Ergebnis – möglichst durch Rechentechnik verwertbar – zu erhalten, um schnell und wirksam in Prozesse eingreifen zu können, wenn sich Störungen z. B. im Produktionsprozess einstellen.

Die Analytik bedarf dazu technischer Mittel für die Registrierung und Anzeige (Detektion) von Vorgängen, Ereignissen, Beschaffenheiten, die in einer Analysensubstanz vor sich gehen oder vorliegen.

Die technischen Möglichkeiten, die für chemische Untersuchungen zur Verfügung stehen, sind sehr zahlreich und von unterschiedlicher Art und verschiedenartigen Wirkprinzipien, sodass nur allgemein auf die Problematik und einige Grundbegriffe der Messtechnik eingegangen werden kann.

Für die Bewertung von Vorgängen und Substanzen werden in der chemischen Analytik **Signale** oder **Messwerte** benötigt. Außerhalb visueller Wahrnehmung und Beurteilung werden sie technisch von **Sensoren** (lat. Sinn, Wahrnehmung) oder **Messfühlern** (Messwertaufnehmer) aufgenommen. Sie dienen der Gewinnung einer **elektrischen** Größe aus einer meist physikalischen **nichtelektrischen** Größe. So wird die Temperatur, die an der Messstelle eines Thermoelements herrscht, in eine elektrische Spannung transformiert. Chemische Sensoren in Feuermeldesystemen detektieren (aufspüren, feststellen) das Auftreten von Rauchgasen und lösen durch elektrische Signale Alarm aus.

Sensoren für die chemische Analytik – auch als **chemische Sensoren** bezeichnet – werden eingesetzt, um das Vorhandensein oder die Konzentration chemischer Substanzen in Gasen oder Flüssigkeiten bzw. deren Änderungen bei chemischen Reaktionen in solchen Medien zu erfassen und in elektrische oder optische Signale umzuwandeln.

Chemische Sensoren registrieren Änderungen physikalischer Größen, die in Flüssigkeiten oder Gasen auftreten.

Chemische Sensoren nutzen verschiedene physikalische Messgrößen aus. Sie signalisieren die Beschaffenheit und Änderung der elektrischen Leitfähigkeit, des Potenzials, des Stroms, der Temperatur, der optischen Beschaffenheit. So unterscheidet man z. B.

- **Leitfähigkeitssensoren** für die Messung von Wasserstoff, Ammoniak, Schwefeldioxid, Kohlenstoffmonoxid, Kohlenstoffdioxid, Methan u. a. in Gasströmen (Halbleiter als Gassensoren),
- **potenziometrische Sensoren** für die Messung von Potenzialen und Potenzialänderungen (Glaselektroden, ionenselektive Elektroden für die spezifische Bestimmung der Konzentration von F^-, Cl^-, Br^-, Na^+, Cd^{2+} in Lösungen, Festkörperelektrolytsensoren für die Messung von Sauerstoff in Rauchgasen und Metallschmelzen; sensitive Gassensoren für die Messung verschiedener Gase),
- **amperometrische Sensoren** für die Messung von elektrischen Strömen bzw. Änderungen des elektrischen Stroms (Registrierung von Sauerstoff; Feststellen von explosiblen Gasen in Kohlebergwerken; Sensoren für die definierte Chlorierung von Trinkwasser; Sensoren für die klinische Bestimmung von Harnsäure, Glucose, Kontrolle des Blutserums),
- **thermische Sensoren** für die Messung von Temperaturen, Signalisierung von Reaktionswärmen (katalytische Sensoren mit Pt/Pd-Schichten; kalorimetrische Sensoren und Thermistoren für die Messung von Reaktionswärmen organischer Stoffe sowie die klinische Bestimmung z. B. von Penicillin, Harnstoff, Glucose, Cholesterol),
- **optische Sensoren** für die Aufnahme und Übertragung optischer Signale in Abhängigkeit der Analytkonzentration (Fotozellen für die Aufnahme von Lichtintensitäten; faseroptische Sensoren in Form lichtleitender Faserkabel zur Ankopplung an Fotometer, Spektrometer, optoelektronische Bauelemente; u. a. für die Kontrolle und Überwachung von Oberflächen- und Grundwasser, Abwasser, Deponieabwasser durch Messung des pH-Wertes, der Trübung, der gelösten Stoffe),
- **pyroelektrische Sensoren** für die berührungslose Messung von Wärmestrahlung (z. B. Silicium- und Germanium-Fotodioden für hohe, weitere Halbleitersensoren für niedrigere Temperaturen).

Sensorsysteme bestehen aus mehreren einzelnen Sensoren. Sie können gleichzeitig mehrere Messgrößen aufnehmen (z. B. mehrere Gase in Gasgemischen; Anwendung in Gaschromatografen).

Messgeräte wandeln gemessene Größen in eine Anzeige um. Als **Detektoren** (lat. offenbaren, enthüllen, aufdecken) werden Geräte bezeichnet, die Stoffe oder Vorgänge (Auftreten oder Verschwinden eines Ereignisses) anzeigen, die der sinnlichen Wahrnehmung nicht direkt oder unmittelbar zugänglich sind.

Detektoren sollen Ereignisse oder Stoffe selbstständig registrieren und aus den Signalen, die von Sensoren geliefert werden, brauchbare Daten für die Rechentechnik und Regelung von Prozessen liefern.

Detektoren gibt es in großer Vielfalt, weil sie möglichst spezifisch für eine Analysenmethode oder für bestimmte Vorgänge angepasst sind (z. B. Detektoren für die α-Strahlung, β-Strahlung, γ-Strahlung, Detektoren für Registrierung oder Änderung des Brechungsindex, für die Änderung der Zusammensetzung von Gasströmen, von elektrischer Leitfähigkeit, von Temperaturen, Reaktionswärmen, von Wärmeleitfähigkeit u. a. m.).

Die Unterscheidung von Sensor und Detektor ist nicht immer eindeutig vornehmbar und wird zuweilen gleichbedeutend gebraucht.

13.8 Aufgaben zur Wiederholung von Kapitel 13

Aufgaben

1. Prüfen Sie, ob Sie die Begriffe elektromagnetische Strahlung, weißes Licht, Wellenlänge, Frequenz, Brechungsindex, Reflexion, Dispersion, Refraktion, Diffraktion, Lichtpolarisation definieren können!
2. Beschreiben Sie das Prinzip der Brechzahl-Messung!
3. Erklären Sie das Prinzip des Doppelstrahlfotometers, und erläutern Sie das LAMBERT-BEER'sche Gesetz!
4. Welche Bestimmungen bezeichnet man als Fotometrie bzw. als Kolorimetrie?
5. Erläutern Sie den Aufbau und die Funktion eines Polarimeters!
6. Was versteht man unter dem Begriff Kalibrierung? Wann spricht man von Justieren und von Eichen?
7. Informieren Sie sich im Labor und berichten Sie im Unterricht: Welche Geräte werden kalibriert, justiert oder geeicht?
8. Befragen Sie das Laborpersonal, welche Sensoren und Detektoren im Labor verwendet werden und wobei sie eingesetzt werden. Berichten Sie darüber im Unterricht!

14 Chromatografische Verfahren

14.1 Ziel, Prinzip und Grundtypen der Chromatografie

Chromatografische Verfahren sind bedeutsam für die Trennung von Stoffgemischen in ihre Komponenten. Verglichen mit anderen Trennverfahren stellen sie die wirksamste Trenntechnik dar. Sie haben sich deshalb zu den wichtigsten Analyse-Verfahren entwickelt. Weltweit werden wahrscheinlich wesentlich mehr als die Hälfte der qualitativen und quantitativen Untersuchungen chromatografisch realisiert. Auch für präparative Zwecke können chromatografische Verfahren eingesetzt werden.

In diesem Abschnitt sollen zunächst einige allgemein gültige Fakten und Begriffe erläutert werden. Das ist notwendig, weil es eine große Vielfalt von experimentellen Bedingungen, Verfahren und deren Varianten gibt. In den danach folgenden Abschnitten werden die wichtigsten Methoden genauer beschrieben.

Erstmalig hat der russische Botaniker MICHAEL TSWETT im Jahr 1906 eine Säulen-Chromatografie durchgeführt. Er benutzte ein senkrecht stehendes Glasrohr, das feinkörniges Calciumcarbonat als Adsorptionsmittel oder **Adsorbens** enthielt, und ließ ein Blattextrakt in Petrolether (Gemisch aus niedrig siedenden Kohlenwasserstoffen) darüber rieseln. Es bildeten sich als **Adsorbate** farbige Zonen aus, welche die Blattfarbstoffe enthielten. Er bezeichnete das Ergebnis als **Chromatografie** (griech. Farbe schreiben).

Chromatografische Verfahren nutzen physikalische Eigenschaften der Stoffe aus. Daher liegen die einzelnen Komponenten des Gemischs nach der Trennung ohne chemische Veränderung vor:

Alle chromatografischen Verfahren werden mittels **zwei Phasen** realisiert:
- mit einer bewegten oder **mobilen Phase,** die das zu trennende Gemisch als flüssige Lösung oder als Dampf enthält,
- und mit einer ruhenden, ortsbeständigen oder **stationären Phase,** die eine Auftrennung des Gemischs in seine Komponenten bewirkt.

Als **mobile Phase** dienen bei der **Gaschromatografie GC** Gase und bei der **Flüssigkeitschromatografie LC (FC) Elutionsmittel** (lat. auswaschen), auch als Lösungs- oder Fließmittel bezeichnet.

Als **stationäre Phase** werden in den Säulen unlösliche feinstkörnige Substanzen, z. B. Kieselgel, spezielle Papiere, Gelschichten als **Adsorbentien** oder **Sorptionsmittel** auf Trägern (Aluminium-Folien, Kunststofffolien, Glasplatten) oder **Flüssigkeitsfilme** auf festen Trägerstoffen verwendet.

Je nach Art der Substanzen finden verschiedene physikalische Prozesse statt. Die wichtigsten Vorgänge sind:
- **Adsorption:** dampfförmige oder gelöste Verbindungen gehen aus der mobilen Phase an die Oberfläche der stationären Phase durch Adsorption über und werden nach **Desorption** der Komponente mit dem vorbei strömenden Gas oder mit dem vorbeifließenden Lösungsmittel (Elutionsmittel) stufenweise weiter transportiert.

> Verfahren, die **vorrangig** die Adsorption/Desorption nutzen, heißen **Adsorptionschromatografie.**

- **Verteilungsvorgänge:** Komponenten lösen sich in der flüssigen stationären Phase und werden wieder reversibel an die vorbeiströmende mobile Phase je nach Löslichkeit und Konzentrationsgefälle abgegeben.

> Verfahren, die **vorrangig** auf Lösungs-/Konzentrationsgleichgewichten basieren, nennt man **Verteilungschromatografie.**

Diese Vorgänge werden begleitet von weiteren Effekten wie z. B. der Wirkung von Kapillarkräften, von Schwerkraft, Diffusion, durch Einfluss von Poren auf der Oberfläche der stationären Phase u. a.

Bei speziellen Verfahren werden **Ionenaustausch, Verdrängung** chemisch gebundener Substanzen durch andere Stoffe infolge von Affinitätsunterschieden oder durch Unterschiede in den Molekülgrößen bedingter **Molekülausschluss** ausgenutzt (vgl. folgende Abschnitte). Meist wirken mehrere Trennmechanismen gleichzeitig.

> Das Prinzip aller chromatografischen Verfahren ist die Verteilung von Gemischen auf zwei nicht miteinander mischbare Phasen.

14.2 Chromatografie mithilfe von Trennsäulen

14.2.1 Klassische Flüssigchromatografie

In den meisten Fällen werden die chromatografischen Arbeiten in **Trennsäulen,** die mit der stationären Phase gefüllt sind, als **Flüssigchromatografie** oder Flüssigkeitschromatografie **FC (LC)** und **Gaschromatografie GC** realisiert. Allgemein wird bei Verwendung von Trennsäulen von **Säulenchromatografie SC** gesprochen.

Bei der **klassischen Flüssigchromatografie** bestehen die senkrecht stehenden Trennsäulen (Standardsäulen) aus Glas. Sie haben eine Länge von 200 bis 300 mm und einen Innendurchmesser von 8 bis 10 mm. Die Säulenfüllung besteht meist aus kugelförmigen Kieselgel-Partikeln mit hohem Porenvolumen. Hierbei handelt es sich um getrocknete amorphe Kieselsäure, die noch einen gewissen Wassergehalt besitzt: $SiO_2 \cdot nH_2O$. Die Partikelgröße kann 63–200 µm und bis 500 µm betragen.
Das flüssige Elutionsmittel bewegt sich mit dem zu trennenden Stoff unter Einfluss von Luftdruck und Schwerkraft durch die Säule, evtl. wird zusätzlich ein geringer Überdruck oder Unterdruck erzeugt.
Für die **Gaschromatografie** werden die Säulen auch in Form von Schleifen und Spiralen ausgeführt, um größere Längen und höhere Trennwirkungen zu erzielen. Das Gas drückt mittels höheren Drucks die verdampfte Probe durch die Trennsäule.

In folgenden Abschnitten werden hierzu und zu anderen Verfahren weitere Einzelheiten mitgeteilt. Zunächst werden im Allgemeinen zwei säulenchromatografische Verfahren in der klassischen Ausführung beschrieben.
Obwohl die klassische Flüssigkeitschromatografie nur noch wenig angewendet wird, eignet sie sich doch sehr gut für die Einführung in die chromatographischen Arbeiten und für das Verständnis der Vorgänge. Die **Hochleistungsflüssigkeitschromatografie HPLC** hat die ursprüngliche Ausführung der Chromatografie weitgehend abgelöst (vgl. Abschnitt 14.7).

14.2.2 Adsorptionschromatografie

Um eine genauere Vorstellung von den Vorgängen zu erhalten, soll zunächst als Beispiel die **klassische** oder **konventionelle Säulenchromatografie** als **Adsorptionschromatografie mit einer flüssigen mobilen Phase** im Prinzip erläutert werden.
Da das Adsorbens (Adsorptionsmittel) ein fester Stoff und die mobile Phase eine Flüssigkeit (Lösung) ist, handelt es sich bei dem Verfahren um eine **Flüssig-Fest-Chromatografie** (engl. Liquid-Solid-Chromatography LSC).
Für die Durchführung ist die Löslichkeit des zu trennenden Stoffgemischs in einem Lösungsmittel oder dem Elutionsmittel selbst notwendig.

Die Auftrennung eines Gemischs in der Adsorptionschromatografie basiert auf Adsorption und Desorption an einem festen Sorptionsmittel. Adsorptionen finden an der Phasengrenze zwischen gasförmiger und fester sowie zwischen flüssiger und fester Phase als heterogene Gleichgewichte statt. Die stationäre Phase ist jedoch häufig von einem Flüssigkeitsfilm bedeckt, sodass auch Verteilungsvorgänge mitwirken. Die Adsorption ist umso größer, je größer die Oberfläche ist. Deshalb werden kleine und porige Partikel verwendet.
Vorteilhaft ist, dass die Adsorptions-Chromatografie in einem großen Temperaturbereich realisiert werden kann und sich Gleichgewichte schnell einstellen.
Negativ ist, dass die Enthalpie der Adsorption relativ groß ist. Das führt zu längeren Retentions- oder Desorptionszeiten (Rückhaltezeiten) der adsorbierten Verbindungen. Nachteilig sind Inhomogenitäten der Oberfläche von Adsorbentien und – gegenüber den in großer Anzahl bekannten flüssigen stationären Phasen – die geringe Anzahl von Adsorptionsmitteln, die zur Verfügung stehen.
Die Stärke der Adsorption – wie auch der nachfolgenden Desorption – wird einerseits durch die Polaritäten der anzulagernden Komponenten des Gemischs und andererseits durch die polaren Eigenschaften des Adsorptionsmittels bestimmt. Da sich die polaren Eigenschaften der zu trennenden Stoffe aufgrund ihrer sekundären Bindungskräfte unterscheiden, werden die Komponenten unterschiedlich lange Zeiten adsorbiert bzw. durch das Elutionsmittel zeitlich verzögert desorbiert. Dadurch kommt es beim Durchströmen des Systems durch die Säule zu einer Auftrennung des Gemischs. Außerdem können nacheinander Elutionsmittel unterschiedlicher Polarität für eine stufenweise Desorption durch die Säule geschickt werden (siehe dazu folgende Abschnitte).

Durchführung der Adsorptionschromatografie

- Die leere Säule wird mit einer Suspension aus dem Adsorbens und einem Lösungsmittel gefüllt (Abb. 14-1 a). Das Adsorptionsmittel besteht aus sehr feinkörnigem Material z. B. Kieselgel, Aluminiumoxid u. a. (Partikelgröße 63 bis 200 µm; große Oberfläche!). Man lässt den Feststoff über der Siebplatte absetzen und das Lösungsmittel wenig überstehen. Es dürfen keine Luftblasen enthalten sein. Die Säule muss immer mit flüssiger Phase gefüllt sein, sie darf nicht leer laufen (Abb. 14-1 b).
- In die so vorbereitete Säule wird am Kopf die gelöste Probe möglichst konzentriert aufgegeben, die im Modellfall aus den Komponenten A und B bestehen soll (c). Am Fuß der Säule lässt man

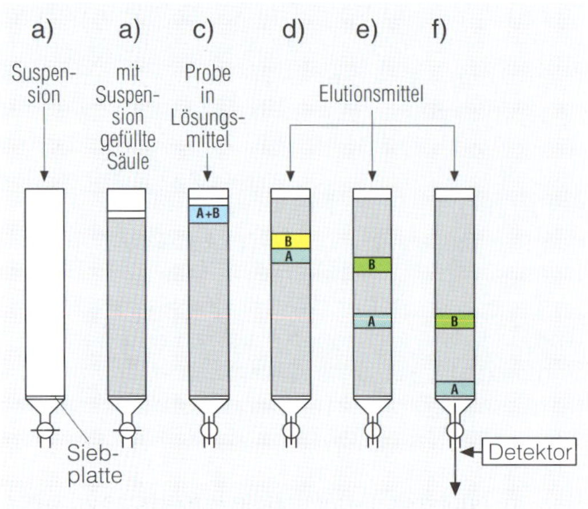

Abb. 14-1
Prinzip-Skizze für den Ablauf einer chromatografischen Trennung in einer Trennsäule

aus einem Hahn langsam die mobile Phase abtropfen/ablaufen und ersetzt kontinuierlich am Kopf die gleichen Volumina durch Lösungsmittel **(Elutionsmittel).** Die mobile Phase durchströmt langsam die stationäre Phase. Sie gibt dabei **je nach Wechselwirkung** Komponenten des Gemischs an die stationäre Phase ab. Es findet eine Adsorption statt. Dabei wirken sekundäre Bindungskräfte, vor allem die Polarität oder Unpolarität der stationären Phase und die unterschiedlichen Polaritäten der Komponenten.

- Durch das nachfließende Elutionsmittel werden die Stoffe je nach Stärke der Adsorption und Elutionskraft nacheinander wieder abgelöst, d. h., das **Adsorbat** wird desorbiert. Das bedeutet, dass die Komponenten A und B nur vorübergehend in die stationäre Phase aufgenommen und wieder reversibel abgegeben werden. Die Vorgänge der Adsorption und Desorption erfolgen viele Male beim Durchwandern der mobilen Phase. Je nach diesem Wechselspiel zwischen den sekundären Bindungskräften werden die beiden Stoffe beim Durchlauf der Lösung in der stationären Phase verteilt. Beispielsweise wird eine polare Verbindung an einer polaren stationären Phase länger „festgehalten“ als ein schwächer polarer oder unpolarer Stoff. Die Komponenten A und B trennen sich im Verlaufe des Durchwanderns der Säule und sammeln sich in Zonen, deren Abstände sich vergrößern (Abb. 14-1 d und e). Die Zonen mit den Stoffen A und B verbreitern sich evtl. auch, wenn der Durchlauf zu langsam vor sich geht. Erfolgt er zu schnell, werden die Abstände zu klein und die Trennung erfolgt nicht genügend.
- Die Komponenten legen in gleicher Zeit verschieden große Strecken zurück. Sie durchwandern die Säule in unterschiedlicher Zeit. Der Stoff mit der geringsten Adsorptionsneigung erscheint zuerst am Säulenende. Stärker polare Stoffe benötigen eine längere Zeit.
- Wenn ein **Detektor** registriert, dass die Komponenten am Fuße der Säule angelangt sind, wird manuell oder automatisch die Lösung der einzelnen Komponenten als **Eluat** (Fraktion) abgenommen (Abb.14-1 f).

Die Komponenten verweilen je nach Wechselwirkung mit der stationären Phase mit unterschiedlicher **Retentionszeit** (lat. zurückhalten; Aufenthaltszeit,-dauer) in der Säule.

Die Ablösung von Komponenten, die ja in größerer Anzahl vorhanden sein können als in dem besprochenen Modell, kann auch so vorgenommen werden, dass zunächst ein schwach wirkendes Elutionsmittel angewendet wird und dieses darauf durch ein stärker polares ersetzt wird.

Bei der Adsorptionschromatografie wird die Trennung eines Stoffgemischs im Wesentlichen durch Unterschiede der Komponenten in der Tendenz zur Adsorption und Desorption infolge sekundärer Bindungskräfte bewirkt.

Chromatogramme und ihre Auswertung

Informationen über die erfolgte Trennung liefern **Chromatogramme.** Man unterscheidet **äußere Chromatogramme,** die bei der Säulenchromatografie **außerhalb** der Säule, d. h. beim Verlassen der Säule mithilfe von Detektoren aufgezeichnet werden, und **innere Chromatogramme,** bei der sich die getrennten Stoffe noch **innerhalb der stationären Phase** befinden, z. B. als Fleck auf dem Papier bei der **Papierchromatografie** oder in der Gelschicht bei der **Dünnschichtchromatografie.**

Der einzelne Nachweis der Komponenten am Säulenfuß kann z. B. mithilfe von UV-Licht oder Fluoreszenz erfolgen. Die Signale werden von einem UV-Detektor, Fluoreszenz-Detektor oder einem anderen spektroskopischen Detektor registriert und an ein Auswertesystem geleitet, das die Signale in Abhängigkeit von der Zeit zu einem Chromatogramm verarbeitet. Die Komponenten werden bei der SC als **Peaks** angezeigt (Abb.14-2).

Der Peak bezeugt das Vorhandensein einer Komponente (qualitative Analyse). Dessen Höhe und Fläche sind ein Maß für die Menge bzw. Konzentration der Komponenten (quantitative Analyse). Die Peaks werden durch so genannte **Integratoren,** die mit dem Detektor gekoppelt sind, für die quantita-

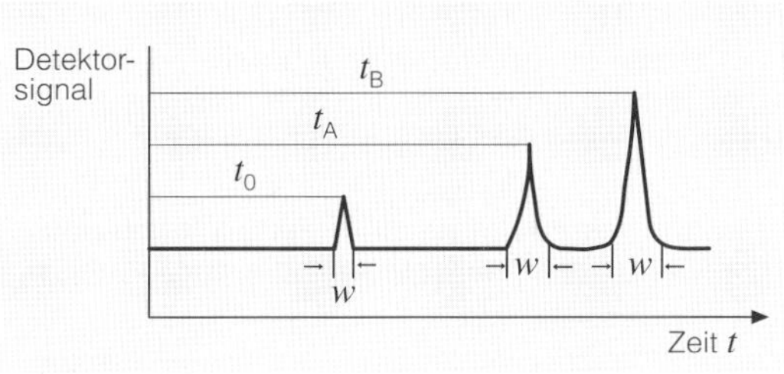

Abb. 14-2
Chromatogramm für eine Probe mit den Komponenten A und B
t_0 = Totzeit, Durchflusszeit für das Fließ- oder Elutionsmittel, auch t_M genannt (von „mobil"); t_B Retention, Retentionszeit- oder Laufzeit, t_A, t_B Retentionszeit für die Komponenten A und B; w = Basisbreite des Peaks

tive Information ausgewertet. Die Menge der Komponenten wird dabei aus der Fläche der Peaks bestimmt. Wichtig für eine exakte Auswertbarkeit sind eine konstante Säulentemperatur, eine gleichmäßige Strömungsgeschwindigkeit und ein exakt abgemessenes Volumen des Analyten. Unsymmetrische Peaks erschweren die quantitative Bestimmung des Stoffs. Außerdem darf die Säule nicht mit einer zu großen Menge überladen werden. Das Masse-Verhältnis von Adsorbens und Adsorbat soll etwa 100:1 betragen.

Für die qualitative Zuordnung der Peaks muss die Zusammensetzung durch ein anderes Verfahren bekannt sein, oder es werden Vergleichssubstanzen zugesetzt, die das Signal verstärken, wenn sie mit einer Komponente übereinstimmen. Außerdem sind Retentionszeiten in Tabellen erfasst. Die Identifizierung kann durch IR-Spektroskopie erfolgen.

Bei der quantitativen Analyse/Trennung sind die chromatografischen Verfahren als Relativmethoden anzusehen, die eine Kalibrierung der Säulen mithilfe von Standardsubstanzen erfordern.

Validierung

Wesentlich ist, dass man dem Ergebnis vertrauen kann. Bei Messgeräten wird dazu eine Eichung bzw. Kalibrierung vorgenommen, bei der Bewertung von Produktionsanlagen für die Synthese von Produkten spricht man besser von Qualifizierung. Die Prüfung der Zuverlässigkeit und Reproduzierbarkeit von Analyse-Verfahren unter bestimmten Bedingungen nennt man **Validierung.** Sie ist für die Durchführung analytischer Verfahren im Rahmen der „Good Laboratory Practice" (GLP) durch gesetzliche Festlegungen Pflicht. Standards dienen dieser Überprüfung und werden deshalb auch Validierungsstandards oder Referenzmaterialien genannt. Bei der Validierung werden u. a. die Spezifität der Methode (Eignung für die Trennaufgabe), die Richtigkeit, die Präzision, die Linearität, die Selektivität und die Nachweisgrenze des Analyse-Verfahrens bestimmt.

Adsorbentien für die stationäre Phase

Das Adsorbens bestimmt die Adsorptionsstärke. Entscheidend sind dabei die auf sekundären Bindungskräften beruhenden unterschiedlichen Wechselwirkungen zwischen den Adsorbentien und den gelösten Stoffen, die zu analysieren sind. Außerdem nehmen Druck und Temperatur Einfluss auf die Adsorption (besonders bei der Gas- und Hochleistungsflüssigkeitschromatografie HPLC).
Das am häufigsten verwendete Adsorbens ist amorphes poröses **Kieselgel,** das höhere Probenmengen aufnehmen kann als andere Materialien. Es besteht aus einem SiO_2-Gerüst, das Wassermoleküle bzw. Hydroxy-Gruppen chemisch gebunden enthält ($SiO_2 \cdot nH_2O$). Durch Trocknen kann der Gehalt auf bestimmte Werte eingestellt werden. Hydroxy-Gruppen sind stark polar.

Hydrophile Adsorbentien sind neben Kieselgel Aluminiumoxid in saurer (pH 3,5–4,5), neutraler (pH 6,8–7,8) und basischer (pH 8,5–10,5) Einstellung, Magnesiumsilikat (Florisil) bzw. eine Mischung aus SiO_2/MgO, Calciumsulfat, Zucker, Stärke, Cellulose. Die Polarität sinkt in der angegebenen Reihenfolge. Sie binden die Komponenten je nach wechselseitiger Stärke der Polarität: Aluminiumoxid adsorbiert z. B. die polaren Alkohole, Amine, Aldehyde stärker als die weniger polaren Aromate und Ketone. Die unpolaren Kohlenwasserstoffe können fast ungehindert passieren.
Hydrophile polare Adsorptionsmittel binden auf der Oberfläche leicht und stark Wassermoleküle. Sie können die Aktivität der Adsorbentien mindern, weil sie aktive Anlagerungsstellen besetzen. Polare Adsorptionsmittel werden deshalb häufig getrocknet eingesetzt. Andererseits kann neutrales Aluminiumoxid durch einen Wassergehalt von 0, 3, 6, 10 und 15 % auf verschiedene Aktivitätsstufen von I bis V eingestellt werden.
Für die organischen Stoffklassen besteht etwa folgende Reihenfolge zunehmender Adsorptionsneigung zu den polaren Adsorptionsmitteln: Alkane < Alkene < Ether < Halogenkohlenwasserstoffe < Aromaten < tert. Amine, Nitroverbindungen < Ester < Ketone < Aldehyde < primäre Amine < Säureamide < Alkohole < Carbonsäuren.

Lipophile unpolare Adsorbentien sind z. B. Aktivkohle, manche Kunstharze oder lipophile Flüssigkeitsfilme auf festen Trägerstoffen z. B. Silicium-Verbindungen wie Dimethyl-polysiloxan, Phenyl-poly-

siloxan in Filmdicken von 0,1 bis 1 μm. Sie werden vor allem zur Abtrennung unpolarer und lipophiler Komponenten aus Gemischen eingesetzt.
Polare anorganische Materialien z. B. Kieselgel können auch hydrophobiert werden. Sie werden dadurch unpolar. Man benutzt dazu z. B. organische Silicium-Verbindungen und bezeichnet die Phase als silanisiert.

Elutionsmittel, Lauf- oder Lösungsmittel

Das Laufmittel darf höchstens schwach adsorbiert werden, weil sonst die Aktivität der stationären Phase blockiert wird.
Die Elutionsmittel stehen als unpolare und polare Substanzen in großer Zahl zur Verfügung. Sie sind in einer eluotropen Reihe nach steigender Polarität geordnet. Übersicht 14-1 enthält eine Auswahl.
Je stärker die Polarität der Mittel ist, desto schneller werden die Komponenten durch die Säule geführt. Bei unpolaren Adsorptionsmitteln wie z. B. Aktivkohle oder Flüssig-Filmen aus organischen Silicium-Verbindungen kehrt sich die eluotrope Reihe in etwa um.
In vielen Fällen werden für eine effektivere Trennung auch Gemische aus Elutionsmitteln verwendet, wenn die Elutionswirkung eines reinen Mittels nicht ausreicht oder um die Polarität zu ändern. So wird z. B. Cyclohexan mit Benzen oder mit Chloroform, Benzen mit Aceton oder mit Methanol oder Aceton mit Methanol gemischt verwendet. Auf diese Weise können sehr viele Laufmittel bereitgestellt werden. Außerdem ist es möglich, während der Elution die Elutionsmittel kontinuierlich zu mischen, um eine bessere Auftrennung des Gemisch zu erreichen (Gradienten-Elution).

Die Adsorbens und Elutionsmittel müssen auf das Analysengemisch abgestimmt werden: stark polare Substanzen, die auf stark polaren Adsorptionsmitteln haften, können nur mit stark polaren Elutionsmitteln eluiert werden. Unpolare oder gering polare Verbindungen werden durch schwach oder unpolare Elutionsmittel leicht desorbiert.

Eluotrope Reihe einiger Elutionsmittel

1. Cyclohexan	10. Aceton
2. Petrolether (n-Hexan)	11. n-Butanol
3. Tetrachlorkohlenstoff	12. Ethanol
4. Isopropylether	13. Ethylacetat
5. Toluen	14. Dioxan
6. Benzen	15. Methanol
7. Diethylether	16. Acetonitril
8. Tetrahydrofuran	17. Nitromethan
9. Chloroform	18. Wasser

Übersicht 14-1

Aufgabe

Informieren Sie sich in Lieferkatalogen über Verbrauchsmaterialien und Geräte z. B. Säulen, Adsorbentien, Lösungs-/Elutionsmittel und Validierungsstandards. Bereiten Sie die Ergebnisse nach von Ihnen erkannten Ordnungsmöglichkeiten für einen Vortrag im Unterricht auf!

Die Anpassung von Elutionsmittel und Adsorbens an die Zusammensetzung des Gemischs – d. h. die zu trennenden Komponenten – wird durch das in Abb. 14-3 wiedergegebene Orientierungskreuz erleichtert. Wie der Name ausdrückt dient es zur näherungsweisen Abgleichung. Das Kreuz im Zentrum des Kreises ist drehbar. Eine Pfeilspitze wird auf die erwartete Polarität des Gemischs gedreht. Die beiden anderen Pfeile zeigen dann auf das zu wählende Adsorbens und die anzuwendende mobile Phase.

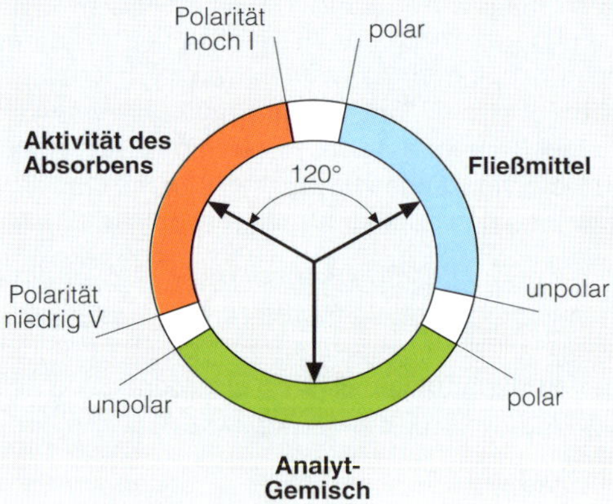

Abb. 14-3
Orientierungskreuz für die Abstimmung der stationären und mobilen Phase auf die Polarität des Analyten bei der Flüssig-Flüssig-Adsorptionschromatografie

Bei der **klassischen** Adsorptionschromatografie erfolgt die Auftrennung des Probe-Gemischs durch Wechselwirkung zwischen flüssiger mobiler und fester stationärer Phase. Sie ist in der beschriebenen Weise eine **Flüssig-Fest-Chromatografie.**

14.2.3 Verteilungschromatografie

Im Prinzip verläuft eine **klassische Verteilungschromatografie** in Säulen in gleichen Schritten, jedoch finden Adsorption/Desorption höchstens untergeordnet mit statt. Bei der vorrangig auf **Verteilung** beruhenden Trennung werden Flüssigkeitsfilme auf Trägerteilchen wirksam. Es findet eine Flüssig-Flüssig-Verteilung statt.

Zur Adsorptionschromatografie bestehen vor allem folgende wesentliche Unterschiede:

- Auch bei der Verteilungschromatografie werden feste kugelförmige poröse Partikel vor allem aus Kieselgel verwendet. Sie dienen aber nur als Träger für die stationäre Phase. Diese besteht aus einer so genannten **Trennflüssigkeit,** die auf festen Partikeln haftet und die Komponenten vorübergehend löst. Das Kieselgel bindet auf der Oberfläche polare Flüssigkeiten wie Wasser, Säuren, Alkohole, Glycole u. a. als dünnen Film, der die eigentliche stationäre Phase darstellt. Durch die verschiedenen Flüssigkeiten wird die stationäre Phase mehr oder weniger polar und bereit für das Lösen von polaren Komponenten. Auch unpolare Schichten lassen sich auftragen, wie z. B. höhermolekulare Kohlenwasserstoffe, in denen sich unpolare organische Gemische lösen können. Damit sie genügend fest auf dem Träger haften, muss dessen Oberfläche erst mit organischen Siliciumverbindungen behandelt (silanisiert) und wasserabweisend gemacht (hydrophobiert) werden. Umkehrphasen haften dagegen durch chemische Bindung auf den Trägerstoffen (vgl. im Abschnitt 14.7).
- Die Flüssigkeitsschichten dürfen sich nicht im Elutionsmittel lösen, was zum Ausschwemmen aus der Säule führen würde. Die auch als Trennmittel bezeichneten flüssigen Filmbildner stehen in großer Anzahl für die verschiedenen Trennaufgaben zur Verfügung. Wird als stationäre Phase Wasser oder eine andere stark polare Flüssigkeit benutzt, so dienen als mobile Phase z. B. Cyclohexan, Chloroform, Essigsäureester.
- Die mobile Phase ist wieder eine Lösung mit dem zu trennenden Gemisch bzw. das Elutionsmittel. Die Löslichkeit der Komponenten in der flüssigen mobilen Phase einerseits und in der flüssigen stationären Phase andererseits ist unterschiedlich. Gut lösliche Stoffe lösen sich besser als weniger lösliche, sodass sich Konzentrationsunterschiede zwischen beiden Phasen ergeben. Die verschiedene Löslichkeit der Komponenten in der mobilen und in der stationären Phase (Flüssigkeitsfilm) spielen die wesentlichste Rolle.
- Zwischen der mobilen und stationären Phase finden **Verteilungsvorgänge** statt, die zur Trennung des Gemischs führen. Es entstehen dynamische Gleichgewichte zwischen der Konzentration einer Komponente in der mobilen Phase einerseits und ihrer Konzentration in der stationären Phase, also dem Flüssigkeitsfilm andererseits: Ist die Konzentration im Flüssigkeitsfilm kleiner als in der mobilen Phase, löst sich die Komponente im Film. Fließt Elutionsmittel geringer Konzentration oder reines Mittel vorbei, kehrt sich die Verteilung um: Die Komponente geht vom Film in das Elutionsmittel über. Sie wird zeitlich verzögert wieder abgegeben.
  Solche dynamischen Gleichgewichte stellen sich längs der Säule immer wieder neu ein.
  Wenn hierbei von Gleichgewichten die Rede ist, so muss allerdings auch festgestellt werden, dass diese sich nur unvollkommen einstellen, weil die Vorgänge des Lösens und Ablösens rasch ablaufen, sodass eine endgültige Gleichgewichtseinstellung nicht möglich ist.
- Diese umkehrbaren Prozesse wiederholen sich während des Durchlaufs der mobilen durch die stationäre Phase sehr oft, sodass es schließlich zu einer Auftrennung des Gemischs in einzelne Verbindungen kommt. Gültig ist der **NERNST'sche Verteilungssatz** (vgl. Abschnitt 3.5.6):

$$K = \frac{c_1}{c_2}$$

c_1 ist die Stoffmengenkonzentration der betreffenden Komponente im Fließmittel und c_2 die Konzentration im Flüssigkeitsfilm der stationären Phase. K ist der Verteilungskoeffizient. Je größer c_1 ist, desto geringer löst sich die Komponente im Film (kleine Löslichkeit). Die Verbindung passiert rascher die Säule als eine Komponente, die sich besser in der stationären Phase löst. Für sie gilt $c_2 > c_1$. Für diese Komponente ist die Aufenthaltsdauer in der mobilen Phase länger, bis sie sich im nachfließenden reinen Elutionsmittel wegen Umkehrung der Konzentrationsverhältnisse wieder rückläufig löst.

Da die Zeitspanne für den Aufenthalt in der Säule verschieden ist, gelangen die Komponenten zu unterschiedlichen Zeiten am Säulenende an. Gut lösliche Komponenten verbleiben länger in der Säule, weniger gut lösliche Verbindungen werden zuerst ausgewaschen. Sie können am Säulenfuß einzeln aufgefangen werden.

Die Trennung von Komponenten in der Verteilungschromatografie erfolgt nach unterschiedlicher Löslichkeit in beiden Phasen und dem Konzentrationsgefälle (-gradienten) zwischen den beiden flüssigen Phasen.

Das Durchflussvolumen bei der Flüssig-Fest-Adsorptions- und Flüssig-Flüssig-Verteilungschromatografie beträgt etwa 10 bis 20 ml pro Quadratzentimeter Säulenquerschnitt und pro Stunde.

Da die Verteilung und Trennung der Komponenten zwischen flüssiger mobiler und flüssiger stationärer Phase erfolgt, ist die **Verteilungschromatografie** in der beschriebenen Weise eine **Flüssig-Flüssig-Chromatografie.**

Abb. 14-4 zeigt die Ausbildung von Zonen in der Flüssig-Flüssig-Verteilungschromatografie. Die Komponente B löst sich besser als die Komponente A. Außerdem ist der Diffusionskoeffizient größer, A dringt tiefer in die flüssige stationäre Phase ein als B.
Eine der schematischen Darstellung von Abb. 14-4 a entsprechende ideale Verteilung stellt sich nicht ein. Durch Diffusion und verzögerte Abgabe der gelösten Komponente an vorbeifließendes frisches Elutionsmittel stellen sich Zustände ein, die der Abb. 14-4 b entsprechen.

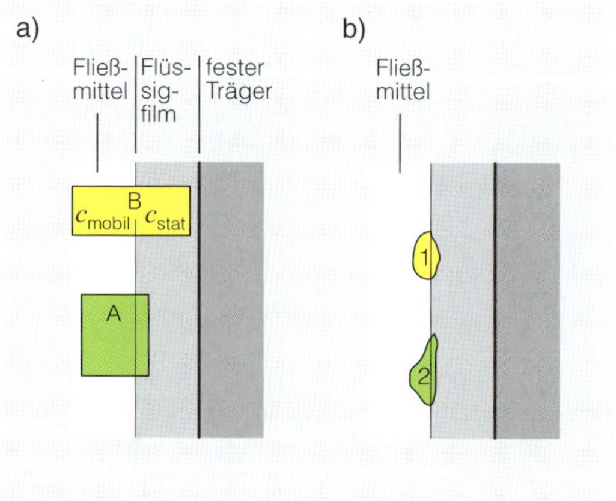

Abb. 14-4
Verteilung der Komponenten bei der Flüssig-Flüssig-Chromatografie durch Zonenbildung
a) Modell der idealen Verteilung
b) der realen Verteilung unter Einfluss der Diffusion (1) und bei der Schwanzbildung oder „tailing" (2)

Sowohl bei der Adsorptions- als auch bei der Verteilungschromatografie stellt sich beim Durchlauf der mobilen Phase durch die Säule eine Vielzahl von Gleichgewichtszuständen auf **gedachten** Ebenen ein, so wie das bei der fraktionierenden Destillation in Glockenbodenkolonnen realisiert ist. Sie werden Trennstufen oder theoretische Bodenzahl genannt (vgl. Abschnitt 14.5). Jedoch nutzt die Chromatografie keine unterschiedlichen Siedetemperaturen aus!
Die klassische Säulenchromatografie benötigt bis zu mehreren Stunden, da im Wesentlichen die Schwerkraft wirkt und die Packung der Partikel das Durchsickern der mobilen Phase behindert. Sie wird nicht mehr häufig angewendet, höchstens zur Einführung in die Chromatografie oder für präparative Trennungen. Sie ist von der Hochleistungsflüssigkeitschromatografie verdrängt worden, die nur wenige Minuten benötigt (vgl. Abschnitt 14.7). Es finden bei der HPLC die gleichen Vorgänge statt, wie sie bei der Adsorptions- und Verteilungschromatografie beschrieben wurden.

14.3 Einteilung der chromatografischen Verfahren

Häufig kann durch Chromatografie eine effektivere Stofftrennung bzw. überhaupt eine solche erreicht werden als durch andere Verfahren. So ist z. B. eine destillative Trennung von Stoffen, die sich in den Siedetemperaturen kaum unterscheiden, nicht oder nur unvollständig möglich, wohl aber durch eine geeignete chromatografische Methode, weil dabei die Siedetemperaturen keine Rolle spielen. Es ist eher unwahrscheinlich, dass sich die Komponenten auch noch in ihrem anderen Verhalten, z. B. der Adsorption, der Löslichkeit, der Molekülgröße, der Affinität u. a. Eigenschaften gleichen. Man wird somit praktisch immer ein chromatografisches Verfahren finden, das für die Stofftrennung anwendbar ist.

Durch die unterschiedlichen physikalischen Wirkprinzipien und die Abwandlung von Bedingungen und der technischen Durchführung ergibt sich eine Vielzahl von Typen der Chromatografie. Die chromatografischen Verfahren können nach verschiedenen Gesichtspunkten unterschieden werden. Einige Begriffe wurden bereits in den vorangegangenen Abschnitten benutzt, um das Prinzip der Trennung zu erläutern. Die Namen werden nochmals wiederholt, um den Zusammenhang mit anderen Bezeichnungen herzustellen. Da die angewendeten Prinzipien und die technische Umsetzung sehr verschieden gestaltet werden können, gibt es auch eine Vielzahl weiterer Benennungen.

Man unterscheidet
- nach den materiell-technischen Bedingungen für die Aufnahme der stationären Phase:

  Säulenchromatografie SC:
  nach der Trennsäule für die stationäre Phase

  Papierchromatografie PC:
  ein Spezialpapier ist die stationäre Phase

  Gelchromatografie GC:
  eine Gelschicht auf einer Folie ist die stationäre Phase

- nach dem vorrangigen physikalischen Vorgang zwischen beiden Phasen:

  Adsorptionschromatografie:
  eine feste Phase als Adsorbens

  Verteilungschromatografie:
  ein Flüssigkeitsfilm auf einem festen Träger als stationäre Phase

  Austauschchromatografie:
  ein Ionenaustauscher als stationäre Phase

  Ausschlusschromatografie:
  eine feste stationäre Phase, durch deren Poren unterschiedlich große Moleküle getrennt werden können

  Verdrängungschromatografie:
  zu chemischen Gruppen an der Oberfläche der stationären Phase besteht eine unterschiedliche Affinität

- nach der stationären Phase

  Feststoffchromatografie SC (von solidus, lat. fest)

  Flüssigkeitschromatografie LC (von liquidus, lat. flüssig)

- nach der mobilen Phase:

  Gaschromatografie GC

  Flüssigkeitschromatografie LC

Die Begriffe werden nach Art der Phasen, die bei den Verfahren in Wechselwirkung treten miteinander kombiniert, wie die folgende Einteilung (Übersicht 14-2) nach Grundtypen ausweist (in Klammern die englische Bezeichnung).

Zu den auf Adsorption beruhenden Verfahren gehören auch die Dünnschicht- und Dickschichtchromatografie sowie die Gaschromatografie.

14.4 Anwendung chromatografischer Verfahren

Chromatografische Verfahren werden für die qualitative Analyse, die quantitative Analyse und für präparative Zwecke angewendet.
Für die qualitative Analyse wird häufig die Papierchromatografie PC und die Gel- oder Dünnschichtchromatografie DC genutzt, z. B. für die Untersuchung von Naturstoffen, klinischen Proben (z. B. Blut, Urin, Gewebeflüssigkeiten), gerichtsmedizinischen Proben (z. B. Speichel, Gewebeteile, Haare beispielsweise für Gen-Untersuchungen), Proben für die Qualitätskontrolle in der Industrie, für die Prüfung der Reinheit von Stoffen, für den Nachweis von Herbiziden, Fungiziden, Insektiziden bzw. deren Rückstände bzw. ihren Abbau im Laufe der Zeit.

Die quantitative Analyse solcher und anderer Stoffe erfolgt nach Kalibrierung mit Standard-Substanzen vor allem mithilfe der Gaschromatografie GC, der Flüssigkeitschromatografie LSC und der Hochleistungsflüssigkeitschromatografie HPLC (**H**igh **P**erformance **L**iquid **C**hromatography).
In der präparativen Chromatografie setzt man vor allem die Dünnschichtchromatografie bzw. eine Abwandlung, die dicke Gelschichten verwendet, die Flüssigkeitschromatografie und wegen einiger Vorteile vor allem die HPLC für die Gewinnung von Substanzen in Mengen von Milligramm bis Gramm ein.

Die Chromatografie hat überhaupt erst wichtige Einblicke in viele Gebiete der Chemie ermöglicht wie z. B. in die Chemie der Naturstoffe, in den Stoffwechsel (Metabolismus) im menschlichen Organismus, die Aufgabe von Enzymen, Hormonen, Vitaminen im Körper, in die Wirkung und den Abbau

Chromatografische Grundtypen

		mobile Phase		
		flüssig Flüssigkeitschromatografie LC	gasförmig Gaschromatografie GC	
stationäre Phase	fest (Solid)	Flüssig-Fest-Chromatografie (Liquid-Solid-Chromatography) LSC	Gas-Fest-Chromatografie (Gas-Solid-Chromatography) GSC	**Grundtypen der Adsorptionschromatografie**
stationäre Phase	flüssig (Liquid)	Flüssig-Flüssig-Chromatografie (Liquid-Liquid-Chromatography) LLC	Gas-Flüssig-Chromatografie (Gas-Liquid-Chromatography) GLC	**Grundtypen der Verteilungschromatografie**

Übersicht 14-2

von Arzneistoffen u. a. m. Auch die Umweltanalytik kommt nicht mehr ohne die chromatografischen Methoden aus.

14.5 Einige weitere allgemeine Grundlagen

Die Chromatografie mittels Säulen, besonders die Flüssig-Fest- und Flüssig-Flüssig-Chromatografie, ist die am häufigsten angewendete Methode. An erster Stelle steht die Hochleistungsflüssigkeitschromatografie. Nachfolgend werden deshalb vor allem einige weitere theoretische Grundlagen zu diesen Verfahren beschrieben.

Wie aus den vorangegangenen Abschnitten bereits deutlich wurde, beruht die Trennung eines Gemischs durch Chromatografie darauf, dass die stationäre Phase die im Fließmittel (Elutions- oder Lösungsmittel) enthaltenen Komponenten an seiner Oberfläche durch Verteilung, Adsorption, Ionenaustausch u. a. Prozesse mit unterschiedlicher Stärke „festhält" und bei der Elution mit unterschiedlicher Geschwindigkeit nacheinander wieder abgibt.

Der Verlauf und die Wirksamkeit der Säulenchromatografie wird durch einige Kenngrößen beschrieben:
Die Zeit, die das reine Elutionsmittel (reine mobile Phase) für das Durchwandern der Säule braucht, ist die **Totzeit t_0** oder **t_M**. Die Zeit, die eine Komponente vom Säulenkopf bis zum Säulenfuß benötigt, ist die **Retentionszeit t_R** (Durchflusszeit, Mobilzeit).

Es wird auch die **relative Retentionszeit R_{rel}** benutzt, die sich auf einen Standard bezieht:

$$R_{rel} = t_R / t_{Standard}.$$

Die **reduzierten Retentionszeiten**

$$t'_R = t_R - t_M$$

für die Komponenten werden auf die Totzeit bezogen und ergeben die **Kapazitätsfaktoren k'**

$$k'_A = \frac{t_{R,A} - t_M}{t_M} \qquad k'_B = \frac{t_{R,B} - t_M}{t_M}$$

Bei diesen Größen wird eine isotherme Arbeitsweise vorausgesetzt, denn die Änderung der Temperatur führt zu Änderungen der Laufzeiten.
Bei Kapazitätsfaktoren weit über 20 werden die Retentionszeiten zu lang und die Peaks der betreffenden Komponente werden zu breit. Evtl. können sich auch benachbarte Peaks z. T. überlagern, wie Abb. 14-5 zeigt.

Die Peakkapazität einer Säule ist begrenzt und hängt von der bereits erwähnten **theoretischen Bodenhöhe/-zahl** oder **Trennstufenzahl N** ab. Bei der GC ist beispielsweise bei $N = 400$ die Peakkapazität 21, bei $N = 10000$ beträgt sie 101, bei der Flüssigchromatografie dagegen nur 13 bzw. 61.

Wenn der Analyt zu viele Komponenten enthält, kommt es zu Peak-Überlagerungen. Bei der GC wird für die Angabe der Peak-Trennung die Trennzahl (nicht verwechseln mit Trennstufenzahl!) verwendet. Ist diese gleich 1, so werden die Peaks von zwei benachbarten Verbindungen gerade noch getrennt. Unsymmetrische Peaks kommen bei der GC z. B. durch zu niedrige Temperatur (fronting) oder durch verzögerte Abgabe aus der stationären Phase zustande (tailing, Schwanzbildung).

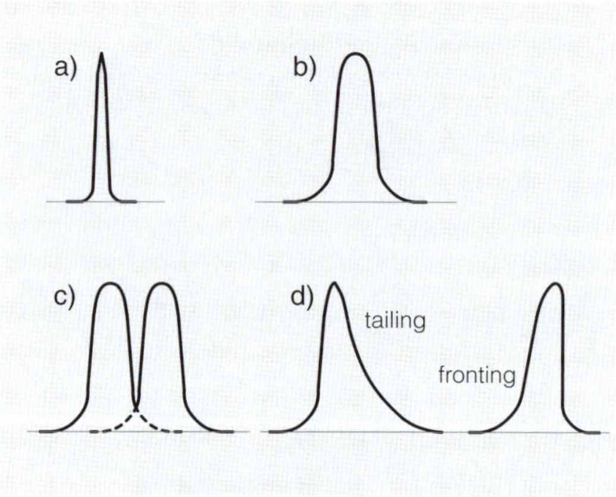

Abb. 14-5 Peak-Ausbildungen
a) ideal, b) verbreitert, c) überlagert, d) unsymmetrisch (tailing und fronting)

Effektive Trennungen werden bei der Adsorptions- bzw. Verteilungschromatografie möglich durch
- geringe Korngröße des Adsorbens (Adsorptionschromatografie) oder geringe Dicke des Flüssigkeitsfilms (Verteilungschromatografie)
- gleichmäßige Korngröße und geringe Korngröße (große Oberfläche des Adsorbens!)
- gleichmäßige Packung des Adsorbens in der Säule
- geringe Durchmesser der Säulen
- große Diffusionskoeffizienten in der stationären und kleine Diffusionskoeffizienten in der mobilen Phase
- nicht zu lange Analysezeit

Der **Trennfaktor α** (Selektivitätsfaktor) ist ein Maß für den Verteilungskoeffizienten, d. h. ein Maß für die Trennung von zwei Komponenten. Er ergibt sich aus den Kapazitätsfaktoren:

$$\alpha = k'_B / k'_A \qquad \text{bzw.} \qquad \alpha = \frac{t_{R,B} - t_M}{t_{R,A} - t_M}$$

Die Verteilung der Komponenten bzw. α und k' können durch die Polarität der Lauf-/Elutionsmittel variiert werden.

Neben den Kapazitätsfaktoren und dem Trennfaktor ist die Auftrennung des Gemischs in einzelne Komponenten noch wesentlich abhängig von der Anzahl der **theoretischen Böden** oder **Trennstufenzahl** N. Von dieser Größe hängt letztlich die Trennleistung der Säule ab. Sie errechnet sich aus der Retentionszeit und der Basisbreite eines Peaks w (oder der Halbwertsbreite bei h/2):

$$N = 16 \cdot \left(\frac{t_R}{w}\right)^2$$

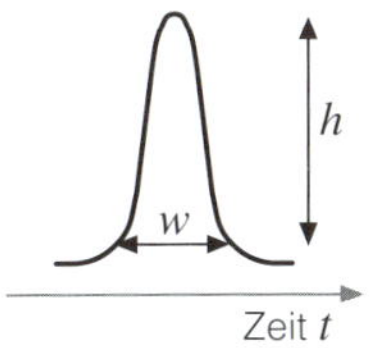

Aus der Gleichung geht hervor, dass die Peakbreite größeren Einfluss auf die Trennstufenzahl besitzt. Die Wanderungsgeschwindigkeit sollte deshalb nicht zu lange dauern, weil sich mit der Verlängerung der Durchlaufzeit der Peak verbreitert.

Je höher die theoretische Bodenzahl ist, desto exakter erfolgt die Trennung der Komponenten in der Säule. Man **stellt sich dazu vor,** dass in die Säule Böden wie bei einer fraktionierenden Destillation eingebaut **wären** und sich auf jedem dieser **gedachten** Böden ein Gleichgewicht einstellt (wegen der fließenden mobilen Phase können sich aber nur angenähert dynamische Gleichgewichte realisieren).

Auch wie viele Komponenten getrennt werden können, hängt von der theoretischen Bodenzahl ab: Je größer N ist, desto größer ist die Anzahl der trennbaren Stoffe.

Die theoretische Bodenzahl wird auf die Länge L der Säule bezogen, um die Höhe H eines theoretischen Bodens zu bestimmen:

$$H = L / N$$

Bei einer bestimmten Säulenlänge L ist somit die Höhe H der theoretischen Böden abhängig von ihrer Anzahl in dieser Säule. Je kleiner H wird, umso schmaler ist die Zone, in der sich die Komponenten vorübergehend adsorbieren oder lösen und umso besser ist die Trennleistung der Säule.

Die Zonen der Komponenten verbreitern sich beim Durchlaufen der Trennsäule durch Störeffekte. Als solche sind vor allem zu nennen:

- Bei zu kleiner Strömungsgeschwindigkeit der mobilen Phase kann es zur Diffusion der Moleküle in tiefere Schichten kommen (vor allem bei der Flüssig-Chromatografie). Sie werden verzögert wieder abgegeben.
- Die Moleküle können in Poren oder Kanäle der stationären Phase eindringen und legen einen längeren Weg zurück.
- Die Gleichgewichtseinstellung kann ungenügend sein, weil die mobile Phase zu schnell läuft.

Durch diese Effekte werden die Komponenten verzögert von der stationären Phase abgegeben. Sie verlassen über ein zu großes Zeitintervall die Säule.

Die bisher für die Trennung in Säulen beschriebenen Vorgänge, Wirkungsweisen und theoretischen Grundlagen gelten nicht nur für die Adsorptions- und Verteilungschromatografie, sondern auch zu einem Teil für andere chromatografische Verfahren. Allerdings sind bei diesen auch noch andere Effekte zu beobachten, weitere Bedingungen zu realisieren oder spezifische Auswertungen vorzunehmen. Zu jedem Grundverfahren gibt es noch viele Varianten. In nachfolgenden Abschnitten werden weitere wichtige Grundtypen beschrieben, die in der Übersicht 14-3 enthalten sind:

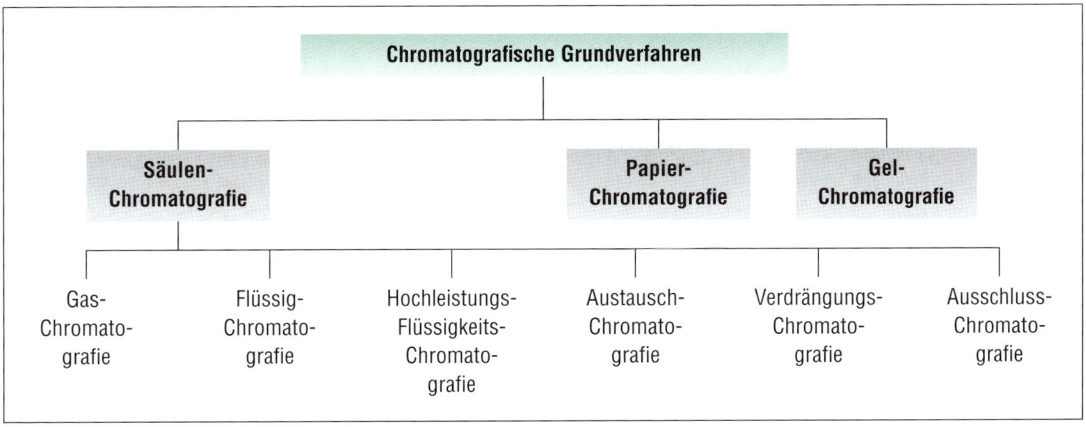

Übersicht 14-3

Übersicht 14-4 enthält im Überblick die wichtigsten Bedingungen für einige chromatografische Verfahren.

Wichtige Bedinungen für chromatogafische Verfahren

Verfahren	stationäre Phase	mobile Phase	Voraussetzung für die Probe	Temperatur	Zeitbedarf	weitere Bedingungen	Detektion
Gaschromatografie	feste Partikel ∅ 63–250 μm	verdampfte Phase; inerte Gase	unzersetzt verdampfbar	bis ca. 150 °C und höher	einige Minuten	geringer Überdruck	WLD, FID, Massenspektrometer
klassische Adsorptionschromatogr.	feste Partikel ∅ 63–250 μm	Lösung/ Elutionsmittel	löslich	Raumtemperatur	mehrere Stunden	evtl. geringer Über- oder Unterdruck	UV-Licht, Fluoreszenz
klassische Verteilungschromatogr.	Flüssigfilme auf Feststoff ∅ 63–250 μm	Lösung/ Elutionsmittel	löslich	Raumtemperatur	mehrere Stunden		UV-Licht, Fluoreszenz
HPLC	Partikel ∅ 3–10 μm mit Flüssigfilm	Lösung/ Elutionsmittel	löslich	Raumtemperatur; evtl. T-Programm	wenige Minuten	p bis 20 Mpa, evtl. Elutionsgradient	Refraktometer, Fotometer, UV-Fluoreszenz
Dünnschichtchromatografie	Kieselgel, Al_2O_3 u. a. auf Folie u. a.	Lösung/ Elutionsmittel	löslich	Raumtemperatur	$^1/_2$ bis 1 Stunde		Anfärben/ Auge, Fotometer
Papierchromatografie	spezielle Papiere	Lösung/ Lösungsmittel	löslich	Raumtemperatur	$^1/_2$ bis 1 Stunde		
Ionenchromatografie	Ionenaustauscher-Harz	Lösung	löslich	Raumtemperatur	wenige Minuten	Probe ionisch, Normaldruck bis 1 MPa	Leitfähigkeitsdetektor

Übersicht 14-4

14.6 Gaschromatografie GC

Bei der Gaschromatografie werden inerte (reaktionsträge) Gase als mobile Phase und feste oder flüssige stationäre Phasen angewendet. Es kann somit wieder in Adsorptions- und Verteilungschromatografie unterschieden werden (GSC, GLC).
Als Trägergase für den Stofftransport werden Wasserstoff, Stickstoff, Helium, Argon und Kohlenstoffdioxid benutzt. Die Proben werden mit geringem Gasüberdruck durch die Säule geführt. Es können gasförmige bzw. vollständig verdampfbare, thermisch beständige Gemische getrennt werden.
Man unterscheidet mit festen Adsorbentien oder mit Trägerpartikeln für Flüssigkeiten gepackte Säulen und Kapillarsäulen mit Innendurchmesser von 0,1 bis 1 mm.

Gepackte Säulen

Die Trennsäulen bestehen aus druckfesten Materialien (Edelstahl, Glas und vor allem Quarzglas in druckfester Ummantelung). Sie besitzen bei gepackten Säulen für die Adsorptionschromatografie eine Länge von einem bis zu mehreren Metern bei einem Innendurchmesser von 2 bis 8 mm. Die Anzahl der Trennstufen liegt bei 500 bis 1000 m^{-1}.
Der Gasfluss bei gepackten Säulen beträgt 25 bis 150 $ml \cdot min^{-1}$ und bei Kapillarsäulen bis ca. 30 $ml \cdot min^{-1}$. Er wird am Säuleneingang durch Strömungsregler konstant gehalten.
Zwischen dem Säuleneingang und dem Säulenausgang besteht bei gepackten Säulen durch den Strömungswiderstand ein Druckgefälle. Größere Längen als ca. 20 m können nicht verwendet wer-

den, weil der Druckabfall durch die Packung zu groß und der Transport behindert wird.
Gepackte Säulen liefern in kürzerer Zeit ein Analyse-Ergebnis, die Trennkapazität ist aber begrenzter als bei Kapillarsäulen, die eine 100fach höhere Trennstufenzahl besitzen können. Deshalb werden Kapillartrennungen häufiger durchgeführt.

Die gepackten Säulen für die **Gas-Fest-Adsorptionschromatografie** GSC enthalten poröse Füllstoffe: vor allem Kieselgel, aber auch je nach Trennaufgabe Kieselgur, Aktivkohle, grafitisierten Ruß, poröse Glaskugeln, Polystyren-Copolymer (Chromosorb), Ethylvinyl-Divinylbenzol-Copolymer (Porapak), Zeolithe, Magnesiumsulfat u. a. in der Korngröße 150 bis 250 µm.

- Aktivkohle ist unpolar und wird zur Trennung von Gasen und Alkanen verwendet;
- Kieselgel mit OH-Gruppen (hydroxyliertes SiO_2) eignet sich für die Aufspaltung von Aromaten, Carbonyl-Verbindungen, Nitrilen, anderen Verbindungen mit π-Bindungen;
- Polystyren-Copolymere mit gebundenen –CN, –O–, =CO-Gruppen werden z. B. für die Analyse von Verbindungen mit Aminogruppen eingesetzt.

Bei der GSC werden Probenmengen von 0,5 bis 20 µl bzw. 10 ng bis 10 mg und bei der GLC 0,001 µl bzw. 10 ng bis 10 µg analysiert.

Die auf der Oberfläche des Kieselgels an Silicium gebundenen OH-Gruppen können die Trennung stören. Sie werden mit Chlortrimethylsilan $(CH_3)_3SiCl$ desaktiviert (silanisiert), indem Wasserstoff der OH-Gruppe substituiert wird:

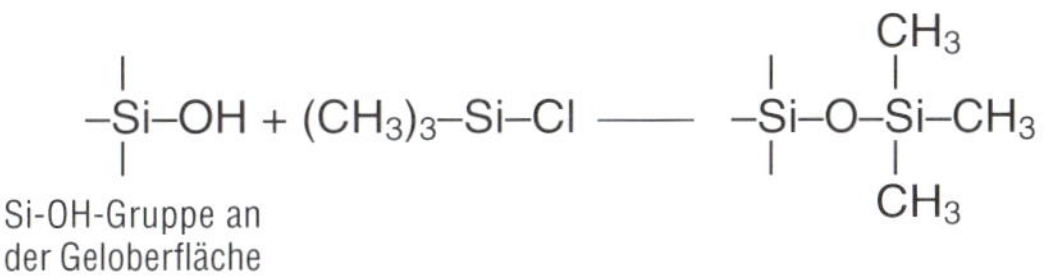

Für die **Gas-Verteilungschromatografie** GLC werden als stationäre Phase Flüssigkeitsfilme aus temperaturbeständigen Trennflüssigkeiten auf feinkörnigen Träger-Körpern vor allem aus amorphem Kieselgel aufgebracht.

Als Trennflüssigkeiten werden z. B. folgende Stoffe bis zu den angegebenen Temperaturen eingesetzt:
- Squalan (Kohlenwasserstoff $C_{30}H_{62}$; unpolar; Temperatur bis 150 °C),
- Apolan-87 (verzweigter Kohlenwasserstoff $C_{87}H_{176}$; unpolar; Temperatur bis 300 °C)
- Silikonöle (je nach Öl unpolar, mittel polar, stark polar; Temperatur bis 300 °C),
- Ester (je nach Verbindung mittel bis stark polar; Temperatur bis 100 bzw. 200 °C)
- Polyethylenglycole (polar; Temperatur bis 225 °C) u. a.
- Außerdem stehen polare Trennflüssigkeiten mit funktionellen Gruppen zur Verfügung (Carbonyl- =CO, Cyano-CN, Hydroxy-Gruppen).

Die Trennflüssigkeiten sollen einen niedrigen Dampfdruck sowie eine Siedetemperatur besitzen, die mindestens 100 K über der Ofentemperatur liegt, damit sie nicht mit dem Gasstrom aus der Säule ausgetragen werden. Es stehen für die verschiedenen Trennaufgaben etwa 1000 verschiedene Trennflüssigkeiten zur Verfügung.

Silikonöle für Trennflüssigkeiten

Silkonöl	Zusammensetzung	Eignung für die Trennung
Polydimethylsiloxan Silicon OV-101	$H_3C–[(CH_3)_2Si–]_n–(CH_3)_3$	Aliphatische KW, Ester, Aldehyde, aromatische KW, Alkaloide, Halogen-KW, Pharmazeutika
Polyphenylmethyl-siloxan Silicon OV-17	$(CH_3)–Si–O–[(CH_3,C_6H_5)–O–]_nSi(CH_3)$ Anteil Phenyl/Methyl 50 % : 50 %	Ester von Aminosäuren, Pestizide, Pharmazeutika
Polycyanopropyl-phenyl-siloxan OV-225	$H_3C-Si(CH_3)–O–[(CH_3,C_6H_5)–Si–O–Si–(CH_3,C_3H_6–CN)–O]_n–Si(CH_3)$ Anteil Methyl/Phenyl/Cyano 25 % : 25 % : 50 %	Halogen-KW, aromatische KW, Phenole, Alkaloide, Nitrile, Pestizide, Terpene
Polyethylenglykol Carbowax	$HO–(CH_2–CH_2–O)_n–H$	Aldehyde, Alkohole, Amine, Ester, Pestizide, Terpene

Übersicht 14-5

Der **Gas-Chromatograf** wird in einem Ofen untergebracht, der bei isothermer Durchführung der GC für eine gewünschte konstante Temperatur sorgt. Je nach zu trennenden Stoffen werden Temperaturen von 20 bis etwa 400 °C z. B. zum Verdampfen der Probe, des günstigen Gasflusses oder der besseren Verteilung zwischen mobiler und stationärer Phase angewendet. Zu hohe Temperatur verringert die Retentionszeiten, bei zu niedrigen Temperaturen werden die Peaks im Chromatogramm zu flach und können nur fehlerhaft bewertet werden.

Für Gemische mit größerem Siedebereich der Komponenten wird die Verdampfung und Verteilung temperaturprogrammiert durchgeführt. Zuerst werden bei niedrigerer Temperatur die leicht siedenden Stoffe und bei kontinuierlich erhöhter Temperatur die höher siedenden Verbindungen verdampft und an die Säule abgegeben. Dadurch ergibt sich schon am Säulenkopf eine gewisse Auftrennung des Gemischs. Es soll aber nochmals betont werden, dass die chromatographische Trennung nicht auf den Siedetemperaturen beruht!

Bei der **Durchführung** der GC wird die Probe über ein gasdichtes Septum aus Silikongummi mit einer Injektionsspritze oder über einen automatischen Probengeber in genauer Menge am beheizbaren Probenkopf eingegeben. Bei gepackten Säulen der GSC werden für analytische Zwecke 0,5 bis 20 µl bzw. Probenmengen von 10 ng bis 10 mg injiziert.

Es wird dabei eine Temperatur gewählt, die ca. 50 K über der Siedetemperatur der am höchsten siedenden Komponente liegt. Das Gas verteilt das Gemisch in der Säule entsprechend den Adsorptions- oder Verteilungskoeffizienten und transportiert die getrennten Stoffe zum Säulenende. Dort werden sie mithilfe eines Detektors registriert. Dabei werden Änderungen der physikalischen Eigenschaften der Gase gemessen. Durch einen gekoppelten Schreiber wird das Chromatogramm aufgezeichnet. Wie bei der Flüssig-Chromatografie werden polare Verbindungen länger in der Säule zurückgehalten als unpolare.

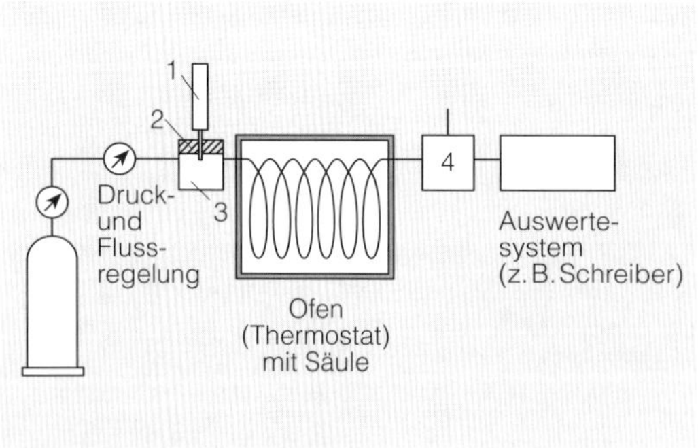

Abb. 14-6
Prinzipieller Aufbau eines Gaschromatografen (1 Injektionsspritze, 2 Septum, 3 Einspritzblock, 4 Detektor mit Signalgeber)

Vor jedem neuen Einsatz muss die Säule zur Entfernung von Rückständen und zur Aktivierung des Kieselgels mit frischem Gas ausgeheizt werden.

Kapillarsäulen

Für die GSC werden auch Dünnschicht-Kapillaren verwendet (SCOT; support coated open tubular column), die an der Innenwand eine poröse Trägerschicht aus Kieselgel besitzen (Dicke ca. 25–30 µm).
Kapillarsäulen für die GLC-Verteilungschromatografie besitzen an der Wand eine Beschichtung mit Partikeln und Flüssigkeit. Sie können auch nur mit Trennflüssigkeit beladen eingesetzt werden (Dünnfilm-Kapillaren oder WCOT; wall coated open tubular column; Abb. 14-7). Die Flüssigkeitsfilme haften als Trennsubstanz auf der Innenfläche der Kapillaren. Kapillarsäulen können bis zu 100 000 theoretische Böden erreichen.
Bei Kapillarsäulen werden Volumina von 10^{-3} µl bis 0,001 µl bzw. Probenmengen von 10 ng bis 10 µg injiziert.

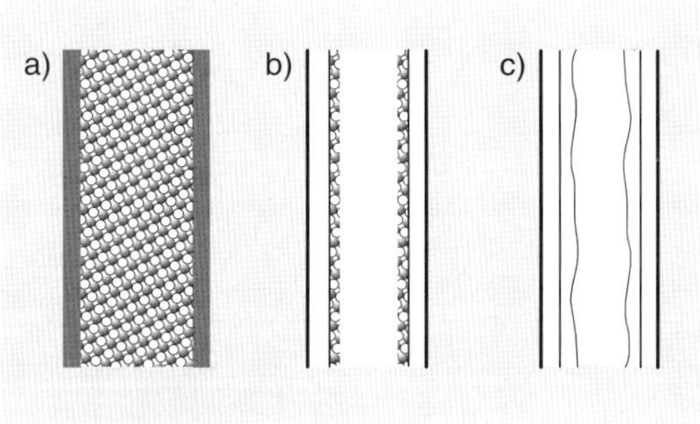

Abb. 14-7 Säulenfüllungen
a) gepackte Säule
b) Dünnschicht-Kapillare für die Gas-Adsorptionschromatografie (GSC), SCOT-Säulen
c) Dünnfilmkapillaren für die Gas-Verteilungschromatografie (GLC), WCOT-Säulen

Kapillarsäulen, bei denen die Trennflüssigkeit durch chemische Bindung an der Glaswand stabilisiert (immobilisiert) ist, sind sehr beständig, weil die Säulen nicht „ausbluten".
Kapillarsäulen für die Verteilungschromatografie können bis 100 m Länge bei einem Durchmesser von 0,1 bis 1 mm erreichen. Bei ihnen ist der Gasdurchgang nicht gestört und der Druckabfall trotz großer Länge gering. Durch große Längen werden theoretische Bodenzahlen bis zu 100 000 erreicht.

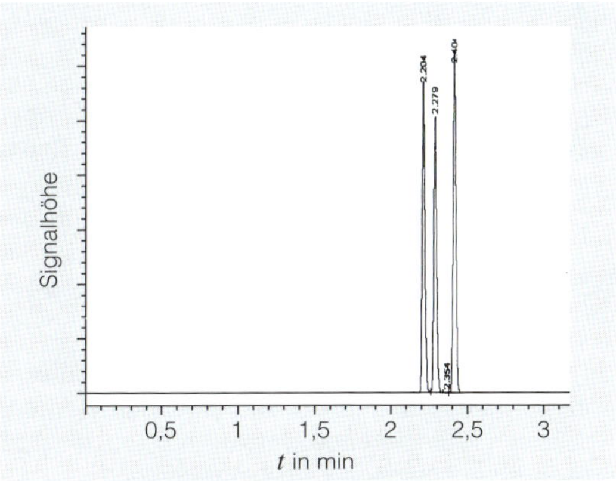

Abb. 14-8 Gas-Chromatogramm eines Gemischs von Heptan, Octan und Nonan

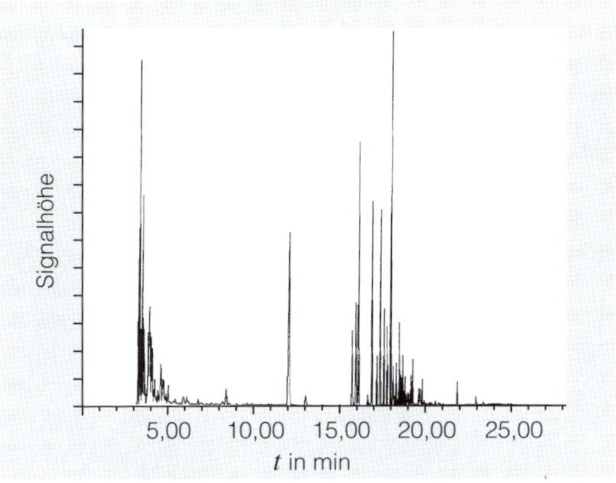

Abb. 14-9 Gas-Chromatogramm eines Benzin-Gemischs

Erweiterung der theoretischen Grundlagen

Für die Gaschromatografie gelten die im Abschnitt 14.5 beschriebenen theoretischen Grundlagen. Jedoch sind die Diffusionskoeffizienten in Gasen wesentlich größer (etwa Faktor 10^4) als in Flüssigkeiten. Daraus ergibt sich ein höherer Einfluss auf die Vergrößerung der Trennstufenhöhe und auf den Übergang von Komponenten aus der mobilen in die stationäre Phase. Die Diffusion kann durch niedrigere Temperaturen verringert werden.
Statt der Retentionszeit wird auch das Retentionsvolumen bestimmt, um den Einfluss von Druck und Temperatur zu berücksichtigen.
Die Identifizierung der Stoffe erfolgt über die Retentionszeit mithilfe von Tabellen und über Vergleichssubstanzen.

Bei der Gaschromatografie weichen die Prozess-Bedingungen erheblich von denen anderer Verfahren ab. Die Retention von Komponenten in der Säule ist von vielen Faktoren abhängig, z. B. vom Dampfdruck der Verbindungen, ihrer Wechselwirkung mit der stationären Phase, von der Säulentemperatur, dem Trägergas und seiner Geschwindigkeit, dem Druckabfall in der Säule, der Säulenlänge und dem Säulendurchmesser sowie von der Art der stationären Phase. Deshalb ist es nicht möglich, absolute Retentionsdaten anzuwenden. Es müssen relative Größen bestimmt werden.

Bei der GC wird anstelle der Retentionszeit die **relative Retentionszeit** und das **relative Retentionsvolumen** bestimmt, um die Wirkung von Druck und Temperatur zu berücksichtigen.
Dazu wird zunächst das Gesamtretentionsvolumen V_R und das Mobilvolumen V_M errechnet. Man erhält sie durch Multiplikation des Trägergasflusses F (Gasvolumenfluss in ml Trägergas pro Minute) mit der Retentionszeit t_R bzw. der Totzeit t_M. Daraus ergibt sich durch Subtrahieren das reduzierte Retentionsvolumen:

Gesamtretentionsvolumen:	$V_R = F \cdot t_R$
Mobilvolumen:	$V_M = F \cdot t_M$
reduziertes Retentionsvolumen:	$V'_R = V_R - V_M$
reduzierte Retention:	$R_{rel} = t_R / t_{Standard}$

Das reduzierte Retentionsvolumen ist für eine bestimmte Verbindung eine spezifische Größe und kann somit zur Identifizierung herangezogen werden. Auch die reduzierte Retention(szeit), die sich auf einen Standard bezieht, ist stoffspezifisch.
Außerdem lässt man bei der GC zur Identifizierung vermuteter Substanzen bekannte Verbindungen mitlaufen, die zur Erhöhung der Peaks führen, jedoch keinen weiteren Peak ergeben.
Zur eindeutigen Identifizierung werden bei der GC spektroskopische Methoden, vor allem die Massenspektroskopie angewendet.

Wichtige und unerlässliche Mittel für die Registrierung der Komponenten nach erfolgter Trennung sind die **Detektoren.** Es gibt verschiedene Arten, die auf unterschiedlichen physikalischen Prinzipien beruhen. Ein Detektor soll hohe Messempfindlichkeit besitzen. Die Nulllinie soll möglichst parallel zur Zeitachse (d. h. nicht nach oben „driften") sowie geradlinig verlaufen (nicht unregelmäßig oszillieren, d. h. nicht „rauschen").

Der **Wärmeleitfähigkeitsdetektor** WLD (Abb. 14-10) erfasst Änderungen der Wärmeleitung durch die Komponenten (Nachweisgrenze 10^{-8} g/ml). Der Detektor besteht aus einer Vergleichs- und einer Messzelle mit Heizdraht, durch die das Gas hindurchströmt. Die mobile Phase (Trägergas) ist in diesem Fall Helium oder Wasserstoff. Die Wärmeleitung von beiden Gasen liegt sechs- bzw. zehnfach höher als bei den dampfförmigen organischen Probe-Stoffen. Bei Anwesenheit von Komponenten senken diese die Wärmeleitfähigkeit. Dadurch tritt eine Änderung des Widerstands und des Messstroms am Heizdraht der Messzelle gegenüber dem Heizdraht der Vergleichszelle ein. Der WLD ist universell einsetzbar, detektiert aber nicht spezifisch die einzelnen Verbindungen.

Der **Flammenionisationsdetektor** FID (Abb. 14-11) wird sehr häufig verwendet. In der Messzelle brennt eine Wasserstoffflamme. Dieser wird der Gasstrom aus der Säule zugeführt. Dabei werden die organischen Verbindungen gespalten und mit von außen zugemischtem Sauerstoff bzw. Luft ionisiert. Die Ionen führen an einer Sammelelektrode zum Spannungsabfall. Deren Messergebnisse werden auf einen Schreiber übertragen, der in Abhängigkeit von der Zeit die Ankunft der Komponenten als Peaks

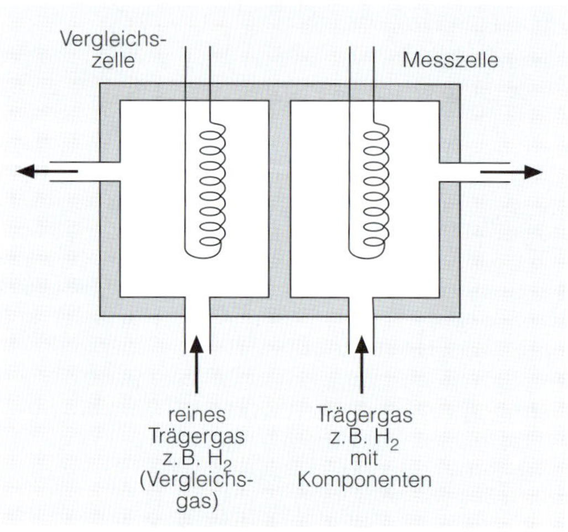

Abb. 14-10 Wärmeleitfähigkeitsdetektor

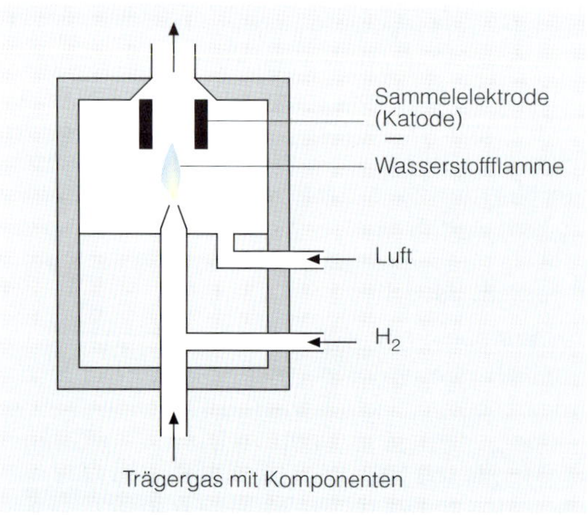

Abb.14-11 Flammenionisationsdetektor

aufzeichnet. Der FID registriert empfindlich organische Verbindungen, d.h. Stoffe mit C–C- und C–H-Bindungen. Die Nachweisgrenze liegt bei 10^{-13} g · s^{-1}. Er ist wenig empfindlich gegenüber den funktionellen Gruppen CO–, OH–, X–, $-NH_2$ und unempfindlich gegenüber Wasser, CO_2, SO_2, CO_2 und Stickoxiden. Da er aber auf die Anzahl der C-Atome reagiert, sind die Peaks proportional der Masse. Er eignet sich für den qualitativen Nachweis, weil die Komponenten verbrannt werden.

Es können auch Flammenfotometer und Massenspektrometer als Detektoren eingesetzt werden. Spezifisch registrierende Detektoren sind der sehr empfindliche Thermionische Detektor, der Stickstoff- und Phosphor-Verbindungen anzeigt, und der Atomemissionsdetektor, der empfindlich für Kohlenstoff, Schwefel und Phosphor ist und darüber hinaus auch Stickstoff, Brom, Chlor, Fluor, Silicium und andere Elemente anzeigt.

Die Gas-Flüssig-Chromatografie kann für die qualitative Analyse und die quantitative Bestimmung von Stoffklassen mit den dafür geeigneten Trennflüssigkeiten und Detektoren benutzt werden.
Bedeutung hat die Gaschromatografie bei der Reinheitsprüfung von Stoffen sowie bei der qualitativen und quantitativen Analyse (Auswertung der Peakhöhe und Peakflächen). Voraussetzung für ein exaktes Ergebnis ist immer eine vollständige Verdampfung der Probe am Säuleneingang, die deutliche Trennung der benachbarten Peaks und ein linear arbeitender Detektor.
Die Gas-Fest-Adsorptionschromatografie (GSC) wird zur Trennung von Gasgemischen, die Wasserstoff, Sauerstoff, Stickstoff, Kohlenstoffdioxid, Kohlenstoffmonoxid, Edelgase u. a. oder leicht flüchtige Kohlenwasserstoffe (Benzine, isomere aliphatische Kohlenwasserstoffe mit niedriger Siedetemperatur) enthalten, verwendet. Adsorbentien sind Aktivkohle, graphitisierter Ruß, Kieselgele, Polystyrol-Copolymere, porige Gläser oder Molekularsiebe.

14.7 Hochleistungsflüssigkeitschromatografie HPLC

Die **Hochleistungsflüssigkeitschromatografie** (High Performance Liqid Chromatografie) oder **schnelle Flüssigchromatografie** ist inzwischen das am häufigsten angewendete Verfahren. Sie ist eine Weiterentwicklung der **klassischen** Säulenchromatografie mit flüssiger mobiler Phase und wird vor allem als Flüssig-Flüssig-Verteilungschromatografie durchgeführt. Die HPLC wurde in der Erkenntnis geschaffen, dass die Erhöhung der Trennleistung nur durch Senkung der Partikelgröße zu er-

reichen ist: Je feinkörniger die stationäre Phase ist, desto mehr Trennstufen besitzt die Säule und eine desto bessere Trennung des Gemischs in einzelne Komponenten findet statt.
Ein weiterer Vorteil dieses Verfahrens ist die wesentlich kürzere Analysezeit, die nur wenige Minuten beträgt, während die klassische SC mehrere Stunden in Anspruch nehmen kann. Sie kommt durch die Anwendung von höherem Druck zustande, wobei letzterer auf Grund der kleineren Partikelgröße notwendig ist.
Voraussetzung für die Anwendung der HPLC ist die Löslichkeit der Probe im Eluenten.
Die im Abschnitt 14.5 beschriebenen Vorgänge, experimentellen Mittel und theoretischen Grundlagen sind weitgehend auch bei der Durchführung der HPLC gültig.
Der prinzipielle Aufbau eines Hochleistungsflüssigkeitschromatografen ist in Abb. 14-12 angegeben.

Die **Durchführung** der HPLC verläuft ähnlich der klassischen Form der Säulenchromatografie. Allerdings ist der technische Aufwand unvergleichlich größer, wie Abb. 14-13 von einem HPLC-Arbeitsplatz zeigt. Eine Pumpe saugt Lösungsmittel an und befördert es unter hohem Druck in die Anlage. Es können auch mehrere Behälter mit verschiedenen Solventien und einer Mischkammer zur Erzeugung von Eluenten-Gemischen oder für die Gradienteneluierung (Änderung des Mischungsverhältnisses während der Trennung) vorgesehen werden. Wie bei der GC wird die Probe mit einer Injektionsspritze über ein Septum rasch in den Injektor eingegeben und zusammen mit der Flüssigkeit als mobile Phase in die Trennsäule gespült. Der Säule ist der Durchfluss-Detektor nachgeschaltet, der wie bei der GC mit der Auswerteeinheit (Schreiber, Integrator) gekoppelt ist. Der gesamte Prozess wird durch einen Computer überwacht und gesteuert.

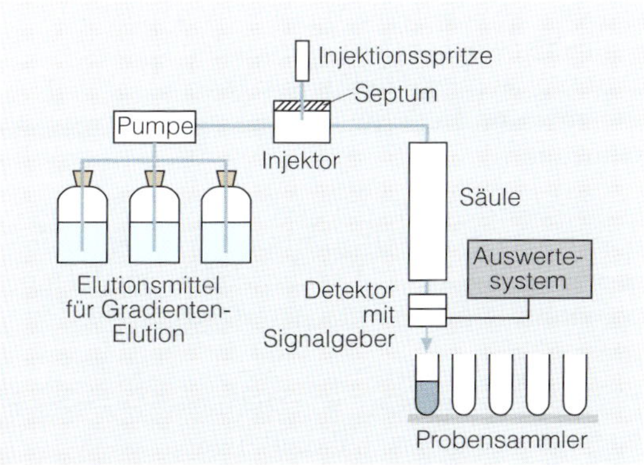

Abb. 14-12
Schematischer Aufbau einer HPLC-Anlage

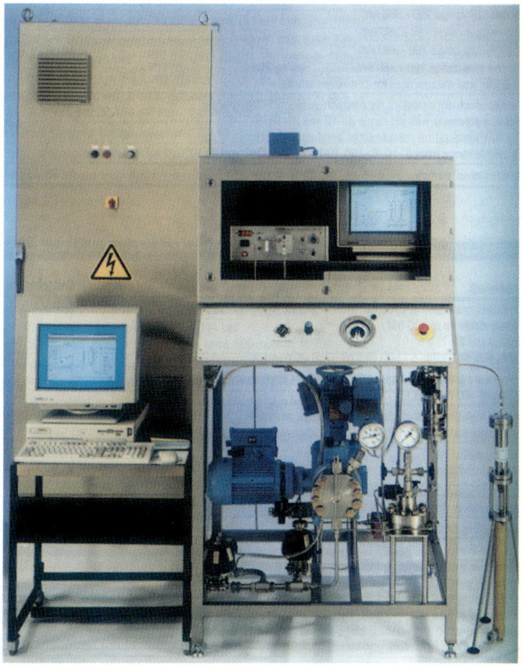

Abb. 14-13
HPLC-Arbeitsplatz speziell für präparative Trennungen

Die HPLC besitzt wegen der wesentlich feinkörnigeren Säulenfüllstoffe gegenüber der normalen Flüssigkeitschromatografie eine sehr viel höhere theoretische Bodenzahl N. Standardsäulen haben eine Länge von 125 bis 250 mm und einen Innendurchmesser von 4,6 mm. Die Durchmesser der porösen Gelkörner betragen 5–10 μm. Damit sind Trennstufenzahlen von etwa 50 000 pro Meter zu erreichen.

(Anmerkung: In Lieferkatalogen wird für die Porengröße der Partikel immer noch das Ångström als Maßeinheit benutzt: $1\ \text{Å} = 10^{-10}\ \text{m} = 0{,}1\ \text{nm}$ bzw. $0{,}1 \cdot 10^{-3}\ \mu\text{m}$.)

Mit Partikelgrößen von 3 μm können theoretische Bodenzahlen bis zu 100 000 pro Meter Säulenlänge erzielt werden. Dadurch besteht eine hohe Trennleistung bei kürzerer Säulenlänge und geringerer Analysezeit. Kleinere Säulen sind zwischen 25, 50 und 100 mm lang. Damit spart man Lösungsmittel, die für die HPLC sehr rein sein müssen und dadurch teuer sind.
Andererseits können auch Säulen zum Erreichen noch höherer theoretischer Bodenzahlen miteinander zu längeren Systemen verbunden werden.
Je nach Größe der Säulen bzw. des Trennproblems betragen die Probenvolumina zwischen 5 bis 500 μl.
Durch die geringe Teilchengröße entsteht ein hoher Strömungswiderstand. Damit die mobile Phase die

dichte Lagerung der stationären Phase passieren kann, werden mittels Pumpen Drücke bis 20 MPa angewendet. Dadurch müssen die Säulen aus Edelstahl mit polierter Innenfläche gefertigt sein und oft genügen kürzere Säulen als bei der klassischen SC.

Den teuren Säulen werden häufig Vorsäulen mit Innendurchmessern von 3 bis 4 mm und Partikeln des Durchmessers 10 bis 30 µm vorgeschaltet (Vortrennung, Schutz der Säulenfüllung, Minimierung des Totvolumens, Vermeidung eines Druckabfalls). Die Säulen werden im Normalfall mit Kieselgel-Teilchen oder Glas- bzw. Polymerkugeln beschickt. Letztere sind mit Kieselgel, Aluminiumoxid oder Ionenaustauscher-Harz beschichtet. Sie sind bei der HPLC-Verteilungschromatografie mit Trennflüssigkeit bedeckt oder besitzen chemisch gebundene Trennphasen. Das zu analysierende Gemisch wird unter schonenden Bedingungen effektiv und schnell getrennt (kurze Retentionszeiten).

Durch einen zu hohen Strömungswiderstand bei dichter Packung kann sich in der Säule ein Staudruck aufbauen. Es wurden zu seiner Verhinderung hochporöse Gelstäbe als Säulenfüllung entwickelt. Durch ihren Einsatz kann auch die Analysezeit gesenkt werden. Kieselgelstäbe gibt es für Normal- und Kapillarsäulen.

Von den beiden Phasen muss immer eine polarer als die andere sein: Ist die stationäre Phase polar, so wird die mobile Phase weniger polar oder unpolar gewählt. Polare Trennflüssigkeiten für die HPL-Verteilungschromatografie sind z. B. Wasser oder Triethylenglycol. Eluiert wird in diesem Fall mit unpolareren Medien, die am Anfang der Eluotionsreihe stehen (Kohlenwasserstoffe wie Cyclohexan, n-Hexan, 1-Chlorbutan, Tetrachlorkohlenstoff, iso-Propylether u. a.). Ist die stationäre Phase polar, bezeichnet man die HPLC in diesen Fällen als **Normalphasenchromatografie.**

Unpolare Beschichtungen sind dagegen z. B. Kohlenwasserstoffe, als Eluierungsmittel werden polare Lösungsmittel benutzt.

Die auf den Trägern lediglich haftenden Flüssigkeitsfilme können aber ausgewaschen werden („ausbluten"), wie das schon bei der Gaschromatografie erwähnt wurde und auch bei der klassischen Verteilungschromatografie vorkommt. Man hat deshalb für die stationäre Phase so genannte **Umkehrphasen** (Reversed-Phase RP) entwickelt, die gegen Austrag der wirksamen Trennsubstanz resistent sind. Es handelt sich hierbei um chemisch fixierte Flüssigkeiten auf Kieselgel (Partikelgröße 3, 5 und 10 µm). Dazu lässt man die an der Oberfläche an Silicium gebundene OH-Gruppen mit Alkylchlorsilanen reagieren. Die Alkylgruppen sind unverzweigte C_{18}- und C_8-Gruppen (n-Octadecyl- oder RP 18, Octyl- oder RP 8), die durch Atombindung fest an Si–O–Si-Gruppen an der Oberfläche des Gels gebunden werden. Vereinfacht lässt sich z. B. formulieren:

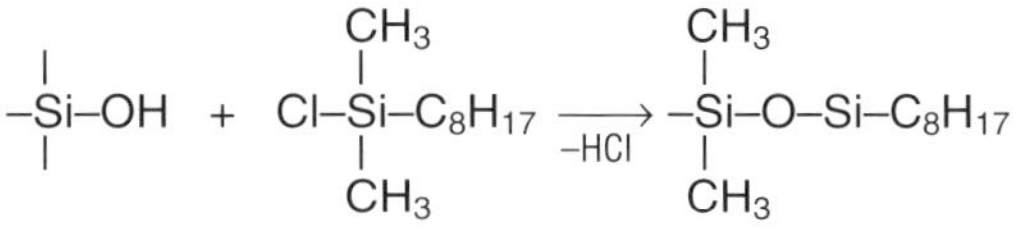

an der Oberfläche — Octylchlorsilan — Teil der Umkehrphase des Gels mit der Octyl-Gruppe

Nur ein Teil der OH-Gruppen an der Gel-Oberfläche wird abgebunden. Die restlichen Hydroxy-Gruppen wirken als polare Gruppen.

Die Alkylgruppen verhalten sich wie ein Flüssigfilm, der unpolare Komponenten „löst", d. h. eine sekundäre Bindung eingeht. Es ist aber noch unklar, inwieweit die chemisch gebundenen Flüssigkeiten noch als solche anzusehen sind. Je länger die Alkyl-Gruppe ist, desto längere Retentionszeit besitzt die gleiche Komponente (bessere Trennung der Peaks).

Andere unpolare Umkehrphasen enthalten chemisch gebundene Ethyl- C_2H_5-, Butyl- C_4H_9-, Cyclohexyl- C_6H_{11}-, Phenyl- C_6H_5-, Amino- $-NH_2$, Cyano- $-CN$, Sulfon- $-SO_3H$ und andere Gruppen, sodass sehr unterschiedlich wirksame Oberflächen entstehen.

Die HPLC mit Umkehrphasen wird viel häufiger durchgeführt als mit Normalphasen. Inzwischen werden auch anstelle von Normalphasen die Umkehrphasen bei der GLC und LLC (Normalphasenchromatografie) verwendet. Die Ablösung der verteilten Stoffe erfolgt wieder in der Reihenfolge zunehmender Polarität bzw. Löslichkeit, wie sie schon bei der klassischen SC angegeben wurde, sowie der Elutionsstärke der Lösungsmittel (vgl. Eluotrope Reihe): Alkane < Alkene < Ether < Halogenkohlenwasserstoffe < Aromaten < tert. Amine, Nitro-Verbindungen < Ester < Ketone < Aldehyde < primäre Amine < Säureamide < Alkohole < Carbonsäuren.

Neben den genannten Säulen mit größerem Innendurchmesser werden auch Kapillarsäulen (Innendurchmesser 0,5–1 mm) verwendet. Das Material besteht z. B. aus Ethylen-Tetrafluorethylen-Copolymer ETFE.

Die Elution kann durch verschiedene Maßnahmen verbessert werden, z. B. durch Variieren des pH-Wertes oder durch Mischung der verschiedenen Lösungsmittel z. B. Wasser/Methanol, Methanol/

Acetonitril/Tetrahydrofuran, Ethylether/Methylenchlorid/Chloroform/Hexan bzw. durch programmierte Änderung des Mischungsverhältnisses während der Elution. Wird Lösungsmittel konstanter Zusammensetzung verwendet, spricht man von isokratischer Elution. Bei laufender Veränderung des Gemischs nach einem Programm bezeichnet man sie als Gradientenelution. Dadurch erreicht man oft eine bessere Trennung der Komponenten und der Peaks.

Aufgabe Informieren Sie sich in Lieferkatalogen verschiedener Anbieter über weitere RP-Phasen, Lösungs-/Elutionsmittel, Säulen, Säulenfüllstoffe und Zubehörteile für die HPLC.

Für die **Detektion** der austretenden gelösten Komponenten eignen sich verschiedene Detektortypen Die Detektoren können direkt an die Säulenenden und diese wiederum an automatische Auswertungssysteme (Computer, Integratoren, Schreiber) angeschlossen werden.

UV-Fotometer-Detektoren werden am häufigsten verwendet. Sie dienen der UV-Adsorption beim Durchgang des Lichts durch ein geringes Eluenten-Volumen (1 bis 10 µl), das eine z-förmige Lei-

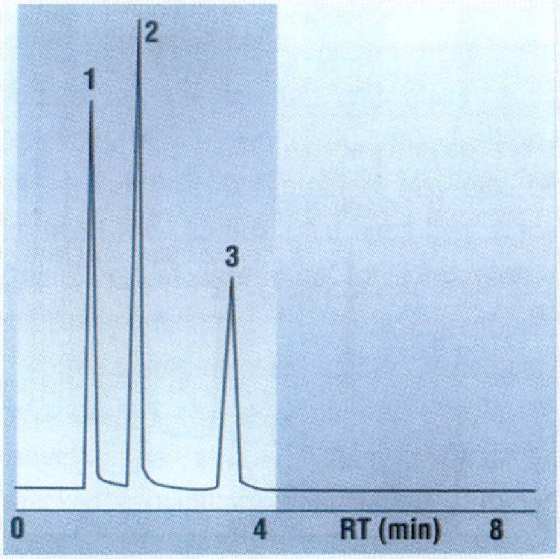

Trennbedingungen
stat. Phase: Silica-RP18
mobile Phase: Acetonitril/Wasser 30:70
UV-Detektion bei 254 nm
Fließrate: 1 ml/min
Raum-Temperatur
Injektionsvolumen 10 µl

Zusammensetzung
1. Aceton
2. Pyridin
3. Phenol

Abb. 14-14 a
HPLC-Chromatogramm – Trennung mit Silicagel/Octadecyl-Umkehrphase RP-18 (Purospher RP-18® von Merck)

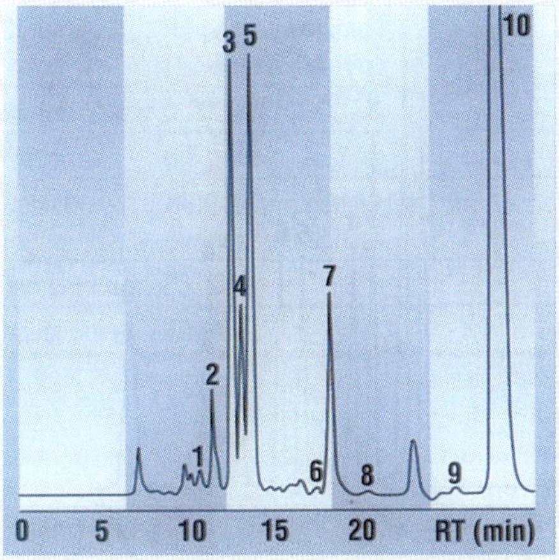

Trennbedingungen
stat. Phase:Styrol-Divinyl-Benzol-Copolymer[1])
mob. Phase: 0,005 N H_2SO_4
RI-Detektor
Fließrate: 0,3 ml/min
Temperatur: 60 °C

Zusammensetzung
1. Zitronensäure
2. Weinsäure
3. Glucose
4. Malonsäure
5. Fructose
6. Essigsäure
7. Glycerol
8. Milchsäure
9. Methanol
10. Ethanol

Abb. 14-14 b
HPLC-Diagramm einer Weißwein-Analyse ([1])Polyspher® OA KC (8 mm) von Merck; sulfoniertes Styrol-Divinyl-Copolymer)

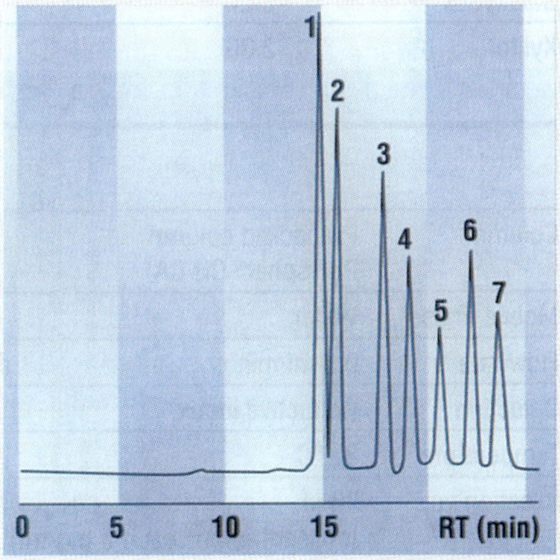

Trennbedingungen
stat. Phase: Styrol-Divinyl-Benzol-Copolymer[1])
mobile Phase: Wasser
RI-Detektor
Fließrate: 0,4 ml/min
Temperatur: 90 °C

Zusammensetzung
1. Saccharose
2. Maltose
3. Glucose
4. Xylose
5. Galactose
6. Arabinose
7. Mannose

Abb. 14-14 c
HPLC-Diagramm eines Gemischs von Einfachzuckern (Monosacchariden; [1]) Polyspher® CH PB von Merck)

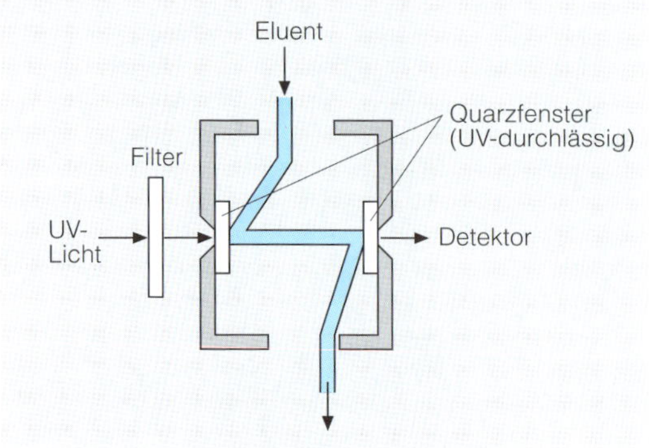

Abb. 14-15 Durchflussküvette (-zelle)

tung in einer Küvette durchströmt (Abb. 14-15). Meist wird das UV-Licht einer Quecksilberlampe mit Filter benutzt. Sie lassen z. B. die Wellenlänge 254 nm (oder benachbarte Wellenlängen) passieren. In diesem Spektralbereich adsorbieren manche anorganische und sehr viele organische Stoffe sowie alle aromatischen Verbindungen das UV-Licht. Beim Auftreten der anregbaren Komponenten in der flüssigen Phase findet die Adsorption statt, die durch spezielle Spektrometer (z. B. Fotodiodenarray-Spektrometer) aufgenommen wird. Deren Signale werden an das Auswertesystem übertragen (PC, Schreiber).
Weitere brauchbare Messgeräte sind z. B. **RI-Detektoren** (Differenzial-Refraktometer für die Messung der Änderung des Brechungsindex), **Amperometrische Detektoren** (Messung der Leitfähigkeitsänderung) und **Fluoreszenzspektrometer** (Messung des Fluoreszenzspektrums von Verbindungen, die im Licht der Quecksilber- oder Xenonhochdrucklampe fluoreszieren).

Die HPLC ist das wichtigste chromatografische Verfahren. Es eignet sich für qualitative Analysen, vor allem aber für quantitative Bestimmungen. Auch präparative Trennungen werden mithilfe der HPLC durchgeführt, jedoch sind wegen begrenzter Kapazität nur geringe Substanzmengen zu erhalten. Die Bedeutung der Normalphasen ist zurückgegangen. Sie wird inzwischen am häufigsten als Umkehrphasen-HPLC (RP-HPLC) durchgeführt, weil damit bessere Trennergebnisse zu erreichen sind. Das Verfahren kann für polare und unpolare Verbindungen, die in chemischen, biochemischen, klinischen, gerichtsmedizinischen, umwelttechnischen und industriellen Laboren analysiert werden müssen, eingesetzt werden.
Eine Weiterentwicklung der HPLC ist die **Superkritische Flüssigkeitschromatografie SFC** (Superfluid-Chromatografie). Sie ist mit den gleichen Bauelementen, wie sie bei der HPLC verwendet werden, durchführbar, bedarf aber einiger zusätzlicher Einrichtungen, um die mobile Phase in den überkritischen Zustand zu überführen: Im Innern der Säule muss der Druck und die Temperatur auf einen Zustand oberhalb des **kritischen Punktes,** d. h. über der kritischen Temperatur T_{krit}, und dem kritischen Druck p_{krit}, eingestellt werden. Dazu wird die Säule in einem Ofen genau auf die notwendige Temperatur eingeregelt. Außerdem ist der Druck konstant aufrechtzuhalten. Am Säulenende wird das Gas durch ein Drosselventil entspannt.

Aufgabe

Wiederholen Sie im Abschnitt 2.1 die kritischen Zustandsgrößen!

Oberhalb des kritischen Punktes kann ein Stoff auch bei sehr hohem Druck nicht mehr den flüssigen Zustand annehmen. Er besitzt dann Eigenschaften zwischen einem Gas und einer Flüssigkeit. Man spricht von „superkritischen Flüssigkeiten“, die die Viskosität (Zähigkeit) eines Gases, jedoch die Dichte einer Flüssigkeit besitzen (vgl. Übersicht 14-6). Dadurch lösen sie sehr gut auch solche Stoffe, die aus sehr großen Teilchen sowie aus nicht oder schwer flüchtigen Molekülen bestehen. Ebenso sind Stoffe trennbar, die sich leicht thermisch zersetzen. Die SFC ist in dieser Hinsicht der GC und SC überlegen.
Für die SFC werden die in Übersicht 14-6 aufgeführten Verbindungen als mobile Phasen im überkritischen Zustand benutzt. Am häufigsten wird Kohlenstoffdioxid rein oder in Mischung mit Methanol verwendet. CO_2 ist billig, rein herstellbar und lässt UV-Licht bis zu einer Wellenlänge von 190 nm passieren, sodass UV-Detektoren zur Identifizierung benutzt werden können (wie auch FID, Massenspektroskopie u. a.).

Kritische Daten für einige Verbindungen

Verbindung	krit. Temperatur Θ °C	krit. Druck Π MPa	krit. Dichte ϱ $g \cdot cm^3$
Kohlenstoffdioxid	31,06	7,38	0,466
Distickstoffoxid	132,5	7,27	0,457
Ammoniak	132,4	11,30	0,235
Methanol	239,4	8,10	0,272
Dichlordifluormethan	111,8	4,12	0,558
Diethylether	195,6	3,64	0,265

Übersicht 14-6

Säulen und Säulenfüllung entsprechen – bis auf die erwähnten Zusatz-Einrichtungen – denen der HPLC. Die SFC kann auch in druckbeständigen Kapillaren durchgeführt werden.

Ein höherer Druck (über Π) erhöht die Dichte und damit die Trennwirkung der mobilen Phase. Weil die Fließgeschwindigkeit im überkritischen Zustand groß ist, wird die Retentionszeit gesenkt. Die Trennstufenhöhe ist im Vergleich zur HPLC unter gleichen Bedingungen niedriger und die Peakbreite im Chromatogramm schmaler.

Mit der SFC werden vor allem Naturstoffe, Encyme, Hormone, Kohlenhydrate, Eiweiße, Fette, Vitamine, polymere Verbindungen, Pestizide, Tenside u. a. Stoffe analysiert.

14.8 Papierchromatografie PC

Die Papierchromatografie ist eine der älteren Methoden. Sie wird nur noch selten durchgeführt, weil es inzwischen viel leistungsfähigere Verfahren gibt. Mithilfe der Papierchromatografie können nur kleine Substanzmengen untersucht werden (ca. 1 bis 10 µg), weil die ebenen (planaren) Träger eine begrenzte Aufnahmekapazität besitzen. Es wird aber eine gute Trennwirkung erreicht, und es sind geringe Stoffmengen (ab ca. 0,001 µg) nachweisbar. Deshalb eignet sich diese Methode vor allem für die qualitative Analyse. Da die Auftrennung der Proben bei Raumtemperatur erfolgt, können auch temperaturempfindliche Stoffe untersucht werden. Die Zeit für die Trennung der Analyten beträgt je nach Papierart, Zusammensetzung des Gemischs, der notwendigen Laufstrecke eine halbe bis mehrere Stunden. Die Durchführung benötigt geringere technische Mittel als die SC.

Die PC ist eine Flüssig-Flüssig-Chromatografie (LLC), bei der Verteilungsgleichgewichte, die durch unterschiedliche Löslichkeit in beiden Phasen zustande kommen, dominieren. Adsorptions- und Ionenaustauschvorgänge können mitwirken.

Die PC wird mit speziellen Papieren aus reiner Cellulose oder Cellulosederivaten (Acetyl-, carboxylierte Cellulose) bzw. mit Cellulose-Partikeln beschichteten Platten aus Glas oder Aluminium-Folien als Träger durchgeführt.

Als **stationäre Phase** wird meist Wasser benutzt, das die Cellulose hydratisiert. Die Lösungsmittel für die **mobile Phase** – auch als Lauf- oder Fließmittel bezeichnet – bestehen aus reinen Flüssigkeiten der Eluotionsreihe oder aus Gemischen, z. B. wässrigen Lösungen von 1-Butanol.

Für die **Durchführung** wird die Probe-Lösung punktförmig auf dem Papier an einer markierten Startlinie aufgetragen. Es können gleichzeitig mehrere Analyte getrennt werden, oder man lässt zur leichteren Identifizierung bekannte Verbindungen mitlaufen.

Nach dem Trocknen wird bei der aufsteigenden Methode das Papier in einer Entwicklungskammer senkrecht aufgehängt (Abb. 14-16). Es taucht 1 cm unterhalb der Startlinie in das Laufmittel ein. Zur Sättigung des Raumvolumens mit Dampf werden mit Lösungsmittel befeuchtete Papierstreifen eingehängt und die Kammer mit einem Deckel versehen. Durch Kapillarkräfte wird Fließmittel angesaugt und führt dabei die Komponenten der Probe mit sich. Es stellen sich Verteilungsgleichgewichte ein, die zur Trennung der einzelnen Verbindungen führen. Durch die Bewegung entgegen der Schwerkraft nimmt die Wanderungsgeschwindigkeit ab. Ebenso ist dadurch die maximale Laufstrecke auf 30 cm begrenzt.

Bei der absteigenden Methode wird das Papier in einer erhöht stehenden Schale arretiert und hängt über den Rand frei in der Kammer. Die Schwerkraft unterstützt die Kapillarkräfte.

Nach Erreichen der gewünschten Laufstrecke wird die Laufhöhe markiert und das Papier getrocknet. Es ist ein inneres Chromatogramm entstanden, das entwickelt werden muss, wenn die Komponenten keine Eigenfarbe besitzen.

Der Nachweis der Substanzflecken erfolgt durch Besprühen mit Reagenzien, die eine Färbung bewirken (z. B. mit Ninhydrin für die Aminosäuren, Eisen(III)-chlorid für Phenole, Kresole) oder durch Bestrahlen mit UV-Licht, wenn die Verbindungen im absorbierten UV-Licht fluoreszieren. Es ist auch möglich, die Fluorenszenz-Strahlung auszumessen. Die Identifizierung der Verbindungen ist erschwert, weil es keine geeigneten Detektoren gibt.

Die Flecke können ausgeschnitten und extrahiert

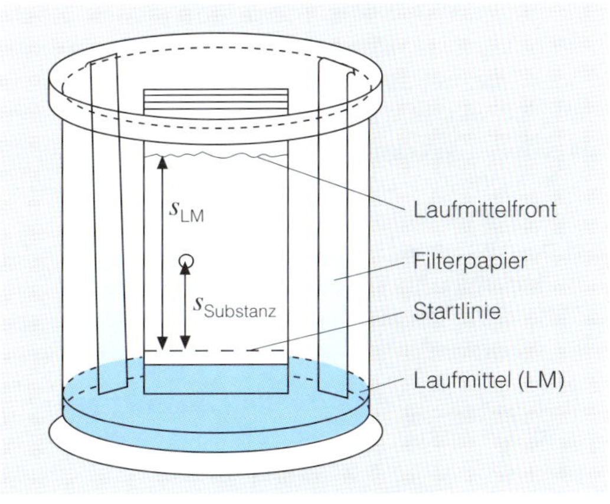

Abb. 14-16
Entwicklungs- oder Trennkammer mit PC-Probe

werden, um sie z. B. durch Mikroanalyse weiter qualitativ zu untersuchen.
Eine Substanzerkennung ist möglich, wenn man eine bekannte Verbindung als Vergleichssubstanz mitlaufen lässt, die in der gleichen Zeit die gleiche Strecke zurücklegt wie die zu bestimmende Komponente.
Eine quantitative Bestimmung ist nur mit großem Fehler möglich, indem der Fleck ausgeschnitten, gewogen und mit dem Gewicht eines gleich großen Stücks des gleichen reinen Papiers verglichen wird. Ebenso ist die Methode für präparative Trennungen wenig geeignet.

Üblich für die Identifizierung ist die Bestimmung des **Retentionsfaktors** oder **R_f-Wertes**. Dazu muss die Wanderungsstrecke s_{Substanz} von der Startlinie bis zum Fleckmittelpunkt durch die Wanderungsstrecke des Laufmittels $s_{\text{Laufmittel}}$ von der Startlinie bis zur Laufmittellinie dividiert werden:

$$R_f = \frac{\text{Wanderungsstrecke } s_{\text{Substanz}}}{\text{Wanderungsstrecke } s_{\text{Laufmittel}}}$$

Die R_f-Werte sind jedoch nur Richtwerte. Sie sind abhängig von der gleichmäßigen Struktur des Papiers, der Temperatur sowie von der Zusammensetzung und Reinheit des Laufmittels. Unpolare Fließmittel legen in der gleichen Zeit längere Laufstrecken zurück als polare.
Viele Stoffe können durch die Papierchromatografie getrennt und nachgewiesen werden, z. B. Aromate, Fettsäuren, Aminosäuren, Peptide, Nucleotide, Zucker, Steroide.

14.9 Dünnschichtchromatografie DC

Die Dünnschichtchromatografie ist wie die PC eine planare Methode. Es werden jedoch Flachbetten aus Glas, Metall- oder Kunststofffolien verwendet, die mit der stationären Phase beschichtet sind. Sie wird noch in großem Umfang angewendet. Oft dient sie auch als Vorprobe für die Säulenchromatograpie, um Adsorbentien und Laufmittel für ein Trennproblem zu erkunden.
Bei der DC handelt es sich um eine LSC-Adsorptionschromatografie, bei der auch Verteilungszustände mitwirken. Sie kann aber auch als LLC gestaltet werden.

Die Sorptionsmittel für die **stationäre Phase** sind vor allem wieder Partikel aus Kieselgel (Durchmesser ca. 20 µm) in Schichten von 200 bis 250 µm, die mit einem Bindemittel versetzt sind. Außerdem werden Aluminiumoxid (sauer, neutral, basisch), Acetylcellulose, Polyamid u. a. verwendet. Die Schichten können auch mit Fluoreszenz-Indikator imprägniert sein. Es sind auch Umkehrphasen für die DC in Gebrauch.
Die Flachbetten haben verschiedene Abmessungen, die Standard-Platten besitzen eine Größe von 100 x 100 und 100 x 200 mm. Bei einer Trennstrecke von 10 cm sind ca. 2000 Trennstufen erreichbar, die in etwa 30 Minuten bis 3 Stunden durchwandert werden können.
Bei der Hochleistungs-DC oder HTPLC (High Performance Thin Layer Chromatography) werden Partikel der Größe 5 µm in 100 µm dicken Schichten verwendet. Sie erreichen bis 4000 theoretische Böden. Sie können aber nur geringe Probenmengen trennen (Probevolumen 0,1 µl).

Aufgabe

Informieren Sie sich in Lieferkatalogen über im Handel angebotene DC-Fertigschichten, Reagenzien und experimentelles Zubehör. Stellen Sie Ihre Recherche-Ergebnisse für einen Unterrichtsvortrag zusammen!

Die UTLC-Schichten (Ultra Thin Layer Chromatography) bestehen nicht aus einzelnen Kieselsäure-Partikeln, sondern aus einer einheitlichen, so genannten monolithischen Schicht. Sie sind nur 10 µm dick. Die Laufstrecke beträgt nur bis 3 cm. Diese neueren Entwicklungen verfolgen das Ziel, die Laufzeit zu verringern, das Probevolumen zu minimieren, den Lösungsmittel-Verbrauch zu senken und eine bessere Trennschärfe der Flecken zu erreichen.

Die **mobile Phase** wird wie bei der PC als Lauf- oder Fließmittel bezeichnet. Sie kann den Transport der Probe in aufsteigender wie auch in absteigender Weise (hängende Platten) bewirken. Es werden reine Flüssigkeiten, Mischungen und Gradienten-Eluierung angewendet sowie Einfach- und Mehrfachentwicklung des inneren Chromatogramms vorgenommen.
Man benutzt die gleichen Flüssigkeiten wie bei der Papier- und Säulenchromatografie. Geeignete Laufmittel können der Eluotropen-Reihe entnommen werden. Mischeluenten können z. B. Ethylacetat/Toluen, Hexan/Aceton, Hexan/Toluen/Aceton oder Methylethylketon/1-Propanol/Essigsäure/ Wasser und viele weitere Lösungsmittelgemische sein.

Die **Durchführung** der DC ähnelt den PC-Arbeitsschritten: Ca. 2 cm von der Unterkante der Platte entfernt, werden die Proben an der Startlinie punktförmig mit Kapillarpipetten aufgetragen. Sie enthalten wenige Mikrogramm des Analyten bzw. die Punkte bestehen aus 0,5 bis 5 µl mit einer Konzentration von 0,01 bis 0,1 %. Die Nachweisgrenze liegt bei 0,001 µg.

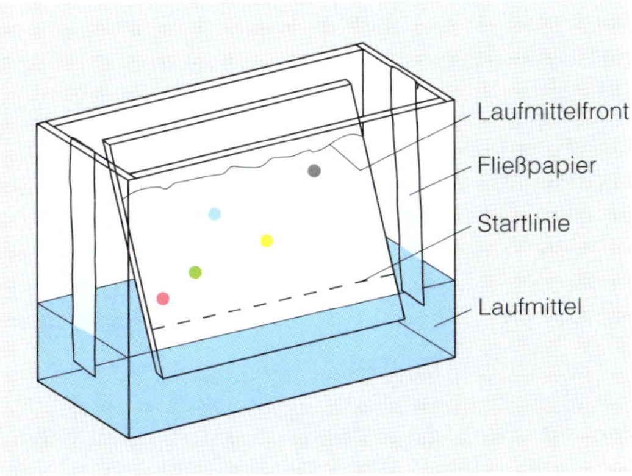

Abb. 14-17 Entwicklungskammer mit DC-Probe

Nach dem Antrocknen wird die Platte in die Entwicklungskammer (Abb.14-17) gestellt und kommt dort mit dem Fließmittel in Berührung, das etwa 1 cm unter der Startlinie ansteht. In die Kammer werden zur Dampfsättigung Streifen von Zellstoff-Papier gehängt, die mit dem Laufmittel getränkt sind. Nach Erreichen der Steighöhe von ca. $^2/_3$ der Trägerhöhe werden die Platten herausgenommen und nach Markieren der Fließmittelfront getrocknet.

Die Dünnschichtchromatografie kann für qualitative Analysen auf allen naturwissenschaftlichen und medizinischen Gebieten genutzt werden. Sie eignet sich gut für Reihentests (Screening) in chemischen, klinischen, pharmazeutischen, biochemischen und industriellen Labors.

Die Auswertung des entstandenen inneren Chromatogramms wird wie bei der PC durch die Bestimmung des R_f-Wertes aus den Wanderungsstrecken der entsprechenden Komponente und des Lösungsmittels (Lösungsmittelfront) vorgenommen. Der Wert des Retentionsfaktors wird durch verschiedene Faktoren beeinflusst wie z. B. durch die Schichtdicke des Gels, die Temperatur, die Dampfsättigung der Kammer, die Probenmenge und Fleckgröße. Geeigneter als der R_f-Wert ist der relative Retentionsfaktor, der wie bei der PC bestimmt wird (vgl. Abschnitt 14-8).
Die Trennstufenzahl N wird ähnlich wie bei der Säulenchromatografie bestimmt, und zwar aus der Wanderungsstrecke der Komponente und der Breite w des Substanzflecks (Abb. 14-19). Die Trennstufenhöhe H ergibt sich aus der Wanderungsstrecke der Komponente und der Trennstufenzahl.

Die Schichtimprägnierung bzw. ein Besprühen mit Fluoreszenz-Indikator ermöglicht die Auswertung im UV-Licht. Die Farbflecke werden deutlich sichtbar. Sie können in Online-Kopplung durch UV- oder IR-Spektroskopie oder auch offline durch spektroskopische Methoden weiter untersucht werden.

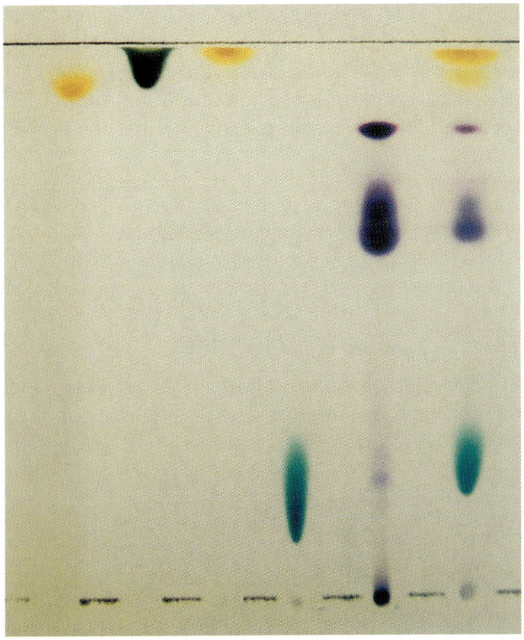

Abb. 14-18 DC-Chromatogramm (von links: Methylorange, Bromkresol grün, Fluorescein, Methylenblau, Gentiana violett als Standard; rechts: Gemisch aus Methylenblau, Gentiana violett und Fluorescein)

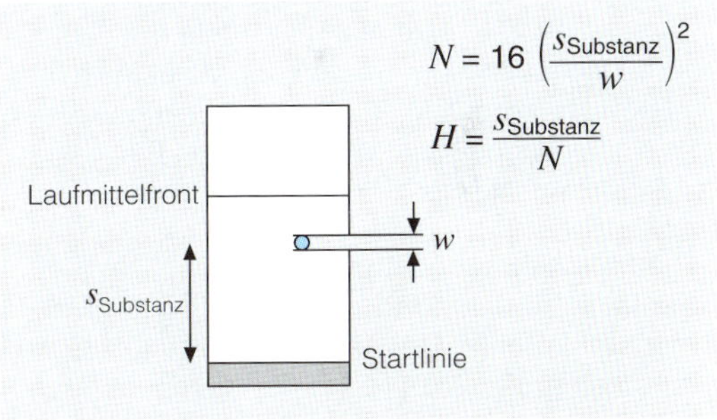

Abb. 14-19 Bestimmung der Trennstufenzahl

Das Besprühen der Platte mit konzentrierten Oxidationsmitteln (H_2SO_4, HNO_3) ergibt durch Verkohlung der organischen Substanzen schwarze Flecken, wodurch nur die Wanderungsstrecken angezeigt werden.
Verbindungsspezifische Reagenzien erzeugen beim Aufsprühen Farbreaktionen z. B. Ninhydrin für Aminosäuren, Eisen-III-chlorid für Phenol und Kresole, Bromkresolgrün für Säuren und Laugen, 4-Dimethylaminobenzaldehyd für stickstoffhaltige organische Verbindungen (Amine, Aminosäuren, Peptide u. a.), 12-Molybdatophosphorsäure für Proteine, Alkaloide, Ascorbinsäure, Carotinoide u. a.
Quantitativ ist die DC wegen wesentlich höherer Fehlergrenzen nicht so aussagefähig wie die GC und HPLC.

Für die präparative Nutzung der DC werden dicke Sorptions-Schichten (1,5–2 mm) benutzt. Nach Beenden der Laufzeit werden die Substanzflecke abgekratzt und mit Lösungsmitteln extrahiert. Es können Mengen bis zu einem Gramm gewonnen werden.

14.10 Weitere chromatografische Verfahren im Überblick

14.10.1 Gelchromatografie

Bei der Gelchromatografie erfolgt die Trennung nicht infolge Adsorption und Verteilung, sondern durch **Ausschluss.** Darunter versteht man die Aufteilung eines Gemischs nach der Molekülgröße durch einen „Sieb-Effekt".

Dazu werden Kieselgel-Teilchen, poröse Gläser, Polysaccharide oder Polymer-Partikel z. B. aus Styrol-Divinyl-Copolymeren mit exakt festliegender Porengröße in Trennsäulen benötigt. Die Porendurchmesser erreichen je nach gewähltem Material 4 bis 250 nm.

Kleinen Molekülen steht das gesamte Porenvolumen zur Verfügung. Sie werden in die Poren aufgenommen und zuletzt eluiert. Die Moleküle, die nicht in die Poren hineinpassen, werden nicht zurückgehalten. Sie erscheinen als erste Fraktion mit dem Elutionsmittel am Säulenfuß. Moleküle mittlerer Größe besitzen eine Retention, die dazwischen liegt. Dabei haben auch Molekülformen Einfluss auf die Retentionszeit.

Die Moleküle erscheinen im Eluat in der Reihenfolge abnehmender Molekülgröße (Molmasse) getrennt. Deshalb können mittels Gelchromatografie auch Molmassebestimmungen und Molmasseverteilungen nach Polymerisations- oder Polykondensationsgrad vorgenommen werden.

Zur **Durchführung** wird die Probe in die mit Laufmittel und Gel gefüllte Säule aufgegeben und eluiert. Die Detektion erfolgt mit einem UV-Durchflussfotometer mit gekoppeltem Schreiber oder IR-Fotometern, mit differentiellen Refraktometern oder bei hochmolekularen Stoffen mit einem Durchflussviskosimeter, denn Polymere erhöhen die Viskosität des Elutionsmittels.

Anstelle der Retentionszeit wird wieder das Retentionsvolumen bestimmt.

Das für alle Moleküle verfügbare Volumen der gepackten Säule V ergibt sich aus dem Totvolumen V_0, das sich insgesamt zwischen den Gelkörnern befindet, und dem gesamten Porenvolumen V_p.

V ist somit das maximale Retentionsvolumen:

$$V = V_0 + V_p$$

Das Elutionsvolumen eines Moleküls V_E, das sich in den Poren der stationären Phase befindet, hängt von V_0 und einer Konstante K ab. K ist der Verteilungskoeffizient c_S/c_M:

$$V_E = V_0 + K \cdot V_p \quad \text{bzw.} \quad K = \frac{V_E - V_p}{V_0} = \frac{c_S}{c_M}$$

Die Konstante K ist 0 für ein Molekül, wenn es nicht in Poren aufgenommen, also ausgeschlossen wird. Für Moleküle mittlerer Größe (teilweise Aufnahme) liegt der Wert von K zwischen 0 und 1. Für kleine Moleküle, die sich eine gewisse Zeit in den Poren einlagern, ist $K = 1$, wenn keine Adsorption als Nebeneffekt stattfindet, sonst ist $K > 1$. Gegen die Adsorption werden die Phasen silanisiert.

Mithilfe des Verteilungskoeffizienten K können die im Abschnitt 14.5 aufgeführten theoretischen Grundlagen auf die Gelchromatografie angewendet werden.

Als mobile Phase verwendet man bei hydrophoben stationären Phasen (z. B. Styrol-Divinyl-Copolymere) unpolare mobile Phasen (Tetrahydrofuran, Toluen, Methylenchlorid), bei hydrophilen stationären Phasen Wasser oder wässrige Elutionsmittel.

Allgemein wird die Gelchromatografie zur Trennung von Stoffen mit Molmassen über 2000 eingesetzt, z. B. bei Eiweißen, Fetten, Polymeren, Naturstoffen. Wenn wasserlösliche Verbindungen getrennt werden, spricht man von **Gelfiltration,** bei wasserunlöslichen Verbindungen von **Gelpermeation.**

Beide Formen dienen der Molmassebestimmung, d. h. dem Feststellen der Molmasseverteilung bei Kunststoffen. Die Gelchromatografie wird vor allem auch in der Bio- und Naturstoffchemie für Trennungen und präparative Zwecke genutzt. Nachteilig ist, dass Isomere nicht getrennt werden können. Als Erfahrungswert gilt, dass sich die Stoffe für eine gute Aufteilung in der Molmasse um etwa 10 % unterscheiden müssen.

Die Verfahren werden auch zur Reinigung hochpolymerer Substanzen von kleineren Molekülen eingesetzt (Abtrennen von Salzen, Trennen von Aminosäuren und Eiweiß).

14.10.2 Ionenchromatografie

Die Ionenchromatografie wird mithilfe von Ionenaustauschern realisiert. Das Prinzip ist bereits in den Abschnitten 3.6.3 und 3.6.4 dargestellt worden. Somit ist das Enthärten und Entsalzen von Wasser auch ein ionenchromatografisches Verfahren.

Das Prinzip kann als reversible chemische Adsorption bezeichnet werden. Der Austauscher besitzt beweglich gebundene Ionen an seinem Grundgerüst bzw. aktive Gruppen. Er tauscht diese Ionen beim Durchfließen der Elektrolytlösung gegen äquivalente und gleich geladene Teilchen, so genannte Gegenionen, bis zu einer Gleichgewichtseinstellung, die einer Sättigung gleichkommt. Letztere ist u. a. abhängig von der Selektivität des Austauschers, der Temperatur, der Konzentration des Analyten.

Aufgabe

Informieren Sie sich in Lieferkatalogen über Ionenaustauscher-Säulen und -Anlagen, Austauscher-Harze und Zubehör!
Berichten Sie darüber im Unterricht in einem Kurzvortrag!

Die Austauscher unterscheidet man nach dem Gerüststoff und der Ionenladung, die austauschbar ist. Danach teilt man in mineralische Austauscher und Kunstharz-Austauscher bzw. Kationen- und Anionen-Austauscher ein.

Mineralische Ionenaustauscher haben ein räumliches Grundgerüst aus Aluminiumsilikaten (Zeolithe, Permutite), bei denen einzelne Silicium-Atome gegen Aluminium substituiert sind. Dadurch fehlt je Aluminium-Atom eine positive Ladung im Gerüststoff, die durch bewegliche, austauschbare positive Teilchen z. B. Alkali-Ionen ersetzt werden. Sie stellen die aktiven, d. h. substituierbaren Teilchen des Kationen-Austauschers dar.

Bedeutungsvoller sind **Kunstharz-Austauscher.** Bei ihnen handelt es sich um hochpolymere räumlich vernetzte Kunststoffe z. B. Styrol-Divinyl-Copolymerisate, Aminoplaste, Phenol-Formaldehyd-Harze, die organische Gruppen fest gebunden haben, die ihrerseits austauschbare Ionen besitzen. Die Substanzen sind für die Hochleistungsionenchromatografie nicht genügend druckfest. Sie werden deshalb als Beschichtung auf unporösen druckfesteren Materialien, z. B. Glaskugeln, aufgebracht.

Je nach Art dieser aktiven Ionen unterscheidet man bei den Kunstharzen schwach und stark saure sowie schwach und stark basische Austauscher mit folgenden Gruppen.

Saure Austauscher:

1. schwach saure Kationenaustauscher:
   die Carboxyl-Gruppe –COOH,
2. stark saure Kationenaustauscher:
   die Sulfonsäure-Gruppe $-SO_3H$,
   mit austauschbaren Wasserstoff-Ionen gegen Metall-Ionen.

Basische Austauscher:

3. schwach basische Anionenaustauscher:
   Amino-Gruppen $-NH_2$,
   Anlagerung von Säuren bzw. deren Anionen
4. stark basische Anionenaustauscher:
   quartäre Ammonium-Gruppen $-NR_3^+X^-$
   Austausch von X^- gegen andere Anionen

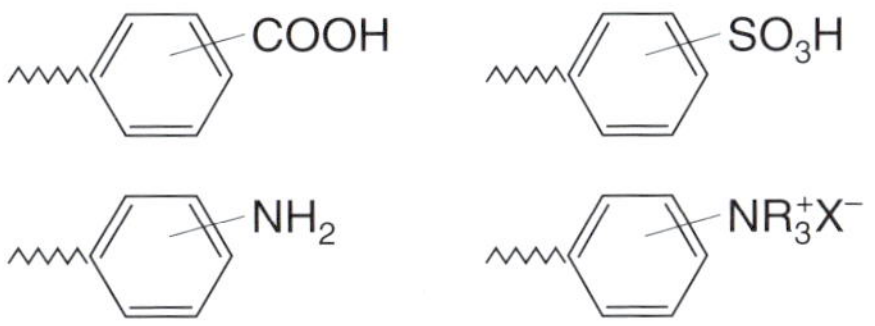

(Anmerkung: Die aktiven Gruppen können an allen möglichen Positionen am Ring gebunden sein.)

Die Ionen des Analyten werden beim Durchströmen der Austauscher-Säule an die aktive Gruppe abgegeben. Der Austauschmechanismus entspricht demjenigen der Wasserenthärtung und -entsalzung, wenn die Lösung mit den auszutauschenden Ionen die Säule mit dem aktiven Austauscher durchströmt:

1. Kationenaustausch im stark sauren Austauscher, z. B. H^+ gegen K^+:

2. Anionenaustausch im stark basischen Austauscher, z. B. Cl^- gegen F^-:

Beim Austausch gegen mehrwertige Ionen werden Anionen in äquivalenter Menge abgegeben.
Für quantitative Bestimmungen können die abgelösten Gegenionen bestimmt werden, z. B. im Fall a) durch Neutralisationstitration, im Fall b) durch Fällungstitration des Chlorid-Ions.

Die Menge der Ionen, die ersetzbar sind, ist begrenzt und wird durch die Austauschkapazität charakterisiert (in mmol · g^{-1}, bezogen auf 1 g des feuchten Austauscher-Harzes). Bei Sättigung werden die Ionen, die angelagert wurden, eluiert: Kationenaustauscher mit Salzsäure, Anionenaustauscher mit NaOH-Lösung, oder es wird verdünnte NaCl-Lösung bzw. Puffer-Lösung aufgegeben. Es ist auch eine Gradientenelution möglich.

Durch die Elution mit den genannten Mitteln werden die Austauscher für neue Trennungen regeneriert und durch Spülen mit destilliertem Wasser gereinigt.

Die Abbildungen 14-20 und 14-21 geben die Chromatogramme für die Trennung von Kationen sowie von Anionen wieder. Sie wurden mit Leitfähigkeitsdetektoren aufgenommen (Leitfähigkeit in Mikro-Siemens/cm). Sie weisen aus, dass leichtere sowie einfach geladene Ionen in kürzerer Zeit ausgetauscht werden als schwerere und zweifach geladene Ionen.

Die Austauschchromatografie wird z. B. für Stoffanalysen (Kationen- und Anionen-Nachweise, Analyse von Aminosäuren), für quantitative Bestimmungen, zur Reinigung von Naturstoffen, Wasserenthärtung und Entsalzung, Gewinnung von seltenen Elementen z. B. auch Seltener Erden angewendet.

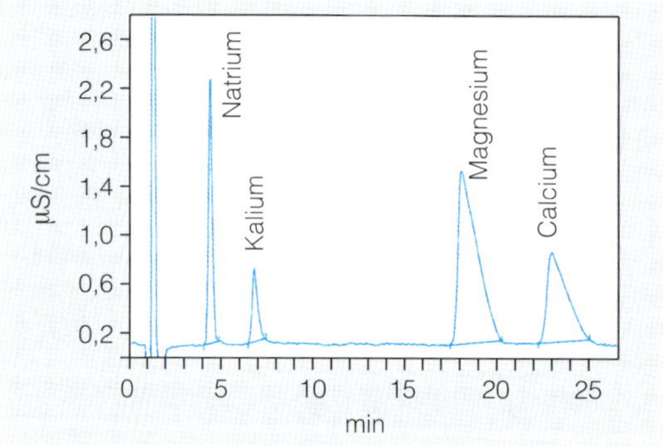

Abb. 14-20 Ionenchromatogramm von Kationen

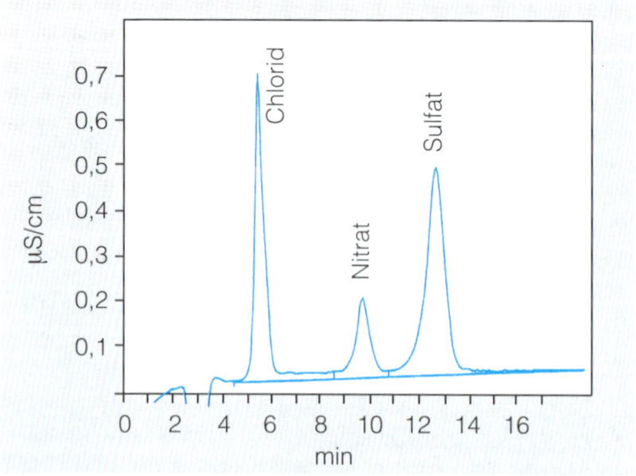

Abb. 14-21 Ionenchromatogramm von Anionen

14.10.3 Elektrophorese

Die Elektrophorese ist im eigentlichen Sinne keine Chromatografie, weil es keine mobile und keine stationäre Phase gibt, zwischen denen Absorptions- oder Verteilungsprozesse ablaufen. Im Ergebnis hinsichtlich der Auftrennung der Komponenten ist die **klassische** Elektrophorese z. B. mit der Papier- und Dünnschichtchromatografie vergleichbar. Außerdem benutzt sie Träger aus Papier bzw. Polymer-Gelschichten oder in den moderneren Varianten Kapillaren. Aus diesen Gründen wird die Elektrophorese meist zusammen mit den chromatografischen Verfahren behandelt.

Die Trennung von geladenen Teilchen erfolgt unter dem Einfluss eines elektrischen Gleichstrom-Feldes, das die Wanderung der Moleküle mit negativer Ladung zu einer Anode (positive Elektrode aus Platin) und der positiv geladenen Teilchen zu einer Katode (negativ geladene Platin-Elektrode) bewirkt.

Bei der Durchführung wird Spezialpapier mit Pufferlösungen getränkt und die Probelösung strichförmig aufgetragen. Die Papierenden ragen in Küvetten mit Pufferlösung, in denen auch die Elektroden untergebracht sind. (Abb. 14-22). Zumeist werden jedoch anstelle des Papiers Gelschichten angewendet (Gelelektrophorese). An den Elektroden liegt Gleichspannung von einigen hundert Volt an.

Da die Wanderungsgeschwindigkeit von der Molmasse bzw. Molekülgröße und der Teilchenladung abhängt, bilden sich im Verlauf der Durchführung auf dem Papier (oder bei Verwendung von Gelen) Zonen aus den Komponenten unterschiedlicher Molmasse aus. Es entsteht ein **Elektropherogramm.** Die Komponenten werden mit Reagenzien durch Anfärben sichtbar gemacht, z. B. Aminosäuren durch Ninhydrin, und können auch photometrisch weiter bearbeitet werden.

Speziell bei der Trennung z. B. von Aminosäuren oder Peptiden wird vor dem elektrophoretischen Prozess auf dem Papier mit Pufferlösungen ein pH-Gradient erzeugt. Im Abschnitt 16.2.15 wird ausgeführt, dass Aminosäuren am pH-abhängigen isoelektrischen Punkt als Zwitterionen vorliegen. Sie besitzen gleichzeitig positiv und negativ aufgeladene Atomgruppen im Molekül an diesem Punkt. Wenn eine Säure während des Vorgangs in den entsprechenden pH-Bereich einwandert, bewegt sie sich nicht mehr im elektrischen Feld, sondern sammelt sich in diesem Gebiet zonenförmig an.

Störungen in der Verteilung ergeben sich durch die schwer zu beherrschende Temperatur-Konstanz, weil sich bei den herrschenden elektrischen Bedingungen elektrische Energie z. T. in Wärme umsetzt. Die Entwicklung geht daher auch in Richtung der

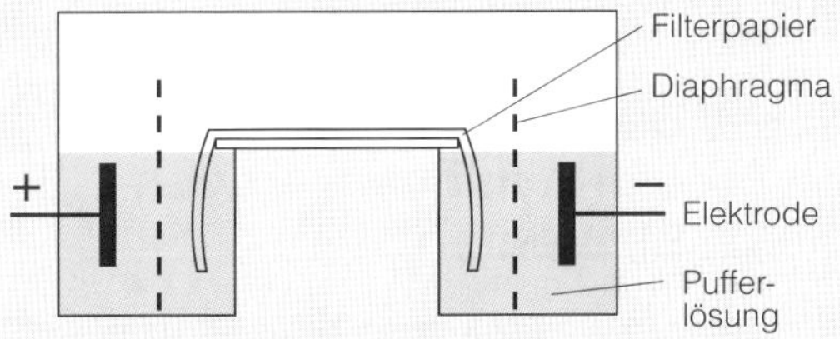

Abb. 14-22 Prinzip der Papierelektrophorese

Kapillar-Elektrophorese, bei der die Wärme durch Kühlung abgeleitet werden kann. Bestimmte Kapillaren können Trennstufenzahlen von einer Million erreichen.

Die Elektrophorese kann bei allen Stoffen, deren Moleküle Ladungen tragen, angewendet werden. Besondere Bedeutung hat jedoch das Verfahren für die Trennung von biologischen/biochemischen Stoffen zum Zweck ihres qualitativen Nachweises und ihrer Gewinnung (Aminosäure, Biopolymere wie Peptide, Proteine, Nucleinsäuren u. a.). Es können auch Zellflüssigkeiten oder Blutseren auf ihre Inhaltsstoffe untersucht werden. Sehr wichtig ist die Elektrophorese für DNA-Analysen zur Feststellung von Erbkrankheiten und die Aufklärung von Straftaten. Dazu werden Haare, Speichel, Blut, Hautpartikel u. a. enzymatisch in Bruchstücke gespalten, elektrophoretisch auf Trägern mit Gelschichten getrennt und durch spezielle Methoden zum „genetischen Fingerabdruck" entwickelt.

14.11 Aufgaben zur Wiederholung von Kapitel 14

Aufgaben

1. Welche stofflichen Vorgänge vollziehen sich bei den chromatografischen Trennungen? Charakterisieren Sie diese Prozesse! Erarbeiten Sie eine Übersicht nach den Gesichtspunkten Verfahren und stofflicher Vorgang.
2. Erläutern Sie, wie die Trennung eines Gemischs bei der Adsorptionschromatografie abläuft!
3. Charakterisieren Sie, wie die Verteilungschromatografie verläuft!
4. Beschreiben Sie die Wirkungsweise und den Aufbau des FID und des WLD.
5. Informieren Sie sich in der Literatur über weitere Detektoren, fertigen Sie dazu Skizzen an und machen Sie sich Notizen für einen Unterrichtsvortrag!
6. Was versteht man unter den folgenden Begriffen: inneres und äußeres Chromatogramm, Totzeit, Retentionszeit, relative und reduzierte Retentionszeit, Kapazitätsfaktor, Trennfaktor, theoretische Bodenhöhe, Trennstufenzahl?
7. Wie erfolgt die qualitative und quantitative Auswertung der Chromatogramme?
8. Warum haben die chromatografischen Verfahren eine große Bedeutung erlangt und viele andere Analyse-Verfahren verdrängt?
9. Durch welche Bedingungen sind effektive Trennungen bei der Verteilungs- sowie Adsorptionschromatografie erreichbar?
10. Erläutern Sie die Durchführung der Gas-Adsorptionschromatografie! Welche experimentell-technischen Bedingungen sind notwendig? Welche Trennungen sind möglich?
11. Was versteht man unter Desaktivierung der Adsorbentien? Wie kann sie realisiert werden?
12. Erläutern Sie die Gas-Verteilungschromatografie! Warum wird sie häufiger als Gas-Adsorptionschromatografie durchgeführt?
13. Durch welche Vorteile zeichnet sich die HPLC aus? Wodurch unterscheidet sie sich von anderen Verfahren, die mit Säulen durchgeführt werden?
14. Was versteht man unter den Begriffen Normalphasen und Umkehrphasenchromatografie?
15. Welche besonderen Bedingungen sind bei der Superkritischen Flüssigkeitschromatografie zu realisieren? Durch welche Vorteile zeichnet sie sich aus?
16. Wie wird eine Papierchromatografie durchgeführt? Wie werden die Stoffe identifiziert?
17. Wie und mit welchen Mitteln wird eine Dünnschichtchromatografie durchgeführt? Wie wird das Chromatogramm entwickelt? Wie wird das Chromatogramm hinsichtlich der Größen N und H ausgewertet?
18. Erläutern Sie, wodurch die Trennung von Gemischen mithilfe der Gelchromatografie erfolgt!
19. Stellen Sie dar, wie die Austauschvorgänge bei den verschiedenen Typen von Ionenaustauschern erfolgen!
20. Erläutern Sie die experimentell-technischen Bedingungen für die Durchführung der Elektrophorese.

15 Allgemeine organische Chemie

15.1 Zum Begriff „Organische Chemie“

Ursprünglich nahm man an, dass bestimmte Verbindungen nur von Organismen, von Lebewesen, aufgebaut werden könnten. Der schwedische Chemiker Jöns Jakob von Berzelius (1779–1848) nannte sie organische Stoffe. Darauf baut die Einteilung der Chemie in organische und anorganische Chemie. Sie wurde beibehalten, obwohl der deutsche Chemiker Friedrich Wöhler (1800–1882) bereits 1828 im Labor Harnstoff aus anorganischen Stoffen herstellte.

Prinzipiell kann man heute die **anorganische Chemie** als Wissenschaftszweig bezeichnen, der die Verbindungen und Vorgänge aller Elemente einschließlich des Elements Kohlenstoff, seiner Oxide, Carbide, Carbonate und der Kohlensäure untersucht.

In der **organischen Chemie** werden die Eigenschaften und Reaktionen von Kohlenstoffverbindungen mit Ausnahme der Oxide, der Kohlensäure, der Carbide und der Carbonate behandelt.

Organische Stoffe bestehen vor allem aus Kohlenstoff und Wasserstoff. Beide Elemente sind durch eine nahezu unpolare Atombindung verbunden. Als weitere Elemente kommen in manchen organischen Verbindungen Sauerstoff, Stickstoff, Schwefel, Phosphor, Chlor u. a. vor, die eine polare Atombindung ausbilden.

Trotz der geringen Zahl von Elementen, die die Verbindungen aufbauen, kennt man gegenwärtig über 17 Millionen organische Stoffe gegenüber ca. 300 000 anorganischen Verbindungen. Die Erklärung dafür findet man in den Bindungsmöglichkeiten des Kohlenstoffs.

15.2 Bindungen des Kohlenstoffs mit einwertigen Elementen

Auf Grund seines Atombaus besitzt Kohlenstoff in Verbindungen vier Elektronenpaare (vierbindig). Er kann somit vier Atome eines einwertigen Elementes binden, z. B. Wasserstoff zu Methan CH_4 oder Chlor zu Tetrachlormethan CCl_4. Wegen der gegenseitigen Abstoßung der vier Bindungen (vgl. Abschnitt 7.4.8) entsteht ein Molekül in Form eines Tetraeders, in dessen Mittelpunkt sich das Kohlenstoffatom befindet. An den Tetraederecken sind die 4 Substituenten angeordnet (Abb. 15-1). Alle Bindungswinkel betragen 109°.

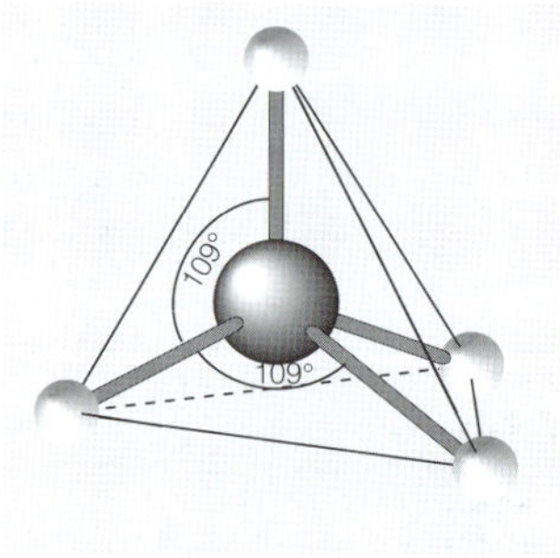

Abb. 15-1 Tetraedische Struktur von Methan oder Tetrachlormethan

15.3 Bindungen zwischen Kohlenstoffatomen

Die bemerkenswerteste und wichtigste chemische Eigenschaft des Kohlenstoffs besteht darin, dass sich C-Atome untereinander und in verschiedenartiger Anordnung binden können. Andere Elemente wie Schwefel und Bor können sich ebenfalls in Molekülen primär verknüpfen, jedoch ist diese Erscheinung bei weitem nicht so ausgeprägt wie beim Kohlenstoff. Sieht man von kleinen Teilchen wie Methan CH_4 ab, bilden Kohlenstoffatome durch gegenseitige Bindung im Molekül ein „Grundgerüst“. An den weiteren freien Valenzen sind Wasserstoffatome oder andere Elemente gebunden.

Die Kohlenstoffatome bilden im einfachsten Fall Moleküle in Form einer unver-

Jöns Jakob von Berzelius

Friedrich Wöhler

zweigten, **linearen Kette** mit je zwei Kohlenstoffatomen als „Nachbarn“:

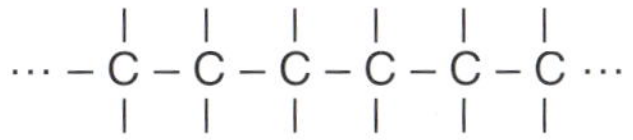

Auch drei und vier Kohlenstoffatome können an ein C-Atom gebunden sein. Auf diese Weise entstehen **verzweigte Moleküle** in unterschiedlicher Ausbildung:

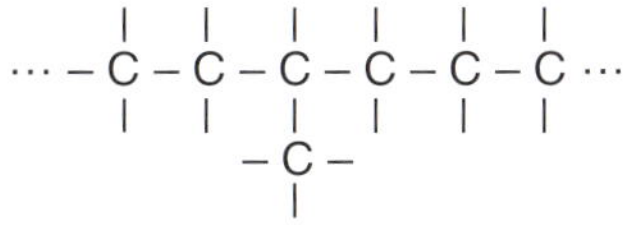

einfach verzweigtes Molekül

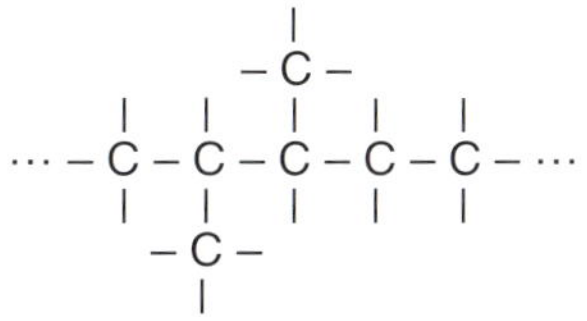

oder

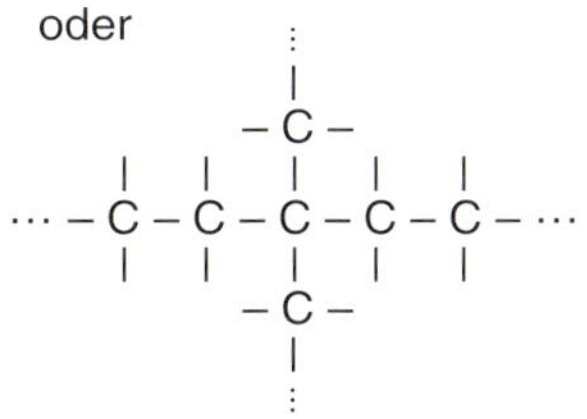

mehrfach verzweigte Moleküle

Neben kettenförmigen Molekülen bildet Kohlenstoff auch **ringförmige** (cyclische) Strukturen mit Einfachbindungen (vgl. Abschnitt 16.1.6).

Beispiele:

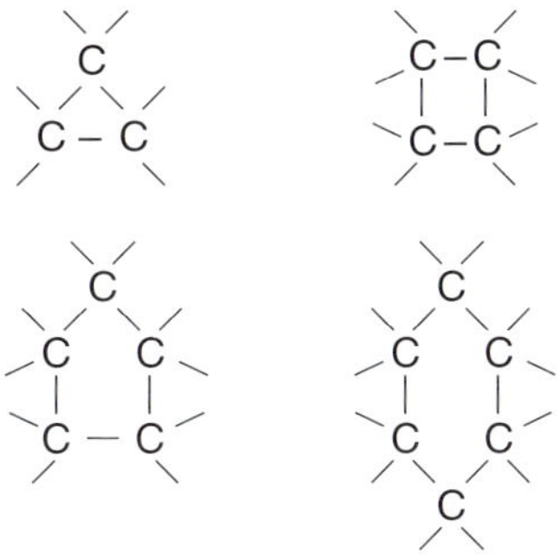

Zwischen Kohlenstoffatomen gibt es nicht nur Einfachbindungen, sondern auch Mehrfachbindungen.

Sie können in folgender Weise ausgebildet sein:

1. Die C-Atome sind durch eine primäre Bindung, d. h. durch ein Elektronenpaar untereinander gebunden wie in den voranstehenden Formelbeispielen. Es handelt sich um unpolare σ-Bindungen (vgl. Abschnitte 7.4.2 und 7.4.10). Die im Kapitel 7.4 dargestellten Zusammenhänge zur Atombindung sind auch für die organischen Verbindungen gültig. Sie werden nachfolgend erweitert und ergänzt.

Die Verbindungen mit **Einfachbindung** nennt man **gesättigt.** Im einfachsten Fall entsteht Ethan C_2H_6 bzw. CH_3-CH_3. Die Molekülform wird durch zwei Tetraeder, die sich mit einer Spitze berühren, wiedergegeben (Abb. 15-2). Die Bindungsstriche sind vereinfachte Schreibweisen für die überlappten Orbitale des Wasserstoffs und Kohlenstoffs bzw. zwischen Orbitalen der beiden Kohlenstoffatome. Die C–H-Bindungen (σ-Bindungen) sind wegen der geringen Unterschiede in der Elektronegativität beider Partner nahezu unpolar.

Die Ausrichtung der σ-Bindungen des Kohlenstoffs ist in folgender Weise verständlich:
Im elementaren (Grund-)Zustand hat das Kohlenstoffatom die Elektronenbesetzung s^2p^2 auf der L-Schale. Beim Übergang in die gesättigten Bindungen bilden sich aus dem kugelförmigen 2s-Orbital, den rechtwinklig zueinander stehenden 2 p_x- und 2 p_y- sowie dem unbesetzten $2p_z$-Orbital vier tetragonal ausgerichtete Orbitale aus. Sie werden als **sp^3-Hybrid-Orbitale** bezeichnet (Abb. 15-3). Den Übergang selbst nennt man **Hybridisation** (lat. Mischling).

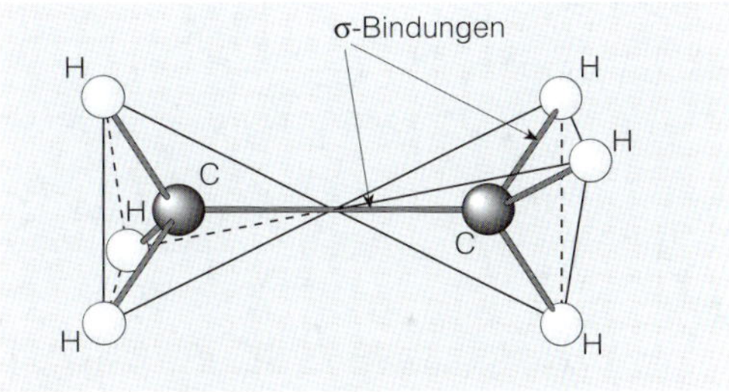

Abb. 15-2 **Ethanmolekül (C_2H_6); Struktur der Einfachbindung**

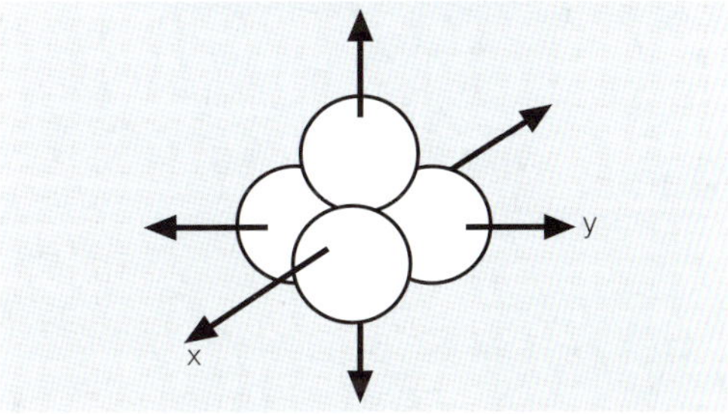

Abb. 15-3 **Darstellung der sp^3-Hybridisation (Kugelwolken bzw. Ladungswolken)**

Die vier sp^3-Orbitale sind in die Ecken eines modellhaft angenommenen Tetraeders gerichtet (Abb. 15-4). Dadurch kommt die Tetraederstruktur der gesättigten organischen Verbindungen zustande. Bei der Verbindung mit Wasserstoff überlappen die sp^3-Orbitale mit den kugelförmigen 1s-Orbitalen der gebundenen Wasserstoffatome, wie Abb. 15-5 für das Methanmolekül zeigt (vgl. auch Abb. 7-21).

Diese Verhältnisse bestehen auch in höheren Kohlenwasserstoff-Verbindungen: Das Propan C_3H_8 bzw. $CH_3–CH_2–CH_3$ wird von drei, Butan C_4H_{10} von 4 Tetraedern aufgebaut. So können Moleküle mit mehr oder weniger langen Ketten entstehen. In Verbindungen mit C–C-Einfachbindungen setzt sich die Tetraederstruktur über das gesamte Molekül fort. Der Bindungswinkel in den Tetraedern und zwischen den Tetraedern beträgt wie beim Methan CH_4 109°. Das gesättigte Molekül kann somit durch eine Struktur, wie sie Abb. 15-6 wiedergibt, gekennzeichnet werden. Zumeist wird nicht die gewinkelte LEWIS-Formel, sondern die vereinfachte gestreckte Formel geschrieben (Abb. 15-7).

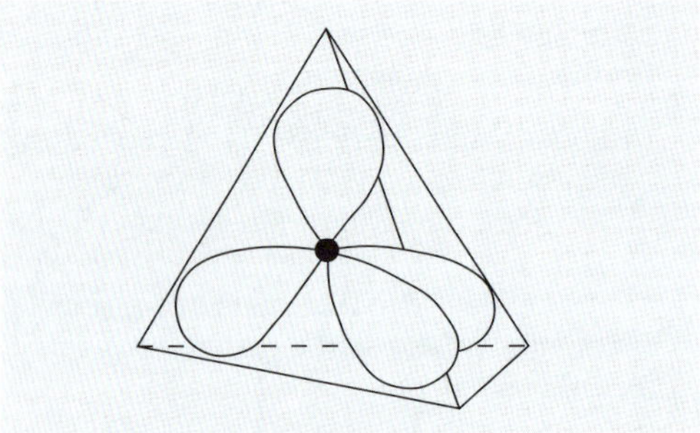

Abb. 15-4 Vereinfachte Darstellung der sp^3-Hybridisation des Kohlenstoffs

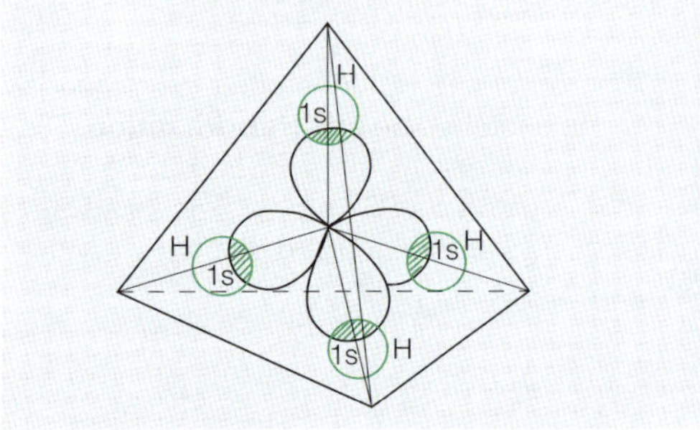

Abb. 15-5 Überlappung der sp^3-Hybridorbitale mit den 1s-Orbitalen des Wasserstoffs im Methan

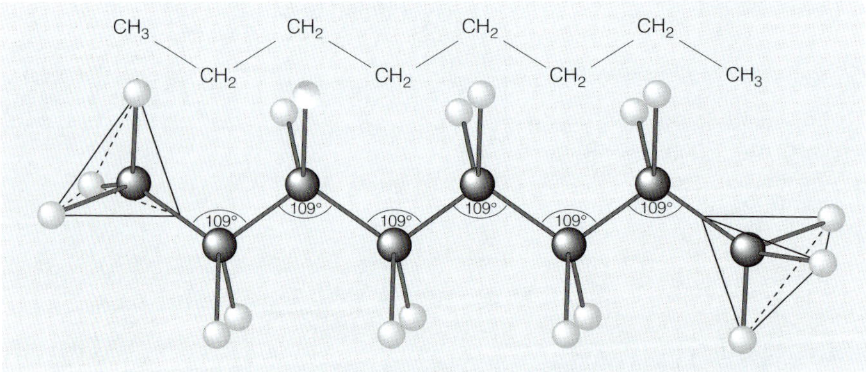

Abb. 15-6 Struktur eines Alkans (C_8H_{18}). Tetraedrische Anordnung der Baueinheiten (Anmerkung: nur die beiden Endgruppen $–CH_3$ sind als Tetraeder hervorgehoben worden; verallgemeinerte Struktur ⁄\⁄\⁄\⁄).

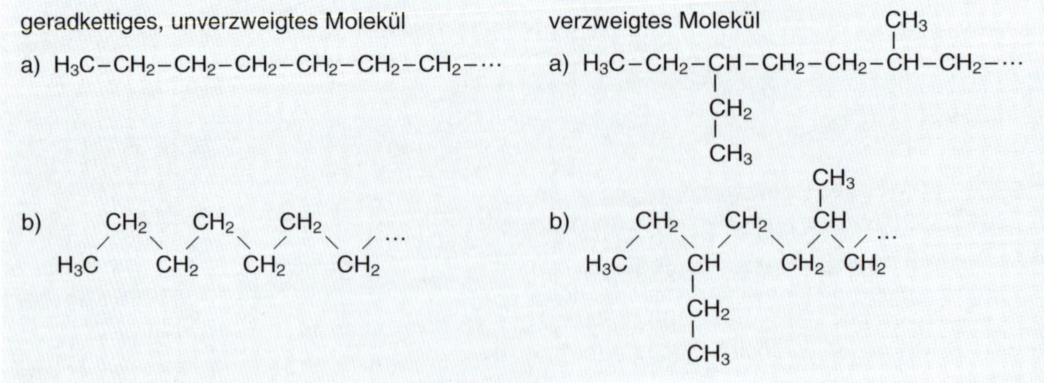

Abb. 15-7 Geradkettige und verzweigte Kohlenstoffketten a) in gestreckter und b) gewinkelter Darstellung

Die Einfachbindungen wirken immer in Richtung der Kernverbindungslinie.
Sind an die Kohlenstoffatome nur Wasserstoff-Atome gebunden, handelt es sich um gesättigte Kohlenwasserstoffe. Sie heißen **Alkane** oder **Paraffine** (vgl. Abschnitt 16.1.1). Ringförmige gesättigte Kohlenwasserstoffe nennt man **Cycloalkane** oder **Naphthene** (vgl. Abschnitt 16.1.6).

2. Kohlenstoffatome können auch durch zwei Bindungen untereinander verknüpft sein wie in Ethen C_2H_4, $CH_2=CH_2$. Man spricht dann von **Doppelbindungen.** Dieser Bindungszustand wird in folgender Weise beschrieben: Drei Elektronen des Kohlenstoffs sind gleichgerichtet. Es besteht eine **sp²-Hybridisation.** Die drei Orbitale liegen in einer Ebene im Winkel von 120° und gehen σ-Bindungen ein, im Ethen zwischen zwei H-Atomen und dem zweiten C-Atom. Das jeweils vierte Elektron der beiden C-Atome bildet ein zweites Elektronenpaar („Ladungswolke"), die π-Bindung (Abb. 15-8).
Das Elektronenpaar der σ-Bindung ist auf der Kern-Verbindungslinie angeordnet. Die π-Bindung muss deshalb den Raum über und unter der Kernverbindungslinie einnehmen. Das Molekül ist an der Doppelbindung eben gebaut (Abb. 15-9; vgl. auch Abb. 7-22). Die Doppelbindung kann mithilfe von zwei Tetraedern, die sich an einer Kante berühren, dargestellt werden (Abb. 15-10). σ- und π-Bindungen unterscheiden sich in der Bindungsenergie. Die π-Bindung ist energiereicher, sie kann leichter gelöst werden und neue σ-Bindungen eingehen. Die Verbindungen nennt man deshalb ungesättigt. Moleküle mit Doppelbindungen verhalten sich reaktionsfreudiger als solche mit Einfachbindungen.
Kohlenwasserstoffe mit einer Doppelbindung heißen **Alkene** oder **Olefine** (vgl. Abschnitt 16.1.3).

3. Kohlenstoffatome gehen auch **Dreifachbindungen** untereinander ein, wie z. B. im Ethin C_2H_2 bzw. $HC{\equiv}CH$. Die beiden C-Atome besitzen nur eine **sp-Hybridisation,** d. h., zwei Elektronen sind gleichwertig oder gleichgerichtet. Sie vermitteln im Ethin eine σ-Bindung zwischen den beiden Kohlenstoff-Atomen und eine zum Wasserstoff. Die beiden weiteren Elektronen jedes C-Atoms bilden zwei gemeinsame Elektronenpaare als zwei π-Bindungen. Die σ-Bindung zwischen den beiden C-Atomen liegt wieder auf der Kernverbindungslinie. Die beiden Elektronenpaare („Ladungswolken") befinden sich über und unter sowie neben der Kernverbindungslinie (Abb. 15-11). Das Molekül ist an der Dreifach-

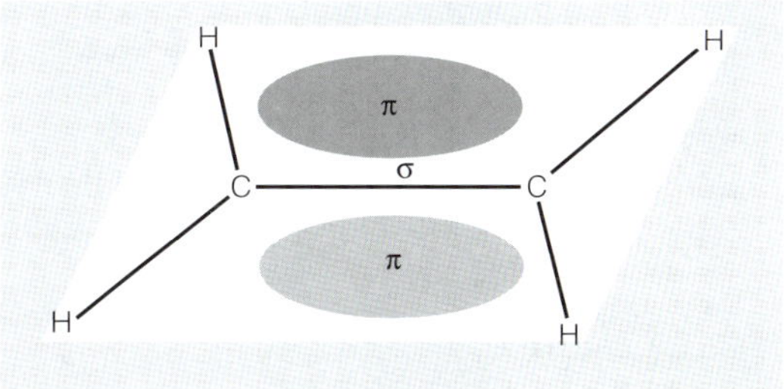

Abb. 15-9 Struktur von Ethen C_2H_4

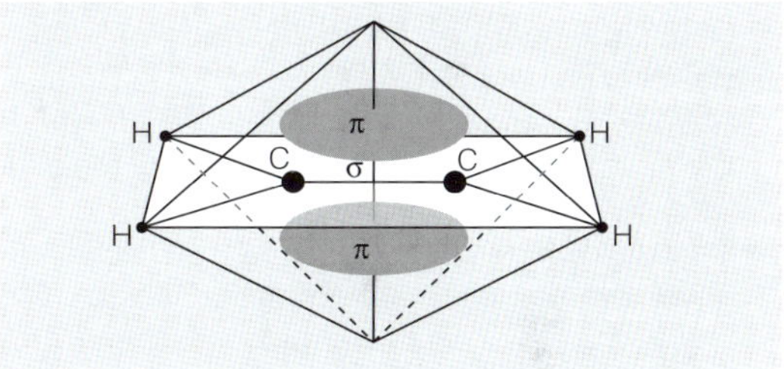

Abb. 15-10 Struktur der Doppelbindung in Ethen

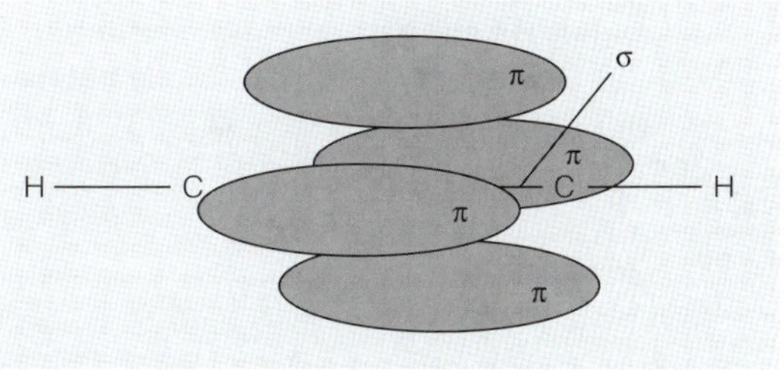

Abb. 15-11 Struktur von Ethin C_2H_2

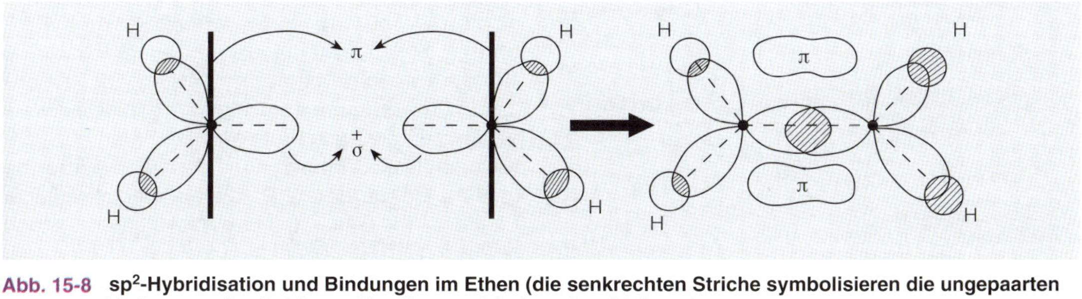

Abb. 15-8 sp²-Hybridisation und Bindungen im Ethen (die senkrechten Striche symbolisieren die ungepaarten Elektronen des Kohlenstoffs, die zur π-Bindung kombinieren)

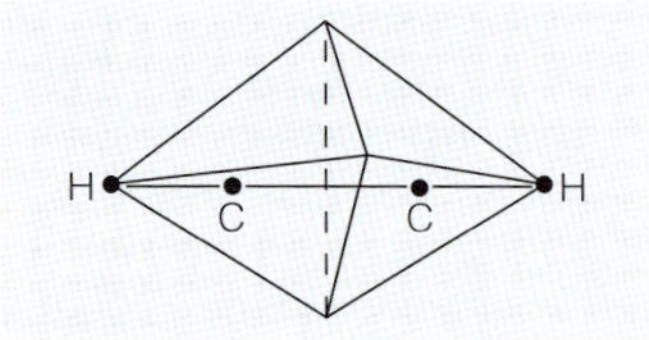

Abb. 15-12 Räumliche (gestreckte) Gestalt des Ethins

bindung linear gebaut. Die Struktur der Dreifachbindung ergibt sich aus zwei Tetraedern, die sich mit einer Fläche berühren (Abb. 15-12). Kohlenwasserstoffe mit Dreifachbindung verhalten sich ebenfalls sehr reaktionsfreudig. Sie heißen **Alkine** oder **Acetylene** (vgl. Abschnitt 16.1.5).
Moleküle mit Doppel- und Dreifachbindungen können unverzweigt oder verzweigt sein, wie das auch für die Alkane beschrieben ist.
Kettenförmige (offenkettige) Kohlenwasserstoff-Verbindungen bezeichnet man als **acyclische** (griech. nicht ringförmig) oder **aliphatische** (griech. Fett, Salböl) Verbindungen.
Die ringförmigen gesättigten Kohlenwasserstoffe oder Cycloalkane sind **alicyclische** (griech. ringförmig) Verbindungen (Abb. 16-7 und 16-13).

4. Kohlenstoffatome können auch ringförmige Moleküle mit mehreren Doppelbindungen bilden. Bei Benzen oder Benzol C_6H_6 und den Benzol-Abkömmlingen (Derivaten) liegt ein Ring mit 6 C-Atomen vor. Der Bindungszustand im Molekül wird sehr vereinfacht durch 6 Einfach- und 3 Doppelbindungen beschrieben. Diese Stoffe heißen **Aromate** (griech., lat. Geruch, Gewürz). Sie besitzen zumeist einen charakteristischen („aromatischen"), jedoch häufig unangenehmen Geruch (vgl. Abschnitt 16.3.1).
5. Sind an der Ringbildung auch Atome anderer Elemente beteiligt, nennt man die Stoffe **heterocyclisch** (griech. verschieden, Ring) (vgl. Abschnitt 16.6).

Beispiele:

acyclisch, aliphatisch:

$H_3C-CH_2-CH_2-CH_3$
n-Butan

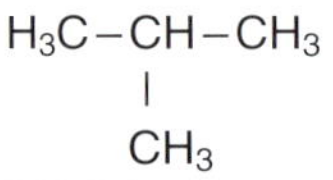
2-Methylpropan, Isobutan

alicyclisch:

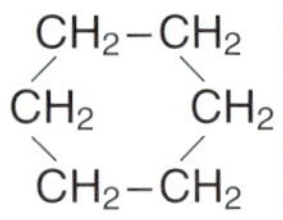
Cyclohexan

aromatisch:

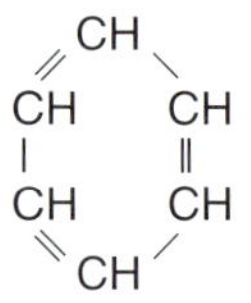
Benzen, Benzol

heterocyclisch:

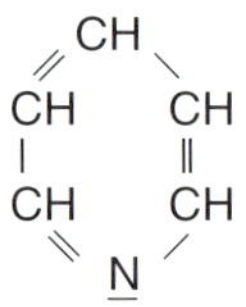
Pyridin

Übersicht 15-1 gibt schematisch die Einteilung der organischen Stoffe wieder.

Einteilung organischer Verbindungen

Organische Verbindungen

- **Aliphatische oder acyclische Verbindungen** (Moleküle ohne Kohlenstoffringe)
- **cyclische Verbindungen** (Moleküle mit Ringen)
  - alicyclische Verbindungen (ringförmige Moleküle mit Einfachbindungen)
  - aromatische Verbindungen (Kohlenstoffringe mit 3 π-Bindungen)
  - heterocyclische Verbindungen (mit O, S oder N im Ring)

Übersicht 15-1

Die Bezeichnung der organischen Verbindungen erfolgt durch rationelle Namen, die aus der Zusammensetzung, der Atomanordnung und den **funktionellen Gruppen** abgeleitet werden (Gruppen mit charakteristischen Eigenschaften und Reaktionen). Häufig werden die Verbindungen auch durch herkömmliche, so genannte **Trivialnamen** benannt.

15.4 Allgemeine Eigenschaften organischer Stoffe

Auf Grund der Atombindungen sind organische Stoffe thermisch wenig stabil, sie zersetzen sich beim Erhitzen. Stoffe mit kleiner Molekülmasse kommen gasförmig oder flüssig vor. Die meisten organischen Verbindungen sind brennbar. Sie verbrennen mit hoher Flammentemperatur, weil zur Zerstörung der C–C- und der C–H-Bindungen eine relativ geringe Energie notwendig ist und weil die hauptsächlich entstehenden Verbrennungsprodukte Kohlenstoffdioxid und Wasser eine hohe Bindungsenergie besitzen (vgl. Übersicht 11-2). Viele organische Verbindungen mit unpolarer bzw. wenig polarer Atombindung sind nicht oder nur gering im polaren Wasser löslich. Sie verhalten sich **hydrophob** (griech. wasserfeindlich). Dagegen mischen sie sich wegen der ähnlichen Molekülzusammensetzung meist gut mit flüssigen organischen Verbindungen, die auch Fette auflösen. Man bezeichnet organische Verbindungen deshalb als **lipophil** (griech. fettfreundlich). Sind stark elektronegative Elemente wie Sauerstoff und Stickstoff am Aufbau beteiligt, wird das Molekül polar und es kann sich wasserlösliches Verhalten einstellen (z. B. niedermolekulare Alkohole, Aldehyde und Ketone).

15.5 Organische Reaktionstypen und -mechanismen

Bei organischen Reaktionen werden zumeist Stoffe mit Atombindungen als Edukte eingesetzt. Deren Bindungen müssen getrennt und bei der Bildung der Produkte neu gebildet werden. Dabei treten häufig Ionen kurzzeitig als Übergangszustände auf. Organische Reaktionen (wie auch anorganische Vorgänge) teilt man nach dem Reaktionstyp in **Substitution, Addition** und **Eliminierung** ein.

Bei der **Substitution** werden Atome oder Atomgruppen durch andere Atome oder Atomgruppen ausgetauscht.

Beispiel: **Halogenierung** (Austausch von Wasserstoff durch Halogen; Chlorierung, Bromierung usw.)

$CH_4 + Cl_2 \rightarrow CH_3Cl + HCl$
Chlormethan

Bei einer **Addition** werden Atome oder Atomgruppen an einer Mehrfachbindung angelagert. Die π-Bindung wird aufgespalten. Die Elektronen gehen σ-Bindungen mit den neuen Substituenten ein.

Beispiel: **Hydrierung,**
(Anlagerung von Wasserstoff)

$CH_2=CH_2 + H_2 \rightarrow CH_3-CH_3$
Ethen → Ethan

Beispiel: **Hydratisierung**
(Anlagerung von Wasser)

$CH_2=CH_2 + H_2O \rightarrow CH_3-CH_2-OH$
Ethanol, Ethylalkohol

Bei der **Eliminierung** werden zwei Atome oder Atomgruppen aus einem Molekül abgespalten (Umkehrung der Addition).

Beispiel: **Dehydrierung**
(Abspalten von Wasserstoff)

$CH_3-CH_3 \rightarrow CH_2=CH_2 + H_2$
Ethen, Ethylen

Beispiel: **Dehydratisierung**
(Abspalten von Wasser)

$CH_3-CH_2-OH \rightarrow CH_2=CH_2 + H_2O$

Beim Abspalten von Wasserstoff oder OH-Gruppen aus Kohlenwasserstoffen (KW) oder Carbonsäuren entstehen Atomgruppen, die **Alkyle, Alkenyle, Aryle** (allgemein mit **R** bezeichnet) und **Acyle** (allgemein: **Ac**) genannt werden (vgl. Übersicht 15-2).

Durch Austausch von Wasserstoff der Kohlenwasserstoffe gegen **Substituenten** werden **Derivate** gebildet, z. B. ist Monochlormethan CH_3Cl ein Derivat des Methans CH_4, Ethanal CH_3-CHO leitet sich von Ethan ab. Gesättigte Kohlenwasserstoffe sind reaktionsträge. Wenn sie polare Substituenten besitzen, reagieren häufig diese und die Kohlen-

Wichtige Alkyl-, Alkenyl-, Alkinyl-, Aryl-, Acyl- und funktionelle Gruppen

Formel der KW- bzw. Acyl-Gruppe	Bezeichnung	funktionelle Gruppe (Substituent)	Bezeichnung als Vorsilbe	Bezeichnung als Nachsilbe
Alkyl-Gruppe				
CH_3-	Methyl-	$-F, -Cl, -Br, -I$	Fluor-, Chlor-	-fluorid, -chlorid
$-CH_2-$	Methylen-		Brom-, Iod-	-bromid, -iodid
CH_3-CH_2-	Ethyl-			
$CH_3-CH_2-CH_2-$	Propyl-	$-OH$	Hydroxy-	-ol
$CH_3-\underset{\vert}{C}H-CH_2-$	Isopropyl-	$-NO_2$	Nitro-	
		$-NH_2$	Amino-	-amin
		$>NH$	Imino-	
Alkenyl-Gruppe		$=O$	Oxo-	
$CH_2=CH-$	Vinyl-	$>C=O$		-on, -keton
Alkinyl-Gruppe		$-CN$		-nitril
$HC\equiv C-$	Ethinyl-	$-O-$		-ether
Aryl-Gruppe				
C_6H_5-	Phenyl-	$-CHO$		-al, -aldehyd
Acyl-Gruppe		$-COOH$	Carboxy-	-säure
$H-CO-$	Formyl-	$-COOR$		-ester
CH_3-CO-	Acetyl-	$-CONH_2$		-amid
CH_3-CH_2-CO-	Propionyl-	$-SO_3H$	Sulfo-	-sulfonsäure

Übersicht 15-2

wasserstoffgruppe bleibt unverändert. Man nennt Substituenten **funktionelle Gruppen,** weil sie die chemischen Eigenschaften bestimmen. Nach ihnen sind die Stoffklassen benannt (vgl. Übersicht 15-2).

Wird am C-Atom ein H-Atom gegen R ersetzt, spricht man von einem **primären** Kohlenstoff-Atom, bei Substitution von zwei oder drei H-Atomen von **sekundärem** oder **tertiärem** Kohlenstoff:

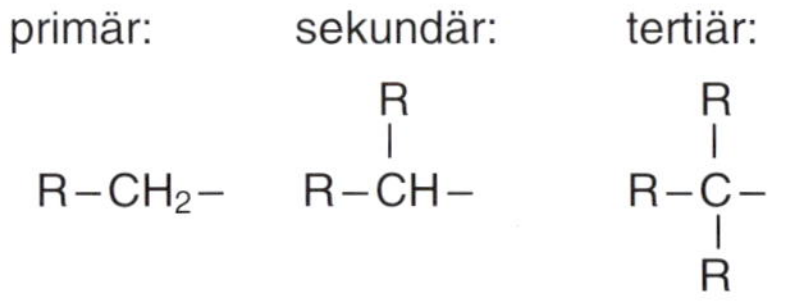

Organische Reaktionen verlaufen häufig nicht so rasch wie anorganische Prozesse oder auch nur unter Einfluss von Katalysatoren, höherem Druck, höherer Temperatur oder unter Mitwirkung eines Lösungsmittels. Spezielle Katalysatoren sind die elektrophilen **Lewis-Säuren** und nucleophilen **Lewis-Basen** (vgl. Abschnitt 10.3).

Aufgaben

1. Wiederholen Sie den Inhalt der Begriffe elektrophil, nucleophil, Lewis-Säure, Lewis-Base. Verdeutlichen Sie sich die Elektronenstruktur von BF_3, PBr_3, NH_3, $CN^{\ominus}$, H_2O. Welche Teilchen sind elektrophil, welche nucleophil?
2. Warum ist die Reaktion $SO_3 + H_2O \rightarrow H_2SO_4$ ein Vorgang zwischen Lewis-Säure und Lewis-Base?

Organische bzw. chemische Vorgänge können auch als **radikalische, elektrophile** und **nucleophile Reaktionen** beschrieben werden.

Bei der **radikalischen Reaktion** werden Atombindungen z. B. durch UV-Licht symmetrisch gespalten (**Homolyse**). Es treten kurzzeitig sehr reaktionsfreudige „Molekülbruchstücke" mit ungepaarten Elektronen auf, sog. **Radikale** (Symbol **R·**), die sofort in **Kettenreaktion** weiter reagieren, z. B.:

Start-Reaktion

$$Cl_2 \xrightarrow{\text{UV-Licht}} 2\,Cl\cdot$$

Bildungs-Reaktionen:

$$Cl\cdot + CH_4 \rightarrow \cdot CH_3 + HCl$$
$$\cdot CH_3 + Cl_2 \rightarrow CH_3Cl + Cl\cdot \text{ usw.}$$

Abbruch-Reaktionen:

$$\cdot CH_3 + Cl\cdot \rightarrow CH_3Cl$$

oder $Cl\cdot + Cl\cdot \rightarrow Cl_2$

oder $\cdot CH_3 + \cdot CH_3 \rightarrow CH_3-CH_3$

Bei **nucleophilen Substitutionen** (Symbol: $\mathbf{S_N}$) und **elektrophilen Substitutionen** (Symbol: $\mathbf{S_E}$) werden zunächst Bindungen des Substrats, an dem das Reagenz angreift, unsymmetrisch gespalten **(Heterolyse).** Dadurch werden Ionenzustände zwischenzeitlich erzeugt:

a) Wird das Elektronenpaar vom C-Atom abgespalten, entsteht ein **Carbenium-Ion** $R^{\oplus}$

b) Wenn das Elektronenpaar beim C-Atom verbleibt, entsteht ein **Carbeniat-** oder **Carb-Anion** $R^{\ominus}$:

$$R{-}X \rightarrow \underset{\text{Carbenium-Ion}}{R^{\oplus}} + X^{\ominus}$$

oder: $R{-}X \rightarrow \underset{\text{Carb-Anion, Carbeniat-Ion}}{\bar{R}^{\ominus}} + X^{\oplus}$

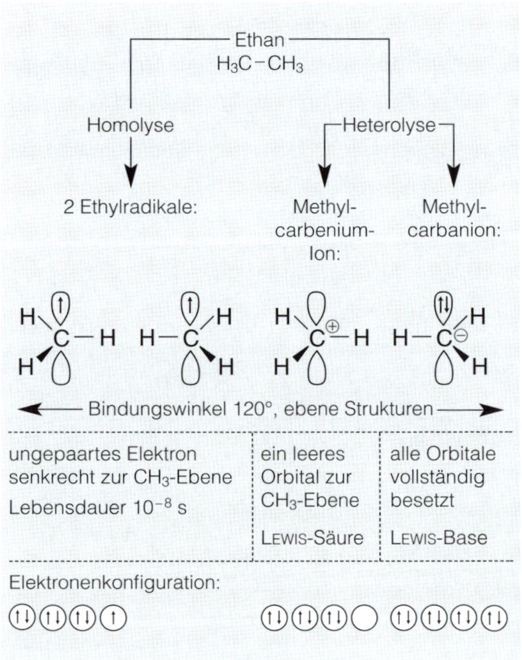

Abb. 15-13
Bildung von Übergangsverbindungen durch Homolyse und Heterolyse am Beispiel des Ethans

Am **Carbenium-Ion** $R^{\oplus}$ finden nucleophile Substitutionen S_N durch Anionen oder Lewis-Basen statt. Zum Beispiel reagiert *tert.* Butylbromid mit Wasser in zwei Schritten zu *tertiärem* Butylalkohol und HBr:

$$(H_3C)_3C{-}Br \rightleftharpoons (H_3C)_3C^{\oplus} + Br^{\ominus} \quad \text{(1. Reaktionsschritt)}$$

$$(H_3C)_3C^{\oplus} + H_2O \rightarrow (H_3C)_3C{-}OH + H^{+} \quad \text{(2. Reaktionsschritt)}$$

$$(H_3C)_3C{-}Br + H_2O \rightarrow (H_3C)_3C{-}OH + HBr \quad \text{(Bruttogleichung)}$$

Der geschwindigkeitsbestimmende Schritt der Gesamtreaktion hängt von der Bildung des tert. Butyl-Ions $(H_3C)_3C^{\oplus}$ ab, also von **einem** Teilchen. Eine solche Reaktion nennt man **monomolekulare nucleophile Substitution S_N1.**

Am **Carb-Anion** $R^{\ominus}$ können **monomolekulare elektrophile Substitutionen S_E1** ablaufen, indem Kationen oder LEWIS-Säuren angreifen. Eine typische Reaktion ist der Ersatz von Wasserstoff am Benzen durch ein positives Chlor-Ion $Cl^{\oplus}$ (genauer Reaktionsmechanismus vgl. Abschnitt 16.3.4):

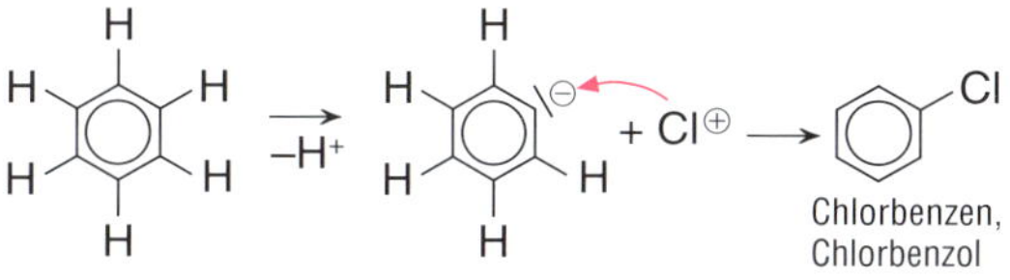

Im allgemeinen vereinfachten Schema lassen sich beide Reaktionen in folgender Weise an einem C-Tetraeder darstellen:

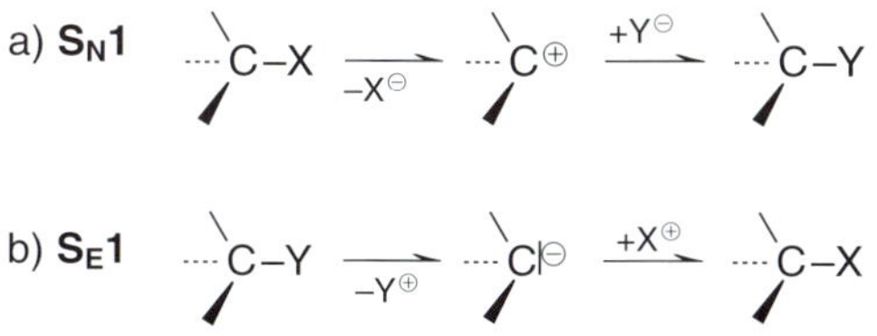

(Anmerkung: Die unterschiedliche Ausführung der Valenzstriche soll die räumliche Struktur andeuten.)

Eine polare Verbindung kann aber auch eine Zwischenverbindung bilden, bei der kein Ionenzustand, sondern zwischen Substrat und Reagenz vorübergehend ein Anlagerungskomplex entsteht. Da hierbei am Übergangszustand **zwei** Moleküle/Teilchen beteiligt sind, heißen diese Reaktionen **bimolekulare nucleophile Substitution S_N2.** Im allgemeinen vereinfachten Schema kann man eine solche Reaktion in folgender Weise formulieren:

S_N2

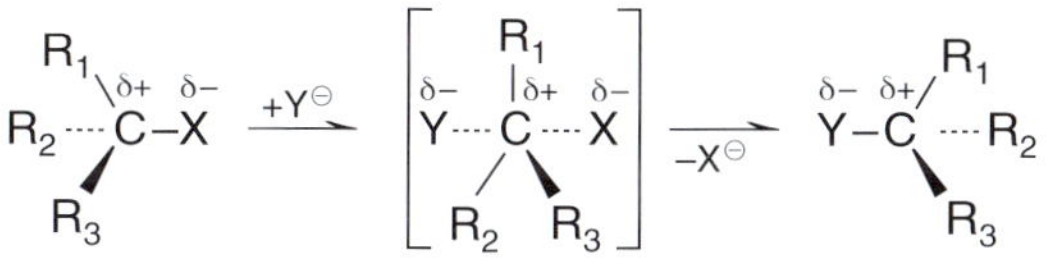

Übergangskomplex

Wie das allgemeine Schema zeigt, tritt hierbei eine **Umkehr (Inversion)** der Substituenten ein (Umklappen wie bei einem Regenschirm im Wind).

So reagiert z. B. Methyliodid CH_3-I in folgender Weise mit Alkali über die Anlagerung von $OH^{\ominus}$-Ionen (LEWIS-Base!) und Abspaltung von Iodid zu einem Alkohol z. B. Methanol:

$$CH_3-I \xrightarrow{LM/Kat} [\overset{\delta^+}{CH_3} \cdots\cdots \overset{\delta^-}{I}] + \underset{\text{nucleophil}}{OH^{\ominus}} \rightarrow$$

$$\underset{\text{Zwischenzustand}}{[OH \cdots CH_3 \cdots I]^{\ominus}} \rightarrow \underset{\text{Methanol}}{CH_3-OH} + I^{\ominus}$$

Das $OH^{\ominus}$-Ion ist nucleophiler als der Iod-Substituent und kann somit Letzteren verdrängen (siehe auch weiter unten +I-Effekt!). Der Vorgang ist somit eine **nucleophile Substitution.**

> Es wurde festgelegt, bei der Benennung der Reaktion als „elektrophil" oder „nucleophil" vom Reagenz auszugehen.

Die Reaktion zwischen Ethen und Halogenwasserstoff verläuft als elektrophile Reaktion, speziell als **elektrophile Addition,** da sich zuerst der positiv geladene Wasserstoff an die π-Bindung anlagert. In einem zweiten Schritt erfolgt der Ladungsausgleich durch das Halogen-Ion:

$$CH_2{=}CH_2 + \overset{\delta^+}{H}-\overset{\delta^-}{X} \rightarrow [CH_3-CH_2]^{\oplus} + \bar{X}^{\ominus}$$
$$\rightarrow CH_3-CH_2-X$$

Elektrophile Substitutionen finden vor allem am Benzen (Aromaten) statt (vgl. Abschnitt 16.3.4 u. a.).

Elektrophile Reagenzien sind solche mit Elektronenmangel: Kationen, LEWIS-Säuren, Halogene, Alkine.

Nucleophile Reagenzien besitzen einen Elektronenüberschuss: Anionen, LEWIS-Basen, Alkene, Aromaten.

$$CH_4 + Cl_2 \rightarrow \underset{\text{Chlormethan}}{CH_3Cl} + HCl$$

Aufgabe

Erklären und begründen Sie, ob sich folgende Stoffe elektrophil oder nucleophil verhalten:
Wasserstoff-Ionen, Wasser, Bortrifluorid, Ammoniak, Eisen(III)-chlorid, Schwefeltrioxid, Antimontrichlorid, Bromid-Ion!

Polarisierung der Ausgangsstoffe begünstigt elektrophile bzw. nucleophile Reaktionen. Wenn ein Substituent einem C-Atom die Bindungselektronen stärker entzieht als Wasserstoff, wird das C-Atom positiv polarisiert und an diesem eine nucleophile Reaktion ermöglicht. Stößt der Substituent Elektronen in Richtung des C-Atoms ab, kann an diesem ein elektrophiles Reagenz angreifen, weil der Kohlenstoff negativ polarisiert ist. Z. B. ist in Carbonyl-Gruppen $-C=O$ der Kohlenstoff positiv polarisiert, d. h. elektrophil, und Sauerstoff negativ polarisiert und somit nucleophil.

> Die polarisierende Wirkung eines Substituenten wird **Induktionseffekt** (I-Effekt) genannt.

Elektronenanziehung oder **–I-Effekt** („Elektronenzug", positive Polarisierung) bewirken z. B. folgende Gruppen:

$-H < -C_6H_5 < -NH_2 < -OH < -COOR < -I < -Br < -Cl < -F < -CN < -SO_3H < -NO_2$

Elektronenabstoßung oder **+I-Effekt** („Elektronenschub", negative Polarisierung) erzeugen z. B. die Gruppen:

$-H < -CH_3 < -CH_2-CH_3 <$ $(H_3C)_2{>}CH- <$ $(H_3C)_3C- < -\overline{\underline{O}}|^{\ominus}$

Auch freie Elektronenpaare eines Substituenten erhöhen durch +I-Effekt die Elektronendichte am Nachbaratom.

> **Aufgabe**
> Warum bewirken z. B. Halogene oder OH-Gruppen den –I-Effekt und $\overline{\underline{O}}|^{\ominus}$ den +I-Effekt?

15.6 Bestimmung der Oxidationszahlen des Kohlenstoffs in organischen Verbindungen

In organischen Verbindungen existieren vorrangig kovalente oder Atombindungen. Die gemeinsamen Elektronenpaare zwischen gebundenen Atomen sind unpolar oder polarisiert, selten ionisiert. Somit kann man je nach Elektronegativität den Partnern nur formale Oxidationszahlen (OxZ.) zuordnen. Sie sind jedoch z. B. für das Verständnis von Redox-Vorgängen wichtig.

Natürlich gilt zunächst, dass die organischen Moleküle – da sie keine Elektronen nach außen abgegeben haben – elektrisch neutral sind. Bei der Bestimmung der Oxidationszahlen der einzelnen Atome des Moleküls werden die bindenden Elektronenpaare gedanklich dem elektronegativeren Element zugeordnet (wie das auch bei anorganischen Substanzen mit Atombindung der Fall ist). Die Oxidationszahl für die Atome wird dann in folgender Weise bestimmt:

- ein elektronegativeres Atom (Heteroatome z. B. O, S, Cl) erhält für **jede** Bindung (jedes Elektronenpaar) gegenüber einem weniger elektronegativen Atom (z. B. C, H) die **OxZ. = I–,**
- jede Bindung eines elektropositiven Atoms gegenüber einem elektronegativen, z. B. H gegenüber C erhält die **OxZ. = I+.**
- Jede Bindung zu einem gleichen Atom erhält die **OxZ. = 0.**

Zusammengefasst bedeutet das im Einzelnen:

C gegenüber C je Bindung	OxZ. = 0
C gegenüber H	OxZ. = I–
H gegenüber C	OxZ. = I+
Heteroatome (O, N, S, Cl, Br u. a.) gegenüber C und H **je** Bindung	OxZ. = I–

1. Beispiel: Methan
Im Methan CH_4 besitzt der Kohlenstoff 4 C–H-Bindungen und damit die Oxidationszahl IV–.

2. Beispiel: Primärer Alkohol
Im Methylalkohol H_3C-O-H ist Sauerstoff gegenüber C und H jeweils elektronegativ und seine OxZ. ist II–, in der Bindung C–O ist die OxZ. von C I+ und von H in der Bindung O–H ebenfalls I+.

Es existieren in der Methylgruppe:

3 Bindungen von H gegen C	$OxZ._H = 3 \cdot$ I+
3 Bindungen von C zu 3 H	$OxZ._C =$ III–
ferner 1 Bindung C mit O	$OxZ._C =$ I+
1 Bindung O mit C	$OxZ._O =$ I–
sowie 1 Bindung O mit H	$OxZ._O =$ I–
1 Bindung H mit O	$OxZ._H =$ I+

Das Molekül ist somit wie vermutet elektrisch neutral.

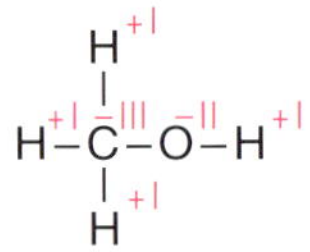

> Als wesentliches Ergebnis zeigt sich, dass Kohlenstoff gegenüber der funktionellen OH-Gruppe die Oxidationszahl I+ besitzt. Das gilt auch für andere primäre Alkohole.

3. Beispiel:
In einem sekundären Alkohol z. B. Isopropanol $H_3C-CH(OH)-CH_3$ besitzt das sekundäre C-Atom mit der funktionellen Gruppe aus folgenden Gründen die Oxidationszahl = 0:

2 C–C-Bindungen	$OxZ._{C-C}$ = 0	
1 CH-Bindung	$OxZ._C$ = I–	Ausgleich
1 C–O-Bindung	$OxZ._C$ = I+	auf ±0!

(die übrigen Bindungen wurden nicht beachtet).

4. Beispiel: Aldehyd
In Acetaldehyd 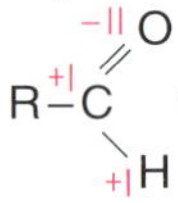 weist der Kohlenstoff in der Aldehyd-Gruppe –CHO eine C–H-Bindung (I+) und zwei Bindungen zum Sauerstoff (II–) auf.

> Der Kohlenstoff der Aldehyd-Gruppe hat somit insgesamt die Oxidationszahl I+.

Im Methanal oder Formaldehyd HCHO bildet Kohlenstoff 2 Bindungen zum Sauerstoff und zwei Bindungen zu den zwei H-Atomen aus und hat damit formal die Oxidationszahl 0!

5. bis 7. Beispiel: Keton, Carbonsäure und Kohlenstoffdioxid

Ein Keton R–CO–R enthält die Oxo-Gruppe >C=O. Somit hat der Kohlenstoff der Gruppe die Oxidationszahl II+.

In den Carbonsäuren R–COOH ist der Kohlenstoff der Carboxylgruppe –COOH bzw. –C(=O)–OH durch drei Bindungen polarisiert und besitzt die OxZ. III+. Im Kohlenstoffdioxid hat C schließlich mit IV+ die höchste Oxidationsstufe: O=C=O.

Die Beispiele zeigen, dass man sich bei der Bestimmung der Oxidationszahl auf den Kohlenstoff, der die funktionelle Gruppe bindet, konzentriert.

Aufgaben

1. Begründen Sie für die drei letzten Beispiele die angegebenen Oxidationszahlen des Kohlenstoffs.
2. Welche Oxidationszahl besitzt der Kohlenstoff, im Ethan $H_3\mathbf{C}-\mathbf{C}H_3$, der sekundäre Kohlenstoff in höheren Alkanen $R-\mathbf{C}H_2-R$, der tertiäre Kohlenstoff in verzweigen Alkanen $R_3\mathbf{C}H$, der Kohlenstoff im sekundären sowie tertiären Alkohol R–**C**H(OH)–R bzw. $R_3-\mathbf{C}-OH$, der Kohlenstoff im Methylamin $H_3\mathbf{C}-NH_2$?
(Anmerkung: Die Kohlenstoffatome, für die die Bestimmung vorgenommen werden soll, sind zum leichteren Auffinden fett hervorgehoben.)

Kohlenstoff, der funktionelle Gruppen gebunden hat, nimmt in seinen Verbindungen unterschiedliche Oxidationsstufen ein: von IV– bis IV+.

Es soll nochmals darauf hingewiesen werden, dass es sich um formale Zuordnungen entsprechend der Polarisierung der Bindungen handelt.

15.7 Nomenklaturregeln für aliphatische Kohlenwasserstoffe und deren Derivate

Für die systematischen Namen aliphatischer Verbindungen und deren Substitutionsverbindungen gelten Nomenklaturregeln, Festlegungen bzw. Empfehlungen der IUPAC.

1. Unverzweigte Kohlenwasserstoffe

Die Namen für die unverzweigten Kohlenwasserstoffe (KW) werden aus zwei Teilen gebildet: aus dem Wortstamm für die Verbindung und einer Endsilbe.

- Der Wortstamm wird aus dem Namen der Stammverbindung entnommen und bezieht sich auf die Anzahl der C-Atome. Z. B. Meth- von Methan (C_1), Pent- von Pentan (C_5), Dec- von Decan (C_{10}) usw. Ab C_5 werden griechische Zahlwörter verwendet, z. B. Oct für Octan (C_8).
- Die Endsilbe gibt den Bindungszustand an: Gesättigte Kohlenwasserstoffe oder Alk**an**e werden mit der Endung -an, ungesättigte KW oder Alk**en**e mit der Endung -en und KW mit Dreifachbindungen oder Alk**in**e mit der Endung -in gekennzeichnet.

Benennung von unverzweigten Kohlenwasserstoffen

Stammverbindungen	Anzahl der C-Atome	Wortstamm	Endungen
Methan	1	Meth-	-an
Ethan, Ethen, Ethin	2	Eth-	-an, -en, -in
Propan, Propen, Propin	3	Prop-	-an, -en, -in
Butan, Buten, Butin	4	But-	-an, -en, -in
Pentan, Penten, Pentin	5	Pent-	-an, -en, -in
Hexan, Hexen, Hexin	6	Hex-	-an, -en, -in

Übersicht 15-3

- Bei unverzweigten KW wird manchmal noch ein n vorangestellt (für „normal“; veraltet, aber noch gebräuchlich).
- Für Alkene und Alkine wird durch eine mit Bindestrich vorangestellte arabische Ziffer angegeben, an welchem C-Atom die Mehrfachbindung auftritt.

Beispiele:

$H_3C-CH_2-CH_2-CH_3$
Butan, n-Butan

$H_3C-CH_2-CH=\overset{2}{C}H-\overset{1}{C}H_3$
2-Penten

$H\overset{1}{C}\equiv C-CH_2-CH_3$
1-Butin

> Positionsangaben für Mehrfachbindungen, Substituenten und Alkylgruppen (Verzweigungen) werden für das C-Atom angegeben, an dem sie auftreten. Dabei werden die C-Atome von demjenigen Ende des Moleküls her gezählt, das der Position am nächsten liegt.

2. Verzweigte Kohlenwasserstoffe

Für die Benennung der verzweigten Kohlenwasserstoffe gelten folgende Regeln:

- Vorangestellt wird mit arabischer Ziffer und Bindestrich die Position der Seitenkette/-gruppe.
- Die Anzahl der Seitengruppen wird durch griechische Zahlwörter ausgedrückt: Di, Tri, Tetra- usw. für 2, 3, 4 usw..
- Es folgt der Name der Seitenkette/-gruppe mit Bindestrich.
- Daran schließt sich der Name des Kohlenwasserstoffs an, der den längsten Molekülteil bildet.
- Ältere Namen verwenden die Vorsilbe Iso- und berücksichtigen alle C-Atome.

Beispiele:

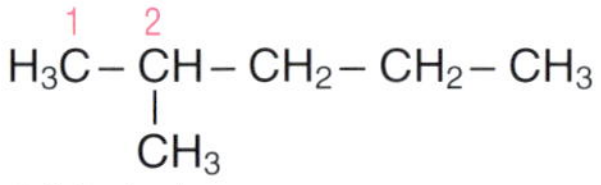

2-Methyl-pentan
Isohexan

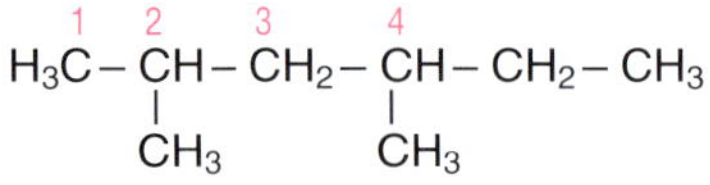

2,4-Dimethyl-hexan

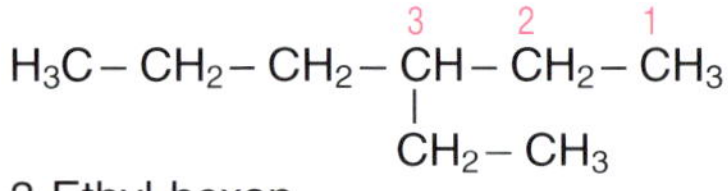

3-Ethyl-hexan
Isooctan

3. Derivate der Kohlenwasserstoffe

Die Namen der Verbindungen, die funktionelle Gruppen gebunden haben (Derivate), ergeben sich in folgender Weise:

- Arabische Ziffern mit Bindestrich kennzeichnen, an welchem C-Atom der Substituent gebunden ist.
- An zweiter Stelle wird der Substituent genannt.
- Mehrere Substituenten werden mit dem Zusatz Di, Tri, Tetra usw. angegeben.
- Es folgt der Name des Kohlenwasserstoffs
- Wenn verschiedene Substituenten im Molekül gebunden sind, muss bei der Benennung die festgelegte Rangfolge (Rangordnung oder Priorität) beachtet werden. Die Gruppe mit dem niedrigeren Rang wird zuerst, die mit dem höheren Rang danach erwähnt, z. B.: Die Carboxyl-Gruppe hat den höchsten Rang und wird zuletzt genannt, Kohlenwasserstoffgruppen haben den niedrigsten Rang und werden zuerst erwähnt, dabei werden sie in alphabetischer Reihenfolge aufgeführt, z. B. Ethyl vor Methyl

Rangfolge der funktionellen Gruppe	Formel
Carboxylgruppe	$-COOH$
Carbonsäurechlorid	$-COCl$
Carbonsäureester	$-COOR$
Carbonsäureamid	$-CONH_2$
Nitrilgruppe	$-CN$
Sulfogruppe	$-SO_3H$
Aldehydgruppe	$-CHO$
Keto-, Oxogruppe	$>C=O$, $=O$
Aminogruppe	$-NH_2$
Hydroxylgruppe	$-OH$
Nitrogruppe	$-NO_2$
Chlor (o. a. Halogene)	$-Cl$
Kohlenwasserstoffgruppe	$-R$

Übersicht 15-4

Beispiele:

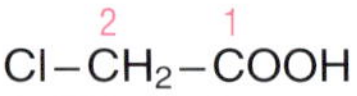

2-Chlor-ethansäure

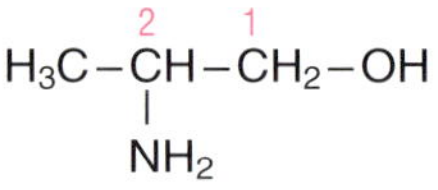

2-Amino-propanol

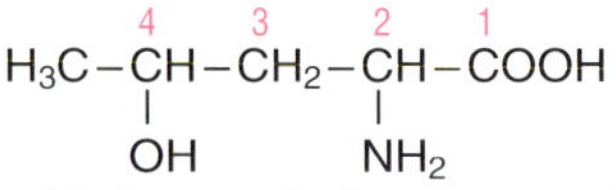

4-Hydroxy-2-Amino--pentansäure

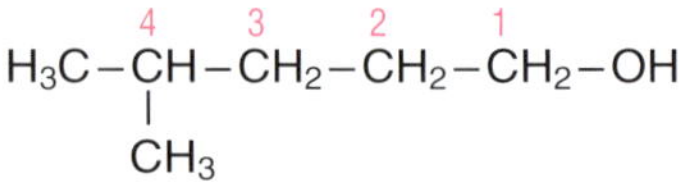

4-Methyl-pentanol

Neben den systematischen oder rationellen Namen werden noch Trivialnamen benutzt. Weitere Nomenklaturregeln werden in den folgenden Kapiteln und Abschnitten mitgeteilt.

16 Organische Verbindungen

16.1 Aliphatische oder acyclische Kohlenwasserstoffe

16.1.1 Alkane oder Paraffine

Aufbau der Alkane

> Die Alkane oder Paraffine sind gesättigte kettenförmige Verbindungen, die nur aus Kohlenstoff- und Wasserstoffatomen aufgebaut sind.

Die Kohlenstoffatome sind durch nahezu unpolare Einfachbindungen verknüpft. Zwischen den Molekülen wirken schwache Dispersionskräfte. Die Moleküle sind aus tetraedrischen Baueinheiten aufgebaut (vgl. Abb. 16-1).
Bisher wurden Alkane mit mehr als 100 Kohlenstoffatomen erzeugt (n > 100). Polyethylene mit Molmassen von 50 000 bis 100 000 (und größer), gehören nach ihrer chemischen Struktur auch zu den Alkanen und enthalten noch mehr C-Atome.

Die Alkane bilden eine gleichmäßige oder **homologe Reihe.** Die einzelnen aufeinander folgenden Verbindungen unterscheiden sich jeweils um eine CH_2-Gruppe. Unverzweigte Alkane heißen normale oder n-Alkane:

CH_4		Methan
$CH_3{-}CH_3$	C_2H_6	Ethan
$CH_3{-}CH_2{-}CH_3$	C_3H_8	Propan
$CH_3{-}CH_2{-}CH_2{-}CH_3$	C_4H_{10}	n-Butan
$CH_3{-}CH_2{-}CH_2{-}CH_2{-}CH_3$	C_5H_{12}	n-Pentan usw.

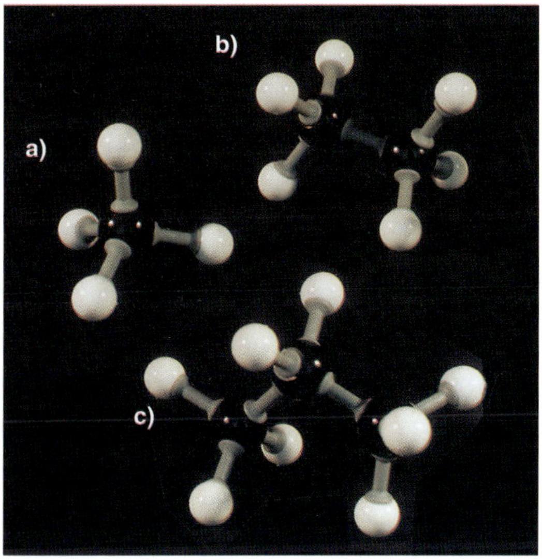

Abb. 16-1
Molekülmodelle von a) Methan, b) Ethan und c) Propan

> Die allgemeine Summenformel der Alkane lautet C_nH_{2n+2}

Einige weitere wichtige Alkyl-Gruppen

C_1	C_2	C_3	C_4
$CH_3{-}$ Methyl-	$H_3C{-}CH_2{-}$ Ethyl-	$H_3C{-}CH_2{-}CH_2{-}$ Propyl-	$H_3C{-}CH_2{-}CH_2{-}CH_2{-}$ Butyl-
		$H_3C{-}CH{-}CH_3$ (mit Bindungsstrich an CH) Isopropyl-	$H_3C{-}CH{-}CH_2{-}$ (an CH: CH_3) Isobutyl-
			$H_3C{-}CH_2{-}CH{-}CH_3$ (Bindungsstrich an CH) *sec.* Butyl-
			$H_3C{-}C{-}CH_3$ (an C: CH_3 oben, Bindungsstrich unten) *tert.* Butyl-

Übersicht 16-1

Darstellung der Alkane

Alkane können durch fraktionierende Destillation aus Erdöl gewonnen werden. Daneben gibt es einige Möglichkeiten der Darstellung.

1. In der WURTZ'schen Synthese werden Halogenalkane mit Natrium reduziert:

$$R{-}X + 2\,Na \rightarrow R{-}Na + NaX$$
$$R{-}X + R{-}Na \rightarrow R{-}R + NaX$$

z. B.

$$2\,Br{-}CH_2{-}CH_2{-}CH_2{-}CH_3 + 2\,Na \rightarrow \underset{\text{Octan}}{CH_3{-}(CH_2)_6{-}CH_3} + 2\,NaBr$$

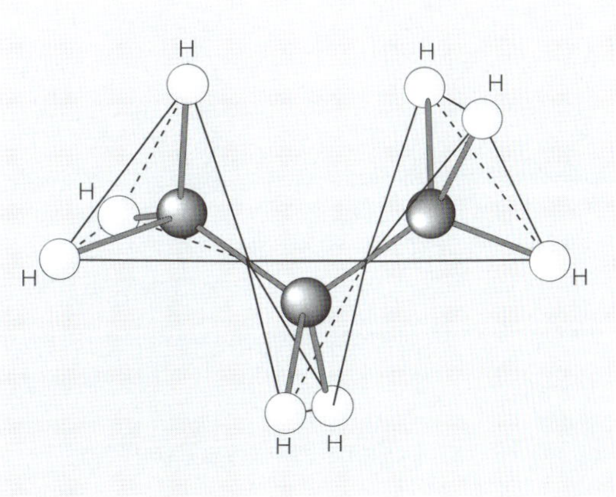

Abb. 16-2
Struktur des Propan-Moleküls

2. Metallisches Zink und Säure bilden atomaren Wasserstoff, der Halogenalkane reduziert:
   $2R{-}X + Zn + 2H \rightarrow 2R{-}H + ZnX_2$

3. Die Hydrierung von Alkenen mithilfe von Katalysatoren (Ni, Pd, Pt) führt zu Alkanen (Addition), z. B.:
   $H_3C{-}CH{=}CH_2 + H_2 \rightarrow H_3C{-}CH_2{-}CH_3$
   Propen → Propan

Physikalische Eigenschaften der Alkane

Mit zunehmender relativer Molekülmasse erhöhen sich Siede- und Schmelztemperaturen der Alkane (Übersicht 16-2 und Abb. 16-3). Während Verbindungen mit bis zu 4 Kohlenstoffatomen bei Raumtemperatur gasförmig vorkommen, sind unverzweigte Alkane ab 5 Kohlenstoffatomen flüssig und ab 18 Kohlenstoffatomen fest. Dieser Sachverhalt kommt zustande, weil mit Vergrößerung der relativen Molekülmasse der n-Alkane die zwischenmolekularen Kräfte zunehmen. Wie Abb. 16-3 zeigt, steigen die Siedetemperaturen gleichmäßig an, die Schmelztemperaturen weniger regelmäßig. Moleküle mit gerader C-Zahl schmelzen relativ höher gegenüber den vorangegangenen Verbindungen mit ungerader C-Zahl und das jeweils folgende ungeradzahlige n-Alkan schmilzt relativ niedriger als das mit der nächstkleineren geraden C-Anzahl (vgl. Abb. 16-3).
Diese Erscheinung ist in den VDW-Kräften begründet: Ungeradzahlige Moleküle sind im festen Zustand nicht so dicht gepackt wie geradzahlige.
Die verzweigten (isomeren) Alkane haben sehr ähnliche chemische Eigenschaften wie das unverzweigte Alkan mit gleicher Anzahl von C-Atomen. Es unterscheiden sich aber Schmelz- und Siedetemperaturen sowie die Dichten, weil die Gestalt des Moleküls die physikalischen Eigenschaften mitbestimmt.
Verzweigte Moleküle haben eine „gedrungenere" Gestalt als unverzweigte (Abb. 16-4) und auf Grund der kleineren Oberfläche sind die zwischenmolekularen Kräfte geringer (Dispersionskräfte, vgl. Abschnitt 8.6).

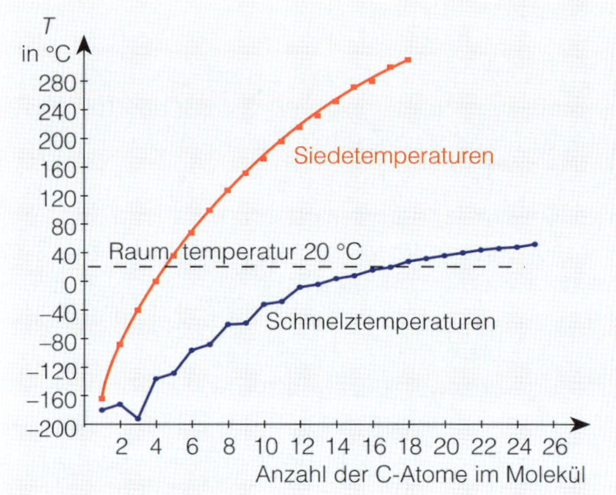

Abb. 16-3
Abhängigkeit der Siede- und Schmelztemperatur von der relativen Molekülmasse bzw. Molekülgröße bei unverzweigten Alkanen (n-Alkane)

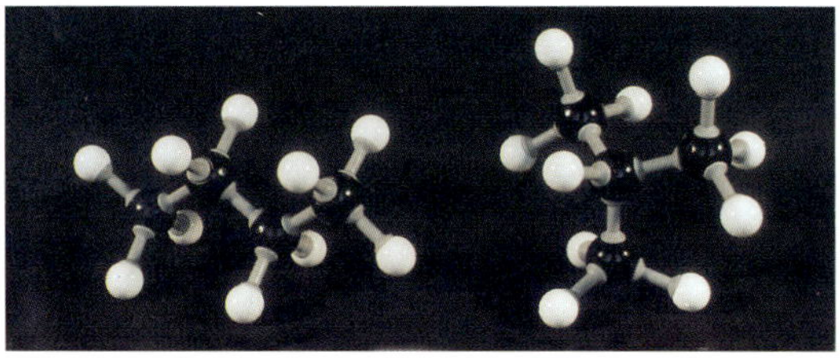

Abb. 16-4 Molekülmodelle von n-Butan und Isobutan oder 2-Methylpropan

n-Alkane (C_1 bis C_{10})

Name	Summenformel	rationelle Formel	Schmelztemperatur Fp. in °C	Siedetemperatur Kp. in °C	Bezeichnung der Akylgruppe
Methan	CH_4	CH_4	−184,5	−161,5	Methyl-
Ethan	C_2H_6	$CH_3{-}CH_3$	−170,3	−88,6	Ethyl-
Propan	C_3H_8	$CH_3{-}CH_2{-}CH_3$	−187,1	−42,5	Propyl-
Butan	C_4H_{10}	$CH_3{-}(CH_2)_2{-}CH_3$	−138,3	−0,5	Butyl-
Pentan	C_5H_{12}	$CH_3{-}(CH_2)_3{-}CH_3$	−129,7	+36	Pentyl-
Hexan	C_6H_{14}	$CH_3{-}(CH_2)_4{-}CH_3$	−94,3	+68,7	Hexyl-
Heptan	C_7H_{16}	$CH_3{-}(CH_2)_5{-}CH_3$	−90,5	+98,4	Heptyl-
Octan	C_8H_{18}	$CH_3{-}(CH_2)_6{-}CH_3$	−56,8	+125,7	Octyl-
Nonan	C_9H_{20}	$CH_3{-}(CH_2)_7{-}CH_3$	−53,7	+150,7	Nonyl-
Decan	$C_{10}H_{22}$	$CH_3{-}(CH_2)_8{-}CH_3$	−29,7	+174,0	Decyl-

Übersicht 16-2

Die verzweigten Alkane (Isoalkane) sieden deshalb immer bei etwas niedrigerer Temperatur als das zugehörige n-Alkan:

n-Pentan
$CH_3-CH_2-CH_2-CH_2-CH_3$
Siedetemperatur 36 °C
Dichte 0,6262 g · cm^{-3}

2-Methylbutan, Isopentan
$CH_3-CH-CH_2-CH_3$
$\quad\quad\;\; |$
$\quad\quad CH_3$
Siedetemperatur 28 °C
Dichte 0,6197 g · cm^{-3}

2,2-Dimethylpropan, Neopentan
$\quad\quad CH_3$
$\quad\quad\;\; |$
CH_3-C-CH_3
$\quad\quad\;\; |$
$\quad\quad CH_3$
Siedetemperatur 9,4 °C
Dichte 0,5910 g · cm^{-3}

Wegen der unpolaren Moleküle sind gesättigte Kohlenwasserstoffe nur in unpolaren Lösungsmitteln und untereinander löslich.

Chemische Eigenschaften der Alkane

Die Alkane sind bei Zimmertemperatur gegenüber anderen Stoffen, z. B. Luftsauerstoff, Säuren und Laugen, reaktionsträge. Sie verbrennen zu Kohlenstoffdioxid und Wasser.

Versuch

F+

Hoch entzündlich

Abzug!
R 12,
R 18,
S 39

Entzünden Sie einige Milliliter eines Alkans (z. B. Hexan) oder Alkangemisches (Benzin) in einer Porzellanschale (Vorsicht!). Die Verbrennungsprodukte werden mithilfe eines Trichters in ein gekühltes U-Rohr geleitet und nachfolgend durch eine Waschflasche mit Kalkwasser oder Barytwasser gesaugt (Abb. 16-5). Beobachtungen?
Der Versuch kann auch mit einer brennenden Kerze, die aus festem Paraffin besteht, wiederholt werden.

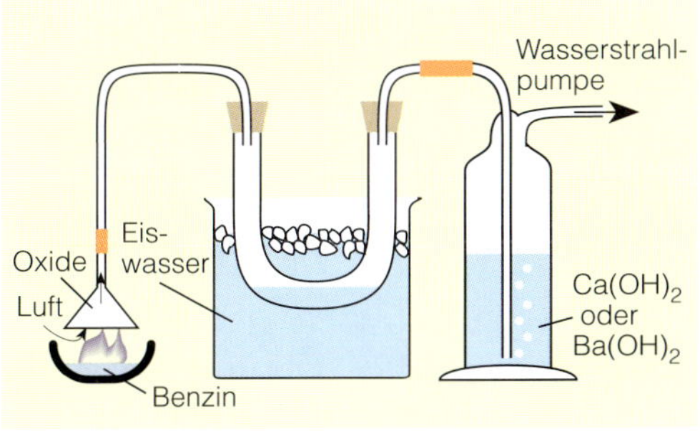

Abb. 16-5 **Nachweis der Verbrennungsprodukte (Oxide) von Alkanen**

Niedere Alkane (geringe Molekülmasse) bilden mit Luft explosible Gemische: z. B. Methan-Luft-Gemische als „schlagende Wetter" in Steinkohlengruben; Benzin-Luft-Gemische im Verbrennungsmotor.
Nur Halogene als stark elektronegative Elemente sind in der Lage, bei Raumtemperatur Substitutionsreaktionen mit Alkanen auszulösen. Die Reaktion mit Fluor erfolgt bereits bei tiefen Temperaturen (ca. −80 °C), mit Chlor und Brom bei energiereicher Belichtung. Gemische aus den gasförmigen niederen Alkanen und Chlor setzen sich dabei sogar explosiv um. Die Reaktion mit Brom geht langsamer vor sich.

Aufgabe

Erklären Sie die unterschiedliche Reaktivität der Halogene gegenüber Alkanen!

Die Substitution erfolgt über Radikalbildung als **Radikalreaktion.** Dabei werden σ-Bindungen durch energiereiche Strahlung homolytisch aufgespalten. Für Methan ist die Radikalreaktion mit Brom wie folgt zu formulieren:

$Br_2 \xrightarrow{h \cdot \nu} 2\,Br\cdot$ Radikalbildung als Start
$Br\cdot + CH_4 \longrightarrow HBr + CH_3\cdot$ } Eliminierung
$CH_3\cdot + Br_2 \longrightarrow CH_3Br + Br\cdot$ } und Substitution
usw.

Die Radikalreaktion bricht bei der Reaktion von zwei Radikalen ab, z. B.

$Br\cdot + Br\cdot \longrightarrow Br_2$
$CH_3\cdot + Br\cdot \longrightarrow CH_3Br$
$CH_3\cdot + CH_3\cdot \longrightarrow CH_3-CH_3$

Als Ergebnis der Reaktionen liegen Monobrommethan und Bromwasserstoff sowie Nebenprodukte vor.
Auch Chlor und Fluor wie auch andere höhere gasförmige oder verdampfte Alkane reagieren in analoger Weise in **Kettenreaktionen.**

Aufgabe

Formulieren Sie die radikalische Substitutionsreaktion von Ethan mit Chlor!

Neben Halogenierungen (Fluorierung, Chlorierung, Bromierung) kann bei höheren Temperaturen eine Substitutionsreaktion mit Salpetersäure zu Nitroalkanen erfolgen:

Chlorierung
$R-H + Cl_2 \longrightarrow R-Cl + HCl$
Chloralkan, Alkylchlorid

Nitrierung
$R-H + HNO_3 \longrightarrow R-NO_2 + H_2O$
Nitroalkan

Technisch bedeutsam sind **Crackprozesse** (engl. zerbrechen). Höhere Alkane werden kurzzeitig hoch erhitzt. Es findet eine Hitzespaltung, die auch **Pyrolyse** genannt wird, statt. Dabei entsteht ein Gemisch aus niederen Alkanen, Alkenen und aromatischen Stoffen. Auf diese Weise werden höhere Alkane des Erdöls in Benzin und in Alkene als Ausgangsstoffe für Synthesen umgewandelt.

Mithilfe von Katalysatoren ($AlCl_3$, $AlBr_3$) werden aus n-Alkanen verzweigte Alkane gewonnen **(Isomerisierung).** Praktische Bedeutung hat dieser Vorgang zur Erzeugung klopffester Benzine.

Mit einem Gemisch aus Schwefeldioxid und Chlor entstehen aus Alkanen bei Belichtung Alkylsulfochloride, z. B.

$$C_{10}H_{22} + SO_2 + Cl_2 \rightarrow C_{10}H_{21}SO_2Cl + HCl$$

Alkylsulfochloride sind wichtige Ausgangsstoffe für Waschmittel.

Einige Alkane und ihre Verwendung

Die gasförmigen Alkane kommen in Grubengas, Sumpf- und Erdgas vor (CH_4). Sie sind auch Bestandteil der Gasprodukte, die bei der Erdöldestillation anfallen. Erdöl besteht vor allem aus flüssigen und darin gelösten festen Alkanen sowie cyclischen Kohlenwasserstoffen (Übersicht 16-3).

16.1.2 Isomerie

Es gibt viele organische Verbindungen, die eine gleiche Summenformel, jedoch verschiedene Strukturen besitzen. Man bezeichnet diese Stoffe als **isomer** (griech. gleich, Teilchen). **Isomerie** tritt in mehreren Formen auf, die wichtigsten davon sind die folgenden:

Struktur- oder **Konstitutionsisomerie** liegt vor, wenn die Atome im Molekül unterschiedlich gebunden sind, d. h., die Anordnung der Atome im Molekül ist verschieden. Die Eigenschaften konstitutionsisomerer Stoffe unterscheiden sich:

1. Beispiel:

H_3C-CH_2-OH	$H_3C-O-CH_3$
C_2H_5OH bzw. C_2H_6O	C_2H_6O
Ethanol, Ethylalkohol Siedetemperatur 78,2 °C	Dimethylether Siedetemperatur –24 °C

Beim Ethanol ist Sauerstoff an ein C-Atom gebunden, beim Dimethylether bildet Sauerstoff die Brücke zwischen den beiden Methyl-Gruppen.

2. Beispiel:

$H_3C-CH_2-CH_2-CH_2-OH$	$H_3C-CH_2-O-CH_2-CH_3$
$C_4H_{10}O$	$C_4H_{10}O$
1-Butanol, n-Butanol Siedetemperatur 117,8 °C	Diethylether Siedetemperatur 35 °C

Die Konstitutionsisomerie ist bei Alkanen ab Butan C_4H_{10} als **Kettenisomerie** sehr ausgeprägt. Während Methan CH_4, Ethan C_2H_6 und Propan C_3H_8 nur in einer Molekülform vorkommen, existieren für Butan zwei Isomere:

$CH_3-CH_2-CH_2-CH_3$

n-Butan
Schmelztemperatur 138 °C
Siedetemperatur –0,5 °C

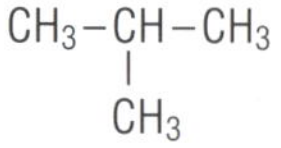

Isobutan, 2-Methylpropan
Schmelztemperatur 159 °C
Siedetemperatur –12 °C

Alkane und Alkangemische – Vorkommen, Eigenschaften, Verwendung

Methan (CH_4)	farblos, geruchlos, hochexplosiv (schlagende Wetter); in Erdgas, Grubengas, Faulgas; Entgasung von Kohle; Treibhauseffekt; Erzeugung von Ruß durch unvollkommene Oxidation, von Synthesegas ($CO + H_2$)
Ethan (C_2H_6)	farblos, geruchlos, brennbar, explosiv; in Erd- und Crackgas; Dehydrierung zu Ethen für Polyethylen und andere organische Stoffe
Propan (C_3H_8)	farblos, explosiv; Flüssiggas (Heizgas, Motortreibstoff); in Erd- und Crackgas; Dehydrierung zu Propen für Polypropylen u. a.
Butan (C_4H_{10})	farblos, brennbar; Gewinnung bei Erdölaufbereitung; Dehydrierung zu Butadien für Polybutadien; Crackung zu Ethen, Propen; Erzeugung von Acetaldehyd, Essigsäure u. a.; Heizgas, Treibgas für Spraydosen
Petrolether	Lösungsmittel; Gemisch aus Pentanen, Hexanen
Benzine	Gemische aus vorwiegend C_6- bis C_{10}-Alkanen
Paraffinöl	Gemisch aus C_{12} bis C_{16}-Alkanen
Paraffine	Gemisch aus höheren Alkanen (ab etwa C_{17}); geruchlos, ungiftig, chemisch beständig; Waschmittel, Imprägniermittel (Papier, Pappe, Zündhölzer); Pflegemittel (Schuhe, Möbel, Autolack, Hautschutzcremes); Druckfarben; „Fruchtwachs" („Wachsen" von Apfelsinen etc.)

Übersicht 16-3

Pentan C_5H_{12} kommt in 3 Isomeren vor, als ein n-Alkan und zwei Isoalkane:

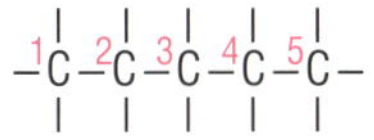
n-Pentan

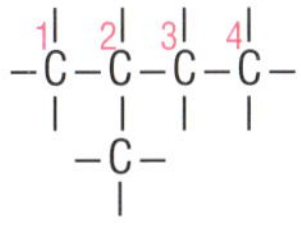
2-Methylbutan

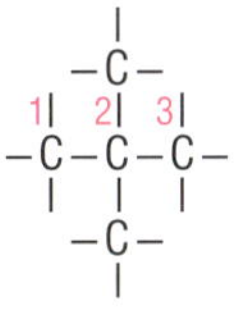
2,2-Dimethylpropan

Mit zunehmender Kohlenstoffzahl im Molekül nimmt auch die Zahl der Isomere zu. Von Heptan C_7H_{16} sind 9 Isomere bekannt. Beim Decan $C_{10}H_{22}$ sind 75, beim Pentadecan $C_{15}H_{32}$ 4347, beim $C_{20}H_{42}$ 366 319 isomere Verbindungen theoretisch möglich, praktisch sind jedoch nicht alle nachgewiesen.

Aufgaben

1. Ermitteln Sie durch Aufstellen der Strukturformeln, wie viele isomere Hexane möglich sind.
2. Wie lauten die Strukturformeln der 9 isomeren Heptane?

Die Bezeichnung der isomeren Alkane erfolgt wie in Abschnitt 15.7 angegeben.

Aufgabe

Wie werden folgende gesättigte isomere Kohlenwasserstoff-Verbindungen rationell bezeichnet?

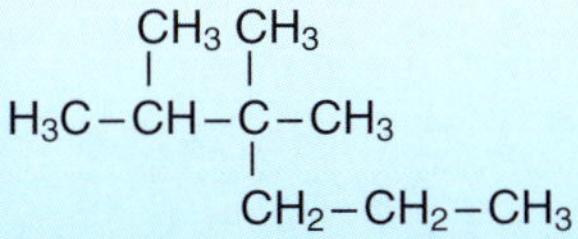

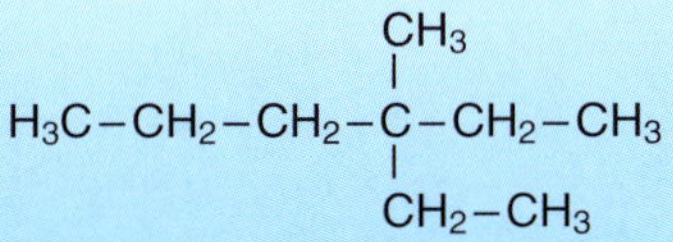

Andere Substituenten werden analog nach der Stellung bezeichnet **(Stellungsisomerie):**

Beispiele:

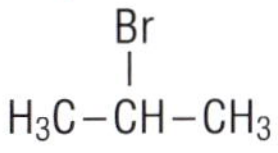
2-Brompropan

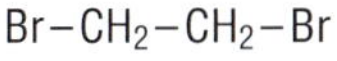
1,2-Dibromethan

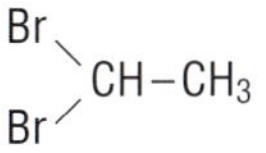
1,1-Dibromethan

Aufgabe

Stellen Sie die Strukturformel für folgende Verbindungen auf:
1,4-Dibrombutan,
1,2-Dibrombutan,
2,4-Dichlorpentan.

Sind die Atome im Molekül räumlich verschieden angeordnet, spricht man von **Stereoisomerie** (griech. Raum, gleich, Teilchen). Man unterscheidet zwei Formen: **Konfigurationsisomerie** und **Konformationsisomerie.**

Die **Konfigurationsisomerie** tritt z. B. als **cis-trans-Isomerie** oder **Z/E-Isomerie** auf, wenn an den C-Atomen einer Doppelbindung zwei Substituenten gebunden sind. Befinden sich die Substituenten zusammen, d. h. auf der gleichen Seite, so handelt es sich um die cis-Form oder Z-Form (von „zusammen"). Sind sie gegenüber angeordnet, liegt die trans-Form oder E-Form (von „entgegen") vor. Bei Raumtemperatur kann keine Umwandlung stattfinden, da die benötigte Energie nicht zur Verfügung steht. Eine Rotation um die Doppelbindung ist nicht möglich. Für eine Umlagerung sind ca. 240 kJ · mol^{-1} notwendig, denn es müssen primäre Bindungen gelöst und wieder neu geknüpft werden. Cis-trans-Isomere unterscheiden sich in ihren Eigenschaften.

Die Lage der Doppelbindungen wird durch die Zahl für das C-Atom angegeben, das auf kürzestem Wege erreicht wird.

Beispiele:

1. 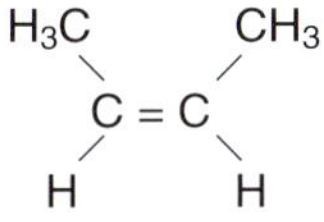
2-Buten,
(Z)- oder cis-Form
cis-2-Buten
Siedetemperatur 3,72 °C

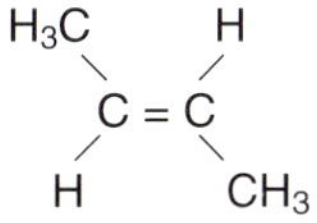
2-Buten,
(E)- oder trans-Form
trans-2-Buten
Siedetemperatur 0,88 °C

Zumeist ist die trans-Form etwas energieärmer als die cis-Form, z. B. trans-2-Buten um ca. 5,5 kJ · mol^{-1} geringer als cis-2-Buten.

2. 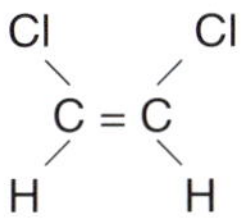
1,2-Dichlorethen
(Z)- oder cis-Form
Siedetemperatur 60,3 °C

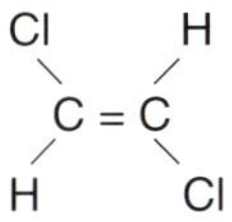
1,2-Dichlorethen
(E)- oder trans-Form
Siedetemperatur 47,7 °C

Kettenförmige **Konformationsisomere** (Rotationsisomere) entstehen, wenn sich Atome oder Atomgruppen um C–C-Einfachbindungen drehen, sodass sich die Substituenten in räumlich ver-

schiedener Lage befinden (Abb.16-6). Für die Drehung ist nur eine geringe Energie notwendig, da keine primären Bindungen gelöst werden müssen. Zwei Formen sind begünstigt: die gestaffelte Form (staggered) und die verdeckte Form (eclipsed). Die Erstgenannte ist etwas energieärmer und kann sich leicht in die zweite Form umlagern. Da nur 12 kJ · mol^{-1} für die Drehung erforderlich sind, können beide Formen in der Regel nicht als gesonderte Substanzen isoliert werden (z. B. bei Ethan). Sie kommen nebeneinander vor.
Bei alicyclischen Verbindungen entstehen Konformationsisomere ebenfalls durch Drehung von Einfachbindungen zwischen C-Atomen unter Aufnahme von Energie. Die „Sesselform" ist energetisch stabiler als die „Wannenform" (Abb. 16-7).
Spezifische Isomerien sind die **Tautomerie** (Abschnitt 16.2.6) und die Spiegelbild-Isomerie oder **Enantiomerie** (Abschnitt 16.2.14).

16.1.3 Alkene oder Olefine

Aufbau der Alkene

Alkene sind ungesättigte Kohlenwasserstoffe mit Doppelbindungen. Sie besitzen die allgemeine Summenformel C_nH_{2n}.

Die Namen leiten sich von der Stammsilbe der Alkannamen ab. Die Endung -en gibt an, dass eine Doppelbindung im Molekül vorhanden ist. Eine vorangestellte Ziffer bezeichnet das C-Atom, an dem sich die Doppelbindung befindet.

Aufgabe Informieren Sie sich im Abschnitt 15.3 über den Bindungszustand, die Hybridisation der Kohlenstoffatome bei Doppelbindungen und die Verschiedenheit der beiden Bindungen!

Alkene bilden wie die Alkane eine homologe Reihe, die mit Ethen C_2H_4 bzw. $CH_2=CH_2$ beginnt. Von den Alkenen stammen die Alkenyl-Gruppen ab:

Ethen, Ethylen $CH_2=CH_2$	Ethenyl-, Vinyl- $CH_2=CH-$
Propen, Propylen $CH_2=CH-CH_3$	1-Propenyl- $CH_3-CH=CH-$
	2-Propenyl-, Allyl- $CH_2=CH_2-CH_2-$
1-Buten, Butylen $CH_2=CH-CH_2-CH_3$	1-Butenyl- $CH_3-CH_2-CH=CH-$
2-Buten $CH_3-CH=CH-CH_3$	
1-Penten $CH_2=CH-CH_2-CH_2-CH_3$	

An der Doppelbindung ist das Molekül eben gebaut und nicht drehbar. Beispielsweise hat 3-Hexen eine räumliche Struktur (Molekülgestalt), wie sie Abb. 16-8 zeigt.

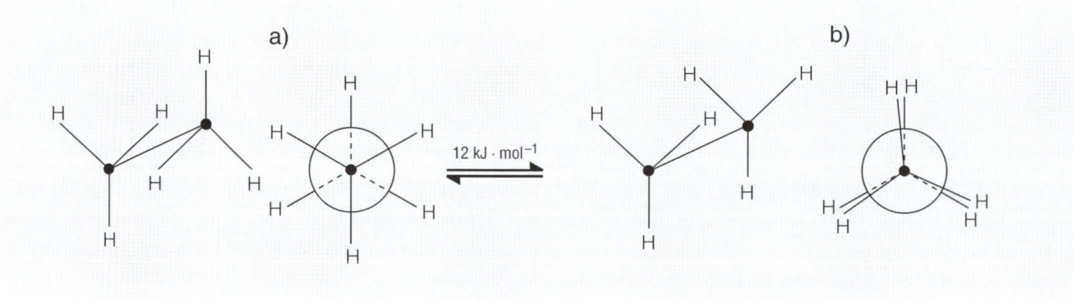

Abb. 16-6 **Ethan a) gestaffelte Form und b) verdeckte Form in zwei verschiedenen Darstellungen**

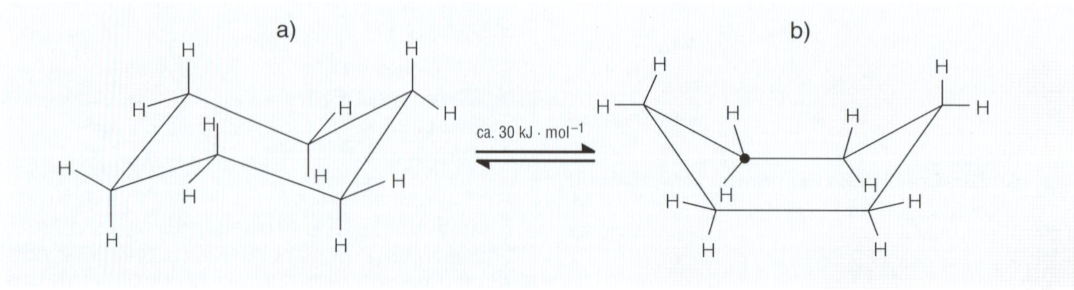

Abb. 16-7 **Cyclohexan C_6H_{12} a) Sesselform, b) Wannenform**

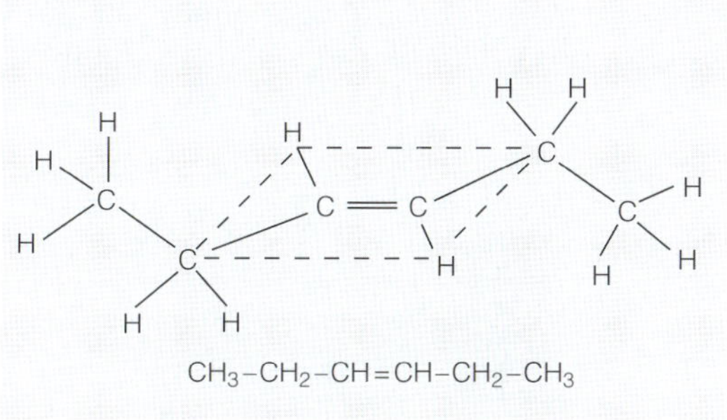

Abb. 16-8 Räumliche Struktur von 3-Hexen

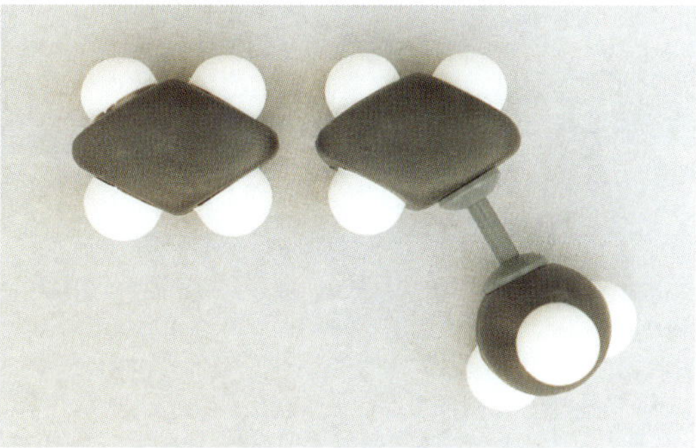

Abb. 16-9 Molekülmodelle von Ethen und Propen

Die σ-Bindung ist energieärmer als die π-Bindung. Auf Grund dieses Sachverhalts lässt sich die π-Bindung relativ leicht aufspalten. Durch Addition von Atomen oder Atomgruppen können gesättigte Verbindungen entstehen. Die Moleküle der Alkene kommen in unverzweigter (n-Alkene) und verzweigter Form vor (Isoalkene).

Aufgaben

1. Wiederholen Sie im Abschnitt 16.1.2 das Wesen der Z/E-Isomerie (cis-trans-Isomerie)!
2. Welche Struktur haben (E)-2-Penten und (Z)-2-Penten?

Darstellung der Alkene

Man gewinnt Alkene bei höheren Temperaturen und meist unter Zuhilfenahme von Katalysatoren durch folgende Vorgänge:

Cracken von Benzin (Hitzespaltung; Pyrolyse), z. B.

$$C_8H_{18} \xrightarrow{\text{bis } 1100\,°C} C_2H_6 + C_2H_4 + C_3H_6 + H_2 + C$$

Dehydratisieren von Alkohol (Abspalten von Wasser), z. B.

$$CH_3-CH_2-OH \xrightarrow{400\,°C\ (Al_2O_3)} CH_2=CH_2 + H_2O$$

Partielles (teilweises) Hydrieren von Alkinen (Anlagern an Wasserstoff), z. B.

$$CH\equiv CH + H_2 \xrightarrow{(Pd/SiO_2)} CH_2=CH_2$$

Dehydrieren von Alkanen (Abspalten von Wasserstoff), z. B.

$$CH_3-CH_3 \xrightarrow{T > 700\,°C} CH_2=CH_2 + H_2$$

Dehydrohalogenieren von Halogenalkanen (Abspalten von Halogenwasserstoff), z. B.

$$\underset{\text{1-Chlorpropan, Propylchlorid}}{H_3C-CH_2-CH_2Cl} \xrightarrow{T;\ CaO\ tr.} \underset{\text{Propen}}{H_3C-CH=CH_2} + HCl$$

$$\underset{\text{tert. Butylchlorid}}{(H_3C)_3C-Cl} \xrightarrow{T;\ basisch} \underset{\text{2-Methyl-propen, Isobuten}}{H_3C-\underset{\displaystyle CH_3}{\underset{|}{C}}=CH_2} + HCl$$

Beim Dehalogenieren von Dibromalkanen mit Zinkstaub als Reduktionsmittel spalten sich zwei benachbarte Bromatome ab:

$$R-\underset{\displaystyle Br}{\underset{|}{CH}}-\underset{\displaystyle Br}{\underset{|}{CH}}-R + Zn \longrightarrow R-CH=CH-R + ZnBr_2$$

Physikalische Eigenschaften der Alkene

Schmelztemperatur, Siedetemperatur und Dichte der Alkene ändern sich in der homologen Reihe ähnlich wie bei den Alkanen. Sie liegen aber bei gleicher Zahl der C-Atome etwas tiefer als bei den Alkanen. Die Werte werden von der Lage der Doppelbindung, von Verzweigungen und der Z/E-Isomerie beeinflusst (vgl. Übersicht 16.4).
Alkene mit 2 bis 4 C-Atomen im Molekül sind bei Raumtemperatur gasförmig; mit 5 bis 15 C-Atomen flüssig und mit mehr als 15 C-Atomen fest.

Physikalische Eigenschaften einiger Alkene

Name	Schmelztemperatur Fp. in °C	Siedetemperatur Kp. in °C	Dichte $g \cdot cm^{-3}$
Ethen	–169,2	–103,8	0,570
Propen	–185,3	– 47,7	0,610
1-Buten	–185,2	– 6,27	0,636
1-Penten	–165,2	+ 30,1	0,643
1-Hexen	–140	+ 63,5	0,673
1-Hepten	–119	+ 93,1	0,698
1-Octen	–102,7	+121,3	0,716
1-Decen	– 66,6	+170,6	0,741
(E)-2-Buten	–105,5	+ 0,88	0,627
(Z)-2-Buten	–138,9	+ 3,72	0,645
2 Methyl-1-buten	–167,2	+ 30	0,641
3 Methyl-1-buten	–168,5	+ 20,1	0,633

Übersicht 16-4

Alkene sind in flüssigen Alkanen (Benzin, Diesel, Mineralöl), Alkoholen und Ether löslich, jedoch kaum in Wasser.

Chemische Eigenschaften der Alkene

Alkene sind reaktiver als Alkane. Die chemischen Umsetzungen laufen an der Doppelbindung als elektrophile Reaktionen ab.

Versuche

C

Ätzend

F+

Hoch entzündlich

Schutzbrille!
R 12,
R 35,
S 39

1. Zur Dehydratation von Ethanol (Ethylalkohol C_2H_5OH) zu Ethen werden in einem kleinen Kolben 5 ml Spiritus (96%iges Ethanol) mit etwa der doppelten Menge konzentrierter Schwefelsäure (tropfenweise) und einer Spatelspitze wasserfreiem Kupfersulfat versetzt. Das Glas wird mit einem Gasableitungsrohr verschlossen und vorsichtig auf ca. 150 °C erwärmt (ohne Schaumbildung; Abb. 16-10). Das entweichende, wenig wasserlösliche Ethen wird durch Wasserverdrängung (pneumatisch) in einem kleinen Standzylinder aufgefangen (Geruchsprobe) und danach abgebrannt (Flammenfarbe?).

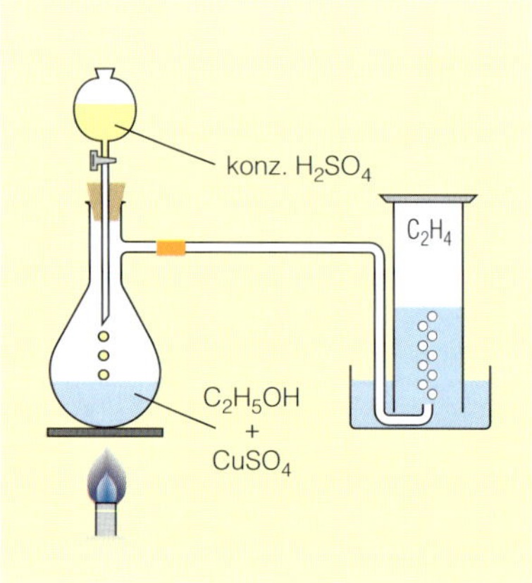

Abb. 16-10 **Erzeugung von Ethen durch Dehydratation von Ethanol**

T+

Sehr giftig

R 26,
S 23,
S 39

2. Mithilfe der o. g. Versuchsanordnung wird ein weiterer Zylinder mit Ethen gefüllt und mit einer Glasscheibe abgedeckt. In einem zweiten Zylinder, der ebenfalls mit einer Glasscheibe abgedeckt ist, lässt man einen Tropfen Brom verdampfen. Danach werden beide Zylinder mit den Öffnungen aufeinander gestellt und die Glasscheiben herausgezogen. Beide Stoffe können sich nun vermischen. Beobachten Sie das Gemisch einige Zeit (Abb. 16-11).

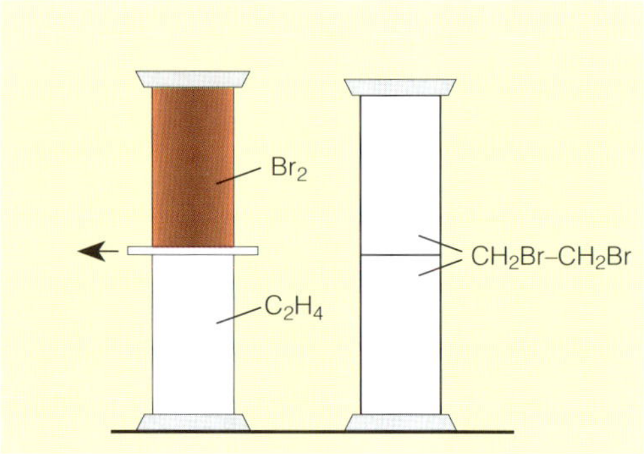

Abb. 16-11
Bromierung von Ethen

Charakteristisch für Alkene sind Additionsreaktionen an der π-Bindung. Sie können mit vielen Stoffen ablaufen und führen zu einer Vielzahl organischer Verbindungen.
In der Gasphase findet bei tieferer Temperatur die Addition als **radikalische Addition** (Radikalreaktion) statt, z. B. bei der Halogenierung. Sie verläuft mit Fluor sehr heftig, mit Chlor rascher als mit Brom.

Beispiel:
Bromierung von Ethen zu 1,2-Dibromethan

$$Br_2 \rightarrow 2\,Br\cdot$$
$$CH_2=CH_2 + Br\cdot \rightarrow \cdot CH_2-CH_2-Br$$
$$\cdot CH_2-CH_2-Br + Br\cdot \rightarrow Br-CH_2-CH_2-Br$$

Analog läuft die **Chlorierung** zu 1,2-Dichlorethan $Cl-CH_2-CH_2-Cl$ ab (Verwendung als Lösungsmittel).
Aus dieser Verbindung kann thermisch bei ca. 500 °C oder in NaOH-Lösung bei 150 °C Hydrogenchlorid abgespalten werde. Es entsteht Vinylchlorid für die Erzeugung von PVC-Kunststoff:

$$Cl-CH_2-CH_2-Cl \rightarrow CH_2=CH-Cl + HCl$$

Wenn Chlor oder Brom bei höherer Temperatur in der Gasphase auf Alkene der Zusammensetzung $R-CH=CH-CH_3$ einwirken, bleibt die Doppelbindung erhalten. Es erfolgt eine Substitution des Wasserstoffs an der Methylgruppe und es entstehen keine Dihalogenverbindungen:

$$H_3C-CH=CH_2 + Cl_2 \rightarrow \underset{\text{3-Chlorpropen, Allylchlorid}}{Cl-CH_2-CH=CH_2} + HCl$$

In flüssiger Phase oder mit polaren Stoffen entstehen dagegen keine Radikale. Die typischen Reaktionspartner der Alkene sind **„elektrophil“** (elektronenfreundlich, elektronensuchend). Sie lagern sich an eine π-Bindung an. Es entsteht eine positiv geladene, instabile Zwischenverbindung, an die sich ein negativ geladenes Teilchen addiert.

Beispiel:
Elektrophile **Hydrochlorierung** von Ethen zu Monochlorethan (Ethanchlorid)

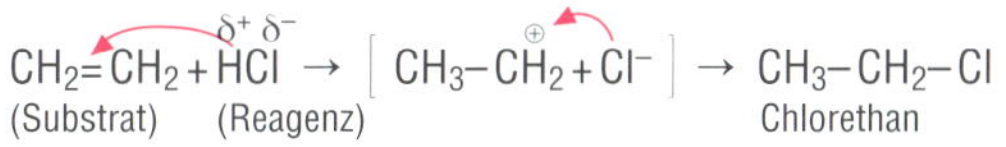

Noch leichter als HCl reagieren Brom- und Iodwasserstoff.

Durch die π-Bindung ist das Alken „kernsuchend" **nucleophil,** d. h., es reagiert zunächst mit einer positiven Ladung und danach mit einer negativen Ladung.

> Auf Grund der hohen Ladungsdichte der π-Bindung reagieren Alkene mit elektrophilen Stoffen in einer elektrophilen Addition. Bei Alkenen besteht eine große Affinität zu positiven Ladungen.

Weitere Reaktionen an Doppelbindungen sind:

Hydrieren von Alkenen zu Alkanen (Addition von Wasserstoff):

$$CH_2{=}CH_2 + H_2 \xrightarrow{(Ni)} CH_3{-}CH_3$$

Hydratisieren (elektrophiles Anlagern von Wasser) zu Alkanolen (Alkohole):

$$CH_2{=}CH_2 + H_2O \xrightarrow{(H^+)} CH_3{-}CH_2{-}OH$$

Polymerisation (griech. viel, Teilchen) z. B. von Ethen zu Polyethylen (Polyethen):

$$n\,CH_2{=}CH_2 \longrightarrow [\,CH_2{-}CH_2\,]_n$$

Die elektrophile Addition von konzentrierter Schwefelsäure an die Doppelbindung führt zu Alkanschwefelsäureestern, z. B. Ethylhydrogensulfat:

$CH_3{-}CH_2{-}OSO_3H$.

Bei der Anlagerung von Sauerstoff an Ethen am Silberkontakt entsteht Ethylenoxid (Oxiran):

$H_2C{-}CH_2$
 \ /
  O

Durch Ozon kann die Doppelbindung gespalten und Alkene in Alkanone (Ketone) und Alkanale (Aldehyde) überführt werden.

Analoge Reaktionen gehen auch bei höheren Alkenen vor sich.

Einige Alkene und ihre Verwendung

Ethen, Ethylen (C_2H_4)	farbloses, leicht süßlich riechendes, brennbares Gas; rußende, gelbe Flamme; Gewinnung endotherm durch Cracken von Benzin (Alkanen); Verarbeitung zu Ethanol, Ethylenoxid (Epoxid, Oxiran), Ethanol; Acetaldehyd), Styren (Styrol); Polyethylen (Polyethen) u. a.
Propen, Propylen (C_3H_6)	farbloses, geruchloses Gas; brennbar, rußende, gelbe Flamme; Gewinnung durch Cracken von Alkanen; Verarbeitung zu 2-Propanol, Propenoxid, Polypropylen (Polypropen), Acrylnitril, Polyacrylnitril u. a.
Buten, Butylen (C_4H_8)	schwach süßlich riechendes Gas; Flamme stark rußend, gelb; Gewinnung aus Crackgasen, Verarbeitung zu Butylkautschuk (Polyisobutylen), 2-Methyl-1,3-butadien für Isopren-Kautschuk; Kleb- und Dichtungsstoffen

Übersicht 16-5

16.1.4 Polyene

Polyene sind Kohlenwasserstoffe mit mehreren Doppelbindungen.

Diene besitzen zwei Doppelbindungen, die durch eine Einfachbindung getrennt sind. Man bezeichnet diese Anordnung der Bindungen als konjugierte Doppelbindung und Verbindungen dieser Art als **Dientyp.**

1,3-Butadien	$CH_2{=}CH{-}CH{=}CH_2$
1,3-Pentadien	$CH_2{=}CH{-}CH{=}CH{-}CH_3$
2-Methyl-1,3-butadien (Isopren)	$CH_2{=}C(CH_3){-}CH{=}CH_2$

Die genannten Alkene werden großtechnisch erzeugt und zu Synthesekautschuken polymerisiert. Isopren kommt als Naturkautschuk vor sowie als Baustein vieler Naturstoffe.

Beim **Diolefintyp** liegen die Doppelbindungen durch zwei oder mehr Einfachbindungen getrennt vor, es sind isolierte Doppelbindungen. Die einfachste Verbindung dieses Typs ist 1,4-Pentadien $CH_2{=}CH{-}CH_2{-}CH{=}CH_2$.

Benachbarte Doppelbindungen bezeichnet man als kumulierte Doppelbindungen (gehäuft). Verbindungen dieser Art gehören zum **Allentyp.** Allen $CH_2{=}C{=}CH_2$ als einfachste Verbindung ist gasförmig, unbeständig und polymerisiert leicht.

Auch Verbindungen mit mehr als zwei Doppelbindungen im Molekül sind bekannt wie z. B. in den Polybutadienen.

16.1.5 Alkine oder Acetylene

Aufbau der Alkine

Alkine sind ungesättigte Kohlenwasserstoffe mit Dreifachbindungen. Sie bilden eine homologe Reihe mit der Summenformel C_nH_{2n-2}.

Aufgabe Informieren Sie sich im Abschnitt 15.3 über den Bindungszustand der C≡C-Dreifachbindung, die sp-Hybridisation des Kohlenstoffs und die Lage der Bindungen!

Die Bezeichnungen der Alkine werden aus der Alkanstammsilbe und der Endung -in zusammengesetzt. Die Stellung der Dreifachbindung zwischen den Kohlenstoffatomen (vgl. Abb. 16-12) ergibt sich analog zu den Alkenen aus einer (oder mehreren) vorangestellten Ziffer(n).

	Alkinyl-Gruppen:
Ethin, Acetylen CH≡CH	Ethinyl- HC≡C–
Propin $CH≡C-CH_3$	1-Propinyl- $H_3C-C≡C-$
	2-Propinyl- $HC≡C-CH_2-$
1-Butin $CH≡C-CH_2-CH_3$	
2-Butin $CH_3-C≡C-CH_3$	

Ein Diin ist 1,3-Butadiin CH≡C–C≡CH.

Alkine können in unverzweigten, verzweigten und ringförmigen Molekülen vorkommen. Sie sind unpolar.

Abb. 16-12
Molekülmodelle von Ethin und Propin

Physikalische Eigenschaften der Alkine

Die Schmelz- und Siedetemperaturen der Alkine unterscheiden sich nicht erheblich von denen der Alkane und Alkene mit der gleichen Anzahl der C-Atome.
Alkine lösen sich in Alkohol, Ether sowie in flüssigen Alkanen und Alkenen, jedoch kaum in Wasser. Die Lage der Dreifachbindung beeinflusst recht deutlich die Werte für die physikalischen Konstanten wie Übersicht 16-6 zeigt. Ein weiterer Einfluss ergibt sich aus der Molekülgestalt.

Aufgabe Vergleichen Sie die Siedetemperaturen von 1-Pentin und 3-Methyl-1-butin sowie von 1-Hexin und 3,3-Dimethyl-1-butin.
Stellen Sie Beziehungen zu Molekülgestalt und zwischenmolekularen Kräften dar!

Übersicht 16-6 weist aus, dass bei Raumtemperatur nur Ethin, Propin und 1-Butin gasförmig vorkommen. Die folgenden Alkine sind flüssig und ab 15 C-Atomen fest.

Schmelz- und Siedetemperaturen von Alkinen

Name	Schmelztemperatur Fp. in °C	Siedetemperatur Kp. in °C	Dichte (flüssig) $g \cdot cm^{-3}$
Ethin	– 83,8	–81,5	0,618
Propin	–101,5	–23,5	0,672
1-Butin	–122,5	+ 8,6	0,668
1-Pentin	– 98	+40	0,695
1-Hexin	–124	+71	0,720
2-Butin	– 28	+27,2	0,694
2-Pentin	–101	+55,5	0,713
2-Hexin	– 92	+84	0,731
3 Methyl-1-butin		+28	0,665
3,3-Dimethyl-1-butin	– 81	+38	0,669

Übersicht 16-6

Chemische Eigenschaften der Alkine

1-Alkine haben sauren Charakter. Der Wasserstoff an einer endständigen Dreifachbindung (R–C≡CH) kann als Proton abgespalten werden. Man bezeichnet diese Eigenschaft als **CH-acid.** Nach dem pK_S-Wert des Ethins (22) ist dieses saurer als Ammoniak (35), aber weniger sauer als Wasser (16).

Die Salze, die sich in wässrigen Lösungen von Schwermetallsalzen (Silber, Kupfer) schwer löslich ausscheiden, werden Alkinylide oder Acetylide genannt. Sie sind im trockenen Zustand hochexplosiv. Der Kontakt von Ethin mit Silber oder Kupfer ist deshalb unbedingt zu vermeiden.

In ammoniakalischer wässriger Silbernitrat-Lösung ensteht beim Einleiten von Ethin Silberethinylid:

$$CH\equiv CH + [Ag(NH_3)_2]NO_3 \rightarrow CH\equiv\overset{\ominus}{C}\overset{\oplus}{Ag} + NH_4NO_3 + NH_3$$

Für das chemische Verhalten der Alkine sind Additionsreaktionen typisch. Trotz höherer Elektronendichte auf Grund der zwei π-Bindungen sind elektrophile Additionen schwerer möglich als bei Alkenen. Dieses Verhalten wird mit dem kürzeren Bindungsabstand begründet, der durch die Dreifachbindung zustande kommt (vgl. Übersicht 7.4.9). Die π-Elektronen sind deshalb stärker gebunden als bei Alkenen. Nur stärker polare Stoffe wie Halogenwasserstoffe können sich elektrophil addieren:

Elektrophile Addition von Hydrogenchlorid an ein Alkin R–C≡CH:

$$R-C\equiv CH + \overset{\delta+\delta-}{HCl} \rightarrow \left[R-CH=\overset{\oplus}{C}H + Cl^-\right] \rightarrow R-CH=CH-Cl$$

Alkine sind im Vergleich zu Alkenen weniger nucleophil („kernfreundlich", positive Ladungen „suchend"), sondern stärker elektrophil. Sie reagieren leichter mit negativ geladenen Teilchen eines Reagenz (nucleophiles Reagenz).

> Alkine neigen zu nucleophiler Addition eines Reaktionspartners. Sie haben eine höhere Affinität zu negativen Ladungen als zu positiven.

Dabei „verschiebt" das negative Teilchen bzw. der negative Pol eines Teilchens eine π-Bindung des Alkins. Beispielsweise reagiert Ethin mit einem Alkohol (ROH) über ein Zwischenstadium zu Vinylether:

1. Reaktionsschritt: (nucleophil)

$$HC\equiv CH + \underbrace{\overset{\delta-}{RO}-\overset{\delta+}{H}}_{\text{nucleophil}} \rightarrow \left[H\overset{\ominus}{C}=CH-OR\right] + H^+$$

2. Reaktionsschritt: (elektrophil)

$$\left[H\overset{\ominus}{C}=CH-OR\right] + H^+ \rightarrow \underbrace{H_2C=CH-OR}_{\text{Vinylether}}$$

Unter geeigneten Bedingungen führen die Additionsreaktionen somit zu Verbindungen mit C=C-Doppelbindungen, wie z. B. bei der großtechnischen Erzeugung von Vinylchlorid und anderen ungesättigten Verbindungen, die als Ausgangsstoffe für weitere organische Verbindungen große Bedeutung haben. Am bedeutungsvollsten ist als Edukt Ethin oder Acetylen.

Ethin

Ethin ist die wichtigste Verbindung mit Dreifachbindung. Es ist das einzige Alkin, das großtechnisch erzeugt und weiterverarbeitet wird.

Versuche

T+

Sehr giftig

R 12, R 23, S 23, S 39

1. Versetzen Sie in einem Reagenzglas einige Körner Calciumcarbid mit Wasser. (Vorsicht!) Geruchsprobe! Fangen Sie das entweichende Gas über ein Gasableitungsrohr pneumatisch, d. h. durch Wasserverdrängung, in einem Reagenzglas auf. Entzünden Sie das Gas! (Anmerkung: Im gefüllten Glas kann sich zusätzlich Luft befinden!)
2. Ein mit Ethin gefülltes, verschlossenes Reagenzglas wird in eine Schale getaucht, die mit Propanon gefüllt ist. Dann wird der Stopfen entfernt.
   Beobachtung?

R 23, S 23, S 39

3. Leiten Sie Ethin in Bromwasser. Beobachtung? Erklärung!

Die Herstellung aus Calciumcarbid und Wasser hat heute kaum noch Bedeutung:

$$CaC_2 + 2\,H_2O \rightarrow Ca(OH)_2 + CH\equiv CH$$

Calciumcarbid muss unter hohem Energieaufwand aus Koks (Kohle) und Calciumoxid (aus Kalkstein) im Elektroofen erzeugt werden. Es bildete zusammen mit dem daraus gewonnenen Ethin die Grundstoffe für die so genannte „Kohle-Chemie" oder „Acetylen-Chemie", die nach dem 1. Weltkrieg einsetzte und in den 30er Jahren durch WALTER REPPE (1892–1969) bei der Badischen Anilin- und Sodafabrik bahnbrechend entwickelt wurde (sog. „Reppe-Synthesen"). Aus Ethin synthetisierte man in verschiedenen Technologien unter Druck organische Verbindungen. Die chemische Großindustrie z. B. im Raum Ludwigshafen und in Mitteldeutschland verdankt ihre Entstehung der Kohlechemie und den Arbeiten REPPES sowie weiterer Forscher.

Die Hauptmenge des Ethins wird seit den 60er Jahren und dem stärkeren Einsatz von Erdöl und Erdgas aus Methan im elektrischen Lichtbogen erzeugt.

$$2\,CH_4 \rightarrow CH\equiv CH + 3\,H_2$$

Eine teilweise Oxidation von Methan (oder Leichtbenzin) führt ebenfalls zu Ethin:

$$4\,CH_4 + O_2 \xrightarrow{1500\,°C} CH{\equiv}CH + 2\,CO + 7\,H_2$$

Da Ethin eine stark endotherme, metastabile Verbindung ist und beim Erhitzen in Kohlenstoff und Wasserstoff zerfällt, muss das Reaktionsgemisch in beiden Fällen sofort in Wasser abgeschreckt werden.

Ethin ist gasförmig und riecht in reinem Zustand nicht unangenehm. Bei der Herstellung aus Calciumcarbid erhält es durch Verunreinigungen mit Phosphorwasserstoff PH_3 einen widerlichen, knoblauchartigen Geruch.

Bei Raumtemperatur neigt Ethin zu explosionsartigem Zerfall, wenn es komprimiert wird. Stahlflaschen für die Bereitstellung von Acetylen werden deshalb mit Kieselgur (SiO_2-Schalen von Kieselalgen) und Propanon (Aceton) gefüllt, in dem sich Ethin sehr gut löst. In dieser Lösung ist es weniger reaktionsfähig. Acetylenflaschen sind durch gelben Anstrich besonders gekennzeichnet.

Wegen der hohen Flammentemperatur von bis zu 2700 °C dient Ethin als Brenngas für das Gasschmelzschweißen und Trennschneiden von Stahl.

Bei der Verbrennung von 1 Mol Ethin werden 1306 kJ an Verbrennungswärme frei.

Gemische aus Ethin und Luft sind in einem weiten Mischungsbereich von 3 bis 70 % Ethin-Gehalt explosiv.

Reaktionen

Wichtige Reaktionen des Ethins dienen zur Erzeugung von organischen Grundchemikalien.

Beispiele:

Hydrierung

$$CH{\equiv}CH + H_2 \xrightarrow{Ni,\,Pt,\,Pd} CH_2 = CH_2$$

Ethen

Bromierung

$$CH{\equiv}CH + Br_2 \xrightarrow{FeCl_3} BrCH{=}CHBr$$

1,2-Dibromethen

Chlorierung

$$CH{\equiv}CH + 2\,Cl_2 \longrightarrow Cl_2{-}CH{-}CH{-}Cl_2$$

1,1,2,2-Tetrachlorethan

Hydrohalogenierung

$$CH{\equiv}CH + HCl \longrightarrow CH_2{=}CHCl$$

Vinylchlorid (→ Kunststoffe)

$$CH{\equiv}CH + 2\,HCl \xrightarrow{T} CH_2Cl{-}CH_2Cl$$

1,2-Dichlorethan

Vinylierung mit Alkohol (Reppe-Synthese)

$$CH{\equiv}CH + ROH \xrightarrow[\text{(alkalisch)}]{120\text{–}180\,°C,\ 1\text{–}15\,bar} CH_2{=}CH{-}O{-}R$$

Vinylether (→ Kunststoff)

Vinylierung mit Carbonsäure (Reppe-Synthese)

$$CH{\equiv}CH + RCOOH \xrightarrow{HgSO_4,\,80\,°C} CH_2{=}CH{-}OOR$$

Vinylester (→ Kunststoff)

Hydrocyanierung mit Cyanwasserstoff

$$CH{\equiv}CH + HCN \xrightarrow{CuCl,\,70\,°C} CH_2{=}CH{-}CN$$

Acrylnitril (→ Kunststoff und Fasern)

Cyclisierung zu Benzen

$$3\,CH{\equiv}CH \xrightarrow{Ni,\,Co,\,70\,°C} C_6H_6$$

Benzen

Isomerisierung (Umlagerung) von 1-Alkinen in 2-Alkine

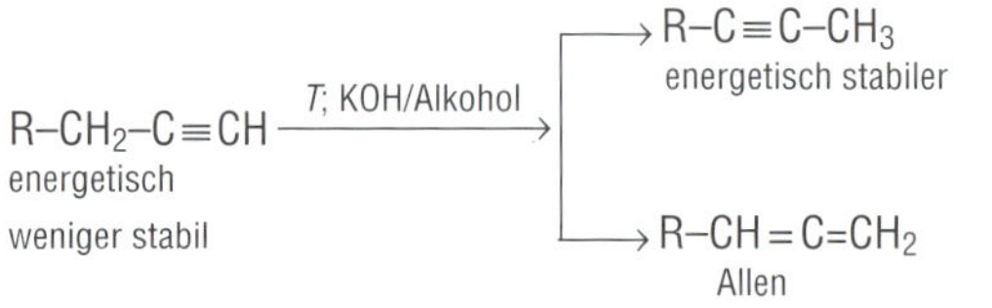

Die Addition von Wasser erfolgt unter Einfluss von Schwefelsäure und Quecksilbersulfat. Als Zwischenstufe entsteht der instabile Vinylalkohol, der sich durch innermolekulare Protonenwanderung in das stabile isomere Ethanal oder Acetaldehyd umwandelt:

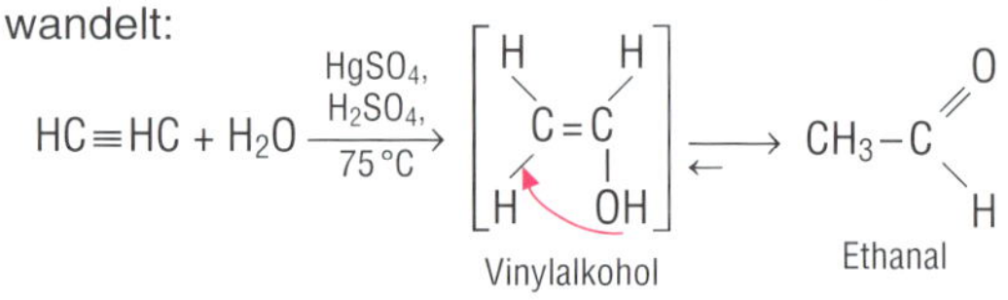

Vinylalkohol ist ein Enol und Ethanal eine Oxo-Verbindung. Sie werden als **Tautomere** bezeichnet.

Tautomere sind Isomere, die sich durch Wasserstoffverschiebung im Molekül unter Lösen und Neubilden von Bindungen ineinander umwandeln. Im speziellen Fall wird der Vorgang als **Oxo-Enol-Tautomerie** bezeichnet.

16.1.6 Alicyclische Verbindungen – Cycloalkane oder Naphthene

Cyclische Kohlenwasserstoffe bestehen aus ringförmigen Molekülen. Die gesättigten Verbindungen mit der allgemeinen Summenformel C_nH_{2n} werden **Cycloalkane** oder **Naphthene** genannt (Abb. 16-13). Sie kommen in manchen Erdölen vor (russ. Naphta, Erdöl). Man verwendet sie als Lösungsmittel für andere organische Stoffe und als Ausgangsstoffe für Farben, Kunststoffe, Pflanzenschutzmittel.

Cyclohexan kommt in den zwei isomeren Formen, als Sessel- und bei höheren Temperaturen vor allem als Wannenform, vor (vgl. Abb. 16-7).

Weitere alicyclische gesättigte Kohlenwasserstoffe sind beispielsweise:

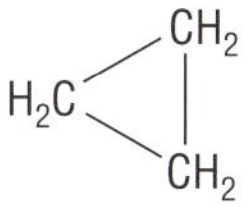

Cyclopropan

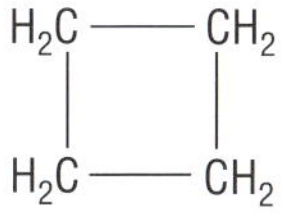

Cyclobutan

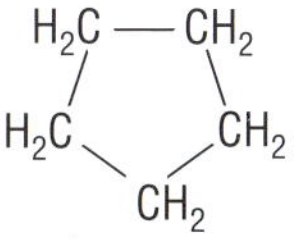

Cyclopentan

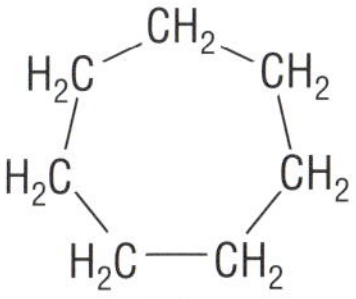

Cycloheptan

In den Ringen können auch Doppelbindungen vorkommen, z. B.:

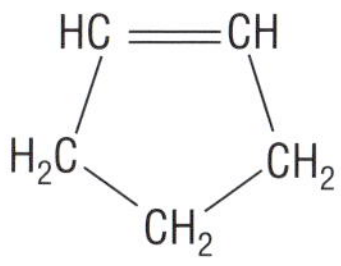

Cyclopenten

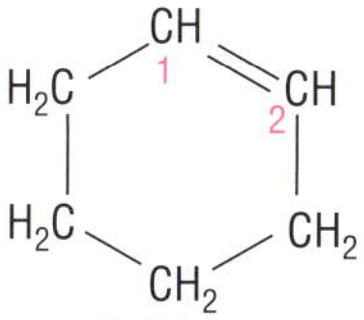

Cyclohexen

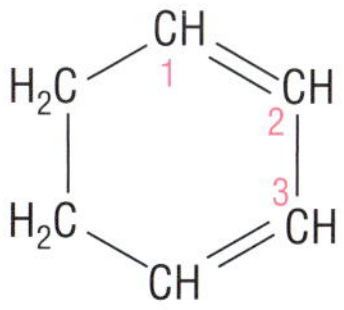

1.3-Cyclohexadien

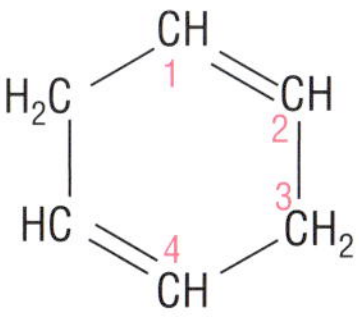

1.4-Cyclohexadien

Drei- und Vierringe sind instabil und reaktiv, am stabilsten sind Cyclopentan und Cyclohexan, die als Lösungsmittel verwendet werden. Cyclohexan, Cyclohexen und Cyclohexadiene (mit zwei Doppelbindungen) kommen in wichtigen Naturstoffen, z. B. in Terpenen und Steroiden vor.

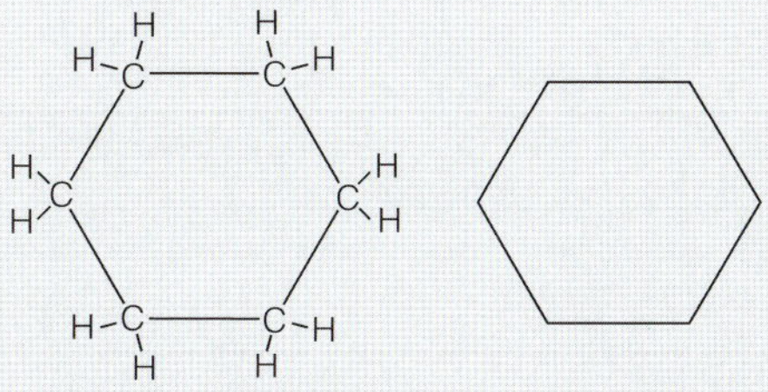

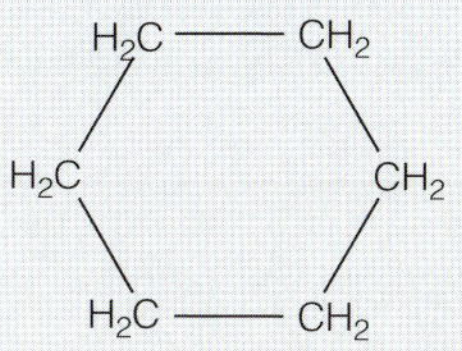

Abb. 16-13
Verschiedene Möglichkeiten der Strukturdarstellung von Cyclohexan C_6H_{12}

Cycloalkane

Name	Schmelz-temperatur °C	Siede-temperatur °C
Cyclopropan	–127	–33
Cyclobutan	– 80	13
Cyclopentan	– 94	49
Cyclohexan	6,5	81

Übersicht 16-7

16.1.7 Aufgaben zur Wiederholung von Kapitel 15 und Abschnitt 16.1

Aufgaben

1. Womit beschäftigen sich anorganische und organische Chemie?
2. Warum ist die tetraedrische Anordnung von einfach gebundenen Atomen der Bindungspartner für gesättigte Kohlenstoffverbindungen typisch? Beziehen Sie in die Antwort die Hybridisation mit ein!
3. Charakterisieren Sie die sp^3-, sp^2 und sp-Hybridisation sowie die davon abhängigen Bindungen in Methan, Ethen und Ethin!
4. Erläutern Sie die Begriffe Substitution, Addition, Eliminierung sowie Hydrierung, Hydratation, Dehydrierung, Dehydratation, Halogenierung, Chlorierung, Bromierung, Nitrierung, Pyrolyse!
5. Was versteht man unter einem Radikal?
6. Vergleichen Sie die physikalischen Eigenschaften zwischen den homologen Reihen der Alkane, Alkene und Alkine! Formulieren Sie die Ergebnisse Ihres Vergleichs in Merksätzen!
7. Warum sind niedere Alkane, Alkene und Alkine bei Raumtemperatur gasförmig bzw. flüssig? In welcher Weise beeinflusst die Molekülgestalt die physikalischen Eigenschaften?
8. Begründen Sie, warum Alkane reaktionsträge sind, Alkene dagegen leicht elektrophile Additionen eingehen. Warum sind Alkine elektrophil und gehen nucleophile Additionen leichter ein?
9. Wie verläuft eine radikalische Addition an einem Alkan und im Vergleich dazu an einem Alken?
10. Erläutern Sie den Begriff Isomerie und die verschiedenen Möglichkeiten der Isomerie an geeigneten Beispielen!

11. Warum lassen sich Konformationsisomere nicht durch Destillation trennen, dagegen cis-trans-Isomere (Z/E-Isomere) ohne Schwierigkeit?
12. Durch welche Reaktionen können Alkene dargestellt werden?
13. Wie verläuft die elektrophile Addition an einem Alken? Welche Voraussetzungen muss das Reagenz aufweisen?
14. Wie verläuft eine nucleophile Addition an einem Alkin? Welche Voraussetzungen muss das Reagenz aufweisen?
15. Wie unterscheiden sich die chemischen Eigenschaften der Alkene von denen der Alkine?
16. Warum sind Alkane, Alkene und Alkine hydrophob bzw. lipophil?
17. Erläutern Sie, welche Bedeutung Alkene und Alkine als Ausgangsstoffe für die industrielle Erzeugung von Grundchemikalien haben!

16.2 Derivate aliphatischer Kohlenwasserstoffe

16.2.1 Halogenverbindungen der Kohlenwasserstoffe

Die kettenförmigen Halogenkohlenwasserstoffe enthalten Halogenatome als Substituenten.

Die rationelle Nomenklatur der **Halogenkohlenwasserstoffe** ergibt sich aus dem Halogennamen als Vorsilbe und dem Alkan (bzw. dem Alken oder Alkin), z. B. CH_3Br Brommethan.
Bei mehrfach halogenierten Verbindungen wird die Stellung der Substituenten durch arabische Zahlen und die Anzahl durch griechische Zahlwörter angegeben, z. B. 1,2-Dibromethan $Br{-}CH_2{-}CH_2{-}Br$.
Gebräuchlich sind auch Namen, die aus dem Halogen und der Alkyl- oder Alkenylgruppe gebildet werden (vgl. Übersicht 16-8).

Darstellung

1. Halogenalkane können stufenweise durch **radikalische Chlorierung** bzw. Bromierung von Alkanen bei höherer Temperatur und unter Einfluss von UV-Licht (λ < 400 nm) dargestellt werden:

$$CH_4 \xrightarrow[-HCl]{+Cl_2} CH_3Cl \xrightarrow[-HCl]{+Cl_2} CH_2Cl_2 \xrightarrow[-HCl]{+Cl_2} CHCl_3 \xrightarrow[-HCl]{+Cl_2} CCl_4$$

Methan, Monochlormethan, Dichlormethan, Trichlormethan, Tetrachlormethan

2. Halogenwasserstoff (HCl, HBr, HI) addiert sich elektrophil an die π-Bindung der Alkene (vgl. Abschnitt 15.5):

$$CH_2{=}CH_2 + H\overset{\delta^+}{}Cl \rightarrow CH_3{-}CH_2{-}Cl$$

Ethen → Monochlorethan, Ethylchlorid

3. Die elektrophile Addition von Halogenen (Cl_2, Br_2) an die π-Bindung der Alkene bei niedriger Temperatur oder radikalische Addition bei höherer Temperatur liefert Dihalogenalkane:

$$CH_2{=}CH_2 + Cl_2 \rightarrow CH_2Cl{-}CH_2Cl$$

1,2-Dichlorethan

Versuch

T+

Sehr giftig

Lösen Sie einen Tropfen Styren (Styrol) in Tetrachlormethan, und versetzen Sie die Lösung unter dem Abzug tropfenweise mit einer Lösung von Brom in Tetrachlormethan!
Beobachtung?
R 23, R 51, S 23 –26, S 29

4. Die Hydroxy-Gruppe von Alkohol kann durch Halogenwasserstoff (HCl, HBr, HI) nucleophil substituiert werden.

$$\overset{\delta^+}{R}{-}O\overset{\delta^-}{H} + HX \rightarrow R{-}X + H_2O$$

5. Halogenalkene werden aus Alkinen und Halogenwasserstoff oder durch thermische Abspaltung von Halogenwasserstoff aus Dihalogenalkanen erzeugt:

$$CH{\equiv}CH + HCl \qquad CH_2{=}CHCl$$

Monochlorethen, Vinylchlorid

$$Cl{-}CH_2{-}CH_2{-}Cl \xrightarrow{T/NaOH} CH_2{=}CHCl + HCl$$

6. Diene, z. B. Butadien, addieren Halogene sowie Halogenwasserstoffe elektrophil:
   a) bei tiefer Temperatur entstehen vorzugsweise 1,2-Additionsverbindungen,
   b) bei höherer Temperatur bilden sich vorrangig 1,4-Additionsprodukte:

$$H_2C{=}CH{-}CH{=}CH_2 \xrightarrow{+HX} H_3C{-}CHX{-}CH{=}CH_2$$
$$H_2C{=}CH{-}CH{=}CH_2 \xrightarrow{+HX} H_3C{-}CH{=}CH{-}CH_2{-}X$$

Reaktionen

Fluor reagiert stark exotherm und unkontrolliert mit Alkanen, am einfachsten steuerbar sind die Chlorierung und Bromierung.

Nucleophile Substitution und Eliminierung von Halogenatomen sind typische Reaktionen der Halogenalkane.

Beide Reaktionstypen können auch nebeneinander ablaufen:

$$CH_3{-}CH_2{-}\overset{\delta^-}{Br} \xrightarrow{+NaOH} \begin{cases} \text{a)} \rightarrow CH_3{-}CH_2{-}OH + NaBr & \text{Ethanol, Ethylalkohol (Substitution)} \\ \text{b)} \rightarrow CH_2{=}CH_2 + H_2O + NaBr & \text{(Eliminierung)} \end{cases}$$

Das Halogen ist in den halogenierten Kohlenwasserstoffen polar gebunden. Es kann als schwach basisches Anion $X^{\ominus}$ durch ein stärkeres nucleophiles Reagenz, das ein freies Elektronenpaar besitzt (LEWIS-Base) – wie in dem Fall a) durch das $OH^{\ominus}$-Ion – ersetzt werden. Die Kohlenwasserstoff-Gruppe bindet sich mit dem nucleophilen Partner $OH^{\ominus}$ zu Ethanol $CH_3{-}CH_2{-}OH$ (oder C_2H_5OH).

Die Übertragung einer Alkyl-Gruppe bezeichnet man als **Alkylierung** und die von CH_3– oder $CH_3{-}CH_2$– als **Methylierung** oder **Ethylierung.** Besonders geeignet als **Alkylierungsmittel** sind Iodalkane, z. B. Iodmethan CH_3I als **Methylierungsmittel,** z. B.

$$\overset{\delta^+}{CH_3I} + \overset{\delta^-}{\bar{N}H_3} \rightarrow CH_3NH_2 + HI$$
Aminomethan, Methylamin (Methylierung, Substitution)

$$\overset{\delta^+}{R{-}I} + \overset{\delta^-}{Na\bar{N}O_2} \rightarrow R{-}NO_2 + NaI$$
Nitroalkan (Alkylierung)

Versuche

T+

Sehr giftig

1. Führen Sie mit flüssigen Chlorkohlenwasserstoffen (Auswahl s. Übersicht 16-8) Lösetests mit Mineralöl, Pflanzenöl, tierischen Fetten, verschiedenen Kunststoffen durch (evtl. schwach erwärmen; Abzug!)
R 23, R 51, R 59, S 23
2. Weisen Sie Chlor mithilfe der BEILSTEIN-Probe nach, indem Sie einen ausgeglühten Kupferdraht in Salzsäure und anschließend in die heiße Bunsenbrenner-Flamme tauchen. Beobachtung?
R 23, R 51, R 59, S 23

Chlorierte und fluorierte Kohlenwasserstoffe (CKW, FCKW)

Name, Trivialname	Formel	Eigenschaften	Verwendung
Monochlormethan, Methylchlorid	CH_3Cl	gasförmig, farblos, Siedetemperatur –23,8 °C, unlöslich in Wasser, löslich in Alkohol, süßlicher Geruch	Kühlmittel in Kältemaschinen, Erzeugung von Silikonen, Ausgangsstoff für andere organische Verbindungen
Dichlormethan, Methylenchlorid	CH_2Cl_2	flüssig, farblos, Siedetemperatur 39,9 °C, unlöslich in Wasser, löslich in Alkohol, süßlicher Geruch	Lösungsmittel für Öle, Fette, PVC-Kleber, Abbeizer, Celluloseacetat
Trichlormethan, Chloroform	$CHCl_3$	flüssig, farblos, Siedetemperatur 61,2 °C; süßlicher Geruch	Lösungsmittel für Öle, Fette, Harze; Narkosemittel
Tetrachlormethan, Tetrachlorkohlenstoff	CCl_4	flüssig, farblos, Siedetemperatur 76,7 °C, nicht brennbar; giftig: Leber und Nieren schädigend	Lösungsmittel für Öle, Fette, Harze; Feuerlöschmittel für Öl- und Benzinbrände (Vorsicht! Hochgiftiges Phosgen Cl–CO–Cl kann entstehen!)
Monochlorethan, Ethylchlorid	$CH_3{-}CH_2{-}Cl$	Siedetemperatur 12,3 °C	für lokale Vereisung bei kleinen Operationen und in der Zahnmedizin
Trichlorethylen, Trichlorethen	$CHCl{=}CCl_2$	flüssig, farblos, Siedetemperatur 87,2 °C, nicht brennbar	Lösungsmittel für Öle, Fette, Harze
Monochlorethen, Vinylchlorid	$CH_2{=}CHCl$	gasförmig, brennbar, mit Luft explosiv	Erzeugung von Polyvinylchlorid (PVC)
Tetrafluorethen, Tetrafluorethylen	$CF_2{=}CF_2$	gasförmig, Siedetemperatur –40,8 °C	Erzeugung von Polytetrafluorethylen (PTFE)
Fluorchlorkohlenwasserstoffe, FCKW	CF_2Cl_2, $CClF_3$ u. a.	gasförmig, Siedetemperatur –29,8 °C; leicht verflüssigbar, chemisch resistent, Ozon zerstörend	Erzeugung und Verwendung wegen Klimaschädigung eingeschränkt

Übersicht 16-8

Wichtige Alkylierungsmittel sind organische Magnesium-Verbindungen RMgX (**Grignard-Verbindungen**; vgl. Abschnitt 16.2.7).

Halogenalkane sind in organischen Lösungsmitteln löslich. Mit zunehmender Anzahl von Halogenatomen steigen bei gleich bleibender Zahl der C-Atome Schmelz-, Siedetemperatur und Dichte (Übersicht 16-7). Bei gleicher Kohlenstoffzahl sind Chloride flüchtiger als Bromide und Iodide. Außer als Lösungsmittel sind Halogenalkane als Alkylierungsmittel von Bedeutung.

Halogenalkane lösen sich nicht in Wasser, jedoch in vielen organischen Verbindungen. Die Moleküle sind polar, bei unsymmetrischer Struktur besitzen sie ein Dipolmoment.

Über 400 000 t halogenierte Kohlenwasserstoffe werden jährlich in der Bundesrepublik Deutschland verbraucht, davon etwa 200 000 t als Lösungsmittel. Ein größerer Teil davon wird nicht zurückgewonnen, entweicht durch Verdunsten und vergiftet die Luft. Die Halogenkohlenwasserstoffe sind am Treibhauseffekt bzw. an der Ozonzerstörung beteiligt. Sie wirken auf die Atemwege und das Nervensystem gesundheitsschädlich. Viele **Chlorkohlenwasserstoffe** (CKW) gelten als verdächtig, Krebs zu erregen. Sie entfetten die Haut und dringen auch durch die Haut über das Unterhautfettgewebe in den Körper ein. In der Leber können sie gespeichert werden. Bei ihrer Verwendung muss für gute Entlüftung gesorgt werden. Hautkontakt ist zu vermeiden. Chlorkohlenwasserstoffe können mit Natrium und Kalium explosiv reagieren. **Fluorchlorkohlenwasserstoffe** (FCKW) werden in der BRD wegen ihrer Ozon zerstörenden Wirkung nicht mehr als Treibgas, Kühlmittel u. dgl. angewendet.

16.2.2 Nitroalkane

Nitroalkane besitzen als funktionelle Gruppe die Nitro-Gruppe $-NO_2$.

Die **Nitroalkane** werden durch die Vorsilbe Nitro- und das entsprechende Alkan benannt, z. B. $CH_3-CH_2-NO_2$ Nitroethan. Man unterscheidet primäre, sekundäre und tertiäre Nitroalkane, je nachdem ob das C-Atom mit der funktionellen Gruppe nur mit ein oder zwei bzw. drei weiteren C-Atomen verbunden ist:

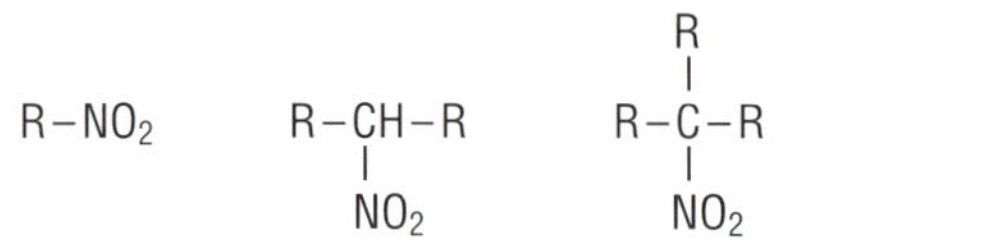

primäres sekundäres tertiäres Nitroalkan

Aufgabe

Stellen Sie die Strukturformel von 1-Nitropropan, 2-Nitrobutan und 2-Nitro-2-methylpentan auf! Wie lautet der Name der Verbindung $CH_3-CH(NO_2)-CH_3$?

Darstellung

1. Niedermolekulare Nitroalkane werden bei höherer Temperatur aus Alkanen durch Nitrierung mittels Salpetersäure erzeugt:

$$R-H + HNO_3 \xrightarrow{400\,°C} R-NO_2 + H_2O$$

2. Auch die Reaktion von Alkylbromid mit Natriumnitrit führt zu Nitroalkanen:

$$R-Br + NaNO_2 \longrightarrow R-NO_2 + NaBr$$

Reaktionen

1. Nitroalkane können mit atomarem Wasserstoff [H] (durch Katalysatoren angeregt oder nascierend, d. h. im Zustand der Entstehung) zu Aminen reduziert werden:

$$R-NO_2 + 6\,[H] \rightarrow R-NH_2 + 2\,H_2O$$

2. Nitroalkane werden durch starke Säuren gespalten:

$$\underset{\text{1-Nitropropan}}{H_3C-CH_2-CH_2-NO_2} + H_2O \xrightarrow{(H^{\oplus})} \underset{\text{Propionsäure}}{H_3C-CH_2-COOH} + \underset{\text{Hydroxylamin}}{NH_2-OH}$$

Bei primären und sekundären Nitroalkanen werden CH-Bindungen am C-Atom, das der NO_2-Gruppe benachbart ist, durch die stark polare Nitro-Gruppe beeinflusst, d. h., der Wasserstoff wird positiv polarisiert und kann leicht als Proton abgespalten werden. Es handelt sich um **CH-acide** Verbindungen, die mit Basen reagieren können.

Als Element der 2. Periode kann Stickstoff maximal vier Bindungen ausbilden. Die **Nitro-Gruppe** $-NO_2$ wird deshalb durch zwei so genannte **mesomere Strukturformeln,** die der Vierbindigkeit Rechnung tragen, beschrieben: Unter **Mesomerie** („zwischen den Teilchen") oder **Resonanz** versteht man, dass sich der reale Bindungszustand eines Stoffes zwischen Grenzstrukturen, die durch zwei (oder mehr) Grenzformeln beschrieben werden, befindet (Symbol: Doppelpfeil ↔).

$R-NO_2$ bzw.

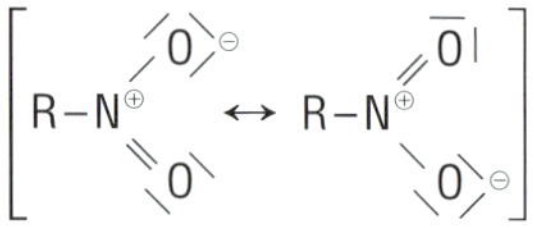

Nitroverbindungen benutzt man als Lösungsmittel für Nitro- und Acetylcellulose, Polystyrol, Polyacrylnitril und andere Kunststoffe. Die Reduktion von Nitroalkanen führt zu Aminen $R-NH_2$.

16.2.3 Amine

Primäre Amine enthalten die Amino-Gruppe NH_2 als funktionelle Gruppe am Molekülende. Weiterhin gibt es sekundäre und tertiäre Amine und aus tertiären Aminen gebildete Ammonium-Salze (sog. quartäre Salze), je nachdem wie viele Alkyl-Gruppen am Stickstoff gebunden sind.

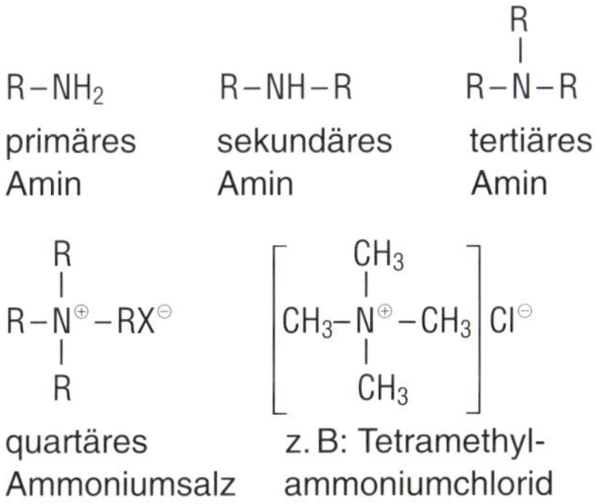

Primäre Amine werden durch die Vorsilbe Amino- und das entsprechende Alkan oder mittels Alkyl-Gruppe und der Nachsilbe -amin bezeichnet, z. B. CH_3NH_2 Aminomethan, Methylamin. Bei sekundären und tertiären Aminen wird die Anzahl der Alkylgruppen angegeben, z. B. $CH_3-NH-CH_3$ Dimethylamin, $CH_3-N(CH_3)-CH_3$ Trimethylamin.
Die Gruppierung =NH wird als Imino-Gruppe bezeichnet.

Darstellung

Amine können z. B aus Nitroalkanen und Halogenalkanen synthetisiert werden.

1. Die Reduktion von primärem Nitroalkan mithilfe von katalytisch angeregtem Wasserstoff [H] (nascierender Wasserstoff) führt zu primärem Amin:

$$R-NO_2 + 6\,[H] \xrightarrow{Zn/HCl} R-NH_2 + 2\,H_2O$$

2. Die Reaktion von Halogenalkan und Ammoniak oder von Amin mit Halogenalkan, z. B. Alkyliodid R–I liefert durch Substitution als Gemisch primäre, sekundäre, tertiäre Amine und quartäres Tetraalkylammoniumsalz. Das Gemisch wird durch stufenweise (fraktionierte) Destillation getrennt. Amine können als Substitutionsprodukte des Ammoniaks aufgefasst werden:

$$\overset{\delta+}{R-I} + \overset{\delta-}{\bar{N}H_3} \longrightarrow \underset{\text{primäres Amin}}{R-NH_2} + HI$$

$$R-\overset{\delta-}{\bar{N}}H_2 + \overset{\delta+}{R-I} \longrightarrow \underset{\text{sekundäres Amin}}{R-NH-R} + HI$$

$$R-\overset{\delta-}{\bar{N}}H-R + \overset{\delta+}{R-I} \longrightarrow \underset{\text{tertiäres Amin}}{R_3N} + HI$$

$$R_3\overset{\delta-}{\bar{N}} + \overset{\delta+}{R-I} \longrightarrow \underset{\text{Tetraalkylammoniumiodid}}{R_4N^{\oplus}\,I^{\ominus}}$$

Aufgabe

Beschreiben Sie die Art der Substitution bei den genannten Reaktionen.

3. Aldehyde und Ketone reagieren mit Ammoniak über eine SCHIFF'sche Base (mit Imino-Gruppe) als Zwischenverbindung zu sekundären Aminen, z. B.

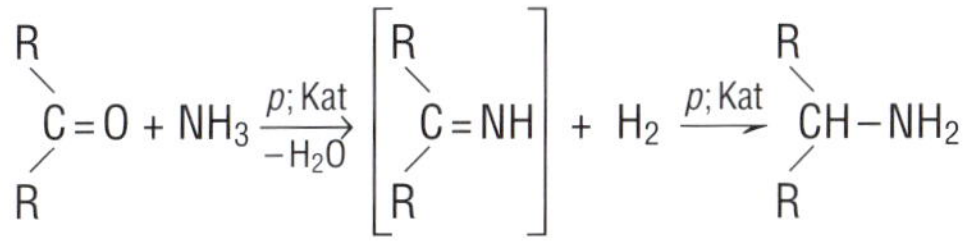

SCHIFF'sche Base

4. Methylamine werden technisch aus Methanol und Ammoniak mit Al_2O_3-Katalysator bei 1,5 Mpa und 450 °C gewonnen (Trennung des Mono-, Di- und Trimethylamin durch Druckdestillation; Verwendung als organische Neutralisations- und Gasabsorptionsmittel; Ausgangsstoffe für viele organische Verbindungen z. B. für Gerbstoffe, Waschmittel).

Methyl- und **Ethylamin** sind gasförmig, höhere Amine sind flüssig bis fest. Der Geruch erinnert an Ammoniak bzw. Seefische. Sekundäre Amine bilden mit Nitriten (z. B. in Pökelsalzen enthalten) **Nitrosamine** R_2N-NO, die meist giftig und Krebs erregend sind.

Tertiäre Amine mit drei verschiedenen Alkyl-Gruppen R_1, R_2 und R_3 wie z. B. Methylethylisopropylamin bilden spiegelbildliche Moleküle, sog. Spiegelbild-Isomere oder **Enantiomere.** Die Moleküle sind nicht zur Deckung zu bringen.

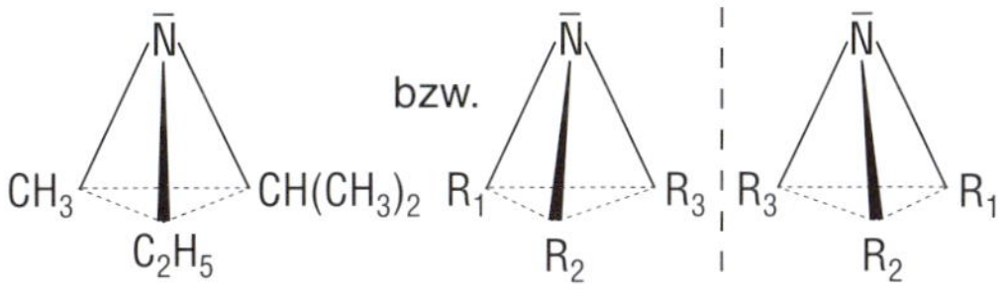

Solche Verbindungen sind optisch aktiv: Sie drehen bei Durchgang des polarisierten Lichts dessen Schwingungsebene um einen bestimmten Drehwinkel (Näheres zu optischer Aktivität vgl. Abschnitt 16.2.4). Die Enantiomere der tertiären Amine wandeln sich mit niedriger Aktivierungsenergie meist schon bei Raumtemperatur ineinander um.

Reaktionen

> Typische Reaktionen von Aminen sind Säure-Base-Reaktionen und Substitutionen.

1. Niedermolekulare Amine sind wasserlöslich. Sie reagieren basisch. Die Anlagerung eines Protons an das freie Elektronenpaar des Stickstoffs führt in einer Säure-Base-Reaktion zu einem Ammoniumsalz, z. B.

   $$(CH_3)_3\bar{N} + HCl \rightleftarrows (CH_3)_3{-}NH^{\oplus}\,Cl^{\ominus}$$

   Trimethylamin → Trimethylammoniumchlorid

   Durch starke Basen, z. B. NaOH, bildet sich das Amin zurück.
   Die Basenstärke wird durch die Anzahl der Substituenten beeinflusst: Sie ist bei prim. Aminen am stärksten und bei tertiären am schwächsten.

2. In Wasser läuft eine Protolyse ab, wodurch die Amin-Lösung alkalisch reagiert:

   $$R{-}\bar{N}H_2 + H_2O \rightarrow R{-}NH_3^{\oplus} + OH^{\ominus}$$

   Methylamin $H_3C{-}NH_2$, Dimethylamin und Trimethylamin sind stärker basisch als Ammoniak, aber schwächer als NaOH.

3. Höhere Tetraalkylammonium-hydroxide spalten sich beim Erhitzen in Wasser in ein tertiäres Amin und Alken (HOFMANN-Eliminierung), z. B.:

   $$H_3C{-}\overset{\overset{\large H_3C}{|}\oplus}{\underset{\underset{\large CH_3}{|}}{N}}{-}CH_2{-}CH_3OH^{\ominus} \rightarrow N(CH_3)_3 + H_2C{=}CH_2 + H_2O$$

   Trimethylethyl-ammonium-hydroxid → Trimethyl-amin, Ethen

4. Mit Salpetriger Säure entstehen aus primären Aminen instabile Diazonium-Salze, die sofort zerfallen:

   $$R{-}NH_2 + HO{-}NO \xrightarrow[-2\,H_2O]{+HX} [R{-}N{\equiv}N]^{\oplus}X^{\ominus} \xrightarrow[-HX]{+H_2O} N_2 + R{-}OH$$

5. Mit sekundären Aminen bildet Salpetrige Säure Nitrosamine, die wieder zu sekundären Aminen reduziert werden können:

   $$R_2NH + HO{-}NO \rightarrow R_2N{-}NO + H_2O$$

Die zweiwertigen Diamine **Ethylendiamin** $H_2N{-}CH_2{-}CH_2{-}NH_2$ und **Hexamethylendiamin** $H_2N{-}(CH_2)_6{-}NH_2$ (für Polyamide) sind ebenfalls wasserlöslich, basisch und reagieren gleichartig wie primäre einwertige Amine.

Biochemisch wichtige aliphatische Amine sind Neurin, Acetylcholin (Nervenzellen, -bahnen) und Cholin (Bestandteile des Lecithins, in Zellmembranen).

Einige aliphatische Monamine und Diamine

Name	Fp. in °C	Kp. in °C	Löslichkeit in g/100 g H_2O
Methylamin	–92	–7,5	unbegrenzt
Dimethylamin	–96	7,5	unbegrenzt
Trimethylamin	–112	3	ca. 90
Ethylamin	–80	17	unbegrenzt
Diethylamin	–39	55	gut löslich
Triethylamin	–115	89	14
Ethylendiamin	8,5	117	löslich
Hexamethylendiamin	39	196	löslich

Übersicht 16-9

16.2.4 Alkanole oder Alkohole

> Einwertige Alkanole besitzen als funktionelle Gruppe eine, mehrwertige mehrere OH- bzw. Hydroxy-Gruppen.

Zur Bezeichnung wird an die Namen der entsprechenden Alkane die Endung -ol oder an die entsprechenden Alkyl-Gruppen die Endung -alkohol angehängt, z. B. $CH_3{-}CH_2{-}OH$ Ethanol oder Ethylalkohol. Bei primären Alkoholen ist die Hydroxy-Gruppe am Molekülende gebunden, bei sekundären und bei tertiären Alkoholen ist das C-Atom mit der Hydroxy-Gruppe mit zwei bzw. drei C-Atomen verbunden:

$$R{-}OH \qquad R{-}\underset{\underset{\large OH}{|}}{CH}{-}R \qquad R{-}\overset{\overset{\large R}{|}}{\underset{\underset{\large OH}{|}}{C}}{-}R$$

primärer sekundärer tertiärer Alkohol

Beispiele:

$CH_3{-}CH(OH){-}CH_3$ Isopropanol, 2-Propanol, *sek.* Propylalkohol

$CH_3{-}CH(OH){-}CH_2{-}CH_3$ 2-Butanol, *sek.* Butylalkohol

$CH_3{-}\overset{\overset{\large CH_3}{|}}{C}(OH){-}CH_3$ oder $(CH_3)_3C{-}OH$ *tert.* Butylalkohol

Niedere Alkohole sind farblose Flüssigkeiten, höhermolekulare ölig fließende bis feste Stoffe. Durch den Sauerstoff sind sie polar. Niedermolekulare Alkanole sind wasserlöslich und bilden Wasserstoff-Brücken aus. Mit zunehmender Kettenlänge werden sie **hydrophob** („wasserfeindlich“, in Wasser unlöslich) bzw. **lipophil** („fettfreundlich“, fettlöslich; vgl. Übersicht 16-10).

Darstellung

1. Methanol wird in großen Mengen industriell aus Synthese-Gas und Ethanol aus Erdöl-Crackgas mithilfe von Katalysatoren erzeugt:

   $$CO + 2\,H_2 \xrightarrow{ZnO/Cr_2O_3/\,T,\,p} CH_3{-}OH$$
   (katalytische Hydrierung)

   $$H_2C{=}CH_2 + H_2O \xrightarrow{H_3PO_4/SiO_2/300\,°C,\,p} CH_3{-}CH_2{-}OH$$
   (katalytische Hydratisierung)

2. Bei der elektrophilen Addition von Wasser an die Doppelbindung eines höheren Alkens wird der Wasserstoff bevorzugt an den Kohlenstoff gebunden, der den meisten Wasserstoff enthält (MARKOWNIKOFF-Regel). Aus Propen entsteht vor allem 2-Propanol neben 1-Propanol

   $$H_3C{-}CH{=}CH_2 + H_2O \longrightarrow CH_3{-}CH(OH){-}CH_3$$
   und $CH_3{-}CH_2{-}CH_2{-}OH$

3. Acetaldehyd wird bei 100–130 °C mit Wasserstoff katalytisch zu Ethanol reduziert:

   $$CH_3{-}CHO + H_2 \xrightarrow{Ni/T} CH_3{-}CH_2{-}OH$$

4. Ethanol entsteht bei der alkoholischen Vergärung von Zucker und anderen Kohlenhydraten (z. B. Glucose; Weizen, Gerste, Kartoffeln u. a.) mithilfe von Hefepilz-Enzymen:

   $$\underset{\text{Glucose}}{C_6H_{12}O_6} \xrightarrow{(Hefe)} 2\,H_3C{-}CH_2{-}OH + 2\,CO_2$$

5. Für technische Zwecke wird Ethanol aus Ethen und konzentrierter Schwefelsäure erzeugt. Es entsteht zunächst Ethylhydrogensulfat, das mit Wasser hydrolysiert wird:

   $$CH_2{=}CH_2 + HO{-}SO_3H \xrightarrow{60-80\,°C} H_3C{-}CH_2{-}O{-}SO_3$$
   $$\xrightarrow[-H_2SO_4]{+H_2O;\ 80-100\,°C} H_3C{-}CH_2{-}OH$$

Methanol ist eine farblose Flüssigkeit, die sich mit Wasser und anderen organischen Lösungsmitteln gut mischt. Durch Destillation kann man nahezu wasserfreies Methanol gewinnen (99 %). Genuss von Methanol führt zu Blindheit und Tod.

Ethanol ist ein Zellgift und ruft ab ca. 1 ‰ Anteil im Blut Bewusstseinsstörungen und bei etwa 5 ‰ den Tod hervor. Ständiger Alkoholgenuss führt zu schwersten gesundheitlichen Schäden sowie zu ernsten gesellschaftlichen und familiären Problemen.
Bei der Destillation wasserhaltigen Ethanols erhält man das Azeotrop mit 95,6 % Ethanol und 4,4 % Wasser. Absoluter Alkohol wird mit Benzen-Zusatz erhalten oder man destilliert über Branntkalk CaO, der das Wasser aus dem Dampf bindet.

Ein einfacher Aminoalkohol ist **2-Aminoethanol** $NH_2{-}CH_2{-}CH_2{-}OH$ (basische Komponente für Seifen, Weichmacher für Leder u. a.).

Reaktionen

Typisch für Alkohole sind Redox-Reaktionen, Substitution, Eliminierung und Säure-Base-Reaktionen.

1. Primäre Alkohole werden durch starke Oxidationsmittel (OM) wie $K_2Cr_2O_7$/Säure oder $KMnO_4$/Base zu Aldehyd und weiter zu Carbonsäure oxidiert (dehydriert), z. B.

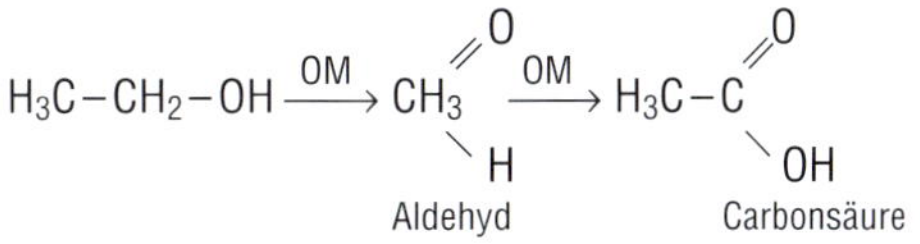

Das Aldehyd kann durch kontinuierliches Abdestillieren vor weiterer Oxidation geschützt werden. Die Reduktion von Aldehyd und Carbonsäure führt wieder zu primärem Alkohol.

$$\text{Primärer Alkohol} \underset{Red}{\overset{Ox}{\rightleftharpoons}} \text{Aldehyd} \underset{Red}{\overset{Ox}{\rightleftharpoons}} \text{Carbonsäure}$$

Beim Atemluft-Alkoholtest wird Ethanol zu Essigsäure oxidiert. Kaliumchromat K_2CrO_4 dient als Oxidationsmittel. Es färbt sich bei Anwesenheit von Ethanol durch Reduktion zu Cr^{3+} grün.

Löslichkeit einiger Alkohole in Wasser bei 18 °C

Name	Formel	Mischbarkeit mit Wasser
Methanol	$CH_3{-}OH$	unbegrenzt löslich
Ethanol	$CH_3{-}CH_2{-}OH$	unbegrenzt löslich
1-Butanol	$CH_3{-}CH_2{-}CH_2{-}CH_2{-}OH$	6,8 g in 100 g Wasser löslich
1-Octanol	$CH_3{-}CH_2{-}CH_2{-}CH_2{-}CH_2{-}CH_2{-}CH_2{-}CH_2{-}OH$	0,1 g in 100 g Wasser löslich

Übersicht 16-10

Wichtige Alkohole

Name	Formel	Eigenschaften	Verwendung
einwertige Alkohole			
Methanol, Methylalkohol	CH_3-OH	Fp. – 97 °C, Kp. 64 °C	giftig, wasserlöslich, brennbar; Ausgangsstoff für viele organische Verbindungen, Lösungsmittel, Treibstoffzusatz
Ethanol, Ethylalkohol	CH_3-CH_2-OH	Fp. –114 °C, Kp. 78 °C	giftig, wasserlöslich, brennbar; Ausgangsstoff für viele organische Verbindungen, Lösungs-, Konservierungsmittel; Brennspiritus
1-Propanol, Propylalkohol	$CH_3-CH_2-CH_2-OH$	Fp. –126 °C, Kp. 97 °C	giftiger als Ethanol, wasserlöslich, Lösungsmittel
2-Propanol, Isopropanol	$CH_3-CH(OH)-CH_3$	Fp. – 90 °C, Kp. 82 °C	giftiger als Ethanol, wasserlöslich, Lösungsmittel, desinfizierend, (Haar-, Hautwässer); Aceton-Synthese
zweiwertige Alkohole			
1,2-Ethandiol, Ethylenglycol	$HO-CH_2-CH_2-OH$	Fp. –16 °C, Kp. 197 °C	giftig, mit Wasser mischbar, Frostschutzmittel (Motorkühlwasser), Ausgangsstoff für organische Verbindungen
dreiwertige Alkohole			
1,2,3-Propantriol, Glycerol, Glycerin	$HO-CH_2-CH(OH)-CH_2OH$	Fp. 18 °C, Kp. 230 °C	ungiftig, wasserlöslich, süßlicher Geschmack, Fettbestandteil; Kosmetika, Pharmazeutika, Sprengstoff (Trinitroglycerin, Dynamit), Epoxidharze, Alkydharze, ungesättigte Polyesterharze

Übersicht 16-11

2. Sekundäre Alkohole werden durch Oxidationsmittel (z.B. CrO_3/konz. Essigsäure) zu Keton oxidiert (dehydriert):

$$R_2CH-OH \xrightarrow{OM} \underset{\text{Keton}}{R-CO-R} + H_2O$$

Die Reduktion des Ketons führt wieder zu sekundärem Alkohol:

Sekundärer Alkohol ⇌ Keton (Alkanon)

Bei der Reaktion von Alkohol zu Aldehyd und Keton wird die OH-Bindung zwischen O und H gespalten, und es entsteht die **Carbonyl-Gruppe** **=C=O** (Reaktionen vgl. Abschnitt 16.2.5 und 16.2.6).

3. Bei der Veresterung mit Schwefelsäure oder organischen Säuren wird die Bindung zwischen O und H der Alkohol-Gruppe getrennt:

$$R-O\boxed{H} + \boxed{HO}-SO_3H \longrightarrow R-O-SO_3H + H_2O$$

Alkylhydrogensulfat, Alkylschwefelsäureester

(Veresterung)

$$H_3C-CH_2-O\boxed{H} + CH_3CO\boxed{-OH} \longrightarrow CH_3CO-O-CH_2-CH_3 + H_2O$$

Essigsäureethylester, Ethylacetat

(Veresterung)

4. Durch andere Bedingungen und Reagenzien wird dagegen die Bindung zwischen C und O gespalten (Abspaltung der OH-Gruppe), und es entstehen durch Substitution Halogenalkane oder durch Eliminierung Alkene:

$$R\boxed{-OH} + HX \xrightarrow{\text{konz. } H_2SO_4/T} R-X + H_2O$$

$$H_3C-CH_2-OH \longrightarrow CH_2=CH_2 + H_2O$$

(Dehydratation)

Die Dehydratation (Eliminierung) von primären Alkoholen erfolgt bei 160–180 °C und 90–95 % H_2SO_4, bei sekundären und tertiären Alkoholen genügen mildere Bedingungen. Als Zwischenverbindungen entstehen in allen Fällen Carbenium-Ionen:

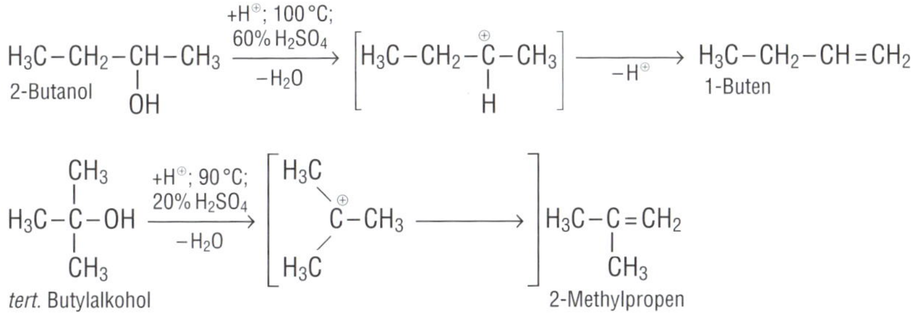

5. Insbesondere primäre Alkohole können wegen der polarisierten Bindung der Hydroxy-Gruppe gegenüber Alkalimetallen als sehr schwache Säuren (Protonenpaardonatoren, Lewis-Säuren) reagieren und Alkoholate bilden:

   $$2\,C_2H_5{-}OH + 2\,Na \longrightarrow 2\,C_2H_5{-}O^{\ominus}\,Na^{\oplus} + H_2$$

   Alkoholat hydrolysiert als Lewis-Base mit Wasser wieder zu Alkohol und NaOH in Säure-Base-Reaktion.

6. Alkoholat reagiert mit Iodalkan zu Ether R–O–R (Williamson-Synthese):

   $$R{-}O^{\ominus}\,Na^{\oplus} + \overset{\delta+}{R}{-}\overset{\delta-}{I} \longrightarrow R{-}O{-}R + NaI$$

Zweiwertige Alkohole haben ähnliche Eigenschaften wie einwertige:
Aus **1,2-Ethandiol** $HO{-}CH_2{-}CH_2{-}OH$ kann **Glycolaldehyd** $HO{-}CH_2{-}CHO$, **Hydroxyessigsäure** (Glycolsäure) $HO{-}CH_2{-}COOH$, **Oxalsäure** (Ethandisäure) HOOC–COOH u. a. hergestellt werden. **Glycerol** ist in Fetten und pflanzlichen Ölen enthalten (vgl. Abschnitt 16.2.11). **Wachs-** oder **Fettalkohole** sind höhere einwertige primäre Alkohole, z. B. **Cetylalkohol** (Hexadekanol) $C_{16}H_{33}OH$.

16.2.5 Alkanale oder Aldehyde

Alkanale oder Aldehyde R–CHO besitzen die funktionelle –CHO-Gruppe mit der Carbonylgruppe =CO. Aldehyde sind Carbonyl-Verbindungen.

Die Bezeichnung ergibt sich aus dem entsprechenden Alkan und der Endung -al.
Die Carbonyl-Gruppe ist durch den –I-Effekt (Elektronenzug) des Sauerstoffs polar und reaktiv:

$$>C{=}O \leftrightarrow >\overset{\delta+}{C}{-}\overset{\delta-}{\overline{\underline{O}}}|$$

Somit verlaufen bei Aldehyden und Ketonen viele Reaktionen als nucleophile Addition am Carbonyl-Kohlenstoff.

Zwischen Aldehydmolekülen wirken durch die Carbonyl-Gruppe starke Dipolkräfte und Wasserstoffbrücken. Gegenüber Alkoholen gleicher Molmasse besitzen sie deshalb niedrigere Siedetemperaturen.

Darstellung

1. Primäre Alkohole werden in schwefelsaurer Lösung durch Kaliumdichromat oder Chrom(VI)-oxid dehydriert. Das gebildete Aldehyd muss während der Synthese abdestilliert werden, um eine Weiteroxidation zu Carbonsäure zu verhindern, z. B.

   $$3\,R{-}CH_2{-}OH + 2\,CrO_3 \longrightarrow 3\,R{-}C\begin{smallmatrix}\nearrow O\\ \searrow H\end{smallmatrix} + Cr_2O_3 + 3\,H_2O$$

2. Technisch wird Acetaldehyd durch Hydratisierung von Ethin gewonnen (Katalysator $HgSO_4$).

   $$HC{\equiv}CH + H_2O \xrightarrow{HgSO_4} H_3C{-}CHO$$

3. Methanal wird durch Oxidation (Dehydrieren) von Methanol bei 600 °C mit einem Silber- oder Kupfer-Katalysator synthetisiert:

   $$2\,H_3C{-}OH + O_2 \xrightarrow{600\,°C;\ Kat.} 2\,HCHO + 2\,H_2O$$

4. Oxidation von Ethen in wässriger Palladium/Kupferchlorid-Lösung ergibt Acetaldehyd (Wacker-Hoechst-Verfahren)

   $$2\,H_2C{=}CH_2 + O_2 \xrightarrow{PdCl_2/CuCl_2} 2\,H_3C{-}CHO$$

5. Ethen lagert bei 100 bis 120 °C und einem Druck von ca. 20 Mpa Kohlenstoffmonoxid und Wasserstoff unter Bildung von Propanal an (Oxosynthese):

   $$H_2C{=}CH_2 + CO + H_2 \xrightarrow{p;\,T} H_3C{-}CH_2{-}CHO$$

   Auch andere Alkene reagieren unter ähnlichen Bedingungen zu Alkanalen.

Das einfachste Aldehyd ist **Methanal** oder **Formaldehyd** HCHO. Es ist gasförmig (ϑ_b –21 °C), riecht stechend, wirkt Eiweiß gerinnend, Bakterien tötend, Krebs erregend. Im Wasser löst es sich leicht (Formalin- oder Formaldehyd-Lösung). Es wird als Desinfektionsmittel, zur Herstellung von Phenolharz, Bindemitteln für Spanplatten (Vorsicht vor evtl. HCHO-Dämpfen), Aminoplasten und zur Konservierung anatomischer Präparate verwendet. HCHO ist auch in Rauchgasen enthalten (Tabakrauch!).

Ethanal oder **Acetaldehyd** CH_3-CHO (Kp 20 °C) wird zu Ethanol, Essigsäure, Aceton, Butadien u. a. Verbindungen verarbeitet. Es ist eine stechend riechende farblose Flüssigkeit, die sich leicht in Wasser, Alkohol und Ether löst.
Ungesättigte Aldehyde sind Propenal oder Acrolein $H_2C=CH-CHO$, 2-Butenal oder Crotonaldehyd $H_3C-CH=CH-CHO$ und Propinal oder Propargylaldehyd $HC\equiv C-CHO$.

Reaktionen

> Typische Reaktionen der Aldehyde sind Oxidation, Reduktion, Addition und Kondensation.

1. Die funktionelle Gruppe der Alkanale besitzt eine starke Reduktionswirkung. Darauf beruht der Nachweis von Aldehyd mit Tollens-Reagenz (Entstehung eines Silberspiegels) oder Fehling'scher Lösung (rotbrauner Niederschlag mit alkalischer $CuSO_4$/Weinsäure-Lösung):

$$R-CHO + 2\,[Ag(NH_3)_2]OH \longrightarrow RCOONH_4 + H_2O + 3\,NH_3 + \underline{2\,Ag}$$

Versuche

T (Giftig)	1. Verdünnte Silbernitrat-Lösung wird in einem Reagenzglas mit einigen Tropfen verd. Ammoniak-Lösung bis zur Auflösung des Niederschlags und danach mit 1 ml Formaldehyd-Lösung versetzt und vorsichtig im Wasserbad erwärmt! Beobachtung?
R 45, S 23	2. Fehling'sche Lösung wird mit etwas Aldehyd versetzt und erwärmt! Beobachtung?

2. Aldehyde reagieren mit Oxidationsmitteln zu Carbonsäuren, z. B. Acetaldehyd zu Essigsäure:

$$3\,H_3C-CHO + 2\,CrO_3 \xrightarrow{(H_2SO_4)} 3\,H_3C-COOH + Cr_2O_3$$

3. Aldehyde können aber auch zu primärem Alkohol reduziert werden:

$$R-CHO + H_2 \xrightarrow{\text{Ni o. Pd}} R-CH_2-OH$$

4. Aldehyde addieren an die Carbonyl-Gruppe viele nucleophile Reagenzien, z. B. Grignard-Verbindungen $R-Mg-X$ zu sekundärem Alkohol (vgl. Abschnitt 16.2.4).

5. Wasserfreies Methanal kondensiert bei tiefer Temperatur zu Polyoxymethylen (POM) und in wässriger, angesäuerter Lösung zu Paraformaldehyd $H-[OCH_2]_n-OH$.

6. Ein wichtiger Vorgang ist die **Aldol-Reaktion** zwischen zwei Aldehyd-Molekülen (oder Keton-Molekülen) in alkalischer Lösung. Voraussetzung ist aber, dass eines der Moleküle ein als Proton abspaltbares H-Atom in α-Stellung besitzt (CH-acides H-Atom), das von der Base abgespalten und übertragen werden kann. Die **CH-Acidität** in α-Stellung ergibt sich durch die Polarität der Carbonyl-Gruppe und deren Elektronenzug auf das α-C-Atom, der sich auf den Wasserstoff überträgt. Bei den **Aldolen** handelt es sich um Additionsprodukte, deren Moleküle eine Aldehyd- und in β-Stellung eine Alkohol-Gruppe enthalten, z. B.

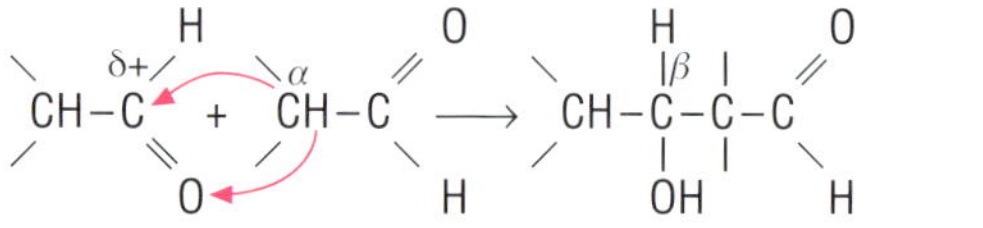

Ketone reagieren analog. Eine Aldolreaktion ist z. B. die Bildung von Acetaldol aus Acetaldehyd. Daraus ist die Synthese von 1,3-Butandiol und schließlich 1,3-Butadien möglich:

$$2\,H_3C-CHO \xrightarrow{OH^{\ominus}} H_3C-CH(OH)-CH_2-CHO \xrightarrow{+H_2/Ni}$$

Acetaldol

$$H_3C-CH(OH)-CH_2-CH_2OH \xrightarrow[-2\,H_2O]{} H_2C=CH-CH=CH_2$$

1,3-Butandiol — 1,3-Butadien

7. Im sauren wasserfreien Medium reagieren die Aldehyde mit Alkohol. Dabei addiert sich der Sauerstoff des Alkohols nucleophil an den Kohlenstoff der Carbonyl-Gruppe $-C=O$. Der Wasserstoff des Alkohols wandert an den Sauerstoff der Carbonyl-Gruppe. Es wird ein **Halbacetal** gebildet. Die entstehende OH-Gruppe kann mit Alkohol zu einem **Acetal** weiter reagieren:

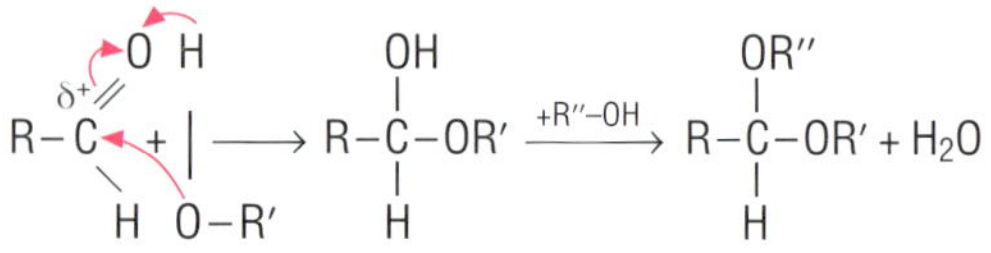

Halbacetal — Acetal

> Halbacetale und Acetale sind Ergebnis einer Reaktion von Aldehyd (oder Keton) mit Alkohol.

Acetale sind beständig gegenüber Basen. Durch Säuren werden sie leicht wieder in die Ausgangsstoffe gespalten.

16.2.6 Alkanone oder Ketone

Die Alkanone haben die Formel R–CO–R′. Sie besitzen die Carbonyl-Gruppe >C=O und sind somit Carbonyl-Verbindungen.

Der Name wird aus dem entsprechenden Alkan und der Endung -on bzw. aus den beiden Alkylbezeichnungen und der Endung -keton gebildet, z. B. Butanon oder Methylethylketon.

$H_3C-CO-CH_3$
Propanon, Aceton

$H_3C-CO-CH_2-CH_3$
Butanon

$H_3C-CO-CH_2-CH_2-CH_3$
2-Pentanon

$H_3C-CO-CO-CH_3$
2,3-Butandion

Die Siedetemperatur der Ketone liegt tiefer als diejenige der Alkohole vergleichbarer Molmasse, weil Ketone keine Wasserstoffbrücken bilden können: Propanon ($M = 58$) $\vartheta_b = 56\,°C$, Propanol ($M = 58$) $\vartheta_b = 97\,°C$.

Darstellung

1. Alkanone entstehen durch Oxidation von sekundären Alkoholen mit Oxidationsmitteln:

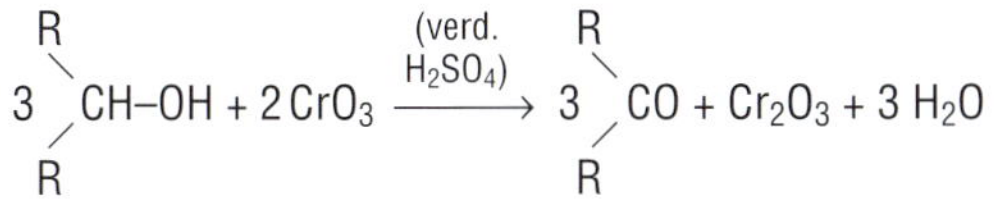

2. Mithilfe von Katalysatoren werden sekundäre Alkohole bei höherer Temperatur (400 °C) zu Alkanonen dehydriert.

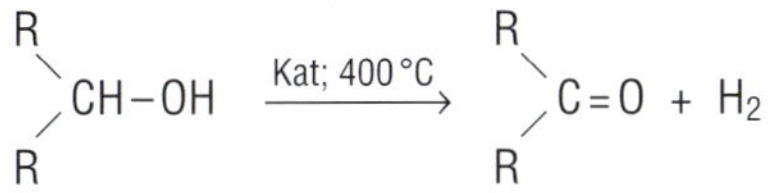

3. Propen ergibt mit Luftsauerstoff in wässriger Lösung mit Palladium und Kupferchlorid als Katalysator bei 1 bis 1,4 Mpa und 110 bis 120 °C Propanon (Wacker-Hoechst-Verfahren):

$$2\,H_3C-CH=CH_2 + O_2 \xrightarrow{p,\,T,\,Kat} 2\,H_3C-CO-CH_3$$

Das einfachste und zugleich wichtigste Alkanon ist **Propanon** (Dimethylketon) bzw. **Aceton** $CH_3-CO-CH_3$. Es löst sich gut in Wasser, Ethanol sowie Ether und findet als Lösungsmittel für Acetylen, Kunststoffe, Harze, Lacke, Acetatseide u. a. Verwendung. Es ist leicht entzündlich und reagiert heftig mit Halogenkohlenwasserstoff und Alkalimetallen. Bei Diabetes tritt es als unnormales Stoffwechselprodukt (Fettabbau) im Harn und in der Atemluft auf. Aceton ist in höherer Dosis gesundheitsschädlich (Hautentfettung, Übelkeit, Kopfschmerzen u. a.).

Butanon $CH_3-CH_2-CO-CH_3$ oder **Methylethylketon** wird nach dem Wacker-Hoechst-Verfahren aus 1-Buten erzeugt. Es dient als Lösungsmittel für viele Kunststoffe (Nitro- und Acetylcellulose, Vinylharze, Chlorkautschuk u. a.).

Aufgabe

Formulieren Sie die Reaktionsgleichung für die Synthese nach diesem Verfahren.

Einfache Aldehyde und Ketone, die die Gruppierung $-CO-\overset{\alpha}{C}H_2-R$ aufweisen, besitzen CH-aciden Wasserstoff in α-Stellung. Sie bilden so genannte tautomere Gleichgewichte mit **Enolen** oder die **Keto-Enol-Tautomerie.** Unter Enolen versteht man, dass eine OH-Gruppe direkt an einer C=C-Bindung gebunden ist. Die Keto- und die Enol-Form sind isomer und können schnell ineinander übergehen. Meist liegt aber das Gleichgewicht auf der Seite der Keto-Form. Es ist von der Temperatur, dem Medium und dem Energieinhalt der beiden Formen abhängig. Enole sind sehr reaktiv.

Beispiele:

a) Aceton:

$$H_3C-CO-CH_3 \rightleftharpoons H_3C-C(OH)=CH_2$$

Keto-Form; Enol-Form (0,0005 %)

b) Acetylaceton

$$H_3C-CO-CH_2-CO-CH_3 \rightleftharpoons H_3C-C(OH)=CH-CO-CH_3$$

Ketoform, 2,4-Pentadion 15 %; Enol-Form 85 %

Reaktionen

Typische Reaktionen der Alkanone sind Additions-, Substitutions- und Redox-Reaktionen.

Diese verlaufen ähnlich wie bei den Aldehyden, weil sie auch von der Carbonyl-Gruppe abhängen. Sie führen zu einer Vielzahl von Verbindungen unterschiedlicher Stoffklassen. Ketone sind aber nicht so reaktionsfreudig wie Aldehyde. Die Carbonyl-Gruppe der Ketone kann nicht (wie bei Aldehyden) weiter oxidiert werden.

1. Die Reduktion der Ketone führt wieder zu sekundären Alkoholen oder zu Alkanen:

$$R-CO-R + H_2 \xrightarrow{Pt} R-CH(OH)-R$$

$$R-CO-R + 2\,H_2 \xrightarrow{Zn/Hg/HCl} R-CH_2-R + H_2O$$

2. GRIGNARD-Verbindungen R–Mg–X (vgl. Abschnitt 16.2.7) reagieren mit Keton über eine nucleophile Addition zu tertiärem Alkohol:

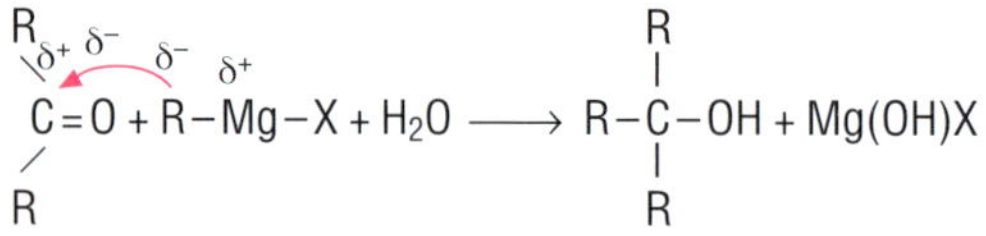

16.2.7 Ether

> Ether besitzen ein Sauerstoffatom, das in die Kohlenstoff-Kette eingebaut ist: R–O–R.

Die Bindung –O– zwischen zwei C-Atomen wird **Etherbindung** genannt.

$H_3C-O-CH_3$
Dimethylether

$H_3C-CO-CH_2-CH_3$
Methylethylether

$H_3C-CH_2-O-CH_2-CH_3$
Diethylether

$H_3C-O-CH=CH_2$
Methylvinylether

Cyclische Ether werden als Lösungsmittel verwendet. Ethylenoxid ist wie Methylvinylether ein wichtiger Ausgangsstoff für viele Synthesen:

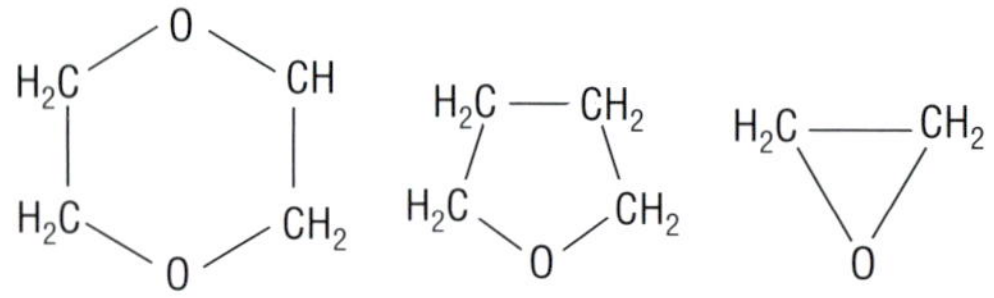

Dioxan Tetrahydrofuran Ethylenoxid, Epoxid, Oxiran

Ether werden auch als **Alkoxyalkane** bezeichnet, wobei die längste C-Kette als Alkan angegeben wird, oder der Name setzt sich aus den beiden Alkylgruppen und der Endung -ether zusammen, z. B. $CH_3-O-CH_2-CH_2-CH_3$ Methoxypropan oder Methylpropylether.

Die wichtigste Verbindung ist **Ethoxyethan** oder **Diethylether** $CH_3-CH_2-O-CH_2-CH_3$ (Kp 34,6 °C). Er ist flüssig, mit Alkohol gut mischbar, in Wasser wenig löslich. Die Dämpfe sind schwerer als Luft, leicht entzündbar (explosiv), von süßlichem Geruch und wirken betäubend. Diethylether ist ein wichtiges Lösungs- und Extraktionsmittel für lipophile organische Stoffe.

Dimethylether und Ethymethyllether sind bei Raumtemperatur gasförmig.

Darstellung

1. Diethylether wird katalytisch durch Dehydratisierung von Ethanol bei 300 °C am Al_2O_3-Kontakt hergestellt:

$$2\,CH_3-CH_2-OH \xrightarrow{Kat/T} CH_3-CH_2-O-CH_2-CH_3 + H_2O$$

2. Ether entstehen in der WILLIAMSON-Synthese aus Alkoholat und Iodalkan (vgl. Abschnitt 16.2.4).
3. Ethylalkohol wird bei ca. 130 °C durch konzentrierte Schwefelsäure zu Diethylether dehydriert (Nebenprodukt Ethen):

$$2\,C_2H_5-OH \xrightarrow{(konz.\ H_2SO_4)} C_2H_5-O-C_2H_5 + H_2O$$

Reaktionen

Ether sind reaktionsträger als Alkohole. Sie reagieren nicht mit Oxidations- und Reduktionsmitteln. Jedoch bilden sie mit Luftsauerstoff und Lichteinwirkung hoch explosible Etherperoxide R–O–O–R (sog. **Autoxidation**). Die Bildung wird durch Aufbewahrung in braunen Flaschen behindert. Durch Schütteln mit Eisen-II-sulfat als Reduktionsmittel werden die Peroxide zerstört.

1. Mit starken Säuren (z. B. HCl, HBr) findet eine **Etherspaltung** statt:

$$R-O-R' + HBr \longrightarrow R-OH + R'-Br$$

2. Synthesen mit Methylvinylether und Ethylenoxid führen zu einer Reihe von Verbindungen, z. B.

$$H_3C-O-CH=CH_2 \xrightarrow{+H_2O} H_3C-OH + H_3C-CHO$$

(Spaltung in Methanol und Acetaldehyd)

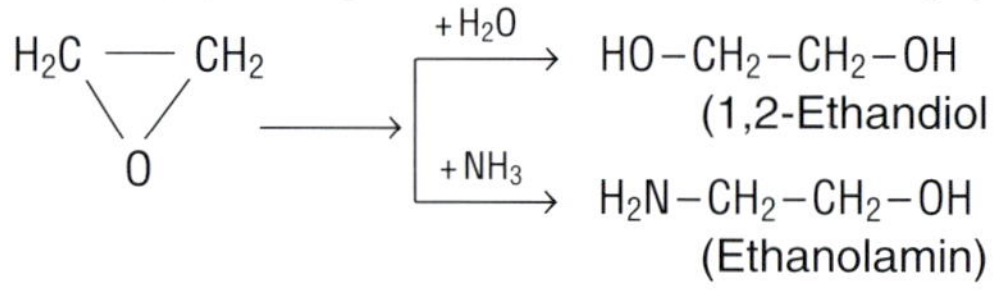

Wegen ihrer Lösefähigkeit und Reaktionsträgheit gegenüber sehr vielen Verbindungen werden wasserfreie Ether als Lösungsmittel bei Synthesen eingesetzt, z. B. bei der Herstellung von **GRIGNARD-Verbindungen** R–Mg–X aus Magnesium und Halogenalkan (metallorganische Verbindung):

$$\overset{\delta+}{R}-\overset{\delta-}{X} + Mg \xrightarrow{(Ether)} \overset{\delta-}{R}-\overset{\delta+}{Mg}-X$$

Alkylmagnesiumhalogenid, „GRIGNARD-Reagenz"

Nach Abdestillieren der Ethers erhält man die Substanz, die für Alkylierungen eine wichtige Rolle spielt: Sie addiert sich sehr leicht an polare Mehrfachbindungen (=C=O, =C=N–, –C≡N, –N=O, =S=O). Zwischen R und Mg liegt eine polare Bindung vor: Die Alkyl-Gruppe ist nucleophil und der Magnesiumhalogenid-Rest elektrophil. Somit bindet sich immer die Alkyl-Gruppe an den positivierten Kohlenstoff und –Mg –X an das elektronegative Element. So reagiert Methanal zu primärem Alkohol, höhere Aldehyde zu sekundären Alkoholen und Ketone zu tertiären Alkoholen, wenn die Additionsverbindung anschließend hydrolysiert (mit Wasser umgewandelt) wird.

1. Die einfachste Reaktion ist die Umsetzung der GRIGNARD-Verbindung mit Wasser zu Kohlenwasserstoff

$$R{-}MgX + H_2O \longrightarrow R{-}H + Mg(OH)X$$

2. Mit Aldehyd entsteht zunächst eine Zwischenverbindung. Durch deren Hydrolyse bildet sich sekundärer Alkohol:

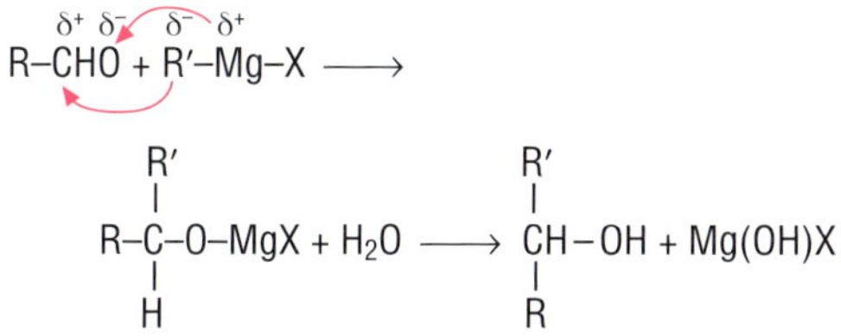

Additionsverbindung *sek.* Alkohol

3. Ketone setzen sich mit GRIGNARD-Reagenz über Zwischenverbindungen und Hydrolyse zu tertiärem Alkohol um:

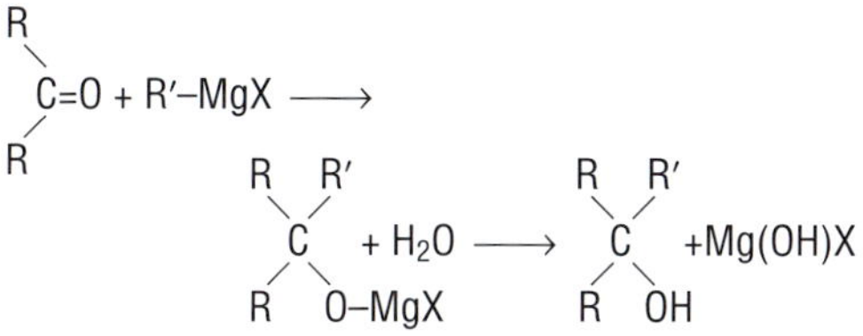

4. Carbonsäurechloride ergeben mit GRIGNARD-Verbindungen unter Verwendung von katalytisch wirkenden Mangan-Salzen und Tetrahydrofuran THF als Lösungsmittel Ketone:

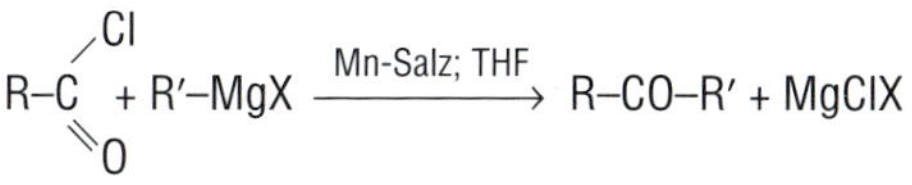

16.2.8 Carbonsäuren

> Carbonsäuren besitzen die funktionelle Carboxy-Gruppe $-COOH$ bzw. $-C(=O)OH$

Einfache Carbonsäuren (gesättigte Monocarbonsäuren) besitzen die Zusammensetzung R–COOH, wobei der Formelteil R–CO– als **Acyl-Gruppe,** speziell H–CO– als **Formyl-,** H_3C–CO– als **Acetyl-,** H_3C–CH_2–CO– als **Propionyl-Gruppe** usw. bezeichnet wird (vgl. Übersicht 16-2).

Wegen der polaren Atombindung der OH-Gruppe und des –I-Effekts des Carboxy-Sauerstoffs sind die löslichen Carbonsäuren in wässriger Lösung schwach in Carboxylat-Anionen $R{-}COO^{\ominus}$ und Hydronium-Kationen dissoziiert.

Höhere Carbonsäuren bezeichnet man als **Fettsäuren.** In der Kette können auch zwei- bzw. drei Carboxyl-Gruppen gebunden sein, man unterscheidet danach Mono-, Di- und Tricarbonsäuren. Carbonsäuren mit niedriger relativer Molekülmasse lösen sich in Wasser und bilden untereinander (jeweils zwei Moleküle) Wasserstoffbrücken aus, ebenso mit Wasser- oder Alkohol-Molekülen.

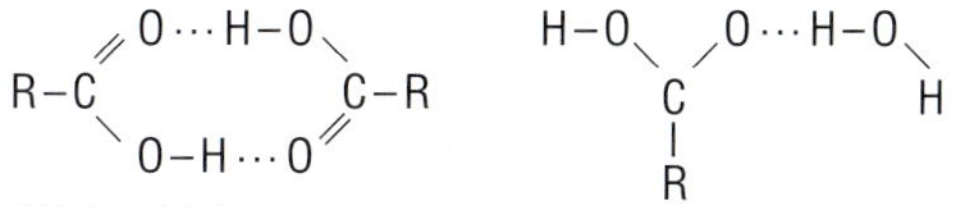

H-Brückenbindung zwischen Carbonsäuremolekülen

H-Brückenbindung zwischen Carbonsäure- und Wassermolekül

Mit länger werdender Kohlenstoffkette werden die Säuren in Wasser unlöslich (hydrophob) und lipophil. Die wichtigsten Derivate der Carbonsäuren sind u. a. Ester, Carbonsäurechloride und -amide, Fette, fette Öle und Seifen.

a) Gesättigte aliphatische Monocarbonsäuren (Alkansäuren)

> Gesättigte aliphatische Monocarbonsäuren haben die allgemeine Formel $C_nH_{2n+1}COOH$.

Die rationelle Bezeichnung wird aus dem Alkannamen und der Endung -säure gebildet. Trivialnamen deuten auf das Vorkommen im Pflanzen- und Tierreich hin. Sie bilden eine homologe Reihe, die mit Methan- oder Ameisensäure HCOOH beginnt.

Darstellung

1. Zur Erzeugung einer Carboxyl-Gruppe wird Kohlenstoffmonoxid mit Alkalihydroxid oder mit einem Alkoholat unter Druck zur Reaktion gebracht. Es entstehen Formiate oder Salze höherer Carbonsäuren, z. B.

$$NaOH + CO \xrightarrow{100\,°C,\ T,\ p} HCOONa$$

Natriumformiat

$$R{-}O{-}Na^{\oplus} + CO \xrightarrow{100\,°C,\ T,\ p} RCOONa$$

Natriumsalz einer höheren Carbonsäure

2. Alkene reagieren bei 250 °C, hohem Druck und unter Einfluss von Katalysatoren mit CO und H_2O zu Carbonsäuren:

$$CH_2{=}CH_2 + CO + H_2O \xrightarrow{\text{Kat}, T, p} \underset{\text{Propionsäure}}{CH_3{-}CH_2{-}COOH}$$
(Carbonylierung)

Die Einführung einer Carbonyl-Gruppe in eine Verbindung durch CO wird **Carbonylierung** und die Einführung von CO_2 **Carboxylierung** genannt.

3. Die Carboxylierung von GRIGNARD-Verbindungen führt zu Carbonsäuren:

$$R{-}Mg{-}X + CO_2 \longrightarrow R{-}C(=O){-}O{-}Mg{-}X \xrightarrow{\text{verd. HX}} R{-}COOH + MgX_2$$

4. Zur Oxidation primärer Alkohole und Aldehyde vgl. Abschnitt 16.2.4 (Erzeugung von Speise-, Weinessig mit Essigsäure-Bakterien).

5. Höhere Fettsäuren (> C_{12}) können durch Oxydation höherer Alkane gewonnen werden **(Paraffin-Oxidation).** Die Moleküle werden dabei bevorzugt in der Mitte gespalten. Die Fettsäuren werden zu Seifen, synthetischen Waschmitteln u. a. verarbeitet.

Carbonsäuren reagieren mit vielen Verbindungen zu Carbonsäurederivaten (Carbonsäurehalogenide, -ester, -amide u. a.). Beispiele sind im Abschnitt 16.2.10 angegeben.

> Typische Reaktionen der Carbonsäuren sind Säure-Base-Reaktionen und Substitutionen (vgl. Abschnitt 16.2.9)

Besondere Bedeutung besitzen höhere Carbon- oder Fettsäuren, von denen in der Natur über 300 vor allem in Fetten und fetten Ölen vorkommen. Nahezu alle sind unverzweigt, besitzen eine gerade Anzahl von C-Atomen (mit ungerader Anzahl weniger als 1 %) und sind gesättigt oder ungesättigt.

Gesättigte aliphatische Monocarbonsäuren

Name	Eigenschaften	Vorkommen und Verwendung
Methansäure, Ameisensäure, HCOOH	ϑ_m 8 °C, ϑ_b. 100,5 °C, pK_S 3,77, stechender Geruch, Haut reizend, gut wasserlöslich, bakterizid, konservierend, Salze: Formiate	Brennessel, Waldameisen; Entkalkung von Leder in der Gerberei und Entkalkungen im Haushalt (Ca-Formiat ist wasserlöslich), Konservierung (Fruchtsäfte), Desinfektion (Weinfässer)
Ethansäure, Essigsäure, $CH_3{-}COOH$	ϑ_m 16,6 °C, ϑ_b 118 °C, pK_S 4,76, gut wasserlöslich, wasserfrei: Eisessig, säuerlich stechender Geruch, Salze: Acetate; Ca-Acetat in Wasser löslich	Zwischenprodukt bei Gärung, Fäulnis, Oxidation; Speiseessig; Acetylierungs-, Färbereibeiz-, Imprägnier-, Arzneimittel-Erzeugung, Acetatseide; Essigsäure-Acetat-Puffer in der Analytik
Propansäure, Propionsäure, $CH_3{-}CH_2{-}COOH$	ϑ_m –22 °C, ϑ_b 141 °C, pK_S 4,88, stechender Geruch, gut wasserlöslich, reizend (Augen, Haut, Atmungsorgane), Salze: Propionate	Entstehung bei der Gärung von Kohlenhydraten (z. B. im Rinder-Pansen), Konservierungsmittel, Herbizide, Cellulose-Derivate, Antirheumamittel
Butansäure, Buttersäure, $CH_3{-}CH_2{-}CH_2{-}COOH$	ϑ_m –7,9 °C, ϑ_b 164 °C, Geruch nach ranziger Butter, reizend (Haut, Augen, Atemwege), wassergefährdend, Salze: Butyrate	Gingko-Samen; Bestandteil der Butter, mancher Käsesorten, des Schweißes, Entstehung bei der Oxidation von Milchfett und anderen Buttersäure-Gärungen
Hexadecansäure, Palmitinsäure, $CH_3{-}(CH_2)_{14}{-}COOH$	ϑ_m 63,1 °C, ϑ_b 205,5 °C, unlöslich in Wasser, löslich in heißen organ. Lösungsmitteln, fettig-schmierig, Salze: Palmitate	Bestandteil von tier. und pflanzl. Fetten und Ölen (z. B. Palmöl), von Bienenwachs, Walrat; Verarbeitung zu Seifen, Hautcremes, Schmierstoff, Haushaltskerzen
Octadecansäure, Stearinsäure, $CH_3{-}(CH_2)_{16}{-}COOH$	ϑ_m 71,5 °C, ϑ_b 376 °C, unlösl. in Wasser, löslich in heißen organ. Lösungsmitteln, Salze: Stearate	Bestandteil von tier. und pflanzl. Fetten und Ölen, Wachsen, Verarbeitung zu Seifen, Hautcremes, Haushaltskerzen (zusammen mit Palmitinsäure = Stearin)

Übersicht 16-12

b) Ungesättigte aliphatische Monocarbonsäuren (Alkensäuren)

Ungesättigte Carbonsäuren enthalten eine oder mehrere Doppelbindungen bzw. Dreifachbindungen im Molekül.

Die Namen leiten sich aus den Alkenen oder Alkinen mit gleicher Anzahl von C-Atomen und der Endung -säure ab. Meist werden Trivialnamen benutzt. Die Lage der Doppel- oder Dreifachbindung(en) wird durch Zahlen, beginnend am Carboxykohlenstoff, oder durch griechische Buchstaben, beginnend am C-Atom, das der Carboxy-Gruppe benachbart ist, angegeben, z. B. ist die 2-Pentensäure eine α-β-ungesättigte Carbonsäure:
$CH_3-CH_2-CH=CH-COOH$.

Die 2-Propen- oder **Acrylsäure** $CH_2=CH-COOH$ ist Ausgangsstoff z. B. für Textilappreturen und Flockungshilfsmittel, die **Methacrylsäure** $CH_2=C(CH_3)-COOH$ für Kunststoffe (z. B. für Polymethacrylsäuremethylester, PMMA: Piacryl, Plexiglas).

Höhere ungesättigte, so genannte essenzielle (lebensnotwendige) Fettsäuren, die vor allem in pflanzlichen oder fetten Ölen vorkommen, sind z. B.

Ölsäure
$C_{17}H_{33}-COOH$ bzw.
$CH_3-(CH_2)_7-CH=CH-(CH_2)_7-COOH$
(in Oliven-, Mandelöl, Fischfetten)

Linolsäure
$C_{17}H_{31}-COOH$ bzw.
1 6 9
$CH_3-(CH_2)_4-CH=CH-CH_2-CH=CH-(CH_2)_7-COOH$
(in Mohn-, Nuss-, Leinöl)

Linolensäure
$C_{17}H_{29}-COOH$ bzw.
$CH_3-CH_2-CH=CH-CH_2-CH=CH-CH_2-CH=CH-(CH_2)-COOH$
(in Mohn-, Nussöl)

Die Doppelbindungen oxidieren leicht an der Luft (Autoxidation). Dadurch werden Öle ranzig und Ölfarben, die Leinöl bzw. Linolensäure enthalten, erhärten durch Vernetzen nach dem Verstreichen unter Einfluss von Mangan-Salzen (Sikkative).

Lebenswichtige Bestandteile der Nahrung sind mehrfach ungesättigte Fettsäuren (sog. essenzielle F.), die ihre Doppelbindungen oberhalb des C_9-Atoms besitzen (Omega-Carbonsäuren). Soll die Lage der Doppelbindung vom Ende des Moleküls her hervorgehoben werden, so ist die Linolsäure eine ω-6- und die Linolensäure eine ω-3-Fettsäure.

Ungesättigte Carbonsäuren besitzen die funktionellen Eigenschaften von Säuren und Alkenen bzw. Alkinen.

c) Dicarbonsäuren

Gesättigte und ungesättigte Dicarbonsäuren enthalten im Molekül zwei Carboxy-Gruppen: $HOOC-R-COOH$.

Alle Dicarbonsäuren sind feste kristalline Substanzen, die sich nur bei niederer Molekülmasse gut in Wasser lösen. Sie dissoziieren in zwei Stufen, es sind also zwei pK_S-Werte zu unterscheiden. Viele dieser Säuren kommen in der Natur, vor allem in Pflanzen, vor.

Wichtige Dicarbonsäuren

Name/Formel	Eigenschaften	Vorkommen, Verwendung
Ethandisäure, Oxalsäure $HOOC-COOH$	ϑ_m 189 °C, $pK_{S.1}$ 1,46, $pK_{S.2}$ 4.4, in Wasser löslich, in größerer Menge giftig (Bindung von Ca-Ionen, Störung des Ca-Haushalts); Salze: Oxalate	Sauerklee, Rhabarber, Sauerampfer, Spinat, in geringer Menge im Harn; für Synthesen organischer Stoffe
Propandisäure, Malonsäure $HOOC-CH_2-COOH$	ϑ_m 135 °C, in Wasser löslich, reizend, Salze: Malonate	in Zuckerrübensaft, Hülsenfrüchten; Erzeugung von Malonsäureestern, Barbitursäure
Butandisäure, Bernsteinsäure, $HOOC-CH_2-CH_2-COOH$	ϑ_m 185–187 °C, in heißem Wasser, Alkohol löslich; Salze: Succinate	in Algen, Pilzen, Flechten, Rhabarber, Tomaten, unreifen Weintrauben, Bernstein; Erzeugung von Alkyd-Harz, Polyester
Hexandisäure, Adipinsäure $HOOC-(CH_2)_4-COOH$	ϑ_m 153 °C, Augen und Haut reizend	mit Hexamethylendiamin Erzeugung von 6,6-Polyamid (Nylon-6,6)

Übersicht 16-13

16.2.9 Substituierte Carbonsäuren

Substituierte Carbonsäuren besitzen in der Kohlenstoffkette in α-, β-, γ-, δ-Stellung usw. zur Carboxy-Gruppe Substituenten.

Nach diesen Substituenten sind die Säuren benannt:

a) **Halogencarbonsäuren,** vor allem mit Chlor als Substituenten (Chlorcarbonsäuren),

b) **Hydroxycarbonsäuren,** mit Hydroxy-Gruppen als Substituenten (OH-Gruppen),

c) **Oxocarbonsäuren,** mit Sauerstoff als Substituenten (Oxo-Gruppen),

d) **Aminocarbonsäuren** (Aminosäuren) mit Amino-Gruppen als Substituenten (NH_2-Gruppen; vgl. Abschnitt 16.2.15).

Die Stellung der Substituenten wird mit Zahlen, beginnend am Kohlenstoff der Carboxy-Gruppe, oder mit griechischen Buchstaben, beginnend am C-Atom, das der Carboxy-Gruppe benachbart ist, angegeben.

Viele dieser Säuren kommen in Pflanzen und Tieren vor bzw. sind Zwischenprodukte des Kohlenhydratstoffwechsels. Aminosäuren bauen die Eiweiße auf.

Hydroxy-, Oxo-Gruppen und Halogene wirken durch –I-Effekt (insbesondere in α-Stellung) gegenüber der Carboxy-Gruppe Elektronen anziehend, wodurch das Proton leichter abgespalten werden kann als bei unsubstituierten Carbonsäuren (höhere Dissoziation bzw. Acidität). Substituierte Carbonsäuren verhalten sich chemisch entsprechend ihren funktionellen Gruppen.

16.2.10 Derivate der Carbonsäuren

Säurederivate entstehen durch Veränderung der Carboxy-Gruppe.

Die OH-Gruppe der Carboxy-Gruppe kann durch andere funktionelle Gruppen ersetzt werden. Die wichtigsten Derivate sind Carbonsäuresalze, -amide, -halogenide, -ester:

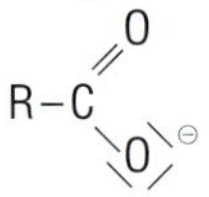

Carboxylat-Anion

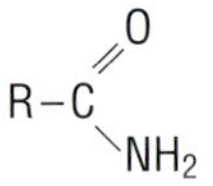

Carbonsäureamid

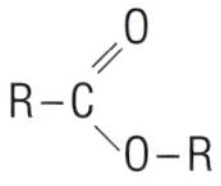

Carbonsäureester

Wichtige substituierte Carbonsäuren

Name/Formel		Eigenschaften, Vorkommen, Verwendung
Hydroxyethansäure, Glycolsäure, $CH_2(OH)-COOH$	$pK_S = 3{,}8$;	einfachste Hydroxysäure; in unreifen Weintrauben
2-Hydroxypropansäure, Milchsäure, $CH_3-CH(OH)-COOH$	$pK_S = 3{,}86$;	leicht in Wasser lösliche Kristalle; Entstehung bei Milchsäuregärung (Sauerkraut, Silage, saure Milch, Sauerteig) und beim Abbau von Kohlenhydraten im Muskel („Muskelkater"); zur Säuerung von alkolfreien Getränken; Salze: Lactate
2,3-Dihydroxybutandisäure, Weinsäure, $HOOC-CH(OH)-CH(OH)-COOH$	$pK_S = 2{,}9$;	wasserlösliche Kristalle; in vielen Früchten (Weintrauben); Konservierung von eiweißhaltigen Lebensmitteln; Komplexbildner; Salze: Tartrate; Kaliumhydrogentartrat: Weinstein
2-Hydroxy-1,2,3-propantricarbonsäure, Citronensäure, $HOOC-CH_2-C(OH)(COOH)-CH_2-COOH$	$pK_S = 3{,}1$;	wasserlösliche Kristalle, in vielen Früchten (Zitronen, Orangen, Ananas, Erdbeeren, Johannisbeeren u. a.); zur Konservierung und Säuerung von Lebensmitteln; Zwischenprodukt im Stoffwechsel, somit auch im Harn und Blut; Salze: Citrate
2-Oxopropansäure, Brenztraubensäure, $CH_3-CO-COOH$	$pK_S = 2{,}49$;	wasserlösliche Flüssigkeit (Kp.14 °C); Zwischenprodukt beim Fett- und Kohlenhydratstoffwechsel; bei starker Muskelbeanspruchung Reduktion zu Milchsäure („Muskelkater"); Salze: Pyruvate
Monochloressigsäure, $Cl-CH_2-COOH$ Dichloressigsäure, $Cl_2CH-COOH$ Trichloressigsäure, $Cl_3C-COOH$	$pK_S = 2{,}89$; $pK_S = 1{,}29$; $pK_S = 0{,}65$;	kristalline, gut in Wasser lösliche Säuren; acider als unsubstituierte Alkansäuren; an Stelle des Chlors können auch F, Br, I als Substituenten gebunden sein

Übersicht 16-14

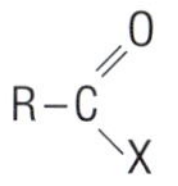

Carbonsäure-
halogenid

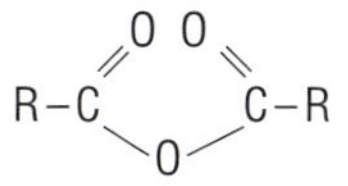

Carbonsäure-
anhydrid

In der genannten Reihenfolge steigt die Reaktivität gegenüber nucleophilen Reagenzien, die ein freies Elektronenpaar für eine neue Bindung besitzen.

Die Benennung der **Carbonsäureamide** erfolgt durch die Acylgruppe der entsprechenden Carbonsäure (ohne Endung -yl; vgl. Abschnitt 16.2.8) und die Endung -amid, z. B. $H-CO-NH_2$ Formamid, $CH_3-CO-NH_2$ Acetamid. Beide Verbindungen sind flüssig, höhermolekulare Amide sind kristallin. Die Säureamide können sich wie sehr schwache Säuren und wie sehr schwache Basen verhalten. Dimethylformamid (DMF) $H-CO-N(CH_3)_2$ wird als Lösungsmittel verwendet (gesundheitsschädlich).

Carbonsäureamide entstehen durch Umsetzung z. B. von Carbonsäurechlorid mit Ammoniak:

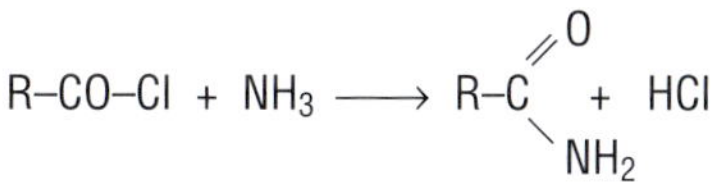

Carbonsäureester werden durch die Säure, die Alkyl-Gruppe des Alkohols und die Endung -ester benannt, z. B. Essigsäureethylester
$CH_3CO-O-CH_2-CH_3$ (ältere Bezeichnung: Ethylacetat).

Ester sind Verbindungen von Säure und Alkohol.

Die Ausgangsstoffe vereinigen sich unter Abspaltung von Wasser. Die Veresterung ist eine Gleichgewichtsreaktion (vgl. Abschnitte 12.3, 12.4). Die Spaltung des Esters durch Alkalihydroxid heißt **Verseifung:**

$$R{-}COOH + HO{-}CH_2{-}CH_3 \underset{NaOH}{\rightleftharpoons} \underset{\text{Carbonsäureethylester}}{R{-}CO{-}O{-}CH_2{-}CH_3} + H_2O$$

Die $-CO-O$-Brücke heißt **Esterbindung.** Ester sind wenig bis unlöslich in Wasser. Carbonsäureester kommen in der Natur als Duft- und Aromastoffe vor (Rum, Banane, Ananas, Birne, Apfel u. a.). Sie werden auch synthetisch erzeugt.

Flüssige Ester dienen als Lösungsmittel für Lackgrundstoffe. **Wachse** (z. B. Bienenwachs) sind Ester höherer Fettsäuren und höherer Alkohole (Fett-, Wachsalkohole). **Fette** sind die wichtigsten Ester.

Versuch

C

Ätzend

R 21,
R 35,
S 28,
S 39

Mischen Sie 5 ml Eisessig und 5 ml Ethylalkohol (97 %) in einem Reagenzglas (Schutzbrille) und geben Sie tropfenweise 1 ml konz. Schwefelsäure hinzu. Erwärmen Sie die Lösung etwa 10 Minuten im Wasserbad bei 80 °C. Prüfen Sie den Geruch! Gießen Sie den Inhalt des Reagenzglases in kaltes Wasser. Beobachtung?
Wiederholen Sie den Versuch mit Butansäure und Ethanol!
Stellen Sie die Reaktionsgleichungen auf!

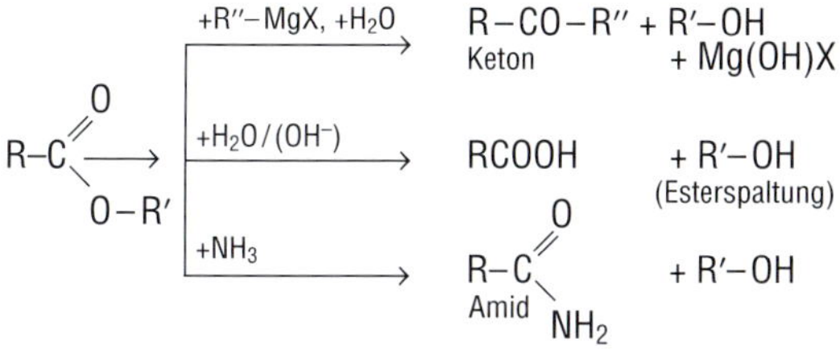

Auch anorganische Säuren binden Alkohole zu Estern, z. B. Salpetersäure bildet mit Glycerol (Glycerin) Trinitroglycerin. Schwefelsäure und Fettalkohole verbinden sich zu Alkylsulfaten (Schwefelsäurealkylester, vgl. Abschnitt 16.2.12).

Carbonsäurehalogenide werden als **Acylhalogenide** bezeichnet, z. B. **Acetylchlorid** $CH_3-CO-Cl$, **Propionyliodid** CH_3CH_2-CO-I. Die niedermolekularen Verbindungen sind farblose, stechend riechende, die Schleimhaut stark reizende Flüssigkeiten, die an feuchter Luft rauchen (Abspaltung von Halogenwasserstoff). Sie sind viel reaktionsfreudiger als Alkylhalogenide und dienen zur Synthese vieler Verbindungen, z. B. von Carbonsäuren, Säureamiden und zur **Acylierung,** d. h. zur Einführung einer Acyl-Gruppe in eine organische Verbindung.

Carbonsäurechlorid entsteht z. B. bei der Reaktion von Carbonsäure mit Phosphorpentachlorid:

$$R{-}COOH + PCl_5 \longrightarrow R{-}CO{-}Cl + POCl_3 + HCl$$

Reaktionen

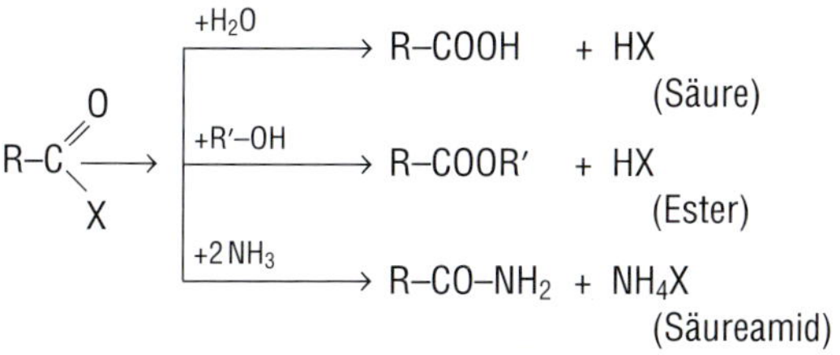

Aufgabe

Erläutern Sie, nach welchem Reaktionstyp die Verbindungen gebildet werden.

Essigsäure- oder **Acetanhydrid**

$CH_3-CO-O-CO-CH_3$ ist das wichtigste Carbonsäureanhydrid („Carbonsäure ohne Wasser"). Es ist eine stechend riechende Flüssigkeit, die exotherm mit Wasser zu Essigsäure reagiert.

Säureanhydride können u. a. aus Carbonsäure und Säurechloriden synthetisiert werden:

$$R\text{–}COOH + R\text{–}CO\text{–}Cl \longrightarrow R\text{–}CO\text{–}O\text{–}CO\text{–}R + HCl$$

Reaktionen

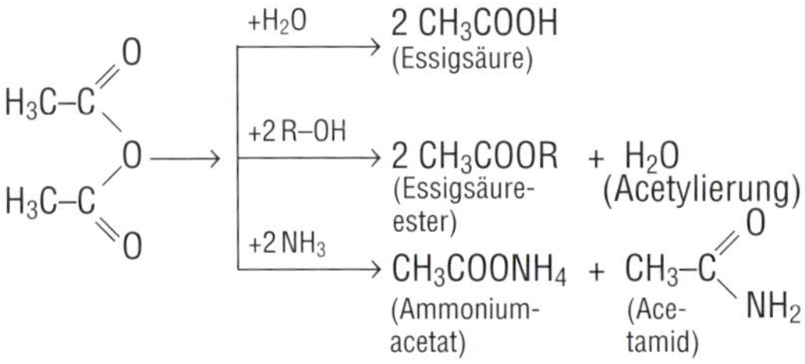

Essigsäureanhydrid verwendet man zur Herstellung von Farbstoffen, Pharmazeutika sowie als **Acetylierungsmittel** (Einführung der Acetyl-Gruppe CH_3-CO- in organische Verbindungen) z. B. bei der Acetylierung von Cellulose zu Acetylcellulose.

16.2.11 Natürliche Fette und Öle – Fetthärtung und Fettspaltung

Tierische und pflanzliche Fette und Öle sind vor allem Verbindungen höherer Fettsäuren und 1,2,3-Propantriol (Glycerol, Glycerin) sowie z. T. Glycol, somit Fettsäureester des Glycerols (vor allem Triglyceride) bzw. des Glycols.

Fette sind somit ebenfalls Derivate von Fettsäuren. Fette werden auch als **Lipide** bezeichnet, verwandte Verbindungen (bisweilen noch) als Lipoide (fettähnlich): Fett-, Wachsalkohole, Fettsäuren, Lecithin, Cholesterin u. a.

Glycerol hat meist drei Fettsäuren gebunden **(Triglyceride).** Am Molekülaufbau beteiligen sich unterschiedliche Fettsäuren. Pflanzliche Öle bestehen ausschließlich aus geradzahligen, tierische Fette fast nur aus geradzahligen Fettsäuren (Anzahl der C-Atome 10, 12, … bis 22). In Tierfetten kommt in geringer Menge u. a. die **Margarinsäure** C_{17} vor. Tierische Fette enthalten vor allem gesättigte, pflanzliche Öle mehr lebenswichtige (essenzielle) ungesättigte Fettsäuren, die der menschliche Organismus nicht selbst aufbauen kann. Ein tierisches Fett könnte z. B. wie folgt zusammengesetzt sein:

Glycerol	Fettsäuren		
CH_2-O-	$CO-(CH_2)_{14}-CH_3$	**Palmitinsäure**	C_{16}
$CH-O-$	$CO-(CH_2)_{16}-CH_3$	**Stearinsäure**	C_{18}
CH_2-O-	$CO-(CH_2)_7-CH=CH-(CH_2)_7-CH_3$	**Ölsäure**	C_{18}

Je mehr ungesättigte Fettsäuren am Aufbau des Fettes beteiligt sind, desto niedriger liegt die Schmelztemperatur. Fette und Öle werden aus tierischen Geweben und pflanzlichen Samen durch Extraktion mittels Alkohol, Ether oder n-Hexan sowie durch Auspressen, Ausschmelzen, Auskochen gewonnen und zu Fettsäuren, Glycerol und Seife verarbeitet. Ca. 80 % der Weltfettproduktion dient der Ernährung.

Rapsöl wird seit einigen Jahren zunehmend als **„Biodiesel"** aus nachwachsenden Rohstoffen an Stelle von Erdöl-Dieselkraftstoff verwendet. Dazu muss das Rapsöl zu Rapsölmethylester (RME) umgewandelt werden.

Pflanzliche Öle werden „gehärtet", um streichfähige Produkte zu erhalten (Margarine). Die Öle werden dazu bei 200 °C und $2 \cdot 10^6$ Pa mithilfe von Nickel-Katalysatoren hydriert. Der Wasserstoff lagert sich dabei an die Doppelbindungen an. Durch die Fetthärtung geht die essenzielle Wirkung der Öle zumindest teilweise verloren.

Die **Fettspaltung** ist eine Hydrolyse, auch als **Verseifung** bezeichnet. Sie erfolgt bei Normaldruck mit heißem Wasserdampf unter Zusatz von Schwefelsäure und einem sog. Reaktiv. Die Zerlegung kann auch bei 250 °C und 2 bis 3 MPa durchgeführt werden. Man erhält mit beiden Technologien Fettsäuren und Glycerol. Die Fettsäuren werden zu Fettalkohol reduziert oder mit Alkalihydroxid zu Seifen umgewandelt. Die alkalische Spaltung (mit 3 Mol NaOH oder KOH pro 1 Mol Fettverbindung bzw. mit Sodalösung) führt direkt zu den Fettsäuresalzen oder **Seifen.**

Das Ranzigwerden beruht auf der Oxidation ungesättigter Fettsäuren durch Luftsauerstoff bzw. der encymatischen Spaltung durch Bakterien bzw. dem Fettabbau durch Schimmelpilze. Dabei entstehen übel riechende Spaltprodukte. Den Abbau hemmen Vitamin E und Lecithin (Antioxidantien), die als Begleitstoffe in den Fetten enthalten sind.

16.2.12 Seifen und synthetische Waschmittel – Tenside

> Herkömmliche Seifen sind Alkalisalze höherer Fettsäuren (C_{10} bis C_{18}).

Die härteren Seifen (Toiletten-, Feinseife) enthalten Natrium-, die weicheren (Rasiercreme, Schmier-, Flüssigseife) Kalium-Ionen, z. B. **Natriumpalmitat** $CH_3-(CH_2)_{14}-COO^{\ominus}Na^{\oplus}$, **Kaliumstearat** $CH_3-(CH_2)_{16}-COO^{\ominus}K^{\oplus}$.
Die Waschwirkung der **Seifen** ist von der Molekülgröße (am größten bei **Laurinsäure** C_{12}, d. h. Seifen aus Kokos- und Palmkernöl) und der Molekülstruktur abhängig: Der geradkettige Kohlenwasserstoffteil ist unpolar und lipophil, die Gruppe $-COO^{\ominus}Na^{\oplus}$ bzw. $-COO^{\ominus}K^{\oplus}$ polar und hydrophil. Wegen der negativen Ladung der Carboxy-Gruppe bezeichnet man die Seife als **anionenaktiv:**

$CH_3-(CH_2)_{12}$ ⋮ $-COO^{\ominus}Na^{\oplus}$ bzw. ——— ⋮ ○

unpolar, lipophil ⋮ polar, hydrophil — unpolar, lipophil ⋮ polar, hydrophil

Beim Mischen der Seife mit Wasser entstehen verschiedene Molekülanordnungen:

a) An der Wasseroberfläche bildet sich eine „Bürstenstruktur“. Die polaren, wasserfreundlichen Gruppen lösen sich in der Wasseroberfläche zwischen den Wassermolekülen. Dadurch wird die Wasserstoff-Brückenbindung zwischen den Wassermolekülen teilweise zerstört und die **Oberflächenspannung** des Wassers sinkt. Die unpolaren, wasserfeindlichen (aber fettfreundlichen) Kohlenwasserstoff-Teile werden vom Wasser abgestoßen und ragen in die Luft (Abb. 16-14). Die Bürstenstruktur wird nur von einer Molekülschicht gebildet.
Durch diese Wirkung werden Seifen und sich ähnlich verhaltende Stoffe als **oberflächenaktive, grenzflächenaktive, waschaktive Substanzen** (WAS) oder **Tenside** bezeichnet. Durch die niedrigere Oberflächenspannung kann die Waschflotte Schmutz, Fett und andere hydrophobe Stoffe benetzen sowie Schaum bilden (Abb.16-15).

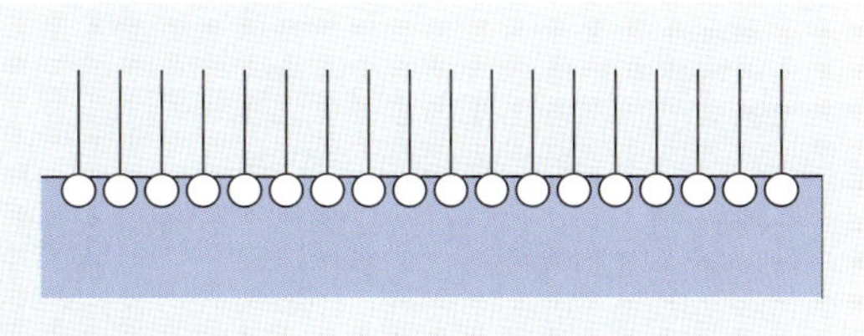

Abb. 16-14
„Bürstenstruktur“ von Seifenmolekülen bzw. oberflächenaktiven Stoffen auf der Wasseroberfläche

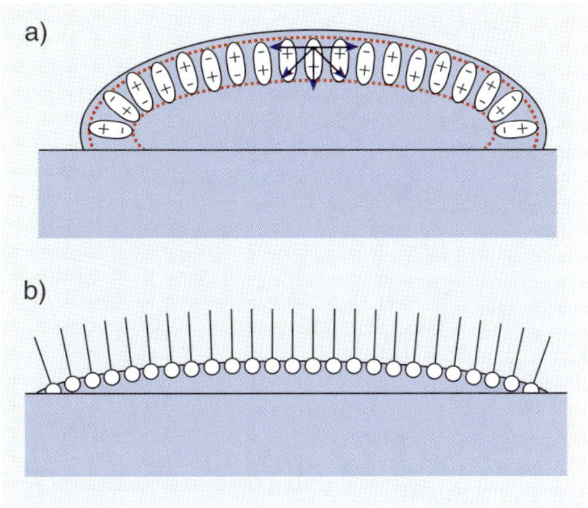

Abb. 16-15
Wirkung der Wasserstoffbrückenbindung (···) zwischen den Dipolen der Wassermoleküle als Oberflächenspannung (a) und Zerstörung der Kräfte durch oberflächenaktive Substanzen (b)

Versuch

Streuen Sie auf die Oberfläche sehr reinen Wassers einige Campherkristalle. Beobachtung?

Geben Sie nun einige Tropfen einer waschaktiven Substanz auf die Wasseroberfläche. Beobachtung?

Streuen Sie erneut einige Campherkristalle auf das Wasser. Beobachtung?

Campherkristalle können sich nur bei Berührung mit dem Wasser lösen. Die Kristalle liegen jedoch auf der „Kohlenwasserstoff-Bürste“ der verunreinigten Oberfläche. Mit Campher kann man somit die Reinheit der Wasseroberfläche prüfen.

b) Wird mehr Seifenlösung in das Wasser eingebracht, als die Oberfläche aufnehmen kann, bilden sich im Wasser kugelige und lamellenartige Molekülanhäufungen (Abb. 16-16, Seite 298). Die polaren Molekülgruppen richten sich zum umgebenden Wasser hin aus, während die Kohlenwasserstoff-Gruppen sich vom Wasser abkehren. Die Micellen (lat. Körnchen) und Lamellen nehmen beim Waschprozess durch Emulgieren hydrophobe Stoffe wie Fett, Schweißabsonderungen u. a. auf. Die Waschwirkung ist mit der Schmutzsättigung der Micellen erschöpft. Das äußert sich mit abnehmender Schaumbildung.

Seifen haben einige Nachteile: Sie reagieren als Salze sehr schwacher Säuren und starker Basen alkalisch (Haut und Augen reizend). Sie sind säureempfindlich (Abscheidung unlöslicher Fettsäuren).

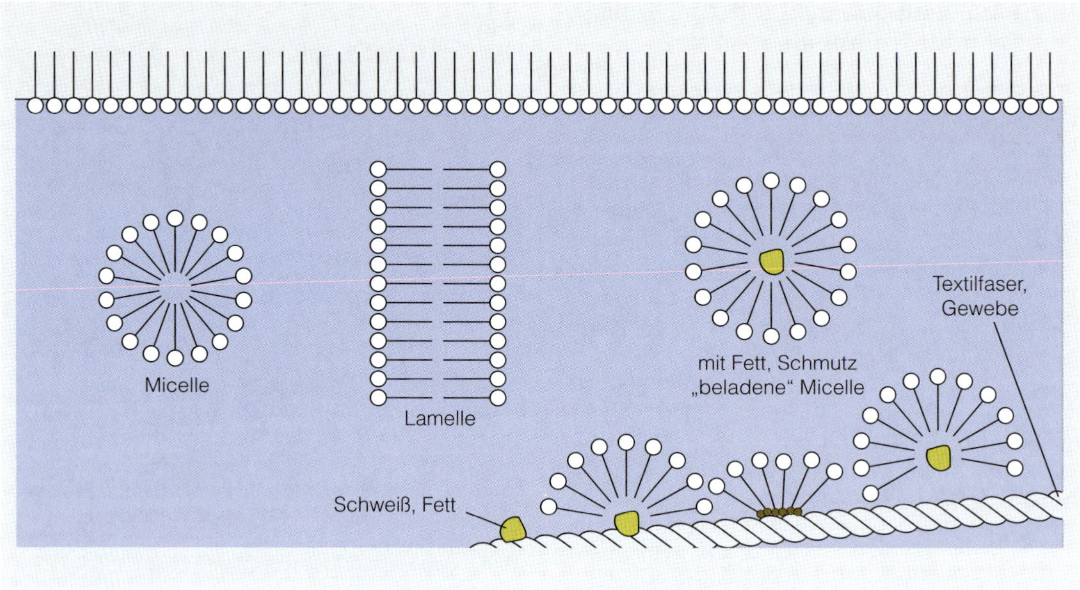

Abb. 16-16 Seifenstrukturen im Wasser und Ablösevorgang von Schmutz und Fett

Mit Calcium- und Magnesium-Ionen (hartes Wasser) bilden sie unlösliche Kalkseifen. Dadurch geht die Waschwirkung verloren (vgl. Abschnitt 3.6.2):

$$2\,R{-}COO^{\ominus}Na^{\oplus} + Ca^{2\oplus} \longrightarrow \underline{(R{-}COO^{\ominus})_2Ca^{2\oplus}} + 2\,Na^{\oplus}$$

Synthetische WAS (im englischen Sprachraum: Synthetische Detergentien oder Syndets) bestehen ebenfalls aus Molekülen mit einem Kohlenwasserstoff-Teil und einer hydrophilen Gruppe. Sie bilden im Wasser gleichartige Strukturen wie Seifen aus und besitzen Vorteile: Sie reagieren neutral (bis schwach sauer, ca. pH 6), bilden mit Calcium- und Magnesium-Ionen keine unlöslichen Salze und können spezifischen Anforderungen angepasst werden.

Folgende hydrophile Gruppen sind zu unterscheiden:

1. negativ geladene, sog. anionenaktive Gruppen in **anionenaktiven WAS (anionenaktive Tenside)**

   a) Als Anionen-Gruppen sind Sulfat-Ionen an den Kohlenwasserstoffteil gebunden: $-O-SO_3^{\ominus}$ (Sulfate).

   Sie entstehen durch Veresterung von Fettalkoholen (vor allen Laurylalkohol C_{12}) mit Schwefelsäure und der Neutralisation der gebildeten **Alkylsulfate** (Fettalkoholsulfate oder Schwefelsäurealkylester) mit NaOH (der Schwefel ist über ein Sauerstoff-Atom an Kohlenstoff gebunden). Sie sind biologisch abbaubar:

   $$\underset{\text{Laurylalkohol}}{C_{12}{-}H_{25}{-}OH} + HOSO_3H \xrightarrow[-H_2O]{}$$

   $$\underset{\text{Laurylschwefelsäure}}{C_{12}H_{25}{-}O{-}SO_3H} \xrightarrow[-H_2O]{+NaOH} \underset{\text{Natriumlaurylsulfat}}{C_{12}H_{25}{-}O{-}SO_3^{\ominus}Na^{\oplus}}$$

   b) Als hydrophile Gruppe sind Sulfonat-Ionen an den KW-Teil als Anion gebunden: $-SO_3^{\ominus}$ (Sulfonate; Salze der Sulfonsäure).

   Alkylbenzene werden mit SO_3 zu Alkylbenzensulfonsäuren umgesetzt und diese mit NaOH neutralisiert zu **Alkylbenzensulfonaten** (zu ca. 90 % biologisch abbaubar; der Schwefel ist direkt an Kohlenstoff gebunden):

   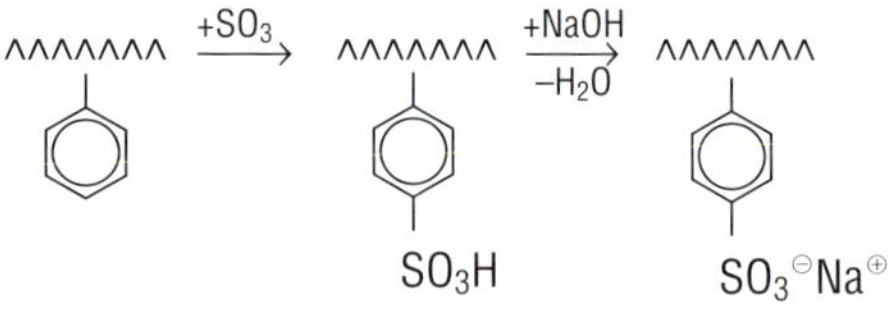

   Alkylbenzen — Alkylbenzensulfonsäure — Natriumalkylbenzensulfonat

   Anionenaktive WAS sind die wichtigsten Tenside mit guter Schaumbildung, Schmutz und Fett lösender Wirkung und neutraler Reaktion (haut- und textilschonend). Sie werden als Wasch-, Geschirrspül-, Erzflotationsmittel und Industriereiniger eingesetzt.

2. positiv geladene, sog. kationenaktive Gruppen in **kationenaktiven WAS (kationenaktive Tenside).**

Die kationischen Tenside sind u. a. quaternäre Ammoniumsalze (vgl. Abschnitt 16.2.3) mit Alkyl- und Benzyl-Gruppen, z. B.

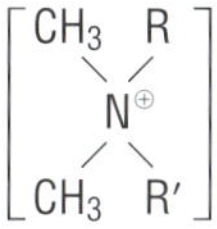

$Cl^{\ominus}$ (R–, R'– ≡ Akyl- oder Benzyl-)

oder

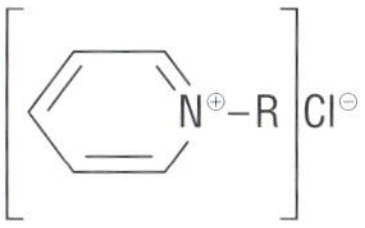

Die Waschwirkung ist gering, weil Fettteilchen, Hautschuppen u. a. meist negativ geladen sind, die mit den Kationen elektrostatisch reagieren. Man nutzt dieses Verhalten, wenn man eine negative Aufladung ausgleichen will (Antistatika, Haarspülungen, Fönlotionen, Weichmacher für Textilien, Flotationsmittel, Korrosionsinhibitoren). Die kationenaktiven WAS sind keimtötend (desinfizierende medizinische Seifen).

3. positiv und negativ geladene, sog. amphotere (griech. beiderlei) Gruppen in **amphoteren WAS (amphotere Tenside,** Amphotenside, **Betaine).** Sie besitzen die allgemeine Struktur $(R)_3N^{\oplus}-(CH_3)_2-COO^{\ominus}$.

   Da eine positive und eine negative Ladung im Teilchen vorhanden ist, werden die Moleküle auch als **Zwitter-Ionen** bezeichnet.

   Amphotere Tenside sind hautverträglich und schwach desinfizierend (Baby-Seife). Sie werden in Kosmetika als Netzmittel und Emulgatoren, wegen ihres hohen Preises jedoch nicht als Waschmittel angewendet.

4. ungeladene, sog. nichtionische oder nichtionogene Gruppen in **nichtionogenen WAS (nichtionogene Tenside).**

   Sie haben z. B. die allgemeine Struktur $R-CH_2-O-(CH_2-O)_n CH_2-CH_2-OH$ und werden aus Fettalkohol und Ethylenoxid (Oxiran) oder nur aus Oxiran als Polyethylenglycole (PEG) $H[O-CH_2-CH_2]_n OH$ hergestellt.

   Nichtionische Tenside sind biologisch gut abbaubar, benetzen sehr gut, bilden wenig Schaum, wirken gut emulgierend und werden in Vollwaschmitteln, als Zwischenprodukte für die Herstellung von Polyurethanen und als Hilfsstoffe in vielen Einsatzgebieten verwendet, z. B. als Emulgatoren, Lösungsvermittler, Konsistenzregler, Trennmittel u. a.

16.2.13 Kohlenhydrate

Kohlenhydrate werden durch Pflanzen gebildet. Mithilfe des Chlorophylls als Katalysator entsteht aus Kohlenstoffdioxid und Wasser Glucose (Traubenzucker). Dabei wird Sauerstoff frei:

$$6\,CO_2 + 6\,H_2O \rightarrow \underset{\text{Glucose, Traubenzucker}}{C_6H_{12}O_6} + 6\,O_2 \qquad \Delta H = +2824\ \text{kJ} \cdot \text{mol}^{-1}$$

Der Vorgang verläuft unter Aufnahme von Lichtenergie, die als chemische Energie gespeichert wird. Es ist der einzige bekannte Vorgang, in dem aus anorganischen Verbindungen mittels Lichtenergie energiereichere Verbindungen entstehen. Der Vorgang der **Photosynthese** (griech. Licht) ist daher von fundamentaler Bedeutung für die menschliche und tierische Ernährung sowie den CO_2-Kreislauf (vgl. Abschnitt 4.8.4).

Der Name Kohlenhydrat (hydros griech. Wasser) bedeutet Wasserverbindung des Kohlenstoffs, denn scheinbar besteht z. B. $C_6H_{12}O_6$ aus 6 Kohlenstoffatomen und 6 Wassermolekülen.

Versuch

Versetzen Sie in einem Reagenzglas einen Spatel Zucker mit einigen Tropfen konzentrierter Schwefelsäure. Beobachtung? Wiederholen Sie den Versuch mit Cellulose oder Holz.
(Schutzbrille, Einmalhandschuhe) R 25, S 39

Kohlenhydrate kommen in einfachen und zusammengesetzten Molekülen vor:

Monosaccharide oder Einfachzucker sind **Glucose** oder Traubenzucker, **Fructose** oder Fruchtzucker; **Disaccharide** oder Zweifachzucker sind aus zwei Molekülen entstanden z. B. **Saccharose** oder Rohr-/Rübenzucker.

Polysaccharide (Vielfachzucker) z. B. Cellulose enthält bis zu 10 000 Monosaccharid-Moleküle. Zusammengesetzte Kohlenhydrate können durch Säuren in Monosaccharide gespalten werden.

Monosaccharide

Nach ihrem chemischen Aufbau sind alle unsubstituierten Kohlenhydrate Polyhydroxycarbonyl-Verbindungen, d. h., sie enthalten „viele OH-Gruppen und eine Carbonyl-Gruppe" (=CO bzw. Oxo-Gruppe =O).
Die wichtigsten Verbindungen sind die **Monosaccharide.** Sie kommen in Form isomerer Verbindungen vor. Die „Einfachzucker" werden nach folgenden Merkmalen eingeteilt:

- Nach der **Stellung der Carbonyl-Gruppe** (Oxo-Gruppe) unterscheidet man **Aldehydzucker** oder **Aldosen** mit der Aldehyd-Gruppe –CHO am C_1-Atom wie z. B. bei der Glucose und **Ketozucker** oder **Ketosen** mit der Keto- oder Oxo-Gruppe C=O am C_2-Atom wie z. B. bei der Fructose.
- Nach der **Anzahl der C-Atome** teilt man ein in **Triosen** C_3, **Tetrosen** C_4 (sie treten als Stoffwechselzwischen- und -endprodukte auf) sowie die eigentlichen Zucker **Pentosen** $C_5H_{10}O_5$ (C_5) und **Hexosen** $C_6H_{12}O_6$ (C_6).

Nahezu alle in der Natur vorkommenden und wichtigen Monosaccharide oder Einfachzucker sind unverzweigte **Aldopentosen, Aldohexosen** und **Ketohexosen.** Die Übersicht 16-15 zeigt die wichtigsten Verbindungen in der **offenkettigen** Zucker-Konfiguration. Realistischer wird der Aufbau der Zucker als cyclische Moleküle, d. h. durch Ring-Formeln, beschrieben, denn die Zucker kommen vor allem in dieser Form im Kristall und in Lösung vor, weil das der energieärmste Zustand ist. Z. B. liegt die Glucose im Gleichgewicht nur zu 0,0026 % acyclisch (offenkettig) vor.

Wichtige Aldopentosen, Aldohexosen und Ketohexosen

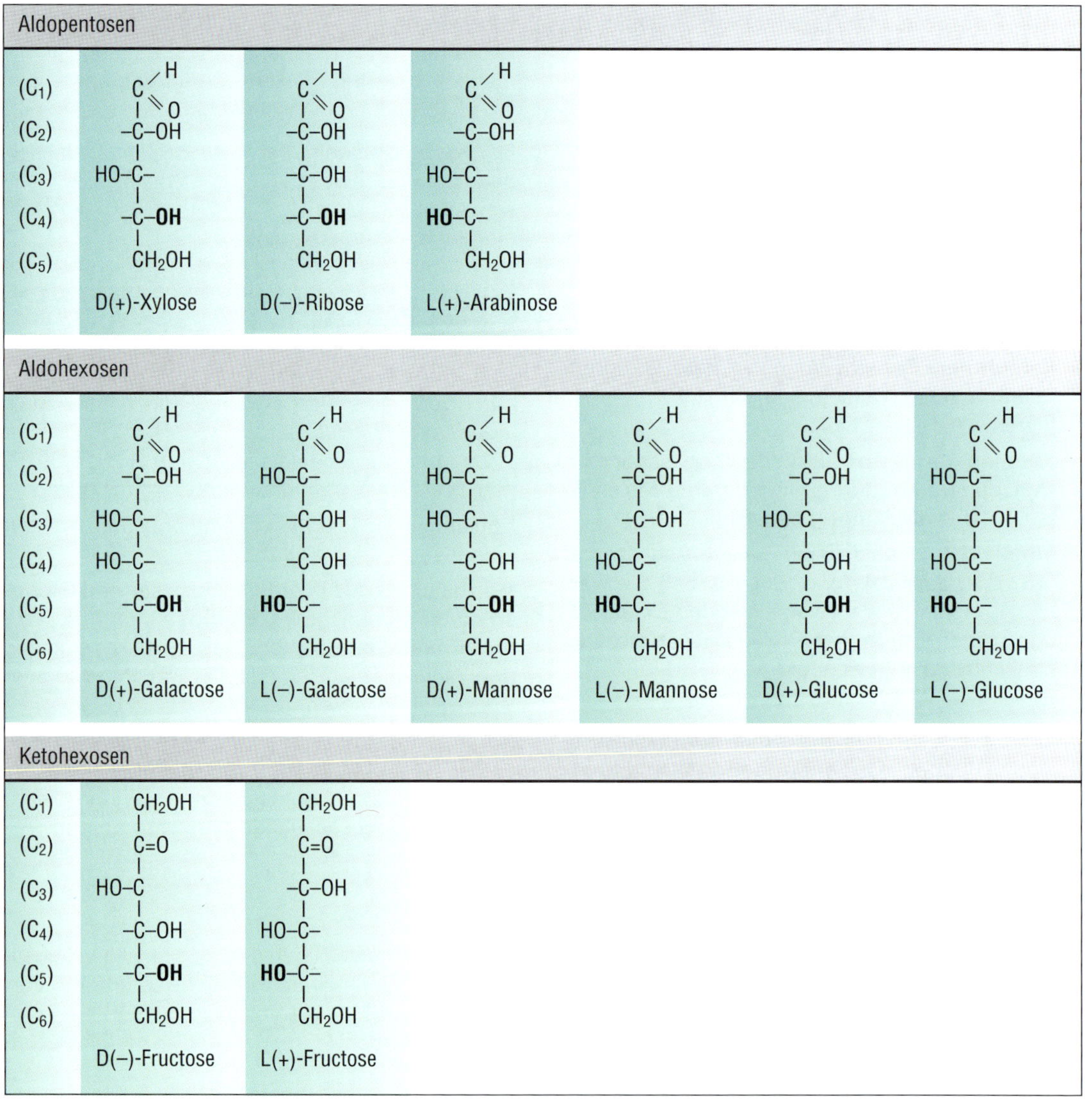

Übersicht 16-15

Anmerkungen:
Aus Gründen der Übersichtlichkeit werden nur die Positionen der OH-Gruppen angegeben, die der H-Atome nur durch Valenzstriche.

Zur Bedeutung von D(+), D(−) und L(+), L(−) vgl. Abschnitt 16.2.14, Seite 304.

Der Ring entsteht z. B. bei der **Glucose** (und anderen Aldosen) durch Reaktion der OH-Gruppe am C_5-Atom mit dem Sauerstoff der Aldehyd-Gruppe (Wanderung des Wasserstoffs von der OH-Gruppe zur Oxo-Gruppe). Es bildet sich ein 6er-Ring mit einer Sauerstoff-Brücke. Für jeden Zucker gibt es eine α- und eine β-Form, die sich z. B. bei der Glucose in der Stellung der OH-Gruppe am C_1-Atom unterscheiden:

Ringschluss bei Glucose (Aldose):

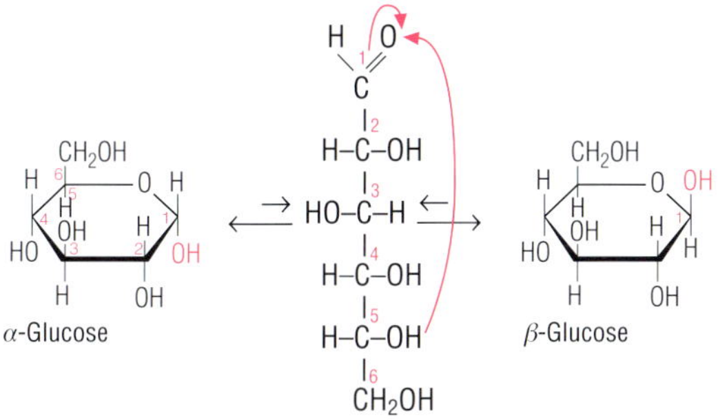

α-Glucose

Glucose offenkettige Form Aldehyd-Form

β-Glucose

Hexosen können auch 5er-Ringe bilden, wenn Wasserstoff der HO-Gruppe von C_4 an die Oxo-Gruppe wandert. Auch bei Pentosen entsteht der 5er-Ring zwischen C_4 und C_1.
Bei den Ketosen mit 6 C-Atomen, z. B. der Fructose, befindet sich die Oxo-Gruppe am C_2-Atom. Der Ringschluss erfolgt zwischen C_5 und C_2 (vgl. dazu die unten aufgeführten cyclischen Formeln).

Ringschluss bei Fructose (Ketose):

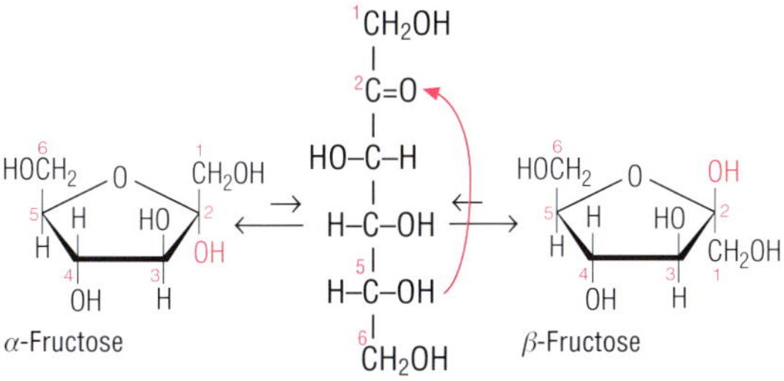

α-Fructose

Fructose offenkettige Form Keto-Form

β-Fructose

Das Produkt der Reaktion einer alkoholischen OH-Gruppe mit einer Oxo-Gruppe ist ein Halbacetal, d. h., die Zucker sind **Halbacetale** (Abschnitt 16.2.5).

Die Zucker kommen nicht in der o. a. ebenen Form, sondern in der energetisch günstigeren Sesselform vor (vgl. Abschnitt 16.1.2). So hat das Glucose-Molekül die folgende räumliche Struktur (vgl. auch Abschnitt 16.2.14).

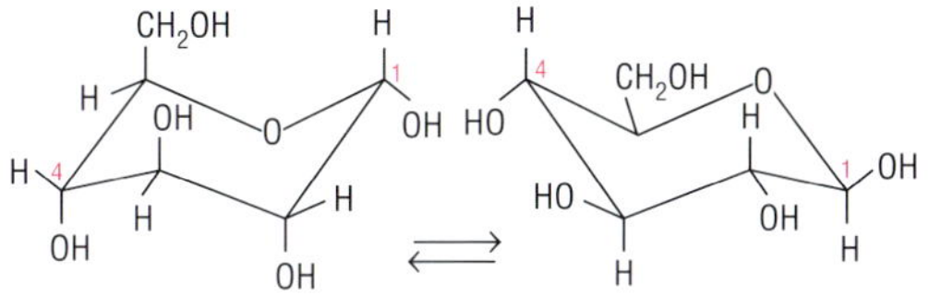

α-D-Glucose β-D-Glucose

Die Einfachzucker sind optisch aktive Substanzen (vgl. dazu den nächsten Abschnitt).

Hexosen bilden wasserlösliche, farblose Kristalle mit süßem Geschmack. Sie sind zu Ethanol und Kohlenstoffdioxid (Galactose nur z. T.) sowie zu Milchsäure vergärbar:

$$C_6H_{12}O_6 \xrightarrow{\text{Hefepilze}} 2\,C_2H_5OH + 2\,CO_2$$

$$C_6H_{12}O_6 \xrightarrow{\text{Milchsäurebakterien}} 2\,CH_3\text{–}CH(OH)\text{–}COOH$$

Die wichtigsten **Hexosen** sind **Glucose, Fructose, Mannose** und **Galactose.**

Glucose oder Traubenzucker ist als Einfachzucker in süßem Obst, Honig, Trauben und im Blut enthalten (bei Diabetes im Harn) und ist Baustein in Disacchariden (in Rohr-, Malz-, Milchzucker) und Polysacchariden (Stärke, Cellulose, Glycogen).

Fructose oder Fruchtzucker findet sich in Früchten, Honig und als Baustein im Disaccharid Rohrzucker/Rübenzucker. Sie besitzt die größte Süßkraft.

Mannose kommt vor allem in Polysacchariden vor (Cellulose, Glycoproteide, Blutgruppensubstanz).

Galactose ist im Disaccharid Lactose oder Milchzucker und in Polysacchariden (Pectin, Gummi arabicum, Glycoproteinen) enthalten.

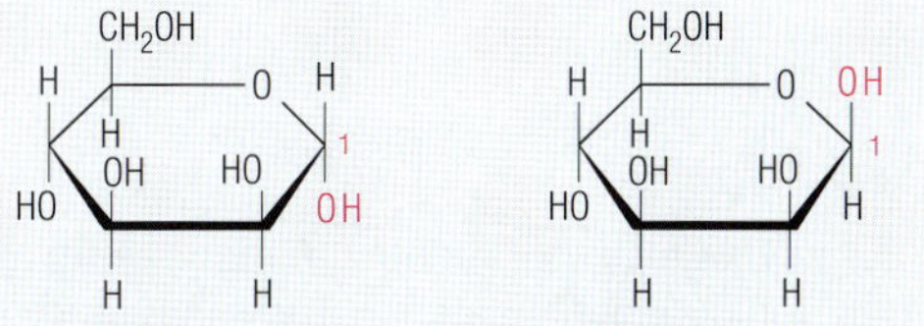

α-Mannose β-Mannose

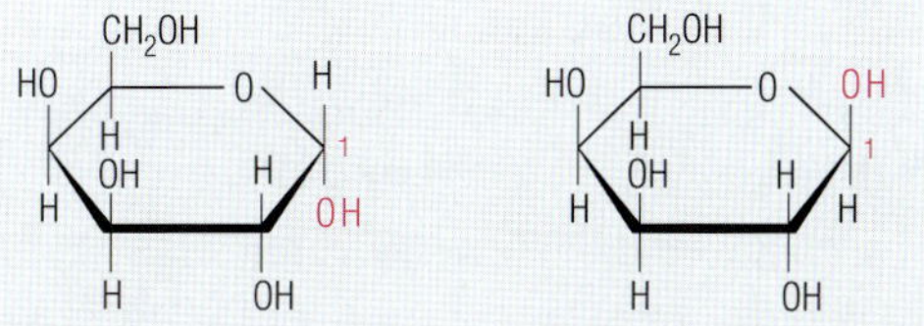

α-Galactose β-Galactose

Die wichtigsten **Pentosen** sind Arabinose, Ribose und Xylose. Sie sind nicht zu Alkohol vergärbar.

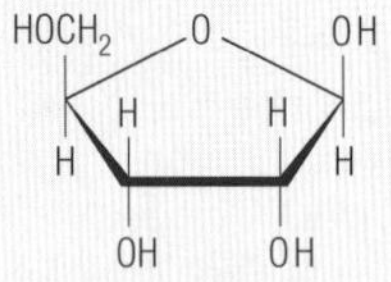

β-Ribose

Baustein in Enzymen und Nucleinsäuren (Zellkern); gebunden als Desoxiribonucleinsäure und Ribonucleinsäure

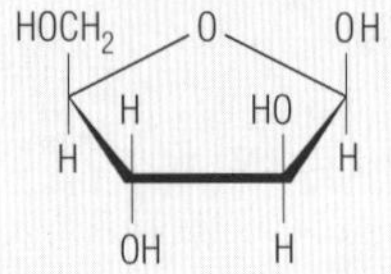

β-Arabinose

in Kirschgummi

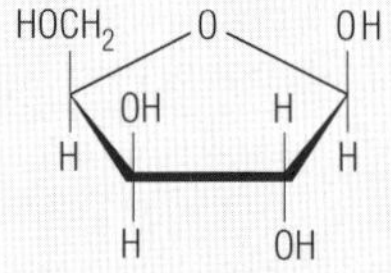

β-Xylose

in Kleie, Stroh, Holz

Einige Reaktionen der Monosaccharide

1. Durch Reduktion der Aldehyd-Gruppe mithilfe von Wasserstoff und einem Katalysator entsteht mehrwertiger Alkohol, z. B. aus D-Glucose sechswertiger D-Sorbit

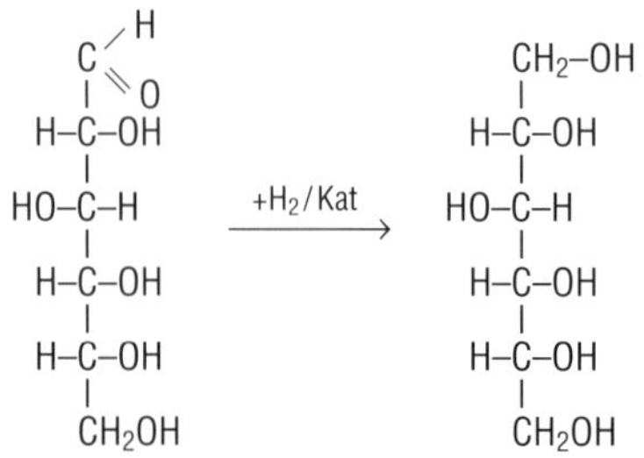

D-Glucose D-Sorbit

2. Durch Oxidation der Aldehyd-Gruppe unter milden Bedingungen entstehen Zuckersäuren, z. B. aus D-Glucose die D-Gluconsäure:

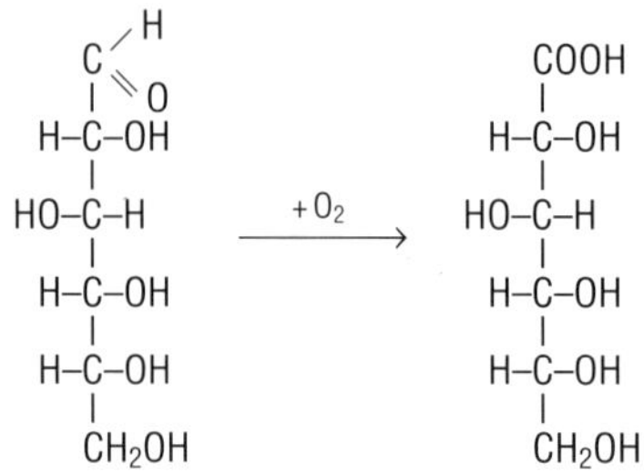

D-Glucose D-Gluconsäure

3. Bei stärkerer Oxidation wird auch die Alkohol-Gruppe am C_6-Atom zur Carboxy-Gruppe oxidiert, z. B.

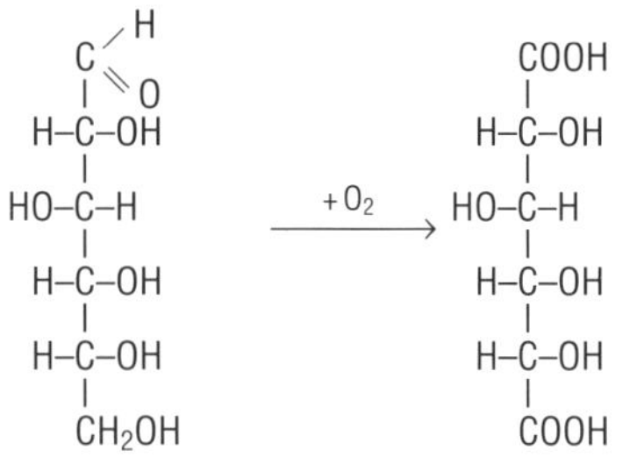

D-Glucose Zuckersäure

Bei diesen Vorgängen zeigt sich, dass Aldosen wie ein Aldehyd reagieren.

4. Wird z. B. am C_2-Atom die OH-Gruppe mittels Ammoniak durch die Amino-Gruppe $-NH_2$ substituiert, entstehen physiologisch wirksame Aminozucker (Baustein in Gelenksubstanz und Augenflüssigkeit).

5. Der Nachweis der Monosaccharide erfolgt mit TOLLENS-Reagenz oder mit FEHLING'scher Lösung.

Disaccharide

Sie entstehen durch Kondensation von zwei Monosacccharid-Molekülen unter Wasserabspaltung

$$2\,C_6H_{12}O_6 \longrightarrow C_{12}H_{22}O_{11} + H_2O$$

Sie existieren als farblose wasserlösliche Kristalle und sind sehr bis schwach süß. Zu ihnen gehören Saccharose oder Rohrzucker aus Glucose und Fructose, Maltose oder Malzzucker aus zwei Glucose-Molekülen und Lactose oder Milchzucker aus Galactose und Glucose. Nach der Molekülspaltung sind Glucose und Fructose vergärbar.

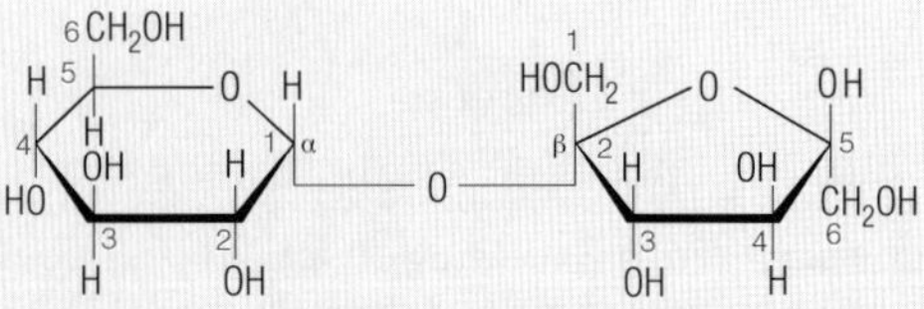

α-Glucose β-Fructose

Saccharose oder Rohr-, Rübenzucker (Zuckerrohr, Zuckerrübe)

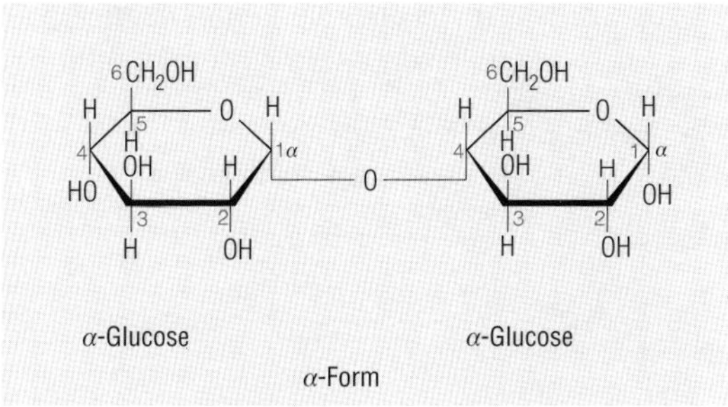

Maltose oder Malzzucker, (keimende Getreide, besonders Gerste, Malzextrakt, Bier)

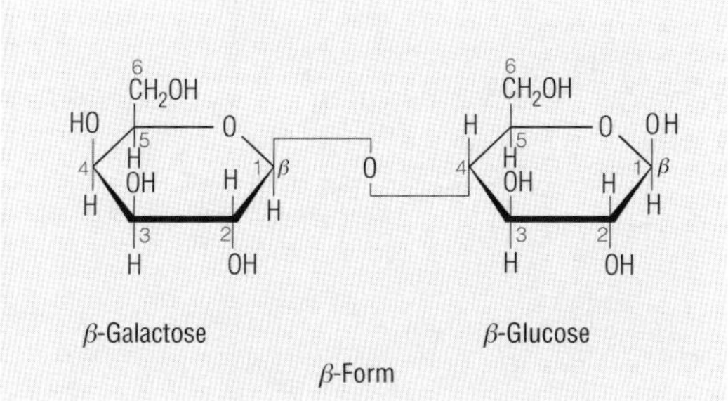

Lactose oder Milchzucker β-Form (Milch)

Zu den **Polysacchariden** zählen **Stärke** und **Cellulose.** In der Stärke sind bis zu 6 000 und in Cellulose mehr als 10 000 Glucosemoleküle zu Makromolekülen (griech. groß) vereinigt. Die Glucosemoleküle verbinden sich unter Abspaltung von Wasser an den Verbindungsstellen. Man bezeichnet den Reaktionsmechanismus als **Polykondensation.** Die Anzahl der Einzelmoleküle oder Monomere wird in den Formeln mit dem Zeichen n wiedergegeben.

Der Unterschied zwischen Stärke und Cellulose besteht in der Verknüpfungsweise der Glucosemoleküle (Abb. 16-17).

Stärke und Cellulose sind Hauptbestandteile der Pflanzen. Die Stärke wird als Speichersubstanz gebildet. Sie ist vorrangig verzweigt aufgebaut. Auch im menschlichen Organismus wird Stärke synthetisiert und vor allem in der Leber gespeichert. Enzyme spalten Stärke auf.

Cellulose besteht aus linearen Molekülen. Sie dient in Pflanzen als Baustein für die Zellwände. Hanffasern, Flughaare vieler Samen (Baumwolle, Löwenzahn, Distel) bestehen aus Cellulose.

Die Kohlenhydrate können als mehrwertige Alkohole (OH-Gruppen) aufgefasst werden. Mit Säuren lassen sie sich verestern, z. B. zu Celluloid und Celluloseacetat.

16.2.14 Optische Isomerie oder Spiegelbild-Isomerie

Eine spezielle Isomerie ist **Spiegelbild-Isomerie,** die von dem räumlichen und chemischen Aufbau abhängt: Im Molekül muss (mindestens) ein C-Atom mit vier verschiedenen Liganden vorhanden sein (**C***), wie z. B. im Fall von 2-Butanol (*sek.* Butylalkohol). Das betreffende **C**-Atom nennt man un- oder **asymmetrisch.** Die entsprechenden Moleküle oder Verbindungen existieren in zwei verschiedenen räumlichen Konformationen, **Enantiomere** genannt (lat. entgegengesetzt, Teilchen). Sie besitzen zueinander keine Symmetrie-Ebene, sondern verhalten sich wie Bild und Spiegelbild. Man verdeutlicht sich

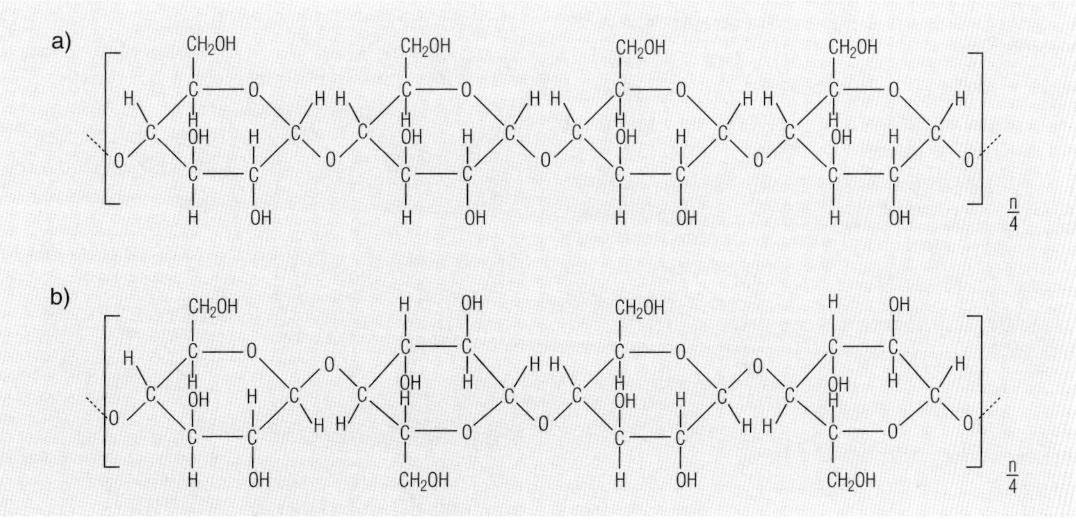

Abb. 16-17 a) Stärke- b) Cellulosemolekül mit jeweils 4 Monomereinheiten

die beiden Moleküle am besten in ihrer tetraedrischen Struktur:

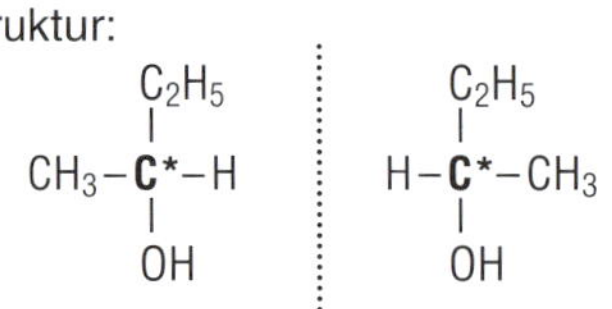

Spiegel-Ebene

(+)-2-Butanol, $\alpha = +15°$ (–)-2-Butanol $\alpha = -15°$

bzw.

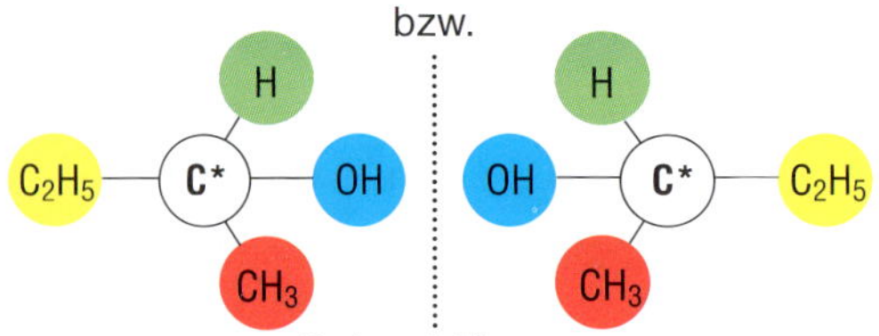

Spiegel-Ebene

Die beiden Formen lassen sich nicht zur Deckung bringen, wie zwei Hände, die man mit den Flächen nebeneinander auf den Tisch legt. Die Moleküle besitzen spiegelbildliche Konfiguration oder **Chiralität** (griech. Hand) durch das asymmetrische C*-Atom, dem **Chiralitätszentrum.**

Verbindungen mit asymmetrischem Kohlenstoff besitzen die Eigenschaft, die Schwingungsebene linear polarisierten Lichts, das durch die Substanz hindurch strahlt, je nach Molekülstruktur um einen Winkel α nach rechts oder nach links zu drehen (siehe auch Abschnitt 13.5). Man bezeichnet sie deshalb als **optisch aktiv.** Die Drehung nach rechts wird mit (+) und nach links mit (–) angegeben. (Drehrichtungssinn, Drehsinn; vgl. hierzu auch Abschnitt 13.5). Beide Molekül-Formen gleichen sich ansonsten in den chemischen und übrigen physikalischen Eigenschaften. Mischungen beider Substanzen in gleichen Anteilen, **Racemate,** sind nicht optisch aktiv.

Nach E. FISCHER (1852–1919) unterscheidet man nach dem Molekülaufbau (Stellung der Liganden) die **D-Konfiguration** (von dextro = rechts) und **L-Konfiguration** (laevo = links). Bezugssubstanz ist **Glycerinaldehyd** $OHCH_2-CH(OH)-CHO$. Bei der D-Form wird die Aldehyd-Gruppe (bzw. das C-Atom mit der höchsten Oxidationsstufe) an die Spitze und H links sowie OH rechts an die vordere Kante des Tetraeders geschrieben:

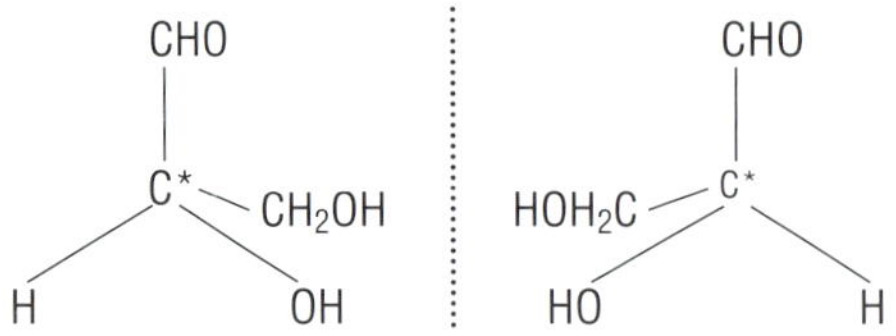

D(+)-Glycerinaldehyd L(–)-Glycerinaldehyd

Alle optisch aktiven Stoffe, die dem Aufbau von D- oder L-Glycerinaldehyd entsprechen, gehören zur D- oder L-Reihe.

Die Konfiguration und der Drehsinn müssen aber nicht mit der des Glycerinaldehyds übereinstimmen wie der Vergleich mit den Alaninen zeigt:

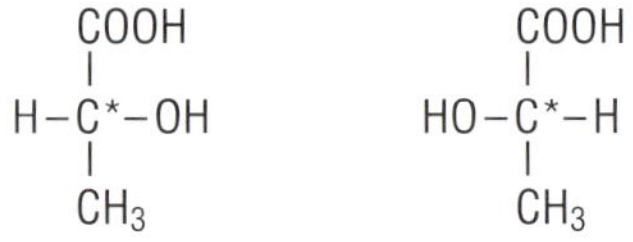

D(+)-Milchsäure L(–)-Milchsäure

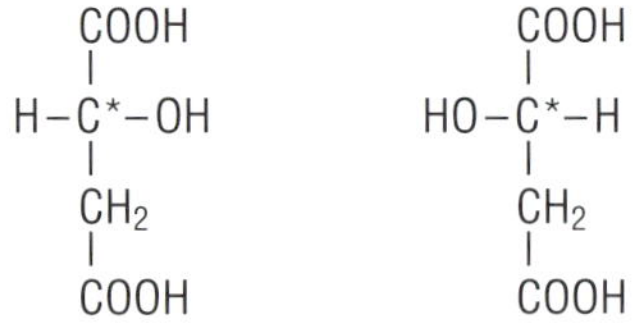

D(+)-Äpfelsäure L(–)-Äpfelsäure

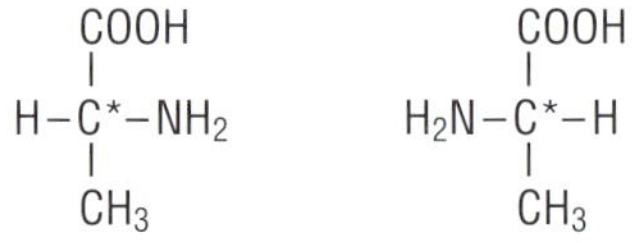

D(–)-Alanin L(+)-Alanin

Die auf FISCHER zurückgehende Darstellung als **Projektionsformel** ist sozusagen historisch bedingt. Eine andere Nomenklatur führt zu einer logischeren Vorgehensweise. Die am asymmetrischen C-Atom direkt gebundenen Liganden werden im Tetraeder nach fallender Ordnungszahl OZ nach rechts oder links angeordnet. Im Fall von Bromchlor-iod-Methan ist die Anordnung der Atome leicht zu entscheiden: Die Reihenfolge ist I, Br, Cl, H.
Beim *sek.* Butylalkohol sind neben OH und H noch eine C_2H_5- und eine CH_3-Gruppe am aktiven Kohlenstoff gebunden. Durch die zwei C-Atome der C_2H_5-Gruppe ist für die Reihenfolge eine zusätzliche Festlegung getroffen worden: Die Ethylgruppe erhält wegen ihrer zwei C-Atome einen höheren Rang als die Methyl-Gruppe mit einem C-Atom. Es ergibt sich damit nach der Ordnungszahl die Rangfolge OH, C_2H_5, CH_3, H.

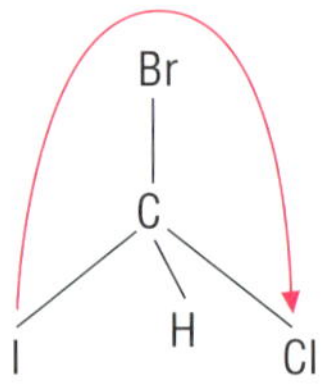

D- oder R-Iod-brom-chlor-methan

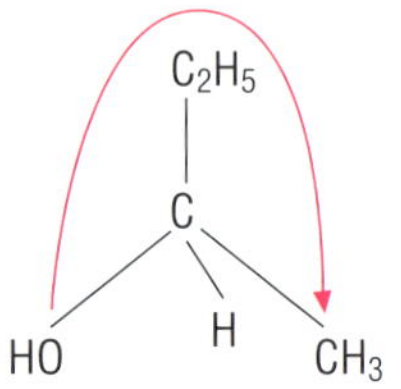

D- oder R-*sek.*-Butylalkohol

Man bezeichnet die sich ergebenden Konfigurationen mit R (von lat. rectus, rechts) bzw. S (von lat. sinister, links, verkehrt).

Da man beim Glycerinaldehyd zum gleichen Ergebnis kommt, bleibt er die Bezugssubstanz: Man drehe dazu die eingangs angegebenen Tetraeder so um die CHO – C-Achse nach rechts oder links, dass der Ligand mit der niedrigsten Ordnungszahl (H) nach hinten weist. Es ergibt sich für die Liganden nach fallender OZ die Rangfolge OH, CHO, CH_2OH, wenn sie nach rechts zeigen, die **R-Konfiguration**(-Form), und wenn sie nach links zeigen, die **S-Konfiguration**(-Form):

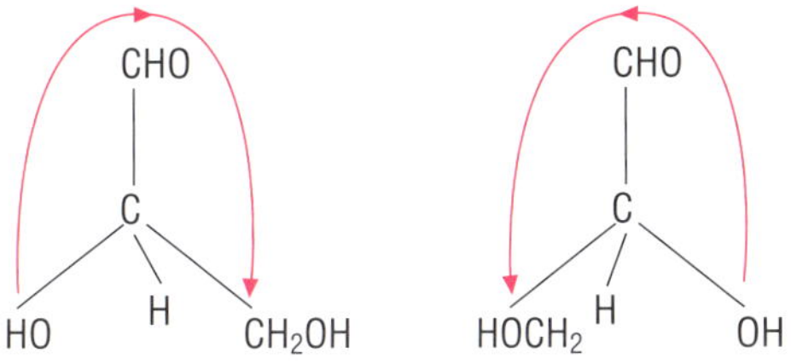

Glycerinaldehyd

R-Form, (D-Form) S-Form, (L-Form)

Optisch aktive Substanzen finden sich vor allem in biologisch wichtigen Substanzen, z. B. bei den Einfachzuckern (Monosacchariden) und Aminosäuren. Die aus natürlichen Eiweißen gewonnenen α-Aminosäuren gehören der L-Reihe an.

Die Übersicht 16-15 gibt D- und L-Konfigurationen der Einfachzucker in der offenkettigen Struktur an. Die Zuordnung zur D- oder L-Reihe bei den Zuckern ergibt sich in folgender Weise:

- Bei den Pentosen ist die Stellung der OH-Gruppe (oder eines Substituenten) am C_4-Atom entscheidend (in der Übersicht 16-15 „fett" hervorgehoben). Zeigt sie nach links, gehört der Zucker zur L-Reihe, zeigt sie nach rechts, gehört er zur D-Reihe.
- Bei den Hexosen ergibt sich die Zuordnung aus der Stellung der OH-Gruppe (oder eines Substituenten) am C_5-Atom.

Als Beispiel für die Darstellung eines optisch aktiven Zucker in der räumlichen Sesselform soll Glucose dienen:

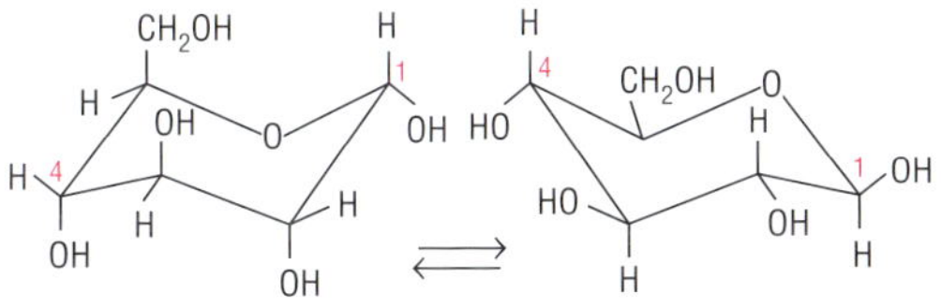

α-D-Glucose
Drehsinn: +112,2°
cis-Form

β-D-Glucose
Drehsinn: +18,7°
trans-Form

(Anmerkung: Eine vollständige Benennung (Konfigurationsangabe) mit der Stellung der OH-Gruppe am C_1-Atom und die Zuordnung zur D- oder L-Reihe ergibt sich z. B. für die Glucose (ohne Drehsinn) wie angegeben, als α-D-Glucose oder β-D-Glucose.)

Frisch hergestellte wässrige Lösungen aus beiden Zuckern ändern im Laufe der Zeit ihren Drehsinn, bis sich in beiden Lösungen ein Endwert von +52,5° einstellt.

> Bei optisch aktiven Substanzen muss zwischen Struktur und Drehsinn unterschieden werden. D und L bezieht sich auf die Konfiguration, (+) und (–) gibt die Drehrichtung(-sinn) des linearpolarisierten Lichts an.

16.2.15 α-Aminocarbonsäuren und Eiweiße

Eiweiße oder Proteine sind lebenswichtige Bestandteile der Pflanzen und Tiere. Sie bestehen aus Aminosäuren. Nur die Pflanzen können aus anorganischen Verbindungen Aminosäuren synthetisieren. Sie nehmen die dafür notwendigen Stoffe aus dem Boden, dem Wasser und aus der Luft z. B. in Form von Kohlenstoffdioxid, Nitraten, Ammoniumverbindungen, Sulfaten, Wasser u. a. auf. Die Aminosäuren bestehen vor allem aus Kohlenstoff, Stickstoff, Sauerstoff und Wasserstoff. Einige Säuren enthalten auch Schwefel.

> Aminosäuren besitzen (mindestens) zwei funktionelle Gruppen: die saure Carboxy-Gruppe –COOH und die basische Amino-Gruppe $-NH_2$.

Die Amino-Gruppe ist an das zweite oder α-C-Atom gebunden. Sie heißen deshalb ***α*-Aminosäuren** oder **2-Aminosäuren.** Sie werden durch die folgende allgemeine Formel beschrieben:

$\alpha(2)$ 1
R – CH – COOH
$\quad$ |
$\quad NH_2$

bzw. L(–)-Alanin:
(S(–)-Alanin)

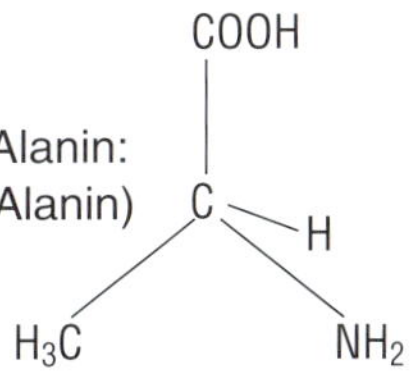

Die Molekülgruppen, die mit **R–** bezeichnet werden, können unpolare oder elektrisch geladene Gruppen bzw. hydrophobe Kohlenwasserstoff-Gruppen (KW) sowie saure oder basische Gruppen sein (vgl. Übersicht 16-16).

Eigenschaften

Die Formeln zeigen, dass am α-C-Atom vier unterschiedliche Substituenten tetraedrisch gebunden sind: R–, H–, –COOH und –NH_2. bzw. CH_3–, H–, –COOH und –NH_2. Somit sind die α-Aminosäuren optisch aktiv. Nahezu alle natürlichen Aminosäuren besitzen die L-Konfiguration. Sie sind in unpolaren Lösungsmitteln wenig, aber in Wasser meist gut löslich und besitzen ein hohes Dipolmoment.

Reaktionen

In Wasser gelöst reagieren sie schwach sauer bis schwach basisch: In Abhängigkeit vom pH-Wert treten sie in wässriger Lösung wegen ihrer zwei funktionellen Gruppen als Kation, Zwitterion oder Anion auf:

Bei (b) erscheinen Aminosäuren elektroneutral. Der zugehörige pH-Wert ist der **isoelektrische Punkt.** Er liegt bei den meisten α-Aminosäuren bei etwa pH 6. Man bezeichnet sie als **Zwitterionen.** Im elektrischen Feld findet in diesem Zustand keine Ionenwanderung statt.

Aminosäuren sind amphoter (ampholytisch), denn sie können je nach saurem oder basischem Medium Protonen aufnehmen bzw. abgeben:

a) basisch:
$$H_2N{-}CH(R){-}COOH + H^{\oplus} \longrightarrow {}^{\oplus}H_3N{-}CH(R){-}COOH$$

b) sauer:
$$H_2N{-}CH(R){-}COOH + OH^- \longrightarrow H_2N{-}CH(R){-}COO^{\ominus} + H_2O$$

$$\overset{\oplus}{H_3N}{-}CH(R){-}COOH \underset{H^+}{\overset{OH^-}{\rightleftharpoons}} \overset{\oplus}{H_3N}{-}CH(R){-}\overset{\ominus}{COO}{-} \underset{H^+}{\overset{OH^-}{\rightleftharpoons}} H_2N{-}CH(R){-}\overset{\ominus}{COO}{-}$$

bei etwa pH < 6 (sauer)	bei pH etwa 6	bei etwa pH > 6
Kation	**Zwitterion**	**Anion**
(a)	(b)	(c)

Einige α-Aminosäuren natürlicher Eiweißstoffe

Name/Abkürzungen	Struktur von R	Eigenschaft	einige Vorkommen
Glycin (Gly, G)	–H	unpolar	in Bindegewebe, Gelatine
L(+)-Alanin (Ala, A)	$-CH_3$		in Hühnereiweiß, Seide
L(+)-Valin (Val, V)	$-CH(CH_3)_2$	KW, unpolar, hydrophob,	in vielen pflanzlichen und tierischen Eiweißen
L(–)-Leucin (Leu, L) L(–)-Isoleucin (Ile, L)	$-CH_2-CH(CH_3)_2$ $-CH(CH_3)-CH_2-CH_3$	v. d. WAALSsche Kräfte	in pflanzlichen und tierischen Eiweißen, in Casein,
L(–)-Serin (Ser, S)	$-CH_2OH$	polar	in fast allen Eiweißen, Casein
L(–)-Threonin (Thr, T)	$-CH(OH)-CH_3$	polar	in Eiern, Casein, Gelatine
L(+)-Cystein (Cys,C) u. L(–)-Cystin	$-CH_2SH$ $-CH_2S-SCH_2-$	gering polar	Bildung von Disulfid-Brücken in Keratin (Nägeln, Haar, Horn, Federn)
L(+)-Methionin (Met, M)	$-CH_2-CH_2-S-CH_3$	gering polar	in Casein
L(+)-Lysin (Lys, K)	$-(CH_2)_4-NH_2$	basisch	in pflanzlichen und tierischen Eiweißen, Bindegewebe (Kollagen)
L(+)-Glutaminsäure (Glu, E)	$-(CH_2)_2-COOH$	sauer	in fast allen Eiweißen, Na-Salz: Geschmacksverstärker,
L(+)-Asparaginsäure (Asp, D)	$-CH_2-COOH$	sauer	in Mais, Spargel, Casein, Baustein im Insulin
L(–)-Histidin (His, H)	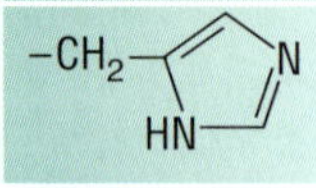	basisch	in Encymen, Hämoglobin
L(–)-Phenylalanin, (Phe, F)	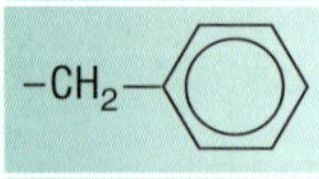	aromatisch	Bildung von Melaninfarbstoff (Haar, Haut)
L(–)-Tyrosin (Tyr, Y)	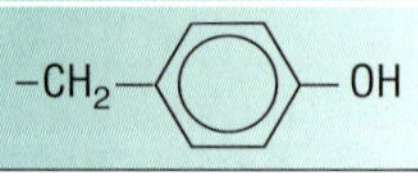	sauer	in Casein, Seide

Übersicht 16-16

Moleküle von Aminosäuren verbinden sich durch **Kondensation** untereinander, wie das folgende allgemeine Beispiel zeigt:

$$H_2N{-}\underset{|}{\overset{R}{C}}H{-}CO{-}OH + H{-}{}_2N{-}\overset{R'}{C}H{-}COOH \rightarrow$$

$$\rightarrow H_2N{-}\overset{R}{C}H{-}CO{-}NH{-}\overset{R'}{C}H{-}COOH + H_2O$$

Die –CO–NH– Gruppierung ist die **Peptidbindung.** Da das entstandene Molekül an beiden Enden wieder zwei funktionelle Gruppen besitzt, können sich erneut (auch verschiedene) Aminosäuren anlagern. Auf diese Weise entstehen Di-, Tri- bis **Polypeptide,** (max. etwa 600 Aminosäuren). Hochmolekulare Polypeptide mit etwa mehr als 100 Aminosäuren heißen **Eiweiße** oder **Proteine.** Ihre relativen Molekülmassen liegen zwischen ca. 15 000 und 100 000, können aber auch noch höhere Werte erreichen (z. B. bei Viren).

Durch Erhitzen in konzentrierter Salz- oder Schwefelsäure oder durch Encyme bei der Verdauung findet eine Spaltung der Peptid-Bindung und Hydrolyse zu Aminosäuren statt.

Eiweiße können in Wasser löslich oder nur quellbar sein (z. B. Haar, Horn). Andere bilden nur kolloidale Lösungen (z. B. Blutserum, Protoplasma, Hühner- und Milcheiweiß), aus denen das Eiweiß durch Säure oder Erhitzen ausgefällt wird (Eiweißgerinnung). Es kann nicht wieder gelöst oder biologisch aktiviert werden **(Denaturierung).** Eiweiße werden im Körper ständig ab- und neu aufgebaut (Eiweißstoffwechsel).

Aminosäuren und Proteine können mit wässriger Ninhydrin-Lösung (blauviolette Färbung) oder durch Zugabe von stark verdünnter Kupfer-II-sulfatlösung zu alkalischer Eiweiß-Lösung (Biuret-Reaktion: rot- bis blauviolette Färbung) nachgewiesen werden.

Besondere biologische Bedeutung haben die **essentiellen** (lebenswichtigen) ***α*-Aminosäuren: Leucin, Isoleucin, Lysin, Methionin, Phenylalanin, Threonin, Tyrosin** und **Valin** (Übersicht 16-16). Menschen und Tiere nehmen sie mit der pflanzlichen Nahrung auf.

In tierischen und menschlichen Eiweißen sind ca. 20 verschiedene Aminosäuren enthalten. Wie Übersicht 16-16 zeigt, kann die Molekül-Gruppe **R–** vielgestaltig sein. Am Aufbau eines bestimmten Proteins sind unterschiedliche Aminosäuren beteiligt, aber eine Eiweißart hat eine konstante Zusammensetzung und eine konstante Abfolge der einzelnen Säuren, d. h., die Molekül-Ketten sind in den verschiedenen Eiweißen unterschiedlich aufgebaut.

Beispielsweise besitzt ein Ausschnitt des Rinder-Insulins folgende Struktur

···–Gly–Ser–His–Leu–Val–Glu–Ala–Leu–Tyr–Leu
–Val–Cys–Gly–Glu–Arg–Gly–Phe–Phe–···

Außerdem gibt es z. B. noch Anlagerungsmöglichkeiten an funktionelle Gruppen usw., sodass es eine Vielzahl von Variationsmöglichkeiten, d. h. von Eiweißen gibt. Man kann davon ausgehen, dass jede Tierart eigene (körpereigene) Eiweiße besitzt, die in einer anderen Tierart nicht vorkommen.

Die Moleküle der Proteine sind weitgehend linear aufgebaut (fibrillär). Sie können gefaltet oder zu einer Schraube (Helix) verdrillt sein sowie kugelförmig geknäult vorliegen.

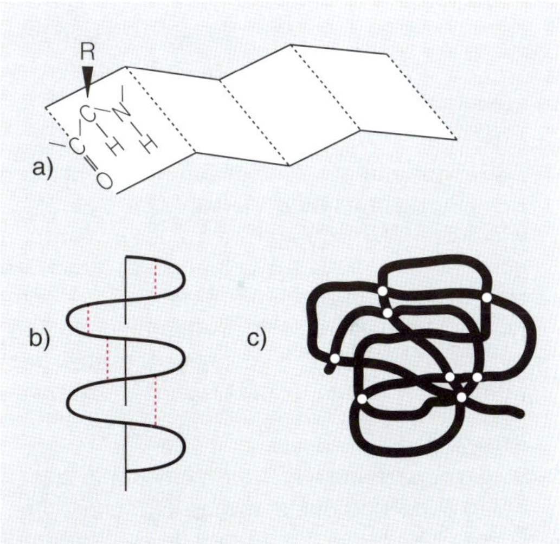

Abb. 16-18
Energetisch günstige Molekülstrukturen der Eiweiße:
a) Faltblatt-Struktur mit *β*-Strang (*β*-Keratin; mit einer Aminosäure),
b) *α*-Helix-Struktur,
c) globulare Struktur (········ bzw. ○ angedeutete Wasserstoff-Brückenbindung)

Einteilung der Proteine

a) einfache Proteine

Sklero- oder **Strukturproteine** (griech. hart) sind fasrige oder fibrilläre Gerüsteiweiße. Sie kommen in Helix- und Faltblatt-Struktur vor.
***α*-Helix-Strukturen** findet man z. B. in *α*-Keratin des Haares oder als Elastin und Kollagen in Knochen, Bindegewebe, Knorpel, Sehnen, Haut, die beim Kochen Gelatine bzw. Knochenleim lie-

fern. Im Innern der α-Helix bilden CO-Gruppen mit NH-Gruppen Wasserstoff-Brückenbindungen (··········), s. Abb.16-18 b. Die hydrophilen und geladenen Gruppen weisen von der Schraubenachse fort, hydrophobe Gruppen liegen im Innern der Schraube (bzw. der Molekülknäuel). Helix-Moleküle können untereinander über Cystin-Brücken vernetzt sein. Muskeleiweiß (Myoglobin), das die Muskelkontraktion bewirkt, ist zum Teil fibrillär und teilweise globular.

Eiweiße mit **Faltblatt-Struktur** kommen u. a. als Fibroin in Naturseide und im β-Keratin der Haare, Nägel, Federn, Hörner, Hufe vor. Wasserstoff-Brückenbindungen bestehen zwischen den benachbarten Protein-Molekülen. Sie werden als β-Stränge bezeichnet.

Sphäroproteine bestehen aus kugelförmig geknäuelten Molekülen mit α-Helix-Abschnitten und β-Strang-Abschnitten. Hierzu gehören Plasma-, Milch- und Eier-Proteine sowie Eiweiße, die in pflanzlichen Samen vorkommen (Getreide-Körner, Klebereiweiße von Weizen und Roggen).

b) zusammengesetzte oder **konjugierte Proteine**

Außer den nur aus Aminosäuren bestehenden Eiweißen gibt es eine Vielzahl von biologisch wichtigen Verbindungen, die aus Protein und einem Nicht-Protein zusammengesetzt sind. Sie sind mit dem Protein über eine saure Gruppe (z. B. Carboxyl-Gruppe) in Atombindung gebunden und werden als zusammengesetzte oder **konjugierte Proteine** (alt: Proteide) bezeichnet.

Dazu gehören:

a) **Glycoproteine** aus Protein und Kohlenhydrat (in Stütz- und Bindegewebe, Schleimstoffen, im Glaskörper des Auges, in Blutgruppensubstanzen, Antigenen u. a.)

b) **Phosphoproteine** aus Protein und Phosphorsäure (Casein, als Ca-Salz in der Milch, Eidotter)

c) **Chromoproteine** aus Protein und Farbstoff (Hämoglobin im Blut, Myoglobin in den Muskeln u. a.)

d) **Lipoprotein** aus Protein und Fettstoffen (im Blutplasma für den Cholesterin-Transport, Eidotter)

Nucleoproteine sind ebenfalls konjugierte Proteine. Deren Proteine sind zusammen mit Nucleinsäuren (Desoxyribonucleinsäure DNS und Ribonucleinsäure RNS) und weiteren Verbindungen in den Zellkern-Chromosomen enthalten. In deren bestimmten Bereichen, den Genen, sind die Erbanlagen festgelegt. Nucleinsäuren regeln auch den Aufbau von körpereigenen Eiweißen. Die DNS und RNS bestehen aus heterocyclischen Basen (Pyrimidin- und Purin-Derivaten; vgl. Abschnitt 16.6), einer Pentose (D-Ribose, 2-Desoxy-D-Ribose) und Phosphorsäure im Molverhältnis 1 : 1 : 1.

Viren, zu denen viele Krankheitserreger gehören, bestehen nur aus Protein und Nucleinsäure (RNS oder DNS).

Enzyme (alt: Fermente) sind ebenfalls hochmolekulare Eiweiße oder auch Nucleinsäuren, die als biologische Katalysatoren wirksam sind. Sie sollen spezifische Verbindungen „erkennen", die sie zu einfacheren Stoffen spalten oder zu komplizierteren Stoffen aufbauen.

16.2.16 Aufgaben zur Wiederholung der Abschnitte 16.2.1 bis 16.2.15

Aufgaben

1. Fertigen Sie für die im Abschnitt 16.2 behandelten Stoffgruppen eine tabellarische Übersicht an: Name, Trivialname, allgemeine Formel, funktionelle Gruppe, Reaktionstypen, Namen der Ausgangsstoffe, Namen der erzeugbaren Verbindungen!
2. Erläutern Sie die Begriffsinhalte nucleophile Substitution und Addition, elektrophile Substitution und Addition mithilfe geeigneter Beispiele!
3. Was versteht man unter Alkylierung, Methylierung, Ethylierung?
4. Warum eignen sich GRIGNARD-Verbindungen besonders gut für Alkylierungen? Wie werden sie synthetisiert?
5. Was ist Mesomerie?
6. Warum können niedere Alkohole und Carbonsäuren in Wasser gelöst werden? Warum geht hydrophiles Verhalten mit wachsender Molekülmasse in lipophiles Verhalten über?
7. Auf welche Weise wird Ethanol für technische Zwecke und als Genussmittel erzeugt?
8. Was beinhaltet die Aussage, dass Ethanol als Droge gesellschaftliche Probleme bereitet (abgesehen von individuellen und familiären Problemen)?
9. Erläutern Sie die I-Effekte und die Polarität in den funktionellen Gruppen der Alkohole, Aldehyde, Carbonsäuren!

Aufgaben

10. Stellen Sie die Reaktionsgleichungen auf für die Darstellung folgender Verbindungen (allgemeine Orientierungen dafür finden Sie in den entsprechenden Abschnitten):
    a) Ethylchlorid aus Ethanol, 1-Propylbromid aus Propen,
    b) Monobromethen aus Ethin,
    c) Nitroethan aus Ethyliodid und Natriumnitrid,
    d) Propylamin aus 1-Chlorpropan,
    e) 1-Propanol aus 1-Propanal,
    f) Essigsäure durch Oxidation von Ethanol,
    g) 2-Methyl-2-propanol aus Isopropanol und einer GRINARD-Verbindung,
    h) Isopropanol aus Acetaldehyd und einer GRINARD-Verbindung,
    i) Propansäure durch Carboxylierung einer GRINARD-Verbindung
    k) Butansäure durch Carboxylierung von Propen
    l) Acetamid aus Essigsäureethylester
    m) Propylamid aus Propyliodid
    n) Essigsäureethylester aus Acetylchlorid und Alkoholat
    o) Diethylether aus Alkoholat und Iodalkan
    p) Aceton aus Isopropanol
11. Charakterisieren Sie die Ether-, Ester- und Peptid-Bindung!
12. Beschreiben Sie den Aufbau eines tierischen Fettes und eines pflanzlichen Öls! Welche Fettsäuren sind am häufigsten beteiligt?
13. Formulieren Sie die Hydrolyse (Verseifung) eines Fettes durch Einwirkung einer Säure sowie einer Lauge!
14. Charakterisieren Sie die Ausbildung der Molekülstrukturen, die ein oberflächenaktiver Stoff auf der Wasseroberfläche sowie im Wasservolumen erzeugt!
15. Überlegen Sie, wie sich die Micellen eines Tensids in einem Öl ausbilden!
16. Beschreiben Sie den chemischen Aufbau anionenaktiver, kationenaktiver, amphoterer und nichtionogener Tenside! Welche Tensid-Gruppen sind in Geschirrspülmitteln, Antistatika, Textil-Waschmitteln, Haarpflegemitteln usw. enthalten? „Konstruieren" Sie dazu die Ingredents-Angaben von Handelsprodukten!

16.3 Aromatische Kohlenwasserstoffe oder Arene

16.3.1 Benzen (Benzol)

Das **Benzen** oder **Benzol** (Cyclohexatrien) C_6H_6 ist die einfachste aromatische Verbindung und der einfachste aromatische Kohlenwasserstoff. Benzen ist ringförmig aufgebaut. A. KEKULE VON STRADONITZ (1829–1896) stellte 1865 die erste Strukturformel auf. Diese „klassische" Formel enthält drei Doppelbindungen zwischen den sechs Kohlenstoff-Atomen, die den Ring bilden. An jedem C-Atom ist ein Wasserstoff-Atom gebunden (Abb. 16-19a). Diese Darstellung soll wegen ihrer Unzulänglichkeit nicht mehr verwendet werden.

Die tatsächlichen Bindungsverhältnisse ergeben sich aus der **sp^2-Hybridisation** der C-Atome, d. h., jedes C-Atom bildet 3 σ-Bindungen aus: zwei zu benachbarten C-Atomen und eine zu einem H-Atom. Die sechs C-Atome sind durch die σ-Bindungen miteinander zu dem Ring verbunden. Zwischen benachbarten C-Atomen bestehen Bindungswinkel von 120° und es ergibt sich ein ebenes Molekül. Jedes C-Atom besitzt noch ein weiteres Elektron. Diese insgesamt 6 Elektronen (Abb. 16-19b) bilden eine gemeinsame Elektronenwolke oberhalb und unterhalb des Ringes, die als **π-Elektronensextett** bezeichnet wird (Abb. 16-19c). Die Angabe der π-Elektronen erfolgt durch einen Ring (Abb. 16-19c bis 16-19e).

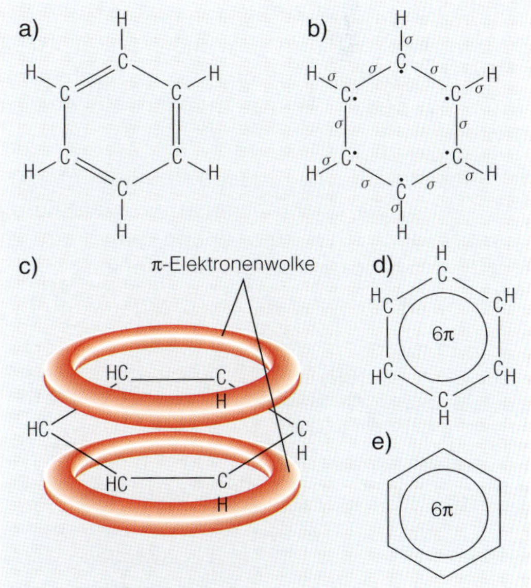

Abb. 16-19 Benzenstruktur
a) klassische Strukturformel (KEKULE)
b) Darstellung der σ-Bindungen
c) Elektronenwolke des π-Elektronensextetts
d) und e) vereinfachte Strukturformel mit 6 π-Elektronen

Das Elektronensextett ist energetisch sehr stabil, sodass der Benzenring bei den meisten chemischen Reaktionen nicht angegriffen wird und der aromatische Charakter bei der Bildung von Derivaten erhalten bleibt. So sind z. B. nur wenige Additionsreaktionen wie sie bei den Alkenen möglich sind, realisierbar (z. B. Hydrierung des Benzens zu Cyclohexan). Wasserstoff kann jedoch elektrophil substituiert werden.

Durch das π-Elektronensextett ist der Benzenring nucleophil, d. h., die Substitutionen von Wasserstoff erfolgen vor allem durch elektrophile Reagenzien.

Benzen und andere Aromaten besitzen meist einen charakteristischen, aber nicht immer angenehmen Geruch. Alle Aromaten enthalten in den Molekülen einen oder mehrere „Benzolringe".

Benzen (Benzol) ist eine farblose Flüssigkeit (Fp 5,5 °C, Kp 80,1 °C). In Wasser löst es sich kaum (ca. 1 %), in sehr vielen organischen Lösungsmitteln ist es löslich. Öle, Fette, Gummi, Harze und Schwefel werden gelöst. Es brennt mit stark rußender gelber Flamme. Benzen dringt über die Atemluft und durch die Haut in den menschlichen Körper ein. Es wirkt stark giftig (Schädigung der roten Blutkörperchen, des Knochenmarks, der Leber, der Nieren, Krebs erregend).

Darstellung, Gewinnung

Benzen wird – wie auch viele andere aromatische Kohlenwasserstoffe (Toluen, Xylene, Naphthalen u. a.) – aus Steinkohlenteer, Erdöl und Kokereigas gewonnen.

1. Beim Cracken von Erdölfraktionen und Verarbeiten zu Benzinen entstehen Aromate durch Ringbildung (Cyclisierung) und Dehydrierung, z. B. aus n-Hexan entsteht Benzen, aus n-Heptan Toluen:

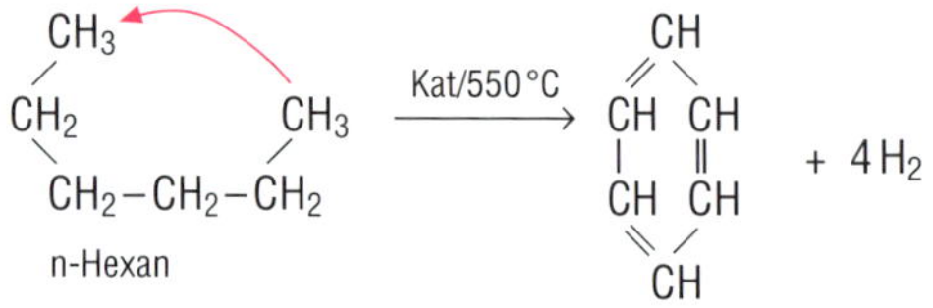

n-Hexan · Benzen, Benzol

2. Benzen kann aus Ethin erzeugt werden:

$3\,HC{\equiv}CH \xrightarrow{\text{ca. 500 °C}} C_6H_6$ bzw. 

3. Die Abspaltung von Alkyl-Gruppen (Dealkylierung) aus Alkylbenzenen – z. B. der Methyl-Gruppe des Toluens unter Druck bei hoher Temperatur und in Gegenwart von Wasserstoff – ergibt Benzen:

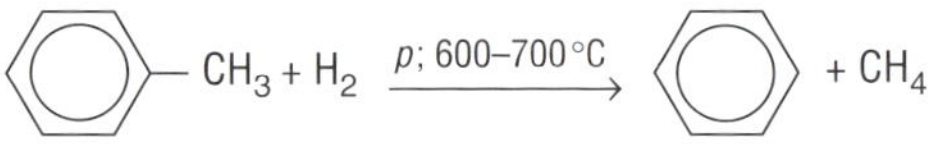

Toluen

4. Bei Abspaltung von Wasserstoff geht Cyclohexan in Benzen über:

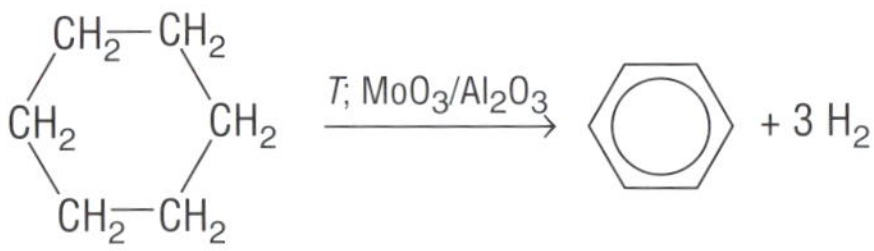

Benzen dient als Lösungsmittel, zur Herstellung aromatischer Verbindungen (z. B. Styren, Nitrobenzol, Cyclohexan, Phenol, andere aromatische Kohlenwasserstoffe, Farbstoffe, Insektizide, Pharmazeutika) und als Treibstoffzusatz zur Verbesserung der Klopffestigkeit (Vorsicht vor Benzindämpfen; nicht einatmen).

Reaktionen

Typisch für Benzen und andere Aromaten sind elektrophile Substitutionen des Wasserstoffs (vgl. nächste Abschnitte). An Benzen-Deviraten kommen auch nucleophile Substitutionen vor.

16.3.2 Weitere aromatische Kohlenwasserstoffe

Außer Benzen gehören zu den aromatischen Kohlenwasserstoffen oder Arenen solche Verbindungen, bei denen Benzen-Wasserstoff durch Alkyl-Gruppen substituiert ist. Sie heißen Alkylbenzene.

Dazu gehören **Toluen** oder **Toluol, Xylene** oder **Xylole, Ethylbenzen, Styren.**

Toluen, Toluol, Methylbenzen

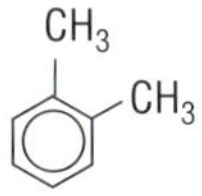
o-Xylen, 1,2-Xylen, *o*-Xylol

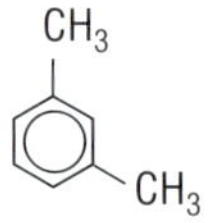
m-Xylen, 1,3-Xylen, *m*-Xylol

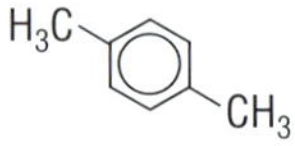
p-Xylen, 1,4-Xylen, *p*-Xylol

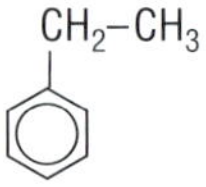
Ethylbenzen, Ethylbenzol

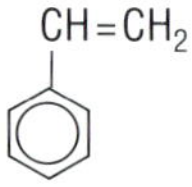
Styren, Styrol, Vinylbenzol

Im **Biphenyl** sind zwei Benzenkerne über eine C–C-Bindung verknüpft, im **Diphenylmethan** bzw. **-ethin** durch $-CH_2-$ bzw. $-C{\equiv}C-$ usw. Bei aromatischen kondensierten Verbindungen (polycyclische Kohlenwasserstoffe) wie **Naphthalen** oder Naphthalin, **Anthracen,** u. v. a. werden die Ringe durch zwei und mehr gemeinsame C-Atome miteinander verbunden. Sie sind im Steinkohlenteer enthalten. Derivate werden vor allem zu Farbstoffen weiterverarbeitet. Höher kondensierte Stoffe sind Krebs erregend.

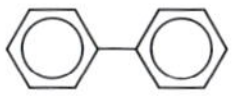

Biphenyl

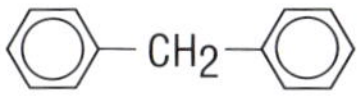

Diphenylmethan

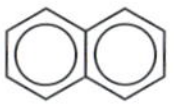

Naphthalen,
Naphthalin

Anthracen

Aromatische Kohlenwasserstoffe

Name	Eigenschaften	Verwendung
Benzen	ϑ_m 6 °C, ϑ_b 80 °C	Ausgangsstoff für Synthesen, Lösungsmittel
Toluen	ϑ_m –95 °C, ϑ_b 111 °C	Ausgangsstoff für Synthesen (Benzoesäure, Saccharin u. a.), Lösungsmittel
o-Xylen	ϑ_m –25 °C, ϑ_b 144 °C	Lösungsmittel; Synthese von Phthalsäure und Phthalsäureanhydrid (Weichmacher für PVC)
p-Xylen	ϑ_m 13 °C, ϑ_b 138 °C	Lösungsmittel; Synthese von Terephthalsäure für Polyester-Herstellung
Styren	ϑ_m –31 °C, ϑ_b 145 °C	Erzeugung von Polystyrol; Vernetzungsmittel beim Härten von ungesättigten Polyestern
Ethylbenzen	ϑ_m –95 °C, ϑ_b 136 °C	Dehydrierung zu Styren
Biphenyl	ϑ_m 70 °C, ϑ_b 254 °C	Konservierungsmittel (Citrusfrüchte), Farbstoffsynthesen
Naphthalen	ϑ_m 81 °C, ϑ_b 218 °C	Ausgangsstoff für Phthalsäure, Tetralin, Farbstoffe u. a.
Anthracen	ϑ_m 218 °C, ϑ_b 351 °C	Ausgangsstoff für Anthrachinonfarbstoffe

Übersicht 16-17

Darstellung

1. Alkylbenzene können aus Halogenbenzen, Halogenalkan und Natrium in etherischer Lösung synthetisiert werden (WURTZ-FITTIG-Reaktion):

2. Benzen reagiert in Gegenwart von wasserfreiem $AlCl_3$ mit Alkylhalogenid zu Alkylbenzen (FRIEDEL-CRAFTS-Alkylierung):

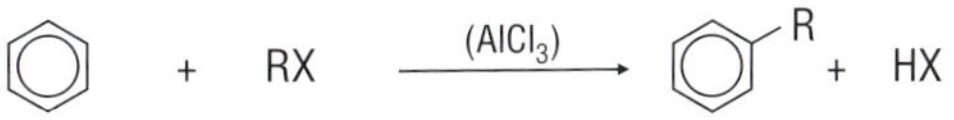

3. Wasserfreies $AlCl_3$ katalysiert auch die Reaktion von aromatischem Kohlenwasserstoff und Alken:

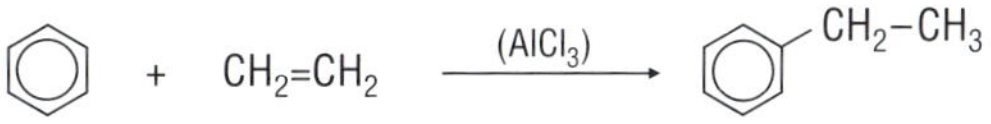

16.3.3 Einige Nomenklaturregeln für aromatische Verbindungen

Bei einfacher Substitution von Wasserstoff am Benzen-Ring entsteht nur ein Derivat, dessen Bezeichnung sich aus dem Namen des Substituenten und der Nachsilbe -benzen (-benzol) zusammensetzt, z. B. C_6H_5-Cl Chlorbenzen (Chlorbenzol), $C_6H_5-NO_2$ Nitrobenzen (Nitrobenzol), $C_6H_5-NH_2$ Aminobenzen (Aminobenzol) bzw. sich aus der Vorsilbe Benz-, Benzen- oder Benzo- und dem Namen des Substituenten ergibt z. B. C_6H_5-CHO Benzaldehyd, $C_6H_5-SO_3H$ Benzensulfonsäure, C_6H_5-CN Benzonitril.

Bei Mehrfachsubstitutionen mit dem gleichen Substituenten müssen Isomere durch Angabe der Anzahl (Di-, Tri- usw.) und der Stellung unterschieden werden. Letzteres geschieht durch Zahlen für die betreffenden C-Atome, an denen die Substituenten gebunden sind (bzw. beim Substituenten selbst) oder durch griechische Buchstaben α, β, γ usw., beginnend am Substitutionsort oder am benachbarten C-Atom. Die Bezifferung erfolgt im Uhrzeigersinn beginnend am ersten Substituenten. Gebräuchlich ist auch die Angabe von *o-* oder *ortho-* für die 1,2-, *m-* oder *meta-* für die 1,3- bzw. *p-* oder *para-* für die 1,4-Substitution:

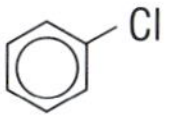

Chlorbenzen,
Chlorbenzol

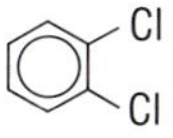

1,2-Dichlorbenzen, (-ol),
o-Dichlorbenzol

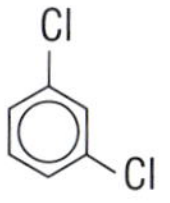

1,3-Dichlorbenzen, (-ol),
m-Dichlorbenzol

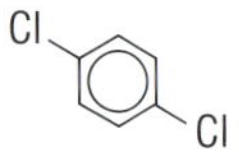

1,4-Dichlorbenzen,(-ol), *p*-Dichlorbenzol

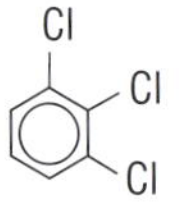

1,2,3-Trichlorbenzen, (-ol)

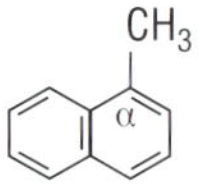

1- oder α-Methylnaphthalen

Analog zu den Alkyl-Resten wird ein aromatischer Kohlenwasserstoff-Rest als **Aryl-Rest** (**Ar-**) bezeichnet (vgl. Übersicht 15-2):

Phenyl-

p-Phenylen-

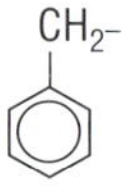

Benzyl-

p-Tolyl-

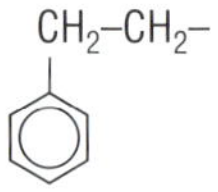

Phenylethyl-

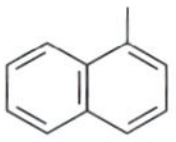

α- oder 1-Naphthyl-

Mithilfe der Aryle werden ebenfalls Namen gebildet, z. B. Phenylmethylketon $C_6H_5-CO-CH_3$, Diphenylmethan $C_6H_5-CH_2-C_6H_5$. Für viele Verbindungen werden noch immer herkömmliche sog. **Trivialnamen** benutzt.

16.3.4 Einfachsubstituierung – elektrophile Substitution

> Das Ersetzen eines H-Atoms des Benzens durch einen Substituenten erfolgt als elektrophile Substitution.

Halogenieren, Nitrieren, Alkylieren, Acylieren und Sulfonieren von Benzen laufen bei der **einfachen** Substitution nach dem gleichen Mechanismus als elektrophile Substitution ab.

Die **Chlorierung** erfolgt nur in Gegenwart von Katalysatoren, z. B. LEWIS-Säuren: $AlCl_3$ oder $FeCl_3$. Sie reagieren mit dem Chlor, indem sie heterolytisch das Cl_2-Molekül in Cl-Kationen $Cl^{\oplus}$ und $Cl^{\ominus}$-Anionen spalten. $AlCl_3$ nimmt $Cl^{\ominus}$ in seine Elektronenlücke auf:

$$FeCl_3 + Cl_2 \rightarrow FeCl_4^{\ominus} + Cl^{\oplus}$$

Die $Cl^{\oplus}$-Ionen sind elektrophil und greifen das Elektronensextett an. Es entstehen nacheinander zwei Übergangszustände: Zunächst bildet sich ein so genannter **π-Komplex** und danach ein **Carbenium-Ion,** das ein Proton abspaltet und in Chlorbenzen übergeht:

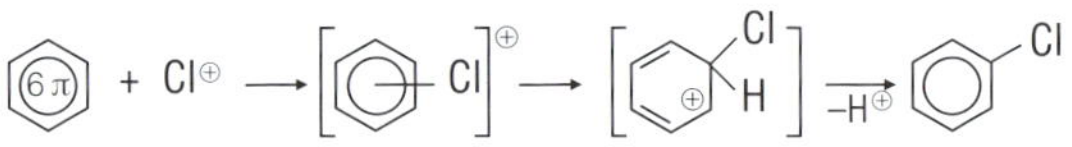

π-Komplex — Carbenium-Ion — Chlorbenzen, Chlorbenzol

Bei der **Nitrierung** reagiert **Nitriersäure** (Gemisch aus konz. HNO_3 und konz. H_2SO_4) zu **Nitronium-Ionen** $NO_2^{\oplus}$, die wie im vorangegangenen Fall elektrophil mit Benzen reagieren:

$$HNO_3 + H_2SO_4 \rightleftarrows NO_2^{\oplus} + HSO_4^{-} + H_2O$$

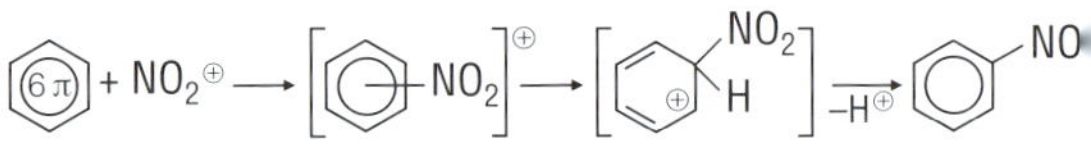

π-Komplex — Carbenium-Ion — Nitrobenzen, Nitrobenzol

Vereinfacht können die beiden vorangegangenen Reaktionen in folgender Weise formuliert werden:

$$C_6H_6 + Cl_2 \xrightarrow{FeCl_3} C_6H_5-Cl + HCl$$

$$C_6H_6 + HNO_3 \xrightarrow{(H_2SO_4)} C_6H_5-NO_2 + H_2O$$

Beim **Sulfonieren** entstehen in gleicher Weise aus Benzen und Oleum (SO_3 gelöst in konz. H_2SO_4, sog. „rauchende Schwefelsäure") aromatische Sulfonsäuren (Arensulfonsäuren). Der Schwefel besitzt im SO_3 eine Elektronenlücke (LEWIS-Säure), ist also elektrophil:

Benzensulfonsäure

Alkylaromate werden durch **Alkylierung** (Einführung einer Alkyl-Gruppe R–) synthetisiert. Dazu wird der Aromat, z. B. Benzen, mit Chloralkan in Gegenwart von LEWIS-Säure ($AlCl_3$) zur Reaktion gebracht. Das $AlCl_3$ lagert sich zunächst an das Chlor des Chloralkans an und zieht es mit der Bindung an sich heran. Die $AlCl_4$-Gruppe wird negativ, die Alkylgruppe positiv polarisiert:

$$CH_3-CH_2-Cl + AlCl_3 \rightleftarrows CH_3-\overset{\oplus}{C}H_2 \cdots\cdots \overset{\ominus}{C}lAlCl_3$$

Die positivierte Alkyl-Gruppe reagiert (wie bei den voran beschriebenen Vorgängen) elektrophil mit dem Benzen unter Bildung des π-Komplexes und des Carbenium-Ions, das dann Wasserstoff sowie den $AlCl_4^{\ominus}$-Komplex (bzw. HCl und $AlCl_3$) abspaltet. Das Ergebnis der Reaktion ist Ethylbenzen $C_6H_5-CH_2CH_3$.

> **Aufgabe**
> Formulieren Sie die Reaktonsgleichung für die Bildung von Ethylbenzen mit π-Komplex und Carbenium-Ion!

Ähnlich laufen **Acylierungen** (Einführung der Acyl-Gruppe R – CO –) mit Säurehalogeniden ab (Friedel-Crafts-Reaktion):

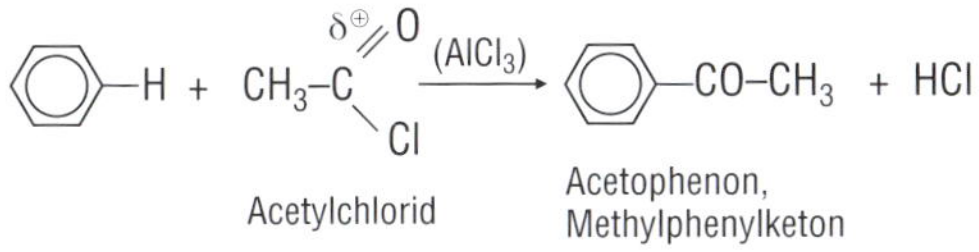

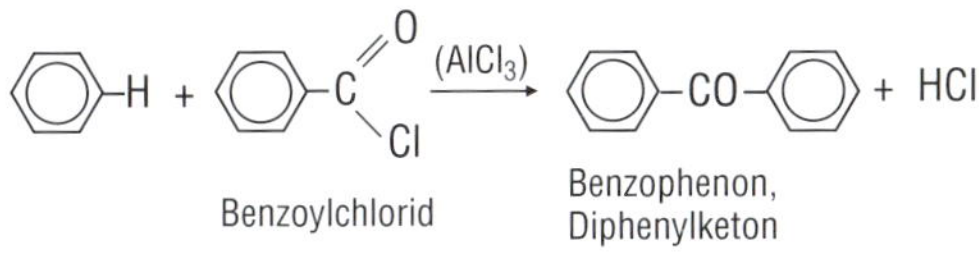

Alkylierte Aromaten verhalten sich bei der Chlorierung je nach Reaktionsbedingungen unterschiedlich:

a) Bei höherer Temperatur und im UV-Licht wird die Seitenkette radikalisch substituiert (**SSS-Regel: S**onnenlicht, **S**iedehitze, **S**eitenkette):

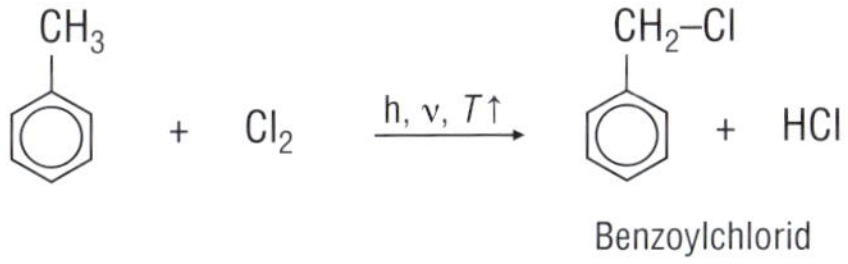

Aufgabe

Formulieren Sie für diese radikalische Reaktion Start-, Bildungs- und Abbruchreaktionen (vgl. Abschnitt 15.5).

b) Bei Verwendung eines Katalysators ($AlCl_3$) und unter Kühlung wird der Kern (Ring) in *o*- und *p*-Stellung chloriert (**KKK-Regel: K**atalysator, **K**älte, **K**ern):

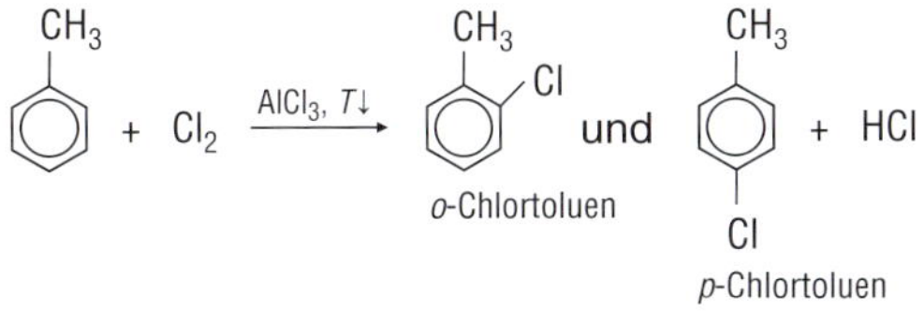

16.3.5 Mehrfachsubstituierung

Einfach substituierte Aromaten können bei weiterer Substitution von Benzen-Wasserstoff mit elektrophilen oder auch nucleophilen Reagenzien reagieren. Die Art und Weise der Mehrfachsubstitution unterscheidet sich von der Einfachsubstitution. Welche Art der Reaktion eintritt, hängt von der Wirkung des ersten Substituenten auf das π-Elektronensystem ab.

Substituenten beeinflussen die π-Elektronen des Benzenringes durch –I- oder +I-Effekte.

Durch **–I-Effekt** werden vom Substituenten die Elektronen aus dem π-System angezogen (Verringerung der Elektronendichte im Kern) bzw. durch **+I-Effekt** Elektronen in Richtung des Kerns verschoben (Verstärkung der Elektronendichte im Kern, vgl. Abschnitt 15.5). In beiden Fällen ändert sich das Bindungsbestreben gegenüber elektrophilen Reaktionspartnern.
Zusätzlich zum I-Effekt geht vom Substituenten ein **Mesomerie-Effekt** (M) oder **Resonanz-Effekt** auf das π-System aus (vgl. Abschnitte 15.5 und 16.2.2). Er äußert sich zusätzlich durch eine Zug- oder Schubwirkung.

Durch Mesomerie-Effekt eines Substituenten kann die π-Elektronendichte des Benzens zusätzlich zum I-Effekt verstärkt (+M-Effekt, Elektronenschub) oder verringert werden (–M-Effekt, Elektronenzug).

Durch +M-Effekt wird der Benzenring nucleophiler, d. h. für eine weitere elektrophile Substitution aktiviert.

Beispielsweise besitzt im Aminobenzen $C_6H_5-\overline{N}H_2$ das freie Elektronenpaar der Amino-Gruppe $-\overline{N}H_2$ zusätzlich zum +I- einen **+M-Effekt.** Es „schiebt“ seine Elektronen in Richtung der π-Elektronen. Dadurch bildet die NH_2-Gruppe eine Doppelbindung zu dem C-Atom aus, an das sie gebunden ist. Somit verändert sich die Elektronenstruktur des Kerns. Die Elektronen des Kerns verteilen sich nun unregelmäßig, da jedes C-Atom weiterhin vier Elektronenpaare besitzt. Das führt zur Erhöhung der Elektronendichte des Kerns in *ortho*- und *para*-Stellung (→ ; negative Ladung, freie Elektronenpaare), wie die mesomeren Grenzformeln zeigen:

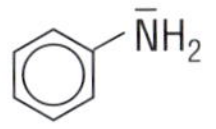

bzw. in mesomerer Struktur:

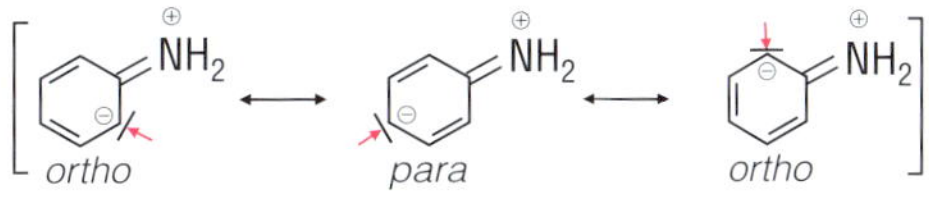

mesomere Grenzstrukturen

Eine zweite elektrophile Substitution von Aminobenzen geht somit (bevorzugt) in *o*- und *p*-Position vor sich. (Es ist zu beachten, dass in *o*- und *p*-Position noch Wasserstoff gebunden ist.)

Substituenten 1. Ordnung bewirken einen +M-Effekt. Sie orientieren einen zweiten Substituenten vorwiegend in *para-* und teilweise in *ortho*-Stellung: $-\overline{\text{O}}|^{\ominus}$, $-\overline{\text{N}}H_2$, $-\overline{\text{O}}H$, Alkyl-, Phenyl-, –F, –Cl, –Br, –I, –OR u. a.

Beispiel:

Reaktion von Aminobenzen (Anilin) zu *p*-Aminobenzensulfonsäure

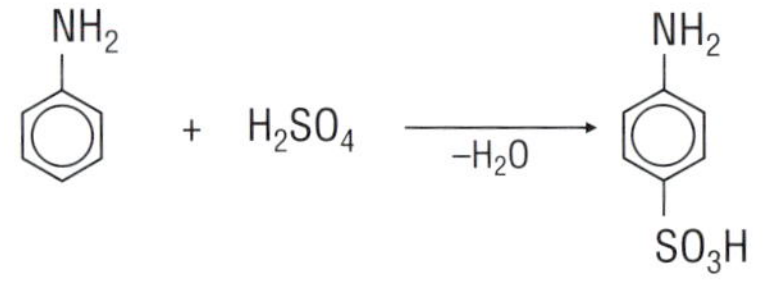

4-Aminobenzensulfonsäure

(siehe auch Chlorierung von Toluol nach der KKK-Regel).

Andere Verhältnisse stellen sich z. B. im Nitrobenzen $C_6H_5-NO_2$ ein. Die Nitro-Gruppe besitzt durch den Sauerstoff einen –I- und durch den Stickstoff einen – **M-Effekt.** Dadurch werden Elektronen aus dem π-System „herausgezogen". In *ortho-* und *para*-Stellung wird eine niedrige Elektronendichte erzeugt. Es tritt an diesen Stellen eine positive Ladung auf, sodass ein zweites positives Ion, z. B. $NO_2^{\oplus}$ nur gering angreifen kann. Die mesomeren Grenzformeln zeigen, dass nur in *meta*-Stellung (→) noch eine größere Elektronendichte für eine zweite elektrophile Substitution vorhanden ist. Diese verläuft aber wesentlich langsamer als die erste, weil der Kern durch die erste Substitution weniger nucleophil ist. Es entstehen bei der Zweitnitrierung 93 % *m-*, 6 % *o-* und 1 % *p*-Dinitrobenzen.

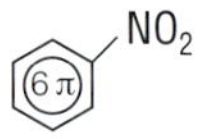

bzw. in mesomerer Struktur:

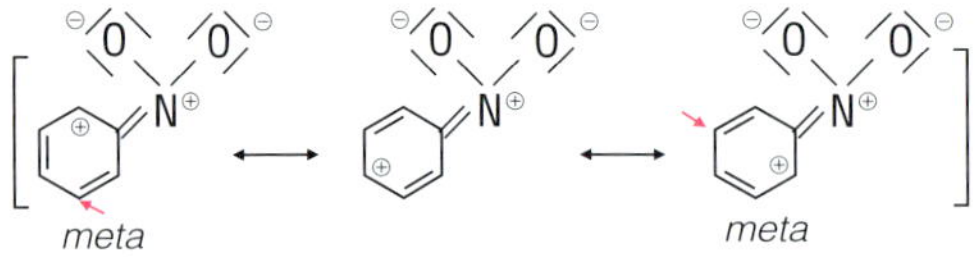

diese *m*-Positionen sind durch die benachbarte positive Ladung „blockiert", weil diese die Elektronen der benachbarten Doppelbindungen an sich heranzieht (polarisiert)

Substituenten 2. Ordnung erzeugen einen –M-Effekt. Sie orientieren einen zweiten Substituenten in *meta*-Stellung:
$-NO_2$, $-CN$, $-SO_3H$, $-COOH$, $-COOR$, $-CONH_2$, $-COCl$, $-CHO$ u. a.

Beispiel:

Nitrierung von Nitrobenzen mit Nitriersäure:

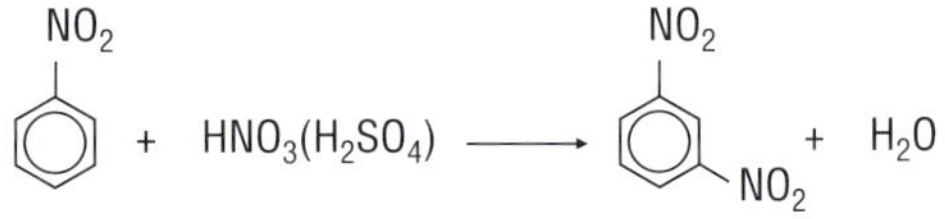

Nitrobenzen

m-Dinitrobenzen, 1,3-Dinitrobenzen

+M orientiert Substituenten auf *o-* und *p*-Position, –M orientiert auf *m*-Position.

Durch Zusammenwirken von I- und M-Effekten eines Substituenten wird die Elektronenstruktur des Kerns (und die Energie) verändert und dadurch der Ort der Zweitsubstitution weitgehend bestimmt.

M- und I-Effekte können sich gegenseitig verstärken oder auch entgegengesetzt wirken. Die Übersicht 16-18 zeigt, wie in der Regel M- und I-Effekte von Substituenten die Aktivität des Benzens und den Ort der **Zweitsubstitution** beeinflussen:

- im Zusammenwirken von +M und +I (bei $-\overline{\text{O}}|^{\ominus}$) ergibt sich der stärkste Elektronen „schiebende" Einfluss. Der Kern wird am stärksten nucleophil, d. h. am reaktivsten für elektrophile Substitution in *ortho-* und *para*-Stellung,
- bei Substituenten mit +M und –I überwiegt (außer bei Halogenen) der Einfluss der Mesomerie. Die Aktivität des Benzen-Ringes wird abgeschwächt, d. h., der Kern ist weniger nucleophil, aber der Substituent „dirigiert" den nächsten Substituenten auch auf *o-* und *p*-Stellung,
- bei –M und – I-Effekt wird die Elektronendichte des Kerns stark abgeschwächt (desaktiviert), d. h., die Aktivität des Kerns sinkt stark. Es entstehen *meta*-Verbindungen,
- bei Halogenen ist –I stärker als +M. Sie wirken desaktivierend, dirigieren aber auch in *o-* und *p*-Position.

Insgesamt ist bei den Substitutionen an aromatischen Verbindungen zu unterscheiden zwischen

a) Substitution von Wasserstoff am Aromatenring (Kernsubstitution),
b) Substitution von Wasserstoff an Seitenketten (Alkyl-Gruppen) ohne Veränderung eventuell vorhandener funktioneller Gruppen,
c) Substitution von funktionellen Gruppen.

Die Derivate reagieren entsprechend ihrer funktionellen Gruppen und zeigen ein chemisches Verhalten, das im Allgemeinen den aliphatischen Derivaten entspricht.

Einfluss einiger Erstsubstituenten auf die Reaktivität des Benzen-Ringes und die Position eines weiteren Substituenten

Substituenten 1.Ordnung							Substituenten 2.Ordnung					
$-\overline{\underline{O}}|^-$	$-NR_2$	$-NH_2$	$-OH$	$-C_6H_5$	$-CH_3$	Halogene	$-CHO$	$-COOR$	$-COOH$	$-SO_3H$	$-CN$	$-NO_2$
+M	+M	+M	+M	+M	+M	+M	−M	−M	−M	−M	−M	−M
+I	−I	−I	−I	−I	+I	−I	−I	−I	−I	−I	−I	−I
← Kern wird zunehmend nucleophil, d. h. für elektrophile Reagenzien aktiviert						desaktivierende Wirkung	Kern wird weniger nucleophil, d. h. für elektrophile Reagenzien desaktiviert →					
← *ortho*- und *para*-dirigierend →							← *meta*-dirigierend →					
Durch Elektronenschub des 1. Substituenten wird das Molekül für die Zweitsubstitution aktiviert							Durch Elektronenzug des 1. Substituenten wird das Molekül für die Zweitsubstitution desaktiviert					

Übersicht 16-18

16.4 Derivate aromatischer Kohlenwasserstoffe

16.4.1 Halogenderivate der Arene

Es ist zu unterscheiden zwischen Halogenaromaten, bei denen der Kern halogeniert ist, z. B. Brombenzen, Chlornaphthalen, und solchen, bei denen die Seitenketten halogeniert sind, z. B. Benzylchlorid, Benzylbromid u. a.

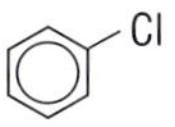

Chlorbenzen
Chlorbenzol

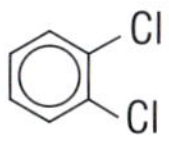

o-Dichlorbenzen
o-Dichlorbenzol

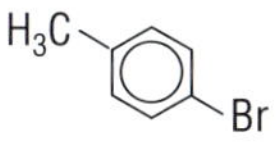

p-Bromtoluen
p-Bromtoluol

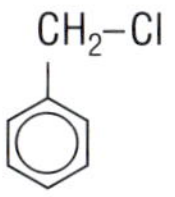

Benzylchlorid

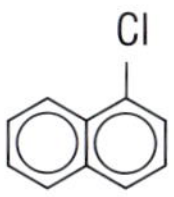

1-Chlornaphthalen
α-Chlornaphthalen

Darstellung

1. Die Chlorierung (oder Bromierung) von Benzen zu Chlorbenzen erfolgt durch elektrophile Substitution (Katalysator $FeCl_3$; vgl. Abschnitt 16.3.4) bzw. durch weitere Chlorierung zu *p*- und *o*-Dichlorbenzen.

2. Bei der technischen Gewinnung von Chlorbenzen wird ein Dampfgemisch aus Benzen, Luft und Chlorwasserstoff über einen Kupfer-Katalysator geleitet (RASCHIG-Verfahren):

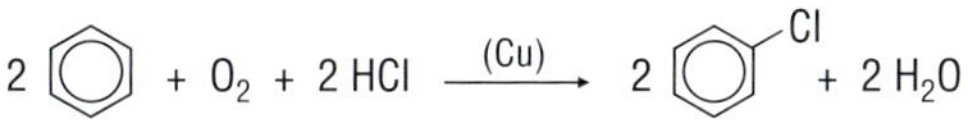

3. Die Bromierung von Toluen ergibt ein Gemisch von *o*- und *p*-Bromtoluen:

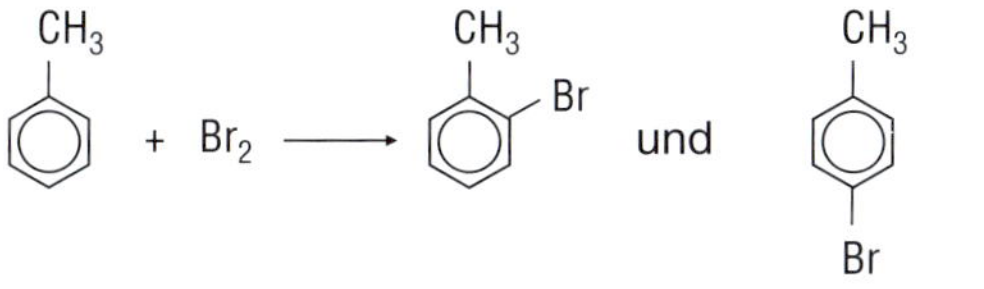

4. Die Seitenkettenchlorierung z. B. von Toluen erfolgt nach der SSS-Regel (vgl. Abschnitt 16.3.4). Die H-Atome der Methyl-Gruppe werden stufenweise substituiert:

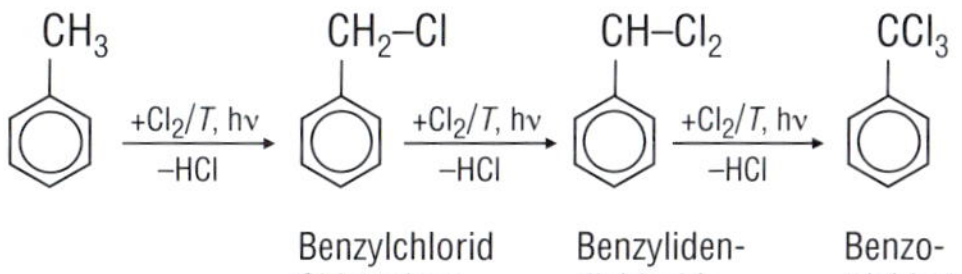

Benzylchlorid Chlortoluen | Benzylidendichlorid Dichlortoluen | Benzotrichlorid Trichlortoluen

Chlorbenzen C_6H_5-Cl ($\vartheta_m = -46\,°C$, $\vartheta_b = 132\,°C$) ist giftig, in Wasser unlöslich, löslich in Benzen, Alkohol, Ether und ein gutes Lösungsmittel für Harze, Teer, Öle, Kautschuk. Es wird als Wärmeübertragungsmittel, als Zwischenprodukt für die Erzeugung verschiedener Verbindungen, z. B. Phenol,

Farbstoffe, Insektizide verwendet. **Benzylchlorid** $C_6H_5-CH_2Cl$ ($\vartheta_m = -48\,°C$, $\vartheta_b = 179\,°C$) ist löslich in Alkohol und Ether. Die Dämpfe schädigen Haut, Augen, Atemwege und sind Krebs erregend. Es dient zur Erzeugung von Farbstoffen, Arzneistoffen, Parfüms, Vulkanisationsbeschleunigern u. a. Chloraromaten sind z. T. wasserschädigend und bauen sich nur langsam ab (z. B. Insektizide im Boden).

Arylhalogenide sind reaktionsträger als Halogenalkane RX, aber **Brombenzen** und **Iodbenzen** reagieren in wasserfreiem Ether mit Magnesium zu GRIGNARD-Verbindungen (Phenylmagnesiumhalogenide), z. B. Phenylmagnesiumiodid (vgl. auch Abschnitt 16.2.7):

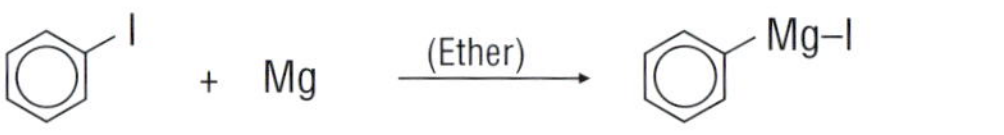

Iodbenzen Phenylmagnesiumiodid

Sie dienen zur Einführung der Phenyl-Gruppe in viele organische Stoffe, z. B.

1. Reaktion mit Carbonsäurehalogenen zu Keton:
   $C_6H_5-Mg-X + X-CO-R \longrightarrow C_6H_5-CO-R + MgX_2$
2. Reaktion mit Benzylbromid zu Diphenylmethan:
   $C_6H_5-Mg-Br + Br-CH_2-C_6H_5 \longrightarrow C_6H_5-CH_2-C_6H_5 + MgBr_2$
3. Reaktion mit Aldehyd zu sekundärem Alkohol:
   $C_6H_5-Mg-X + R-CHO + H_2O \longrightarrow C_6H_5-CH(R)-OH + Mg(OH)X$
4. Reaktion mit Kohlenstoffdioxid zu Benzoesäure (Carboxylierung):
   $C_6H_5-Mg-X + CO_2 \longrightarrow C_6H_5-COO-MgX \xrightarrow{+H_2O} C_6H_5-COOH + Mg(OH)X$

Mit Phenylmagnesiumbromid oder -iodid sind somit solche Umsetzungen möglich wie mit Alkylmagnesiumbromid und -iodid.

16.4.2 Aromatische Sulfonsäuren

Aromatische Sulfonsäuren enthalten die Sulfongruppe $-SO_3H$.

Es sind farblose, hygroskopische, kristalline Substanzen, die sich leicht in Wasser lösen und starke Säuren sind. Die einfachste Verbindung ist die **Benzensulfonsäure** $C_6H_5-SO_3H$. Sie ist etwa so stark wie die Schwefelsäure ($pK_S = 0{,}7$). Ihre Ca- und Ba-Salze sind in Wasser löslich. Sie ist im Vergleich mit Schwefelsäure nicht oxidierend. Die Darstellung erfolgt durch **Sulfonieren** mit rauchender Schwefelsäure (Oleum; SO_3 gelöst in konzentrierter Schwefelsäure) durch elektrophile Substitution (vgl. Abschnitt 16.3.4).

Aromatische Sulfonsäuren sind leichter aus aromatischen Kohlenwasserstoffen herstellbar als aliphatische Sulfonsäuren aus Alkanen.

Aromatische Sulfonsäurechloride werden aus Benzen und Chlorsulfonsäure erzeugt:

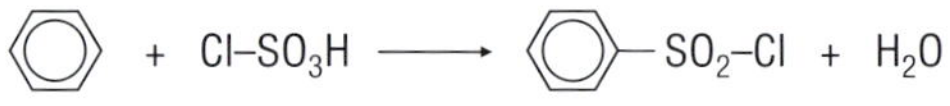

Benzensulfonsäurechlorid

Aromatische Sulfonsäurechloride sind wichtige Reagenzien für die Einführung der Arylsulfon-Gruppe $Ar-SO_2-$ in organische Verbindungen, z. B. in sekundäre Amine für die Erzeugung pharmazeutisch wirksamer Sulfonamide (antibakteriell, Chemotherapeutika): $R-SO_2-NH_2$.

Aus den Säuren werden Waschmittel (alkylierte aromatische Sulfonsäure, vgl. Abschnitt 16.2.12), Sulfonylchloride $Ar-SO_2Cl$, Pharmazeutika (Sulfonamide $Ar-SO_2NH_2$), Farbstoffe u. a. hergestellt.

Aufgabe

Stellen Sie die Reaktionsgleichung für die Synthese von Benzensulfonsäure mit π-Komplex und Carbenium-Ion auf.

16.4.3 Phenole

In Phenolen sind ein bis drei Hydroxy-Gruppen direkt an den Benzen-Ring gebunden.

Danach unterscheidet man ein- bis dreiwertige Phenole. Sie haben eine aktivierende Wirkung auf elektrophile *o*- und *p*-Substitution.

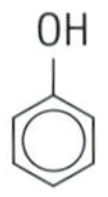

Phenol

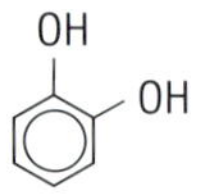

1,2-Dihydroxybenzen, Brenzcatechin

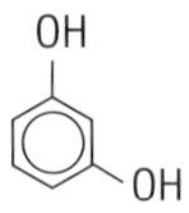

1,3-Dihydroxybenzen, Resorcin

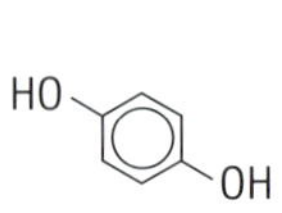

1,4-Dihydroxybenzen, Hydrochinon

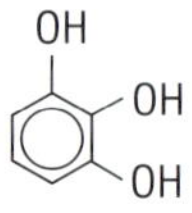

1,2,3 Trihydroxybenzen, Pyrogallol

Derivate des Toluols und der Xylene sind die **Kresole** (Methylphenole) und die **Xylenole** (Dimethylphenole). Sie kommen in Teeren und Kokereiabwässern vor und können daraus gewonnen werden. Sie lösen sich gut in Laugen und z. T. in Wasser, sind wassergefährdend und giftig (Haut, Augen, Atemwege reizend, ätzend, antiseptisch, bakterizid; Kresol: Nervengift).

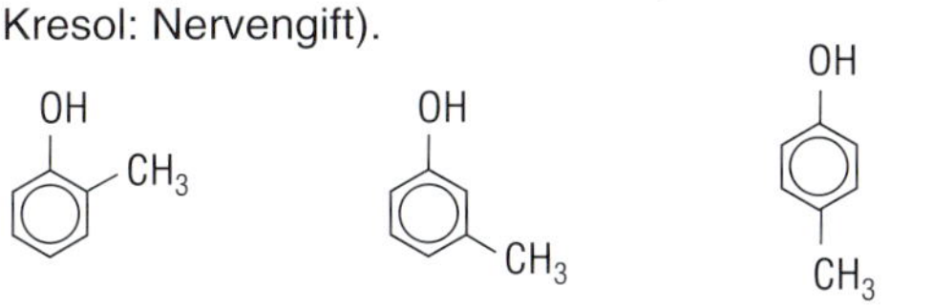

o-Kresol *m*-Kresol *p*-Kresol

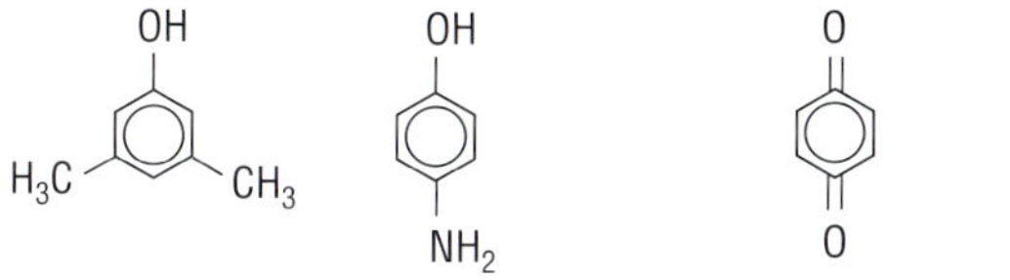

Xylenol, 3,5-Dimethylphenol *p*-Aminophenol *p*-Benzochinon

Darstellung

1. Von den vielen möglichen Verfahren wird Phenol technisch vor allem aus Cumol (Isopropylbenzol) mit Luftsauerstoff und Spaltung des Zwischenprodukts Cumolhydroperoxid mit verdünnter Säure erzeugt (Cumol-Phenol- oder HOCK-Verfahren). Dabei entstehen pro Tonne Phenol 0,6 t Aceton als wichtiges Nebenprodukt:

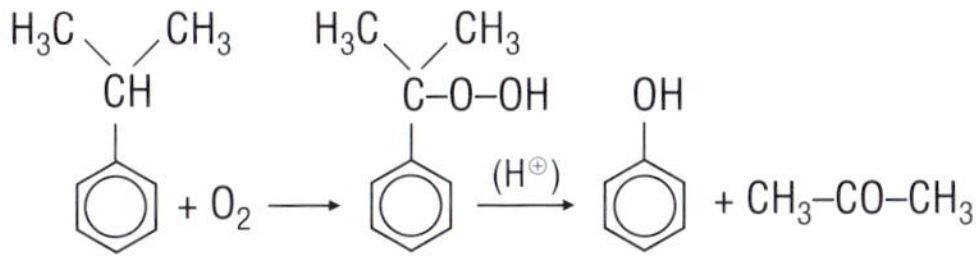

Cumol Cumylhydroperoxid Phenol Aceton

2. Im RASCHIG-Verfahren wird ein Dampfgemisch aus Chlorbenzen und Wasser über einen Katalysator geleitet:

$$C_6H_5-Cl + H_2O \xrightarrow{(SiO_2)} C_6H_5-OH + HCl$$

Nebenprodukte (Biphenyle) werden als Desinfektions- und Konservierungsmittel (Citrusfrüchte) verwendet.

Reaktionen

Typische Reaktionen der Phenole sind u. a. elektrophile Substitutionen und Redox-Reaktionen.

Phenole sind kristallin, hygroskopisch und giftig (Protoplasmagift, Bakteriozide, Haut ätzend, Nieren und Lungen schädigend). Sie reagieren in wässriger Lösung mit zunehmender Anzahl der OH-Gruppen sauer. Die einfachste Verbindung ist **Phenol** C_6H_5-OH.

1. Phenol ist saurer als Alkohol. Es löst sich leicht unter Abgabe der Wasserstoff-Ions in stärkeren Alkalien zu Alkali-Phenolat, jedoch nicht in $NaHCO_3$, dessen Alkalität zu schwach ist. Durch Einleiten von CO_2 in die alkalische Lösung kann Phenol wieder in Form öliger Abscheidungen gewonnen werden.

$$C_6H_5-OH + NaOH \longrightarrow \underset{\text{Natriumphenolat}}{C_6H_5O^{\ominus}Na^{\oplus}} + H_2O$$

Die saure Eigenschaft des Phenols erklärt sich daraus, dass die Bildung des Phenolat-Ions durch Mesomerie stabilisiert ist. Dabei wird die Sauerstoffladung in das π-Elektronensystem des Benzens einbezogen:

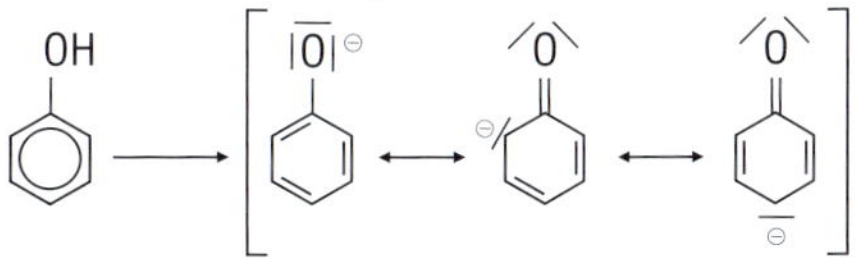

2. Phenolat reagiert (wie Alkoholat) mit Alkylhalogenid zu Ether (WILLIAMSON-Synthese), z. B.

$$C_6H_5O^{\ominus}Na^{\oplus} + CH_3-X \longrightarrow C_6H_5-O-CH_3 + NaX$$

Phenylmethylether, Anisol (Arylalkylether)

Substitutionsprodukte des Phenols entstehen durch Ersetzen von Kernwasserstoff, z. B. Halogenphenole, Nitrophenole, Phenolsulfonsäuren. Der Elektronenschub der OH-Gruppe(n) erleichtert die elektrophile Substitution besonders in *o*- und *p*-Stellung.

3. *o*- und *p*-Nitrophenol entstehen nebeneinander bei der direkten Nitrierung von Phenol mit verdünnter HNO_3. Sie sind acid (pK_S 7,15), ihre Alkalisalze sind tiefgelb bis rot gefärbt:

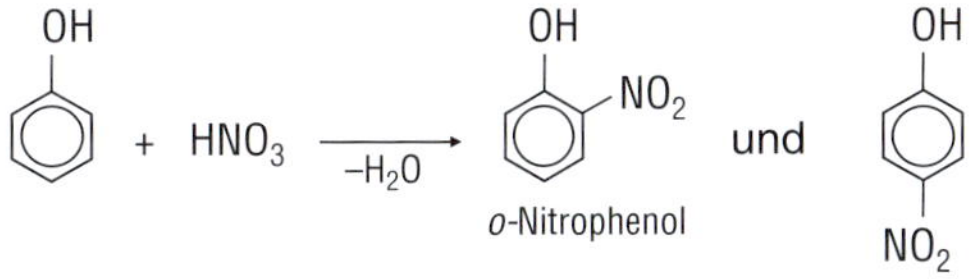

o-Nitrophenol *p*-Nitrophenol

4. Phenol bildet mit konz. Schwefelsäure in Abhängigkeit von der Reaktionstemperatur *p*-Phenolsulfonsäure (bei 100 °C) und *o*-Phenolsulfonsäure (bei 10–15 °C) durch Sulfonierung.
5. Phenol reagiert bei Raumtemperatur mit verdünnter Salptersäure zu *o*- und *p*-Nitrophenol.
6. Phenol setzt sich mit Bromwasser zu 2,4,6-Tribromphenol um.

Aufgaben

1. Wie lauten die Reaktionsgleichungen für die genannten Vorgänge 4 bis 6?
2. Warum sind *o*- und *p*-Substitution bei Phenolen begünstigt?

7. Phenol reagiert mit Säurehalogenid zu Arylestern:

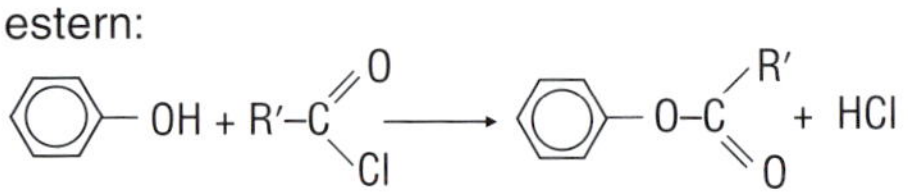

8. Durch Oxidation kann Phenol mittels atomarem (nascierendem) Sauerstoff in *o*- und *p*-Chinon überführt werden, z. B.:

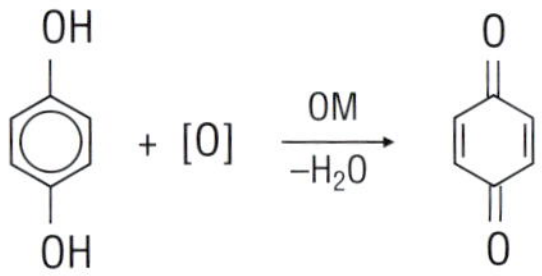

Hydrochinon *p*-Benzochinon

oder

Brenzcatechin *o*-Benzochinon

Chinone enthalten zwei Carbonyl-Gruppen und zwei Doppelbindungen im Ring; d. h., bei der Oxidation geben die Moleküle ihre benzoide Struktur auf (benzoider Ring) und gehen in die **chinoide** Struktur über (Ring mit zwei Doppelbindungen). Moleküle mit chinoiden Ringen sind farbgebend (chromophor). Sie treten in vielen Pflanzen-, Pilz- und synthetischen Farben auf (vgl. Abschnitt 16.4.11). Sie sind meist gelb, orange oder rot gefärbt.

Das rote *o*-Benzochinon ist ein starkes Oxidationsmittel (Oxidation von Iodid-Ionen zu Iod in saurer KI-Lösung, Dehydrierung organischer Verbindungen). *p*-Benzochinon ist goldgelb (Atemwege und Haut reizend, wassergefährdend, starkes Oxyda-

Phenole und Phenolderivate

Name	Eigenschaften	Verwendung, Eigenschaften
Phenol	pK_S = 9,39, ϑ_m = 43 °C, ϑ_b =182 °C, farbl. Kristalle (an der Luft sich rötlich verfärbend), charakteristischer Geruch, wenig in Wasser, gut in wässriger Alkalilauge, Alkohol, Ether löslich; mit $FeCl_3$-Lösung: rotviolette Färbung; giftig	Erzeugung von Phenol-Derivaten, ε-Caprolactam, Adipinsäure, Cyclohexanol, Phenol-Harzen, Kationen-Austauscher-Harzen, u. a.; als Desinfektionsmittel kaum noch verwendet
Brenzcatechin	ϑ_m = 104 °C, ϑ_b = 245 °C, krist., in Wasser, Alkalien, organ. Lösungsm. löslich, wassergef., reduzierend; mit $FeCl_3$-Lösung: smaragdgrün	fotografische Entwickler, Antioxidationsmittel, Herstellung von Arznei-, Riech-, Farbstoffen, Phenol-Harzen, *o*-Benzochinon
Resorcin	ϑ_m = 110 °C, ϑ_b = 281 °C, krist., in Wasser, Alkohol, Ether löslich, weniger giftig als Phenol, reduzierend; mit $FeCl_3$-Lösung: violett	fotografische Entwickler, Reagenz für Nachweis von Aldehyd, Farbstoffe, wärmebeständige Holzklebstoffe u. a., Fluorescein, UV-Stabilisatoren
Hydrochinon	ϑ_m = 172 °C, ϑ_b = 286 °C, krist., löslich in heißem Wasser und org. Lösungsmitteln, reduzierend, reizt Haut, Atem-wege, Augen, Krebs erregend; mit $FeCl_3$-Lösung: blau; wassergefährdend	fotografische Entwickler, Farbstoffe, Antioxidationsmittel, Polymerisations-Inhibitoren (Stabilisatoren), *p*-Benzochinon
Pyrogallol	ϑ_m = 133 °C, ϑ_b = 309 °C, krist., lösl. in Wasser, Ethanol, Ether, stark reduzierend, giftig (Verdauungstrakt, Niere, Leber, Blut schädigend)	Reduktion von Au-, Ag-, Hg-Salzen, Absorptionsmittel für Luftsauerstoff in der Gasanalyse, Antioxidationsmittel für Mineralöl-Erzeugnisse
Kresole	giftig, schädigen Haut, Augen, Atemwege, Gehirn; mit $FeCl_3$-Lösung: blau	Desinfektionsmittel (mit Seifen-Lösung: Lysol), Kresolharze, Herbizide, Insektizide, Antioxidatinsmittel
Xylenole	krist., lösl. in Alkohol, wenig in Wasser; Atemwege, Haut und Augen reizend	Desinfektionsmittel (antiseptische Seifen und Waschmittel) Herstellung von Lackrohstoffen, Polyphenylenoxid-Kunststoff, Insektizide
Nitrophenole	giftig, krist., lösl. in organischen Lösungsmitteln	pH-Indikatoren, Fotochemikalien, Insektizide
4-Chlorphenol	in organ. Lösungsmitteln löslich, Haut reizend, desinfizierend, biologisch schwer abbaubar	Herstellung von Arznei- und Farbstoffen

Übersicht 16-19

tionsmittel). Sie werden aus Brenzcatechin bzw. Hydrochinon erzeugt.

Phenole kommen als Gerbstoffe (Gallussäure), Geruchsstoffe (Thymianöl, Gewürznelken), Farbstoffe und Rauschmittel (Cannabis, Haschisch) in Pflanzen vor. Substituierte Phenole werden als Unkrautvernichtungsmittel und Arzneimittel verwendet. Eine Verbindung von Diphenol und einem sekundären Amin ist Adrenalin (blutdrucksteigernd). Chlorierte Phenole werden zur Desinfektion benutzt.

Weitere Phenol-Derivate sind u. a. **Aminophenole** (*p*-Aminophenol: fotografischer Entwickler), **Pikrinsäure** (Salze: Pikrate, explosiv bei Stoß), **Phenolsulfonsäure** (Desinfektionsmittel, Gerb- und Farbstoffe).

Die Indikatorsäure **Phenolphthalein** ist eine Verbindung aus zwei Molekülen Phenol und einem Moleküle Phthalsäure:

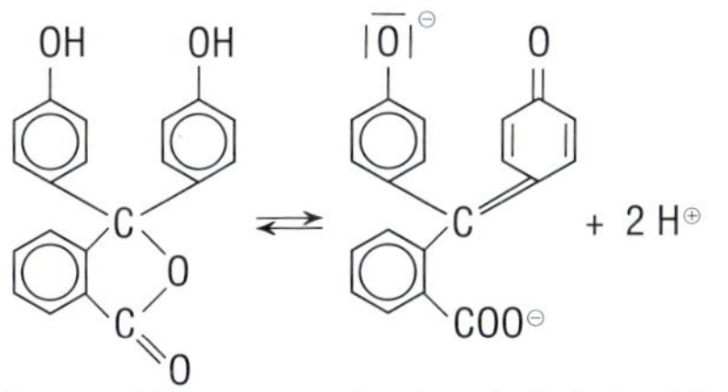

in saurer Lösung farblos — in schwach alkalischer Lösung rotviolett

16.4.4 Aromatische Alkohole

> Bei aromatischen Alkoholen ist Wasserstoff der Alkyl-Gruppe von Alkylarenen durch eine Hydroxy-Gruppe substituiert. Dadurch unterscheiden sich aromatische Alkohole von den Phenolen.

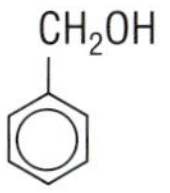

Benzylalkohol

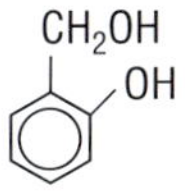

Salicylalkohol

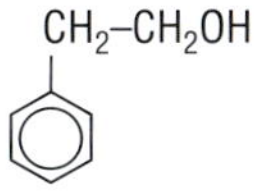

Phenethylalkohol

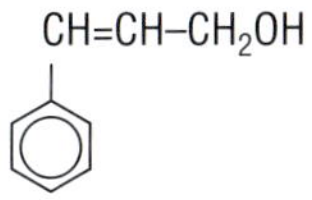

Zimtalkohol

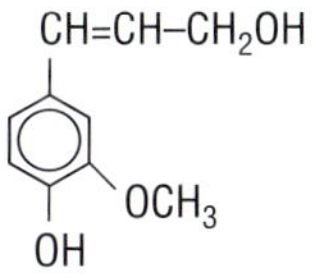

Coniferylalkohol

Die Verbindungen riechen angenehm und werden als Duftstoffe verwendet. **Phenylethylalkohol** ist Hauptbestandteil des Rosenöls. **Coniferylalkohol** ist Baustein des Holz-Lignins. **Benzylalkohol** kommt als **Benzylacetat** (Essigsäurebenzylester) im Jasminöl vor.

Darstellung

1. **Benzylalkohol** kann durch Reduktion von Benzaldehyd oder durch Hydrolyse von Benzylbromid mit wässriger Natriumhydroxid-Lösung hergestellt werden:

$$C_6H_5-CH_2-Br + NaOH \longrightarrow C_6H_5-CH_2-OH + NaBr$$

Reaktionen

> Aromatische Alkohole reagieren wie aliphatische Alkohole u. a. durch Oxidation, Veresterung, Dehydrierung.

Aus Benzylalkohol kann – wie bei aliphatischen Alkoholen – durch Oxidation Benzaldehyd und Benzoesäure gewonnen werden:

$$C_6H_5-CH_2-OH \xrightarrow{Ox} C_6H_5-CHO \xrightarrow{Ox} C_6H_5-COOH$$

2. Benzylalkohol ergibt mit Essigsäure Essigsäurebenzylester.
3. Höhere Alkohole dehydratisieren zu ungesättigten Verbindungen, z. B.

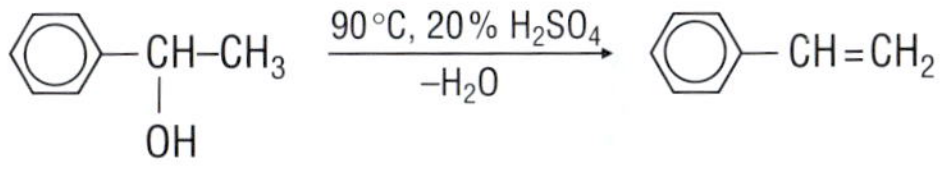

1-Phenyl-1-ethanol — Phenylethen

Aufgaben

1. Stellen Sie die Strukturformeln für folgende Alkohole auf:
   a) 1-Phenyl-2-propanol,
   b) Diphenyl-methanol,
   c) Triphenyl-methanol.
2. Welche Verbindung entsteht, wenn 1-Phenyl-2-propanol dehydratisiert wird?
3. Wiederholen Sie die Dehydratisierung der aliphatischen Alkohole!

16.4.5 Aromatische Aldehyde

> Bei aromatischen Aldehyden ist die –CHO-Gruppe direkt an den Benzen-Kern gebunden.

Eigenschaften und Reaktionen ähneln sehr denen der aliphatischen Aldehyde. Die einfachste und wichtigste Verbindung ist **Benzaldehyd.**

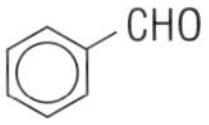

Benzaldehyd

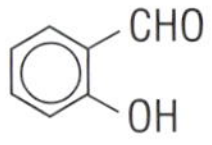

Salicylaldehyd

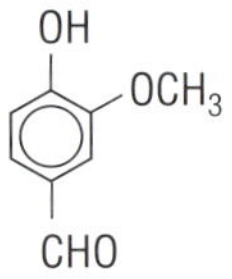

Vanillin

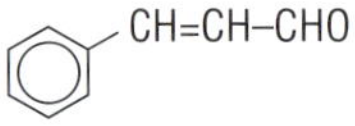

Zimtaldehyd

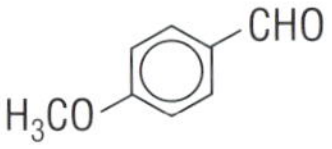

Anisaldehyd

Darstellung

1. Toluen wird katalytisch mit Luftsauerstoff zu Benzaldehyd oxidiert.
2. Benzylidendichlorid setzt sich technisch mit Wasser bei 100 °C in Gegenwart von Fe-Pulver und anschließender Neutralisation mit Alkali zu Benzaldehyd um (Nebenprodukt Benzoesäure bzw. deren Alkalisalz).

   $$C_6H_5{-}CHCl_2 + 2\,NaOH \xrightarrow{(Fe)} C_6H_5{-}CHO + 2\,NaCl + H_2O$$

3. Alkylbenzene reagieren vermittels Lewis-Säuren als Katalysator ($AlCl_3$/CuCl) mit Kohlenstoffmonoxid in HCl-saurer Lösung zu *p*-Alkylaldehyden (Gattermann-Koch-Synthese; Formylierung):

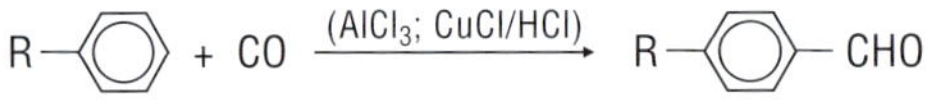

Reaktionen

Benzaldehyd („Bittermandel") ist farblos, flüssig, hat einen intensiven Bittermandelgeruch und reduziert ammoniakalische Silbersalzlösung, jedoch nicht Fehling'sche Lösung. Die Reaktionen verlaufen meist durch nucleophile Additionen am positivierten Carbonyl-Kohlenstoff (vgl. Abschnitt 16.2.5).

1. Benzaldehyd reagiert leicht durch Oxidation mit Luftsauerstoff zu Benzoesäure:

   $$2\,C_6H_5{-}CHO + O_2 \longrightarrow 2\,C_6H_5{-}COOH$$

2. Benzaldehyd reagiert mit Acetaldehyd zu Zimtaldehyd (Aromastoff der Zimtrinde):

   $$C_6H_5{-}CHO + CH_3{-}CHO \longrightarrow C_6H_5{-}CH{=}CH{-}CHO + H_2O$$

Aromatische Aldehyde kommen als „etherische Öle" in einer Reihe von Pflanzen vor: z. B. **Anisaldehyd** (*p*-Methoxybenzaldehyd) in Anis- und Fenchelöl, **Vanillin** in Vanille-Schoten, **Zimtaldehyd** in Zimtrinde, **Salicylaldehyd** in Spierpflanzen (Spiraea-Arten).

16.4.6 Aromatische Ketone

Es gibt aliphatisch-aromatische Ketone (Alkylarylketone) und rein aromatische Ketone.

Acetophenon ($C_6H_5{-}CO{-}CH_3$) oder Methylphenylketon ist eine aromatisch nach Orangenblüten duftende Flüssigkeit (Lösungsmittel, Synthese von Duftstoffen und Pharmazeutika). **Benzophenon** oder Diphenylketon $C_6H_5{-}CO{-}C_6H_5$ wird zu Pharmazeutika, Insektiziden, Sonnenschutzmitteln u. a. verarbeitet. Das chemische Verhalten entspricht allgemein den aliphatischen Ketonen.

Darstellung

1. Durch Acylierung von Benzen mittels Acetylchlorid oder Benzoylchlorid entstehen Acetophenon und Benzophenon (vgl. Abschnitt 16.3.4)
2. Bei der Chlorierung oder Bromierung von Acetophenon entstehen Tränenreizstoffe (in Sprays als „chemische Keule"): Chlor- oder Bromacetophenon: $C_6H_5{-}CO{-}CH_2{-}X$.

16.4.7 Aromatische Carbonsäuren

Eine oder mehrere Carboxy-Gruppen können am Benzen-Kern gebunden sein (Mono- bis Hexacarbonsäure) bzw. an das Ende einer Alkyl-Gruppe (Araliphatische Säuren).

a) Monocarbonsäuren

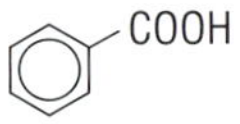

Benzoesäure

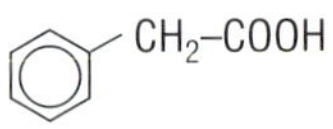

Phenylessigsäure

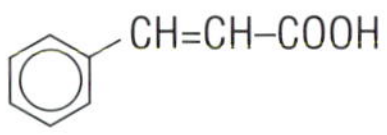

Phenylpropensäure, Zimtsäure

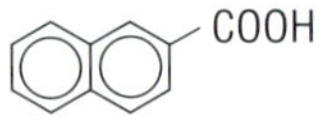

Naphtalencarbonsäure

Die einfachste aromatische Säure ist die **Benzoesäure** $C_6H_5{-}COOH$ ($\vartheta_m = 112\,°C$; $pK_S = 4{,}21$). Sie löst sich in heißem Wasser, Alkohol und Ether, ist schwächer als Ameisensäure ($pK_S = 3{,}77$) und stärker als Essigsäure ($pK_S = 4{,}76$). Die Säure wird als Konservierungsmittel für Lebensmittel und zur Synthese von Pharmazeutika und Farbstoffen verwendet (Salze: Benzoate).

Darstellung

1. Die Oxidation von Benzylalkohol oder von Benzaldehyd führt zu Benzoesäure (vgl. Abschnitt 16.4.5).
2. Im technischen Verfahren wird Toluen leicht durch Oxidationsmittel (HNO_3, CrO_3, $KMnO_4$) oder katalytisch durch Luftsauerstoff zu Benzoesäure oxidiert.

Aufgabe

Formulieren Sie die Reaktionsgleichung für die Oxidation von Toluen zu Benzoesäure durch Sauerstoff (Katalysator Co-Salze).

Reaktionen

1. Benzoylchlorid wird technisch aus Benzoesäure und Benzotrichlorid mithilfe von Silber-Katalysator gewonnen.

$$C_6H_5{-}COOH + C_6H_5{-}CCl_3 \xrightarrow{(Ag)} 2\ C_6H_5-C\begin{matrix}/O\\ \backslash Cl\end{matrix} + HCl$$

2. Benzoylchlorid reagiert (ähnlich wie Acetylchlorid) mit Alkoholen, Ammoniak, Aminen in wässriger Alkali-Lösung, z. B.

$$C_6H_5-CO-Cl + H-OR \longrightarrow \underset{\text{Benzoesäureester}}{C_6H_5-CO-OR} + HCl$$

$$C_6H_5-CO-Cl + 2\ NH_3 \longrightarrow \underset{\text{Benzoesäureamid, Benzamid}}{C_6H_5-CO-NH_2} + NH_4Cl$$

3. In alkalischer Lösung reagiert Benzoylchlorid mit Wasserstoffperoxid zu Dibenzoylperoxid (Bleichmittel, Radikalbildner):

$$2\ C_6H_5-CO-Cl + H-O-O-H \longrightarrow C_6H_5-CO-O-O-CO-C_6H_5 + 2\ HCl$$

Dibenzoylperoxid zerfällt in der Wärme in zwei Benzoat-Radikale $C_6H_5-CO-O\cdot$. Die Substanz wird als „Starter" bei radikalischen Polymerisationen eingesetzt.

b) substituierte Benzoesäuren

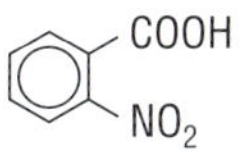

o-Nitrobenzoesäure

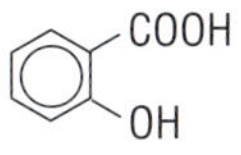

o-Hydroxybenzoesäure, Salicylsäure

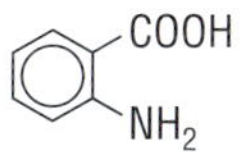

o-Aminobenzoesäure, Anthranilsäure

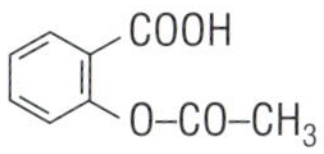

Acetylsalicylsäure (Aspirin), 2-Acetoxybenzoesäure

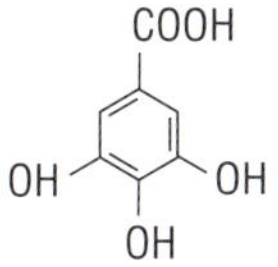

3,4,5-Trihydroxybenzoesäure, Gallussäure

Von Bedeutung sind vor allem die **Nitrobenzoesäuren** $O_2N-C_6H_4-COOH$ (Herstellung von Farbstoffen, Pharmazeutika und Schädlingsbekämpfungsmitteln) sowie die **Aminobenzoesäuren** $H_2N-C_6H_4-COOH$ bzw. deren Derivate als lokale Schmerzmittel (Analgetika).

Zu den **Phenolcarbonsäuren** gehören die Hydroxycarbonsäuren: Die *o*-**Hydroxybenzoe-** oder **Salicylsäure** wird zur Herstellung von Farb- und Duftstoffen sowie als Antiseptikum (Wunddesinfektionsmittel) verwendet (als Konservierungsmittel nicht mehr im Handel zugelassen). **Acetylsalicylsäure** (Aspirin) ist ein fiebersenkendes (Antipyretikum) und schmerzlinderndes (Antineuralgikum) Mittel. **Gallussäure** bildet mit Eisen(II)-Salzen schwarze Eisengallustinte. Als Baustein kommt sie in Pflanzenhormonen (Phytohormonen) zur Regulierung des Zell- und Gewebedrucks, d. h. des Turgors vor. Frei bzw. an Glucose (als Glucosid) gebunden ist sie im schwarzen Tee, in Galläpfeln, in Eichenrinde u. a. enthalten. Diese Gallussäure-Verbindungen werden **Tannine** (lat. gerben) oder auch Gerbsäuren genannt und zum Gerben von Tierhäuten (Lederherstellung) sowie zur Herstellung einer Reihe weiterer Stoffe verwendet (Gallussäure, Pyrogallol, Beizen für die Textilfärberei mit kationischen Farbstoffen u. a.).

Aufgabe

Stellen Sie die Formeln folgender aromatischer Verbindungen auf:
Benzoesäureethylester,
Benzoesäurebenzylester,
Phenylessigsäurepropylester,
1,5-Naphtalendicarbonsäure!

c) Aromatische Dicarbonsäuren

Technisch bedeutend sind **Phthalsäure** (Benzen-*o*-dicarbonsäure) für die Synthese von Alkydharz-Lack, PVC-Weichmacher (Dioctylphthalat) und Farbstoffen sowie **Terephthalsäure** (Benzen-*p*-dicarbonsäure) für die Herstellung von Polyester-Fasern.

Darstellung

1. Phthalsäure wird durch Oxidation von *o*-Xylen und Terephthalsäure durch Oxidation von *p*-Xylen erzeugt.

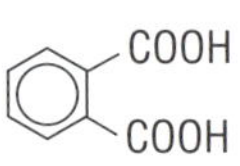
Phthalsäure

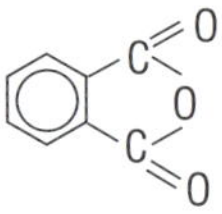
Pthalsäureanhydrid

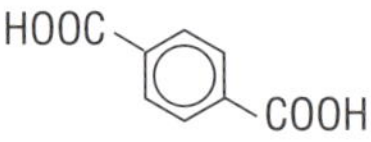
Terephthalsäure

2. Terephthalsäure kann aus Benzoesäure durch Carboxylierung erzeugt werden (340 °C, 30 MPa, in Gegenwart von $KHCO_3$):

$$C_6H_5{-}COOH + CO_2 \xrightarrow{T;\,p} HOOC{-}C_6H_4{-}COOH$$

16.4.8 Aromatische Nitroverbindungen

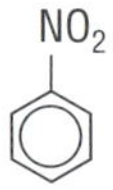
Nitrobenzen

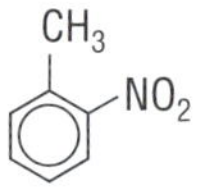
o-Nitrotoluen

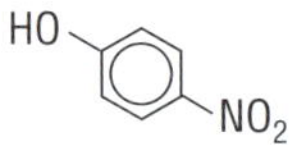
p-Nitrophenol

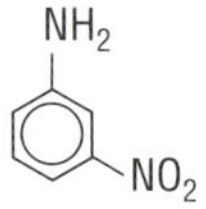
m-Nitroanilin

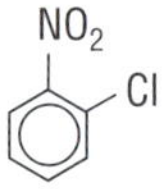
o-Chlornitro-
benzen

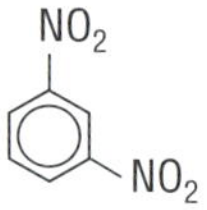
m-Dinitrobenzen

Benzen lässt sich leicht durch elektrophile Substitution zu **Nitrobenzen** nitrieren (vgl. Abschnitt 16.3.4). Noch schneller gehen Nitrierungen mit solchen Substitutionsverbindungen vor sich, bei denen der Substituent einen Elektronenschub ausübt (+M-Effekt) wie z. B. im Anilin, Phenol, Toluen, sodass elektrophile Substitutionen weiter begünstigt sind. Substituenten mit –M-Effekt erschweren eine weitere Substitution (vgl. Abschnitt 16.3.5).

Darstellung

1. Nitrobenzen wird durch Erwärmen von Benzen mit konz. Salpeter- oder Nitriersäure hergestellt (vgl. Abschnitt 16.3.4)
2. Die weitere Nitrierung von Nitrobenzen zu *m*-Dinitrobenzen verläuft ca. 10 000-mal langsamer als die Nitrierung in der 1. Stufe (vgl. Abschnitt 16.3.5)
3. Toluen reagiert schon bei 0 °C mit Nitriersäure zu *o*- und *p*-Nitrotoluen (vgl. Abschnitt 16.3.5)
4. Phenol bindet bereits verdünnte Salpetersäure zu *o*- und *p*-Nitrophenol (vgl. Abschnitt 16.4.3)
5. Nitroaniline können aus Anilin mit konz. HNO_3 nur mit geringer Ausbeute erzeugt werden, weil die NH_2-Gruppe z. T. oxidiert wird. Die technische Synthese von *o*- und *p*-Nitroanilin wird deshalb z. B. durch Erhitzen von *o*- oder *p*-Chlornitrobenzol mit alkoholischer Ammoniak-Lösung unter Druck vorgenommen.

Aufgabe

Wie lauten die Reaktionsgleichungen für die genannten Reaktionen?
Verlaufen sie elektrophil oder nucleophil?

6. Die Amino-Gruppe im *o*- wie auch im *p*-Nitroanilin kann in nucleophiler Reaktion beim Erwärmen mit Alkali gegen eine Hydroxy-Gruppe ausgetauscht werden:

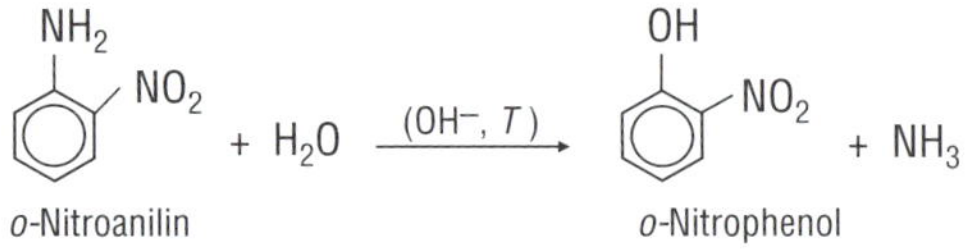

Nitrobenzen ist eine gelbliche Flüssigkeit (ϑ_b = 211 °C) mit Geruch nach Bittermandelöl. Die Dämpfe sind giftig (Blut, Zentralnervensystem). Es wird als Lösungsmittel verwendet, vor allem aber zu Anilin verarbeitet.

16.4.9 Aromatische Amine

Die Amino-Gruppe ist an den Kern gebunden. Wie bei den aliphatischen Aminen gibt es primäre, sekundäre und tertiäre Amine.

Anilin,
Aminobenzen

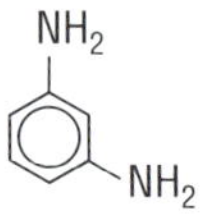
m-Phenylen-
diamin

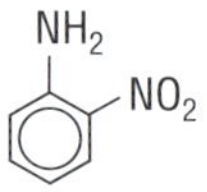
o-Nitroanilin

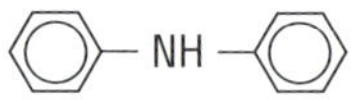
Diphenylamin

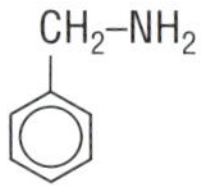
Benzylamin

Darstellung

1. Anilin kann aus Nitrobenzen in salzsaurer Lösung und Fe-Spänen durch Reduktion erzeugt werden:

$$C_6H_5{-}NO_2 + 6\,[H] \xrightarrow{(Fe/HCl)} C_6H_5{-}NH_2 + 2\,H_2O$$

2. Nitrobenzen wird katalytisch in der Gasphase zu Anilin hydriert.

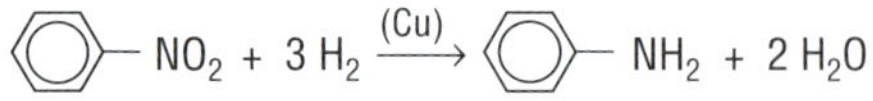

3. Phenol reagiert mit Ammoniak zu Anilin.

Anilin ist eine farblose, durch Autoxidation bräunliche Flüssigkeit, die sich wenig in Wasser, gut in Alkohol, Ether, fetten Ölen u. a. löst und gering basisch ist (pK_B = 4,63). Anilin ist giftig (Zerstörung roter Blutkörperchen, Atemstillstand), und Wasser gefährdend. Es ist eine der wichtigsten Grundchemikalien, aus der eine Vielzahl aromatischer Verbindungen erzeugt wird, z. B. fotografische Entwickler (z. B. *p*-Aminophenol), Chemikalien für Azofarbstoffe (*m*-Phenylendiamin, Azobenzen u. a.) und Arzneimittel (z. B. Sulfonamide, Chemotherapeutika aus Sulfanilsäure).

Reaktionen

Aromatische Amine reagieren sehr viel weniger basisch als aliphatische Amine, weil durch die Mesomerie das freie Elektronenpaar des Stickstoffs an der NH_2-Gruppe nicht mehr verfügbar ist (vgl. Abschnitt 16.3.5). Durch Salzsäure können sie aber in Salze überführt, als solche extrahiert und durch Basen wieder zurückgewonnen werden.
Elektronen anziehende Substituenten wie Cl^-, $-SO_3H$, $-NO_2$ verringern die Basizität, Elektronen schiebende Substituenten wie OH^-, eine 2. NH_2-Gruppe erhöhen die Basizität. So ist Phenylendiamin basischer als Anilin.

1. Anilin oder andere primäre Amine bilden mit Salpetriger Säure **Diazonium-Salze** (Diazotierung), die etwas stabiler sind als die Diazonium-Salze, aliphatischer Amine. Sie sind in trockenem Zustand jedoch explosiv. Sie werden für die Einführung der Diazonium-Gruppe in organische Verbindungen, z. B. bei Farbstoffsynthesen verwendet (vgl. Abschnitt 16.4.10).
2. Sekundäre aromatische Amine reagieren mit Salpetriger Säure zu Nitrosaminen.
3. Die Acetylierung von aromatischen Aminen mit Acetylchlorid (oder Essigsäureanhydrid) ergibt Acetanylid (elektrophile Substitution des Wasserstoffs der NH_2-Gruppe):

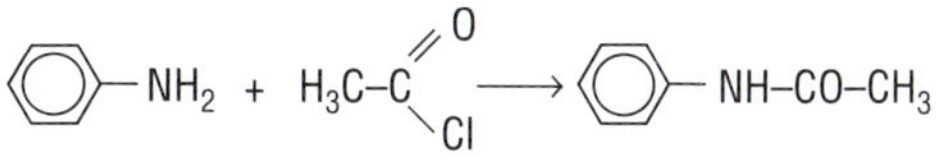

Die N-Acetyl-Gruppe schützt die Aminofunktion vor der Oxidation z. B. bei der Nitrierung:

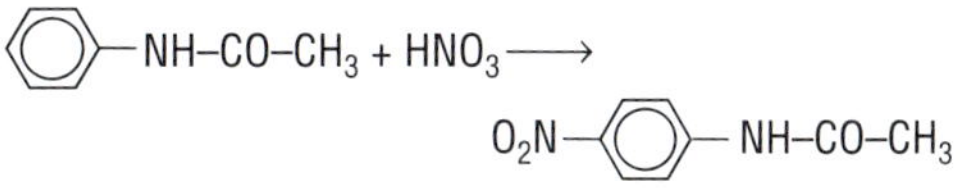

Nach der Nitrierung kann die N-Acetyl-Gruppe durch Basen als Essigsäure abgespalten werden. Auf diese Weise ist die Synthese von Nitroanilin überhaupt möglich:

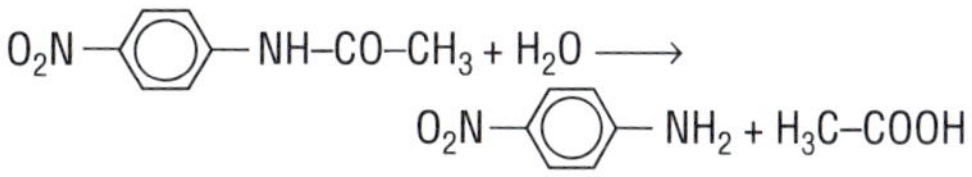

Ein wichtiges aromatisches Amin ist Adrenalin (blutdruckerhöhendes Hormon der Nebenniere).

Aufgabe
Stellen Sie die Strukturformeln für folgende Verbindungen auf: a) 1,2,4-Triaminobenzen, b) *o*-Toluidin, c) 4-Nitro-N,N-dimethylanilin, d) *p*-Phenylendiamin!

Einige aromatische Amine

Name	ϑ_m in °C	ϑ_b in °C	Löslichkeit in g/100 g H_2O	Eigenschaften, Verwendung
Anilin, Aminobenzen	–6	184	3,7	
N-Methylamin	–57	196	wenig	
o-Toluidin, 2-Methylanilin	–28	200	1,7	löslich in organischen Lösungsmitteln,
m-Toluidin, 3-Methylanilin	30	203	wenig	Blutgifte, Krebs erregend; u. a.
p-Toluidin, 4-Methylanilin	44	200	0,7	für Farbstoff-Synthesen
2-Chloranilin	–2	209	nicht löslich	Krebs erregend, Blut- und Nervengifte;
3-Chloranilin	–10	231	nicht löslich	Synthese von Herbiziden, Farbstoffen
4-Chloranilin	73	231	nicht löslich	
2-Nitroanilin	71	284	wenig	löslich in Alkohol und Ether, Blutgifte;
3-Nitroanilin	114	307	wenig	für Synthese von Farbstoffen, Pharma-
4-Nitroanilin	148	332	wenig	zeutika
o-Phenylendiamin	104	256	3	Synthese von Farbstoffen, Fotoentwickler, Insektiziden

Übersicht 16-20

16.4.10 Aromatische Diazoverbindungen

Primäre aromatische Amine ergeben in mineralsaurer Lösung mit Natriumnitrit bzw. salpetriger Säure bei ca. 0 °C Diazoniumsalze, die eine **Diazonium-Gruppe** $-^{\oplus}N\equiv N|$ besitzen, z. B.

$$C_6H_5-NH_2 + HCl + HNO_2 \xrightarrow{0\,°C} [C_6H_5-\overset{\oplus}{N}\equiv N|]\,\overset{\ominus}{Cl} + 2\,H_2O$$

Der Vorgang der Bildung einer Diazonium-Verbindung wird **Diazotierung** genannt. Die neutral reagierenden Salze sind in Lösung stabil und als Additionsverbindung (mit aromatischen Sulfonsäuren) auch in fester Form beständig. Beim Erwärmen und bei Schlag zerfallen sie explosionsartig. Sie werden zu unterschiedlichen Verbindungen weiter verwendet. Mit verschiedenen Reagenzien findet eine Stickstoffabspaltung **(Diazo-Spaltung)** statt: So entsteht z. B. aus Benzendiazoniumchlorid mit Kaliumiodid Iodbenzen, mit Kupfer-I-bromid Brombenzen, mit niederen Alkoholen Phenolether.

Aufgabe

Wie lauten die Reaktionsgleichungen für diese drei Reaktionen?

Bei anderen Bedingungen wird der Stickstoff nicht abgespalten. Er verbleibt im Molekül als **Azo-Gruppe** $-N=N-$, z. B. bei der Reaktion des Benzendiazoniumchlorid zu **Phenylhydrazin** $C_6H_5-NH-NH_2$ (Reagenz auf Carbonyl-Gruppe in Aldehyden, Ketonen, Zucker).

Die wichtigsten **Azoverbindungen** sind jedoch die **Azofarbstoffe,** die ein oder mehrere Azo-Gruppen im Molekül enthalten.
Sie leiten sich von der einfachsten Verbindung, dem Azobenzen $C_6H_5-N=N-C_6H_5$, ab. Zu den Azofarben gehört eine Reihe von Stoffen, die in Abhängigkeit vom pH-Wert ihre Molekülstruktur (Übergang von benzoider in chinoide Elektronenverteilung) und dabei ihre Lichtabsorption ändern. Sie finden als Indikatoren Verwendung wie **Kongorot, Methylorange** und **Methylrot.** In vereinfachter Darstellung kann der Farbwechsel z. B. bei Methylorange wie folgt formuliert werden:

Die meisten Farbstoffe gehören den Azofarben an, mit denen sich fast alle Textilfasern anfärben und bedrucken lassen und die in großer Farbenvielfalt synthetisierbar sind.

16.4.11 Farbstoffe

Die meisten organischen Stoffe absorbieren UV-Licht, sind also im Bereich des sichtbaren Lichts farblos. Resonanz mit Lichtwellen im Wellenbereich 400 bis etwa 800 nm und damit Farbigkeit entsteht, wenn die Moleküle anregbare farbgebende, so genannte **chromophore Gruppen** besitzen.

Dazu gehören:

Azo-Gruppen	$-N=N-$
Azomethin-Gruppen	$-CH=N-$
chinoide Gruppen	
Methin-Gruppen	$-CH=$
Nitro-Gruppen	$-NO_2$
Nitroso-Gruppen	$-N=O$
Polyene	$(-CH=CH-)_n$

Sie sind ungesättigt, enthalten also „bewegliche", d. h. Resonanz vermittelnde π-Elektronen, die durch bestimmte Wellenlängen angeregt werden und so farbig erscheinen.

Auxochrome Gruppen, die am aromatischen Molekülteil gebunden sind, vertiefen die Farbe, verbessern die Lichtechtheit und vermitteln die Haftung auf Faserstoffen (Waschfestigkeit):

$-NR_2$, $-NHR$, $-NH_2$, $-OH$.

Nach der chemischen Struktur unterscheidet man:

a) Azofarbstoffe
b) Triphenylmethan-Farbstoffe und Phthaleine (hierzu gehört das Phenolphthalein)
c) Indigo-Farbstoffe

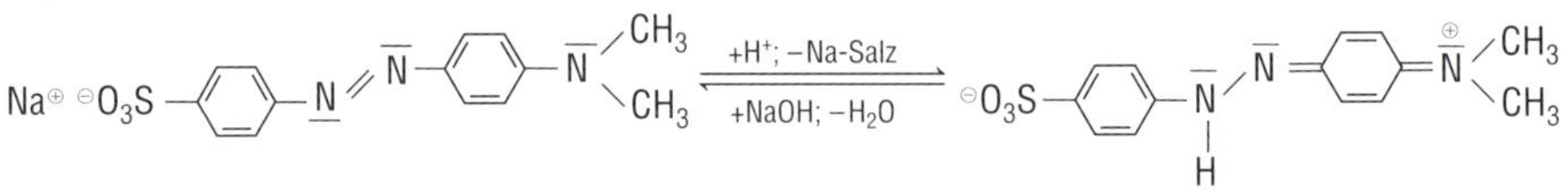

gelbe benzoide Molekülstruktur im basischen Medium

rote chinoide Molekülstruktur im sauren Medium

d) Thiazin-Farbstoffe (Schwefel-Farbstoffe, hierzu gehört das Methylenblau)

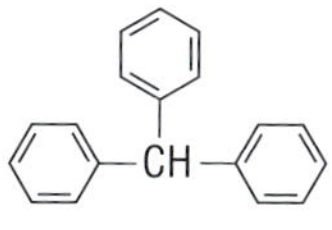

Triphenylmethan (ohne farbbildende Substituenten)

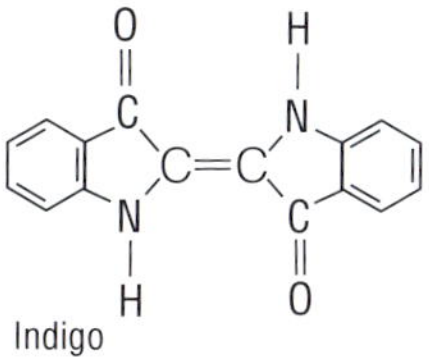

Indigo

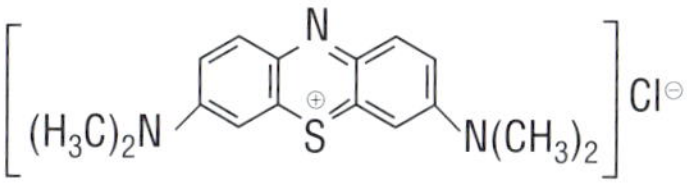

Methylenblau

Nach der Textil-Färbetechnik ergibt sich eine andere Einteilung:

a) Beizenfarbstoffe haften erst nach Vorbehandlung der Baumwoll-Fasern mit Beize (Al-Salze, Cr-Salze; wenig waschecht, geringe Bedeutung).

b) Substantiv-Farbstoffe für Eiweißfasern (Wolle, Seide) sind basische und saure Azofarbstoffe, die sich mit den sauren oder basischen Gruppen der Proteine chemisch binden (Methylenblau, Kongorot).

c) Direktfarbstoffe ziehen unter Zusatz von Salzen auf Baumwollfasern und regenerierte Cellulose direkt auf.

d) Reaktivfarbstoffe (spezielle Azofarbstoffe) enthalten im Molekül außer der farbgebenden noch eine reaktive Gruppe, die mit den OH-Gruppen der Cellulose oder mit den NH-Gruppen der Eiweiß- sowie der Polyamid-Fasern eine Atombindung eingehen und somit sehr beständig sind.

e) Entwicklungsfarbstoffe werden als Diazofarben direkt auf der Faser entwickelt.

f) Küpenfarbstoffe (vor allem für Cellulosefasern) werden erst durch Oxidation an der Luft farbig bzw. nehmen die endgültige Farbe an (z. B. Indigo).

g) Dispersionsfarbstoffe sind ebenfalls Azofarbstoffe, die sich zum Färben von Polyester- und Acetatfasern eignen.

16.5 Terpene und Steroide

Viele Naturstoffe gehören zu den **Terpenen** oder Terpenoiden (über 40 000). Sie kommen vor allem in Pflanzen, aber auch in Tieren vor. Sie bestehen aus C_5-Baueinheiten und lassen sich formal auf **Isopren als Grundgerüst** zurückführen, das allerdings nicht frei in der Natur vorkommt. Einfache Terpene enthalten zehn C-Atome, höhere mehr als 15 C-Atome. Hochmolekular sind Polyisoprene. Es gibt aliphatische und cyclische Terpene, die reine Kohlenwasserstoffe, Aldehyde, Ketone u. a. sein können und z. B. als Hauptbestandteile der „etherischen Öle" in Früchten und Blüten vorkommen:

Terpenkohlenwasserstoffe: in Basilikum-, Lorbeeröl (C_{10}, aliphatisch, gesättigt), Terpentinöl (Pinen C_{10}, Kiefer, cyclisch, ungesättigt), Limonen (C_{10}, Fichtennadelöl, Kümmelöl), Carotinoide (C_{40}, z. B. β-Carotin oder Provitamin A; rote Farbstoffe in Mohrrüben, Hagebutten, grünen Blättern, Tomaten; gelbe Farbstoffe im Maiskorn, Eidotter und Safran), Polyisoprene (Naturkautschuke im Kautschukbaum *Hevea brasiliensis,* Guttaperchabaum, anderen Wolfsmilchgewächsen und vielen weiteren Pflanzen z. B. auch im Salat), Azulene (C_{15}, cyclisch aromatisch, z. B. in Kamille).

Terpenalkohole: Menthol im Pfefferminzöl (C_{10}), Geraniol (in Geranien- und Rosenöl), Vitamin A (C_{20}, ungesättigt, in Lebertran, Milch, Eigelb)

Terpenaldehyde: Citral in Citronenöl

Terpenketone: in Kümmel- und Dillöl, in Geranien- und Pfefferminzöl, Campher (C_{10}, Campherbaum).

Natürliche und synthetisch erzeugte Terpene werden als Duft- und Gewürzstoffe sowie zur Synthese von Vitaminen, Pharmazeutika verwendet.

$CH_2{=}C(CH_3){-}CH{=}CH_2$

Isopren

$\left(CH_2{-}C(CH_3){=}CH{-}CH_2 \right)_n$

Polyisopren

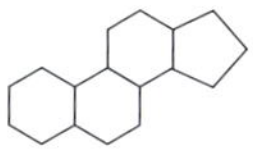

Gonan

Steroide sind polycyclisch und bestehen aus dem **Grundgerüst Gonan** (Steran) $C_{17}H_{28}$, an das Substituenten gebunden sind, z. B. Alkyl-, Oxo-, OH-, Carboxy-, etherische und aromatische Gruppen. Daraus ergibt sich eine Vielzahl von Verbindungen (über 200 000), die in Tieren und Pflanzen vorkommen und auch umfangreich synthetisch hergestellt werden, weil ein großer Bedarf an medizinisch wirksamen Präparaten besteht (Herzmittel, Anabolika für die Anregung der Eiweißsynthese, Steroid-Hormone, Vitamin D_2, D_3 u. a). Zu den Steroiden gehören z. B. Cholesterol (-in; in allen tierischen Zellen vorhanden, besonders im Gehirn, Rückenmark,

Gallensaft, Gallensteinen, Blutserum), Gallensäuren im Gallensaft (Förderung der Fettverdauung), Sexualhormone (Androgene, Östrogene, Gestagene, auch Empfängnisverhütungsmittel der „Pille"), Nebennierenrindenhormone (Corticoide; Regelung des Mineralhaushalts und Kohlenhydratstoffwechsels) und davon abgeleitete Pharmazeutika wie Prednisolon, Cortison (gegen Rheuma, Arthritis u. a.), einige spezielle Gifte (z. B. in der Kartoffel, im Roten Fingerhut, Krötengifte).

16.6 Heterocyclische Verbindungen

Den Verbindungen ist gemeinsam, dass ihre Moleküle aus Ringen bestehen, in die Heteroatome (griech. anders, verschieden) eingebaut sind: vor allem Stickstoff, Sauerstoff, Schwefel. Viele der Verbindungen sind Naturstoffe, einige kommen im Steinkohlenteer vor. Die Einteilung wird nach dem chemischen Verhalten vorgenommen.

a) Heterocycloalkane: gesättigte Verbindungen, meist aliphatisches Verhalten (cyclische Ether: Dioxan, Tetrahydrofuran).

b) Heterocycloalkene: Verhalten wie ungesättigte Alkene, z. B. γ- oder 4-Pyran.

c) Heteroaromaten: mit π-Elektronensextett, gebildet z. B. aus 4 Elektronen der C-Atome und einem Elektronenpaar des Heteroatoms.

Heterocyclen kommen als Fünfringe und Sechsringe mit einem oder mehreren Heteroatomen sowie als kondensierte Systeme in einer sehr großen Vielfalt vor. Es können nur einige Bausteine von wichtigen Verbindungen genannt werden:

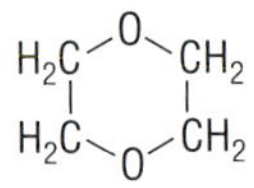
1,4-Dioxan

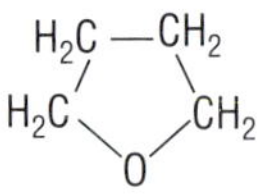
Tetrahydrofuran

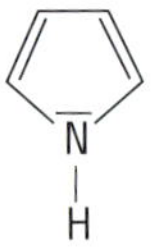
Pyrrol

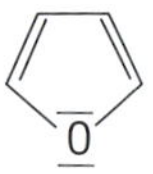
Furan

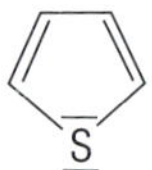
Thiophen

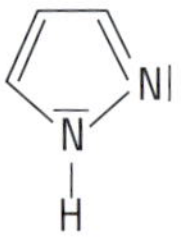
Pyrazol

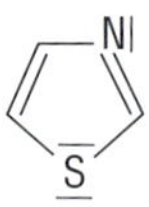
Thiazol

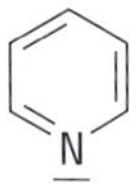
Pyridin

γ-Pyran

Tropan

Pyrrol ist z. B. im Molekül des roten Blutfarbstoffs Hämoglobin, des Chlorophylls, der Gallenfarbstoffe, des Vitamin B_{12}, des Jasmin- und Orangenblütenöls, im Indigo enthalten. **Furan** kann zu **Tetrahydrofuran** katalytisch hydriert werden und ist Bestandteil des **Cumaron** (in vielen Gras- und Kleearten, Waldmeister, Lavendelöl). **Thiophen** kommt an Benzen gebunden als **Thionaphthen** vor (Stammverbindung von Thioindigofarbstoffen; roter Küpenfarbstoff). Vom **Pyrazol** leiten sich verschiedene schmerzlindernde, fiebersenkende und antirheumatische Mittel (Phenazon, Aminophenazon u. a.) sowie Azofarbstoffe ab. **Thiazol** ist Bestandteil der Penicilline, des Vitamins B_1, der Polymethinfarbstoffe (als Sensibilisatoren fotografischer Schichten).

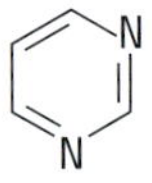
Pyrimidin

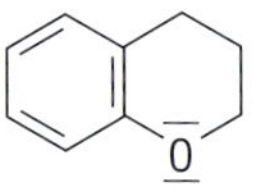
Chroman

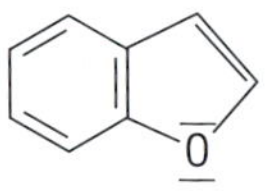
Cumaron

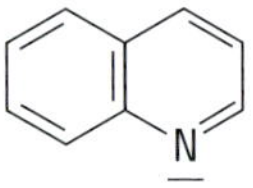
Chinolin

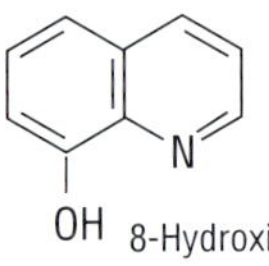
8-Hydroxichinolin

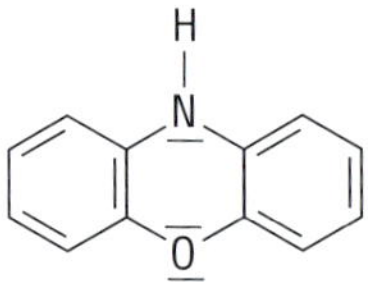
Phenoxazin

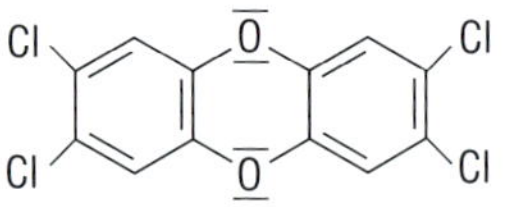
2,3,7,8-Tetrachlor-dibenzo-*p*-dioxin

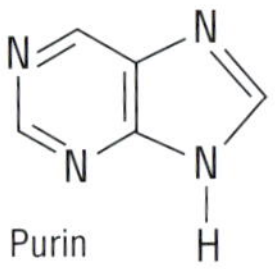
Purin

Pyridin-Derivate sind u. a. Vitamin B_6 sowie blutdrucksenkende und schmerzstillende Mittel. **Pyrimidin** tritt in Barbitursäure und Barbituraten (Schlafmittel), Chemotherapeutika und Vitamin B_1 auf. **Pyran**-Abkömmlinge finden sich in halluzinogenen Inhaltsstoffen des Hanfs (*Cannabis sativa*; Marihuana und im daraus erzeugten Haschisch-Harz). Substitutionsverbindungen von **Chinolin** sind sehr wirksame Bakterizide (Legionärskrankheit), Malaria- und Rheumamittel. **8-Chinolinol** (8-Hydroxichinolin) hat für die quantitative Analyse Bedeutung. Es setzt sich mit vielen Metall-Ionen (Al^{3+}, Fe^{2+}, Mg^{2+}, Mn^{2+}, Co^{2+}, Bi^{3+}, Cd^{2+}, Zn^{2+} u. a.) zu schwer löslichen Komplexverbindungen (Oxinate) um. Vom **Chroman** leiten sich Vitamin E und andere Flavon-Verbindungen ab (lat. gelb), die in gelben Blüten (Rose, Goldlack, Stiefmütterchen, Löwenmaul), im schwarzen Tee und Hopfen vorkommen, sowie auch die roten, blauen und violetten Anthocyane von Blüten, Früchten, rot gefärbten Blättern (Blutbuche u. a.). Zu den **Phenoxazin**-Farbstoffen gehören u. a. Lackmus (in Flechtenarten enthalten) und Verbindungen zum Färben von Polyacrylnitril-Fasern. **Dibenzo-*p*-dioxin** ist die Grundsubstanz für chlorierte Dibenzo-*p*-dioxine, die in unterschiedlichen Chlorierungsstufen vorkommen (theoretisch 75 verschiedene Stoffe). Dioxine entstehen bei einer Vielzahl von Vorgängen in der Natur, im Haushalt und bei industriellen Prozessen (beim Bleichen von Papier mit Natriumhypochlorit, beim Verbrennen fossiler Brennstoffe, beim Kompostieren, bei Waldbränden, beim Blitzschlag u. a.). Chlorierte Dibenzo-*p*-Dioxine sind giftig (Muskel- und Gelenkschmerzen, Schädigung des Nerven-, Verdauungs-, Enzym-Systems u. a.). Vor allem das 2,3,7,8-Tetrachlordibenzo-*p*-dioxin ist äußerst giftig und als das **„Dioxin"** bekannt (Soveso-Gift). Es entsteht z. B. beim Verbrennen von Hausmüll, wenn bei zu niedriger Verbrennungstemperatur chlorhaltige Stoffe z. B. PVC-Verpackungen zugegen sind. Erst bei Temperaturen über 1200 °C wird die Bildung verhindert.

Eine große Gruppe von Heterocyclen bilden die **Alkaloide** (ca. 3000). In ihnen ist eine Reihe der bereits genannten Baugruppen enthalten. Sie haben folgende Gemeinsamkeiten:

a) Der Name deutet darauf hin, dass sie „alkaliähnlich" sind, basische Eigenschaften haben.
b) Die Moleküle bestehen aus gesättigten oder ungesättigten Ringen, die Substituenten tragen.
c) Es sind vor allem pflanzliche Naturstoffe (nur wenige tierischer Herkunft).
d) Sie sind stickstoffhaltig und besitzen einen mehr oder weniger komplizierten Aufbau.
e) Sie kommen meist salzartig an Pflanzensäuren gebunden vor (Oxal-, Essig-, Wein-, Citronensäure u. a.).

Bei den Alkaloiden zeigt sich sehr deutlich, dass geringe medizinisch wirkende Mengen wertvolle Gaben der Natur für den Menschen darstellen, ande-

Einige Alkaloide

Namen	Vorkommen	Wirkungen und Verwendung
Atropin	Früchte der Tollkirsche, Stechapfelsamen, Bilsenkraut	Tropan-Alkaloid, Pupillenerweiterung (Augenheilkunde), Gegengift gegen Insektizide und Nervengase (als chemische Nervenkampfstoffe mit Soman, Sarin und Tabun bezeichnet), das auf das zentrale Nervensystem bei kleiner Dosis anregend, bei größerer Dosis lähmend wirkt
Chinin	Rinde des China-rinden-Baums	Chinolin-Alkaloid; in geringer Menge appetitanregend (Tonic Water), bitterer Geschmack; fiebersenkend, Protoplasmagift, in höherer Dosis Nervengift (Seh-, Gehör-, Gleichgewichtsstörungen)
Codein	im Opium (Mohn)	Isochinolin-Alkaloid (hydriert); schwach giftig, Hustenreiz stillend, schmerzstillend
Nicotin	Tabakpflanzen	Pyridin-Alkaloid; Erregung des zentralen Nervensystems, Verengung der Herzkranzgefäße, Anregung der Darmperistaltik
Coffein	Kaffee-Bohnen, Tee, Kakao-Bohnen	Purin-Alkaloid; wirkt anregend auf zentrales Nervensystem, vertreibt Müdigkeit, regt Herztätigkeit und Atmung an, blutdrucksteigernd, harntreibend, Halbwertzeit 3 – 5 Stunden
Morphin	im Opium (Schlafmohn)	Isochinolin-Alkaloid; sehr starkes Schmerzmittel (bei sehr starken Schmerzen, Morphium), nimmt depressive und Angstgefühle, hemmt Magen-, Darm-, Blasenentleerung sowie Atmung (bis Atemstillstand), gefährliches Rausch- und Suchtmittel, das zu schnellem körperlichen Verfall führt
Heroin	aus Morphin erzeugt	qualitativ gleichartige, aber wesentlich stärkere Wirkung als Morphin, als Droge rascher Verlust geistiger Fähigkeiten und körperlicher Verfall, nur durch Beschaffungskriminalität erlangbar (Betäubungsmittel-Gesetz)
Cocain	Blätter des Coca-strauchs	Tropan-Alkaloid; Droge in geringer Dosis appetithemmend, anregend auf das Nervensystem (Wohlbefinden, euphorische Glücksgefühle, Stimulierung der Machtgefühle), sehr schnelle Gewöhnung und psychische Abhängigkeit, bei Vergiftung Herz- und Atemlähmung
Curare	Strychnos-Pflanzen	Gemisch aus ca. 40 Alkaloiden; Pfeilgift der Indianer des Amazonas-Gebietes u. a.; im Blut in geringer Menge sehr schnell Muskel- und Atemlähmung erzeugend

Übersicht 16-21

rerseits verantwortungsloser Missbrauch von solchen Verbindungen als Drogen oft zu unlösbaren familiären Problemen und totalem körperlichen und sozialen Verfall des Individuums führen. Durch physische und psychische Abhängigkeit wird nicht nur die Persönlichkeit zerstört und die Gesundheit ruiniert. Häufig endet die Abhängigkeit von Rauschgiften im Tode. Die Rauschgifte sind vor allem dadurch gefährlich, dass sie zunächst Wohlbefinden, Scheinwelten, Problemlösungen, positive Persönlichkeitseigenschaften u. a. vorgaukeln, dann zur Sucht führen, d. h. zum unwiderstehlichen Verlangen nach weiterer und schließlich immer höherer Dosis.

Die Abgrenzung der Rauschgifte von Genussgiften (Genussmitteln wie Coffein und Nicotin) ist nicht eindeutig, obwohl auch Letztere anregend auf das Zentralnervensystem einwirken, jedoch körperliche und geistige Gefahren geringer sind als bei Rauschgiften. Allerdings schädigt das Rauchen durch Teere, Rauchpartikel und Abbauprodukte (z. B. Formalin) die Atmungsorgane und Verdauungsorgane.

Man unterscheidet vier Rauschgift-Gruppen (Suchtgifte, Drogen):

a) Morphin-Typ: Erzeugung von Halluzinationen und Traumvorstellungen (z. B. Opium, Morphin, Heroin, Haschisch, Marihuana u. a.);

b) Cocain-Typ: Übersteigertes Selbstbewusstsein, Aktivierung der Stimmung (z. B. Cocain, Amphetamine, Ecstasy, „Party-Drogen");

c) Ethanol-Typ: Trägheit des Bewusstseins, Benebelung der Wirklichkeit, Dämpfung des Zentralnervensystems (Alkohol, Barbitursäure-Präparate u. a.);

d) LSD-Typ: Vertiefung, Erweiterung und Täuschung der Sinneswahrnehmung, des Bewusstseins, der Umwelt.

Der Handel und Besitz einer Reihe von Rauschgiften ist nach dem Betäubungsmittelgesetz illegal und strafbar (Cannabis, Haschisch, Marihuana, Morphin, Morphin-Derivate, LSD, verschiedene Amphetamin-Derivate u. a.).

16.7 Aufgaben zur Wiederholung der Abschnitte 16.3.1 bis 16.6

Aufgaben

1. Erläutern Sie die Bindungsverhältnisse des Benzens! Warum ist dieses Modell für substituierte Aromaten nicht mehr voll gültig?
2. Formulieren Sie die Gleichung für die Reaktion von Benzen mit Schwefeltrioxid mit den Übergangszuständen (π-Komplex, Carbenium-Ion) und erläutern Sie den Vorgang der Einfachsubstitution von Benzen!
3. Warum verläuft die Nitrierung von Nitrobenzen zu *m*-Dinitrobenzen sehr langsam und warum nahezu nur in *m*-Position? Wie kann die Reaktionsgeschwindigkeit erhöht werden?
4. Warum ist Phenol leicht, bereits mit verd. Salpetersäure zu *o*- und *p*-Nitrophenol nitrierbar?
5. Fertigen Sie für die in den Abschnitten 16.3 und 16.4 behandelten Stoffgruppen eine tabellarische Übersicht an: Name, Trivialname, allgemeine Formel, funktionelle Gruppe, Reaktionstypen, Ausgangsstoffe, erzeugbare Verbindungen! (Allgemeine Orientierungen finden Sie in den entsprechenden Abschnitten).
6. Wie können folgende Verbindungen synthetisiert werden? Stellen Sie die Gleichungen auf! Bestimmen Sie den Reaktionstyp!
   - Dichlorbenzene
   - *o*-Chlorphenol
   - Benzoesäure
   - Phthalsäure
   - Benzensulfonsäureethylester
   - Benzylalkohol aus Benzaldehyd
   - Phenylmagnesiumbromid
   - *p*-Chlorphenol
   - Benzoesäurebenzylester
   - Terephthalsäure
   - *p*-Aminobenzoesäureethylester
   - Benzaldehyd aus Toluen
   - *p*-Nitrophenol aus *p*-Nitroanilin
   - Phenylethylether
   - Benzensulfonsäure
   - Benzoesäureethylester
   - Dioctylphthalat
   - Ethylphenylketon
   - Anilin aus Nitrobenzen

A Einige Grundregeln für den Umgang mit Chemikalien im Labor

1. Laborordnung streng einhalten! Sich informieren und einprägen: Standort des Feuerlöschers, der Löschdecke, des Löschsandes, der Aufsaugmittel, des Erste-Hilfe-Kastens, des nächsten Telefons mit registrierter Telefon-Nummer für den Notruf (Arzt, Feuerwehr) und das zuständige Informationszentrum für Vergiftungen;
2. Gebrauch von Feuerlöscher, Notdusche, Augendusche einprägen;
3. Sicherheitsangaben in den Experimentieranleitungen exakt einhalten (Abzug, Einmalhandschuhe, Atemschutz, Schutzkleidung; trittsichere, geschlossene Schuhe);
4. beim Experimentieren stets Schutzbrille tragen; Chemikalienkontakt mit Haut, Schleimhäuten und Augen vermeiden;
5. bei Kontakt von Chemikalien mit Haut, Schleimhaut, Augen gründlich mit reinem Wasser spülen (Augendusche, Augenwaschflasche) und sofort mit Begleiter Arzt aufsuchen;
6. mit Chemikalien verschmutzte Kleidung sofort tauschen;
7. bei Austreten gefährlicher Stoffe Laborpersonal warnen und Laborleiter informieren;
8. Ausgänge und Fluchtwege freihalten;
9. R-Sätze, S-Sätze und E-Sätze befolgen;
10. Regeln für die erste Hilfe einprägen und in Abständen wiederholen;
11. nur eindeutig beschriftete Chemikalien verwenden; Informationen über die Gefährlichkeit von Substanzen einholen, wenn keine individuellen Erfahrungen im Umgang damit vorliegen; keine Chemikalien verwenden, die nicht identifizierbar sind;
12. nach dem Experimentieren die Hände gründlich waschen;
13. im Labor nicht essen, trinken, rauchen, schminken;
14. Vorsicht bei Geruchsprüfung; Geruch nur prüfen, wenn in der Anleitung gefordert; keine Geschmacksprüfung;
15. Chemikalienbehälter nach der Substanzentnahme sofort wieder verschließen; Verwechslung von Stopfen etc. ausschließen;
16. Flüssigkeiten mit Pipettierhilfen und nicht mit dem Mund ansaugen; Arzt bei Verschlucken von Chemikalien aufsuchen, evtl. Notdienst alarmieren;
17. brennbare Substanzen entfernt von offenen Flammen verschlossen abstellen;
18. Vorsicht in der Nähe von Brennern/offenen Flammen; offene Haare nach hinten binden;
19. verkittete Glasstopfen unter Anleitung der Lehrkraft durch vorsichtiges Klopfen mit einem Holzstück in vertikaler Richtung lösen;
20. Vorsicht beim Öffnen von Flaschen, die konzentrierte Säuren, Ammoniak und dergleichen enthalten (Abdampfen gelöster Gase, die auf Augen und Schleimhäute ätzend wirken! Schockwirkung!);
21. Vorratsflaschen stets mit festem Griff und nicht mit „spitzen Fingern" erfassen;
22. Verdünnen von Säuren, Laugen etc. unter Rühren immer nach der Regel: „Zuerst das Wasser, dann die Lauge oder Säure";
23. bei der Montage von Glasteilen, z. B. Einführen von Glasrohren, Thermometern in Gummistopfen, Hände schützen, Gleitmittel verwenden, Rohr kurz fassen, Schliffe fetten;
24. Laborabfälle für die Entsorgung in den bereitgestellten Gefäßen getrennt sammeln;
25. Ordnung am Arbeitsplatz halten; benötigte Geräte und Chemikalien auf dem Arbeitsplatz bereitstellen.

Betriebsanweisungen und Sicherheitsdatenblätter der Hersteller sind generell zu beachten!

B Verhalten bei Notfällen und erste Hilfe

Allgemeine Regeln

1. Geschädigte Person aus der Gefahrenzone bringen und beruhigen;
2. Betroffenen richtig lagern;
3. erste Hilfe gewähren;
4. Arzt bzw. Rettungsdienst über den Notruf anfordern bzw. nach erster Hilfe den Verletzten einem Arzt vorstellen; Unfallursache, Namen der Chemikalien und durchgeführte Maßnahmen der ersten Hilfe angeben;
5. weitere Schädigung von Personen verhindern.

Maßnahmen der ersten Hilfe

Verätzungen der Haut mit Säuren und Laugen

1. Kleidungsstücke, die getränkt wurden, sofort ausziehen;
2. wasserlösliche Stoffe mit weichem Wasserstrahl längere Zeit abspülen, dabei Wasser nicht über unbeeinträchtigte Körperteile abfließen lassen;
3. fettlösliche Substanzen mit reichlich Polyethylenglycol abspülen; Spritzer evtl. mit Polyethylenglycol getränktem Zellstoff abtupfen; mit Wasser und Seifenlösung nachwaschen;
4. lockeren, keimfreien Verband auflegen und Arzt aufsuchen.
   R- und S-Sätze: R 34, R 35, R 38, R 66, S 24 bis S 28, S 36, S 37, S 39

Verätzungen des Mundes und des Verdauungstraktes mit Säuren und Laugen

1. Mund wiederholt mit Wasser spülen, Wasser nicht verschlucken;
2. bei verschluckten Säuren Aufschlämmung von MgO, bei verschluckten Laugen Zitronenwasser oder sehr verdünnte Essigsäure zu trinken geben.
   R 34, R 35, S 24, S 62, S 64

Reizung und Verätzung der Augen

1. Bei Augenverätzungen mehrere Minuten mit Augendusche oder weichem Wasserstrahl betroffenes Auge spülen; Kopfhaltung so einnehmen, dass ablaufendes Spülwasser nicht das unbeeinträchtigte Auge erreicht; Augenlider weit spreizen;
2. auf keinen Fall eine Neutralisation versuchen;
3. Geschädigten in Begleitung dem Augenarzt vorstellen.
   R- und S-Sätze: R 36, R 37, R 38, R 41, S 25, S 26, S 39

Schnittwunden

1. Wunde nicht auswaschen;
2. Wunde keimfrei abdecken und trockenen Verband oder Druckverband anlegen;
3. Splitter von Arzt entfernen lassen;
4. Wundversorgung durch den Arzt.
   S-Sätze: S 18

Verbrennungen, Verbrühungen

1. Betroffene Körperteile bis zum Nachlassen des Schmerzes mit kaltem Wasser spülen;
2. bei brennender Kleidung Betroffenen unter der Notdusche ablöschen;
3. mit heißen Flüssigkeiten getränkte Kleidung entfernen oder mit kaltem Wasser abkühlen;
4. keine Heilmittel (Salbe, Puder) aufbringen, Wunde nur keimfrei trocken abdecken;
5. Brandwunden vom Arzt versorgen lassen.
   R- und S-Sätze: R 7 bis R 12, S 16, S 17

Vergiftungen

1. Bei Vergiftungen durch Einatmen: Betroffenen sofort an die frische Luft bringen; bei Atemstillstand oder Herz-Kreislaufstillstand unverzüglich Herz-Lungen-Wiederbelebung durchführen; bei Bewusstlosigkeit keinesfalls Wasser oder dergleichen einflößen;
2. bei Vergiftungen durch Verschlucken: lauwarme konzentrierte Kochsalz-Lösung oder warme konzentrierte Na_2SO_4-Lösung zu trinken geben und Brechreiz auslösen, wenn keine Bewusstlosigkeit eingetreten ist;
3. in jedem Fall den Notdienst rufen; Bezeichnung des Giftes nennen;
   R- und S-Sätze: R 20 bis R 28, R 39, R 48, S 13, S 20 bis S 23, S 45, S 46, S 62, S 63

C Gefahrenhinweise

Standardisierte Risiko-Sätze (R-Sätze; engl. risk-phrases)

Die Gefahrenhinweise geben Auskunft über die Art der Gefahr.

R 1	Im trockenen Zustand explosionsgefährlich.
R 2	Durch Schlag, Reibung, Feuer oder andere Zündquellen explosionsgefährlich.
R 3	Durch Schlag, Reibung, Feuer oder andere Zündquellen besonders explosionsgefährlich.
R 4	Bildet hochempfindliche explosionsgefährliche Metallverbindungen.
R 5	Beim Erwärmen explosionsfähig.
R 6	Mit und ohne Luft explosionsfähig.
R 7	Kann Brand verursachen.
R 8	Feuergefahr bei Berührung mit brennbaren Stoffen.
R 9	Explosionsgefahr bei Mischung mit brennbaren Stoffen.
R 10	Entzündlich.
R 11	Leicht entzündlich.
R 12	Hoch entzündlich.
R 14	Reagiert heftig mit Wasser.
R 15	Reagiert mit Wasser unter Bildung leicht entzündlicher Gase.
R 16	Explosionsgefährlich in Mischungen mit brandfördernden Stoffen.
R 17	Selbstentzündlich an der Luft.
R 18	Bei Gebrauch Bildung explosionsfähiger und leicht entzündlicher Dampf-Luft-Gemische möglich.
R 19	Kann explosionsfähige Peroxide bilden.
R 20	Gesundheitsschädlich beim Einatmen.
R 21	Gesundheitsschädlich bei Berührung mit der Haut.
R 22	Gesundheitsschädlich beim Verschlucken.
R 23	Giftig beim Einatmen.
R 24	Giftig bei Berührung mit der Haut.
R 25	Giftig beim Verschlucken.
R 26	Sehr giftig beim Einatmen.
R 27	Sehr giftig bei Berührung mit der Haut.
R 28	Sehr giftig beim Verschlucken.
R 29	Entwickelt bei Berührung mit Wasser giftige Gase.
R 30	Kann bei Gebrauch leichtentzündlich werden.
R 31	Entwickelt bei Berührung mit Säure giftige Gase.
R 32	Entwickelt bei Berührung mit Säure sehr giftige Gase.
R 33	Gefahr kumulativer Wirkungen.
R 34	Verursacht Verätzungen.
R 35	Verursacht schwere Verätzungen.
R 36	Reizt die Augen.
R 37	Reizt die Atemorgane.
R 38	Reizt die Haut.
R 39	Ernste Gefahr irreversibler Schäden.
R 40	Irreversible Schäden möglich.
R 41	Gefahr ernster Augenschäden.
R 42	Sensibilisierung durch Einatmen möglich.
R 43	Sensibilisierung durch Hautkontakt möglich.
R 44	Explosionsgefahr bei Erhitzung unter Einschluss.
R 45	Kann Krebs erzeugen.
R 46	Kann vererbbare Schäden verursachen.
R 48	Gefahr ernster Gesundheitsschäden bei längerer Exposition.
R 49	Kann Krebs erzeugen beim Einatmen.
R 50	Sehr giftig für Wasserorganismen.
R 51	Giftig für Wasserorganismen.
R 52	Schädlich für Wasserorganismen.
R 53	Kann in Gewässern längerfristig schädliche Wirkungen haben.
R 54	Giftig für Pflanzen.
R 55	Giftig für Tiere.

R 56 Giftig für Bodenorganismen.

R 57 Giftig für Bienen.

R 58 Kann längerfristig schädliche Wirkung auf die Umwelt haben.

R 59 Gefährlich für die Ozonschicht.

R 60 Kann die Fortpflanzungsfähigkeit beeinträchtigen.

R 61 Kann das Kind im Mutterleib schädigen.

R 62 Kann möglicherweise die Fortpflanzungsfähigkeit beeinträchtigen.

R 63 Kann das Kind im Mutterleib möglicherweise schädigen.

R 64 Kann Säuglinge über die Muttermilch schädigen.

R 65 Gesundheitsschädlich: Kann beim Verschlucken Lungenschäden verursachen.

R 66 Wiederholter Kontakt kann zu spröder oder rissiger Haut führen.

R 67 Dämpfe können Schläfrigkeit und Benommenheit verursachen.

R 68 Kann Erbgut schädigen.

Sicherheitsratschläge (S-Sätze; engl. safety)

S 1 Unter Verschluss aufbewahren.

S 2 Darf nicht in die Hände von Kindern gelangen.

S 3 Kühl aufbewahren.

S 4 Von Wohnplätzen fernhalten.

S 5 Unter … aufbewahren (geeignete Flüssigkeit wird vom Hersteller angegeben).

S 6 Unter … aufbewahren (inertes Gas wird vom Hersteller angegeben).

S 7 Behälter dicht geschlossen halten.

S 8 Behälter trocken halten.

S 9 Behälter an einem gut gelüfteten Ort aufbewahren.

S 12 Behälter nicht gasdicht verschließen.

S 13 Von Nahrungsmitteln, Getränken und Futtermitteln fernhalten.

S 14 Von … fernhalten (inkompatible Substanzen werden vom Hersteller angegeben).

S 15 Vor Hitze schützen.

S 16 Von Zündquellen fernhalten – nicht rauchen.

S 17 Von brennbaren Stoffen fernhalten.

S 18 Behälter mit Vorsicht öffnen und handhaben.

S 20 Bei der Arbeit nicht essen und trinken.

S 21 Bei der Arbeit nicht rauchen.

S 22 Staub nicht einatmen.

S 23 Gas / Rauch / Dampf / Aerosol nicht einatmen.

S 24 Berührung mit der Haut vermeiden.

S 25 Berührung mit den Augen vermeiden.

S 26 Bei Berührung mit den Augen gründlich mit Wasser abspülen und den Arzt konsultieren.

S 27 Beschmutzte, getränkte Kleidung sofort ausziehen.

S 28 Bei Berührung mit der Haut sofort abwaschen mit viel … (vom Hersteller angegeben).

S 29 Nicht in die Kanalisation gelangen lassen.

S 30 Niemals Wasser hinzugießen.

S 33 Maßnahmen gegen elektrostatische Aufladung treffen.

S 35 Abfälle und Behälter müssen in gesicherter Weise beseitigt werden.

S 36 Bei der Arbeit geeignete Schutzkleidung tragen.

S 37 Geeignete Schutzhandschuhe tragen.

S 38 Bei unzureichender Belüftung Atemschutzmaske tragen.

S 39 Schutzbrille / Gesichtsschutz tragen.

S 40 Fußboden und verunreinigte Gegenstände mit … reinigen (vom Hersteller angegeben).

S 41 Explosions- und Brandgase nicht einatmen.

S 42 Bei Räuchern / Versprühen geeignetes Atemschutzgerät tragen.

S 43 Zum Löschen ... (vom Hersteller angegeben) verwenden.

S 45 Bei Unfall und Unwohlsein sofort Arzt zuziehen (wenn möglich, Etikett vorzeigen).

S 46 Bei Verschlucken sofort ärztlichen Rat einholen und Verpackung oder Etikett vorzeigen.

S 47 Nicht bei Temperaturen über ... °C aufbewahren (vom Hersteller angegeben).

S 48 Feuchthalten mit ... (geeignetes Mittel vom Hersteller angegeben).

S 49 Nur im Originalbehälter aufbewahren.

S 50 Nicht mischen mit ... (vom Hersteller angegeben).

S 51 Nur in gut gelüfteten Bereichen verwenden.

S 52 Nicht großflächig für Wohn- und Aufenthaltsräume verwenden.

S 53 Exposition vermeiden. Vor Gebrauch besondere Anweisung einholen.

S 56 Diesen Stoff und seinen Behälter der Problemabfallentsorgung zuführen.

S 57 Zur Vermeidung einer Kontamination der Umwelt geeigneten Behälter verwenden.

S 59 Information zur Wiederverwendung/Wiederverwertung beim Hersteller/Lieferanten erfragen.

S 60 Dieser Stoff und sein Behälter sind als gefährlicher Abfall zu entsorgen.

S 61 Freisetzung in die Umwelt vermeiden. Besondere Anweisungen einholen/Sicherheitsdatenblatt zu Rate ziehen.

S 62 Bei Verschlucken kein Erbrechen herbeiführen. Sofort ärztlichen Rat einholen und Verpackung oder dieses Etikett vorzeigen.

S 63 Bei Unfall durch Einatmen: Verunfallten an die frische Luft bringen und ruhig stellen.

Entsorgungsratschläge (E-Sätze)

E 1 Verdünnen, in den Ausguss geben (WGK 0 bzw. 1)

E 2 Neutralisieren, in den Ausguss geben.

E 3 In den Hausmüll geben, gegebenenfalls im Polyethylenbeutel (Stäube).

E 4 Als Sulfid fällen (Niederschlag zu E 8)

E 5 Mit Calcium-Ionen fällen, dann E 1 oder E 3).

E 6 Nicht in den Hausmüll geben.

E 7 Im Abzug entsorgen; wenn möglich verbrennen.

E 8 Der Sondermüllbeseitigung zuführen.

E 9 Unter größter Vorsicht in kleinsten Portionen reagieren lassen (z. B. im Freien verbrennen).

E 10 In gekennzeichneten Behältern sammeln:
1. „Organische Abfälle – halogenhaltig“
2. „Organische Abfälle – halogenfrei“
dann E 8

E 11 Als Hydroxid fällen (pH = 8), den Niederschlag zu E 8.

E 12 Nicht in die Kanalisation gelangen lassen (S-Satz S 29).

E 13 Aus der Lösung mit unedlem Metall (z. B. Eisen) als Metall abscheiden, dann zu E 14 oder E 3)

E 14 Recycling-geeignet (Redestillation oder Abgabe an Recyclingunternehmen.

E 15 Mit Wasser vorsichtig umsetzen, evtl. frei werdende Gase verbrennen oder adsorbieren oder stark verdünnt ableiten.

E 16 Nach speziellen Ratschlägen beseitigen.

D Gesetze und Verordnungen

- Neufassung des **Chemiekaliengesetzes** (ChemG) vom 20. Juni 2002, letzte Änderung vom 13. Mai 2004
- **Gefahrstoffverordnung** (GefStoffV) vom 23. Dezember 2004 enthält u. a. Einstufung und Kennzeichnung gefährlicher Stoffe, Umgang mit gefährlichen Stoffen, R- und S-Sätze,

  15 Gefährlichkeitsmerkmale:

  a) physikalisch-chemische Eigenschaften: hoch entzündlich, leicht entzündlich, entzündlich,
  brandfördernd, explosionsgefährlich;

  b) akut toxische Eigenschaften: sehr giftig, giftig, gesundheitsschädlich, ätzend, reizend;

  c) spezielle toxische Eigenschaften: sensibilisierend, krebserzeugend, erbgutverändernd,
  fortpflanzungsgefährdend;

  d) ökotoxische Eigenschaft: umweltgefährlich

  Gefahrensymbole und Kennzeichnung gefährlicher Stoffe gemäß Gefahrstoffverordnung vgl. Abschnitt 4.3 und Anhang E
- **Chemikalienverbotsverordnung** (ChemVerbotsV) vom 13. Juni 2003, zuletzt geändert am 23. Dezember 2004
  Herstellungs-, Anwendungsverbote, Anwendungseinschränkungen (Arsenverbindungen, aliphatische Chlorkohlenwasserstoffe, Asbest, Benzol, Bleicarbonat, Bleisulfat, Cadmium, DDT, Dioxine, Furane, Formaldehyd, Pentachlorphenol PCP, polychlorierte Diphenyle, Vinylchlorid)
- Nach der bis 31. 12. 2002 gültigen **Verordnung brennbarer Flüsigkeiten** (VbF) werden brennbare Flüssigkeiten in die Gefahrklassen A I, A II, A III und B eingeteilt. Da diese Bezeichnungen noch in der Praxis auftreten, werden sie im Anhang E, S. 335 mit aufgeführt. Ab 1. 1. 2003 werden diese Stoffe nur noch nach der Gefahrstoffverordnung in „hochentzündliche" (entsprechen der Gefahrklasse A I), „entzündliche" (entsprechen der Gefahrklasse A II) und „leichtentzündliche Flüssigkeiten" (entsprechen der Gefahrklasse B) unterschieden. Die Stoffe der Gefahrklasse A III sind in die neue Einteilung eingeordnet.
- Gesetz zur Änderung des Gerätesicherheitsgesetzes und des Chemiekaliengesetzes vom 27. Dezember 2000
- Die **Zehnte Verordnung zur Änderung chemikalienrechtlicher Verordnungen** vom 11. Juli 2005 berücksichtigt die Richtlinie 2005/69/EG des europäischen Parlaments zur Verwendung gewisser gefährlicher Stoffe und Zubereitungen (polycyclische aromatische Kohlenwasserstoffe, Toluol, 2,3,4-Trichlorbenzol)
- Verordnung über die umweltverträgliche Ablagerung von Siedlungsabfällen (**Abfallablagerungsverordnung** AbfAblV) vom 20. Februar 2001 (in Abstimmung mit den EU-Richtlinien 98/34/EG und 98/48/EG und Ergänzungen vom 24. Juli 2002. Gültig ab 1. Juni 2005
- Verordnung zur Nivellierung der Trinkwasserverordnung (**Trinkwasserverordnung** TrinkwV) vom 21. Mai 2001. Gültig ab 1. Januar 2003. Anpassungsverordnung vom 25. November 2003
- **Jugendarbeitsschutzgesetz** (JArbSchG) vom 12. April 1976 (BGBl. S. 965), zuletzt geändert durch Gesetz vom 24. Dezember 2003 (BGBl. I S. 2954)
- **Verordnung zum Schutz der Mütter am Arbeitsplatz** vom 15. April 1997 (BGBl. I S. 782), zuletzt geändert durch Artikel 7 der Verordnung zur Anpassung der Gefahrstoffverordnung an die EG-Richtlinie 98/24/EG und andere EG-Richtlinien vom 23. Dezember 2004 (BGBl. I S. 3758)

E Gefahrstoffe (Gefahrstoffverordnung – GefStoffV)

Gefahren-bezeichnung/ -symbol Einstufung	Schädigung Gefahreneinstufung	Vorsichts-maßnahmen	Einteilung der flüssigen Stoffe (und Gase) (s. S. 334; Beispiele)	R- und S-Sätze
F+  Hoch entzündlich hoch entzündliche Stoffe	Flüssigkeiten mit Flammpunkt unter 0 °C und Siedetemperatur von höchstens 35 °C; Gase, die sich bei normaler Temperatur bei Luftzutritt entzünden	von offenen Flammen fernhalten, von Wärmequellen fernhalten; keine Erzeugung von Funken; Volumen der Vorratsgefäße am Laborplatz begrenzen: für Gefahrklasse A I und B max. 1 l Fassungsvermögen; im Labor verfügbar: Notdusche, Feuerlöscher, Löschsand, Löschdecke mit Hinweis auf Feuerlöscheinrichtungen F und Notruf-Nr. 112	Gefahrklasse A I (nach VbF), z. B. Kohlenstoffdisulfid Benzine, Petrolether, Toluen, Cyclohexan, Ether, Benzen, Ethylacetat, Methylacetat Gefahrklasse A II (nach VbF), z. B. Chlorbenzen, Essigsäureanhydrid, Butanole, Xylen, Cyclohexanon Flüssigkeiten der Gefahrklasse A III (nach VbF): Mineralöle Gase: Ethan, Ethen, Ethin, Kohlenstoffmonoxid, Methan, Propan, Butan, Ethylenoxid, Schwefelwasserstoff, Wasserstoff; Ammoniak, Dämpfe verschiedener Ether Gefahrklasse A III (nach VbF): Anilin, Nitrobenzol, Tetrahydronaphthalin (Tetralin) Gefahrklasse B (nach VbF): Acetaldehyd, Ethanol, Propanon, 1,4-Dioxan, Methanol, Propanole, Tetrahydrofuran	R 2 S 2 R 6 S 3 R 9 S 7 R 10 S 9 R 11 S 15 R 12 S 16 R 15 S 21 R 17 S 29 R 18 S 33 S 47
F  Leicht entzündlich leicht entzündliche Stoffe	Flüssigkeiten mit einer Flammpunkt unter 21 °C, die nicht hoch entzündlich sind; feste Stoffe, die durch Zündquelle leicht gezündet werden können und ohne Energiezufuhr weiterbrennen oder weiterglimmen			
entzündliche Stoffe	brennbare Stoffe, die nicht zu hoch und leicht entzündlichen Stoffen gehören; Flammpunkt zwischen 21 °C und 55 °C	Erläuterungen zu Gefahrklassen von brennbaren Flüssigkeiten: Gefahrklasse A I: nicht mit Wasser mischbar, Flammpunkt < 21 °C Gefahrklasse A II: nicht mit Wasser mischbar, Flammpunkt 21 … 55 °C Gefahrklasse A III: nicht mit Wasser mischbar, Flammpunkt 55 … 100 °C Gefahrklasse B: mit Wasser bei 15 °C unbegrenzt mischbar, Flammpunkt < 21 °C		
O  Brandfördernd brand-fördernde Stoffe	Stoffe mit oxidierender Wirkung, die Brände verursachen oder fördern können, die brennbare Stoffe entzünden oder mit ihnen explosible Gemische erzeugen können	Lagerung getrennt von organischen Chemikalien, anorganischen Reduktionsmitteln, konzentrierten Säuren, Metall-Pulvern; kühl lagern	Nitrate, Nitrite z. B. NH_4NO_3, KNO_3, $NaNO_2$; Bromate, Chlorate Chromate; Dichromate, Chrom(VI)-oxid, Chromschwefelsäure, Halogene (Brom, Chlor), Salpetersäure, Perchlorsäure, Kaliumpermanganat, Perchlorate z. B. $KClO_4$, konz. Wasserstoffperoxid, Peroxo-Verbindungen z. B. Ammoniumperoxodisulfat, organische Peroxide; Sauerstoff (flüssig), Luft (flüssig)	R 7 S 2 R 8 S 17 R 9 R 10 R 11

Gefahren-bezeichnung/ -symbol Einstufung	Schädigung Gefahreneinstufung	Vorsichts-maßnahmen	Stoffe (Auswahl)	R- und S-Sätze
E  Explosions-gefährlich explosions-gefährliche Stoffe	Stoffe, die durch Schlag, Stoß, Reibung, Zündung explosionsartig reagieren	Phlegmatisierung der Stoffe (Herabsetzung der Empfindlichkeit) durch Anteigen der Substanzen mit Wasser oder anderen inerten Stoffen; Verdünnen der Stoffe in Lösungsmitteln (Wasser etc.); kühl lagern	Acetylenderivate, Ammoniumchlorat, Dibenzoylperoxid, Cellulosenitrat, Ethylnitrit, Ethylnitrat, Glycerintrinitrat (Nitroglycerin), Fulminate (Knallsäure-Salze), Natriumacid, organische Peroxide und Percarbonsäuren, Salpetersäureester wie Pikrinsäure und Pikrate, 2,4,6-Trinitrotoluol (TNT), Trinitrobenzol Gasgemische mit Sauerstoff bzw. Luft: Gase, die bei „hoch entzündlichen Stoffen" genannt sind; Chlor-Wasserstoff (Chlorknallgas), Sauerstoff-Wasserstoff (Knallgas); Etherdämpfe, Benzindämpfe	R 1 S 1 R 2 S 2 R 3 S 3 R 5 S 5 R 6 S 7 R 9 S 9 R 11 S 14 R 12 S 27 R 16 S 35 S 37 S 39 S 50
T+  Sehr giftig sehr giftige Stoffe	durch orale Aufnahme (Mund), durch dermale Aufnahme (Haut), durch inhalative Aufnahme (Lunge) schwere, evtl. irreversible Gesundheitsschäden, evtl. mit Todesfolge durch einmalige Aufnahme oder mehrfache Aufnahme in geringer Dosierung	jeglichen Kontakt vermeiden; Mund- und Atemschutz; Dämpfe nicht einatmen	Chlor, Brom, Blausäure, Cyanide, Dioxine, Fluor, Fluorwasserstoff, Nitrobenzol, Phosphor (weiß), Quecksilberverbindungen (außer HgS, Hg_2Cl_2), Schwefelwasserstoff, Stickstoffmonoxid und -dioxid, Pentachlorphenol (PCP), Tetrachlorethan	R 26 S 1 R 27 S 2 R 28 S 7 R 32 S 13 R 39 S 18 R 52 S 23 S 27 S 29 S 35 bis S 38 S 45
T  Giftig giftige Stoffe	durch orale, dermale, inhalative Aufnahme; schwere, evtl. irreversible Gesundheitsschäden, evtl. mit Todesfolge durch einmalige Aufnahme oder mehrfache Aufnahme in geringer Dosis	jeglichen Kontakt vermeiden; Dämpfe nicht einatmen; Mund- und Atemschutz	Ammoniak, Ammoniumfluorid, Anilin, Alkalifluoride, Benzen, Blei(II)-acetat, Brom- und Chlorwasser, Methanal, Kohlenstoffdisulfid, Kohlenstoffmonoxid, Methanol, Phenol, Kresole, Quecksilber, Schwefeldioxid, Tetrachlormethan und andere Chlorkohlenwasserstoffe (CKW)	R 23 S 1 R 24 S 2 R 25 S 7 R 39 S 13 R 45 S 23 R 48 S 27 R 52 S 28 R 56 S 35 bis S 38 S 45
Xn  Gesundheits-schädlich gesundheits-schädliche Stoffe	durch orale, dermale, inhalative Aufnahme; evtl. irreversible Schäden durch mehrfache Aufnahme	Kontakt vermeiden; Dämpfe nicht einatmen	verdünnte Formaldehyd-Lösung, Iod, Schwermetallverbindungen wie Hg_2Cl_2, Sb-, Co-, Cu-Salze, Glycol, Cyclohexanol, Benzylalkohol, Benzaldehyd, Chloroform	R 21 S 2 R 22 S 13 R 42 S 36 R 45 S 37 R 48 S 46 R 52 R 56

Gefahren-bezeichnung/ -symbol Einstufung	Schädigung Gefahreneinstufung	Vorsichts-maßnahmen	Stoffe (Auswahl)	R- und S-Sätze
C  Ätzend ätzende Stoffe	Zerstörung des gesamten Hautgewebes und der Schleimhäute	Haut- und Schleimhautkontakt vermeiden; ätzende Dämpfe nicht einatmen; Schutzbrille, evtl. Atemschutz; evtl. Säureschutzkleidung; Einmalhandschuhe	stark ätzend: Ameisensäure, Flusssäure, Essigsäure, Kaliumhydroxid, Natriumhydroxid, Salpetersäure, Salzsäure, Schwefelsäure, Silbernitrat-Lösung, Wasserstoffperoxid; ätzend: Ammoniak-Lösung, Brom-Wasser, Phosphorsäure	R 21 S 2 R 22 S 18 R 34 S 20 bis S 24 R 38 bis R 41 S 28 S 36 S 37 S 46
Xi  Reizend reizende Stoffe	längere Zeit anhaltende Rötung der Haut, Entzündung der Augen und Reizung der Atemwege	Kontakt vermeiden; Schutzbrille; Dämpfe nicht einatmen	ätzende Stoffe in verdünnten Lösungen; viele organische Säuren; $CaCl_2$-, $Ca(OH)_2$-, Na_2CO_3-Lösungen, Ammoniak, Salzsäure-Gas	R 36 S 2 R 37 S 18 R 38 S 24 R 41 bis R 43 S 28 S 46
Xi  Reizend sensibilisierende Stoffe	je nach Empfindlichkeit der Person allergische Reaktionen; Hautallergene	Hautkontakt vermeiden	Formaldehyd; Cobalt-, Nickelpulver, $NiSO_4$, K_2CrO_4, $K_2Cr_2O_7$, organische Stoffe wie Acrylate, Methacrylate, Methacrylsäureester, Isocyanate	R 42 S 24 R 43 S 25 R 52 S 29 R 56
Xn  gesundheitsschädlich	Atemwegsallergene	Einatmen vermeiden	$NiSO_4$	R 20 S 22 R 42
T  R 45, R 49 Krebs erzeugend	Kategorie 1: Stoffe, die als gefährlich erkannt sind (T) Kategorie 2: Stoffe, die als gefährlich angesehen werden (verdächtig) (T)	keine Schülerexperimente mit diesen Stoffen; Lehrerexperimente mit ausgewählten Stoffen zulässig	Kategorie 1: Arsenate, Asbest, Benzen, Chrom(VI)-oxid, Chromschwefelsäure, Vinylchlorid, Vinylchromat, Nickeloxide und -sulfide Kategorie 2: Acrylnitril, Butadien, 1,2-Dichlorethan, 1,2-Dibromethan, Ethylenoxid	R 45 S 1 R 48 S 2 R 49 S 4 S 13 S 20 bis S 23 S 35 bis S 38
Xn  R 40 krebsverdächtig	Kategorie 3: Stoffe, die zu Besorgnis Anlass geben (Xn)		Kategorie 3: Acetaldehyd, Anilin, Methanol, Nickel, Nickel-Salze, Tetrachlormethan, Trichlormethan, Bleichromat, Trichlor-ethan, Trichlorethen (Tri), Tetrachlorethen (Per), PCP, DDT, Lindan	R 40 S 2 R 45 S 20 R 48 bis R 49 S 23 S 45 S 53

Anmerkungen: Kategorie 1 – Stoffe, die beim Menschen erfahrungsgemäß diese Eigenschaft haben;
Kategorie 2 – Stoffe, die bislang nur im Tierversuch diese Eigenschaft gezeigt haben;
Kategorie 3 – Stoffe, für die Verdachtsmomente für diese Eigenschaften vorliegen.

Gefahren-bezeichnung/ -symbol Einstufung	Schädigung Gefahreneinstufung	Vorsichts-maßnahmen	Stoffe (Auswahl)	R- und S-Sätze
T  R 46 Erbgut verändernd	Kategorie 1: Stoffe, die bekanntermaßen beim Menschen erbgutverändernd wirken (T) Kategorie 2: Stoffe, die in Tierversuchen Erbgut verändern (T)	keine Schülerexperimente; vor allem bestehen für Schülerinnen Risiken	Kategorie 1: bis 2003 keine Einstufung Kategorie 2: (Symbol T) Ethylenoxid, Diethylsulfat, Triethylphosphat	R 46 S 1 S 2 S 4 S 13 S 20 S bis S 22 S 35 bis S 38
Xn  R 68	Kategorie 3: Verdacht auf erbgutverändernde Wirkung (Xn)		Kategorie 3: Benzen, Brommethan, Dinitrotoluole	R 68 S 45 S 53
T  Giftig R 60, R 61 Kategorie 1 und 2 fortpflanzungsgefährdende (fruchtschädigende) Stoffe	Absterben des Embryos in der Phase der Blastogenese (1. bis 2. Schwangerschaftswoche); anatomische Missbildungen während der Embryogenese (3.–8. Woche) und Schädigung des Nervensystems und der Organe in der Fetalperiode (ab 8. Woche), Fehlgeburten	Schülerinnen strikt von diesen Stoffen fernhalten	Kategorie 1: Bleiverbindungen, Heroin, Morphium, Ethanol Kategorie 2: Kohlenstoffmonoxid, Trichlormethan, spezielle Pharmaka (Contergan); Ethyl- und Methylglycol, Dimethylformamid	R 60 S 1 R 61 S 2 S 4 S 13 S 20 S 27 S 28 S 35 bis S 38 S 45 S 46 S 53
Xn  Gesundheitsschädlich R 62, R 63 Kategorie 3			Kategorie 3: Kohlenstoffdisulfid, verschiedene Chlorkohlenwasserstoffe, Cyclohexanon, Methylmethacrylat, Ethylenglycol, Tetrahydrofuran, Styren, Toluen, Chlorbenzene, Methanol	R 62 R 63
N  Umweltgefährlich umweltgefährliche Stoffe	wasserschädigend (aquatische Systeme): sehr giftig und giftige Stoffe für Wasserorganismen (N); Stoffe mit toxischem Potenzial, die langsam abgebaut werden (ohne Gefahrensymbol N); schädlich für Klima, Luft, Boden; giftig für Mikroorganismen, Pflanzen, Tiere, Menschen (nichtaquatische Umwelt); ozonschädigend	Einhaltung der Entsorgungsvorschriften und gesetzlichen Regelungen; Behandlung der Laborabfälle als Sondermüll; Beachtung der Entsorgungsratschläge (E-Sätze)	Wassergefährdend (Wassergefährdungsklassen WGK 2 und 3): Benzen, Trichlormethan Chlorbenzen, Methanol, Co-, Cu-, Ni-, Cd-Sulfate und -chloride, Kaliumchromat, Hexachlorbenzol (Lindan), DDT, Tri- und Pentachlorphenol (PCP), Methylchlorid, Tetrachlorkohlenstoff, 1,1,1-Trichlorethan, Fluorchlorkohlenwasserstoffe (FCKW) schwach wassergefährdend (Wassergefährdungsklasse WGK 1): Benzine, Calciumhydroxid, Essigsäure, Salzsäure, Schwefelsäure	R 50 S 29 R 51 S 61 R 52 R 53 R 54 R 55 R 56 R 57 R 58 R 59

Sachwort

D

E

F

G

H

Q

R

S

Bildquellenverzeichnis

Archiv Handwerk und Technik, Hamburg:
S. 13, 41

Deutsches Museum, München:
S. 84, 91, 256

E. Hitzel, Landau:
S. 15, 243, 254

U. F. Kuhn, Waltershausen:
S. 70, 251

Lorber, Erfurt:
S. 134

MERCK KG aA, Darmstadt:
S. 245, 247, Buchumschlag

Phywe Systeme GmbH, Göttingen:
S. 96

Schott Geräte GmbH, Hofheim a. Ts.:
S. 207

Grafiken:
Dipl.-Chem. Stefan Porath, Hamburg

Verwendete Zeichen

c	Konzentration
c	Stoffmengenkonzentration
c_{eq}	Äquivalentkonzentration
c	Lichtgeschwindigkeit
E_0	Standardpotenzial, Normalpotenzial
EN	Elektronegativität
e^-, ⊖	Elektron
f	Frequenz
F_{el}	elektrostatische Kraft
G	freie Enthalpie, GIBBS-Energie
H	Enthalphie
ΔH	Enthalpieänderung
ΔH_B	Standardbildungsenthalpie
ΔH_G	Gitterenthalpie
ΔH_H	Hydratationsenthalpie
ΔH_L	Lösungsenthalpie
ΔH_R	Reaktionsenthalphie
h	PLANCK'sches Wirkungsquantum
K, K_c, K_p	Gleichgewichtskonstanten
K_D	Dissoziationskonstante
K_S	Säurekonstante
K_B	Basenkonstante
K_L	Löslichkeitsprodukt
KZ	Koordinationszahl
L^*	Löslichkeit
l	Nebenquantenzahl
M	molare Masse, Molmasse
m	magnetische Quantenzahl
m	Masse
N_A	AVOGADRO'sche Konstante(Zahl)
N	Trennstufenzahl
n	Hauptquantenzahl
n	Neutron
n	Stoffmenge, Anzahl der Mole
p	Druck
p_0	Normdruck
p_T	Druck bei Temperatur
p_ϑ	Druck bei Temperatur ϑ
p^+	Proton
Q	Ladung
Q	Wärmeenergie
R	allgemeine Gaskonstante
S	Entropie
ΔS	Entropieänderung
s	Spinquantenzahl
T	Temperatur in Kelvin
T_0	Normtemperatur
t_R	Retentionszeit
u	Atommasseneinheit
V	Volumen
V_m	Molvolumen
$V_{m,0}$	Molvolumen bei 0 °C, molares Normvolumen
V_ϑ	Molvolumen bei ϑ
V_T	Molvolumen bei T
W	Energie
z	Äquivalentzahl
α	thermischer Ausdehnungkoeffizient der Gase
α	Dissoziationsgrad
α	Protolysegrad
δ	Zeichen für Polarität
ε	Dielektrizitätskonstante
ϑ	Temperatur in °C
ϑ_m	Schmelztemperatur
ϑ_b	Siedetemperatur
Θ	krit. Temperatur
λ	Wellenlänge
μ	Dipolmoment
π	Doppelbindung
Π	krit. Druck
ϱ	Dichte
σ	Einfachbindung